KUHMINSA

한 발 앞서나가는 출판사, 구민사
독자분들도 구민사와 함께 한 발 앞서나가길 바랍니다.

구민사 출간도서 中 수험서 분야

- 용접
- 자동차
- 조경/산림
- 품질경영
- 산업안전
- 전기
- 건축토목
- 실내건축

- 기술사
- 기계
- 금속
- 환경
- 보일러
- 가스
- 공조냉동
- 위험물

전문가를 위한 첫걸음, 구민사는 그 이상을 봅니다!

전국 도서판매처

• 일산남부서점 • 안산대동서적 • 대전계룡서점 • 대구북앤북스 • 대구하나도서
• 포항학원사 • 울산처용서림 • 창원그랜드문고 • 순천중앙서점 • 광주조은서림

www.kuhminsa.co.kr

자격증 시험 접수부터 자격증 수령까지!

1. 필기 원서 접수
큐넷(www.q-net.or.kr)
필기 시험은 회원 가입 후
인터넷 접수만 가능
(사진 파일, 접수비(인터넷 결제) 필요)
응시자격 요건 반드시 확인

2. 필기 시험
입실 시간 미준수 시 시험 응시 불가
준비물 : 수험표, 신분증, 필기구 지참

5. 실기 시험
필답형과 작업형으로 분류
원서 접수 시 선택한 장소와
시간에 맞게 시험을 봅니다.
준비물 : 수험표, 신분증,
필기구 지참!

6. 최종합격 확인
큐넷(www.q-net.or.kr)
사이트에서 확인

전문가를 위한 첫걸음, 구민사는 그 이상을 봅니다!

상시시험 12종목
굴착기운전기능사, 지게차운전기능사, 미용사(일반), 미용사(피부), 미용사(네일)
미용사(메이크업), 조리기능사(양식, 일식, 중식, 한식), 제과·제빵기능사

3. 필기 합격 확인
큐넷(www.q-net.or.kr) 사이트에서 확인

4. 실기 원서 접수
큐넷(www.q-net.or.kr) 응시 자격 서류는 **실기시험 접수기간(4일 내)에** 제출해야만 접수 가능

7. 자격증 신청
인터넷으로 신청
(상장형 자격증 발급을 원칙으로 하며, 희망 시 수첩형 자격증 발급 신청 / 발급 수수료 부과)

8. 자격증 수령
인터넷으로 발급(출력)
(수첩형 자격증 등기 수령 시 등기 비용 발생)

에너지관리기능사

필기

P·R·E·F·A·C·E

　최근 주변 선진국에서 국가발전의 주요정책의 일환으로 산업, 상업, 운송 등의 전문분야에 걸친 에너지 절약기술의 개발, 보급, 대체 에너지 개발 등에 관한 고도의 기술을 추진 하므로서 에너지관리기능사가 절실하게 요구되고 있는 실정이다.

　이에 본서는 시대의 상황에 발맞추어 전문적인 에너지관리기능사의 배출을 위한 정보를 철저히 파악하고 국가기능검정에 기출 되었던 문제를 철저히 분석하여 수험생 여러분이 가장 쉽고 짧은 시간 내에 자격증을 취득할 수 있도록 각 장을 정리하였고 스스로 독학을 할 수 있게끔 이해식의 방법으로 요점을 수록하였다.

　아울러 에너지관리기능사를 대비하는 수험생들의 적극적인 사고로 본서 한 권만으로 국가기술자격의 벽을 충분히 해결하리라 믿는 바, 뜻깊은 갈채를 보내며, 내용 중 미비된 점이 있을시 지적하여 주시면 부분적인 내용을 수정, 보완할 것을 약속합니다. 마지막으로 이 책의 출판을 위해 적극적으로 도움주신 도서출판 구민사 조규백 대표님과 직원 여러분께 깊은 감사를 드립니다.

- 보일러시공·취급기능사 → 보일러기능사('12년 자격증 통합) → 에너지관리기능사('14년 자격증 명칭 변경)로 **변경**이 되었습니다.

C·O·N·T·E·N·T·S

제1편 보일러설비 및 구조

CHAPTER 01 열 및 증기

- 1-1 온도(temperature) ··············· 3
- 1-2 압력(pressure) ··············· 4
- 1-3 열량(heat quantity) ··············· 5
- 1-4 비열(specific heat)과 열용량 ··············· 6
- 1-5 현열(감열)과 잠열 ··············· 7
- 1-6 열역학의 법칙 ··············· 8
- 1-7 보일-샬의 법칙 ··············· 9
- 1-8 밀도·비중량·비체적·비중 ··············· 9
- 1-9 엔탈피, 엔트로피(enthalphy, entropy) ··············· 10
- 1-10 증 기 ··············· 11
- ■ 예상문제 ··············· 13

CHAPTER 02 보일러 종류 및 특성

- 2-1 보일러(Boiler)의 개요 및 분류 ··············· 20
- 2-2 원통형 보일러(cylindrical boiler)의 구조 및 특성 ··············· 21
- 2-3 수관식 보일러(water tube boiler)의 구조 및 특성 ··············· 31
- 2-4 주철제 보일러(section boiler)의 구조 및 특성 ··············· 38
- 2-5 특수 보일러의 구조 및 특성 ··············· 39
- 2-6 온수 보일러의 구조 및 특징 ··············· 41
- ■ 예상문제 ··············· 44

CHAPTER 03 보일러 부속장치 및 부속품

- 3-1 급수장치 · 51
- 3-2 송기장치 · 57
- 3-3 폐열 회수장치(여열장치) · 68
- 3-4 안전 장치 및 부속품 · 72
- 3-5 기타 부속 장치 · 83
- ■ 예상문제 · 87

CHAPTER 04 보일러 효율 및 열정산

- 4-1 보일러 열정산 · 105
- 4-2 보일러 열효율 · 108
- 4-3 보일러 용량 · 109
- ■ 예상문제 · 112

CHAPTER 05 연료 및 연소장치

- 5-1 연료의 종류와 특징 · 122
- ■ 예상문제 · 132
- 5-2 연소방법 및 연소장치 · 142
- ■ 예상문제 · 155
- 5-3 연소계산 · 162
- ■ 예상문제 · 171
- 5-4 통풍장치 및 집진장치 · 176
- ■ 예상문제 · 185

CHAPTER 06 보일러 자동제어

- 6-1 자동제어(automatic control) · 192
- 6-2 보일러 자동제어 · 197
- ■ 예상문제 · 199

제2편 보일러시공·취급 및 안전관리

CHAPTER 01 난방부하 및 난방설비

- 1-1 난방부하의 계산 ………………………………………………… 209
- 1-2 증기난방설비 …………………………………………………… 212
- 1-3 온수난방설비 …………………………………………………… 214
- 1-4 복사난방 및 지역난방 ………………………………………… 215
- ■ 예상문제 ………………………………………………………… 218

CHAPTER 02 보일러설치·시공기준

- 2-1 보일러설치·시공기준 ………………………………………… 231
- 2-2 설치검사기준 및 계속사용검사기준 ………………………… 244
- 2-3 온수 보일러 설치시공기준 …………………………………… 253
- 2-4 온수온돌 시공순서 ……………………………………………… 261
- ■ 예상문제 ………………………………………………………… 268

CHAPTER 03 보일러 취급

- 3-1 보일러 운전 및 조작 …………………………………………… 276
- 3-2 보일러 가동전의 준비사항 …………………………………… 278
- 3-3 점화 및 운전중의 취급 ………………………………………… 280
- 3-4 보일러 정지시 취급 …………………………………………… 283
- 3-5 보일러 보존 ……………………………………………………… 284
- 3-6 보일러 용수관리 ………………………………………………… 288
- ■ 예상문제 ………………………………………………………… 296

CHAPTER 04 보일러 안전관리

4-1 안전관리 개요 ································· 307
4-2 보일러 손상과 방지대책 ···················· 308
4-3 보일러 사고 및 방지대책 ··················· 312
■ 예상문제 ··· 315

제3편 배관일반

CHAPTER 01 배관재료

1-1 관재료 선택시 고려사항 ···················· 329
1-2 관의 재질별 분류 ····························· 329
1-3 관이음 재료 ···································· 336
■ 예상문제 ··· 340

CHAPTER 02 배관공작

2-1 배관의 공구 및 장비 ························· 350
2-2 관의 절단·접합·성형 ······················ 359
2-3 배관의 지지 ···································· 369
2-4 패킹과 방청용 도료 ·························· 372
■ 예상문제 ··· 374

CHAPTER 03 배관 도시법

3-1 배관제도의 종류 ······························ 388
3-2 치수 기입법 ···································· 388
3-3 배관도의 표시법 ······························ 389
■ 예상문제 ··· 403

CHAPTER 04 난방배관시공

- 4-1 증기난방 · 414
- 4-2 온수난방 배관시공 · 420
- ■ 예상문제 · 429

CHAPTER 05 단열재 · 보온재 · 내화물 · 열전달 · 열관류

- 5-1 보온재 · 441
- 5-2 단열재 · 445
- ■ 예상문제 · 448
- 5-3 내화물(로재) · 455
- ■ 예상문제 · 459
- 5-4 열전달 · 465
- 5-5 열관류 · 466
- ■ 예상문제 · 468

제4편 에너지이용합리화 관계법규

- chapter 01 에너지법 · 473
- chapter 02 에너지이용합리화법 총칙 · 482
- chapter 03 에너지이용합리화 계획 및 조치 · · · · · · · · · · · · · · · · · · · 483
- chapter 04 에너지이용합리화 시책 · 491
- chapter 05 산업 및 건물관련 시책 · 497
- chapter 06 열사용기자재의 관리 · 504
- chapter 07 에너지관리공단 · 516
- chapter 08 시공업자 단체 · 519
- chapter 09 보 칙 · 521
- chapter 10 벌 칙 · 524
- ■ 예상문제 · 532

제5편 에너지관리기능사 예상문제 (각 회별 총 60문항)

- 제1회 예상문제 ····· 567
- 제2회 예상문제 ····· 576
- 제3회 예상문제 ····· 584
- 제4회 예상문제 ····· 593

제6편 최근 기출문제 과년도

2013년
- 에너지관리기능사 필기 제1회(1월 27일 시행) ····· 605
- 에너지관리기능사 필기 제2회(4월 14일 시행) ····· 616
- 에너지관리기능사 필기 제4회(7월 21일 시행) ····· 628
- 에너지관리기능사 필기 제5회(10월 12일 시행) ····· 640

2014년
- 에너지관리기능사 필기 제1회(1월 26일 시행) ····· 651
- 에너지관리기능사 필기 제2회(4월 6일 시행) ····· 661
- 에너지관리기능사 필기 제4회(7월 20일 시행) ····· 671
- 에너지관리기능사 필기 제5회(10월 11일 시행) ····· 680

2015년
- 에너지관리기능사 필기 제1회(1월 25일 시행) ····· 690
- 에너지관리기능사 필기 제2회(4월 4일 시행) ····· 700
- 에너지관리기능사 필기 제4회(7월 19일 시행) ····· 710
- 에너지관리기능사 필기 제5회(10월 10일 시행) ····· 720

2016년
- 에너지관리기능사 필기 제1회(1월 24일 시행) ····· 730
- 에너지관리기능사 필기 제2회(4월 2일 시행) ····· 740
- 에너지관리기능사 필기 제4회(7월 10일 시행) ····· 749

2017년 에너지관리기능사 필기 CBT 기출복원 문제 ····· 758
2018년 에너지관리기능사 필기 CBT 기출복원 문제 ····· 768
2019년 에너지관리기능사 필기 CBT 기출복원 문제 ····· 778
2020년 에너지관리기능사 필기 CBT 기출복원 문제 ····· 787

2021년	에너지관리기능사 필기 CBT 기출복원 문제	797
2022년	에너지관리기능사 필기 CBT 기출복원 문제	807
2023년	에너지관리기능사 필기 CBT 기출복원 문제	815
2024년	에너지관리기능사 필기 CBT 기출복원 문제 제1회	825
2024년	에너지관리기능사 필기 CBT 기출복원 문제 제2회	836
2025년	에너지관리기능사 필기 CBT 기출복원 문제 제1회	862

• **기출복원 문제란?**
 CBT시행에 따라 저자께서 수검자들의 도움으로 최대한 유형에 가깝게 복원한 문제입니다.
 앞으로도 높은 적중률을 위해 노력하겠습니다.

출제기준 안내

직무분야	환경·에너지	중직무분야	에너지·기상
자격종목	에너지관리기능사	적용기간	2026.1.1 ~ 2028.12.31
직무내용	에너지 관련 열설비에 대한 기기의 설치, 배관, 용접 등의 작업과 에너지 관련 설비를 정비, 유지관리 하는 직무이다.			
필기검정방법	객관식	문제수	60	시험시간	1시간

필기과목명	주요항목	세부항목
열설비 설치, 운전 및 관리	1. 보일러 설비 운영	1. 열의 기초 2. 증기의 기초 3. 보일러 관리
	2. 보일러 부대설비 설치 및 관리	1. 급수설비와 급탕설비 설치 및 관리 2. 증기설비와 온수설비 설치 및 관리 3. 압력용기 설치 및 관리 4. 열교환장치 설치 및 관리
	3. 보일러 부속설비 설치 및 관리	1. 보일러 계측기기 설치 및 관리 2. 보일러 환경설비 설치 3. 기타 부속장치
	4. 보일러 안전장치 정비	1. 보일러 안전장치 정비
	5. 보일러 열효율 및 정산	1. 보일러 열효율 2. 보일러 열정산 3. 보일러 용량
	6. 보일러설비설치	1. 연료의 종류와 특성 2. 연료설비 설치 3. 연소의 계산 4. 통풍장치와 송기장치 설치 5. 부하의 계산 6. 난방설비 설치 및 관리 7. 난방기기 설치 및 관리 8. 에너지절약장치 설치 및 관리
	7. 보일러 제어설비 설치	1. 제어의 개요 2. 보일러 제어설비 설치 3. 보일러 원격제어장치 설치
	8. 보일러 배관설비 설치 및 관리	1. 배관도면 파악 2. 배관재료 준비 3. 배관 설치 및 검사 4. 보온 및 단열재 시공 및 점검
	9. 보일러 운전	1. 설비 파악 2. 보일러가동 준비 3. 보일러 운전 4. 보일러 가동후 점검하기 5. 보일러 고장시 조치하기
	10. 보일러 수질 관리	1. 수처리설비 운영 2. 보일러수 관리
	11. 보일러 안전관리	1. 공사 안전관리
	12. 에너지 관계법규	1. 에너지법 2. 에너지이용 합리화법 3. 열사용기자재의 검사 및 검사면제에 관한 기준 4. 보일러 설치시공 및 검사기준 5. 기계설비법

memo

보일러설비 및 구조

제1장 열 및 증기

제2장 보일러 종류 및 특성

제3장 보일러 부속장치 및 부속품

제4장 보일러 효율 및 열정산

제5장 연료 및 연소장치

제6장 보일러 자동제어

구민사는 당신의 **합격**을 응원합니다.

에·너·지·관·리·기·능·사

PART 1

CHAPTER 01 열 및 증기

1-1 온도(temperature)

뜨겁다, 차갑다의 정도를 나타내는 척도. 즉, 분자 운동 상태의 세기를 표시하는 척도를 온도라 한다.

(1) 섭씨 온도[℃] Centigrade

표준 대기압($1.0332[kg/cm^2]$ · $760[mmHg]$) 하에서 순수한 물의 빙점을 0, 끓는 점을 100으로 하여 두 점 사이를 100등분한 눈금 사이를 $1[℃]$라 한다.

(2) 화씨 온도[℉] Fahrenheit

섭씨와 동일 조건하에 순수한 물의 빙점을 32, 끓는 점을 212로 두 점 사이를 180등분한 눈금 사이를 $1[℉]$라 한다.

섭씨와 화씨와의 관계식

$$\frac{℃}{100} = \frac{(℉-32)}{180}$$ 에서

① $℃ = \frac{5}{9}(℉ - 32)$

② $℉ = \frac{9}{5}℃ + 32$

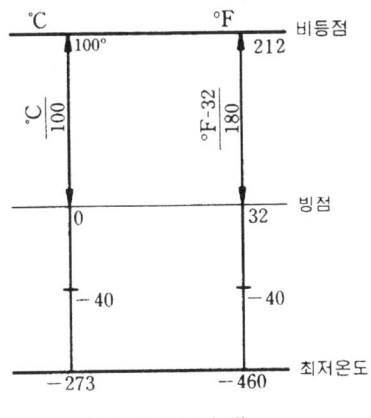

〈℃와 ℉의 관계〉

(3) 절대 온도[K] Kelvin

기체의 체적은 일정 압력하에서 1[℃] 강하함으로 0[℃]를 기준으로 할 때 그 상태체적이 $\frac{1}{273.15}(=0.0037)$씩 감소하며, 따라서 분자 운동 에너지가 0이 되는 $-273.15[℃]$를 절대 0도로 기준한 온도이다(섭씨의 절대 온도).

> * 절대 온도의 증감에 따라 체적의 변화가 나타나므로 관계성립을 잘 이해해야 한다.
> * 온도의 기본단위는 K 이다.

(4) 절대 온도[R] Rankine

화씨의 절대 온도로 K와 동일한 상태이며, 섭씨와 화씨의 등분차로 약속한 온도이다.

🔹 **온도 관계식**

① $K = ℃ + 273.15$ ② $R = ℉ + 460$

$R = K \times \frac{9}{5}$ $R = K \times 1.8$ $K = \frac{5}{9} \times R$

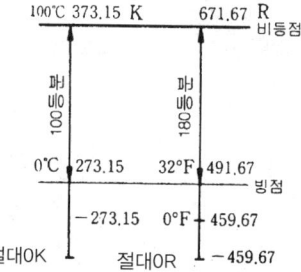

1-2 압력(pressure)

압력이란 단위면적당 작용하는 수직방향의 힘을 말한다. 단위로는 kg/cm^2를 게이지상 나타내며 mH_2O, $mmHg$, N/m^2(M.K.S 단위), $dyne/cm^2$(C.G.S 단위), bar 등이 있다.

(1) 표준 대기압(atm)

토리첼리의 진공 시험압력으로 0[℃]의 수은주 760[mmHg]에 상당하는 압력이다.

$$P = rh = 13,595[kg/m^3] \times 0.76[m]$$
$$= 10332[kg/m^2] = 1.0332[kg/cm^2]$$

$\begin{bmatrix} P : 압력[kg/m^2] \\ r : 비중량[kg/m^3] \\ h : 높이[m] \end{bmatrix}$

$1[atm] = 760[mmHg] = 1.0332[kg/cm^2 \cdot a] = 10.332[mH_2O] = 14.7[lb/in^2 a]$
$= 1013[mbar] = 101325[N/m^2] = 101325[Pa] = 0.101325[MPa]$

(2) 공학 기압(ata)

$1[at] = 1[kg_f/cm^2] = 735.5[mmHg] = 10[mH_2O] = 14.2[psi]$
$= 0.098[MPa] ≒ 0.1[MPa]$

❖ $1[kg/cm^2] = 10000[mmH_2O] = 10000[kg/m^2]$
  즉, $kg/m^2 = mmH_2O$, $N/m^2 = Pa$

(3) 절대 압력(abs) (진공도 100[%])

완전 진공을 기준으로 계산된 압력(absolute)
절대 압력 = 대기압 + 게이지 압력
         = 대기압 - 진공 게이지 압력

(4) 게이지 압력(atg) (진공도 0[%])

대기압을 0으로 계산된 게이지가 측정한 압력
게이지 압력 = 절대 압력 - 대기 압력

(5) 진공 압력(atv)

대기압보다 압력이 낮은 압력
진공도 = $\dfrac{\text{진공 압력}}{\text{대기 압력}} \times 100[\%]$

1-3 열량(heat quantity)

열량이란 열의 출입에 따라 온도의 변화를 시키는 원인이며, 물질의 분자운동 에너지의 한 형태를 말한다. 즉, 보유하고 있는 물체의 에너지량을 열량이라 한다.

1. 열량의 분류

(1) Kcal

순수한 물 1[kg]을 1[℃] 상승시키는 데 필요한 열량. 즉, 15℃[kcal] : 순수한 물 1[kg]을 표준 대기압 하에서 14.5[℃]에서 15.5[℃]로 1[℃] 상승시키는 데 필요한 열량

(2) BTU(British Thermal Unit)

순수한 물 1[lb]를 1[℉](60.5[℉]에서 61.5[℉]) 상승시키는데 필요한 열량
  1[kg] = 2.205[lb] 1[℃] = 1.8[℉]
  ∴ 1[kcal] = 2.205 × 1.8 = 3.968[BTU]

(3) CHU(Centigrade Heat Unit)

순수한 물 1[lb]를 1[℃](14.5[℃]~15.5[℃]) 상승시키는 데 필요한 열량

1[kcal]=2.2045=2.205[CHU]

kcal	BTU	CHU	KJ
1	3.968	2.205	4.1867
0.2520	1	0.5556	1.0550
0.4536	1.800	1	1.8990
0.23885	0.94783	0.52657	1

2. 열량의 단위 관계

- **열량의 단위** : kcal、BTU、CHU、Wh、kWh、HPh、Psh、erg、dyne-cm
- **동력의 단위** : (공률이라고도 한다.)

  HP(Horse Power), PS(Pferde Starke), kW(Kilo Watt)

  kg・m/sec, ft・lb/sec 등이며 상호 관계는

$$\begin{cases} 1[PS]=75[kg・m/s]=632.3[kcal/h] \\ 1[HP]=76[kg・m/s]=641.6[kcal/h] \\ 1[kW]=102[kg・m/s]=860[kcal/h] \end{cases}$$

※ 1[kW]=1[KJ/s]=3600[KJ/h]

1-4 비열(specific heat)과 열용량

어떤 물질 1[kg]을 1[℃]만큼 올리는데 필요한 열량을 비열이라 하고 다음과 같이 표시한다. C : 비열(kcal/kg℃, kcal/Nm³℃, BTU/lb℉, CHU/lb℃)은 상태변화 과정에 따라 그 값이 다르고, 고체의 경우 열팽창에 따른 열량은 무시되므로 비열 C는 일정하다고 할 수 있다.

(1) 비열비

정압 비열과 정적 비열의 비를 말한다.

$$k = \frac{C_p}{C_v} > 1 \text{ 공기의 경우 } k=1.4$$

C_p(정압 비열) : 압력이 일정한 상태에서의 기체 비열
C_v(정적 비열) : 체적이 일정한 상태에서의 기체 비열
  즉, $C_p > C_v$

(2) 물질의 비열

물질마다 다르며 변화 온도에 대해서도 다르다.
① 물 → 1[kcal/kg℃] = 4.186[KJ/kg°K]
② 증기 → 0.44[kcal/kg℃] = 1.84[KJ/kg°K]
③ 공기 → 0.24[kcal/kg℃] = 1.01[KJ/kg°K]
④ 얼음 → 0.5[kcal/kg℃] = 2.1[KJ/kg°K]
⑤ 중유 → 0.45[kcal/kg℃] = 1.88[KJ/kg°K]
⑥ 배기가스 → 0.33(0.34)[kcal/kg℃] = 1.42[KJ/kg°K]

(3) 비열식

$$C = \frac{Q}{G[t_2 - t_1]} \text{ [kcal/kg℃]} \qquad Q = GC\Delta t \quad \cdots\cdots\cdots \text{ 현열량}$$

$$C = \frac{Q}{G} \qquad\qquad\qquad Q = GC \quad \cdots\cdots\cdots \text{ 열용량}$$

- C : 비열[kcal/kg℃]
- Q : 열량[kcal]
- G : 질량[kg]
- t_1 : 처음 온도[℃]
- t_2 : 나중 온도[℃]

(4) 열용량[kcal/℃]

어떤 물질의 온도를 1[℃] 변화시키는데 필요한 열량

❖ 질량이 동일할 때 열용량이 크면 비열이 크다.

$$\text{열용량} = G \times C \text{ [kcal/℃]}$$

- G : 질량[kg]
- C : 비열[kcal/kg℃]

1-5 현열(감열)과 잠열

(1) 현열(감열)

물질상태의 변화없이 온도가 변화하는데 필요한 열량

$$Q = GC\Delta t$$

(2) 잠열

온도의 변화없이 상태가 변화하는데 필요한 열량

$$Q_r = G \times \text{잠열}$$

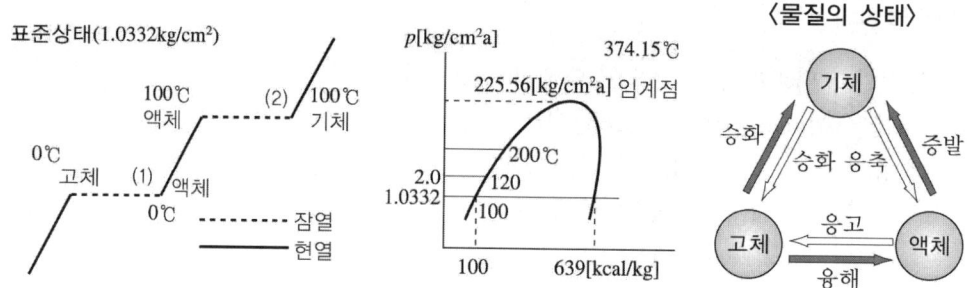

〈물질의 상태〉

① 얼음의 융해 잠열 → 약 80[kcal/kg] 79.68(0[℃]에서) = 335[KJ/kg]
② 물의 증발 잠열 → 약 539[kcal/kg] 538.8(100[℃]에서) = 2256[KJ/kg]

❖ 압력이 상승되면 잠열은 감소되고 포화온도는 상승한다. 그러므로 고압 보일러에서는 잠열이 감소하므로 순환을 강제 순환하게 된다.

1-6 열역학의 법칙

(1) 열역학 제0의 법칙(열평형의 법칙)

두 물질이 또 다른 물질과 열평형을 이루고 있으면 그 물질은 서로 열평형 상태에 있다. 즉, 온도가 높은 물질과 낮은 물질을 접촉시킬 때 온도가 높은 물질에서 낮은 물질로 이동하여 두 물질은 동일한 온도가 된다.

(2) 열역학 제1의 법칙(에너지 보존의 법칙)

열은 일과 같은 것이며 열은 일로, 다시 일은 열로 변화시킬 수 있다.(제 1 종 영구기관)

$$W = J \times Q$$
$$Q = \frac{W}{J} = \frac{1}{J} \times W = AW$$

- W : 일[kg·m]
- Q : 열량[kcal]
- 1J : 0.24[cal]
- J : 열의 일당량(427[kg·m/kcal])
- $\frac{1}{J} = A$: 일의 열당량($\frac{1}{427}$[kcal/kg·m])

❖ **열과 일의 관계**
1[kcal] = 427[kg·m] = 4186[J]

(3) 열역학 제2의 법칙(일을 할 수 있는 능력에 관한 조건적 법칙)

하나의 열원에서 열을 취득하여 그것을 전부 일로 바꾸고 다른 것으로는 아무런 변화를 일으키지 않고 계속하여 작용하는 기관. 즉, 열의 그 자신으로는 다른 물체에 아무런 변화도 주지 않고선 저온의 물체에서 고온의 물체로 이동하지 않는다.

- ❖ **켈빈–플랭크**(Kelvin–Plank) : "고온체로부터 받은 열량을 전부 일로 전환시키는 열기관은 있을 수 없으며 그 일부는 반드시 저온체로 전달되어야 한다. 따라서 열효율이 100[%]인 기관은 만들 수 없다."
- ❖ **클로지우스**(Clausius) : "일을 소비하지 않고 열을 저온체에서 고온체로 이동시킬 수 없다."

(4) **열역학 제3의 법칙**(절대온도(0[K])는 실질적으로 얻을 수 없다[한계적 법칙])

1-7 보일–샬의 법칙

(1) **보일의 법칙**(Boyle's law)

"온도가 일정할 때 기체의 체적은 압력에 반비례한다."

$$P_1 V_1 = P_2 V_2 \qquad PV = 일정$$

P : 압력
V : 체적
T : 절대 온도

(2) **샬의 법칙**(Charle's law)

"압력이 일정할 때 기체의 체적은 절대 온도에 비례한다."

$$\frac{V_1}{T_1} = \frac{V_2}{T_2} \qquad \frac{V}{T} = 일정$$

(3) **보일–샬의 법칙**(Boyle–Charle's law)

"일정량의 기체의 체적은 절대 온도에 비례하고 압력과는 반비례한다."

$$\frac{P_1 V_1}{T_1} = \frac{P_2 V_2}{T_2} \qquad \frac{PV}{T} = 일정$$

1-8 밀도 · 비중량 · 비체적 · 비중

(1) **밀도**(ρ)(Density)

단위체적당 유체의 질량(kg/m³)

$$\frac{질량(kg)}{체적(m^3)}$$

(2) 비중량(γ)(Specific weight)

단위체적당 유체의 중량(kgf/m³)

$$r = \frac{중량(kg)}{체적(m^3)}$$

물은 4[℃]일 때 가장 무겁고 이때를 기준으로 물의 비중량 1[g/cm³]=1[kg/l]=1,000[kg/m³]=1[Ton/m³]

(3) 비체적($\Delta \nu$)(Specific volume)

단위질량당의 체적이며 밀도의 역수(m³/kg)

$$\Delta s = \frac{체적(m^3)}{질량(kg)}$$

❖ 중량 : 중력 가속도를 받은 상태
❖ 질량 : 중력 가속도를 받지 않은 물질 고유의 무게

1-9 엔탈피, 엔트로피(enthalphy, entropy)

(1) 엔탈피(kcal/kg)

열역학 상태량으로 어떤 단위중량당 물질이 가지는 총 에너지 열량

$H = \mu + APV$ μ : 내부 에너지
APV : 유동 에너지

❖ 표준 상태하의 증기 엔탈피
= 639[kcal/kg] [100(현열)+539(잠열)]

(2) 엔트로피(kcal/kgK)

가열량을 가열할 때의 그 상태의 절대 온도로 나눈 값

$$ds = \frac{dQ}{T}$$

1-10 증기

1. 증기의 성질

(1) 증 발

액체 표면부에서 증기가 발생(포화온도 이하)

(2) 비 등

액체 내부에서 증기가 발생하며 액면이 심하게 요동하는 상태

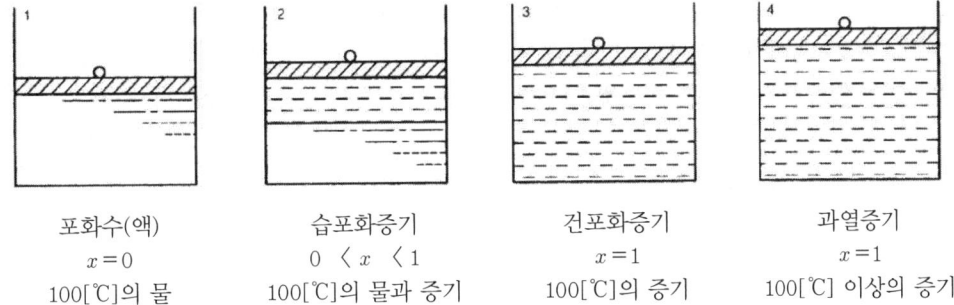

포화수(액)	습포화증기	건포화증기	과열증기
$x=0$	$0 < x < 1$	$x=1$	$x=1$
100[℃]의 물	100[℃]의 물과 증기	100[℃]의 증기	100[℃] 이상의 증기

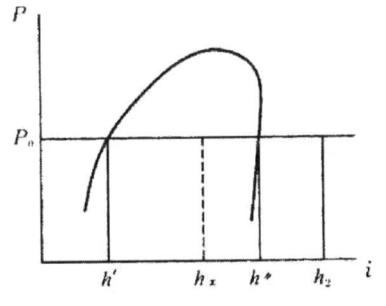

1. 포화수 엔탈피 = 압력에 따라 다르게 된다.
2. 습포화증기 엔탈피 = 포화수 엔탈피 + $x \times$ 잠열
   = 건포화 증기 엔탈피 − $(1-x) \times$ 잠열
3. 건포화증기 엔탈피 = 포화수 엔탈피 + 잠열
4. 과열증기 엔탈피 = 건포화증기 엔탈피 + $C_s \Delta t$

C_s : 증기비열
x : 건조도
Δt(과열도) : 과열 증기 온도 − 포화수 온도
잠열 : 포화증기 엔탈피 − 포화수 엔탈피

$h'' = h' + r, \quad h_x = h' + rx, \quad h_2 = h'' + c\Delta t$

2. 포화증기와 과열증기

(1) 포화수(액)

포화 압력에 도달된 액체 상태로 압력이 높아지면 포화 온도도 상승하게 된다.

(2) 습포화 증기

포화액과 포화 상태가 서로 공존하고 있는 상태, 즉 발생증기가 수분을 포함한 상태로 관내의 부식 및 수격작용의 원인이 된다.

(3) 건포화 증기

증기만이 존재된 포화 상태의 증기로 수분이 포함되지 않은 증기

(4) 과열 증기

건포화 증기를 더 가열하여 압력은 변화없이 증기의 온도를 포화 온도보다 높게 한 증기 (속도가 가장 빠르다)

❖ 포화 압력이 상승하면 포화 온도는 높아지게 되나 증발잠열은 작아지게 된다. 또한 증기가 가지는 엔탈피는 많아져 열의 이용도가 높게 된다.
❖ 건조도(x)가 1인 상태가 가장 양호한 증기이다.

표준 대기압(1.0332[kg/cm^2])에서
    100[℃] 건포화증기 엔탈피 : 639[kcal/kg]
임계점 : 어떤 온도에서 증발현상없이 액체로부터 기체로 변하는 기점을 말하며 이때의 온도 및 압력을 임계온도, 임계압력이라 한다.
  • 임계온도 : 647.15K(374.15[℃])
  • 임계압력 : 22.65MPa(225.65[kg/cm^2])
    ☐ 증기압력이 상승하면 증발잠열은 감소하여 임계점 상태에서 0이 된다.

예상문제

1 다음 식 중 섭씨 온도와 화씨 온도와의 상관관계를 바르게 표현한 것은?

① $℃ = \dfrac{9}{5} + 32$
② $℉ = \dfrac{5}{9} \times (℃ - 32)$
③ $\dfrac{180}{℃ - 32} = \dfrac{100}{℉}$
④ $\dfrac{℃}{100} = \dfrac{℉ - 32}{180}$

2 섭씨 온도란?

① 물의 끓는 점을 0[℃], 어는 점을 200[℃]로 한 것이다.
② 물의 끓는 점을 32[℃], 어는 점을 212[℃]로 한 것이다.
③ 물의 끓는 점을 212[℃], 어는 점을 32[℃]로 한 것이다.
④ 물의 끓는 점을 100[℃], 어는 점을 0[℃]로 한 것이다.

3 다음 중 계기 압력을 구하는 식은?

① 절대 압력 - 대기압
② 절대 압력 + 대기압
③ 기준 압력 - 대기압
④ 기준 압력 + 대기압

4 화씨온도 212°F를 섭씨온도로 환산하면 몇 도인가?

① 18℃   ② 100℃
③ 112℃   ④ 126℃

5 다음 중 온도의 기본단위는 어느 것인가?

① ℃   ② ℉
③ R   ④ K

1.해설
① 섭씨 온도는
$\dfrac{℃}{100} = \dfrac{℉ - 32}{180}$ 이므로
$℃ = \dfrac{100(℉ - 32)}{180}$
그러므로 $℃ = \dfrac{5}{9}(℉ - 32)$ 이다.

② 화씨 온도는
$\dfrac{℃}{100} = \dfrac{℉ - 32}{180}$ 이므로
$℉ = \dfrac{180℃}{100} - 32$
그러므로 $℉ = \left(\dfrac{9}{5}\right)℃ + 32$ 이다.

2.해설
① 섭씨 온도 : 표준대기압하에서 물의 빙점을 0[℃] 비등점을 100[℃]로 하여 이 사이를 100 등분한 것.
② 화씨 온도 : 표준대기압하에서 물의 빙점을 32[℉] 비등점을 212[℉]로 하여 이 사이를 180 등분한 것.

3.해설
절대압력 = 대기압 + 계기압력,
계기압력 = 절대압력 - 대기압

4.해설
$℃ = \dfrac{5}{9}[℉ - 32] =$
$\dfrac{5}{9}(212 - 32) = 100℃$

5.해설
기본단위 : 물리량의 측정에 있어서 없어서는 아니될 원초적인 단위
(길이 : m, 질량 : kg, 시간 : sec, 온도 : K, 전류 : A, 광도 : cd, 물질의 양 : mol)

ANSWER 1.④ 2.④ 3.① 4.② 5.④

6 1kcal는 약 몇 J(줄)의 열량에 해당되는가?

① 4.2J ② 0.24J
③ 2,400J ④ 4,186J

6. 해설
1kcal=4.18kJ=4,186J

7 30℃의 물 300kg과 80℃의 물 300kg을 혼합하면 그 물의 온도는?

① 32℃ ② 42℃ ③ 52℃ ④ 55℃

7. 해설
$$\frac{300 \times 1 \times 30 + 300 \times 1 \times 80}{300 \times 1 + 300 \times 1} = 55$$

8 어떤 물의 온도가 59[°F]로 측정되었다면 켈빈도(절대 온도)로는 얼마인가?

① 15[K] ② 288[K]
③ 475[℃] ④ 47[K]

8. 해설
$K = t[℃] + 273$ 이므로 먼저
$℃ = 5/9(F-32) = 5/9(59-32)$
$= 15[℃]$이므로
$K = 15 + 273 = 288$이다.

9 깊이가 5[m]인 수조의 바닥에 가해지는 수압[kg/cm²]은 얼마인가?

① 0.25 ② 0.5 ③ 2.5 ④ 5

9. 해설
$10[mH_2O] = 1[kg/cm^2]$이므로
$5[mH_2O] = 0.5[kg/cm^2]$이다.

10 완전한 진공을 0으로 기준한 압력을 무엇이라 하는가?

① 표준 압력 ② 계기 압력
③ 절대 압력 ④ 대기 압력

10. 해설
① 게이지 압력 : 대기압을 0으로 기준하여 측정
② 절대 압력 : 완전진공을 0으로 기준하여 측정. 그러므로 절대 압력=게이지 압력+대기압=대기압-진공압

11 표준 기압을 나타내는 것으로 적당하지 않은 것은?

① 1.0332[kg/cm²] ② 10.332[mAq]
③ 101325[N/m²] ④ 980[mbar]

11. 해설
표준 대기압(atm)=760[mmHg]
=10332[cmAq]=10.332[mAq]
=10332[kg/m²]=1.0332[kg/cm²]
=14.7[lb/in²]=1013[mbar]

12 1공학 기압을 옳게 나타낸 것은?

① 1[atm] ② 14.2[lb/in²]
③ 760[mmHg] ④ 1033.6[cmH₂O]

12. 해설
공학기압=1[kg/cm²]
=735.56[mmHg]=10000[mmH₂O]
=10000[kg/m²]=14.2[lb/in²]
=980[mbar]

13 게이지 압력이 10.34[kg/cm²]이고, 대기압이 1.02[kg/cm²]일 때 절대 압력은 얼마인가?

① 9.27[kg/cm²] ② 11.36[kg/cm²]
③ 11.3732[kg/cm²] ④ 10.35[kg/cm²]

13. 해설
절대 압력=게이지 압력+대기압이므로
10.34+1.02=11.36[kg/cm²abs]

ANSWER 6.④ 7.④ 8.② 9.② 10.③ 11.④ 12.② 13.②

14 20[kg/cm²]의 압력을 mmHg로 나타내면 얼마인가?

① 5420
② 14710
③ 24720
④ 37420

14.해설
1[kg/cm²]=735.56[mmHg]이므로
20×735.56=14710[mmHg]

15 다음 중 압력의 단위가 아닌 것은?

① dyne
② atm
③ psi
④ mmHg

15.해설
① 힘의 단위

16 대기압을 기준점 0으로 하여 측정하는 압력을 무엇이라 하는가?

① 절대압
② 진공압
③ 게이지압
④ 공학기압

16.해설
게이지 압력이란 대기압을 0으로 기준한 압력이다.

17 다음의 압력 크기 중 값이 다른 하나는?

① 1[psig]
② 0.71[lb/fi²]
③ 0.0703[kg/cm²]
④ 2.036×25.4[mmHg]

17.해설
1[kg/cm²]=14.2[psig]
=735.56[mmHg]로 1[psig]
=1/14.2=0.07[kg/cm²]
=51.8[mmHg]이다.

18 열량의 값 중 1[BTU]는 몇 kcal에 해당하는가?

① 5.26
② 0.252
③ 3.968
④ 4.53

18.해설
1[kcal]=3.968[BTU]=2.2[CHU]
이고 1[BTU]=0.252[kcal]
=0.5556[CHU]이다.

19 열량의 단위인 kcal 중 15[℃ kcal]은 표준 기압하에서 어떻게 정의된 것인가?

① 순수한 물 1[kg]을 0[℃]로부터 1[℃] 올리는데 요하는 열량
② 순수한 물 1[kg]을 0[℃]로부터 100[℃]까지 올리는데 필요한 열량의 1/100 을 말한다.
③ 순수한 물 1[kg]을 14.5[℃]로부터 15.5[℃] 올리는데 필요한 열량
④ 순수한 물 1[kg]을 15[℃]로부터 1[℃] 올리는데 요하는 열량

19.해설
1[kcal]=표준 대기압하에서 순수한 물 1[kg]을 14.5~15.5[℃]까지 온도 1[℃] 높이는데 소요되는 열량
1[BTU]=표준 대기압하에서 순수한 물 1[lb]를 60.5~61.5[°F] 높이는데 소요되는 열량
1[CHU]=표준 대기압하에서 순수한 물 1[lb]를 14.5~15.5[℃]로 온도 1[℃] 높이는데 소요되는 열량

20 1[BTU]와 관계가 없는 것은?

① 0.252[kcal]
② 1[°F]
③ 1[lb]
④ 0.453[kcal]

20.해설
1[BTU]=0.252kcal

ANSWER 14. ② 15. ① 16. ③ 17. ② 18. ② 19. ③ 20. ④

21 순수한 물 1[lb](파운드)의 온도를 1[℃] 변화시키는데 소요되는 열량은?

① 1[kcal]　　② 1[CHU]
③ 1[BTU]　　④ 1[cal]

21.해설
1CHU = 순수한 물 1[lb](파운드)의 온도를 1[℃] 변화시키는데 소요되는 열량

22 [J]은 몇 cal의 열량에 해당하는가?

① 4.2　② 0.24　③ 2.4　④ 1,000

22.해설
1[J] = 0.24cal

23 다음 중 열량의 단위가 아닌 것은?

① 줄(J)　　② 칼로리(kcal)
③ 뉴톤(N)　④ 와트시(wh)

23.해설
N(뉴톤)은 힘의 단위이다.

24 다음 중 10[℃]의 물 1[kg]이 90[℃]의 물로 가열될 때 흡수된 열량에 가장 가까운 것은?

① 8,000[cal]　　② 800[cal]
③ 80[kcal]　　　④ 8[kcal]

24.해설
온도 변화에 따른 열량은 현열이므로
$Q = G.C.\Delta t = 1 \times 1 \times (90-10)$
$= 80[kcal]$

25 물의 온도를 올리는데 필요한 열량은?

① 잠열　　② 기화열
③ 숨은열　④ 현열

25.해설
현열 : 상태는 변하지 않고 온도가 변하는 것
잠열 : 온도는 변하지 않고 상태가 변하는 것

26 열용량에 대한 설명으로 옳은 것은?

① 어떤 물질 1[kg]의 온도를 1[℃] 변화시키기 위하여 필요한 열량
② 어떤 물질의 온도를 1[℃] 변화시키는데 필요한 열량
③ 열의 많고 적음을 나타내는 량
④ 정적비열에 대한 정적비열을 백분율로 표시한 값

27 어떤 액체 연료 1ton의 온도를 25℃에서 50℃까지 올리는데 필요한 열량은? (단, 이 연료의 비열은 0.65kcal/kg·℃이다.)

① 11,950kcal　　② 16,250kcal
③ 19,500kcal　　④ 95,000kcal

27.해설
$Q = G \times C \times \Delta t$
$= 1,000 \times 0.65 \times (50-25)$
$= 16,250kcal$

ANSWER 21.②　22.②　23.③　24.③　25.④　26.②　27.②

28 체적 V, 비중 P, 비열 C인 물질의 열용량은 다음 어느 것으로 표시하는가?

① PCV
② V/CP
③ P/CV
④ $P+CV$

28.해설
① 비열 : 어떤 물질 1[kg]을 온도 1[℃] 높이는데 소요되는 열량 (kcal/kg ℃) 또는 어떤 물질 1[kg]의 열용량
② 열용량(kcal/℃) : 어떤 물질의 온도를 1[℃] 높이는데 소요열량 열용량=비열(kcal/kg℃)×질량(kg) 여기서 질량=비중×체적이다.

29 건조포화증기 100[℃]의 엔탈피는?

① 373[kcal]
② 460[kcal]
③ 539[kcal]
④ 639[kcal]

29.해설
건조포화 증기 엔탈피(h'')=포화수 엔탈피(h_1)+잠열(r)이므로 100+539=639[kcal]이다.

30 어떤 압력하에서 포화수의 엔탈피를 i', 물의 증발잠열을 γ, 건조도를 x라 할 때, 습포화증기의 엔탈피 i''를 구하는 식은?

① $i''=i'+\gamma x$
② $i''=i'+\gamma+x$
③ $i''=i'+x$
④ $i''=i'+\gamma$

30.해설
습포화 증기 엔탈피=포화수엔탈피+증발잠열×건조도

31 물의 임계 압력하에서 잠열은?

① 539[kcal/kg]
② 1,000[kcal/kg]
③ 0[kcal/kg]
④ 639[kcal/kg]

31.해설
• 임계점
액체와 기체간의 구별이 없는 점
• 임계 압력 : 225.65[kg/cm² abs]
• 임계온도 : 374.15[℃]
[특징]
① 증발 현상이 없으므로 증발 잠열은 0[kcal/kg]이다. ② 포화수와 포화증기간의 비중량이 같다.

32 보일러 운전 중 증기 압력이 높아지면?

① 포화 온도가 낮아진다.
② 포화수 엔탈피가 많아진다.
③ 증발 잠열이 증가한다.
④ 포화수 비중이 높아진다.

32.해설
증기 압력이 상승하면 증발 잠열은 감소한다.

33 다음은 증기에 대한 설명이다. 옳지 않은 것은 어느 것인가?

① 증기의 압력이 높아지면 현열은 증가한다.
② 증기 압력이 증가하면 증발 잠열은 증대된다.
③ 증기의 압력이 높아지면 전열량은 증대된다.
④ 증기의 압력이 높아지면 포화 온도는 높아진다.

33.해설
증기 압력이 높아지면 증발 잠열은 감소한다(임계점에서의 증발 잠열은 0[kcal/kg]).

ANSWER 28. ① 29. ④ 30. ① 31. ③ 32. ② 33. ②

34 과열 증기 사용시의 장점 중 틀린 것은 어느 것인가?

① 열효율이 증가한다.
② 증기 소비량을 감소시킨다.
③ 보일러 관내의 물 때가 적어진다.
④ 습증기로 인한 부식을 방지한다.

34.해설
과열증기 사용 시 잇점
① 열효율 증가
② 증기 소비량 감소
③ 수격작용 방지
④ 마찰저항 감소 및 부식방지

35 과열증기에 대하여 설명하였다. 맞는 것은?

① 포화증기에서 압력을 높여 만든 증기이다.
② 포화증기에서 압력을 바꾸지 않고 다만 온도만 상승시킨 증기이다.
③ 포화증기에서 압력과 온도를 동시에 높여서 만든 증기이다.
④ 포화증기의 압력을 높이고 온도만을 높여서 만든 증기이다.

35.해설
과열증기란 압력 변화없이 온도만 상승 시킨 것

36 열역학의 기본법칙으로 일종의 에너지보존법인 것은?

① 열역학 제3법칙 ② 열역학 제2법칙
③ 열역학 제0법칙 ④ 열역학 제1법칙

36.해설
• 열역학 제1법칙=에너지보존의 법칙
일과 일은 에너지의 일종으로 열을 일로 일을 열로 환산이 가능하며 이들의 관계비는 일정.
$Q = A \cdot W$ $W = J \cdot Q$ 이다.
• 1[kWh]=102[kg·m/sec] 이므로
$Q = A \cdot W$
$= (1/427) \times 102 \times 3{,}600$
$= 860$[kcal]
• 1[HPh]=75[kg·m/sec] 이므로
$Q = A \cdot W$
$= (1/427) \times 75 \times 3{,}600$
$= 632$[kcal]

37 증발잠열이 0이고, 물과 증기의 구분이 없어지는 상태의 압력 및 온도를 무엇이라고 하는가?

① 포화점   ② 임계점
③ 비등점   ④ 기화점

37.해설
증발현상 없이 액체가 기체로 변하고 점으로 증발 잠열이 0이다.

38 압력 8kg/cm², 건조도가 85%인 습증기 100kg의 체적은?
(단, 압력 8kg/cm²인 포화증기의 비체적은 0.245m³/kg)

① 15.6m³   ② 20.8m³
③ 24.4m³   ④ 32.7m³

38.해설
$100 \times 0.85 \times 0.245 = 20.825 m^3$

39 열의 일당량으로 옳은 것은?

① $\dfrac{1}{427}$ kcal / kg$_f$ · m   ② 427kg$_f$ · m/ kcal
③ 539 kcal / kg$_f$ · m   ④ $\dfrac{1}{539}$ kg$_f$ · m/kcal

39.해설
$Q = A \cdot W$ $W = J \cdot Q$ 이다.
Q : 열량 W : 일량
J : 열의 열당량
A : 일의 일당량
• 일의 열당량 : A
$(1/427)$[kcal/kg·m]
• 열의 일당량 : J
427[kg·m/kcal]

Answer 34.③ 35.② 36.④ 37.② 38.② 39.②

40 5kcal의 열을 전부 일로 변환하면 몇 kgf·m인가?

① 50kgf·m
② 100kgf·m
③ 327kgf·m
④ 2,135kgf·m

40.해설
J=427kg·m/kcal
∴ 427×5=2,135kgf·m

41 샬의 법칙은 모든 기체의 온도가 1[℃] 상승에 따라 체적이 증가한다면 몇 배나 증가하는가?

① 22.4배
② 1/273
③ 1/700
④ 1/800

41.해설
① 보일의 법칙 : 온도가 일정할 때 기체의 체적은 압력에 반비례
② 샬의 법칙 : 압력이 일정할 때 기체의 체적은 그 절대 온도에 비례
(온도1[℃] 상승에 $\frac{1}{273.15}$ 씩 증가)
③ 보일·샬의 법칙 : 일정량의 기체의 체적은 그 절대 온도에 비례하고 압력에 반비례

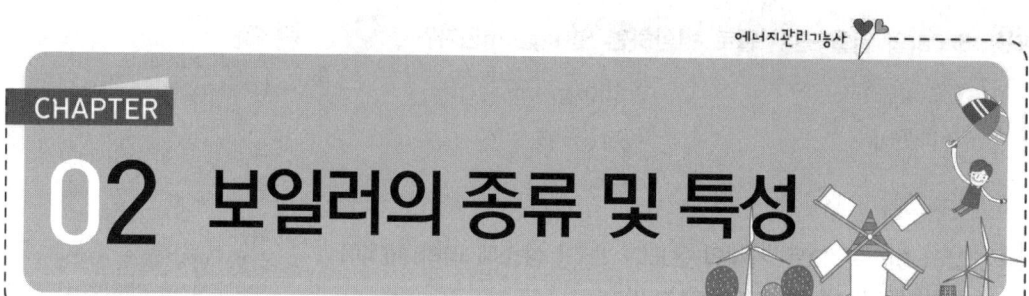

CHAPTER 02 보일러의 종류 및 특성

2-1 보일러(Boiler)의 개요 및 분류

1. 보일러(Boiler)의 정의

밀폐된 용기 속에 물 또는 열매체를 넣고 가열하여 증기 또는 온수를 발생시키는 장치를 보일러라고 한다.

> **열매체 종류** : 수은, 다우섬, 카네크롤액, 모빌썸
> **열매체 사용 시 잇점** : ① 고온 저압의 증기를 얻는다.
> ② 동결의 우려가 없다.
> ③ 급수처리가 필요 없다.

2. 보일러 3대 구성

(1) 보일러 본체

동(drum)과 관(tube)으로 되어 있으며 노내에서 연료의 연소열을 받아 동내의 수 또는 매체를 가열하여 증기 또는 온수를 발생시키는 부분(동, 수관군, 연관군)

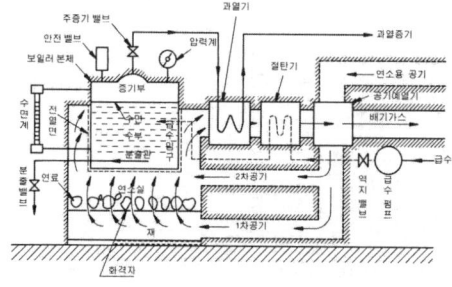

〈보일러 구조〉

(2) 연소 장치

사용 연료를 연소(燃燒)시키는 장치로 화염 및 고온의 연소 가스를 발생시킨다.(연소실, 연도(煙道), 연돌(煙突, 굴뚝), 버너, 화격자 등)

(3) 부속 설비

보일러의 효율적인 운전 및 안전운전을 위한 장치(급수 장치, 안전 장치, 송기 장치, 폐열회수 장치, 통풍 장치, 제어 장치 등)

3. 보일러의 분류

사용장소, 형식, 방법 등에 따라 다음과 같이 분류한다.
① 사용 장소 : 육용 보일러, 선박용 보일러
② 동의 축심 : 횡형 보일러, 입형 보일러
③ 노의 위치 : 내분식 보일러, 외분식 보일러
④ 사용 형식 : 둥근형 보일러, 수관 보일러
⑤ 이동 여하 : 정치 보일러, 운반 보일러
⑥ 본체 구조 : 노통 보일러, 연관 보일러

〈보일러의 종류〉

보일러의 종류			
원통형	입 형		입형 횡관식, 입형 다관식(연관식), 코크란
	횡 형	노 통	코르니시(cornish), 랭커셔(lancashire)
		연 관	횡 연관식, 기관차, 케와니(기관차형)
		노통 연관	스코치, 하우덴 존슨, 노통 연관 패키지형
수관식	자연 순환식		바브콕, 쓰네기찌, 타쿠마, 2동 D형, 야로, 3동 A형, 방사
	강제 순환식		베록스, 라몬트
	관 류 식		벤슨, 슐저(sulzer), 엣모스, 람진, 소형 관류
주철제	주철제 섹셔널 보일러		
특수 보일러	특수 액체 보일러		열매체 보일러(수은, 다우삼, 모빌섬, 카네크롤액)
	특수 연료 보일러		버가스(사탕수수의 찌꺼기), 흑회(도시의 연료쓰레기), 소다 회수, 바크(나무껍질)
	폐열 보일러		리히, 하이네
	간접 가열 보일러		슈미트, 레플러

2-2 원통형 보일러(cylindrical boiler)의 구조 및 특성

1. 원통형 보일러

강도상 유리한 점을 들어 원통형으로 제작 구조가 간단하며 관수의 대류가 용이해서 자연 순환에 지장이 없는 본체가 큰 동으로 그 내부에 노통, 연소실, 연관 등을 설비한 보일러이다.

특 징

[장점]
① 구조간단, 취급 용이
② 청소ㆍ검사 용이
③ 보유수량이 많아 부하 변동에 응하기가 쉽다.
④ 급수처리가 수관식 보일러에 비해 까다롭지 않다.

[단점]
① 고압, 대용량에 부적당하다.
② 전열면적이 적어 효율이 낮다.
③ 보유수량이 많아 파열시 피해가 크다.
④ 증발시간이 오래 걸린다.

(1) 입형 보일러

① 입형 횡관식 보일러(Vertical tube boiler) : 일반 입형 보일러에 전열 면적의 증가를 위해 화실 내에 수부를 연결하는 3~4개의 횡관을 설치한 보일러이다.

❖ 횡관의 설치 잇점
① 물의 순환양호 ② 전열면적 증가 ③ 화실판(연소실) 강도 보강

② 입형 연관식 보일러(V smoke tube boiler) : 화실관판과 상부관판 사이에 다수의 연관군을 형성한 것으로 전열면적의 증가와 함께 효율이 다소 향상되었으나 상부관판 부근의 과열로 인한 부식 사고가 문제시된 보일러이다.

❖ 입형으로 제작하면
① 설치장소를 작게 차지한다.   ② 효율은 일반적으로 낮다.
③ 연소실이 좁아 완전연소 곤란 ④ 습증기 발생이 많다.

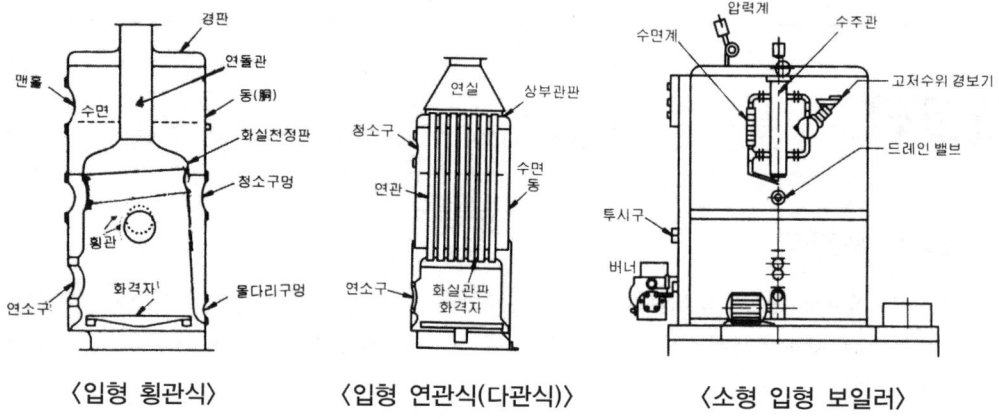

〈입형 횡관식〉   〈입형 연관식(다관식)〉   〈소형 입형 보일러〉

③ 코크란 보일러 : 상부의 동을 크게 하고 중심부의 지름을 작게 하여 연관을 옆으로 배열한 형식으로 반구형으로 제작 고압에 잘 견딜 수 있게 하였으며 연관 상부의 과열을 염려하지 않도록 설계된 보일러이다.

〈입형 보일러의 청소 구멍수와 그 위치〉

설치위치	청소 구멍수	
	동체안지름이 600mm 이상	600mm 미만
물다리 아래부분	3개	2개
앞연소실 천정판 (아랫부분 관판 윗부분)	3개	1개
사용 수위 부근	1개	
입형 보일러에서는 수관을 청소할 수 있는 위치	적당한 갯수	적당한 갯수

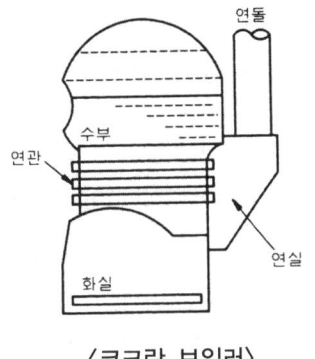

〈코크란 보일러〉

(2) **횡형 보일러**(horizontal boiler)

내분 형식으로 동을 수평으로 배치하여 전열 면적을 증가하였으며 효율도 입형 보일러보다 높아진 보일러이다.

① 노통 보일러(flue boiler)
  ㉮ 코르니시 보일러(Cornish boiler) : 노통이 한 개인 것으로 열가스 흐름을 2[Pass] 이상 주어 전열지연 효과를 나타낸 보일러이다. 노통은 물의 순환을 촉진하기 위하여 편심으로 제작하여 증기압력은 7[kg/cm^2] 내외이다.

  [장점]
    ㉠ 관수의 보유 수량이 많아 부하 변동에 큰 영향이 없다.
    ㉡ 구조가 간단하여 취급이 용이하고 청소, 검사, 수리가 용이하다.
    ㉢ 급수 처리가 간단하다.
    ㉣ 수면이 넓어 기수공발이 적다.

  [단점]
    ㉠ 전열 면적이 형체에 비해 적어 효율이 낮다.
    ㉡ 예열 부하가 커서 부하에 대응하기 어렵다.
    ㉢ 내분식이여서 연료의 질이나 연소 공간의 확보가 어렵다.
    ㉣ 보유수량이 많아 폭발시 피해가 크다.

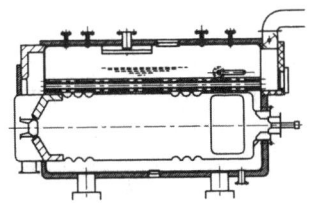

〈코르니시 보일러(유류 연소식)〉

코르니시 보일러 전열면적 계산

전열면적 $H_A = \pi DL$ $\begin{bmatrix} D : 동의\ 안지름[m] \\ L : 동의\ 길이[m] \end{bmatrix}$

내분식 연소 장치의 특징

㉠ 노가 본체로 둘러싸여 형상이나 크기가 제한된다.
㉡ 완전 연소가 어려워 노벽에 검댕(유리탄소)이 축적된다.
㉢ 주위 온도가 냉각되어 노내 온도 상승이 어렵다.
㉣ 열손실은 극히 적다.
㉤ 연료의 질이 양호해야 한다.

완전 연소 구비 조건

㉠ 연료와 공기의 혼합이 양호할 것.
㉡ 연소실 온도가 높을 것.
㉢ 연소 생성물의 완전 연소를 위한 충분한 시간
㉣ 연소실 용적이 클 것.

> ❖ **용어해설**
> - 전열면적 : 연소가스가 접하는 면
> - 연 관 : 연소가스가 지나가는 관(바둑판 모양 배열 : 물의 순환양호)
> - 수 관 : 관속으로 물이 지나가는 관(마름모 꼴로 배열 : 연소가스와 전열면 접촉양호)
> - 안전저수위 : 사용 중 유지해야 할 최저 수위(수면계의 최하부와 일치)
> - 상용수위 : 사용 중 항상 유지해야 할 수위(수면계의 1/2 지점)
> - 수격작용(water hammer) : 응축수가 고속으로 진입되는 증기 압력에 의해 관 및 부속품을 때리는 현상

보일러의 전열면적 계산

㉠ 랭커셔 보일러 $H_A[m^2] = 4Dl$
㉡ 코르니시 보일러 $H_A[m^2] = \pi Dl$
㉢ 입횡관 보일러 $H_A[m^2] = \pi D(H + d_n)$
㉣ 횡연관 보일러 $H_A[m^2] = \pi l \left(\dfrac{D}{2} + d_n \right) + D^2$
㉤ 전기 보일러 $H_A[m^2] = 0.05 \times 최대전력설비용량[kWh]$
㉥ 수관 보일러 $H_A[m^2] = \pi \cdot d \cdot l \cdot n$

$\begin{bmatrix} D : 동의\ 안지름(m) \\ l : 동의\ 길이(m) \\ d : 수관의\ 바깥지름(m) \end{bmatrix}$

즉, 수관은 연소가스와 외경이 접하므로 바깥지름이 전열면적이다.

파형 노통, 평형 노통

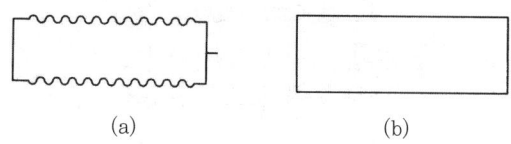

(a)　　　　(b)

(1) 평형 노통 특징
① 제작 용이, 가격 저렴 ② 청소, 검사용이 ③ 열에 의한 신축성 불량
④ 고압에 부적당 ⑤ 강도에 약하다.

(2) 파형 노통 특징
① 열에 의한 신축성 양호 ② 강도에 강하다. ③ 전열면적 증가(평형 노통의 1.4배)
④ 청소, 검사 곤란 ⑤ 제작이 어렵고 가격이 비싸다.

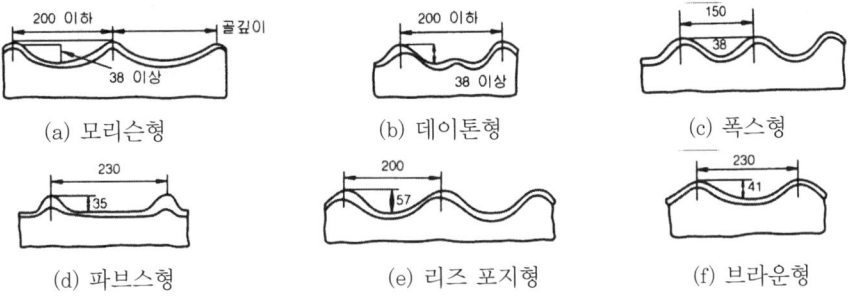

(a) 모리슨형 (b) 데이톤형 (c) 폭스형
(d) 파브스형 (e) 리즈 포지형 (f) 브라운형

〈파형 노통의 종류 및 피치·골의 깊이〉

㉯ 랭커셔 보일러(Lancashire boiler) : 노통이 2개인 것으로 연소 가스가 뒤에서 합쳐 미연소 가스가 다시 완전히 연소할 수 있게 구조한 보일러이다. 설치 면적이 크고, 보유 수량이 많아 난방용 보다는 동력용으로 많이 쓰이며 증기 압력은 15[kg/cm^2] 정도이다.

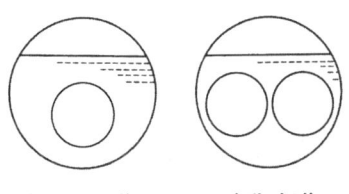

- 코르니시 노통부 길이 3~8[m]
- 랭커셔 노통부 길이 6~10[m]

〈코르니시〉 〈랭커셔〉

▣ 랭커셔 보일러 전열 면적 계산

전열 면적 $H_A = 4DL$ $\begin{cases} D : \text{동의 안지름[m]} \\ L : \text{동의 길이[m]} \end{cases}$

▣ 아담슨 접합(Adamson joint)
노통의 열응력에 따른 신축 문제를 고려 1~2[m] 정도로 분할 제작 플랜지형식으로 접합한 방식으로 강도보강, 열에 의한 수축 팽창 양호

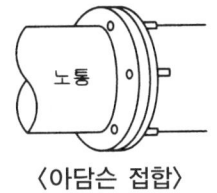

〈아담슨 접합〉

▣ 브리딩 스페이스(Breathing space) : 노통 호흡장소
노통 보일러의 경우 경판과 동판의 강도를 보강하기 위해 가셋트 스테이를 설치하게 되는데 가셋트 스테이의 하단부와 노통 사이의 거리를 브리딩 스페이스라 하고 최소 225[mm] 이상 유지되어야 하고 구루빙 현상(도랑모양의 부식) 방지를 위해 설치되며 경판의 두께에 따라 거리가 달라지게 된다(안전관리 참조).

경판의 두께	13[mm] 이하	15[mm] 이하	17[mm] 이하	19[mm] 이하	19[mm] 초과
브리딩 스페이스의 거리	230[mm]	260[mm]	280[mm]	300[mm]	320[mm]

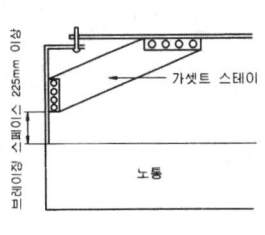

〈브리딩 스페이스의 예〉

〈겔러웨이관〉

❄ 겔러웨이관의 설치 잇점

    ㉠ 물의 순환 양호   ㉡ 전열면적 증가   ㉢ 노통강도 보강

② 연관 보일러(smoke tube boiler)

    ㉮ 횡연관식 보일러(horizontal type) : 외분형식으로 동내부에 다수의 연관군을 수평으로 연결하여 동체의 안지름에 해당하는 전열 면적을 증가시켰으며 보유수량도 많지 않아 증기의 발생시간을 단축하여 이로 인한 시동부하(=예열부하)를 적게하여 사용 후의 부하에 대응하기 쉽게 만든 보일러이다. 증기압력은 10[kg/cm^2] 정도 내외이다.

❄ 노통 보일러에 비해

[장점]

㉠ 외분식 구조로 완전연소 및 고온도의 상승이 용이하다.

㉡ 전열면적이 넓어 대류순환이 잘된다.

㉢ 같은 용량이면 노통 보일러보다 설치면적이 적다.

㉣ 예열부하가 적어 급수요에 응하기 쉽다.

[단점]

㉠ 구조가 복잡하여 취급이 용이하지 않다.

㉡ 급수처리를 요한다.

㉢ 외분식의 경우(횡연관식) 노벽방사손실이 있다.

❄ 외분식 연소 장치의 특징

㉠ 연소실 크기의 제한을 받지 않는다.

㉡ 완전연소가 가능하다.

㉢ 연소효율이 좋아 노내온도 상승이 쉽다.

㉣ 노벽방사손실이 있다.

㉤ 연료의 질에 크게 상관하지 않는다(저질연료라도 연소 양호).

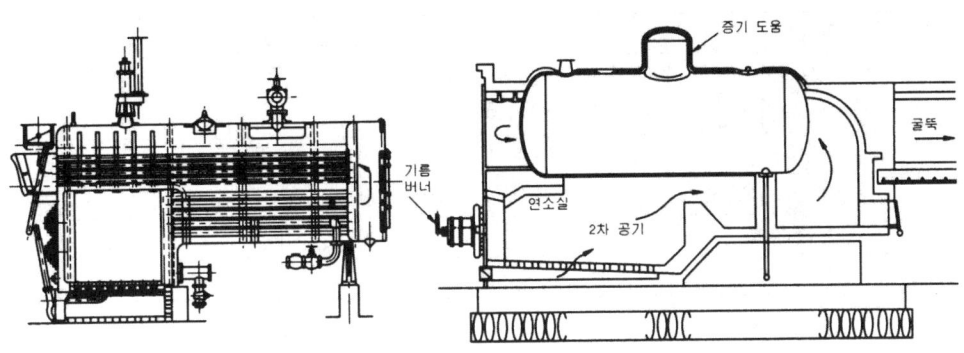

〈내분식 연관 보일러〉 　　　　〈외분식 연관 보일러〉

🔹 **횡연관식 보일러 전열 면적 계산**

전열 면적 $A = \pi L(\dfrac{D}{2} + dn) + D^2$

$\left[\begin{array}{l} L : 동의\ 길이[m] \\ D : 동의\ 안지름[m] \\ d : 연관\ 안지름[m] \\ n : 연관\ 갯수 \end{array}\right.$

🔹 **동(drum)** : 경판(end plate)과 동판(drum plate)의 합을 말한다.

　강도 : 구형 〉 반구형 〉 접시형 〉 평경판

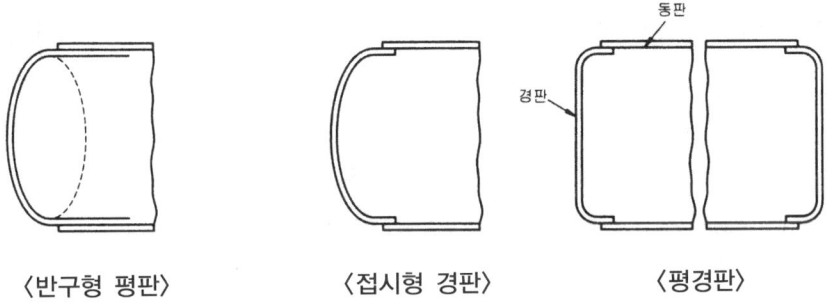

〈반구형 평판〉 　　〈접시형 경판〉 　　〈평경판〉

일반적 동의 수위는 2/3~4/5 정도이며 고수위나 저수위를 만들지 않도록 주의한다.

❖ **고수위시 문제점**
① 동내부에 정상 수위보다 높게 되면 증기부가 적어 건조 증기를 얻기 힘들다.
② 비수현상이 나타난다.
③ 보유 수량이 많아 시동부하가 크고 파열시 피해가 크다.

❖ **저수위시(이상감수) 문제점**
① 공관(주변에 물이 없이) 연소로 인한 파열 사고가 우려된다.
② 관수의 농축으로 과열부식이나 스케일 생성이 빨라진다.

🔹 **버팀(stay)**
　강도가 약한 부분의 강도보강을 위하여 사용되는 이음부분

종 류	사용장소(목적)
관 스테이	연관과 경판 선단 부위에 관을 확관 마찰이나 마모에 견디게 한다.
바 스테이	경판, 화실, 천장판의 강도 보강용
볼트 스테이	평행판의 강도보강(횡연관 보일러)
가셋트 스테이	경판과 동판의 강도보강(노통 보일러)
도리 스테이	화실 천장판의 강도보강(기관차 보일러)
도그 스테이	맨홀, 청소의 밀봉용

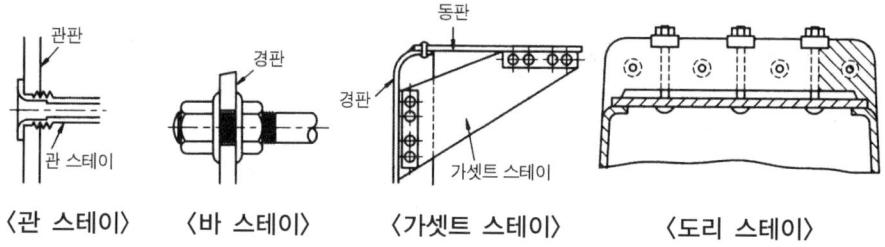

〈관 스테이〉 〈바 스테이〉 〈가셋트 스테이〉 〈도리 스테이〉

- 맨홀 : 타원형(375×275[mm] 이상), 원형(375[mm] 이상)
  - 청소구멍 : 타원형(90×70[mm] 이상), 원형(90[mm] 이상)
    노통연관식 보일러(120×90[mm] 이상)
  - 검사구멍 : 원형(30[mm] 이상)

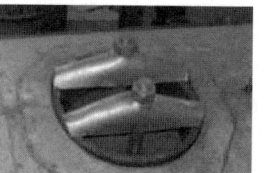

㉯ 기관차 보일러(locometive boiler) : 내분 형식으로 동의 지름이 작고 길이가 긴 보일러이다. 설치면적에 비해 전열면적이 크며 시동부하도 짧다. 좁은 공간속에서 건증기를 얻기 위해 수실 중앙상부에 스팀 돔을 설치하였으며 2중관 형식의 슈미트식 과열기로 동력용 과열증기를 만든다. 배기가스의 원활한 배출을 위해 제트식(steam injector) 흡인통풍을 한다.

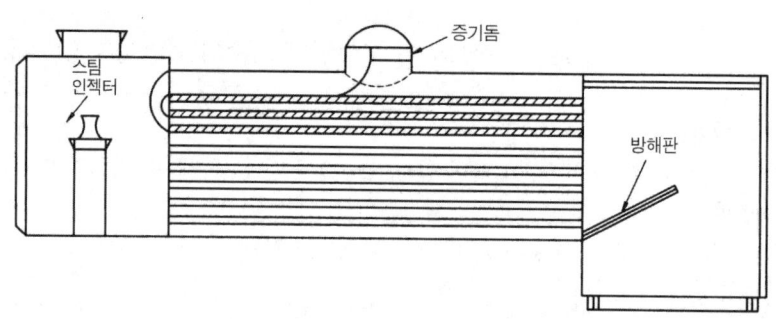

〈기관차 보일러〉

㉰ 케와니 보일러(Kewanee boiler) : 기관차형 보일러라고도 하며 난방전용 보일러로 기관차 보일러의 구조와 동일한 형식이다. 자연통풍방식이며 사용 증기압이 10[kg/cm²] 정도의 고압용이므로 가셋트 스테이, 관 스테이 등을 사용 내압에 대한 강도를 보강했다.

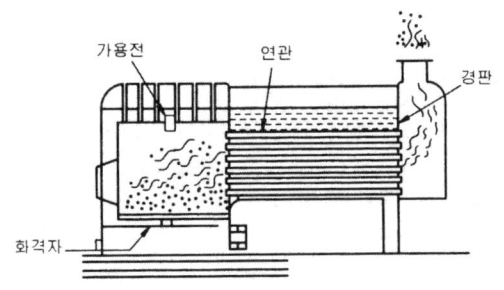
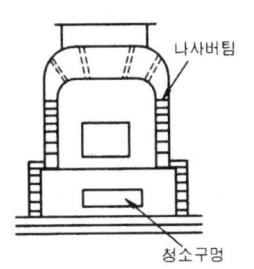

〈연관 보일러의 구조도〉

③ 노통 연관 보일러(flue-smoke tube boiler)
　㉮ 노통 연관 패키지 보일러(package boiler) : 내분형식으로 노통과 연관을 동시에 두어 서로의 결점을 보완하였으며 구조가 치밀한 콤팩트(compact) 구조로 시동 부하를 짧게 했다. 효율이 높아 주로 난방용, 산업용으로 쓰이며 종류도 용도에 따라 다양하다. 사용 압력은 5~10[kg/cm²] 정도이며 최근 자동제어화로 기능을 높여 사용하고 있다.

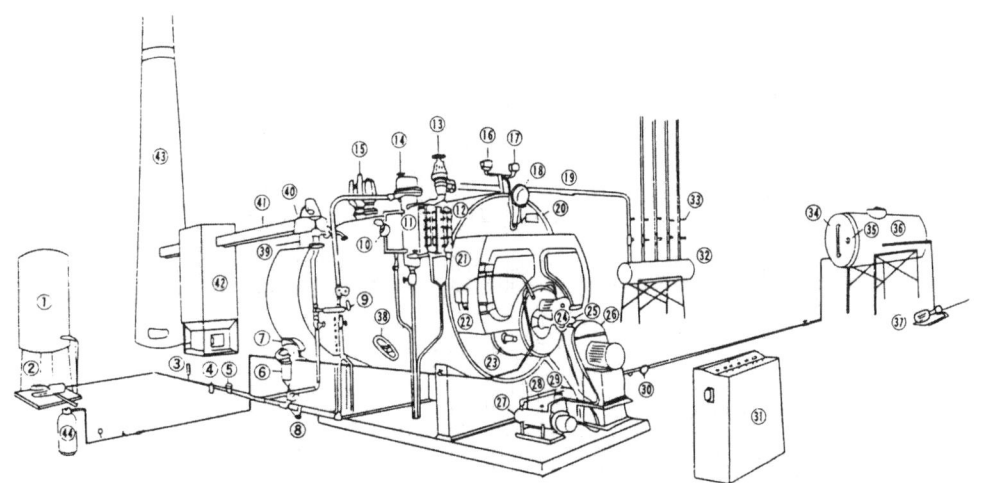

① 물 탱크	⑩ 저수위경보장치	⑲ 신축관	㉘ 연료유 온도계	㊲ 기어 펌프
② 터빈 펌프	⑪ 수주	⑳ 보일러명판	㉙ 유량계	㊳ 맨홀
③ 온도계	⑫ 수면계	㉑ 윈드박스	㉚ 연료여과기	㊴ 배기가스 온도계
④ 여과기	⑬ 주증기 밸브	㉒ 변압기	㉛ 자동제어 판넬	㊵ 통풍기(흡입)
⑤ 수량계	⑭ 보조증기 밸브	㉓ 투시구	㉜ 증기 헤더	㊶ 연도
⑥ 청관제주입구	⑮ 안전 밸브	㉔ 회전식 버너	㉝ 압력계	㊷ 집진기
⑦ 방폭문	⑯ 압력제한기	㉕ 전자 밸브	㉞ 액면계	㊸ 연돌
⑧ 여과기	⑰ 압력조절기	㉖ 송풍기(압입)	㉟ 온도계	㊹ LPG용기
⑨ 인젝터	⑱ 압력계	㉗ 연료예열기	㊱ 서비스 탱크	

〈노통 연관식 보일러〉

[장점]
㉠ 내분식이여서 열손실이 적다.
㉡ 콤팩트한 구조여서 전열면적이 크고 증발능력이 우수하다.

[단점]
㉠ 구조가 복잡하여 청소, 수리 및 급수처리가 까다롭다.
㉡ 증발속도가 빨라, 과열로 인한 스케일부착이 쉽다.

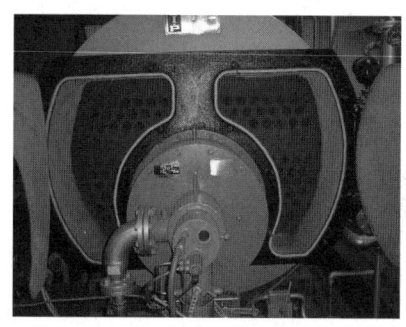

〈노통 연관 보일러〉

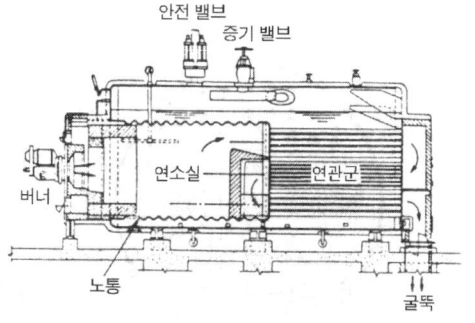

〈노통 연관식 보일러〉

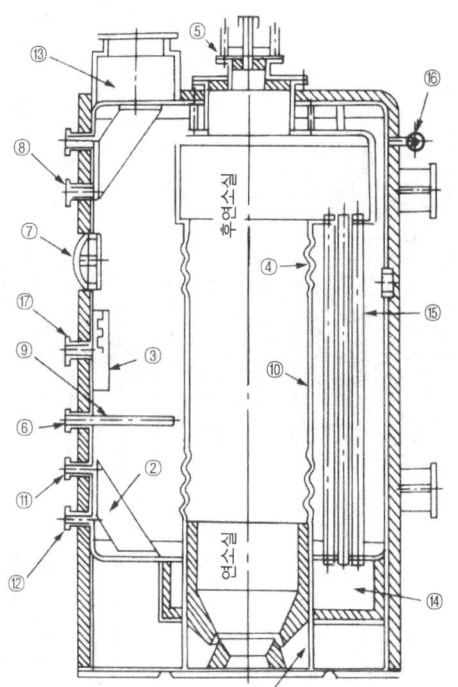

① 윈드 박스
② 가셋트 스테이
③ 비수방지관
④ 파형 노통
⑤ 방폭문
⑥ 급수내관 부착대
⑦ 맨홀(인공)
⑧ 안전 밸브 부착대
⑨ 급수내관
⑩ 평형 노통
⑪ 보조증기 밸브 부착대
⑫ 압력계부착대
⑬ 후연실
⑭ 앞연실
⑮ 연관
⑯ 분출장치
⑰ 주증기 밸브

㈔ 스코치 보일러(Scotch boiler) : 선박용으로 동의 지름은 크나 길이가 짧은 형식으로 보유수량이 많고 설치공간이 적으며 증발율도 높으나 순환이 자유롭지 못하다. 사용 압력은 15[kg/cm^2] 정도이며 북모양의 외형을 나타낸 보일러이다.(습연실형)

㈐ 하우덴-존슨 보일러(Howden-Johnson boiler) : 연소실 주위가 건조한 형식으로 스코치 보일러의 후부 연실에 복잡함을 개조한 형식이다. 사용 압력은 20[kg/cm^2] 정도이며 300~400[℃]의 과열 증기를 발생한다.

□ 보일러 내부에 폐열회수장치를 장착 효율을 극대화한 보일러이다.

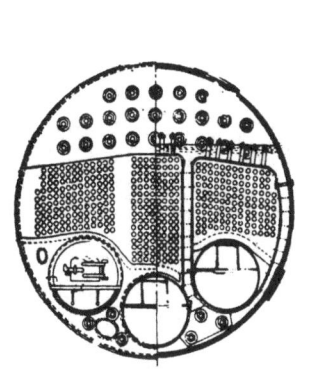
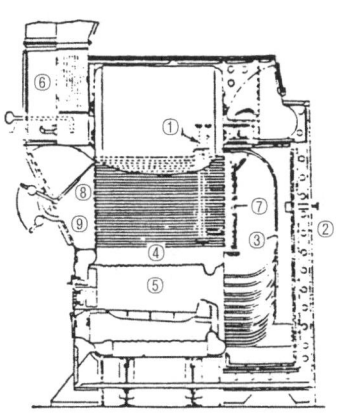

① 과열 저감기
② 슈트 블로워
③ 연소실
④ 연관
⑤ 노통
⑥ 공기 예열기
⑦ 과열기
⑧ 연실
⑨ 댐퍼
⑩ 수관

〈스코치 보일러〉   〈하우덴 존슨 보일러〉

2-3 수관식 보일러(water tube boiler)의 구조 및 특성

일반적으로 상·하부의 드럼에 고압에 견디기 좋은 보일러 열교환기용 합금강 강관(STBA. 이음매 없는 강관)을 사용 연결하여 외분식의 최대 장점인 전열 면적을 최대한 도입할 수 있는 고압 대용량의 보일러이다.

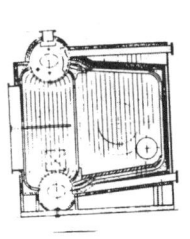
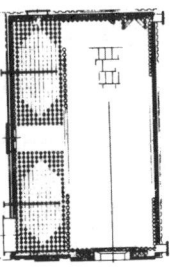

• 고압에 견딜 수 있는 구조는 관의(동) 안 지름이 작을수록 우수하다.

[장점]
㉠ 고온, 고압에 적당하다.
㉡ 설치 면적이 작고 발생열량이 크다.
㉢ 사실상 전체가 전열면이어서 효율이 대단히 높다.
㉣ 외분식이어서 연료의 질에 장애를 받지 않으며 연소 상태도 양호하다.
㉤ 보유수량이 적어 파열시 피해가 적다.

[단점]
㉠ 급수처리가 까다롭다.
㉡ 증발 속도가 너무 빨라 습증기로 인한 관내 장애가 우려된다.
㉢ 구조가 복잡하여 청소, 검사, 수리에 불편하다.
㉣ 제작이 까다로우며 비용도 많이 든다.
㉤ 외분식이어서 노벽으로의 방산손실이 많다.
㉥ 보유수량이 적어 부하 변동에 응하기가 어렵다.

❖ **수냉 노벽** : 수관식 보일러에서 수관을 연소실 주위에 울타리모양으로 배치한 것을 말하며 ① 전열 면적을 증가, ② 복사열을 흡수, ③ 노벽보호, ④ 효율증가 등의 잇점이 있다.

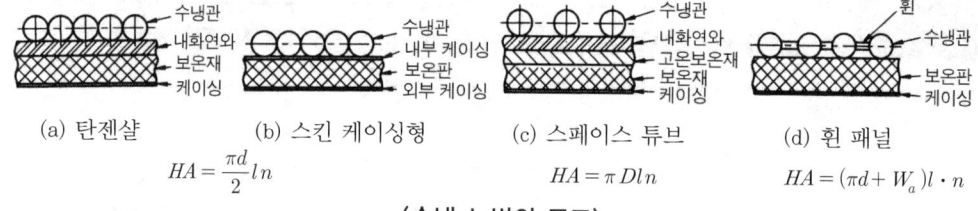

(a) 탄젠샬　　(b) 스킨 케이싱형　　(c) 스페이스 튜브　　(d) 휜 패널

$HA = \dfrac{\pi d}{2} ln$　　$HA = \pi Dln$　　$HA = (\pi d + W_a)l \cdot n$

〈수냉 노벽의 구조〉

1. 수관식 보일러의 분류

(1) 순환방식

자연순환식, 강제순환식, 관류식

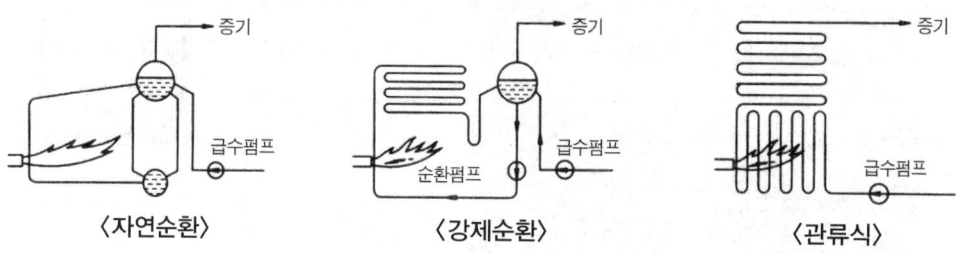

〈자연순환〉　　〈강제순환〉　　〈관류식〉

① **자연순환** : 포화증기와 포화수의 비중력차를 이용한 중력순환방식으로 저압일수록 크게 일어나 능력이 우수하게 된다.
② **강제순환** : 임계압력(225.56[kg/cm² abs])으로 가까와짐에 따라 잠열의 감소로 인한

포화증기와 포화수의 비중력차가 점차 없어져 자연순환으론 순환능력을 상실하게 된다. 이때 특수 펌프를 사용하여 강제순환한다.

③ 관류식 : 미리 정해진 관계로 순환하므로 양호하나 구조상 고압이므로 강제순환하게 된다.

관수의 순환을 촉진하는 방법
㉠ 포화수와 포화증기의 비중차를 크게 한다.
㉡ 관지름을 크게 한다.
㉢ 수관의 경사도를 크게 한다.
㉣ 강수관의 가열을 피한다.

(2) 배열방식

수평관식, 수직관식, 경사식, 곡관식

증기 드럼과 수 드럼의 연결방식에 따라 분류하며 전체 보일러 형태를 설계할 때 설치 면적이나 전열면의 구조 높이 제한에 따라 결정하게 된다. 경사도는 급할수록 순환이 용이하며 곡관식이 열팽창에 유리한 장점을 갖고 있다.

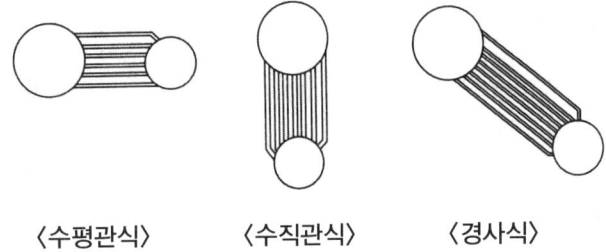

〈수평관식〉   〈수직관식〉   〈경사식〉

(3) 동의 수에 따라

무동형, 1 동형, 2 동형, 3 동형

보일러의 크기, 능력에 따라 동의수를 결정하게 되며 관류형식에서는 순환비가 1 이 되므로 무동형으로 사용한다.

수관식 보일러의 전열면적 계산
① 완전나관 : 전열면적 $H_A = \pi d L n$
② 반나관 : 전열면적 $H_A = \dfrac{\pi d L n}{2}$

$\begin{bmatrix} d : \text{수관의 바깥지름[m]} \\ L : \text{수관의 길이[m]} \\ n : \text{수관의 갯수} \end{bmatrix}$

2. 자연순환식 수관 보일러

(1) 하이네 보일러(Hina boiler)

제철용로에서 폐열을 회수시켜 수관군과 접촉, 열교환을 하는 15°의 경사수관식 자연순환 보일러이다. 직관식이며 연소 장치가 없다.

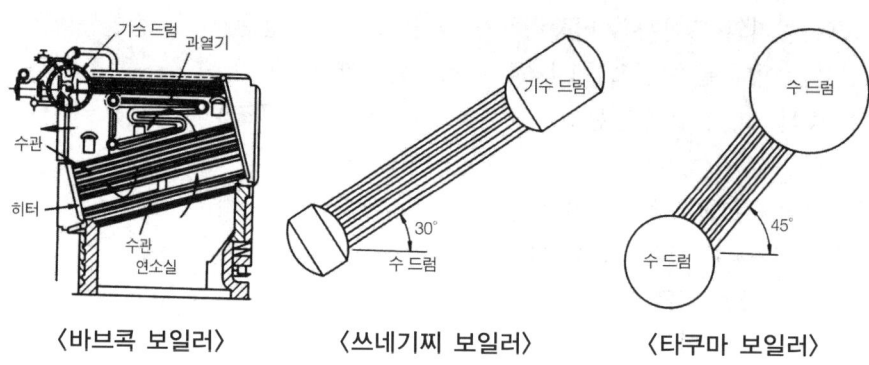

〈바브콕 보일러〉 〈쓰네기찌 보일러〉 〈타쿠마 보일러〉

(2) 바브콕 보일러(Babcok boiler)

상부에 증기드럼을 설치하고 순환이 용이한 헤더(관모음)를 이용 수평에서 15°의 경사로 장착하며, 연소 가스 이용도를 높이기 위해 배플판(baffle-plate)으로 구획을 나눈 조립식 수관 보일러이다. 종류로는 수관과 증기드럼의 설치방식에 따라 WIF형과 CTM형이 있다.

(3) 쓰네기찌 보일러

2동 형식의 직관 자연순환식 보일러이며 수관을 드럼의 경판부에 연결시켜 30° 경사도의 소형 난방용 보일러이다.

(4) 타쿠마 보일러(Takumas boiler)

상부에 증기 드럼 하부에 수 드럼을 설치하여 그 사이에 45°의 경사수관을 연결한 형식으로 중앙에 2중관으로 된 130[mm](내부 90[mm])의 강수관을 두고 주위를 다수의 증발관으로 에워싸 강수관을 가열하지 못하게 함으로 증기 드럼으로 공급된 관수를 수 드럼으로 원활 순환시키는 보일러이다.

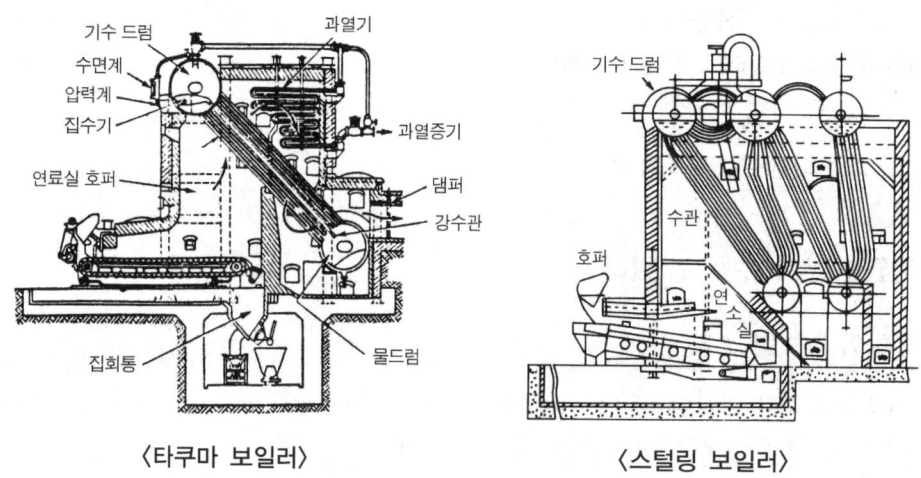

〈타쿠마 보일러〉 〈스털링 보일러〉

🔹 집수기 설치 목적
　　① 관수의 순환촉진　　② 동의 부동팽창방지　　③ 급수내관보호

(5) 2동 D형 보일러

최근 수관식 보일러의 대표적인 것으로 상부에 증기(기수)드럼 하부에 수 드럼을 설치 곡관형식으로 영문자 "D" 자 모양으로 수관을 배열, 관의 신축을 어느 정도 흡수한 보일러이다.

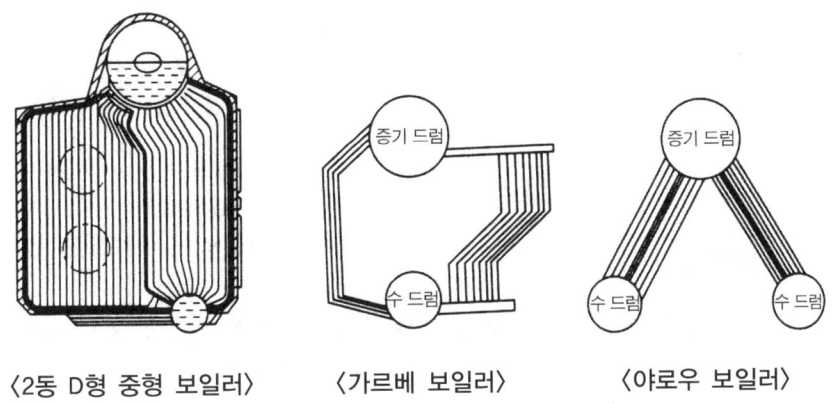

〈2동 D형 중형 보일러〉　　〈가르베 보일러〉　　〈야로우 보일러〉

(6) 가르베 보일러(Garbe boiler)

복사열을 흡수하기 위해 증기 드럼의 높이를 낮추고 전열면의 활용을 위해 급경사형의 사각순환방식의 보일러로 상하부 연결수관에 헤더를 설치 순환을 도운 형식이다(단동곡수관).

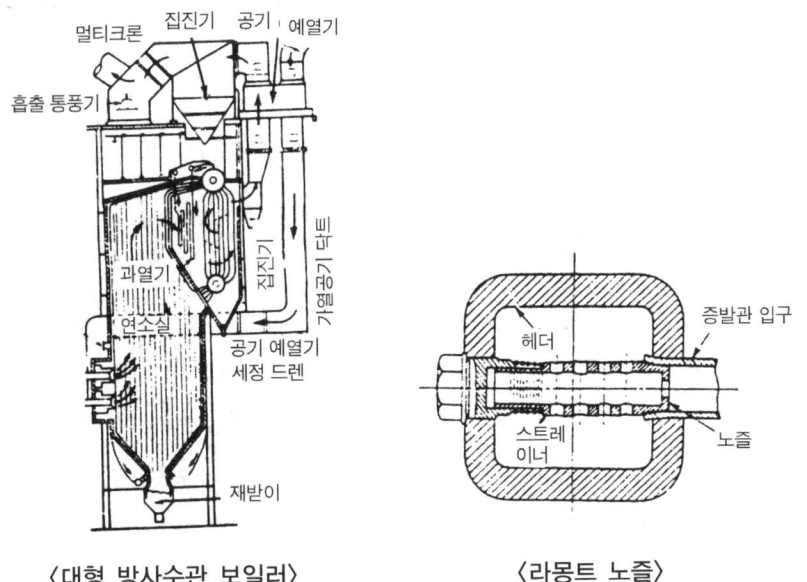

〈대형 방사수관 보일러〉　　　　〈라몬트 노즐〉

(7) 야로우 보일러(Yarrow boiler)

증기 드럼과 수 드럼을 삼각배열로 형성한 것으로 선박용 보일러로 쓰인 형식이다.

(8) 방사수관 보일러(radiation boiler)

외분식 구조의 단점인 방사손실을 줄이기 위해 수냉노벽을 연소실 내벽에 설치한 형식으로 65[%] 정도의 복사열을 흡수하는 대용량의 산업발전용 보일러이다.

(9) 스터링 보일러(stirling boiler)

급경사 곡관식 보일러이며 상부에 기수 드럼 2~3개와 하부에 수드럼 1~2개를 갖는 것으로 관의 양단을 구부려서 각 드럼에 수직으로 결합한 구조의 보일러이다.

3. 강제 순환방식의 수관 보일러

(1) 라몽트 보일러(La Mont boiler)

순환속도가 대단히 빠른 형식으로 동일유속, 관내여과를 위해 라몽트 노즐(Nozzle)을 설치했다. 열전달율이 높아 소형으로도 난방능력이 큰 보일러이다.

(2) 벨록스 보일러(Velox boiler)

가압연소방식의 설치면적이 작고 각 수관사이 폐열회수장치로 장착하여 효율을 90[%] 이상 높인 고성능 강제순환 보일러이다.

특 징
① 노내 가압연소 2.5~3[kg/cm^2]
② 연소가스유속은 200~300[m/s]
③ 열전달율은 다른 보일러의 10~20[배]
④ 순환비는 10~15 정도

(3) 콘트롤드 서큘레이션 보일러(controlled circulation boiler)

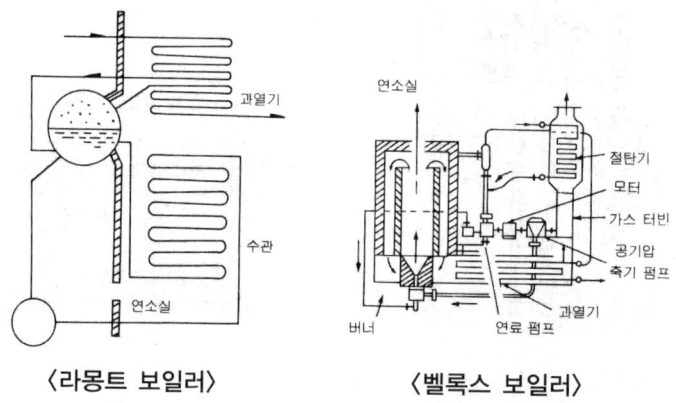

〈라몽트 보일러〉　〈벨록스 보일러〉

4. 관류방식의 수관 보일러

하나의 관계에서 급수 펌프로 공급된 관수가 예열, 증발, 과열이 동시에 일어나는 형식으로 초임계 압력 보일러이다.

(1) 벤손 보일러(Benson boiler)

수관이 병렬로 배치되어 폐열회수능력을 크게 한 형식으로 가장 고압용 대용량의 보일러이다.

🔹 증발관의 배열방법
　① 상승관군 하강관형　　② 미앤더형　　③ 스파이럴형

(2) 슐저 보일러(Sulzer boiler)(모노 튜브 보일러)

벤손 보일러 원리이나 증발부에서 복사증발이 더 큰 형식으로 압력이 낮은 보일러이다.

(3) 소형 관류 보일러(가와사키형)

자동제어의 발달로 취급이 용이해서 최근에 각광을 받는 형식으로 소용량이면서 효율이 높아 가정용 난방, 사우나, 병원 등에서 널리 사용되며 증발량은 규모에 따라 차이가 있으나 0.5[t/h] 정도이다.

🔹 관류 보일러의 장단점

[장점]
㉠ 순환비($\frac{급수량}{증발량}$)가 1 이여서 드럼이 필요없다.
㉡ 고압이므로 증기의 열량이 크다.
㉢ 전열면적이 크고 효율이 높다.
㉣ 가동부하가 짧아 부하측에 대응하기 쉽다.

[단점]
㉠ 자동연소, 온도 제어장치를 설치하여 부하의 변동에 대응해야 한다.
㉡ 급수의 유속을 균일하게 유지해야 한다.
㉢ 완벽한 급수처리를 해야 한다.
㉣ 콤팩트하므로 청소, 검사, 수리가 어렵다.

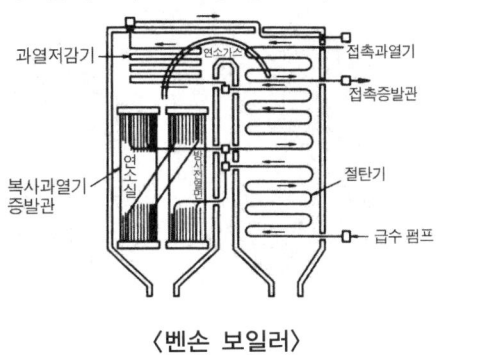
〈벤손 보일러〉

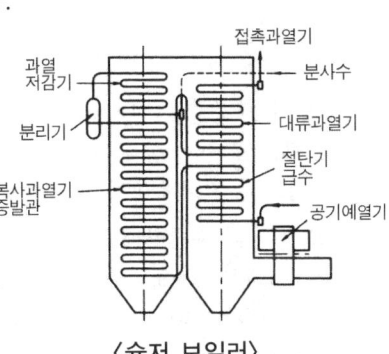
〈슐저 보일러〉

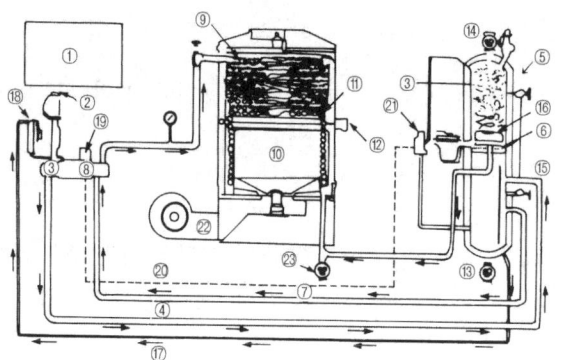

① 물 탱크　　　② 급수입구
③ 급수 펌프　　④ 급수관
⑤ 축압기　　　⑥ 수위
⑦ 순환수관　　⑧ 순환 펌프
⑨ 가열 코일　　⑩ 연소실
⑪ 열조절관　　⑫ 열조절 연료제어
⑬ 수동취출 밸브　⑭ 증기 밸브
⑮ 수면계　　　⑯ 노즐
⑰ 자동취출관　⑱ 자동취출 밸브
⑲ 솔레노이드 펌프　⑳ 전기제어선
㉑ 수위제어　　㉒ 송풍기
㉓ 배수 밸브

〈소형 관류 보일러〉

1. **1종관류보일러** : 강철제보일러중 헤더의 안지름이 150mm 이하이고, 전열면적이 $5m^2$ 초과 $10m^2$ 이하이며, 최고사용압력이 1MPa 이하인 관류보일러(기수분리기를 장치한 경우에는 기수분리기의 안지름이 300mm 이하이고, 그 내용적이 $0.07m^3$ 이하인 것에 한한다)를 말한다.
2. **2종관류보일러** : 강철제보일러 중 헤더의 안지름이 150mm 이하이고, 전열면적이 $5m^2$ 이하이며, 최고사용압력이 1MPa 이하인 관류보일러(기수분리기를 장치한 경우에는 기수분리기의 안지름 200mm 이하이고, 그 내용적이 $0.02m^3$ 이하인 것에 한한다)를 말한다.

(4) **람진 보일러**(ramsin boiler)

(5) **엣모스 보일러**

2-4 주철제 보일러(section boiler)의 구조 및 특성

1. 주철제 보일러(section boiler)

주물로 제작한 형식으로 내부구조를 복잡하게 하여 전열면적이 비교적 큰 형식의 저압용 보일러이다. 조합방식은 전후, 좌우, 맞세움 전후 조합으로 각 섹숀(쪽)을 용량에 알맞게 (5~18쪽) 조절사용되며 살두께는 8[mm] 정도이다.

☐ 형식 승인에서 주철제 보일러란 소용량 보일러 및 수두압 35[m](최고사용압력 0.35MPa (3.5[kg/cm^2]) 이하로서 전열면적이 14[m^2] 이하인 온수 보일러는 제외한다.

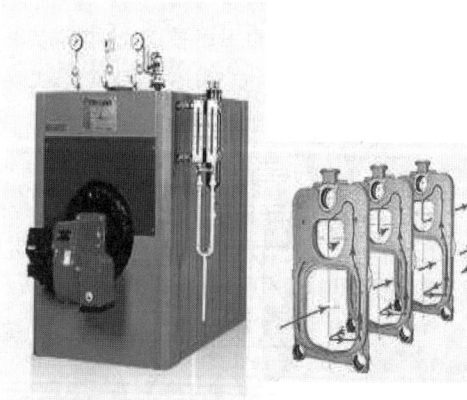

❖ 증기 보일러 : 최고사용압력을 0.1[MPa] 이하(보통 0.3~0.8[kg/cm^2])로 사용
❖ 온수 보일러 : 최고사용수두압 50[mH$_2$O](0.5[MPa]) 이하로 사용
 또한, 증기온도 503K, 온수온도는 393K를 초과하지 말 것
 섹션수는 약 20개 정도, 전열면적은 [50m^2]정도까지가 보통이다.
❖ 주철제 보일러 조합방법
 ① 전후조합   ② 좌우조합   ③ 맞세움 전후조합

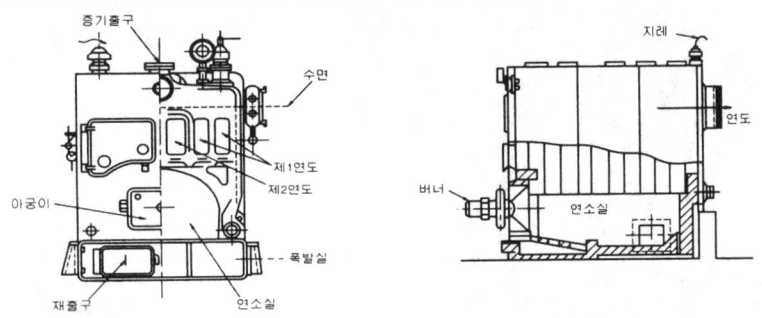

〈주철제 보일러〉

주철제 보일러의 특성

[장점]
㉠ 저압이므로 파열사고시 피해가 적다.
㉡ 주물제작으로 복잡한 구조로 제작이 가능하다.
㉢ 전열면적이 크고 효율이 높다.
㉣ 내식·내열성이 우수하다.
㉤ 섹숀증감으로 용량조절이 용이하다.
㉥ 현장 반입시 조립식으로 유리하다.

[단점]
㉠ 인장 및 충격에 약하다.
㉡ 열에 의한 부동팽창으로 균열이 생기기 쉽다.
㉢ 고압·대용량에 부적당하다.
㉣ 구조가 복잡하므로 내부청소 및 검사가 곤란하다.

2-5 특수 보일러의 구조 및 특성

1. 특수 열매체 보일러

열의 매체를 부동성액체인, 다우섬, 모빌섬, 세큐리티 53, 카네크롤, 수은의 액체로 사용하여 물보다 비열도가 낮은 성질(약 kcal/kg ℃)을 이용 낮은 압력하에서도 고온을 얻어내는 형식의 보일러이다.

❖ **주의** : 특수 유체가 증발할 때 유독성 가스로 변화되거나, 취급시 중금속 오염이 될 수 있으므로 안전 밸브를 밀폐형식으로 하거나 안전한 곳으로 유도할 수 있게 장치해야 한다. 또한 저압력(0.1~0.3MPa)에서 고온(623K)을 안전하고 쉽게 얻을 수 있다.

 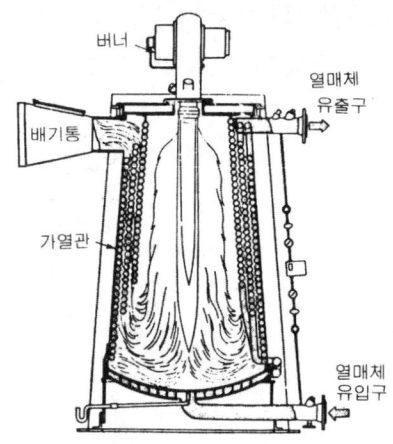

〈열매체 보일러〉　　〈열매체 보일러 구조〉

2. 간접 가열 보일러

고온·고압의 보일러에서는 물이 증발할 때 급수중의 불순물이 관석(scale)이 되어 관벽에 부착하는 일이 현저하게 된다. 따라서 고온·고압 보일러일수록 급수처리를 완벽하게 하기 위하여 여러 장치를 필요로 하고 비용도 증가하게 된다. 이러한 문제를 해결하기 위해 고안된 것이 슈미트·레플러 보일러이다.

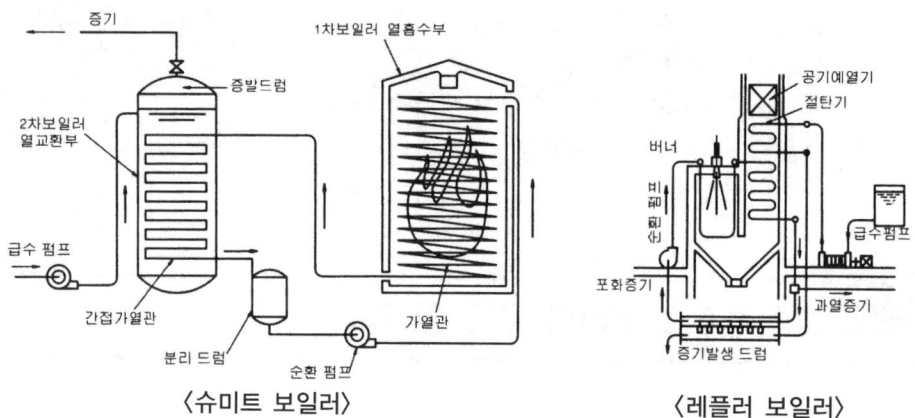

〈슈미트 보일러〉　　〈레플러 보일러〉

3. 폐열 보일러(waste heat boiler)

가열로·용해로·시멘트 가마 등 보일러 이 외의 각종의 열발생장치에서 발생되는 배출

가스 또는 디젤 기관이나 가스터빈으로부터 배출되는 배기가스의 여열을 열원으로 하는 보일러이다. 보일러 본체의 구조는 일반 보일러와 차이가 없으나 배기가스는 경우에 따라 부식성·독성 및 폭발성을 가질 수 있고 또한 분진이 많이 함유된 경우에 전열면을 오손시킬 수 있으므로 배기가스의 유동·노벽의 구조·집진장치 등을 적절히 고려하여야 한다.

4. 특수 연료 보일러

열량이 많이 기대되는 연료는 아니며, 연소후 회, 가스의 처리가 문제시되는 버케스, 바이크, 소다회수, 펄프 폐액 등을 사용하는 보일러이다.

2-6 온수 보일러의 구조 및 특징

난방의 열매체로 온수를 생산 이용하는 방식으로 외관적으로는 증기 보일러와 차이가 없으며 전열면적 14[m²] 이하, 최고사용압력이 0.35MPa(3.5[kg/cm²]) 이하인 보일러를 말한다.

🔹 사용 연료에 따른 분류

유류용·특수 연료용(석탄·목재·톱밥)·혼소용

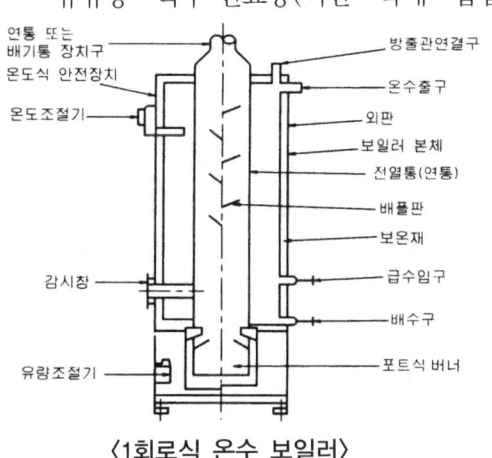
〈1회로식 온수 보일러〉

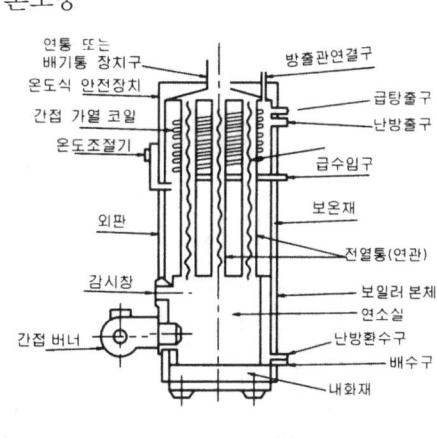
〈2회로식 온수 보일러〉

🔹 가열방식에 따른 분류

① 1회로식 : 보일러 본체안에 물을 저장하고 직접 가열하는 보일러(내압시험 : 0.2MPa(2[kg/cm²])의 압력을 본체 내에 가해 5분 동안 변형 및 누설이 없어야 한다)
② 2회로식 : 보일러 본체안에 또 다른 별개의 간접 가열부를 만들어 물을 가열하는 보일러(보일러 출력과 급탕 출력이 균형이 되도록 설계)

온수 보일러의 버너(연소장치 참조)

① 압력분무식 : 연료 또는 공기 등을 가압하고 노즐로 분무하여 연소시키는 형식
  ㉮ 건형
  ㉯ 저압공기 분무식
② 증발식 : 연료를 포트 등에서 증발시켜 연소시키는 형식
  ㉮ 포트(port)식
③ 회전무화식 : 연료를 회전체의 원심력으로 비산시켜 무화연소
  ㉮ 회전식 버너
  ㉯ 월 플레임(wall flame) 버너
④ 기화식 : 연료를 예열하여 기화시켜 노즐로 분무하여 연소시키는 형식
⑤ 낙차식 : 낙차에 따라 고정한 심지에 연료를 보내어 연소시키는 형식

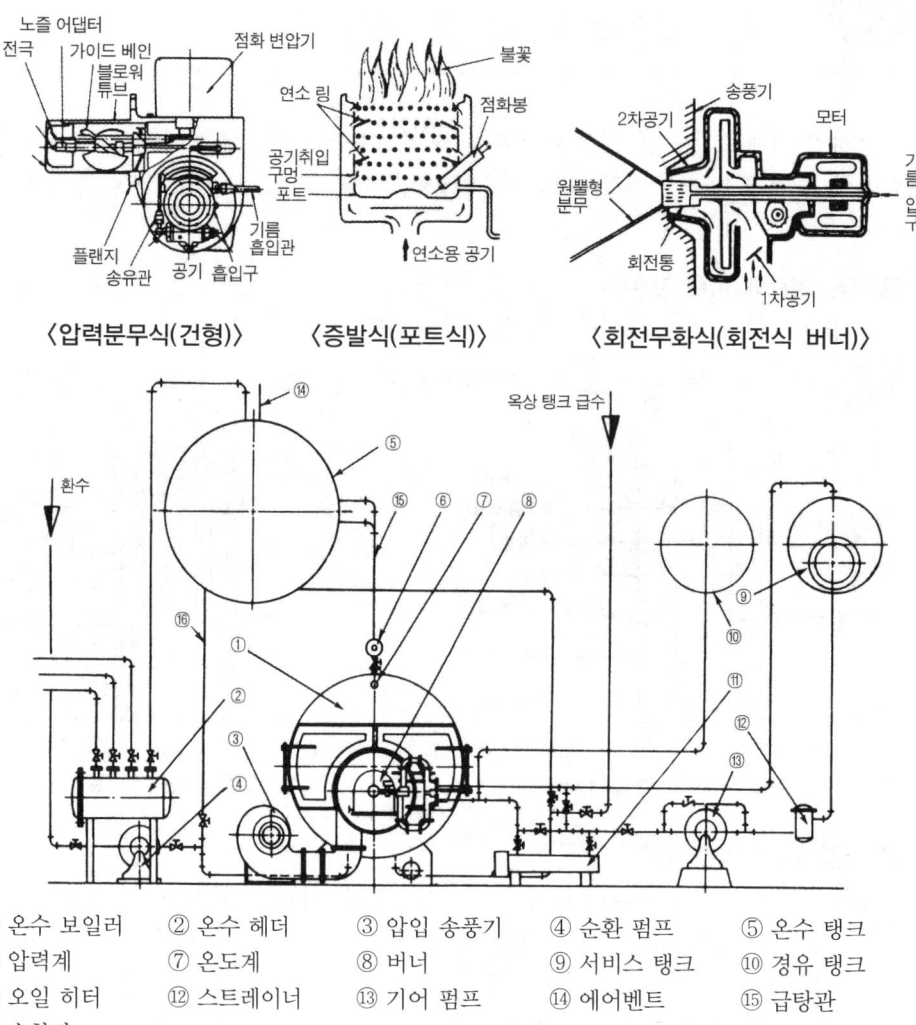

〈압력분무식(건형)〉 〈증발식(포트식)〉 〈회전무화식(회전식 버너)〉

① 온수 보일러 ② 온수 헤더 ③ 압입 송풍기 ④ 순환 펌프 ⑤ 온수 탱크
⑥ 압력계 ⑦ 온도계 ⑧ 버너 ⑨ 서비스 탱크 ⑩ 경유 탱크
⑪ 오일 히터 ⑫ 스트레이너 ⑬ 기어 펌프 ⑭ 에어벤트 ⑮ 급탕관
⑯ 순환관

〈온수 보일러의 구조도〉

전열면적에 따른 (팽창관) 안지름

전열면적[m²]	팽창관의 안지름[mm]
5 미만	25 이상
5 이상	30 이상

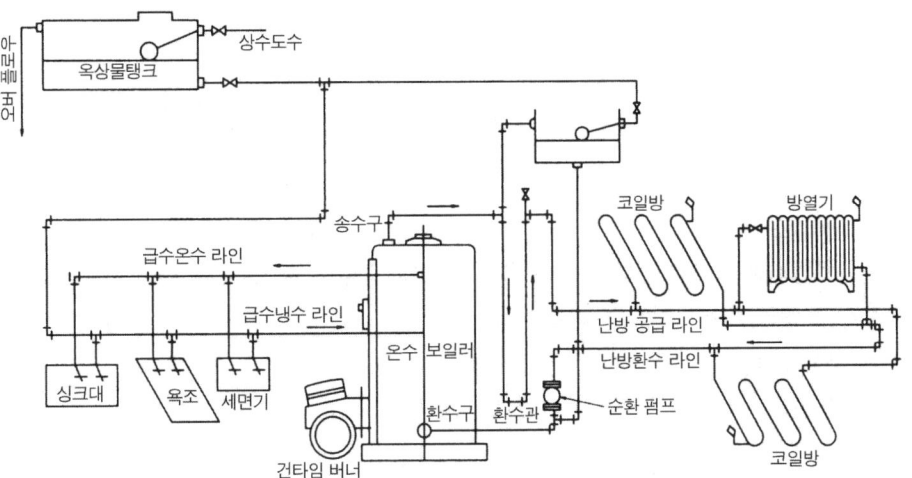

〈온수 보일러 시공의 예〉

온수 보일러 특징(구멍탄 보일러와 비교한)

① 보일러 효율이 높다.
② 매연·부식이 적어 수명이 길다.
③ 설치면적이 작고 취급이 용이하다.
④ 자동제어가 용이하다.
⑤ 청소·검사·수리가 용이하다.

예상문제

1 증기 보일러의 용량은 무엇으로 표시하는가?
① 급수량　　② 급유량
③ 실제 증발량　　④ 상당 증발량

2 노통보일러에서 전열면적을 증대시키고, 물의 순환을 좋게 하고 노통을 보강시키는 역할을 하는 것은?
① 갤로웨이관　　② 압력관
③ 액면관　　④ 스테이관

3 코르니시 보일러나 랭커셔 보일러(Lancashire boiler)의 안전 저수위를 옳게 설명한 것은?
① 노통 최고 부위 100[mm]
② 연관 최고 부위 150[mm]
③ 화실 천정판 최고 부위 75[mm]
④ 연관 길이의 1/3 에 해당하는 곳

4 보일러 1 마력을 상당 증발량으로 환산하면?
① 12.7[kg/h]　　② 15.5[kg/h]
③ 539[kg/h]　　④ 100[kg/h]

5 보일러의 안전 저수위에 관한 사항으로 옳은 것은?
① 사용 중 유지해야 할 최고 수면
② 사용 중 유지해야 할 중간 수면
③ 사용 중 유지해야 할 최저 수면
④ 최고 부하시 유지해야 할 적정 수위

---

1. 해설
• 보일러 용량표시
상당 증발량, 보일러마력, 전열면적, 정격출력, 상당방열면적

2. 해설
노통강도 보강, 물의 순환촉진
: 갤로웨이관

3. 해설
• 각종 보일러 안전 저수위
① 입형 보일러
　㉮ 횡관 보일러 : 화실천장판 최고 부위 75[mm]
　㉯ 연관 보일러 : 상부 연관 전길이 1/3
② 횡형 보일러
　㉮ 노통 : 노통 상부 100[mm]
　㉯ 연관 : 연관 최고 부위 75[mm]
　㉰ 노통연관 : 연관 최고 부위 75[mm](노통이 위일 경우 : 노통 최고 부위 100[mm])

4. 해설
① 상당 증발량 : 1기압하에서 100[℃] 포화수를 100[℃] 포화증기로 만들 수 있는 능력
② 보일러마력 : 1기압하에서 100[℃] 포화수 15.65[kg]을 1시간 동안 100[℃] 포화증기로 만들 수 있는 능력

5. 해설
• 안전 저수위
보일러 운전 중 유지해야 할 최저 수위(수면계 최하부와 일치)

ANSWER　1. ④　2. ①　3. ①　4. ②　5. ③

6 보일러의 운전 중 보일러의 상용 수위는 수면계 길이의 어느 정도가 적당한가?

① 1/3
② 1/2
③ 3/4
④ 4/5

7 보일러 내부의 청소나 검사를 위하여 사람이 들어갈 수 있도록 구멍을 보일러 동체 위쪽에 만든 것을 무엇이라 하는가?

① 맨홀
② 마구리판
③ 겔로웨이관
④ 수평관

8 외부에서 전해준 열을 물과 증기에 전하는 부분은?

① 전열면
② 동체
③ 노
④ 연도

9 원통 보일러에 관한 설명 중 틀린 것은?

① 노통이 1개인 코르니시 보일러와 2개인 랭커셔 보일러가 있다.
② 수관 보일러보다 효율이 떨어진다.
③ 구조가 간단하고 정비·취급이 용이하다.
④ 물이 많으므로 안전면에서 유리하다.

10 코르니시 보일러에서 노통을 한쪽에 치우쳐 만드는 이유는?

① 청소하기 쉬우므로
② 전열면적을 크게 하려고
③ 보일러수 순환을 좋게 하려고
④ 보일러 강판의 강도를 유지하려고

11 자연순환식 수관보일러가 아닌 것은?

① 다쿠마 보일러
② 야로우 보일러
③ 스털링 보일러
④ 코르니시 보일러

6. 해설
• 상용수위
보일러 운전 중 유지해야 할 수위 (동내부수위는 2/3~4/5, 또는 수면계 전길이 1/2)

7. 해설
맨홀 : 청소를 위해 사람이 들어갈 수 있도록 뚫어놓은 구멍을 말함

8. 해설
(1) 전열면적
   연소가스가 접하는 면
(2) 전열면적이 크면
   ① 증기 발생이 빠르다. (급수 요에 응하기 쉽다)
   ② 보일러 효율이 우수하다.

9. 해설
(1) 원통형 보일러 특징
   ① 구조가 간단하고 취급이 용이 ② 급수 처리가 까다롭지 않다(수관에 비해) ③ 고압 대용량에는 사용 부적당 ④ 보유수량이 많아 파열시 피해가 크다. ⑤ 보유수량이 많아 증기 발생시간이 길다. ⑥ 부하 변동에 따른 압력변화가 적다.
(2) 종류
   ① 입형 보일러 : 입형횡관 보일러, 입형연관 보일러, 코크란 보일러
   ② 횡형 보일러
      • 노통 보일러 : 코르니시 보일러, 랭커셔 보일러
      • 연관 보일러 : 횡연관식(외분식), 기관차 보일러, 기관차형(케와니 보일러)
      • 노통연관 보일러 : 노통연관 패키지형 보일러, 하우덴 존슨 보일러, 부르동 카프스 보일러

10. 해설
(1) 노통 보일러
   • 코르니시 : 노통 1개
   • 랭커셔 : 노통 2개
(2) 노통의 종류
   평형 노통, 파형 노통
(3) 파형 노통의 특징
   ① 고열에 의한 신축 조절이 용이 ② 전열면적이 크다(평형의 1.4배) ③ 외압으로부터 강도가 크다. ④ 내부 청소 검사가 곤란 ⑤ 제작이 어렵고 제작비가 비싸다.
(4) 파형 노통의 종류
   브라운형, 리즈포즈형, 파브스형, 디톤형, 폭스형, 모리슨형

11. 해설
자연순환식 보일러 : 다쿠마, 쓰네기찌, 야로우, 스털링 보일러
코르니시 보일러 : 노통보일러

ANSWER 6. ② 7. ① 8. ① 9. ④ 10. ③ 11. ④

12 특수 열매체 보일러의 열매체로 사용되지 않는 것은?

① 다우섬　　　② 수은
③ 카네크롤　　④ 아세틸라이드

12.해설
열매체 : 수은, 다우섬, 카네크롤액 등

13 노통보일러의 특징을 설명한 것으로 틀린 것은?

① 관수의 보유수량이 많아 부하변동에 큰 영향이 없다.
② 급수처리가 비교적 복잡하다.
③ 전열면적이 다른 형식에 비해 적어 효율이 낮다.
④ 수면이 넓어 기수공발이 적다.

13.해설
급수처리는 수관보일러가 더 까다롭다.

14 주로 보일러 경판의 강도를 보강하기 위하여 3각형 모양의 평판을 경판에서 동판에다 비스듬이 부착시킨 버팀은?

① 가셋트 버팀　　② 나사 버팀
③ 경사 버팀　　　④ 시렁 버팀

14.해설
• 스테이(버팀)의 역할
동판과 경판의 강도를 보강함과 동시에 화실벽을 지지
• 종류 : 가셋트 스테이, 튜브 스테이, 볼트 스테이, 경사 스테이, 도그 스테이, 봉 스테이

15 전열면적을 증가시키고 물의 순환을 도우며 노통을 튼튼히 하는 역할을 하기 위해 설치되는 것은?

① 아담스 조인트　② 마구리판
③ 맨홀　　　　　　④ 겔로웨이관

15.해설
• 겔로웨이 튜브의 사용상 잇점
① 노통의 강도를 보강
② 관수 순환이 용이
③ 전열 면적의 증가

16 보일러에서 수부를 넓게 하면 어떤 잇점이 있는가?

① 효율이 낮아진다.
② 부하의 변동이 응하기 쉽다.
③ 건조증기를 얻기 쉽다.
④ 증기에 수분을 포함하기 쉽다.

16.해설
• 수부가 크면
① 부하변동에 따른 압력 변화가 적다.
② 습증기 발생이 심하다.
③ 증발시간이 길며 파열시 피해가 크다.

17 아담슨 조인트(Adamson's joint) 설치 잇점이 아닌 것은?

① 노통의 열에 의한 신축을 조절하기 위해 설치한다.
② 노통의 강도를 증가시킬 수 있다.
③ 노통의 중량을 경감시킬 수 있다.
④ 리벳 이음이 물속에 있으므로 소손의 위험이 적다.

17.해설
• 아담슨 조인트 사용상 잇점
① 외압에 대한 노통의 강도가 증가
② 열에 의한 신축조절이 용이
③ 전열 면적이 증가

Answer 12. ④　13. ②　14. ①　15. ④　16. ②　17. ③

18 다음 중 강제순환식 수관 보일러에 해당하는 것은?

① 케와니 보일러 ② 랭커셔 보일러
③ 라몽 보일러 ④ 슈미트 보일러

19 관류보일러의 특징 설명으로 옳은 것은?

① 증기압력이 고압이므로 급수펌프가 필요 없다.
② 전열면적에 대한 보유수량이 많아 가동시간이 길다.
③ 일반적으로 기수드럼이 없으며 고압용으로 적합하다.
④ 터빈 부하변동에 대해서도 바르고 정확하게 보일러의 부하에 대응시킬 수 있다.

20 다음 보일러 중 효율이 가장 좋은 것은?

① 노통 보일러
② 연관 보일러
③ 직접 보일러
④ 수관 보일러

21 다음 중 수관식 보일러로서 특징에 해당되지 않는 것은?

① 구조상 고압 대용량에 적당하다.
② 보유수량에 비해 전열면적이 크므로 증기발생 시간이 짧다.
③ 보일러수의 순환이 좋고 효율이 높다.
④ 보유수량이 많아 파열시 피해가 크다.

22 연관 보일러에서 연관의 배치를 바둑판 모양으로 배치하는 주된 이유는?

① 연소가스의 흐름을 원활히 하기 위해
② 강도상 유리하기 때문
③ 보일러수의 흐름을 원활하게 하기 위해
④ 연관의 부식 및 스케일 생성을 막기 위하여

23 벤슨 보일러는 어느 형식을 갖는 보일러인가?

① 원통 보일러 ② 관류 보일러
③ 연관 보일러 ④ 강제순환 보일러

18.해설
• 종류
① 자연순환식 : 바브콕 보일러, 쓰네기찌 보일러, 타쿠마 보일러, 가르베 보일러, 2동 D형 패키지형 수관 보일러, 스타링 보일러, 방사 보일러
② 강제순환식 : 라몽 보일러(Lamont boiler), 벨럭스 보일러(Velox boiler)
③ 관류식 : 벤슨 보일러(Benson boiler), 슬러저 보일러, 램진 보일러(Ramsin boiler), 엣모스 보일러

19.해설
관류 보일러 : 드럼이 없이 관으로만 구성

20.해설
원통형 보일러 중 가장 효율이 우수한 것은 노통연관식 보일러로서 효율은 85~90[%] 정도이나 수관 보일러는 90[%] 이상

21.해설
• 수관 보일러의 특징
① 고압 대용량에 적당
② 전열면적이 크므로 보일러효율이 우수
③ 보유수량이 적어 파열시 피해가 적다.
④ 보유수량에 비해 전열면적이 커서 증기 발생이 빠르다.
⑤ 수관의 배치가 자유롭고 보일러수 순환이 양호하다.
⑥ 양질의 급수를 요구
⑦ 급수량의 조절이 곤란
⑧ 부하 변동에 따른 압력변화가 크다.
⑨ 구조가 복잡하여 청소·점검·보수가 곤란
⑩ 제작비가 비싸고 취급에 숙련을 요한다.
⑪ 증기부가 적으므로 기수 공발에 유의

22.해설
• 연관 및 수관의 배열방식
① 연관(바둑판 모양) : 물의 순환을 양호하게 하기 위해
② 수관(마름모꼴) : 열가스의 전열을 양호하게 하기 위해

23.해설
관류보일러 : 벤슨, 슬렌어, 소형관류, 람진, 앳모스보일러 등

ANSWER 18. ③ 19. ③ 20. ④ 21. ④ 22. ③ 23. ②

24 노통 연관식 보일러의 버팀관에 균열이 생기기 때문에 원인을 규명하고 있다. 방법 중 해당하지 않는 것은?

① 과열되지 않았나를 조사한다.
② 압연 기록표로 재질을 확인한다.
③ 화학세관에 사용한 산화 억제제를 분석한다.
④ 현미경 조직 검사를 한다.

25 보일러 본체를 통하는 노통이 2개인 보일러는?

① 코르니시 보일러　② 케와니 보일러
③ 스코치 보일러　④ 랭커셔 보일러

26 수관식 보일러가 비교적 피해가 적은 이유는?

① 수관이 많기 때문
② 관의 지름이 적으므로
③ 고압에 견디므로
④ 전열면적이 크므로

27 다음은 수관 보일러의 잇점이다. 관계없는 것은?

① 급수의 수질에 관계없이 사용할 수 있다.
② 보일러 만수량이 적기 때문에 만일 파열시에도 피해가 적다.
③ 수관 보일러는 고온고압 대용량으로 적당하다.
④ 보일러의 설계에 따라 고효율 보일러를 제작할 수 있다.

28 드럼이 없이 초임계압하에서 증기를 발생시키는 강제순환 보일러는 다음 중 어느 것인가?

① 특수 열매체 보일러　② 2중 증발 보일러
③ 연관 보일러　④ 관류 보일러

29 노통 연관 보일러의 청소 구멍은 어느 위치에 설치하는가?

① 동체 아랫부분
② 동체 측면의 노통이 보이는 위치
③ 앞 경판의 하부
④ 앞 관판의 아랫부분

24.해설
산화 억제제는 부식을 방지하는 약제이다.

25.해설
코르니시 노통 1개, 랭커셔 노통 2개

26.해설
수관보일러는 관지름이 작으므로 고압에 적합하다.

27.해설
수관 보일러는 관속에 물이 차게 되므로 스케일 생성 원인이 크므로 양질의 급수를 요한다.

28.해설
(1) 관류 보일러
드럼이 없이 초임계압하에서 관의 한쪽에서 공급된 급수가 예열-증발-과열되어 고온의 과열증기를 발생하는 보일러
(2) 특징
① 드럼이 필요없으므로 고압 보일러에 접합
② 관의 배치가 자유로워 전체를 콤팩트하게 제작이 가능하다.
③ 전열면적이 크고 보유수량이 적어 증기발생이 매우 빠르다.
④ 보유수량이 적어 파열시 피해가 적다.
⑤ 양질의 급수를 요한다.
⑥ 부하에 따른 압력변화가 크므로 빠른 급수량과 연료량의 자동제어장치가 필요하다.
(3) 관의 배열 방식
미앤더형, 상승관군 하강관군, 스파이럴형
(4) 특수 보일러
① 특수 유체 보일러 : 다우삼액, 카네크롤액, 모빌섬, 세큐리티
② 특수 폐열 보일러 : 리히 보일러, 하이네 보일러
③ 특수 연료 보일러 : 바크, 버킷, 펄프 폐액
④ 간접가열 보일러 : 레플러 보일러, 슈미트 보일러

ANSWER　24. ③　25. ④　26. ②　27. ①　28. ④　29. ①

30 주철제 증기 보일러의 최고 사용압력은 얼마인가?

① 1[kg/cm²] 이하　② 2[kg/cm²] 이하
③ 3[kg/cm²] 이하　④ 4[kg/cm²] 이하

31 노통 보일러의 상용수위는 유리 수면계의 어느 부위와 일치시키는가?

① 수면계 아래에서 2/3 되는 곳
② 수면계 최하부
③ 수면계 최상부
④ 수면계 중심선부

31.해설
• 상용 수위
 보일러 운전중 항상 유지해야 할 수위(수면계의 1/2 지점)
※ 단, 문제에 1/2 지점이 없는 경우에는 2/3 로 한다.

32 수관 보일러의 각 수관들은 어떤 모양으로 배치하는가?

① 직사각형　② 원형
③ 마름모꼴　④ 정사각형

32.해설
연소가스와 전열면적의 접촉을 양호하게 하기 위해서 마름모꼴로 배열한다.

33 보일러 최고사용 압력이란?

① 강도상 허용할 수 있는 최고의 절대압력
② 강도상 허용할 수 있는 최고의 게이지 압력
③ 동체재료의 최대 인장강도와 같은 압력
④ 동체재료의 최소 인장강도와 같은 압력

33.해설
최고사용압력이란? 강도상 허용 가능한 최고사용 게이지 압력이다.

34 수관식 보일러의 장점을 설명한 것 중 틀린 것은?

① 전열면적이 크고 증발율이 크므로 고온고압의 대용량 증기발생에 적합하다.
② 보일러의 효율이 원통 보일러에 비해 우수하다.
③ 드럼의 지름이 극히 작고, 수관의 지름이 작으므로 고압에 잘 견딘다.
④ 순도가 높은 급수를 필요로 하지 않는다.

34.해설
수관식 보일러는 급수처리가 까다롭다.

35 보일러수의 순환력을 크게 하기 위한 방법으로 적당한 것은?

① 재열기를 부착한다.
② 수관을 가능한 한 작게 한다.
③ 수관을 평행으로 배치한다.
④ 강수관이 연소가스로 가열되지 않게 한다.

35.해설
• 자연순환력을 크게 하는 방법
① 비중차를 크게 한다.
② 관 지름을 크게 한다.
③ 적당한 경사도를 둔다.
④ 강수관이 연소가스로 가열되지 않게 한다.

ANSWER　30. ①　31. ④　32. ③　33. ②　34. ④　35. ④

36 내분식 보일러와 외분식 보일러의 연소실의 비교로서 틀린 것은?

① 연소실 내의 온도는 외분식 보일러가 높다.
② 외분식 보일러는 휘발분이 많은 석탄은 적당치 않다.
③ 내분식 보일러는 방사열의 흡수가 좋다.
④ 외분식 보일러는 연료의 선택이 자유롭다.

37 1 보일러 마력을 열량으로 환산하면?

① 8,435[kcal]   ② 9,435[kcal]
③ 7,435[kcal]   ④ 6,435[kcal]

38 초임계압력 이상의 고압증기를 얻을 수 있는 보일러는?

① 노통연관보일러   ② 노통보일러
③ 연관보일러   ④ 관류보일러

39 증기난방과 비교할 때 온수난방에 대한 설명으로 맞는 것은?

① 가열시간이 짧다.
② 방열면적이 적다.
③ 부하변동에 따른 온도조절이 용이하다.
④ 배관의 동결 우려가 크다.

40 소용량 및 소형관류보일러에는 몇 개 이상의 유리수면계를 부착해야 하는가? (단, 단관식 관류보일러는 제외한다.)

① 1개   ② 2개
③ 3개   ④ 4개

36.해설
(1) 내분식 보일러의 특징
  ① 방산에 의한 열손실이 적다.
  ② 연소실 크기의 제한을 받는다.
  ③ 휘발분이 많은 연료는 사용이 부적당
(2) 외분식 보일러의 특징
  ① 연소실의 모양과 크기를 자유로이 조절이 가능
  ② 저질의 연료로도 유효하게 연소
  ③ 연소실 내 온도를 높일 수 있다.

37.해설
보일러 1 마력이 차지하는 상당증발량은 15.65[kg/h]이며, 538.8[kcal/h]×15.65[kg/h]이므로 약 8435[kcal/h]이다.

38.해설
초고압의 증기를 얻을 수 있는 보일러는 수관보일러인 관류보일러이다.

39.해설
온수난방은 가열시간이 길며 온도조절이 용이하다.

40.해설
소용량 및 소형관류보일러에는 1개 이상의 유리수면계를 설치한다.

ANSWER 36.② 37.① 38.④ 39.③ 40.①

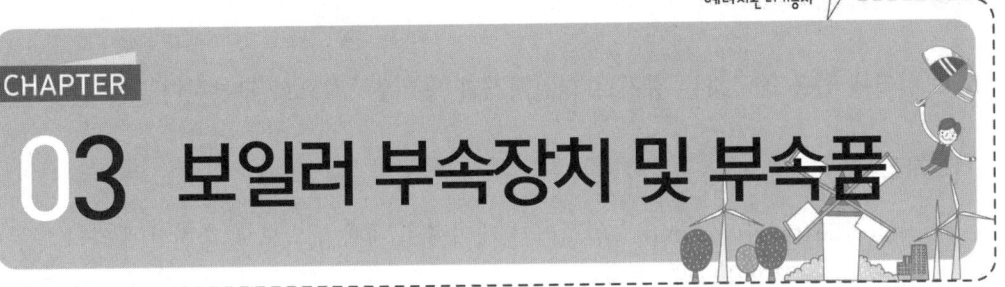

CHAPTER 03 보일러 부속장치 및 부속품

3-1 급수장치

🔸 설치검사 기준

(1) 전열면적 12[m^2](관류 보일러는 100[m^2] 미만) 이하의 증기 보일러 및 소용량 보일러는 1세트로 하여야 한다.
(2) 2세트의 급수장치 중 1세트의 것은 동력으로 운전하는 펌프 또는 인젝터이어야 한다.(적용받지 않는 경우 → 안전관리 참조)
(3) 급수관에 밸브설치시 보일러에 인접하여 급수 밸브와 이에 가까이 체크 밸브(역정지 밸브)를 설비하여야 한다.
(4) 최고사용압력 0.1[MPa(1kg/cm^2)] 미만의 보일러에는 체크 밸브를 생략할 수 있다.
(5) 급수능력은 최대 증발량의 25[%] 이상이어야 한다.

🔸 펌프의 구비조건

① 고온·고압에 견딜 수 있어야 한다.
② 병렬운전에 장애가 없어야 한다.
③ 구조가 간단하고 부하변동에 대응하기에 좋아야 한다.
④ 원심 펌프는 고속운전에 지장이 없어야 한다.
⑤ 저부하에서도 효율이 좋고 작동이 간단해야 한다.
⑥ 취급이 용이하고 효율이 좋아야 한다.
 • 고양정 펌프 : 원심 펌프
 • 중간양정 펌프 : 사류 펌프
 • 저양정 펌프 : 축류 펌프

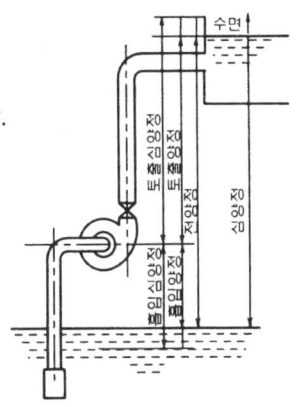

1. 급수 펌프(pump)

보일러에 물을 공급하는 장치로 회전형식과 왕복운동식으로 구분한다.

(1) 회전식

① 터빈 펌프(turbine pump) : 임펠러가 케이싱 속에서 고속도로 회전함에 따라 진공이 생겨 물을 빨아올리며, 빨아올려진 물이 임펠러 중심에서 압력이 생겨 토출하는 형식으로 임펠러 선단에 안내날개(guide vane)를 정착하여 유속을 작게 하여 수압을 높이는 펌프이다.

■ 터빈 펌프의 특징
① 고속회전에 적합하다.
② 효율이 높고 안전된 성능을 얻는다.
③ 구조가 간단하고, 취급, 보수, 관리가 편하다.
④ 토출시 흐름이 조용하고 운전상태가 양호하다.
⑤ 양정 20[m] 이상에 사용된다.
⑥ 가동전 플라이밍이 필요하다.

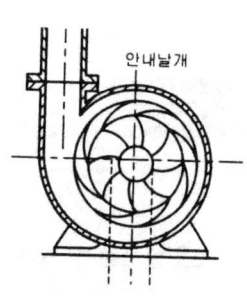
〈안내날개〉

□ 플라이밍 : 펌프 가동전 외부에서 펌프에 물을 채워 주는 작업

② 센트리퓨걸 펌프(centrifugal pump, 볼류트 펌프) : 터빈 펌프의 원리와 동일하나 안내날개가 없다. 20[m] 이하의 저양정용으로 사용된다.

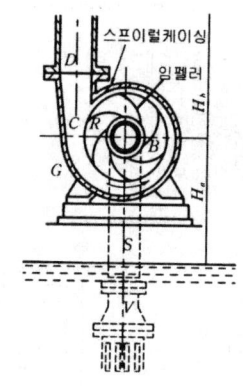
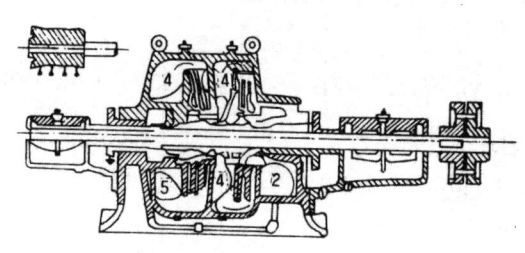

〈센트리퓨걸 펌프〉

■ 펌프의 동력계산

축동력 $kW = \dfrac{rQH}{102 \times 3{,}600 \times \eta}$

축마력 $PS = \dfrac{rQH}{75 \times 3{,}600 \times \eta}$

$\begin{bmatrix} Q : 유량[m^3/h] \\ \eta : 효율 \\ H : 전양정[m] \\ r : 비중량[kg/\ell\,]물 = 1{,}000[kg/m^3] \end{bmatrix}$

$1[kW/h] = 102[kg \cdot m/sec]$

❖ **공동현상**(cavitation : 캐비테이션 현상)
관로의 변화가 일어나는 부분에서 (1. 만곡부 2. 단면이 좁아진 곳) 저압이 되어 포화증기압보다 낮아지므로 증기가 발생하거나 수중에 혼합된 공기도 물과 분리되어 기포가 생긴 현상으로 저압부에서 고압부로 흐르면서 심한 소음과 진동충격을 나타낸다.

❖ **방지방법**
① 펌프의 회전수를 낮게하여 유속을 적게 한다.
② 설치 위치를 수원과 가까이하여 흡입수 양정을 작게 한다.
③ 가급적 만곡부를 줄인다.
④ 2단 이상의 펌프를 사용한다.
⑤ 흡입관의 손실 수두를 줄인다.

❖ **맥동 현상(서징)**
흡입관로에 공기, 관내 저항 등으로 펌프 입구 또는 출구측 압력계의 지침이 흔들리거나 송출 유량이 변화하는 현상(송출압력과 송출유량 사이에 주기적인 변동이 일어나는 현상. 관내의 생출된 기포가 깨어짐으로 유체에 충격진동을 일으키는 것)

(2) 왕복동식

① 플런저 펌프(plunger pump) : 동력이나 증기를 사용, 내부의 플런저가 수평으로 좌우 왕복운동함으로서 주로 소용량 고압으로 운전되는 펌프이다.
② 워싱톤 펌프(worthington pump) : 증기의 힘으로 내부의 증기 피스톤을 움직여 물 실린더 피스톤이 왕복운동함으로 급수를 행하는 펌프이다.
③ 웨어 펌프(wear pump) : 워싱톤 펌프의 구조와 동일하며 1개의 피스톤 봉으로 연결되었다.

$$\text{워싱톤 펌프 토출압력} = \text{증기압력} \times \frac{\text{증기 실린더 단면적}}{\text{물 실린더 단면적}}$$

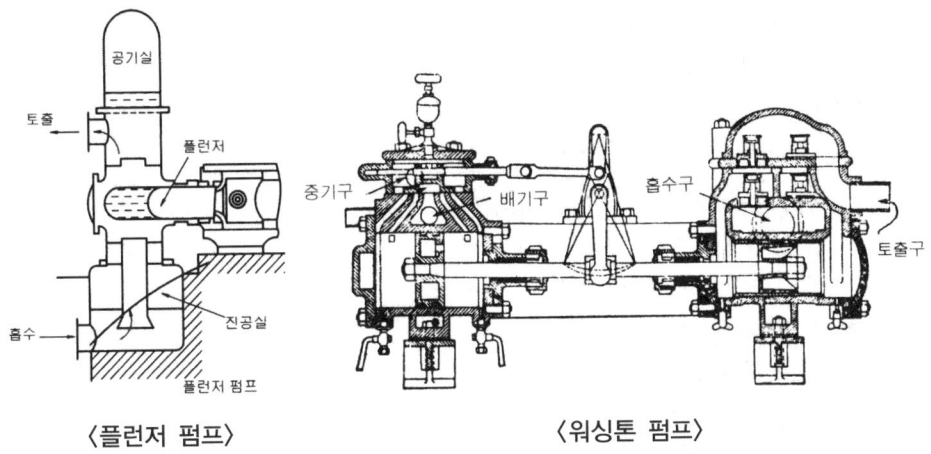

〈플런저 펌프〉   〈워싱톤 펌프〉

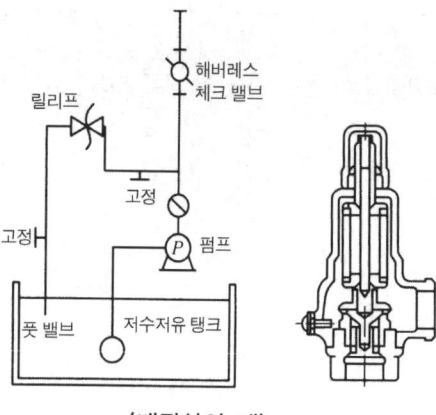

- 릴리프 밸브(Relif Valve) : 펌프의 도피 밸브로 안전밸브를 사용 워터 해머를 방지한다.

〈배관상의 예〉

(3) 인젝터(injector)

보일러에서 발생한 증기를 사용해서 급수하는 방식으로 증기압 $0.2\text{MPa}(2[\text{kg/cm}^2])$ 이상의 증기로 공급되는 급수를 가열하며 공급하게 된다. 이때 급수는 인젝터 작용에 의하여 보일러 내의 압력 이상의 압력으로 변하게 된다.

증기의 열에너지 → 운동 에너지로 변화 → 압력 에너지로 변화 → 급수

종 류
① 그레샴형(Gresham) : 급수온도 50[℃] 이하
② 메트로폴리탄형(Metropolitan) : 급수온도 65[℃] 이하

〈인젝터〉

특 징
[장점]
① 동력이 필요 없다.
② 설치장소를 작게 차지한다.
③ 구조가 간단하며 가격이 저렴하다.
④ 급수가 예열되어 열응력 발생을 방지한다.
[단점]
① 흡입양정이 낮아 급수조절이 어렵다.
② 증기압이 낮으며 급수가 곤란하다.
③ 구조상 소용량이다.
④ 급수온도가 높아지면 급수가 곤란하다.

인젝터 작동불능 원인
① 증기 속에 수분이 많이 포함되었다.
② 증기압력이 너무 낮을 때 $0.2\text{MPa}\ (2[\text{kg/cm}^2])$ 이하)
③ 급수온도가 너무 높다(50[℃] 이상)
④ 흡입측의 공기 누입

⑤ 노즐부의 마모·파손
⑥ 인젝터 과열시
⑦ 체크 밸브 고장시

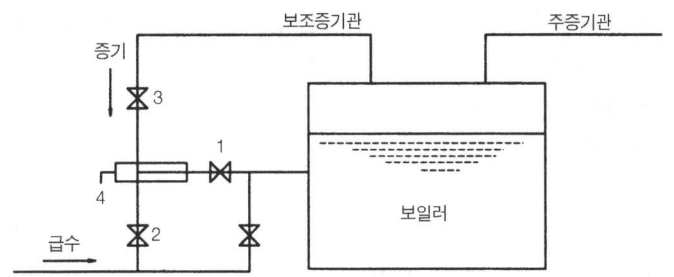

◈ 작동 순서
① 인젝터 출구측 밸브를 연다.
② 인젝터 급수 밸브를 연다.
③ 인젝터 증기 밸브를 연다.
④ 인젝터 조절 핸들을 연다.

(4) 환원기

저압 소용량 보일러에서 급수 펌프의 대용으로 사용되었던 장치이며 증기 사용 후에 생긴 응축수를 회수하여 집결된 탱크로 증기를 보내어 다시 보일러로 급수하는 장치(수두압과 증기압 이용)

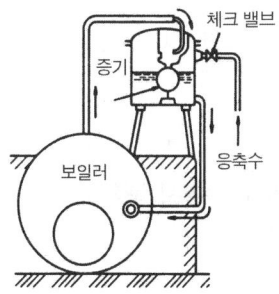

◈ 무동력 급수장치
인젝터, 워싱톤 펌프, 웨어 펌프, 환원기

2. 급수내관(Distributing pipe)

보일러 내에 급수를 행하는 관을 말하며 안전저수위보다 약간 아래(50[mm])에 긴 내관을 설치하여 급수가 골고루 행하여지게 한다.

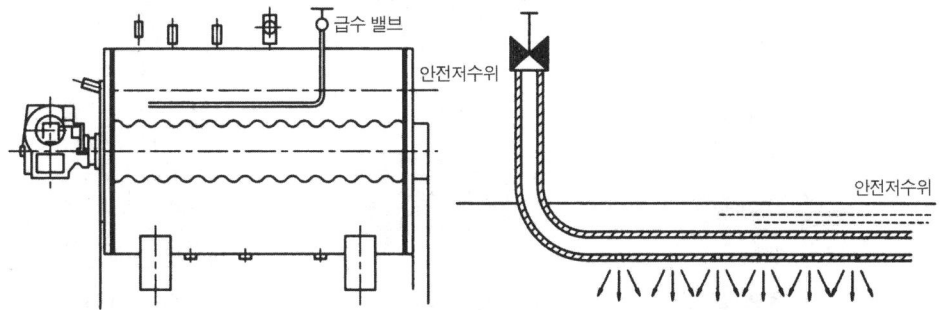

설치이점
① 집중급수를 피함으로 동내 부동팽창을 방지한다.
② 급수가 이루어지면서 예열하게 되어 열응력 발생을 방지한다.
③ 수면부 이하에서 급수가 행하여지기 때문에 수격작용을 방지한다.
- 설치위치가 안전수위보다 낮을 경우의 해
  - ㉠ 보일러 동하부의 냉각
  - ㉡ 보일러 수의 순환불량
  - ㉢ 전열 방해
- 설치위치가 안전수위보다 높을 경우의 해
  - ㉠ 노출로 인한 내관의 과열
  - ㉡ 과열된 상태로 급수시 수격현상
  - ㉢ 증발을 방해

보일러 동내부에 설치되는 장치(내부 부착품)
① 급수내관   ② 증기내관(비수방지관)
③ 버팀   ④ 수면분출장치

3. 급수 밸브(valve)

전열면적 $10[m^2]$ 초과 : 호칭지름 20[A] 이상
　　　　　　　　　이하 : 호칭지름 15[A] 이상
　　　　　　(A : mm, B : inch)

(1) 정지 밸브

① 글로브 밸브(glove valve, stop valve) : 옥형 밸브라고도 하며 구조상 유량조절용으로 사용된다. 유체흐름방향과 평행하게 개폐되고 내부 디스크에 따라 평면, 원뿔, 반원, 부분원형으로 나뉜다.
② 슬루스 밸브(sluice valve, gate valve) : 사절 밸브라고도 하며 유량조절용으로 부적합하나 구조상 퇴적물이 체류하지 않는 장점이 있고 유체의 차단을 주목적으로 일반 배관용으로 가장 많이 사용되고 있다.

〈글로브 밸브〉

〈슬루스(게이트) 밸브〉

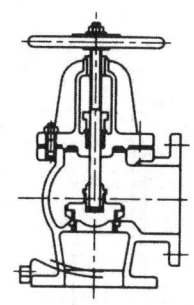
〈앵글 밸브〉

2. 신축이음(expansion-joint)

증기난방이나 온수난방의 관내에는 난방시 고온·정지시 상온으로의 온도변화가 관의 팽창과 수축을 항상 반복하게 한다. 이러한 변화는 배관에 지장을 일으키거나 각종 기구에 손상을 부여하게 되므로 신축을 흡수하는 장치를 해야 한다. 신축이음은 직관길이 30[m](강관), 20[m](동관) 마다 1개정도 설치한다.(철의 선팽창계수 1[m] 당 0.012[mm]씩 신축)

(1) 미끄럼식(sleeve type)

본체 내부에 유동할 수 있는 슬리브를 설치 변화에 따라 생기는 관의 신축을 슬리브의 미끄럼(sliding)에 의해 흡수하는 형식으로 단식·복식이었다.

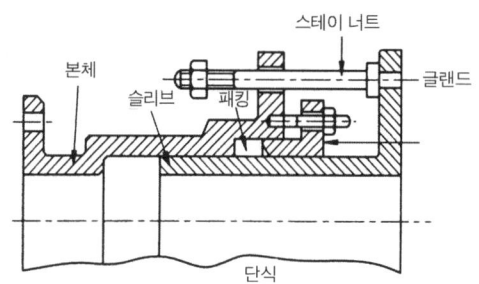

- 50[A] 이하의 것은 나사결합형,
  65[A] 이상의 것은 플랜지 결합형

(2) 주름통식(bellows type)

온도에 따라 일어나는 관의 신축이음쇠를 벨로즈의 변형에 의해 흡수시키는 형식으로 0.5MPa(5[kg/cm^2]) 용과 1MPa(10[kg/cm^2])용이 있다. 팩레스 신축이음이라고도 한다.

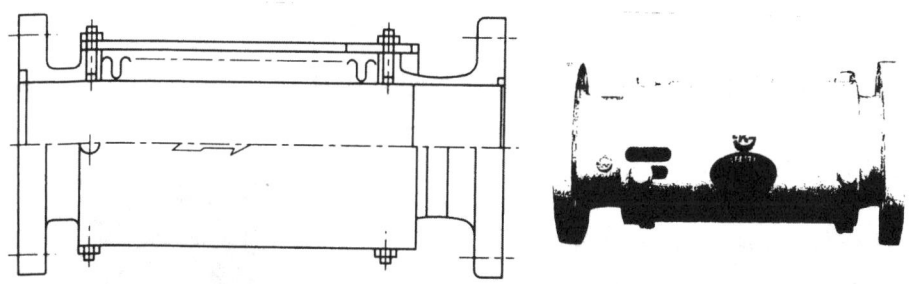

❖ 벨로즈 이음의 특징
① 설치 장소가 작고, 응력이 작고 누설이 없다.
② 고압 배관에는 부적당하다.
③ 주름이 있는 곳에 응축수로 인한 부식의 염려가 있다.

(3) 신축곡관식(loop)

강관 아래 그림과 같이 구부려 신축곡관을 만들고 그 휨에 의해 배관의 신축을 흡수하는 형식이다. 주로 고압증기의 옥외배관 등에 쓰이며 설치장소를 많이 차지하며 응력이 생기는 결점이 있다.

(2) 역정지 밸브(check valve)

한 방향으로만 흐르게 하고 반대방향으로는 흐르지 못하게 하는 기구의 밸브이다. 작동방법에 따라 스윙형과 리프트형의 2종이 있다. 펌프에는 흡상관 하단 흡입구에 정착하는 푸트 밸브(foot valve)도 체크 밸브의 일종이다.

① 스윙식(swing) : 수평·수직배관에 사용할 수 있다.
② 리프트식(lift) : 수평배관으로만 사용

〈리프트식〉 〈스윙식〉 〈사방 콕〉 〈핸들 콕〉

(3) 콕(cocks)

원뿔형의 전을 각도 90° 회전함으로 유체의 흐름을 차단하고 유량을 정지시킨다. 각도 0° ~ 90° 사이의 각도만큼 회전함으로서 유량을 조절하며 가장 신속히 개폐할 수 있다.

3-2 송기장치

증기 보일러에서 일정 증기압력이 오르게 되면 송기하게 되는데 장치내 수격작용 방지를 위해서 주증기 밸브 및 밸브류는 천천히 열어야 한다.

1. 주증기 밸브(main stop valve)

주증기관 자체는 저항이 적으려면 관지름이 클수록 좋으나 열손실이 증대하므로 증기의 유속, 필요 난방량에 의해 적절히 결정한다. 밸브는 구조상 옥형 밸브(globe valve)의 형식인 주로 앵글 밸브를 설치한다.

① 포화증기의 증기속도 = 25~40[m/s]
② 과열증기의 증기속도 = 30~60[m/s]

〈주증기 밸브〉

※ **주증기 밸브 재질**(어느 경우이든 0.7MPa 이상에서 견딜 것)
  ① 주철제 : 1.6MPa(16[kg/cm^2]) 미만의 압력에 사용
  ② 주강제 : 1.6MPa(16[kg/cm^2]) 이상의 압력에 사용

주증기 밸브는 어느 경우에도 0.7MPa 이상의 압력에 견딜 것

곡관 필요길이 계산

$L = 0.073\sqrt{d \cdot \Delta t}$

$\Delta t = \alpha \cdot l \cdot \Delta t$

- L : 곡관의 전길이[m]
- Δl : 흡수해야 하는 배관길이[mm]
- d : 곡관에 쓰이는 관의 바깥지름[mm]
- α : 선팽창계수
- Δt : 관내유체온도·실내온도[℃]

✧ 관의 곡률반지름은 관지름의 6배 이상으로 한다.

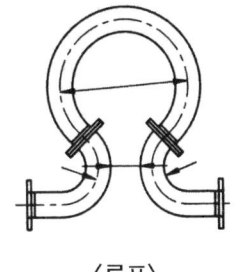

〈루프〉

특 징

① 고압의 옥외증기 배관용이다.
② 응력을 수반하는 결점이 있다.
③ 굽힘 반지름은 관지름의 6배 정도이다.

(4) 스위블 이음(swivel)

온수 또는 저압증기 어느 경우에도 가는 분기관 등에 쓰이는 방법으로 2개 이상의 엘보우(elbow)를 사용해서 나사의 회전에 의해 신축을 흡수하는 형식으로 주로 방열기용으로 쓰인다.

- 신축의 크기는 직관길이 30[m]에 대하여 회전관 1.5[m] 정도로 조립한다.
- 신축이음 허용길이가 큰 순서 : 루프 〉 슬리브 〉 벨로즈 〉 스위블

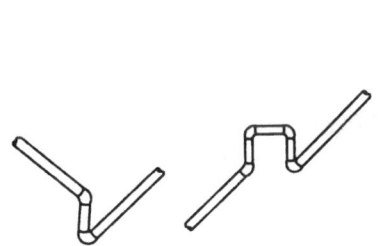 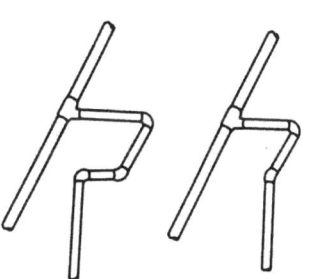

〈스위블 이음〉

3. 감압 밸브(pressure reducing valve)

고압배관과 저압배관의 사이에 감압 밸브를 설치하여 고압증기를 저압의 증기로 사용한다. 이때 저압측의 증기 사용량의 증감에 관계없이 또는 고압측 압력의 변동에 관계없이 밸브의 리프트를 자동적으로 제어하여 증기유량을 조정해서 저압측압력을 항상 일정하게 유지한다.

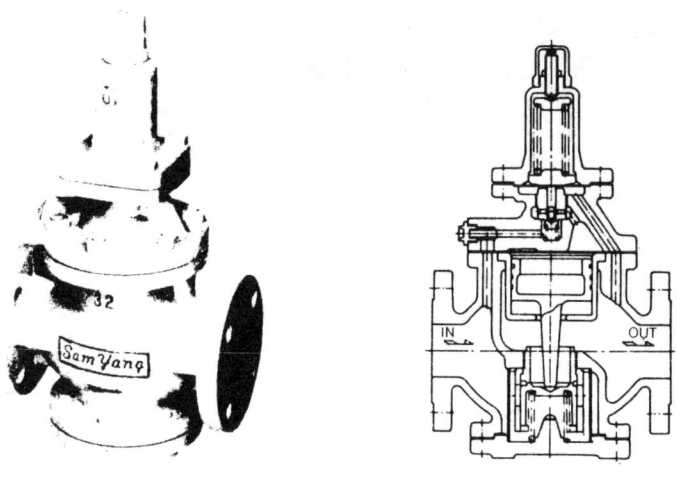

〈감압 밸브〉

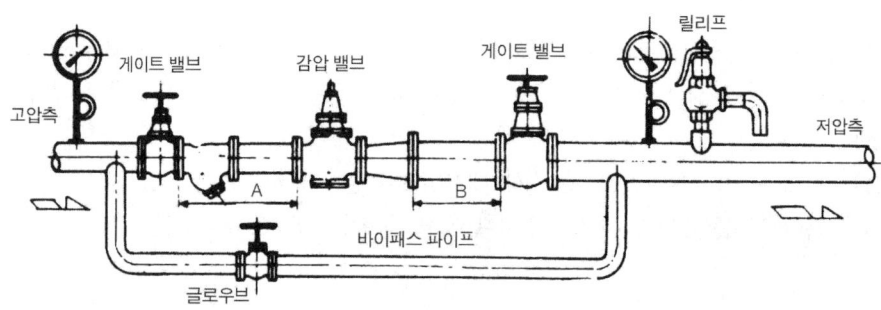

설치목적
① 고압증기를 저압증기(사용압)로 유지한다.
② 항상 부하측에 일정압력을 유지한다.
③ 고압과 저압을 동시에 사용한다.

작동방법에 의한 분류
① 벨로즈형(Bellows)
② 다이어프램형(Diaphragm)
③ 피스톤형(Piston)

구조에 의한 분류
① 스프링식
② 추식

❖ 감압 밸브 설치 후 압력을 조정하기 전에 감압 밸브 전후의 밸브를 잠그고 바이패스를 열어 유체를 충분히 분출시킨다.

4. 증기 트랩(steam traps)

증기 트랩은 방열기의 환수구나 증기배관의 말단에 달아서 방열기나 증기관 내에 생긴 응축수 및 공기를 배제하여 수격작용을 방지하고 증기를 막아 증기의 응축열을 효과적으로 발열시키는 장치이다.

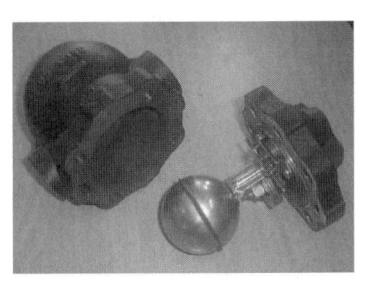
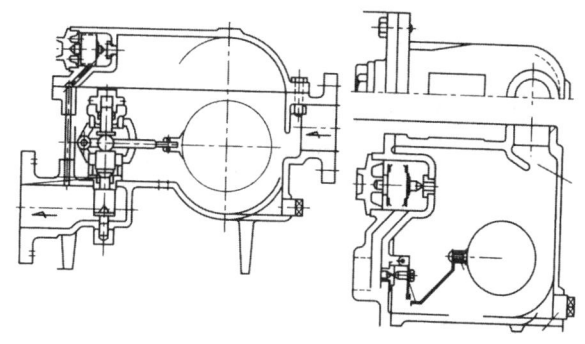

〈플로트식 트랩〉

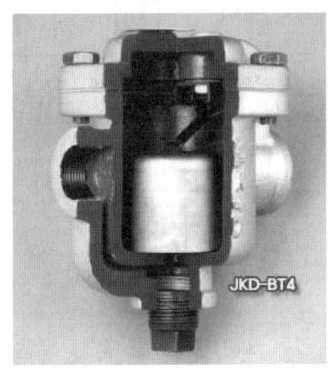

〈버킷 트랩〉

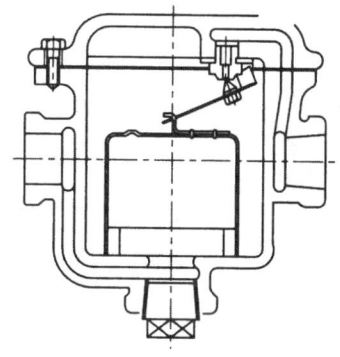

〈버킷 트랩〉

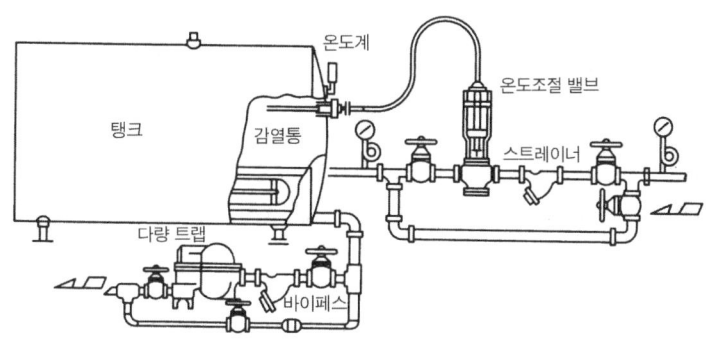

〈트랩 배관상의 예〉

🔹 **트랩의 구비조건**
① 동작이 확실할 것.
② 내식·내마모성이 있을 것.

③ 마찰저항이 작고 단순한 구조일 것.
④ 응축수를 연속적으로 배출할 수 있을 것.
⑤ 공기의 배제나 정지 후 응축수 빼기가 가능할 것.

(1) 기계적 트랩

포화수와 포화증기의 비중차를 이용한 형식으로 다량 트랩(플루트 트랩), 버킷 트랩 등이 있다.

(2) 온도조절 트랩

포화수와 포화증기의 온도차를 이용한 형식으로 금속팽창(바이메탈) 트랩, 벨로즈 트랩, 액체팽창 트랩 등이 있다.

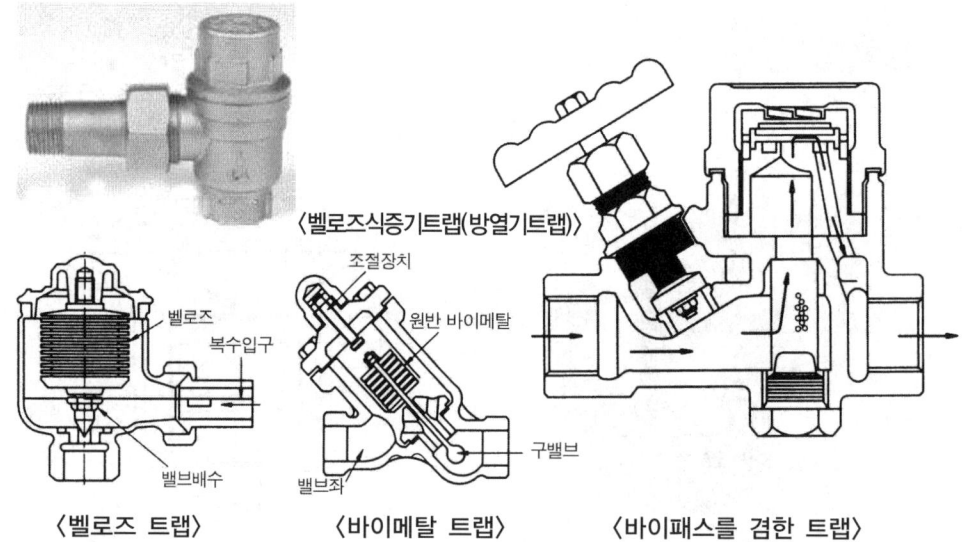

(3) 열역학적 트랩

포화수 또는 포화증기의 열역학적인 특성차를 이용한 형식으로 디스크 트랩, 오리피스 트랩 등이 있다.

> **트랩 고장의 분류**
> ① 트랩이 차거울 때
>   ㉮ 밸브의 고장
>   ㉯ 스트레이너 막힘
>   ㉰ 기계식 트랩은 압력이 높다.
> ② 트랩이 뜨거울 때
>   ㉮ 용량이 부족   ㉯ 배압이 높다.
>   ㉰ 이물질 혼입   ㉱ 밸브의 마모
>   ㉲ 벨로즈 손상   ㉳ 바이메탈 변형

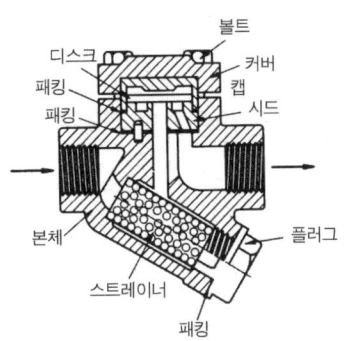 

〈디스크식 증기트랩〉

고장의 발견
① 작동음을 들어본다.
② 입·출구의 온도를 측정한다.

트랩의 용량 : 증기 트랩의 용량은 응축수의 시간당 배출량 [kg/h]으로 표시한다.

트랩의 설치시 주의사항
① 드레인 배출구에서 트랩 입구에의 배관은 굵고 짧게 한다.
② 트랩 입구의 배관은 트랩 입구를 향해서 내림구배가 좋다.
③ 트랩 입구의 배관은 입상관으로 하지 않는다.
④ 트랩 입구의 배관은 보온하지 않는다.

5. 증기 헤더(steam header)

일종의 분배기이며, 보일러에서 나온 증기를 한 곳으로 모아 필요 난방개소에 증기를 송기하는 장치로 송기 및 정지가 손쉽고 불필요한 곳에 송기하지 않으므로 열손실을 적게 할 수 있는 설비이다. 즉, 증기량과 증기압을 일정하게 공급한다.

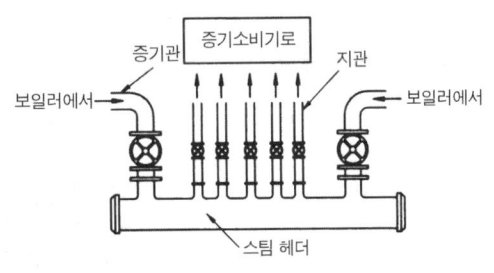

  ▢ 헤더의 크기는 헤더에 부착되는 증기관의 가장 큰 지름의 2배

6. 축열기(steam accumulator)

저부하 또는 변동부하시 잉여증기를 저장하고 과부하시(peak)에 저장된 잉여증기를 공급하는 장치로 변압식과 정압식이 있다.
① 변압식 : 보일러 출구 증기측에 설치
② 정압식 : 보일러 입구 급수측에 설치

〈증기축열기〉

7. 온도조절 밸브

사용 증기나 온수의 설비온도를 일정온도로 유지하기 위하여 설치된 금속 감온부에 의해 자동적으로 온도를 조정하는 밸브이다.

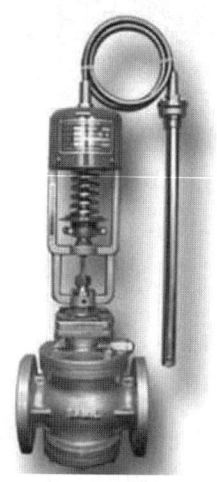
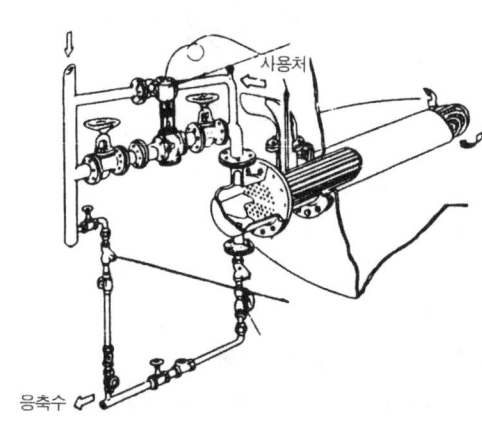

● 감온부의 방식에 따른 종류
  ① 바이메탈식   ② 증기 압력식   ③ 전기 저항식

8. 방열기(radiator)

실내에 설치하여 증기 또는 온수의 잠열·현열을 이용 방산하는 열로 실내공기를 덥게 하는 설비이다.

(1) 재질상 분류

　① 주철제
　② 강제
　③ Al제〈알루미늄〉

(2) 구조상 분류

　① 주형 방열기(Ⅱ, Ⅲ)
　② 세주형 방열기(3, 5, 3C, 5C)
　③ 벽걸이형 방열기(W-H, W-V)
　④ 길드 방열기
　⑤ 강판제 방열기
　⑥ 대류 방열기(Convector)

〈5세 주방열기(5-650)〉

〈벽걸이형 방열기(세로형)(W-V)〉

> 주형방열기 : 사용압력은 0.5MPa 이하, 섹션수는 최대 30쪽까지 사용
> 벽걸이방열기 : 섹션수는 최대 15쪽까지 사용
> **방열기 호칭법**
> – 주 형 : 종류 – 높이 × 쪽수
> – 벽걸이 : 종류 – 형 × 쪽수

방열기의 도면도시방법

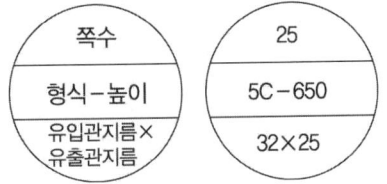

- 25 : 방열기 Section 수
- 5C : 5세주 방열기
- 650 : 높이[mm]
- 32 : 공급관지름[mm]
- 25 : 환수관지름[mm]

호칭법 : 5–650×25

방열기의 배치

① 외기에 접한 창문 아래쪽에 설치한다.
② 기둥형 방열기는 벽에서 50~60[mm], 벽걸이 방열기는 바닥에서 150[mm] 떨어지게 설치하며, 대류 방열기는 바닥으로부터 하부 케이싱까지 최저 90[mm] 이상 높게 설치한다.

증기난방과 온수난방의 비교

항 목	증기난방	온수난방
열의이용	잠 열	현 열
예열부하	짧다.	길다.
실내쾌감도	좋지 않다.	좋다.
동파위험	많다.	적다.
트랩 유무	설치해야 한다.	설치하지 않는다.

상당방열면적(E·D·R) : 방열기의 방열면적당 보일러의 능력으로 레이팅(Rating)이라고도 한다.

방열기 표준방열량(kcal/m²h)

① 증기 : $8[kcal/m^2h℃] \times (102 - 21)[℃] = 650[kcal/m^2h]$
　　　　　(방열계수)　　(증기온도)(실내온도)
② 온수 : $7.2[kcal/m^2h℃] \times (80 - 18)[℃]$
　　　　　$= 446.4 ≒ 450[kcal/m^2h]$

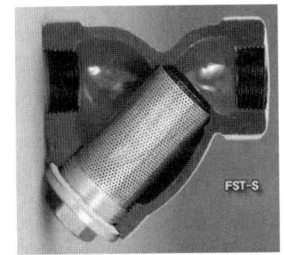

9. 스트레이너(strainer)

주요 밸브 및 부속장치 앞에 설치하여 관내 불순물을 제거하며 형상에 따라 Y형, U형, V형이 있다.

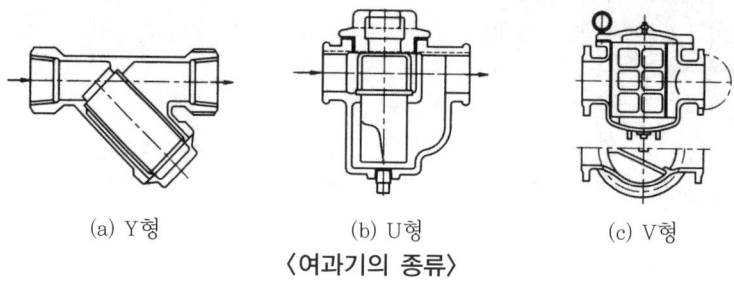

<여과기의 종류>

10. 기수분리기(steam separdter)

동내부, 또는 수관 보일러의 상승관 내에 기수분리기를 설치하여 건증기를 취출하여 관내 부식이나 수격작용을 방지한다.

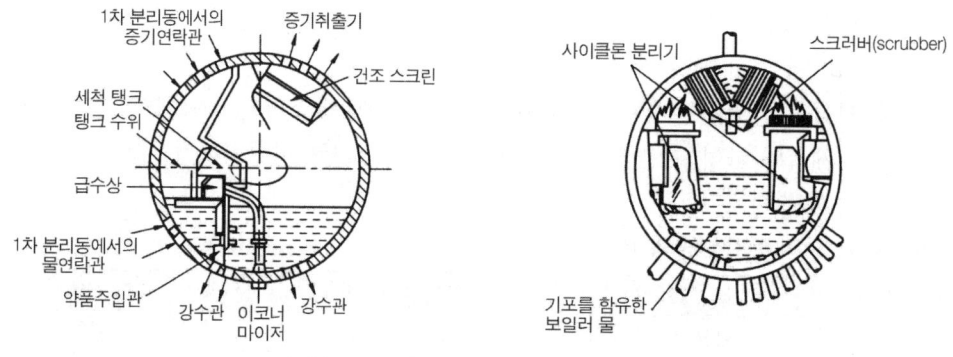

<기수분리기(증기세정장치부)의 한 예>

기수분리기 종류
① 사이크론식(원심력이용)
② 스크레버식(파도형의 장애판이용)
③ 건조 스크린식(금속망이용)
④ 배플식(방향전환이용)

11. 비수 방지관(anti priming pipe)

고수위, 관수농축, 과열 등으로 동내부에 비수현상이 발생시에 수위의 오판, 수격작용 등의 피해를 방지하기 위하여 주증기관을 연결 설치한다.

설치위치 : 둥근 보일러 동내부 증기 취출구에 설치
설치이점
① 플라이밍(비수현상) 방지
② 동내 수면안정으로 정확한 수위측정

③ 수격작용 방지
④ 건증기를 얻을 수 있다.
  ▫ 취출구 구멍면적은 주증기 밸브 면적의 1.5배 이상이어야 한다.

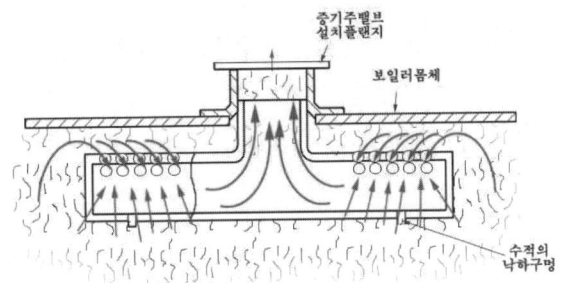

- ❖ **기수공발**(carry over) : 증기관 내로 물방울이 따라 들어가 운반되는 현상
- ❖ **기계적 캐리오버** : 작은 물방울(액적)이 증기와 함께 송출되어 지는 현상
- ❖ **선택적 캐리오버** : 증기 속에 용해되어 있던 실리카(무수규산) 성분이 증기와 함께 송출되어 지는 현상

(1) 프라이밍(Priming : 비수)

주증기 밸브 급개시, 고수위시 수면으로부터 끊임없이 물방울이 비산하면서 수위를 불안정하게 하는 현상

(2) 포밍(Foaming : 물거품)

관수 중 용해 고형물, 유지류 등의 불순물로 인한 거품의 층을 형성하는 단계로 심해지면 프라이밍 상태로 변하게 된다.

🔹 비수현상의 원인
① 고수위
② 관수농축
③ 급격한 과열
④ 고압에서 저압으로의 변화
⑤ 용존고형물, 유지분의 과다
⑥ 주증기 밸브의 급개

🔹 비수현상시 피해
① 수위의 오판
② 계기류의 통수공들의 차단
③ 과열도 저하
④ 수격작용(water hammer)
⑤ 저수위사고

🔹 비수현상시 조치
① 연소량을 가볍게 한 뒤 증기 밸브를 닫아 수위안정을 도모한다.
② 보일러 관수를 일부 교환한다.(분출반복)
③ 계기류의 통수공들의 막힘을 시험한다.
④ 원인을 알아내어(수질시험, 기계류점검) 제거한다.

3-3 폐열 회수장치(여열장치)

1. 증기과열기(super heater)

(1) 정 의

연소가스의 여열을 이용하여 일정한 압력을 유지하면서 보일러 속에 발생한 포화증기를 과열증기로 증기의 온도를 높이는 가열장치

(2) 과열기의 특징

① 고압보일러의 열효율을 상승시키기 위한 장치
② 증기의 과열온도는 높을수록 좋으나 재료의 내열성으로 인한 제한을 받는다.
　(약 400~600[℃])
③ 연소실 내의 전열면적의 부족을 보충하고 과열증기 온도의 변동을 적게 한다.
④ 가열장치의 열응력이 발생하고 과열 표면에 고온부식이 일어나기 쉽다.
⑤ 가열 표면온도를 일정하게 유지하기가 곤란하다.

🔸 **과열기의 재료** : 특수강관 → 600[℃] 정도. 탄소강관 → 400[℃] 정도

(3) 과열기의 종류

① **열가스 흐름에 의한 분류**
　㉮ 병류식 : 증기와 열가스의 흐름이 같은 방향이며, 열 이용율도 높고, 소손도 적다.
　㉯ 향류식 : 증기와 열가스의 흐름이 반대방향이며, 열 이용율이 높고 양호하나 연소가스에 의한 소손의 우려가 있다.
　㉰ 혼류식 : 병류식과 향류식을 병합이며, 열 이용율이 높고, 소손의 우려가 적다.

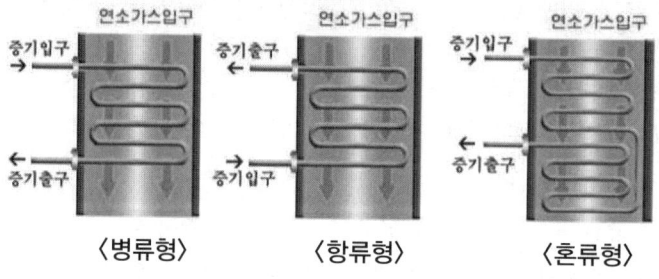

〈병류형〉　〈항류형〉　〈혼류형〉

② **열가스 접촉에 의한 분류**
　㉮ 접촉(대류)과열기 : 대류열을 이용
　㉯ 복사과열기 : 복사열을 이용
　㉰ 접촉복사과열기 : 대류 및 복사열을 이용

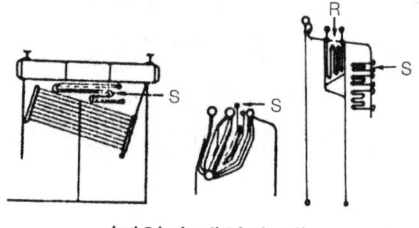

〈과열기 배치의 예〉

③ 연소방식에 따른 분류
　㉮ 직접 연소식　　㉯ 간접 연소식

(4) 과열기의 설치상 잇점

① 보일러의 열효율을 높여 준다.
② 관내부식 및 워터 해머 현상을 방지한다.
③ 적은 량의 증기로 많은 열을 얻을 수 있다.
④ 관내 유속에 따른 마찰저항이 감소된다.

🔖 **과열 증기 온도 조절 방법**
　① 열가스량 조절
　② 과열 증기에 습증기나 급수를 분무하는 방법
　③ 과열기 전용 회로에 의하는 방법
　④ 배기가스의 재순환 방법
　⑤ 화염 위치 조절 방법
　⑥ 과열 저감기를 사용하는 방법

2. 재열기(reheater)

증기의 건도를 높이기 위하여 증기를 재가열하는 장치로 과열증기가 고압 터빈에서 팽창이 끝나고 응축 직전에 회수하여 다시 가열시켜 저압 터빈에서 팽창하도록 하는 것으로 증기 터빈의 열효율을 향상시킬 뿐만 아니라 터빈 날개의 부식이나 마찰에 따른 손실을 감소시켜 준다.

🔖 **재열기의 종류**
　① 열가스 이용 재열기
　② 증기를 이용 재열기

3. 절탄기(economizer)

보일러에서 배출되는 배기가스의 여열을 이용하여 급수를 예열하는 장치로 연도안에 설치되어 보일러의 포화온도보다 약간 낮은 10~20[℃] 이하 정도로 급수를 예열하여 보일러 본체와 급수관에 연결한다.

　▫ 절탄기에서 급수 온도를 10[℃] 높일 때마다 보일러 효율은 1.5[%] 증가된다. 절탄기 출구 온도는 170[℃] 이상되어야 저온부식이 방지된다.

🔖 **특징**
[장점]
　① 보일러의 열효율을 증가

② 급수와 보일러수의 온도차를 작게 하여 열응력을 방지
③ 급수에 포함된 일부 불순물을 제거한다(경수 → 연수).
[단점]
① 저온부식이 발생한다.
② 연소가스 통풍의 마찰손실이 많다(통풍력의 감소).
③ 청소 및 점검이 곤란하다.

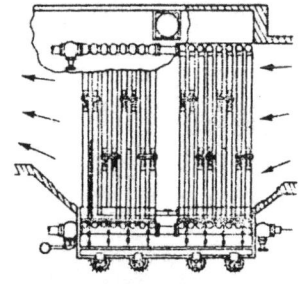 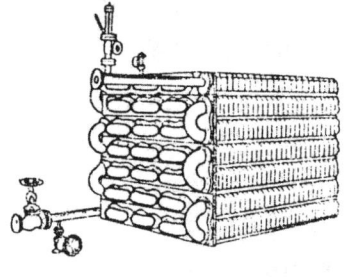 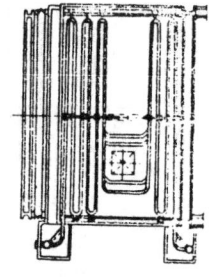

〈그린식 평활주철관 이코노마이저〉　〈핀붙이 이코노마이저〉　〈강관 이코노마이저〉

4. 공기예열기(air preheater)

보일러의 연도가스 온도(200~400[℃])의 여열을 이용하여 연소용 공기를 예열하는 장치
▫ 공기예열기의 공기의 예열온도는 180~350[℃] 정도가 알맞다. 공기에서 연소용 공기의 온도를 25[℃] 정도 높일 때마다 열효율이 1[%] 정도가 높아진다.

(1) 특 징

① 착화 및 연소를 좋게 하고 연소온도를 높인다.
② 연료의 완전연소를 가능하게 한다.
③ 저온부식의 위험이 크므로 배기가스 온도를 150~170[℃] 이하가 되지 않도록 한다.

(2) 공기예열기의 열원에 의한 종류

① 급수식
② 증기식
③ 가스식 전열식 ┬ 강관형
　　　　　　　　└ 강관형

◆ 전열(구조)에 따른 종류
① 전열식 공기예열기(전도식) → ㉠ 판형 ㉡ 관형
② 재생식(융그스트롬[Ljungström]식 : 회전식, 고정식, 이동식)
③ 히트 파이프식

❖ 전도식은 금속 전열면을 통해서 배기가스가 보유하는 열을 공기에 전하는 것이며, 그 구조에 따라 관형과 판형으로 구분된다.
재생식은 금속판을 일정시간 배기가스에 접촉시켜 열을 흡수시키고 다음에 또 일정시간 공기에 접촉시켜 열을 방출하는 것이며 회전식, 고정식, 이동식이 있다.

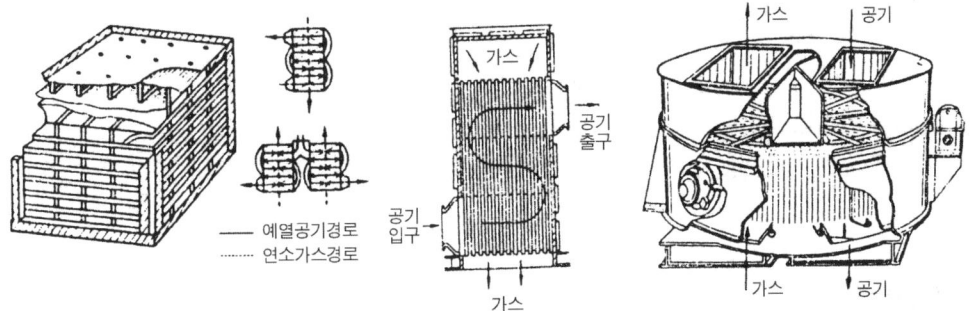

(a) 판상 공기예열기의 단상구조 열기의 구조 (b) 단위의 공기예열 조합시킨 것

〈판상 공기예열기〉   〈관형 공기예열기〉   〈재생식 공기예열기〉

(3) 공기예열기의 설치상 잇점

① 연소 및 전열 효율을 향상시킨다.
② 보일러의 열효율을 향상시킨다.
③ 연료의 완전연소를 가능하게 한다.
④ 수분이 많은 저질탄 연료도 연소가 가능하다.

📌 폐열회수장치 일반적 특징

① 연소실·연도내에 설치하여 배기가스의 여열을 이용하는 장치이다.
② 연도내 설치위치는 연도에서 연돌방향으로 과열기 → 절탄기 → 공기예열기의 순이다.
③ 과열기·재열기에서는 일반적으로 고온부식(V_2O_5)이 문제로 배기가스온도가 500[℃] 이상 되어지지 않도록 주의해야 한다.
④ 절탄기·공기예열기에서는 일반적으로 저온부식(H_2SO_4)이 문제로 배기가스온도가 170[℃] 이하로 되어지지 않도록 주의해야 한다.
⑤ 공기예열기의 저온부식
　㉮ 공기예열기에 가장 주의를 요하는 것은 공기 입구부의 저온부식이다.
　㉯ 공기 입구 온도가 낮으면 전열관 온도가 노점이하가 되어 전열관에 부식을 초래한다.
　㉰ 유황성분이 많을수록 또 산소가 높을수록 노점은 높아진다.

[장점]
① 배기가스 손실을 줄일 수 있다.
② 보일러 용량의 증대
③ 연소효율·전열효율이 높아진다.
[단점]
① 연도내 통풍력이 감소한다.
② 취급자의 운전범위가 넓어진다.
③ 저온·고온부식에 주의해야 한다.

◈ 예열장치의 설치순서

(증발관) → 과열기 → 재열기 → 절탄기 → 공기예열기

3-4 안전 장치 및 부속품

1 안전 장치

보일러는 동의 내외면에서 이상압력의 상승, 저수위로 인한 공관연소, 미연소가스의 폭발, 이상온도의 상승 등이 일어날 수 있다. 대체적으로 취급상의 문제로 인한 인명의 피해나 보일러 손상이 주원인이여서 안전에 대한 정확한 지식이나 취급을 요한다.

1. 안전 밸브(safty valve)

보일러 동상부(증기부)에 설치하며, 보일러 내부의 증기압이 이상 상승하게 될 때 자동적으로 이상 증기압을 외부로 배출하여 보일러를 보호하는 장치이다.

(1) 안전 밸브의 종류

① 중추식 안전 밸브 : 추의 중량(kg)이 연결된 구체 밸브와의 단면적에(cm^2) 작용되는 힘의 원리로 중량에 의해 분출능력을 결정한다.

② 지렛대식 안전 밸브(레버식) : 지점과 지렛대 사이의 거리에 추의 위치를 설정하여 그 위치에 따라 분출능력을 결정하며 변좌의 전압이 600[kg] 이상이며 사용이 불가능하다.

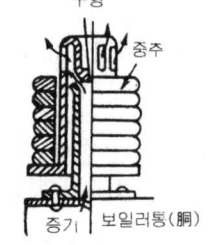 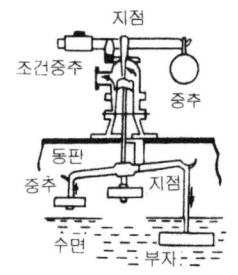

〈중추식 안전 밸브〉 〈지렛대식 안전 밸브〉

$$\therefore W \times L = P \times A \times l_1 \text{에서 } w = \frac{P \times A \times l_1}{L}$$

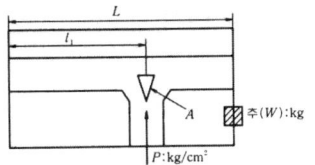

- P : 증기압력[kg/cm²]
- L : 지지점에서 추까지 거리[cm]
- l_1 : 지지점에서 밸브중심거리[cm]
- W: 추의 무게[kg]
- A : 밸브 시트 단면적[cm²]

③ 스프링식 안전 밸브 : 일반적으로 보일러에 많이 사용되고 있는 것으로 다음 조건의 유량제한으로 형식을 구분한다.

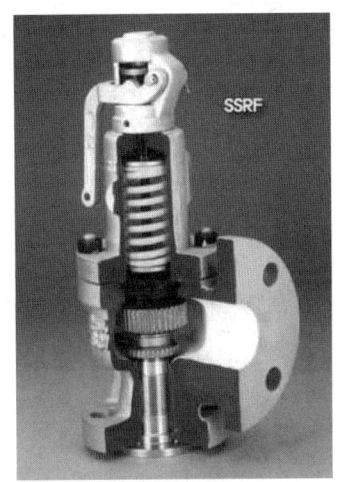

형식의 구분	유량제한기구
저양정식	안전 밸브의 리프트가 시트 지름의 1/40 이상 1/15 미만인 것
고양정식	안전 밸브의 리프트가 시트 지름의 1/15 이상 1/7 미만인 것
전양정식	안전 밸브의 리프트가 시트 지름의 1/7 이상인 것. 이 경우 시트 지름의 1/7 열릴 때의 유체통로의 면적보다도 기타 부분의 유체의 최소 통로 면적은 10[%]] 이상 커야 한다.
전양식	시트 지름이 목부지름보다 1.15배 이상인 것. 디스크가 열렸을 때의 유체통로의 면적이 목부분 면적의 1.05배 이상을 안전 밸브의 입구 및 배관 내의 유체 통로 면적은 목부단면적의 1.7배 이상이어야 한다.

안전 밸브 분출용량 계산식

① 저양정식 $W = \dfrac{1.03P+1}{22} AC$

② 고양정식 $W = \dfrac{1.03P+1}{10} AC$

③ 전양정식 $W = \dfrac{1.03P+1}{5} AC$

④ 전 양 식 $W = \dfrac{1.03P+1}{2.5} A_0 C$

- W : 분출용량[kg/h]
- A_0 : 최소증기통로의 면적[mm²]
- P : 분출압력[kg/cm²g]
- C : 계수(분출압이 120[kg/cm²g] 이하 280[℃] 이하일 경우 1이다)
- A : $\frac{\pi}{4}D^2$ (D는 밸브 시트 지름[mm²])

❖ 밸브 시트의 단면적은 분출압에 반비례하며 전열면적에 비례한다. 그러므로, 증발량이 일정시 분출압이 늘어나면 밸브 시트 면적은 작아져야 한다.

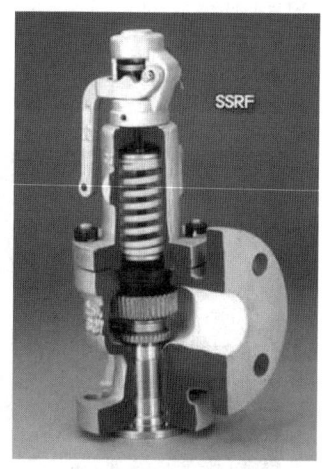

〈스프링식 안전 밸브〉

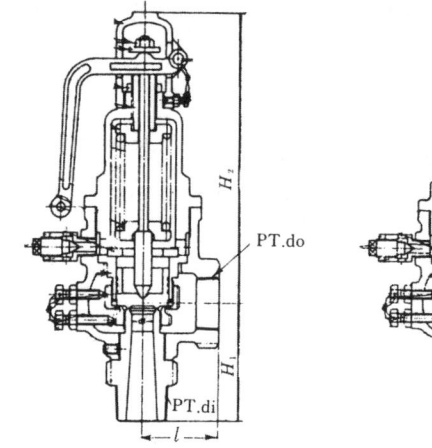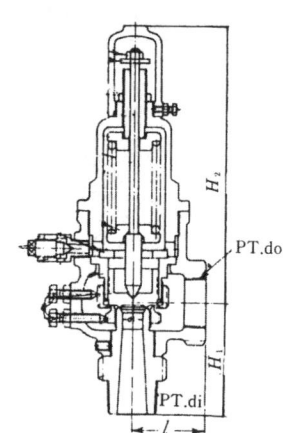

〈전양정식 안전 밸브 구조도〉

누설 원인
① 밸브와 시트의 가공이 불량한 경우
② 시트와 밸브축이 이완된 경우
③ 스프링 장력감쇄
④ 조종압력이 너무 낮다.
⑤ 밸브 시트에 이물질이 낀 경우

법적 기준
① 증기 보일러에는 2개 이상의 안전 밸브를 설치하여야 한다(단, 전열면적 50[m^2] 이하는 1개 이상 설치, 작동은 최고사용압력이하, 단, 2개 설치 시는 다른 1개는 최고사용압력의 1.03배에서 작동)
② 자동연소제어장치 및 보일러 최고사용압력의 1.06배 이하의 압력에서 급속하게 연료의 공급을 차단하는 장치를 갖는 보일러이어야 한다.
③ 스프링 안전 밸브의 구조는 KS B 6216에 따라야 하며 어떠한 경우에도 밸브 시트나 몸체에서 누설이 없어야 한다. 파일럿 안전 밸브를 사용할 경우 소요 분출량의 1/2은 스프링 안전 밸브에 의하여야 한다.
④ 과열기에는 출구에 1개 이상의 안전 밸브를 설치하고 분출용량은 과열기온도를 설계온도 이하로 유지하는데 필요한 양 이상이어야 한다.
⑤ 재열기 또는 독립과열기에는 입구출구에 각각 1개 이상의 안전 밸브를 설치한다.

안전 밸브 및 압력방출장치의 크기

안전 밸브 및 압력방출장치의 크기는 호칭지름 25[A] 이상으로 한다.(다만, 다음의 보일러에서는 호칭지름 20[A] 이상으로 할 수 있다)
① 최고사용압력 0.1MPa(1[kg/cm^2]) 이하의 보일러
② 최고사용압력 0.5MPa(5[kg/cm^2]) 이하의 보일러로 동체의 안지름이 500[mm] 이하이며 동체의 길이가 1,000[mm] 이하의 것
③ 최고사용압력 0.5MPa(5[kg/cm^2]) 이하의 보일러로 전열면적 2[m^2] 이하의 것
④ 최대증발량 5[T/H] 이하의 관류 보일러
⑤ 소용량 보일러 (최고사용압력이 0.35[MPa]이하, 전열면적이 5[m^2] 이하, 열효율은 정격용량이 상부하에서 75[%] 이상)

안전 밸브의 시험

① 안전 밸브의 작동시험은 1년에 2회 정도 행하며 표준압력으로 조정한다.
② 점검은 상용압력의 75[%] 이상 되었을 때 1일 1회 이상 행한다.(점화전 안전 밸브 분출시험은 불가능하다)

2. 화염검출기

유류연소용 보일러에서는 미연소가스에 의한 폭발이 통풍력의 부족, 연료의 이상 누입, 불완전연소 등의 원인에 의해 문제시되므로 연소실 내의 갑작스런 소화, 실화, 불착화, 정상연소상태를 검출 정상연소상태가 아닌 때엔 연료 밸브를 닫아 연료의 누입을 방지하는 안전장치이다.

(1) 플레임 아이(flame eye)

화염에서 나타나는 방사선을 전기적 신호로 바꾸어 화염의 정상유무를 검출하는 형식으로 화염의 발광을 이용한 검출기이다. 종류로는 황화카드뮴셀(Cds셀), 황화납셀(Pbs셀) 등이 있다.

(2) 플레임 로드(flame rod)(가스 연료에만 적용된다)

화염의 이온화현상(고온측 : 양이온)을 통해 이때의 전기전도성을 이용하여 화염의 유무를 검출하는 형식이다. 종류로는 자외선광전관, Pbs셀(황화납셀)이 있다.

(3) 스텍 스위치

화염의 발열현상을 이용한 것으로 내부에 바이메탈을 사용 열에 의한 팽창현상으로 화염의 정상유무를 검출한다. 응답속도가 매우 느리므로 소용량 보일러에 사용한다.

3. 저수위 경보 장치

안전 저수위 이하로 수위가 감소시 자동적으로 경보가 울리면서(연료차단 50~100초전) 연소실내로 진입되는 연료를 차단시켜 과열현상을 방지하기 위한 장치

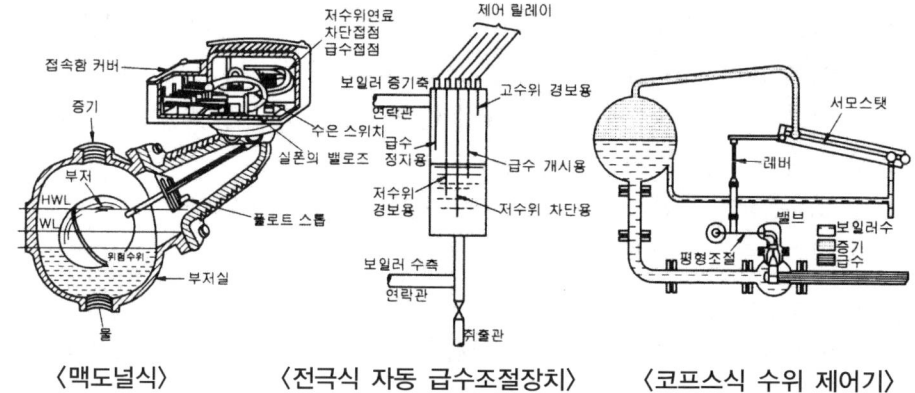

〈맥도널식〉　　〈전극식 자동 급수조절장치〉　　〈코프스식 수위 제어기〉

❄ 종류

① 플로트식(맥도널식)
② 전극식
③ 열팽창력식(코프스식)

❄ 수위 제어 방식

① 1요소식(단요소식) : 수위만을 이용 검출
② 2요소식 : 수위, 증기량을 이용 검출
③ 3요소식 : 수위, 증기량, 급수량을 이용 검출

(1) 맥도널식

내부에 플로트를 설치하여 수위의 부력에 의해 연결된 수은 스위치를 작동하는 형식으로 중·소형 보일러에 가장 많이 사용하는 형식이다.

(2) 전극식

물의 전기전도도를 이용하여 내부에 수위에 맞는 기본 접점들을 두어 수위의 변화에 나타나는 전기적 신호를 제어 릴레이를 통해 경보를 발하는 형식이다.

> ㈜ 6개월에 1회정도 검출통을 분해하여 내부청소를 실시하며, 1년 1회이상 통전시험 및 전열 저항을 측정한다.

(3) 코프스식(열팽창력식)

금속의 열팽창력을 이용하여 수위를 제어하는 형식이다.

4. 가용전(용해 plug)

노통이나 화실 천정부에 설치하여 이상온도의 상승으로 과열되게 되면 그 속에 내장된 합금이 녹아 급수가 화실로 분출하여 보일러를 안전운전하게 하는 장치로 납과 주석을 사용한다.

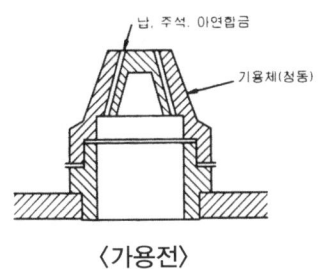

〈가용전〉

합금원소		용융온도
주 석	납	
10	3	150[℃]
3	3	200[℃]
3	10	250[℃]

5. 증기 압력 제어기(steam pressure control instrumemt)

보일러내의 증기 압력이 설정 압력에 도달되면 연료를 차단시키고, 또 공기량을 조절하여 효율적이고, 안전한 운전을 도모하기 위한 장치이다.

(1) 증기 압력 제한기

수은 스위치의 변위에 의해 전기의 온(ON), 오프(OFF) 신호를 버너와 전자 밸브로 보내 연료의 공급 및 차단을 하는 역할을 한다.

(2) 증기 압력 조절기

증기 압력에 따른 벨로즈의 신축작용으로 전기저항을 변화시켜 연료량과 함께 공기량을 조절하여 항상 일정한 증기 압력이 되도록 유지하는 장치이다.

〈증기 압력 제한기〉

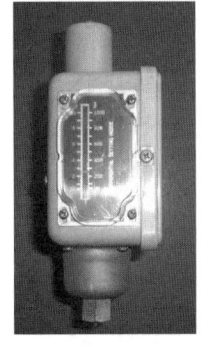
〈증기 압력 조절기〉

> 설정압력이 낮은 낮음에서 높은 순서 : ①압력조절기→ ②압력제한기 → ③안전밸브 순이다.

6. 방폭문

연소실 내의 미연소가스에 의한 폭발이나 역화의 발생시 그 폭발압을 외부로 배출시켜, 역화에 의한 보일러의 손상이나 안전사고를 방지하기 위한 장치이며, 형식으로 개방형(스윙식)과 밀폐형(스프링식)이 있다.

❖ **설치위치** : 연소실 후부나 좌우측에 설치

7. 방출 밸브

온수 보일러에서의 안전 장치로 1개 이상 설치하여야 하며 393K(120[℃])를 초과하는 온수 보일러에서는 안전 밸브를 설치하여야 한다. 393K(120[℃]) 이하의 온수 보일러에는 방출 밸브를 설치하여 호칭지름은 20[mm] 이상으로 최고사용압력에 그 10[%](그 값이 0.035MPa(0.35[kg/cm^2]) 미만인 경우 0.035MPa(0.35[kg/cm^2])으로 함)를 초과하지 않도록 지름과 갯수를 정하여야 한다.

전열면적	방출관의 안지름
10[m^2] 미만	25[A] 이상
10~15[m^2] 미만	30[A] 이상
15~20[m^2] 미만	40[A] 이상
20[m^2] 이상	50[A] 이상

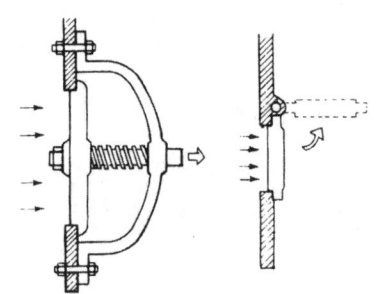

〈스프링식(밀폐식)〉 〈스윙식(개방식)〉

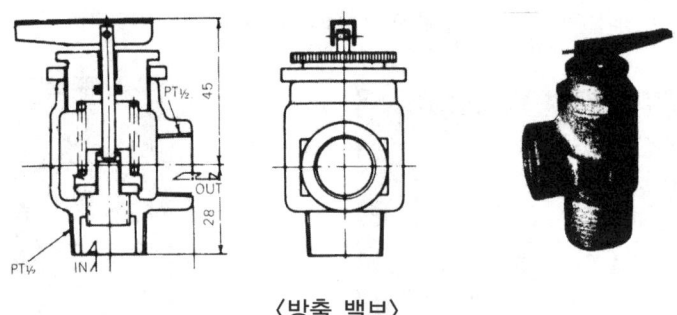

〈방출 밸브〉

8. 팽창 탱크(expansion tank)

온수 보일러에서의 이상팽창압력을 흡수하는 장치로 온수의 사용온도에 따라 개방식(85~95[℃]), 밀폐식(100[℃] 이상의 온수)으로 나눈다.

팽창 탱크 설치목적
① 체적팽창, 이상팽창압력을 흡수한다.
② 관내 온수온도와 압력을 일정하게 유지한다.
③ 보충수공급
④ 관수배출을 하지 않아 열손실 방지

❖ 개방형 팽창 탱크의 높이는 최고층의 방열면보다 1[m] 이상 높게 설치하며 밀폐형 팽창 탱크는 설치 위치에 제한을 안받는다.

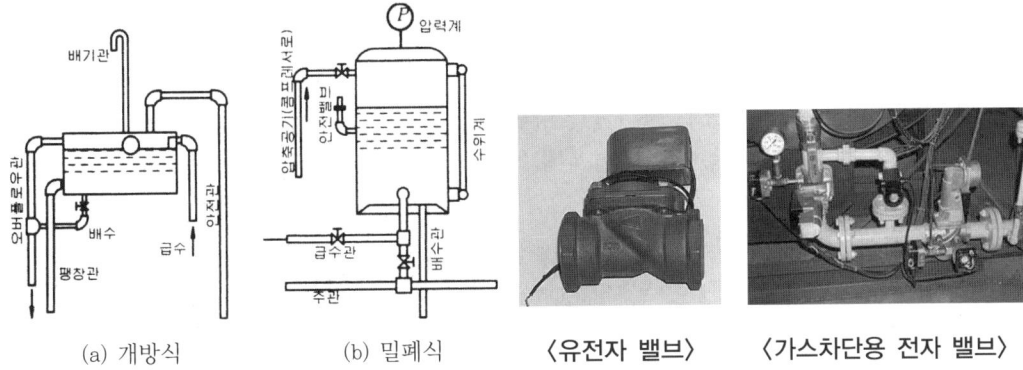

(a) 개방식   (b) 밀폐식   〈유전자 밸브〉   〈가스차단용 전자 밸브〉

9. 연료차단 밸브(전자 밸브)

보일러에서 점화시 또는 운전 중 불착화, 프리퍼지, 저수위, 압력초과 등의 경우 화염검출기, 댐퍼나 송풍기, 저수위 경보기, 압력차단 스위치 등과 연결되어 응급시 연료를 차단하는 밸브로 바이패스 배관을 하지 못하는 안전 장치의 일종이다.

10. 추기장치

고진공의 기기를 운전하기 위해 공기 및 불응축가스를 제거하기 위한 장치를 말하며, 추기 펌프, 추기 탱크, 역류방지 밸브 등이 설치되며 진공도를 확인하는 마노메터가 부착되어 있다.

2 기타 부속품

1. 압력계

보일러를 안전하게 운전하기 위하여 설치하여야 하며 탄성식 압력계 중 보일러에서는 일반적으로 부르돈관식 압력계를 사용한다.

❖ 탄성식 압력계 종류 : 부르동관식, 벨로즈식, 다이어프램식

압력계의 크기

① 압력계 최고눈금은 보일러 최고사용압력의 1.5배 이상 3배 이하로 한다. (육용강제)
② 문자판 지름 100[mm] 이상으로 한다. (60[mm] 이상의 경우 안전관리 참조)
③ 재질은 황동으로 내부온도를 353K(80[℃]) 이하로 유지해야 한다.
④ 압력계 연결관은 동관 안지름 6.5[mm] 강관 안지름 12.7[mm] 이상
⑤ 사이폰관의 안지름은 6.5[mm] 이상이어야 한다.

> ❖ 증기온도가 483K(210[℃]) 이상인 경우 황동관 또는 동관사용금지
> 사이폰관의 내부유체온도 : 80[℃] 이하

압력계 검사시기

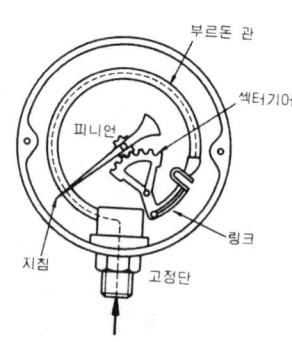

〈부르동관 압력계〉

① 두 개가 설치된 경우 지시도가 다를 때
② 비수현상, 포밍 등으로 압력계에 영향이 미쳤다고 생각될 때
③ 신설 보일러의 경우 압력이 오르기 전
④ 부르동관이 높은 열을 받았을 때
⑤ 계속사용 검사를 할 때
⑥ 장기간 휴지 후 사용하고자 할 때
⑦ 안전밸브의 실제분출압력과 설정압력이 맞지 않을 때

> ❖ 압력계에 삼방 콕을 부착시키는 이유는 보일러가동 중 압력계를 시험하기 위함이다.

압력계 취급상의 주의 사항

① 온도가 353K(80℃) 이상 올라가지 않도록 한다. 부르돈관내에 직접증기가 들어가면 고장이 나기 쉬우므로 사이폰관에 물이 가득차지 않으면 안된다. 압력계를 부착할 때에는 사이폰관의 상태에 이상이 없는지 확인하여야 한다.
② 압력계 사이폰관의 수직부에 콕크를 설치하고 콕크의 핸들이 축방향과 일치할 때에 열린 것이어야 한다.
③ 압력계의 위치가 보일러 본체로부터 멀리 있어 긴 연락관을 사용할 때에는 본체의 가까운 곳에 정지밸브를 설치할 필요가 있지만 이 경우 정지밸브를 완전히 열어 고정하든지 또는 핸들을 뽑아둔다.
④ 압력계를 떼어내었을 때에는 콕크, 사이폰관, 연락관을 불어내고 이물질 및 녹 등을 제거한다. 스케일이 부착되어 있는 경우에는 완전히 청소하거나 또는 새것으로 교체한다.
⑤ 한냉기에 장기간 사용하지 않을 경우에는 동결로 인하여 고장이 발생되므로 압력계를 떼어 내어 보관하고, 연락관, 사이폰관을 비워둔다.

⑥ 항상 검사 받은 정확한 압력계 예비품을 1개 준비해두고 사용중 압력계의 기능이 의심스러울 때에는 수시로 연락관 콕크를 닫고 예비압력계로 교체하여 비교하여 본다.

⑦ 압력계는 고장이 나서 바꾸는 것이 아니라 일정사용시간을 정하고 정기적으로 교체해야 한다. 원칙적으로 매1년에 1회, 압력계의 시험을 하는 것이 필요하다.

2. 유량계

유체가 흐르는 양을 측정하기 위하여 사용되는 계측기로 교축에 의한 차압이나 유속분포, 용적을 이용하여 측정한다. 시간당 1[Ton/h] 이상의 보일러에는 급수·급유 유량계를 설치하여야 하며, 유량계전에는 여과기를 설치하여야 한다. 온수 보일러나 난방전용 보일러로서 2[Ton/h] 미만의 보일러는 급유량계를 CO_2 측정 장치로 갈음한다.

3. 수면계

증기 보일러 내의 수위를 측정하는 계측기로 수위의 관리는 대단히 중요하므로 항상 정확히 알고 있어야 하며, 증기 보일러에는 2개 이상의 유리수면계를 부착하여야 하며, 밸브류는 한눈에 개폐여부를 알 수 있도록 한다. 또 수면계의 설치는 최하단부가 안전저수위와 일치하여야 한다.

❖ 온수 보일러에는 수고계를 설치한다.

원통형 보일러의 안전저수위

보일러 종류	부착위치
입형횡관보일러	화실 처정판 최고부위 75mm
직립형연관보일러	화실 관판 최고부위 연관길이 1/3
횡연관식	최상단 연관 최고부위 75mm
노통보일러	노통 최고부위 100mm
노통연관식	연관이 높은 경우 : 연관 최상단 75mm 노통이 높은 경우 : 노통최상단 100mm 이상

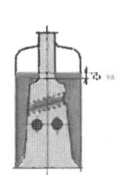 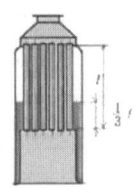 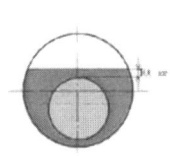 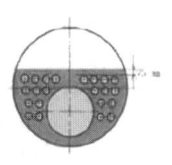

(a) 적립형 횡관식보일러　(b) 직립형 연관 보일러　(c) 노통보일러　(d) 노통연관보일러

수위 검출시 검출기 종류
　㉮ 전극식　　㉯ 플로트식　　㉰ 차압식　　㉱ 열팽창식

(1) 수면계의 종류

① 원형유리관식 수면계 : 저압용 1MPa(10[kg/cm^2]) 유리관의 안지름은 10[mm] 이상일 것.
② 평형투시식 수면계 : 고압용으로 4.5MPa(45[kg/cm^2])에서 7.5MPa(75[kg/cm^2]) 용이 있다.
③ 평형반사식 수면계 : 수부를 검게 나타낸 것으로 1.6MPa(16[kg/cm^2])에서 2.5MPa(25[kg/cm^2]) 용이 있다.
④ 2색식 수면계 : 고압용 수위의 식별을 위해 색유리의 굴절차로 색이 나타나게 한 수면계이다.(녹색 : 물, 적색 : 증기)
⑤ 멀티포트식 수면계 : 원격지시수면계이며, 21MPa(210[kg/cm^2])까지의 초고압용으로 사용된다.

〈수면계〉

(2) 수주관의 설치

육용강제 보일러의 경우 수면계에 온도상승, 압력팽창 등으로 인한 수면계 파손으로부터 보호하며 불순물로 인한 연락관을 막히게 하는 장애가 일어나지 않도록 원통형 강판으로 제작 설치한다.(단, 주철제 수주관을 사용하는 경우는 1.6MPa([kg/cm^2]) 이하에서 사용한다)

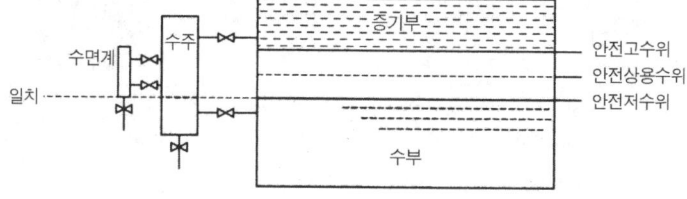

〈수주관 및 수면계 정착의 예〉

(3) 수면계 점검순서

① 물 밸브를 닫는다. ② 증기 밸브를 닫는다.
③ 드레인 밸브를 열어 물을 빼낸다. ④ 물 밸브를 열고 확인 후 잠근다.
⑤ 증기 밸브를 연다. ⑥ 드레인 밸브를 닫고 물 밸브를 연다.

(4) 수면계 점검시기

① 비수·포밍 발생시 ② 두 개의 수면계 수위가 서로 다를 때
③ 연락관에 이상이 발견된 때 ④ 운전 전이나 송기전 압력이 오를 때
⑤ 수위가 보이지 않을 때 ⑥ 수면계의 움직임이 둔하고, 수위가 의심스런 경우
⑦ 보일러를 가동하기 전

(5) 수면계 파손원인

① 무리한 너트의 조임 ② 외부에서 충격을 가할 때
③ 급열·급냉시 ④ 상하부의 축이 이완되었을 때

3-5 기타 부속 장치

1. 분출 장치(blow-system)

보일러 내 관수의 증발과 더불어 슬러지의 농축이나 침전으로 인하여 스케일에 의한 과열사고를 예방하기 위하여 이러한 불순물을 배출함으로 신진대사를 원활히 하기 위한 장치이다.

분출목적

① 관수의 불순물 농도를 한계값 이하로 유지(농축방지)
② 관수의 pH를 조절(급수의 pH : 7~9(8.5), 보일러수의 pH : 10.5~11.5)
③ 캐리오버 현상을 방지
④ 관수의 신진대사 촉진으로 대류열 향상
⑤ 스케일, 슬러지 생성방지 및 청소보존을 위해

(1) 수저분출(단속분출)

침전된 슬러지를 배출하는 것으로 동저부 가장 낮게 설치한다. 일반적으로 하나의 밸브(콕)를 사용하나 두 개의 밸브를 사용할 때에 보일러 가까이 급개형 밸브(콕) 그 뒤에 서개형 밸브(점개형밸브)를 설치하며, 개방 순서는 콕(급개형)을 열고 서개형 밸브를 연다. (잠글때는 역순)(단, 저압보일러의 경우는 보일러 가까이에 서개형밸브 먼쪽에 콕을 설치한다. 개방순서는 콕을 열고 서개형밸브를 연다.)

> 급개밸브는 전폐상태에서 급속히 전개하는 것으로, 또 점개형밸브는 전폐 상태에서 전개까지 밸브축을 5회 이상 회전하는 것이다. 이 경우 급개밸브는 잠금용으로 사용하고, 점개밸브는 분출용으로 사용한다. 분출밸브의 최고사용압력은 보일러 최고사용 압력의 1.25배로 한다.

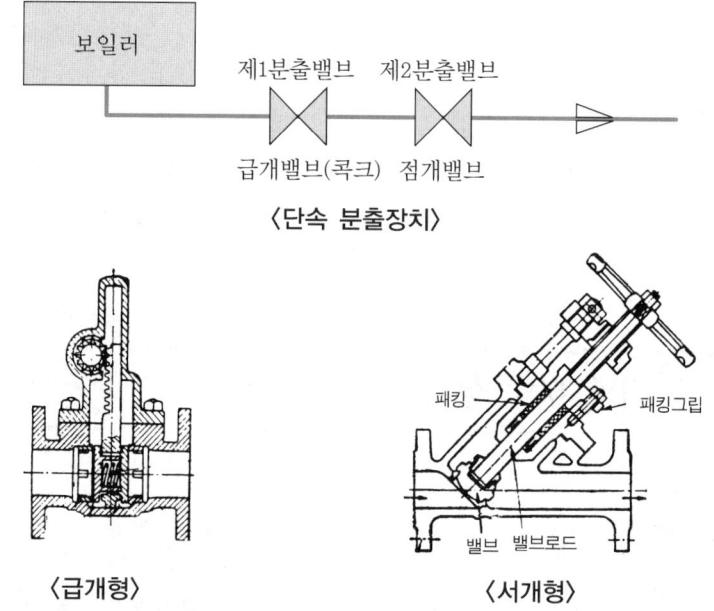

> ❖ 슬러지가 장기간 퇴적되면 스케일(관석)이 된다. 이때에는 분출이 안되므로 급수처리의 상태에 따라 분출회수를 결정한다.

(2) 수면분출(연속분출)

동내부 안전저수위보다 약간 높게 설치하여 유지분, 부유물 등을 제거하는 장치로 수의 농도를 일정하게 유지하도록 조절 밸브에 의해 분출량을 가감하는 연속분출 형식도 있다. 배출된 관수는 플래시(flash) 탱크에 들어가 증기는 기화하여 회수하고 내부에 담긴 농축수는 배출하도록 되어 있다.

분출시기

① 보일러 점화전
② 운전중인 보일러에는 부하가 가장 가벼울 때
③ 프라이밍 포밍의 발생시
④ 고수위로 가동될 때
⑤ 관수의 농축이 지나치다고 생각될 때

분출시 주의사항

① 관수 중 불순물 농도를 분석 분출량을 측정한다.
② 분출은 2명이 1조로 하되 수위의감시를 철저히 하도록 한다(저수위 사고).
③ 분출은 가급적 시동전 또는 부하가 가장 가벼운 때 한다.
④ 1일 1회 이상 분출하되 신속히 작업한다.
⑤ 비수현상시나 농축되었을 때 분출한다.
⑥ 매화를 한 보일러는 불때기 직전에 한다.

매화(埋火)

석탄때기의 경우 소화시 완전 소화하지 않고 재로 불씨를 묻는 것을 말하며 매화시는 다음날 분출을 위해 수위를 약간(상용수위보다 100[mm] 높게) 높혀 둔다.(매화는 점화·재점화시 수고를 덜기위해 한다)

〈연속분출장치〉

밸브 설치

① 최소한 0.7MPa([kg/cm²]) 이상에 견딜 것.
② 보일러 가까이에 급개형 밸브, 그 뒤에 서개형 밸브를 설치한다.
③ 밸브는 침전물이나 퇴적물이 쌓이지 않는 구조일 것.
④ 호칭 25~65[A]를 사용한다(주철제 보일러는 20~70[A]).
⑤ 전열 면적(보일러) 10[m²] 이하의 경우 20[A]

> 최고사용압력이 1.3MPa(13kg/cm²)을 초과하는 보일러의 분출밸브는 회주철 또는 펄라이트 가단주철로 하고, 최고사용압력이 1.9MPa(19kg/cm²)을 초과하는 보일러의 분출밸브는 흑심가단 주철제로 한다.

2. 수트 블로워(매연 분출기, soot blower)

전열면에 부착된 그을음을 제거하는 장치로 증기분사·공기분사·물분사의 형식이 있으며 주로 수관식 보일러에 사용한다.

(1) 롱 리트랙터블형(long retractable : 장발형)

긴분사관을 이용 선단에 노즐을 설치 청소하는 것으로 주로 고온의 전열면에 사용된다.

(2) 로터리형(rotary : 회전형)

회전을 하면서 분사 청소하는 것으로 연도 등의 주로 저온의 전열면에 사용된다.

(3) 건형(gun : 총형)

일반적 전열면에 사용한다.

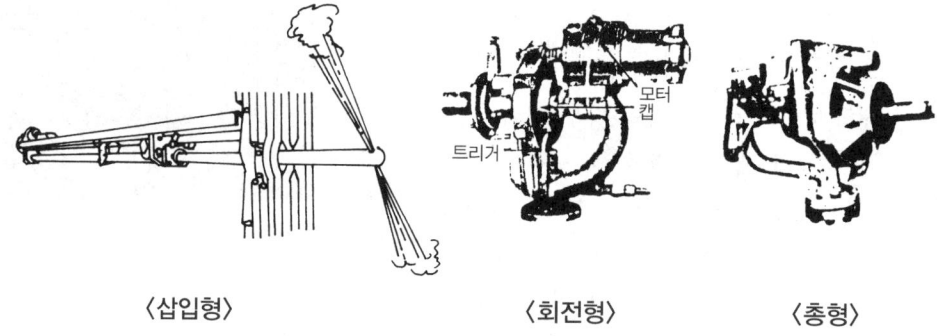

〈삽입형〉　　〈회전형〉　　〈총형〉

🔸 수트 블로워(soot blower) 사용시 주의사항
① 부하가 적거나(50[%] 이하) 소화 후 사용하지 말 것.
② 분출하기전 연도내 배풍기를 사용 유인통풍을 증가시킬 것.
③ 분출기 내의 응축수를 배출시킨 후 사용할 것.
④ 한 곳으로 집중적으로 사용함으로 전열면에 무리를 가하지 말 것.
⑤ 연료의 종류, 분출 위치, 증기의 온도 등에 따라 분출시기를 결정할 것.

🔸 종류
① 고온 전열면 블로워-롱리트렉터블형(장발형)
② 연소 노벽 블로워-숏트렉터블형(단발형)
③ 전열면 블로워-건타입형
④ 저온전열면 블로워-로터리형(정치회전형)
⑤ 공기예열기 블로워-롱리트렉터블형, 트래벌링 프레임형

예상문제

1 보일러 수면계의 종류가 아닌 것은?

① 삼각유리 수면계
② 유리관 수면계
③ 2색식 수면계
④ 평형반사식 수면계

2 증기보일러의 부속장치에 해당 되지 않는 것은?

① 송기장치　　② 팽창장치
③ 통풍장치　　④ 급수장치

3 보일러에서 가장 많이 사용하는 안전 밸브의 형식은?

① 레버식　　② 스프링식
③ 중추식　　④ 복합식

4 안전 밸브의 지름은 보일러 전열 면적 2[m²] 이상에서 최소 몇 mm 이상인가?

① 20　　② 30
③ 25　　④ 40

5 증기 보일러의 용량이 적을 때에는 안전 밸브를 1개 이상으로 할 수 있는데 다음 중 어느 경우가 가능한가?

① 전열면적 50[m²] 이하
② 전열면적 100[m²] 이하
③ 전열면적 150[m²] 이하
④ 전열면적 200[m²] 이하

1.해설
유리수면계 종류
: 원형유리관식, 평형반사식, 평형투시식, 2색식, 멀티포트식

2.해설
• 보일러 부속장치
보일러를 안전하고 효율적으로 운전하는 장치
① 안전장치 : 안전 밸브, 방출 밸브, 가용전, 화염 검출기, 방폭문, 고저수위경보기, 압력제한기, 압력조절기
② 송기장치 : 비수방지관, 기수분리기, 주증기 밸브, 신축이음, 감압 밸브, 증기 헤더, 증기 트랩, 증기축열기
③ 급수장치 : 급수내관, 급수정지 밸브 및 체크 밸브, 인젝터, 급수펌프, 환원기
④ 분출장치 : 분출관, 분출 밸브 및 콕
⑤ 여열장치 : 과열기, 재열기, 절탄기, 공기예열기
⑥ 통풍장치 : 연도, 연돌, 통풍계, 댐퍼
• 지시기구 : 수면계, 압력계, 온도계

3.해설
① 안전 밸브 : 증기 보일러에서 증기압력이 규정압력 이상 초과시 자동적으로 내부증기를 토출시켜 증기압력 초과를 방지
② 종류 : 스프링식, 추식(중추식), 지렛대식(레버식)

4.해설
최고사용압력이 0.5MPa 이하, 전열면적이 2m²이하의 경우에는 20A 이상이 가능하다.

5.해설
• 갯수
2개 이상(단, 전열면적 50[m²] 이하 -1개)

ANSWER　1. ①　2. ②　3. ②　4. ③　5. ①

6 보일러의 안전 밸브는 내부압력이 제한압력보다 증가되면 자동적으로 증기를 분출시키고 있다. 보통 최고사용압력의 몇 % 초과시 작동되는게 안전한가?

① 3[%] ② 5[%]
③ 10[%] ④ 7[%]

7 사용하던 보일러에 독립 과열기를 부착하였다. 이때 안전 밸브에 대하여 옳게 설명한 것은?

① 별도의 안전 밸브 설치는 필요 없다.
② 독립 과열기 입구에 안전 밸브를 부착하여야 한다.
③ 보일러의 안전 밸브를 큰 용량으로 바꾸어 설치하여야 한다.
④ 독립 과열기 입구·출구에 각각 1개 이상의 안전 밸브를 설치한다.

8 다음 보일러에서 안전 밸브 및 압력방출장치의 크기를 호칭지름 20[mm] 이상으로 할 수 있다. 해당하지 않는 것은?

① 최고사용압력이 0.1MPa(1[kg/cm^2]) 이하의 보일러
② 최고사용압력이 0.5MPa(5[kg/cm^2]) 이하의 보일러로 동체의 안지름이 500[mm] 이하, 동체의 길이 1,000[mm] 이하
③ 최고사용압력이 0.5MPa(5[kg/cm^2]) 이하의 보일러로서 전열면적 4[m^2] 이하의 것
④ 최대 증발량 5[ton/h] 이하의 관류 보일러

9 다음 중 전양정식 안전 밸브의 분출용량 계산식은?

① $W = (1.03P+1)S/22$ ② $W = (1.03P+1)S/10$
③ $W = (1.03P+1)S/5$ ④ $W = (1.03P+1)A/2.5$

10 보일러의 안전 밸브의 면적은 고압일수록 저압일 때 보다는?

① 좁아야 한다. ② 넓어야 한다.
③ 무관하다.   ④ 똑같이 한다.

6.해설
안전 밸브를 2개 설치 시는 1개는 최고사용압력 이하에 작동하고 나머지 1개는 최고사용압력의 1.03배에서 작동해야 한다.

7.해설
독립 과열기는 안전 밸브를 입구 및 출구에 각각 1개 이상 설치하고 그 분출 용량의 합계는 최대 통과 증기량 이상

8.해설
• 크기
호칭지름 20[mm] 이상
① 최고사용압력
 0.1MPa(1[kg/cm^2]) 이하의 보일러
② 최고사용압력
 0.5MPa(5[kg/cm^2]) 이하로서 동체의 안지름 500[mm] 이하 동체의 길이 1,000[mm] 이하의 보일러
③ 최고사용압력
 0.5MPa(5[kg/cm^2]) 이하로서 전열면적 2[m^2] 이하의 보일러
④ 최고사용압력 5[ton/h] 이하의 관류 보일러
⑤ 소용량 보일러

9.해설
• 스프링식 안전 밸브의 종류(양정에 따라)
① 저양정식
 양정의 밸브 지름의 1/40~1/15
 $W[\text{kg/h}] = \dfrac{(1.03P+1)S}{22}$
② 고양정식
 양정이 밸브 지름의 1/15~1/7
 $W[\text{kg/h}] = \dfrac{(1.03P+1)S}{10}$
③ 전양정식
 양정이 밸브 지름의 1/7 이상
 $W[\text{kg/h}] = \dfrac{(1.03P+1)S}{5}$
④ 전량식
 목부지름의 1.15배 이상
 $W[\text{kg/h}] = \dfrac{(1.03P+1)S}{2.5}$

10.해설
안전밸브의 크기는 전열면적에 비례하고, 압력에 반비례해야 한다.

ANSWER 6. ① 7. ④ 8. ③ 9. ③ 10. ①

11 증기 보일러에 2개의 안전 밸브가 부착되는 경우 적어도 1개는 어떻게 조정해야 하는가?

① 최고사용압력과 동일
② 최고사용압력보다 높게
③ 최고사용압력 이하
④ 최고사용압력 1/2 이하

12 안전 밸브 중 증기 누설의 원인을 설명한 것이다. 틀린 것은?

① 안전 밸브의 랩핑이 불량할 때
② 하중이 밸브축과의 중심이 맞지 않을 때
③ 밸브와 밸브 시트 사이에 이물질이 있을 때
④ 밸브의 구경이 사용압력에 비해 지나치게 클 때

13 보일러의 압력이 8[kg/cm^2]이고 안전 밸브의 단면적이 20[cm^2]라면 안전 밸브에 작용하는 전압력은?

① 140[kg]   ② 160[kg]
③ 170[kg]   ④ 180[kg]

14 전열면적 18[m^2]인 보일러의 방출관의 안지름은?

① 20[mm] 이상   ② 30[mm] 이상
③ 40[mm] 이상   ④ 50[mm] 이상

15 온도 120[℃] 이하의 온수 보일러에 부착하는 안전장치는?

① 안전 밸브   ② 체크 밸브
③ 온도계   ④ 방출 밸브

16 저수위 안전장치가 작동하여 다음과 같은 조작이 자동으로 이루어져 있다. 잘못된 것은?

① 오일버너가 꺼졌다.
② 자동경보가 울린다.
③ 2차 공기 송풍기는 계속 돌고 있다.
④ 연도 댐퍼가 막혔다.

11.해설
2개설치 시 1개는 최고사용압력 이하 나머지 한 개는 최고사용압력의 1.03배에서 작동

12.해설
안전 밸브의 증기 누설 원인
① 밸브와 밸브 시트 사이에 이물질이 부착
② 랩핑 불량시
③ 스프링의 장력이 감쇄시
④ 밸브축의 이완시
⑤ 밸브 및 밸브 시트의 마모시

13.해설
8[kg/cm^2]는 1[cm^2]당 8[kg]이 작용하는 것이므로 20[cm^2] 당에는 20×8=160[kg]이다.

14.해설
크기
① 전열면적 10[m^2] 이하
  −25[mm] 이상
② 전열면적 10~15[m^2]
  −30[mm] 이상
③ 전열면적 15~20[m^2]
  −40[mm] 이상
④ 전열면적 20[m^2] 이상
  −50[mm] 이상

15.해설
• 방출 밸브
온수 보일러의 안전장치로서 용기 내의 수압이 설정압력에 도달하면 자동적으로 내부 유체를 토출함으로서 압력초과 방지
• 설치
내부 온수온도 120[℃] 이하 온수 보일러(단, 120[℃] 초과시−안전밸브)

16.해설
고저수위 경보기
증기 보일러에서 동내부의 수위가 안전저수위 이하로 감수되기 직전 자동적으로 경보를 발하고 연료를 차단하는 안전장치

ANSWER   11. ③   12. ④   13. ②   14. ③   15. ④   16. ④

17 최고사용압력 0.5MPa(5[kg/cm^2]), 증발량 2[ton/h]의 노통연관 보일러의 저수위 안전장치는?

① 붙일 필요가 없다.
② 경보만 울리도록 한다.
③ 연료차단만 되도록 한다.
④ 경보와 연료차단이 다 되도록 한다.

18 다음 부속품 중에서 보일러 수위가 낮을 때 안전장치로 작동되는 것은?

① 가용마개   ② 수면계
③ 압력계   ④ 급수장치

19 보일러가 운전 중에 갑자기 소화되었을 때 작동하는 안전장치는?

① 압력 차단 스위치   ② 가용 플러그
③ 안전 밸브   ④ 화염검출기

20 보일러 화염검출기 중 화염검출 응답이 느려 버너분사 정지에 수십초가 걸리므로 주로 소용량 보일러에 사용되는 것은?

① 스텍 스위치   ② 플레임 로드
③ 플레임 아이   ④ 광전관식 검출기

21 보일러의 안전작업을 위하여 부착된 부속장치이다. 틀린 것은?

① 증기 안전 밸브   ② 수면계
③ 저수위 경보기   ④ 절탄기

22 보일러의 연소실에 방폭문을 설치하는 이유는?

① 역화로 인한 폭발을 방지   ② 연료절약
③ 화염의 검출   ④ 연소의 촉진

23 소용량 온수 보일러용 화염 검출기로 바이메탈에 의한 발열을 이용하여 작동되며 연도에 설치되는 것은?

① 적외선 광전관   ② 자외선 광전관
③ 스텍 스위치   ④ 플레임 로드

17. 해설
설치
최고압력 0.1MPa(1[kg/cm^2]) 이상
온도 120[℃] 이상

18. 해설
가용전
노통 보일러에서 동내부 수위가 안전저수위 이하로 감수되기 직전 용융합금이 녹아 동내부로 취출함으로 안전사고를 미연에 방지(합금=주석+납)

19. 해설
화염검출기
연소실 내 화염 유무를 검출하여 그 신호를 전자 밸브에 보내 연료를 차단함으로서 노내 미연가스충만에 따른 연소가스 폭발을 방지

20. 해설
스텍 스위치 : 연도에 설치되며 응답속도가 느리다.

21. 해설
절탄기는 급수를 예열하는 여열장치이다.

22. 해설
방폭문
노내 미연가스로 인한 연소가스 폭발시 폭발압력을 밖의 안전한 장소로 토출시켜 보일러 파열을 방지
① 밀폐형 : 스프링식(강제 통풍)
② 개방형 : 스윙형(자연 통풍)

23. 해설
종류
① 플레임 아이 : 화염의 발광체를 이용
② 플레임 로드 : 화염의 이온화를 이용(전기 전도성을 이용)
③ 스텍 스위치 : 연소가스 발열체 이용

ANSWER 17. ④ 18. ① 19. ④ 20. ① 21. ④ 22. ① 23. ③

24 보일러에 연소가스의 폭발시를 대비하여 만드는 안전장치는?

① 폭발구　　② 안전 밸브
③ 파괴판　　④ 연돌

24.해설
폭발구(방폭문) 연소실내의 미연소가스가 폭발시 압력을 외부로 도피시켜 보일러의 파손을 방지하기 위한 장치

25 다음 스프링 안전 밸브 중 분출용량이 가장 큰 형식은?

① 전양식　　② 전양정식
③ 고양정식　　④ 저양정식

25.해설
분출용량이 큰 순서 = 전량식 〉 전양정식 〉 고양정식 〉 저양정식

26 대형 보일러의 경우 송풍기가 작동되지 않으면 전자 밸브가 열리지 않고 점화를 저지하는 인터록은?

① 프리퍼지 인터록
② 불착화 인터록
③ 압력초과 인터록
④ 저연소 인터록

26.해설
프리퍼지 인터록 : 송풍기가 작동되지 않으면 전자밸브가 열리지 않아 점화를 저지하는 인터록

27 안전 밸브의 부착방법으로 옳지 않은 것은?

① 보일러 몸체에 직접 붙인다.
② 보일러 몸체에 수직으로 붙인다.
③ 보일러 증기부에 붙인다.
④ 보일러 몸체에 수평으로 붙인다.

27.해설
용이하게 검사할 수 있는 동 상부 증기부에 수직으로 부착한다.

28 안전 밸브의 크기는?

① 보일러 전열면적에 정비례하고 증기압에 반비례한다.
② 보일러 전열면적에 반비례하고 증기압에 정비례한다.
③ 보일러 전열면적과 증기압에 정비례한다.
④ 보일러 전열면적과 증기압에 반비례한다.

28.해설
안전밸브의 크기는 전열면적에 비례하고, 압력에 반비례해야 한다.

29 가동 중인 보일러의 보일러수가 갑자기 최저 안전수위 이하로 내려갔을 때 자동제어계통에서 가장 먼저 작동해야 하는 부분은?

① 연료공급장치　　② 통풍장치
③ 급수장치　　④ 착화장치

29.해설
가동 중에 이상감수, 제한압력 초과, 이상감수시 가장 먼저 연료공급을 차단한다.

ANSWER　24. ①　25. ①　26. ①　27. ④　28. ①　29. ①

30 안전 밸브의 분출압력은 1개의 경우 최고사용압력 이하, 안전 밸브가 2개 이상인 경우 그 중 1개는 최고사용압력 이하 기타는 최고사용압력의 몇 배 이하인가?

① 1.03배 ② 0.98배
③ 1배　　 ④ 1.06배

31 다음 최고사용압력이 7[kg/cm²], 증발량 5[t/h]의 증기 보일러의 수면계 부착방법이다. 틀린 것은?

① 밸브 또는 콕의 개폐가 한눈에 알 수 있게 한다.
② 안전 저수위가 유리관 하단에 나타나도록 한다.
③ 유리 수면계 1개와 테스트 콕 1개를 붙인다.
④ 내부를 간편하게 청소할 수 있도록 한다.

32 압력계에 부착시키는 증기관을 동관으로 사용할 때 동관의 굵기는?

① 6.5[mm] 이상　　② 12.7[mm] 이상
③ 25.4[mm] 이상　 ④ 32[mm] 이상

33 사이폰관과 특히 관계가 있는 것은?

① 수면계　　　　② 안전 밸브
③ 어큐물레이트　④ 압력계

34 압력용기에 설치된 압력계의 최대 지시범위는 최고사용압력의 몇 배로 하는가?

① 1.5~3배　② 1.2~2배
③ 1.5~2배　④ 2배

35 수면계의 유리 파손의 원인을 든 것이다. 틀린 것은?

① 조임 너트를 너무 조였을 때
② 새로 바꾼 유리관에 갑자기 열을 가했을 때
③ 유리관의 길이가 상하의 바탕쇠간의 거리에 비해 너무 길었을 때
④ 보일러의 수위가 너무 높았을 때

31.해설
• 수면계 개수
2개 이상(단, 최고 사용압력 1MPa(10[kg/cm²]) 이하로서 동체의 안지름 750[mm] 이하는 그 중 1개를 수면측정장치로 대용)
• 설치
수면계 유리관 최하단부가 안전 저수면과 일치

32.해설
• 사이폰관 설치 이유
고온의 증기가 부르동관 내 침투하여 압력계 변형을 방지하기 위해
• 크기
① 동관 : 6.5[mm] 이상(증기 온도 210[℃] 이하)
② 강관 : 12.7[mm] 이상

33.해설
사이폰관 : 압력계(부드동관)파손 방지를 위해 설치

34.해설
• 압력계
부르동관식 압력계가 가장 많이 사용
① 크기 : 바깥지름 100[mm] 이상 (단, 60[mm] 이상으로 할 수 있는 경우)
　㉮ 최고사용압력 5[kg/cm²] 이하로서 전열면적 2[m²] 이하의 보일러
　㉯ 최고사용압력 5[kg/cm²] 이하로서 동체의 안지름 500[mm] 이하 동체의 길이 1,000[mm] 이하의 보일러
　㉰ 최대 증발량 5[ton/h] 이하의 관류 보일러
　㉱ 소용량 보일러
② 최고눈금 : 최고사용압력의 1.5~3배

35.해설
• 수면계 점검 순서
① 물 콕 증기 콕을 닫고 드레인 콕을 연다.
② 물 콕을 열고 통수 확인 후 물 콕을 닫는다.
③ 증기 콕을 열고 통기 확인 후 드레인 콕을 닫는다.
④ 물 콕을 연다.

ANSWER　30. ①　31. ③　32. ①　33. ④　34. ①　35. ④

36 난방 전용 보일러로서 2[ton/h] 미만의 보일러에서는 급유 유량계를 어느 것으로 갈음할 수 있는가?

① 부르돈관 압력계 ② U 자관 압력계
③ CO_2 측정장치 ④ 경도계

36.해설
난방전용 보일러의 용량이 2Ton/h 미만의 보일러는 CO_2 측정장치로 급유량계로 갈음할 수 있다.

37 육용강제 보일러에 부착되어 있는 유량계의 급유온도를 측정하려고 한다. 어떤 부분에서 온도를 측정하는 것이 옳은가?

① 기름 탱크의 온도 ② 버너 입구 온도
③ 유량계의 입구 온도 ④ 급유예열기 온도

37.해설
유량계의 급유온도 측정은 버너 입구에서 온도를 측정한다.

38 압력계의 연결되는 증기관으로 황동관이나 동관을 사용할 수 없는 증기온도는 얼마일 때인가?

① 100[℃] 이상 ② 150[℃] 이상
③ 210[℃] 이상 ④ 273[℃]

38.해설
증기의 온도가 483K(210℃)이상에서는 황동관을 사용할 수 없다.

39 온도계를 설치하지 않아도 되는 경우는?

① 부속기기가 있을 때의 배기가스 온도
② 버너에 들어가는 급유입구의 급유온도
③ 보일러의 급수의 급수온도
④ 공기예열기의 전후 공기온도

39.해설
• 온도계 설치 위치
① 급수 입구의 급수 온도계
② 버너의 급유 입구 온도계
③ 부속기기(절탄기 · 공기예열기)가 설치된 경우 각 유체 전후 온도를 측정할 수 있는 온도계
④ 보일러 본체 배기가스 온도계(절탄기, 공기예열기 설치시 제외)
⑤ 과열기 재열기 출구 온도계

40 보일러 수면계의 기능점검 시기로서 적합치 못한 것은?

① 보일러를 가동하기 직전
② 포밍이 발생할 때
③ 두 조의 수면계의 수위에 차이가 있을 때
④ 수위의 움직임이 민감하게 나타날 때

40.해설
• 수면계 점검시기
① 두 조의 수면계수위가 서로 다를 경우
② 프라이밍 포밍 발생이 심할 경우
③ 수위가 의문시
④ 보일러 가동전 또는 압력이 오르기 전

41 증기보일러 과열기의 종류를 열가스 흐름에 의하여 분류할 때 해당 되지 않는 것은?

① 병류형 ② 직류형
③ 향류형 ④ 혼류형

41.해설
열가스 흐름에 의한 분류 : 병류형, 향류형, 혼류형

ANSWER 36. ③ 37. ② 38. ③ 39. ① 40. ④ 41. ②

42 열설비장치 중 연돌에 가장 가까운 것은?

① 공기예열기　　② 과열기
③ 절탄기　　　　④ 재열기

43 재열기란?

① 연소가스로 급수를 가열하는 장치이다.
② 터빈에서 고압부의 팽창한 증기를 중도에서 빼내어 다시 가열하여 저압부에서 팽창을 계속시키는 장치
③ 보일러에 공급되는 포화증기를 다시 가열하여 등압하에 온도를 상승시키는 온도장치를 말한다.
④ 터빈에서 팽창을 끝낸 증기를 보일러에 다시 공급하기 전에 가열하는 장치를 말한다.

44 다음 보일러 부대설비 중에서 연소가스의 저온 부식과 관계가 있는 것은?

① 재열기　　② 과열기
③ 재생기　　④ 공기예열기

45 공기예열기를 설치하였을 경우의 잇점이 아닌 것은?

① 통풍저항이 감소된다.
② 적은 과잉공기로서 완전연소시킨다.
③ 보일러의 열효율이 높아진다.
④ 수분이 많은 저질탄의 연료도 유효하게 연소시킬 수 있다.

46 다음 중 공기예열기의 형식이 아닌 것은?

① 전열식　　② 증기식
③ 재생식　　④ 방사식

47 두께 2[mm] 정도의 강판을 여러개 세워서 그 속에 열가스를 통과시키고 외부에 공기를 굴곡하면서 통과시켜 열교환을 하도록 한 공기예열기는?

① 강관형 공기예열기　　② 회전식 공기예열기
③ 강판형 공기예열기　　④ 증기식 공기예열기

42.해설
여열장치설치 순서 = 과열기-재열기-절탄기-공기예열기-연돌

43.해설
재열기란 고압터빈에서 사용된 증기와 고압부의 팽창 증기를 일부 빼내어 재가열하여 저압부에서 팽창을 계속 시키는 장치

44.해설
① 저온 부식 : 공기예열기, 절탄기
② 고온 부식 : 재열기, 과열기

45.해설
(1) 공기예열기
연소가스 여열을 이용하여 공기를 예열하는 장치
• 특징
① 연소효율 및 열효율 향상(25[℃] 상승시-1[%] 효율 증가)
② 적은 과잉공기로서 완전 연소가능
③ 저질의 연료로도 유효하게 연소가능
④ 노내온도가 높아져 전열이 양호
(2) 여열장치 설치시 단점
① 통풍저항이 증가
② 부식 발생우려가 크다(고온부식-과열기, 저온부식-공기예열기)
③ 연도내 청소가 곤란

46.해설
- 열원에 의한 종류
　*급수식, 증기식, 가스전열식
- 전열 방법에 따른 종류
　*전열식(전도식), 재생식, 히트파이프식

47.해설
강판형공기예열기 : 두께 2mm정도의 강판을 여러개 세워서 열교환을 하도록 한 것이다.

ANSWER　42. ①　43. ②　44. ④　45. ①　46. ④　47. ③

48 보일러 터빈을 사용한 증기 동력 발생장치에서 효율을 증가시키는 방법으로 다음 중 가장 옳은 것은?

① 보일러 압력을 낮춘다.
② 공급증기 온도를 낮춘다.
③ 과열기를 사용한다.
④ 복수기의 압력을 증가시킨다.

49 재생식 공기예열기의 대표적인 회전식의 특징 설명으로 가장 적합한 것은?

① 단위 체적당 배치할 수 있는 전열면적이 크고 설치 장소가 좁아도 된다.
② 운동부가 없으며 누설의 우려가 없고 통풍손실이 적다.
③ 한쪽에는 연소가스가 흐르고 다른 한 쪽은 반대 방향으로 공기가 흐른다.
④ 금속 전열면 양측에 연소가스와 공기를 통하게 하여 연소가스의 보유열을 공기에 전한다.

50 절탄기에 증기가 서렸을 때 부식의 원인이 되는 가스는?

① SO_2
② V_2
③ NO_2
④ CO_2

51 절탄기에 열가스를 보낼 때 가장 주의할 점은?

① 유리 수면계에서 물의 움직임
② 절탄기 내의 물의 움직임
③ 연소가스의 온도
④ 급수 온도

52 보일러 본체에서 발생한 포화증기, 즉 습증기를 가열하여 수분을 증발시키고 다시 과열증기로 하는 장치가 과열기이다. 과열기 종류 중 틀린 것은?

① 접촉 과열기
② 복사 과열기
③ 복사접촉 과열기
④ 포화증기 과열기

48. 해설
증기터빈을 사용하여 동력을 발생시키는 장치의 경우 효율 증가를 위해서는 과열 증기를 사용한다.

49. 해설
재생식 공기예열기로 한쪽은 연소가스 반대 방향은 공기가 흐르는 구조이다.

50. 해설
절탄기, 공기예열기에서 발생되는 저온부식의 원인은 연료 중에 유황(S)에 의해 발생한다.

51. 해설
보일러 처음 가동시 열가스를 부연도로 보내고 증기가 송기될 때 주연도로 열가스를 흐르도록 한다(절탄기 내 유동되지 않는 물이 과열될 염려가 있다).

52. 해설
• 과열기
보일러에서 발생하는 습포화증기를 연도내 순환시켜 과열증기로 발생시키는 장치
① 종류
 – 전열방식 : 접촉 과열기
  복사 과열기
  접촉복사 과열기
 – 증기와 열가스 흐름 :
  향류식, 병류식, 혼류식
② 재질 : 탄소강(400[℃] 이하), 크롬몰리브덴강(400~500[℃]), 니켈강(500[℃] 이상)

Answer 48. ③ 49. ③ 50. ① 51. ② 52. ④

53 절탄기에 대한 설명 중 옳지 않은 것은?
① 보일러의 효율을 5~10[%] 정도 향상되고 연료가 절약된다.
② 급수를 예열시키므로 급수와 보일러수와의 온도차가 적어 보일러 본체에 대한 열응력이 커진다.
③ 급수 중에 포함되어 있는 불순물의 일부를 제거한다.
④ 보일러의 증발력이 증대된다.

53. 해설
• 특징
① 연료절약 및 열효율 향상(8[℃] 상승시 -1[%] 효율 증가)
② 급수와 보일러수와의 온도차 감소에 따른 열응력 발생 경감
③ 급수중 불순물 일부가 제거
④ 증발 능력이 향상

54 보일러 본체로부터 발생한 연소가스의 접촉과정을 순서대로 기술한 것은?
① 과열기 – 절탄기 – 공기예열기
② 과열기 – 공기예열기 – 절탄기
③ 절탄기 – 공기예열기 – 과열기
④ 공기예열기 – 절탄기 – 과열기

54. 해설
과열기 – 재열기 – 절탄기 – 공기예열기

55 다음 중 저온부(급수예열기, 공기예열기)를 부식하는 물질은 어느 것인가?
① SO_2
② 염소 및 염산
③ 바드네스트
④ 바나듐

55. 해설
저온부식의 원인은 연료 중의 황성분인 SO_2에 의해 발생한다.

56 다음 사항 중 인젝터의 기능 저하를 가져올 수 있는 것은?
① 수면계가 고장이 나서 보일러의 물이 저하할 때
② 급수온도가 높을 때
③ 급수처리를 안했을 때
④ 증기가 너무 건조할 때

56. 해설
• 작동 불능원인
① 증기압력이 너무 낮거나 $0.2MPa(2[kg/cm^2])$ 이하 너무 높을 경우-$1MPa(10[kg/cm^2])$ 이상
② 흡입관이나 밸브로부터 공기누입시
③ 흡입수 온도가 너무 높을 경우
④ 체크 밸브 고장 및 인젝터 자체 과열시
⑤ 노즐이 마모되었거나 폐쇄시
⑥ 증기가 너무 건조하거나 습할 경우

57 다음은 인젝터의 정지순서를 나열한 것이다. 옳은 것은?

| ① 급수 밸브를 닫는다. | ② 증기 밸브를 닫는다. |
| ③ 핸들을 닫는다. | ④ 출구정지 밸브를 닫는다. |

① ②-①-④-③
② ④-②-①-③
③ ③-①-②-④
④ ①-②-③-④

ANSWER 53. ② 54. ① 55. ① 56. ② 57. ③

58 보일러의 전열면적이 10[m²] 초과일 경우 급수 밸브의 크기는 어떤 호칭 이상이 적당한가?

① 15[mm]　　② 20[mm]
③ 30[mm]　　④ 40[mm]

59 보일러 동내부에 급수내관의 적당한 설치위치는?

① 보일러 안전 저수면보다 약간 낮은 곳
② 수부와 증기부와 만나는 곳
③ 보일러 동 최하부
④ 보일러 안전 저수면보다 약간 높은 곳

60 급수 펌프의 구비조건으로 틀린 것은?

① 병렬운전에 지장이 없을 것.
② 부하변동에 신속히 대응할 것.
③ 안전할 것.
④ 급수가 예열될 수 있을 것.

61 프라이밍(Priming)을 하여야 급수가 가능한 펌프는?

① 터빈 펌프　　② 피스톤 펌프
③ 플런저 펌프　　④ 워싱턴 펌프

62 기울어지게 부착된 금속제 팽창관의 팽창수축에 의하여 급수를 조절하는 것은?

① 플로트식　　② 코우프스식
③ 취압식　　④ 파일럿 밸브식

63 증기의 압력에너지를 이용하여 피스톤을 작동시켜 급수를 행하는 비동력 펌프는?

① 피스톤 펌프　　② 터빈 펌프
③ 워싱턴 펌프　　④ 프로펠러 펌프

64 10[m]의 높이에 0.05[m³/sec]의 물을 퍼올리는데 필요한 펌프의 축마력은? (단, 효율은 75[%]이다.)

① 8.89　　② 10.16
③ 7.43　　④ 9.53

58. 해설
- 급수정지 밸브 및 체크 밸브 보일러가까이 정지 밸브를 먼곳에 체크 밸브설치(단, 최고사용압력 1[kg/cm²] 미만시 체크 밸브 생략)
① 전열면적 10[m²] 이하 : 15[A] 이상
② 전열면적 10[m²] 초과 : 20[A] 이상

59. 해설
- 급수 내관(급수분포관) 보일러 안전 저수면 50[mm] 하방에 설치
- 설치위치
① 너무 낮을 경우 : 동저부가 냉각되어 물의 순환이 곤란
② 너무 높을 경우 : 증기부에 노출되어 비수현상에 의한 수격작용 발생

60. 해설
- 급수 펌프의 구비 조건
① 작동이 확실하고 조작이 간편할 것.
② 부하변동에 대응할 수 있을 것.
③ 저부하 운전에도 효율이 우수할 것.
④ 회전식은 고속 회전에 안전할 것.
⑤ 병렬 운전에 지장이 없을 것.

61. 해설
터빈 펌프 : 가동전에 펌프에 물을 채워주는 플라이밍 작업을 한다.

62. 해설
코프스식 : 금속의 열팽창력을 이용하여 급수조절

63. 해설
워싱턴 펌프 : 무동력 급수장치로서 증기의 압력을 이용하여 피스톤을 작동시켜 급수

64. 해설
급수 펌프의 소요 마력 = 비중량 × 송수량 × 전양정/75 × 효율이므로
1,000 × 10 × 0.05/75 × 0.75
= 8.89[ps]

ANSWER 58. ② 59. ① 60. ④ 61. ① 62. ② 63. ③ 64. ①

65 왕복식 펌프에 해당되지 않는 것은?
① 플런저 펌프   ② 피스톤 펌프
③ 워싱톤 펌프   ④ 터빈 펌프

65.해설
• 급수 펌프 종류
① 원심식 : 터빈 펌프, 볼류트 펌프
② 왕복동식 : 워싱톤, 웨어, 플런저 펌프

66 인젝터작동 불량의 요인이 아닌 것은?
① 증기에 수분이 너무 많다.
② 흡입관로 및 밸브로 공기가 누입된다.
③ 증기압력이 너무 낮다.(2[kg/cm^2] 이하)
④ 급수온도가 55[℃] 미만이다.

66.해설
인젝터는 급수온도가 높을 때 작동하지 않는다.

67 보일러에 인젝터가 부착되어 있다. 시동할 때 가장 먼저 열어야 할 밸브는?
① 증기 밸브   ② 흡수 밸브
③ 일수 밸브   ④ 급수 밸브

67.해설
인젝터 작동 시 가장 먼저 열어야 하는 밸브는 급수밸브이다.

68 보일러 급수펌프 중 안내 깃(Guide Vane)이 있는 것은?
① 터빈 펌프   ② 기어 펌프
③ 로터리 펌프   ④ 진공 펌프

68.해설
터빈펌프 : 안내깃(가이드베인)이 있으며 고양정(20m 이상)용이다.

69 분출 밸브의 구조 및 강도의 설명이다. 틀린 것은?
① 침전물이 침전되지 않는 구조
② 보일러 최고사용압력이 1MPa(10[kg/cm^2])일 때는 1.25MPa (12.5[kg/cm^2]) 압력에 견딜 것
③ 어느 경우라도 1개 이상이면 충분하다.
④ 보일러 최고사용압력이 1.25배 이상의 압력에 견딜 것

69.해설
• 분출장치
(1) 목적
① 스케일 생성 및 고착을 방지
② 관수농축방지
③ 프라이밍 포밍 발생방지
④ 관수의 PH 및 알칼리도 조정
⑤ 가성취화 방지
(2) 재질
주철제 : 1.3MPa(13[kg/cm^2])이하, 흑심가단 주철제 : 1.9MPa(19[kg/cm^2]) 이하

70 보일러에 있어서 분출 밸브의 크기는 호칭지름에 몇인가?
① 25[mm] 이상 65[mm] 이하
② 20[mm] 이상 65[mm] 이하
③ 25[mm] 이상 100[mm] 이하
④ 20[mm] 이상 100[mm] 이하

70.해설
• 분출 밸브의 크기
호칭지름 25~65[mm](단, 전열면적 10[m^2] 이하는 20[mm] 이상)

ANSWER 65. ④ 66. ④ 67. ④ 68. ① 69. ③ 70. ①

71 분출을 행하는 시기를 잘못 열거한 것은?

① 불을 때지 않던 보일러는 불때기 직전
② 계속 운전중인 보일러는 부하가 가장 많을 때
③ 야간에 쉬는 보일러는 증기가 발생되기 시작할 때
④ 비수현상이 발생할 때

72 증기 보일러의 분출장치 시공법으로 틀린 것은?

① 급개 밸브와 서개 밸브를 직렬로 붙인다.
② 급개 밸브를 보일러에 가까이 붙인다.
③ 점개 밸브를 보일러 가까이 붙인다.
④ 분출관의 끝이 보이도록 한다.

73 보일러 용수를 분출시킬 때 주의할 사항으로 옳지 않은 것은?

① 밸브 및 콕이 나란히 설치되어 있을 때는 콕을 먼저 연다.
② 밸브 및 콕이 다같이 설치되어 있을 때 밸브를 먼저 닫는다.
③ 분출 밸브나 콕은 천천히 열어야 한다.
④ 안전수위 이하까지 분출해서는 안 된다.

74 보일러 관수 분출작업은 안전상 최소 몇 명이 하는 것이 좋은가?

① 1명 ② 2명
③ 3명 ④ 4명

75 보일러 동내부에서 증기를 한 곳으로만 취출하면 수면동요와 동시 비수가 발생한다. 이런 현상을 방지하기 위한 관은?

① 저수 밸브관 ② 프라이밍 방지관
③ 기수분리관 ④ 수위경보관

76 보일러의 증기부에 보통 1/150~1/400의 기울기로 설치되어 증기가 흐르는 도중에 생기는 물을 한 곳에 모이게 하여 이것을 대기 중에 배출하는 것은?

① 배수 밸브 ② 기수분리기
③ 프라이밍 방지관 ④ 수면 콕

71.해설
• 분출 시기
① 다음날 아침 점화전
② 부하가 가장 가벼울 때
③ 프라이밍 포밍 발생이 심할 때

72.해설
고압보일러의 경우는 보일러 가까이에 급개형 밸브를 설치한다.

73.해설
• 분출시 유의사항
① 2인 1조가 되어 분출작업을 한다.
② 분출작업시에는 절대 다른 작업을 해서는 아니된다.
③ 2대의 보일러를 동시에 분출하지 않는다.
④ 어떠한 경우이든 안전저수위 이하로 내려가서는 아니된다.
⑤ 보일러 가까이 콕부터 열고 나중에 밸브를 급개한다.

74.해설
분출은 2인 1조로 한다.

75.해설
• 비수 현상(프라이밍)
급격한 증발현상에 따른 동수면으로부터 작은 물방울이 튀어올라 증기속에 혼입되는 현상

76.해설
기수분리기란?
증기속에 포함된 수분을 분리시켜 증기의 건조도를 높인다.

ANSWER 71.② 72.③ 73.③ 74.② 75.② 76.②

77 길이가 긴 증기배관 계통에는 기수분리기를 설치하면 다음과 같은 효과를 얻을 수 있다. 틀리는 것은?

① 수격작용의 위험을 막을 수 있다.
② 건조증기를 장치에 공급할 수 있다.
③ 건조증기와 건조공기를 장치에 공급할 수 있다.
④ 열효율이 높아진다.

77.해설
기수분리기는 건조 공기를 얻는 것이 아니고, 건조증기를 얻기위한 것이다.

78 기수 분리기란?

① 보일러에서 발생한 증기 중에 남아있는 물방울을 제거하는 장치
② 증기사용치에서 증기사용 후 물과 증기를 제거하는 장치
③ 보일러에서 투입되는 연소용 공기 중에서 수분을 제거하는 장치
④ 보일러 급수 중에 포함되어 있는 공기를 제거하는 장치

78.해설
• 기수분리방법
① 사이클론식 : 원심력을 이용
② 배플식 : 관성력(방향전환)을 이용
③ 건조 스크린식 : 망을 이용
④ 스크레버식 : 장애판을 이용

79 밸브 중 체크 밸브의 기능은?

① 역류방지
② 과부하방지
③ 개방
④ 이물질혼입방지

79.해설
체크밸브(역류방지밸브) : 유체의 역류를 방지한다.

80 원뿔형의 전의 각도 0~90° 사이의 임의의 각도만큼 회전함으로서 유량을 조절하는 것은?

① 게이트 밸브　　② 콕
③ 체크 밸브　　　④ 글로브 밸브

80.해설
일명 프라그 밸브라 한다.

81 핸들을 돌리면 밸브 스템의 나사에 의해 밸브 스템과 함께 밸브가 상하로 움직여서 밸브 시트와의 틈새를 변화시켜 유체통로 단면적을 변화시킴으로 유량을 증감 조절하게 되는 밸브는?

① 글로브 밸브　　② 게이트 밸브
③ 체크 밸브　　　④ 콕

81.해설
① 글로브 밸브(구형 밸브) : 유체 흐름에 따른 저항은 크나 유량 조절에 적합
② 슬루스 밸브(게이트 밸브·사절 밸브) : 유체 흐름에 따른 저항은 적으나 양정이 크기 때문에 유량 조절에는 부적합

ANSWER 77. ③　78. ①　79. ①　80. ②　81. ①

82 다음에 열거한 사항은 어떤 밸브에 관한 사항인가?

① 구조에 따라 스프링식과 추식으로 분리된다.
② 고압 증기를 저압 증기로 전환하는데 사용한다.
③ 밸브 출구에는 일반적으로 압력계와 안전 밸브를 설치한다.

① 글로브 밸브 ② 니들 밸브
③ 감압 밸브 ④ 전자 밸브

83 보일러의 가용전(가용마개)에 사용되는 금속의 종류는?

① 납과 알루미늄의 합금
② 구리와 아연의 합금
③ 납과 주석의 합금
④ 구리와 주석의 합금

84 다음 중 신축이음의 종류가 아닌 것은?

① 스위블형 ② 루프형
③ 벨로즈형 ④ 스프링형

85 설치에 넓은 장소를 필요치 않고 신축에 의한 응력을 일으키지 않는 신축 조인트는?

① 슬리브형 ② 루프형
③ 벨로즈형 ④ 스위블형

86 증기 트랩이 정도 이상 뜨거울 때의 현상이 아닌 것은?

① 트랩의 용량과소
② 배압이 높을 때
③ 밸브의 마모
④ 여과기의 스크린이 막혔을 때

87 스팀 트랩에 있어서 드레인의 온도 변화를 이용하는 트랩은?

① 상향 버킷식 ② 바이메탈식
③ 자유 플로트식 ④ 디스크식

---

82. 해설
감압밸브
- 고압의 증기를 저압(사용압)으로 감압
- 증기압을 일정하게 유지시켜 준다.

83. 해설
가용전의 합금 : 납+주석

84. 해설
신축이음의 종류
- 슬리브형(미끄럼형)
- 벨로즈형
- 만곡관(루프형)
- 스위블형

85. 해설
• 신축이음
증기관이 길 경우 고온의 증기로부터 관이 열팽창시 신축량을 흡수 완화시키는 장치
• 종류
벨로즈형(팩레스형·파상형), 만곡형(루프형), 스윙형(스위블형), 슬립형(미끄럼형)

86. 해설
• 증기 트랩
응축수가 고이기 쉬운 장소에 설치되어 응축수를 배출하여 수격작용 방지
• 트랩 설치시 잇점
① 드레인을 배출하여 수격작용 방지
② 설비의 부식 발생 방지
③ 마찰저항 감소

87. 해설
• 종류
① 기계적 트랩 : 증기와 응축수간의 비중차 이용 버킷형(상향·하향), 플로트형(자유·레버)
② 온도조절 트랩 : 증기와 응축수간의 온도차 이용 벨로즈형, 바이메탈형
③ 열역학적 트랩 : 증기와 응축수간의 열역학적, 유체역학적 특성 이용 오리피스식, 디스크식

ANSWER 82.③ 83.③ 84.④ 85.③ 86.④ 87.②

88 증기 트랩에 대한 설명 중 틀리는 것은?

① 증기 트랩은 내구성이 있어야 한다.
② 증기 트랩은 응축수를 배출할 목적으로 설치한다.
③ 증기 중에 공기가 있으면 증기의 분압이 저하되어 온도가 떨어지므로 증기 트랩이 필요하다.
④ 증기 트랩은 마모, 부식에 잘 견디며 마찰저항이 커야 한다.

89 벨로즈 약액의 온도에 의한 팽창 수축 바이메탈의 온도차에 의한 신축이음을 이용하여 밸브를 개폐하는 스팀 트랩의 형식은?

① 디스크식   ② 상향 버킷식
③ 더모스태틱식   ④ 플로트식

90 증기 어큐뮬레이터란 어느 것인가?

① 증기 속에 포함된 공기를 제거 보일러의 손실을 방지하기 위한 장치
② 부하에 따라 보일러로부터 잉여 증기를 저장 또는 공급하는 장치
③ 증기의 압력을 일정하게 유지하기 위한 자동제어장치
④ 보일러효율을 증가하기 위한 증기를 재가열하는 장치

91 고압 배관과 저압 배관과의 사이에 설치하고, 고압측의 압력변동이나 저압측의 사용량에 관계없이 밸브의 리프트를 자동적으로 제어하여 유량을 조정해서 저압측의 압력을 항상 일정하게 유지시키는 밸브는?

① 로터리 밸브   ② 버터플라이 밸브
③ 안전 밸브   ④ 감압 밸브

92 증기 트랩에 대한 설명 중 틀린 것은?

① 증기 트랩은 내구성이 있어야 한다.
② 증기 트랩은 마모, 부식에 견디며 마찰저항이 커야 한다.
③ 증기 트랩은 응축수를 배출할 목적으로 설치한다.
④ 증기 중에 공기가 있으면 증기의 분압이 저하되어 온도가 떨어지므로 증기 트랩이 필요하다.

88.해설
•구비조건
① 유량 유압이 소정 내에 변화해도 작동이 확실할 것.
② 내구력을 가질 것.
③ 마찰저항이 적을 것.
④ 공기빼기가 가능할 것.
⑤ 드레인의 배출이 연속적이고 사용중지 후에도 드레인을 배출할 수 있을 것.
⑥ 내식성 내마모성을 가질 것.

90.해설
•증기 축열기(스팀 어큐뮬레이터)
증기관로내 설치되어 저부하시 잉여증기를 저장하였다가 고부하시 저장증기를 방출하여 부족량을 보충 공급하는 장치
•종류
① 변압식 : 증기계통에 설치
② 정압식 : 급수계통에 설치

91.해설
감압밸브란?
고압배관과 저압배관 사이에 설치된다.

92.해설
증기트랩은 내식성과 내구성은 커야하나, 마찰저항은 적어야 한다.

ANSWER   88. ④   89. ③   90. ②   91. ④   92. ②

93 증기 트랩에 속하지 않는 것은?

① 드럼 트랩 ② 열동식 트랩
③ 버킷 트랩 ④ 충동식 트랩

93. 해설
드럼트랩은 배수트랩의 한 종류이다.

94 보일러의 안전장치와 가장 거리가 먼 것은?

① 화염검출기 ② 감압밸브
③ 압력제한기 ④ 가용전

94. 해설
감압밸브는 송기장치이다.

95 증기와 수분이 분리되지 않고 수면에서 솟아오르는 현상을 무엇이라 하는가?

① 수격작용 ② 프라이밍
③ 캐리오버 ④ 포밍

95. 해설
프라이밍 : 물방울 솟음 현상

96 기수공발(氣水共發 ; carry over)을 방지하기 위한 장치는?

① 기수분리기 ② 급수내관
③ 수저분출장치 ④ 체크 밸브

96. 해설
• 기수공발이란? 증기관속으로 물방울이 따라 들어가 운반되는 현상 (방지법 : 비수방지관, 기수분리기 등 설치)

97 보일러의 3요소식 급수 자동제어에서 검출 요소에 해당되지 않는 것은?

① 수위 ② 발생 증기량
③ 급수량 ④ 연료량

98 맥도널식 고저수위 경보장치는 수위의 감지를 무엇으로 하는가?

① 플로트 ② 전극봉
③ 전자석 ④ 초음파

98. 해설
맥도널식 고저수위 경보장치는 플로트의 부력을 이용하여 수위를 조절한다.

99 보일러 수위제어장치에서 조절량은?

① 연료량 ② 증기량
③ 공기량 ④ 급수량

99. 해설
• 수위제어에서 조절량 : 급수량
• 제어량 : 보일러수위

ANSWER 93. ① 94. ② 95. ② 96. ① 97. ④ 98. ① 99. ④

100 주로 보일러 전열면이나 절탄기에 고정 설치해 두며, 분사관은 다수의 작은 구멍이 뚫려 있고 이곳에서 분사되는 증기로 매연을 제거하는 것으로서 분사관은 구조상 고온가스의 접촉을 고려해야 하는 매연 분출장치는?

① 롱레트랙터블형
② 쇼트레트랙터블형
③ 정치회전형
④ 공기예열기 크리너

101 보일러 전열량을 크게 하는 방법으로 틀린 것은?

① 열가스의 유동을 느리게 한다.
② 보일러수의 순환을 잘 시킨다.
③ 전열면에 부착된 스케일을 제거한다.
④ 연소율을 높인다.

100. 해설
• 정치회전형 : 고정 설치되며 관은 다수의 작은 구멍이 뚫려 있다.

101. 해설
열가스의 유동을 빠르게 해야 전열량이 커진다.

ANSWER 100. ③ 101. ①

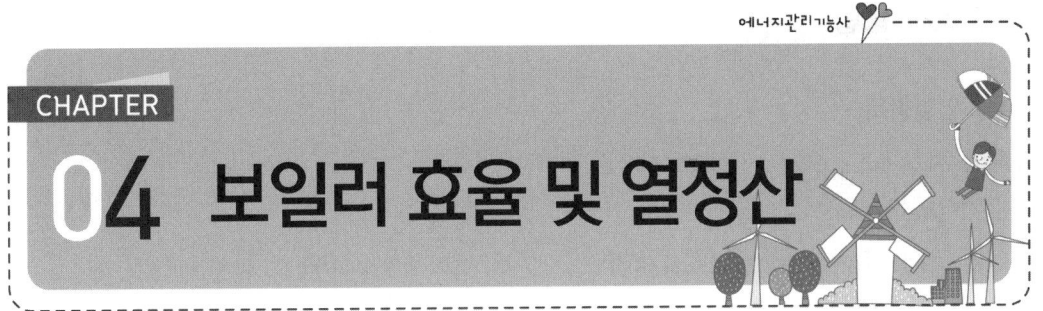

CHAPTER 04 보일러 효율 및 열정산

4-1 보일러 열정산

열정산(열수지)은 열을 취급하는 설비의 공급열량과 소비열량 사이의 관계를 양적으로 명확히 구분한 것으로 입열과 출열의 총량은 같아야 한다.

1. 열정산(열수지)의 목적

(1) 열의 손실을 파악
(2) 열설비의 성능 능력을 파악
(3) 조업방법을 개선
(4) 열설비의 구축자료

2. 열정산 기준

(1) **단위** : kcal/kg, kcal/Nm³ 연료, kcal/h, kcal/t 백분율, kcal/kg 제품 등
(2) **기준온도** : 외기온도
(3) **발열량** : 고위발열량(총발열량)으로 하며, 저위발열량(진발열량)으로 사용하는 경우에는 기준발열량을 분명하게 명기해야 한다.
(4) **시험부하** : 정격부하(필요에 따라 3/4, 1/2, 1/4로 표시)
(5) **시험 보일러** : 다른 보일러와 무관한 상태
(6) **결과표시**
  ① 입열 : 설비 내로 들어오는 에너지 및 발생된 열
  ② 출열 : 설비 내에서 외부쪽으로 방출되는 에너지
  ③ 순환열 : 설비 내에서의 순환하는 열

3. 열정산 방법

(1) 입열항목

① 연료의 연소열

② 연료의 현열

$$C \times (t_1 - t_2) = C \Delta t \, [\text{kcal/kg}]$$

$\begin{bmatrix} C : \text{연료 비열[kcal/kg℃, kcal/Nm}^3\text{℃]} \\ t_1 : \text{공급 연료 온도[℃]} \\ t_2 : \text{외기 온도[℃]} \end{bmatrix}$

③ 공기의 현열

$$AC\Delta t = m A_0 C(t_1 - t_2) \, [\text{kcal/kg}]$$

$\begin{bmatrix} A : \text{실제 공기량}(= mA_0 \, [\text{Nm}^3/\text{kg}]) \\ m : \text{공기비}(\dfrac{N_2}{N_2 - 3.76(O_2 - 0.5CO)}), \dfrac{N_2}{N_2 - 3.76 O_2}, \dfrac{21}{21 - O_2} \\ A_o : \text{이론 공기량}(8.89C + 26.67(H - \dfrac{O}{8}) + 3.33S[\text{Nm}^3\text{kg}] \\ t_1 : \text{실내 온도[℃]} \\ t_2 : \text{외기 온도[℃]} \end{bmatrix}$

④ 노내분입증기에 의한 입열

(2) 출열 항목

① 유효 출열(발생증기 보유열)

② 손실열

㉮ 배기가스에 의한 손실열 : 손실열 중에서 가장 크다.

㉯ 불완전 연소에 의한 손실열

㉰ 연소 잔재물 중의 미연분에 의한 손실열

㉱ 노벽방산에 의한 손실열

4. 측정방법

(1) 외기 온도

보일러실 외기 주위의 입구에서 측정한다.
(공기예열기가 있는 경우 → 입구측에서 측정)

(2) 연료량

① 고체 연료 : 연소 직전에 계량(계량기 허용오차 ±1.5[%])

② 액체 연료 : 중량 탱크, 용량 탱크, 체적식 유량계(허용오차 ±1.0[%])

③ 기체 연료 : 체적식, 오리피스 유량계(허용오차 ±1.6[%])

(3) 급수량

중량 탱크, 용량 탱크, 체적식 유량계, 오리피스 유량계(허용오차 ±1.0[%]) 등으로 측정한다.

(4) 급수온도측정

절탄기 입구에서 측정(절탄기 없는 경우 보일러 몸체의 입구에서 측정)한다.

(5) 연소용 공기량 측정

연료 및 연소가스의 조성으로 산출(예열공기의 경우 공기예열기 입구 및 출구에서 측정)한다.

(6) 발생 증기량 측정

급수량에서 산정한다(시험시 및 종료시 보일러 수면이 다른 경우 보정한다).

(7) 과열증기 및 재열증기온도 측정

과열증기 및 재열증기온도의 측정은 과열기 및 재열기 출구에 근접한 위치에서 측정한다.

(8) 증기압력의 측정

포화증기의 압력은 보일러동 또는 그에 상당하는 부분에서 측정한다.

(9) 포화증기의 건조도 측정

보일러동 출구에 근접한 위치 또는 그에 상당하는 부분에서 조임식(교축식) 열량계 등을 사용하여 측정한다.

(10) 배기가스 온도 측정

보일러의 최종 가열기의 출구에서 측정한다.
(배기가스의 압력측정 → 수주압력계로 최종가열기 출구에서 측정한다.)

5. 측정 시간의 간격

(1) **기체 및 액체의 채취** : 시험시간 중 2회 이상
(2) **석탄 시료채취** : 시험시간 중 가능한 많은 횟수
(3) **증기압력 및 온도, 급수온도** : 10~30분 마다
(4) **급수유량** : 5~30분 마다
(5) **공기 및 배기가스 등의 압력 및 온도** : 15~30분 마다
(6) **배기가스 시료채취** : 30분 마다

6. 열계산의 기준

(1) 보일러 가동 정격 부하에서 가동 후 1~2 시간 이후에 측정하고 측정시간은 2시간 이상으로 한다. 단, 소형보일러의 경우 인수·인도자 당사자 간의 협정에 따라 1시간 이상으로 할 수 있다.
(2) **연료발열량** : B−C 중유는 $9,750[kcal/kg]$
(3) **연료의 비중** : $0.963[kg/l]$
(4) 증기의 건도는 0.98 로 한다.(단, 주철제는 0.97로 한다.)
(5) 열계산은 사용한 연료 1[kg]에 대하여
(6) 압력의 변동은 ±7[%] 이내로(증기 발생량의 변동은 ±15[%])
(7) 측정은 10분마다

7. 열효율 향상 대책

(1) 손실열을 가급적 적게 한다.
(2) 장치의 설계조건과 운전조건을 일치시키도록 노력한다. 또 장치 개개에 대해서도 적정 연료, 적정 조업조건을 연구한다.
(3) 전열량이 증가되는 방법을 취한다. 그 때문에 가령 공기, 급수 또 연료를 폐열회수에 의하여 예열하고, 연소가스 온도를 높인다.
(4) 조업이 불연속식인 경우에는 축열로 인한 손실이 많으므로 될수록 연속으로 조업할 수 있게 한다.

4-2 보일러 열효율

열효율이란 보일러 내에 공급된 총입열과 그에 따라 발생된 유효출열(발생증기 보유열)과의 비를 말한다.

1. 보일러 열효율(η)

(1) 입·출열에 의한 계산

$$\eta = \frac{유효출열}{입열} \times 100[\%]$$

❖ 입열=(Hl)+공기현열+연료현열

$$\eta = \frac{G(h'' - h')}{Gf \times (H + 공기현열 + 연료현열)} \times 100[\%] \quad \therefore \eta = \frac{G(h'' - h')}{Gf \times H}$$

(2) 손실열에 의한 계산

$$\eta = \frac{입열 - 손실열}{입열} \times 100 = (1 - \frac{손실열}{입열}) \times 100[\%]$$

🔹 기타 열효율 산출공식

① $\eta = \dfrac{Ge \times 539}{Gf \times H} \times 100[\%]$

② $\eta = 연소효율 \times 전열효율 \times 100[\%]$

③ $\eta = \dfrac{증발계수 \times G \times 539}{Gf \times H} \times 100[\%]$

🔹 증발계수 : $\dfrac{(h'' - h')}{539}$

- G : 매시간당 실제증발량(kg/h)
- h'' : 증기 엔탈피(kcal/kg)
- h' : 급수 엔탈피(kcal/kg)
- Gf : 시간당 연료사용량(kg/h)
- H : 연료의 발열량(kcal/kg)
- Hh : 고위발열량
- $H\ell$: 저위발열량
- Ge : 상당 증발량(kg/h)

2. 연소 효율(η_c)

연료 1[kg]의 연소시 완전히 연소(일반적으로 고위발열량)할 때의 열량과 실제로 발생하는 열량과의 비를 말한다.

$$\eta_c = \frac{연소열}{공급열} \times 100$$

3. 전열 효율(η_f)

연소실에서 실제로 발생한 열량과 보일러에서 발생된 유효 열량과의 비를 말한다.

$$\eta_f = \frac{유효출열}{연소열} \times 100$$

> • **고위발열량(Hh)** : 수증기의 증발열을 포함한 상태의 열량(총발열량)
> • **저위발열량($H\ell$)** : 고위발열량에서 수증기의 증발열을 제외한 상태의 발열량(진발열량)

4-3 보일러 용량

보일러의 용량 표시는 최대 연속부하(정격 부하)의 상태에서 단위시간 마다의 증발량 [kg/h], [Ton/h]으로 표시하며 일반적으로 상당증발량을 말한다.

🔹 보일러의 크기

① 정격용량　　　　② 정격출력

③ 보일러마력   ④ 전열면적
⑤ 상당방열면적(EDR)   ⑥ 상당증발량
⑦ 최대 연속 증발량

1. 보일러 열출력[kcal/h]

1시간에 발생된 증기가 갖는 순수 열량

$$G \times (h'' - h') = Ge \times 539 [\text{kcal/h}]$$

- G : 시간당 실제 증발량(=급수량)[kg/h]
- h'' : 발생증기 엔탈피[kcal/kg]
- h' : 급수 엔탈피[kcal/kg]
- Ge : 상당 증발량[kg/h]

🔥 온수 보일러의 경우

$$GC(t_1 - t_2)$$

- G : 발생 온수량[kg/h]
- C : 온수 비열[kcal/kg℃]
- t_1, t_2 : 입구 및 출구 온도[℃]

2. 상당 증발량[kg/h]

환산 증발량(=기준 증발량)이라고도 하며 표준대기압하에서 100[℃]의 포화수가 100[℃]의 건포화 증기로 변화시키는 경우의 1 시간당 증발량

$$Ge = \frac{G(h'' - h')}{539} [\text{kg/h}]$$

539 : 표준상태 대기압(1.0332[kg/cm^2])에서의 증발 잠열[kcal/kg]

3. 증발계수[단위없음]

보일러에서 발생한 순수 열량을 표준 상태의 증발 잠열로 나눈 값

$$증발계수 = \frac{G_e}{G} = \frac{h'' - h'}{539}$$

4. 보일러 마력(B-HP)

(1) 표준대기압(760[mmHg])에서 100[℃]의 포화수 15.65[kg]을 1 시간에 100[℃]의 포화증기로 바꿀 수 있는 능력

(2) 4.9[kg/cm^2 atg]에서 100[°F](37.8[℃])의 급수를 1 시간에 13.6[kg]의 포화증기로 바꿀 수 있는 능력

(3) 상당 증발량이 15.65[kg]인 보일러의 능력

$$보일러 마력[\text{B-HP}] = \frac{Ge}{15.65}$$

□ 보일러 1마력의 열량은 약 8435[kcal/h], 상당증발량은 15.65kg/h이다.

5. 전열면 증발율[kg/m²h]

보일러의 전열면적 1[m²]당 1시간동안의 실제 증발량

(1) 전열면(실제) 증발율 = $\dfrac{G}{H_A}$ [kg/m²h]

$\begin{bmatrix} G : \text{시간당 실제 증발량[kg/h]} \\ H_A : \text{전열면적[m²]} \end{bmatrix}$

(2) 전열면 상당 증발율 = $\dfrac{G_e}{H_A}$ [kg/m²h]

6. 증발 배수[kg/kg 연료]

연료 1[kg]이 발생시킨 증발 능력

(1) 증발 배수 = $\dfrac{G}{G_f}$ [kg/kg 연료]

$\begin{bmatrix} G_f : \text{시간 연료 소비량[kg/h 연료]} \\ \diamond \text{단위 꼭 쓸 것.} \end{bmatrix}$

(2) 환산 증발배수 = $\dfrac{G_e}{G_f}$ [kg/kg 연료]

(연료 1[kg]이 발생시킨 환산 증발능력)

7. 화격자 연소율[kg/m²h]

화격자 면적 1[m²]당 1시간동안 연소시키는 석탄의 양

(1) 화격자 연소율 = $\dfrac{G_f}{Ar}$ [kg/m²h]

$\begin{bmatrix} G_f : \text{시간당 연소석탄량[kg/h]} \\ Ar : \text{화격자 면적[m²]} \end{bmatrix}$

(2) 버너 연소율 = $\dfrac{\text{전연료소비량}}{\text{가동시간}}$ [kg/h]

8. 전열면 열부하(열발생율)[kcal/m²h]

보일러 전열면적 1[m²]당 1시간 동안의 보일러 전열면 열이동량

전열면 열부하 = $\dfrac{G(h'' - h_1)}{H_A}$ [kcal/m²h]

9. 연소실 열발생율[kcal/m³h]

보일러 연소실 용적 1[m³]당 연료를 소비시켜 발생된 총열량

연소실 열발생율 = $\dfrac{G_f \times (Hl + \text{공기현열} + \text{연료현열})}{V}$ [kcal/m³h]

[V : 연소실 용적[m³]]

예상문제

1 보일러의 열정산의 목적이 아닌 것은?

① 보일러의 성능을 증진시키기 위한 자료를 얻을 수 있다.
② 열의 이동 상태를 밝힐 수 있다.
③ 연소실 구조를 알 수 있다.
④ 열의 효율향상의 예방책을 알 수 있다.

1.해설
• 열정산의 목적
① 열의 분포 상태를 파악하기 위하여
② 열설비 성능을 알기 위해
③ 열손실을 알기 위해

2 출열 중에서 유용하게 이용할 수 있는 열은?

① 배기가스가 가지고 있는 열
② 미연소가스가 가지고 있는 열
③ 노벽의 복사 전도가 가진 열
④ 증기가 가지고 있는 열

2.해설
• 열정산의 결과 표시
(1) 입열
외부에서 설비내로 들어오는 에너지
① 연료의 연소열(HI)
② 연료 현열
③ 공기 현열
④ 노내 분입증기에 의한 입열
(2) 출열
설비내에서 외부로 나가는 에너지
① 유효 출열(발생 증기의 보유열)
② 배기가스에 의한 열손실
③ 불완전 연소에 의한 열손실
④ 방사 및 전도 등에 의한 열손실

3 보일러 열정산 시의 측정사항이 아닌 것은?

① 배기가스 온도   ② 급수 압력
③ 연료사용량 및 발열량   ④ 외기온도 및 기압

3.해설
열정산시 급수온도를 측정한다.

4 열정산의 기준온도로서 어떤 것을 쓰는 것이 편리한가?

① 10[℃]   ② 20[℃]
③ 0[℃]   ④ 18[℃]

4.해설
열정산의 기준온도는 0[℃]로한다.

5 일반적으로 보일러의 열손실 중 가장 큰 것은 무엇인가?

① 연소에 의한 열손실
② 불완전연소에 의한 열손실
③ 복사, 전도 등에 의한 열손실
④ 배기가스에 의한 열손실

5.해설
손실열 중에서 가장 큰 것은 배기가스에 의한 손실열이다.

Answer 1. ③ 2. ④ 3. ② 4. ③ 5. ④

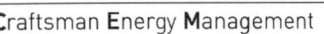

6 보일러 효율을 시험시 열계산의 기준으로 다음의 설명 중 옳은 것은?

① 측정은 매시간마다 한다.
② 압력변동은 10[%] 이내
③ 열계산은 사용하는 연료 1[Nm³]에 대하여 한다.
④ 증기의 건도는 0.98 로 한다.

7 육용강제 보일러(증기 보일러)에 있어서 실측이 불가능할 때 적용하는 증기건도는?

① 98[%] 이상
② 90[%] 이상
③ 35[%]
④ 30[%] 이상

8 보일러의 정상운전 상태를 점검할 때 부하율은 얼마 이상인 상태에서 행하여야 하는가?

① 20[%]
② 30[%]
③ 40[%]
④ 50[%]

9 증기 보일러의 효율식을 바르게 나타낸 것은?

① 효율=상당증발량×539/연료소비량×연료의 발열량
② 효율=상당증발량×539/연료소비량×비중
③ 효율=시간당 급수사용량×539/연료소비량×고위발열량
④ 효율=시간당 급수사용량/시간당 증기 발생량

10 보일러 효율의 설명 중 가장 옳은 것은?

① 연료 1[kg]이 가지는 이론상의 발열량과 보일러가 실제로 흡수한 열량과의 비이다.
② 보일러가 실제로 흡수한 열량과 연소한 연료가 가지는 전 열량과의 비이다.
③ 보일러 연소장치에서 발생한 열량과 연소한 연료가 가지는 전열량의 비이다.
④ 보일러가 실제로 흡수한 열량과 실제로 노내에서 발생한 열량과의 비이다.

6.해설
• 열 계산의 기준
① 사용 연료는 1[kg]으로 한다.
② 연료의 발열량은 B-C 유의 경우 9,750[kcal/kg]으로 한다.
③ 연료의 비중은(B-C 유) 0.963 으로 한다.
④ 증기 건도는 0.98(주철제의 경우 0.97)
⑤ 압력 변동은 ±7[%] 이내
⑥ 기준온도는 외기 온도를 기준한다.(외기온도가 주어지지 않았을 경우 0[℃]로 한다)
⑦ 측정은 매 10분 마다 행한다.

7.해설
열정산 기준에서 증기의 건조도는 0.98(주철제 0.97)로 한다.

8.해설
보일러 시동준비가 완료되고 보일러 가동시 부하율 30[%] 이상 걸어 정상운전 상태에서 이상진동 및 소음이 없고 각종 부분품의 작동이 원활할 것.

9.해설
효율
$= \dfrac{\text{시간당 증발량} \times (\text{증기엔탈피} - \text{급수온도})}{\text{연료소비량} \times \text{연료의 발열량}} \times 100$
$= \dfrac{\text{상당증발량} \times 539}{\text{연료소비량} \times \text{연료의 발열량}} \times 100$

10.해설
보일러 효율
동내부에서 실제적으로 흡수된 열량과 공급된 열량과의 비율
효율[%] = $\dfrac{\text{유효열}}{\text{공급열}} \times 100$
$= \dfrac{\text{실제증발량} \times (h_2 - h_1)}{\text{연료사용량} \times HL} \times 100$
= 연소효율×전열효율
열정산시 입출열법 및 열손실법에 의한 효율
(열효율) = $\dfrac{\text{유효열}}{\text{공급열}} \times 100$
(열효율[%])
$= \left(1 - \dfrac{\text{손실열}}{\text{공급열}}\right) \times 100$

ANSWER 6. ④ 7. ① 8. ② 9. ① 10. ①

11 열정산의 측정시 급수량을 알아내고자 하려면 그 오차를 몇 [%] 이내로 하여야 하는가?

① 1[%] ② 2[%] ③ 3[%] ④ 4[%]

12 보일러에서 증기발생량이 9톤, 급수 엔탈피 25[kcal/kg], 연료 저위발열량 9,000[kcal/kg], 연료소모량 762[kg/h] 발생증기의 압력 5[kg/cm²]이고, 95[%]의 습증기일 때 보일러 효율은? (단, 발생증기의 엔탈피는 다음 표에서 찾음)

절대압력	i	h''	r
5	159.3	657.9	498.6
6	165.6	659.5	493.9

① 76[%] ② 78.5[%]
③ 80.0[%] ④ 83.0[%]

13 매시간 380[kg]의 기름을 소비시켜 4,800[kg/h]의 증기를 발생시키는 보일러의 효율은? (단, 발열량 : 9,750[kcal/kg], 증 엔탈피 : 676[kcal/kg], 급수 온도 : 20[℃])

① 80[%] ② 85[%] ③ 90[%] ④ 95[%]

14 효율이 85%인 보일러로 발열량 8,000kcal/kg의 연료를 100kg 연소시키는 경우 손실 열량은?

① 32,000[kcal] ② 120,000[kcal]
③ 320,000[kcal] ④ 680,000[kcal]

15 상당 증발량이 6.0톤(시간당) 연료소비량이 0.4[ton/h]인 보일러의 효율은? (단, 발열량 : 9750[kcal/kg])

① 97[%] ② 81[%]
③ 83[%] ④ 85[%]

16 보일러 연소효율이 85[%]의 전열효율이 90[%]이면 보일러 효율은?

① 94[%] ② 85[%]
③ 82[%] ④ 77[%]

11.해설
• 급수량 측정
  허용 오차 ±1.0[%]
• 연료 사용량 측정
  허용 오차 ±1.5[%]
① 증기 압력, 온도 및 급수 온도 : 10~30분 마다
② 급수 유량 : 5~30분 마다
③ 공기 및 배기가스 등 압력, 온도 : 10~30분 마다
④ 배기가스 시료 채취 : 30분 마다

12.해설
효율={실제 증발량×(h_2-h_1)/연료사용량×H_l}×100. 여기에서 h_2가 주어지지 않았으므로 $h_2 = h_1 + r \cdot x$이다. 증기 압력이 5[kg/cm²·g]일 때 표는 6[kg/cm²]의 표를 참조할 것.
$h_2 = 165.6 + 493.9 \times 0.95$
$= 634.81[kcal/kg]$
그러므로
효율={9000×(634.81−25) /762×9000)}×100
=80[%]이다.

13.해설
효율= {4,800×(676−20)/ 380×9,750}×100=84.98785[%]

14.해설
100×8,000=800,000[kcal]
∴ 800,000×(1−0.85)
=120,000[kcal]

15.해설
효율={상당 증발량×539/연료 사용량×H_l}×100 이므로
{6000×539/400×9750}×100
=82.92307[%]

16.해설
열효율[%]
=전열효율×연소효율이므로
(0.9×0.85)×100=76.5[%]

ANSWER 11. ① 12. ③ 13. ② 14. ② 15. ③ 16. ④

17 보일러의 상당 증발량은?

(단, h'' : 증기엔탈피 h' : 급수엔탈피)

① 상당 증발량= 실제증발량 $\times (h'' - h')/539$
② 상당 증발량= 실제증발량 $\times (h' - h'')/539$
③ 상당 증발량= 실제증발량 $\times (h'' - h')/639$
④ 상당 증발량= 실제증발량$/539$

17.해설
상당증발량
= 실제증발량 $\times (h'' - h')/539$

18 현장에서 보일러 열효율을 간이식으로 계산할 때 사용되는 항목은?

① 급수온도와 연료의 발열량
② 배기가스 온도와 연료의 발열량
③ 증기의 온도와 연료 사용량
④ CO_2 분석치와 배기온도

18.해설
배기가스 손실열 = 0.59(배기가스 온도 - 외기 온도)$/CO_2[\%]$

19 증발량 3500[kg/h]인 보일러의 증기 엔탈피가 640[kcal/kg]이고 급수 엔탈피는 20[kcal/kg]이다. 이 보일러의 상당 증발량은?

① 3785[kg/h]
② 4156[kg/h]
③ 760[kg/h]
④ 4026[kg/h]

19.해설
상당 증발량 = 실제 증발량 $\times (h_2 - h_1)/539$ 이므로
$3500 \times (640-20)/539$
= 4025.975

20 어떤 보일러의 증발량이 10[ton/h]이고, 보일러 본체의 전열면적이 65[m²]일 때, 이 보일러의 전열면 증발률은?

① 134[kg/m²·h]
② 165[kg/m²·h]
③ 65[kg/m²·h]
④ 154[kg/m²·h]

20.해설
10[ton/h]
= 10,000[kg]이므로 $\frac{10,000}{65}$
= 154[kg/m²h]

21 전열면적이 25[m²]의 버티컬(수직) 연관 보일러를 4시간 연소시킨 결과 4000[kg]의 증기가 발생했다. 이 보일러의 증발율은 몇 [kg/m²h]인가?

① 20
② 30
③ 40
④ 50

21.해설
$4000/4 \times 25 = 40$[kg/m²h]

ANSWER 17. ① 18. ④ 19. ④ 20. ④ 21. ③

22 다음에서 전열면 열부하를 구하는 공식 중 옳은 것은?

Q = 전열면 열부하, h_1 = 급수의 엔탈피
h_2 = 과열증기의 엔탈피, h_x = 발생포화증기의 엔탈피
h_e = 보일러 동체입구의 급수의 엔탈피

① Q = 매시증발량 × $(h_2 - h_1)$/증발전열면적
② Q = 과열기 전열면적 × $(h_2 - h_1)$/환산 전열면적
③ $Q = h_x - h_e/h_2 - h_1$
④ $Q = h_1 - h_2/h_e - h_e$

22.해설
• 전열면 열부하[kcal/m²h]
단위 전열면적(1[m²])당 실제 발생 열량[kcal/h])

23 보일러 마력은 다음 중 어느 것인가?

① 상당 증발량 × 15.65
② 상당 증발량/15.65
③ 15.65/상당 증발량
④ 실제 증발량/15.65

23.해설
보일러 마력
$= \dfrac{\text{상당 증발량[kg/h]}}{15.65}$
$= \dfrac{\text{실제 증발량[kg/h]} \times (h'' - h')}{539 \times 15.65}$

24 어떤 관을 피복하지 않았을 때 방산열량이 520[kcal/m²] 보온재로 피복하였을 때 방산열량이 350[kcal/m²]이다. 보온재의 보온 효율은?

① 43[%] ② 48[%] ③ 38[%] ④ 33[%]

24.해설
$[\%] = \dfrac{520 - 350}{520} \times 100$
$= 33[\%]$

25 보일러의 증발능력이란?

① 단위면적당 증발할 수 있는 증기의 체적
② 단위시간당 증발할 수 있는 증기의 체적
③ 단위면적당 단위시간당 증발할 수 있는 물의 양
④ 단위시간당 증발할 수 있는 물의 양

25.해설
증발능력 : 단위 시간당 증발할 수 있는 물의 양

26 어느 보일러에서 1시간 동안의 증발량이 5100[kg]이고 그 때의 발생증기 엔탈피는 680[kcal/kg]이며 급수의 온도가 75[℃]이다. 이 보일러의 상당 증발량은 얼마인가?

① 1425.6[kg/h] ② 1820.3[kg/h]
③ 1908.2[kg/h] ④ 5724.5[kg/h]

26.해설
$G_e = \dfrac{5100 \times (680 - 75)}{539}$
$= 5724.5[\text{kg/h}]$

27 1보일러 마력을 열량으로 환산하면 얼마인가?

① 8435[kcal] ② 9435[kcal]
③ 7435[kcal] ④ 6435[kcal]

27.해설
$539 \times 15.65 = 8435[\text{kcal}]$

ANSWER 22. ① 23. ② 24. ④ 25. ④ 26. ④ 27. ①

28 매시간 1500[kg]의 석탄을 연소시켜서 12000[kg/h]의 증기를 발생시키는 보일러의 효율은? (단, 석탄의 발열량 : 6000 [kcal/kg], 발생증기 엔탈피 : 742[kcal/kg], 급수의 엔탈피 : 20[kcal/kg])

① 약 86.3[%]   ② 약 96.2[%]
③ 약 78.3[%]   ④ 약 66.7[%]

28.해설
$$\eta = \frac{12000(742-20)}{6000 \times 1500} \times 100 = 96.266[\%]$$

29 보일러에서 실제 증발량[kg/h]을 연료소모량[kg/h]으로 나눈 값은?

① 증발배수   ② 전열면 증발량
③ 연소실 열부하   ④ 상당 증발량

29.해설
증발배수
=실제증발량/연료소모량

30 어떤 보일러의 증발량이 20[ton/h]이고 보일러 본체의 전열면적이 458[m²]일 때 이 보일러의 증발율은 얼마인가?

① 9.2[m²/kg·h]   ② 43.7[kg/m²·h]
③ 23[kg·h/m²]   ④ 23000[kg·h/m²]

30.해설
$$\frac{20000}{458} = 43.7[kg/m^2 h]$$

31 한시간동안 연통에서 배기되는 가스량이 2500[kg]이며 배기가스 온도가 230[℃] 가스 평균비열이 0.31[kcal/kg·℃]이며 외기온도가 18[℃]이면 배기가스에 의한 손실열량은 얼마인가?

① 164,300[kcal/h]
② 174,300[kcal/h]
③ 184,300[kcal/h]
④ 194,300[kcal/h]

31.해설
$\alpha = 2500 \times 0.31 \times (230-18)$
$= 164,300$

32 어떤 보일러의 증발량이 20[ton/h]이고, 보일러 본체의 전열 면적이 400[m²]일 때, 이 보일러의 증발율은 얼마인가?

① 10[kg/m²h]   ② 50[kg/m²h]
③ 20[kg/m²h]   ④ 40[kg/m²h]

32.해설
$$\frac{20000}{400} = 50[kg/m^2 h]$$

33 보일러의 증발량을 표시하는 단위는 어느 것인가?

① ton/day   ② kg/hour
③ kg/min   ④ kg/sec

33.해설
보일러의 증발량은 시간당을 의미한다.
즉, 단위는 [Ton/h, kg/h]로 표시된다.

ANSWER 28. ② 29. ① 30. ② 31. ① 32. ② 33. ②

34 보일러 1마력의 설명 중 맞는 것은?

① 환산 증발량 30이다.
② 기준 증발량 15.65[kg/h]이다.
③ 증기 열량으로 약 54만[kcal/h]이다.
④ 증기 열량 632[kcal/h]이다.

34.해설
보일러 1마력이 차지하는 상당증발량은 15.65kg/h이고, 열량은 8435kcal/h이다.

35 열정산에 있어서 발생증기량은 일반적으로 무엇으로부터 수위보정을 통해 산정하는가?

① 증기압력　　② 증기온도
③ 증기유량　　④ 급수량

35.해설
발생증기량은 급수량으로 하여 산정한다.

36 효율이 60[%]인 보일러로 발열량 8,000[kcal/kg]의 석탄을 200[kg] 연소시키는 경우의 열손실은?

① 320,000[kcal]　　② 32,000[kcal]
③ 640,000[kcal]　　④ 64,000[kcal]

36.해설
$Q = 200 \times 8000(1 - 0.6)$
$= 640,000[kcal]$

37 열효율을 계산하는 식으로 옳은 것은?

① $\dfrac{공급열량 - 손실열량}{공급열량} \times 100$

② $\dfrac{공급열량}{유효열량} \times 100$

③ $\dfrac{유효열량 - 손실열량}{유효열량} \times 100$

④ $\dfrac{유효열량 - 손실열량}{공급열량} \times 100$

38 보일러 성능시험 열계산 방법 중 틀린 것은?

① 연료의 비중은 0.963[kg/l]로 한다.
② 증기의 건도는 98[%]로 한다.
③ 압력의 변동은 ±7[%] 이내로 한다.
④ 측정은 20분마다 기록한다.

38.해설
열정산 시 측정은 매 10분마다 실시한다.

39 화격자의 단위면적에서 단위시간에 연소하는 연료의 양을 무엇이라 하는가?

① 증발량　　② 연소율
③ 증발율　　④ 보일러의 효율

39.해설
화격자 연소율이란?
화격자 단위면적에서 단위 시간에 연소하는 연료의 양

ANSWER　34. ②　35. ④　36. ③　37. ①　38. ④　39. ②

40 다음 중 증발배수를 구하는 공식 중 옳은 것은?
(단, i_1 : 발생증기 엔탈피, i_2 : 급수 엔탈피)

① $\dfrac{\text{매시실제증발량}}{\text{매시연료소모량}}$ ② $\dfrac{\text{매시실제증발량}}{\text{전열면적}}$

③ $\dfrac{\text{매시실제증발량}}{\text{매시최대연속증발량}}$ ④ $\dfrac{\text{매시실제증발량}(i_1-i_2)}{\text{증발전열면적}}$

40.해설
증발배수
$=\dfrac{\text{매시실제증발량}}{\text{매시연료소모량}}$

41 보일러의 용량을 표시하는 것 중 일반적으로 제일 많이 사용되는 것은?

① 발열량 ② 상당증발량
③ 마력 ④ 보일러의 크기

41.해설
보일러용량 표시 및 방법에서는 상당증발량이 제일 많이 사용된다.

42 다음 중 보일러의 증발율을 나타내는 단위는 어느 것인가?

① kg/m^2h ② $kcal/m^2h$
③ kg/h ④ $kcal/kg$

42.해설
보일러증발율[kg/m^2h]
=증발량/전열면적

43 어떤 주택에서 주철제 온수 방열기의 전 방열면적 $40m^2$, 급탕량이 50kg/h, 급수 온도 20℃, 급탕 온도 70℃, 배관의 열손실 20%일 때, 이 보일러의 상용출력은? (단, 온수 방열기의 방열량은 표준 방열량으로 한다.)

① 20,500kcal/h ② 24,600kcal/h
③ 28,500kcal/h ④ 34,200kcal/h

43.해설
상용출력=(난방부하+급탕부하)×배관부하
=[40×450+50×1(70−20)]×(1+0.2)=24,600kcal/h

44 실제 증발량 1,300kg/h, 급수온도 35℃, 전열면적 $50m^2$인 노통연관식 보일러의 전열면 열부하는? (단, 발생 증기 엔탈피는 660kcal/kg이다.)

① 13,580kcal/m^2h ② 16,250kcal/m^2h
③ 18,675kcal/m^2h ④ 20,458kcal/m^2h

44.해설
$\dfrac{G(h_2-h_1)}{A}=\dfrac{1,300(660-35)}{50}$
$=16,250kcal/m^2h$

45 급수온도가 20℃이고, 발생증기의 엔탈피가 650kcal/kg, 실제 증발량이 1ton/h일 때 보일러의 상당증발량은?

① 1,018kg/h ② 1,000kg/h
③ 1,200kg/h ④ 1,169kg/h

45.해설
1ton/h=1,000kg/h
$Ge=\dfrac{G(h_2-h_1)}{539}=\dfrac{1,000(650-20)}{539}$
$=1,169kg/h$

46 보일러 상당증발량의 정의는?

① 표준대기압 하에서 0℃의 물을 100℃의 건포화증기로 만들 때의 1시간당 증발량
② 표준대기압 하에서 100℃의 포화수를 100℃의 건포화증기로 만들 때의 1시간당 증발량
③ 보일러에 급수된 물을 습포화증기로 1시간 동안 증발시킨 량
④ 보일러에 급수된 물을 100℃의 건포화증기로 1시간동안 증발시킨 량

46.해설
상당증발량이란 표준대기압하에서 100℃의 포화수를 100℃의 건포화증기로 1시간동안에 증발시킨량

47 실제 증발량이 1,200[kg/hr]이고, 급수온도가 20[℃]인 보일러에서 압력이 15[kg/cm²], 온도가 200[℃]이다. 증발계수는 얼마인가? (단, 증기의 엔탈피는 730[kcal/kg]이다.)

① 1.08   ② 1.21   ③ 1.32   ④ 1.45

47.해설
증발계수 $= \dfrac{h'' - h_1}{539}$
$= \dfrac{730 - 20}{539} = 1.32$

48 보일러 효율이 60[%]인 경우 발열량 5000[kcal/kg]의 석탄 150[kg]을 연소시켰을 때 손실열량은 몇 [kcal]인가?

① 200,000   ② 300,000
③ 400,000   ④ 500,000

48.해설
보일러 효율
$= (1 - \dfrac{손실열}{입열}) \times 100[\%]$ 이므로
$0.6 = (1 - \dfrac{x}{5000 \times 150})$
$= (1 - 0.6) \times 5000 \times 150$
$= 300,000[kcal]$이다.

49 전열면적 240[m²], 급수온도 35[℃], 증발량 400,000[kg], 총연료 사용량 4600[kg], 시험시간 5시간인 보일러의 전열면적당 매시간 증발율은?

① 225[kg/m²h]   ② 288[kg/m²h]
③ 333[kg/m²h]   ④ 370[kg/m²h]

49.해설
• 전열면 증발율
$= \dfrac{실제증발량[kg/h]}{전열면적[m^2]}$
$\therefore \dfrac{400,000}{240 \times 5}$
$= 333.33[kg/m^2h]$이다.

50 증발 배수의 단위는?

① kg/h   ② kcal/h   ③ kg/kg   ④ l/kg

50.해설
증발배수[kg/kg]

51 보일러의 상당 증발량이 1,500[kg/hr], 급수온도가 10[℃], 발생증기의 엔탈피가 549[kcal/kg]일 때 실제 증발량은 얼마인가?

① 1,500[kg/hr]   ② 1,300[kg/hr]
③ 1,000[kg/hr]   ④ 700[kg/hr]

51.해설
$\dfrac{1,500 \times 539}{(549 - 10)} = 1,500[kg/hr]$

ANSWER 46. ② 47. ③ 48. ② 49. ③ 50. ③ 51. ①

52 소요 전력이 40[kW]이고 효율이 80[%], 흡입양정 6[m], 토출양정이 20[m]인 보일러 급수 펌프의 송출량 [m³/min]은?

① 0.126 ② 7.53 ③ 8.50 ④ 11.77

52.해설
$kW = \dfrac{rQH}{102 \times \eta}$
$Q = \dfrac{102 \times \eta \times kWh}{rH}$
$= \dfrac{102 \times 0.8 \times 40 \times 60}{1,000 \times (20+6)} = 7.53$

53 다음 중 상당 증발량의 단위는?

① kg ② kg/kcal
③ kg/h ④ kcal/g

53.해설
상당증발량단위(kg/h)

54 500[kg]의 물 20[℃]에서 80[℃]로 가열하는데 40,000[kcal] 열을 공급했을 경우 이 설비의 효율은?

① 70[%] ② 75[%]
③ 80[%] ④ 85[%]

54.해설
효율 = $\dfrac{공급열}{입열} \times 100$
$= \dfrac{500 \times 1 \times (80-20)}{40,000} \times 100$
$= 75[\%]$

55 전열면적 80[m²]인 증기 보일러의 연료(중유) 사용량이 380 [kg/h]이다. 이 보일러의 실제증발량이 5[ton/h]이라면 전열면 증발율[kg/m²h]은?

① 13.2 ② 26.5
③ 62.5 ④ 85.6

55.해설
전열면 증발율
$= \dfrac{실제증발량(kg/h)}{전열면적(m^2)}$
$= \dfrac{5,000[kg/h]}{80[m^2]}$
$= 62.5 kg/m^2 h$

56 매시간 10,000[kg]의 증기를 발생시키는데 800[kg]의 기름이 소비될 경우 보일러 효율은? (단, 기름의 발열량 9750 [kcal/kg], 발생증기 엔탈피 667[kcal/kg], 급수온도 25[℃])

① 82[%] ② 85[%]
③ 89[%] ④ 76[%]

56.해설
효율(%) = $\dfrac{G(h'' - h')}{Hl \times Gf} \times 100$
$= \dfrac{10000 \times (667-25)}{9750 \times 800} \times 100$
$= 82[\%]$

57 온수 발생 능력이 시간당 (300×1000)[kcal]인 온수 보일러가 있다. 이 보일러에 필요한 연료공급량은 매분당 얼마인가? (단, 보일러의 효율은 80[%]이고 연료의 저위발열량은 10000[kcal/kg]이다)

① 0.625[kg/min] ② 0.025[kg/min]
③ 10[kg/min] ④ 1.0[kg/min]

57.해설
$\eta = \dfrac{유효}{Gf \times Hl}$
$Gf = \dfrac{유효}{\eta \times Hl}$
$= \dfrac{300 \times 1000}{0.8 \times 10000 \times 60} = 0.625$

ANSWER 52. ② 53. ③ 54. ② 55. ③ 56. ① 57. ①

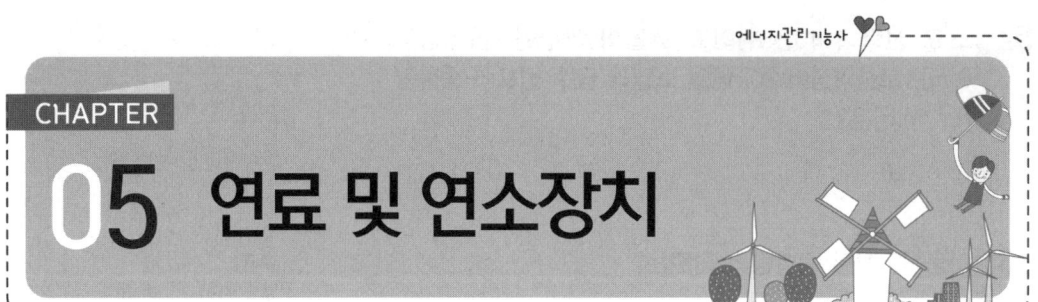

CHAPTER 05 연료 및 연소장치

5-1 연료의 종류와 특징

1. 연료 정의

공기의 존재하에서 쉽게 연소하여 그 연소열을 경제적으로 이용하는 물질

2. 연료의 기본 조건

(1) 공기 중에 쉽게 연소할 것.
(2) 발열량이 클 것.
(3) 구입이 쉽고 경제적일 것.
(4) 취급·운반·저장이 용이할 것.
(5) 공해의 요인이 적을 것.

3. 연료의 주성분

(1) **주성분** : 탄소(C), 수소(H), 산소(O)
(2) **가연성** : 탄소(C), 수소(H), 황(S)
(3) **불순물** : 황(S), 질소(N), 수분(W), 회분(A)

〈연료의 조성비율〉

연료의 종류	탄소[%]	수소[%]	산소 및 불순물	C/H 비
고체연료	50~95	3~6	2~44	15~20
액체연료	85~87	13~15	0~2	5~10
기체연료	0~75	0~100	0~57	1~3

탄화수소비는 탄소가 적으면 적을수록 연소가 잘되고 연소효율이 높아지며 발열량을 크게 할 수 있다.

4. 연료의 종류

(1) 고체연료

고체를 그대로 사용한 연료로서 주로 석탄이 대부분이며 이외에 목재, 코크스, 미분탄, 식물껍질 등이 있다.

① 고체연료의 특징
  ㉮ 구입이 쉽고 가격이 저렴
  ㉯ 노천야적이 가능하므로 취급 및 저장용이하다.
  ㉰ 연소 장치가 간단하고 설비비가 적게 든다.
  ㉱ 품질이 균일하지 못해 연소 효율이 낮다.
  ㉲ 회분 등 불순물이 많아 완전연소가 곤란하다.
  ㉳ 재처리가 곤란하고 매연발생이 심하다.

② 고체연료의 성질

〈고체연료의 일반성질〉

고체연료		주가연성분	고발열량[kcal/kg]	주요용도
천연고체 연료	석 탄	C, H, (N, S)	4500~8000	보일러, 요로, 코크스, 가정용
	아 탄	C, H	3000~5000	보일러, 건류(乾留), 가정용
	장 작	C, H	3000~4000	가정용
가공고체 연료	목 탄	C, (H)	6700~7500	가정용
	코크스	C, (H, O, S)	6000~7500	제철용, 가스제조, 용선로
	연 탄	C, (H, S)	3500~5000	가정용
	피치연탄	C, H, (S)	5000~7000	철도용

③ 고체연료의 변천과정
  ㉮ 목재 → 이탄 → 아탄 → 갈탄 → 역청탄 → 무연탄
  　　　　　　　　　　탄화도가 크다.
  ㉯ 석탄
    ㉠ 석탄의 분류기준
      ⓐ 탄화도 : 고정탄소의 양이 증가되며 휘발분, 산소의 양이 줄어들게 된다. 그러므로 연료비(고정탄소/휘발분)가 증가되어 발열량은 높아지나 착화온도가 높아져 착화의 어려움이 있게 된다.
      ⓑ 점결성 : 석탄(역청탄)을 건류하면 코크스가 생성되는데 이 때 코크스의 굳기를 나타내는 성질로 코크스 화성이라고도 한다.

❖ **점결성** : 석탄을 가열하여 350[℃]에서 표면 용융되어 450[℃]에서 굳어지는 성질

            - 강점결성 : 고도역청탄(高度瀝青炭)
            - 약점결성 : 반역청탄, 저도역청탄(低度瀝青炭)
            - 비점결성 : 무연탄, 갈탄, 이탄
        ⓒ 연료비 : 휘발분에 대한 고정탄소의 비를 말하며 클수록 발열량이 많아지지만 착화온도는 상승하게 된다.

        연료비 = $\frac{고정탄소[\%]}{휘발분[\%]}$ (석탄의 분류기준 참조)

        1. 연료비 7 이상 : 무연탄
        2. 연료비 1~7 : 유연탄
        3. 연료비 1 이하 : 갈탄
        ⓓ 입도 : 석탄의 크기 정도
        1. 미분탄 : 150[mesh] 이하(3[mm] 이하)
        2. 분탄 : 25[mm] 이하
        3. 중괴탄 : 25~50[mm] 이하
        4. 괴탄 : 50[mm] 이상

> ❖ mesh : 1[inch^2]당 채의 구멍수
> ❖ 석탄의 함유 성분과 연소에 미치는 영향
> 1. 수분과 습분 : 착화성이 저하되고 열손실을 초래한다.
> 2. 회 분 : 발열량이나 연소효율이 저하된다.
> 3. 휘발분 : 화염이 길어지고 검은 매연을 발생한다.
> 4. 고정탄소 : 불꽃이 짧아지고 발열량이 증가한다.

    ㉡ 석탄의 물리적 성질
        ⓐ 비중 및 기공율 : 석탄의 비중은 참비중과 겉보기 비중으로 구분되며 석탄을 미분쇄하여 기공을 감소하고 물이나 메틸 알콜을 스며들게 하여 측정한다.
        ⓑ 비열 : 휘발분의 증가와 탄화수소비(C/H)의 증가로 인해 비열은 증가하게 된다.
        ⓒ 열전도율 : 석탄의 열전도율은 매우 적으며 0.12~0.29[kcal/mh ℃] 정도이다.
        ⓓ 석탄의 열분해
㉰ 코크스
    ㉠ 종류 : 역청탄(유연탄) 등 점결탄을 고온(1,000[℃]) 건류후 얻은 2차 연료이다.
        • 제철용 코크스 → 코크스로에서 제조. 품질좋고 제철·주물용으로 사용
        • 가스 코크스 → 도시가스제조 후 부산물. 회분, 휘발분이 많고 강도가 약하다.
    ㉡ 비중 및 기공율

❖ 기공율 = $\dfrac{\text{참비중} - \text{겉보기비중}}{\text{참비중}} \times 100[\%] = \left(1 - \dfrac{\text{겉보기비중}}{\text{참비중}}\right) \times 100[\%]$

∴ 겉보기비중 = 참비중 − 참비중 × 기공율

④ 고체연료의 저장
  ㉮ 저장방법 : ㉠ 탄종별, 인수시기, 입도별로 칸막이 구분
        ㉡ 탄층의 높이는 실외 4[m] 실내 2[m] 이하로 쌓는다.
        ㉢ 바닥배수 구배용이(1/100~1/150)
        ㉣ 직사광선을 피하고 통풍이 잘되도록 한다.
        ㉤ 풍화작용 및 자연발화 방지
  ㉯ 자연발화 현상 : 석탄의 탄층 내에 열의 축척으로 가연성분이 흰 연기를 내면서 연소현상

🔸 자연발화의 방지법
  ① 공기 유통을 잘되게 한다.
  ② 인수시기・입도별 지탄
  ③ 탄층을 적당한 높이로 고쳐 쌓는다.
    ❏ 실내온도 60[℃] 이하로 유지할 것.
  ㉰ 풍화작용 : 장기간 저장하는 경우 연료속의 휘발분이 공기 중의 산소와 결합하여 연료가 변질되는 현상

🔸 풍화작용으로 인한 저해요인
  ① 발열량 저하   ② 휘발분 감소   ③ 표면탈색   ④ 점결성 저하

🔸 풍화작용은
  1. 새탄일수록
  2. 휘발분이 많을수록
  3. 입도가 적을수록 잘 일어난다. ── 잘 일어난다.
  4. 저질탄일수록
  5. 외기온도가 높을수록

(2) 액체연료
  ① 액체연료의 특징
    ㉮ 품질이 균일하여 발열량이 높다.
    ㉯ 연소효율 및 열효율이 좋다.
    ㉰ 운반 및 저장 취급이 용이
    ㉱ 회분이 적고 연소조절이 쉽다.
    ㉲ 연소 온도가 높아 국부과열 위험성이 많다.
    ㉳ 화재 및 역화의 위험이 있다.
    ㉴ 버너의 종류에 따라 소음이 난다.

② 액체연료의 성질
📘 액체연료의 정제과정

가스 → 가솔린 → 등유 → 경유 → 중유
　　　←―――――――
　　　　발열량이 높다.

〈액체연료의 성질〉

액체연료		주가연성분	비점범위[℃]	고발열량 [kcal/kg]	주요용도
천연 액체연료	원유	C, H, (S)	30~350	1100~11500	발전 보일러, 화학용 가스
가공 액체연료	가솔린	C, H	30~200	1100~11300	가솔린 엔진
	등유	C, H	150~280	10800~11200	석유발동기, 난방
	경유	C, H	200~350	10500~11000	소형 디젤, 소둔로
	중유	C, H, (O,S,N)	240~	10000~10800	각종 디젤, 보일러, 공업요로

③ 액체연료의 종류
　㉮ 원 유 : 천연적으로 얻어지는 포화, 불포화 탄화수소의 혼합물
　㉯ 가솔린 : ㉠ 비점 : 30~210[℃]
　　　　　　 ㉡ 인화점 : -20~43[℃] 정도
　　　　　　 ㉢ 폭발범위 : 2.1~9.5
　　　　　　 ㉣ 총발열량 : 1,100~11,300[kcal/kg ℃]
　　　　　　 ㉤ 옥탄가(80) 이상 : 고급 휘발유, 옥탄가(80) 이하 : 저급 휘발유
　📘 옥탄가 조정제 : 4 에틸납
　㉰ 등 유 : ㉠ 비점 : 150~300[℃]
　　　　　　 ㉡ 인화점 : 30~70[℃]
　　　　　　 ㉢ 착화온도 : 254[℃]
　　　　　　 ㉣ 용도 : 소형 내연기관용
　㉱ 경 유 : ㉠ 비점 : 250~350[℃]
　　　　　　 ㉡ 인화점 : 50~70[℃]
　　　　　　 ㉢ 착화온도 : 257[℃]
　　　　　　 ㉣ 용도 : 대형 보일러 점화용

❖ **석유계의 종류** : ① 나프타 ② 가솔린 ③ 등유 ④ 경유

　㉲ 중유
　　㉠ 비중 : 비중은 연료의 점도를 증가시키고 연소시 불꽃의 휘도가 커서 방사율이 높다.
　　㉡ 인화점 : 인화점이 너무 높으면 점화가 어렵고(140[℃] 이상은 곤란) 너무 낮으면 역화의 위험이 있다. 인화점은 예열온도보다 5[℃] 이상 높은 것을 선택한다.

ⓒ 점도 : 중유의 가장 중요한 성질로 낮을수록 무화가 양호하므로 100[℃]까지 가열점도를 낮추어 사용한다.

❖ **점도에 의해**
A 중유 → 점도 낮아 예열이 불필요하다.
B, C 중유 → 예열이 필요하다.

- A 중유 : 20[cst] H_k : 10700[kcal/kg]
- B 중유 : 50[cst] H_k : 10500[kcal/kg]
- C 중유 : 50~400[cst] H_k : 10300[kcal/kg]

ⓔ 비열 : 50~200[℃]의 평균비열은 0.55[kcal/kg ℃]이다.
ⓜ 유동점 : 일정한 조건 아래서 냉각하였을 때 유동할 수 있는 최저온도로 응고점보다 2.5[℃] 높은 온도이다.

❖ **정제에 의해**
① 직류중유 : 원유의 300~350[℃] 이상의 증류잔유, 또는 여기에 경유를 혼합한 중유 (디젤 기관용)
② 분해중유 : 중유 또는 경유를 열분해하여 가솔린을 제조 후 잔유에 분해경유를 배합한 중유 (보일러용)

ⓗ 중유첨가제 및 작용
    ⓐ 연소촉진제 : 분무를 양호하게 한다.
    ⓑ 안정제(슬러지 분산제) : 슬러지의 생성을 방지한다.
    ⓒ 탈수제 : 중유속의 수분을 분리한다.
    ⓓ 회분개질제 : 회분의 융점을 높여 고온부식을 방지한다.
    ⓔ 유동점 강하제 : 중유의 유동점을 낮추어 송유를 양호하게 한다.

❖ **참조(용어 및 공식해설)**
① 연소범위 : 가연성 물질이 공기 중의 산소와 화합하여 연소할 경우에 필요한 혼합가스의 농도 범위
② 절대점도 : 정지 상태의 점도[g/cms 포아즈]
③ 동점도 : 유동 상태의 점도[cm^2/s 스토크스]
   동점도란 절대점도를 같은 온도상태의 밀도로 나눈 값이기도 하다.(동점도＝절대점도 ÷ 밀도)
④ 비중 : 비중계의 계기
   ㉠ 비중계법 ㉡ 비중병법(정확성이 있다) ㉢ 비중 천평법 ㉣ 치환법(고점도나 중점도 측정)

$$API(\text{미국 석유협회})도 = \frac{141.5}{\text{비중}[60°F/60°F]} - 131.5$$

$$Baume(\text{보메})도 = \frac{140}{\text{비중}[60°F/60°F]} - 130$$

⑤ 체적팽창계수 : 온도의 변화에 따라 팽창하는 능력으로 중유의 경우 약 0.0007[l/℃]이다.
  • 온도 1[℃] 상승할 때 비중 0.00065씩 감소한다.

ⓢ 중유에 함유성분과 연소에 미치는 영향
  ⓐ 잔유탄소(residual carbon) : 연소하지 않는 탄화물로 B-C유의 경우 7~13[%] 정도이다. 버너 분출공이 막히거나 연소실에 미연탄소(검댕)가 부착되기 쉽다.
  ⓑ 수분(moisture) : 정제과정이나 수송·저장 중 혼입하게 되는데
    • 발열량 저하 • 저장 중 현탁부유물 생성 • 진동연소
    • 열손실증가 • 단락염의 발생(연소불안정) 등의 장해가 있게 된다.
  ⓒ 불순물(impurities)
    • 밸브, 여과기, 버너칩의 폐쇄
    • 펌프, 유량계, 버너칩의 마모

❖ **수분·불순물 방지대책**
① 기름탱크의 드레인빼기를 할 것
② 관로에 유수분리기를 장착할 것
③ 여과기를 자주 청소할 것
④ 혼입량이 많은 경우 침강분리제나 원심분리기로 분리할 것

  ⓓ 회분
    • 전열면에 고착하여 전열방해 • 연료질의 저하 • 고온부식의 생성(V_2O_5)
  ⓔ 황
    • 장치내 저온부식생성(H_2SO_4) • 아황산가스의 발생으로 공해 문제 발생
 ⓞ 중유의 연소성 : 중질유는 버너로 무화연소방식을 취하게 되므로 단위중량당 표면적을 크게 할수록 안정된 연소를 하게 된다. 이를 위해 중질유를 가열 점도를 낮추고 수분이나 기타 불순물 등을 제거하는 것이 필요하다.
㈐ 타르계 중유
  [특징] • 화염의 방사율이 크다(C/H 가 14)
         • 황의 영향이 적다.
         • 석유계의 것과 혼합하여 사용하면 슬러지를 발생한다.
  [종류] • 타르, 피치, 크레오소트유

(3) 기체연료

① 기체연료의 특징
  ㉮ 발열량이 낮은 연료로 고온을 얻을 수 있다.
  ㉯ 집중가열, 균일가열 분위기 조성이 가능
  ㉰ 연소효율이 좋고 작은 공기비로 완전연소 가능
  ㉱ 황분·회분이 거의 없어 공해 및 전열면 오손이 없다.
  ㉲ 가스폭발 위험성이 크고 가격이 비싸다.
  ㉳ 시설비가 많이 든다.

가스폭발의 구분
㉠ 화학적 폭발 ㉡ 압력의 폭발 ㉢ 분해 폭발 ㉣ 중합 폭발 ㉤ 촉매 폭발

② 기체연료의 분류
　㉮ 천연가스 : 천연으로 산출(NG)
　㉯ 건류가스 : 고체연료의 건류로 생산
　㉰ 오일가스 : 액체연료의 열분해로 생산
　㉱ 석유정제가스 : 잔유물, 접촉분해시 생성된 가스(LPG, 발생로 가스 등)

③ 기체연료의 성분
　㉮ 가연성분 : 탄화포화수소(CH_4, C_2H_6 등), CO, H_2, 중탄화수소(C_2H_4, C_3H_6 등)
　㉯ 불연성분 : CO_2, N_2, W

④ 기체연료의 종류
　㉮ 천연가스(NG) : 천연으로 발생하는 가스 중에 탄화수소를 주성분으로 하는 가연성 가스

[특징]
㉠ -162[℃]에서 액화시켜 액화 천연가스(L.N.G.)를 만든다.
㉡ 화학공업 원료 및 도시가스제조 등 발전용, 보일러용으로 이용
㉢ 가격이 비싸나 황분이 없어 공해방지용으로 일반 도시가스용으로 사용
㉣ 건성가스는 그 대부분이 CH_4(메탄)으로 되어 있다.
㉤ 습성가스는 유전지대에서 많이 생산되며 주성분은 CH_4(메탄) C_2H_6(에탄) 등이다.

> ❖ **액화 천연가스(LNG : Liquefied Natural Gas)**
> 조성은 천연가스와 거의 동일하나 냉각(-161.5[℃], -182.5[℃])시킬 경우 제진, 탈황, 탈탄수, 탈수 등으로 불순물이 제거되어 재기화시 매우 청결, 양질무해하다. 주성분 CH_4

　㉯ 액화 석유가스(L.P.G.) : 프로판가스라고도 하며 약간의 압력을 가하면 쉽게 액화되는 석유탄화수소가스를 말한다.
　　[특징] ㉠ 발열량이 크고 저장이 용이하다.
　　　　　㉡ 완전연소하는데 많은 공기량이 필요하다.
　　　　　㉢ 황분이 없으며 유독성분도 없다.
　　　　　㉣ 공기보다 비중이 무거움으로 누설시 낮은 곳에 고여 인화 및 폭발성이 크다.
　　　　　㉤ 연소 속도가 느려 집중화염을 얻기 힘들다.
　　　　•주성분 : ㉠ 프로판(C_3H_8), ㉡ 부탄(C_4H_{10}), ㉢ 프로필렌(C_3H_6), ㉣ 부틸렌(C_4H_8)

　㉰ 석탄가스 : 석탄을 1,000[℃] 정도로 건류할 때 얻어지는 가스
　　[특징] ㉠ 발열량이 크다(5,670[kcal/Nm^3])
　　　　　㉡ 연소성이 우수하다.
　　　　　㉢ 수소 및 메탄가스가 다량 함유
　　　　•주성분 : ㉠ 수소(H_2), ㉡ 메탄가스(CH_4), ㉢ 일산화탄소(CO)

㉣ 고로가스(BFG) : 용광로에서 코크스를 연소해 얻어지는 부산물 가스이다. 다량의 질소와 일산화탄소가 함유되어 발열량이 낮다.
- 주성분 - N_2, CO, H_2

㉤ 발생로 가스 : 적열상태로 가열하여 탄소함유분이 많은 고체연료에 공기 또는 산소를 공급하여 다량의 질소와 일산화탄소가 포함된 불완전 연소로 발생된 가스
- 주성분 - N_2, CO, H_2

㉥ 수성가스 : 고온의 코크스, 무연탄 등으로 수증기를 작용시켜 대부분의 H_2와 CO를 발생하는 가스
- 주성분 - H_2, CO, N_2

㉦ 도시가스(SNG : Substitute Natural Gas) : 가스 보일러용 연료로 사용하기에 좋은 전망이 밝은 가스로 발열량이 좋고 석유분해가스, 액화석유가스, 천연가스 등을 혼합한 가스

㉧ 오일가스 : 석유류의 열·접촉분해법 및 부분 연소법 등에 의해 분해할시 발생되는 가스

⑤ 기체연료의 관리
  ㉮ 기체연료의 인수
    ㉠ 검질 : ⓐ 발열량의 측정 일반성분 및 특수성분 등의 분석
             ⓑ 액화석유가스(L.P.G.)는 황분, 증기압, 수분, 불포화분 등을 시험
    ㉡ 검량 : Nm^3(용적)의 단위로 계량하고 LPG 는 kg(질량)으로 계량하여 이때의 온도 및 압력을 측정
  ㉯ 기체연료의 저장
    ㉠ 저장의 목적 : 제조량 및 공급량을 조절하여 품질을 균일하고 일정한 압력을 유지시키기 위하여 가스 홀더에 저장해 두었다가 공급한다.
    ㉡ 가스 홀더의 기능
      ⓐ 가스 수요의 시간적 변동에 대해 제조가 순응할 수 없는 가스량을 보급하여 공급을 확보한다.
      ⓑ 가스 홀더를 수요지 부근에 설치하여 가장 많이 사용할 때 가스공장에서의 도관 수송량을 그만큼 적게 하는 것
      ⓒ 정전시 도관공사 등으로 공급시설이 일시 지장을 줄 때 어느 정도의 공급을 할 수 있다.
      ⓓ 가스의 성분 연소성 등의 성질을 균일시킨다.
    ㉢ 가스 홀더의 종류
      ⓐ 유수식 홀더
      ⓑ 무수식 홀더
      ⓒ 고압 홀더

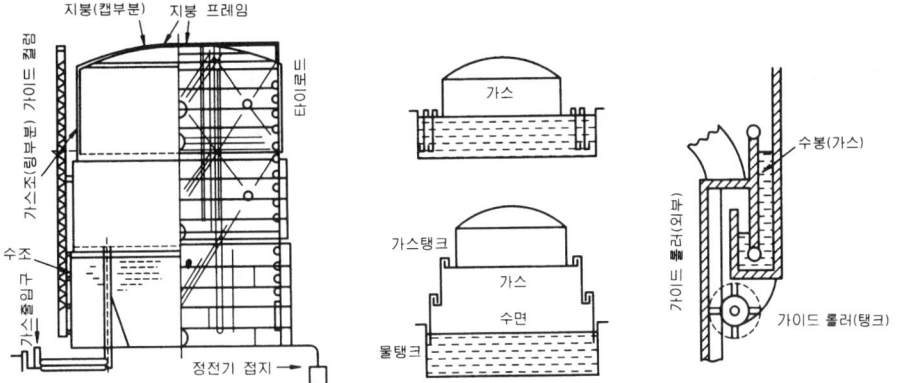

〈유수식 가스 홀더의 구조〉

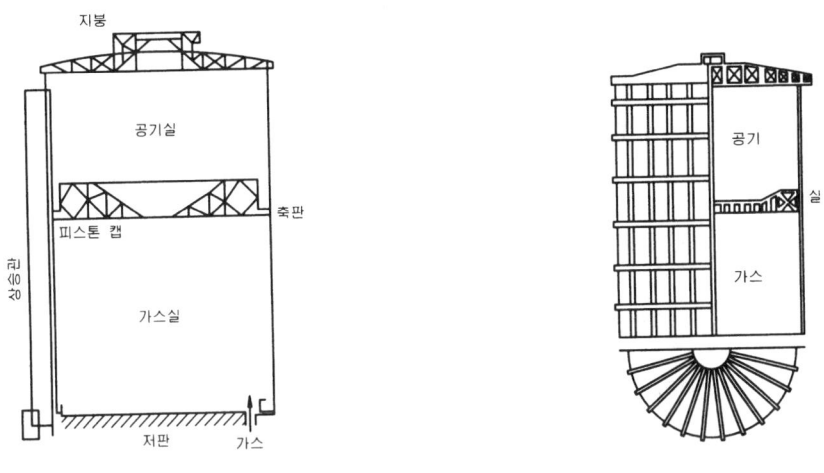

〈무수식 가스 홀더의 구조〉

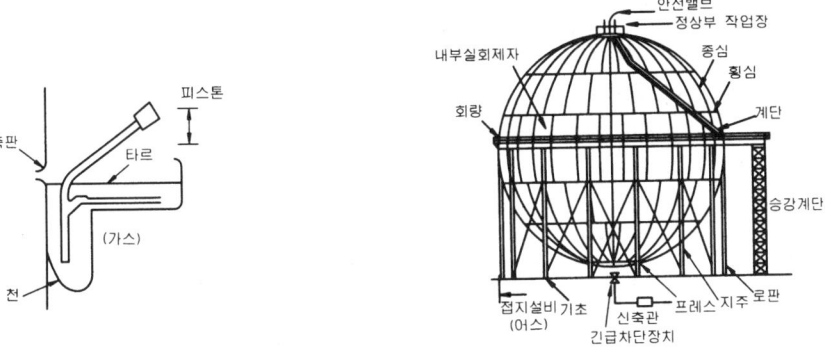

〈구형 가스 홀더의 구조〉

예상문제

1 연료의 정의에 대해서 맞는 것은?
① 연료란 연소는 어려우나 그 발생열은 경제적으로 이용가치가 있는 물질을 말한다.
② 연료란 연소할 때 연소열을 발생시키는 물질을 말한다.
③ 연료란 연소열을 경제적으로 이용할 수 있는 물질을 말한다.
④ 연료란 대기 중에서 용이하게 연소하고 연소열을 경제적으로 이용할 수 있는 물질을 말한다.

2 연료의 주요한 구성 요소는?
① C, H, N, O, P
② C, H, N, O, S
③ C, H, Fe, O, P
④ C, H, Fe, O, S

3 연료의 가연성분이 아닌 것은?
① C ② H
③ S ④ O

4 연료의 휘발분에 대한 설명으로 틀린 것은?
① 완전연소되기 어렵다.
② 수분과 탄소의 복잡한 화합물이다.
③ 저급탄일수록 많이 함유한다.
④ 매연을 발생시키지 않는다.

5 무연탄의 탄화도가 높으면 착화온도는 어떻게 되는가?
① 무관하다. ② 변화없다.
③ 높아진다. ④ 낮아진다.

---

1. 해설
(1) 연료
공기중에서 용이하게 산소와 화합 연소하고 여기에서 발생된 연소열을 경제적으로 이용할 수 있는 물질
(2) 연료의 구비조건
① 단위중량당 발열량이 클 것
② 저장, 운반, 취급이 용이하고 위험성이 적을 것
③ 연소가 용이하고 유해성 가스의 발생이 적을 것
④ 구입이 용이하고 가격이 저렴할 것

2. 해설
구성원소
 탄소(C), 수소(H), 황(S), 산소(O), 질소(N), 인(P)

3. 해설
가연성분 : C, H, S

4. 해설
휘발분 ① 매연발생 ② 발열량을 저하 ③ 점화 용이

5. 해설
(1) 석탄의 탄화도
석탄의 성분이 변화되는 진행정도
(목재 – 이탄 – 아탄 – 역청탄 – 무연탄)
(2) 탄화도가 클수록
① 고정탄소가 증가되어 발열량이 높다.
② 휘발분이 감소되어 착화 온도가 높다.
③ 연료비가 증가되어 연소속도가 늦다.

ANSWER 1.④ 2.② 3.④ 4.④ 5.③

6 액체 및 고체 연료와 비교한 기체연료의 특징 설명으로 틀린 것은?

① 저장이 용이하며, 취급에 주의를 요하지 않는다.
② 점화 및 소화가 간단하다.
③ 공기와 혼합하여 점화되면 폭발의 위험성이 있다.
④ 연소시 재가 없고, 연소효율도 높다.

7 석탄화가 진행됨에 따라 연료비가 커지는 데 연료비는?

① 고정탄소/회분
② 회분/수분
③ 휘발분/회분
④ 고정탄소/휘발분

8 석탄의 분류방법 중에서 틀리는 것은?

① 점결성
② 발열량
③ 형상
④ 연료비

9 연료를 효과적으로 연소시키기 위한 연소실의 조건으로 잘못된 것은?

① 연소실을 고온으로 유지한다.
② 투입된 연료는 빠르게 착화시킨다.
③ 연소용 공기를 예열한다.
④ 액체 연료는 저온으로 공급한다.

10 석탄을 가열하면 350[℃] 부근에서 용융되었다가 450[℃] 정도에서 다시 굳어지는데 이 성질을 무엇이라 하는가?

① 응고성
② 탄화도
③ 점결성
④ 휘발성

11 석탄을 분석한 결과 다음과 같다. 연료비는?

(휘발분 : 32.8[%], 회분 : 15.4[%], 수분 : 6.5[%])

① 1.31
② 1.41
③ 1.61
④ 1.38

6.해설
저장이 어렵고, 취급에 주의를 다한다.

7.해설
= 고정탄소 / 휘발분

8.해설
• 석탄의 분류
① 입도 – 괴탄 : 50[mm] 이상, 중괴탄 : 25~50[mm], 분탄 : 25[mm] 이하, 미분탄 : 3[mm] 이하
② 발열량 – 갈탄 : 4000~5000[kcal/kg], 역청탄 : 5000~7500[kcal/kg], 무연탄 : 6000~7500[kcal/kg]
③ 연료비유=고정탄소/휘발분, 1 이하 : 갈탄, 1~7 : 유연탄, 7 이상 : 무연탄
④ 점결성(코크스화성) : 석탄을 가열하면 약 350[℃] 부근에서 표면이 용융되고 450[℃] 부근에서 굳어지는 성질
• 강점결성 : 고도 역청탄
• 약점결성 : 저도 역청탄, 반역청탄
• 비점결성 : 무연탄, 반무연탄, 갈탄

9.해설
액체 연료는 고온(예열) 즉, 적당한 온도로 예열하여 공급하면 연소 효율이 증가한다.

11.해설
연료비=고정탄소/휘발분이므로 고정탄소를 먼저 산출하면 100−(32.8+15.4+6.5)=45.3[%]
그러므로 45.3/32.8=1.38 이다.

ANSWER 6.① 7.④ 8.③ 9.④ 10.③ 11.④

12 다음 고체연료 저장의 유의할 사항 중 옳지 않은 것은?

① 공기와의 접촉을 피한다.
② 탄층의 높이는 4[m] 이하로 한다.
③ 국부적인 과열을 피해야 한다.
④ 탄의 종류, 입도는 구별하여 저장하나 구입시기는 구별할 필요가 없다.

13 미분탄 연소의 잇점은?

① 과잉 공기가 적어도 된다.
② 시설비가 적어도 된다.
③ 연소실을 크게 잡을 필요가 없다.
④ 연재의 처분에 특별한 장치가 필요 없다.

14 미분탄 연소의 단점은?

① 재를 자주쳐야 한다.
② 공기를 예열해야 한다.
③ 착화가 잘 안 된다.
④ 플라이 애쉬(fly ash)가 많다.

15 석탄의 성분 중 연소시 장염을 발생시키며 그을음의 원인 되는 것은?

① 회분　　② 고정탄소
③ 휘발분　　④ 수분

16 연료 연소시 발생하는 매연 성분 중 검댕(그을음)은 다음 중 어느 것인가?

① 무수황산　　② 일산화질소
③ 유리탄소　　④ 아황산가스

17 제철용 코크스 진비중은 1.8, 겉비중은 1.1 이라면 기공율은 약 몇 [%]인가?

① 30　　② 40
③ 50　　④ 70

12.해설
• 석탄의 저장법
① 인수시기, 탄종, 입도별로 구분하여 저장한다.
② 탄층의 높이는 4[m] 이하로 한다 (옥내는 2[m])
③ 탄층내부 온도는 60[℃] 이하로 한다. (자연발화방지)
④ 통기관을 설치(30[m²] 마다 1 개)
⑤ 적절한 구배를 둔다(1/150~1/200)
⑥ 고온의 증기관이나 직사광선을 피한다.

13.해설
• 미분탄
석탄을 분쇄기에서 미분(150~200[mesh])화시킨 연료
• 특징
① 적은 과잉공기로서 완전 연소 가능
② 점화 및 소화가 용이하고 부하에 따른 연소량의 조절범위가 용이
③ 저질의 연료로도 유효하게 연소 가능
④ 연소온도가 높아 노내를 고온으로 유지
⑤ 비산회(fly ash)가 심하여 집진장치를 필요로 한다.
⑥ 설비비, 유지비가 많이 필요
⑦ 폭발 및 역화의 위험성이 크다.

14.해설
미분탄은 연소 시 플라이 애쉬가 많이 발생한다.

15.해설
휘발분은 긴화염 및 그을음 발생 원인이 된다.

16.해설
그을음 발생은 유괴탄의 원인이 된다.

17.해설
기공율(%) = (1 − 겉보기비중/참비중) × 100 = (1 − 1.1/1.8) × 100 = 38.88889[%]

ANSWER　12. ④　13. ①　14. ④　15. ③　16. ③　17. ②

18 연료의 발열량의 단위는?

① kcal/m ② kcal/kg
③ kcal/m² ④ kcal/hr

19 저위 발열량과 관계있는 연료의 성분은 어느 것인가?

① 산소 ② 수소
③ 황   ④ 탄소

20 탄소가 완전히 타서 탄산가스(CO_2)가 되면 몇 kcal/kmol의 열이 발생하는가?

① 97200 ② 68300
③ 80000 ④ 78000

21 연료의 고위 발열량과 저위 발열량의 차이가 생기는 이유는 어느 성분 때문인가?

① 탄소 ② 수소
③ 산소 ④ 황

22 연료가스 시험방법에서 윤켈스식 측정장치는 어떤 것을 측정할 수 있는가?

① 수분 ② 비중
③ 황분 ④ 발열량

23 수소 13[%], 수분 0.5[%]인 중유의 고위 발열량이 9700 [kcal/kg]이다. 이 중유의 저위 발열량은 몇 [kcal/kg] 인가?

① 8995 ② 9000
③ 9750 ④ 9950

24 석탄의 성분이 C = 72[%], O = 9[%], H = 5[%], S = 0.9[%], H_2O = 6[%]일 때의 저위 발열량은 몇 [kcal/kg]인가?

① 5930 ② 6234
③ 7075 ④ 6927

18. 해설
발열량 단위는 [kcal/kg] 로 표시한다.

19. 해설
고위발열량과 저위발열량 차는 수소와 수분의 수증기증발열량으로 발생된다.

20. 해설
• 완전 연소시 발열량 C + O_2
→ CO_2 + 97200[kcal/kmol]
그러므로 1[kg]당 발열량은
97200/12 = 8100[kcal/kg]

21. 해설
• 고위 발열량(Hh)과 저위 발열량 (Hl)과의 관계식
$Hh = Hh + 600(9H + W)$
$Hl = Hl - 600(9H + W)$

22. 해설
• 발열량 측정방법
① 열량계에 의한 방법
  ㉮ 고체 및 액체연료 : 정용형 봄브식 열량계
  ㉯ 기체 연료 : 윤켈스식, 시그마식 열량계
② 공업 분석에 의한 방법
③ 원소 분석에 의한 방법

23. 해설
저위 발열량(Hl) = $Hh - 600(9H + W)$이므로 9700 - 600(9 × 0.13 + 0.005) = 8995[kcal/kg]

24. 해설
• 원소분석에 의한 발열량 측정
$Hl = 8100 \cdot C + 28600(H - O/8) + 2500 \cdot S - 600 \cdot W$ 이므로
8100 × 0.72 + 28600{0.05 - 0.09/8)} + 2500 × 0.009 - 600 × 0.06 = 6926.75[kcal/kg]

ANSWER 18. ② 19. ② 20. ① 21. ② 22. ④ 23. ① 24. ④

25 연료 1[kg]을 완전 연소시켰을 때 발생하는 열량을 무엇이라 하는가?

① 엔탈피 ② 발열량
③ 연소식 ④ 현열

25. 해설
발열량(kcal/kg)연료 1kg을 완전연소 시켰을 때 발생하는 열량

26 연료로서 석유가 석탄보다 많은 장점을 가지고 있는데 다음 중 틀린 것은?

① 석유는 석탄에 비해 발열량이 크다.
② 석유는 석탄에 비해 연소의 조절이 어렵다.
③ 석유는 동일한 중량의 석탄의 용적보다 적다.
④ 석유는 석탄에 비해 회분이 거의 없다.

26. 해설
• 액체연료의 특징
① 품질이 균일하고 발열량이 높다.
② 연소효율이 높다.
③ 점화 및 소화가 쉽고 부하에 따른 연소량 조절이 용이
④ 회분이 거의 없다.
⑤ 계량이나 기록이 용이
⑥ 국부과열을 일으키기 쉽다.
⑦ 화재 및 역화의 위험성이 크다.
⑧ 황분 함량이 많다.

27 액체연료의 발열량의 단위는 보통 어느 것을 쓰나?

① kcal/Nm³ ② kcal/kg
③ kcal/℃ ④ kcal/m³

27. 해설
발열량 단위는 [kcal/kg]이다.

28 다음 중 등유(케로신)에 속하지 않는 것은?

① 클레오소트유 ② 솔벤트
③ 백등유 ④ 신호등유

28. 해설
등유의 종류로는 백등유(가정용), 다등유, 신호등유, 솔벤트가 있다.

29 탈계 중유의 특징을 열거한 것 중 틀린 것은?

① 황의 함량이 적어 공해에 미치는 영향이 적다.
② 석유계의 것과 혼합하여 사용하면 슬러지를 발생시킨다.
③ 점도 및 인화점이 높다.
④ 탈계 중유의 C/H는 14 정도이어서 화염의 방사율이 적다.

29. 해설
화염의 방사율이 크다(방사율은 화염이 휘도가 클수록 높다).

30 다음 연료 중에서 C/H 비가 가장 큰 것은?

① 휘발유 ② 등유 ③ 경유 ④ 중유

30. 해설
탄화수소비(C/H)는 점도가 높을수록 액체 연료 보다는 고체연료가 높다.

31 기름속에 어떤 성분이 들어있으므로 해서 연소작업 중에서 내화물을 변색하게 하는가?

① 중질분 ② 잔유탄소
③ 수분 ④ 회분

31. 해설
기름 속에 회분이 포함되었을 시 연소작업 중 내화물을 변색하게 한다.

ANSWER 25. ② 26. ② 27. ② 28. ① 29. ④ 30. ④ 31. ④

32 주로 소형 디젤기관 및 소형 보일러 등의 열설비에 사용하며 사용에 있어 예열이 필요 없는 중유는?

① A 중유　　　　② B 중유
③ C 중유　　　　④ 타르중유

33 중유의 종류에는 A, B, C 중유가 있다. 무엇을 기준하여 분류하는가?

① 비중　　　　　② 발열량
③ 점도　　　　　④ 인화점

34 인화점의 설명 중 가장 적당한 것은?

① 목재 등이 불이 붙는 최저 온도
② 석탄이나 목재 등에 불이 붙는 최저 온도
③ 액체 또는 고체연료가 가연성 증기를 발생하는 최저 온도를 말한다.
④ 고체연료의 착화되는 최저 온도

35 기름에 열을 가했을 때 발생하는 가스에 불을 대면 처음으로 발화할 때의 온도는?

① 발화점　　　　② 점도
③ 인화점　　　　④ 발열량

36 기름의 유동점과 응고점의 관계는?

① 유동점이 응고점보다 2.5[℃] 높다.
② 유동점이 응고점보다 2.5[℃] 낮다.
③ 응고점이 유동점보다 3.5[℃] 높다.
④ 응고점이 유동점보다 3.5[℃] 낮다.

37 어떤 중유의 응고점이 15[℃]라면 이 중유의 유동점은 몇 도인가?

① 20[℃]　　　　② 22[℃]
③ 17.5[℃]　　　④ 19.5[℃]

32.해설
① A 중유 : 예열이 필요없고 소형 디젤기관 및 소형 보일러 열설비에 사용
② B 중유 : 예열이 필요하며 일반 디젤기관 및 보일러에 사용
③ C 중유 : 예열이 필요하고 대형 보일러 및 디젤기관에 사용

33.해설
• 점도
끈끈한 정도(A 중유는 예열이 필요 없고, B·C 급은 예열이 필요)

34.해설
• 인화점
가연물이 점화원에 의해 불이 붙는 최저 온도(인화성 증기를 발생하는 최저 온도)
• 측정
① 아벨펜스키식 : 인화점 50[℃] 이하
② 펜스키마텐스식 : 인화점 50[℃] 이상
③ 타그식 : 인화점 80[℃] 이하
④ 클리브랜드식 : 인화점 80[℃] 이상

35.해설
• 착화점
가연물이 점화원 없이 주위열에 의해 불이 붙는 최저 온도
• 착화점 측정방법
① 산화에 의한 탄산가스 생성을 측정하는 방법
② 산화에 의한 중량변화를 측정하는 방법
③ 산화에 의한 온도 상승을 측정하는 방법

36.해설
• 유동점
액체가 흐를 수 있는 최저 온도(응고점+2.5[℃])

37.해설
유동점=응고점+2.5 이므로
15+2.5=17.5[℃]

ANSWER　32. ①　33. ③　34. ③　35. ③　36. ①　37. ③

38 다음 중 석유제품의 비중을 측정하는 기준 온도는?

① 기름 : 0[℃], 물 : 0[℃]
② 기름 : 0[℃], 물 : 4[℃]
③ 기름 : 15[℃], 물 : 4[℃]
④ 기름 : 15[℃], 물 : 0[℃]

38.해설
물은 4[℃]연료는 15[℃]의 비중을 기준한다.

39 비중(60/60[°F]) 0.975인 액체연료의 API도는 얼마인가?

① 12.24　　② 13.63
③ 14.18　　④ 15.27

39.해설
API도 = (141.5/비중) − 131.5
　　　 = (141.5/0.975) − 131.5
　　　 = 13.6282

40 중유는 여러 가지 목적 때문에 각종 첨가제를 가하는 일이 있다. 다음 중 첨가제의 종류가 아닌 것은?

① 연소 촉진제　　② 안정제
③ 회분 개질제　　④ 탈염제

40.해설
• 중유의 첨가제
① 연소촉진제 : 분무를 순조롭게 한다.
② 슬러지 분산제(안정제) : 슬러지 생성을 방지
③ 회분개질제 : 회분의 융점을 높혀 고온부식 방지
④ 탈수제 : 수분 분리

41 기체연료의 장점이 아닌 것은?

① 폭발의 위험성이 크다.
② 전열면 오손이 적다.
③ 연소조절이 용이하다.
④ 점화가 쉽다.

41.해설
• 기체연료의 특징
① 적은 과잉 공기로서 완전연소가 가능하다.
② 공기 및 연료의 예열이 쉽고 비교적 발열량이 적은 연료로도 고온을 얻을 수 있다.
③ 점화 및 소화가 용이하고 연소량 조절이 쉽다.
④ 자동조절, 집중가열, 균일가열 분위기 조정이 가능
⑤ 회분이 거의 없으며 매연발생이 적다.
⑥ 누설시 인화 폭발의 위험성이 크다.
⑦ 시설비가 많이 소요

42 LPG를 냉각 액화시킨 다음, 재 기화시킨 가스에 대한 기술된 내용 중 가장 부적당한 것은?

① 청록색을 띤 가스
② 일종의 무해가스
③ 천연가스와 비슷한 조성을 가진 가스
④ 탈 탄산가스

42.해설
• LPG(액화 석유가스)
천연가스나 정류소에서 분해가스를 상온에서 낮은 압력(6~7[kg/cm^2])으로 가압 액화시킨 연료

43 고로가스의 대부분은 어느 것인가?

① CO_2, N_2　　② CO, N_2
③ H_2, N_2　　④ CO, S

43.해설
• 고로가스
용광로에서 철광석을 용융 환원시킬 때 코크스 연소시 배출되는 가스
• 주성분 : CO(27[%])
　　　　　CO_2(15[%])
　　　　　N_2(57[%])

ANSWER　38. ③　39. ②　40. ④　41. ①　42. ①　43. ②

44 천연가스의 설명 중 틀린 것은?

① 탄화수소(메탄)를 주성분으로 한다.
② 화염전파속도가 크고, 폭발범위가 매우 크다.
③ 성상에 의하여 건성가스, 습성가스로 구분한다.
④ −162[℃]에서 냉각 액화한 LNG 라는 것도 있다.

44. 해설
• 천연가스
천연적으로 발생되는 가스 중 탄화수소를 주성분으로 한 가연성 가스로서 종류로는 유전가스, 수용성 가스, 탄전가스 등이 있으며 화염의 전파속도가 적다.

45 다음 중 발생로 가스의 주성분은?

① C ② CO
③ C_2H_2 ④ CO_2

45. 해설
• 발생로가스
석탄, 코크스, 목재 등이 연소시 공기나 수증기 등을 불어넣어 불완전 연소시켜 얻은 가스
• 주성분 : CO(25.4[%])
  N_2(55.8[%])
  H_2(13[%])

46 다음 중 기체연료의 특징 중 잘못된 것은?

① 연소 효율이 높다.
② 적은 과잉 공기로 완전연소 가능
③ 연소 조절 및 소화 점화 용이
④ 수송 및 저장이 편리

46. 해설
기체연료는 폭발의 위험성 때문에 운반 및 저장에 주의를 요한다.

47 액체연료의 착화온도가 낮아지는 경우 설명으로 옳지 못한 것은?

① 발열량이 높을수록 낮아진다.
② 산소의 농도가 짙을수록 낮아진다.
③ 분자구조가 복잡할수록 낮아진다.
④ 압력이 높을수록 낮아진다.

47. 해설
압력이 높을수록 착화온도는 높아진다.

48 액체연료의 특징 설명으로 틀린 것은?

① 회분 및 분진이 적다
② 연소온도가 높아 국부적 파열이 적다.
③ 저장 및 운반 취급이 용이하다.
④ 계량 및 기록이 용이하다.

48. 해설
연소온도가 높아 국부과열의 위험성이 높다.

49 액체연료에서 착화성의 양부를 수치로 나타낸 값은?

① 옥탄가 ② 탄화도
③ 세탄가 ④ 점결도

49. 해설
옥탄가란 파라핀계의 성분에서 노말헵탄과 이소옥탄의 혼합비율 중 이소옥탄의 비율을 말하며, 노말헵탄이 20%, 이소옥탄이 80% 함유되어 있다면 옥탄가는 80 이 된다.
① 옥탄가 : 노킹현상 방지
※ 노킹 현상이란 연소실 내에서의 이상 연소현상을 말한다.
② 세탄가 : 착화성의 양부를 수치로 나타낸 값이다.

ANSWER 44. ② 45. ② 46. ④ 47. ④ 48. ② 49. ③

제5장 연료 및 연소장치 · 139

50 다음 중 연료의 구비 조건으로 틀린 것은?

① 조달이 용이하며 풍부하게 산출되어야 한다.
② 연소가 어렵고 값이 비싸야 한다.
③ 저장과 운반이 편리해야 한다.
④ 취급이 용이하고 공해가 없어야 한다.

50. 해설
연료는 가격이 저렴하고 연소가 용이 해야 한다.

51 연료 중 유황이나 회분은 거의 포함하지 않으나 쉽게 인화하여 화재 및 폭발의 위험이 큰 연료는?

① B-C유   ② 코크스
③ 중유   ④ LPG

51. 해설
LPG : 연료 중 유황이나 회분이 거의 없으며, 폭발의 위험이 크다.

52 석탄을 분석한 결과 다음과 같은 값을 얻었을 때 고정탄소량은 몇 [%]인가? (단, 휘발분 : 32.7[%], 회분 : 30.5[%], 수분 : 3.2[%])

① 29.4[%]   ② 33.6[%]
③ 43.6[%]   ④ 45.8[%]

52. 해설
$100 - (32.7 + 30.5 + 3.2) = 33.6$

53 다음 기체연료의 연소성상에 대한 장점이 아닌 것은?

① 매연발생이 적고 대기오염도가 적다.
② 저부하 연소만 가능하다.
③ 이론공기량에 가까운 공기로 완전연소가 가능하다.
④ 연소의 자동제어에 적합하다.

53. 해설
기체연료는 저부하, 고부하 어느 경우이든 연소가 가능하다.

54 고체연료의 공업분석 중에서 매연을 발생시키기 쉬운 성분은?

① 휘발분   ② 고정탄소
③ 수분   ④ 회분

54. 해설
휘발분이 많을수록 그을음 발생이 많아진다.

55 다음은 중유가 석탄에 비하여 좋은 점을 열거하였다. 잘못된 것은?

① 수송과 저장이 편리하다.
② 완전연소가 잘되어 그을음이 적다.
③ 연소를 중단하면 보일러가 바로 식는다.
④ 단위중량당 발열량이 크다.

55. 해설
연소를 중단하면 보일러가 바로 식는다는 단점에 해당된다.

ANSWER 50. ② 51. ④ 52. ② 53. ② 54. ① 55. ③

56 경유 또는 중유를 열분해하여 가솔린을 제조한 후의 중유를 무슨 중유라 하는가?

① 직류 중유
② 개질 중유
③ 증류 중유
④ 분해 중유

56. 해설
분해중유란?
경유 또는 중유를 열분해하여 가솔린을 제조 후 생산된 중유를 말한다.

57 액화석유가스(LPG)에 대한 설명으로 잘못된 것은?

① 비중이 공기보다 무거워 누설하면 밑부분에 정체한다.
② 용기의 전락 또는 충격을 피해야 한다.
③ 용기가 견고하고 누설치 않으므로 인화성 물질과 함께 보관할 수 있다.
④ 찬곳에 저장하고 공기의 유통을 좋게해야 한다.

57. 해설
액화석유가스는 인화성 물질과 별도의 장소에 보관해야 한다.

58 다음은 중유의 선택시 주의해야 할 사항이다. 틀린 것은?

① 비중이 적은 것이 좋다.
② 황분이 적은 것이 좋다.
③ 점도가 큰 것이 좋다.
④ 균질의 중유가 좋다.

58. 해설
점도가 낮아야 무화가 잘되며 연소효율이 높아진다.

59 기체연료 저장설비인 가스 홀더의 종류가 아닌 것은?

① 유수식 홀더
② 무수식 홀더
③ 저압식 홀더
④ 고압식 홀더

59. 해설
가스홀더종류 : 유수식, 무수식, 고압식 홀더의 3종류가 있다.

ANSWER 56. ④ 57. ③ 58. ③ 59. ③

5-2 연소방법 및 연소장치

1. 연소(combustion)

연소란 연료 중 가연성분이 공기 중의 산소와 급격히 화합하여 열과 빛을 발생하는 현상으로 산화반응과 더불어 열분해 등이 일어난다.

(1) 연소의 3대 조건

① 가연물(C.H.S)　　② 산소 공급원　③ 점화원(불씨)

❖ 연소의 3대 반응
① 산화반응(발열반응과 흡열반응)　　② 환원반응　　③ 열분해

(2) 연소속도

연료가 착화하여 완전히 연소되기까지의 속도를 연소속도라 하고 착화성이 좋고 연소속도가 빠르면 일정량의 연료를 완전연소시키는데 적은 공간의 연소실에서도 충분하게 된다.

연소속도 : 0.1~10[m/s]　　폭속 : 1000~3500[m/s]

2. 연료의 연소 형태

(1) 고체연료의 연소

① 표면연소 : 연소 초기에 화염이 나타나지 않으며 표면이 빨갛게 빛이 나면서 연소하는 형태이다.(코크스, 목탄)
② 분해연소 : 연소 초기에 화염을 내면서 연료가 가열분해되어 기체로 변해 공기 중의 산소와 화합하면서 연소하는 형태이다.(고체연료 : 석탄, 장작 등 코크스, 목탄을 제외한 나머지 연료) (액체연료 : 중유[B-C유])
③ 증발연소

(2) 액체연료의 연소

① 증발연소 : 연료가 표면으로부터 증발하면서 화염을 내는 연소 형태이다.(액체연료 : 중유[A중유], 경유, 등유, 휘발유 등) (기체연료 : L.P.G.)

❖ 중질유 → 무화연소, 경질유 → 기화연소

② 분해연소

(3) 연소형태

연소의 분류	연소의 형태	비 고	
고체 연소	표면 연소	고체가 표면의 고온을 유지하며 타는 것.	목탄, 코크스, 금속분
	분해 연소	고체가 가열되어 열분해가 일어나고 가연성 가스가 공기 중의 산소와 타는 것.	목 재
	자기 연소	공기 중의 산소를 필요로 하지 않고 자신이 분해되면서 타는 것.	화약, 폭약
	증발 연소	고체가 가열되어 가연성 가스를 발생하며 타는 것.	나프탈린
액체 연소	증발 연소	액체의 면에서 증발하는 가연성 증기가 공기와 혼합 연소 범위 내에 있을 때 열원에 의해 타는 것.	알콜, 휘발유
기체 연소	혼합 연소	가연성 기체가 공기와 혼합하여 타는 것.	프로판 가스
	비혼합 가스	가연성 기체가 대기 중에 분출하여 타는 것.	아황산가스
	폭발 연소	가연성 기체와 공기의 혼합 가스가 밀폐용기 중에 있을 때 점화되면 폭발적으로 타는 것.	메틸 에틸, 아세틸렌

❖ **발열반응** : 산화반응시 외부로부터 열을 방출하면서 반응하는 현상(C.H.S.)
❖ **흡열반응** : 산화반응시 외부로부터 열을 흡수하여 반응하는 현상(N_2)
❖ **반응속도의 요인** : ① 온도 ② 압력 ③ 농도 ④ 촉매 ⑤ 햇빛 ⑥ 물질입자의 크기

(4) 기체연료의 연소

① 확산연소 : 연료가 연소장치 밖으로 나오면서 대기중에 확산하여 공기중 산소와 화합하여 연소하는 형태이다.
(LPG를 제외한 기체연료)
② 예혼합연소 : 연료가 혼합기 내에서 미리 산소와 혼합하여 연소장치 밖으로 화염을 내는 연소의 형태이다.
(화염이 짧고 고온의 화염을 얻을 수 있지만 역화에 주의해야 한다.)

〈예혼합연소와 확산연소와의 비교〉

구 분	확산연소	예혼연소
역화위험	작다.	크다.
고온얻기	어렵다.	쉽다.
연소속도	느리다.	빠르다.
연료가스, 공기예열	할 수 있다.	할 수 없다.

- ❖ **산화염** : 공기비를 너무 많이 취하였을 때 화염중에 과잉산소를 함유하는 화염
- ❖ **환원염** : 산소가 부족하여 일산화탄소(CO) 등의 미연분을 함유하며 피열물을 환원하는 성질을 가지는 화염
- ❖ **연소온도에 영향을 주는 원인** : ① 연료발열량 ② 공기비 ③ 산소농도
- ❖ **이론최고연소온도**

$$t[℃] = \frac{Hl}{G_0 \times C}$$

$\begin{bmatrix} Hl : \text{저위 발열량[kcal/kg]} \\ G_0 : \text{이론습배기 가스량[Nm}^3\text{/kg]} \\ C : \text{연소가스 평균비열[kcal/Nm}^3\ ℃] \end{bmatrix}$

3. 연소 장치

(1) 고체연료 연소 장치

일반적으로 화격자 연소방식으로 고정 화격자연소와 기계화격자 연소로 나누어지며 연료의 공급과 재의 처리방식에 따라 손으로 때기(수분 : 手焚)와 기계로 때기(기계분 : 機械焚)로 구별된다.

📎 **고체연료의 연소방식**
  ㉠ 화격자 연소방식   ㉡ 미분탄 연소방식   ㉢ 유동층(세분탄) 연소방식

📎 **화격자 연소장치 종류**
  ㉠ 가동화격자(요동식) ㉡ 중공화격자 ㉢ 경사화격자 ㉣ 고정수평 화격자

① **기계분(스토커) 연소장치** : 중형 보일러에 사용되는 연소방식으로 연료의 층을 항상 균일하게 제어하고 저질연료라도 연소효율이 높은 장점으로 운전할 수 있다. 스토커 연소(stoker combustion)라고도 한다.

  ㉮ 기계분의 종류
    ㉠ 산포식 스토커 : 호퍼에 공급된 연료를 회전익차에 의해 널리 산포시키는 방법으로 왕복식, 회전식, 공기분사식, 증기분사식 등이 있으며 화격자 부하는 자연통풍시 100~130[kg/m³h] 정도이고 강제통풍시엔 150~200[kg/m³h] 정도이다. 휘발분이 적은 무연탄 연소에 적합하다.
    ㉡ 계단식 스토커 : 30~40° 정도로 화격자를 경사시켜 상부에 투입된 연료를 굴러 떨어지게 하여 연소하는 방법으로 쓰레기소각로에 가장 적합한 연소장치이다.(말틴 스토커가 대표적이다)

❖ 연료는 가급적 입도가 적고 산화층이 두껍게 하고 미리 예열해서 연소한다.

    ㉢ 쇄상식 스토커 : 벨트 모양의 체인 위에서 투탄부터 회의 처리까지 연속 완전 자동형식으로 대형 연소로로 휘발성분이 15[%] 이상 점결성이 적은 연료에 적합하다.

② 하입식 스토커 : 고정화격자 하부에 설치한 스크루(screw)로 공급하는 형식으로 착화성을 고려 예열공기를 사용하기 때문에 클링커가 발생하기 쉽고 비교적 양질의 연료로 선택하여야 한다.

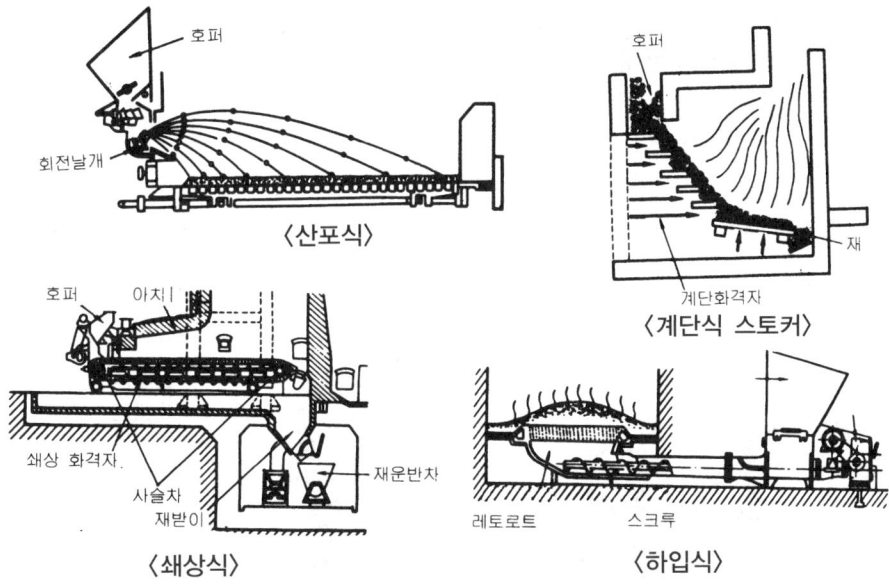

② 미분탄 연소 장치 : 석탄을 150~200[mesh] 이하로 미세하게 분쇄하여 이것을 공기와 함께 연소실에 취입하고 화염의 방사열에 의해 착화시켜 연소실속에 넣고 부유상태로 연소시키는 방식이다.

⑦ 장점
  ㉠ 단위중량에 대한 표면적이 커서 공기와의 접촉이 좋다.
  ㉡ 고온의 예열공기의 사용이 가능하다.
  ㉢ 적은 공기비의 연소로 열손실을 줄일 수 있다.
  ㉣ 다소 저급의 탄이라 할지라도 연소효율이 높다.
  ㉤ 연소조절이 용이하여 부하변동에 응하기 쉽다.
  ㉥ 액체 또는 기체연료와의 혼합연소가 용이하다.

⑷ 단점
  ㉠ 비산회(fly ash)가 많아 집진 장치가 필요하다.
  ㉡ 대규모 연소실이 필요하다.
  ㉢ 소요동력비, 보수, 유지비가 많이 든다.
  ㉣ 설비비가 높다.
  ㉤ 폭발의 위험성이 많다.

㉰ 연소 형식에 의한 분류
  ㉠ 저탄식 : 석탄을 분쇄 후 저장소에 저장 후 보일러 버너에 분배하는 형식
  ㉡ 직접식 : 석탄을 분쇄 후 즉시 버너에 보내는 형식

㉣ 버너에 의한 분류
  ㉠ 편평류 버너 : 화염의 길이가 길고 저온의 화염을 낸다.
  ㉡ 선회류 버너 : 화염의 길이가 짧고 고온의 화염을 낸다.
    미분탄연료와 중유연료를 혼합하여 연소시킬 수 있다.
㉤ 연소방법에 의한 분류
  ㉠ U형 연소 : 편평류 버너를 일렬로 늘어놓고 노의 상부에서 2차 공기와 함께 분사연소한다.
  ㉡ L형 연소 : 선회류 버너를 사용하여 공기와 혼합을 잘하여 연소한다.
  ㉢ 우각연소(코너 연소) : 노를 정방향으로 하고 4각모서리에서 연소한다.

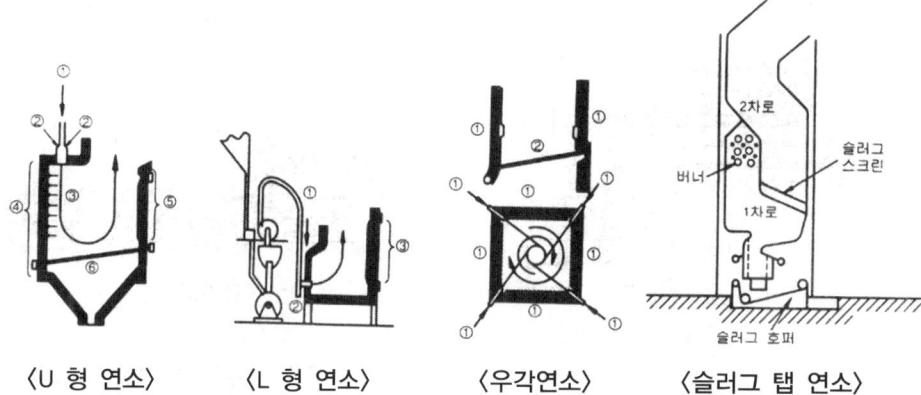

⟨U 형 연소⟩   ⟨L 형 연소⟩   ⟨우각연소⟩   ⟨슬러그 탭 연소⟩

  ㉣ 슬러그 탭(slug tap) : 연소실을 두 개로 나누어 1차로에서 고부하 연소를 하여 재를 용해시킨다. 화염은 슬러그 스크린(slug screen)으로 비산회를 분리하여 2차로에 들어가 미연분을 연소시키는 방법이다.
    [장점]
    1. 적은 공기비로 연소하므로 배기가스에 의한 열손실이 적다.
    2. 회의 날림이 적고, 전열면 오손이 적다.
    3. 고온도의 연소가스가 (1차로) 얻어진다.
    4. 연속운전시간이 길다.
    5. 회가 용융되어 미연물이 함유되지 않으며 (2차로) 열손실이 적다.
㉥ 특수 미분탄 연소 장치
  ㉠ 크레이머(cramer) 연소 장치 : 분쇄기를 간단히 하여 거칠은 가루모양으로 연소시킨다. 분쇄기는 연소실 열가스의 흡인통풍기를 겸하여 열가스와 석탄의 거칠은 가루를 연소실에 들여보낸다. 연소실에서 부유상태로 연소할 수 없는 거친 입자는 하부의 화격자에 떨어져 연소한다.
  ㉡ 사이클론(cyclone) 연소장치

미분탄의 이송경로
연료탄 → 쇄탄기 → 철편제거장치 → 건조기 → 미분쇄기 → 버너

미분쇄기 종류
① 중력식(튜브밀), ② 원심력식(롤밀), ③ 스프링식(로쉐밀), ④ 충격식(해머밀)

ⓒ 사이클론(syclone) 연소 장치 : 미분탄을 고압공기와 함께 연소실에 넣어 선회시켜 고부하연소한다.

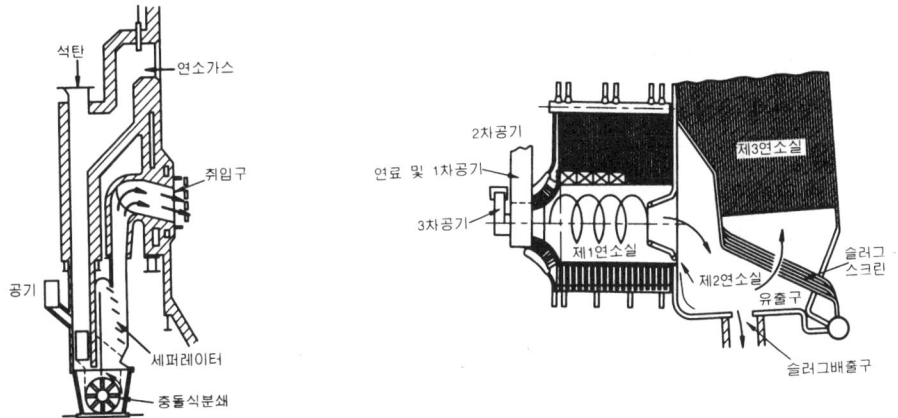

〈크레이머 연소 장치〉 〈사이클론 연소 장치〉

(2) 액체연료 연소 장치

액체연료는 대체적으로 버너(burner) 연소방식을 사용하며 중질·경질의 연료에 따라 무화방식과 기화방식으로 나눈다.(심지연소방식과 포트연소방식도 있다)

❖ **무화의 목적**
  ① 단위중량당 표면적을 넓게 한다.
  ② 연료와 공기 혼합 양호
  ③ 완전연소 용이(연소효율 증가)
❖ **무화의 종류** : ① 유압무화 ② 이류체무화 ③ 충돌무화 ④ 회전이류체무화
  ⑤ 초음파무화(진동무화) ⑥ 정전기무화
❖ **기화연소(경질유 연소)** : 연료를 고온의 물체에 접촉 또는 충돌시켜 가연성 증기로 바꾸어 연소시키는 방법

① 버너 선택시 주의사항
  ㉮ 상의 구조, 사용유의 성질, 사용유량 등에 적합해야 한다.
  ㉯ 연소제어의 범위나 설비비 등이 고려되어야 한다.
  ㉰ 통풍 장치(댐퍼제어)의 제어범위를 고려해야 한다.
② 버너의 종류
  ㉮ **유압 분무식** : 연료유에 기어펌프로 0.5~2MPa(5~20[kg/cm^2]) 정도 고압을 가하여 칩(chip)을 통해 나오면서 공기와의 강한 마찰, 운동량, 유의 표면장력에 의해 분무연소되는 방식으로 환류방식과 비환류방식으로 나눈다.

ㄷ 유량은 유압의 평방근에 비례한다.[1.6MPa~0.4MPa(16[kg/cm^2]에서 4[kg/cm^2]) 으로 내리면 분사량은 $\frac{1}{2}$이 된다)

[장점]
① 대용량의 제작에 용이하다.
② 무화 매체가 필요없다.
③ 설비가 간단하며 분무상태가 양호하다.

[단점]
① 유량조절범위가 좁다.(비환류식 1 : 2, 환류식 1 : 3)
② 흡입력이 적어 착화 안정장치가 필요하다.
③ 칩이 잘 폐쇄된다.

❖ 유량조절방법
① 버너 팁 교환
② 버너수의 가감
③ 플런저식 압력분무 방식을 택한다.
④ 환류식 버너 사용

④ 회전식 버너 : 버너 전방에 분사컵을 설치하여 고속으로 회전하면서 원심력을 얻어낸다. 이때 연료를 0.03MPa(0.3[kg/cm^2]) 정도 가압 분출하여 1차로 공급된 공기가 에어 노즐을 통해 무화하는 형식이다.

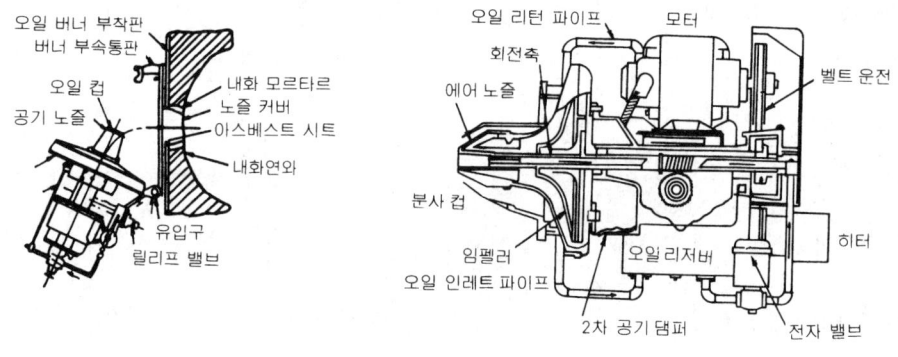

〈회전식 버너〉

[장점]
① 유량조절범위가 비교적 넓다.(1 : 5)
② 소음이 적고 자동화에 용이하다.
③ 분무각이 넓다.(40~80°)

[단점]
① 점도가 커지면 무화가 곤란하다.(A·B 중유 사용)
② 유량이 적어지면 무화가 곤란하다.

㈐ 기류식 버너
  ㉠ 저압공기(증기)분무식 버너 : 연료유를 자연낙하시키고 그때 저압의(0.05~0.2[kg/cm²]) 공기(증기)를 분출하여 무화하는 형식으로 비교적 고점도 유체라도 무화가 양호하고 유량조절범위 1 : 5 이상 분무각 30~60° 정도의 구조가 간단하며 가격이 싼 버너이다.
  ㉡ 고압증기(공기)분무식 버너 : 저압공기 분무와 동일한 원리로 0.2~0.7MPa(2~7[kg/cm²])의 고압공기(증기)를 사용하는 형식이다. 공기와 연료유의 혼합방식에 따라 외부혼합식과 내부혼합식으로 구분되고 유량조절범위는 1 : 10 정도로 넓으나 분무각이 30°로 좁다.

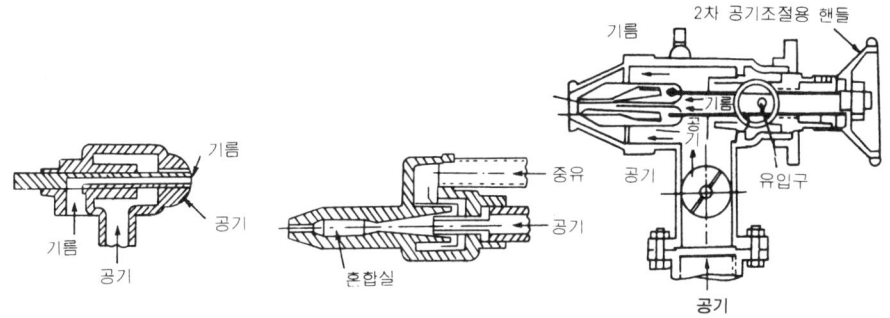

〈고압공기 분무 버너(외부혼합)〉 〈고압공기 분무 버너(내부혼합)〉 〈저압공기(증기)분무식 버너〉

㈑ 건 타입 버너(Gun type) : 송풍기와 버너를 조합한 형식으로 제어방식이 용이한 버너이다. 0.7MPa(7[kg/cm²]) 정도의 유압으로 노즐에 공급하며 연소조절은 ON-OFF 방식이다.
  • 소음기준 : 70폰
  [특징]
  ① 구조가 간단하며 소형이다.
  ② 콤팩트하게 제작된다.
  ③ 양호한 연소가 이루어진다.

〈건 타입 버너〉

〈각종 버너의 특징〉

버너형식	연료사용범위 [lb/h]	분무각도[°]	유량조절범위	화염의 형상	유압MPa ([kg/cm²])
유압식	30~3000	40~90°의 범위	논리턴식으로 1:1.5 리턴식으로 1:3.0	넓은 각의 불길로서 길이는 공기의 공급에 따라 변화하나 짧다.	비환류식 0.5~2(5~20) 환류식 0.5~2(5~20)
회전식	5~1000	40~80°의 범위	1:5	비교적 넓은 각이 되며 길이는 공기의 공급에 따라 변화시킬 수 있다.	0.03~0.05 (0.3~0.5)
고압기류식	2~2000	약 30°	1:10	가장 좁은 각에서 긴 불길이 되고, 내부혼기식이 유순한 불길이 된다.	0.005~0.02 (0.05~0.2)
저압공기식	2~300	30~60°의 범위	1:5	비교적 급유각이 넓고, 길이가 짧지만 1·2차 공기로 변화된다.	0.2~0.7 (2~7)

③ **보염 장치** : 착화와 연소화염을 안정시키고 공기와 연료의 혼합을 도모케 하여 저공기비 연소를 하게 하는 장치이다.

❖ **설치목적**
① 연료의 분무를 돕고 공기와의 혼합을 양호하게 한다.
② 안정된 착화를 도모한다.
③ 화염의 형상을 조절한다.
④ 연소실의 온도분포를 고르게 하고 국부과열을 방지한다.
⑤ 연소가스의 체류시간을 지연시켜 돕는다.

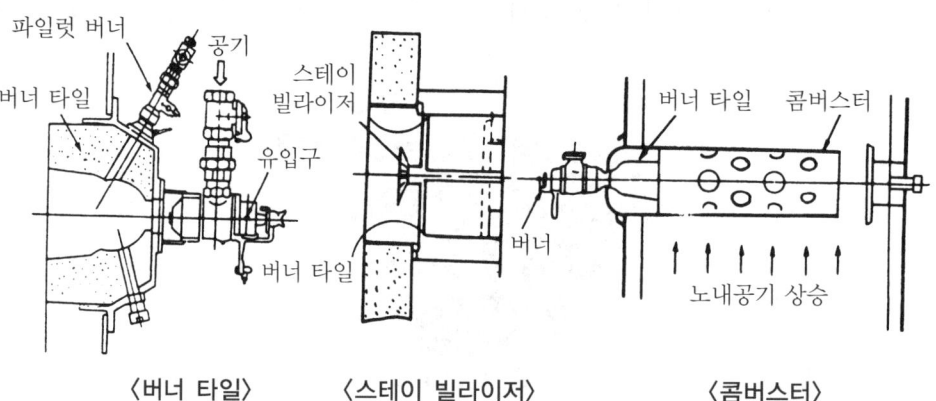

〈버너 타일〉　〈스테이 빌라이저〉　〈콤버스터〉

㉮ **스테이 빌라이저** : 연료유의 분무흐름이나 연소공기 사이에서 저유속 흐름을 유도함으로 불꽃의 안정성을 유지케 하는 장치이다.

㉯ 윈드 박스(wind box) : 버너 벽면에 설치된 밀폐상자로 공기흐름을 적절히 유지하며 동압을 정압 상태로 바꾸어 착화나 연속화염을 안정시키는 장치이다.

㉰ 버너 타일 : 버너의 첨단부분을 보호하며 화염의 모양을 형성시켜 연속화염을 안정시키는 내화재로 구축된 장치이다.

㉱ 콤버스터 : 저온의 노에서도 연소를 안정시켜 분출흐름의 모양을 안정시킨 장치이다.

◆ 윈드 박스 주위에 부착하는 기구

㉠ 화염검출기 ㉡ 착화 버너 ㉢ 투시구 ㉣ 점화구

④ 급유계통의 장치

㉮ 저장 탱크(storage tank) : 연료 메인 탱크로 7~14 일 정도의 분량을 저장하며 저장온도는 40~50[℃] 정도이다.

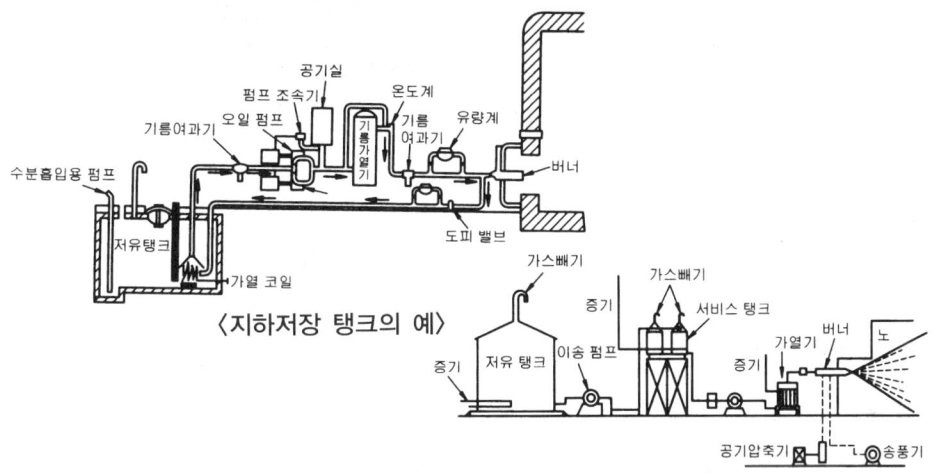

〈지하저장 탱크의 예〉

〈지상저장 탱크의 예〉

㉯ 서비스 탱크(service tank) : 버너로 이송하기 전 저장 탱크로부터 3~5 시간 정도 사용할 분량을 저장하는 탱크로 보일러로 부터 2[m] 이상 떨어져야 하며 버너보다 1.5[m] 이상 높게 설치한다.(가열온도 60~70[℃])

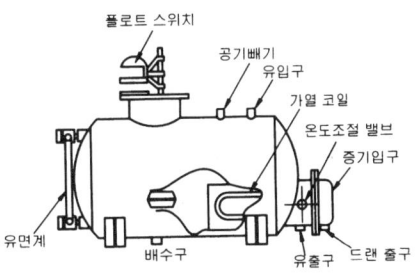

〈서비스 탱크〉

◆ 시공시 부대설비

① 유송입관 ② 통기관 ③ 유면계〈서비스 탱크〉
④ 온도계 ⑤ 도피관 ⑥ 플로트 스위치

◆ 급유계통의 이송경로

저장탱크 → 여과기 → 기어펌프 → 서비스탱크 → 여과기 → 오일프리히터 → 유압펌프 → 급유온도계 → 유압계 → 유량조절밸브(전자 밸브) → 버너

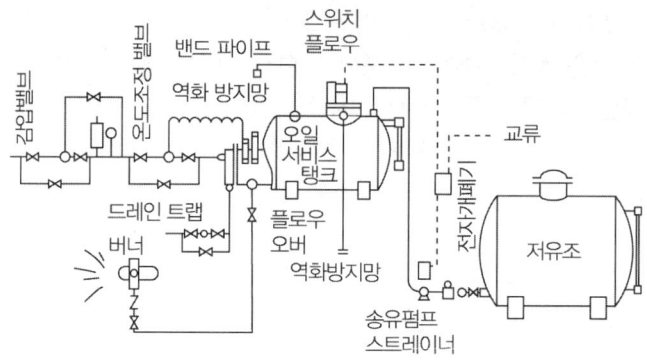

〈서비스 탱크 주위배관의 예〉

〈유예열기〉

🔹 **유예열기**(oil preheater)

중유의 점도가 높아 분무시 무화를 돕기위해 가열하여 적정점도로 유지하기 위해 가열하는 장치로 증기로 가열하는 증기식, 온수로 가열하는 온수식, 전기로 가열하는 전열식이 있다.(예열온도 : 80~90[℃])

🔹 **용량계산식**

$$kWh = \frac{Gf \times C \times (t_1 - t_2)}{860 \times \eta}$$

- Gf : 시간당 연료소비량[kg/h]
- C : 연료평균비열[kcal/kg℃]
- t_1 : 유예열기 출구온도[℃]
- t_2 : 유예열기 입구온도[℃]
- η : 효율[%]

🔹 **오일 펌프** : ㉠ 원심 펌프 ㉡ 기어 펌프 ㉢ 스크루 펌프

🔹 **여과망** ─ 유량계전 : 20~30 메시
           └ 버너입구 : 60~120 메시

❖ **가열온도가 너무 높으면**
① 관내에서 기름의 분해가 일어난다.
② 분무상태가 고르지 못하다.
③ 분사각도가 흐트러진다.
④ 탄화물 생성의 원인이 된다.

❖ **가열온도가 너무 낮으면**
① 무화가 불량해진다.
② 불길이 한편으로 흐른다.
③ 그을음·분진이 발생한다.

(3) 기체연료 연소장치

연료자체가 연소성이 우수하여 안정된 화염을 얻을 수 있고 연속제어가 용이하므로 자동화설비에도 적합하다. 연소용 공기의 공급방식에 따라 확산연소방식과 예혼합방식이 있다.

① **확산연소 방식** : 연소용 공기를 고온으로 예열 사용할 수 있는 방식으로 고온에서 열분해가 일어나는 관계에 따라 포트형 버너형으로 구분된다. 특히 천연가스에 적합한 종류는 방사형이다.

② **예혼합 방식**
  ㉮ **저압 버너** : 1차 공기를 이론공기량의 60[%] 정도 흡입하여 가스압력을 낮게 하고 노내를 부압으로 유지하면서 2차공기를 흡인하여 연소하는 방식으로 발열량이 높은 연료에서는 노즐 지름을 작게하고 가스압력과 2차 공기의 흡인능력을 크게 해야 한다.
  ㉯ **고압 버너** : 고온의 노에 0.2MPa(2[kg/cm^2]) 이상의 가스압력으로 연소하는 버너이다.
  ㉰ **송풍 버너** : 연소용 공기를 가압 송입하는 형식으로 연료가스와 공기혼합비율에 폭발되지 않도록 주의해야 한다.

〈혼합식 가스버너의 종류〉

버너형식		버너종류	연소방법	용도
강제 혼합식	내부혼합식	고압버너 표면연소버너 리본버너	가스와 공기를 미리 혼합하여 버너로 공급	산업용 중소형 보일러
	외부혼합식	고속버너 휘염버너 혼소버너 산업용보일러버너	가스와 공기를 버너출구에서 혼합	
	부분혼합식	-	연소용 공기의 일부를 혼합하여 버너에서 분출하고 나머지는 노즐 출구에서 혼합	
유도 혼합식	적화식	파이프버너 어미식버너 충염버너	가스를 대기 중에 분출시키기 때문에 확산화염이 형성되어 역화나 소화 소음이 없음	온수 기기류
	분젠식	전 1차공기식	-	가스를 노즐에서 일정 압력으로 분출시켜 그 때의 운동에너지를 이용하여 공기구멍에서 연소용 공기의 일부를 흡인하고, 혼합관 내에서 혼합되면서 화염의 주위에 확산이 일어나 2차 공기와 혼합	소형 연소기
		분젠식	링(Ring)버너 슬리트버너		
		세미 분젠식	적외선버너 중압분젠버너		

기체 연료 연소의 특징

[장점]
① 연소조절이 용이하며 자동제어 연소에 가장 적합하다.
② 고체·액체 연료 연소에 비해 가장 적은 공기비 연소를 할 수 있다.
③ 시동이 용이하며 연소효율이 높다.
④ 회분으로 인한 퇴적물 생성이 없고 대기오염도 적다.
⑤ 국부가열에 사용할 수 있다.
⑥ 저발열량의 가스라도 예열공기를 사용하여 고온연소가 가능하다.

[단점]
① 가격이 비싸다.
② 연료의 저장·수송에 큰 시설을 요한다.
③ 가스누출에 의한 위생상의 위해와 가스폭발에 의한 재해의 위험이 높다.

예상문제

1 연소의 정의로서 가장 옳은 것은?

① 가연물질과 산소가 화합하여 열을 발생하는 현상
② 연료와 산소와의 화학반응을 말한다.
③ 가연물질이 공기중 산소와 급격히 화합하면서 열과 빛을 내는 현상
④ $C + O_2 \rightarrow CO_2 + 97200[kcal/kmol]$

2 연소온도를 높이려고 한다. 잘못된 것은?

① 과잉 공기량을 될 수 있는 한 많게 할 것.
② 연료 또는 공기를 예열시킨다.
③ 발열량이 높은 연료를 사용할 것.
④ 연료를 될 수 있는대로 완전 연소시킨다.

3 연소에 있어서 환원염이란 무엇인가?

① 과잉공기가 많이 포함되어 있는 화염
② 공기비가 커서 완전연소된 상태의 화염
③ 과잉공기가 많아서 연소가스가 많은 상태의 화염
④ 산소부족으로 일산화탄소와 같은 미분탄이 포함된 화염

4 연료가 연소할 때 반응은 다음 어느 것인가?

① 환원 반응   ② 산화 반응
③ 치환 반응   ④ 분해 반응

5 석탄이 목재와 같이 연소 초기에 화염을 내면서 연소하는 현상을 무슨 연소라 하는가?

① 증발 연소   ② 확산 연소
③ 혼합기 연소   ④ 분해 연소

1.해설
• 연소
가연성분이 공기 중 산소와 급격한 산화 반응에 따른 열과 빛이 수반되는 현상
• 연소의 3 요소
가연물, 점화원, 산소공급원

2.해설
• 완전 연소의 구비조건
① 연료와 공기의 혼합을 양호하게 할 것.
② 연료를 인화점 이상 예열 공급할 것.
③ 노내온도를 되도록 높게 유지할 것.
④ 노내 용적은 연료가 완전 연소하는데 필요한 용적 이상일 것.
⑤ 연료를 연소하는데 필요한 충분한 시간을 줄 것.

3.해설
환원염 : 산소량이 부족하여 일산화탄소가 발생되며 연소하는 화염

4.해설
연소할 때의 반응을 산화반응이라 한다.

5.해설
• 연소의 형태
① 분해 연소 : 연소 초기에 화염을 발하면서 연소(석탄, 목재, 중유)
② 표면 연소 : 고체 표면에서 반응이 일어나면서 빨갛게 빛을 내면서 연소(코크스, 목탄)
③ 자기 연소 : 황, 나프탈렌의 연소
④ 증발 연소 : 액체 표면에서 가연성가스를 발생시켜 연소(가솔린, 등유, 경유)
⑤ 확산 연소 : 기체 연료의 연소

ANSWER   1.③   2.①   3.④   4.②   5.④

6 다음 중 표면 연소에 속하는 것은?

① 코크스 및 목탄 ② 석유 및 중유
③ LPG ④ 경유 및 중유

7 과잉공기를 가장 적게 사용하는 것은?

① 슬라그탭 연소 ② 미분탄 연소
③ 액체연료의 연소 ④ 기체연료의 연소

8 연돌에서 나오는 연기속에서 다음 중 함량이 적게 나와야 완전연소라 할 수 있는 것은?

① 이산화탄소 ② 질소
③ 수분 ④ 일산화탄소

9 과잉공기를 맞게 설명한 것은?

① 연료에 공급하는 공기량보다 과잉의 공기
② 1 차 공기로 부족할 때 추가하는 공기
③ 완전 연소에 필요한 공기보다 과잉의 공기
④ 연료가 연소하는데 필요한 이론공기보다 과잉의 공기

10 다음은 과잉공기량일 때의 연소함량을 설명한 것이다. 틀린 것은?

① CO_2 함량이 낮아진다. ② CO 함량이 낮아진다.
③ O_2 함량이 낮아진다. ④ SO_2 함량이 낮아진다.

11 일반적인 연소에 있어서 이론공기량을 $A_0[\text{Nm}^3]$, 실제공기량을 $A[\text{Nm}^3]$ 공기비를 m 이라 할 때 다음 식 중에서 옳은 것은?

① $A < A_0$ ② $m < 1$
③ $m = A_0/A$ ④ $m = A/A_0$

12 공기비 2.30 으로 연소시키는 석탄연소로가 있다. 이때 실제 소요 공기량은 11.96[Nm^3/kg]이 있다. 이론 공기량은 몇 Nm^3/kg 인가?

① 27.5 ② 14.26 ③ 5.2 ④ 9.66

7. 해설
• 공기비(과잉 공기계수)
이론공기에 대한 실제공기의 비율,
m = 실제공기(A)/이론공기(A_0)
① 연료의 공기비
고체연료 : 1.5~2.0
액체연료(미분탄) : 1.2~1.4
기체연료 : 1.1~1.3
② 공기비가 클 경우
㉠ 배기가스량의 증가로 열손실이 증가한다.
㉡ 저온 부식발생 우려가 크다.
㉢ 노내 온도가 저하되어 전열량이 감소한다.
③ 공기비가 적을 경우
㉠ 불완전 연소로 인한 대기오염을 초래한다.
㉡ 미연가스로 인한 역화 및 폭발의 위험이 크다.
㉢ 미연소로 인한 열손실 증가

8. 해설
일산화탄소는 독성이며 가연성가스 이므로 불완전연소 시 발생한다.

9. 해설
• 과잉공기
연료를 실제적으로 완전연소시키는데는 이론공기량보다 더많은 공기를 투입하는데 이론공기보다 더 공급된 여분의 공기
과잉공기 = 실제공기 − 이론공기
과잉공기율[%] = $(m-1) \times 100$

10. 해설
과잉공기량을 연소실내로 공급시는 배기가스 중의 산소(O_2)함량이 높아진다.

11. 해설
공기비(m) = A/A_o
즉, 실제공기량과 이론공기량의 비이다.

12. 해설
공기비 = 실제공기량/이론공기량이므로 이론공기량 = 실제공기량/공기비 = 11.96/2.3
= 5.2[Nm^3/kg]

ANSWER 6.① 7.④ 8.④ 9.④ 10.③ 11.④ 12.③

13 2차 연소란 어떤 것을 말하는가?

① 불완전 연소에 의해 발생한 미연가스가 연도내에서 다시 연소하는 것
② 완전 연소에 의한 연소가스가 2차 공기에 의해서 폭발되는 현상
③ 점화할 때 착화가 늦어질 경우 재착화에 의해 연소하는 것
④ 공기보다 먼저 연료를 공급했을 경우 1차, 2차 반응에 의하여 연소하는 것

13. 해설
2차 연소란 불완전 연소에 의해 발생된 미연소가스가 연도내에서 연소되는 것을 말한다.

14 2차 연소의 방지 대책으로 적합하지 못한 것은?

① 연도의 가스 포켓이 되는 부분을 없앨 것.
② 연소실 내에서 완전연소시킬 것.
③ 2차 공기를 충분히 사용하여 진동연소시킬 것.
④ 통풍조절을 잘 할 것.

14. 해설
2차 공기는 적정량을 사용해야 하며 진동연소를 해서는 안된다.

15 연료유를 가압하여 분무하는 형태로서 대용량 보일러에 적합하고 유량조절범위가 좁은 버너는?

① 고압공기 버너 ② 유압분무 버너
③ 회전식 버너   ④ 고압증기 버너

15. 해설
유압분무 버너 : 유압이 0.5~2MPa 고압으로 연료유가 가압하여 분무한다. 대용량 연속 가동 보일러에 적합하다. 유량조절 범위가 좁은 버너이다.

16 연료의 무화 조건과 가장 무관한 것은?

① 노즐의 길이   ② 연료의 점도
③ 연료의 온도   ④ 분무압력

16. 해설
노즐의 길이와 무화와는 관련이 없다.

17 액체연료에서 무화의 목적으로 틀린 것은?

① 연료와 연소용 공기의 혼합을 고르게 하기 위하여
② 연료 단위 중량당 표면적을 작게 하기 위하여
③ 연소 효율을 높이기 위하여
④ 연소실 열발생률을 높게 하기 위하여

17. 해설
단위 중량당 표면적을 넓게 하기 위하여

18 미분탄 연소방식에서 석탄의 분쇄과정 중 철분 분리를 한 다음의 과정은 무엇인가?

① 파쇄   ② 분쇄
③ 송분   ④ 건조

18. 해설
미분탄의 연소과정＝원료탄 － 파쇄 － 철편제거 － 건조 － 미분쇄 － 버너

ANSWER 13. ① 14. ③ 15. ② 16. ① 17. ② 18. ④

19 연료 자체에 압력을 가하여 노즐을 통하여 분출 무화시키는 압력(유압)분무식 버너에 대한 설명으로 틀린 것은?

① 고점도의 연료도 무화가 양호하다.
② 비교적 구조가 간단하다.
③ 분출 유량은 유압의 평방근에 비례한다.
④ 압력이 낮으면 무화가 불량하게 된다.

20 보일러 연소장치인 보염장치의 설치 목적이 아닌 것은?

① 연료의 분무를 돕는다.
② 안정된 착화를 도모한다.
③ 공기와 연료의 혼합을 방지한다.
④ 화염의 형상을 조절한다.

21 중유를 분무연소시킬 때 기름 입자의 크기 중 적합한 것은?

① 적을수록 좋다.
② 일정한 범위의 것이 좋다.
③ 50μ 이상의 것이 좋다.
④ 상관없다.

22 증발식 버너에 적합한 연료는?

① 타일유　　　② 중유
③ 경유　　　　④ 휘발유

23 다음은 회전식 버너에 대한 설명이다. 가장 부적당한 것은?

① 연료 사용 범위는 약 5~1000[l/h]이다.
② 유량 조절 범위는 1 : 1.5 로 좁다.
③ 화염의 형상은 비교적 넓고 길이는 공기공급으로 조절한다.
④ 부하변동이 있는 중소형 보일러에 잘 쓰인다.

24 유압 분무식 버너 분무 각도는?

① 40~90°　　　② 40~80°
③ 약 30°　　　　④ 60°

19.해설
유압식 버너의 단점
① 유압이 0.5MPa 이하이며 무화 특성 불량
② 유량조절 범위는 비환류식 1 : 2, 환류식 1 : 3
③ 부하변동시 적응성이 적다.
④ 분무유에 의한 흡인응력이 적다.

20.해설
㉮,㉯,㉰항 외에 연료와 공기의 혼합을 좋게 한다.

21.해설
• 액체연료의 연소방식
① 기화 연소방식 : 연료를 고온의 물체에 접촉 또는 충돌을 주어 가연성가스로 발생시켜 연소시키는 방식(경질유)
② 무화 연소방식 : 연료 입경을 작게 하여 마치 안개와 같이 분사연소시키는 방식(중질유)
• 무화입경 : 10~500μ 정도의 범위지만 일정한 범위로서 50μ 이하의 것이 80[%] 이상
• 무화목적
  ㉠ 단위중량당 표면적을 크게
  ㉡ 주위 공기와의 혼합을 촉진
  ㉢ 연소효율 및 연소실 열부하를 높이기 위해
• 무화방법 : 유압무화식, 이류체무화식, 회전이류체무화식, 충돌무화식, 정전기무화식, 진동무화식

22.해설
증발식 버너에 적합한 연료는 경유이다.

23.해설
회전식 버너의 유량 조절 범위는 1 : 5 이다.

24.해설
• 분무각도에 따른 버너의 종류
유압식 : 40~90°,
회전식 : 40~80°,
고압기류식 : 30°,
저압기류식 : 30~60°

ANSWER　19. ①　20. ③　21. ②　22. ③　23. ②　24. ①

25 유압이 가장 작게 작용하는 버너는?

① 회전식 버너 ② 건 타입 버너
③ 압력 분무식 버너 ④ 고압증기 분무식 버너

25.해설
- 회전식 버너 : 0.2~0.3[kg/cm^2]
- 건 타입 버너 : 7[kg/cm^2]
- 압력분무식 버너 : 5~20[kg/cm^2]
- 고압증기분무식 버너 : 2~7[kg/cm^2]

26 유량조절 범위가 1 : 10으로 가장 크고 화염의 형상이 가장 좁은 각에서 긴 불꽃이 되며 혼기식이 유순한 불이 되는 버너의 형식은?

① 회전식 ② 저압 기류식
③ 고압 기류식 ④ 유압식

26.해설
- 유량조절범위에 따른 버너 종류
회전식=1 : 5, 저압기류식=1 : 5,
고압기류식=1 : 10, 유압식=1 : 2

27 초음파 버너란?

① 진동 무화식이다. ② 정전 연소식이다.
③ 조연제 첨가식이다. ④ 기류 분무식이다.

27.해설
초음파 버너란? 일종의 진동무화식 버너이다.

28 로터리 오일 버너의 화염길이가 커서 이를 짧게 하려고 한다. 적절한 것은?

① 2차 공기 유속을 느리게 한다.
② 2차 공기 유속을 빠르게 한다.
③ 1차 공기량을 늘린다.
④ 1차 공기량을 줄인다.

28.해설
2차 공기유속이 빠른수록 화염의 길이가 짧아진다.

29 건 타입 버너의 음향(소음) 기준은 얼마인가?

① 50 폰 이하 ② 60 폰 이하
③ 70 폰 이하 ④ 80 폰 이하

29.해설
건타입 버너의 소음 기준은 70폰 이하이다.

30 설비가 간단하고 자동화에 편리한 버너는 어느 것인가?

① 회전 분무식 버너 ② 압력 분사식 버너
③ 증기 분무식 버너 ④ 기류식 버너

30.해설
설비가 간단하고 자동화에 편리한 버너는 회전 분무식이다.

31 다음 버너 중 유량의 조절범위가 가장 큰 것은?

① 유압식 버너 ② 회전식 버너
③ 저압공기식 버너 ④ 고압기류식 버너

31.해설
- 유압식 : 환류식(1:3) 비환류식(1:2)
- 고압기류식 (1:10)
- 저압기류식 (1:5~8)
- 회전분무식 (1:5)

ANSWER 25. ① 26. ③ 27. ① 28. ② 29. ③ 30. ① 31. ④

32 중유 연소에서 버너에 공급되는 중유의 가열온도가 너무 높을 때 발생되는 이상 현상이 아닌 것은?

① 분무상태가 고르지 못하다.
② 분사각도가 흐트러진다.
③ 관내에서 기름의 분해를 일으킨다.
④ 그을음, 분진의 발생이 심하다.

32. 해설
• 가열온도가 너무 높을 때
① 분무상태가 고르지 못함
② 분사각이 흐트러짐
③ 관내에서 기름이 분해를 일으킴
④ 탄화물 생성원인

33 압력 분사식 버너는 중유를 펌프로 몇 MPa(kg/cm²)으로 가압하여 가열기를 거쳐 버너로 보내는가?

① 0.3~0.4(3~4)
② 0.5~2(5~20)
③ 3~4.5(30~45)
④ 5~6.5(50~65)

33. 해설
압력 분사식 버너의 유압은 약 0.5~2MPa (5~2kg/cm²)이다.

34 분젠 버너의 경우 1차 공기를 전혀 공급하지 않고 2차 공기만으로 연소할 경우에 다음 중 어느 연소가 일어난다고 할 수 있는가?

① 확산연소
② 예혼합연소
③ 처음에 예혼합 나중에 확산연소
④ 처음에 확산연소 나중에 예혼합연소

34. 해설
확산 연소 방식은 1차 공기 없이 2차 공기만을 이용하여 연소 시키는 형식이다.

35 급유배관에 스트레이너를 설치하는 이유는?

① 급유를 원활히 하기 위해서
② 기름의 점도를 조절하기 위해서
③ 기름배관 중의 공기를 제거하기 위해서
④ 급유 중의 이물질을 제거하기 위해서

35. 해설
• 목적 : 기름 중에 함유되어 있는 이물질을 제거하여 기기의 손상 및 마모를 방지
• 설치 : 펌프전, 유량계전

36 서비스 탱크는 버너 선단에서 최소한 몇 m 이상의 위치에 설치하여야 하는가?

① 1[m]   ② 1.5[m]   ③ 2[m]   ④ 2.5[m]

36. 해설
보일러로부터 2[m] 이상 버너 하단부로부터 1.5[m] 이상

37 중유를 연소시킬 때 기름 탱크와 버너 사이에 꼭 있어야 할 것이 아닌 것은?

① 여과기
② 가열기
③ 기름 무화기
④ 기름 펌프

37. 해설
급유 계통도=중유 저장 탱크-기름 이송 펌프-서비스 탱크-오일 프리 히터-버너(기름 무화기)

ANSWER 32.④ 33.② 34.① 35.④ 36.② 37.③

38 다음 가스 버너 중 역화의 위험성이 가장 높은 것은?
① 송풍 버너
② 확산 연소식
③ 예혼합식
④ 포트형

39 다음 중 주로 기체연료의 연소에만 사용되는 것은?
① 버너
② 포트
③ 고정식 화격자
④ 이동식 화격자

40 통풍력을 약화시키는 원인 중 틀린 것은?
① 연도가 너무 짧은 것
② 연도의 단면적이 작은 것
③ 연도의 굴곡이 급한 것
④ 연도, 통로에 배플, 수관, 연관이 있는 곳

41 자연 통풍식으로 형성되는 화염은?
① 층류 확산 화염
② 난류 확산 화염
③ 강제 통풍 화염
④ 불완전 화염

42 굴뚝에 의한 통풍력을 설명하는 다음 사항 중 옳은 것은?
① 굴뚝의 높이에 비례한다.
② 굴뚝의 높이에 반비례한다.
③ 굴뚝의 높이에 평방근에 비례
④ 굴뚝의 높이에 제곱에 비례

38.해설
• 기체연료의 연소방식
① 확산연소 방식 : 가스와 공기를 각각 노내로 분사시켜 확산에 의한 연소되는 방식(가스와 공기의 예열이 가능하고 역화의 위험이 없다)
※ 연소장치 : 포트형, 버너형(선회 버너, 방사 버너)
② 예혼합연소 방식 : 가스와 공기를 버너 내에서 미리 혼합 노즐을 통해 분사 연소시키는 방식
※ 연소장치 : 저압 버너, 고압 버너, 송풍 버너

39.해설
포트식버너 : 기체연료용 버너

40.해설
• 통풍력의 증가요인
① 연돌 높이가 높을수록
② 연돌 상부 단면적이 클수록
③ 외기온도가 낮거나 배기가스 온도가 높을수록
④ 습도가 낮을수록
※ 댐퍼의 역할 : ① 통풍력을 조절 ② 가스 흐름을 차단 ③ 주연도 부연도가 있는 경우 가스 흐름을 교체

41.해설
• 자연 통풍 : 층류 확산 화염
• 강제 통풍 : 난류 확산 화염

42.해설
연돌(굴뚝)이 높고 단면적이 클수록 통풍력은 좋아진다.

ANSWER 38. ③ 39. ② 40. ① 41. ① 42. ①

5-3 연소계산

연소란 가연성 물질과 산소가 화합하여 빛과 열을 발생시키는 현상이며 일종의 산화 반응으로 반응계와 생성계 사이에 존재하는 물질의 관계를 보다 정확하게 하여 연료를 보다 효과적인 연소로 활용하는데 목적이 있다.

〈공기의 조성〉

단위 \ 원소	단위	산소	질소
질량	kg	23.2[%]	76.8[%]
체적	Nm^3	21[%]	79[%]

〈연소계산에 필요한 원소〉

원소명	원소기호	원자량	분자식	분자량
탄소	C	12	C	12
수소	H	1	H_2	2
산소	O	16	O_2	32
질소	N	14	N_2	28
황	S	32	S	32
일산화탄소			CO	28
아황산가스			SO_2	64
탄산가스			CO_2	44
프로판			C_3H_8	44
메탄			CH_4	16
에탄			C_2H_6	30

1. 발열량

연료의 단위량(고체 및 액체 1[kg], 기체 1[Nm^3])가 완전연소시에 발생된 열량을 발열량이라 한다.

- 고위발열량(Hh) : 열량계에 의해 측정된 발열량(총발열량)
- 저위발열량(Hl) : 고위발열량에서 수증기의 응축열을 제거한 열량(진발열량)

❖ Nm^3 : 표준상태에서의 체적[m^3]을 말하며 0[℃], 1.0332[kg/cm^2](760[mmHg])일 때의 기체 체적이다.(아보가드로의 법칙에 의해 모든 기체의 1 분자량의 체적은 1[kmol]당 22.4[Nm^3] 임)

(1) 고위발열량의 계산

① C + O₂ → CO₂ = 97200[kcal/kmol]
　　1[kmol]　1[kmol]　　1[kmol]
　　12[kg]　　32[kg]　　44[kg]

탄소(C) 1[kg] 당의 발열량 : 97200[kcal/kmol] ÷ 12[kg/kmol] = 8100[kcal/kg]

② H_2 + $\frac{1}{2}O_2$ → H_2O(물) = 68000[kcal/kmol]
　　1[kmol]　　0.5[kmol]　　1[kmol]
　　2[kg]　　　16[kg]　　　18[kg]

수소(H) 1[kg] 당의 발열량 = 68000[kcal/kmol] ÷ 2[kg/kmol] = 34000[kcal/kg]

> ❖ 수증기의 경우
> $H_2 + \frac{1}{2}O_2 \rightarrow H_2O(수증기) = 57200[kcal/kmol]$
> 이로 인해 저위 발열량이 등장한다.

③ S + O₂ → SO₂ = 80000[kcal/kmol]
　　1[kmol]　1[kmol]　　1[kmol]
　　32[kg]　　32[kg]　　64[kg]

황(S) 1[kg] 당의 발열량 = 80000[kcal/kmol] ÷ 32[kg/kmol] = 2500[kcal/kg]

∴ Hh (고위발열량) = 8100 C + 34000 $(H - \frac{O}{8})$ + 2500 S [kcal/kg]

> ❖ $(H - \frac{O}{8})$ 유효수소
> 연료속의 산소는 그 일부분이 수소와 결합되어 연소되지 않는다.
> (중량당 $\frac{H_2}{O}$ 는 $\frac{2}{16}$ 이므로 $\frac{O}{8}$ 의 값은 무효수소의 값이 된다)
>
>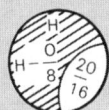
>
> H : 전체수소
> $\frac{2O}{16}$: $\frac{O}{8}$ 이며 무효수소
> $H - \frac{O}{8}$: 유효수소
> $9(H - \frac{O}{8})$: 유효수소가 타서 발생한 물
> $\frac{9}{8}O$: 연료속의 수소와 산소가 화합하여 발생한 물

(2) 저위발열량의 계산

연소실 내에 공급된 열량 중 수소는 완전연소 후 물이 되는데 실제로 물은 기화하여 수증기화되어 배기되므로 전열에 도움이 되는 열량은 그 응축열을 제거한 저위발열량이라 하겠다. 연료속의 수분(W) 역시 응축열을 남기므로, 그 식은 다음과 같다.

$$Hl(저위발열량) = [8100\,C + 34000\,(H - \frac{O}{8}) + 2500\,S] - 600\,(9H + W)$$

$$= 8100\,C + 28600\,H - 4250\,O + 2500\,S - 600\,W = H_h - 600\,(9H+W)$$

> ❖ 600 (9H+W) 기화잠열
> 수증기의 증발잠열은 0[℃]를 기준하면 $10,800 \div 18 = 600[kcal/kg]$
> $10,800 \div 22.4 = 480[kcal/Nm^3]$
> ($9H + W$)는 H_2와 $W(H_2O)$의 중량비로 2 : 18 = 1 : 9 의 비율이다.

2. 이론산소량(O_0), 이론공기량(A_0)

(1) 이론산소량(O_0)의 계산

연료를 이론적으로 완전연소시키는데 필요한 최소값의 산소량이다.

① $C \quad + \quad O_2 \quad \rightarrow \quad CO_2$

    1[kmol]   1[kmol]   1[kmol]
    22.4[Nm^3]   22.4[Nm^3]   22.4[Nm^3]
    12[kg]   32[kg]   44[kg]

탄소 1[kg]당의 이론산소량 $= 22.4[Nm^3] \div 12[kg] = 1.867[Nm^3/kg]$
                              $= 32[kg] \div 12[kg] = 2.667[kg/kg]$

② $H_2 \quad + \quad \frac{1}{2}O_2 \quad \rightarrow \quad H_2O$

    1[kmol] $\frac{1}{2}$[kmol]   1[kmol]
    22.4[Nm^3]   11.2[Nm^3]   22.4[Nm^3]
    2[kg]   16[kg]   18[kg]

수소 1[kg]당의 이론산소량 $= 11.2[Nm^3] \div 2[kg] = 5.6[Nm^3/kg]$
                              $= 16[kg] \div 2[kg] = 8[kg/kg]$

③ $S \quad + \quad O_2 \quad \rightarrow \quad SO_2$

    1[kmol]   1[kmol]   1[kmol]
    22.4[Nm^3]   22.4[Nm^3]   22.4[Nm^3]
    32[kg]   32[kg]   64[kg]

황 1[kg]당의 이론산소량 $= 22.4[Nm^3] \div 32[kg] = 0.7[Nm^3/kg]$
                          $= 32[kg] \div 32[kg] = 1[kg/kg]$

∴ 이론산소량(O_0) = $\boxed{1.867\,C + 5.6(H - \dfrac{O}{8}) + 0.7\,S\ [Nm^3/kg]}$

= $2.667C + 8(H - \dfrac{O}{8}) + 1\,S\,[kg/kg]$

(2) 이론공기량(A_0)의 계산

연료를 이론적으로 완전연소시키는데 필요한 최소값의 공기량이다. 연소시 산소만을 공급시키게 된다면 비경제적이라 할 수 있으며 대기의 공기중 산소가 있으므로 공기의 공급을 통해 연소하게 된다.

> ❖ Air(공기)
> 공기는 여러 기체의 혼합물로 그 성분은 N_2, O_2, Ar, He 등이 있으나 N_2, O_2를 제외하면 나머지 기체들은 아주 적은 양이므로 연소공학에서는 공기를 N_2와 O_2의 혼합물로만 계산한다.

〈체적비율〉   〈중량비율〉

이론산소량을 통해 구하게 되는데 체적비율과 중량비율에 따라

① C의 이론산소량은 1.867[Nm^3/kg], 2.667[kg/kg]이므로

$1.867 \times \dfrac{100}{21}$ (체적비율) = 8.89[Nm^3/kg]

$2.667 \times \dfrac{100}{23.2}$ (중량비율) = 11.49[kg/kg]

② H의 이론산소량은 5.6[Nm^3/kg], 8[kg/kg]이므로

$5.6 \times \dfrac{100}{21} = 26.67[Nm^3/kg]$

$8 \times \dfrac{100}{23.2} = 34.5[kg/kg]$

③ S의 이론산소량은 0.7[Nm^3/kg], 1[kg/kg]이므로

$0.7 \times \dfrac{100}{21} = 3.33[Nm^3/kg]$

$1 \times \dfrac{100}{23.2} = 4.31[kg/kg]$

$$\therefore \text{이론공기량}(A_o) = \boxed{\begin{aligned}&8.89\,C + 26.67(H - \frac{O}{8}) + 3.33\,S\ [\text{Nm}^3/\text{kg}] \\ &= 8.89C + 26.67H + 3.33(S-0)\end{aligned}}$$

$$= [1.867C + 5.6(H - \frac{O}{8}) + 0.7S] \times \frac{100}{21}\ [\text{Nm}^3/\text{kg}]$$

$$= 11.49C + 34.5(H - \frac{O}{8}) + 4.31S\ [\text{kg/kg}]$$

❖ **저위발열량에 의한 이론공기량 간이식**

① (액체연료) $A_0 = 12.38 \times \dfrac{Hl - 1100}{10,000}\ [\text{Nm}^3/\text{kg}] = 2.96 \times \dfrac{H_h - 4600}{1000}$

② (고체연료) $A_0 = 1.01 \times \dfrac{Hl + 550}{10,000} = 0.242 \times \dfrac{H_h - 2300}{1000}$

3. 실제공기량(A)

연료를 실제로 완전연소시키는 경우 이론공기량만으로는 불충분하므로 부족한 공기를 추가공급하여 완전연소시킬 때의 공기를 말하며 이때의 추가공기를 과잉공기라 한다.

$\therefore$ 실제공기량(A) = 이론공기량(A_0) + 과잉공기량

실제공기량(A) = 공기비(m) × 이론공기량(A_0)

❖ **과잉공기**

이론공기량만으로는 완전연소가 불가능하므로 더보내여지는 여분의 공기

과잉공기 = $A - A_0$ 과잉공기율[%] = $(m-1) \times 100\,[\%]$

　　　　 = $mA_0 - A_0$

$\therefore = \boxed{(m-1)A_0\ [\text{Nm}^3/\text{kg}]}$

4. 공기비(m)

실제로 사용한 공기량이 이론공기량의 몇 배에 해당되는가를 나타낸 계수다. 즉, 실제공기량과 이론공기량의 비이다.

$\therefore m = \dfrac{A}{A_0},\quad A = m \cdot A_0$

$m = \dfrac{A_0 + \text{과잉공기}}{A_0} = 1 + \dfrac{\text{과잉공기}}{A_0}$

$= 1 + \dfrac{A - A_0}{A_0}$

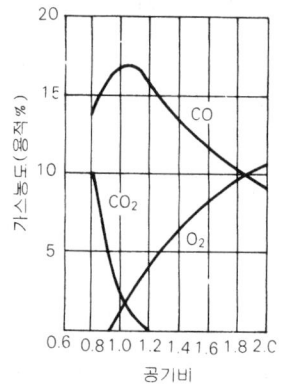

〈공기비와 연소배기가스의 농도〉

공기비의 특징

(1) 공기비(m)가 적을 때
① 불완전연소가 되기 쉽다.
② 미연소가스에 의한 가스폭발과 매연발생
③ 미연소가스에 의한 열손실 증가

(2) 공기비(m)가 클 때
① 연소실 온도 저하
② 배기가스량이 많아져서 열손실이 증가
③ 배기가스 중 NO 및 NO_2 발생으로 부식촉진과 대기오염을 초래

(1) 완전 연소시

$$m = \frac{A}{A_0} = \frac{A}{A - 과잉공기}$$

$$m = \frac{N_2}{N_2 - 3.76 O_2}$$

배기가스 중 O_2 함량에 의해

$$m = \frac{21}{21 - O_2}$$

(2) 불완전 연소시

$$m = \frac{N_2}{N_2 - 3.76(O_2 - 0.5CO)}$$

$$N_2 = 100 - (CO_2 + O_2 + CO)$$

(3) CO_2 max [%]에 의한 방법

$$m = \frac{CO_2 max [\%]}{CO_2 [\%]}$$

5. 최대 탄산가스율[%](CO_2 max [%])

이론공기량으로 완전 연소시키면 CO_2의 량이 최대가 된다. 즉, 이론공기량에 의한 배기가스 속의 탄산가스(CO_2) 체적을 백분율로 표시한 것으로 최대 탄산가스율(CO_2max)이라 한다.

(1) 기체연료의 경우

- 완전연소시 $CO_2 max\ [\%] = \dfrac{CO_2}{100 - O_2/0.21} \times 100 = \dfrac{21 CO_2}{21 - O_2}$

- 불완전연소시(CO가 존재할 때)

  $CO_2 max\ [\%] = \dfrac{21(CO_2 + CO)}{21 - O_2 + 0.395 CO}$

(2) 고체 및 액체연료의 경우

$$CO_2 max [\%] = \dfrac{1.867C + 0.7S}{\text{이론건연소가스량}} \times 100$$

6. 연소가스량의 계산

① G_w(실제습연소가스량) : 연료에 실제공기량을 공급한 후 완전연소시켰을 때의 생성가스량
② G_d(실제건연소가스량) : 실제습연소가스량 중에서 수증기의 양을 제거한 것을 말한다.
③ G_{ow}(이론습연소가스량) : 연료에 이론공기량을 공급한 후 완전연소시켰을 때의 생성가스량
④ G_{od}(이론건연소가스량) : 이론습연소가스량 중에서 수증기의 양을 제거한 것을 말한다.

(1) 실제습배기(연소)가스량 : (GS)의 계산

연료 1[kg]의 연소 후 연소가스성분

1. CO_2
2. H_2O
3. SO_2
4. O_2(과잉공기 속의)
5. N_2 (실제공기 속의)
6. n(연료속의 질소)

⎫
⎬ +실제공기(O_2, N_2)
⎭

① C + O_2 → CO_2
  1[kmol]   1[kmol]
  12[kg]   22.4[Nm^3]

탄소 1[kg] 연소시 CO_2의 값 = $\dfrac{22.4[Nm^3]}{12[kg]}$ = $\boxed{1.867[Nm^3/kg]}$

② H_2 + $\frac{1}{2}O_2$ → H_2O

1[kmol]   1[kmol]

2[kg]   22.4[Nm³]

수소 1[kg] 연소시 H_2O 값 $= \dfrac{22.4[Nm^3]}{2[kg]} = 11.2[Nm^3/kg]$

연료속의 수분(W)도 H_2O로 같이 나오므로

$W = H_2O = \dfrac{22.4[Nm^3]}{18[kg]} = 1.244[Nm^3/kg]$

         1[kmol]

         22.4[Nm³]

         18[kg]

∴ $11.2H + 1.244W =$ $\boxed{1.244(9H+W)[Nm^3/kg]}$

③ S + O_2 → SO_2

1[kmol]   1[kmol]

32[kg]   22.4[Nm³]

황 1[kg] 연소시 SO_2의 값 $= 22.4[Nm^3]32[kg] =$ $\boxed{0.7[Nm^3/kg]}$

④ O_2(과잉공기 속)

실제공기 속의 O_2 중 이론공기만큼의 O_2는 C, H, S 등과 연소하여 CO_2, H_2O, SO_2로 배기되고 O_2 단독으로 남는 것은 과잉공기 속의 O_2 만이므로

O_2(과잉공기) $= 0.21(A-A_0) = 0.21(mA_0-A_0) = 0.21\,A_0(m-1)[Nm^3/kg]$

⑤ N_2(실제공기 속)

실제공기 속의 N_2는 연소에 도움을 주지 못하므로 전량 배기가스화하게 된다.

N_2(실제공기) $= 0.79(A) = 0.79mA_0[Nm^3/kg]$

그러나 배기가스 중 O_2, N_2는 합하여 나오므로 합산하면

④+⑤ $= 0.21(A-A_0)+0.79(A) = 0.21A - 0.21A_0 + 0.79A$

        $= A - 0.21A_0 = mA_0 - 0.21A_0 =$ $\boxed{(m-0.21)A_0[Nm^3/kg]}$

⑥ N(연료 속의)

$N = \dfrac{22.4[Nm^3]}{28[kg]} = \boxed{0.8[Nm^3/kg]}$

∴ G_w(실제 습배기가스량)

$= \boxed{(m-0.21)A_0 + 1.867C + 0.7S + 0.8n + 1.244(9H+W)[Nm^3/kg]}$

(2) 배기가스 관계식

① 건배기가스

㉮ 이론 건배기가스량(G_{od}) = $8.89C + 21.07(H - \dfrac{O}{8}) + 3.33S + 0.8N$

㉯ 실제 건배기가스량(G_d) = $G_{od} + (m-1)A_0 = G_w - W_g$

② 습배기가스

㉮ 이론 습배기가스량(G_{ow})

= $G_{od} - 1.244(9H + W)$ = $8.89C + 32.27(H - \dfrac{O}{8}) + 3.33S + 0.8N + 1.244W$

㉯ 실제 습배기가스량(G_w) = $G_{ow} + (m-1)A_0 = G_d - W_g$

③ 연소생성 수증기량

W_g = $1.244(9H + W)$

❖ 관계식

$G = G_0 + $ 과잉공기
$ = G_0 + (m-1)A_0$
$G_w = G_d + 1.244(9H + W)$
$G_w = G_{vd} + 1.244(9H + W) + (m-1)A_0$

- 과잉공기
 과잉공기 = $A - A_0 = mA_0 - A_0$
 $ = (m-1)A_0$

❖ G_{ow}(이론 습배기가스량)의 Hl(저위발열량)을 이용한 간이식

G_{ow}(액체연료) = $\boxed{15.75 \times \dfrac{Hl - 1100}{10,000} - 2.18 [\text{Nm}^3/\text{kg}]}$

G_{ow}(기체연료) = $11.9 \times \dfrac{Hl}{10,000} + 0.5 [\text{Nm}^3/\text{kg}]$

G_{ow}(고체연료) = $1.17 \times \dfrac{Hl}{1,000} + 0.05 [\text{Nm}^3/\text{kg}]$

예상문제

1 연료의 가연성분이 아닌 것은?
① C
② H
③ S
④ O

> 1.해설
> • 가연성분 : C, H, S
> • 지연성분 : O
> • 불활성분 : N_2, Ar

2 도시가스의 발열량은 몇 kcal/Nm^3 정도인가?
① 7500
② 10000
③ 3000
④ 4500

3 탄소 12[kg]이 완전연소될 때 필요한 산소량은?
① 8[kg]
② 6[kg]
③ 32[kg]
④ 44[kg]

4 과잉공기계수로 옳은 것은?
① 연소가스량과 이론공기량의 비
② 실제사용공기량과 이론공기량과의 비
③ 배기가스량과 사용공기량과의 비
④ 이론공기량과 실제 배기가스량과의 비

5 고위발열량에서 저위발열량을 뺀 값으로 가장 알맞는 것은?
① 물의 엔탈피
② 수증기의 열량
③ 수증기의 증기온도
④ 물의 잠열

6 석탄의 성분이 C = 90[%], H = 7[%], O = 15[%], S = 0.9[%], H_2O = 4[%]일 때 석탄의 저위발열량은?
① 8774.75
② 6474.5
③ 7437.125
④ 8653

> 6.해설
> $Hl = Hh - 600(9H + W)$
> $Hh = 8100C + 34000\left(H - \dfrac{O}{8}\right)$
> $+ 2500S$
> $8100 \times 0.9 + 34000$
> $\left(0.07 - \dfrac{0.15}{8}\right) + 2500 \times 0.009 -$
> $600(9 \times 0.07 + 0.04) = 8653$

ANSWER 1.④ 2.② 3.③ 4.② 5.④ 6.④

7 탄소 1[kg]이 완전연소했을 때의 열량은 몇 kcal인가?
(단, $C+O_2 \rightarrow CO_2 = 97200[kcal/kmol]$이다)

① 7083[kcal] ② 8083[kcal]
③ 8100[kcal] ④ 9100[kcal]

7.해설
97200[kcal/kmol], 탄소 1[kmol]의 분자량은 12[kg]이므로 97200/12 = 8100[kcal/kg]

8 석탄 4[kg]을 연소시키는데 1.83[kg]의 산소가 필요하다면 필요한 공기량은 얼마인가?

① 7[kg] ② 36[kg]
③ 8[kg] ④ 11.5[kg]

8.해설
$A_0[kg/kg] = \dfrac{O_0}{0.232} = \dfrac{1.83}{0.232}$
$= 7.93[kg]$

9 아래의 프로판가스 연소반응식에서 ( )속에 알맞은 것은?

$$C_3H_8 + 5O_2 \rightarrow (\quad) + 4H_2O$$

① CO_2 ② $2CO_2$ ③ $3CO_2$ ④ $4CO_2$

9.해설
$C_3H_8 + 5O_2 \rightarrow 3CO_2 + 4H_2O$

10 다음과 같은 성분을 가진 경우의 이론 공기량[Nm³]은 얼마인가? (단, C=85[%], H=13[%], O=2[%])

① 약 7.5 [Nm³/kg]
② 약 8 [Nm³/kg]
③ 약 9.5 [Nm³/kg]
④ 약 11 [Nm³/kg]

10.해설
$A_0 = \dfrac{O_0}{0.21}$

$O_0 = 1.867C + 5.6\left(H - \dfrac{O}{8}\right) + 0.7S$

$A_0 = \dfrac{1.867 \times 0.85 + 5.6(0.13 - \dfrac{0.02}{8})}{0.21}$

$= 10.96[Nm^3/kg]$

11 공기비란?

① $\dfrac{이론공기량}{실제공기량}$ ② $\dfrac{실제연소량}{이론연소량}$
③ $\dfrac{실제산소량}{이론산소량}$ ④ $\dfrac{실제공기량}{이론공기량}$

12 석탄의 성분이 C : 72[%], H : 5[%], O : 9[%], H_2O : 6[%]일 때의 저위발열량은?

① 5930[kcal/kg]
② 623[kcal/kg]
③ 7075[kcal/kg]
④ 6844[kcal/kg]

12.해설
$Hl = Hh - 600(9H + W)$
$= 8100 \times 0.72 + 34000(0.05 - \dfrac{0.09}{8}) - 600(9 \times 0.05 + 0.06)$
$= 6843.5$

ANSWER 7. ③ 8. ③ 9. ③ 10. ④ 11. ④ 12. ④

13 다음에서 고위발열량(Hh)을 구하는 식 중 맞는 것은?

① $Hh = Hl + 600(9H + W)$
② $Hh = Hl + 600(9H - W)$
③ $Hh = Hl - 600(9H + W)$
④ $Hh = Hl - 600(9H - W)$

14 오르잣식 가스분석기에 의해 100[cc]의 배기가스를 흡입하여 KOH 30[%] 용액에 12[cc], 피로가롤용액에 3.5[cc] 및 염화 제 1 동용액에 1[cc]가 흡수되었다. 이때 공기비는 얼마인가?

① 1.12　② 1.14
③ 1.16　④ 1.18

15 탄소 1[kg]이 완전연소할 때 발생하는 탄산가스의 양은?

① 1.887[Nm^3]　② 1.668[Nm^3]
③ 1.120[Nm^3]　④ 1.867[Nm^3]

16 수소·연소용 산소 및 연소가스의 kmol 관계는 이론상 어느 것이 옳은가?

① 1 : 2 : 1　② 1 : 1 : 2
③ 1 : 1 : 1　④ 2 : 1 : 2

17 연료의 연소에 필요한 이론 산소량을 알 때 이론 공기량을 구하는 식은? (단, LT : 이론 공기량, O_{min} : 이론 산소량)

① $LT = O_{min} \div 0.21$
② $LT = O_{min} \times 0.21$
③ $LT = O_{min} + 0.21$
④ $LT = O_{min} - 0.21$

18 탄소(C) 1[kg]을 완전연소시키는데 필요한 이론 공기량은?

① 1.87[Nm^3]　② 4.45[Nm^3]
③ 5.38[Nm^3]　④ 8.89[Nm^3]

14. 해설

$m = \dfrac{N_2}{N_2 - 3.76(O_2 - 0.5CO)}$

$N_2 = 100 - (CO_2 + O_2 + CO)$
$= 100 - (12 + 3.5 + 1)$
$= \dfrac{83.5}{83.5 - 3.76(3.5 - 0.5 \times 1)}$
$= 1.156$

※ $CO_2\% = \dfrac{12}{100} \times 100 = 12\%$

$O_2\% = \dfrac{3.5}{100} \times 100 = 3.5\%$

$CO\% = \dfrac{1}{100} \times 100 = 1\%$

15. 해설
$C + O_2 \rightarrow CO_2$
12 kg : 22.4 Nm^3
1 kg : x
∴ $CO_2 = \dfrac{1 \times 22.4 Nm^3}{12}$
$= 1.867 Nm^3$

16. 해설
$2H_2 + O_2 \rightarrow 2H_2O$
2 kmol : 1 kmol : 2 kmol

17. 해설
이론 공기량 = $\dfrac{이론산소량}{0.21}$

18. 해설
$A_0 = \dfrac{O_0}{0.21} = \dfrac{1.867}{0.21}$
$= 8.89[Nm^3]$
※ $C + O_2 \rightarrow CO_2$
12 kg : 22.4 Nm^3
1 kg : x
∴ $O_0 = \dfrac{1 \times 22.4}{12} = 1.867\ m^3$

ANSWER 13. ① 14. ③ 15. ④ 16. ④ 17. ① 18. ④

19 중유연소 보일러 가동 시 배기가스 분석을 실시한 결과 CO_2 : 10[%], O_2 : 4.4[%], CO : 0[%]로 분석되었다. 공기비는 얼마인가?

① 1.2
② 1.24
③ 1.34
④ 1.17

19. 해설
$$m = \frac{N_2}{N_2 - 3.76(O_2 - 0.5CO)}$$
$N_2 = 100 - (CO_2 + O_2 + CO)$
$= \frac{85.6}{85.6 - 3.76 \times 4.4} = 1.239$

20 프로판가스(LPG)를 1[kg]을 연소시킬 때 필요한 이론 공기량은?

① 10.2[Nm^3]
② 11.3[Nm^3]
③ 12.1[Nm^3]
④ 13.2[Nm^3]

20. 해설
$C_3H_8 + 5O_2 \rightarrow 3CO_2 + 4H_2O$
$A_0 = \frac{O_0}{0.21}$ 이므로
$\frac{5 \times 22.4}{0.21} = 533.33$
프로판가스의 분자량이 44 이므로
$\frac{533.33}{44} = 12.12$

21 다음 중 유효수소를 옳게 표시한 것은?

① $H + \frac{O}{8}$
② $H + \frac{O}{16}$
③ $H - \frac{O}{16}$
④ $H - \frac{O}{8}$

22 보일러 연료의 완전연소시 공기비(m)의 일반적인 값은?

① m > 1
② m = 1
③ m < 1
④ m ≤ 1

22. 해설
공기비(m) = $\frac{실제공기량}{이론공기량}$, ∴ m > 1

23 수소 1[kmol]을 연소시키는데 필요한 산소는 몇 kg인가?

① 8[kg]
② 32[kg]
③ 16[kg]
④ 4[kg]

23. 해설
$H_2 + \frac{1}{2}O_2 \rightarrow H_2O$
2[kg] + 16[kg] → 18[kg]

24 연소가스량(G), 이론연소가스량(G_0), 이론공기량(A_0), 공기비(m)일 때 G와 G_0의 관계 중 맞는 것은?

① $G = (1-m)A_0 + G_0$
② $G = m \cdot A_0 + G_0$
③ $G = (m-1)A_0 + G_0$
④ $G = G_0 - m \cdot A_0$

25 황 1[kg]을 완전연소시키는데 필요한 산소의 량[Nm^3]은?

① 0.70[Nm^3]
② 1.00[Nm^3]
③ 1.867[Nm^3]
④ 3.33[Nm^3]

25. 해설
$S + O_2 \rightarrow SO_2$
32[kg] 22.4[Nm^3]
∴ $\frac{22.4}{32} = 0.7$

ANSWER 19. ② 20. ③ 21. ④ 22. ① 23. ③ 24. ③ 25. ①

26 다음 식 중 공기비(m)를 옳게 사용한 식은?
(단, A : 실제공기량, A_0 : 이론공기량)

① $A = m \cdot A_0$
② $A_0 < (m-1)A_0$
③ $A_0 = (m-1)A$
④ $A = (m-1)A_0$

27 어떤 연료 1kg을 연소시키는데 이론적으로 2.5Nm³의 산소가 소요된다. 이 연료 1kg을 공기비 1.2로 연소시킬 때 필요한 실제 공기량은?

① 11.9Nm³
② 14.3Nm³
③ 18.5Nm³
④ 24.4Nm³

27. 해설
실제공기량 = $\dfrac{\text{이론산소량}}{0.21} \times$ 공기비 = $\dfrac{2.5}{0.21} \times 1.2 = 14.3\text{Nm}^3$

28 탄산가스(CO_2)의 비체적으로 옳은 것은?

① 0.44[m³/kg]
② 0.5[m³/kg]
③ 0.232[m³/kg]
④ 0.21[m³/kg]

28. 해설
CO_2
44[kg] : 22.4[Nm³]
∴ m³/kg = $\dfrac{22.4[\text{Nm}^3]}{44[\text{kg}]}$
= 0.5[Nm³/kg]

29 다음 중 과잉공기율의 식은? (단, m : 공기비)

① $(1-m)100$
② $(m+1)100$
③ $(1 \times m)100$
④ $(m-1)100$

30 황(S) 1[kmol]이 완전연소하기 위한 산소량은 몇 kmol인가?

① 1
② 2
③ 3
④ 4

30. 해설
$S + O_2 \rightarrow SO_2$
1[kmol] : 1[kmol] : 1[kmol]

31 중유의 공기비가 1.25일 때 과잉공기율은 얼마인가?

① 2.5[%]
② 12[%]
③ 25[%]
④ 20[%]

31. 해설
과잉공기율 = $(m-1)100$
= $(1.25-1)100$
= 25[%]

ANSWER 26. ① 27. ② 28. ② 29. ④ 30. ① 31. ③

5-4 통풍장치 및 집진장치

1. 통 풍

(1) 자연통풍

소형 보일러에 채택되며 배기가스와 공기의 비중차와 연돌의 높이에 의한 능력으로 통풍된다. 배기가스의 유속은 3~4[m/sec] 정도이다.

❖ **통풍력을 크게 하려면**
① 연돌의 높이를 높인다.
② 배기가스 온도를 높인다.
③ 굴곡부를 줄인다.(굴곡부 3개소 이내)
④ 연돌 상부단면적을 크게

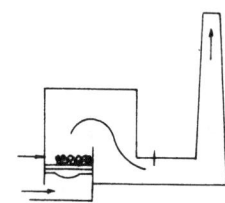

❖ **이론 통풍력 계산**

① $Z = H(r_a - r_g)$

② $Z = 273H\left(\dfrac{r_a}{T_a} - \dfrac{r_g}{T_g}\right)$

③ $Z = 355H\left(\dfrac{1}{T_a} - \dfrac{1}{T_g}\right)$

$Z = H\left(\dfrac{353}{T_a} - \dfrac{367}{T_g}\right)$

$\begin{bmatrix} H : \text{연돌높이[m]} \\ r_a : \text{외기공기비중량[kg/m}^3\text{]} \\ Z : \text{통풍력[mmH}_2\text{O]} \\ r_g : \text{배기가스비중량[kg/m}^3\text{]} \end{bmatrix}$

$\begin{bmatrix} T_a : \text{외기공기의 절대온도[K]} \\ T_g : \text{배기가스의 절대온도[K]} \end{bmatrix}$

$\begin{bmatrix} \text{1atm 상태에서 비중량[kg/m}^3\text{]} \\ \text{① 공기 : 1.294 ② 배기가스(고체연료 : 1.345} \\ \text{기체연료 : 1.25} \\ \text{액체연료 : 1.31)} \end{bmatrix}$

❖ 실제통풍력은 이론통풍력에서 마찰손실수두를 뺀 값으로 편의상 약 20[%]를 줄인다.
∴ 실제통풍력 = 이론통풍력 × 0.8

(2) 강제통풍

① **압입통풍** : 연소실 앞에 압입송풍기를 장착하여 통풍하는 방식으로 노내압이 대기압보다 높아(정압) 연소가스나 화염의 누설이 발생할 수 있다. 배기가스의 유속은 8[m/sec] 정도이며 예열용 공기를 사용할 수 있다.

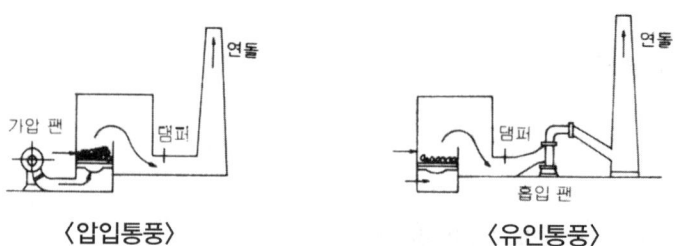

〈압입통풍〉   〈유인통풍〉

② 유인통풍 : 흡입통풍이라고도 하며 연도에 배풍기를 장착하여 통풍하는 방식으로 노 내압이 대기압보다 낮아(부압) 외기공기의 누입이 발생될 수 있다. 배기가스의 유속은 10[m/sec] 정도이며 예열된 공기사용이 불가능하다.

③ 평형통풍 : 압입통풍과 유인통풍을 절충한 형식으로 연소실 앞에 송풍기와 연도 내에 배풍기를 장착 정·부압을 임의로 조정 사용할 수 있다. 배기가스유속은 10[m/sec] 이상이며 실제적으로 가장 많이 사용되는 통풍방식으로 소요동력이나 설치비가 많이 든다.

강제통풍시 통풍력 조절
1. 송풍기 회전수 조절
2. 댐퍼의 조절
3. 흡입 베인의 개폐

연돌 상부단면적의 계산

$G = F \cdot W$ 에서

$F = \dfrac{G}{W}$ 이나 G(배기가스량)이 [Nm³]

즉, 표준 상태에 있으므로 온도와 압력의 보정하게 된다.

$\therefore F = \dfrac{G \times \dfrac{T_2}{T_1} \times \dfrac{P_1}{P_2}}{W \times 3600}$ 여기서 $\dfrac{T_2}{T_1}$ 의 값은 $(1+0.0037t[℃])$가 되므로

$F = \dfrac{G \times (1+0.0037t[℃]) \times \dfrac{P_1}{P_2}}{W \times 3600}$ [m²]

〈흡입 베인〉

F : 단면적[m²]
G : 배기가스량[Nm³/h]
T_1, T_2 : 표준 상태, 배기가스의 절대온도[K]
P_1, P_2 : 표준 상태, 배기가스의 압력[kg/cm², mmHg]
W : 유속[m/sec]

2. 송풍기

압입송풍기와 흡입송풍기가 요구되며 압입송풍기는 풍압이 낮고, 송풍량이 큰 것이 필요하고 흡입송풍기는 부식이나 마모에 강하고 또한 열에도 잘 견디어야 한다.

(1) 원심식 송풍기

① 다익 송풍기(sirocco fan) 전향날개

[특징]
㉮ 효율은 낮으나 설치면적이 적다.
㉯ 소형, 경량이며 값이 싸다.
㉰ 저정압, 저회선에 적합하다.

〈다익 송풍기〉 〈전향 날개〉 〈터보 송풍기〉

〈후향 날개〉 〈축류형〉 〈방사형 날개〉

② 터보 송풍기(turbo fan) 후향 날개

[특징]
㉮ 효율이 높고 설치면적도 크게 차지한다.
㉯ 대형이며 가격이 비싸다.
㉰ 고속회전으로 소음이 크다.
㉱ 풍압이 높다.

③ 플레이트 송풍기(plate fan)

[특징]
㉮ 효율이 높다.
㉯ 풍압이 낮다.
㉰ 풍량은 그다지 많지 않다.

(2) 축류식 송풍기(axial fan)

- 종류 ┌ 프로펠러형(배기·환기용)
　　　└ 디스크형(배기·환기용)

[특징]
① 경량, 소형으로 설치가 간단하다.
② 소음이 적고, 고속운전에 적합하다.
③ 풍량이 많다.

🔹 **각 송풍기의 비교**
- 풍압 : 터보 〉 플레이트 〉 다익
- 효율 : 터보 〉 플레이트 〉 다익

🔹 **송풍기 소요동력 계산**

$$kW = \frac{Q[m^3/min] \times P[mmH_2O]}{102[kg \cdot m/s] \times 60[s/min] \times \eta}$$

$$PS = \frac{Q \cdot P}{75 \times 60 \times \eta}$$

$\begin{cases} Q : 풍량[m^3/min] \\ P : 풍압[mmH_2O] \\ \eta : 효율 \end{cases}$

3. 댐 퍼

(1) 설치 목적

① 통풍력을 조절한다.
② 배기가스의 흐름을 차단한다.
③ 주연도에서 부연도로의 전환한다.

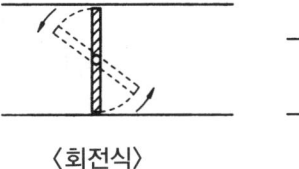
〈회전식〉

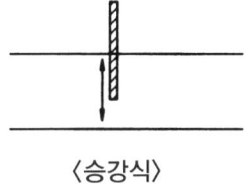
〈승강식〉

(2) 종 류

① 댐퍼형식
  ㉮ 회전식 : 댐퍼판의 중앙 또는 한쪽으로 회전축을 설치하여 개·폐도에 의해 통풍력을 조절한다.
  ㉯ 승강식 : 댐퍼판의 승강에 의하여 개·폐도를 조절한다. (대형 보일러용)
② 형상에 의한 종류
  ㉮ 버터플라이 댐퍼
  ㉯ 다익 댐퍼
  ㉰ 스폴리티 댐퍼

🔹 **풍량조절방식**
① 댐퍼의 조절에 의한 것
② 섹션 베인의 개도에 의한 방법
③ 전동기 회전수에 의한 방식

4. 집진장치(集塵裝置)

연소로 인한 함진배기가스 중 분진(dust), 회분, 유해가스(CO, SOx, NOx) 등을 처리하는 장치로 건식과 습식이 있다.

(1) 건식 집진장치

① **중력침강식** : 함진배기 중의 입자를 중력에 의해 포집하는 방식으로 수십 μ 이상의 거칠은 입자의 포집에 사용되며 입력손실은 대략 5~10[mmAq] 정도이다. 처리가스 속도가 늦을수록, 흐름이 균일할수록 집진율이 높다.

② **관성력식** : 함진가스를 방해판 등에 충돌시켜 기류의 급격한 전환에 의해 침강력을 가지게 될 때 분리포집하는 방식으로 전환각도가 작고 전환회수가 많을수록 집진율이 높다.

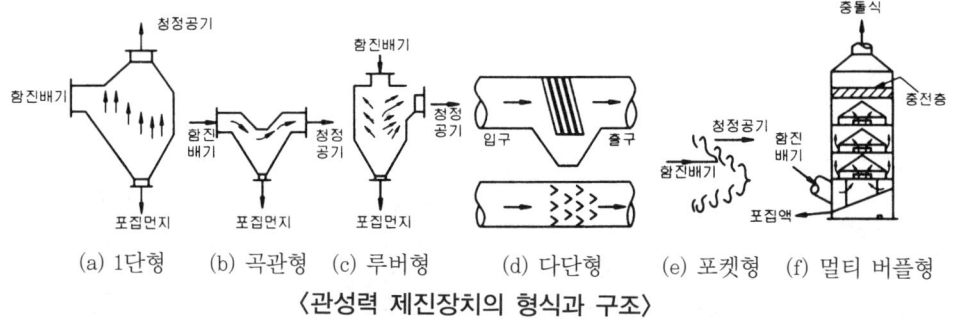

(a) 1단형 (b) 곡관형 (c) 루버형 (d) 다단형 (e) 포켓형 (f) 멀티 버플형

〈관성력 제진장치의 형식과 구조〉

③ **원심력식** : 함진가스에 선회운동을 주어 입자에 작용하는 원심력에 의하여 입자를 분리하는 방식으로 내통경은 작게 처리가스 속도는 크게 하면 집진율이 높아진다. 접선유입식, 축류식 등이 있으며 소형의 사이클론을 다수 설치한 블로 다운 방식의 멀티 사이클론이 있다.

💡 **사이클론의 집진율을 크게 하려면**
　① 입구의 속도를 크게 한다.
　② 본체의 길이를 크게 한다.
　③ 입자의 지름, 밀도가 클수록
　④ 동반 분진량이 많을수록
　⑤ 내벽이 미끄러울수록
　⑥ 직경비가 클수록

〈멀티 사이클론〉

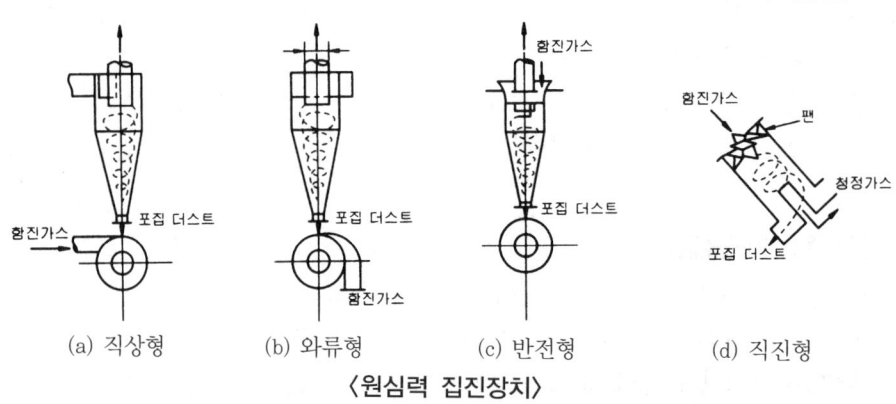

(a) 직상형　(b) 와류형　(c) 반전형　(d) 직진형

〈원심력 집진장치〉

④ 여과식 : 함진가스를 여과제(filter)를 통하여 분리, 포착하는 방식이다. 내면 여과방식과 표면 여과방식으로 나뉘며 표면여과방식 중 대표적인 백(bag) 필터가 있다.

백 필터 방식의 집진율을 크게 하려면
① 여과속도가 빠를수록
② 여과포 재질 또는 유리섬유의 실리콘처리

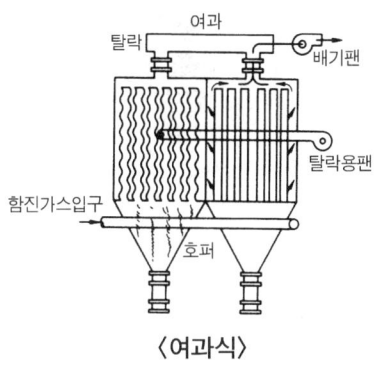

〈여과식〉

⑤ 전기식(cottrell) : 고압의 직류 전원을 사용하여 방전극 근처에서 양이온과 자유전자로부터 이루어지는 프라즈마 형성에 의해 입자를 전리하는 방식으로 이러한 방전을 코로나 방전현상이라 하며 가스 중 함유입자는 음이온으로 되어 부착 분리되어 제거하는 장치이다.(코트렐 집진장치(cottrell precipitator)가 대표적이다)

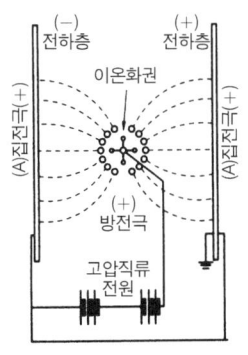 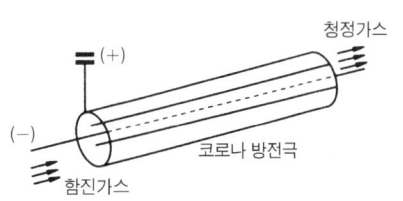

〈코로나 방전관〉

[특징]
① 압력손실이 적다.
② 적용범위가 넓다.
③ 더스트(dust)의 외부 배출이 용이하다.
④ 미세입자의 포집이 용이하고 가장 높은 집진율을 얻을 수 있다.

(2) 습식 집진장치

세정식 : 물 또는 다른 액체의 액면 또는 액막에 의해 함유가스를 세정하여 가스흐름으로부터 분진입자를 분리 포집하는 방식으로 건식법에 비해 높은 집진율을 얻을 수 있으나 용수의 확보와 배수처리 대책이 문제시 된다.

① 가압수식 : 물을 가압공급하여 함진가스를 세정하여 분리제거하는 방식으로 벤튜리 젯트, 사이클론 스크레버 형식과 충전탑이 있다.
② 유수식
③ 회전식

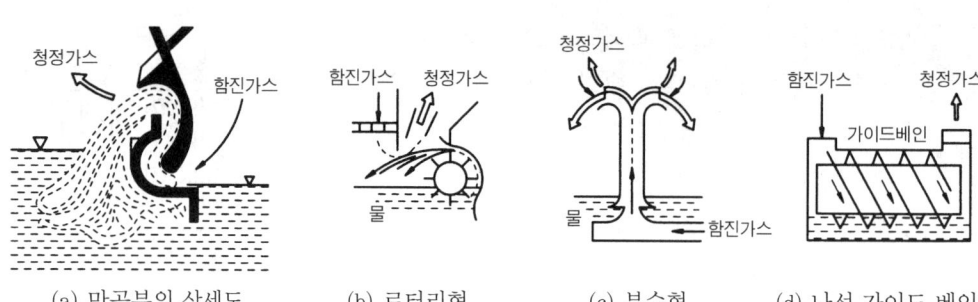

(a) 만곡부의 상세도　　(b) 로터리형　　(c) 분수형　　(d) 나선 가이드 베인형

〈유수식 세정 집진장치의 예〉

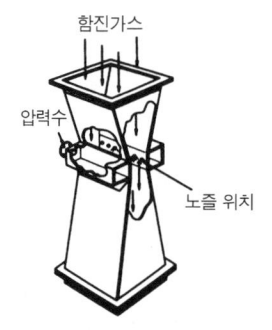

〈벤튜리 스크레버〉

5. 매연농도측정 및 매연농도계

연료의 연소에 의한 검댕, 일산화탄소, 황산화물, 회분, 분진 등의 배기가스 중에 유해물질이 발생하여 인체, 동식물 및 열설비에 큰 재해를 준다. 이러한 대기오염을 방지하기 위하여, 또한 배기가스의 매연을 측정하기 위해 매연농도계를 설치한다.

① 매연의 발생 원인
　㉮ 연소기술의 미숙
　㉯ 통풍의 과다 및 부족시
　㉰ 공기와 연료와의 혼합불량
　㉱ 연소실의 온도가 너무 낮다.
　㉲ 연료속에 슬러지, 수분 등의 혼입시
　㉳ 연료에 따른 연소장치의 부적정

　▪ 매연의 종류
　㉠ 황화물 : SO_2, SO_3 등의 황산화물(SO_X)
　㉡ 질화물 : NO, NO_2 등의 질소산화물(NO_X)
　㉢ CO
　㉣ 그을음과 분진

② 매연농도계의 종류

(1) 링겔만 매연농도계

매연농도와 시각에 의한 비교측정법으로 백색 바탕에 흑선을 수평, 수직의 격자모양으로 검은 부분이 차지하는 면적과 전면적의 비율에 따라서 0번에서 5번까지 6종으로 구분한 농도표로 한다. 이 표를 관측자로부터 16[m] 떨어진 위치에 놓고 관측자와 연돌과의 거리를 약 30~39[m] 정도의 위치에서 연돌상단의 입구로부터 30~45[cm]에 떨어진 부분의 연기색을 비교해 몇번인지를 측정한다. 이때 주의할 점은 해를 등지고, 연기의 흐름과는 직각방향의 위치에서 측정하며 주위의 하늘색이 너무 환하거나 어두울 때는 측정하지 않는다.

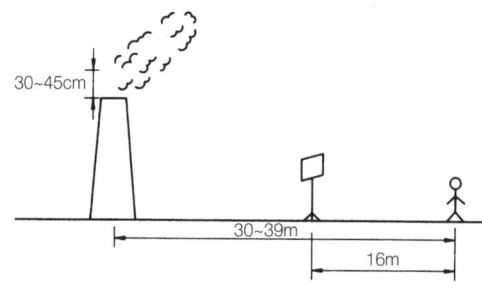

❖ 링겔만 매연농도표의 크기
 • 가로 : 14[cm]
 • 세로 : 21[cm]

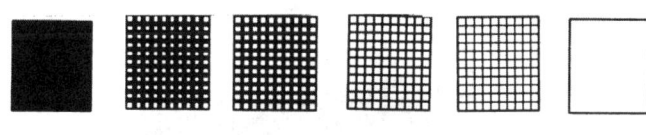

〈농도표(가로 14[cm] 세로 21[cm])〉

No.	0	1	2	3	4	5
농도율	0	20 %	40 %	60 %	80 %	100 %
흑선[mm]	–	1	2.3	3.7	5.5	전흑
백선[mm]	전백	9	7.7	6.3	4.5	–
연기색	무색	엷은 회색	회색	엷은 흑색	흑색	암흑색

❖ 매연농도율[%]

① $\dfrac{\text{총매연 농도값}}{\text{측정시간(분)}} \times 20$

② $\dfrac{\text{총매연 농도값}}{\text{시간측정회수}} \times 20$

  ▫ 가장 양호한 연소상태는 No.1이며, No.2번 이하이어야 합격이다.

② 로버트 농도표

링겔만의 일종으로 4종류의 비표로 나타낸다.

③ 광전관식 매연농도계
표준 전구와 광전관을 부착하여 연기의 색도에 따라 투과된 방사관의 양을 광전관에 의해 자동으로 매연을 측정한다.

❖ 빛의 투과율 측정에 의한 매연 농도계

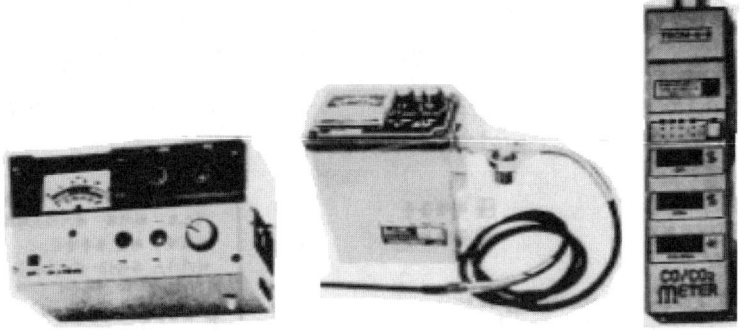

〈매연 측정기〉

④ 매연포집 중량법(Bacharch)
배기가스를 여과종이에 통과시켜 여과지에 부착된 양을 이용하여 측정한다. 매진량 자동연속측정장치

❖ 바카라치(Bacharch)
0번부터 9번까지 10종이 있으며 온수 보일러의 형식승인 기준상 스모크스겔 4번 이하로 연소 배기가스 매연농도를 규정하고 있다.

예상문제

1 연소용 송풍기와 배기가스 흡입 송풍기를 함께 쓰는 통풍방식은?

① 자연통풍 ② 평형통풍
③ 댐퍼통풍 ④ 흡입통풍

2 다음 중 설명이 옳지 않은 것을 골라라?

① 자연통풍 : 굴뚝의 압력차를 이용한 것.
② 강제통풍 : 송풍기를 이용한 것.
③ 압입통풍 : 굴뚝 밑에 흡출 송풍기를 사용한 것.
④ 평형통풍 : 압입 및 흡출 송풍기를 겸용한 것.

3 연돌의 자연 통풍력에 대한 설명으로 잘못된 것은?

① 연돌의 보온상태가 좋을수록 통풍력이 크다.
② 배기가스 온도가 높을수록 통풍력이 크다.
③ 통풍력은 연돌 높이에 반비례한다.
④ 대기온도가 낮을수록 통풍이 잘 된다.

4 보일러 연소실 내 부압(負壓)이 가장 크게 형성되는 통풍방식은?

① 압입통풍 ② 평형통풍
③ 자연통풍 ④ 흡인통풍

5 보일러에서 통풍력을 표시하는 수주(水柱)의 단위는?

① mmHg ② kg/cm^2
③ mmbar ④ mmAq

1.해설
• 통풍의 종류
① 자연통풍 : 연돌에 의한 통풍방식으로 외기와 배기가스와의 밀도차에 의한 통풍방식
배기가스 유속(3~4[m/sec])
② 강제통풍
 ㉠ 압입통풍(가압통풍) : 연소용 공기를 강제로 매입시켜 통풍
 ㉡ 흡입통풍(유인통풍) : 배기가스를 강제로 빨아내어 통풍
 ㉢ 평형통풍 : 압입과 흡입을 병용한 통풍
배기가스 유속(10[m/sec] 이상)

3.해설
통풍력(mmAq)은 연돌 높이에 비례한다.

4.해설
자연 통풍과 흡입 통풍은 노내 부압이 형성되나 흡입통풍의 부압이 크다.

5.해설
통풍력
수주단위 : mmAq(mmH$_2$O)

ANSWER 1.② 2.③ 3.③ 4.④ 5.④

6 여과식 스모그 테스터는 배기가스를 몇 종류의 농도로 나누고 있는가?

① 5 단계　　　　　② 8 단계
③ 9 단계　　　　　④ 10 단계

7 다음 중 배기가스의 성분을 연속적으로 기록하며 연소 상황을 알 수 있는 것은?

① 링겔만 비탁표　　　② 전기식 CO_2계
③ 오르잣 분석법　　　④ 헴펠 분석법

8 링겔만 관측자는 농도표는 연돌로부터 몇 m 씩 떨어진 위치에 놓아야 하는가?

① 관측자로부터 10[m], 연돌로부터 30[m]
② 관측자로부터 12[m], 연돌로부터 20~30[m]
③ 관측자로부터 14[m], 연돌로부터 30~35[m]
④ 관측자로부터 16[m], 연돌로부터 30~39[m]

9 연도 및 연돌의 구조로서 적당하지 않은 것은?

① 청소를 쉽게 할 수 있는 구조
② 열량을 많이 흡수할 수 있는 구조
③ 점검을 용이하게 할 수 있는 구조
④ 건물을 관통하는 부분은 확실한 절연구조를 사용한 구조

10 노에서 발생한 고온 고압의 연소가스를 굴뚝에 유입시킬 때까지의 유로를 무엇이라 하는가?

① 가열기　　　　　② 절탄기
③ 연도　　　　　　④ 로

11 다음 링겔만 그을음 중 연소상태가 가장 나쁜 것은?

① 0도　　　　　　② 2도
③ 3도　　　　　　④ 5도

6.해설
•매연 농도 측정
① 링겔만 매연 농도표 : 관측자는 굴뚝과 30~39[m] 떨어진 곳에서 관측자로부터 16[m] 떨어진 위치에 농도표를 설치하고 굴뚝으로부터 30~45[cm] 떨어진 배기가스 색과 비색하여 측정
② 매연 포집중량계 : 함진 가스를 여포재(광제면 등)에 통과시켜 매연 포집 전후의 중량을 측정
③ 광전관식 매연 농도계 : 매연중에 광원에 의한 복사광선을 통과시켜 광도 변화에 따른 매연농도를 측정
④ 바카라치 스모그 테스터 : 일정 면적의 표준 여과지에 연도가스를 통과시켜 여과지에 부착된 부유탄소의 색 농도를 표준색 농도와 비교하여 측정

11.해설
0도 : 무색, 1도 : 엷은 회색, 2도 : 회색, 3도 : 엷은 흑색, 4도 : 흑색, 5도 : 암흑색

ANSWER　6.④　7.②　8.④　9.②　10.③　11.④

12 집진장치 중에서 집진효율이 가장 높은 것은?

① 세정 집진장치
② 전기 집진장치
③ 원심력 집진장치
④ 여과 집진장치

13 집진장치의 종류 중에 연도 내에 대치시킨 2개의 전극 사이에 직류고압을 가하여 강한 전장을 만들어 이곳을 통과하는 재와 먼지의 미립자를 모이게 하는 전기식 집진장치의 명칭은?

① 호루겔
② 슬러지
③ 스크레버
④ 코트렐

14 다음 중 습식 집진장치가 아닌 것은?

① 벤투리 스크러버
② 사이크론 스크러버
③ 세정탑
④ 백 필터

15 세정식 집진장치에서 가압수식의 종류가 아닌 것은?

① 멀티 스크러버
② 벤튜리 스크러버
③ 충전탑
④ 사이클론 스크러버

16 포집코자 하는 먼지의 입경이 비교적 클 경우, 경제성과 집진성능을 고려할 때 유리한 집진장치는?

① 백 필터
② 사이클론
③ 전기집진장치
④ 벤튜리 스크레버

17 강제통풍방법 중 배기가스의 유속이 다른 것은?

① 압입통풍 : 8m/s 정도
② 유인통풍 : 10m/s 정도
③ 평형통풍 : 10m/s 이상
④ 흡입통풍 : 15m/s 이상

18 보염장치의 역할이 아닌 것은?

① 화염의 안정화
② 화염의 형상 조절
③ 화염의 취소 방지
④ 화염의 온도를 높인다.

13. 해설
• 집진장치의 종류
① 건식 : 관성력식, 중력식, 여과식, 원심력식(사이클론식, 멀티클론식, 불로우다운형)
② 습식 : 세정 집진장치
③ 전기식 : 코트렐 집진장치(집진효율이 가장 우수하다)

14. 해설
건식 집진 장치 : 중력식, 원심력식, 여과식(백필터식)

15. 해설
가압수식 : 벤튜리 스크러버, 사이클론 스크러버 충전탑식 스크러버

17. 해설
흡입(유인)통풍 : 8~10m/s
① 자연통풍 : 유속 3~4 m/sec
② 압입통풍 : 유속 6~8 m/sec
③ 흡인통풍 : 유속 8~10 m/sec
④ 평형통풍 : 유속 10 m/sec 이상

18. 해설
• 보염장치
연소실 내에서 착화 연소된 화염이 바람에 의해 불려 꺼지지 않고 안정된 연소를 하게 하는 장치
① 보염장치의 역할 : 화염의 안정화, 화염의 취소방지, 화염의 형상조절
② 보염장치의 종류 : 윈드박스, 스테빌라이저, 콤버스터, 버너 타일

ANSWER 12. ② 13. ④ 14. ④ 15. ① 16. ② 17. ④ 18. ④

19 보일러 연소장치 중 보염장치에 해당되지 않는 것은?

① 윈드박스 ② 보염기
③ 버너타일 ④ 플레임 아이

19.해설
플레임 아이는 화염 검출기로서 안전장치이다.
∴ 보염장치 : 윈드박스, 보염기, 버너타일, 스테이빌 라이져, 콤버스터

20 가압수식 세정 집진장치가 아닌 것은?

① 유수식 세정집진장치
② 벤튜리 스크레버
③ 사이클론 스크레버
④ 충전탑식 세정집진장치

20.해설
습식(세정식)의 종류는 크게 3가지로 분류된다.
① 유수식
② 회전식
③ 가압수식
  ㉮ 벤튜리 스크레버
  ㉯ 충전탑식
  ㉰ 사이클론 스크레버식

21 원통 보일러, 난방 보일러의 굴뚝의 단면적은 보통 화상면적의 어느 정도로 하는가?

① $\frac{1}{2} \sim \frac{1}{3}$ ② $\frac{1}{4} \sim \frac{1}{5}$
③ $\frac{1}{5} \sim \frac{1}{6}$ ④ $\frac{1}{6} \sim \frac{1}{10}$

22 양모, 면, 유리섬유 등을 용기속에 넣고 이곳에 공기를 통과시키면 먼지가 부착하는 것을 응용한 집진방법은?

① 중력 분리법 ② 원심력 분리법
③ 전기 집진법 ④ 여과식 집진법

23 보일러 댐퍼(Damper)의 설치목적과 무관한 것은?

① 통풍력을 조절한다.
② 가스의 흐름을 차단한다.
③ 연료 공급량을 조절한다.
④ 주연도와 부연도가 있을 때 가스 흐름을 전환한다.

23.해설
연료 공급량을 조절하는 것은 조절 밸브에서 조작한다.

24 링겔만 농도표는 무엇에 이용되는가 옳은 것은?

① 보일러수(물) pH 농도 측정
② 연돌에서 나오는 매연농도 측정
③ 중유의 황의 농도 측정
④ 중유의 인화점 측정

ANSWER 19.④ 20.① 21.④ 22.④ 23.③ 24.②

25 자연통풍의 원리를 가장 옳게 설명한 것은?

① 배기가스의 온도가 낮으면 부피는 감소하고 질량은 가벼워진다.
② 배기가스의 온도를 높이면 부피는 감소하고 질량이 무거워진다.
③ 배기가스의 온도를 높이면 부피는 증가하고 질량이 무거워진다.
④ 배기가스의 온도를 높이면 부피는 증가하고 질량이 가벼워진다.

25. 해설
배기가스의 온도가 상승하면 부피가 증가하여 밀도가 낮아진다.

26 굴뚝에 의한 통풍력에 대해 옳게 설명한 것은?

① 굴뚝 높이에 반비례한다.
② 굴뚝 높이의 자승에 비례한다.
③ 배기가스 온도가 낮을수록 통풍력이 커진다.
④ 배기가스와 외기의 온도차가 클수록 통풍력이 커진다.

26. 해설
통풍력은 배기가스와 외기의 온도차가 클수록 배기가스 온도가 높을수록, 굴뚝의 높이가 높을수록 커진다.

27 통풍장치 중 형상에 따른 댐퍼의 분류가 아닌 것은?

① 터보형 댐퍼
② 버터플라이 댐퍼
③ 시로코형 댐퍼
④ 스필리티 댐퍼

27. 해설
형상에 따른 댐퍼의 분류 : 버터플라이형, 시로코형, 스필리티형

28 다음은 연돌의 최소 단면적을 구하는 식이다. 알맞은 것은?
(단, F를 연돌의 최소 단면적[m²], w는 출구의 가스속도 [m/sec], G은 시간당 연소가스량[Nm³/hr], t는 출구가스의 온도[℃])

① $F = \dfrac{G(1+0.0037t)}{3600w}$
② $F = \dfrac{G(1+0.0037w)}{3600t}$
③ $F = \dfrac{3600w}{G(1+0.0037t)}$
④ $F = \dfrac{3600G}{w(1+0.0037t)}$

29 송풍기의 풍량이 3500[m³/min], 출구의 송풍압력은 35[mmH₂O], 효율이 0.55이면 송풍기의 소요동력은 얼마인가?

① 33.69[kW]
② 35.43[kW]
③ 36.39[kW]
④ 39.63[kW]

29. 해설
$$kW = \dfrac{P \times Q}{60 \times 102 \times \eta}$$
$$= \dfrac{35 \times 3500}{60 \times 102 \times 0.55}$$
$$= 36.39[kW]$$

ANSWER 25. ④ 26. ④ 27. ① 28. ① 29. ③

30 링겔만 농도표에 의해서 매연농도를 측정할 때의 주의 사항 중 틀리는 것은?

① 주위의 배경이 밝은 위치에서 관측한다.
② 굴뚝 입구에서 배출되는 연기의 농도를 링겔만 농도표와 비교하여 측정한다.
③ 측정시에 개인오차가 있으므로 5명 이상이 교대로 측정한다.
④ 관측자는 태양을 정면으로 받지 않는 위치에서 관측한다.

31 다음 내용을 보고 굴뚝의 통풍력은? (연통높이 : 35[m], 배기가스온도 : 285[℃], 외기온도 : 25[℃], 배기가스 비중량 : 0.87[kg/m³], 외기비중량 : 1.24[kg/m³])

① 23[mmH₂O] ② 24[mmH₂O]
③ 25[mmH₂O] ④ 26[mmH₂O]

31.해설
$$z = 273H\left(\frac{ra}{273+ta} - \frac{rg}{273+tg}\right)$$
$$= 273 \times 35 \times \left(\frac{1.24}{273+25} - \frac{0.87}{273+285}\right)$$
$$= 24.8[mmH_2O]$$

32 연돌의 단면적 계산에서 단면적의 위치는?

① 연돌의 중간부분 안지름
② 연돌의 상부와 하부의 평균값
③ 연돌의 하부부분의 안지름
④ 연돌의 상부부분의 안지름

33 보일러 연소실에 설치하는 송풍기의 종류가 아닌 것은?

① 터보형 송풍기   ② 다익형 송풍기
③ 플레이트형 송풍기 ④ 용적형 송풍기

33.해설
송풍기는 거의가 비용적형 송풍기를 사용한다.

34 통풍기 소요동력을 kW로 구하는 식이 올바른 것은?
(단, 통풍압력 P(mmAq), 풍량 Q(m³/min), η : 통풍기효율)

① 소요동력(kW) = $\frac{P \times Q}{102 \times 60 \times \eta}$

② 소요동력(kW) = $\frac{P \times Q \times \eta}{102 \times 3600}$

③ 소요동력(kW) = $\frac{P \times Q \times \eta}{75 \times 60}$

④ 소요동력(kW) = $\frac{P \times Q}{75 \times 3600 \times \eta}$

34.해설
송풍기
동력(kW) = $\frac{P \times Q}{102 \times 60 \times \eta}$ 송풍기
마력(PS) = $\frac{P \times Q}{75 \times 60 \times \eta}$

ANSWER 30. ③ 31. ③ 32. ④ 33. ④ 34. ①

35 굴뚝 높이 50m, 연소가스 평균온도 227℃, 대기 온도 27℃일 때 이 굴뚝의 이론자연통풍력은? (단, 표준상태에서 공기의 비중량은 1.29kg/m³, 연소가스의 비중량은 1.34kg/m³이며, 굴뚝 내의 각종 압력손실은 무시한다.)

① 약 13mmH$_2$O
② 약 22mmH$_2$O
③ 약 26mmH$_2$O
④ 약 30mmH$_2$O

35. 해설

$$Z = 273H \left[\frac{ra}{273+ta} - \frac{rg}{273+tg} \right]$$
$$= 273 \times 50 \left[\frac{1.29}{273+27} - \frac{1.34}{273+227} \right]$$
$$= 22 \text{mmH}_2\text{O}$$

ANSWER 35. ②

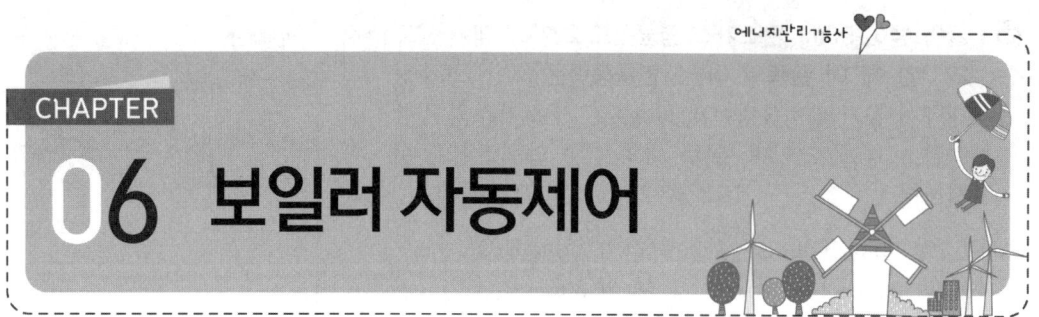

CHAPTER 06 보일러 자동제어

6-1 자동제어(automatic control)

1. 자동제어의 개요

제어란 일반적으로 어떤 대상물을 어떠한 목적에 적합하도록 조절하거나 조작하는 것을 말하며 이런 조절이나 조작이 행하여질 때를 제어라 한다.

자동제어의 목적
① 일정한 온도나 압력의 증기를 얻기 위함이다.
② 경제적이고, 고효율적인 증기의 생산
③ 보일러의 안전운전
④ 인건비의 절감

(1) 자동제어방식에 의한 분류

① 피드백 제어(feed-back control system) : 자동제어방식의 기본적인 것으로 신호에 의하여 주어진 목표값과 조작한 결과인 제어량이 원인이 되어 제어동작을 되돌려 진행하는 것으로 출력측의 신호를 입력측으로 돌려보내는 조작으로 폐회로를 구성한다.(보일러의 기본제어이다.)

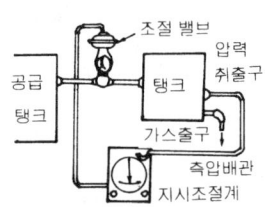

〈제어계의 구조〉

② 시퀀스 제어(sequence control system) : 피드백 제어에 의하지 않고 정해진 순서에 따라 제어단계를 순차적으로 진행하는 방식

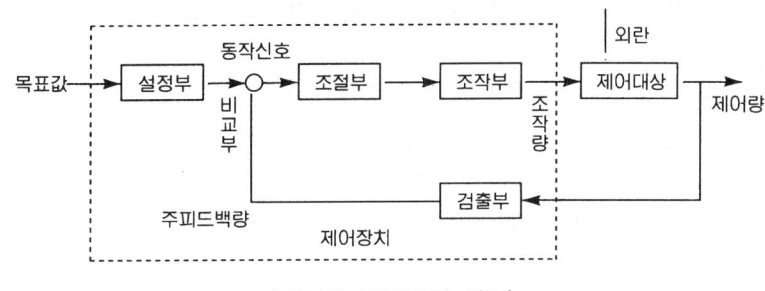

〈피드백 제어장치 회로〉

(2) 제어요소

① 제어량 : 제어대상에 대한 전체량 가운데 제어코자하는 목적의 량
② 제어대상 : 제어를 행하려는 대상물
③ 목표값 : 제어의 출력이 소정의 값을 만족하도록 목표를 세운 외부에서 주어진 값
④ 검출부 : 제어대상으로부터 압력이나 온도, 유량 등의 제어량을 검출하여 신호로 만드는 역할을 하는 부분
⑤ 조절부 : 동작신호를 받아 규정된 동작을 하기 위해 조작신호를 만들어 조작부로 보내는 부분
⑥ 조작부 : 실제의 제어대상에 그 역할을 하는 부분으로 조작신호를 받아서 조작량으로 변환한다.
⑦ 외란 : 제어계를 혼란시키는 외적작용으로 가스유량, 탱크 주위온도, 가스공급압, 공급온도 및 목표값 변경 등의 변화를 말한다.
⑧ 기준입력 : 목표값과 피드백 신호를 비교하기 위하여 주피드백 신호와 같은 종류의 신호로 목표값을 변화시켜 제어계의 폐쇄 루프에 입력하는 입력신호를 말한다.
⑨ 동작신호 : 주피드백량과 기준입력을 비교하여 얻어들여진 편차량신호를 말하는 것으로 조절부의 입력이 되는 것이다.
⑩ 주피드백량 : 제어량을 목표값과 비교하기 위한 피드백 신호를 말한다.
⑪ 제어편차 : 목표값에서 제어량의 값을 뺀 값

❖ **자동제어계의 동작순서** : 검출 → 비교 → 판단 → 조작

(3) 자동제어 특성과 응답

① 정특성과 동특성 : 밀도나 강도 등의 시간에 관계없이 정적의 특성을 부여하고 일반적으로 안정성과 적응성이 좋으며 자동제어에서 응답을 나타낼 때 목표값의 앞과 뒤의 진동으로 시간지연이 필요로 하는 시간동작을 하는데 이는 동적특성이라 한다.
② 응답 : 입력과 출력은 결과 현상이며 자동제어에서 어떤 요소에 대한 출력의 결과를 입력에 대해 응답이라 한다.

㉮ 정상응답 : 자동제어계가 완전히 정상상태를 유지하고 있을 때의 자동제어계의 응답
㉯ 과도응답 : 목표의 기준값이 평형상태가 무너지고 시간이 지나 새로운 평형상태가 유지될 때의 응답
㉰ 주파수응답 : 정상응답을 주파수함수로 표시한 응답
㉱ 인디셜 응답(스텝 응답) : 입력과 출력이 평형상태에 있을 때 입력을 다소 변화시켜 새로운 평형상태로 변화할 때 출력의 시간적 결과를 말한다.

(4) 제어방법에 의한 특성

① 정치제어 : 목표값이 변화없이 일정한 값을 갖는 제어
② 추치제어 : 목표값이 변화되는 것으로 목표값을 측정하면서 제어 목표량을 목표값에 맞추는 제어방식
  ㉮ 추종제어 : 목표값이 시간에 따라 임의로 변화되는 값으로 부여한 제어이다.
  ㉯ 비율제어 : 2개 이상의 제어값의 값이 정해진 비율을 보유하여 제어한다.
  ㉰ 프로그램 제어 : 목표값이 시간에 따라 미리 결정된 일정한 제어
  ㉱ 캐스케이드 제어 : 1차 제어장치가 제어명령을 발하고 2차 제어장치가 이 명령을 바탕으로 제어량을 조절하는 측정제어를 말한다.

(5) 제어동작에 의한 특성

① 불연속동작
  ㉮ 2 위치동작 : 편차입력에 따라 두 개의 조작량의 값을 선택하는 동작으로 입력이 증가할 때마다 감소할 때 전환점에서 간극을 가진 on-off 동작이다.
  ㉯ 다위치동작 : 조작위치가 3개 이상으로 제어량의 변화를 크기에 맞게 위치를 설정하는 방식
  ㉰ 불연속 속도동작 : 제어량이 목표값에 따라 출력이 비례하여 증가하는 정작동과 그와 반비례하는(출력이 저하) 역작동으로 조작위치를 편차의 양에 의해 설정하는 동작

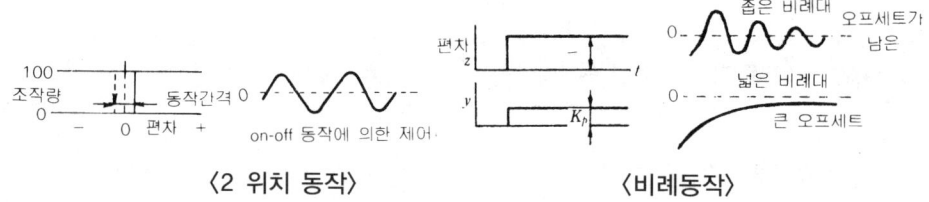

〈2 위치 동작〉　　　〈비례동작〉

② 연속동작
  ㉮ 비례동작(P 동작) : 편차량이 검출되면 그것에 비례하여 조작량을 가감하도록 하는 것으로 비례동작의 제어량은 설정값과 또 다른 값에 상응하도록 한다. 비례동작을 작게 하면 할수록 동작은 강하게 된다. 잔류편차가 남는 동작이다.

$$y = K_P \cdot Z$$

$\begin{bmatrix} y : \text{조작량} \\ K_P : \text{비례정수} \\ Z : \text{동작신호(편차)} \end{bmatrix}$

㉯ **적분동작(I 동작)** : 출력편차의 시간적분에 비례하여 이동작은 편차가 남은 것을 적분하여 수정함으로서 잔류편차가 남는 일은 없으나 제어의 안정성은 떨어진다.

$$y = K_I \int Z dt \qquad K_I : \text{비례정수}$$

㉰ **미분동작(D 동작)** : 출력편차의 시간변화에 비례하며 제어편차가 검출될 때 편차가 변화하는 속도에 비례하여 조작량을 증가하도록 작용하는 동작으로 단독으로 사용되지 않는다.

$$y = K_D \frac{dz}{dt} \qquad K_D : \text{비례정수}$$

③ **복합동작** : P.I.D 의 동작 중 2개 이상으로 조합된 동작으로 특성에 따라 제어의 상태가 양호해져 실제적으로 쓰이게 된다.

㉮ **비례적분동작(PI 동작)** : 단위입력이 설정될 때 비례동작에 의한 출력변화가 적분동작만으로 발생된 출력변화와 같게 될 때까지의 적분시간이 작게 되면 적분동작이 강하게 된다. 주로 프로세스에 사용되며 잔류편차가 남지 않는다.

$$y = K_P(Z + \frac{1}{T_1} \int Z dt), \quad T_1 = \frac{K_P}{K_I} = \text{적분시간}, \quad \frac{1}{T_1} = \text{리셋율}$$

㉯ **비례미분동작(PD 동작)** : 미분시간이 크면 클수록 미분동작이 강하며 실제의 기기에서의 다소 변형을 가한 미분동작으로 비례동작과 합친동작이다.

$$y = K_P\left(Z + T_D \frac{dz}{dt}\right) \qquad (T_D = \frac{K_P}{T_D} = \text{미분시간})$$

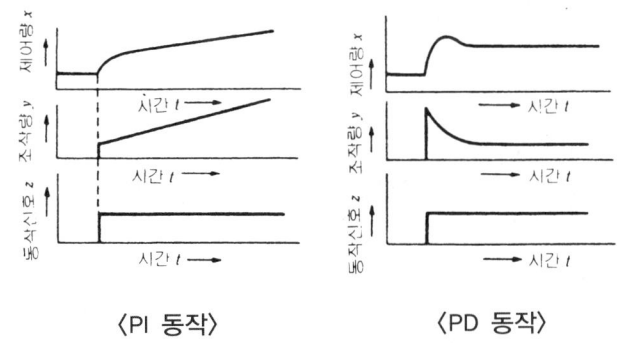

〈PI 동작〉　　　　〈PD 동작〉　　　　〈PID 동작〉

㉰ **비례적분미분동작(PID 동작)** : 비례동작을 적분동작으로 잔류편차(off set)를 제거하고 미분동작으로 응답을 신속히 안정화한다.

$$y = K_P(Z + \frac{1}{T_1} \int Z dt + T_D \frac{dz}{dt})$$

④ 정작동과 역작동
  ㉮ 정작동 : 조절계의 출력이 제어량의 목표값보다 커짐에 따라 커지는 방향으로 움직이는 동작을 말한다.
  ㉯ 역작동 : 조절계의 출력이 제어량의 목표값보다 커짐에 따라 감소되는 방향으로 움직이는 동작을 말한다.

(6) 신호전달방식의 종류와 특징

① 공기압 신호전송
  ㉮ 사용조작압력은 0.2~1[kg/cm^2]이다.
  ㉯ 신호전달거리가 100~150[m] 정도이다.
  ㉰ 온도제어 등에 적합하고 위험이 적다.
  ㉱ 배관이 용이하고 보존이 쉽다.
  ㉲ 내열성이 우수하나 압축성이므로 신호전달에 지연이 된다.
  ㉳ 희망특성을 살리기 어렵다.

② 유압식 신호전송
  ㉮ 사용유압은 0.2~1[kg/cm^2]이다.
  ㉯ 신호전달거리가 300[m] 정도이다.
  ㉰ 높은 유압이 필요하다.
  ㉱ 인화 위험성이 많다.

③ 전기식 신호전송
  ㉮ 사용전류는 4~30[mA] 또는 10~50[mADC]의 전류를 통일신호로 한다.
  ㉯ 신호전달거리는 0.3~10[km]까지 가능하다.
  ㉰ 신호전달의 지연이 없고 배선이 용이하다.
  ㉱ 대규모 조작력이 필요한 경우에 사용된다.
  ㉲ 높은 기술을 요하며 가격이 비싸다.

〈전달방식에 의한 각 특징 비교〉

전달방식	장 점	단 점
공기식	① 배관이 용이 ② 위험성이 없다. ③ 보존이 비교적 용이	① 신호의 전달 지연이 있다. ② 조작 지연이 있다. ③ 희망특성을 살리기 어렵다.
유압식	① 조작속도가 크다. ② 조작력이 강대 ③ 희망특성의 것을 만드는 것이 용이	① 기름이 넘치면 더럽다. ② 인화의 위험이 있다. ③ 수기압정도의 유압원이 필요
전기식	① 배선의 용이 ② 신호의 전달지연이 없다. ③ 신호의 복잡한 취급이 용이	① 조작속도가 빠른 비례조작부를 만드는 것이 곤란하다. ② 보존에 기술이 요한다.

6-2 보일러 자동제어

1. 보일러 자동제어(ABC : Automatic Boiler Control)

(1) 자동연소제어(ACC : Automatic Combustion Control)

증기의 압력 및 온수의 온도가 일정한 값이 되도록 연소의 양을 자동으로 제어하는 방식
① 증기압력제어
② 온수온도제어
③ 노내압제어

(2) 급수제어(FWC : Feed Water Control)

급수의 양을 자동으로 보충하여 조절하는 제어장치
① 단요소식(수위만 검출)
② 2요소식(수위와 증기량 검출)
③ 3요소식(수위·증기량·급수량 검출)

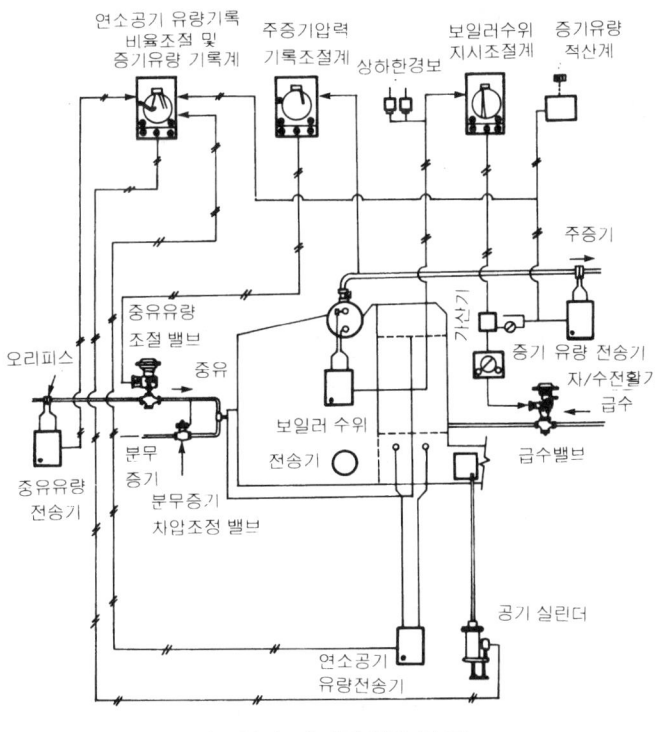

〈보일러 제어장치의 구조〉

(3) **증기온도제어**(STC : Steam Temperature Control)

과열 증기온도를 일정온도로 자동 조절하게 하기 위한 장치

(4) **로컬 제어**(LC : Local Control)

부속장치 및 설비를 자동으로 조작가능하게 제어하는 장치

〈제어량과 조절량의 관계〉

종류	제어량	조작량
증기온도제어(S.T.C)	증기온도	전열량
급수제어(F.W.C)	보일러수위	급수량
연소제어(A.C.C)	증기압력	연료량·공기량
	노내압력	연소 가스량

2. 인터록 제어

운전 조작상태에서 조건이 불충분하다거나 다음의 진행에 미루어 불합리한 동작으로 변화하게 될 때 동작을 다음 단계에 도달되기 전에 기관을 정지시키는 제어방식으로 자동제어에서는 꼭 필요한 동작이다.

(1) 초과압력 인터록
(2) 저수위 인터록
(3) 저연소 인터록
(4) 프리퍼지 인터록
(5) 불착화 인터록

예상문제

1 자동제어의 목적 중 틀린 것은?

① 보다 경제적인 증기를 얻는다.
② 보일러의 운전을 안전하게 한다.
③ 효율적인 운전으로 연료비를 증가시킨다.
④ 인건비를 절약시킨다.

2 피드백 제어를 맞게 설명한 것은?

① 처음에 정해진 순서에 의해 행하는 제어
② 출력이 편차의 시간 변화속도에 비례하는 제어
③ 정해진 수치에 따라 행하는 제어
④ 사람의 손에 의해 조작되는 제어

3 조절계의 출력과 제어량이 목표값보다 크게 됨에 따라 감소되는 방향으로 움직이는 작동은?

① 피드백 작동 ② 정작동
③ 역작동   ④ P 작동

4 다음은 자동제어의 기본선도(block diagram)이다. 이 중 검출부는 어느 것인가?

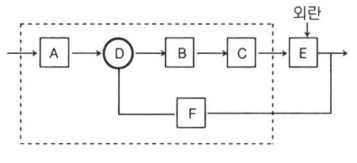

① F 부   ② D 부   ③ A 부   ④ C 부

4.해설
① A : 설정부
② B : 조절부
③ C : 조작부
④ D : 비교부
⑤ E : 제어대상

ANSWER 1.③ 2.② 3.③ 4.①

5 제어계에서 제어량을 지배하기 위해 제어대상에 가하는 것은 다음 중 어느 것인가?
① 조작량
② 제어량
③ 제어편차
④ 제어동작신호

6 목표값이 일정한 자동제어를 무슨 제어라 하는가?
① 정치제어
② 추치제어
③ 프로그램 제어
④ 캐스케이드 제어

6.해설
정치제어
목표값이 변화없이 일정한 값을 갖는 제어

7 다음의 자동제어동작 중 목표값이 미리 정해진 시간적 변화를 할 경우의 추치제어를 의미하는 것은?
① 프로그램 제어
② 추종제어
③ 추치제어
④ 비율제어

7.해설
① 추종제어 : 목표값이 시간에 따라 임의로 변화되는 값으로 부여하는 제어
② 프로그램 제어 : 목표값이 시간에 따라 미리 결정된 일정한 제어

8 제어계의 상태를 교란시키는 "외란"의 원인이 될 수 없는 것은?
① 가스의 유출량
② 탱크 주위의 온도
③ 탱크의 상태
④ 가스공급 압력 및 온도

9 다음 제어동작 중 불연속동작의 특징을 나타내는 것은?
① ON-OFF 동작
② P 동작
③ I 동작
④ D 동작

9.해설
연속동작
비례(P)동작, 적분(I)동작, 미분(D)동작

10 제어형태에서 잔류편차(offset)가 발생되는 동작은?
① ON-OFF 동작
② 비례동작
③ 적분동작
④ 미분동작

10.해설
P 동작은 잔류편차가 남는다.

11 목표량과 계측량과의 편차도 크기 및 지속시간과 비례한 제어동작은?
① D 동작
② P 동작
③ PID 동작
④ PI 동작

ANSWER 5.④ 6.① 7.① 8.③ 9.① 10.② 11.④

12 I 동작으로 오프셋(offset)을 제거하고 D 동작으로 응답을 신속화, 안정화시키는 동작은?

① PI 동작　　　② PD 동작
③ ID 동작　　　④ PID 동작

12. 해설
• PID 동작
적분동작(I)으로 잔류편차(offset)를 제거하고 미분동작(D)으로 응답을 신속히 안정화한다.

13 자동조절계의 목표값과 측정점 사이의 편차를 무엇이라고 하는가?

① 오프셋　　　② 바이어스
③ 자동저울　　④ 대저울

13. 해설
잔류편차(offset)

14 제어계를 안정화하고 정리를 빨리하는 목적으로 사용되는 제어동작은?

① 적분동작　　② 비례동작
③ 미분동작　　④ 온·오프동작

15 제어동작 중 제어 편차량의 시간적분에 비례한 속도로 조작량을 가감하는 것으로 잔류편차가 남지 않는 것은?

① 2위치 동작　② 비례 동작
③ 미분 동작　　④ 적분 동작

15. 해설
적분동작이란 제어동작 중 제어 편차량의 시간적분에 비례한 속도로 조작량을 가감하는 것으로 잔류 편차가 남지 않는다.

16 다음 식은 PID 동작을 나타낸 식이다. 여기서 리셋율이란 어떤 것을 말하는가?

$$y = K_P Z + \frac{1}{T_1} \int Z dt + T_D \frac{dz}{dt}$$

① K_P　　　　② Z
③ $\frac{1}{T_r}$　　　　④ T_P

16. 해설
• 리셋율
제어량편차의 미분값을 가감하는 율

17 다음 중 신호전달 거리가 가장 긴 신호는 어느 것인가?

① 공기식　　　② 유압식
③ 전기식　　　④ 팽창식

17. 해설
• 신호전달방식
① 공기압식 : 지연발생이 있다.
② 유압식
③ 전기식 : 전송길이가 가장 길다.
※ 전송길이 순서
전기식 > 유압식 > 공기압식

ANSWER　12. ④　13. ①　14. ③　15. ④　16. ③　17. ③

18 전기식 신호전달방식에 대한 설명 중 틀린 것은?
① 신호전달에 시간지연이 없다.
② 복잡한 신호에는 부적당하다.
③ 보수 및 취급에 기술을 요한다.
④ 배선설치가 용이하다.

19 다음 설명 중 틀린 것은 어느 것인가?
① 편차는 목표값과 측정값과의 차이다.
② 비례대(P, B)는 단위가 % 이다.
③ 온도를 제어하는 경우에는 비례동작만으로도 충분하다.
④ 공기식 계기의 출력은 일반적으로 0.2~1.0[kg/cm^2]이다.

20 조절기의 신호로 쓰이지 않은 것은?
① 유압   ② 공기압
③ 저항   ④ 전류

21 제어계에 직접 관련이 없는 장치는?
① 기록장치   ② 조작장치
③ 전송장치   ④ 검출장치

22 다음 중 보일러의 급수제어는?
① ABC   ② FWC
③ STC   ④ ACC

23 보일러의 연소제어는 다음 중 어느 것인가?
① ABC   ② FWC
③ STC   ④ ACC

24 수위제어장치 중 열팽창을 이용하는 것에 속하는 것이 아닌 것은?
① 베일리식   ② 정전용량식
③ 코프스식   ④ 2 요소식 코프스식

24.해설
• 코프스식
금속의 열팽창력식

ANSWER 18. ② 19. ③ 20. ③ 21. ① 22. ② 23. ④ 24. ②

25 수위와 증기유량을 동시에 검출하여 제어하는 방식은?

① 단요식　　　② 2요식
③ 3요식　　　④ 4요식

25.해설
① 단요식 : 수위
② 2요식 : 수위, 증기유량
③ 3요식 : 수위, 증기유량, 급수유량

26 저수위 제한기에서 경보는 연료차단 몇 초전에 울려야 하는가?

① 30초　　　② 10~50초
③ 30~70초　　　④ 50~100초

27 보일러의 자동제어의 약칭은 다음 중 어느 것인가?

① A.B.C.　　　② A.C.C.
③ F.W.C.　　　④ S.T.C.

28 중유의 유온을 일정하게 유지하는 제어방식을 무슨 제어라 하는가?

① ABC　　　② ACC
③ FDF　　　④ 로칼제어

29 인터록되어 있는 각종 부속장치를 설명했다. 전자 밸브와 인터록이 되어 있지 않은 것은?

① 저수위안전장치　　　② 압력조절장치
③ 화염검출기　　　④ 유량조절장치

30 피드백(Feed Back) 제어에서 설정부에 해당되는 것은?

① 목표치를 기억하고 그것을 신호로 보내는 요소
② 제어를 하기 위해 제어대상에 가해지는 양
③ 제어 편차량을 산출하는 부분
④ 제어동작의 신호를 조작부로 보내는 부분

30.해설
설정부는 목표치를 기억하고 그것을 신호로 보내는 요소를 말한다.

31 피드백 자동제어계에서 제어장치의 주요 구성부가 아닌 것은?

① 감응부　　　② 검출부
③ 조절부　　　④ 조작부

31.해설
피드백 자동제어장치의 주요 구성부는 설정부, 검출부, 조절부, 조작부이다.

ANSWER　25. ②　26. ④　27. ①　28. ④　29. ④　30. ①　31. ①

32 목표치가 변화하는 제어로서 목표치를 측정하면서 제어량을 목표치에 맞추는 방식의 추치제어(측정제어)의 종류가 아닌 것은?

① 추종제어　　　② 비율제어
③ 프로그램제어　　④ 정치제어

32.해설
측정제어종류 : 추종제어, 비율제어, 프로그램제어

33 보일러에서 유전자 밸브의 동작은?

① 비례동작　　　② 미분동작
③ 2위치동작　　　④ 간헐동작

33.해설
유전자 밸브(솔레노이드 밸브)는 온-오프 2위치 동작이다.

34 자동제어계의 동작 순서로 맞는 것은?

① 비교 → 판단 → 조작 → 검출
② 조작 → 비교 → 검출 → 판단
③ 검출 → 비교 → 판단 → 조작
④ 판단 → 비교 → 검출 → 조작

34.해설
• 자동제어계의 동작순서
검출 → 비교 → 판단 → 조작
즉, 검출부 → 비교부 → 판단부 → 조작부

35 각종 제어량과 조작량을 표시했다. 틀리는 것은?

① 노내압 → 연소가스량
② 보일러수위 → 급수량
③ 증기온도 → 연료량
④ 증기압력 → 연료량, 공기량

36 공기압식 신호전달 방식에서 공기 압력은?

① 0.1~0.5[kg/cm^2]　　② 0.1~1.0[kg/cm^2]
③ 0.2~0.5[kg/cm^2]　　④ 0.2~1.0[kg/cm^2]

37 보일러의 반자동제어장치에 사용되는 부품은 어느 것인가?

① 압력차단 스위치　　② 풍압 스위치
③ 제어 모터　　　　　④ 압력비례 조절기

38 연료공급량과 공기량을 압력제어장치의 지시에 따라 적당하게 유지해 주는 제어는 어느 것인가?

① 증기압력계의 제어　　② 연소계의 제어
③ 증기온도계의 제어　　④ 드럼 수위계의 제어

ANSWER　32. ④　33. ③　34. ③　35. ③　36. ④　37. ③　38. ②

39 자동제어의 신호전달 방식 중 공기압 신호 전송에 대한 설명으로 틀린 것은?

① 사용공기압은 0.2~1kg/cm² 정도이다.
② 신호 전달의 지연이 없다.
③ 최대전송거리는 100m~150m 정도이다.
④ 공기원에서 제진, 제습이 요구된다.

39.해설
공기압 신호전달의 단점은 신호의 전달 지연이 있다.

40 자동제어에서 제어량에 대한 희망값으로 설정값이라고도 하는 것은?

① 목표값　　② 동작신호값
③ 조작량　　④ 검출량

41 자동연소제어의 조작량에 해당되지 않는 것은?

① 연소량　　② 공기량
③ 연소가스량　　④ 전열량

42 다음 중 보일러에서 제어해야 할 요소에 해당되지 않는 것은?

① 급수제어　　② 연소제어
③ 증기온도제어　　④ 배기가스제어

43 코프식 자동 급수 조정장치는 다음 중 어느 것을 이용한 것인가?

① 공기의 열팽창　　② 금속관의 열팽창
③ 액체의 열팽창　　④ 증기압력의 변화

44 보일러의 자동제어에서 제어량과 조작량을 구분할 때 제어량만으로 구성되어 있는 것은?

① 증기압력, 연료량, 공기량
② 증기온도, 드럼수위, 노내 압력
③ 증기압력, 송풍량, 공기연료비
④ 노내 압력, 급수량, 전열량

44.해설
제어량 : 증기온도, 드럼수위, 노내 압력

45 보일러 자동제어의 한 방식인 인터록(inter lock)의 종류가 아닌 것은?

① 불착화 인터록　　② 프리퍼지 인터록
③ 포스트퍼지 인터록　　④ 저수위 인터록

45.해설
인터록의 종류 : 초과압력 인터록, 저수위 인터록, 저연소 인터록, 프리퍼지 인터록, 불착화 인터록

ANSWER 39.② 40.① 41.④ 42.④ 43.② 44.② 45.③

memo

PART 02

에·너·지·관·리·기·능·사

보일러시공·취급 및 안전관리

제1장 난방부하 및 난방설비

제2장 보일러설치·시공기준

제3장 보일러 취급

제4장 보일러 안전관리

구민사는 당신의 **합격**을 응원합니다.

에·너·지·관·리·기·능·사

PART 2

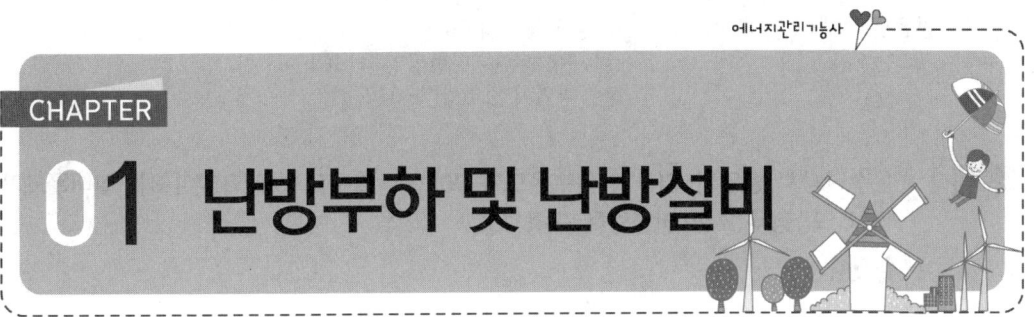

CHAPTER 01 난방부하 및 난방설비

1-1 난방부하의 계산

1. 난방부하의 계산

(1) 상당방열면적(E.D.R.)에 의한 계산

방열기를 통한 대류난방방식에서 면적(난방면적)을 환산하여 방열기의 표준방열량(상당방열량)과의 곱으로 산출한다.

▶ E.D.R.(Equivalent Dirert Radiation) 상당방열면적
1. 레이팅(rating)이라고도 하며, 표준방열면적이라고도 한다.
2. 방열면적 1[m^2]당 1시간 동안 난방에 필요로 하는 열량의 값으로 표시된다. 아래 도표의 값을 잘 알도록 한다.

구 분	표준발열량 [kcal/m^{2}h]	방열기내 평균온도[℃]	실내온도[℃]	방열계수 [kcal/m^{2}h℃]	온도차[℃]
증 기	650	102	21	8	81
온 수	450	80	18	7.2	62

* 난방부하=E.D.R.×표준방열량[kcal/m^{2}h]
* 난방부하=방열기 소요 방열면적×방열기 방열량
* 난방부하=열손실합계-취득열량

① 소요방열량계산 : 표준(상당)방열량과 표준온도차에 의해 계산한다.
   ※ 소요방열량 = 방열계수 × 온도차

   $\therefore 450 \times \dfrac{\text{온도차}}{62}$ $\therefore 650 \times \dfrac{\text{온도차}}{81}$ ∴ [온도차 = (방열기평균온도 - 실내온도)]

② 방열면적계산

$A = \dfrac{Q}{Qr}$ [m²]

$\begin{bmatrix} A : \text{소요방열면적}[m^2] \\ Q : \text{난방부하}(=\text{전방열량})[kcal/h] \\ Qr : \text{방열기 방열량}[kcal/m^2 h] \end{bmatrix}$

예제 1 온수난방시 방열기 입구의 온수온도가 95[℃], 출구의 온도가 70[℃], 실내온도가 18[℃]의 경우 소요 방열량을 구하시오.

풀이

$\therefore 450 \times \dfrac{\text{온도차}}{62} = 450 \times \dfrac{(\frac{95+70}{2} - 18)}{62} = 468 [kcal/m^2 h]$

예제 2 난방부하 8,500[kcal/h]인 사무실의 방열면적은 얼마인가?
(단, 주철제 방열기로 온수난방을 하며 방열량은 460[kcal/m²h]이다.)

풀이

$A = \dfrac{Q}{Qr}$ [m²]
$= \dfrac{8,500[kcal/h]}{460[kcal/m^2 h]} = 18.5 [m^2]$

[방열량의 값이 주어지지 않는 경우 450[kcal/m²h](온수), 650[kcal/m²h](증기)]

③ 방열기쪽(section) 수의 계산

$n = \dfrac{Q}{Qr \times As}$

$\begin{bmatrix} n : \text{섹션수} \\ Q : \text{난방열량}(=\text{전방열량})[kcal/h] \\ Qr : \text{방열기 방열량}[kcal/m^2 h] \\ As : \text{방열기 섹션당 방열면적}[m^2/section] \end{bmatrix}$

예제 3 어느 공장의 전방열량이 15,000[kcal/h]이다. 5세주 650[mm]의 주철제 온수난방으로 방열기를 설치코자 한다면 방열기 쪽수는 얼마이겠는가?
(5세주 650[mm] 방열기 쪽당 방열면적은 0.26[m²]이다.)

풀이

$n = \dfrac{Q}{Qr \times As} = \dfrac{15,000[kcal/h]}{450[kcal/m^2 h] \times 0.26[m^2/\text{쪽}]} = 128.2 [\text{쪽}]$

∴ 129쪽(소수 이하 값이 나오는 경우 1쪽을 더하여 계산한다.)

예제 4 방열기 방열량이 650[kcal/m²h]이고 방열기 1쪽당 표면적이 0.2[m²], 난방부하가 45000[kcal/h]이라면 설치할 방열기의 섹션수는 얼마인가?

풀이

$n = \dfrac{Q}{Qr \times As} = \dfrac{45,000[kcal/h]}{650[kcal/m^2 h] \times 0.2[m^2/\text{쪽}]} = 347 [\text{쪽}]$

❖ **방열기 호칭법** : 벽걸이방열기 (종별−형×쪽수)로 표시하며, 주형방열기 (종별−높이×쪽수)로 표시한다.
도시기호는 다음과 같이 나타낸다.

⟨방열기의 도시기호⟩

종 별	기 호
2주형	II
3주형	III
3세주형	3
5세주형	5
벽걸이형(횡)	W-H
벽걸이형(종)	W-V

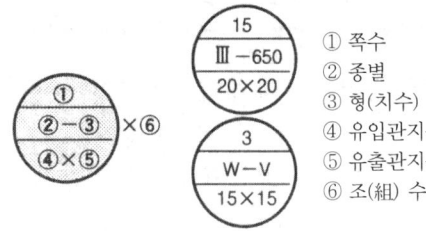

① 쪽수
② 종별
③ 형(치수)
④ 유입관지름
⑤ 유출관지름
⑥ 조(組) 수

④ 보일러의 용량결정

$$K = \frac{(Q+Q_1)(1+\alpha)\beta}{k} \text{[kcal/h]}$$

$\begin{cases} K : \text{보일러용량(정격출력)[kcal/h]} \\ Q : \text{난방부하[kcal/h]} \\ Q_1 : \text{급탕부하[kcal/h]} \\ \alpha : \text{배관손실계수 온수난방 } \alpha=35[\%] \\ \quad\quad \text{대규모 증기난방 } \alpha=25[\%] \\ \beta : \text{예열부하계수} \\ k : \text{석탄연소경우 출력저하계수} \end{cases}$

⟨예열부하계수 β⟩

소요전열량[kcal/h] $(H_r+H_g)(1+\alpha)$	보일러예열부하 (β)
25,000 이하	1.65
25,000~50,000	1.60
50,000~150,000	1.55
150,000~300,000	1.50
300,000~450,000	1.45

⟨출력저하계수 α⟩

석탄의 발열량[kcal/kg]	보일러 효율[%]	계수(k)
6,900	70	1.00
6,600	68	0.94
6,100	65	0.82
5,500	61	0.69
5,000	57	0.580

예제 5 주철제 보일러를 사용하는 어떤 주택에서 증기방열기의 전 방열면적이 500[m²]이고, 급수온도 15[℃], 급탕온도 75[℃], 급탕량 7,000[l/h] 일 때 아래 사항을 참고하여 다음 물음에 답하시오. (단, 답은 소수점 첫째자리에서 반올림 할 것.)

배관의 열손실(α) : 25[%], 보일러의 계수(예열부하) : 40[%]

출력저하계수(k) : 0.69

(1) 보일러의 정격출력을 구하시오.

풀이

$K = \dfrac{(Q+Q_1)(1+\alpha)\beta}{k}$

Q(난방부하) = 650[kcal/m²h] × 500[m²] = 325,000[kcal/h]

Q_1(급탕부하) = 7,000[l/h] × 1[kcal/kg℃] × (75-15)[℃] = 420,000[kcal/h]

$\therefore K = \dfrac{(325,000+420,000)(1+0.25)1.4}{0.69} = 1,889,492\text{[kcal/h]}$

1-2 증기난방설비

1. 증기난방설비

보일러에서 증기를 발생시켜 증기가 지닌 기화잠열을 이용하여 방열기 등에 보냄으로 실내 공기를 덥히는 대류형식의 난방 방법이다.

(1) 난방법에 의한 분류

① 개별식 난방 : 단독주택, 일반가정용 단독난방
② 중앙식 난방 : 2개처 이상의 난방형식으로 증기, 온수, 열풍 등의 열매체를 통해 난방하는 대규모 난방방식이다.
  ㉮ 직접난방 : 증기난방, 온수난방
  ㉯ 간접난방 : 공기조화설비
  ㉰ 방사난방 : 복사난방

(2) 증기난방의 분류

① 배관방식에 의한 분류
  ㉮ 단관식 : 응축수와 증기가 동일관속을 흐르는 방식으로 기울기(구배)를 잘못하면 수격작용 현상이 발생되는 문제로 소규모 난방에서만 사용된다.(방열기 밸브는 하부 태핑(tapping)에 공기빼기 밸브는 상부태핑에 설치해야 한다.)
  ㉯ 복관식 : 공급관과 환수관의 2관방식으로 증기관과 환수관이 연결되는 곳에는 반드시 증기 트랩을 설치하여 증기가 환수관으로 흐르지 않도록 방지한다.(방열기 밸브는 상하 어느 태핑에도 상관없고 열동식 트랩은 하부 태핑에 설치한다.)

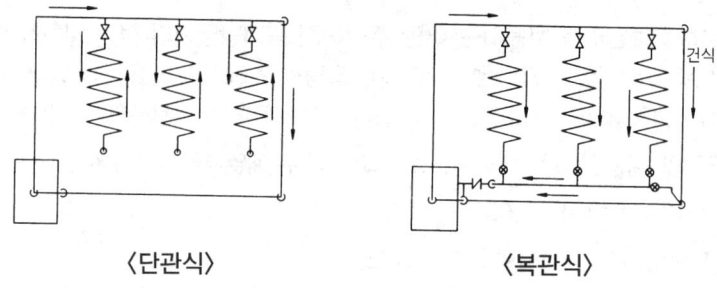

〈단관식〉   〈복관식〉

② 증기공급방식에 의한 분류
  ㉮ 상향 순환식 : 수평주관을 보일러 바로 위에 설치하고 여기에 수직관 또는 분기관을 연결하여 윗층의 방열기에 증기를 공급하는 방식
  ㉯ 하향 순환식 : 증기 수평주관을 가장 높은 층의 천장에 배관하고 이 수평주관에서 방열기에 공급하는 방식이다.

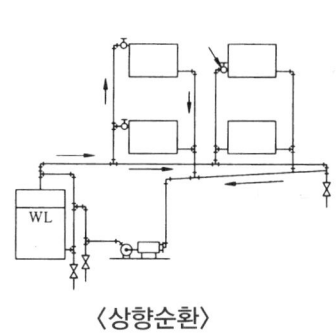
〈상향순환〉

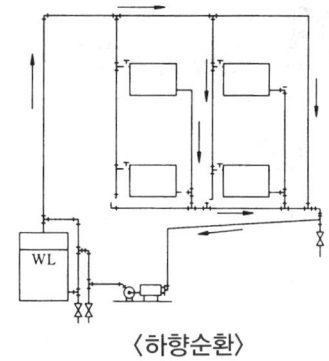
〈하향순환〉

③ 증기압력에 의한 분류
  ㉮ 고압 증기난방 : 1[kg/cm²·g] ~3[kg/cm²·g], 고압난방, 중압 : 0.35~1[kg/cm²] 정도
  ㉯ 저압 증기난방 : 0.1~0.35[kg/cm²·g]의 저압난방
   (주철제 보일러 0.3[kg/cm²·g] 습증기 사용)
  ㉰ 진공압 증기난방 : 대기압 이하의(포화온도 100[℃] 이하) 증기를 생산 외기조건에 따라 실온을 조절하는 난방방식

④ 응축수 환수방법에 의한 분류
  ㉮ 중력 환수식 : 건수환수 방식에서의 관수의 비중력차에 의해 환수하는 방식이다.
  ㉯ 기계 환수식 : 방열기에서 응축수 탱크까지는 중력환수 탱크에서 보일러까지는 펌프에 의한 강제순환방식이다.
  ㉰ 진공 환수식 : 방열기의 설치장소에 제한을 받지 않는 환수방식으로 증기와 응축수를 진공 펌프로 흡입 순환시키는 방식이다.

❖ 특 징
① 중력, 기계 환수보다 순환이 가장 빠르다.
② 기울기(구배)에 큰 애로가 없다.
③ 방열량을 광범위하게 조절할 수 있다.
④ 환수관의 관지름을 적게 할 수 있다.
⑤ 버큠 브레이커(vacuum breaker)를 사용하여 진공을 일정히 유지해야 한다.

⑤ 환수관의 배관방식에 의한 분류
  ㉮ 건식환수 : 보일러의 표준수위보다 높은 위치(약 650[mm])에 배관하여 환수하는 방식으로 관말에 냉각관(나관배관)과 관말 트랩(열동식 트랩)을 사용하여 증기의 환수로 인한 수격작용을 방지해야 한다.
  ㉯ 습식환수 : 저압증기 보일러의 표준수위보다 낮은 위치에 배관하여 환수하는 방식으로 접속부 누수로 인한 이상감수 현상을 방지하게 하기 위하여 하트포드 집속을 한다.

1-3 온수난방설비

1. 온수난방설비

보일러에서 온수를 발생시켜 온수가 지닌 현열을 이용하여 방열기, 팬코일 유닛 등에 보냄으로 실내 공기를 덥히는 대류형식의 난방 방법이다.

(1) 온수난방의 분류

① 온수의 온도에 의한 분류
   ㉮ 고온수식 온수난방 : 장치내 압력을 가해 온수의 온도를 100[℃] 이상으로 난방하며 이를 위해 밀폐식 팽창 탱크를 설치한다.
   ㉯ 보통온수식 온수난방 : 85~90[℃]의 온수로 난방하며 장치의 최상부에 개방식 팽창 탱크를 설치한다.

> ❖ **고온수식 온수난방의 특징**
> ① 난방 순환수량을 적게 할 수 있다.(온도차가 크므로)
> ② 보유열량이 크므로 보일러의 용량을 축소시킬 수 있다.
> ③ 관지름을 작게 할 수 있어 경제적이다.(내부 압력이 높음)

② 배관방식에 의한 분류
   ㉮ 단관식
   ㉯ 복관식
   ㉰ 역귀환방식(역환수방식) : 온수의 분배량을 균일하게 하기 위함이다.

③ 순환방식에 의한 분류
   ㉮ 자연 순환식 : 온수의 온도차에 의한 비중력차로 순환하는 방식이며 주로 단독 주택이나 소규모 난방에 사용된다.

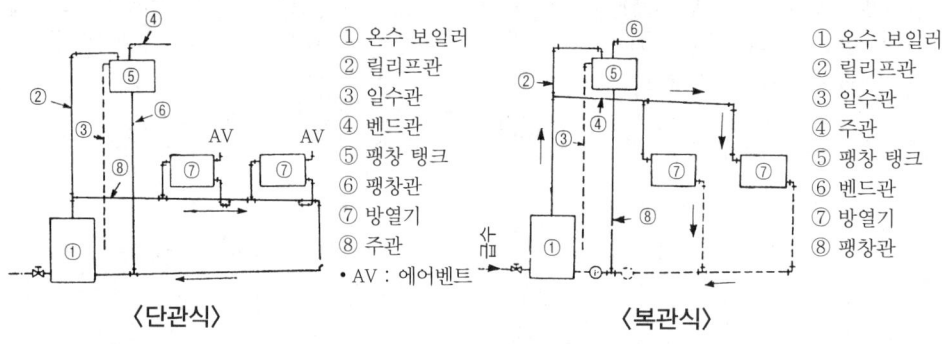

① 온수 보일러 ② 릴리프관 ③ 일수관 ④ 벤드관 ⑤ 팽창 탱크 ⑥ 팽창관 ⑦ 방열기 ⑧ 주관
• AV : 에어벤트

〈단관식〉

① 온수 보일러 ② 릴리프관 ③ 일수관 ④ 주관 ⑤ 팽창 탱크 ⑥ 벤드관 ⑦ 방열기 ⑧ 팽창관

〈복관식〉

■ 자연 순환 수두[mmH₂O]의 계산

$h = H(\rho_1 - \rho_2)1000 [\text{mmH}_2\text{O}]$

$\begin{bmatrix} h : \text{자연 순환 수두[mmH}_2\text{O, mmAq]} \\ H : \text{보일러에서 방열기까지 높이 [m]} \\ \rho_1 : \text{환수관의 온수비중[kg/}l\text{]} \\ \rho_2 : \text{공급관의 온수비중[kg/}l\text{]} \end{bmatrix}$

온수 순환량(Kg/h)의 계산

$$G = \frac{Q}{C \times \Delta t}$$

- G : 온수순환량[kg/h]
- Q : 열량[kcal/h]
- C : 비열[kcal/kg·℃]
- Δt : 온도차[℃]

〈높이 1[m]당 온수 자연 순환 수두 당[mmAq]〉

환수 \ 공급	90[℃]	85	80	75	70	65
60[℃]	18.0	14.6	11.4	8.35	5.42	2.65
65	15.2	12.0	8.84	5.69	2.77	–
70	12.5	9.15	5.98	2.92	–	–
75	9.55	6.24	3.05	–	–	–
80	6.49	3.31	–	–	–	–
85	3.31	–	–	–	–	–

㉯ 강제 순환식 : 축류 펌프, 센트리퓨걸 펌프(centrifugal pump), 하이드레이터 등을 사용하여 온수를 순환시키는 방식이며 순환력이 일정하고 자연 순환에 비하여 관지름을 작게 할 수 있는 장점이 있다. 순환 펌프는 환수관쪽 보일러 가까이에 설치하는 것이 일반적이다.

❖ **증기난방과 비교한 온수난방의 특징**
① 예열시간이 길다.
② 방열량의 조절이 쉽다.
③ 동결의 위험이 적다.
④ 방열면적이 넓고 취급이 쉽다.
⑤ 건축물의 높이에 제한을 받는다.

1-4 복사난방 및 지역난방

1. 복사난방

건축물의 천장, 바닥, 벽 등에 가열 코일을 묻어 코일 내에 증기 온수를 열매체로 순환시켜 그 복사열에 의해 난방하는 형식으로 패널 난방(panel heating)이라고도 한다.

(1) 복사난방의 분류

① 열매체의 종류에 의한 분류
　㉮ 온수 복사난방 : 일반적으로 65~82[℃]의 온수를 매설된 가열 코일에 순환시켜 난방한다.
　㉯ 증기 복사난방 : 저압증기를 사용하며 100[℃] 이상의 고온이므로 매설은 피하고 구조체의 내외벽 사이에 코일을 배치하여 간접적으로 난방한다.
　㉰ 온풍 복사난방 : 더운 바람을 천정 또는 방바닥 밑으로 불어넣어 가열하여 난방한다.
　㉱ 전열 복사난방 : 전열선을 이용 천장, 바닥, 벽 등을 가열하며 특수전열 패널을 사용하기도 한다.

② 가열면의 위치에 의한 분류
　㉮ 천장난방 : 천장이 높은 공장, 체육관, 강당 등에 사용되는 형식으로 천장면의 온도를 40[℃]까지 할 수 있다.
　㉯ 바닥난방 : 바닥면을 가열면으로 한 것으로 가열 표면온도를 너무 높게(30[℃] 정도)할 수 없어 실내가 넓으면 방열량이 부족하게 되며 먼지가 많이 나는 결점이 있다.
　㉰ 벽난방 : 바닥난방, 천장난방의 보조용으로 사용된다.

(2) 복사난방의 특징

① 장 점
　㉮ 높이에 따른 온도분포가 균일하다.
　㉯ 방열기 등의 설치공간이 불필요하여 실내 공간의 이용율이 높다.
　㉰ 공기 등의 미진을 태우지 않아 쾌감도가 좋다.
　㉱ 동일 방열량에 대해 열손실이 적다.

② 단 점
　㉮ 예열이 길어 부하에 대응하기 어렵다.
　㉯ 설비비가 많이 든다.
　㉰ 매입배관으로 고장수리, 점검이 어렵다.
　㉱ 표면부(모르타르층)의 균열 발생이 쉽다.

2. 지역난방

열공급시설의 열발생처에서 고압의 증기, 고온수를 생산하여 일정지역을 대상으로 공급함으로 사용처에서는 열의 생산설비(보일러) 없이 공급라인을 통해 직접 또는 열교환기 등으로 저압의 증기, 저온수로 바꾸어 난방 및 급탕을 이용하는 집단난방 방식이다. 우리나라에서도 당인리 화력발전소 산업폐열회수난방이 그 좋은 예라 할 수 있겠다.

(1) 지역난방의 특징

① 장 점
  ㉮ 대규모 설비로 인한 우수한 장치의 확보로 열발생 설비의 고효율화, 대기오염의 방지를 효과적으로 시행할 수 있다.
  ㉯ 한 곳에 집중 설비함으로 건물의 공간을 유효하게 사용할 수 있다.
  ㉰ 폐열의 회수 및 쓰레기의 소각 등으로 연료비가 적게 든다.
  ㉱ 작업인원 절감으로 인건비를 줄일 수 있다.
  ㉲ 고압의 증기 및 고온수이므로 관지름을 적게 할 수 있다.

② 단 점
  ㉮ 시설비가 많이 든다.
  ㉯ 설비가 길어지므로 배관 손실이 있다.
  ㉰ 고압의 증기, 고압의 고온수를 사용하므로 취급에 어려움이 있다.

(2) 고압증기에 의한 지역난방

열발생처에서 고압증기를 생산하여 감압장치를 통해 저압의 증기를 사용하거나 열교환기로 온수를 만들어 난방에 사용하는 방식이다.

① 난방용 증기의 구분
  ㉮ 고압 : 압력 10[$kg/cm^2 \cdot g$], 온도 183[℃] 이상의 증기
  ㉯ 중압 : 압력 2~4[$kg/cm^2 \cdot g$], 온도 132~151[℃]의 증기
  ㉰ 저압 : 압력 1[$kg/cm^2 \cdot g$], 온도 120[℃] 이하의 증기

② 배관방식에 의한 구분
  ㉮ 단관식 : 환수관 없이 증기를 사용 후 응축수를 하수도로 방출하는 방식으로 공급지역이 너무 멀어 환수관을 통한 열손실, 설비비를 고려한 방식이다.
  ㉯ 복관식 : 환수관을 통해 사용한 응축수를 환수하는 방식으로 설비비 및 유지(보수) 비가 많이 들 수 있으나 재사용함으로 경제적일 경우에 사용하는 방식이다.

③ 고온수에 의한 지역난방
  ㉮ 저압고온수 : 압력 1[$kg/cm^2 \cdot g$], 온수온도 120[℃] 이하, 배관계압력 5[kg/cm^2] 이하
  ㉯ 중압고온수 : 압력 1~4[$kg/cm^2 \cdot g$], 온수온도 120~150[℃], 배관계압력 5~10[kg/cm^2](공급 및 환수의 온도차를 60[℃] 정도로 한다.)
  ㉰ 고압고온수 : 압력 4~20[$kg/cm^2 \cdot g$], 온수온도 150~210[℃], 배관계압력 10~30[kg/cm^2](감압장치나 열교환기 등을 통해 저압증기, 저온수로 바꾸어 사용하는 간접식이 일반적이다.)

예상문제

1 공기의 온도만이 아니고 습도, 청정도 등을 조정할 수 있는 난방법은?

① 직접 난방법 ② 간접 난방법
③ 방사 난방법 ④ 패널 난방법

1.해설
간접난방 : 공기의 온도 및 습도, 청정도 등을 조정한다.

2 다음은 중력 환수식 증기난방시공법에 관한 설명이다. 잘못된 것은?

① 단관식은 상향식이든 하향식이든 끝내림 구배를 준다.
② 복관식은 증기 주관을 증기 흐름 방향으로 1/200의 끝올림 구배를 준다.
③ 단관식에서 순류관일 때는 1/100~1/200의 구배를 준다.
④ 단관식에서 역류관일 때는 1/50~1/100의 구배를 준다.

2.해설
2항에서 1/200의 끝내림 기울기를 준다.

3 온수난방법에 특성을 말한 것이다. 잘못된 것은?

① 난방부하의 변동에 따라 방열량의 조절이 쉽다.
② 건축물의 높이에 제한을 받는다.
③ 예열시간이 적게 든다.
④ 시설비가 많이 드나 보일러 취급이 쉽다.

3.해설
온수난방은 증기난방에 비해 예열시간이 길다.

4 주형 방열기(column radiator)의 종류가 아닌 것은?

① 2 주형 ② 3 주형 ③ 3 세주형 ④ 2 세주형

4.해설
• 주형 방열기
2 주형, 3 주형, 3 세주형, 5 세주형

5 온수난방에서 온수의 평균온도 80[℃], 실내온도 18[℃], 방열계수 7.2[kcal/m²h℃]의 측정 결과를 얻었다. 방열기의 방열량을 계산한 값이 옳은 것은?

① 446.4[kcal/m²h] ② 452.6[kcal/m²h]
③ 496[kcal/m²h] ④ 608.4[kcal/m²h]

5.해설
방열량[kcal/m²h]
= 방열계수×(방열기내 평균온도－실내온도)
= 7.2×(80－18)
= 446.4kcal/m²h

ANSWER 1. ② 2. ② 3. ③ 4. ④ 5. ①

6 온수 온돌 배관시공에서 송수관의 지름은 호칭 지름 얼마 이상으로 해야 하는가?

① 15[A] 이상
② 20[A] 이상
③ 32[A] 이상
④ 25[A] 이상

6.해설
① 송수·환수주관 : 32[A] 이상
② 급탕주관 : 15[A] 이상

7 온수 온돌 시공시 설치하는 팽창 탱크 목적이 아닌 것은?

① 운전 중 장치 내의 온도 상승에 의한 팽창에 대해 그 압력을 흡수한다.
② 장치 내를 운전 중 소정의 압력으로 유지하고 온수 온도를 유지한다.
③ 팽창한 물의 배출을 방지하여 장치의 열경제성의 저하를 막는다.
④ 장치를 가동하지 않을 경우 압력유지가 어렵고 물의 누설 등에 의한 장해와 공기의 침입을 방지하기 어렵다.

7.해설
개방식 팽창탱크의 경우 방열관이나 방열기 보다 1m 높게 설치한다. 이유는 일정압력을 유지시켜 공기의 침입을 방지한다.

8 급수관에서 공기가 고일만한 곳에 설치하는 밸브는?

① 에어벤트 밸브
② 푸트 밸브
③ 플래시 밸브
④ 체크 밸브

8.해설
공기가 고일만한 곳에는 공기빼기 밸브(에어벤트밸브)를 설치한다.

9 주철제 방열기의 호칭법은?

① 종별×형-쪽수
② 쪽수-종별×형
③ 종별-형×쪽수
④ 형-종별×쪽수

9.해설
벽걸이 방열기 호칭법
= 종별 - 형 × 쪽수

10 다음 설명 중 증기난방에 비하여 온수난방의 특징은?

① 건물높이에 제한을 받지 않아 대규모 난방설비에 적합하다.
② 동일방열량에 대하여 방열면적과 관의 지름이 작아진다.
③ 난방부하의 변동에 따른 온도조절이 용이하다.
④ 예열하는데 시간이 짧으며 동결될 우려가 없다.

10.해설
• 온수난방의 특징
① 예열시간이 길다.
② 발열량 조절이 쉽다.
   (온도조절용이)
③ 동결의 위험이 적다.
④ 건축물의 높이에 제한 받음
⑤ 소규모 난방에 적합

11 법규상 온수 보일러라 하면 전열면적 얼마 이하인 곳에 사용하는 보일러인가?

① 14[m^2]
② 16[m^2]
③ 18[m^2]
④ 20[m^2]

11.해설
온수 보일러란 전열면적이 14[m^2] 이하이고, 사용압력은 0.35MPa 이하이다.

ANSWER 6. ③ 7. ④ 8. ① 9. ③ 10. ③ 11. ①

12 주철제 방열기의 도시기호 중 벽걸이형 수직형으로서 절수는 3개, 유입측 25[A], 유출측 20[A]를 나타낸 것은 어느 것인가?

① ② 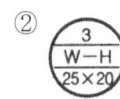 ③ 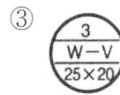 ④

13 온수를 사용한 주철제 보일러의 표준방열량은?

① 450[kcal/m²h]　② 539[kcal/m²h]
③ 653[kcal/m²h]　④ 650[kcal/m²h]

13.해설
- 표준방열량(증기)
  = 8×(102−21)÷약 650[kcal/m²h]
- 표준방열량(온수)
  = 7.2×(80−18)÷약 450[kcal/m²h]

14 온수 보일러 설치시공검사시 수압검사는 실제 사용 최고압력에 몇 배의 수압을 가하여야 하는가? (단, 최고사용압력이 0.2MPa(2[kg/cm²]) 미만일 경우 제외)

① 1 배　② 2 배
③ 1.3 배　④ 4 배

14.해설
온수 보일러 수압시험 압력
= 최고사용압력×2
(단, 최고사용압력이 0.2MPa(2[kg/m²]) 미만은 0.2MPa(2[kg/cm²]))

15 어떤 방의 온수 난방에서 실내 온도를 19[℃]로 유지하려고 하는데 소요되는 열량이 시간당 27,500[kcal]가 소요된다고 한다. 이 때 송온수의 온도가 85[℃]이고, 환수 온도가 0[℃]라면 온수의 순환량은 약 얼마인가? (단, 온수의 비열은 0.997[kcal/kg·℃]라 한다.)

① 324[kg/hr]　② 367[kg/hr]
③ 398[kg/hr]　④ 424[kg/hr]

15.해설
$G = \dfrac{Q}{C \times \Delta t} = \dfrac{27,500}{0.997(85-0)}$
　= 324kg/h
Q : 난방부하[kcal/h]
C : 온수평균비열[kcal/kg℃]
Δt : 온도차(송수온도−환수온도)

16 온수 보일러의 개방식 팽창 탱크는 방열면보다 얼마 정도 높은 곳에 설치하는가?

① 0.5[m]　② 0.8[m]
③ 1[m]　④ 1.5[m]

16.해설
개방식 팽창탱크의 경우 방열기나 방열관 보다 1m 높게 설치한다.

17 주철제 방열기 중 벽걸이형 수평형을 나타내는 기호는?

① W−H　② W−V
③ Ⅱ−V　④ Ⅲ−V

17.해설
① 벽걸이 수직형 : W−V
② 벽걸이 수평형 : W−H
③ 2 주형 : Ⅱ
④ 3 주형 : Ⅲ
⑤ 3 세주 : 3
⑥ 5 세주 : 5

ANSWER　12. ③　13. ①　14. ②　15. ①　16. ③　17. ①

18 방열기의 도시 중 유입측 지름은 몇 [mm]인가?

① 3[mm]
② 25[mm]
③ 30[mm]
④ 50[mm]

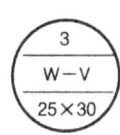

18.해설
① 유입측 지름 25[mm]
② 유출측 지름 30[mm]

19 강제순환식 온수난방 배관의 구배에 관한 설명으로 옳은 것은?

① 구배는 모두 끝내림으로 한다.
② 구배는 모두 끝올림으로 한다.
③ 복귀관만 끝내림 구배로 한다.
④ 구배는 자유롭게 해도 된다.

19.해설
강제순환식 온수난방 구배(기울기)는 끝올림이든 끝내림이든 무관하다.

20 온수 발생 보일러에 부착하는 수위계의 설명으로 잘못된 것은?

① 동체 또는 온수의 출구 부위에 부착한다.
② 보일러와 수위계 사이는 글로브 밸브 또는 체크 밸브를 설치해야 한다.
③ 콕을 설치한 경우 콕의 핸들은 콕이 열려 있을 때, 부착시킨 관과 평행해야 한다.
④ 수위계의 최고눈금은 보일러 최고사용압력의 1배 이상 3배 이하로 한다.

20.해설
수위계 사이는 체크밸브를 설치하지 않는다.

21 자동온도 조절기의 일종인 아쿠아 스태트(리밋 콘트롤)의 감온부는 어디에 부착되는가?

① 보일러 본체   ② 버너
③ 연도   ④ 온수공급관

21.해설
아크아스테트는 보일러 본체에 부착한다.

22 주철제 방열기의 호칭이 5-650×18로 표시될 때 650이 의미하는 것은?

① 유입측 관경 치수
② 방열기 높이 치수
③ 방열기의 폭 치수
④ 섹션 수

22.해설
① 5 : 5세주
② 650 : 방열기 높이치수
③ 18 : 방열기 섹션 수

ANSWER 18. ② 19. ④ 20. ② 21. ① 22. ②

23 중력 순환식 온수 난방법에 관한 다음 설명 중 잘못된 것은?

① 중력 작용에 의한 자연 순환 방식이다.
② 보일러는 최하위(最下位)의 방열기보다 높은 곳에 설치한다.
③ 소규모일 때 보일러를 방열기와 같은 층에 둘 수 있다.
④ 소형 보일러용 온수 난방법이다.

23. 해설
중력순환식의 경우 보일러는 방열기 보다 낮은 위치에 설치한다.

24 다음은 온수 난방 배관 중 보온 피복을 하지 않아도 되는 곳을 열거한 것이다. 아닌 것은?

① 실내에 장치된 밸브류
② 암거(어두운 장소)내 배관에 장치된 밸브
③ 온수 공급관
④ 플랜지 접합부

24. 해설
증기 및 온수 공급관에는 꼭 보온 피복을 해야 한다.

25 온수의 순환방법 중 강제순환식의 특징이 아닌 것은?

① 예열시간이 짧다.
② 순환력이 강하다.
③ 배관의 지름을 가늘게 할 수 있다.
④ 소규모 난방장치에 적당하다.

25. 해설
온수의 순환방법에 강제순환식의 경우에는 대규모 난방장치에 적합하다.

26 건식 환수관에서 증기관 내의 응축수를 환수관에 배출할 때는 응축수가 체류하기 쉬운 곳에 무엇을 설치하여야 하는가?

① 공기빼기 밸브
② 드레인 포켓
③ 안전 밸브
④ 열동식 트랩

26. 해설
건식 환수관에서 응축수가 체류하기 쉬운 곳에 드레인 포켓을 설치한다.

27 증기 난방의 분류 중 증기공급방법에 속하는 것은?

① 저압식
② 상향식
③ 습식 환수식
④ 중력 환수식

27. 해설
① 저압식 : 증기압에 따라
② 상향식 : 공급방법에 따라

ANSWER 23. ② 24. ③ 25. ④ 26. ② 27. ②

28 어떤 방의 온수난방에서 실내온도를 18[℃]로 유지하려고 하는데 소요되는 열량이 시간당 27,500[kcal]가 소요된다고 한다. 이때 송수의 온도가 85[℃]이고 환수의 온도가 20[℃]라면 온수순환량은 얼마인가?
(단, 온수의 비열은 0.997[kcal/kg℃]이다.)

① 324[kg/hr]   ② 367[kg/hr]
③ 398[kg/hr]   ④ 424[kg/hr]

28.해설
$G = \dfrac{Q}{C \cdot \Delta t} = \dfrac{27,500}{0.997(85-20)}$
$= 424[kg/hr]$

29 중력순환식 온수 난방법의 설명으로 잘못된 것은?

① 주로 가정 주택용에 사용된다.
② 온수 온도의 밀도차에 의해 순환된다.
③ 보일러는 방열기보다 낮은 곳에 설치한다.
④ 보일러를 방열기보다 높은 곳에 설치한다.

29.해설
중력순환식의 경우는 보일러를 방열기보다 낮은 곳에 설치해야 한다.

30 밀폐식 팽창 탱크에 가장 필요 없는 것은?

① 배기관   ② 압력계
③ 안전 밸브   ④ 수위계

30.해설
• 밀폐된 팽창 탱크
수위계, 압력계, 안전 밸브
압축공기관

31 보일러의 송수주관을 최하층의 천장에 배관하고 여기서 수직관을 분기시켜 방열기에 연결하는 방식은?

① 상향식   ② 하향식
③ 단관식   ④ 복관식

31.해설
상향식은 보일러를 방열기나 방열관보다 낮은 곳에 설치하고 순환시키는 방식이다. 즉, 보일러 방열기보다 낮은 위치에 있을 때 택하는 방식이다.

32 방열기는 창문 아래에 설치하는데 벽면으로부터 몇 [mm] 정도의 간격을 두어야 하는가?

① 10~20[mm]   ② 30~40[mm]
③ 50~60[mm]   ④ 70~90[mm]

32.해설
방열기는 벽에서 50~60mm정도의 간격을 두고 설치한다.

33 단관 중력 환수식 온수난방에서 방열기 입구 반대편 상부에 부착하는 밸브는?

① 방열기 밸브   ② 온도조절 밸브
③ 공기빼기 밸브   ④ 배수 밸브

33.해설
방열기 입구 반대편 상부에는 공기빼기밸브를 설치한다.

ANSWER   28. ④   29. ④   30. ①   31. ①   32. ③   33. ③

34 단관 중력 환수식 증기난방배관에서 역류관의 기울기는?

① 1/50~1/100
② 1/100~1/200
③ 1/50~1/250
④ 1/200~1/300

34.해설
단관 중력환수식 증기난방배관에서 역류관은 1/50~1/100의 기울기를 준다.

35 온수난방에서 자연순환수두를 높일 수 있는 방법이 아닌 것은?

① 방열기의 입, 출구의 온도차를 크게 한다.
② 관경을 작게 한다.
③ 관의 구배를 잘 잡는다.
④ 관 마찰저항을 적게 한다.

35.해설
온수난방에서 자연순환수두를 높게 하려면 온도차(비중차)를 크게, 관경을 크게한다.

36 다음 중 주철제 방열기에 속하지 않는 것은?

① 3 주형
② 5 세주형
③ 대류방열기
④ 벽걸이형

36.해설
대류방열기는 주철제 방열기에 속하지 않는다.

37 다음 방열기 도시기호 중 벽걸이 세로형 도시기호는?

① W-H
② W-V
③ W-H
④ W-Ⅲ

37.해설
벽걸이(W) - 수직(V)형
벽걸이(W) - 수평(H)

38 온수 보일러에 팽창 탱크와 직접 연결되는 것이 아닌 것은?
(단, 별도의 급수 탱크로부터 자동적으로 팽창 탱크에 급수되는 형식)

① 송수주관
② 팽창관
③ 오버 플로우관
④ 급수관

38.해설
•개방식 팽창 탱크에 부착되는 것
① 팽창관
② 급수관
③ 안전관
④ 통기관
⑤ 오버 플로우관
⑥ 드레인관

39 온수난방식 상당방열면적이 50[m²]일 때 난방부하는 몇 [kcal/h]인가?

① 22,500[kcal/h]
② 255,00[kcal/h]
③ 325,000[kcal/h]
④ 415,000[kcal/h]

39.해설
온수의 경우 표준방열량이 450[kcal/m²h]이므로
∴ 450×50 = 22,500[kcal/h]

ANSWER 34. ① 35. ② 36. ③ 37. ② 38. ① 39. ①

40 방열기 설치에 관한 설명으로 틀린 것은?

① 주형 방열기는 벽에서 50~60mm 떨어지게 설치한다.
② 벽걸이 방열기는 바닥에서 150mm 정도 높게 설치한다.
③ 베이스 보드 히터는 바닥에서 최대 90mm 정도 높이로 설치한다.
④ 방열기는 가급적 창문과 먼 쪽에 설치한다.

40.해설
방열기 설치 장소는 가급적 창문 아래 또는 가까운 곳에 설치한다.

41 고온수식 온수난방의 특징 설명으로 잘못된 것은?

① 밀폐형 팽창탱크를 설치한다.
② 온수 온도는 보통 50~60℃이다.
③ 온수의 공급 및 복귀 온도차를 크게 할 수 있다.
④ 주로 대규모 건물이나 지역난방 등에 많이 이용된다.

41.해설
고온수 난방은 온수가 100℃이상이다.
보통온수 난방은 온수가 85℃~95℃이다.

42 온수온돌 난방에 쓰이는 온수의 온도는 어느 정도가 적당한가?

① 85~90[℃]
② 60~70[℃]
③ 50~60[℃]
④ 40~60[℃]

42.해설
① 보통온수 : 85~90[℃]
② 고온수 : 100[℃] 이상(밀폐형 팽창 탱크)
③ 급탕 : 50~60[℃] 정도

43 다음 방열기의 설치 지시에 관한 도면 설명으로 잘못된 것은?

① 이 방열기의 쪽수는 18 개이다.
② Ⅱ는 2 세주형 방열기의 표시기호이다.
③ 방열기의 높이(치수)가 650[mm]이다.
④ 20A 및 유출관지름은 25[A]이다.

43.해설
Ⅱ : 2 주형

44 연료배관에서 복관식 보일러 유류배관에 관한 다음 설명 중 틀린 것은?

① 건타입 버너는 복관식 배관방식으로 하면 공기가 잘 빠지기 쉽다.
② 유류 탱크는 버너보다 위 또는 아래에 설치하여도 좋다.
③ 유류 탱크는 버너보다 위에 설치하고 탱크가 비지 않도록 주의한다.
④ 버너 펌프에 의한 순환급유 방식이다.

44.해설
• 단관식
연료 탱크는 버너보다 위에 설치되며 공기빼기장치가 필요하다.

ANSWER 40. ④ 41. ② 42. ① 43. ② 44. ③

45 강제순환식 온수난방에 쓰이는 순환 펌프로 가장 부적합한 것은?

① 볼류트 펌프　② 분사 펌프
③ 라인 펌프　④ 축류형 펌프

45. 해설
온수난방에서 분사펌프는 사용하지 않는다.

46 유류용 온수 보일러가 직립형인 경우 연관을 통한 열손실을 방지하기 위하여 연관 내부에 설치하는 것은?

① 엔트 프라이밍관　② 배플 플레이트
③ 스테이　④ 겔로웨이 튜브

46. 해설
연관을 통한 열손실방지를 위해 배플플레이트를 설치한다.

47 주철제 방열기를 세팅할 때 벽과의 간격은?

① 50~60[mm]　② 90~100[mm]
③ 30~40[mm]　④ 60~70[mm]

47. 해설
주철제 방열기는 벽에서 50~60mm 간격을 둔다.

48 온수난방의 팽창 탱크에 관한 설명 중 잘못된 것은?

① 온도에 의한 체적팽창을 도출시킨다.
② 팽창 탱크의 오버 플로우관과 최고 방열기와는 1[mm] 이상으로 한다.
③ 안전 밸브의 역할을 한다.
④ 온수순환을 촉진시키는 역할을 한다.

48. 해설
개방식 팽창탱크는 방열기보다 1m 높게 설치한다.

49 증기난방배관에서 진공 펌프를 설치하는 형식으로 환수관을 방열기보다 윗쪽으로 배관하는 경우 또는 진공 펌프를 환수관보다 높은 위치에 설치할 때 이용하는 이음방법은?

① 리프트 이음
② 하드포드 이음
③ 스위블 이음
④ 슬리브 이음

49. 해설
• 진공환수식 특징
① 방열기 설치위치에 제한을 안받는다.
② 증기의 순환이 가장 빠르다.
③ 리프트 피팅의 높이는 1단 1.5[m], 2단 3[m]
④ 안전장치로 베큐엄브레이커를 사용한다.

50 벽걸이형 방열기 설치시 바닥면과 방열기 밑면까지의 간격을 얼마 정도로 하는 것이 좋은가?

① 150　② 200
③ 250　④ 100

50. 해설
벽걸이 방열기는 바닥에서 150mm 정도의 간격을 두고 설치한다.

ANSWER　45. ②　46. ②　47. ①　48. ②　49. ①　50. ①

51 증기난방에서 응축수의 환수 방법에 따른 분류(종류) 중 증기의 순환과 응축수의 배출이 빠르며, 방열량도 광범위하게 조절할 수 있어서 대규모 난방에서 많이 채택하는 방식은?

① 단관식 중력 환수식 증기난방
② 복관식 중력 환수식 증기난방
③ 진공 환수식 증기난방
④ 기계 환수식 증기난방

51.해설
진공환수식은 방열량 조절이 용이하고 대규모 난방에서 많이 채택한다.

52 온수 보일러의 수압시험 압력이 0.15MPa(1.5[kg/cm²])이면 수압시험 압력은?

① 0.2MPa(2[kg/cm²])
② 0.33MPa(3.3[kg/cm²])
③ 0.45MPa(4.5[kg/cm²])
④ 0.58MPa(5.8[kg/cm²])

52.해설
보일러의 사용압력이 0.2MPa(2[kg/cm²]) 미만인 경우는 어떤 보일러든 0.2MPa(2[kg/cm²])로 수압시험을 실시한다.

53 다음 급수 설비에 대한 사항 중 올바른 것은?

① 옥상 탱크의 용량은 건물의 1일 사용 수량으로 한다.
② 옥상 탱크의 높이는 최고층의 수도꼭지에서 0.3MPa(3[kg/cm²]) 이상의 수압이 되도록 한다.
③ 양수 펌프의 양수량은 1~2시간으로 옥상 탱크에 가득 채울 수 있는 것이어야 한다.
④ 압력 탱크는 최고와 최저의 수압차를 0.07~0.14MPa(0.7~1.4[kg/cm²]) 정도로 한다.

53.해설
압력 탱크는 최고와 최저의 수압차를 0.07~0.14MPa 정도로 한다.

54 중력 순환식 온수난방법의 설명 중 틀린 것은?

① 주로 가정 주택용에 사용된다.
② 온수의 온도차와 비중의 차에 따른 자연순환식이다.
③ 보일러를 방열기와 같은 층에 설치할 수 있다.
④ 보일러는 방열기보다 낮게 설치한다.

54.해설
중력환수식은 보일러를 방열기보다 낮게 설치한다.

55 급수 중의 불순물이나 침전물을 배출하기 위해 사용하는 밸브는?

① 기수분리기
② 역류 밸브
③ 수면 콕 밸브
④ 배수 밸브

55.해설
불순물이나 침전물 배출을 위해 배수밸브를 설치한다.

ANSWER 51. ③ 52. ① 53. ④ 54. ③ 55. ④

56 온수순환방법에서 순환이 자유롭고 신속하며 균일하게 가열할 수 있는 방법은?

① 강제순환식 배관법
② 복관중력식 배관법
③ 건식순환식 배관법
④ 단식중력식 배관법

56.해설
강제순환식 배관법은 순환이 자유롭고 신속하며 균일하게 가열할 수 있다.

57 다음은 습식 환수관식 증기 난방법에 관한 설명이다. 틀린 것은?

① 환수 주관이 보일러 수면보다 높게 배관되었다.
② 응축수가 항상 만수 상태로 흐르므로 관지름이 가늘어도 된다.
③ 한냉지에서도 야간 동파의 염려가 많다.
④ 야간 동파의 염려가 있는 곳에는 배수 밸브를 설치한다.

57.해설
환수주관이 수면보다 높은 증기부에 환수하는 방식은 건식환수방식이다.

58 방열기의 설치 장소에 제한을 받지 않는 난방 공식은?

① 중력 환수식　② 기계 환수식
③ 진공 환수식　④ 자연 환수식

58.해설
높이에 제한을 받지 않는 환수방식은 진공환수식이다.

59 열팽창에 대한 신축이 방열기에 미치지 않도록 어떤 이음을 사용하는가?

① 벨로즈 이음　② 슬리브 이음
③ 루프형 이음　④ 스위블 이음

59.해설
주관에서 가지관을 분기시 신축을 고려하여 스위블이음을 설치한다.

60 방열기 부속품으로서 방열기 출구에 설치하는 트랩은?

① 열동식 증기 트랩　② 수봉식 증기 트랩
③ 버킷 트랩　④ 플로트 트랩

60.해설
방열기 출구에는 열동식 트랩을 설치한다.

61 유류용 온수 보일러의 전열면적이 3[m^2]인 경우 방출관의 크기는?

① 20[A] 이상　② 25[A] 이상
③ 30[A] 이상　④ 35[A] 이상

61.해설
• 팽창관
전열면적이 5[m^2] 이하 25[A] 이상, 전열면적이 5[m^2] 이상 30[A] 이상

ANSWER　56. ①　57. ①　58. ③　59. ④　60. ①　61. ②

62 어느 빌딩에서 증기난방을 하고자 한다. 증기난방의 필요한 난방부하가 35,000[kcal/h]이다. 주철제 방열기를 가지고서 증기난방을 하려면 필요한 방열면적은 몇 [m²]이 되겠는가? (단, 방열기 입구의 온도가 120[℃], 출구온도가 105[℃], 실내온도가 21[℃]이다.)

① 35　　　　　　　　② 40
③ 48　　　　　　　　④ 56

62.해설
방열면적 = 난방부하/방열량
∴ 소요방열량
$= 650 \times \dfrac{평균온도차}{81}$
∴ 평균온도차 $= \dfrac{입구+출구}{2}$
$= \dfrac{35000}{650 \times \left[\dfrac{\left(\dfrac{120+105}{2}\right)-21}{81}\right]}$
$= 47.65[m^2]$

63 급탕량이 2,000[kg/h], 유류 온수 보일러 효율이 74[%], 경유 소모량이 17[kg/h]이다. 난방용 온수 공급량은 몇 톤[ton/h]인가? (단, 급탕수 입구온도 20[℃], 급탕수공급온도 60[℃], 난방용 송수온도 60[℃], 난방용 환수온도 40[℃], 경유의 Hl이 10,000[kcal/kg], 물의 비열이 1[kcal/kg℃])

① 1.5　　　　　　　　② 3.5
③ 2.29　　　　　　　④ 4.25

63.해설
$\dfrac{(10000 \times 17 \times 0.74)-(2000 \times 1(60-20))}{1 \times (60-40) \times 1000}$
$= 2.29$

64 온수의 온도가 85[℃]이며 실내온도가 20[℃]이고 방열기의 방열계수가 7.5[kcal/m²h℃]이면 소요 방열기의 방열량은 얼마인가?

① 650　　　　　　　② 450
③ 487　　　　　　　④ 539

64.해설
$7.5(85-20) = 487.5$

65 상향공급식 중력순환의 온수난방에서 송수의 온도가 90[℃], 환수의 온도가 70[℃]이고 실내온도 20[℃]로 유지할 경우 방열기의 소요방열면적을 구하시오. (단, 방열기의 방열계수는 7[kcal/m²h℃], 난방부하가 3,000[kcal]이다.)

① 5.14[m²]　　　　　② 7.14[m²]
③ 10[m²]　　　　　　④ 21.5[m²]

65.해설
소요방열면적(m²)
$= \dfrac{3000}{7 \times \left(\dfrac{90+70}{2}-20\right)}$
$= 7.14[m^2]$

66 6[℃]의 물 1,800[*l*]를 가열하면 난방하려는 온수난방장치에서 개방식 팽창 탱크를 설치하려 한다. 6[℃]의 물의 밀도 0.9997[kg/*l*], 86[℃]의 물의 밀도 0.96800[kg/*l*]라 하면 팽창 탱크의 용량을 온수팽창량의 2.5배로 할 경우 탱크의 내용적은 몇 [*l*]인가?

① 150　　② 200　　③ 248　　④ 841

66.해설
$2.5\left(\dfrac{1}{0.96800}-\dfrac{1}{0.99997}\right) \times 1800$
$= 148.63[l]$

ANSWER　62. ③　63. ③　64. ③　65. ②　66. ①

제1장 난방부하 및 난방설비

67 난방 전체 면적이 350[m²]일 때 온수 보일러용 팽창 탱크 적정용량은?

① 50[*l*]   ② 60[*l*]
③ 70[*l*]   ④ 100[*l*]

67.해설
E·T = $0.2 \times H_A$
E·T = $350 \times 0.2 = 70$

68 어떤 실내를 온수로 하여 온돌난방을 하는 곳에서 실내 온도를 유지하는데 18[℃]로 하려면 시간당 소요열량이 29,500[kcal/h]가 소요된다. 이 경우 송수주관의 온도가 85[℃], 환수주관의 온도가 55[℃]라면 온수의 순환량은 시간당 몇 [kg/h]인가? (단, 온수의 비열은 0.995[kcal/kg·℃] 이다.)

① 788   ② 988
③ 1000 ④ 1700

68.해설
• 온수순환량
= $\dfrac{29500}{(85-55) \times 0.995}$
= 988.27[kg/h]

69 온수 보일러의 물의 용량이 3,500[*l*]이다. 이 보일러에서 25[℃]의 물을 급수하여 85[℃]로 가열하면 물의 온수 팽창량은 몇 [*l*]인가? (단, 25[℃]의 물의 밀도는 0.98이고, 85[℃] 의 물의 밀도는 0.965이다.)

① 26   ② 36
③ 46   ④ 56

69.해설
• 온수팽창량
= $\left(\dfrac{1}{0.965} - \dfrac{1}{0.98}\right) \times 3500$
= 55.51

ANSWER   67. ③   68. ②   69. ④

CHAPTER 02 보일러설치 · 시공기준

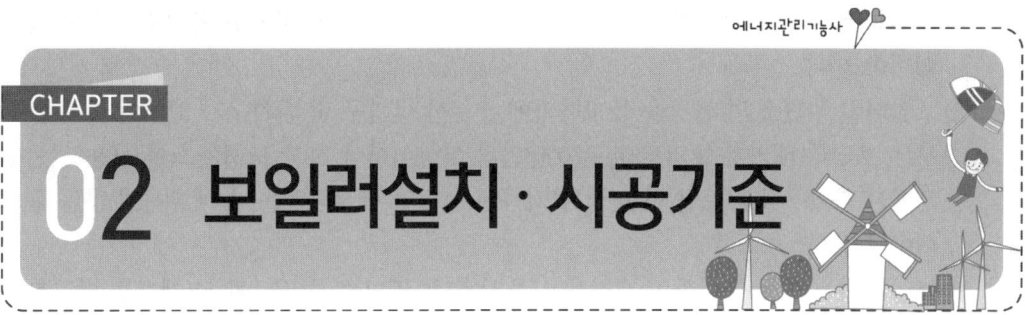

2-1 보일러설치 · 시공기준

〈산업통상자원부고시〉

1 설치 · 시공기준

1. 설치장소

(1) 옥내설치

보일러를 옥내에 설치하는 경우에는 다음 조건을 만족시켜야 한다.
① 보일러는 불연성물질의 격벽으로 구분된 장소에 설치하여야 한다. 다만, 소용량강철제보일러, 소용량주철제보일러, 가스용온수보일러, 1종 관류보일러(이하 "소형보일러"라 한다)는 반격벽으로 구분된 장소에 설치할 수 있다.
② 보일러 동체 최상부로부터(보일러의 검사 및 취급에 지장이 없도록 작업대를 설치한 경우에는 작업대로부터) 천정, 배관 등 보일러 상부에 있는 구조물까지의 거리는 1.2m 이상이어야 한다. 다만, 소형보일러 및 주철제보일러의 경우에는 0.6m 이상으로 할 수 있다.
③ 보일러 동체에서 벽, 배관, 기타 보일러 측부에 있는 구조물(검사 및 청소에 지장이 없는 것은 제외)까지 거리는 0.45m 이상이어야 한다. 다만, 소형보일러는 0.3m 이상으로 할 수 있다.
④ 보일러 및 보일러에 부설된 금속제의 굴뚝 또는 연도의 외측으로부터 0.3m 이내에 있는 가연성 물체에 대하여는 금속 이외의 불연성 재료로 피복하여야 한다.
⑤ 연료를 저장할 때에는 보일러 외측으로부터 2m 이상 거리를 두거나 방화격벽을 설치하여야 한다. 다만, 소형보일러의 경우에는 1m 이상 거리를 두거나 반격벽으로 할 수 있다.

⑥ 보일러에 설치된 계기들을 육안으로 관찰하는데 지장이 없도록 충분한 조명시설이 있어야 한다.
⑦ 보일러실은 연소 및 환경을 유지하기에 충분한 급기구 및 환기구가 있어야 하며 급기구는 보일러 배기가스 닥트의 유효단면적 이상이어야 하고 도시가스를 사용하는 경우에는 환기구를 가능한 한 높이 설치하여 가스가 누설되었을 때 체류하지 않는 구조이어야 한다.
⑧ 보일러의 연도는 내식성의 재질을 사용하거나, 배가스 중 응축수의 체류를 방지하기 위하여 물 빼기가 가능한 구조이거나 장치를 설치하여야 한다.

(2) 옥외설치

보일러를 옥외에 설치할 경우에는 다음 조건을 만족시켜야 한다.
① 보일러에 빗물이 스며들지 않도록 케이싱 등의 적절한 방지설비를 하여야 한다.
② 노출된 절연재 또는 래깅 등에는 방수처리(금속커버 또는 페인트 포함)를 하여야 한다.
③ 보일러 외부에 있는 증기관 및 급수관 등이 얼지 않도록 적절한 보호조치를 하여야 한다.
④ 강제 통풍팬의 입구에는 빗물방지 보호판을 설치하여야 한다.

(3) 보일러의 설치

보일러는 다음 조건을 만족시킬 수 있도록 설치하여야 한다.
① 기초가 약하여 내려앉거나 갈라지지 않아야 한다.
② 강구조물은 빗물이나 증기에 의하여 부식이 되지 않도록 적절한 보호조치를 하여야 한다.
③ 수관식 보일러의 경우 전열면을 청소할 수 있는 구멍이 있어야 하며, 구멍의 크기 및 수는 규정에 따른다. 다만, 전열면의 청소가 용이한 구조인 경우에는 예외로 한다.
④ 보일러에 설치된 폭발구의 위치가 보일러기사의 작업장소에서 2m 이내에 있을 때에는 당해보일러의 폭발가스를 안전한 방향으로 분산시키는 장치를 설치하여야 한다.
⑤ 보일러의 사용압력이 어떠한 경우에도 최고사용압력을 초과할 수 없도록 설치하여야 한다.
⑥ 보일러는 바닥 지지물에 반드시 고정되어야 한다. 소형보일러의 경우는 앵커 등을 설치하여 가동 중 보일러의 움직임이 없도록 설치하여야 한다.

(4) 배관

보일러 실내의 각종 배관은 팽창과 수축을 흡수하여 누설이 없도록 하고, 가스용 보일러의 연료배관은 다음에 따른다.

① 배관의 설치
   ㉮ 배관은 외부에 노출하여 시공하여야 한다. 다만, 동관, 스테인리스 강관, 기타 내식성 재료로서 이음매(용접이음매를 제외한다)없이 설치하는 경우에는 매몰하여 설치할 수 있다.
   ㉯ 배관의 이음부(용접이음매를 제외한다)와 전기계량기 및 전기개폐기와의 거리는 60cm 이상, 굴뚝(단열조치를 하지 아니한 경우에 한한다)·전기점멸기 및 전기접속기와의 거리는 30cm 이상, 절연전선과의 거리는 10cm 이상, 절연조치를 하지 아니한 전선과의 거리는 30cm 이상의 거리를 유지하여야 한다.

② 배관의 고정
   배관은 움직이지 아니하도록 고정 부착하는 조치를 하되 그 관경이 13mm 미만의 것에는 1m 마다, 13mm 이상 33mm 미만의 것에는 2m 마다, 33mm 이상의 것에는 3m 마다 고정장치를 설치하여야 한다.

③ 배관의 접합
   ㉮ 배관을 나사접합으로 하는 경우에는 KS B 0222(관용 테이퍼나사)에 의하여야 한다.
   ㉯ 배관의 접합을 위한 이음쇠가 주조품인 경우에는 가단주철제이거나 주강제로서 KS표시허가제품 또는 이와 동등이상의 제품을 사용하여야 한다.

④ 배관의 표시
   ㉮ 배관은 그 외부에 사용가스명·최고사용압력 및 가스흐름방향을 표시하여야 한다. 다만, 지하에 매설하는 배관의 경우에는 흐름방향을 표시하지 아니할 수 있다.
   ㉯ 지상배관은 부식방지 도장후 표면색상을 황색으로 도색한다. 다만, 건축물의 내·외벽에 노출된 것으로서 바닥(2층 이상의 건물의 경우에는 각층의 바닥을 말한다)에서 1 m의 높이에 폭 3cm의 황색띠를 2중으로 표시한 경우에는 표면색상을 황색으로 하지 아니할 수 있다.

2. 급수장치

(1) 급수장치의 종류

① 급수장치를 필요로 하는 보일러에는 다음의 조건을 만족시키는 주펌프(인젝터를 포함한다. 이하 같다) 세트 및 보조펌프세트를 갖춘 급수장치가 있어야 한다. 다만, 전열 면적 12m^2 이하의 보일러, 전열면적 14m^2 이하의 가스용 온수보일러 및 전열면적 100m^2 이하의 관류보일러에는 보조펌프를 생략할 수 있다.
   • 주펌프세트 및 보조펌프세트는 보일러의 상용압력에서 정상 가동상태에 필요한

물을 각각 단독으로 공급할 수 있어야 한다. 다만, 보조펌프세트의 용량은 주펌프세트가 2개 이상의 펌프를 조합한 것일 때에는 보일러의 정상상태에서 필요한 물의 25%이상이면서 주펌프세트 중의 최대펌프의 용량 이상으로 할 수 있다.

② 주펌프 세트는 동력으로 운전하는 급수펌프 또는 인젝터이어야 한다. 다만, 보일러의 최고사용압력이 0.25MPa{2.5kgf/cm^2} 미만으로 화격자면적이 0.6m^2 이하인 경우, 전열면적이 12m^2 이하인 경우 및 상용압력이상의 수압에서 급수할 수 있는 급수탱크 또는 수원을 급수장치로 하는 경우에는 예외로 할 수 있다.

③ 보일러 급수가 멎는 경우 즉시 연료(열)의 공급이 차단되지 않거나 과열될 염려가 있는 보일러에는 인젝터, 상용압력 이상의 수압에서 급수할 수 있는 급수탱크, 내연기관 또는 예비전원에 의해 운전할 수 있는 급수장치를 갖추어야 한다.

(2) 2개 이상의 보일러에 대한 급수장치

1개의 급수장치로 2개 이상의 보일러에 물을 공급할 경우 이들 보일러를 1개의 보일러로 간주하여 적용한다.

(3) 급수밸브와 체크밸브

급수관에는 보일러에 인접하여 급수밸브와 체크밸브를 설치하여야 한다. 이 경우 급수가 밸브디스크를 밀어 올리도록 급수밸브를 부착하여야 하며, 1조의 밸브디스크와 밸브시트가 급수밸브와 체크밸브의 기능을 겸하고 있어도 별도의 체크밸브를 설치하여야 한다. 다만, 최고사용압력 0.1MPa{1kgf/cm^2} 미만의 보일러에서는 체크밸브를 생략할 수 있으며, 급수 가열기의 출구 또는 급수펌프의 출구에 스톱밸브 및 체크밸브가 있는 급수장치를 개별 보일러마다 설치한 경우에는 급수밸브 및 체크밸브를 생략할 수 있다.

(4) 급수밸브의 크기

급수밸브 및 체크밸브의 크기는 전열면적 10m^2 이하의 보일러에서는 호칭 15A이상, 전열면적 10m^{2}를 초과하는 보일러에서는 호칭 20A 이상이어야 한다.

(5) 급수장소

복수를 공급하는 난방용 보일러를 제외하고 급수를 분출관으로부터 송입해서는 안된다.

(6) 자동급수조절기

자동급수조절기를 설치할 때에는 필요에 따라 즉시 수동으로 변경할 수 있는 구조이어야 하며, 2개 이상의 보일러에 공통으로 사용하는 자동급수조절기를 설치하여서는 안된다.

(7) 급수처리

① 용량 1t/h이상의 증기보일러에는 수질관리를 위한 급수처리(이하 "수처리시설"라 한다) 또는 스케일 부착방지 및 제거를 위한(이하 "음향처리시설"이라한다)시설을 하여야 한다.
② ①의 수처리시설 및 음향처리시설은 국가공인시험 또는 검사기관의 성능결과를 에너지관리공단에 제출하여 인증받은 것에 한하며, 에너지관리공단은 인증 업무를 효과적으로 수행하기 위하여 내부 운영 규정을 수립할 수 있다.

3. 압력방출장치

(1) 안전밸브의 개수

① 증기보일러에는 2개 이상의 안전밸브를 설치하여야 한다. 다만, 전열면적 $50m^2$ 이하의 증기보일러에서는 1개 이상으로 한다.
② 관류보일러에서 보일러와 압력방출장치와의 사이에 체크밸브를 설치할 경우 압력방출장치는 2개 이상이어야 한다.

(2) 안전밸브의 부착

① 안전밸브는 쉽게 검사할 수 있는 장소에 밸브축을 수직으로 하여 가능한한 보일러의 동체에 직접 부착시켜야 하며, 안전밸브와 안전밸브가 부착된 보일러 동체 등의 사이에는 어떠한 차단밸브도 있어서는 안된다.
② 안전밸브의 방출관은 단독으로 설치하되, 2개 이상의 방출관을 공동으로 설치하는 경우에 방출관의 크기는 각각의 방출관 분출용량의 합계 이상이어야 한다.

(3) 안전밸브 및 압력방출장치의 용량

안전밸브 및 압력방출장치의 용량은 다음에 따른다.
① 안전밸브 및 압력방출장치의 분출용량은 제19장(설치시공기준)에 따른다.
② 자동연소제어장치 및 보일러 최고사용압력의 1.06배 이하의 압력에서 급속하게 연료의 공급을 차단하는 장치를 갖는 보일러로서 보일러 출구의 최고사용압력 이하에서 자동적으로 작동하는 압력방출장치가 있을 때에는 동 압력방출장치의 용량(보일러의 최대증발량의 30%를 초과하는 경우에는 보일러 최대증발량의 30%)을 안전밸브용량에 산입할 수 있다.

(4) 안전밸브 및 압력방출장치의 크기

안전밸브 및 압력방출장치의 크기는 호칭지름 25A이상으로 하여야 한다. 다만, 다음 보일러에서는 호칭지름 20A이상으로 할 수 있다.
① 최고사용압력 0.1MPa{1kgf/cm^2} 이하의 보일러
② 최고사용압력 0.5MPa{5kgf/cm^2} 이하의 보일러로 동체의 안지름이 500 mm 이하이며 동체의 길이가 1,000mm 이하의 것
③ 최고사용압력 0.5MPa{5kgf/cm^2} 이하의 보일러로 전열면적 2m^2 이하의 것
④ 최대증발량 5t/h 이하의 관류보일러
⑤ 소용량강철제보일러, 소용량주철제보일러

(5) 과열기 부착보일러의 안전밸브

① 과열기에는 그 출구에 1개 이상의 안전밸브가 있어야 하며 그 분출용량은 과열기의 온도를 설계온도 이하로 유지하는데 필요한 양(보일러의 최대증발량의 15%를 초과하는 경우에는 15%)이상이어야 한다.
② 과열기에 부착되는 안전밸브의 분출용량 및 수는 보일러 동체의 안전밸브의 분출용량 및 수에 포함시킬 수 있다. 이 경우 보일러의 동체에 부착하는 안전밸브는 보일러의 최대증발량의 75% 이상을 분출할 수 있는 것이어야 한다. 다만, 관류보일러의 경우에는 과열기 출구에 최대증발량에 상당하는 분출용량의 안전밸브를 설치할 수 있다.

(6) 재열기 또는 독립과열기의 안전밸브

재열기 또는 독립과열기에는 입구 및 출구에 각각 1개 이상의 안전밸브가 있어야 하며 그 분출용량의 합계는 최대통과증기량 이상이어야 한다. 이 경우 출구에 설치하는 안전밸브의 분출용량의 합계는 재열기 또는 독립과열기의 온도를 설계온도 이하로 유지하는데 필요한 양(최대통과증기량의 15%를 초과하는 경우에는 15%)이상이어야 한다. 다만, 보일러에 직결되어 보일러와 같은 최고사용압력으로 설계된 독립과열기에서는 그 출구에 안전밸브를 1개 이상 설치하고 그 분출용량의 합계는 독립과열기의 온도를 설계온도 이하로 유지하는데 필요한 양(독립과열기의 전열면적 1m^{2}당 30kg/h로 한 양을 초과하는 경우에는 독립과열기의 전열면적 1m^{2}당 30kg/h로 한 양)이상으로 한다.

(7) 안전밸브의 종류 및 구조

① 안전밸브의 종류는 스프링안전밸브로 하며 스프링안전밸브의 구조는 KS B 6216(증기용 및 가스용 스프링 안전밸브)에 따라야 하며, 어떠한 경우에도 밸브시이트나 본체에서 누설이 없어야 한다. 다만, 스프링안전밸브 대신에 스프링 파이로트 밸브부착 안전밸브를 사용할 수 있다. 이 경우 소요분출량의 1/2 이상이 스프링안전밸브에 의하여 분출되는 구조의 것이어야 한다.
② 인화성증기를 발생하는 열매체 보일러에서는 안전밸브를 밀폐식구조로 하든가 또는 안전밸브로부터의 배기를 보일러실 밖의 안전한 장소에 방출시키도록 한다.

③ 안전밸브는 산업안전보건법 제33조 제3항의 규정에 의한 성능검사를 받은 것이어야 한다.

(8) 온수발생보일러(액상식 열매체 보일러 포함)의 방출밸브와 방출관

① 온수발생보일러에는 압력이 보일러의 최고사용압력(열매체 보일러의 경우에는 최고사용압력 및 최고사용온도)에 달하면 즉시 작동하는 방출밸브 또는 안전밸브를 1개 이상 갖추어야 한다. 다만, 손쉽게 검사할 수 있는 방출관을 갖출 때는 방출밸브로 대응할 수 있다. 이때 방출관에는 어떠한 경우든 차단장치(밸브 등)를 부착하여서는 안된다.

② 인화성 액체를 방출하는 열매체 보일러의 경우 방출밸브 또는 방출관은 밀폐식 구조로 하든가 보일러 밖의 안전한 장소에 방출시킬 수 있는 구조이어야 한다.

(9) 온수발생보일러(액상식 열매체 보일러 포함)의 방출밸브 또는 안전밸브의 크기

① 액상식 열매체 보일러 및 온도 393K{120℃} 이하의 온수발생보일러에는 방출밸브를 설치하여야 하며, 그 지름은 20mm 이상으로 하고, 보일러의 압력이 보일러의 최고사용압력에 그 10%(그 값이 0.035MPa{0.35kgf/cm^2} 미만인 경우에는 0.035MPa{0.35kgf/cm^2}로 한다)를 더한 값을 초과하지 않도록 지름과 개수를 정하여야 한다.

② 온도 393K{120℃}를 초과하는 온수발생보일러에는 안전밸브를 설치하여야 하며, 그 크기는 호칭지름 20mm 이상으로 한다. 다만, 환산증발량은 열출력을 보일러의 최고사용압력에 상당하는 포화증기의 엔탈피와 급수엔탈피의 차로 나눈 값(kg/h)으로 한다.

(10) 온수발생 보일러(액상식 열매체 보일러 포함)방출관의 크기

방출관은 보일러의 전열면적에 따라 〈표1〉의 크기로 하여야 한다.

〈표1〉 방출관의 크기

전 열 면 적 (m^2)	방출관의 안지름(mm)
10 미만	25 이상
10 이상 15 미만	30 이상
15 이상 20 미만	40 이상
20 이상	50 이상

4. 수면계

(1) 수면계의 개수

① 증기보일러에는 2개(소용량 및 1종 관류보일러는 1개)이상의 유리 수면계를 보일러

내의 수위를 육안으로 확인할 수 있도록 동일한 높이에 나란히 부착하여야 한다. 다만, 단관식 관류보일러는 제외한다.
② 최고사용압력 1MPa{10kgf/cm^2} 이하로서 동체안지름이 750mm 미만인 경우에 있어서는 수면계중 1개는 다른 종류의 수면측정장치로 할 수 있다.
③ 2개 이상의 원격지시 수면계를 시설하는 경우에 한하여 유리수면계를 1개 이상으로 할 수 있다.

(2) 수면계의 구조

유리수면계는 보일러의 최고사용압력과 그에 상당하는 증기온도에서 원활히 작용하는 기능을 가지며, 또한 수시로 이것을 시험할 수 있는 동시에 용이하게 내부를 청소할 수 있는 구조로서 다음에 따른다.
① 유리수면계는 KS B 6208(보일러용 수면계 유리)의 유리를 사용하여야 한다.
② 유리수면계는 상·하에 밸브 또는 코크를 갖추어야 하며, 한눈에 그것의 개·폐 여부를 알 수 있는 구조이어야 한다. 다만, 1종 관류보일러에서는 밸브 또는 코크를 갖추지 아니할 수 있다.
③ 스톱밸브를 부착하는 경우에는 청소에 편리한 구조로 하여야 한다.

5. 계측기

(1) 압력계

보일러에는 KS B 5305(부르돈관 압력계)에 따른 압력계 또는 이와 동등 이상의 성능을 갖춘 압력계를 부착하여야 한다.
① 압력계의 크기와 눈금
　㉮ 증기보일러에 부착하는 압력계 눈금판의 바깥지름은 100mm 이상으로 하고 그 부착높이에 따라 용이하게 지침이 보이도록 하여야 한다. 다만, 다음의 보일러에 부착하는 압력계에 대하여는 눈금판의 바깥지름을 60mm 이상으로 할 수 있다.
　　㉠ 최고사용압력 0.5MPa{5kg$_f$/cm^2} 이하이고, 동체의 안지름 500mm 이하 동체의 길이 1,000 mm 이하인 보일러
　　㉡ 최고사용압력 0.5MPa{5kg$_f$/cm^2} 이하로서 전열면적 2m^2 이하인 보일러
　　㉢ 최대증발량 5t/h 이하인 관류보일러
　　㉣ 소용량 보일러
　㉯ 압력계의 최고 눈금은 보일러의 최고사용압력의 3배 이하로 하되 1.5배보다 작아서는 안된다.

② 압력계의 부착

증기보일러의 압력계 부착은 다음에 따른다.

㉮ 압력계는 원칙적으로 보일러의 증기실에 눈금판의 눈금이 잘 보이는 위치에 부착하고, 얼지 않도록 하며, 그 주위의 온도는 사용상태에 있어서 KS B 5305(부르돈관 압력계)에 규정하는 범위 안에 있어야 한다.

㉯ 압력계와 연결된 증기관은 최고사용압력에 견디는 것으로서 그 크기는 황동관 또는 동관을 사용할 때는 안지름 6.5mm 이상, 강관을 사용할 때는 12.7mm 이상이어야 하며, 증기온도가 483 K{210℃}를 초과할 때에는 황동관 또는 동관을 사용하여서는 안된다.

㉰ 압력계에는 물을 넣은 안지름 6.5mm 이상의 사이폰관 또는 동등한 작용을 하는 장치를 부착하여 증기가 직접 압력계에 들어가지 않도록 하여야 한다.

㉱ 압력계의 코크는 그 핸들을 수직인 증기관과 동일방향에 놓은 경우에 열려 있는 것이어야 하며 코크 대신에 밸브를 사용할 경우에는 한눈으로 개·폐 여부를 알 수가 있는 구조로 하여야 한다.

㉲ 압력계와 연결된 증기관의 길이가 3m 이상이며 내부를 충분히 청소할 수 있는 경우에는 보일러의 가까이에 열린 상태에서 봉인된 코크 또는 밸브를 두어도 좋다.

㉳ 압력계의 증기관이 길어서 압력계의 위치에 따라 수두압에 따른 영향을 고려할 필요가 있을 경우에는 눈금에 보정을 하여야 한다.

③ 시험용 압력계 부착장치

보일러 사용 중에 그 압력계를 시험하기 위하여 시험용 압력계를 부착할 수 있도록 나사의 호칭 $PF\frac{1}{4}$, $PT\frac{1}{4}$ 또는 $PS\frac{1}{4}$의 관용나사를 설치해야 한다. 다만, 압력계 시험기를 별도로 갖춘 경우에는 이 장치를 생략할 수 있다.

(참고[PF : 관용암나사, PT : 관용테이퍼나사, PS : 관용평형나사])

(2) 수위계

① 온수발생 보일러에는 보일러 동체 또는 온수의 출구 부근에 수위계를 설치하고, 이것에 가까이 부착한 코크를 달을 경우 이외에는 보일러와의 연락을 차단하지 않도록 하여야 하며, 이 코크의 핸들은 코크가 열려 있을 경우에 이것을 부착시킨 관과 평행되어야 한다.

② 수위계의 최고눈금은 보일러의 최고사용압력의 1배 이상 3배 이하로 하여야 한다.

(3) 온도계

아래의 곳에는 KS B 5320(공업용 바이메탈식 온도계) 또는 이와 동등이상의 성능을 가진 온도계를 설치하여야 한다. 다만, 소용량 보일러 및 가스용 온수보일러는 배기가스온도계만 설치하여도 좋다.

① 급수 입구의 급수 온도계
② 버너 급유입구의 급유온도계. 다만, 예열을 필요로 하지 않는 것은 제외한다.
③ 절탄기 또는 공기예열기가 설치된 경우에는 각 유체의 전후 온도를 측정할 수 있는 온도계. 다만, 포화증기의 경우에는 압력계로 대신할 수 있다.
④ 보일러 본체 배기가스온도계. 다만 (3)의 규정에 의한 온도계가 있는 경우에는 생략할 수 있다.
⑤ 과열기 또는 재열기가 있는 경우에는 그 출구 온도계
⑥ 유량계를 통과하는 온도를 측정할 수 있는 온도계

(4) 유량계

용량 1 t/h 이상의 보일러에는 다음의 유량계를 설치하여야 한다.
① 급수관에는 적당한 위치에 KS B 5336(고압용 수량계) 또는 이와 동등 이상의 성능을 가진 수량계를 설치하여야 한다. 다만 온수발생 보일러는 제외한다.
② 기름용 보일러에는 연료의 사용량을 측정할 수 있는 KS B 5328(오일 미터) 또는 이와 동등이상의 성능을 가진 유량계를 설치하여야 한다. 다만, 2t/h 미만의 보일러로써 온수발생보일러 및 난방전용 보일러에는 CO_2 측정장치로 대신할 수 있다.
③ 가스용보일러에는 가스사용량을 측정할 수 있는 유량계를 설치하여야 한다. 다만, 가스의 전체사용량을 측정할 수 있는 유량계를 설치하였을 경우는 각각의 보일러마다 설치된 것으로 본다.
  ㉮ 유량계는 당해 도시가스 사용에 적합한 것이어야 한다.
  ㉯ 유량계는 화기(당해 시설 내에서 사용하는 자체화기를 제외한다)와 2m 이상의 우회거리를 유지하는 곳으로서 수시로 환기가 가능한 장소에 설치하여야 한다.
  ㉰ 유량계는 전기계량기 및 전기개폐기와의 거리는 60cm 이상, 굴뚝(단열조치를 하지 아니한 경우에 한한다)·전기점멸기 및 전기접속기와의 거리는 30cm 이상, 절연조치를 하지 아니한 전선과의 거리는 15cm 이상의 거리를 유지하여야 한다.
④ 각 유량계는 해당온도 및 압력 범위에서 사용할 수 있어야 하고 유량계 앞에 여과기가 있어야 한다.

(5) 자동 연료차단장치

① 최고사용압력 0.1MPa{1kg$_f$/cm^2}를 초과하는 증기보일러에는 다음 각 호의 저수위 안전장치를 설치해야 한다.
  ㉮ 보일러의 수위가 안전을 확보할 수 있는 최저수위(이하 "안전수위"라 한다)까지 내려가기 직전에 자동적으로 경보가 울리는 장치
  ㉯ 보일러의 수위가 안전수위까지 내려가는 즉시 연소실내에 공급하는 연료를 자동적으로 차단하는 장치

② 열매체보일러 및 사용온도가 393K{120℃} 이상인 온수발생보일러에는 작동유체의 온도가 최고사용온도를 초과하지 않도록 온도-연소제어장치를 설치해야 한다.

③ 최고사용압력이 0.1MPa{1kgf/cm²}(수두압의 경우 10m)를 초과하는 주철제 온수보일러에는 온수온도가 388K{115℃}를 초과할 때에는 연료공급을 차단하거나 파이로트연소를 할 수 있는 장치를 설치하여야 한다.

④ 관류보일러는 급수가 부족한 경우에 대비하기 위하여 자동적으로 연료의 공급을 차단하는 장치 또는 이에 대신하는 안전장치를 갖추어야 한다.

⑤ 가스용보일러에는 급수가 부족한 경우에 대비하기 위하여 자동적으로 연료의 공급을 차단하는 장치를 갖추어야 하며, 또한 수동으로 연료공급을 차단하는 밸브 등을 갖추어야 한다.

⑥ 유류 및 가스용보일러에는 압력차단 장치를 설치하여야 한다.

⑦ 동체의 과열을 방지하기 위하여 온도를 감지하여 자동적으로 연료공급을 차단할 수 있는 온도상한스위치를 보일러 본체에서 1m 이내인 배기가스출구 또는 동체에 설치하여야 한다.

⑧ 폐열 또는 소각보일러에 대해서는 (7)의 온도상한스위치를 대신하여 온도를 감지하여 자동적으로 경보를 울리는 장치와 송풍기의 가동을 멈추는 등 보일러의 과열을 방지하는 장치가 설치가 되어야 한다.

(6) 공기유량 자동조절기능

가스용보일러 및 용량 5t/h(난방전용은 10t/h)이상인 유류보일러에는 공급연료량에 따라 연소용공기를 자동조절하는 기능이 있어야 한다. 이때 보일러용량이 MW(kcal/h)로 표시되었을 때에는 0.6978MW(600,000kcal/h)를 1t/h로 환산한다.

(7) 연소가스 분석기

(6)항의 적용을 받는 보일러에는 배기가스성분(O_2, CO_2중 1성분)을 연속적으로 자동 분석하여 지시하는 계기를 부착하여야 한다. 다만, 용량 5t/h(난방전용은 10t/h)미만인 가스용 보일러로서 배기가스온도 상한스위치를 부착하여 배기가스가 설정온도를 초과하면 연료의 공급을 차단할 수 있는 경우에는 이를 생략할 수 있다.

(8) 가스누설 자동차단장치

가스용보일러에는 누설되는 가스를 검지하여 경보하며 자동으로 가스의 공급을 차단하는 장치 또는 가스누설자동차단기를 설치하여야 하며 이 장치의 설치는 도시가스사업법 시행규칙의 규정에 따라 산업통상자원부장관이 고시하는 가스사용시설의 시설기준 및 기술기준에 따라야 한다.

(9) 압력조정기

보일러실내에 설치하는 가스용보일러의 압력조정기는 액화석유가스의 안전관리 및 사업법 제21조 제2항 규정에 의거 가스용품 검사에 합격한 제품이어야 한다.

6. 스톱밸브 및 분출밸브

(1) 스톱밸브의 개수

① 증기의 각 분출구(안전밸브, 과열기의 분출구 및 재열기의 입구·출구를 제외한다)에는 스톱밸브를 갖추어야 한다.
② 맨홀을 가진 보일러가 공통의 주 증기관에 연결될 때에는 각 보일러와 주증기관을 연결하는 증기관에는 2개 이상의 스톱밸브를 설치하여야 하며, 이들 밸브사이에는 충분히 큰 드레인밸브를 설치하여야 한다.

(2) 스톱밸브

① 스톱밸브의 호칭압력(KS규격에 최고사용압력을 별도로 규정한 것은 최고사용압력)은 보일러의 최고사용압력 이상이어야 하며 적어도 0.7MPa{7kg$_f$/cm^2} 이상이어야 한다.
② 65mm 이상의 증기스톱밸브는 바깥나사형의 구조 또는 특수한 구조로 하고 밸브 몸체의 개폐를 한눈에 알 수 있는 것이어야 한다.

(3) 밸브의 물빼기

물이 고이는 위치에 스톱밸브가 설치될 때에는 물빼기를 설치하여야 한다.

(4) 분출밸브의 크기와 개수

① 보일러 아랫부분에는 분출관과 분출밸브 또는 분출코크를 설치해야한다. 다만, 관류 보일러에 대해서는 이를 적용하지 않는다.
② 분출밸브의 크기는 호칭지름 25mm이상의 것이어야 한다. 다만, 전열면적이 10m^2 이하인 보일러에서는 호칭지름 20mm 이상으로 할 수 있다.
③ 최고사용압력 0.7MPa{7kg$_f$/cm^2} 이상의 보일러(이동식 보일러는 제외한다)의 분출관에는 분출밸브 2개 또는 분출밸브와 분출코크를 직렬로 갖추어야 한다. 이 경우에 적어도 1개의 분출밸브는 닫힌 밸브를 전개하는데 회전축을 적어도 5회전하는 것이어야 한다.
④ 1개의 보일러에 분출관이 2개 이상 있을 경우에는 이것들을 공통의 어미관에 하나로

합쳐서 각각의 분출관에는 1개의 분출밸브 또는 분출코크를, 어미관에는 1개의 분출밸브를 설치하여도 좋다. 이 경우 분출밸브는 닫힌 상태에서 전개하는데 회전축을 적어도 5회전하는 것이어야 한다.

⑤ 2개 이상의 보일러에서 분출관을 공동으로 하여서는 안된다. 다만, 개별보일러마다 분출관에 체크밸브를 설치할 경우에는 예외로 한다.

⑥ 정상시 보유수량 400kg이하의 강제 순환 보일러에는 닫힌 상태에서 전개하는데 회전축을 적어도 5회전 이상 회전을 요하는 분출밸브 1개를 설치하여야 좋다.

(5) 분출밸브 및 코크의 모양과 강도

① 분출밸브는 스케일 그 밖의 침전물이 퇴적되지 않는 구조이어야 하며 그 최고사용압력은 보일러 최고사용압력의 1.25배 또는 보일러의 최고사용압력에 1.5MPa $\{15kg_f/cm^2\}$를 더한 압력중 작은 쪽의 압력이상이어야 하고, 어떠한 경우에도 0.7MPa $\{7kg_f/cm^2\}$(소용량 보일러, 가스용온수보일러 및 주철제보일러는 0.5MPa $\{5kg_f/cm^2\}$, 관류보일러는 1MPa $\{10kg_f/cm^2\}$) 이상이어야 한다.

② 주철제의 분출밸브는 최고사용압력 1.3MPa $\{13kg_f/cm^2\}$ 이하, 흑심가단 주철제의 것은 1.9 MPa $\{19kg_f/cm^2\}$ 이하의 보일러에 사용할 수 있다.

③ 분출코크는 글랜드를 갖는 것이어야 한다.

7. 운전성능

(1) 운전상태

보일러는 운전상태(정격부하 상태를 원칙으로 한다)에서 이상진동과 이상소음이 없고 각종 부분품의 작동이 원활하여야 한다.

(2) 배기가스 온도

① 유류용 및 가스용보일러(열매체 보일러는 제외한다) 출구에서의 배기가스 온도는 주위온도와의 차이가 정격용량에 따라 〈표 2〉와 같아야 한다. 이때 배기가스온도의 측정위치는 보일러 전열면의 최종출구로 하며 폐열회수장치가 있는 보일러는 그 출구로 한다.

〈표 2〉 배기가스 온도차

보일러 용량(t/h)	배기가스 온도차(K){℃}
5 이하	300 이하
5 초과 20 이하	250 이하
20 초과	210 이하

> 주 1. 보일러용량이 MW(kcal/h)로 표시되었을 때에는 0.697 MW(600,000kcal/h)를 1t/h환산한다.
> 2. 주위 온도는 보일러에 최초로 투입되는 연소용 공기 투입위치의 주위 온도로 하며 위치가 실내일 경우는 실내온도, 실외일 경우는 외기온도로 한다.

② 열매체 보일러의 배기가스 온도는 출구열매 온도와의 차이가 150K{℃} 이하이어야 한다.

(3) 외벽의 온도

보일러의 외벽온도는 주위온도보다 30K{℃}를 초과하여서는 안된다.

8. 저수위안전장치

① 저수위안전장치는 연료차단 전에 경보가 울려야 하며, 경보음은 70dB 이상이어야 한다.
② 온수발생보일러(액상식 열매체 보일러 포함)의 온도-연소제어장치는 최고사용온도 이내에서 연료가 차단되어야 한다.

2-2 설치검사기준 및 계속사용검사기준

1 설치검사기준

1. 검사의 신청 및 준비

(1) 검사의 신청

검사의 신청은 관리규칙 제39조의 규정에 의하되, 시공자가 이를 대행할 수 있으며 제조검사가 면제된 경우는 자체검사기록서(별지 제4호서식)를 제출하여야 한다.

(2) 검사의 준비

검사신청자는 다음의 준비를 하여야 한다.
① 기기조종자는 입회하여야 한다.
② 보일러를 운전할 수 있도록 준비한다.
③ 정전, 단수, 화재, 천재지변 등 부득이한 사정으로 검사를 실시할 수 없을 경우에는 재신청 없이 다시 검사를 하여야 한다.

2. 검 사

(1) 수압 및 가스누설시험

① 수압시험대상
  ㉮ 수입한 보일러
  ㉯ 2-1 설치기준에 따른다.

② 가스누설시험대상
  가스용보일러

③ 수압시험압력
  ㉮ 강철제 보일러
    ㉠ 보일러의 최고사용압력이 0.43MPa{4.3kgf/cm²} 이하일 때에는 그 최고사용압력의 2배의 압력으로 한다. 다만, 그 시험압력이 0.2MPa{2kgf/cm²} 미만인 경우에는 0.2MPa{2kgf/cm²}로 한다.
    ㉡ 보일러의 최고 사용압력이 0.43MPa{4.3kgf/cm²} 초과 1.5MPa{15kgf/cm²} 이하일 때에는 그 최고사용압력의 1.3배에 0.3MPa{3kgf/cm²}를 더한 압력으로 한다.
    ㉢ 보일러의 최고사용압력이 1.5MPa{15kgf/cm²}를 초과할 때에는 그 최고사용압력의 1.5배의 압력으로 한다.
  ㉯ 가스용 온수보일러
    ㉠ 강철제인 경우에는 (1)의 (a)에서 규정한 압력
  ㉰ 주철제보일러
    ㉠ 보일러의 최고사용압력이 0.43MPa{4.3kgf/cm²} 이하일때는 그 최고사용압력의 2배의 압력으로 한다. 다만, 시험압력이 0.2MPa{2kgf/cm²} 미만인 경우에는 0.2MPa{kgf/cm²}로 한다.
    ㉡ 보일러의 최고사용압력이 0.43MPa{4.3kgf/cm²}를 초과할때는 그 최고사용압력의 1.3배에 0.3MPa{3kgf/cm²}을 더한 압력으로 한다.

④ 수압시험 방법
  ㉮ 공기를 빼고 물을 채운 후 천천히 압력을 가하여 규정된 시험 수압에 도달된 후 30분이 경과된 뒤에 검사를 실시하여 검사가 끝날때까지 그 상태를 유지한다.
  ㉯ 시험수압은 규정된 압력의 6% 이상을 초과하지 않도록 모든 경우에 대한 적절한 제어를 마련하여야 한다.
  ㉰ 수압시험 중 또는 시험 후에도 물이 얼지 않도록 하여야 한다.

⑤ 가스누설시험 방법
  ㉮ 내부누설시험
    차압누설감지기에 대하여 누설확인작동시험 또는 자기압력기록계 등으로 누설

유무를 확인한다. 자기압력기록계로 시험할 경우에는 밸브를 잠그고 압력발생기구를 사용하여 천천히 공기 또는 불활성 가스등으로 최고사용압력의 1.1배 또는 840mmH₂O 중 높은 압력이상으로 가압한 후 24분 이상 유지하여 압력의 변동을 측정한다.

  ㉯ 외부누설시험

   보일러 운전 중에 비눗물시험 또는 가스누설검사기로 배관접속부위 및 밸브류 등의 누설유무를 확인한다.

 ⑥ 판정기준

  수압 및 가스누설시험결과 누설, 갈라짐 또는 압력의 변동 등 이상이 없어야 한다. 가스누설검사기의 경우에 있어서는 가스농도가 0.2% 이하에서 작동하는 것을 사용하여 당해 검사기가 작동되지 않아야 한다.

(2) 압력방출장치

 ① 안전밸브 작동시험

  ㉮ 안전밸브의 분출압력은 1개일 경우 최고사용압력 이하, 안전밸브가 2개 이상인 경우 그중 1개는 최고사용압력 이하 기타는 최고사용압력의 1.03배 이하일 것

  ㉯ 과열기의 안전밸브 분출압력은 증발부 안전밸브의 분출압력 이하일 것

  ㉰ 재열기 및 독립과열기에 있어서는 안전밸브가 하나인 경우 최고사용압력 이하, 2개인 경우 하나는 최고사용압력 이하이고 다른 하나는 최고사용압력의 1.03배 이하에서 분출하여야 한다. 다만, 출구에 설치하는 안전밸브의 분출압력은 입구에 설치하는 안전밸브의 설정압력보다 낮게 조정되어야 한다.

  ㉱ 발전용 보일러에 부착하는 안전밸브의 분출정지 압력은 분출압력의 0.93배 이상이어야한다.

 ② 방출밸브의 작동시험

  온수발생보일러(액상식 열매체 보일러 포함)의 방출밸브는 다음 각 항에 따라 시험하여 보일러의 최고사용압력 이하에서 작동하여야 한다.

  ㉮ 공급 및 귀환밸브를 닫아 보일러를 난방시스템과 차단한다.

  ㉯ 팽창탱크에 연결된 관의 밸브를 닫고 탱크의 물을 빼내고 공기 쿠션이 생겼나 확인하여 공기쿠션이 있을 경우 공기를 배출시킨다. 다만, 가압 팽창탱크는 배수시키지 않으며 분출시험 중 보일러와 차단되어서는 안된다.

  ㉰ 보일러의 압력이 방출밸브의 설정압력의 50% 이하로 되도록 방출밸브를 통하여 보일러의 물을 배출시킨다.

  ㉱ 보일러수의 압력과 온도가 상승함을 관찰한다.

  ㉲ 보일러의 최고사용압력 이하에서 작동하는지 관찰한다.

(3) 운전성능

① 가스용보일러 및 용량 5t/h(난방용은 10t/h)이상인 유류보일러는 부하율을 90±10%에서 45±10%까지 연속적으로 변경시켜 배기가스 중 O_2 또는 CO_2성분이 사용연료별로 〈표1〉에 적합하여야 한다. 이 경우 시험은 반드시 다음 조건에서 실시하여야 한다.

㉮ 매연농도 바카락카 스모크 스켈 4 이하, 다만, 가스용보일러의 경우 배기가스 중 CO의 농도는 200ppm 이하이어야 한다.

㉯ 부하변동시 공기량은 별도 조작없이 자동조절

〈표 1〉 배기가스 성분

성 분	O_2(%)		CO_2(%)	
부하율	90±10	45±10	90±10	45±10
중 유	3.7 이하	5 이하	12.7 이상	12 이상
경 유	4 이하	5 이하	11 이상	10 이상
가 스	3.7 이하	4 이하	10 이상	9 이상

(4) 내부검사 등

① 유류 및 가스를 제외한 연료를 사용하는 전열면적이 $30m^2$ 이하인 온수발생 보일러가 연료변경으로 인하여 검사대상이 되는 경우의 최초검사는 2항, 3항 및 제2장을 추가로 검사하여 이상이 없어야 한다.

② 검사대상이 아닌 유류용 및 기타 연료용 보일러가 가스로 연료를 변경하여 검사대상으로 되는 경우의 최초검사는 2항, 3항을 추가로 검사하여 이상이 없어야 한다.

3. 검사의 특례

① 출력 0.5815MW{500,000kcal/h} 미만인 온수발생 보일러가 82.1.31이전에 준공된 건물에 설치된 경우

② 유류용 이외의 온수발생 보일러가 85.10.7이전에 준공된 건물에 설치된 경우

③ 가스용 온수보일러 및 가스용 1종 관류보일러가 88.11.27이전에 준공된 건물에 설치된 경우

2 설치검사기준 계속사용검사기준

1. 검사의 신청 및 준비

(1) 검사의 신청

관리규칙 제41조의 규정에 따른다.

(2) 검사의 준비

① 개방검사

㉮ 연료공급관은 차단하며 적당한 곳에서 잠궈야 한다. 기름을 사용하는 곳에서는 무화장치들을 버너로부터 제거한다. 가스를 사용하는 경우에는 공급관에 이중 블럭과 블라이드(2개의 차단밸브와 그 사이에 한 개의 통기구멍이 있는)가 설비되어 있지 않으면 공급관을 비게 하든지 가스차단밸브와 버너사이의 연결관을 떼어내야 한다.

㉯ 보일러에 대한 손상을 방지하고 가열면에 고착물이 굳어져 달라붙지 않도록 충분히 냉각시켜야 한다. 맨홀과 청소구멍 또는 검사구멍의 뚜껑을 열어 환기시킬 때에는 보일러의 내부가 마를 수 있기에 충분한 열이 아직 보일러에 남아 있을 때 배수한다.

㉰ 모든 맨홀과 선택된 청소구멍 또는 검사구멍의 뚜껑세척, 플러그 및 수주 연결관을 열고 보일러 장치안에 들어가기 전에 체크밸브와 증기 스톱밸브는 반드시 잠그고 개폐여부를 표시하여 고정시키며 두 밸브사이의 배수밸브 또는 코크는 열어야 한다. 급수밸브는 잠그고 개폐여부를 표시하여 고정시키는 것이 좋으며 두 밸브사이의 배수밸브나 코크들은 열어야 한다. 보일러를 배수한 후에 블로우오프 밸브는 잠그고 고정하여야 한다. 실제로 가능한 경우에는 내압부분과 밸브사이의 블로우오프 배관은 떼어 낸다. 모든 배수 및 통기배관은 열어야 한다.

㉱ 내부조명 : 검사를 위한 내부조명은 축전지로부터 전류가 공급되는 12볼트램프나 이동램프를 사용하여야 한다.

㉲ 화염측 청소 : 보일러의 내벽, 배플 및 드럼은 철저히 청소되어야 하고 모든 부품을 검사원이 철저히 검사할 수 있도록 재와 매연을 제거시켜야 한다.

㉳ 수부측 청소 : 동체, 급수내관 등 보일러의 수부측의 스케일, 슬러지, 퇴적물 등은 깨끗이 제거하여야 하며, 급수내관, 비수방지판은 동체에서 분리시켜야 한다.

㉴ 압력방출장치 및 저수위 감지장치는 분해 정비하여야 한다. 다만, 제조년월일로부터 1년 이내인 압력방출장치가 부착된 경우는 예외로 한다.

㉵ 화재, 천재지변 등 부득이한 사정으로 검사를 실시할 수 없는 경우에는 재신청없이 다시 검사를 받을 수 있다.

② 사용 중 검사
⑦ 보일러를 가동중이거나 또는 운전할 수 있도록 준비하고 부착된 각종 계측기 및 화염감시장치, 저수위안전장치, 온도상한스위치, 압력조절장치 등은 검사하는데 이상이 없도록 정비되어야 한다.
⑭ 정전, 단수, 화재, 천재지변 등 부득이한 사정으로 검사를 실시할 수 없는 경우에는 재신청없이 다시 검사를 하여야 한다.

2. 검사

(1) 개방검사

① 외부검사
⑦ 내용물의 외부유출 및 본체의 부식이 없어야 한다. 이때 본체의 부식상태를 판별하기 위하여 보온재 등 피복물을 제거하게 할 수 있다.
⑭ 보일러는 깨끗하게 청소된 상태이어야 하며 사용상에 현저한 부식과 그루우빙이 없어야 한다.
㉓ 시험용 해머로 스테이볼트 한쪽 끝을 가볍게 두들겨 보아 이상이 없어야 한다.
㉔ 가용플러그가 사용된 경우에는 플러그 주위 금속부위와 플러그면의 산화피막을 적절히 제거하여 육안으로 관찰하였을 때 사용상 이상이 없어야 하며 불완전한 경우에는 교환토록 해야 한다.
㉕ 보일러가 매달려 있는 경우에는 지지대와 고정구대를 검사하여 구조물의 과도한 변형이 없어야 한다.
㉖ 리벳이음 보일러에서 이음부분에 누설 또는 그 밖의 유해한 결함이 없어야 한다.
㉗ 보일러 지지대의 균열, 내려앉음, 지지부재의 변형 또는 파손 등 보일러의 설치 상태에 이상이 없어야 한다.
㉘ 모든 배관계통의 관 및 이음쇠 부분에 누기 및 누수가 없어야 한다.
㉙ 벽돌쌓음에서 벽돌의 이탈, 심한 마모 또는 파손이 없어야 한다.
㉚ 보일러 동체는 보온과 케이싱이 되어 있어야 하며, 손상이 없어야 한다.

② 내부검사
⑦ 관의 부식 등을 검사할 수 있도록 스케일은 제거되어야 하며, 관 끝부분의 손모, 취화 및 빠짐이 없어야 한다.
⑭ 보일러의 내부에는 균열, 스테이의 손상, 이음부의 현저한 부식이 없어야 하며, 침식, 스케일 등으로 드럼에 현저히 얇아진 곳이 없어야 한다.
㉓ 화염을 받는 곳에는 그을음을 제거하여야 하며 얇아지기 쉬운 관 끝부분을 가벼운 해머로 두들겨 보았을 때 현저한 얇아짐이 없어야 한다.

㉣ 관의 표면은 팽출, 균열 또는 결함있는 용접부가 없어야 한다.
㉤ 관의 지나친 찌그러짐이 없어야 한다.
㉥ 급수관 및 그 밑의 물받이의 상태는 퇴적물이 없어야 하며, 이음쇠는 헐거워지거나 가스켓의 손상이 없어야 한다.
㉦ 관판에 있는 관구멍 사이의 리거먼트를 조사하여 파단이나 누설이 없어야 한다.
㉧ 노벽 보호부분은 벽체의 현저한 균열 및 파손 등 사용상 지장이 없어야 한다.
㉨ 맨홀 및 기타 구멍과 보강관, 노즐, 플랜지이음, 나사이음 연결부의 내외부를 조사하여 균열이나 변형이 없어야 한다. 이때 검사는 가능한 보일러 안쪽부터 시행한다.
㉩ 저수위 차단 배관 등의 외부 부착 구멍들이나 방출밸브 구멍들에 흐름의 차단 또는 지장을줄 수 있는 퇴적물 등의 장애물이 없어야 한다.
㉪ 연소실 내부에는 부적당하거나 결함이 있는 버너 또는 스토커의 설치운전에 의한 현저한 열의 국부적인 집중으로 인한 현상이 없어야 한다.
㉫ 보일러 각부에 불룩해짐 팽출, 팽대, 압궤 또는 누설이 없어야 한다.

(2) 사용 중 검사

① 규정에 따르고, 대상기기의 가동상태에서 화염감시장치, 저수위안전장치, 온도상한 스위치, 압력조절장치 등의 정상 작동여부를 검사하여야 하며, 이때 시험방법 및 시험범위가 안전장치의 작동실패시에도 안전사고로 이어지지 않도록 당해 검사대상기기조종자와 협의하여 충분한 주의를 기울여야 한다.
② 보일러가 매달려 있는 경우에는 지지대와 고정구대를 검사하여 구조물의 과도한 변형이 없어야 한다.
③ 리벳이음 보일러에서 이음부분에 누설 또는 그 밖의 유해한 결함이 없어야 한다.
④ 보일러 지지대의 균열, 내려앉음, 지지부재의 변형 또는 파손 등 보일러의 설치상태에 이상이 없어야 한다.
⑤ 보일러 본체의 누설, 변형이 없어야 한다.
⑥ 보일러와 접속된 배관, 밸브 등 각종 이음부에는 누기, 누수가 없어야 한다.
⑦ 연소실 내부가 충분히 청소된 상태이어야 하고, 축로의 변형 및 이탈이 없어야 한다.
⑧ 보일러 동체는 보온과 케이싱이 되어 있어야 하며, 손상이 없어야 한다.

3 설치검사기준 계속 사용검사 중 운전성능 검사기준

1. 검사의 신청 및 준비

(1) 검사의 신청

관리규칙 제41조의 규정에 따른다.

(2) 검사의 준비

① 보일러를 가동 중이거나 운전할 수 있도록 준비하고 부착된 각종 계측기는 검사하는 데 이상이 없도록 정비되어야 한다.
② 정전, 단수, 화재, 천재지변, 가스의 공급중단 등 부득이한 사정으로 검사를 실시할 수 없는 경우에는 재신청없이 다시 검사를 하여야 한다.

2. 검사

사용부하에서 다음 해당사항에 대한 검사를 실시하여 적합하여야 한다.

(1) 열효율

유류용 증기보일러는 열효율이 〈표 1〉을 만족하여야 한다.

〈표 1〉 열효율

용 량(t/h)	1 이상 3.5 미만	3.5 이상 6 미만	6 이상 20 미만	20 이상
열효율(%)	75 이상	78 이상	81 이상	84 이상

(2) 유류보일러로서 증기보일러 이외의 보일러

유류보일러로서 증기보일러 이외의 보일러는 배기가스중의 CO_2 용적이 중유의 경우 11.3% 이상, 경유 및 보일러 등유의 경우 9.5% 이상이어야 하며 출구에서의 배기가스온도와 주위온도와의 차는 〈표 2〉를 만족하여야 한다. 다만, 열매체보일러는 출구 열매유 온도와 차가 150K{℃} 이하이어야 한다.

〈표 2〉 배기가스온도차

보일러용량(t/h)	배기가스온도차(K){℃}
5 이하	315 이하
5 초과 20 이하	275 이하
20 초과	235 이하

> 1. 폐열회수장비가 있는 보일러는 그 출구에서 배기가스온도를 측정한다.
> 2. 보일러용량이 MW(kcal/h)로 표시되었을 때에는 0.6978 MW(600,000 kcal/h)를 1 t/h로 환산한다.
> 3. 주위온도는 보일러에 최초로 투입되는 연소용공기 투입 위치의 주위 온도로 하며, 투입위치가 실내일 경우는 실내온도, 실외일 경우는 실외온도로 한다.

(3) 가스용보일러

가스용보일러의 배기가스 중 일산화탄소(CO)의 이산화탄소(CO_2)에 대한 비는 0.002 이하이고, 그 성분은 〈표1〉에 적합하여야 하며, 출구에서의 배기가스온도와 주위 온도차는 2항에 따른다.

(4) 보일러의 성능시험방법

보일러의 성능시험방법은 KS B 6205(육용 보일러 열정산 방식) 및 다음에 따른다.
① 유종별 비중, 발열량은 〈표3〉에 따르되 실측이 가능한 경우 실측치에 따른다.

〈표 3〉 유종별 비중 및 발열량

유 종	경 유	B-A유	B-B유	B-C유
비 중	0.83	0.86	0.92	0.95
저위발열량 kJ/kg {kcal/kg}	43,116 {10,300}	42,697 {10,200}	41,441 {9,900}	40,814 {9,750}

② 증기건도는 다음에 따르되 실측이 가능한 경우 실측치에 따른다.
　강철제 보일러 : 0.98
　주철제 보일러 : 0.97
③ 측정은 매 10분마다 실시한다.
④ 수위는 최초 측정시와 최종측정시가 일치하여야 한다.
⑤ 측정기록 및 계산양식은 검사기관에서 따로 정할 수 있으며, 이 계산에 필요한 증기의 물성치, 물의 비중, 연료별 이론공기량, 이론배기가스량, CO_2 최대치 및 중유의 용적보정계수 등은 검사기관에서 지정한 것을 사용한다.

2-3 온수 보일러 설치시공기준

1. 적용범위

이 기준은 전열면적 14[m²] 이하의 유류 연소용 온수 보일러(이하 "보일러"라 한다.)의 설치시공에 대하여 규정한다.

2. 용어의 뜻

(1) 지정 시공자

에너지이용합리화법 제 27 조에 의한 특정 열사용기자재의 시공업지정을 받은 자를 말한다.

(2) 상향 순환식

송수주관을 상향구배로 하고 난방개소의 방열면을 보일러 설치 기준면보다 높게 하여 온수의 순환이 상향으로 송수되어 환수하는 방식을 말한다.

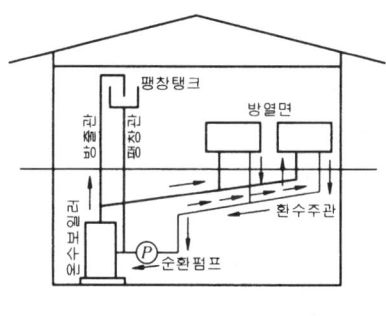
〈그림 1. 상향 순환식〉

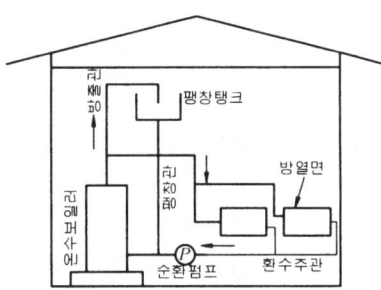
〈그림 2. 하향 순환식〉

(3) 하향 순환식

송수주관을 연직으로 배관하여 팽창관 및 방출관을 설치하고 온수를 하향으로 흐르게 하는 배관 형식을 말한다.

(4) 송수주관

보일러에서 발생된 온수를 난방개소에 매설된 방열관 및 온수 탱크에 온수를 공급하는 관을 말한다.

(5) 환수주관

난방을 목적으로 방열관을 통하여 냉각된 온수를 재가열하기 위하여 보일러에 환수시켜 주는 관을 말한다.

(6) 급수 탱크

팽창 탱크에 물이 부족할 때 급수할 수 있는 장치로서 수도관 또는 급수관이 직접 보일러 또는 배관 등에 직결되지 않도록 설치된 탱크를 말한다.

(7) 팽창 탱크

장치내 온수의 온도변화에 따라 체적팽창 또는 이상팽창압력을 흡수할 수 있도록 하고 보일러의 부족수를 보충할 수 있는 장치 〈그림 1, 2〉를 말한다. (개방식과 밀폐식이 있다.)

(8) 공기방출기

순환수 중에 함유된 기포를 외기로 방출하기 위한 장치

3. 설치시공 일반사항

(1) 지정 시공자(이하 "시공자"라 한다.)는 설치 시공도면을 작성하여 시공 의뢰자에게 제공하여야 하며, 시공자는 시공도를 보관하여야 한다.
   위의 시공도에는 다음의 사항이 반드시 포함되어야 한다.
   ① 모든 배관의 크기, 치수 및 경로
   ② 매설된 배관의 경우에는 정확한 매설 위치와 연결부
   ③ 배관의 단열방식 및 단열재 두께
   ④ 밸브의 설치 위치 및 종류
   ⑤ 팽창 탱크 및 안전장치의 설치 위치 및 두께
   ⑥ 전기 사용기기가 있을 때 이에 따른 배전도 및 규격
   ⑦ 보일러 등 기기의 제조업체명, 규격 및 능력
   ⑧ 시공자의 서명 및 계약일자, 시공일자
(2) 설치 시공도 1/50, 1/25을 원칙으로 한다.
(3) 도면상에 기재하는 배관의 도시기호는 KS B 0051에 의한다.
(4) 시공자는 시공시에 설치 시공 대상물의 장기보존과 안전을 필요로 하는 부재에는 반드시 적절한 보호장치 또는 부식방지를 위한 피막, 도장 등을 하여야 한다.

(5) 보일러의 설치조건
   ① 보일러는 원칙적으로 보일러만을 수용할 수 있는 장소에 설치함을 원칙으로 한다. 다만, 보일러실이 없을 때는 풍우를 방지할 수 있는 곳에 설치한다.

② 보일러의 설치 위치는 통풍이 양호하고 배수가 잘되는 곳에 설치하여야 하며, 굴뚝과 되도록 인접한 곳에 위치하여야 한다.
③ 보일러실은 반드시 공기 유입구와 배출구가 있어야 하며, 강제 배기 기구를 병설하면 더욱 좋다. 다만, 외기와 접한 창문이 있는 경우에는 이것으로 가름할 수 있다.
④ 공기배출구는 유입구보다 높이 두는 것이 좋다.
⑤ 보일러가 설치되는 바닥면은 충분한 강도를 갖도록 콘크리트로 시공하고 철저한 방수를 하여 습기에 의한 부식 등의 장애가 없도록 해야 한다.
⑥ 보일러는 보일러실 바닥보다 높게 설치하여야 한다.
⑦ 보일러의 한쪽 면이 벽면과 접할 때는 수리 또는 청소를 할 수 있도록 하기 위하여 벽면과 적당한 간격을 두어야 한다.
⑧ 보일러실은 철근, 콘크리트, 콘크리트 블록 등의 내화구조로 시공되어야 한다. 다만, 보일러실의 구조가 내화구조의 것이 아닌 경우에는 내화 단열시공을 하여야 한다.
⑨ 보일러 본체와 천장과는 보수, 연도 설치 등에 적당한 거리를 유지하여야 하며, 보일러 앞면에는 조작, 보수 등을 위한 적당한 거리를 확보하여야 한다.
⑩ 보일러실은 보수, 점검을 원활히 할 수 있도록 조명 등을 설치해야 한다.

4. 배 관

(1) 송수주관 및 환수주관

① 보일러 용량이 30,000[kcal/h] 이하 : 25[A] 이상
② 보일러 용량이 30,000[kcal/h] 초과 : 30[A] 이상

(2) 배관의 보온재 시공

① 배관의 보온은 KS F 2803(보온·보냉공사 시공표준)에 따른다.
② 보온재의 시공은 수압시험을 행하여 누설부위가 없을 때 행한다.
③ 밸브 조작과 배관을 구별하기 위하여 보온시공 위에 배관의 종류 및 진행방향을 표시한다.

(3) 배관재료

① 설치시공에 사용하는 관의 재료는 KS D 3507(배관용 탄소강관), KS D 3517(기계구조용 탄소강관)의 것 또는 동등 이상의 것을 사용하여야 한다.
② 관이음쇠는 KS B 1531(나사식 가단주철제 관이음쇠), KS B 1533(나사식 강관제 이음쇠) 또는 내식성의 조립·분해가 가능한 관이음쇠를 사용하여야 한다.
③ 사용 밸브류는 KS D 2303(청동 5[kg/cm^2] 슬루스 또는 게이트 밸브)의 것 또는 동등 이상의 것을 사용하여야 한다.

④ 기타 배관재료 및 부품은 한국 공업 규격품의 것 또는 동등 이상의 것을 사용하여야 한다.

(4) 관의 이음

① 관의 이음작업은 분해, 조립이 가능하도록 한국 공업 규격에서 정한 나사이음 또는 이와 동등 이상의 것으로 하여야 한다.
② 나사식 이음 가공시는 연결부에서의 누수를 방지하기 위해 마 또는 테프론 테이프 등으로 감아 나사 연결부에서 누수가 없도록 한다.
③ 배관의 전계통이 연결된 후 물을 가압하여 개방상태로 통과시켜 배관 내부에 있는 찌꺼기 등의 장애물을 청소하여야 한다.

(5) 급탕관

① 보일러 용량이 50,000[kcal/h] 이하 : 15[A] 이상
② 보일러 용량이 50,000[kcal/h] 초과 : 20[A] 이상
을 원칙으로 한다.

5. 부대장치의 시공

(1) 순환 펌프

① 순환 펌프의 규격은 난방 순환계통 장치 내에 충분히 순환시킬 수 있는 용량 및 규격의 것으로 시공하여야 한다.
② 순환 펌프의 설치 위치는 보일러 본체 등의 주위 방열과 배기가스 연도의 방열 등의 영향을 받지 않는 곳에 설치하여야 하며, 비에 젖거나 물에 잠길 우려가 없도록 설치하여야 한다.
③ 원칙적으로 순환 펌프의 설치 위치에는 "바이패스" 회로를 설치하여 보수 등에 대비하여야 한다. 다만, 자연순환이 가능한 구조에서는 바이패스를 설치하지 아니할 수 있다.
④ 순환 펌프의 배관 접속부는 공기의 흡입, 온수의 누설이 없어야 한다.
⑤ 순환 펌프의 흡입측에 펌프 자체에 공기빼기장치가 없을 때는 공기빼기 밸브를 만들어 공기를 제거할 수 있어야 한다.
⑥ 순환 펌프의 전원 콘센트의 거리는 최단거리로 하고 전선 피복 등에 피해가 없도록 보호관을 이용하여야 하며, 시동 초기의 허용전류 용량 15[A] 이상에 견딜 수 있어야 한다.
⑦ 순환 펌프의 흡입측에는 여과기를 설치하여야 하며, 펌프의 양측에는 밸브를 설치하여야 한다.
⑧ 순환 펌프는 방출관 및 팽창관의 작용을 폐쇄하거나 차단하는 위치에 설치하여서는 안되며, 환수 주관부에 설치함을 원칙으로 한다.

⑨ 순환 펌프는 펌프의 모터부분이 수평되게 설치함을 원칙으로 한다.

(2) 급수 탱크

물의 누수, 증발 등에 의하여 물이 부족할 때는 자동적으로 급수할 수 있는 급수 탱크가 있어야 한다.
① 급수관은 수도관을 직접 보일러 또는 배관 등에 직결하여서는 안 된다.
② 급수 탱크이 구조는 KS G 5112(온수 보일러용 시스템)에 따른다. 다만, 탱크 크기는 변경할 수 있다.

(3) 온수 탱크

급탕이 필요한 때는 온수 탱크를 설치할 수 있다.
① 온수 탱크는 내식성 재료를 사용하거나 알루미늄 용융도금, 아연도금 등 동등 이상의 내식처리가 된 재료를 사용함을 원칙으로 한다.
② 온수 탱크는 KS F 2803(보온·보냉공사 시공표준)에 의한 보온을 하여야 한다.
③ 온수 탱크는 100[℃]의 온수에도 견딜 수 있는 재료를 사용하여야 한다.
④ 온수 탱크에는 드레인할 수 있는 관 및 밸브가 있어야 한다.
⑤ 밀폐식 온수 탱크의 경우 팽창관이나 팽창 흡수장치 또는 안전 밸브(방출 밸브)를 설치하여야 한다.

6. 안전장치

(1) 접 지

보일러는 감전 등의 사고를 방지하기 위하여 접지하여야 한다.

(2) 팽창 탱크

① 팽창 탱크는 다음의 조건을 구비하여야 한다.
　㉮ 100[℃] 이상의 온도에 견디는 재질
　㉯ 온수의 수위를 쉽게 알 수 있는 재료 또는 구조일 것.
② 개방식의 경우 팽창 탱크의 높이는 최고높이를 가진 방열기 또는 방열 코일면보다 1[m] 이상 높은 곳에 설치하여야 하며, 얼지 않도록 적절한 보온을 하여야 한다.
③ 팽창 탱크에 연결되는 관로에는 밸브, 체크 밸브 등의 것을 설치해서는 안 된다.
④ 밀폐식 팽창 탱크를 사용시는 보일러에 릴리프 밸브를 설치하여 배관계통 내의 압력이 제한 압력 이상으로 되면 자동적으로 과잉수를 배출시킬 수 있는 구조를 하여야 한다.

⑤ 팽창 탱크의 용량은 보일러 및 배관 내의 보유수량이 200[*l*] 이하인 경우에는 20[*l*] 이상으로 하고, 보유수량이 100[*l*]씩 초과할 때마다 10[*l*]를 가산한 용량 이상이어야 한다.
⑥ 팽창관 끝부분은 팽창 탱크 바닥면보다 25[mm] 높게 설치한다.
⑦ 개방식 및 밀폐식 팽창 탱크의 구조는 〈그림 3, 4〉 또는 동등 이상의 구조로써 시공하여야 한다.

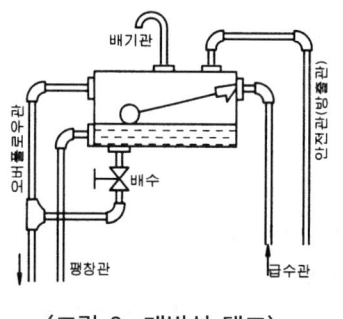

〈그림 3. 개방식 탱크〉

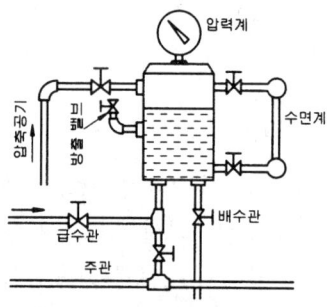

〈그림 4. 밀폐식 탱크〉

(3) 팽창관 및 방출관

보일러 내부의 온도에 따른 물의 체적팽창과 증기가 발생하였을 때 이것을 도출시키기 위해서 팽창관 및 방출관(방출 밸브)을 설치한다.

① 설치위치 : 팽창관 및 안전관의 설치위치는 순환 펌프의 작동에 의하여 작동이 폐쇄 또는 차단되지 않는 위치에 설치한다.
② 팽창관 및 방출관의 크기 : 팽창관의 크기는 다음에 따른다.
 ㉮ 보일러 전열면적 5[m^2] 미만 : 25[A] 이상
 ㉯ 보일러 전열면적 5[m^2] 이상 : 30[A] 이상
 ㉰ 용량이 시간당 30,000[kcal/h] 이하 : 15[A] 이상
 ㉱ 용량이 시간당 30,000~150,000[kcal/h] 이하 : 25[A] 이상
 ㉲ 용량이 시간당 150,000[kcal/h] 초과 : 30[A] 이상
③ 팽창관 및 방출관에는 물 또는 발생증기를 차단하는 어떠한 장치도 없어야 한다.
④ 팽창관 및 방출관에 출구는 급수 탱크 또는 팽창 탱크의 물 높이보다 높아야 한다.
⑤ 팽창관은 굽힘이 작고 동결을 방지할 수 있는 적절한 보온을 하여야 한다.
⑥ 팽창관을 팽창 탱크에 접속할 때에는 수평부분에 상향 기울기를 주어야 한다.

(4) 공기방출기

① 배관 중에 이루어진 공기를 자연적으로 방출할 수 있도록 하고, 이의 형식은 개방식으로 함을 원칙적으로 한다.
② 공기방출기의 높이는 개방식의 경우 팽창 탱크 보다 높게 설치하여야 한다.

(5) 연 도

① 연도의 굽힘부의 수는 3개소 이내이어야 하고, 수평부의 경사는 1/10 기울기 이상으로 시공하여야 한다. 단, 보일러 자체가 강압 통풍식으로 화실내가 대기압보다 높은 압력으로 연소시킬 경우에는 예외로 할 수 있다.
② 연도의 재료는 보일러의 배기가스 온도에 견딜 수 있는 것이어야 한다.
③ 연도는 주위의 가연물과 접촉이 되지 않도록 하여야 한다.

7. 연료배관

(1) 연료 탱크의 위치에 따라서 단관식 또는 복관식으로 배관하여야 한다.
　① 단관식 : 연료 탱크의 위치가 버너의 펌프 위치보다 높을 때 사용하는 방식으로 공기 배출장치가 필요하다.
　② 복관식 : 복관식 연료배관법은 연료 탱크와 오일 펌프와의 사이에 2 개의 배관으로 하는 방법을 연료 탱크가 오일 펌프보다 낮은 위치에 있을 때 사용하는 배관방식으로 공기 배출장치가 불필요하다.

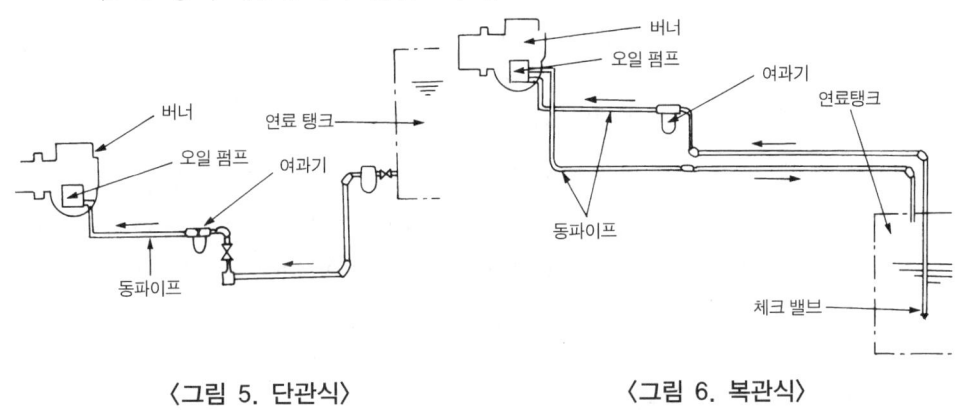

〈그림 5. 단관식〉　　　　〈그림 6. 복관식〉

(2) 보일러와 연료 탱크 사이의 배관에는 기름과 물을 분리할 수 있는 유수분리기가 있어야 하며, 유수분리기에는 드레인 밸브가 부착되어야 한다.
(3) 연료 탱크와 버너 사이의 배관에는 오일 스트레이너를 부착하여야 한다.
(4) 배관은 노출배관을 원칙으로 하며, 통행 기타 등에 의하여 손상되지 않는 위치에 하고 짧고 굽힘이 적어야 한다.
(5) 연료배관은 금속배관으로 하여야 하며, 배관접속부는 실 테이프(seal tape) 또는 시일제를 사용하여 누설이 없도록 하여야 한다.

8. 설치시공검사 및 조치

시공자는 시공의 양부를 확인하기 위하여 시공 의뢰자의 입회하에 다음과 같은 검사를 행하며, 의뢰자의 확인을 받아야 한다.

(1) 수압시험

배관 및 보일러의 설치작업이 완료되면 공기 방출기를 개방상태로 하여 배관속의 물을 급수시킨 후 팽창 탱크의 관로를 일시적으로 밀폐시켜 실제 사용 최고압력의 2배(그 값이 0.2[MPa](2[kg/cm^2]) 미만일 때는 0.2[MPa](2[kg/cm^2])의 수압을 가하였을 때 변형이나 누수되지 않아야 한다.)

(2) 보일러의 연소 및 배기성능검사

보일러를 점화하여 정상연소가 이루어지는지 확인하고 연도 접속부의 가스누설 및 매연 발생유무를 검사한다.

(3) 연료계통의 누설상태 검사

보일러 가동시 연료 배관계통에 누설이 발생하는가를 검사한다.

(4) 순환 펌프에 의한 온수 순환시험

보일러를 정상 작동시킨 후 순환 펌프를 가동시켜 온수의 순환상태를 검사한다. 이때 방열관의 표면온도는 표면온도계 등으로 시험하여야 하며, 순환이 적합하지 못하면 기울기 조절이나 순환펌프의 용량을 다시 결정하여 순환이 양호한 상태로 이루어지는지를 확인하고 가열면의 시멘트 모르타르 시공을 하여야 한다.

(5) 자동제어에 의한 작동검사

온수 순환시험, 시멘트 모르타르 시공, 양생완료 후 실내온도 조절기의 지시에 따른 순환 펌프의 작동 및 정지, 버너의 작동 및 정지상태를 검사하며, 실내온도 조절기를 부착하지 않았을 때는 $H_i - L_o$ 또는 ON-OFF 시 버너의 정지 및 작동, 순환 펌프의 작동과 정지 상태가 원활한가를 검사한다.

2-4 온수온돌 시공순서

시공순서
① 배관의 기초공사 → ② 방수처리 → ③ 단열처리 → ④ 받침재설치 → ⑤ 배관작업 → ⑥ 공기방출기설치 → ⑦ 보일러설치 → ⑧ 팽창탱크설치 → ⑨ 굴뚝설치 → ⑩ 수압시험 → ⑪ 온수 순환시험 및 경사조정 → ⑫ 골재 충진작업 → ⑬ 시멘트 모르타르 바르기 → ⑭ 양생건조작업

[참고] 온수온돌의 일반적인 구조를 상향식과 하향식으로 간단하게 표시하였다.

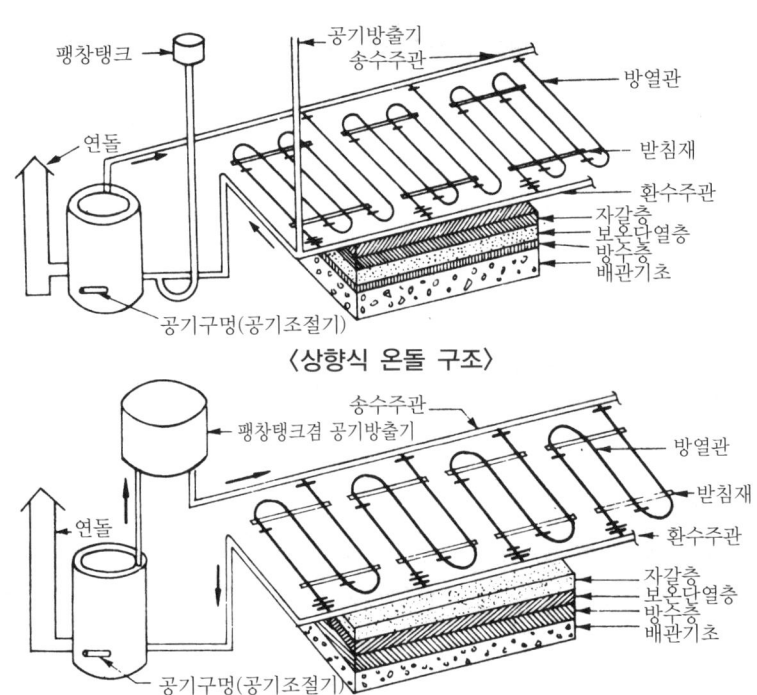

〈상향식 온돌 구조〉

〈하향식 온돌 구조〉

1. 배관기초

(1) 배관기초의 필요성

배관기초는 방수작업을 용이하게 하며, 배관작업시 받침재의 설치 및 관의 지지를 쉽게 한다.

(2) 시공

(아래 단면도 참조)

시멘트 : 모래 : 자갈의 비는 1 : 3 : 6 정도의 비율로 하며 단단하게 다져야 한다.

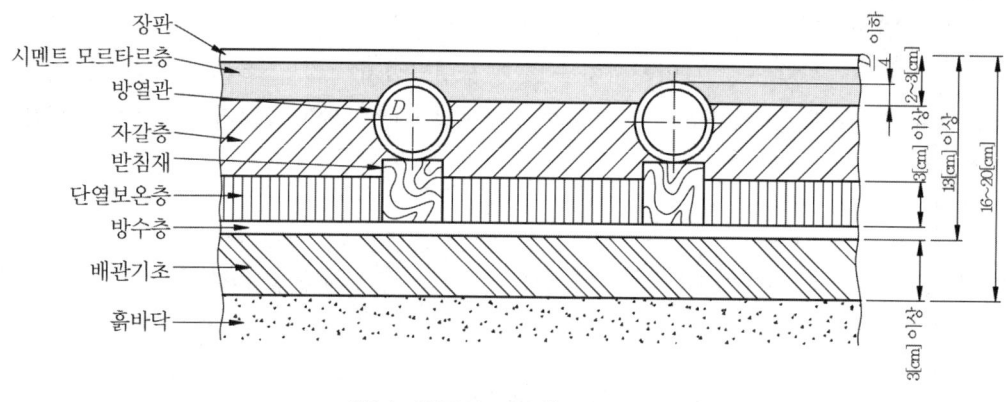

〈온수 온돌의 시공층 단면도〉

2. 방수처리

(1) 방수처리의 목적

① 단열재의 단열성 저하방지
② 배관의 부식 및 열손실방지
③ 장판의 부패방지

(2) 시공

방수재료 종류는 루핑, 비닐, 방수모르타르, 내식성 방수지 등이 있으며 벽면 가장자리 부분은 습기가 들어오지 않도록 온돌바닥보다 10[cm] 이상 위까지 방수처리를 하여야 한다.

3. 단열처리

(1) 단열처리의 필요성

① 바닥을 통한 열손실을 방지
② 온수의 보유열을 최대한 이용
③ 에너지 절약

4. 받침재 설치

(1) 사용 목적

① 방열관의 고정 용이
② 경사잡기가 쉽다.
③ 배관의 간격을 일정하게 유지

❖ 받침재 설치간격은 강관 1.5[m], 동관이나 XL파이프는 1[m] 정도로 한다.

5. 배관작업

(1) 배관의 지름

① 주관 : 송주주관과 환수주관은 32A의 배관용 탄소강관이나 28.58과 22.22동관을 사용한다.

② 방열관

㉮ 방열관은 20A의 배관용 탄소강관이나 15.88과 12.7 동관, ∅15 엑셀 파이프나 ∅12 엑셀 파이프를 사용한다.
㉯ 직렬식 배관의 방열관 : 배관저항을 고려하여 굵은관을 사용한다.
㉰ 방열관 피치는 200±20[mm]로 하며, 분리주관식의 경우에는 배관저항을 고려하여 갈래당 길이는 15[m]이하로 한다.

(2) 주관 및 방열관의 경사

물의 순환이 용이하도록 관의 경사는 1/200 이상을 원칙으로 하며, 세로방향 경사는 되도록이면 수평으로 한다. 주관과 연결되는 관은 1/200의 경사를 둔다.

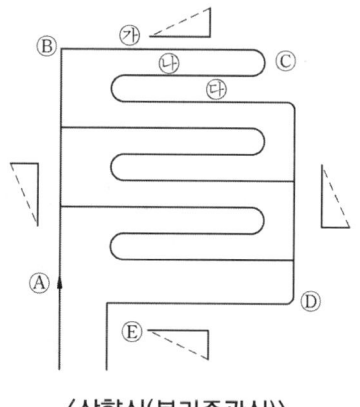

〈상향식(분리준관식)〉

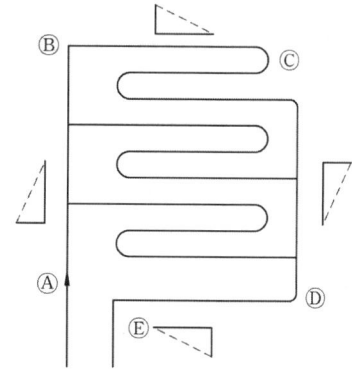

〈하향식(분리주관식)〉

① 상향식 배관인 경우 가장 높은 곳은 D부분이고, 가장 낮은 곳은 A부분이다. 공기방출기는 D부분에 설치된다. 높은 곳부터 나열하면 D > C > B > A = E이다.
② 하향식인 경우에 가장 높은 곳은 방입구 A지점이며, B, C, D, E 순으로 E지점이 가장 낮게 된다.
③ 방열관의 경사 중 주관에 연결되는 부분(그림 ㉮, ㉯)은 1/200경사로 하고 ㉯의 부분은 수평으로 한다.

6. 공기방출기 설치

(1) 설치목적

배관계통 내에 공기가 존재하면 내부에 공기압력만큼의 저항이 발생되며 관수 순환이 저하하고 관의 부식을 촉진시킨다. 이러한 현상방지를 위하여 공기방출 목적으로 설치된다. 배관 내에 많은 공기량이 존재하면 배관내의 굴곡부에 에어 록크(air lock) 현상이 발생되며 유체의 흐름이 차단되기도 한다.

(2) 설치위치

① 상향식은 환수주관 가장 높은 끝부분에 설치한다.
② 하향식은 팽창탱크와 공기방출기를 겸하여 보일러 바로 위에 설치한다.
③ 개방식 공기방출기는 팽창탱크 수면보다 50[cm]이상 높게 설치한다.

7. 보일러 설치위치 및 설치

(1) 보일러 설치위치

보일러에서 연소가 누설되어 실내로 진입되면 사고의 원인이 되며, 습기로 인한 보일러 수명단축을 방지하며, 굴뚝과 가깝고 연도의 굴곡부는 적게 설치하여 저항이 적게 해야 한다.

(2) 보일러의 설치

보일러는 수평으로 설치함을 원칙으로 한다. 주관의 연결부에는 교체가 용이하도록 유니온이나 플랜지로 연결하여야 한다. 청소를 위한 공간을 두고 보일러는 바닥과 직접 접하지 않도록 기초 위에 보일러를 설치한다. 매몰식인 경우에는 방수처리 단열시공을 필히 한 뒤에 보일러를 설치한다.

8. 팽창탱크 설치

(1) 설치 목적

온수보일러의 안전장치이며, 온수가 열을 받아 체적이 팽창하면 팽창수를 흡수하여 보일러나 배관의 파손을 방지하며, 보충수를 급수할 목적으로 설치한다.

(2) 시공

① 탱크의 용량은 하향식일 때 공기방출기와 겸하는 경우 10[%] 정도 큰 것을 택한다.
② 팽창관에는 밸브나 체크밸브 같은 것은 절대로 설치해서는 안된다.
③ 하향식의 경우 공기방출기와 겸하여 보일러 바로 위에 설치한다.

9. 굴뚝 설치

(1) 위치

연소가스 배출이 원활하도록 보일러실과 가까운 곳에 설치한다.

(2) 높이

유류 보일러인 경우 높은 것이 좋으나 구멍탄 보일러는 너무 높게 설치하는 경우에는 연소가스가 역류되어 연소상태가 불량하게 된다. 따라서 적당한 높이로 설치하는 것이 좋다. 후방 와류에 의한 역풍을 방지하기 위하여 개자리를 설치하고 지붕면보다 90[cm] 정도 높게 설치한다.

(3) 개자리

순간적인 후방 와류에 의한 역류를 방지하기 위하여 굴뚝 하단부에 개자리를 설치하고 개자리의 높이는 연돌지름의 2배로 한다.

10. 수압시험

(1) 목적

배관 연결부위의 누수 또는 변형상태를 점검하기 위하여 최고사용압력보다 높게 실시한다.

(2) 방법

공기방출기를 개방하고 팽창탱크나 보일러 주위 연결구로 급수를 하여 팽창탱크의 관로와 공기방출기를 잠정적으로 밀폐시켜 수압시험기로 규정 수압을 가하여 연결부를 점검, 누수, 변형여부를 확인한다.

❖ 수압시험압력
① 유류용 온수보일러 보일러 : 실제 최고사용압력의 2배의 수압을 30분간
② 구멍탄용 온수보일러 보일러 : 0.2MPa(2[kg/cm^2])의 수압을 30분간

① 강제 보일러
　㉮ 최고사용압력이 0.43MPa(4.3[kg/cm^2]) 이하는 최고사용압력의 2배로 실시
　㉯ 최고사용압력이 0.43MPa(4.3[kg/cm^2]) 초과 1.5MPa(15[kg/cm^2]) 이하일 때는 최고사용압력의 1.3배에 0.3MPa[3kg/cm^2]를 더한 압력으로 실시
　㉰ 최고사용압력이 1.5MPa(15[kg/cm^2]) 초과하면 최고사용압력의 1.5배로 실시

② 주철제 보일러
　㉮ 최고사용압력이 0.43MPa 이하는 최고사용 압력의 2배로 실시
　㉯ 최고사용압력이 0.43MPa 초과하면 최고사용 압력의 1.3배에 0.3MPa[3kg/m^2]를 더한 압력으로 실시

❖ 모든 보일러의 최고사용(시험)압력이 0.2MPa(2[kg/cm^2])미만인 경우에는 0.2MPa(2[kg/cm^2])로 수압시험을 실시한다.

11. 시험 및 검사

(1) 수압시험
(2) 온수 순환시험 검사
(3) 연소가스 누설유무 검사
(4) 연소상태 및 연소조절 검사
(5) 보일러 연소 및 배기 성능검사
(6) 연료계통의 누설상태 검사
(7) 자동제어에 의한 작동검사

예상문제

1 증기 보일러의 급수장치에 관하여 기술한 것 중 옳지 않은 것은?

① 전열면적 20[m²] 이하의 보일러는 급수장치를 1개로 할 수 있다.
② 수시 단독으로 최대 증발량 이상의 급수를 할 수 있는 능력이어야 한다.
③ 증기 보일러에는 2 세트 이상의 급수장치를 갖추어야 한다.
④ 인접한 2 기 이상의 보일러를 결합 사용할 때는 규정상 이들을 1기의 증기 보일러로 간주한다.

2 안전 밸브 지름은 보일러 전열면적 2[m²] 이상에서 최소 몇 [mm]로 하는가?

① 20　　② 25
③ 30　　④ 35

3 온도 몇 K[℃]를 초과하는 온수 보일러에는 안전 밸브를 설치하여야 하는가?

① 373K(100[℃])
② 378K(105[℃])
③ 388K(115[℃])
④ 393K(120[℃])

4 보일러에 사용하는 부르돈관 압력계의 사이폰관 속에 넣는 물질은?

① 물　　② 증기
③ 공기　④ 진공

1.해설
• 급수장치를 1 세트 이상으로 할 수 있는 경우
① 전열면적이 12[m²] 이하일 때
② 관류 보일러로 전열면적 100[m²] 이하일 때
③ 최고사용압력이 2.5[kg/cm²] 이하로 화격자면적이 0.6[m²] 이하일 때

2.해설
• 전열면적이 50[m²] 이하일 때는 1개 설치 20[A] 이상으로 할 수 있는 경우
① 최고사용압력이 0.1MPa(1[kg/cm²]) 이하
② 최고사용압력이 0.5MPa(5[kg/cm²]) 이하로 동체지름이 500[mm] 동체길이가 1,000[mm²] 이하
③ 최대증발량 5[T/h] 이하의 관류 보일러
④ 최고사용압력이 0.5MPa (5[kg/cm²]) 이하로 전열면적 2[m²] 이하
⑤ 소용량 보일러

3.해설
• 온수의 온도가 393K(120[℃]) 이하일 때는 방출 밸브 설치
① 전열면적이 10[m²] 이하는 20[A] 이상
② 전열면적이 10~15[m²] 이하는 30[A] 이상
③ 전열면적이 15~20[m²] 이하는 40[A] 이상
④ 전열면적이 20[m²] 이상은 50[A] 이상

4.해설
고온의 증기로부터 압력계를 보호하기 위해 사이폰관이 사용되면 관지름은 6.5[mm] 이상

ANSWER 1. ①　2. ②　3. ④　4. ①

5 비수방지관에 뚫는 구멍의 전체면적은 주증기관의 단면적과 비교하여 몇 배 이상 되어야 하는가?

① 0.5 배　　② 1 배
③ 1.25 배　　④ 1.5 배

5.해설
비수방지관에 뚫는 구멍의 전체면적은 주증기관의 단면적보다 1.5배 이상일 것

6 보일러 분출작업은 안전상 최소 몇 명이 하는 것이 좋은가?

① 1명　　② 2명
③ 3명　　④ 4명

6.해설
• 분출시 주의사항
① 반드시 2 인이 1 조가 되어 분출한다.
② 저수위 이하로 분출금지
③ 열 때는 분출 콕을 먼저 열고 닫을 때는 분출 밸브를 먼저 닫는다.
④ 밸브의 개폐는 신속히 한다.

7 보일러의 안전 밸브는 규정압력보다 몇 [%] 이상일 때 자동적으로 작동하도록 되어 있어야 하는가?

① 2[%]　　② 3[%]
③ 8[%]　　④ 10[%]

7.해설
안전 밸브의 분출은 규정압력보다 3[%] 이상일 때 작동되어 어떠한 경우도 6[%]를 초과하여서는 안 된다.

8 압력계는 보일러의 제한압력의 몇 배의 능력을 가진 것을 설치하는가?

① 1.5~3 배　　② 3~5 배
③ 5~6 배　　④ 6~7.5 배

8.해설
압력계의 눈금은 제한압력의 1.5~3 배의 눈금을 가진 것을 사용한다. 즉, 최고사용압력이 5[kg/cm^2]이라면 이 때 압력계의 눈금은 7.5~15[kg/cm^2]의 눈금이 있는 것을 사용한다.

9 액상식 열매체 보일러에 설치하는 방출밸브의 지름은 몇 mm 이상으로 하는가?

① 15mm　　② 20mm
③ 25mm　　④ 32mm

9.해설
액상식 열매체 보일러에 설치하는 방출밸브는 약 20mm이상으로 설치한다.

10 신축곡관 이음쇠의 굽힘 반지름은 관지름의 몇 배 이상으로 하는 것이 좋은가?

① 1배　　② 2배
③ 4배　　④ 6배

10.해설
만곡관(루프형) 신축이음의 경우 굽힘 반지름은 관 지름의 6배 이상으로 한다.

11 배관에는 열신축에 대응하여 신축이음쇠를 설치한다. 동관의 경우 배관길이 몇 [m] 당 1개의 신축이음쇠를 설치하는 것이 좋은가?

① 20[m]　　② 30[m]
③ 40[m]　　④ 20[m]

11.해설
신축이음쇠의 경우 동관 20m, 강관 30m마다 설치한다.

Answer　5.④　6.②　7.②　8.①　9.②　10.④　11.①

12 발생증기량이 소비량에 비해 남아돌 때 그 증기 에너지를 일시 저장하였다가 재 사용하는 장치는?

① 증기축열기　　② 재열기
③ 절탄기　　　　④ 과열기

12.해설
증기축열기란 잉여증기(여분의 증기)를 일시 저장하였다가 응급시를 대비하기 위해 설치한다.

13 증기 과열기의 안전 밸브 취출 압력은 다음 중 어떻게 조정하는가?

① 최고사용압력
② 보일러 본체의 안전 밸브에서 먼저 취출한다.
③ 보일러 본체의 안전 밸브와 증기 과열기의 안전 밸브에서 동시에 취출한다.
④ 보일러 본체의 안전 밸브에서 얼마쯤 뒤에 취출한다.

13.해설
본체의 안전밸브 보다 약간 늦게 취출한다.

14 수면계 부착을 위한 설명이다. 틀린 것은?

① 최고사용압력 16[kg/cm^2] 이하의 보일러 수주는 주철제 사용
② 연결관은 호칭 지름 20[A] 이상으로 하고 물쪽 연락관은 용이하게 청소할 수 있어야 한다.
③ 물쪽 연락관은 수면계가 보이는 최저수위보다 위에 설치한다.
④ 증기쪽 연락관은 도중에 드레인이 고이지 않는 구조일 것.

14.해설
물쪽 연락관은 수면계가 보이는 최저 수위보다 아래에 설치한다.

15 주철제 증기 보일러의 수면계에 관한 설명이다. 틀린 것은?

① 2개 이상의 유리 수면계를 부착해야 한다.
② 유리 수면계 안지름은 10[mm] 이상일 것.
③ 수면측정장치의 최저부는 안전 저수면이 되는 위치
④ 1개는 유리 수면계, 1개는 수면측정장치로 한다.

15.해설
보일러에는 수면계를 2개 설치하는 것이 원칙이며, 최고사용압력이 0.1MPa 이하 동체의 안지름이 750mm 이하의 경우에는 1개의 수면계와 다른 1개의 수면측정장치를 설치할 수 있다.

16 보일러 화염검출기 중 화염검출의 응답이 느려 버너분사정지에 수십초가 걸리므로 주로 소용량 보일러에 사용하는 것은?

① 스택 스위치
② 플레임 아이
③ 플레임 로드
④ 광전관식 검출기

16.해설
스택스위치 : 연도에 설치되며 응답속도가 늦다.

ANSWER 12. ①　13. ④　14. ③　15. ④　16. ①

17 다음 급수 펌프 중 증기왕복식 기관형식인 것은?

① 터빈 ② 볼류트
③ 워싱톤 ④ 플랜저

17. 해설
증기왕복 펌프는 워싱턴, 웨어펌프가 있다.

18 보일러의 증기 압력을 지시하는 계기로 부르돈관 압력계가 사용된다. 압력계의 취급상 가장 안전한 방법이 아닌 것은?

① 보일러 제한 압력(최고사용압력)의 4~6배 능력을 가진 것을 장치해야 한다.
② 오랜 시간의 압력 변화를 알기 위해 자동기록 압력계를 사용한다.
③ 압력계는 1개 이상 규정에 적합한 것을 정착해야 한다.
④ 연결관은 스케일의 부착을 특히 주의할 필요가 있다.

18. 해설
압력계의 눈금범위로 최고사용압력의 1.5배~3배 이하를 사용한다.

19 보일러(육용강제 보일러 및 주철제 보일러)의 설치 검사기준에 아래의 곳에는 반드시 온도계를 설치하도록 규정하고 있다. 다음 중 생략할 수 있는 온도계는? (단, 소용량 보일러가 아닌 보일러로서 절탄기 및 공기예열기가 설치된 경우이다.)

① 급수입구의 급수온도계
② 버너 급유구의 온도계
③ 보일러 본체 배기가스 온도계
④ 과열기 및 재열기가 있는 경우 과열기 및 재열기 출구온도계

19. 해설
보일러 본체 배기가스온도계는 절탄기 또는 공기예열기가 설치된 경우 전후에 온도계를 설치한다. 이 경우 생략이 가능하다.

20 강철제 증기보일러의 최고사용압력이 1.0MPa일 때 수압 시험 압력은?

① 1.0MPa ② 1.6MPa ③ 1.8MPa ④ 2.0MPa

20. 해설
0.43~1.5MPa : 1.3배+0.3
=1×1.3+0.3=1.6MPa

21 온수 보일러의 팽창관의 크기는 얼마 이상이어야 하는가?

① 35[A] ② 25[A] ③ 20[A] ④ 15[A]

21. 해설
① 팽창관 : 15[A] 이상
② 급탕관 : 15[A]
③ 송수·환수주관 : 32[A] 이상
④ 방열관 : 20[A]

22 온수 보일러의 설치기준 중 잘못 기술된 것은?

① 보일러는 수평을 유지하여야 한다.
② 청소가 편리하도록 공간을 두고 설치하여야 한다.
③ 감전을 방지하기 위하여 접지를 해야 한다.
④ 급수관은 보일러에 직접 연결해야 한다.

22. 해설
급수관은 팽창 탱크에 연결한다.

ANSWER 17. ③ 18. ① 19. ③ 20. ② 21. ④ 22. ④

23 전열면적 14[m²] 이하인 온수 보일러에 설치되는 온수 순환 펌프의 설명으로 잘못된 것은?

① 순환 펌프에는 바이패스회로를 설치해야 한다.
② 순환 펌프는 송수주관에 설치함을 원칙으로 한다.
③ 순환 펌프는 흡입측에는 여과기를 설치해야 한다.
④ 순환 펌프는 모터 부분은 수평으로 설치함을 원칙으로 한다.

23.해설
순환 펌프는 환수 주관에 연결한다.

24 온수 보일러 시공용어와 관련 없는 것은?

① 검정수압 시험 ② 송수주관
③ 팽창 탱크 ④ 급수 탱크

24.해설
검정수압시험은 온수 보일러 시공용와 관련이 없다.

25 온수 보일러의 연도는 굽힘부를 몇 개소 이내로 하는 것이 원칙인가?

① 1개소 ② 2개소 ③ 3개소 ④ 4개소

25.해설
연도의 경사도는 1/10 이상이며 굽힘부는 3개소 이내일 것

26 팽창탱크 내의 물이 넘쳐흐를 때에 대비하여 팽창탱크에 설치하는 관은?

① 배수관 ② 팽창관
③ 환수관 ④ 오버플로우관

26.해설
오버플로우관(일수관)은 팽창탱크 내의 물이 넘쳐흐를 때에 대비하여 설치.

27 온수 보일러의 배관에서 송수주관 및 환수주관의 크기는 호칭지름 얼마 이상을 사용하도록 규정되어 있는가?

① 15[A] ② 32[A] ③ 20[A] ④ 25[A]

27.해설
온수보일러의 송수주관, 환수주관의 크기는 호칭지름 32[A]이상으로 한다.

28 실내온도조절기의 설치위치는 바닥에서 몇 [m]가 좋은가?

① 0.5[m] ② 0.7[m] ③ 1.5[m] ④ 2.0[m]

28.해설
실내온도 조절기는 바닥에서 1.5m 높이에 설치한다.

29 밀폐식 팽창탱크의 수면에서 최고 위치의 방열기까지 수직 높이가 10m, 온수온도 110℃의 고온수 난방장치에서 순환 펌프의 양정을 1m로 할 때 밀폐식 팽창탱크가 받는 게이지 압력은? (단, 온수온도 110℃에서의 포화증기 게이지 압력은 0.5kg/cm²이다.)

① 13.2mAq ② 15.8mAq
③ 17.5mAq ④ 19.4mAq

29.해설
$0.5kg/cm^2 = 5mAq$
$10 + 1.5 = 11.5mAq$
∴ $5 + 11.5 + 1 = 17.5mAq$

ANSWER 23.② 24.① 25.③ 26.④ 27.④ 28.③ 29.③

30 온수 온돌 보일러 시공 중 사다리꼴배관 방식의 장점이 아닌 것은?

① 용접 이음에 적합하다.　② 배관 저항이 작다.
③ 간단한 구조에 적합하다.　④ 기울기 잡기가 편리하다.

30.해설
사다리꼴 배관방식은 간단한 구조에 적합하지 않다.

31 온수 온돌 배관 시공상 방열관의 지름은 얼마로 하는 것이 좋은가?

① 15[A] 이상　② 32[A] 이상
③ 20[A] 이상　④ 40[A] 이상

31.해설
방열관의 지름은 20[A] 이상으로 한다.

32 난방 면적에 따른 온수 온돌 팽창 탱크 용량 계산식은?
(단, V : 팽창 탱크 용량, A : 난방 면적)

① $V = 0.2 \times A$　② $V = 0.4 \times A$
③ $V = 0.8 \times A$　④ $V = 0.6 \times A$

32.해설
팽창탱크의 용량계산
= 난방면적 × 0.2

33 온수 보일러의 보일러실 위치 선정에 대한 다음 사항 중 가장 적당치 않은 것은?

① 통풍이 잘되고 보수가 양호한 곳이어야 한다.
② 중앙 집중식의 경우보다 특히 개별식의 경우에는 배관 저항이 적게 걸리도록 길이가 짧은 곳이어야 한다.
③ 보일러실은 거실과 직접 통하지 않는 구조이어야 하며, 부득이한 경우 연탄가스 유입을 방지할 수 있는 구조이어야 한다.
④ 보일러는 빗물을 받지 않는 곳에 설치하여야 한다.

33.해설
중앙집중식의 경우는 배관의 길이를 짧게 설치하는 것이 저항등을 고려할 때 적당하다.

34 온수 보일러는 순환 펌프 설치시공에 관한 설명 중 틀린 것은?

① 순환 펌프의 규격은 난방순환계통장치 내에서 충분히 순환시킬 수 있는 용량 및 규격으로 시공한다.
② 순환 펌프의 흡입측에 펌프 자체의 공기빼기장치가 없을 때는 공기빼기 밸브를 만들어 공기를 제거할 수 있어야 한다.
③ 자연순환이 가능한 구조에서는 바이패스를 설치 아니할 수 있다.
④ 순환 펌프의 배관 접속부는 공기유입이 가능하도록 설치한다.

34.해설
순환펌프의 배관 접속부는 공기유입이 되지 말아야 한다.

ANSWER　30. ③　31. ③　32. ①　33. ②　34. ④

35 온수 보일러의 팽창 탱크에 관한 설명으로 틀린 것은?

① 상부에 적정 크기의 통기 구멍이 있을 것.
② 원칙적으로 자동 급수가 가능할 것.
③ 난방면적 20[m²] 당 2[l] 이상의 크기일 것.
④ 팽창관의 끝부분은 팽창 탱크 바닥면 보다 25[mm] 높게 설치할 것.

35. 해설
팽창탱크의 용량은 보일러 및 배관 내의 보유수량이 200[l]이하인 경우는 20[l]이상으로 하고 보유수량이 100[l]씩 초과할 때마다 10[l]를 가산한 용량 이상이어야 한다.

36 온수 보일러의 용량이 40,000[kcal/h]인 경우 급탕용관의 호칭지름은?

① 32[A] 이상　② 25[A] 이상
③ 20[A] 이상　④ 15[A] 이상

36. 해설
보일러 용량이 50,000[Kcal/h]이하 : 15[A] 이상
보일러 용량이 50,000[Kcal/h] 초과시 : 20[A] 이상

37 자동 온수기에서 제어량은 다음 중 어느 것인가?

① 온도　② 물
③ 연료　④ 밸브

37. 해설
온수기에서 제어량은 온도이다.

38 온수 보일러 지정시공자가 설치시공도면을 작성하여 시공의뢰자에게 제공하여야 한다. 이 시공도에 반드시 포함되어야 할 사항이 아닌 것은?

① 모든 배관의 크기, 치수 및 경로
② 배관의 단열방식 및 단열재의 종류
③ 시공자의 경력 및 시공일자, 준공일자
④ 보일러 등의 기기의 제조업체명, 규격 및 용량

38. 해설
시공도에 시공자 경력은 포함 사항이 아니다.

39 온수 보일러의 설치시공기준에서 순환 펌프의 시공에 대한 다음 사항 중 틀린 것은?

① 순환 펌프의 흡입측의 펌프 자체에 공기빼기장치가 없을 때는 공기빼기 밸브를 만들어 공기를 제거할 수 있도록 하여야 한다.
② 순환 펌프는 환수 주관부에 설치함을 원칙으로 한다.
③ 순환 펌프의 흡입측에는 체크 밸브를 설치하여야 하며, 펌프의 양측에는 게이트 밸브를 설치하여야 한다.
④ 순환 모터는 수평으로 설치한다.

39. 해설
순환펌프의 입구측에는 여과기를 설치한다.

ANSWER 35. ③　36. ④　37. ①　38. ③　39. ③

40 구멍탄 온수 보일러의 난방면적이 9[m²]인 경우 팽창 탱크의 크기는?

① 20[l] ② 10[l] ③ 5[l] ④ 2[l]

40.해설
구멍탄 온수보일러의 난방면적이 9[m²]인 경우 팽창탱크의 크기는 2[l]이다.

41 온수 보일러 송수주관 및 환수주관의 호칭지름은?

① 호칭 32[A] 이상
② 호칭 25[A] 이상
③ 호칭 13[A] 이상
④ 호칭 15[A] 이상

41.해설
송수주관 및 환수주관의 호칭지름은 32[A]이상

42 온수 보일러를 설치하고 나면 보일러를 정상 가동시킨 후 순환 펌프를 가동시켜 온수의 순환상태를 검사한다. 이 때 방열관의 표면온도는 무엇으로 시험하는가?

① 표면 온도계
② 방열계
③ 저항 온도계
④ 측온계

42.해설
방열관의 온도는 표면 온도로 시험한다.

43 순환 펌프의 전원 설치에 관해 다음 설명 중 틀린 것은?

① 전원 콘센트의 거리는 가능한 멀리 정한다.
② 전선 피복 등에 피해가 없도록 보호관을 이용한다.
③ 시동 초기의 허용전류용량 15[A] 이상에 견디어야 한다.
④ 전선의 굵기는 정격용량의 것이어야 한다.

43.해설
전원 콘센트의 거리는 최대한 단거리로 하는 것이 원칙이다.

44 보일러 및 배관내의 보유수량이 180[l]인 경우 팽창 탱크의 용량은 몇 [l] 이상이어야 하는가?

① 10[l] ② 20[l] ③ 30[l] ④ 50[l]

44.해설
배관내 전수량이 200[l] 이하는 20[l], 100[l] 초과시마다 10[l]씩 가산한 용적

45 온수 보일러의 설치 위치를 열거한 것이다. 아닌 것은?

① 통풍이 양호한 곳
② 바닥이 콘크리트로 시공한 곳
③ 굴뚝과 인접한 곳
④ 배수가 잘되는 곳

45.해설
보일러의 설치위치에서 꼭 바닥이 콘크리트로 시공한 곳에 설치할 필요는 없다.

46 다음 중 밀폐식 팽창 탱크 주변에 설치되는 계기 또는 배관이 아닌 것은?

① 압력계 ② 배기관 ③ 온도계 ④ 수면계

46.해설
개방식 팽창 탱크 주위배관 배기관, 팽창관, 배수관, 일수관, 급수관, 도피관(안전관)

ANSWER 40. ④ 41. ① 42. ① 43. ① 44. ② 45. ② 46. ②

CHAPTER 03 보일러 취급

3-1 보일러 운전 및 조작

보일러는 일종의 압력용기로 내부에 열로 인한 체적 변화가 항상 불규칙하게 운전되고 있음을 명심하고 그 대책은 다소 전문적 지식을 요하고 있기 때문에 잘 숙지하여 대처할 수 있도록 하여야 한다.

1. 취급시 주의사항

(1) 사용 보일러의 구조 및 특징을 파악하고 그것에 따른 안전운전에 주의한다.
(2) 보일러의 수명은 자연적이긴 하나 인위적으로도 많은 차이가 있게 되므로 적절한 예방보존을 수시로 해야 한다.
(3) 보일러의 운전은 그 성능이 최고의 효율이 유지될 수 있도록 그것에 따른 고도의 운전기술을 습득하여야 한다.
(4) 필요증기(온수)량에 맞추어 운전하되 초과되는 일은 없도록 한다.
(5) 보일러를 계획적으로 관리하여야 하며, 연간계획 및 일상보존계획 기록 및 점검이 철저히 이루어져 이에 따른 개선계획이 잘 이루어져야 한다.

2. 보일러의 계획관리

보일러를 바르게 취급하기 위하여서는 보일러의 종류, 사용조건 등을 고려하여 작업표준을 결정하고 이것을 토대로 하여 점화연소의 조정 등을 하여야 한다. 또 보일러를 계획적으로 관리하기 위하여는 연간계획 및 일상보전계획을 세워 이에 따라 관리를 철저히 하도록 한다.

(1) 연간계획

① **운전계획** : 증기나 온수의 용도별, 공정별 사용조건을 고려하여 연간, 분기, 매월마다 운전계획을 세운다.
② **연료계획** : 운전계획에 따라 저장유량 및 사용유량을 고려하여 구입계획을 세운다.
③ **정비계획** : 보일러 운전 성능검사의 시기에 따라 6개월, 3개월마다 기기의 보전장비 보전계획과 함께 정비계획을 세운다.
④ **점검계획** : 운전 중 수시점검사항 및 주간점검사항, 월간점검사항별로 점검계획을 세운다.

〈수시 점검사항〉

항 목	점검내용
연료온도	펌프 흡입측, 버너전, 예열기 후
연료압력	펌프흡입측, 펌프 토출측, 여과기 전·후, 조절 밸브 전후
화염상태	색깔, 형태, 버터플라이
버너 타일	카본 부착상태, 손상
공기압력	윈드박스 차압, 노내압, 보일러 출구
공연비제어장치	위치에 따른 유량변화
배관	누설여부
본체증기압력	압력변동범위

〈주간 점검사항〉

항 목	점검내용
공급 탱크	수분분리상태, 유면의 지지상태, 온도조절기
수면변화	저수위감지장치, 배수 등
저장 탱크	수분분리, 온도조절기
배기가스	가스분석, 스모크 번호
각종계기	지시상태
회전체	벨트 장력, 베어링 부분 발열
버너 본체	벨트 장력
전기배선	단자의 접촉, 발열상태

〈월간 점검사항〉

항 목	점검내용
화염검출기	기능
저수위감지장치	감지상태, 스케일 발생
압력제한기	기능
공기흐름 스위치	기능
온도 스위치	기능
파일럿 버너	점화 전극간격, 소손, 점화 트랜스기능
차단 밸브	작동상태
공연비제어장치	동작범위 및 위치

3-2 보일러 가동전의 준비사항

1. 신설 보일러

(1) 내부점검

설치 후 동내부의 부속설비나 부속품 등의 부착상태, 사용공구나 불순물 등이 남아 있는가 확인점검한다.

(2) 노 및 연도 내의 점검

통풍의 장애나 연소장애 등의 원인을 제거하고 노벽의 건조상태를 확인하도록 한다.

(3) 부속품의 정비상황 점검

압력계, 수면계, 안전 밸브, 주증기 밸브 등 정비 및 개폐상태 등을 점검하고 조임부가 풀린 곳은 없나 정확히 점검한다.

(4) 소다 보링

설치제작시 부착된 페인트, 유지, 녹 등을 제거하기 위해 동내부에 소다 계통의 약액을 주입하고 가압하여($0.3~0.5[kg/cm^2]$) 2~3일간 끓여 반복 분출한다.

❖ 사용 약액
  탄산소다(Na_2CO_3), 가성소다($NaOH$), 제3인산소다($Na_3PO_4 12H_2O$)

(5) 자동제어장치의 점검

보일러의 안전사고는 수동운전시보다는 자동운전시에 더 잘 일어난다는 것을 명심하고 다음의 점검에 게을리하지 않도록 한다.
① 전기회로의 절연상태와 패널 내의 습기유무를 점검한다.
② 배관에서의 손상이나 누설유무를 점검한다.
③ 조절 밸브 및 조작기구의 이상유무를 점검한다.
④ 수위검출기 및 화염검출기 이상유무를 점검한다.(특히 광전관의 오손에 주의한다.)
⑤ 점화장치의 전극의 간격, 소모상황에 이상유무를 확인한다.

(6) 부속장치의 점검

급수계통의 이상유무와 특히 연소계통의 정비점검은 보일러의 파열사고와 직결되므로 철저한 점검 후 시운전을 통해 정상유무를 확인한다.

❖ 부속설비의 사용준비
  (1) 과열기(super heater)의 준비
    ① 과열기 내부 상태확인
    ② 개방부의 밀폐
    ③ 수압시험
    ④ 공기빼기 밸브, 드레인 밸브의 개방
  (2) 절탄기(economizer)의 준비
    ① 절탄기 내외면의 상태확인
    ② 수압시험
    ③ 방출 밸브의 취출압력확인
    ④ 출구 밸브의 개방

2. 사용중인 보일러의 점화전 준비사항

(1) 보일러의 수위확인

보일러의 수위는 수면계의 $\frac{1}{2}$ 정도에 오도록 표준수위를 설정하고 그 이상의 고수위나 저수위가 일어나지 않도록 조정한다. 또한 수면계나 수주관의 기능 테스트를 통해 고장유무를 확인하고 수면계의 오손으로 인한 수위오판 등의 피해가 없도록 한다.

(2) 분출 및 분출장치의 점검

보일러의 분출은 점화전 부하가 가장 가벼운 때 하도록 전날 수위를 약간 높인 상태여야 하며 특히 수저분출장치의 누설은 저수위사고의 원인이 되므로 항상 감시하여야 할 대상이다.

(3) 프리퍼지, 포스트퍼지

소화 후 급속냉각을 막기 위해 배기 댐퍼를 닫은 상태이므로 점화 전에 내부에 남아 있는 잔류가스(미연소가스)를 배출해야 한다. 이러한 작업을 프리퍼지라 하며, 이 때 유인배풍기를 작동하여 노내에 체류하고 있는 미연소가스를 배출함으로 역화의 발생을 방지할 수 있다. 포스트퍼지란 점화 후 갑작스런 실화로 인해 노내의 미연소가스가 체류할 수 있으므로 이때의 배출을 말한다. 자연통풍시엔 충분한 환기를 위해 5분 이상 완전히 배출하도록 한다.

❖ 프리퍼지, 포스트퍼지
  (1) 프리퍼지(pre-purge)
    점화전 댐퍼를 열고 노내와 연도에 체류하고 있는 가연성가스를 송풍기로 취출시키는 것
    (소형 : 30~40초, 대형 : 3분 이상)
  (2) 포스트퍼지(post-purge)
    보일러 운전이 끝난 후, 정상점화 후 갑작스런 실화로 인해 노내와 연도에 체류하고 있는 가연성가스를 취출시키는 것(소형 : 30~40초, 대형 : 3분 이상)

(4) 연료, 연소장치의 점검

연료계통의 누설은 화재의 직접적인 원인이므로 저장 탱크에서 서비스 탱크의 이음부 또한 버너까지 이송 중에서도 누설이 없도록 항시 확인하고 수동인 경우의 연료저장은 정상유면조정에 주의해야 한다. 액체 연료의 경우 이송 펌프, 스트레이너 등에 정상작동 유무를 확인하고 유가열기를 사용하는 경우에는 적정가열온도를 항시 유지할 수 있도록 한다.

(5) 자동제어장치의 점검

수위검출기, 화염검출기 등의 작동유무를 확인하고 신설 보일러인 경우와 마찬가지로 제어부의 이상 여부를 항상 점검하여야 하며, 특히 인터록(interlock)에 이상이 없는가 확인하여야 한다.

3-3 점화 및 운전 중의 취급

1. 점화 및 운전

앞에서 전술한 점검사항 등이 다 확인된 후 점화를 한다. 점화조작시에는 순서를 잘 숙지하여야 하며 안전한 위치에서 이루어질 수 있도록 자세를 잘 조정한다. 특히 점검이 다 확인되었더라도 정상 수위와 프리퍼지의 작동유무는 다시 한 번 확인한다.

(1) 기름연소장치의 점화

점화에 앞서 송풍기의 작동유무, 버너, 제어부의 이상유무를 확인하고 정상수위와 노내환기·연료가열상태를 다시 확인한 뒤 점화한다.
① 수동점화 : 연료유의 가열상태를 확인하고 통풍압을 조절한다. 통풍이 강하게 되면 실화의 원인이 되므로 댐퍼로 잘 조정한다. 점화봉은 화구 깊숙이 닿을 수 있는 길이의 철봉으로 석면 또는 면포를 감아 기름에 충분히 적신 후 사용한다.
② 자동점화 : 각 스위치의 정상유무를 점검한 후 표시등의 작동에도 이상이 없는가 확인한다.

❖ 조작시 순서
  ① 노내환기(프리퍼지), ② 버너동작, ③ 노내압조정, ④ 파일럿 버너, ⑤ 화염검출,
  ⑥ 점화, ⑦ 댐퍼작동, ⑧ 저연소 → 고연소
❖ 점화불량 원인
  ① 점화 버너의 가스압 이상, ② 공기비의 조정불량, ③ 점화용 트랜스의 전기 스파크 불량,
  ④ 보염기의 위치 불량, ⑤ 공기압력부족이나 과잉, ⑥ 주전원 전압의 이상

(2) 가스 보일러의 점화

가스 보일러는 연료의 누설에 철저한 점검을 하여야 하며 점화시나 연소 중에서도 연료 누설로 인한 미연소가스폭발에 만전을 기울여야 한다.

❖ 점화시 주의사항
① 점화는 1회에 이루어질 수 있도록 화력이 큰 불씨를 사용한다.
② 특히 노내환기에 주의하여야 하고 실화시에도 충분한 환기가 이루어진 뒤 점화한다.
③ 연료배관계통의 누설 유무를 정기적으로 할 수 있도록 한다.(비눗물 사용)
④ 전자 밸브의 작동유무는 파열사고와 직결되므로 수시로 점검한다.

◈ 육안관찰을 통한 연소상태의 판단

공기비	화염의 색	연기색
공기부족의 연소	어두운 적색	흑 색
공기비적당	오렌지색	담 백 색
공기비 과대연소	백 색	백 색

2. 운전 중의 취급

(1) 운전 중 일반취급

점화가 이루어져 가동중인 보일러는 항시 다음의 것들을 감시 조절하여야 한다.
① 수위의 유지 : 상용수위의 유지가 중요하며 어떠한 경우라도 안전저수위 이하로 내려 가지 않도록 한다.

〈안전저수위〉

보일러 종별	안전저수위
입형 횡관 보일러	화실 천장판 최고부위 75[mm]
직립형 연관 보일러	화실 관관 최고부위 연관길이 1/3
횡연관식	최상단 연관 최고부위 75[mm]
노통 보일러	노통 최고부(플랜지부 제외) 위 100[mm]
노통 연관식	연관이 높은 경우 최상단 부위 75[mm] 노통이 높을 경우 노통 최상단부위 100[mm]

※ 수관 보일러는 구조에 따라 결정된다.

② 증기압력의 관리
　㉮ 압력계의 지시압력 감시
　㉯ 안전 밸브, 압력조절기, 압력제한기의 기능 확인
③ 연소의 유지 및 조절
　㉮ 무리한 연소를 하지 않을 것. 보일러 본체나 벽돌벽에 강열한 화염을 충돌시키지 않도록 주의하고 항상 화염의 흐르는 방향을 감시하는 것이 필요하다.

㈏ 연소량을 급격히 증감하지 말 것. 연소량을 증가하는 때는 통풍량을 먼저 증가시키고 연소량을 감소할 때에는 연료의 투입을 먼저 감소시키는 것이 중요하다. 이것을 거꾸로 행하여서는 아니된다.
㈐ 2차공기의 양을 조절하여 불필요한 공기의 노내 침입을 방지하고 노내를 고온도로 유지할 것.
㈑ 화격자연소에서는 화층의 불균형에 의한 부분적인 연소, 클링커(clinker)의 생성, 버드 네스트(bird-nest)의 형성 등을 일으키지 않도록 할 것.
㈒ 가압연소에 있어서는 단열재나 케이싱(casing)의 손상, 연소가스 누설을 방지함과 더불어 통풍계를 보면서 통풍압력을 적정하게 유지할 것.
㈓ 연소가스온도, CO_2[%], 통풍력 등의 계측값(計測値)에 근거하여 연소의 조절에 힘쓸 것.

(2) 연소 초기의 취급

보일러의 연소 초기에는 급격한 연소가 되지 않도록 주의해야 한다.

❖ 급격한(무리한) 연소시 장해
① 보일러 본체의 부동팽창으로 내화벽돌의 파손(균열·박리현상)
② 동내 구식(그루빙), 크랙, 이음부의 누설
③ 열응력으로 인한 부식 및 파열사고

(3) 증기압이 오르기 시작할 때의 취급

① 공기 배제 후 공기빼기 밸브를 닫는다.
② 장치 및 부속품의 누설을 점검한 후 누설이 있는 곳은 가볍게 조여준다.
③ 급격한 압력상승이 일어나지 않도록 연소상태를 천천히 조정한다.(압력계 주시)
④ 가열에 따른 팽창으로 수위의 변동을 확인하고 필히 수면계의 기능을 시험한다.
⑤ 급수장치의 기능을 확인한다.
⑥ 분출장치의 누설유무를 확인한다.(수저분출장치의 누설→저수위 사고)
⑦ 절탄기의 설치시 물의 유동을 시킨다.(파열 사고)
⑧ 증기압이 거의 올랐을 때(75[%]) 안전 밸브를 열어 분출시험을 한다.

(4) 송기시 취급

🔹 주증기 밸브의 작동요령
① 스팀 헤더의 주위 밸브 및 트랩 등의 바이패스 밸브를 열어 드레인을 제거한다.
② 주증기관 내에 소량의 증기를 공급하여 예열한다.

③ 천천히 열기 시작하여 3분에 1회전을 한다.
④ 만개 후 조금 되돌려 놓는다.

> ❖ 주증기 밸브의 급개는 동내부에 급격한 압력 변화를 주므로 그로 인한 비수현상의 극심, 수격 작용(water hammer)으로의 관 파열 및 부속기기들의 파손의 원인이 된다.

(5) 송기 후 취급

송기가 이루어졌어도 완전한 상태가 아니므로 다음 주의사항에 유의한다.
① 밸브의 개폐상태 확인
② 송기 후 압력강하로 인한 압력조절
③ 수면계 수위감시
④ 제어부 점검

3-4 보일러 정지시 취급

1. 정지시 조치사항

(1) 증기를 사용하는 곳과 연락을 취하여 작업종료시까지 필요로 하는 증기를 남기고 운전을 정지시킨다.
(2) 벽돌쌓기가 많은 보일러에서는 벽돌쌓기의 여열로 압력이 상승하는 위험이 없는 것을 확인하여 주증기 밸브를 닫는다.
(3) 보일러의 압력을 급히 내리거나 벽돌쌓기 등을 급냉하거나 하지 않는다.
(4) 보일러수는 상용수위보다 약간 높게 급수하여 놓고 급수 후는 급수 밸브, 주증기 밸브를 닫고 주증기관, 관계의 드레인 밸브를 반드시 열어 놓는다.
(5) 다른 보일러와 증기관의 연락이 있는 경우에는 그 연락 밸브를 닫는다.

2. 정지시 순서

(1) 연료의 투입을 정지한다.
(2) 공기의 투입을 정지한다.
(3) 급수를 하여 압력을 내리고 급수 밸브를 닫는다.
(4) 증기 밸브를 닫고 드레인 밸브를 연다.
(5) 댐퍼를 닫는다.

3. 정지 후 점검

위에서 전술한 대로 보일러의 운전이 정지되면 다음의 사항을 점검한다.

(1) 전원 스위치 점검
(2) 노내 여열로 인한 압력상승
(3) 밸브류의 누설(급수 밸브, 드레인 밸브, 콕, 주증기 밸브, 분출 밸브)
(4) 정지시 증기압력
(5) 재의 처리, 주위의 가연물
(6) 연료계통, 급수 펌프 등의 누설
(7) 집진장치의 매진의 처리

3-5 보일러 보존

1. 보일러 청소

보일러의 사용에 따라 내면에는 스케일이나 슬러지, 외면에는 용융회, 그을음 등이 부착하여 효율이 저하되는 원인이 된다. 또한 자동제어로 운전하는 보일러에서는 장치의 기능장해가 되어 안전에도 큰 영향을 미치게 한다. 이러한 내·외면의 부착물을 제거하는 시기나 횟수는 사용상태에 따라 다르며 구조에 따라서도 그 방법이 다양하다.

(1) 청소의 목적

① 효율저하 방지
② 과열의 예방
③ 운전기능장해 방지
④ 수명 연장

❖ 스케일의 생성이 1~1.5[mm] 정도, 미급수처리의 경우에는 1,500~2,000시간 가동 후 청소하는 것이 적당하다.

(2) 청소시 주의사항

① 보일러 내부와 연도 내의 환기를 충분히 행한다.
② 증기관 및 급수관, 타 보일러와의 연락관을 확실히 차단한다.
③ 배선의 절연상태를 점검한다.
④ 세정작업시 발생하는 수소의 환기를 충분히 행한다.
⑤ 내부작업 중에는 외부에 감시자를 둔다.
⑥ 작업복은 주머니가 적고 피부가 과다 노출되지 않는 것으로 한다.

❖ **보일러 냉각요령**
① 보일러의 수위를 상용수위로 유지하도록 급수를 계속하고 증기를 내보내는 것을 차츰 감소시킨다.
② 연료의 공급을 정지한다. 석탄분의 경우에는 노내의 연료를 완전하게 연소시킨다.
③ 압입통풍기를 정지한다. 자연통풍의 경우는 댐퍼를 반개하여, 연소구, 공기구를 열어 노내를 냉각한다.
④ 보일러에 압력이 없는 것을 확인한 다음 급수 밸브, 증기 밸브를 닫고 공기빼기 밸브 기타 증기실부의 밸브를 열어서 보일러 내에 공기를 집어넣어 내부가 진공으로 되는 경우를 방지한다.
⑤ 보일러수의 온도가 90[℃] 이하로 된 다음 취출 밸브를 열어 보일러수를 배출한다.

(3) 청소방법

① **외부청소** : 전열면 부착된 그을음, 재 등의 청소와 연도내 축적된 재도 제거하는 것으로 연도내에 들어갈 땐 특히 유해가스의 충분한 환기를 행하고 석탄때기 보일러의 경우 재의 냉각에도 주의하여야 한다.
  ㉮ 스팀 소킹법(socking) : 매연층에 증기로 습기를 형성 제거
  ㉯ 워터 소킹법(water socking) : 매연층에 분무수로 습기를 주어 제거
  ㉰ 수세법(washing) : PH 8~9의 용수를 대량으로 사용 수세한다.
  ㉱ 샌드 블로우법, 스틸 쇼트 클리닝(sand blow, steel short cleaning)

② **내부청소** : 보일러 내부에 축적된 스케일이나 슬러지 등을 제거하는 방법으로 기계적인 방법과 화학적인 방법이 있다.
  ㉮ 기계적 청소법 : 청소용 공구(스케일 해머, 와이어 브러시, 스크랩퍼)를 사용 청소하는 방법, 튜브 크리너 등의 기계를 사용한다.

❖ **주의사항**
① 맨홀을 여는 경우 압력의 존재 여부를 주의하며 진공상태도 파괴한 후 맨홀을 열고 충분한 환기, 냉각 후 들어간다.
② 주증기 밸브, 급수 밸브 등의 증기나 물의 역류에 대비, 밸브를 완전히 차단하도록 하며 열지 못하도록 봉인 후 작업에 임한다.
③ 무리한 공구를 사용 손상이 되지 않도록 주의한다.

  ㉯ 화학적 청소법
    ㉠ 산세관 : 세정액의 종류, 농도, 처리조건(온도, 유속, 시간)의 선정은 보일러의 상태에 따라 좌우되겠으나 일반적으로 염산 5~10[%], 부식억제제(인히비터) 0.2~0.8[%]를 혼합하여 처리온도 60±5[℃] 처리시간(4~6시간)을 정해 순환시켜 세정한다. 세정액으로는 무기산으로 유산, 설파민산 등이 사용되며 유기산으로는 구연산, 히트록산, 옥살산 등이 사용된다. 산세관시에는 강의 부식을 촉진시키므로 중화 방청제(탄산소다, 가성소다, 인산소다, 히드라진)를 사용 방청처리를 해야 한다.

❖ **특 징**
① 가격이 저렴하다.
② 스케일 용해 능력이 크다.
③ 물에 용해가 잘되어 세관 후 세척이 용이하다.
④ 취급이 용이하다.

❖ **주의사항**
① 열부하가 높은 곳이나 보일러수의 흐름이 정체하기 쉬운 곳부터 실시한다.
② 부속류는 제거하거나 나무마개로 차단하고 행한다.
③ 과열기의 세관시엔 보일러와는 별도로 행한다.
④ 화기에 절대 주의한다.(세정시 수소발생)
⑤ 세정 후 수세를 충분히 하여 세정액이 남지 않도록 한다.

❖ **산의 종류**
① 염산(HCl) ② 황산(H_2SO_4) ③ 인산(H_3PO_4) ④ 질산(HNO_3) ⑤ 설파민산(NH_2SO_3H)

❖ **산세척 처리 순서**
전처리 → 수세 → 산액처리 → 수세 → 중화·방청처리

❖ 규산염·황산염 등 경질 스케일의 경우 용해촉진제인 불화수소산(HF)을 사용한다.

❖ **부식억제제의 종류 및 구비조건**

종 류	구비조건
① 인히비터	① 부식억제능력이 클 것.
② 알콜류	② 점식발생이 없을 것.
③ 알데히드류	③ 물에 대한 용해도가 클 것.
④ 아민유도체	④ 세관액의 온도·농도에 대한 영향이 적을 것.

    ⓛ 알칼리 세관 : 가성소다, 탄산소다, 인산소다의 알칼리성 약품과 계면활성제를 첨가 전농도가 0.2~0.5[%] 정도의 세정액을 60~80[%] 정도 유지하면서 세정계통을 순환시켜 pH가 9 이하로 유지될 때까지 수세한다. 알칼리부식을 방지하기 위해 인산 나트륨이나 질산 나트륨을 첨가한다.

❖ **알칼리성 약품의 종류**
① 암모니아(NH_3) ② 가성소다(NaOH), ③ 탄산소다(Na_2CO_3), ④ 인산소다(Na_3PO_4)

    ⓒ 유기산 세관 : 가장 안전한 세관방법으로 중성에 가까워 부식억제제 등이 필요 없다. 구연산의 농도를 3[%] 정도로 희석하여 수용액온도를 90±5[℃] 정도 처리한다.

❖ 유기산의 종류
① 구연산　　② 하트록산　　③ 옥살산

2. 보일러의 보존

계절적인 관계로 보일러가 휴지상태에 놓이면 보일러 내부에 물, 공기 등의 존재로 부식이 진행되게 된다. 이러한 부식을 최대한 억제하기 위해 적절한 조치를 강구하여야 한다.

(1) 건식보존법

휴지기간이 장기간(6개월 이상)인 경우 또는 동결의 위험이 있는 경우 처치하는 방법으로 수를 완전히 배출한 뒤 장작 등의 연소량 가벼운 것으로 동내부를 완전건조시킨다. 경우에 따라 흡습제를 내부에 분할 배치하고 밀폐한다. 단, 가열건조법의 경우에는 2주~1개월의 단기 보존에 적합하다.

❖ 사용흡습제
생석회, 실리카겔, 염화 칼슘, 활성 알루미나 등
❖ 건조보존요령
① 보일러수를 전부 배출하여 내외면을 청소한 다음 장작을 가볍게 때서 완전히 건조한다.
② 보일러 내에 증기나 물이 새어 들어가지 않도록 증기관, 급수관은 확실하게 외부와의 연락을 단절한다. 이 연락차단은 정지 밸브를 폐지하는 것보다 플랜지 이음 부분에 맹판을 끼워넣어 끝을 자르는 것이 가장 확실하다.
③ 흡습제(吸濕劑)를 용기에 넣어서 보일러 내의 여러곳에 배치하고 밀폐한다. 흡습제는 보일러의 내용적 $1[m^3]$에 대해 생석회 $1.4[kg]$ 또는 실리카 겔(silica gel·규산 겔) $1.2[kg]$ 정도를 혼합하는 것이 표준이다.
④ 밀폐 1~2주간 후에 흡습제를 점검하고 그 결과에 의해 흡습제의 증감과 교체시기를 결정한다.
⑤ 본체 외면은 와이어 브러시로 청소한 다음 그리스, 빨간 페인트 또는 콜타르(coal tar) 등을 도포(塗布)하는 것이 좋다.
⑥ 벽돌 쌓은 곳이 특히 습기를 띠기 쉬운 경우는 때때로 장작을 조금씩 때서 건조한다.

(2) 만수보존법

휴지기간은 소다 만수 보존 2~3개월 이내, 보통 만수 보존은 2주~1개월 정도 보존에 적합하며 동결의 위험이 있는 경우에는 곤란하다.

> ❖ **만수보존의 요령**
> ① 비교적 양질의 물에 가성소다, 아황산소다, 탄산소다 등을 첨가하여 정수부까지 만수하여 약간 압력을 가하여 보존한다.
> ② pH를 10~11 정도로 높게 유지되도록 한다.
> ③ 조치 후에도 보일러수를 조사하여~ 목표농도에 1/3 이하로 될 때엔 약액을 추가하여 농도를 유지한다.
> ④ 보일러를 사용시엔 완전히 배수한 후 다시 수세한 후 사용한다.

(3) 특수 보존

① 질소봉입법 : 질소순도 99.5[%]의 것으로 0.6[kg/cm^2] 정도로 가압봉입하여 공기와 치환하는 방법
② 내면 페인트의 도포 : 건조보존의 경우 부식방지를 목적으로 흑연, 아스팔트, 타르 등으로 엷게 늘여 도포한다.

3-6 보일러 용수관리

1. 보일러 용수의 개요

(1) 개 요

보일러 연소관리 다음으로 중요한 관리이며 최근 보일러구조가 복잡해지는 관계로 더욱 완벽한 급수처리를 통하여 연료의 손실을 방지하고 보일러의 수명도 연장시키므로 만전을 기하여야 한다.

(2) 보일러 용수

① 지표수 : 비나 눈 등 자연적 현상으로 지표에 고인 물로(하천, 호수) 유기물 및 불순물의 함유가 상당히 많아 보일러수로는 적당하지 못하나 부득이 사용될 경우 지역이나 계절 등을 고려하여 급수처리 후 사용한다.
② 지하수 : 우물물이라고도 하며 지역에 따라 수질의 차이는 있겠으나 경도성분이 다량 함유되어 있어 스케일이 발생되기 쉬우므로 처리 후 사용한다.
③ 상수도 : 음료를 목적으로 정화, 살균처리한 하천수로 구조가 간단한 저압 보일러에서는 그대로 사용하기도 하나 경도성분이 함유되어 처리 후 사용한다.
④ 재용수(응축수) : 발생된 증기가 다시 응축된 복수로 경도성분이 거의 없으며 동시에 열을 가지고 있으므로 급수에 응력을 주지 않는 장점이 있다. 보일러수는 가장 이상형이나 제조공장 등에서는 경우에 따라 사용하지 못하기도 하는 용수이다.
⑤ 보일러용 처리수 : 보일러 급수용으로 처리한 것으로 연화수, 탈염수, 증류수 등이 있다.

(3) 보일러 급수로 인한 장해

① 스케일 생성
② 발생증기의 불순으로 습증기 발생
③ 비수현상
④ 농축으로 인한 순환불량
⑤ 가성취화현상
⑥ 부식사고

(4) 수질의 용어

① PPm(Parts Per million) : 용액 1[kg] 중의 용질 1[mg]으로 mg/kg, g/ton의 중량 100만분율을 말한다.
② PPb(Parts Per billion) : 용액 1[ton] 중의 용질 1[mg]으로 mg/ton의 중량 10억분율을 말한다.
③ epm(equivalents per million) : 용액 1[kg] 중의 용질 1[mg]당량으로 상온 수용액일 때는 ppm과 같이 1[l] 중에 mg당량으로 표시한다.
④ BOD생물학적 산소요구량(Biochemical Oxygen Demand) : BOD가 높으면 수중유기물이 많은 것이다.
⑤ DO(용존산소 Dissolved Oxygen) :
⑥ 경도(Hardness) : 수중의 칼슘(Ca), 마그네슘(Mg)의 염류에 기인된다. 칼슘, 마그네슘의 염화물, 질산염, 황산염은 영구경도를 나타내고 중탄산염은 끓임으로써 탄산염이 되어 침전제거되므로 일시경도라 한다. 영구경도와 일시경도를 합하여 총경도라 하며 단위는 $CaCO_3$로 환산하여 ppm으로 표시한다.
(일시경도=탄산경도, 영구경도=비탄산경도)
경도성분을 알기 위해 비누를 풀면 난용성일수록 경도성분이 많이 함유된 물이다.
⑦ 알칼리도 : 물속에 함유된 수산화물, 탄산염, 중탄산염 등의 알칼리성분의 표시로 보일러수 중 농축 알칼리는 강재에 알칼리 부식을 만든다.

> ❖ 참고
> * 독일경도 : 급수 100cc 중에 광물질(CaO, MgO)이 1mg이 포함된 수
>   (독일경도 = CaO + MgO × 1.4배를 하여 경도를 계산하다.)
>   예) Ca 2mg, Mg 1mg일 때 독일경도는?
>   *경도 = 2 +1 × 1.4=3.4°
>
> * 탄산칼슘($CaCO_3$)경도 : 급수 1000cc 중에 탄산칼슘($CaCO_3$)이 1mg 포함된 수를 경도 1도라 한다.
> * 경도 10을 기준하여 이하를 연수, 초과를 경수라 한다.

(5) 불순물의 영향

① 불순물의 종류

㉮ 가스체 : 가스체에는 산소, 탄산가스, 암모니아 등이 함유되어 있는 경우 강의 부식의 원인이 되며 특히 산소는 직접부식작용을 가지는 외에 다른 물질과의 화학작용에 의해서도 부식된다.

㉯ Ca, Mg의 중탄산염류 : 탄산염 경도의 성분으로 열에 의해 불용해성의 탄산염과 탄산가스로 분해되고 탄산염은 슬러지로 되어 보일러 내에 침전된다.

㉰ Ca, Mg의 유산염류 : 비탄산염의 성분으로 열에 의해서도 분해되지 않으며 농축하여 단단한 스케일로 되고 석출한다. 특히 황산칼슘은 경질 스케일의 원인이 된다.

㉱ 규산염(Silica) : Ca, Mg, Na과 복잡한 화합물을 만들어 경질 스케일의 원인이 되며 연질의 다공성으로 되는 경우도 있다. 규산염에 의한 스케일이 형성되면 열전도도가 현저히 떨어지게 되며 고착된 스케일의 제거도 어렵다.

㉲ 비스케일 염류 : 보통의 보일러 사용 상태에서는 보일러수에 용해하여 스케일로 되지 않는 염류이다. 비수현상의 원인이 된다.

㉳ 용존고형물 : 진흙, 모래, 수산화철, 유지분 등으로 수면 속에 떠돌거나 침전되며 농축시 비수현상을 초래한다.

> ❖ 5대 불순물과 장해
> ① 염 류 : 황산염, 규산염, 탄산염 등(스케일 발생의 주요원인)
> ② 알칼리분 : 급수계통부식, 알칼리부식 등
> ③ 산 분 : pH저하로 전면식
> ④ 유 지 분 : 포밍, 프라이밍, 과열 등
> ⑤ 가 스 분 : O_2, CO_2, N_2, H_2S(점식·부식의 주요원인)

② 불순물의 장해

㉮ 스케일(관석) : 급수 중 용해되어 있는 칼슘염, 마그네슘염, 규산염 등의 농축이 단독 또는 다른 성분과의 화합으로 발생하며 황산염과 규산염은 경질 스케일을 만들며 슬러지(가마검댕) 탄산 마그네슘, 수산화 마그네슘, 인산 칼슘 등이 주원인이다. 스케일이 부착하면 열전도율이(0.2~2[kcal/mh℃]) 낮기 때문에 전열이 방해되며 과열의 원인이 되기도 한다.

❖ 스케일에 의한 장해
① 통수공 차단으로 순환 불량
② 연료소비로 인한 손실
③ 과열로 인한 파열사고
④ 배기가스 손실 증대
⑤ 효율저하

❖ 스케일 생성방지법
① 급수처리를 철저히 할 것.
② 적절한 청관제의 사용으로 스케일 생성 방지
③ 수질분석을 통한 급수의 한계값 유지
④ 슬러지 상태에서의 철저한 분출

㉯ 슬러지(sludge) : Ca, Mg 중에 중탄산염이 가열에 의해 분해되어 청정제 등과 화합하여 생기는 연질의 침전물로 적기에 분출(blow)을 통하여 제거하여야 하며 특히 염화 마그네슘으로 인한 슬러지는 분해시 염산이 생성되므로 부식이 극심하게 된다.

❖ 슬러지 주성분
① 탄산염   ② 수산화물   ③ 산화철

㉰ 부식 : 급수로 인한 부식은 용존가스체(산소, 탄산가스)나 산성반응을 통해 이루어지나 알칼리성에 의해서도 일어나게 된다. 이러한 부식은 고온으로 될수록 심하게 나타나며 내부 압력변화도 문제시 된다.

❖ 우측의 도표에서 밝힌대로 25[℃]의 관수는 pH가 11~12의 상태에서 부식이 제일 적게 된다.

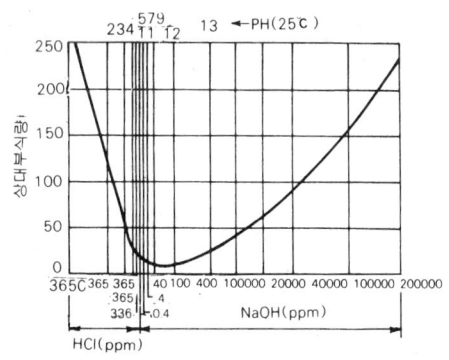

〈pH와 상대부식량〉

㉠ 염화 마그네슘에 의한 부식 : 보일러수 중에 염화 마그네슘($MgCl_2$)이 용존되어 있을 때 180[℃] 이상에서 가스분해되어 염산이 발생되며 강을 침식시키므로 pH를 상승시켜(10.5~11.8 정도) 용해되지 않도록 해야 한다.
㉡ 저 pH : 보일러수가 산성에 가까우면 수소이온(H^+) 농도가 커지므로 강을 부식시키며 또한 탄산가스가 용존될 시 pH를 저하시키므로 수소이온(H^+)이 증가한다.

ⓒ 알칼리 부식 : 보일러수 중 수산화 나트륨이 함유되어 농축하게 되면 pH의 이상상승이 조장되어 상대 부식량이 증가한다.
ⓓ 농염전지 : 농도가 다른 두 개의 동일전해질 용액에 동일금속을 침투시키면 전자가 형성되어 용액에 접한 금속이 양극화가 되어 부식이 촉진한다.
ⓔ 증기분해에 의한 부식 : 가열된 기체상의 증기가 용존 산소 등과의 화합으로 부식을 촉진시키며 고온에서 일부 분해하여 단독적으로도 강을 부식시키게 된다.

2. 보일러 용수처리

보일러수 처리

(1) 관내처리

보일러 내에 청관제를 투입하여 화학적 작용을 통한 처리, 물리적 처리를 내처리라 한다.
① **pH, 알칼리조정** : pH의 조정은 경도성분을 불용성화하여 스케일생성을 방지하기 위해 조금 높게 유지되어야 하며 고압 보일러의 경우 알칼리 조정제는 제3인산나트륨 암모니아, 수산화 나트륨 등이 사용된다.
② **연화** : 경도성분을 불용성의 화합물인 슬러지화하여 스케일을 예방하는 처리제로 수산화나트륨, 탄산나트륨, 인산나트륨 등이 사용된다.
③ **탈산소제** : 용존산소의 제거로 점식을 예방하는 처리제로 탄닌, 아황산 나트륨 등이 사용되며 고압 보일러의 경우 히드라진을 사용한다.
④ **슬러지 조정** : 스케일 생성을 예방하며 분출이 용이하도록 사용하는 처리제로 탄닌, 리그린, 녹말 등을 사용한다.

약품명	분자식	작 용
수 산 화 나 트 륨 탄 산 나 트 륨 제 3 인 산 나 트 륨 제 1 인 산 나 트 륨 헥사메타인산나트륨 인 산 암 모 니 아	$NaOH$ Na_2CO_3 Na_3PO_4 NaH_2PO_4 $Na_6P_4O_{18}$ H_3PO_4 NH_3	pH, 알칼리 조정 (급수, 보일러수의 pH 및 알칼리도를 조절하고 스케일 부착시 보일러 부식방지)
수 산 화 나 트 륨 탄 산 나 트 륨 제 3 인 산 나 트 륨 제 2 인 산 나 트 륨 헥사메타인산나트륨 데트라인산나트륨	$NaOH$ Na_2CO_3 Na_3OP_4 Na_2HPO_4 $Na_6P_4O_{18}$ $Na_6P_4O_{13}$	연 화 (보일러수의 경도 성분을 불용성으로 침전, 즉 슬러지로 하여 스케일의 부착방지)
탄 닌 리 그 닌 녹 말 해 초 추 출 물 고 분 자 유 기 화 합 물	$(C_6H_{10}O_5)$	슬러지 조정 (화학적 및 물리적 작용에 의해 슬러지를 보일러수 중에 분산·현탁시켜서 블로우하기 쉽게 하고 스케일 부착을 방지)

아황산나트륨	Na_2SO_3	탈산소
중아황산나트륨	$NaHSO_3$	(급수 중의 용존산소를 화학적으로 제거하여 부식을 방지)
히드라진	N_2H_4	
탄닌	$C_6H_{10}O_5$	
고급지방산폴리아민		포밍 방지
고급지방산폴리아콜		
질산나트륨	$NaNO_3$	가성 취화 방지
인산나트륨	$NaPO_3$	
탄닌	$C_6H_{10}O_5$	
리그닌		

〈보일러 종류별 급수와 보일러수의 표준값〉

구분	항목	보일러의 종류 압력[kg/cm²] 전열면증발율 [kg/m²h]	둥근 보일러		수관 보일러				
			—		10〈		10~20	20~30	30~50
			〈30	〉30	〈50	〉50	—	—	—
급수	pH(25[℃])		〉7	〉7	〉7	〉7	〉7	〉7	8.0~9.0
	경도 $CaCO_3$ [ppm]		〈60	〈40	〈40	〈2	〈2	〈2	0
	유지[(1)] [ppm]		0에 가까이 유지	0에 가까이 유지	0에 가까이 유지	0에 가까이 유지	0에 가까이 유지	0에 가까이 유지	0에 가까이 유지
	용전산소 O_2 [ppm]		낮게유지	낮게유지(6)	낮게유지	낮게유지	〈0.5	〈0.1	〉0.03
	전철 Fe [ppm]		—	—	—	—	—	—	낮게 유지
	히드라진[(2)] N_2H_4 [ppm]		—	—	—	—	—	—	0.01~0.05
보일러수	pH(25[℃])		11.0~11.8	11.0~11.5	11.0~11.8	11.0~11.5	10.8~11.3	10.5~11.0	10.5~11.0
	M알칼리도 $CaCO_3$ [ppm]		500~1000	500~800	500~1000	500~800	〈600	〈150	〈100
	P알칼리도 $CaCO_3$ [ppm]		300~800	300~600	300~800	300~600	〈400	〈120	〈70
	전고유물[(3)] [ppm]		〈4000	〈3000	〈3000	〈2500	〈2000	〈700	〈500
	염소이온 Cl^- [ppm]		〈800	〈500	〈500	〈400	〈300	〈100	—
	인산이온[(4)] PO_4^{3-} [ppm]		20~40	20~40	20~40	20~40	20~40	20~40	10~30
	아유산이온[(5)] SO_3^{2-} [ppm]		—	—	—	10~20	10~20	10~20	10~20
	실리카 SiO_2 [ppm]		—	—	—	—	—	〈50	〈40

〈주〉 수관 보일러에 있어서 10~20[kg/cm²]의 표준값은 보급수에 연화수의 사용을 전제로 하여 정하고 20[kg/cm²] 이상의 표준값은 보급수에 탈염수의 사용을 전제로 하여 결정하고 있다. 만약 10~20[kg/cm²]의 보급수에 탈염수를 사용하는 경우는 20~30[kg/cm²]에 표시하고 있는 표준값을 적용하고 또 20~30[kg/cm²]의 보급수에 연화수를 사용하는 경우에 10~20[kg/cm²]에 표시하고 있는 표준값을 적용한다.

(2) 관외처리

① 용존가스의 제거

㉮ 탈기법 : 용존산소 및 탄산가스를 제거하는 방법으로 물을 가열하여 포화압력에 대응하는 비등점까지 상승시켜 산소의 용해를 제거하거나 압력을 감소시켜 제거하는 진공탈기방법이 있다.

㈐ 기폭법 : 탄산가스체나 철, 망간 등을 제거하는 방법으로 공기 중에 물을 강수하는 방식과 수중에 공기를 흡입하는 방식이 있다.

② 현탁 고형물(불순물) 제거

㈎ 자연침강법 : 일정 수수 탱크에 물을 체류시켜 부유물을 자연침강시키는 방법이다.

㈏ 여과 : 수중 불순물을 걸르는 방법으로 완속여과 및 급속여과방법이 있다.

㈐ 응집 : 불순물의 입자가 어느 정도 적게 되면 침강속도가 늦고 여과로도 어렵다. 이러한 입자의 불순물을 흡착, 결합, 침전시키는 방법으로 응집제로는 명반, 유산알루미늄 등이 사용된다.

③ 용해 고형물 제거

㈎ 이온교환법 : 합성수지나 천연산 제올라이트 등의 이온교환수지를 통해 경도성분의 수를 통과시켜 Ca, Mg 성분을 나트륨과 교환하는 방법으로 나트륨도 불순물이긴 하나 스케일로 되지 않고 물에 완전히 녹지 못하는 것은 침전되므로 해가 적다.

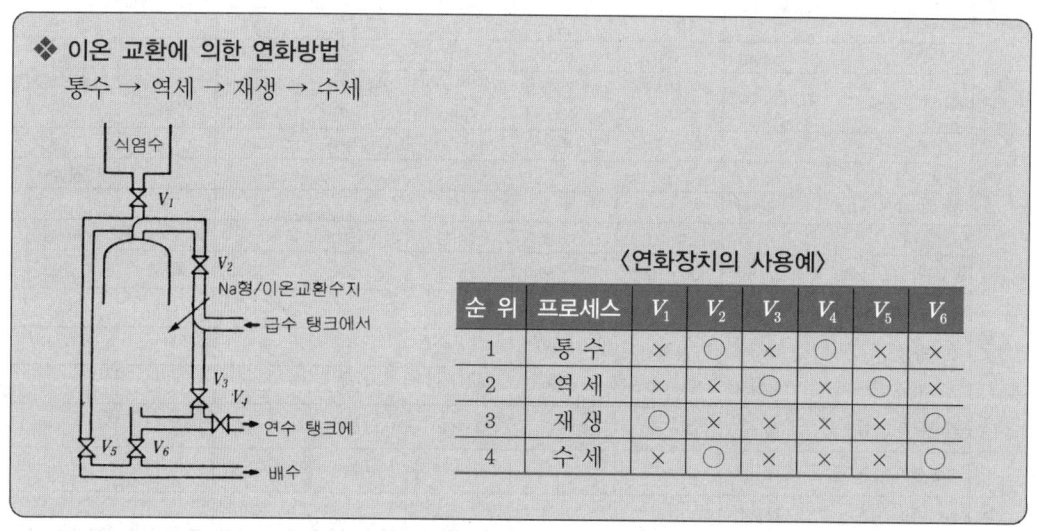

❖ 이온 교환에 의한 연화방법
통수 → 역세 → 재생 → 수세

⟨연화장치의 사용예⟩

순위	프로세스	V_1	V_2	V_3	V_4	V_5	V_6
1	통수	×	○	×	○	×	×
2	역세	×	×	○	×	○	×
3	재생	○	×	×	×	×	○
4	수세	×	○	×	×	×	○

㈏ 증류법 : 물을 가열시켜 증기를 발생시키고 냉각하여 응축수를 만들어 사용하는 방법으로 양질의 수를 얻을 수 있으나 비경제적이다.

㈐ 약제 첨가 : 약품의 첨가로 경도성분을 불용성 화합물로서 침전여과에 의해 제거하는 방법으로 석회소다법, 가성소다법, 인산소다법 등이 있다.

📘 청관제의 약품주입장치

① 개방형 중력주입기(소형에 사용)
② 밀폐형 중력주입기(소형에 사용)
③ 포트형 비례주입기

〈관외 처리방법〉

불순물	장해	처리법	비 고
현탁고형물 (탁고)	• 보일러 수관에 침전되어 관을 막게 한다. • 순환방해 • 이온교환수지의 오염	• 침강분리 • 여 과 • 응집침전	• 표류수(漂流水)에 많고 비, 눈 등이 내릴 때 증가한다.
용해고형물	• 캐리오버의 원인 • 기타, 여러 종류의 장해	• 전염탈염	
용존산소	• 급·복수계통 및 보일러 본체의 수관을 산화부식한다.	• 기계적 탈기와 화학적 탈산소	• 지하수에는 비교적 적음 • 지표수는 대기 중의 산소와 거의 평형에 가깝게 함유
유리탄산 (CO_2)	• 증기 및 복수계통의 부식	• 기계적 탈기와 아민류의 첨가 • 음이온 교환수지에 의한 제거	• 지하수에 비교적 많다.
경도성분	• 스케일, 슬러지	• 이온교환에 의한 연화	• 지하 깊이 고여있는 물에 많이 함유 • 지표수에는 소량 함유
실리카 (SiO_2)	• 보일러에 스케일 생성 • 터빈 날개에 경질의 불용성 부착물 생성	• 전염 탈염 • 전해에 의한 탈규산법 • 마그네시아염에 의한 가열 탈규산법	
알칼리도	• 캐리오버의 원인 • 금속 재료의 부식 • pH조절의 방해	• 전염 탈염 • 탈알칼리연화	• 알칼리부식의 원인
유지류	• 스케일, 슬러지 • 거품의 원인 • 이온교환수지의 오염	• 응집 침전 • 활성탄, 규조토에 의한 여과	• 공장의 복수계 중에 함유되어 있는 수가 많다.
콜로이드상 실리카	• 보일러 내에서 가용성의 분자상 실리카의 염으로 되어 실리카의 경우와 동일한 장애	• 응집 침전 • 전해에 의한 탈규산법	
유기물 (아민산 등)	• 보일러수의 거품 발생의 원인 • 이온교환수지를 오염해서 순수 수질을 저하 • 보일러 내에서 고온분해되어 CO_2발생	• 활성탄 처리 • 응집 침전	• 표면수에 많다. • 식물의 부패물이 원인
유기철 및 콜로이드상철	• 급수계통 및 보일러 내에 부착	• 응집 침전	• 유기철은 아민산과 결합하는 수가 많다.
Fe^{2+}, Fe^{3+}	• 급수계통 및 보일러 내의 부착 • 일부는 현탁고형물로 된다.	• 기폭여과 • 응집 침전 • 염소산화여과 • 이온교환	• 지하 깊이 고여있는 Fe^{2+}로 되어 다량으로 함유

예상문제

1 보일러 내면의 스케일이 보일러에 미치는 영향으로 가장 옳은 것은?

① 수격작용을 유발한다.
② 플라이밍, 포밍을 일으킨다.
③ 열효율을 증대시킨다.
④ 보일러 동의 가열로 균열파괴를 유발한다.

1.해설
• 보일러에 스케일이 쌓이면
① 배기가스 온도상승
② 전열효율 감소
③ 과열원인
④ 연료소모량 증대

2 청소를 하기 위해 보일러를 냉각시킬 경우는 천천히 할 때가 있지만 부득이 급히 냉각시킬 때가 있다. 다음 중 가장 좋은 방법은?

① 안전 밸브를 열어서 증기를 취출하면서 급수한다.
② 물을 다량으로 급수한다.
③ 사용수위를 유지하도록 급수하고 노에 부착되어 있는 댐퍼를 열어서 냉각시킨다.
④ 주증기 밸브를 열어서 보일러 내의 압력을 내린다.

2.해설
냉각은 천천히 하는 것이 원칙이며, 부득이 한 경우는 안전밸브를 열어 증기를 취출하면서 급수한다.

3 보일러의 내부보수 청소시 맨홀이 아주 작은 경우 많이 사용하는 방법은?

① 브러시를 사용한다.
② 스크레이퍼를 사용한다.
③ 아세트산 용액을 사용한다.
④ 해머를 사용한다.

3.해설
기계적 세관이 곤란한 곳에는 화학적 산세관을 주로 사용한다.

4 보일러를 새로 제작 또는 수리하였을 때는 어떤 시험을 한 후 사용하여야 하는가?

① 진공시험   ② 증발시험
③ 유압시험   ④ 수압시험

4.해설
보일러를 새로 제작 또는 수리하였을 때는 수압시험을 실시한다.

ANSWER 1. ④ 2. ① 3. ③ 4. ④

5 보일러를 비상 정지시키는 경우의 조치방법으로서 옳지 않은 것은?

① 압입통풍을 멈춘다.
② 댐퍼는 개방하고 노내 가스를 배출한다.
③ 주증기 밸브를 열어 놓는다.
④ 연료공급을 중단한다.

5.해설
주증기 밸브는 닫아야 한다.

6 보일러수로 적당치 못한 것은?

① 경도가 낮은 연수일 것.
② 유지분이 없는 물일 것.
③ 약산성, 중성인 물일 것.
④ 가스류를 발산시킨 물일 것.

6.해설
보일러수는 약알칼리성 약 11~11.8 정도
pH=7 : 중성
pH > 7 : 알칼리성
pH < 7 : 산성

7 보일러 급수 중에 이것의 농도가 높아지면 취화에 의한 부식을 일으켜 크랙의 원인이 되는 성분은?

① 염류
② 산분
③ 알칼리분
④ 유지분

7.해설
알칼리 부식(가성취화)은 알카리도가 높아져서 생긴다.

8 보일러의 급수처리 방법이 아닌 것은?

① 화학적 처리
② 물리적 처리
③ 전기적 처리
④ 기계적 처리

8.해설
급수처리 방법
① 화학적 처리
② 물리적 처리
③ 전기적 처리

9 보일러 용수에 관한 설명으로 옳은 것은?

① 수용액 1ℓ 속에 불순물이 1mg 포함되어 있는 경우를 1ppm이라 한다.
② 독일 경도 1도dH란 물 100cc 중에 마그네슘(Mg)이 1mg 함유되었을 때를 말한다.
③ 칼슘 경도로 경도 9.5 이하의 물을 연수라 한다.
④ 보일러 급수용 물의 pH는 약산성이 좋다.

9.해설
1ppm : 수용액 1ℓ 속에 불순물 1mg 포함된 미량농도 단위가 1ppm이라 한다.

10 보일러를 오랫동안(6개월 이상) 사용하지 않고 보존하는 방법으로 가장 적당한 것은?

① 만수보존
② 청관보존
③ 분해보존
④ 건조보존

10.해설
① 건조보존법 : 보존 기간이 6개월 이상 장기간일 때
② 만수보존법 : 보존 기간이 2~3개월 정도 단기간일 때

ANSWER 5.③ 6.③ 7.③ 8.④ 9.① 10.④

11 규산염은 세관작업시 염산에 잘 녹지 않으므로 용해촉진제를 사용한다. 다음 중 어느 것을 사용하는가?

① 불화수소산　② 탄산소다
③ 히드라진　　④ 암모니아

11.해설
규산염, 황산염은 경질스케일이므로 용해 촉진제인 불화수소산(HF)을 첨가하여 세관한다.

12 증기발생 중의 주의사항에 해당되지 않는 것은?

① 안전저수위 이하로 되지 않도록 한다.
② 수면은 너무 높아져도 안 된다.
③ 압력이 일정하게 되도록 연료를 공급한다.
④ 과잉공기는 되도록 많게 하여 완전연소토록 한다.

12.해설
과잉공기는 되도록 적게하여 완전연소 하도록 하는 것이 이상적이다.

13 보일러의 물부족으로 과열되어 위험할 때 가장 먼저하는 응급처치로 옳은 것은?

① 연료공급을 중단한다.
② 증기판을 열고 압력을 낮춘다.
③ 안전판을 열고 압력을 낮춘다.
④ 증기판을 열고 즉시 급수를 행한다.

13.해설
이상현상 발생 시 가장 먼저 해야 할 것은 연료공급 중단이다.

14 연도 및 연통의 구조로서 적당하지 않은 것은?

① 청소를 쉽게 할 수 있는 구조
② 열량을 많이 흡수할 수 있는 구조
③ 점검을 용이하게 할 수 있는 구조
④ 건축물을 관통하는 부분은 확실한 절연재로 사용한 구조

14.해설
연도 및 연통은 열량 흡수가 적어야 한다.

15 보일러에 사용하는 급수처리방법으로 물리적 처리방법에 속하지 않는 것은?

① 여과법　　② 탈기법
③ 증류법　　④ 이온교환법

15.해설
• 물리적 방법
여과법, 탈기법, 증류법

16 보일러의 내부를 화학청정할 때 인히비터를 사용하는 이유는?

① 스케일의 용해속도 촉진
② 스케일의 부착방지
③ 보일러 용수의 연화
④ 보일러 강판의 부식억제

16.해설
① 산세관 부식억제제 : 인히비터
② 알칼리세관 부식억제제 : 질산나트륨, 인산나트륨

ANSWER　11. ①　12. ④　13. ①　14. ②　15. ④　16. ④

17 다음은 보일러의 청정작업을 할 때 분리해야 하는 것을 나열한 것이다. 틀린 것은?

① 연관
② 급수내관
③ 취출 밸브
④ 수위검출기

17.해설
보일러 세관 작업 시 연관은 분리하지 말아야 한다.

18 보일러통에 타원형의 맨홀을 만드는 경우 다음 어느 것이 가장 적당한가?

① 장축을 보일러의 길이방향으로 한다.
② 단축을 보일러의 길이방향으로 한다.
③ 장축은 보일러의 길이방향, 원둘레방향에 관계없다.
④ 장축은 단축에 비해 될 수 있는대로 길게 하여 장축을 길이방향으로 한다.

18.해설
맨홀의 단축부는 길이 방향과 일치시킨다.

19 가스폭발을 방지하는 방법 중 가장 거리가 먼 것은?

① 점화시에는 공기를 먼저 공급하고 소화시에는 연료 밸브를 먼저 잠근다.
② 연소율 증가를 위해 연료공급을 일시에 다량으로 공급한다.
③ 점화전에 댐퍼를 개방하여 노내를 환기시킨다.
④ 연소 중 실화가 발생하면 버너 밸브를 닫고 노내 환기 후 재점화한다.

19.해설
연료공급을 일시에 다량으로 공급해서는 안된다.

20 다음 중 보일러 가동 중에 유의해야 할 사항으로 잘못 설명된 것은?

① 안전 저수위 이하로 되지 않도록 조심한다.
② 증기압력이 일정하도록 연료공급을 조절한다.
③ 과잉공기는 되도록 적게 하여 완전연소하도록 댐퍼를 조절한다.
④ 댐퍼를 조절하여 매연농도가 링겔만 도수로 3 이상이 되도록 한다.

20.해설
• 링겔만 농도표
0번~5번까지 총 6종
연소상태가 좋은 상태-2번 이하

21 원통형 보일러수의 pH는 얼마로 유지하는 것이 좋은가?

① 4.5~5.55
② 5.5~6.5
③ 8.5~9.0
④ 10.5~11.8

21.해설
보일러수(관수) : pH 10.5~11.8
급수 : pH 7~9

ANSWER 17. ① 18. ② 19. ② 20. ④ 21. ④

22 중유연소에서 안전점화를 할 때 다음 중 제일 먼저 해야 할 사항은?

① 증기 밸브를 연다. ② 불씨를 넣는다.
③ 기름을 넣는다. ④ 댐퍼를 연다.

22.해설
안전한 연소 점화를 위해서는 댐퍼를 열고 노내환기를 해야 한다.

23 보일러를 비상 정지시키기 위한 조치에 해당되지 않는 것은?

① 연료의 공급을 정지한다.
② 연소용 공기의 공급을 정지한다.
③ 수증기 밸브를 닫는다.
④ 댐퍼를 닫고 통풍을 막는다.

23.해설
댐퍼를 열고 노내환기를 시켜야 한다.

24 수면계의 수위가 보이지 않을 때 응급처치사항은?

① 연료의 공급차단 ② 냉수공급
③ 증기보충 ④ 자연냉각

24.해설
보일러에 이상이 생기면 항상 제일 먼저 해야 하는 것은 연료차단 → 공기차단은 어느 때나 같다.

25 보일러에 아세트산 용액을 사용했을 때 조치사항으로 가장 적당한 것은?

① 청소 후 연료를 점화하여 급수하지 않고 보일러를 가열한다.
② 부식되지 않도록 보일러 내부에 기름칠을 한다.
③ 청소 후 중화시켜야 한다.
④ 보일러를 만수시켜 오랜시간 보존한다.

25.해설
염산 및 아세트산 용액을 사용하여 세관을 했을 때 조치사항으로는 청소 후 중화 시켜야 한다.

26 인화액 증발과 점화폭발 방지에 있어 안전사항 중 맞지 않는 것은?

① 온도의 상승을 미연에 방지할 것.
② 정전기의 스파크 전구장치를 설치할 것.
③ 인화액 저장 탱크는 공인된 것을 사용할 것.
④ 공구사용은 불꽃이 나지 않게 할 것.

26.해설
방폭성능을 갖추어야 한다.
즉, 스파크 전구 장치를 설치해서는 안된다.

27 보일러에서 과열되는 원인은?

① 보일러 동체의 부식
② 수관 내의 청소불량
③ 안전 밸브의 기능부족
④ 압력계를 주의깊게 관찰하지 않았을 때

27.해설
• 과열원인
① 스케일 생성시
② 저수위시
③ 관수의 순환불량시
④ 부분적인 집중가열시
⑤ 고온의 연소가스가 고속으로 흐를 때

ANSWER 22. ④ 23. ④ 24. ① 25. ③ 26. ② 27. ②

28 보일러 내부 청소와 관계가 먼 것은?

① 크레인 ② 브러시
③ 스크레이퍼 ④ 아세트산

28.해설
내부청소와 크레인과는 무관하다.

29 보일러 연소실 내에서 가스폭발을 일으킨 원인으로서 가장 적합한 것은?

① 프리퍼지 부족으로 미연소가스가 충만되어 있었다.
② 2차 댐퍼가 열려 있었다.
③ 연소용 공기를 다량으로 주입하였다.
④ 연료공급장치의 결함으로 연료의 공급이 원활하지 못하였다.

29.해설
연소실내에 미연소가스가 충만되면 가스폭발의 원인이 된다.

30 유류 연소장치에서 역화의 발생 원인이 아닌 것은?

① 흡입통풍의 부족
② 2차 공기의 예열부족
③ 착화 지연
④ 협잡물 혼입

30.해설
• 역화 원인
① 착화 지연
② 공기보다 연료 먼저 공급
③ 흡입통풍 부족
④ 노내 프리퍼지 부족
⑤ 압입통풍 과대
⑥ 유압 과대

31 보일러 점화 직전에 행해야 할 조치와 무관한 것은?

① 수면계 및 수위 점검
② 압력계 및 콕 핸들 점검
③ 보일러수의 pH 적정 여부 점검
④ 보일러 연도내 미연가스 유무 점검

31.해설
보일러수의 PH 적정 여부는 평상시에 점검하여 PH를 적정하게 유지해야 한다.

32 증기 파이프 관내의 워터 해머링(water hammering) 현상을 방지하기 위한 예방책이 아닌 것은?

① 증기관의 보온을 완전히 할 것.
② 드레인이 고이기 쉬운 곳이나 대형의 정지 밸브에는 드레인 빼기를 설비할 것.
③ 증기 정지 밸브를 열고 난 다음 필히 드레인 밸브를 열어서 드레인을 배제할 것.
④ 증기 정지 밸브를 여는 경우에는 먼저 조금 열어 소량의 증기를 통하게 하여 증기관의 난관(暖管)을 행하고 그 뒤에 정지 밸브를 천천히 열 것.

32.해설
반드시 주증기 밸브를 열기전에 드레인 밸브를 열어 드레인을 배출시키고 주증기 밸브를 연다.

ANSWER 28. ① 29. ① 30. ② 31. ③ 32. ③

33 보일러 보수와 검사에 관한 안전사항을 열거하였다. 맞는 것이 아닌 것은?

① 급수의 질이 나쁘면 스케일이 발생한다.
② 브러시, 스크레이퍼, 해머 또는 수관 클리너를 사용하여 청소한다.
③ 맨홀이 작은 보일러의 청소는 용액을 사용함이 효과적이다.
④ 보일러를 새로 제작시에만 반드시 수압시험을 할 필요가 있다.

33.해설
보일러 보수 후 검사시에도 수압시험이 필요하다.

34 보일러에 불을 피우기 시작할 때 압력을 급격히 높여서는 안 되는 이유는?

① 보일러수의 순환을 나쁘게 하므로
② 그루빙 및 크랙이 생기기 쉬우므로
③ 보일러 효율을 저하시키므로
④ 안전 밸브 및 압력계를 파손하므로

34.해설
연소 초기에 화력을 너무 강하게 하고 압력을 급격히 높이면 그루빙현상과 크랙이 발생할 우려가있다.

35 운전 종료 후에 버너 팁을 깨끗이 청소하는 이유는?

① 기름 찌꺼기가 노내에 들어가 폭발되는 것을 막는다.
② 기름 찌꺼기에 의하여 버너의 부분 침식을 막는다.
③ 기름 찌꺼기가 탄화되어 구멍이 막히는 것을 막는다.
④ 기름 찌꺼기를 청소할 때 회수하여 낭비를 막는다.

35.해설
버너팁을 깨끗이 청소하는 이유는 노즐이 막혀 분무가 불량해 지는 것을 방지하기 위함이다.

36 가스연료 보일러의 자동점화시 보기의 작업이 수행되는 순서를 옳게 나열한 것은? (단, 프리퍼지 및 버너 동작은 이루어진 상태임)

① 공기 댐퍼 작동　② 연소
③ 노내압 조정　④ 화염 검출
⑤ 점화　⑥ 점화버너 작동
⑦ 전자밸브 열림

① ③ → ⑥ → ④ → ⑦ → ⑤ → ① → ②
② ⑦ → ③ → ① → ④ → ⑤ → ⑥ → ②
③ ① → ④ → ⑤ → ⑥ → ③ → ⑦ → ②
④ ① → ⑥ → ⑤ → ④ → ② → ⑦ → ③

36.해설
프리퍼지 → 버너작동 → 노내압조정 → 점화버너 작동 → 화염검출 → 전자밸브 열림 → 점화 → 점화버너 작동 → 공기댐퍼 작동 → 연소

ANSWER 33.④ 34.② 35.③ 36.①

37 기름 연소 보일러의 수동점화시 5초 이내에 점화되지 않으면 어떻게 하는가?

① 연료 밸브를 열어 더 많이 연료공급을 증가한다.
② 연료 분무용 증기 및 공기를 더 많이 분사시킨다.
③ 불씨를 제거하고 처음 단계부터 재점화 조작한다.
④ 점화봉은 그대로 두고 프리퍼지를 행한다.

37. 해설
점화가 늦어지면 불씨를 제거하고 처음 단계부터 재점화를 실시한다.

38 연소가스의 폭발에 대비한 안전사항으로 옳은 것은?

① 방폭문을 부착한다.
② 연도를 가열한다.
③ 배관을 굵게 한다.
④ 스케일을 제거한다.

38. 해설
① 방폭문(폭발구) : 미연소가스 폭발을 대비하여 설치
② 종류 : 스윙식(개방형), 스프링식(밀폐식)

39 연도에서 2차 연소를 일으킬 때 나타나는 현상이 아닌 것은?

① 물의 순환이 양호
② 공기예열기 소손
③ 벽돌쌓은 곳을 소손
④ 케이싱 소손

39. 해설
2차 연소와 물의 순환과는 관련이 없다.

40 알칼리 세관을 하면 가성취화의 부식이 발생되기 쉽다. 이것을 방지하기 위하여 사용되는 약품은?

① 수산화 나트륨   ② 탄산 나트륨
③ 질산 나트륨   ④ 황산 나트륨

40. 해설
가성취화(알칼리 부식)은 알칼리도 높아져 발생되며 방지제로는 질산나트륨, 인산나트륨 등이 사용된다.

41 분사관을 구부릴 경우 가열하지 말아야 할 이유로 맞는 것은?

① 팽창 때문에 분사압력이 낮아진다.
② 내면에 산화물이 생겨 노즐 막힘이 생긴다.
③ 재질이 변화여 진동이나 변형이 생긴다.
④ 내압이 낮아져 파손되기 쉽다.

41. 해설
분사관을 구부릴 때 무리하게 가열하면 파손의 우려가 있다.

42 화학세정방법 중 세정 효과가 가장 효과적이고 안전한 방법은?

① 침적법   ② 서징법
③ 순환법   ④ 개면 저항법

42. 해설
화학 세관 시 세관액을 넣고 일정 온도로 가열하여 물을 순환시켜배출하는 것을 여러번 반복한다.

ANSWER 37. ③ 38. ① 39. ① 40. ③ 41. ④ 42. ③

43 다음은 보일러 내·외면 세정시 첨가하는 부식 억제제의 구비조건을 열거한 것이다. 틀린 것은?

① 부식 억제 능력이 클 것.
② 물에 대한 용해도가 클 것.
③ 세관액의 온도, 농도에 대한 영향이 적을 것.
④ 점식이 발생될 것.

43. 해설
①, ②, ③ 외에 점식이 발생되지 않을 것. 시간적으로 안정할 것 등이다.

44 보일러 관수의 청관제 중 슬러지 조성을 방지할 목적으로 사용되는 것이 아닌 것은?

① 탄닌
② 암모니아
③ 리그닌
④ 전분

44. 해설
슬러지 조정제 : 탄닌, 리그닌, 전분

45 세관시 규산염은 염산에 잘 녹지 않으므로 용해 촉진제를 사용한다. 다음 중 어느 것인가?

① 불화수소산
② 탄산소다
③ 히드라진
④ 암모니아

45. 해설
규산염, 황산염과 같은 경질스케일의 경우는 용해 촉진제인 불화수소산(HF)을 사용한다.

46 작업장에서 위험한 물건이나 폭발물의 주의를 표시하는 색은?

① 황색
② 적색
③ 녹색
④ 청색

46. 해설
황색 : 안전주의 표시
녹색 : 안전표시
청색 : 작업지시 등의 표시
적색 : 정지, 금지등의 표시

47 소화재로 물을 사용하는 이유로서 가장 적당한 것은?

① 산소를 잘 흡수하기 때문에
② 증발잠열이 크기 때문에
③ 연소하지 않기 때문에
④ 산소와 가연물질을 분리시키기 때문에

47. 해설
소화재로 물을 사용하는 이유는 물의 증발잠열이 크기 때문이다.

48 보일러 급수처리 방법인 이온교환수지법에서 이온교환수지의 재생제로 사용되는 것이 아닌 것은?

① $NaCl$
② $CaCl_2$
③ HCl
④ $NaOH$

48. 해설
① 양이온 교환수지 재생제
  : $NaCl$, H_2SO_4, HCl
② 음이온 교환수지 재생제
  : $NaCl$, $NaOH$, NH_3, Na_2CO_3

ANSWER 43. ④ 44. ② 45. ① 46. ② 47. ② 48. ②

49 보일러 관석(Scale)에 대한 설명 중 잘못된 것은?

① 관석이 부착하면 열전도율이 상승한다.
② 수관 내에 관석이 부착하면 열전도율이 감소한다.
③ 관석이 부착하면 국부적인 과열로 산화팽창 파열의 원인이 된다.
④ 관석의 주성분은 크게 나누어 황산칼슘, 규산칼슘, 탄산칼슘 등이다.

49.해설
관석이 전열면에 부착되면 열전도율이 매우 감소하여 보일러 효율이 저하한다.

50 보일러의 산세관 후 중화방청처리 약품으로 사용되는 것이 아닌 것은?

① 탄산소다 ② 히드라진
③ 암모니아 ④ 탄산마그네슘

50.해설
중화방청처리제 : 소다류, 암모니아, 히드라진

51 보일러를 사용하지 않고 장기간 보존할 경우 어떻게 하는 것이 적당한가?

① 물을 가득 채워 보존한다.
② 1주일에 한번씩 증기로 건조시킨다.
③ 배수하여 물이 없는 상태로 보존한다.
④ 건조 후 생석회를 넣고 밀봉하여 보존한다.

51.해설
6개월이상 장기간 보존시에는 흡습제를 넣고 밀봉하여 보존한다.

52 고압가스용기 도색으로 틀린 것은?

① 아세틸렌 – 황색 ② 산소 – 회색
③ 이산화탄소 – 청색 ④ 수소 – 주황색

52.해설
산소 : 녹색

53 급수 중의 불순물 중 과열 현상이나 포밍 현상 또는 부식 현상이 촉진되는 것은?

① 염류 ② 유지분
③ 가스분 ④ 산분

53.해설
포밍현상은 보일러수 중에 유지분이 혼입된 경우 발생된다.

54 다음 보일러수 중의 불순물로 보일러판을 부식시키지 않는 것은?

① 공기 ② 유지
③ 알칼리 ④ 탄산가스

54.해설
보일러수 중의 산소, 탄산가스, 알칼리성분 등에 의해 부식이 발생된다.

ANSWER 49. ① 50. ④ 51. ④ 52. ② 53. ② 54. ②

55 보일러 급수에 함유된 성분 중 전열면 내면의 점식의 원인이 되는 것은?

① CO_2
② $CaSO_4$
③ $NaSO_4$
④ $Ca(HCO_3)_2$

55.해설
보일러 급수 중 용존산소나 탄산가스가 발생되면 전열면의 점식을 촉진시킨다.

56 어떤 보일러의 관수 중 허용 불순물 농도가 400ppm이고, 1일 급수량이 5,000l일 때 이 보일러의 1일 분출량은?
(단, 급수중의 불순물 농도는 50ppm이고, 응축수는 회수하지 않는다.)

① 688.2l
② 714.3l
③ 785.3l
④ 827.6l

56.해설
$$\frac{5,000(1-0) \times 50}{400-50}$$
$= 714.28 l/day$

ANSWER 55. ① 56. ②

CHAPTER 04 보일러 안전관리

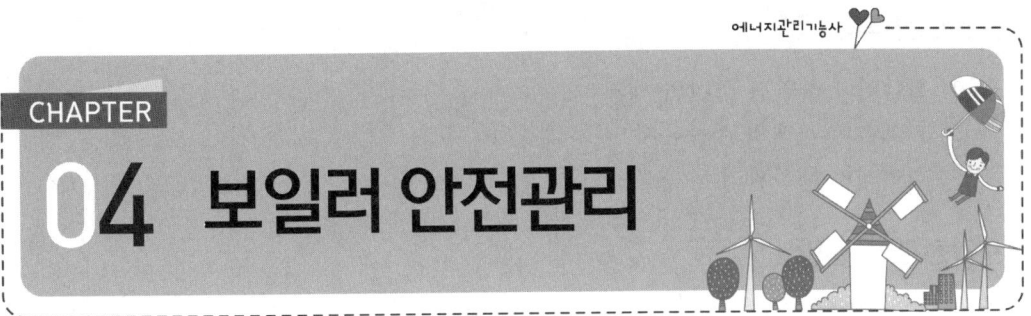

4-1 안전관리 개요

1. 의의

인간의 생명을 존중하는 것을 목적으로 항시 작업자의 안전을 도모하여 위해를 방지하고 사고로 인한 재산적 피해를 입지 않도록 하기 위함이다.

> ❖ 안전관리의 목적
> ① 인명의 존중, ② 사회복지의 증진, ③ 생산성의 향상, ④ 경제성의 향상 ⑤ 안전사고 발생방지

2. 사고의 원인

(1) 직접원인

① 불안전한 행동(인적 원인) : 안전조치 불이행, 불안전한 상태의 방치 등
② 불안전한 상태(물적 원인) : 작업환경의 결함, 보호구 복장 등의 결함 등

(2) 간접원인

① 기술적 원인 : 기계, 기구, 장비 등의 방호설비, 경계설비 등의 기술적 결함
② 교육적 원인 : 무지, 경시, 몰이해, 훈련미숙, 나쁜 습관 등
③ 신체적 원인 : 각종 질병, 피로, 수면부족 등
④ 정신적 원인 : 태만, 반항, 불만, 초조, 긴장, 공포 등
⑤ 관리적 원인 : 책임감부족, 작업기준의 불명확, 근로의욕침체 등

3. 안전점검의 목적

(1) 결함이나 불안전 조건의 제거
(2) 기계설비 본래의 성능유지
(3) 합리적인 생산관리

4. 안전관리 일반

(1) **온도** : 안전활동에 가장 적당한 온도 18~21[℃]
(2) **습도** : 가장 바람직한 상대습도 30~35[%]
(3) **불쾌지수** : 불쾌지수의 위험한계 75 이상
(4) **유해가스**
  ① CO_2의 영향 : 1~2[%](작업능률 저하, 실수유발) 3[%] 이상(호흡장해) 5~10[%](일정시간 머물면 치명적) (CO_2의 농도가 0.1[%]를 넘으면 환기를 해야 한다.)
  ② CO의 영향 : 두통, 현기증, 귀울림, 경련, 질식(CO의 농도가 0.01[%] 이상일 경우 환기상태를 개선해야 한다.)
(5) **안전색 표시사항** : 적색(정지, 금지)·황적색(위험)·황색(주의)·녹색(안전안내, 진행유도, 구급구호)·청색(조심, 지시)·백색(통로, 정리정돈)·적자색(방사능)
(6) **화재의 등급별 소화방법**

분 류	A급 화재	B급 화재	C급 화재	D급 화재
명 칭	보통 화재	유류·가스 화재	전기 화재	금속 화재
가 연 물	목재, 종이, 섬유	유류, 가스	전 기	Mg분, Al분
주된 소화 효과	냉각 효과	질식 효과	질식, 냉각	질식 효과
적응 소화제	① 물 소화기 ② 강화액 소화기	① 포말 소화기 ② CO_2소화기 ③ 분말 소화기 ④ 증발성 액체소화기	① 유기성 소화액 ② CO_2소화기 ③ 분말	① 건조사 ② 팽창 질식 ③ 팽창 진주암
구분색	백색	황색	청색	

(7) **고압가스 용기의 도색** : 산소(녹색)·수소(주황색)·액화탄산가스(청색)·아세틸렌(황색)·액화염소(갈색)·액화 암모니아(백색)·기타의 가스(회색)

4-2 보일러 손상과 방지대책

1. 부 식

보일러의 전열재는 일반강재(Fe)로 구성되어 있어 수부가 닿는 내부 부식과 고온의 화염 또는 저온의 가스부와 닿는 외부 부식으로 구분된다.

❖ **내부 부식**
① 점식(pitting), ② 국부 부식, ③ 전면식, ④ 구식(그루빙), ⑤ 알칼리 부식
❖ **외부 부식**
① 저온 부식, ② 고온 부식

(1) 내부 부식

보일러의 내부, 즉 수면과 맞닿는 부분에서의 부식을 말하며 그 원인은 용존산소, 가스분, 탄산가스, 유지분 등이다.

① **점식(pitting)** : 동내부의 물은 전해액이 되고 동의 강재는 양극화가 되어 국부전지가 일시적으로 일어남으로서 그때의 관수 중 용존산소[OH^-]가 양극[Fe^{2+}]에 집중적으로 발생되어 강재 내부에[$Fe(OH)_2$] 깊게 부식되어 외형상으로는 좁쌀알 크기의 반점으로 나타나는 부식으로 잘 일어날 수 있는 곳은
㉮ 강재의 표면이 불균일 한 곳
㉯ 산화철의 보호피막이 파괴된 곳
㉰ 스케일이 생성되어 쌓인 곳

❖ **점식의 방지방법**
① 용존산소제거(탈기), ② 방청도장(보호피막), ③ 약한 전류의 통전, ④ 아연판 매달기

② **국부 부식** : 내면이나 외면에 얼룩모양으로 생기는 국부적인 부식
③ **전면식(일반 부식)** : 물과 접촉하고 있는 강재의 표면에서 Fe^{2+}(철이온)이 용출한다.
$Fe \rightleftharpoons Fe^{2+} + 2e^+$
물은 전리되어
$H_2O \rightleftharpoons H^+ + OH^-$로 되었을 때 철의 Fe^{2+}와 물의 OH^-의 결합으로 수산화 제1철[[$Fe(OH)_2$]]을 침전시킨다.
$Fe^{2+} + 2OH^- \rightleftharpoons Fe(OH)_2, 2H^+ + 2e^- \rightleftharpoons -H_2$
$Fe(OH)e$(수산화 제1철)은 물에 잘 용해된다.
$Fe + 2H_2O = Fe(OH) + H_2$
이것은 관수의 pH와 관계가 있으며 낮을수록 용해가 잘되며 가장 용해되기 어려운 때의 pH(25[℃])는 11~12 정도이다. 직접 물과 접촉되어 있는 부분의 부식으로 전면적으로 일어나는 형태이다.
④ **구식(구루빙 : grooving)** : 열팽창에 의한 신축으로 팽창, 수축의 반복적인 응력에 의해 도량 형태의(V.U자) 홈을 만들며 나타나는 부식으로 보일러 연결부위 및 만곡부에 발생한다.

❖ 구식의 발생장소
① 노통 보일러의 경판과 접합부 및 만곡부
② 관, 판, 나사 스테이 만곡부
③ 연돌관, 화실하단, 노통의 플랜지 만곡부

❖ 발생방지방법
① 반복적인 열응력을 적게 한다.
② 플랜지 만곡부의 반지름을 가능한 크게 한다.
③ 노통호흡장소(breathing space)를 설치한다.

⑤ 알칼리 부식 : 관수 중 알칼리(수산화 나트륨)의 농도가 높아 수산화 제1철[[$Fe(OH)_2$]]이 용해되어 강한 알칼리에 의해 부식된다.

❖ 내부 부식 방지방법
① 예열된 급수를 사용하여 열응력을 적게 한다.
② 급수처리를 철저히 한다.(탈기, 관수연화)
③ 아연판 메달기
④ 약한 전류도 통전한다.

(2) 외부 부식

① 저온 부식 : 황분이 많은 연료를 사용하는 보일러에서 일어나는 부식으로 저온대의 가스와 응축된 수증기가 화합하여 발생하므로 연도내 저온대에 설치된 공기예열기 절탄기의 부대설비 및 수관이나 노통관 등 본체에서도 나타난다. 배기가스 중 황산화물의 노점온도는 황분 1[%]당 4[℃] 상승하는 관계를 유지하며 그로 인해 150~170[℃] 이하에서 일어나는 부식현상이다.

$S + O_2 \rightarrow SO_2$

$2SO_2 + O_2 \rightarrow SO_3$

$SO_3 + H_2O \rightarrow H_2SO_4$

❖ 방지대책
① 노점 강하제를 사용하여 황산화물의 노점을 낮출 것.
② 양질의 연료를 선택할 것.
③ 배기가스 온도를 노점온도 이상으로 유지한다.
④ 적정 공기비로 연소할 것.
⑤ 저온부식방지제로 돌로마이트 및 암모니아 사용

② 고온 부식 : 고체연료, 중질유를 사용하는 연소장치 중에서 일어나는 부식으로 고온으로 접촉되어지는 과열기, 수관 보일러의 천장 등에 V_2O_5(오산화 바나듐), SO_x, Na_2O의 성분이 고온에서 용융침착하는 현상으로 침착된 부분에는 강재가 강하게 침식된다.(약 550~600[℃])

❖ 방지대책
① 회분 개질제를 첨가하여 회분의 융점을 높인다.
② 양질의 연료를 사용하며 연료 속의 V, Na, S을 제거 후 사용한다.
③ 고온가스가 접촉되는 부분에 보호피막을 한다.
④ 연소가스 온도를 융점온도 이하로 유지한다.

2. 보일러 손상

(1) 마모(磨耗, abrasion)

국부적으로 반복작용에 의해 나타나는 것으로 다음의 경우에 나타난다.
① 매연취출에 의해 수관에 오래 증기를 취출하는 경우
② 연소가스 중에 미립의 거친 성분을 함유하고 있는 경우
③ 수관이나 연관의 내부 청소에 튜브 크리너를 한 곳에 오래 사용된 경우

(2) 라미네이션, 블리스터(Lamination, Blister)

보일러 강판이나 관의 두께 속에 두 장의 층을 형성하고 있는 상태를 라미네이션이라 하고 이러한 상태에서 화염과 접촉하여 높은 열을 받아 부풀어 오르거나 표면이 타서 갈라지게 되는 상태를 블리스터라 한다.

(3) 소손(燒損, burn)

과열이 촉진되어 용해점 가까운 고온이 되면 함유탄소의 일부가 연소하므로 열처리를 하여도 근본의 성질로 회복되지 못하게 된다. 보일러에서는 노내가열을 통해 보일러수에 전달되는 것이므로 보일러 본체의 온도는 내부의 포화수보다 30~50[℃] 정도 높은 상태이기 때문에 물쪽으로의 열전달이 방해되거나, 수가 부족하여 공관연소하게 되면 강재의 온도가 상승하여 과열, 소손하게 된다.

(4) 팽출(膨出), 압궤(壓潰)

보일러 본체의 화염에 접하는 부분이 과열된 결과 내부의 압력에 의해 부풀어 오르는 현상을 팽출이라 하고 외부로부터의 압력에 의해 짓눌린 현상을 압궤라 한다. (팽출 : 인장응력, 압궤 : 압축응력)
① 압궤가 일어나는 부분 : 노통, 연소실, 관판
② 팽출이 일어나는 부분 : 횡연관, 보일러 동저부, 수관

(5) 크랙(crack)

무리한 응력을 받은 부분, 응력이 국부적으로 집중된 부분, 화염에 접촉된 부분 등에 압력변화, 가열로 인한 신축의 영향으로 조직이 파괴되고 천천히 금이 가는 현상이다. 특히 주철제 보일러의 경우엔 급열, 급냉의 부동팽창으로 크랙이 발생되기 쉽다.

❖ **크랙이 발생되기 쉬운 부분**
① 스테이 자체나 부근의 판
② 연소구 주변의 리벳
③ 용접 이음부와 열 영향부

4-3 보일러 사고 및 방지대책

1. 의의(意義)

보일러는 내부에 열매체(온수, 증기)를 보유한 일종의 압력용기로 증기의 체적증가로 인한 압력초과 연소실 내의 미연소가스폭발 사고 등 언제라도 대형 사고와 직결하게 된다. 이에 사고의 구분과 대책을 숙지하여 만전을 다하길 바란다.

2. 보일러 사고의 구분

(1) **파열사고**(破裂事故)

① 압력초과
② 저수위(이상 감수)
③ 과열

(2) **미연소 가스폭발사고**(역화)

❖ **보일러 사고의 원인별 구분**
  (1) 제작상의 원인
     ① 재료불량, ② 구조 및 설계불량, ③ 강도불량, ④ 용접불량 등
  (2) 취급상의 원인
     ① 압력초과, ② 저수위, ③ 과열, ④ 역화, ⑤ 부식 등

3. 발생 및 대책

보일러의 사고는 제작상의 원인보다는 취급상의 원인이 주사고 원인이여서 이에 대한 발생 원인과 대책은 다음과 같다.

(1) **압력 초과**

① 원 인
  ㉠ 안전장치의 작동불량

㉯ 압력계의 기능 이상
㉰ 이상 감수
㉱ 급수계통의 이상
㉲ 수면계의 기능 이상

② 대 책
㉮ 안전장치의 작동시험 및 점검
㉯ 압력계의 작동시험 및 점검
㉰ 항시 상용수위의 유지관리 철저
㉱ 펌프 및 밸브류의 누설점검
㉲ 수면계의 작동시험 및 점검

(2) 저수위(이상 감수)

① 원 인
㉮ 수면계 수위의 오판
㉯ 수면계 주시 태만
㉰ 급수계통의 이상
㉱ 분출계통의 누수
㉲ 증발량의 과잉

② 대 책
㉮ 수면계연락관 청소 및 기능점검
㉯ 수면계의 철저한 감시
㉰ 펌프 및 밸브류의 기능점검·누설점검
㉱ 수저분출 밸브의 누설점검
㉲ 상용수위의 유지

(3) 과 열

① 원 인
㉮ 이상 감수
㉯ 전열면의 국부가열
㉰ 관수의 농축
㉱ 관수의 순환불량
㉲ 스케일의 생성

② 대 책
㉮ 상용수위의 유지
㉯ 연소장치의 개선, 분사각 조절

㉢ 분출을 통한 한계값 유지
　　　㉣ 전열의 확산 및 순환 펌프의 기능점검
　　　㉤ 급수처리 철저 및 적기의 분출

(4) 역화(미연소가스의 폭발)
　① 원 인
　　　㉮ 프리퍼지 부족
　　　㉯ 점화시 착화가 늦은 경우
　　　㉰ 과다한 연료공급
　　　㉱ 흡입통풍의 부족
　　　㉲ 압입통풍의 과대
　　　㉳ 공기보다 연료의 공급이 우선된 경우
　　　㉴ 연료의 불완전 및 미연소
　② 대 책
　　　㉮ 점화시 송풍기 미작동일 때 연료 누입방지 장치
　　　㉯ 착화장치의 기능점검
　　　㉰ 적절한 연료공급
　　　㉱ 흡입통풍(유인통풍)의 증대
　　　㉲ 댐퍼의 개도로 적절히 조절
　　　㉳ 공기의 공급이 우선되어야 한다.
　　　㉴ 연료의 과대공급방지 및 연소장치의 개선

예상문제

1 안전관리의 목적과 가장 거리가 먼 것은?
  ① 생산성 증대 및 품질향상
  ② 안전사고 발생요인 제거
  ③ 근로자의 생명 및 상해로 부터의 보호
  ④ 사고에 따른 재산의 손실방지

1.해설
안전관리의 목적은 안전사고를 미연에 방지하여 생명을 존중하고 사고에 따른 재산의 손실방지 등을 목적으로 한다.

2 보일러 취급자의 잘못으로 생기는 사고 원인은 어느 것인가?
  ① 증기발생과 압력급상승   ② 설계상 결함
  ③ 재료상의 부적당   ④ 구조상의 부적당

2.해설
① 취급 원인 : 압력급상승, 급수불량, 미연가스폭발, 부식, 과열 등
② 제작상 원인 : 재료불량, 구조불량, 공작불량, 설계불량 등

3 다음은 해머 사용법을 나열한 것이다. 적합치 않은 것은?
  ① 장갑을 끼고 작업한다.
  ② 자기 체중에 비례해서 선택한다.
  ③ 처음부터 천천히 타격을 가한다.
  ④ 공작물의 상처를 피하기 위해서는 연질 해머를 사용한다.

3.해설
해머 사용시 장갑을 끼고 작업하면 안전사고의 위험이 있다.

4 무거운 물건을 들어올리기 위하여 체인 블록을 사용할 때의 경우 가장 옳다고 생각되는 것은?
  ① 체인 및 리프팅은 중심부에 튼튼히 매어야 한다.
  ② 노끈 및 밧줄을 튼튼한 것으로 사용하여야 한다.
  ③ 체인 및 철선으로 엔진을 묶어도 무방하다.
  ④ 체인만으로 반드시 묶어야 한다.

4.해설
체인 블록을 사용 시는 체인 및 리프팅은 중심부에 튼튼히 매어야 한다.

5 긴급히 의사에게 치료를 받아야 할 화상은?
  ① 1도 화상   ② 1.5도 화상
  ③ 2도 화상   ④ 3도 화상

5.해설
1도 화상 : 피부에 붉은 반점이 있다.
2도 화상 : 물집(수포) 발생
3도 화상 : 피부가 검게 변한 상태

ANSWER 1. ① 2. ① 3. ① 4. ① 5. ④

6 다음 중 가스누설 여부를 검사할 때 사용하는 물질로 적합한 것은?

① 성냥불　　② 촛불
③ 엷은 껌　　④ 비눗물

6.해설
가스누설 검사는 비눗물로 사용하는 것이 적합하다.

7 보일러수에 함유된 탄산가스는 어떤 장해를 일으키는가?

① 부식　　② 스케일 생성
③ 가성취하　　④ 크랙

7.해설
• 부식 원인
탄산가스, 공기, 산소, 유지

8 근로자를 상시 취업시키는 장소에서 정밀한 작업시 작업면의 조명은 몇 Lux 이상이어야 하는가?

① 100　　② 200
③ 300　　④ 400

8.해설
① 보통작업 : 150[Lux]
② 정밀작업 : 300[Lux]
③ 초정밀작업 : 600[Lux]

9 다음 동력전달장치 중 가장 재해가 많은 것은?

① 기어　　② 차축
③ 커플링　　④ 벨트

9.해설
동력전달장치 중 벨트가 가장 안전사고에 주의를 요한다.

10 다음 중 안전을 표시하는 색은?

① 녹색　　② 적색
③ 황색　　④ 청색

10.해설
안전표시 : 녹색
안전주의 표시 : 황색

11 기름을 저장한 장소에 상비하는 소화물질로 가장 적절한 것은?

① 흙　　② 물
③ 석회　　④ 모래

11.해설
기름을 저장한 장소에 상비하는 소화물질로는 모래가 적합하다.

12 보일러 전열면의 오손을 방지하는 방법으로 옳지 않은 것은?

① 연료 중 회분의 융점을 강하한다.
② 황분이 적은 연료를 사용한다.
③ 내식성이 강한 재료를 사용한다.
④ 배기가스 노점을 강하시킨다.

12.해설
회분 개질제란 회분의 융점을 높여 고온부식을 방지하는 중유첨가제이다. 즉, 고온부식 방지를 위해서는 회분의 융점을 높인다.

ANSWER　6.④　7.①　8.③　9.④　10.①　11.④　12.①

13 공구의 안전 취급방법 설명으로 잘못된 것은?
① 손잡이에 묻은 기름을 잘 닦아낸다.
② 해머 사용시는 장갑을 끼지 않는다.
③ 측정공구는 항상 기름 중에 담궈 놓는다.
④ 공구는 던지지 않는 것이 좋다.

14 안전표시 중 주의를 요하는 색은?
① 진한 보라색　　② 노랑색
③ 적색　　　　　④ 검정색

15 다음 중 작업환경과 거리가 먼 것은?
① 복장　　　　　② 소음
③ 조명　　　　　④ 대기

16 적절한 안전관리 상태가 아닌 것은?
① 안전교육을 철저히 한다.
② 안전보호구를 잘 착용토록 한다.
③ 안전사고 사후 대책을 잘 세운다.
④ 안전사고 발생 요인을 사전에 제거한다.

17 보일러에서 팽출이나 압궤가 발생하기 쉬운 부분은?
① 공기예열기　　② 급수내관
③ 연관　　　　　④ 수관

18 보일러의 파열사고 원인 중 구조상 결함에 의한 사고에 해당되지 않는 것은?
① 용접불량　　　② 취급불량
③ 재료불량　　　④ 설계불량

19 다음 중 작업장에서 착용해서는 안 되는 것은?
① 작업모　　　　② 넥타이
③ 작업화　　　　④ 작업복

13. 해설
측정공구는 건조한 곳에 청결하게 보관한다.

14. 해설
① 적색 : 위험
② 황색 : 주의
③ 녹색 : 안전

15. 해설
작업환경과 복장과는 관련이 없다.

16. 해설
적절한 안전관리는 안전사고를 사전에 방지하는 것이다.

17. 해설
수관 : 팽출
연관 : 압궤

18. 해설
• 구조상 결함
: 용접불량, 재료불량, 설계불량
취급불량은 취급상의 원인에 해당 된다.

19. 해설
넥타이는 작업장에서 착용해서는 안된다.

ANSWER　13. ③　14. ②　15. ①　16. ③　17. ④　18. ②　19. ②

20 화상을 입었을 때 응급조치로 적당한 것은?

① 붕대를 감는다.
② 아연화연고를 바른다.
③ 옥도정기를 바른다.
④ 잉크를 바른다.

20. 해설
화상을 입었을 때 응급조치로 아연화 연고를 바른다.

21 중량물 운반시 주의사항으로 잘못된 것은?

① 가급적 크레인 지게차 등 운반장비를 이용한다.
② 여러 사람이 같이 운반할 때 호흡을 잘 맞춘다.
③ 중량물을 들어올릴 때는 다리를 모으고 들어올린다.
④ 장갑은 끼워도 무방하다.

21. 해설
중량물 운반시는 다리를 적당한 간격으로 벌리고 안전한 자세를 취한다.

22 다음 작업안전에 대한 설명 중 잘못된 것은?

① 해머 작업시는 장갑을 끼지 않는다.
② 스패너는 너트에 꼭맞는 것을 사용한다.
③ 간편한 작업복 차림으로 작업에 임한다.
④ 핸드 드릴 작업시에는 손을 보호하기 위해 면장갑을 낀다.

22. 해설
• 장갑착용금지작업
해머 작업, 드릴 작업, 중량물 운반작업, 기계가공작업, 기계톱작업

23 엔진을 고속으로 운전하여도 정상적으로 되지 않을 때가 있다. 다음의 원인 중 관계가 가장 적은 것은?

① 연료분사량의 증가
② 분사 밸브의 불량
③ 연료 여과장치 기능의 비정상
④ 연료속의 공기의 누입

23. 해설
분사밸브 불량, 여과기 막힘 및 연료속에 공기가 누입될 때는 정상운전이 어렵다.

24 기관조작 불량으로 불완전가스가 배출될 때 가장 많이 배출되고 인체에 제일 나쁜 것은?

① 일산화탄소   ② 이산화탄소
③ 수소가스   ④ 질소가스

24. 해설
일산화 탄소는 독성이며 가연성 가스 이므로 인체에 해롭다.

25 기계가공 중 갑자기 정전이 되었을 때 조치 중 틀린 것은?

① 즉시 전기 스위치를 차단한다.
② 비상 발전기가 있으며 가동준비를 한다.
③ 퓨즈를 검사한다.
④ 공작물과 공구는 원상태로 놓아둔다.

25. 해설
가공 중 갑자기 정전이 되었다면 공작물과 공구는 작업상태 그대로 놓고 조치를 취한다.

ANSWER 20. ② 21. ③ 22. ④ 23. ① 24. ① 25. ④

26 보일러 파열사고 원인 중 보일러 취급과 관계가 있는 것은?

① 급수불량
② 재료불량
③ 구조불량
④ 공작불량

26.해설
보일러 파열사고 중 취급과 관련이 있는 것은 급수불량이다.

27 안전관리의 목적으로 가장 타당한 것은?

① 사고 관련자의 책임 규명을 위하여
② 불안전상태, 행동의 발견으로 사고의 재발방지를 위하여
③ 사고관련자의 처벌을 정확하고 명확히 하기 위하여
④ 사고의 종류, 재산, 인명 등의 피해정도를 정확히 하기 위해

27.해설
안전관리의 목적은 안전사고를 사전에 방지하는 것이다.

28 화기전파물질의 일반적 주의사항에 포함되지 않는 것은?

① 휘발성, 발화성의 인화물질은 직사광선쪽에 저장한다.
② 발화되는 물질 등을 혼합해서는 안 된다.
③ 독립된 내화 또는 준내화구조로 한다.
④ 채광조명이 충분할 것.

28.해설
인화물질은 통풍이 양호하고 그늘진 곳에 저장한다.

29 인간 또는 기계의 과오나 동작상의 실패가 있어도 안전사고를 발생시키지 않도록 2중 또는 3중으로 통제를 가하는 것은?

① 올 세이프(all safe)
② 더블 세이프(double safe)
③ 콘트롤 세이프(control safe)
④ 풀 세이프(full safe)

29.해설
과오발생 시 2중 또는 3중으로 통제를 가하는 것을 풀 세이프라 한다.

30 황동 용접시 산화아연으로 인한 중독을 방지하는 방법은?

① 마스크를 식초에 적시어 착용한다.
② 마스크를 NaOH(가성소다)에 적시어 사용한다.
③ 마스크를 냉수에 적시어 사용한다.
④ 마스크를 온수에 적시어 사용한다.

30.해설
황동 용접시 발생하는 산화아연으로 중독 방지를 위해서 마스크에 가성소다를 적시어 사용한다.

31 안전 색채의 사용 통칙에서 빨간색으로 표시할 수 없는 것은?

① 방화 표시
② 대피 장소
③ 소화기
④ 화약류

31.해설
대피소의 표시색은 황색, 청색, 녹색 등의 색채를 사용한다.

ANSWER 26. ① 27. ② 28. ① 29. ④ 30. ② 31. ②

32 다음 중 장갑을 착용할 수 있는 경우는?

① 가스용접작업　　② 기계가공작업
③ 해머작업　　　　④ 기계톱작업

33 고압가스 용기도색으로서 적당하지 못한 것은?

① 아세틸렌-황색　　② 산소-회색
③ 이산화탄소-청색　④ 수소-주황색

34 보일러를 청소할 경우 보일러에 들어가기 전의 주의사항으로 옳지 않은 것은?

① 사용 중의 보일러와 차단시킨다.
② 안전등을 사용한다.
③ 웃옷을 벗고 들어간다.
④ 충분히 환기를 시킨다.

35 보일러가 부식되는 원인이 아닌 것은?

① 급수처리가 부적당했을 때
② 더러운 물을 사용하였을 때
③ 증기발생이 많았을 때
④ 급수에 불순물이 포함되었을 때

36 다음은 액체연료 사용시 불이 났을 때의 주의사항을 나열한 것이다. 틀린 것은?

① 물을 사용해서 끈다.
② 모래를 사용하여 끈다.
③ 소화기로 끈다.
④ 전원 스위치를 차단시킨다.

37 아세틸렌가스의 압력이 몇 MPa 이상이면 위험한가?

① 0.3　　② 0.15　　③ 0.1　　④ 0.05

38 보일러 운전 중 수시 점검하지 않아도 되는 것은?

① 화염상태　　② 보일러 수위
③ 증기압력　　④ 화염 검출기

32.해설
용접작업 시에는 필히 장갑을 착용해야 한다.

33.해설
① 아세틸렌-황색
② 수소-주황색
③ 산소-녹색
④ 이산화탄소-청색
⑤ 암모니아-백색
⑥ 염소-갈색
⑦ 나머지 회색

34.해설
보일러 청소를 위해 내부로 들어가기 전에는 내부환기와 다른 보일러와의 차단 그리고 안전등 및 간편한 복장을 입고 들어간다.

35.해설
보일러의 부식은 급수처리 불량으로 불순물 등에 의해 발생하고 증기는 순수한 증류수 이므로 부식이 발생하지 않는다.

36.해설
액체 연료 사용 시 화재가 발생된 경우 물을 사용하면 화재표면적이 넓어져 화재가 확산된다.

37.해설
아세틸렌 가스는 압력이 $1.5kg/cm^2$ $(0.15MPa)$이상이면 폭발의 위험이 있다.

38.해설
화염검출기의 기능은 월간점검에 해당된다.

ANSWER　32. ①　33. ②　34. ③　35. ③　36. ①　37. ②　38. ④

39 보일러통을 용접한 후 풀림하는 이유는?

① 용접부의 보수를 용이하게 하기 위하여
② 용접부의 슬랙을 제거하기 위하여
③ 용접부의 모재의 열응력을 제거하기 위하여
④ 용접부의 홈을 발견하기 위하여

39. 해설
용접작업 후 풀림을 하는 이유는 용접부 열응력 제거이며, 리벳이음 후 코킹 작업을 하는 이유는 기밀유지를 위해서 한다.

40 다음 사항 중 틀린 것은?

① 보일러실의 비상구는 실내에서 쉽게 열리도록 한다.
② 보일러실에는 항상 예비광원을 비치할 것.
③ 예비 급수장치에는 소화 호스의 결합이 불가능하게 설비한다.
④ 보일러에 이르는 통로는 방해가 없도록 한다.

40. 해설
예비 급수장치에도 소화호스의 결합이 가능해야 한다.

41 보일러 파열사고 원인 중 구조물의 강도 부족에 의한 원인이 아닌 것은?

① 용접불량 ② 재료불량
③ 동체의 구조불량 ④ 용수관리의 불량

41. 해설
용수관리의 불량은 취급상의 원인에 해당된다.

42 유류화재 소화작업시 가장 적당한 소화기는?

① 수소부 펌프 소화기 ② 포말 소화기
③ 산·알칼리 소화기 ④ CO_2 소화기

42. 해설
유류 화재시 가장 적합한 소화기는 포말 소화기이다.

43 일산화탄소 중독이 된 경우 응급조치 설명으로 잘못된 것은?

① 신선한 공기를 쐬게 한다.
② 인공호흡을 실시한다.
③ 산소를 흡입시킨다.
④ 일산화탄소의 발생요인을 제거한다.

43. 해설
일산화탄소 중독시에는 신선한 공기를 쐬게하고 산소 흡입 및 인공호흡을 실시한다.

44 다음 중 파이프 부식 방지방법이 아닌 것은?

① 전기절연을 시킨다.
② 아연을 도금한다.
③ 열처리를 한다.
④ 습기의 접촉을 적게 한다.

44. 해설
부식방지와 열처리는 무관하다.

ANSWER 39. ③ 40. ③ 41. ④ 42. ② 43. ④ 44. ③

45 보일러의 관에 부식을 일으키는 것은?

① 급수중의 탄산칼슘
② 급수중의 포함된 공기
③ 급수중의 황산칼슘
④ 급수중의 인산칼슘

45.해설
보일러의 관에 부식을 일으키는 주원인은 용존산소, 탄산가스 등에 의해 발생된다.

46 다음은 렌치나 스패너 사용법을 나열한 것이다. 틀린 것은?

① 해머 대용으로 사용하지 않는다.
② 너트에 맞는 것을 사용한다.
③ 파이프렌치를 사용할 때는 정지장치를 확실하게 한다.
④ 스패너나 렌치는 뒤로 밀어서 돌려야 한다.

46.해설
스패너나 렌치는 앞으로 당겨서 사용한다.

47 안전사고발생의 가장 큰 원인이 되는 것은?

① 본인의 실수
② 공장 설비의 미비
③ 공구의 미비
④ 청소 상태 불량

47.해설
안전사고의 가장 큰 원인은 작업자의 실수에 의해 발생된다.

48 근로안전관리규칙상 작업상(作業床)의 최대적재하중은 누가 정하는가?

① 사용자　　　② 근로자
③ 안전관리유지자　④ 안전관리자

48.해설
근로안전관리규칙상 작업상의 최대적재하중은 안전관리자가 정한다.

49 다음 중 산업재해에 속하지 않는 것은?

① 화재폭발재해　② 기계장치재해
③ 풍수해　　　　④ 원동기재해

49.해설
• 자연재해 : 풍수해

50 보일러 취급 도중 화상을 당하였을 때 응급조치 중 가장 알맞은 것은?

① 빨리 찬물에 담구었다가 잉크를 바른다.
② 빨리 찬물에 담구었다가 옥도정기를 바른다.
③ 빨리 찬물에 담구었다가 붕대를 감는다.
④ 빨리 찬물에 담구었다가 아연화연고를 바른다.

50.해설
화상을 당하였을 때는 빨리 찬물에 담구었다가 아연화 연고를 바른다.

ANSWER 45. ②　46. ④　47. ①　48. ④　49. ③　50. ④

51 보일러의 연료계통에서 화재가 발생한 경우 적합치 못한 소화방법은?

① 모래를 살포한다.
② 가연물질을 차단한다.
③ 유류용 소화기를 사용한다.
④ 소화전을 사용하여 물을 뿜는다.

51.해설
유류화재시에 물을 사용하는 것은 적합하지 않다.

52 보일러관의 점식을 일으키는 것은?

① 급수 중에 포함한 산소
② 급수 중에 포함된 황산 칼슘
③ 급수 중에 포함된 탄산 칼슘
④ 급수 중에 포함된 황산 마그네슘

52.해설
급수중의 산소, 탄산가스 등에 의해 점식이 발생한다.

53 유기용제에 중독되면 어떤 증상이 생기는가?

① 변비
② 초조
③ 피부흑변
④ 두통

53.해설
유기용제에 중독되면 두통이 심하게 일어난다.

54 다음 중 겨울철에 동파를 방지하기 위해 사용하는 부동액으로 가장 좋은 것은?

① 글리세린(glycerine)
② 에틸 알콜(ethyl alcohol)
③ 에틸렌 글리골(ethylene glycol)
④ 메타놀(methanol)

54.해설
겨울철 동파방지로 에틸렌 글리콜을 많이 사용한다.

55 다음 중 장갑사용 금지작업이 아닌 것은?

① 핸드 그라인더 작업
② 선반 작업
③ 해머 작업
④ 중량물 운반 작업

55.해설
핸드 그라인더 작업은 장갑을 끼고 작업을 한다.

56 안전관리자의 직무가 아닌 것은?

① 안전 작업에 관한 교육 및 훈련
② 소화 및 대피 훈련
③ 안전에 관한 보조자의 감독
④ 수위에 관한 보조자의 감독

56.해설
수위에 관한 보조자의 감독은 안전관리자의 직무가 아니다.

ANSWER   51. ④   52. ①   53. ④   54. ③   55. ①   56. ④

57 다음 작업장 내부의 색채 중 서로의 관계가 맞지 않게 연결된 것은?

① 방화 기구의 표시 – 적색
② 가스 저장소의 표시 – 황색
③ 위험물 소재표시 – 등색(엷은 황색)
④ 방사선 장해 위험 표시 – 자색

57.해설
작업장 내부의 색은 관련이 없고 가스 저장소의 표시는 황색 바닥에 가스이름을 적색으로 한다.

58 부식의 원인과 가장 관계가 없는 것은?

① 급수 속에 유지, 산류, 탄산가스 등을 포함하는 경우
② 강재 속에 포함된 황이나 인이 온도 상승과 더불어 산화되어 녹을 발생하는 경우
③ 보일러판의 표면에 녹이 슬어서 국부적으로 전위차가 생겨 전류가 흐르는 경우
④ 보일러 청정제의 사용이 부적당할 경우

58.해설
보일러에 사용되는 청관제는 스케일 생성 방지가 목적이며 부식의 원인이 되어서는 안된다.

59 소화기 설치 장소로 적당한 것은?

① 복잡하므로 적당한 구석에 둔다.
② 연소의 위험이 있는 곳에 둔다.
③ 눈에 잘 띄는 곳에 둔다.
④ 화재시 누구나 사용할 수 있게 작업대 옆에 둔다.

59.해설
소화기는 눈에 잘 띄는 곳에 두어야 한다.

60 토치 램프에 사용하는 휘발유 또는 경유를 저장한 장소엔 다음 중 무엇을 배치하는가?

① 모래 ② 석회 ③ 시멘트 ④ 흙

60.해설
액체연료(가솔린, 경유)를 저장한 장소에는 소화기 및 모래를 배치한다.

61 배관의 식별 표시는 관속을 흐르는 물질의 종류에 따라 표시하는데 산, 알칼리가 흐르는 배관은 어떠한 색으로 표시하는가?

① 진한 적색   ② 회자색
③ 황색   ④ 엷은 황적색

61.해설
산, 알칼리 : 회자색

62 보일러가 최고사용압력 이하에서 파손되는 이유로 가장 타당한 것은?

① 안전밸브의 고장   ② 급수량의 과다
③ 고수위 운전   ④ 구조상의 결함

62.해설
구조상의 결함 : 최고사용압 이하에서 파손

ANSWER 57. ② 58. ④ 59. ③ 60. ① 61. ② 62. ④

63 중량물을 운반하는데 유의할 사항 중 옳지 않은 것은?

① 힘에 겨우면 기계를 이용한다.
② 기름이 묻은 장갑을 끼고 한다.
③ 힘센 사람과 약한 사람과의 균형을 잡는다.
④ 지렛대를 이용한다.

63.해설
중량물 운반시 기름이 묻은 장갑을 끼면 미끄러워 위험하다.

64 안전표시 응급 취급소의 응급 처치용 장비를 표시하는데 사용되는 색은?

① 적색
② 황색과 흑색
③ 녹색
④ 흑색과 백색

64.해설
안전표시 : 녹색

65 방화조치로서 적당치 않은 것은?

① 화기는 정해진 장소에서 취급한다.
② 유류 취급 장소에서는 방화수를 준비한다.
③ 흡연은 정해진 곳에서만 한다.
④ 기름걸레 등은 정해진 용기에만 보관한다.

65.해설
유류취급소에는 방화사를 비치한다.

66 산업공장에서 재해의 발생을 적게 하기 위한 방법 중 틀린 것은?

① 통로나 창문에 물건을 세워놓지 않는다.
② 공구는 공구 상자에, 재료는 재료 창고에 보관한다.
③ 소화기나 폭발물 근처에 물건을 쌓아 방호한다.
④ 소화시설을 갖추고 화재 예방에 힘쓴다.

66.해설
공구는 공구상자에, 재료는 재료창고에 보관하는 것과 재해 발생방지와는 관련이 적다.

67 보일러 사용 전의 내부점검에 대한 주의사항으로 잘못된 것은?

① 보일러 속에 이물질이나 공구가 남아 있지 않은가 확인한다.
② 동체 내 부속장치들의 부착상태를 확인한다.
③ 동체 내의 부식을 막기 위해서 그리스를 발라 놓는다.
④ 내부에 이상이 없는가 확인한 후 소제구, 맨홀 등을 밀폐한다.

67.해설
보일러 동체 내의 그리스는 유지분에 의해 보일러가 과열된다.

ANSWER 63.② 64.③ 65.② 66.③ 67.③

68 증기보일러 가동 중 과부하 상태가 될 때 나타나는 현상 설명으로 틀린 것은?

① 보일러 효율이 떨어진다.
② 프라이밍(Priming) 발생이 적어진다.
③ 전열면의 증발률이 작아진다.
④ 연료의 단위당 증발량이 작아진다.

68.해설
과부하 상태가 일어나면 프라이밍(비수)발생이 커질 수 있다.

69 피부에 화상을 입어 수포가 생겼을 경우는 어디에 해당하는가?

① 1도 화상
② 2도 화상
③ 3도 화상
④ 4도 화상

69.해설
① 제1도 화상 : 피부가 빨갛게 된 경우
② 제2도 화상 : 물집이 생긴 경우
③ 제3도 화상 : 피부의 표면이 죽어 까맣게 탄 경우

ANSWER 68. ② 69. ②

PART 03

에·너·지·관·리·기·능·사

배관일반

제1장 배관재료

제2장 배관공작

제3장 배관 도시법

제4장 난방배관시공

제5장 단열재·보온재·내화물·열전달·열관류

구민사는 당신의 **합격**을 응원합니다.

에·너·지·관·리·기·능·사

PART 3

CHAPTER 01 배관재료

1-1 관재료 선택시 고려사항

(1) **유체의 화학적 성질 고려** : 관의 내식성, 유체의 변질유무, 온도 또는 농도변화에 따른 관과의 화학반응, 지중매설관과의 화학변화 등
(2) **유체의 물리적 성질 고려** : 관의 내마모성, 유체의 저항응력, 맥동, 수격작용 등이 발생할 때의 내압강도, 동결시의 기계적 성질변화 등
(3) 열팽창에 대한 신축흡수성
(4) 접합, 굽힘, 용접 등의 가공성
(5) 유체의 최고사용압력에 대한 허용압력한계
(6) 내·외부의 환경에 대한 내충격성, 내구성

1-2 관의 재질별 분류

(1) **철금속관** : 강관, 주철관
(2) **비철금속관** : 동관, 연관(Pb), 알루미늄관, 스테인리스관
(3) **비금속관** : 석면시멘트관(에터니트관), 원심력 철근 콘크리트관(흄관), P.V.C관, 도관 등

1. 강 관

(1) 제조법에 의한 분류

① 이음매 없는 강관(seamless pipe)　② 단접관
③ 전기저항용접관　　　　　　　　　④ 아크 용접관

(2) 재질상 분류

① 탄소강 강관
② 합금강 강관
③ 스테인리스강 강관

(3) 강관의 특징

① 관의 접합작업이 용이하다.
② 주철관에 비해 내압성이 양호하다.
③ 연관, 주철관에 비해 가볍고 인장강도가 크다.
④ 내충격성, 굴요성이 크다.
⑤ 연관, 주철관에 비해 가격이 저렴하다.

(4) 배관용 강관

	종 류	KS규격과 기호	용도 및 기타
배관용	배관용 탄소강 강관	SPP	사용 압력이 비교적 낮은 1MPa이하의 증기·물·기름·가스 및 공기 등의 배관용. 호칭지름 6~600[A]
	압력 배관용 탄소 강관	SPPS	온도350[℃] 이하, 압력(1~10MPa) 9.8 N/mm² 정도에 사용. 관의 호칭은 호칭지름과 두께(스케줄 번호)에 의한다.
	고압 배관용 탄소 강관	SPPH	350[℃] 이하의 온도에서, 압력(10MPa) 9.8 N/mm² 이상에 사용, 높은 고압배관용.
	고온 배관용 탄소 강관	SPHT	350[℃] 이상 온도의 배관용(350~450[℃]). 클리이프강도를 고려한 고온에 사용, 관의 호칭은 호칭지름과 두께(스케줄 번호)에 의한다.
	배관용 아크 용접 탄소 강관	SPW	사용 압력 1MPa이하의 비교적 낮은 증기·물·기름·가스 및 공기 등의 배관용.
	배관용 합금강 강관	SPA	주로 고온도의 배관용. 호칭지름 6~650[A]. 두께는 스케줄 번호로 표시한다.
	배관용 스테인리스 강관	STS×T	내식용·내열용 및 고온 배관용. 저온 배관용에도 사용된다. 호칭지름 6~300[A]. 두께는 스케줄 번호로 표시한다.
	저온 배관용 강관	SPLT	빙점 이하의 특히 저온도 배관용. 호칭지름 6~500[A]. 두께는 스케줄 번호로 표시한다.
수도용	수도용 아연 도금 강관	SPPW	SPP관에 아연도금한 관으로 정수두 100[m] 이하의 급수(수도)배관용.
	상수도용 도복장 강관	STWW	SPP, SPW강관에 피복한 관으로 정수두 100[m] 이하의 수도용.
열전달용	보일러·열교환기용 탄소강 강관	STH(STBH)	관의 내외에서 열의 수수를 행함을 목적으로 하는 장소에 사용된다. 보일러의 수관·연관·과열관·공기 예열관, 화학공업·석유 공업의 열교환기·콘덴서관·촉매관·가열로관 등에 사용된다.
	보일러·열교환기용 합금 강관	STHA	
	보일러·열교환기용 스테인리스강관	STS×TB	
	저온 열교환기용 강관	STLT	빙점하의 특히 낮은 온도에서 관의 내외에서 열의 수수를 행하는 열교환기관·콘덴서관.
구조용	일반 구조용 탄소 강관	SPS	토목·건축·철탑·발판·지주, 기타의 구조물용.
	기계 구조용 탄소 강관	SM	기계·항공기·자동차·자전차·가구·기구 등의 기계 부분품용.
	구조용 합금 강관	STA	항공기·자동차, 기타의 구조물용.

❖ 일반용 탄소강관(SPP) 1m²당 400g 이상 아연(Zn)을 도금한 것을 백관이라 하고, 1차 방청 도장만한 것을 흑관이라 한다. 또한 관1본의 길이는 6m이다.

(5) 스케줄 번호(Schedule No) : 관의 두께를 표시하는 번호

$$\text{스케줄 번호(SCH)} = 10 \times \frac{\text{사용압력}[\text{kg/cm}^2]}{\text{허용응력}[\text{kg/mm}^2]}$$

❖ 허용응력 = $\frac{\text{인장강도}}{\text{안전율}}$ ※ 안전율은 보통 4로 준다.

(6) 강관의 표시방법 및 제조방법의 표시

① 배관용 탄소강 강관

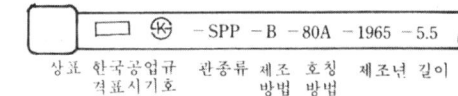

② 수도용 아연 도금 강관

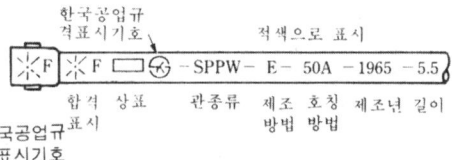

③ 압력배관용 탄소강 강관

〈제조방법의 표시〉

-E	전기저항 용접관	-E -C	냉간 가공 전기저항 용접관
-B	단접관	-B -C	냉간 가공 단접관
-A	아크 용접관	-A -C	냉간 가공 아크 용접관
-S -H	열간가공 이음매 없는 관	-S -C	냉간 가공 이음매없는 관

2. 주철관

철과 탄소의 합금계에서 탄소함유량이 2% 이하인 것을 강(steel), 2% 이상인 것을 주철(cast iron)이라 한다.

(1) 재질상 분류 : 일반보통주철, 고급주철, 구상흑연주철

(2) 주철관의 분류

① **수도용 수직형 주철관** : 보통압관(정수두 75[m] 이하에서 사용 표시 A), 저압관(정수두 45[m] 이하에 사용, 표시 LA)의 두 종류로 주형을 수직으로 세워 놓고 주조한 관이다.
② **수도용 원심력 사형주철관** : 사형(砂型)으로 만든 주형을 회전, 용융선철을 주입하여 원심력으로 제관한 것으로 고압관 것으로 고압관(정수두 100[m] 이하에 사용, 표시 B), 보통압관, 저압관의 3종류가 있다.
③ **수도용 원심력 금형 주철관** : 수냉식 금형으로 만든 주형을 회전, 용융선철을 주입하여 원심력으로 제관한 것으로 고압관, 보통압관의 두 종류가 있다.
④ **원심력 모르타르 라이닝 주철관** : 원심력 사형, 금형 주철관 내벽에 원심력을 이용 모르타르를 라이닝한 관으로 주로 수도용이나 취급시 하중·충격 등에 의한 라이닝 균열에 주의한다.
⑤ **배수용 주철관** : 관의 두께에 따라 1종, 2종, 이형관으로 표시된다.

(3) 주철관의 특징

① 내구력 및 내식성이 좋다.
② 급수·배수·통기 및 오수·가스공급·화학공업 등 사용처가 다양하다.
③ 일반관에 비해 강도가 크다.
④ 특히 매설시 부식이 적어 매설배관에 좋다.

3. 동 관

동과동합금은 대기, 담수, 해수는 물론 각종 염류산, 알카리 등의 수용액과 유기화합물에 내식성이 강하고, 전기전도성, 기계적성질, 주조성과 전연성이 좋아 널리 사용되며, 사용압력에 따라 K, L, M 3종으로 구분한다.(K : 가장 두껍다, 의료용 배관, L : 급배수관, 냉난방용, M : 급배수관)

(1) 동관의 분류

① **타프피치 동(Tcup)** : 동 중의 산소함유량이 0.02~0.05% 정도, 순도, 99.9% 이상 되도록 전기동을 정제한 것으로, 전기전도성이 좋으나 고온의 환원성 분위기에서 수소 취성을 일으키기 쉬워 고온 용접시 주의해야 한다.
② **인탈산 동(Dcup)** : 전기동 중의 산소를 인을 써서 제거한 것으로 산소는 0.01% 이하로 제거되나 인이 잔류한다. 용접성이 우수하며 수도용, 냉난방용 기기, 열교환기용, 급수관, 송유관, 급탕관에 사용된다.

③ 무산소동 : 산소도 최대한 제거되고 잔류되는 탈산소제도 없는 동으로 타프피치 동과 인탈산 동의 성질을 동시에 갖고 있다. 주로 전자기기 제작에 사용되고 있다.
④ 황동관 : 동과 아연(Zn)의 합금으로 기계적 성질, 내식성이 우수하여 구조용, 열교환기, 각종 기기의 부품으로 사용된다.
⑤ 단동관 : 아연을 10~15[%] 포함한 황동관으로 내구성이 특히 강하다.
⑥ 규소청동관 : 규소(Si) 2.5~3.5[%]를 포함한 청동관으로 내산성이 특히 강하다.
⑦ 니켈 동합금관 : 니켈(Ni) 63~70[%]를 포함한 합금동관으로 내식 및 기계적 강도가 크다.

(2) 동관의 특징

① 전기 및 열전도성이 좋아 열교환기용으로 우수하게 사용된다.
② 전연성이 풍부하고 가공이 용이하다.
③ 연수(軟水)에 부식되는 성질이 있어 증류수 및 증기관에는 적합하지 않다.
④ 내식성이 좋아 수명이 길다.
⑤ 무게가 가벼워 운반이 용이하나, 외부충격에 약하다.
⑥ 마찰저항이 적고, 가격이 비싸다.
⑦ 알칼리에는 강하나 산에는 약하다.

4. 연관(Pb)

(1) 연관의 분류

① 수도용 연관 : 정두수 75[m] 이하의 수도에 사용하는 것으로 강도와 내구성이 좋다.
② 배수용 연관 : 상온에서 구부림 및 확관이 용이한 것으로 트랩, 배수관, 오수관, 기구 연결관으로 사용된다.
③ 경연관 : 관길이는 3m로, 화학공업에 사용하는 경질연관이다.

(2) 연관의 특징

① 전연성이 풍부하여 상온가공이 용이하다.
② 내식성이 일반관에 비해 크다.
③ 용도에 따라 1종(화학공업용), 2종(일반용), 3종(가스용)으로 다양하게 사용된다.
④ 중량이 무거워 수평배관에는 늘어지기 쉽다.
⑤ 해수나 천연수도 안전하게 사용된다.
⑥ 콘크리트 매설시 생석회에 침식되므로 방식처리가 필요하다.

5. 알루미늄관(Al)

동 다음으로 전기 및 열전도성이 양호하며 전연성이 풍부하여 가공이 용이하며 열교환기, 선박, 차량, 건축재료 및 화학공업용 재료로 널리 사용된다. 알칼리에는 약하고 특히 해수, 염산, 황산, 가성소다 등에 약하다.

6. 스테인리스 강관(stainless steel pipes)

철에 12 ~20% 정도의 크롬을 첨가하여 만들어진 것으로 강의 표면에 얇은 보호피막을 만들어 부식진행을 느리게한다.

(1) 스테인리스 강관의 분류

① 배관용스테인리스 강관 : 오스테나이트계, 오스테나이트 - 페라이트계, 페라이트계 등이 있으며 내식용, 저온용, 고온용 등의 배관에 사용된다. 관 제조법은 이음매없이 제조하거나, 자동 아크용접, 레이져용접, 전기저항 용접으로 제조한다.
② 보일러 열교환기용 스테인리스 강관 : 오스테나이트계, 오스테나이트 - 페라이트계, 페라이트계 등이 있고, 관내 외에서 열 교환 목적으로 사용된다.
③ 스테인리스 위생용관 : 식품공업 및 낙농 등에 사용되며, 표면 마무리가 좋아 스테인리스 위생용관이라 한다.
④ 스테인리스 주름관 : 급탕, 급수, 난방 등에 사용하며, 관을 쉽게 굽힐 수 있고 이음쇠에 쉽게 연결할 수 있다.

(2) 스테인리스 강관의 특징

① 내식성이 우수하여, 내경의 축소, 저항 증대현상이 적다.
② 기계적 성질이 우수하고 가벼워 운반 및 기공이 용이하다.
③ 저온 충격성이 좋다.
④ 한랭지 배관이 가능하며 동결에 대한 저항성이 크다.
⑤ 연결법은 나사식, 용접식, 몰코식, 플랜지 이음법등이 있다.

7. 석면 시멘트관(에테니트관)

석면과 시멘트를 1 : 5로 혼합하여 롤러로 압력을 가해 성형시킨 관이다. 1종(정수두 75[m] 이하), 2종(정수두 45[m] 이하)의 두 종류로 금속관에 비해 내식성이 크며 특히 내알칼리성에 우수하다. 수도용, 가스관, 배수관, 공업용수관 등의 매설관에 사용되며 재질이 치밀하여 강도가 강하다.

8. 원심력 철근 콘크리트관(흄관)

철망을 원통형으로 엮어 형틀에 넣고 콘크리트를 주입하여 고속으로 회전시켜 균일한 두께의 관으로 성형시킨 관으로 상하수도, 배수관으로 사용되며 보통압관, 저압관의 2종류와 형상에 따라 A.B.C형의 3종류가 있다.

9. 경질염화비닐관(P.V.C관)

아세틸렌에 염화수소를 첨가하여 압출성형기로 제조한 관으로 사용온도는 5~50℃ 정도이며, 온도변화가 심한 곳에서 노출 배관시 30~40m마다 신축이음을 한다.

(1) **일반관**(PV) : 해수관, 약액수송관, 수도용 및 일반배관
(2) **박 관**(VU) : 배수관, 통기관
(3) **수도관**(VW) : 수도용 급수관 등으로 나뉜다.

장점
① 내식성이 크고 산, 알칼리, 염류 등의 부식에도 강하다.
② 가볍고 운반 및 취급이 편리하며 기계적 강도는 높다.
③ 전기절연 및 열의 부도체(철의 $\frac{1}{350}$)이다.
④ 가격이 싸고 가공 및 접합작업이 용이하다.

단점
① 열가소성수지이므로 180[℃] 정도에서 연화된다.
② 열팽창이 커서 (철의 7~8배) 신축이 심하다.
③ 저온에 특히 약하다.(저온 취성)
④ 용제 및 아세톤 등에 침식된다.

10. 폴리에틸렌관(polyethylene)

에틸렌에 중합체, 안전제를 첨가하여 압출성형한 관으로 수도용(7.5[kg/cm^2] 이하)과 일반용 2종류가 있으며 화학적 성질, 기계적 성질이 P.V.C관보다 우수하며 내충격성이 크고 내한성이 좋아 −60[℃]에서도 취성이 나타나지 않아 한냉지 배관으로 적합하다. 특히 직사광선에 산화하므로 안정제(카본 블랙)를 넣어 제조하고, 충격에도 잘 견딘다.

(1) **폴리에틸렌관의 분류**

① 수도용 폴리에틸렌관 : 사용압력이 0.7N/mm^2 이하의 수도배관용으로 사용하며, 1종은 저밀도 또는 중밀도 폴리에틸렌, 2종은 고밀도 에틸렌으로 한다.

② 일반용 폴리에틸렌관 : 압출 가공한 일반용으로, 유연성이 좋은 1종과, 견고성이 좋은 2종으로 구분 된다.
③ 가스용 폴리에틸렌관 : 매설용 가스 연료 공급관에 사용되며, 산화방지제, 안료, 자외선 안전제등의 첨가제가 혼합된 PE 컴파운드로 제조한다.
④ 폴리에틸렌 전선관 : 전기배선 보호용으로 사용하며, 압출 성형으로 제조한다.

(2) 폴리부틸렌관(polybuthylene)

PB파이프라고도 하며, 주로 95℃ 이하의 물을 수송하는 관으로 에이콘 파이프(acorn pipe)로도 알려져 있다.

(3) 가교화 폴리에틸렌관(crosslinkes polyethylene)

일명 엑셀파이프라고 하며, 온수 온돌 난방코일용으로 가장 많이 사용하고, 수도용 및 온수난방용으로 95℃이하의 물에 사용한다.

(4) 단열2중관

강관, 스테인리스강관, 동관, PE관, PVC관을 내관으로 외부는 폴리우레탄 등 보온재를 덮고, 그 위에 매설용은 고밀도 폴리에틸렌 파이프로, 노출용은 알루미늄 등으로, 고온, 고압 증기용은 PE관이나 아스팔트 코팅관으로 싸서 보온하는 단독관이다. 이관은 지역 냉난방 시스템, 열병합 발전소, 동파방지 배관, 온천수 배관 등에 사용된다.

11. 도관(導管)

점토를 주원료로 하여 성형 소성한 것으로 내흡수성을 위해 유약을 발라 판을 매끄럽게 한다. 두께에 따라 보통관, 후관, 특후관으로 나뉜다.
(1) **보통관** : 일반주택부지의 잡배수관
(2) **후 관** : 도시하수관
(3) **특후관** : 철도용 배수관

1-3 관이음 재료

1. 나사이음

강관에 나사를 내에 나사부분에 패킹제를 감고 파이프렌치를 사용하여 체결하며, 나사가 부속과 헐거우면 누수가 되고, 나사가 덜 절삭되면 이음쇠가 파손되어 나사 깊이를 적당히 절삭한다. 강제와 흑심가단주철제가 있다.

(1) 나사이음의 사용목적별 분류

① 배관의 방향을 바꿀 때 : 엘보, 벤드, 리턴벤드
② 관을 도중에서 분기할 때 : 티, 와이(Y), 크로스(+)
③ 같은 지름의 관(동경관)을 직선연결할 때 : 소켓, 유니온, 플랜지, 니플
④ 서로 다른 지름의 관(이경관)을 연결할 때 : 이경 소켓, 이경 엘보, 이경 티, 부싱
⑤ 관 끝을 막을 때 : 플러그(배관이 암나사인 경우), 캡(배관이 숫나사인 경우)

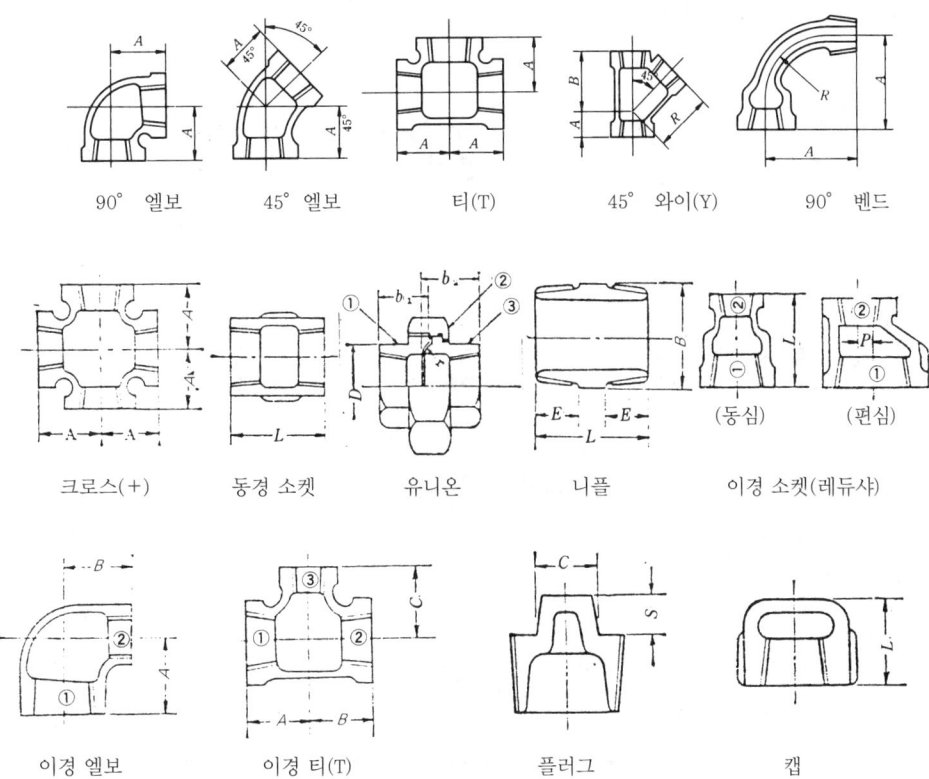

(2) 이음의 크기를 표시하는 방법

① 지름이 같은 경우에는 호칭지름으로 표시한다.(예 : 25A 엘보우)
② 지름이 2개인 경우에는 지름이 큰 것을 ①, 작은 것을 ②의 순서로 표시한다.
   (예 : 20×15A 엘보우)
③ 지름이 3개인 경우에는 동일하거나 평행한 중심선상에 있는 지름이 큰 것을 ①, 작은 것을 ②, 나머지를 ③의 순서로 표시한다.

④ 지름이 4개인 경우에는 지름이 가장 큰 것을 ①, 이것과 동일한 중심선상에 있는 것을 ②, 나머지 2개 중 지름이 큰 것을 ③, 작은 것을 ④의 순서로 표시한다.

㉰의 예) 40×25×32A 티   ㉱의 예) 50×20×40×32A 크로스

2. 용접용 이음

(1) **일반용 맞대기 이음쇠** : 배관용 탄소강관에 사용
(2) **맞대기용접, 슬리브용접 이음쇠** : 압력배관, 고압, 고온배관, 합금강, 스테인리스강 관에 사용

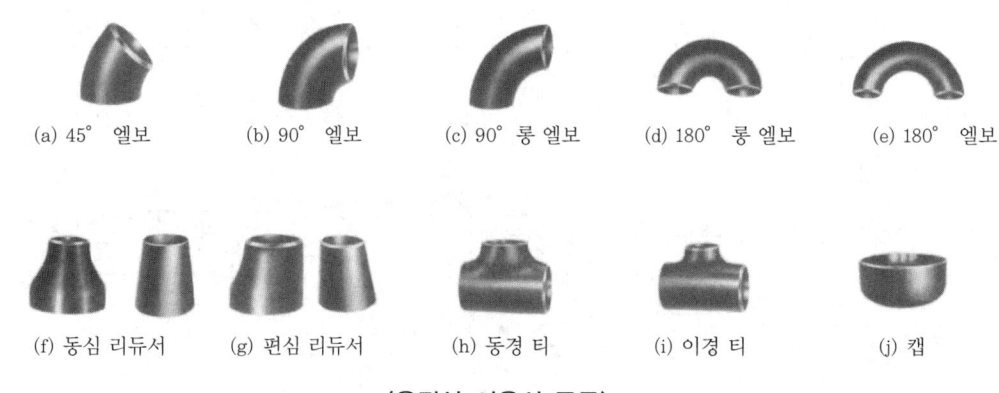

(a) 45° 엘보 (b) 90° 엘보 (c) 90° 롱 엘보 (d) 180° 롱 엘보 (e) 180° 엘보
(f) 동심 리듀서 (g) 편심 리듀서 (h) 동경 티 (i) 이경 티 (j) 캡

〈용접식 이음쇠 종류〉

3. 플랜지 이음

플랜지 이음은 나사이음에서의 유니언 이음과 같이 관의 점검이나 보수를 위해 관을 해체, 교환 할 필요가 있는 장소에 플랜지와 플랜지 사이에 패킹 또는 개스킷을 넣어 유체가 새는 것을 방지하며, 볼트, 너트로 결합 사용한다.
유니언 이음은 주로 50mm이하의 관에 사용하는 반면, 플랜지 이음은 65mm이상의 관에 많이 사용한다.

(1) **플랜지 종류**

① 전면 시트 : $1.5[N/mm^2]$ 이하의 주철제 및 동합금 플랜지
② 대평면 시트 : $6.1[N/mm^2]$ 이하의 연질의 가스켓을 사용하는 플랜지
③ 소평면 시트 : $1.5[N/mm^2]$ 이상의 경질의 가스켓을 사용하는 플랜지

④ 삽입시트 : 1.5[N/mm²] 이상의 소평면보다 기밀을 요하는 경우 사용하는 플랜지
⑤ 홈 시트 : 1.5[N/mm²]이상의 위험성이 있는 배관 또는 매우 기밀을 요하는 경우 사용하는 플랜지

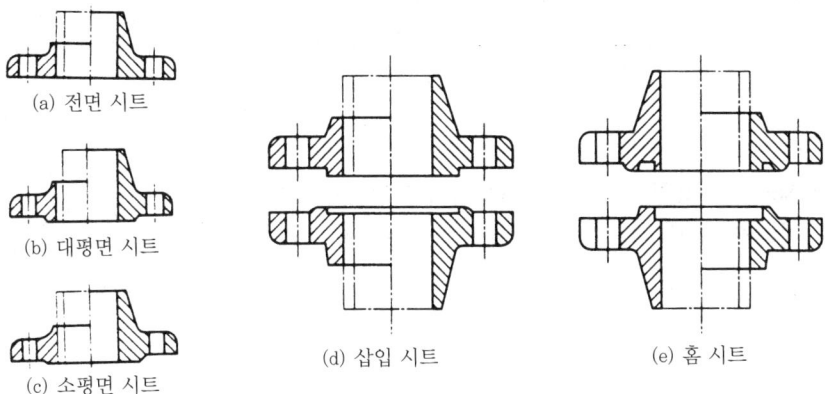

〈플랜지 시트〉

(2) 플랜지를 관과 이음하는 방법

① 나사이음형
② 삽입용접형
③ 소켓용접형
④ 랩조인트형
⑤ 블라인드형

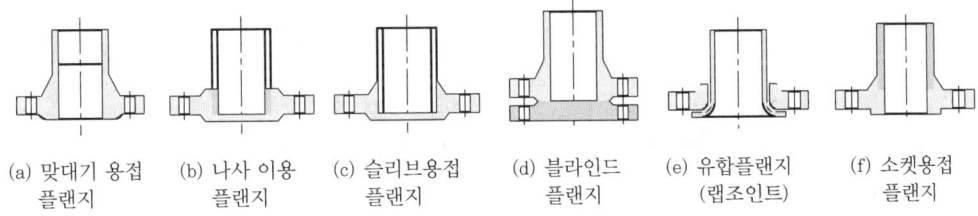

〈플랜지 이음 방법 분류〉

예상문제

1 배관 시공계획시 관 재료를 선택할 때 고려해야 할 조건과 가장 무관한 것은?

① 수송 유체에 대한 관의 내식성
② 유체가 관 속에서 동결될 때 미치는 영향
③ 관의 설치 높이와 조정 방법
④ 지중 매설 배관일 때 토질과의 화학적 반응

1.해설
관의 설치 높이와 조정방법은 관의 재료선택과는 무관하다.

2 스케줄의 번호를 바르게 나타낸 공식은?
(단, 사용압력 : P[kg/cm²], 허용응력 : S[kg/mm²])

① $100 \times P/S$ ② $10 \times S/P$
③ $P/10 \times S$ ④ $10 \times P/S$

2.해설
SCH(스케줄 번호)
$= 10 \times \dfrac{\text{사용압력 (kg/cm}^2\text{)}}{\text{허용응력 (kg/mm}^2\text{)}}$

3 다음 중 용접관(welded pipe)이 아닌 것은?

① 단접관 ② 전기저항용접관
③ 이음매없는 관 ④ 아크 용접관

4 관을 회전하지 않고, 고압의 유체 탱크 배관, 밸브, 펌프, 열교환기, 각종 기기의 접속 및 관의 지름이 큰 관의 해체교환에 편리한 이음쇠는?

① 유니온 ② 플랜지
③ 소켓 ④ 바이패스

4.해설
관지름이 작은 곳에는 유니온(50A 이하), 관지름이 큰 곳에는 플랜지(65A 이상)가 사용된다.

5 온도 350℃ 이하, 압력 100kgf/cm² 이하의 배관에 사용되는 관으로, 기호는 SPPS로 나타내며 호칭은 호칭지름과 스케줄 번호(Sch No.10~Sch No.80)를 사용하여 나타내는 강관은?

① 배관용 탄소강관 ② 압력배관용 탄소강관
③ 고압배관용 탄소강관 ④ 배관용 합금강관

5.해설
SPP : 10kg/cm² 이하
SPPS : 10~100kg/cm² 이하
SPPH : 100kg/cm² 이상

ANSWER 1. ③ 2. ④ 3. ③ 4. ② 5. ②

6 관용나사의 테이퍼와 나사산의 각도는?

① $\frac{1}{32}$, 60°   ② $\frac{1}{2}$, 60°

③ $\frac{1}{16}$, 55°   ④ $\frac{1}{16}$, 60°

7 크리프 강도가 문제되는 온도범위까지 사용 가능하며 기호로 SPHT로 표시되는 관은?

① 고압배관용 탄소강관
② 고온배관용 탄소강관
③ 배관용 스테인리스 강관
④ 배관용 특수강관

8 안전 밸브의 밸브 및 밸브 시트에 포금을 사용하는 이유로 가장 합당한 것은?

① 가열되어도 조직의 변화가 없다.
② 부식에 강하고 주조하기 쉽다.
③ 과열되어도 변형이 없다.
④ 열의 전도가 양호하다.

9 다음 KS 강관기호와 종류가 바르게 짝지어진 것은?

① SPHT : 고온배관용 탄소강관
② SPPH : 압력배관용 탄소강관
③ STHA : 저온배관용 탄소강관
④ STHP : 수도용 도복장 강관

9.해설
① 압력배관용 탄소강관(SPPS)
② 저온배관용 탄소강관(SPLT)
③ 수도용 도복장 강관(SPPW)

10 다음 재료 중 전성과 연성이 가장 풍부한 재료는?

① 주철관   ② 연관
③ 강관   ④ PVC관

11 연관은 용도에 따라 1, 2, 3종으로 구분하는데 3종에 해당하는 것은?

① 가스용   ② 화학공업용
③ 일반용   ④ 수도용

11.해설
1종 : 화학공업용, 2종 : 일반용
3종 : 가스용

ANSWER 6. ③ 7. ② 8. ② 9. ① 10. ② 11. ①

12 석유정제용 배관에 널리 사용되는 강관은?

① 배관용 아크용접 탄소강관
② 고온 배관용 탄소강관
③ 고압 배관용 탄소강관
④ 배관용 합금강 강관

13 다음 중 대형 밸브의 회전부에 사용하여 누수를 막아주는 그랜드 패킹은?

① 합성수지 패킹   ② 석면각형 패킹
③ 금속 패킹   ④ 고무 패킹

13. 해설
대형밸브 그랜드용 : 석면각형패킹
소형밸브 그랜드용 : 석면얀패킹

14 열교환기용 탄소강관의 약자로 옳은 것은?

㉮ SPP   ㉯ STH   ㉰ SPHT   ㉱ SPPH

15 파이프축에 대하여 직각 방향으로 개폐되는 밸브로 유체의 흐름에 따른 마찰저항 손실이 적고 난방배관 등에 주로 사용되나 유량조절용으로 부적합한 밸브는?

① 앵글 밸브   ② 슬루스 밸브
③ 글로브 밸브   ④ 다이어프램 밸브

16 다음 강관의 KS 규격기호 중 열전달용 강관의 기호가 아닌 것은?

① STH   ② SPPS
③ STLT   ④ STHA

17 판이나 봉을 자르는 정의 날끝각도가 올바르게 짝지워진 것은?

① 납, 구리 : 40~50°   ② 연강 : 50°
③ 주철, 청동 : 25~30° ④ 경강 : 80~90°

18 배관용 관이음쇠 중 엘보우나 티 등을 폐쇄할 필요가 있을 때 사용하는 관이음쇠는?

① 캡   ② 니플
③ 소켓   ④ 플러그

18. 해설
관 끝을 막을 때(캡), 부속 끝을 막을 때(플러그)

ANSWER 12. ④ 13. ② 14. ② 15. ② 16. ② 17. ② 18. ④

19 재료기호 중 SS 41에서 SS는 무엇을 표시하는가?
① 스프링강 ② 합금강
③ 냉간압연강재 ④ 일반구조용 압연강재

20 강관과 PVC관을 연결할 때 사용되는 이음재료는?
① 캡 ② 동관용 유니온
③ 엘보우 ④ 밸브용 소켓

21 강관과 비교한 스테인리스관의 특징으로 옳은 것은?
① 염소 성분등에 대하여 내식성이 크다.
② 내열성이 없다.
③ 관마찰 손실 수두가 크다.
④ 강도가 작고 굽힘성이 좋다.

22 흄관을 다른 말로 무엇이라 하는가?
① 석면 시멘트관 ② 원심력 철근 콘크리트관
③ 폴리에틸렌관 ④ 도관

22.해설
① 에터 니트관 : 석면 시멘트관
② 흄관 : 원심력 철근 콘크리트관

23 배관 또는 기기의 이음부에서 유체의 누설을 방지하기 위하여 사용하는 것은?
① 패킹 ② 스트레이너
③ 트랩 ④ 콕

24 난방 배관에서 나사이음으로 바이패스관을 설치할 때 필요하지 않은 부속은?
① 엘보 ② 스트레이너
③ 유니온 ④ 플러그

25 다음 중 강관의 종류와 KS규격 기호를 짝지은 것 중 맞는 것은?
① SPHT : 고압 배관용 탄소 강관
② SPPH : 고온 배관용 탄소 강관
③ SPPS : 압력 배관용 탄소 강관
④ STHA : 저온 배관용 탄소 강관

25.해설
① SPHT : 고온배관용 탄소강관
② SPPH : 고압배관용 탄소강관
④ STHA : 보일러 열교환용 합금강관
※ SPLT : 저온배관용 탄소강관

ANSWER 19.④ 20.④ 21.① 22.② 23.① 24.④ 25.③

26 다음은 동관의 종류 중 인탈산 동에 관한 설명이다. 맞지 않는 것은?

① 전기동 중의 산소를 인을 써서 제거한 것이다.
② 산소는 0.01[%] 이하로 제거되나 대신 인이 잔류한다.
③ 수소 취성이 있고 연화 온도가 낮다.
④ 전기 전도성은 떨어진다.

27 강관 연결 부속 중 4방향으로 유체를 나누어 보낼 때 사용하는 것은?

① 소켓 ② 크로스 ③ 90° 엘보 ④ 곡관

28 다음 배관용 연결 부속 중 분해, 조립이 가능토록 하려면 무엇을 설치하면 되는가?

① 엘보우, 티
② 레듀샤, 부싱
③ 유니온, 플랜지
④ 캡, 플러그

29 폴리에틸렌관에 대한 설명이다. 틀린 것은?

① 유백색의 폴리에틸렌관은 직사 일광을 쬐면 표면이 산화하여 황색으로 변한다.
② 인장강도는 경질 염화 비닐관에 비하여 적지만 파괴 압력은 크다.
③ 유연성 때문에 충격에는 강하지만 외부에 상처를 받기 쉽다.
④ 제조 방법은 에틸렌 가스와 수소를 촉매로 한 중합체이다.

30 지름이 서로 다른 강관을 직선으로 나사이음할 때 사용하는 이음쇠는?

① 플러그 ② 부싱
③ 밴드   ④ 크로스

31 다음은 강관에 대한 설명이다. 잘못된 것은?

① 연관, 주철관에 비해 무겁고 인장강도도 작다.
② 굴요성이 풍부하며 접합 작업도 쉽다.
③ 충격에 강하다.
④ 연관, 주철관에 비해 값이 저렴하다.

ANSWER 26.③ 27.② 28.③ 29.② 30.② 31.①

32 오스타로 파이프 나사 절삭을 한 나사산의 각도는 몇 도인가?

① 80°   ② 60°
③ 55°   ④ 29°

33 가열기안의 공기가 빠지지 않으면 방열기가 뜨거워지지 않으므로 설치하는 밸브는?

① 체크 밸브   ② 에어 벤트 밸브
③ 게이트 밸브   ④ 글로브 밸브

34 다음은 열교환기용 강관의 KS 표시 기호를 열거한 것이다. 아닌 것은?

① STH   ② SPA
③ STS×TB   ④ STLT

34. 해설
① STH : 보일러 열교환기용 탄소강관
② SPA : 배관용 합금강관
③ STS×TB : 보일러 열교환기용 스테인리스 강관
④ STLT : 저온열교환기용 강관

35 강관의 호칭법에서 스케줄 번호란?

① 관의 바깥지름   ② 관의 안지름
③ 관의 길이   ④ 관의 두께

35. 해설
$SCH = 10 \times \dfrac{P}{S}$
P : 사용압력(kg/cm²)
S : 허용응력(kg/mm²)

36 다음에서 저온 열교환기용 강관의 표시 기호는?

① STHA   ② SPLT
③ SPHT   ④ STLT

37 다음 관 중 매설시 부식에 가장 영향이 많은 것은?

① 백관   ② 흑관
③ 주철관   ④ 흄관

38 사용압력이 40[kg/cm²], 관의 인장강도가 20[kg/cm²]일 때의 스케줄 번호(Sch. No.)는? (단, 안전율은 4로 한다.)

① 60   ② 80
③ 120   ④ 160

38. 해설
$Sch. = 10 \times \dfrac{P}{S}$
이 때 허용응력 $S = \dfrac{인장강도}{안전율}$
$Sch. = 10 \times \dfrac{40}{\frac{20}{4}} = 80$

ANSWER 32. ③ 33. ② 34. ② 35. ④ 36. ④ 37. ② 38. ②

39 연관의 특징이 아닌 것은?

① 내산성이 좋으며 굴곡도 쉽고 신축에도 잘 견딘다.
② 점성이 많아서 두들겨 늘이기 용이하다.
③ 굴곡을 만들기 쉬운 것으로 가공성이 좋다.
④ 알칼리에 부식되지 않으며 중량이 가볍다.

40 강관용 연결 부속을 관 접합에 따라 분류하면 다음과 같이 분류할 수 있다. 옳지 않은 것은?

① 나사 이음형
② 플랜지 이음형
③ 슬리브 이음형
④ 차입용접 이음형

40.해설
③ 신축이음 종류 : 루프형, 벨로즈형, 슬리브형, 스위블형

41 다음은 동관의 종류 중 인탈산 동에 관한 설명이다. 맞지 않는 것은?

① 전기동중의 산소를 인을 써서 제거한 것이다.
② 산소는 0.1[%] 이하로 제거되나 대신 인이 잔류한다.
③ 수소 취성이 있고 연화온도가 낮다.
④ 전기전동성은 떨어진다.

41.해설
수소취성이 없고 연화온도가 높다.

42 가교화 폴리에틸렌관의 특징 설명으로 틀린 것은?

① 보통 100℃ 이상의 온수용으로 주로 사용된다.
② 동파, 녹, 부식이 없고 스케일이 생기지 않는다.
③ 기계적 특성 및 내화학성이 우수하다.
④ 시공 및 운반비가 저렴하여 경제적이다.

43 PVC와 비교하여 폴리에틸렌관의 장점 설명으로 잘못된 것은?

① 내충격성이 크다.
② 전기절연성이 크다.
③ 내열성이 크다.
④ 인장강도가 크다.

ANSWER 39. ④ 40. ③ 41. ③ 42. ① 43. ③

44 다음 설명에 해당되는 동관은?

- 전기 전도성이 다른 종류에 비해 나쁜 편이다.
- 고온에서도 수소취화 현상이 발생하지 않는다.
- 공조기기, 열교환기용으로 많이 사용된다.

① 터프피치 동관 ② 무산소 동관
③ 인탈산 동관 ④ 함금 동관

45 동관의 두께별 종류 기호 중 가장 두꺼운 동관의 형식은?

① L 형 ② K 형
③ M 형 ④ N 형

46 동과아연(zn)의 합금으로 내식성이 우수하여 구조용, 열교환기용, 각종기기의 부품 등으로 사용되는것은?

① 인탈산 동관 ② 니켈 동합금관
③ 황동관 ④ 청동관

47 내식성이 크고, 고온 및 저온 배관용으로 사용 되며, STS 304 TP 등으로 표시되는 관은?

① 압력배관용 탄소강관
② 스테인레스강관
③ 경질염화비닐관
④ 동 관

48 온수 난방 설비의 방열관으로 부적합한 관은?

① 동관 ② PVC관
③ XL관 ④ 강관

49 다음 중 소켓과 파이프를 클램프에 끼우고 융착 전열기로 가열한 후 이음하는, 융착 이음이 가능한 배관 재료는?

① 스테인리스강관 ② 폴리부틸렌관(PB)
③ 폴리에틸렌관(PE) ④ 열경화성 PVC

49.해설
PE(고밀도 폴리에틸렌관)관은 융착 전열기로 가열하여 이음이 가능하다.

ANSWER 44. ③ 45. ② 46. ③ 47. ② 48. ② 49. ③

50 XL관으로 온수 배관을 할 경우의 설명으로 틀린 것은?
① 보통 100℃ 이상의 온수용으로 주로 사용된다.
② 시공이 간단, 용이하다.
③ 시공 비용이 저렴하다.
④ 내구성이 있어 장기간 사용이 가능하다.

51 배관용 탄소강관에 아연(zn)을 도금 함으로서 증가되는 성질은?
① 내충격성 ② 내마모성
③ 굴요성   ④ 내식성

52 강관배관에서 유체의 흐름방향을 바꾸는데 사용되는 이음쇠는?
① 부싱   ② 리턴밴드
③ 레듀셔   ④ 소켓

52.해설
리턴밴드: 유체의 흐름방향을 180도 바꾸는데 사용

53 배관용 관이음재 중 엘보우나 티 등을 폐쇄할 필요가 있을 때 사용되는 이음쇠는?
① 캡   ② 니플
③ 소켓   ④ 플러그

54 다음그림과 같은 동관 이음쇠는?

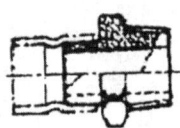

① 어댑터 C×M   ② 어댑터 Ftg ×M
③ 어댑터 C×F   ④ 어댑터 Ftg ×F

55 동관의 경납 용접시 적정 용접 온도는?
① 200~300℃   ② 300~450℃
③ 500~600℃   ④ 700~850℃

55.해설
동관의 경납 용접시 적정온도
:700~850℃

ANSWER 50.① 51.④ 52.② 53.④ 54.② 55.④

56 플랜지 접합시공을 할 때 가스킷 양면에 그리스를 바르는 이유는?

① 관의 부식을 방지하기 위함이다.
② 보수 작업시 관과 가스킷을 분리하기 쉽게하기 위해서이다.
③ 관과 플랜지의 밀착을 도모하기 위함이다.
④ 플랜지의 부식을 방지하기 위함이다.

Answer 56. ②

CHAPTER 02 배관공작

2-1 배관의 공구 및 장비

1. 관용공구

(1) 파이프 바이스(pipe vise)

관의 절단, 나사작업시 관이 움직이지 않도록 고정하는 것
(크기 : 파이프 바이스경의 고정가능한 관경의 치수)

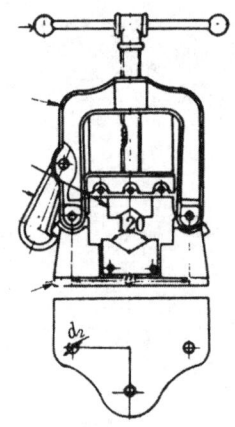

〈파이프 바이스〉

호칭번호	호칭치수[mm]	파이프 치수[mm]
# 0	50	6~50
# 1	80	6~65
# 2	105	6~90
# 3	130	6~115
# 4	170	15~150

〈파이프 바이스〉

〈수평 바이스〉

(2) 수평 바이스

관의 조립, 열간 벤딩시 관이 움직이지 않도록 고정하는 것(크기 : 조(jaw)의 폭)

(3) 파이프 커터(pipe cutter)

강관의 절단용 공구로 1개의 날과 2개의 롤러의 것과 3개의 날로 되어진 두 종류가 있으며 날의 전진과 커터의 회전에 의해 절단되므로 거스러미가 생기는 결점이 있다.
(호칭크기 : 관을 절단할 수 있는 관경으로 표시)

(4) 파이프 렌치(pipe wrench)

관의 결합 및 해체시 사용하는 공구로 보통형, 강력형, 체인형이 있다. 특히 200[mm] 이상의 강관은 체인 파이프 렌치(chain pipe wrench)를 사용한다.(크기 : 입을 최대로 벌려 놓은 전장)

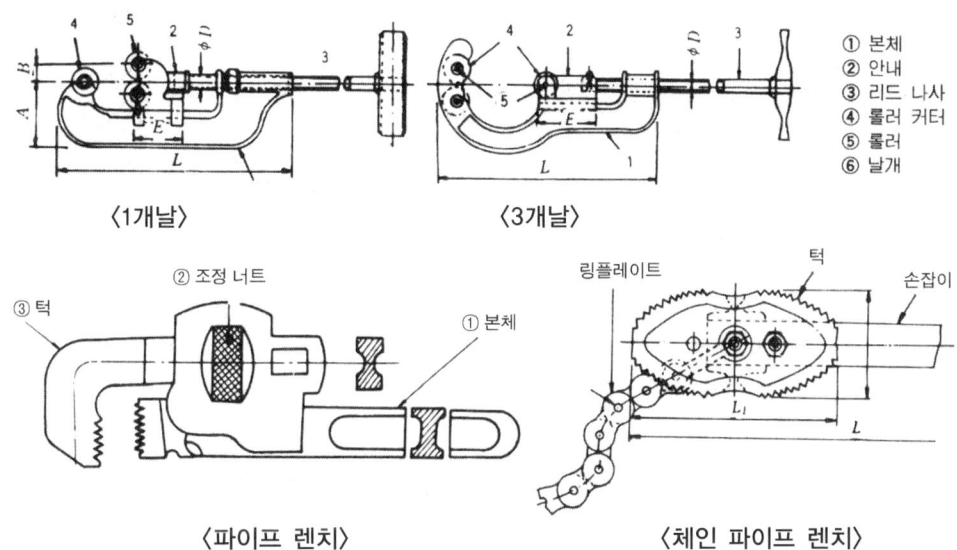

〈1개날〉 〈3개날〉

〈파이프 렌치〉 〈체인 파이프 렌치〉

(5) 파이프 리머(pipe reamer)

관을 절단하게 되면 내부에 버르(burr : 거스러미)가 생기게 된다. 이러한 거스러미는 관내부의 마찰저항을 증가시키므로 절단 후 거스러미의 제거는 필수적이라 하겠다.
파이프 리머는 관 절단후 생기는 거스러미(burr)를 제거하는 공구이다.

(6) 수동식 나사절삭기(die stock)

관 끝에 수동으로 나사를 절삭하는 공구로 오스타형, 리드형의 두 종류가 있다.
① **오스타형** : 4개의 날(체이서, 다이스)가 한 조로 되어 있으며, 15~20mm는 나사산이 14산, 25mm 이상은 나사산이 11산을 내며, 대구경관 나사절삭에 사용가능하며 현장용이다.
② **리드형** : 2개의 날(체이서, 다이스)에 4개의 조(jaw)로 되어 있어 4개의 조는 파이프 중심을 맞출 수 있는 스크롤 장치가 부착되어있고 소구경 관의 나사절삭에 사용한다.

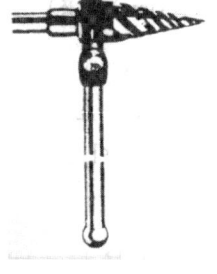

〈파이프 리머〉

〈오스타형〉		〈리드형〉	
No.	사용관지름	No.	사용관지름
112R (102)	8A~ 32A	2R 4	15A~32A
114R (104)	15A~ 50A	2R 5	8A~25A
115R (105)	40A~ 80A	2R 6	8A~32A
117R (107)	65A~100A	4R	15A~50A

(7) 동력용 나사 절삭기

동력을 이용하여 나사를 절삭하는 작업능률이 좋아 최근 많이 사용된다.

① 다이헤드식 나사절삭기 : 다이헤드에 의해 나사가 절삭되는 것으로 관의 절삭, 절단, 거스러미 제거를 연속적으로 처리할 수 있어 현장에서 가장 많이 사용된다.

② 오스타식 나사절삭기 : 수동식의 오스타형 나사절삭기와 나사절삭방법이 비슷하나 동력으로 관을 회전시켜 나사절삭기 지지 로드에 의해 자동 이송되어 나사를 깎는다. 주로 50[A] 이하의 작은관에 사용된다.

③ 호브식 나사절삭기 : 호브(hob)를 저속으로 회전시켜 관은 어미나사와 척의 연결에 의해 이동하며 나사가 절삭된다. 50[A] 이하, 65~150[A], 80~200[A]의 3종류가 있다.

〈다이 헤드식 나사절삭기〉

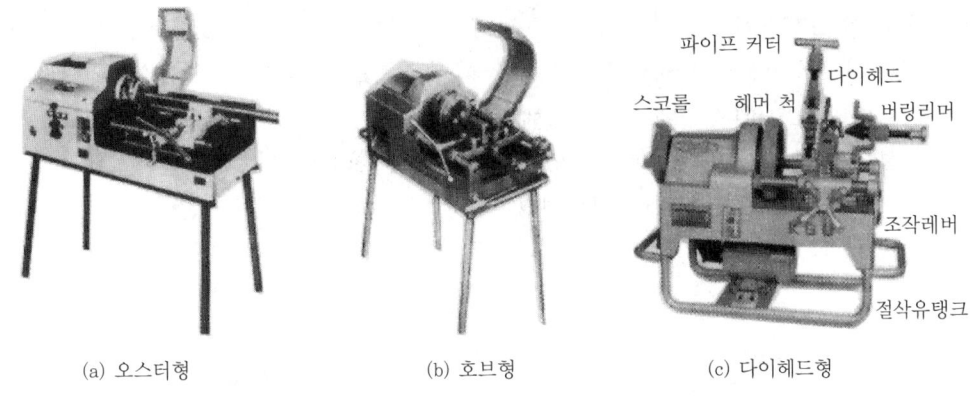

(a) 오스터형　　　(b) 호브형　　　(c) 다이헤드형

⟨동력 나사절삭기 종류⟩

2. 관절단용 공구

(1) **쇠톱**(hack saw) : 관 및 공작물의 절단용 공구이다.(크기 : 톱날 양 끝의 피팅 홀(fitting hole)의 중심 길이로 표시) 종류는 8"(200mm), 10"(250mm), 12"(300mm)이다.

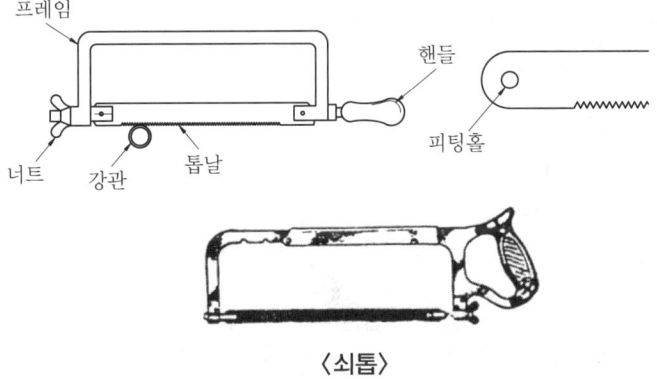

⟨쇠톱⟩

⟨재질별 톱날의 산수⟩

톱날의 산수 inch당	재질	톱날의 산수 inch당	재질
14	동합금, 주철, 경합금	24	강관, 합금강, 형강
18	경강, 동, 납, 탄소강	32	박판, 구조용 강관
			소결 합금강

(2) **기계톱**(hack sawing machine) : 활모양의 프레임에 톱날을 끼워서 크랭크 작용에 의한 왕복절삭운동과 이송운동으로 재료를 절단한다.

(3) **고속 숫돌절단기**(abrasive cut off machine) : 두께가 0.5~3[mm] 정도의 얇은 연삭 원판을 고속회전시켜 재료를 절단하는 기계로 숫돌 그라인더, 연삭절단기, 커터 그라인더라고도 한다. 연삭숫돌은 알런덤(alundum), 카보런덤(carborundum)등의 입자를 소결한 것이다. 절단할 수 있는 관의 지름은 100mm까지고, 연삭절단기의 회전수는 약 2,000~3,000rpm정도이다.

(a) 연삭절단기   (b) 각도절단기

〈고속절단기 종류〉

(4) **띠톱기계**(band sawing machine) : 모터에 장치된 원통 풀리를 동종 풀리와의 둘레에 띠톱날을 회전시켜 재료를 절단한다.

(5) **가스 절단기** : 산소-아세틸렌 또는 산소-프로판가스의 불꽃을 이용하여 절단 토치로 절단부를 미리 예열한 다음 여기에 산소를 넣어 절단하는 방법이다.

(6) **강관 절단기** : 강관의 절단만을 하는 전문 절단기계이다. 선반과 같이 강관을 회전시켜 바이트로 절단하는 것이다.

3. 관벤딩용 기계(bending machine)

(1) **램식**(ram type, 유압식) : 유압 펌프를 이용 관을 구부리는 것으로 현장용이다. 수동식은 50[A], 동력식은 100[A]까지 상온에서 구부릴 수 있다.

(2) **로터리식**(rotary type) : 관에 심봉을 넣어 구부리는 것으로 대량 생산용으로 단면의 변형이 없으며 두께에 관계없이 상온에서 어느 관이라도 가공할 수 있으며 굽힘반지름은 관지름의 2.5배 이상이어야 한다.

(3) **수동 롤러식**(hand roller type) : 곡률반경에 맞는 포머(former)를 설치하고, 롤러와 포머 사이에 관을 삽입하고 핸들을 돌려서 벤딩하는 것으로 32mm이하 작은 관의 벤딩에 사용한다.

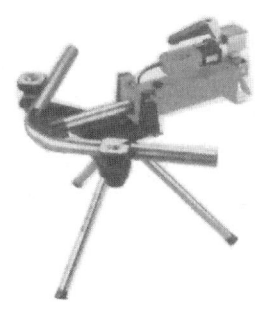  

(a) 램식(전동)　　　　　(b) 로타리식　　　　　(c) 수동롤러식

〈파이프 벤딩기 종류〉

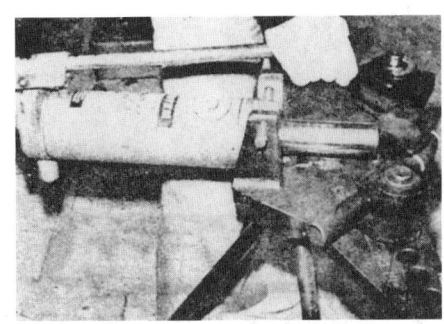 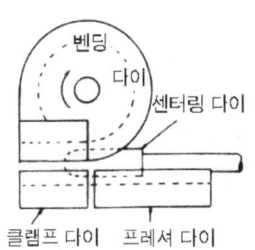

〈램식 벤더〉　　　　　　　　〈로타리식 벤더〉

4. 기타 공구

(1) **코어드릴** : 각종 설비 및 배관연결, 전기공사를 위해 구멍을 뚫는 작업하는 공구로 철근 콘크리트 구조물에 직경 25~300mm까지 뚫을 수 있다.

(2) **관세척기**(pipe cleaning machine) : 세면기와 욕조 등의 배수, 화장실의 오수, 공업용관의 폐수 또는 하수관 등의 막힌 곳을 뚫어주며, 보일러 등의 세관에도 적합한 기계로 주위 시설물에 손상을 주지 않고 작업할 수 있는 기계이다. 관길이에 따라 10m, 15m용이 있다.

 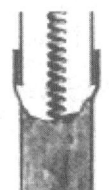 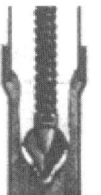 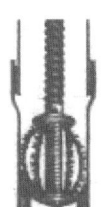

(a) 관세척기　　　　　　　　(b) 체결용 크리너

〈관세척기〉

5. 기타 관용 공구

(1) 동관용 공구

① 사이징 툴 : 동관의 끝을 원형으로 정형는 공구
② 플레어링 툴 : 동관의 끝을 나팔관으로 만들어 압축접합(이음)시 사용하는 공구
③ 익스펜더 : 동관의 확관용 공구
④ 튜브 벤더 : 동관 굽힘용 공구
⑤ 티뽑기 : 직관에서 분기관을 내고져할 때 사용하는 공구
⑥ 동관용 용접기 : 동관 용접시 사용 (연납 및 경납용접)
⑦ 튜브커터 : 동관 절단용 공구
⑧ 리 머 : 동관 절단후 생기는 거스러미 제거용 공구

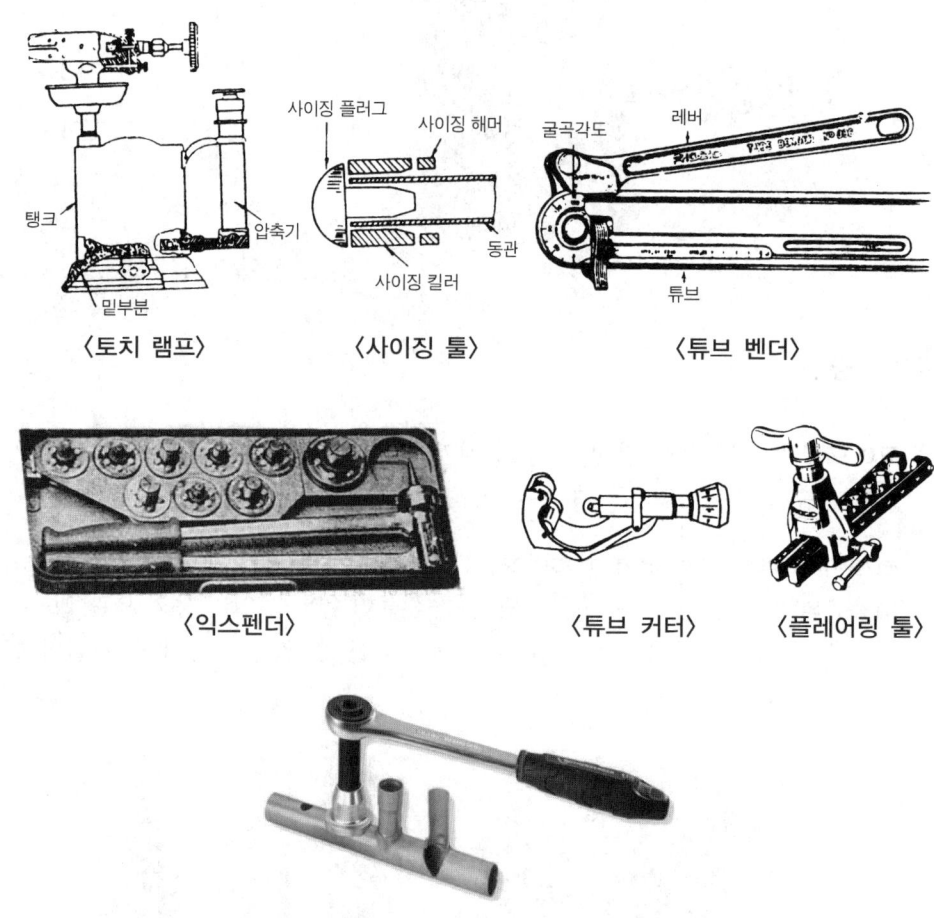

〈토치 램프〉　〈사이징 툴〉　〈튜브 벤더〉

〈익스펜더〉　〈튜브 커터〉　〈플레어링 툴〉

〈티 뽑기〉

(2) 연관용 공구

① 연관톱 : 연관 절단공구(일반 쇠톱으로 가능)
② 봄볼 : 주관에 구멍을 뚫을 때 사용하는 공구
③ 드레서 : 연관 표면의 산화피막을 제거하는 공구
④ 벤드벤 : 연관의 굽힘작업에 사용
⑤ 턴핀 : 관끝을 접합하기 쉽게 관끝 부분에 끼우고 마레트로 정형한다.
⑥ 마레트 : 나무 해머
⑦ 토치 램프 : 납땜 및 구부리기등의 부분적 가열용에 사용한다.

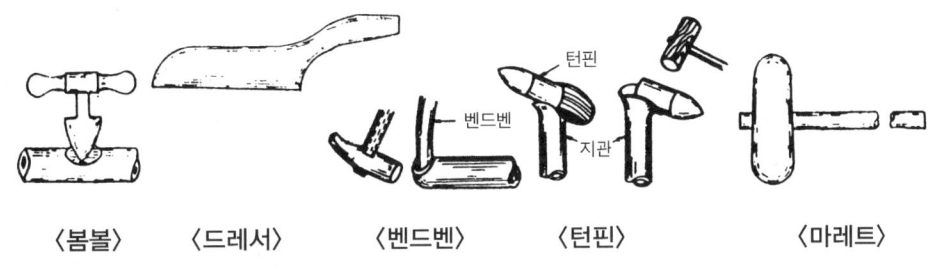

〈봄볼〉   〈드레서〉   〈벤드벤〉   〈턴핀〉   〈마레트〉

(3) 주철관용 공구

① 납 용해용 공구 셋 : 냄비, 파이어 포트(fire pot), 납물용 국자, 산화납 제거기 등이 있다.
② 클립(clip) : 소켓 접합시 용해된 납물의 비산을 방지한다.
③ 코킹 정 : 소켓 접합시 코킹(다지기)에 사용하는 정이다.
④ 링크형 커터 : 주철관 절단 전용 공구

〈링크형 파이프 커터〉

(4) P.V.C 관용 공구

① 열풍용접기 : PVC관의 접합 및 수리를 위한 용접시 사용한다.
② 파이프커터 : PVC관 절단시 사용한다.
③ 리머 : PVC관 절단후 생기는 거스러미 제거시 사용한다.
④ 가열기 : PVC관의 접합 및 벤딩을 위해 가열시 사용한다.

   (a) 가열기   (b) 열풍용집기   (c) 파이프커터 및 리머

〈합성수지관용 공구〉

(5) 스테인리스 관용 공구

 ① 압축용 프레스식 유니트 : 스테인리스강관을 몰코(압착)이음시 사용하는 공구
 ② 파이프커터 : 스테인리스관 절단시 사용하며, 쇠톱이나 동관용 커터도 사용한다.
 ③ 리머 : 스테인리스관 절단후 생기는 거스러미 제거시 사용한다.
 ④ 용접기 : 용접 접합시 사용하며, 전기용접기, 알곤 용접기 등을 사용한다.

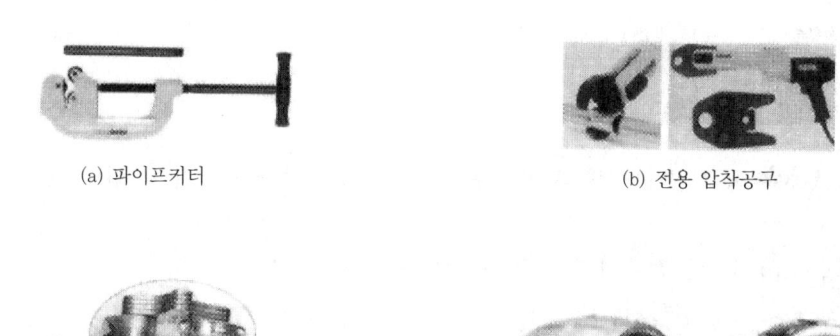

   (a) 파이프커터   (b) 전용 압착공구

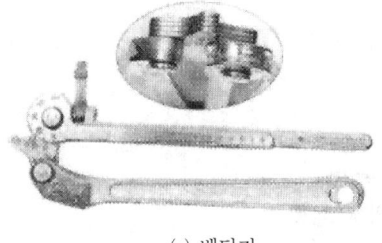

   (c) 벤딩기   (d) 리머

〈스테인리스관용 공구〉

2-2 관의 절단 · 접합 · 성형

1. 관의 절단

(1) **수동공구에 의한 절단** : 쇠톱, 파이프 커터의 절단(주철관 : 링크형 파이프 커터)
(2) **동력용 기계에 의한 절단** : 기계톱, 고속숫돌 절단기, 띠톱기계, 자동 가스절단기 등에 의한 절단

2. 관의 접합

(1) 강관접합

① 강관의 나사접합 : 파이프의 나사는 관용 테이퍼 나사로 테이퍼가 1/16(각도 55°)의 것으로 절삭되어진다.

> ❖ **나사내기 방법(수동 오스타)**
> ① 관의 소요거리를 산출 파이프 바이스에 물린 후 직각으로 절단한다.
> ② 파이프 커터로 절삭한 경우에는 반드시 리머질을 한다.
> ③ 관끝에 오스타를 물린 후 나사를 낸다.(너무 깊거나 얇지 않도록 하며 1회에 무리하게 하지 말고 2~3회 나누어 절삭한다.)
> ④ 절삭부위에 광명단을 바르거나 시일제 테이프를 나사홈의 조임방향으로 감되 나사산이 묻힐 정도로 감는다.
> ⑤ 먼저 손으로 조이되 2~3회전 정도 맨손으로 결합되어지는 정도가 가장 이상적인 나사 깊이다.
> ⑥ 파이프렌치나 스패너 등으로 더 조이고 최종적으로 1~2산 정도 남겨 놓는다.

② 관길이 산출
　㉮ 직관길이 산출
　　㉠ 동일부속의 길이 산출
　　　ⓐ $l = L - 2(A-a)$
　　　ⓑ $l = B \times \sqrt{2} - 2(A-a)$
　　　　$= L - 2(A-a)$
　　㉡ 다른 부속과의 길이 산출
　　　$l = L - [(A-a) + (B-a)]$

$\begin{array}{l} L : \text{배관의 중심선 길이[mm]} \\ A : \text{부속중심선에서 단면까지 길이[mm]} \\ a : \text{나사물림 길이[mm]} \\ l : \text{관의 실제 길이(유효길이)[mm]} \\ B : 45°\text{의 수평부(높이도 같다)[mm]} \end{array}$

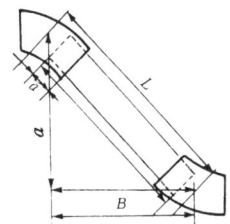

B: A와 다른 부속의 중심에서 단면까지 길이[mm]

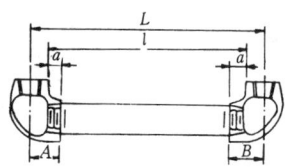

⟨관지름에 따른 나사물림 길이⟩

관지름[mm]	15	20	25	32	40
나사물림 길이[mm]	11	13	15	17	18

❖ 엘보 45° 엘보·암수 엘보(스트레이트 엘보) 45° 암수 엘보

(45° 스트레이트 엘보) 티, 암수 티(서비스 티) 크로스(+ 자)

엘보 45° 엘보 암수 엘보(스트레이트 엘보) 45° 암수 엘보(스트레이트 엘보)

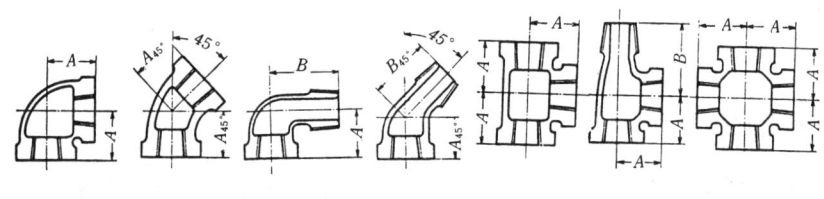

⟨암수(서비스 티)⟩   ⟨십자(크로스)⟩

단위 : [mm]

호 칭	중심에서 단면까지의 거리			
	A	$A_{45°}$	B	$B_{45°}$
1/2(15A)	27	21	40	31
3/4(20A)	32	25	47	36
1(25A)	38	29	54	42
$1\frac{1}{4}$(32A)	46	34	62	49
$1\frac{1}{2}$(40A)	48	37	68	51
2(50A)	57	42	79	59

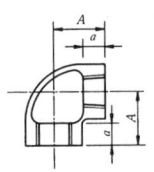   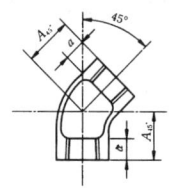

⟨90° 엘보⟩   ⟨45° 엘보⟩

⟨엘보의 여유 치수⟩

호칭지름	중심에서 단면까지의 거리 [mm] 90° 엘보 45° 엘보			
	A(90°)	A(45°)	$A-a$[mm]	$A-a$[mm]
15	27	21	16	10
20	32	25	19	12
25	38	29	23	14
32	46	34	29	17
40	48	37	30	19
50	57	42	37	22

⟨티의 여유 치수⟩

호칭지름	중심에서 단면까지의 거리 A[mm]	여유치수 $A-a$[mm]
15	27	16
20	32	19
25	38	23
32	46	29
40	48	30
50	57	37

⟨소켓의 여유 치수⟩

호칭지름	L[mm]	여유치수 [mm] $L-2a$
15	35	13
20	40	14
32	50	16
40	55	19
50	60	20

⟨이경 소켓의 여유 치수⟩

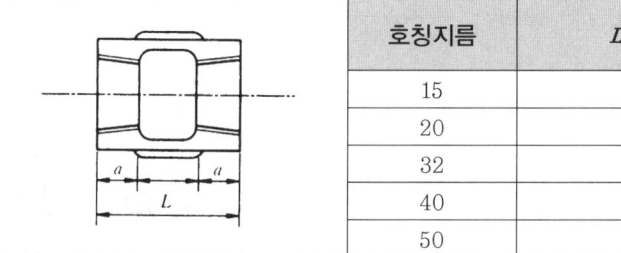

호칭지름 [mm]	L[mm]	여유치수 [mm]		
		$A-a$	$B-b$	$L-(a+b)$
20×15	38	7	7	14
25×20	42	7	7	14
32×20	48	9	9	18
32×25	48	8	8	16
40×25	52	10	9	19
40×32	52	9	8	17
50×32	58	11	10	21
50×40	58	10	10	20

④ 곡관부 길이계산

㉠ $90°\ L = 1.5R + \dfrac{1.5R}{20}$ ㉡ $45°\ L = \dfrac{1}{2} \times \left(1.5R + 1.\dfrac{5R}{20}\right)$

R : 곡률반지름[mm]
D : 지름[mm]

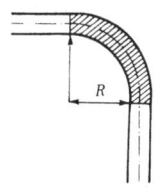 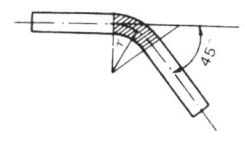

$L = \dfrac{2 \times \pi \times R \times \theta}{360}$ (여기서 L : 구부림중심길이, R : 곡률반지름, θ : 각도)

㉢ $180°\ L = 1.5D + \dfrac{1.5R}{20}$ ㉣ $360°\ L = 3D + \dfrac{3D}{20}$

ⓔ 특수각 $L = \dfrac{B 0°}{90}$

> ❖ **참 고**
> 굽힘부 길이 간이식 L = 각도 × 곡률반지름(R) × 0.0175
> 〈예〉 20A강관을 180°, 100[mm]의 반지름으로 굽힘시 곡관 길이는?
> L = 각도 × 곡률반지름 × 0.0175 = 180 × 100 × 0.0175 = 315[mm]

③ **강관 굽힘** : 수동굽힘과 기계적 굽힘의 두 종류가 있으며 어느 방법이든 가능한 곡률 반지름을 크게하여 유체의 마찰저항을 줄여야 한다.

㉮ 수동굽힘

　㉠ 냉간굽힘 : 수동 롤러를 이용하는 것과 냉간 벤더에 의한 것이 있다.

　㉡ 열간굽힘 : 모래를 채운 후 토치 램프 등을 이용 강관은 800~900[℃]까지 가열 후 단계적으로 구부린다.(모래는 완전건조 후 사용한다.)(동관의 경우 가열온도 600~700[℃])〈냉간 벤더〉

㉯ 기계적 굽힘

　㉠ 램식((ram type, 유압식)에 의한 방법 : 모래나 심봉없이 상온에서 굽힘한다.(L형 90°), 현장용으로 수동식은 50[A], 동력식은 100[A]까지 상온에서 구부릴 수 있다.

　㉡ 로터리식(rotary type)벤더에 의한 굽힘 : 모래충진 없이 관에 심봉을 넣어 구부리는 것으로 대량 생산용으로 상온에서 어느 관이라도 굽힘한다.
(L형 90°, U형 180°)

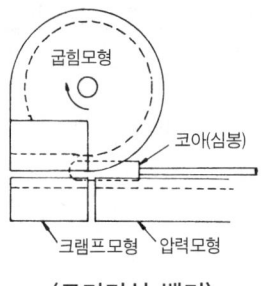

〈로터리식 벤더〉

> ❖ **굽힘작업시 주의사항**
> ① 관의 용접선이 위에 오도록 고정 후 구부린다.
> ② 냉간가공시 스프링백 현상(탄성에 의해 되돌아 가는 현상)에 유의하여 조금 더 구부린다.

〈기계적 벤더에 의한 굽힘의 결함과 원인〉

결 함	원 인
관이 미끄러진다.	① 관의 고정이 잘못 되었을때 ② 크램프 또는 관에 기름이 묻어 있을 때 ③ 압력모형 조정이 너무 꼭 조여 있을 때
관이 파손된다.	① 압력모형 조정이 너무 꼭 조여 저항이 크다. ② 코어(core)가 너무 나와 있을 때(코어 : 받침쇠, 심봉) ③ 굽힘 반지름이 너무 작을 때 ④ 재료에 결함이 있을 때
주름이 생긴다.	① 관이 미끄러질 때 ② 코어(받침쇠)가 너무 내려가 있을 때 ③ 굽힘 모형의 홈이 관의 지름보다 작을 때 ④ 굽힘 모형의 홈이 관의 지름보다 너무 클 때 ⑤ 바깥지름에 비하여 두께가 얇을 때 ⑥ 굽힘모형이 주축에 대하여 편심되어 있을 때
관에 주름이 생긴다.	① 코어(받침쇠)가 너무 내려가 있을 때 ② 코어(받침쇠)와 관의 안지름과의 간격이 클 때 ③ 코어(받침쇠)의 형상이 나쁠 때 ④ 재질이 무르고 두께가 얇을 때

❖ 굽힘시 잇점
① 연결부속이 필요없다.
② 가공이 쉽고 공정이 줄어든다.
③ 관내 마찰손실이 적어진다.

④ 용접접합

┌ 전기 용접 : 지름이 큰관의 용접으로 관의 변형이 적고 용접속도가 빠르다.
└ 가스 용접 : 지름이 작은 관의 용접으로 관의 변형이 있고 용접속도가 느리다.

㉮ 맞대기 용접 : 보조물 없이 용접할 수 있는 방법으로 3~4개소의 가접 후 용접한다.

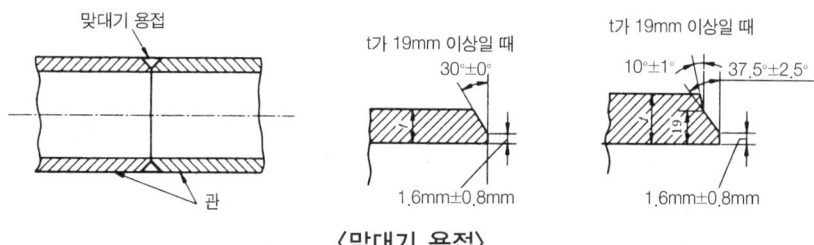

〈맞대기 용접〉

㉯ 슬리브 용접 : 슬리브를 관의 외부에 끼우고 용접하는 것으로 누수의 염려가 없고 관지름의 변화가 없다.(슬리브의 길이는 관지름의 1.2~1.7배로 한다.)

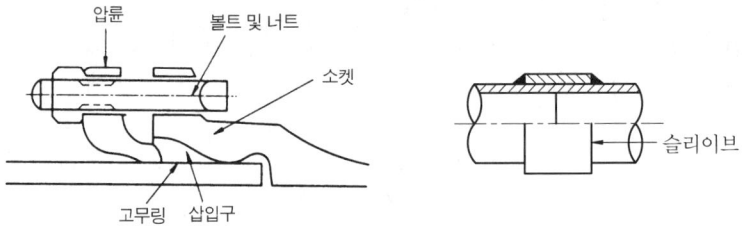

〈슬리브 용접〉

❖ 용접이음의 장점
① 접합부의 강도가 강하며, 누수의 염려가 적다.
② 부속이 적게 들어 재료비가 절감된다.
③ 보온 피복이 용이하다.
④ 가공이 용이하여 공정이 단축된다.
⑤ 관내 돌출부가 없어 마찰손실이 적다.

⑤ 플랜지 접합 : 나사이음의 유니온 역할을 하는 것으로 관의 해체, 교환시 편리하며 나사이음과 용접이음의 두 방법이 있으나 주로 용접이음으로 한다.

❖ 플랜지 접합 요령(용접이음)
① 관의 선단에 플랜지를 삽입하여(t의 거리는 2~3[mm] 유지) 1개소에 가접한다.
② 반대편 플랜지도 ①과 같이 가접하되 볼트 구멍의 위치가 일치되어야 한다.(나사이음시 나사산이 1~2산 남게 한다.)
③ 직각자를 사용 관축에 직각이 되게 맞춘 후 2~3개소 더 가접 후 용접한다.(관이 여러 줄로 나란히 배관할 때에는 서로 어긋나게 접합한다.)
④ 패킹을 삽입 후 볼트를 대칭으로 균일하게 조여준다.

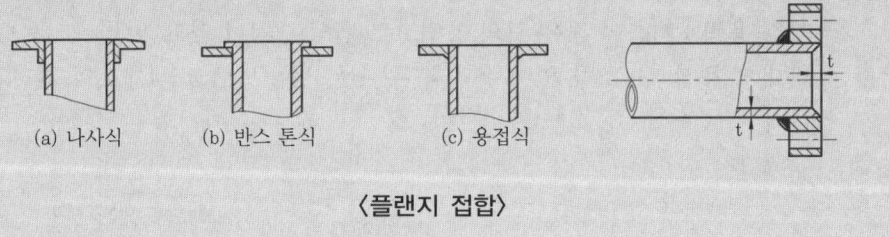

〈플랜지 접합〉

(2) 주철관 접합

① 소켓 접합 : 허브(hub)에 스피고트(spigot)를 삽입 얀(yarn)을 단단히 꼬아 감고 정으로 다진 후 납을 채워 다시 정으로 다져(코킹) 접합하는 방법이다.

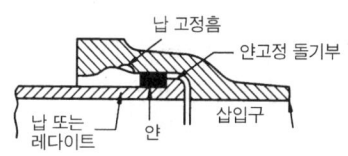

〈소켓 접합〉

> ❖ **주의사항**
> ① 얀은 기밀유지 및 굽힘성을 부여하고 납은 얀의 이탈을 방지할 목적으로 사용된다.
> ② 급수관(얀 1/3, 납 2/3), 배수관(얀 2/3, 납 1/3)
> ③ 납은 충분히 가열된 것으로 단 1회에 붓고 수분으로 인한 납의 비산에 주의한다.
> ④ 코킹(다지기)은 누설을 방지하기 위해 하는 것으로 얇은 정에서 점차 두꺼운 정으로 확실히 작업한다.

② 기계적 접합 : 플랜지 접합과 소켓 접합의 장점을 취한 것으로 150[mm] 이하의 수도관에 사용된다. 다소의 굴곡에도 누수가 발생하지 않으며 스패너 하나만으로도 시공할 수 있고 수중작업에도 용이하게 사용된다.

③ 플랜지 접합 : 플랜지가 달린 주철관을 서로 맞추어 볼트로 죄어 접합하는 것으로 사용유체에 따라 패킹제는 고무, 마, 석면, 납, 동 등을 사용하며 그리스를 발라두면 해체시 편리하다.

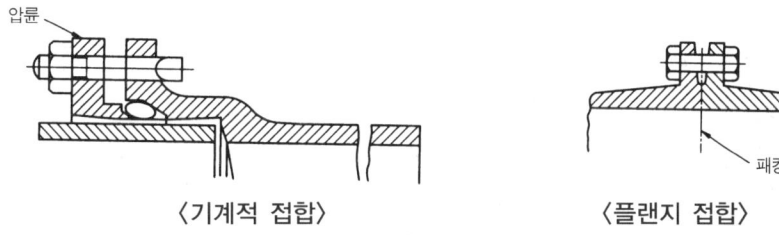

〈기계적 접합〉   〈플랜지 접합〉

④ 빅토리 접합 : 빅토리형 주철관을 고무링과 금속제 칼라를 사용 접합하는 것으로 관지름이 350[mm] 이하이면 2분, 400[mm] 이상이면 4분하여 조여준다. 특히 관내의 압력이 증가함에 따라 고무링이 관벽에 밀착하여 더욱더 기밀이 유지된다.

⑤ 타이톤 접합 : 원형의 고무링 하나만으로 접합하는 방법이다.

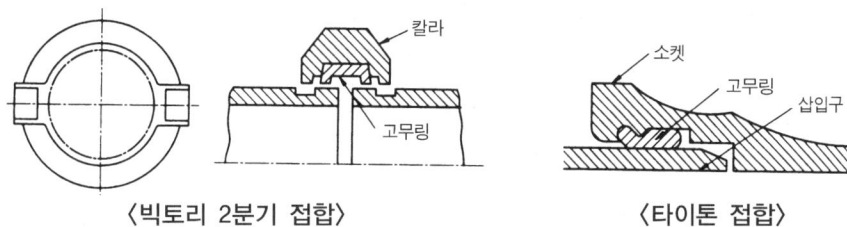

〈빅토리 2분기 접합〉   〈타이톤 접합〉

(3) 동관의 접합

① **플레어 접합**(flare joint) : 동관 끝을 플레어링 툴셋으로 넓혀 압축이음쇠(플레어)로 접합하는 방식으로 일명 압축접합이라고도 한다. 관의 점검 및 보수를 위한 해체할 곳에 사용한다.

② **납땜 접합**
   ㉮ 연납땜(soldering) : 연납은 주석(Sn:63%)과 납(Pb:37%)의 합금으로, 유체의 온도(120[℃] 이하) 및 사용압력이 낮은 곳에 사용하는 방식으로 익스펜더로 관을 확관하여(간격 0.1[mm]) 연결할 관을 끼워 용제(flux:모재표면의 산화막제거 목적)를 바른 뒤 플라스틴을 용해하여 틈새에 채워 접하는 방법이다. 이때의 가열온도는 200~300[℃] 정도이다.

❖ **연납땜의 용제종류** : 염산(아연도금강판), 염화아연(주석도금강판, 동 및 동합 금판), 로진(납)

   ㉯ 경납땜(brazing) : 연납보다 강도를 요하는 고온 및 사용압력이 높은 곳에 사용하는 방식으로 연납땜 시공처럼 확관 후 연결할 관을 끼우나(간격 0.05~0.2[mm]) 용제를 사용하지 않고 인동납(BCup), 은납(BAg)을 틈새에 채워 접합하는 방법이다. 이때의 가열온도는 700~850[℃] 정도이다.

❖ **경납의 종류** : 황동납(Cu:50~60% + Zn:50~70%), 인동납(Cu + Ag-P), 은납(Cu + Zn + Ag), 양은납(Cu + Zn + Ni)

③ **용접 접합** : 방사난방의 온수관 이음이나 진동이 심한 곳에 사용하는 방법으로 동관과 동관을 수소용접으로 접합한다.

④ **플랜지 접합** : 끼워맞춤형, 홈형, 유합 플랜지형으로 구분되며 상당한 고압배관시 사용한다.

❖ **동관의 굽힘**
열간과 냉간법(벤더)이 있으며 열간시 가열온도는 600~700[℃]이며 냉간시에는 곡률반지름은 관지름의 4~5배 정도이다.

❖ **동관이음쇠**
① CM아답터 : 한쪽은 수나사로 되어 있고 강관 부속에 나사 이음되고,
   다른 한쪽은 동관이 삽입되어 용접하도록 되어있는 이음쇠
② CF아답터 : 한쪽은 암나사로 되어 있고, 강관의 수나사와 연결되고,
   다른 한쪽은 동관이 삽입되어 용접하도록 구성되어 있는 이음쇠.

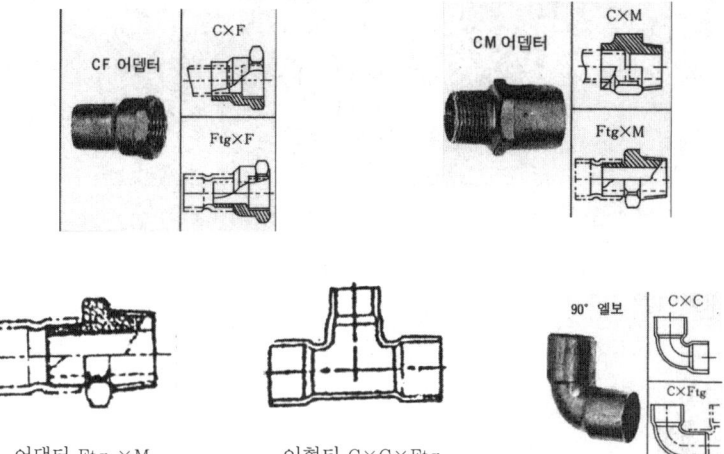

(4) 연관의 접합

① 플라스턴 접합 : 플라스턴(Sn 40[%], Pb 60[%])을 녹여(232[℃]) 접합하는 것으로 다음과 같은 접합방법이 있다.
   ㉮ 직선접합
   ㉯ 맞대기접합
   ㉰ 수전소켓접합
   ㉱ 분기관(지관)접합
   ㉲ 맨더린접합

② 살붙임납땜접합 : 이음부분에 납을 둥글게 녹여 접합하는 방식으로 다음과 같은 접합방법이 있다.
   ㉮ 직접접합
   ㉯ 살올림 맨더린 덕크 접합

〈각종 접합의 예〉

(5) 염화비닐관(P.V.C)의 접합

① 냉간 접합법 : 접착제에 의한 방식으로 주로 TS 조인트(taper sized fitting)로 관을 $\frac{1}{25} \sim \frac{1}{37}$ 의 테이퍼로 절삭 후 삽입하는 방식을 사용한다.

② 열간접합법 : 경질염화비닐관을 가열하면 75℃ 정도에서 연화하여 변형하기 시작하는 열가소성, 복원성, 난연성의 성질을 이용 접합하는 방식이다.
   ㉮ 슬리브 이음
   ㉯ 용접법

❖ **열가소성** : 75[℃]에서 연화변형하는 성질
❖ **복원성** : 연화, 변형된 것을 냉각하면 경화되지만 다시 가열하면 되돌아가는 성질
❖ **난연성** : P.V.C는 180[℃]에 용융접착되고 200[℃] 열분해(염소 가스발생) 300[℃] 이상에서는 탄화되어 흑색으로 변한다. 이 때 불꽃을 내지 않는 성질

③ 고무링 접합법 : 고무링 삽입에 의한 접합법
④ 기계적 접합
 ㉮ 플랜지 접합
 ㉯ 테이퍼 코어 접합
 ㉰ 테이퍼 조인트
 ㉱ 나사접합

(6) 폴리에틸렌관(PE)의 접합

① 용착 슬리브 접합 : 관끝의 외면과 조인트 내면을 동시에 가열 용융하여 접합한다.
② 테이퍼 조인트 접합 : 유니온과 같은 형식으로 포금제 테이퍼 조인트를 사용하여 접합한다.
③ 인서트 조인트 접합 : 50[A] 이하의 P-E관 접합으로 클램프와 인서트 소켓을 사용 접합한다.

〈PE관 융착기〉

❖ PE관 맞대기 주요 융착공정 3가지 : ① 가열 ② 면취후 용융 압착 ③ 냉각
 PE관 열융착법에서 융착상태 적합여부 판단 : 비드폭 (좌우대칭의 둥글고, 균일하게)

❖ **PE관 연결법**
① 버트융착(맞대기융착) : PE관 열융착의 직선 연결법
② 소켓융착(전자식 융착) : PE관 직선 연결법으로 전자 소켓사용하는 방법
③ 새들융착 : 주관에 가지관 분기시 연결법
④ T / F이음(Trangition Fitting) : 금속관과 PE관 이음법으로 특히 지상과 지하배관 연결시 이음법

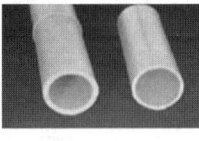 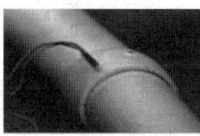  
〈맞대기융착〉 〈소켓융착〉 〈새들융착〉 〈T / F이음〉

(7) PB관(Polybutylene pipe) 연결법

PB관 이음 부속은 캡, 오-링(O-ring), 와셔, 그립링의 순서로 구성되며, 용접이나 나사이음이 필요없이 푸시 피트 방식으로 시공한다. 부속에 관을 연결할 때는 절단된관의 끝부분 속으로 서포트 슬리브를 밀어 넣어 연결 한다.

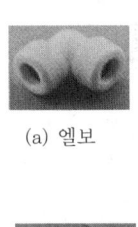
(a) 엘보

(b) 수전 엘보

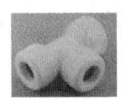
(c) 티

(d) 이경 티

(e) 수전 티

(f) CF 어댑터

(G) CM 어댑터

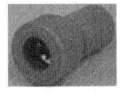
(h) S 리듀서

(i) F 밸브 소켓

(j) M 볼밸브

(K) 벤드탑 커넥터

(I) 에어 쳅버캡

(m) 스페이스 와셔

(n) O-링

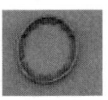
(o) 그립 링

〈폴리부틸렌 이음관 종류〉

2-3 배관의 지지

1. 행거(hanger)

배관의 하중을 위에서 잡아주는 장치이다.

(1) **리지드 행거**(rigid hanger) : I빔에 턴버클을 이용 지지하는 것으로 상하방향에 변위에 없는 곳에 사용한다.

(2) **스프링 행거**(spring hanger) : 턴버클 대신 스프링을 사용한 것이다.

(3) **콘스탄트 행거**(constant hanger) : 배관의 상하이동에 관계없이 관지지력이 일정한 것으로 중추식과 스프링식이 있다.

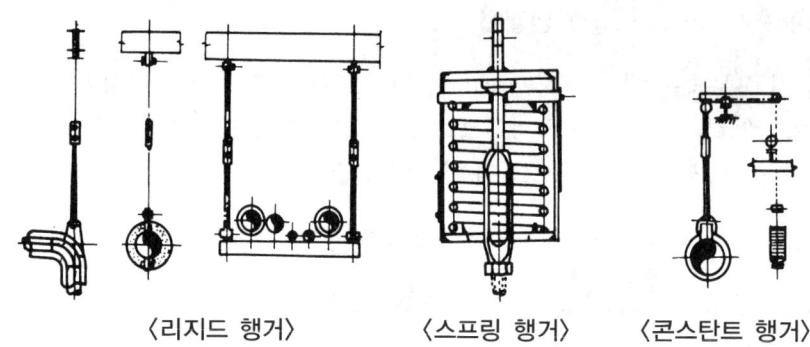

⟨리지드 행거⟩ ⟨스프링 행거⟩ ⟨콘스탄트 행거⟩

2. 서포트(support)

배관의 하중을 밑에서 떠받쳐 지지해 주는 장치이다.

(1) **파이프 슈**(pipe shoe) : 관에 직접 접속하는 지지구로 수평배관과 수직배관의 연결부에 사용된다.
(2) **리지드 서포트**(rigid support) : H빔(beam)이나 I빔으로 받침을 만들어 지지한다.
(3) **스프링 서포트**(spring support) : 스프링의 탄성에 의해 상하 이동을 허용한 것이다.
(4) **롤러 서포트**(roller support) : 관의 축 방향의 이동을 허용한 지지구이다.

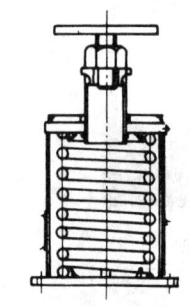

⟨스프링 서포트⟩

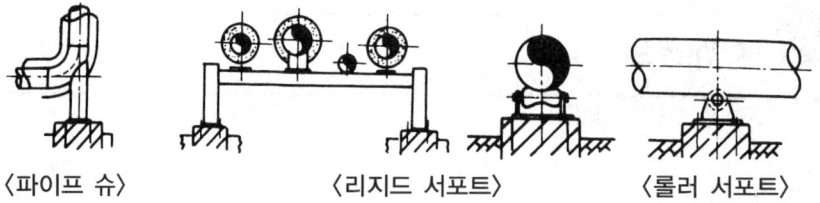

⟨파이프 슈⟩   ⟨리지드 서포트⟩   ⟨롤러 서포트⟩

3. 리스트레인(restrain)

열팽창에 의한 배관의 이동을 구속 또는 제한하는 장치이다.

(1) **앵커**(anchor) : 리지드 서포트의 일종으로 관의 이동 및 회전을 방지하기 위해 지지점에 완전히 고정하는 장치이다.
(2) **스톱**(stop) : 배관의 일정한 방향과 회전만 구속하고 다른 방향은 자유롭게 이동하게 하는 장치이다.
(3) **가이드**(guide) : 배관의 곡관부분이나 신축 조인트부분에 설치하는 것으로 회전을 제한하거나 축방향의 이동을 허용하며 직각방향으로 구속하는 장치이다.

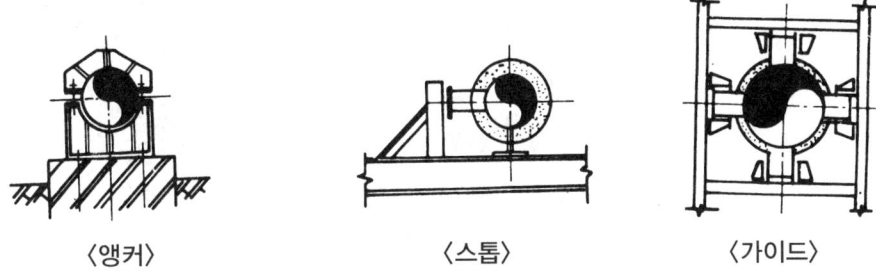

〈앵커〉　　　　　　〈스톱〉　　　　　　〈가이드〉

(4) 기타 지지물 : 배관에 직접 용접하여 지지하는 지지장치들로 이어(ears), 슈즈(shoes), 러그(lugs), 스커트(skirts)등이 있다.

보온재의 보호를 목적으로 수평배관에 사용한다.

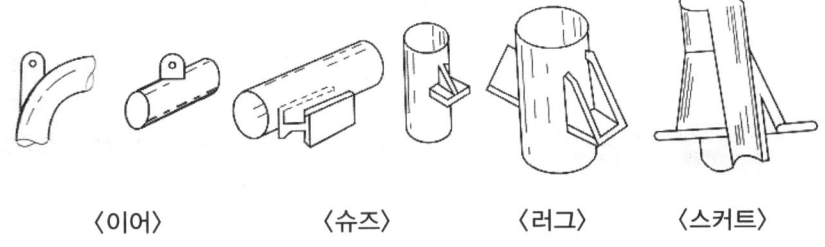

〈이어〉　　　　〈슈즈〉　　　　〈러그〉　　　　〈스커트〉

4. 브레이스(brace)

펌프, 압축기 등에서 발생하는 진동, 서징, 수격작용, 지진 등에 의한 진동, 충격 등을 완화하는 완충기(방진기)이다.

(1) 완충기(방진기) 종류는 스프링식, 유압식이 있다.

① 스프링식 : 온도가 높지 않은 배관에 사용하며, 배관의 이동에 따른 하중이 변하므로 스프링 정수가 높아야한다
② 유압식 : 규모가 대형인 배관에 사용하며, 방진 효과도 크며, 배관 이동에 대한 저항이 적다.

> ❖ 지지시 유의사항
> ① 배관의 곡관부에는 곡관부 가까이 지지하며 분기관의 경우에는 신축흡수를 고려한다.
> ② 밸브류나 장치가 있는 경우 장치의 가까이 지지한다.
> ③ 가능한 기존보를 이용하며 적정 간격을 유지하며 휘거나 쳐지지 않도록 한다.

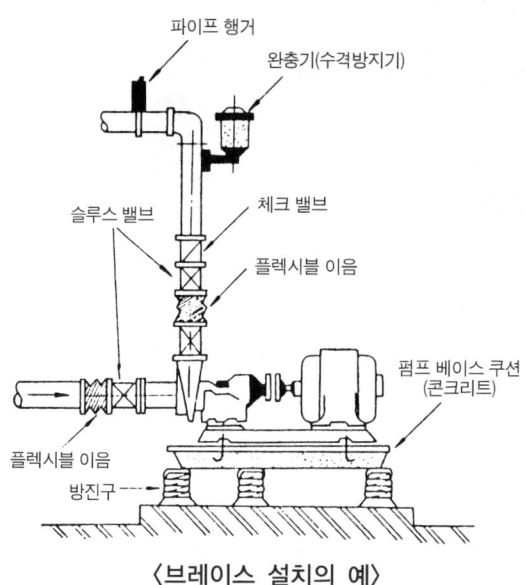

〈브레이스 설치의 예〉

2-4 패킹과 방청용 도료

1. 패킹(packing)

회전부, 접합부로 부터의 기밀을 유지하기 위하여 사용하는 것으로 일명 가스킷이라고도 한다. 패킹재의 선정은 관내 유체의 물리적(온도, 압력, 밀도, 점도, 액체, 기체)·화학적 성질(부식성, 용해능력, 휘발성, 인화성, 폭발성)과 기계적 성질(진동유무, 외압 및 내압, 교체의 난이성)을 고려해야 한다. 용도별로 플랜지 패킹, 나사용 패킹, 그랜드패킹이 있다.

(1) 플랜지 패킹(plange packing)

① 고무 패킹
   ㉮ 탄성은 우수하나 흡수성이 없다.
   ㉯ 산이나 알칼리에는 강하나 기름에 침식된다.
   ㉰ 100[℃] 이상 고온 배관에는 사용할 수 없으며 주로 급·배수용이다.
   ㉱ 네오플렌의 합성고무는 내열범위가 －46~121[℃]의 고온배관에도 사용된다.

② 석면 조인트 시트 : 광물질의 미세한 섬유로 450[℃]의 고온배관에도 사용된다.

③ 합성수지 패킹 : 가장 우수한 것으로 테플론이 있으며, 탄성이 부족하여 고무, 석면, 금속관 등으로 표면 처리하여 사용하며, 내열범위는 －260~260[℃]까지로 사용범위가 아주 넓게 사용된다.

④ 오일실 패킹 : 한지를 내유가공한 것으로 내열도가 낮아 펌프, 기어박스 등에 사용된다.
⑤ 금속 패킹 : 금속류 가스켓으로 철, 구리, 납, 크롬강, 스테인리스강 등이 있으며, 고온, 고압의 배관에는 철, 구리, 크롬강의 패킹을 사용하며, 탄성이 적어 누설 위험이 있다.

(2) 나사용 패킹

① 페인트 : 페인트와 광명단을 혼합사용하는 것으로 오일 배관에는 사용하지 못한다.
② 일산화연 : 페인트에 소량의 일산화연을 혼합사용하며 냉매배관에 많이 사용된다.
③ 액상합성수지 : 내열범위가 −30~130[℃] 정도로 약품에 강하고 내유성이 강해 증기, 기름, 약품배관에 사용된다.

(3) 글랜드 패킹

밸브나 펌프, 압축기 등의 회전부분에 기밀을 유지할 목적으로 사용된다.
① 석면각형 패킹 : 석면을 각형으로 짜서 만든 것으로 내열, 내산성이 좋아 대형 밸브 그랜드로 사용한다.
② 석면 얀 : 석면을 꼬아서 만든 것으로 소형 밸브, 수면계의 콕(cock) 주로 소형 밸브 그랜드로 사용한다.
③ 아마존 패킹 : 면포와 내열 고무 콤파운드를 가공 성형한 것으로 압축기의 그랜드용에 쓰인다.
④ 몰드 패킹 : 석면, 흑연, 수지 등을 배합 성형한 것으로 밸브, 펌프 등의 그랜드용으로 쓰인다.

2. 방청용 도료

(1) **광명단 도료** : 연단을 아마인유와 혼합한 것으로 밀착력 및 풍화에 강해 녹을 방지하기 위한 페인트 밑칠에 사용한다.
(2) **산화철 도료** : 산화제2철을 보일유나 아마인유에 혼합한 것으로 도막이 부드럽고 가격이 싸지만 녹방지가 완벽하지 못하다.
(3) **알루미늄 도료**(은분) : 알루미늄 분말을 유성 바니스에 혼합한 것으로 열을 잘 반사하고, 확산하여 방열기 표면이나, 탱크표면에 사용한다. 400~500[℃]의 내열성을 가지며 방청효과가 매우 좋다.
(4) **합성수지도료** : ㉮ 프탈산 도료, ㉯ 요소 멜라민 도료, ㉰ 염화비닐 도료 등이 있다.
(5) **기타도료** : ㉮ 니스 ㉯ 라카 ㉰ 에폭시 수지 ㉱ 타르 및 아스팔트 도료 등이 있다.

예상문제

1 배관공작시 측정공구가 아닌 것은?
① 철자　　　② 버니어 캘리퍼스
③ 줄자　　　④ 다이얼 게이지

2 강관의 접합과 성형에 관한 설명 중 맞지 않는 것은?
① 나사접합시 관용나사의 종류는 PF, PT 등이 있다.
② 플랜지 고정시 볼트의 길이는 1~2산 나사산이 남게 한다.
③ 벤딩 작업시 관에 주름이 생기는 것은 관이 과열되었을 때 일어난다.
④ 관연결 작업시 신축작용은 고려할 필요가 없다.

3 동관의 용접 접합은 어떤 현상을 이용하는가?
① 모세관 현상　　　② 단락현상
③ 용착현상　　　　④ 고착현상

4 동관의 이음방법이 아닌 것은 어느 것인가?
① 납땜이음　　　② 용접이음
③ 플레어 이음　　④ 플라스턴 이음

5 다음 중 경납땜의 종류가 아닌 것은?
① 황동납　　　② 인동납
③ 은납　　　　④ 주석-납

5.해설
• 경납땜의 종류 : 황동납, 인동납, 은납

6 주철관이음 방법과 거리가 먼 것은?
① 소켓 이음　　　② 플랜지 이음
③ 나사이음　　　　④ 빅토릭 이음

6.해설
주철관 접합에는 소켓, 플랜지, 빅토릭, 기계적(매커니컬) 타이톤 등이 있다.

ANSWER　1. ④　2. ④　3. ①　4. ④　5. ④　6. ③

7 주철관 접속방법 중 직관을 임의의 길이로 절단하고, 고무로 된 슬리브 커플링을 절단면 양쪽에 끼우고 스텐인리스강 커플링 조임 밴드로 조임하는 방법을 사용하는 접속법은?

① 주철관 기계적(Mechnical)이음
② 주철관 타이톤(Tyton)이음
③ 주철관 소켓(Socket)이음
④ 주철관 노허브(No-hub)이음

7.해설
노허브이음 : 직관을 임의의 길이로 절단하고, 고무로 된 슬리브 커플링을 절단면 양쪽에 끼우고 스테인리스강 커플링조임밴드로 조임하는 방법

8 다음 도면의 구조는 강관의 접합법 중 어떤 접합에 속하는가?

① 나사접합
② 맞대기접합
③ 플랜지 접합
④ 슬리브 접합

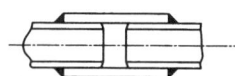

8.해설
슬리브관의 길이는 관지름의 1.2~1.7배로 한다.

9 다음 중 코킹(caulking)을 하는 목적은?

① 기밀유지
② 리벳이음의 보강
③ 인장력 증가
④ 압축력 증가

10 20[A]관 곡률반지름이 120[mm]일 때 형판(R게이지)의 실제 곡률반지름은 얼마인가? (단, 20[A]관 바깥지름 27.2[mm])

① 147.2[mm]
② 132.8[mm]
③ 106.4[mm]
④ 87.2[mm]

10.해설
R(게이지)의 실제 곡률반지름은
$R - \frac{1}{2}D$
D : 관의 바깥지름
$120 - \frac{27.2}{2}$

11 수동오스타형 나사절삭기의 설명으로 틀린 것은?

① 체이서의 이송을 빨리하여 한번에 절삭한다.
② 단번에 깊이 물리지 않는다.
③ 체이스는 보통 4개가 한 조로 이루어져 있다.
④ 3개의 가이드(조우)로 관을 지지한다.

12 동관을 배관할 때 접합하는 방법으로 기계의 점검, 보수할 때를 고려하여 사용하는 것은?

① 납땜이음
② 플라스턴 이음
③ 플레어 이음
④ 용접이음

12.해설
이외 같은 용도로 주철관(플랜지), 강관(유니온), PVC(플랜지), 폴리에틸렌관(테이퍼) 이음 등이 있다.

ANSWER 7.④ 8.④ 9.① 10.③ 11.① 12.③

13 플랜지 용접 접합 방법의 유의사항 중 적당치 못한 것은?

① 볼트의 길이는 고정 후 나사산이 1~2산 남게 한다.
② 플랜지의 나사를 죌 때는 균일하게 순차적으로 죈다.
③ 곡관부분은 현장에서 직관부분은 공장에서 용접한다.
④ 플랜지 위치는 볼트를 고정하기 쉬운 위치에 배관한다.

14 강관을 가열하여 굽힐 때의 굽힘온도는?

① 500~600[℃]
② 800~1000[℃]
③ 1000~1200[℃]
④ 1200~1450[℃]

14.해설
① 동관 : 600~700[℃]
② 연관 : 100[℃] 전후
③ PVC관 : 120~130[℃]

15 강관 용접접합의 특징에 대한 설명으로 틀린 것은?

① 관내 유체의 저항 손실이 적다.
② 접합부의 강도가 강하다.
③ 보온피복에 시공이 어렵다.
④ 누수의 염려가 적다.

15.해설
용접이음의 장점은 보온피복 시공이 용이하다.

16 연관 작업에서 사용하는 몰스킨에 대한 설명 중 틀린 것은?

① 양질의 모직포이다.
② 연관의 살붙임 납땜접합에 사용한다.
③ 납물은 접합부에 부어준 후 몰스킨을 보통 왼손으로 들고 사용한다.
④ 열전도율이 크고 내구성이 강하다.

16.해설
몰스킨이란 양질의 모직포로 열전도율이 적은 일종의 장갑으로 오른손에는 녹은 납을 붓고 왼손에는 몰스킨을 사용한다.

17 다음 공구 중 강관의 절단공구가 아닌 것은?

① 파이프 커터   ② 톱
③ 가스 절단기   ④ 링크형 파이프 커터

17.해설
• 링크형 파이프커터 주철관 전용 절단공구

18 동력용 나사절삭기의 종류에 해당되지 않는 것은?

① 호브식   ② 오스타식
③ 다이헤드식   ④ 익스펜더식

ANSWER 13. ② 14. ② 15. ③ 16. ④ 17. ④ 18. ④

19 두께 3~4[mm]의 레지노이드(resinoid)계의 원판형 연마석을 고속회전시켜 강관 등을 절단하는 기계는?

① 디스크 그라인더　② 고속 절단기
③ 기계톱　　　　　　④ 파이프 가스절단기

20 동관의 끝을 원형으로 정형하기 위하여 사용하는 공구는 어느 것인가?

① 사이징 툴　　② 파이프 롤러
③ 파이프 리머　④ 튜브 벤더

21 다음과 같은 동관 이음쇠의 올바른 호칭은?

① 45° 엘보 C× C　② 45° 엘보 M× M
③ 45° 엘보 F× F　④ 45° 엘보 T× T

22 수동 파이프 나사절삭기에 대한 설명 중 맞지 않는 것은?

① 수동으로 관끝에 나사를 절삭하는 공구
② 오스타형(oster type)과 리드형(read type)으로 나눌 수 있다.
③ 오스타형은 절삭날(chaser)이 보통 2개가 1조로 되어 있다.
④ 15[A]~20[A]는 14산 25[A]~150[A]까지는 11산으로 되어 있다.

23 연관의 삽입에서 관을 굽히든가 굽은관을 똑바로 펼 때 사용하는 연관용 공구는?

① 벤드벤　② 턴핀　③ 마레트　④ 봄볼

24 파이프 벤더(bender)에 의한 구부림 작업시 관에 주름이 생기는 원인으로 가장 적당한 것은?

① 받침쇠가 너무 나와 있다.
② 굽힘 반지름이 너무 작다.
③ 재료에 결함이 있다.
④ 바깥지름에 비하여 두께가 얇다.

20.해설
① 사이징 툴 : 동관의 끝을 원형으로 정형
② 익스팬더 : 동관의 끝을 확관
③ 플레어링 툴 : 동관의 끝을 나팔형으로 정형

22.해설
① 리드형 오스타 : 체이서는 2개, 조(jaw)는 4개가 1조
② 오스타형 오스타 : 체이서는 4개, 조는 3개가 1조

23.해설
① 봄볼 : 주관에 구멍을 뚫어낸다.
② 드레서 : 산화물을 깎아 낸다.
③ 턴핀 : 연관이 끝부분을 소정의 관지름으로 넓힌다.
④ 마레트 : 나무망치(맬릿)

24.해설
• 주름이 생기는 원인
① 관이 미끄러질 때
② 코어가 너무 내려가 있을 때
③ 굽힘 모형의 홈이 관의 지름보다 적을 때
④ 굽힘 모형의 홈이 관의 지름보다 너무 클 때
⑤ 바깥지름에 비해 두께가 얇을 때
⑥ 굽힘 모형이 주축에 대하여 편심되어 있을 때

ANSWER　19.②　20.①　21.①　22.③　23.①　24.④

25 열풍 용접기에 관한 다음 설명 중 잘못된 것은?

① 경질 염화 비닐관 전용 용접기이다.
② 분기 접합시 또는 조각내어 구부리기, 부분적 수리시 사용된다.
③ 0.25~0.4[kg/cm²]이 더운 압축공기를 분사시킨다.
④ 강관 용접시에도 사용할 수 있다는 장점을 갖고 있다.

26 관을 절단한 후 안쪽에 생기는 거스러미(burr)를 제거하는 공구는?

① 파이프 커터   ② 파이프 리머
③ 파이프 렌치   ④ 파이프 벤더

27 동관을 배관할 때 접합하는 방법으로서 기계의 점검, 보수할 때를 고려하여 사용하는 것은?

① 납땜 이음   ② 플라스턴 이음
③ 압축 이음(플레어 이음)   ④ 소켓 이음

27.해설
주로 20[mm] 이하의 소구경관에 사용

28 직관에서 분기관을 성형시 사용하는 공구는?

① 티뽑기   ② 사이징 툴
③ 익스팬더   ④ 튜브벤더

29 플라스턴 이음 방법에 속하지 않는 것은?

① 맞대기 이음   ② 플레어 이음
③ 분기관 이음   ④ 직선 이음

29.해설
플라스턴 이음은 연관이음 방법

30 호칭 지름 15[A]의 강관을 반지름(R) 80[mm]로 90° 각도로 구부릴 때 곡선 길이는?

① 약 80[mm]   ② 약 126[mm]
③ 약 315[mm]   ④ 약 160[mm]

30.해설
$l = \dfrac{2 \times \pi \times R \times \theta}{360}$

$\left[\begin{array}{l}\theta : 각도 \\ R : 반지름\end{array}\right.$

$l = \dfrac{2 \times 3.14 \times 80 \times 90}{360}$
$= 125.6 = 126[mm]$

31 다음은 동관 접합 방법의 종류를 열거한 것이다. 잘못된 것은?

① 용접 접합(welding joint)
② 빅토리 접합(victoric joint)
③ 플레어 접합(flare joint)
④ 납땜 접합(soldering joint)

31.해설
② 빅토리 접합은 주철관접합방법임

ANSWER 25.④ 26.② 27.③ 28.① 29.② 30.② 31.②

32 다음 사항 중 배관용 공구를 알맞게 설명한 것은?

① 체인파이프 바이스는 지름이 큰 관을 조이거나 회전시킬 때 사용한다.
② 강관을 절단시 사용하는 쇠톱날의 산수는 1″당 14~18산이 적당하다.
③ 파이프 리머는 관절단면 안쪽에 생기는 거스러미를 제거하는데 사용한다.
④ 파이프렌치의 크기는 조를 맞대었을 때 전길이로 표시한다.

32.해설
① 체인식 파이프렌치는 200[mm] 이상의 관을 결합, 해체시 사용한다.
② 강관용 : 24~32산, 동관용 : 14~18산
④ 파이프렌치의 크기 : 입을 최대로 벌려 놓은 전장

33 다이헤드식(die head type) 나사절삭기로 할 수 없는 작업은?

① 절단   ② 리머   ③ 절삭   ④ 벤딩

33.해설
• 다이헤드식 나사절삭기 현장에서 일명 미싱기라 부르며 관의 절단, 절삭, 리머를 할 수 있다.

34 동관의 끝을 넓혀주는 공구는?

① 사이징 툴(sizing tool)
② 튜브 벤더(tube bender)
③ 익스팬더(expander)
④ 턴핀(turnpin)

35 납땜접합용 공구에서 주관에 분기관을 접합하기 위하여 구멍을 뚫을 때 사용하는 공구는?

① 드레서   ② 봄볼
③ 턴핀   ④ 마레트

36 다음 강관 벤딩용 기계에 관한 설명 중 맞는 것은?

① 동일모양의 굽힘관을 대량 생산하는데 적당한 것은 램식이다.
② 로터리식은 이동식으로 현장용에 적당하다.
③ 램식은 관에 모래를 채우는 대신 심봉을 넣고 구부린다.
④ 로터리식은 두께에 관계없이 강관뿐만 아니라 동관, 스테인리스관 등도 구부릴 수 있다.

36.해설
① 로터리식
② 램식
③ 로터리식
④ 로터리식

37 링크형 파이프커터는 주로 어떤 관의 절단에 사용하는가?

① 강관   ② 동관
③ 주철관   ④ 연관

ANSWER 32. ③ 33. ④ 34. ③ 35. ② 36. ④ 37. ③

38 체인식 파이프렌치는 몇 [mm] 이상의 강관작업에 보통 사용하는가?

① 200[mm] 이상 ② 150[mm] 이상
③ 10[mm] 이상 ④ 50[mm] 이상

39 다음 관의 절단 공구가 아닌 것은?

① 체인 파이프 렌치 ② 링크형 파이프커터
③ 쇠톱 ④ 3개날 파이프커터

39.해설
① 체인 파이프 렌치 : 관을 결합하거나 해체시 사용하는 공구

40 동관의 끝을 나팔모양으로 만드는데 사용하는 공구는?

① 사이징 툴 ② 익스펜더
③ 플레어링 툴 ④ 리머

41 일반적인 강관 배관작업시 KS규격에서 손작업 쇠톱날의 크기를 피팅 홀의 간격으로 분류할 때 3종류에 해당 되지 않는 것은?

① 200mm ② 250mm
③ 300mm ④ 350mm

41.해설
종류는 200mm, 250mm, 300mm 의3종류

42 연관작업시 사용하지 않는 공구는 어느 것인가?

① 토치 램프 ② 드레서
③ 오스타 ④ 마레트

43 파이프 바이스 호칭번호가 3번이면 작업에 알맞는 파이프의 치수 중 맞는 것은 다음 중 어느 것인가?

① 6-50[A] ② 6-65[A]
③ 6-90[A] ④ 6-115[A]

43.해설
① '0 : 6~50[A]
② '1 : 6~65[A]
③ '2 : 6~90[A]
④ '4 : 15~150[A]

44 강관용 파이프 리머(pipe reamer)의 역할을 바르게 설명한 글은?

① 관의 절단 후 생기는 거스러미를 제거한다.
② 관을 절단한다.
③ 관 끝에 나사 가공을 한다.
④ 관의 굽힘 가공시 사용된다.

ANSWER 38. ① 39. ① 40. ③ 41. ④ 42. ③ 43. ④ 44. ①

45 다음 중 파이프 바이스의 크기는 어떻게 나타내는가?

① 조의 폭　　② 바이스의 길이
③ 조의 길이　④ 물릴 수 있는 관의 지름

45.해설
① 파이프 바이스 크기 : 물릴 수 있는 관의 지름
② 기계(수평) 바이스 크기 : 조의 폭

46 동일한 지름의 동관을 이음쇠 없이 납땜할 때 지름을 넓히는 데 사용하는 공구는?

① 익스팬더　　② 사이징 툴
③ 플레어 툴　　④ 동관 익스트랙터

47 파이프 바이스의 호칭 번호에 속하지 않는 것은?

① 0번　② 0.5번　③ 1번　④ 2번

47.해설
0~4번

48 주철의 접합방법이 아닌 것은?

① 플레어 접합　② 플랜지 접합
③ 빅토릭 접합　④ 소켓 접합

48.해설
① 플레어 접합 : 동관접합방법

49 방사난방시 온수관 접합 및 진동이 심한 곳에서 이용되며 동관과 동관끼리 산소, 수소용접 또는 산소, 아세틸렌 용접으로 접합시공하는 접합법은?

① 연납용접　　② 경납용접
③ 플레어 접합　④ 기계적 접합

50 강관의 나사접합시 보기에 나타낸 바와 같이 배관의 중심선 길이를 L, 관의 실제길이를 l, 부속의 끝단면에서 중심선까지의 치수를 A, 나사가 물리는 길이를 a 하면 관의 실제길이 l 를 구하는 공식은?

① $l = L + 2(A-a)$
② $l = L - 2(A-a)$
③ $l = L + 2A - a$
④ $l = A - 2(L-a)$

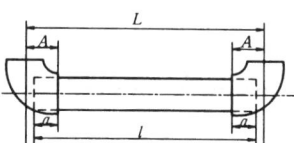

51 직관길이의 산출시 지름이 20A인 강관의 절단시 엘보의 여유치수는 얼마인가?

① 16mm　② 19mm　③ 23mm　④ 29mm

51.해설
38mm−13mm=19mm

ANSWER　45. ④　46. ①　47. ②　48. ①　49. ②　50. ②　51. ②

52 강관의 호칭지름이 20[A]일 때 실제 강관의 바깥지름은 몇 [mm]인가?

① 21.7[mm]　② 27.2[mm]
③ 34.0[mm]　④ 42.7[mm]

52.해설
① 15[A] : 21.7[mm]
② 20[A] : 27.2[mm]
③ 25[A] : 34[mm]
④ 32[A] : 42.7[mm]

53 관을 가열하여 구부릴 때의 작업요령으로 잘못된 것은?

① 파이프속에 젖은 모래를 채우고 양끝을 막는다.
② 모래의 크기는 1~10[mm]의 것을 사용한다.
③ 강관의 경우 800~900[℃]로 가열한다.
④ 구부릴 부분을 여러 등분하여 석필로 표시한다.

53.해설
① 마른모래를 채운다.
③ 강관가열온도 : 800~900[℃]
　동관가열온도 : 600~700[℃]

54 다음은 용접 접합과 나사 접합을 비교한 것이다. 나사접합의 특징이 아닌 것은?

① 살두께가 불균일하다.
② 준비가 간단하다.
③ 접합부의 강도가 크다.
④ 피복 시공이 어렵다.

55 강관의 슬리브 용접 접합에서 슬리브의 길이는 파이프 지름의 몇 배로 하는가?

① 2~2.3배　② 1.2~1.7배
③ 2.5~3.5배　④ 3.5~4배

56 그림과 같이 중심간의 길이를 250[mm]로 하고자 한다. 파이프 호칭지름이 20[A]일 때 파이프의 절단길이는?

① 210[mm]
② 212[mm]
③ 214[mm]
④ 216[mm]

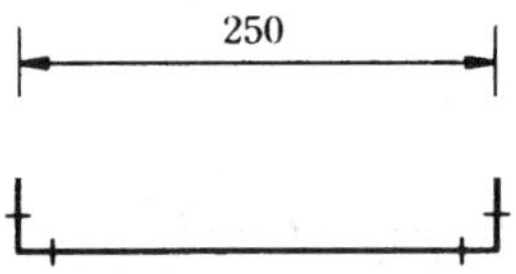

56.해설
$l = L - (A - a)2$
　$= 250 - (32 - 13)2 = 212[mm]$
① 부속중심길이
15[A](90° 엘보, T-27[mm],
45° 엘보, 유니온 -21[mm])
20[A](90° 엘보, T-32[mm],
45° 엘보, 유니온 -25[mm])
② 삽입길이
15[A]-11[mm], 20[A]-13[mm]
25[A]-15[mm]

57 호칭지름이 25[A]인 강관으로 양쪽에 90° 엘보우를 사용하여, 중심선의 길이를 250mm로 조립하고자 할 때 관의 실제 소요길이는? (단, 나사의 물림 길이는 15mm로 한다.)

① 204mm　② 209mm　③ 210mm　④ 215mm

57.해설
$\ell = 250 - 2[38-15] = 204mm$

ANSWER　52. ②　53. ①　54. ③　55. ②　56. ②　57. ①

58 그림과 같이 중심간의 거리를 300[mm]로 되고자 한다. 파이프의 호칭지름이 20[A]일 때 파이프의 절단길이를 구하시오.

① 267
② 268
③ 269
④ 279

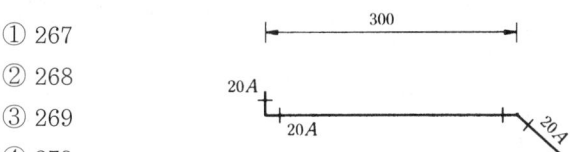

58.해설
$l = L - (A-a)(B-a)$
$= 300 - [(32-13)+(25-13)]$
$= 269[mm]$

59 다음은 고무 패킹에 관한 설명이다. 잘못된 것은?

① 천연고무 패킹은 탄성이 우수하나 흡수성이 없다.
② 네오프렌은 내열 범위가 −250[℃]~+260[℃]인 합성고무 패킹이다.
③ 천연고무 패킹은 100[℃] 이상의 고온배관용으로는 사용 불가능하다.
④ 천연고무 패킹은 내산알칼리성이 크지만 열과 기름에는 약하다.

59.해설
① 네오프렌의 내열범위 :
 −46~121[℃]
② 테플론(합성수지)의 내열범위 :
 −250~260[℃]

60 450[℃]의 고온에 잘 견디며 고온고압증기용으로 사용되는 유일한 천연 섬유 패킹제는?

① 석면
② 암면
③ 펠트
④ 네오프렌

61 금속 개스킷의 사용온도가 고온부터 저온으로 바르게 나열한 것은?

① 주석 → 크롬강 → 납 → 구리
② 크롬강 → 주석 → 구리 → 납
③ 구리 → 납 → 주석 → 크롬강
④ 납 → 주석 → 구리 → 크롬강

62 석면사를 각형으로 짜서 흑연과 윤활유를 침투시킨 것으로 내열성, 내산성이 좋아 대형 밸브의 그랜드 패킹으로 쓰이는 것은?

① 석면 각형 패킹
② 아마존 패킹
③ 석면 야안
④ 석면 조인트 시트

ANSWER 58.③ 59.② 60.① 61.② 62.①

63 글랜드 패킹에 속하지 않는 것은?

① 석면각형 패킹　② 고무 패킹
③ 아마존 패킹　　④ 몰드 패킹

63.해설
- 플랜지 패킹:고무패킹,석면 조인트시트, 합성수지 패킹, 오일시일 패킹,금속패킹
- 나사용 패킹: 페인트, 일산화연, 액상 합성수지
- 글랜드패킹:석면각형패킹(대형밸브그랜드용),석면얀패킹(소형 밸브 그랜드용),아마존 패킹(압축기 그랜드용), 모울드 패킹(밸브, 펌프 그랜드용)

64 강관의 녹을 방지하기 위해 페인트 밑칠에 사용되는 도료는?

① 산화철도료　② 알루미늄도료
③ 광명단도료　④ 합성수지도료

65 난방용 방열기 등의 외면에 도장하는 도료로서 열을 잘 반사하고 확산하는 것은?

① 산화철도료　② 콜타르
③ 알루미늄도료　④ 합성수지도료

66 내열 및 내산성이 좋으며 대형 밸브의 그랜드에 사용되는 패킹은?

① 아마존 패킹　② 석면 각형 패킹
③ 일산화연　　　④ 테플론

66.해설
① 아마존 패킹 : 압축기의 그랜드용
③ 일산화연 : 페인트에 소량의 일산화연을 혼합사용하며 냉매배관에 많이 사용
④ 합성수지 패킹 중에 가장 우수한 것으로 내열범위는 −260∼260[℃] 정도

67 밀착력이 강하고 도막이 굳어서 풍화에 잘 견디며, 내수성이나 흡수성이 대단히 작은 방청도료로서 주로 다른 착색도료의 밑칠용으로 많이 사용되는 도료는?

① 조합페인트　② 광명단도료
③ 산화철도료　④ 알루미늄도료

68 400∼500℃의 내열성을 가지며 방청효과가 매우 좋고 열을 잘 반사하는 것은?

① 프탈산 도료　② 요소멜라민 도료
③ 알루미늄 도료　④ 산화철 도료

69 기볼트(gibault) 조인트는 주로 어떤 관에 사용하는 접합 방법인가?

① 석면 시멘트관　② 주철관
③ 철근 콘크리트관　④ 폴리에틸렌관

69.해설
플라스탄 접합시 쓰이는 플라스탄 합금은 232[℃]에, 연관은 327[℃]에 녹으므로 시공시 세심한 주의가 필요하다.

ANSWER 63.② 64.③ 65.③ 66.② 67.② 68.③ 69.①

70 원형의 고무링 하나만으로 접합이 가능하며 온도변화에 따른 신축이 자유롭고, 이음과정이 간편하여 관 부설을 신속하게 할 수 있는 이음은?

① 기계식 이음　② 노-허브 이음
③ 타이톤 이음　④ 소켓 이음

70. 해설
타이톤 이음 : 주철관 이음법으로 원형의 고무링 하나만으로 접합하는 방법

71 배관의 이음법 중 폴리 에틸렌관의 이음법에 해당하지 않는 것은?

① 용착 슬리브 이음
② 테이퍼 조인트 이음
③ 인서트 이음
④ 콤포 이음

71. 해설
폴리에틸렌관(P.E)의 이음법

72 다음에서 에터니트관의 접합법에 해당되지 않는 것은?

① 기이볼트 접합
② 칼라 접합
③ 심플렉스 접합
④ 테이퍼 접합

73 폴리에틸렌관 접합법에 들어가지 않는 것은?

① 기이볼트 접합　② 용착 슬리브 접합
③ 인서트 접합　④ 용접법

73. 해설
폴리에틸렌관 접합법에는 ② ③ ④의 접합법외에 테이퍼 접합 등이 있다.

74 경질 염화비닐관(PVC)용 이음의 특징 설명으로 틀린 것은?

① 녹이나 부식의 염려가 없다.
② 가벼우며 견고하다.
③ 내면이 거칠어 유량이 적다.
④ 배관시공이 손쉽다.

75 오스타형 오스타 102번이 나사를 깎을 수 있는 사용 관지름으로 가장 적당한 것은?

① 8[A]~32[A]　② 15[A]~50[A]
③ 40[A]~80[A]　④ 65[A]~100[A]

75. 해설

No	사용 관지름
112R(102)	8A~32A
114R(104)	15A~50A
115R(105)	40A~80A
117R(107)	65A~100A

ANSWER 70. ③　71. ④　72. ④　73. ①　74. ③　75. ①

76 유압 파이프 벤더 작업시 관의 모양이 타원형으로 되는 원인이 아닌 것은?

① 받침쇠가 너무 들어가 있다.
② 받침쇠와 관의 안지름의 간격이 크다.
③ 재질이 부드럽고 두께가 얇다.
④ 굽힘 반지름이 너무 작다.

77 2개의 플랜지와 2개의 고무링과 1개의 슬리브로써 석면 시멘트관을 이음하는 방법은?

① 슬리브 이음　　② 기이볼트 이음
③ 턴 앤드 그루브 이음　④ 실플렉스 이음

78 다음 접합 방법 중에서 주철관의 접합에 적당치 못한 것은?

① 소켓 접합　　② 기계적 접합
③ 빅토릭 접합　④ 플라스탄 접합

78.해설
④ 연관접합방법

79 주철관의 공구 중 소켓 접합시 용해된 납물의 비산을 방지하는 것은?

① 클립　　　　　② 파이어포트
③ 링크형 파이프 커터　④ 코킹정

79.해설
클립 : 주철관 소켓 이음시 납의 비산을 방지하기 위해 사용

80 호칭지름 20A의 강관을 반지름 100mm로 180° 벤딩할 때 곡선길이는 약 몇 mm인가?

① 285　② 314　③ 428　④ 628

80.해설
$\pi D \times 각도/360 = 3.14 \times 200 \times 180/360 = 314mm$

81 관에 직접 접속하여 배관의 수평부와 곡관부를 지지하는 것은?

① 파이프 슈　　② 롤러 서포트
③ 리지드 서포트　④ 스프링 서포트

82 빔에 턴버클을 연결하여 파이프를 아래 부분을 받쳐 달아 올린 것이며 수직방향에 변위가 없는 곳에 사용하는 것은?

① 리지드 서포트　② 리지드 행거
③ 스토퍼　　　　④ 스프링 서포트

ANSWER　76.④　77.②　78.④　79.①　80.②　81.①　82.②

83 앵커, 스토퍼, 가이드 등으로 구성된 배관의 지지장치를 무엇이라 하는가?

① 브레이스 ② 레스트레인트
③ 리지드 행거 ④ 롤러 서포트

84 관에 직접 용접하여 부착하는 관지지구가 아닌 것은?

① 파이프슈 ② 이어(ear)
③ 러그(lug) ④ 롤러 스폿

83. 해설
레스트레인트 : 앵커, 스토퍼, 가이드 등이 있다.

CHAPTER 03 배관 도시법

3-1 배관제도의 종류

(1) **평면배관도** : 위에서 아래로 보고 그린 그림이다.
(2) **입면배관도** : 배관장치를 측면에서 보고 그린 그림이다.(3각법에 의한다.)
(3) **입체배관도** : 입체 형상을 수평면에서 120°로 선을 그어 그린 그림이다.
(4) **부분조립도** : 조립도에 포함되어 있는 배관의 일부분을 작도한 그림이다.

3-2 치수 기입법

1. 치수표시

치수는 [mm]를 단위로 표시하되 치수선에는 숫자만 기입한다.

2. 높이표시

(1) **EL 표시** : 배관의 높이를 관의 중심을 기준으로 표시한 것.
(2) **BOP** : 지름이 서로 다른 관의 높이 표시방법으로 관 바깥지름의 아랫면까지의 높이를 기준으로 표시한 것.
(3) **TOP** : 지름이 서로 다른 관의 높이 표시방법으로 관 바깥지름의 윗면을 기준으로 표시한 것.
(4) **GL** : 포장된 지면을 기준으로 하여 배관장치의 높이를 표시할 때 적용된다.
(5) **FL** : 각층 바닥을 기준으로 하여 높이를 표시한 것.

3-3 배관도의 표시법

1. 관의 도시법

하나의 실선으로 표시하며 같은 도면에서 다른 관을 표시할 경우 같은 굵기의 선으로 표시한다.

(1) 유체의 표시 : 관내에 흐르는 유체의 종류, 상태, 목적을 표시할 때에는 인출선을 긋고 그 위에 문자 기호로 도시한다.

〈유체의 종류와 기호 및 도시법〉

유체의 종류	기호
공 기	A(흰색)
가 스	G(황색)
유 류	O(현장배관에따라적색계열색)
수증기	S(적색)
물	W(청색)

(a) O(경유)
(d) S(과열)
(b) W(급수)
(c) G(가스)

(2) 관의 굵기와 재질의 표시 : 관의 굵기를 숫자로 표시한 다음, 그 뒤에 종류와 재질을 문자기호로 표시한다.

(3) 관의 접속 상태 : 접속하지 않을 때, 접속해 있을 때, 갈라져 있을 때의 3가지로 나타낸다.

〈관의 접속 상태〉

관의 접속 상태	도시 기호
접속하지 않을 때	┼ ─│─
접속해 있을 때	┿
갈라져 있을 때(분기)	┯

(4) 관의 입체적 표시

굽은상태	실제모양	기 호
관이 도면에 직각으로 앞쪽으로 구부러진 경우(오는 엘보우)		A ─●─ B
관이 도면에 직각으로 뒤쪽으로 구부러진 경우(가는 엘보우)		A ─○─ B
관이 도면에 A에서 직각으로 내려가 B관에 접속된 경우		A ─○ ○─ B

Craftsman Energy Management

⟨관의 입체적 표시⟩

⟨참고⟩ 오는 엘보 : ———●   가는 엘보 : ———○

(5) 관의 이음방법

이음의 종류	기 호	보 기
나사이음	|	
플랜지 이음	||	
턱걸이이음	⊃	
용접이음	●	
땜이음	●	

(6) 밸브와 계기류 표시

⟨밸브와 계기류 표시⟩

종 류	기 호	종 류	기 호
일반 밸브		일반조작 밸브	
앵글 밸브		전동 밸브	
체크 밸브		전자 밸브	
스프링 안전 밸브		도출 밸브	
추안전 밸브		공기토출 밸브	
수동 밸브		온도계·압력계	
일반 콕		닫혀있는 일반 밸브	
3방 콕		닫혀있는 콕	

(7) 신축이음 및 밸브류 표시

1) 신축이음종류

① 루우프형(곡관형)

　※ 특징 : – 고온, 고압의 옥외 배관용 이다.
　　　　　 – 구부림의 반지름은 관지름의 6배 이상이 좋다.
　　　　　 – 설치장소를 많이 차지한다.
　　　　　 – 응력 발생이 생긴다.

② 벨로우즈형(주름통형, 팩레스(Packless)형, 파형)

　※ 특징 : – 설치장소가 적어도 된다 .
　　　　　 – 자체 응력 및 누설이 적어 냉난방 배관에 사용한다.
　　　　　 – 신축에 의한 피로현상 때문에 스테인레스제,
　　　　　　 청동제를 사용한다.

③ 슬리이브형 (미끄럼형)

　　※ 특징 : - 응력 발생이 적다.

　　　　　　- 직관의 선 팽창만 흡수한다.

　　　　　　- 저압증기관에 사용

　　　　　　(과열증기 배관에 사용 부적합)

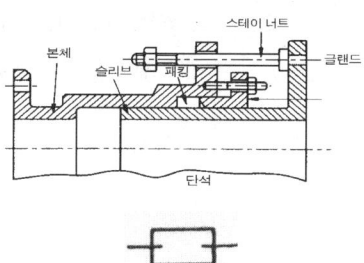

④ 스위블형

2-3 개의 엘보를 사용하여 이음부 나사 회전에 의한 신축조절이 된다.(방열기 인입관이나 저압 온수관에 사용)

　　※ 특징

　　　- 굴곡부에서 압력 강하가 크며, 신축량 큰 배관에는 부적당하다.

　　　- 설치비가 저렴하고, 시공이 용이하다.

※ 신축흡수 큰순서 : 루프형 > 슬리이브형 > 벨로우즈형 > 스위블형

※ 강관 : 30m　동관 : 20m 마다 신축이음 설치

※ 신축량 계산식

$$\ell = \varepsilon \times L \times \Delta t$$

ℓ : 신축량 mm,　ε : 선팽창계수,　L : 배관길이 mm,　Δt : 온도차 ℃

⑤ 플렉시블 이음 : 양 끝에 플랜지 이음으로 하며, 펌프 주변이나, 진동 (방진), 방음, 충격을 완화시켜 장치 및 배관의 파손을 방지할 목적으로 설치한다.

2) 밸브 종류

① 체크밸브 : 유체 흐름의 역류 방지 목적
- 스윙식 : 수직,수평 배관 모두 사용가능
- 리프트식 : 수평 배관만 사용 가능

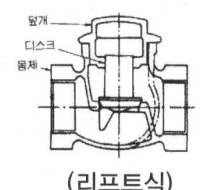 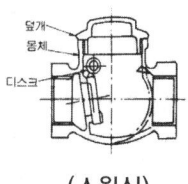
　　　　(리프트식)　　　　(스윙식)

② 글로우브 밸브(옥형변) : 유량 조절용 밸브, 유체 저항 크다.

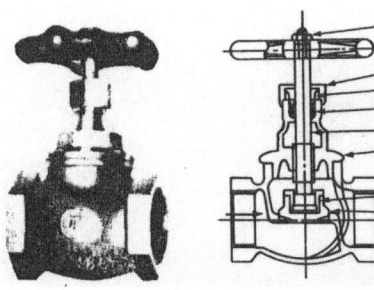

① 밸브 몸체
② 본네트(Bonnet)
③ 밸브 디스크
④ 밸브 글랜드
⑤ 패킹 글랜드
⑥ 패킹 글랜드너트
⑦ 밸브 스템
⑧ 핸들 휠
⑨ 너트
⑩ 패킹

〈글로브 밸브〉

③ 슬루우스 밸브(게이트, 사절밸브) :
유체의 개·폐용 밸브, 유체 저항적다.

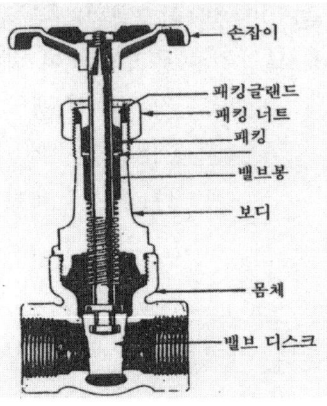

〈슬루스 밸브〉

❖ 슬루우스 밸브와 비교한 글로우브 밸브 특징
① 수두 손실측면 : 손실이 크다.
② 밸브 양정 및 개폐시간 측면 : 양정이 적고 개폐시간 짧다.
③ 가격측면 : 가격이 저렴하다.

④ 글로우브형 앵글 밸브 : 흐름을 직각으로 전환하며, 유량조절이 가능하여 주증기 밸브나 방열기 밸브로 사용한다.

⑤ 콕(볼)밸브 : 90° 회전에 의한 개·폐
(개·폐시간 빠르다. 유체저항 적다)

가  나

다 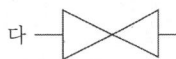 라

가 : 글로우브밸브   나 : 볼밸브
다 : 슬루우스밸브   라 : 안전밸브

⑥ 여과기 (스트레이너) : 관내 불순물 제거
  종류 : Y형, U형, V형

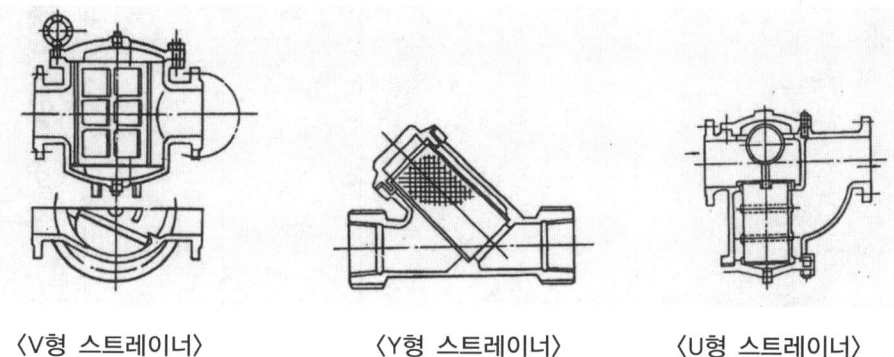

〈V형 스트레이너〉   〈Y형 스트레이너〉   〈U형 스트레이너〉

❖ 여과기 설치할 곳
  ① 유량계 전 ② 수량계 전 ③ 오일펌프 흡입측 ④ 감압밸브 전 ⑤ 오일프리히터 전·후

❖ 바이패스 회로 : 보일러 배관에서 순환펌프, 유량계, 수량계, 감압밸브 등의 고장이나 보수 수리에 대비하여 설치하는 배관.

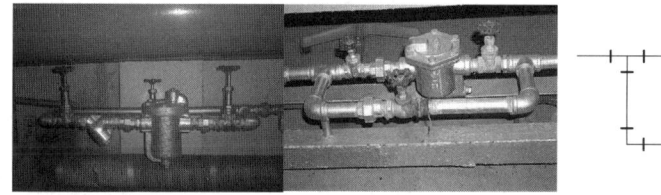 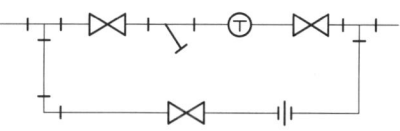

(8) KS 도시 기호

① 관 이음 및 밸브

	플랜지이음 (Flanged)	나사이음 (Screwed)	턱걸이이음 (Bell&spicot)	용접이음 (Welded)	땜이음 (Soldered)
1. 부싱 Bushing					
2. 캡 Cap					
3. 크로스 Cross 3.1 줄임 크로스 Reducing 3.2 크로스 Straight size					

제3장 배관 도시법 · 393

명칭					
4. 엘보 Elbow					
4.1 45° 엘보 45-Degree					
4.2 90° 엘보 90-Degree					
4.3 가는 엘보 Turned down					
4.4 오는 엘보 Turned up					
4.5 받침 엘보 Base					
4.6 쌍가지 엘보 Double branch					
4.7 긴반지름 엘보 Long radius					
4.8 줄임 엘보 Reducing					
4.9 옆가지 엘보 (가는 것) Side outlet (outlet down)					
4.10 옆가지 엘보 (오는 것) Side outlet (outlet up)					
5. 조인트 Joint					
5.1 조인트 Conecting pipe					
5.2 팽창 조인트 Expansion					
6. 와이(Y) 티 Lateral					
7. 오리피스 플랜지 Orifice flange					
8. 줄임 플랜지 Reducing flange					
9. 플러그 Pluge					
9.1 벌 플러그 Bull plug					
9.2 파이프 플러그 Pipe plug					

구분					
10. 줄이개 Reducer					
10.1 줄이개 Concentric					
10.2 편심 줄이개 Eccentric					
11. 슬리브 Sleeve					
12. 티 Tee 12.1 티 (Straight size)					
12.2 오는 티 (Outlet up)					
12.3 가는 티 (Outlet down)					
12.4 쌍 스위프 티 (Double sweep)					
12.5 줄임 티 (Reducing)					
12.6 스위프 티 (Single sweep)					
12.7 옆가지 티(가는 것) Side outlet(Outlet down)					
12.8 옆가지 티(오는 것) Side outlet(Outlet up)					
13. 유니온 Union					
14. 앵글 밸브 Angle valve					
14.1 체크 밸브 Check					
14.2 슬루스 앵글 밸브(수직) Gate(Elevation)					
14.3 슬루스 앵글 밸브(수평) Gate(plan)					
14.4 글로브 앵글 밸브(수직) Globe(Elevation)					

명칭					
14.5 글로브 　　앵글 밸브(수평) 　　Globe(plan)	⊙⊳╂	⊙⊳		⊙⊳•	⊙⊳•
14.6 호스 앵글 밸브 　　Hose angle	기호 22.1과 같다.				
15. 자동 밸브 　　Automatic valve					
15.1 바이패스 자동 밸브 　　By pass	⊹⊕				
15.2 가버너 자동 밸브 　　Governor operated					
15.3 줄임 자동 밸브 　　Reducing	⊖				
16. 체크 밸브 　　Check valve					
16.1 앵글 체크 밸브 　　Angle check	기호 14.13과 같다.				
16.2 체크 밸브 　　(Straight way)	╂N╂	─N╴	─N╴	•N╴	•N╴
17. 콕 Cock	╂▱╂	╴▱╂	╴▱╴	╴▱╂	╴▱╂
18. 다이어프램 밸브 　　Diaphragm valve	╂⋈	⋈			
19. 플로트 밸브 　　Float valve	╂⋈	⋈		•⋈•	•⋈•
20. 슬루스 밸브 　　Gate valve 20.1 슬루스 밸브	╂⋈╂	╴⋈╴	╴⋈╴	•⋈•	•⋈•
20.2 앵글 슬루스 밸브 　　Angle gate	기호 14.2 및 14.3과 같다.				
20.3 호스 슬루스 밸브 　　Hose gate	기호 22.2와 같다.				
20.4 전동 슬루스 밸브 　　Motor operated	Ⓜ ╂⋈	Ⓜ ⋈		Ⓜ •⋈	
21. 글로브 밸브 　　Globe valve 21.1 글로브 밸브	╂⋈╂	╴⋈•	╴⋈•	•⋈•	•⋈•

21.2 앵글 글로브 밸브 Angle globe	기호 14.4 및 14.5와 같다.				
21.3 호스 글로브 밸브 Hose globe	기호 22.3과 같다.				
21.4 전동 글로브 밸브 Motore operated					
22. 호스 Hose valve 22.1 앵글 호스밸브 Angle					
22.2 슬루스 호스 밸브 Gate					
22.3 글로브 호스 밸브 Globe					
23. 봉함 밸브 Lockshield valve					
24. 지렛대 밸브 Quick opening valve					
25. 안전 밸브 Safety valve					
26. 스톱 밸브 Stop valve	기호 20.1과 같다.				
27. 슬루스 밸브 Gate valve	기호 20.1과 같다.				

② 냉난방 및 환기(heating, ventilating, and air conditioning)

1. 공기 제거기	Air eliminator	
2. 앵커	Anchor	
3. 팽창 이음	Expansion joint	
4. 걸이쇠 또는 받침쇠	Hanger orisupport	
5. 열교환기	Heat exchanger	
6. 열전달면, 평면도 (대류기능 형식을 표시하라.)	Heat transfer surface, plan (inidcate type such as convector)	
7. 펌프 (진공 등 형식을 표시하라)	Pump(indicate type such as vacuum)	
8. 여과기	Strainer	
9. 탱크(형식을 표시하라)	Tank(designate type)	

10. 온도계	Thermometer	
11. 온도 조절기	Thermostat	
12. 트랩 12.1 보일러 귀환	Traps Boiler return	
12.2 분출 온도 조절기	Blast thermotstatic	
12.3 플로트	Float	
12.4 플로트와 온도 조절	Float and thermostatic	
12.5 온도 조절	Thermostatic	
13. 유닛 히터(원심송풍기) 평면도	Unit heater (centrifugal fan), plan	
14. 유닛 히터(프로펠러) 평면도	Unit heater(propeller) plsan	
15. 유닛 벤티레이터	Unit ventilator, plan	
16. 밸브	Valves	
16.1 체크 밸브	Check	
16.2 다이어프램 밸브	Diaphragm	
16.3 슬루스 밸브	Gate	
16.4 글로브 밸브	Globe	
16.5 봉함 밸브	Lock and shield	
16.6 전동기 구동 밸브	Motor operated	
16.7 감압 밸브	Reducing pressure	
16.8 안전판(압력 또는 진공)	Relief(either pressure or vacuum)	
17. 배기점	Vent point	
18. 점검문	Access door	
19. 이형관 연결구	Adjustable blank off	
20. 이형관 직각 연결구	Adjustable plaque	
21. 자동 댐퍼	Automatic dampers	
22. 캔버스 이음	Canvas connections	
23. 분기 댐퍼	Defleting damper	
24. 흐름의 방향	Direction of flow	
25. 덕트(첫째 숫자는 도면에 표시된 나비이며 둘째 숫자는 도면에 표시되지 않은 나비이다.)	Duct(ist flgure, side shown, 2nd side not shown)	
26. 덕트 단면(배기 또는 환기)	Duct section (exhaust or return)	
27. 덕트 단면(급기)	Duct section(supply)	

번호	한글	영문	기호
28	천장 배기구 (~형식을 표시하라)	Exhaust inlet ceiling(indicate type)	CR 50×30 19.8㎥/min CG 50×30 19.8㎥/min
29	벽면 배기 입구 (~형식을 표시하라)	Exhaust inlet wall (indicate type)	TR 30×12 19.8㎥/min
30	벨트 씌우개붙이 송풍기와 전동기	Fan and motor with belt guard	
31	공기 흐름 방향으로 기울어져 내려감	Inclined drop in restect to air flow	
32	공기 흐름 방향으로 기울어져 올라감	Inclined rise respect to air flow	
33	스크린붙이 흡기 루버	Intake louvers on screen	
34	루버의 크기	Louver opening	L 50×30 19.8㎥
35	천장 급기 출구 (~형식을 표시하라)	Supply outlet ceiling (indicate type)	지름 50cm 28.3㎥/min
36	벽면 급기 출구 (~형식을 표시하라)	Supply outlet wall (indicatet type)	TR 30×12 19.8㎥/min
37	베인	Vanes	
38	풍량 조정 댐퍼	Volume damper	
39	모세관	Capillary tube	
40	압축기	Compressor	
41	압축기, 벨트 구동 회전식 밀폐형	Compressor, enclosed, Crankcase, rotary, belted	
42	압축기, 벨트 구동 왕복식 개방형	Compressor, open crankcase reciprocating, belted	
43	압축기, 직결 구동 왕복식 개방형	Compressor, open crankcase reciprocating, direct drive	
44	응축기, 지느러미 붙은 강제 공랭식	Condenser, air cooled, finned, forced air	
45	응축기, 지느러미 붙은 정압 공랭식	Condenser, air cooled, finned, static	
46	응축기, 동심판 수랭식	Condenser, water cooled concentric tube in a tube	
47	응축기, 코일 수랭식	Condenser, water cooled shell and coil	
48	응축기, 코일 수랭식	Condenser, water cooled shell and tube	
49	응축장치, 공랭식	Condensing unit, air cooled	
50	응축장치, 수랭식	Condensing unit, water cooled	
51	냉각탑	Cooling tower	
52	건조기	Dryer	

번호	명칭	영문	기호
53	증발식 응축기	Evaporative condenser	
54	증발기, 지느러미 붙은 원형 천장식	Evaporator, circular, ceiling type finned	
55	증발기, 다기관형 중력 공기식	Evaporator, manifolded, bare tube, gravity air	
56	증발기, 지느러미붙은 다기관 강제 송풍기	Evaporator, manifolded, ginned forced air	
57	증발기, 지느러미붙은 다기관 중력 공기식	Evaporator, manifolded, finned gravity air	
58	증발기, 헤더 또는 다기관 판 코일식	Evaporator, plate coils, Headered or manifold	
59	여과기, 배관선상	Filter, line	
60	여과기와 제거기, 배관선상	Filter & strainer, line	
61	지느러미붙은 냉각장치, 자연 대류식	Finned type cooling unit, natural convection	
62	강제 대류식 냉각장치	Forced convection cooling unit	
63	게이지	Guage	
64	고압측 플로트	High side float	
65	침입식 냉각장치	Lmmersion cooling unit	
66	저압측 플로트	Low side float	
67	전동기 구동 압축기, 직결 왕복식 밀폐형	Motor-compressor, enclosed crankcase, reciprocating, direct connected	
68	전동기 구동 압축기, 직결 회전식 밀폐형	Motor-compressor, enclosed crankcase, rotaty, direct connected	
69	전동기 구동 압축기, 왕복식 완전 밀폐형	Motor-compressor, sealed crankcase, reciprocating	
70	전동기 구동 압축기, 회전식 완전 밀폐형	Motor-compressor, sealed crankcase, rotary	
71	압력 조절기	Pressurestat	
72	압력 스위치	Pressure switch	
73	고압력 제어 스위치	Prossure switch with high pressure cut-out	
74	수평식 수액기	Receiver, horizontal	
75	직립식 수액기	Receiver, vertical	
76	스케일 트랩	Scale trap	
77	분무조	Spray pond	
78	감온통	Thermal bulb	

번호	명칭	영문	기호
79.	온도 조절기(원거리 조절)	Thermostar(remote bulb)	
80.	밸브		
80.1	자동 팽창식	Valves Automatic expansi	
80.2	드로틀형 흡입 압축기 압력 제한식(압축기측)	Compressor suction pressure limiting, throttling type(compressor side)	
80.3	정압식, 흡입측	Constant pressure, suction	
80.4	증발기 압력 조절식 단속형	Evaporator pressure regulating, action	
80.5	증발기 압력 조절식 온도조절 드로틀형	Evaporator pressure regulating, thermostatic throttling type	
80.6	증발기 압력조절식 드로틀형(증발기측)	Evaporator pressure regulating, throttling type(evaporator side)	
80.7	수동 팽창식	Hand expansion	
80.8	전자 정지식	Magnetic stop	
80.9	단속식	Snap action	
80.10	흡입 증기 조절식	Suction vapor regulation	
80.11	온도 작동 흡입식	Thermo suction	
80.12	온도 작동 팽창식	Thermostatic expansion	
80.13	물	water	
81.	진동흡수장치, 배관	Vibration absorber, line	

🔧 배관 도면의 일반기호

명칭	기호	비고	명칭	기호	비고
송기관	———	증기 및 온수	Y자관		
복귀관	-------	증기 및 온수	곡관		주철 이형관
증기관	—/—	증기	T자관		주철 이형관
응축수관	---/---		Y자관		주철 이형관
기타관	══		90° Y자관		주철 이형관
급수관	— - —		편심조인트		주철 이형관
상수도	— - - —		팽창곡관		
우물급수관	— - - —		팽창조인트		
급탕관	—∣—		배관고정점		
탕복귀관	—‖—		스톱밸브		

제3장 배관 도시법 · 401

명칭	기호	명칭	기호	
배수관	--------	슬루스 밸브		
통기관	—×—	앵글 밸브		
소화관	--·--·--	체크 밸브	리프트형	
주철관 급수/배수	— — —		관지름 75[mm] / 관지름 100[mm]	스윙형
연관 급수/배수	--·--·--		관지름 13[mm] / 관지름 100[mm]	콕
콘크리트관 급수/배수	—>—	관지름 150[mm]	심방 콕	
도 관	○ ⌀	관지름 100[mm]	안전 밸브	
수직관		배압 밸브		
수직상향하향부		감압 밸브		
곡 관		온도조정 밸브		
플랜지	—║—	공기 밸브		
유니온	—╫—	압력계		
엘보		연성계		
티		온도계		
증기 트랩	—⊗—	송기도단면	⊠	
스트레이너		배기도단면	▭	
바닥 박스		송기 댐퍼 단면		
기름분리기		배기 댐퍼 단면		
기수분리기		송기구		
리프트 피팅		배기구		
분기가열기		양수기	ⓜ	
주형방열기		청소구		
벽걸이방열기		하우스 트랩	—U—	
		그리스 트랩		
핀방열기		기구배수구	○	
대류방열기		바닥배수구	⊘	

예상문제

1 다음은 배관도면상의 치수표시법에 관한 설명이다. 잘못된 것은?

① 관은 일반적으로 한 개의 선으로 그린다.
② 치수는 [mm]를 단위로 하여 표시한다.
③ 배관높이를 관의 중심을 기준으로 하여 표시할 때는 GL로 나타낸다.
④ 지름이 서로 다른 관의 높이를 표시할 때는 관바깥지름의 아래면까지를 기준으로 하여 표시하는 EL법을 BOP이라 한다.

1.해설
① EL : 관의 중심면
② TOP : 관의 윗면
③ BOP : 관의 아래면
④ FL : 층 바닥면
⑤ GL : 지면

2 배관도에서 배관의 높이를 지면으로부터 표시하기 곤란한 경우 지상에서 200~500mm 높이의 공간에 기준 수평면을 정한다. 이때의 기준면 기호는?

① TOP   ② GL
③ BOP   ④ EL

3 다음은 관이음 표시기호이다. 나사이음 도시기호는?

① ─┼─   ② ─┼┼─
③ ─┼)─   ④ ─×─

4 다음 보기 도면에서 SPP 25A 티를 사용, A부분으로 배관을 연결시키고자 한다. 이 때 A 부분의 배관을 연결시킬 수 없는 것은?

① 20[A]관
② 32[A]관
③ 15[A]관
④ 20[A]관

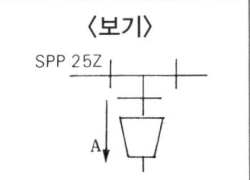

4.해설
─▷─ (부싱) : 관지름이 작은 관을 연결하고자 할 때 사용한다.

ANSWER 1.③ 2.④ 3.① 4.②

5 배관도에서 관내에 흐르는 유체가 수증기인 경우 도면 상에 표시하는 기호는?

① W   ② O   ③ S   ④ A

5.해설
① W : 물
② O : 기름
③ S : 수증기
④ A : 공기
⑤ G : 가스

6 파이프 이음의 표시 중 땜이음을 나타내는 기호는?

①    ②    ③ 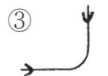   ④

6.해설
① 용접 이음
③ 턱걸이 이음
④ 플랜지 이음

7 다음 그림과 같은 부속장치를 표시할 때 다음 중 맞는 것은?

① 15×20×25T
② 25×20×15T
③ 25×15×20T
④ 20×15×25T

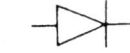

8 다음 중 편심 줄이개를 도시하는 기호는?

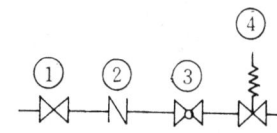

9 그림의 밸브 기호에 대한 이름을 옳게 나열한 것은?

① 1. 슬루스 밸브, 2. 체크 밸브
  3. 글로브 밸브, 4. 스프링식 안전 밸브
② 1. 글로브 밸브, 2. 체크 밸브
  3. 슬루스 밸브, 4. 스프링식 안전 밸브
③ 1. 슬루스 밸브, 2. 체크 밸브
  3. 글로브 밸브, 4. 추식 안전 밸브
④ 1. 글로브 밸브, 2. 체크 밸브
  3. 슬루스 밸브, 4. 공기빼기 밸브

9.해설
① : 슬루스 밸브
② : 글로브 밸브
③ : 체크 밸브
④ : 스프링식 안전 밸브

ANSWER 5.③ 6.② 7.② 8.④ 9.①

10 도면에서 증기 트랩은 어떻게 표시되는가?

①  ② 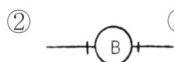 ③ 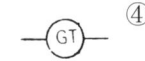 ④

10.해설
② 바닥박스
③ 그리스 트랩
④ 기름분리기

11 파이프A가 앞쪽에서 도면에 직각으로 구부러져 파이프 B에 접속되는 경우의 도시 기호는?

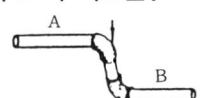

①    ②

③    ④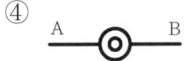

12 다음 도면에서 B부분은 어떻게 시공하라는 지시인가?

① 옆가지 엘보를 사용 시공할 것.
② 팽창 조인트를 사용 시공할 것.
③ 줄임 플랜지를 사용 시공할 것.
④ 줄임 엘보를 사용 시공할 것.

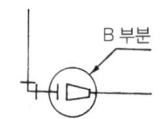

12.해설
⊢▷⊣ : 줄임 플랜지

13 파이프이음 도시기호 중 턱걸이형 이음을 나타내는 것은?

① ●   ② ┼
③ ┼┼   ④ ─⟩

13.해설
─⟩ : 턱걸이이음
┼ : 나사이음
┼┼ : 플랜지 이음
● : 납땜이음
● : 용접이음

14 다음 도시기호 중 가는 T의 기호는?

① ⊢○⊣   ② ⊢⊙⊣
③ ○⊣   ④ ⊙⊣

14.해설
① 가는 티
② 오는 티
③ 가는 엘보
④ 오는 엘보

15 관의 나사이음 중 유니언의 도시기호는?

① ─┼┼─   ② ─┼╫─
③ ─✕─   ④ ─○─

제3장 배관 도시법 · 405

16 다음 중 배관속에 흐르는 유체의 기호가 옳게 연결된 것은?

① 수증기 : S   ② 공기 : C
③ 물 : G   ④ 가스 : A

16.해설
공기 : A
물 : W
가스 : G
수증기 : S
기름 : O

17 다음 도면에서 티를 사용 분기한 후 A 부분에 어떤 밸브를 연결시키라는 것인가?

① 체크 밸브
② 콕
③ 다이어프램 밸브
④ 플로트 밸브

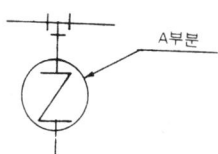
A부분

18 공업 배관의 도면의 종류에 들어가지 않는 것은?

① PID   ② 계통도
③ 계략도   ④ 관장치도

19 KS 규격에서 관지름의 크기가 20[A]로 표기되었다면 여기서 표기된 A는 무엇을 어떤 단위를 뜻하는 것인가?

① inch   ② cm
③ feet   ④ mm

19.해설
A : mm, B : inch

20 다음 KS 배관 도시기호에서 줄임 플랜지의 표시방법은?

①  ②  ③  ④

20.해설
⊣├ : 오리피스 플랜지
⊣D : 플러그
⊣D⊢ : 부싱

21 다음 도면에서 A 부분 온수배관 부속품명은 어느 것인가?

① 체크 밸브
② 공기빼기 밸브
③ 다이어프램 밸브
④ 콕

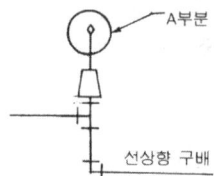
A부분
선상향 구배

22 관내에 흐르는 유체가 물인 것을 나타내는 기호는?

①  A   ② G   ③ S   ④ W

22.해설
① 공기
② 가스
③ 증기

ANSWER 16.① 17.① 18.③ 19.④ 20.① 21.② 22.④

23 볼 밸브의 배관도시 기호는?

24 다음 밸브에 관한 KS 도시기호 중 유체의 역류를 방지하는 용도로 사용되는 밸브의 도시기호는?

24.해설
① 슬루스 밸브 : 유체차단용
② 글로브 밸브 : 유량조절용
③ 안전 밸브 : 증기압 이상 상승시 외기로 배출

25 다음 중 KS 배관 도시기호가 바르게 짝지워진 것은?

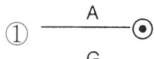

① ⎯⋈⎯ : 글로브 밸브 ② ⎯▷⎯ : 부싱
③ ⊙⎯ : 오는 엘보 ④ ⎯[ ]⎯ : 팽창 조인트

25.해설
① 슬로스 밸브
② 줄이개
③ 가는 엘보

26 파이프 속을 흐르는 유체가 가스임을 가리키는 기호는?

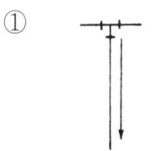

27 증기 주관에서 입하관을 분기할 때의 배관도로 적당한 것은?

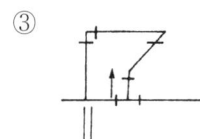
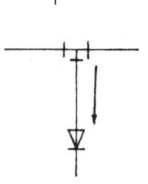

28 오는 엘보를 나사 이음으로 표시한 것은?

28.해설
② 오는 엘보 플랜지 이음
③ 가는 엘보 나사이음
④ 오는 엘보 용접이음

ANSWER 23. ② 24. ③ 25. ① 26. ③ 27. ③ 28. ①

29 다음의 KS 배관도시기호 중 접속한 때를 나타낸 것은?

① 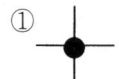　② 　③ 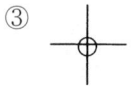　④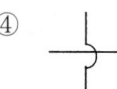

30 다음 중 체크 밸브의 기호는?

31 ⊣▭⊢ 는 무엇의 기호인가?
① 앵커　② 열교환기
③ 냉각탑　④ 유닛 히터

32 다음 KS 배관 도시기호 중 글로브 밸브 플랜지 이음을 표시한 것은?

33 배관 도시기호 중 추 안전 밸브는?

34 잘못 설명된 밸브 도시기호는?
① 일반 콕 :
② 공기빼기 밸브 :
③ 전자 밸브 :
④ 스프링 안전 밸브 :

30. 해설
① 일반 밸브
③ 수동 밸브
④ 일반 콕

34. 해설
④ 추안전 밸브
• 스프링 안전 밸브 :

ANSWER 29.① 30.② 31.② 32.③ 33.③ 34.④

35 다음 신축 조인트의 도면 기호 중 잘못된 것은?

① 루프형: ② 스위블형:

③ 슬리브형: 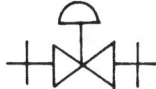 ④ 벨로즈형:

35.해설
슬리브형:

36 다음 밸브의 기호는?

① 다이어프램 나사용 밸브
② 다이어프램 플랜지용 밸브
③ 다이어프램 용접형 밸브
④ 다이어프램 턱걸이용 밸브

37 배관제도에는 관 계통도와 관 장치도의 2종류가 있으며 관 장치도에는 복선 표시법과 단선 표시법이 있는데 아래도면에서 A부품을 보고 나사이음단선 표시법으로 맞는 것을 선택하여라.

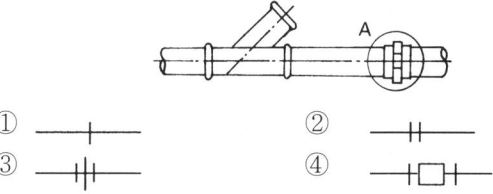

38 신축이음 도시기호가 틀린 것은?

① 루프형: ② 슬리브형:

③ 벨로즈형: ④ 스위블형:

38.해설
• 스위블형
나사조립 부분이 3곳 이상이어야 신축이음장치라 할 수 있다.

39 다음 그림의 배관도면 A 가 뜻하는 것은?

㉮ 앵커
㉯ 가이드
㉰ 신축 이음쇠
㉱ 행거

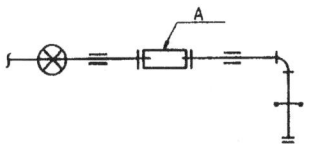

40 유량 조절용으로 가장 적합한 밸브에 대한 도시 기호로 맞는 것은?

①  ②

③ ④

40.해설
유량 조절용으로 가장 적합한 것은 옥형 밸브이다.

ANSWER 35.③ 36.② 37.③ 38.④ 39.③ 40.②

41 증기 트랩의 도시기호는?

① 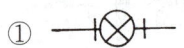 ② ─|(S)|─

③ ─|(OS)|─ ④ ─(GT)─

42 다음 중 파이프 이음을 도시한 것 중 틀린 것은?

① 일반형 : ──┼──   ② 플랜지형 : ──┤├──
③ 턱걸이형 : ────┤│   ④ 유니온형 : ──┤╫├──

43 포장된 지표면의 최고 높이를 기준으로 하여 장치 높이를 표시한 것은 어느 것인가?

① EL   ② GL
③ FL   ④ PL

44 KS 배관 도시기호에서 줄임 플랜지의 표시 방법은?

45 다음 냉난방 도시기호 중 감압 밸브의 기호 표시는?

46 핀 방열기의 도면기호는?

47 다음 중 유분리기(oil separator)의 도시기호는?

① 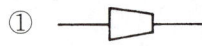 ② ─|(S)|─

③ ─|(B)|─ ④ ─⊗─

41.해설
② 스트레이너(strainer)
③ 기름 분리기(oil separator)
④ 그리스 트랩(grease trap)의 도시기호이다.

44.해설
① 부싱
② 오리피스 플랜지
③ 플러그

45.해설
① 다이어프램 밸브
② 봉함 밸브
③ 전동슬루스 밸브

46.해설
①는 주형 방열기(column radiator)
③는 대류 방열기(convector)
④는 소화전(fire hydrant box)을 표시한다.

47.해설
② 스트레이너
③ 바다 박스
④ 증기 트랩

ANSWER   41.① 42.③ 43.② 44.④ 45.④ 46.② 47.①

48 잘못 설명된 밸브 도시기호는?

① 일반 콕 : 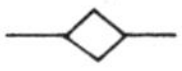   ② 공기빼기 밸브 :

③ 전자 밸브 : 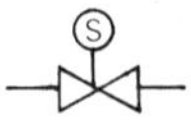   ④ 스프링 안전 밸브 :

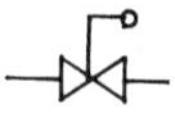

48.해설
④ 추안전 밸브

49 높이 표시법에서 관 바깥지름의 윗면을 기준으로 할 경우 옳게 도면에 표시한 것은?

①  E-180 TOP   ②  EL+180 BOT

③  EL 180   ④ GL 180

49.해설
② 아랫면 기준
③ 중심 기준
④ 지면 기준

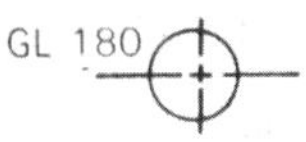

50 배관의 높이 표시에서 그림과 같이 관 외경의 아래면까지 높이로 기준을 표시 할 때 ( )내에 기입되는 것은?

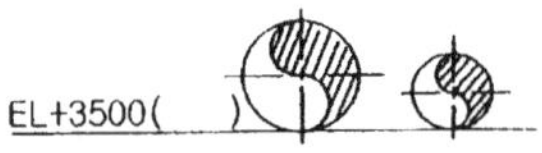

EL+3500( )

① TOP ② BOP ③ GL ④ FL

51 다음 중 수동 밸브의 표시기호는?

①  ② 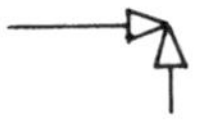 ③  ④

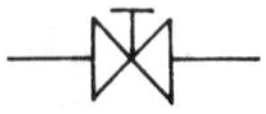

51.해설
①는 슬루스 밸브
②는 앵글 밸브
③는 체크 밸브의 도시기호이다.

52 20℃에서 강관 50m를 배관한 관의 온도가 -20℃로 바뀌면 강관의 수축량은 몇 mm인가? (단, 강관의 선팽창계수는 1.22×10^{-5}/℃이다.)

① 38.8 ② 24.4 ③ 2.44 ④ 1.22

52.해설
1.22×10^{-5}/℃ $\times 50m \times 1000mm$/$1m \times 40$℃$=24.4mm$

53 회전이음, 지불이음 등으로 불리우며 2개 이상의 엘보를 사용하여 이음부의 나사 회전을 이용해서 배관의 신축을 흡수하는 이음 형식은?

① 스위블형 ② 루프형 ③ 벨로즈형 ④ 슬리브형

53.해설
• 스위블형 : 2개 이상의 엘보우를 이용한 신축이음장치

ANSWER 48. ④ 49. ① 50. ② 51. ④ 52. ② 53. ①

54 펙레스 신축이음이라고 하는 신축이음은?

① 슬리브형 신축이음
② 벨로즈형 신축이음
③ 루프형 신축이음
④ 스위블형 신축이음

55 여과기를 모양에 따라 분류할 때 해당되지 않는 것은?

① U 형　　② V 형
③ Y 형　　④ X 형

56 단관 중력 환수식 온수난방에서 방열기 입구 반대편에 상부에 부착하는 밸브는?

① 방열기 밸브　　② 온도조절 밸브
③ 공기빼기 밸브　　④ 배니 밸브

57 체크밸브에 관한 설명으로 잘못된 것은?

① 유체의 역류방지용으로 사용된다.
② 풋형은 펌프 운전 중에 흡입측 배관내 물이 없어지지 않도록 하기 위하여 사용한다.
③ 스윙형은 수직, 수평 배관에 모두 사용할 수 있다.
④ 리프트형은 수직배관에만 사용할 수 있다.

57. 해설
• 체크밸브: 유체 흐름의 역류 방지 목적
① 스윙식 : 수직, 수평 배관 모두 사용가능
② 리프트식 : 수평 배관만 사용 가능

58 그랜드 패킹을 사용하지 않고 금속제의 벨로우즈로 밸브축을 감싸고 공기의 침입이나 누설을 방지하며 증기나 온수의 유량을 수동으로 조절하는 밸브로서 팩리스 밸브라고도 하는 것은?

① 볼 밸브　　② 게이트 밸브
③ 방열기 밸브　　④ 콕밸브

58. 해설
방열기밸브를 일명 팩리스 밸브라고도 한다.

59 증기 혼합식 급탕에서 스팀 사일렌서의 용도는?

① 증기의 양을 조절한다.
② 증기의 질을 조절한다.
③ 소음을 적게 한다.
④ 증기의 청정도를 높인다.

59. 해설
• 스팀 사일랜서 : 물탱크속에 증기를 분사시켜 가열하는 급탕방식으로 용도는 소음을 적게하기 위해 설치한다.

ANSWER　54. ②　55. ④　56. ③　57. ④　58. ③　59. ③

60 바이패스 배관으로 증기배관 중에 감압밸브를 설치하는 경우 필요 없는 것은?

① 스트레이너 ② 슬루스밸브
③ 압력계   ④ 에어벤트

60. 해설
감압밸브를 설치하는 곳에는 에어벤트 설치 안 함

61 20A 강관을 곡률 반지름 120mm로 열간 굽힘할 때 굽힘부의 내측을 측정하는 형판(R전개(全開))시에 유체의 저항이 적고, 개폐하는데 걸리는 시간이 짧으나, 기밀유지가 어려워 고압이나 대유량에는 부적합한 밸브는?

① 앵글 밸브   ② 게이트 밸브
③ 첵 밸브   ④ 콕(Cock)

61. 해설
• 콕 : 유체의 저항이 적고 개폐시 시간이 짧고, 기밀 유지가 어려워서 고압, 대유량 배관에는 사용이 부적당하다.

ANSWER 60. ④ 61. ④

CHAPTER 04 난방배관시공

4-1 증기난방

1. 난방 방식 분류

(1) 개별식 난방법 : 석탄, 가스, 석유, 전열 등의 난로에 의한 소규모 난방이다.

(2) 중앙식 난방법

① 직접 난방법 : 실내에 방열기를 설치하여 배관을 통해 증기, 온수를 공급하여 난방 하는 방식이다.
② 간접 난방법 (공기조화에 의한 덕트난방) : 열기에 의해 공기가 온풍이 되어 덕트 시설을 통하여 공기의 습도, 청정도, 온도를 조절한다.
③ 복사난방 (방사난방) : 천정이나 벽, 바닥 등에 코일을 매설하여 온수 등 열매체를 이용하여 복사열에 의해 실내를 난방하는 형식이다.

> ❖ 열매체의 종류에 의한 분류
> ① 온수 복사난방 : 일반적으로 65~82[℃]의 온수를 매설된 가열 코일에 순환시켜 난방한다.
> ② 증기 복사난방 : 저압증기를 사용하며 100[℃] 이상의 고온이므로 매설은 피하고 구조체의 내외벽 사이에 코일을 배치하여 간접적으로 난방한다.
> ③ 온풍 복사난방 : 더운 바람을 천정 또는 방바닥 밑으로 불어넣어 가열하여 난방한다.
> ④ 전열 복사난방 : 전열선을 이용 천정, 바닥, 벽 등을 가열하며 특수전열 패널을 사용하기도 한다.

❖ 가열면의 위치에 의한 분류
① 천장난방 : 천장이 높은 공장, 체육관, 강당 등에 사용되는 형식으로 천장면의 온도를 40[℃] 까지 할 수 있다.
② 바닥난방 : 바닥면을 가열면으로 한 것으로 가열 표면온도를 너무 높게(30[℃] 정도)할 수 없어 실내가 넓으면 방열량이 부족하게 되며 먼지가 많이 나는 결점이 있다.
③ 벽난방 : 바닥난방, 천장난방의 보조용으로 사용된다.

❖ 복사 난방의 장.단점
① 장점 : - 쾌감도가 좋다.
  - 실내공간의 이용율이 높다 (방열기 설치 불필요).
  - 동일 방열량에 대한 열손실이 적다.
② 단점 : - 매입배관 이므로 시공 및 수리가 곤란하다.
  - 외기온도 변화에 대한 온도 조절이 곤란하다.
  - 고장 발견이 곤란 하고 시설비가 비싸다.

(3) 지역난방

열병합 발전소에서 열공급 시설로 도시 혹은 일정 지역내에 대규모 고효율의 열원플랜트를 설치하여 여기에서 생산된 열매를 지역내의 각 주택, 상가, 사무실, 병원 등 수용가에 공급함으로서 효율적인 에너지 사용을 도모하는 난방방식이다.

① 지역 난방의 장점
  ㉮ 대규모 설비로 인한 우수한 장치의 확보로 열발생 설비의 고효율화, 대기오염의 방지를 효과적으로 시행할 수 있다.
  ㉯ 한 곳에 집중 설비함으로 건물의 공간을 유효하게 사용할 수 있다.
  ㉰ 폐열의 회수 및 쓰레기의 소각 등으로 연료비가 적게 든다.
  ㉱ 작업인원 절감으로 인건비를 줄일 수 있다.
  ㉲ 고압의 증기 및 고온수이므로 관지름을 적게 할 수 있다.

② 지역 난방의 단점
  ㉮ 시설비가 많이 든다.
  ㉯ 설비가 길어지므로 배관 손실이 있다.
  ㉰ 고압의 증기, 고압의 고온수를 사용하므로 취급에 어려움이 있다.

③ 지역난방의 열매체
  ㉮ 증기 나 온수(100℃ 이상의 고온수)를 사용한다.

❖ 증기압력에 따른 분류
① 저압식 : 0.1 ~ 0.35 kg/cm² 정도의 저압증기를 사용하는 난방법
② 중압식 : 0.35 ~ 1 kg/cm² 정도의 증기를 사용하는 난방법
③ 고압식 : 1 kg/cm² 이상의 증기를 사용하는 난방법

❖ 배관방식에 따른 분류
① 단관식 : 응축수와 증기가 동일관속을 흐르는 방식으로 즉 증기관과 응축수관이 1개로 난방이 불안정하며, 기울기(구배)를 잘못하면 수격작용 현상이 발생되는 문제로 소규모 난방에서만 사용된다.(방열기 밸브는 하부 태핑(tapping)에 공기빼기 밸브는 상부태핑에 설치해야 한다.)
② 복관식 : 증기(공급)관과 환수관의 2관 방식으로 증기관과 환수관이 연결되는 곳에는 반드시 증기 트랩을 설치하여 증기가 환수관으로 흐르지 않도록 방지한다.(방열기 밸브는 상하 어느 태핑에도 상관없고 열동식 트랩은 하부태핑에 설치한다.)

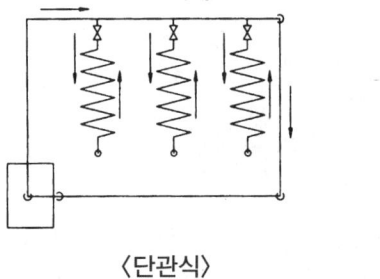
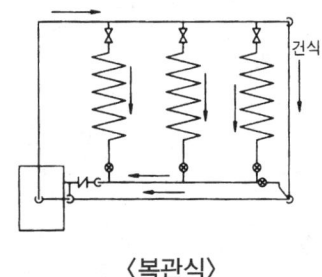

〈단관식〉　　　　　〈복관식〉

❖ 연료 배관에서
① 단관식 : 연료탱크의 위치가 버너의 위치보다(높을때) 사용하는 방식으로(공기방출기)가 필요하다.
② 복관식 : 연료탱크와 오일펌프와의 사이에 2개의 배관으로 하는 방법으로, 연료탱크가 오일펌프 보다 낮은 위치에 있을 때 사용하는 배관 방식이다.

❖ 증기공급(순환방향) 방법에 따른 분류
① 상향공급식
 : 송수주관보다 방열기가 높을 때 상향 분기한 배관

② 하향공급식
 : 송수주관보다 방열기가 낮을 때 하향 분기한 배관

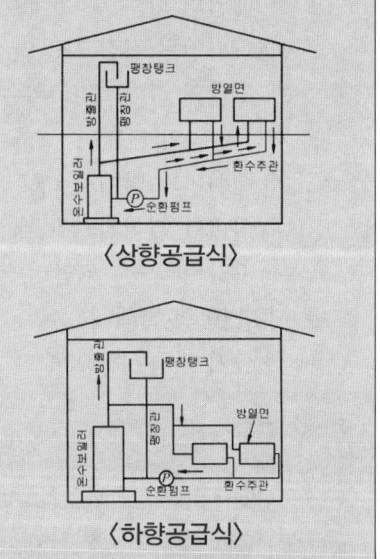

〈상향공급식〉

〈하향공급식〉

❖ 환수관의 배관방식에 의한 분류
① 건식환수 : 보일러의 표준수위보다 높은 위치(약 650[mm])에 배관하여 환수하는 방식으로 관말에 냉각관(나관배관)과 관말 트랩(열동식 트랩)을 사용하여 증기의 환수로 인한 수격작용을 방지해야 한다.
② 습식환수 : 저압증기 보일러의 표준수위보다 낮은 위치에 배관하여 환수하는 방식으로 접속부 누수로 인한 이상감수 현상을 방지하게 하기 위하여 하트포드 접속을 한다.

❖ 응축수 환수방법에 의한 분류
① 중력 환수식 : 건수환수 방식에서의 관수의 비중력차에 의해 환수하는 방식이다.
② 기계 환수식 : 방열기에서 응축수 탱크까지는 중력환수 탱크에서 보일러까지는 펌프에 의한 강제순환방식이다.
③ 진공 환수식 : 방열기의 설치장소에 제한을 받지 않는 환수방식으로 증기와 응축수를 진공펌프로 흡입 순환시키는 방식이다.

2. 배관구배

통수시 공기의 배제, 관내 드레인의 배출을 위해 기울기(slope;구배)를 하며 단관식, 복관식이나 중력 환수식, 기계 환수식 또는 진공 환수식이냐에 따라 각기 다르게 된다.

〈배관방법에 의한 기울기 및 시공요령〉

배관방법	기울기	시공요령
단관중력 환수식	상향공급식(역류관) $\frac{1}{50} \sim \frac{1}{100}$ 하향공급식(순류관) $\frac{1}{100} \sim \frac{1}{200}$	상향, 하향 공급식 모두 끝내림 기울기 순류관일 경우 관지름이 65[mm] 이상 $\frac{1}{250}$ 기울기
복관중력 환수식	건식 환수관 $\frac{1}{200}$ 습식환수관	끝내림 기울기로 보일러까지 배관 환수관은 보일러 수면보다 높게 설치 증기주관은 환수관의 수면보다 400[mm] 이상 높게 설치한다.
진공환수식	$\frac{1}{200} \sim \frac{1}{300}$	건식환수를 한다.

3. 방열기 인입배관

증기 및 온수가 흐르는 관내에서는 내외의 온도차에 의해 신축이 발생한다. 이에 따른 흡수를 위해 방열기의 인입배관에는 스위블 이음을 한다.
(공급관은 역구배(선단상향), 환수관은 순구배(선단하향)으로 한다.)

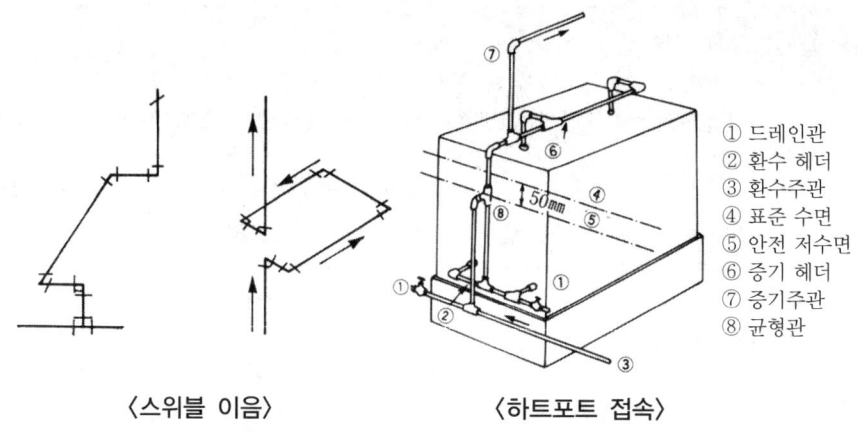

〈스위블 이음〉　　　〈하트포트 접속〉

4. 하트포트 접속(hartford connection)

저압증기난방의 습식 환수방식에 있어 보일러의 수위가 환수관의 접속부로의 누설로 인해 저수위사고가 일어날 것을 방지하기 위해 증기관과 환수관 사이에 표준수면에서 50[mm] 아래로 균형관을 설치한다.

5. 냉각관(cooling leg)

건식 환수방식의 관말에 설치하는 것으로 관내 응축수에서 생긴 플래시(flash) 증기로 인해 보일러에 수격작용이 발생되는 것을 방지하기 위해 설치한다. 주관과 수직으로 100[mm] 이상 내리고 하부로 150[mm] 이상 연장하여 관내 슬러지 등 협잡물을 제거할 목적으로 드레인 포킷(drain pocket)을 만들어준다. 이때 트랩까지 1.5[m] 이상 보온을 하지 않은 나관배관으로 냉각관을 설치하며 선단에는 관말 트랩으로 최종 처리하게 된다.

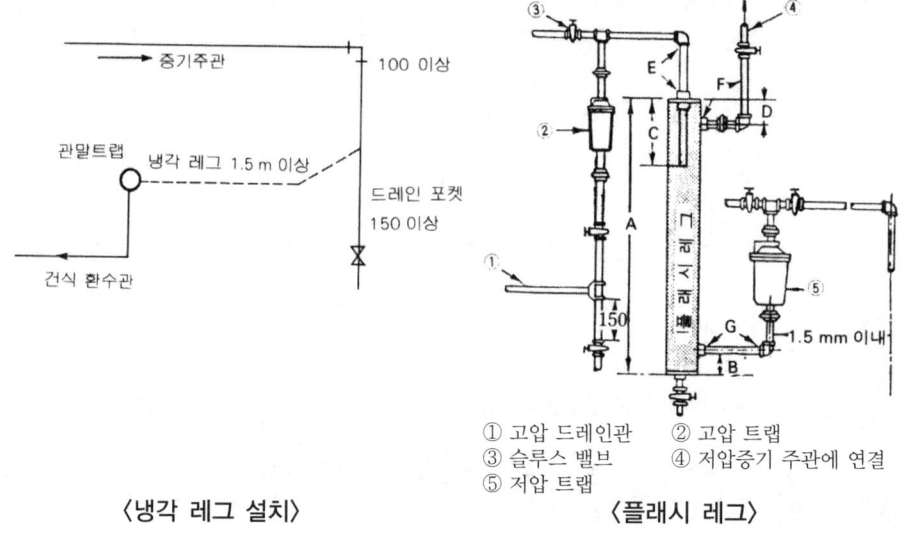

〈냉각 레그 설치〉　　　〈플래시 레그〉

6. 플래시 레그(flash leg)

고압증기 응축수를 직접 저압증기 환수관에 연결하여 환수하면 고압측의 응축수가 저압측의 응축수환수를 방해한다. 이때 고압의 응축수를 플래시 레그에 넣어 압력을 낮추어 저압 트랩을 경유하여 저압환수관으로 배출시켜 환수의 방해를 방지하게 되며 장치내 고압증기 응축수 중 일부는 재증발하여 저압증기를 가열할 수도 있다.

7. 리프트 피팅(lift fitting) : 증발 탱크

저압증기 환수관이 진공 펌프의 흡입구보다 낮은 위치에 있을 때 응축수를 원활히 끌어올리기 위하여 설치하는 것으로 높이가 1.6[m] 이하는 1단, 3.2[m] 이하는 2단으로 시공하며 환수주관보다 1~2 정도 작은 치수로 급수 펌프 근처에서 1개소만 설치한다.

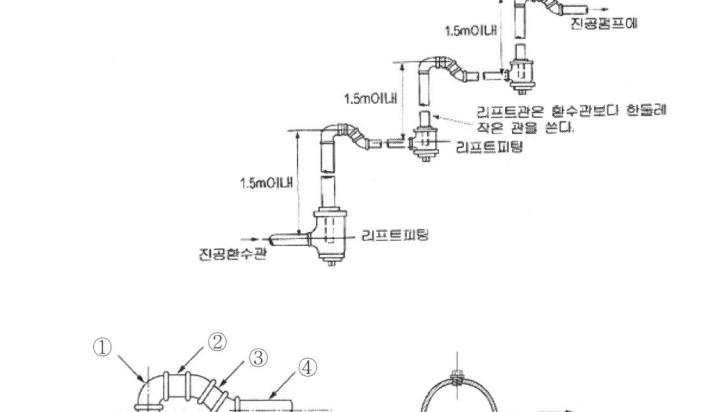

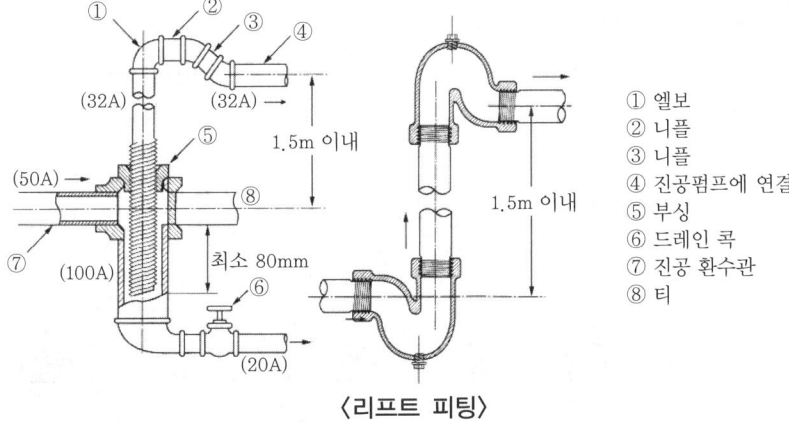

〈리프트 피팅〉

8. 배관시공방법

(1) 매설 배관

가급적 노출 배관을 원칙으로 하여 부득이 매설시에는 관의 신축·부식 등에 유의하고 콘크리트의 매설시엔 표면에 내산도료나 연관제 슬리브를 사용한다.

(2) 벽·바닥 등의 관통

미리 강관 슬리브를 이용 관통하되 주위의 방수관통한 곳으로의 누수 등을 고려하여 슬리브를 사용하면 관의 수리나 해체시 편리하다.

(3) 암거내의 배관

암거내의 배관시에는 공간이 좁아 수리가 불편하므로 주요 밸브·트랩 등의 부속들은 맨홀 가까이 접속하고 특히 습기로 인한 부식에 주의한다.

(4) 편심 조인트

관의 지름을 변경시 수평배관에는 응축수협잡물의 체류를 방지하기 위해 편심 조인트를 사용한다.

(5) 분기관 시공

유체의 흐름을 용이하게 하기 위해 분기관의 취출은 주관으로부터 45° 이상의 각도로 취출하며 분기관의 수평관은 끝올림 기울기(구배)(1) 하향공급관을 위로 취출한 경우에는 끝내림 기울기(구배)(2)를 한다.

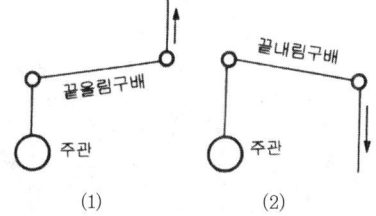

4-2 온수난방 배관시공

1. 온수난방설비

보일러에서 온수를 발생시켜 온수가 지닌 현열을 이용하여 방열기, 팬코일 유닛 등에 보냄으로 실내 공기를 덥히는 대류형식의 난방 방법이다.

❖ 온수난방구분

분류 기준	온수난방법 분류
온수 온도	보통온수식(85~90℃), 고온수식(100℃ 이상)
배관 방식	단관식, 복관식
온수공급방식(순환방향, 공급방향)	상향공급식, 하향공급식
온수 순환방식	자연(중력)순환식, 강제 순환식

(1) 온수의 온도에 의한 분류

① 고온수식 온수난방 : 장치내 압력을 가해 온수의 온도를 100[℃] 이상으로 난방하며

이를 위해 밀폐식 팽창 탱크를 설치한다.
② 보통온수식 온수난방 : 85~90[℃]의 온수로 난방하며 장치의 최상부에 개방식 팽창 탱크를 설치한다.

❖ **고온수식 온수난방의 특징**
① 온도차가 크므로 난방 순환수량을 적게 할 수 있다.
② 보유열량이 크므로 보일러의 용량을 축소시킬 수 있다.
③ 내부 압력이 높아 관지름을 작게 할 수 있어 경제적이다.

(2) 배관방식에 의한 분류
① 단관식 : 송수주관과 환수주관이 1개로 동일한 배관형식.
② 복관식 : 송수주관과 환수주관이 서로 다른 배관으로 구성된다.

(3) 온수공급방식 분류(공급방향, 순환방향)
① 상향순환식 : 송수주관을 상향구배로 하고, 방열면이 보일러 보다 높을 때, 온수를 순환시키는 배관 방식

② 하향순환식 : 방열면이 보일러 보다 낮을때, 송수주관을 최상층 천정에 배관하여 수직관을 하향 분기한 방식

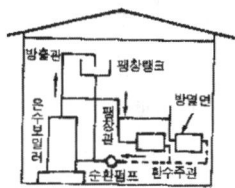

(4) 순환방식에 의한 분류
① 자연 (중력)순환식 : 보일러를 최하위 방열기 보다 낮게 설치하며 환수되는 온수의 비중차로 순환하는 방식이며 주로 단독주택이나 소규모 난방에 사용된다.

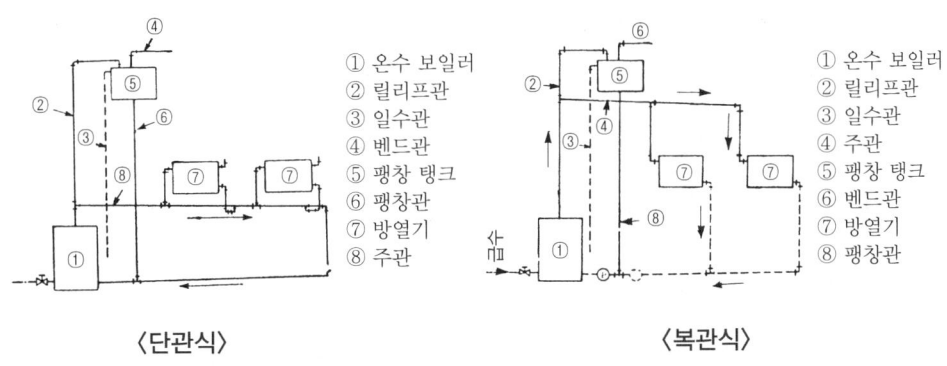

〈단관식〉　　　　　　　　　　〈복관식〉

① 온수 보일러　② 릴리프관　③ 일수관　④ 벤드관　⑤ 팽창 탱크　⑥ 팽창관　⑦ 방열기　⑧ 주관

① 온수 보일러　② 릴리프관　③ 일수관　④ 주관　⑤ 팽창 탱크　⑥ 벤드관　⑦ 방열기　⑧ 팽창관

자연 순환 수두[mmH₂O]의 계산

$h = H(\rho_1 - \rho_2)1000[\text{mmH}_2\text{O}]$

h : 자연 순환 수두[mmH₂O, mmAq]
H : 보일러에서 방열기까지 높이 [m]
ρ_1 : 환수관의 온수비중[kg/l]
ρ_2 : 공급관의 온수비중[kg/l]

② 강제 순환식 : 축류 펌프, 센트리퓨걸 펌프(centrifugal pump), 하이드레이터 등을 사용하여 온수를 순환시키는 방식이며 순환력이 일정하고 자연 순환에 비하여 관지름을 작게 할 수 있는 장점이 있다. 순환 펌프는 환수관쪽 보일러 가까이에 설치하는 것이 일반적이다.

❖ **순환 펌프 종류** : 센트리퓨갈펌프, 축류형펌프, 하이드레이터

2. 배관구배

온수배관은 일반적으로 팽창 탱크를 향해 상향 기울기(경사)를 하며 1/250 이상 비교적 완만한 경사도를 갖는다.

3. 온수난방의 장·단점(증기난방과 비교)

(1) 장 점

① 난방부하에 따른 방열량 조절이 용이하다.
② 냉각시간이 오래 걸리고 야간 동결의 우려가 적다.
③ 취급이 용이하고 화상의 우려가 적다.
④ 실내의 쾌감도가 좋다.

(2) 단 점

① 배관이 굵어 설비비가 많이 든다.
② 건축물 높이에 제한을 받는다.
③ 예열시간이 오래 걸린다.

(3) 온수 보일러 수압시험 압력

최고사용압력 × 2배 (0.2Mpa 이하시 0.2 Mpa로 한다.) → 30분간 하여 변형 또는 누설이 없을 것

(4) 온수 보일러 설치 후 검사 항목 5가지

① 수압시험 및 안전장치 검사
② 온수 순환시험
③ 연소 및 배기 성능 관계검사
④ 연소계통의 누설확인 검사
⑤ 자동제어 작동 시험

(5) 시공업을 하는 시공업자가 시공도면에 표시할 사항 5가지와 보존기간

① 모든 배관의 크기·치수 및 경로
② 매설배관의 위치와 연결부
③ 밸브의 종류 및 설치
④ 안전장치의 설치 위치
⑤ 작성연월일
⑥ 특기사항

❖ 설치·시공 도면은 3년간 보관한다.

4. 방열기(radiator)

방열기는 주로 대류난방에 사용하며, 외기와 접한 창 아래에 설치하며 바닥에 받침목 등으로 간격을 두어 열손실 및 바닥청소 등을 용이하게 설치한다. 방열기 인입관은 스위블 조인트를 사용하여 신축흡수를 용이하게 하고 방열기 지관은 매입하지 않는다. 종류로는 주철제, 강판제, 강관제, 알루미늄제가 있다.

(1) 구조(형상)에 다른 분류

주형 방열기, 벽걸이형 방열기, 길드방열기, 대류 방열기(콘벡터), 관방열기, 베이스보드방열기 등이 있다

① **주형 방열기** : 주철제로 만든 방열기로 종류는 2주형(Ⅱ), 3주형(Ⅲ), 3세주형(3C), 5세주형(5C)의 4종류가 있으며, 방열면적은 한쪽당 면적으로 나타낸다. 설치시 벽면과의 거리는 (50~60[mm]) 정도 설치한다.
② **벽걸이형 방열기** : 주철제로 횡형(W-H)과 종형(W-V)이 있으며, 바닥으로부터 150[mm] 높게 설치한다.
③ **길드 방열기** : 1m 정도의 주철제 파이프에 방열면적을 증가시키기 위해 열전도율이 좋은 금속 핀을 여러 개 끼운 것이다.

④ 대류방열기(콘벡터, 베이스보드) : 대류작용의 촉진을 위해 철제 캐비넷 속에 핀 튜브를 넣은 것으로 열효율이 좋아 널리 사용한다. 높이가 낮은 것을 베이스보드 히터라하며, 바닥으로부터 90[mm] 이상 높게 설치한다.
⑤ 관 방열기 : 관을 조립하여 관 표면을 방열면으로 한 것으로 고압에 잘 견딘다.

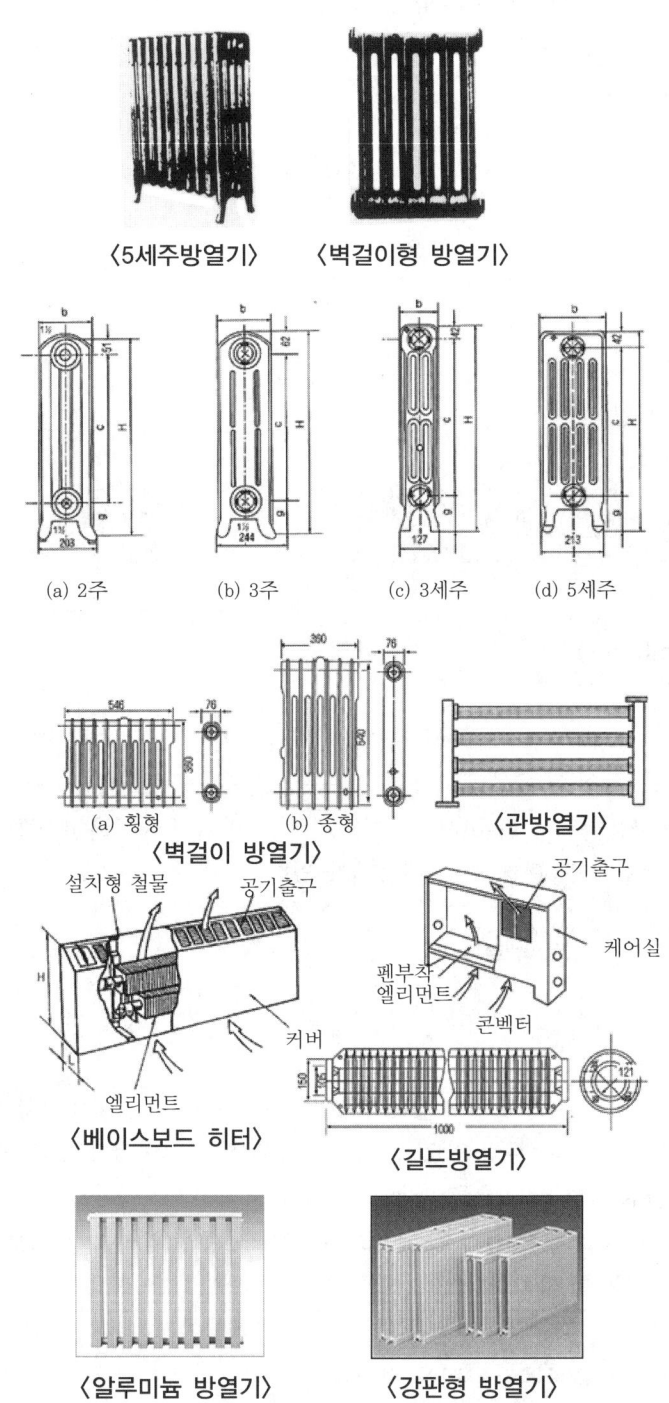

(2) 방열기 도시법

도면상으로 표시할 때 : 원을 3등분하여 그 중앙에 방열기 종별과 형을 표시하고 상단에 섹션수, 하단에 유입관 유출관 관경을 표시한다.

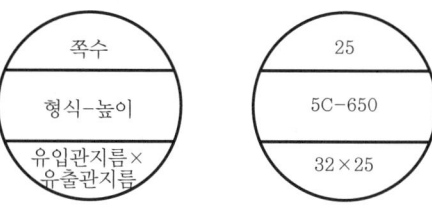

호칭법 : 5－650×25

25 : 방열기 Section 수
5C : 5세주 방열기
650 : 높이[mm]
32 : 입구관지름[mm]
25 : 출구관지름[mm]

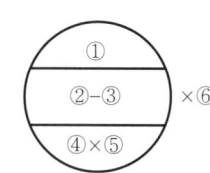

① 쪽수(절수, 섹션수)
② 종별
③ 형(치수, 높이)
④ 유입관경
⑤ 유출관경
⑥ 조의 수

(3) 방열량 계산

① EDR(상당방열면적) : 방열기의 방열면적당 보일러의 능력으로 레이팅(Rating)이라고도 한다. (증기 : 650kcal/m^2h , 온수: 450kcal/m^2h)

② 방열기 방열량 계산

㉮ Q (kcal/m^2h) = 표준방열량 (증기 : 650 kcal/m^2h , 온수: 450 kcal/m^2h)× 방열량 보정 온도 계수({ [방열기입구온도 + 방열기출구온도 / 2] / 62 }－실내온도 (증기는 81 온수는 62)

㉯ Q (kcal/m^2h)= 방열기방열계수 × ([방열기입구온도 + 방열기출구온도 / 2]－실내 온도)× 방열기방열면적 (m^2)

③ 방열기 쪽수(N) = 난방부하(Q)(kcal/h) / 표준방열량 (증기 : 650 kcal/m^2h , 온수 : 450kcal/m^2h)× 방열기 쪽당 표면적(A)m^2

방열기 표준방열량(kcal/m^2h)

① 증기 : 8[kcal/m^2h℃]×(102－21)[℃]＝650[kcal/m^2h]
  　　　　(증기방열계수)　(증기온도)(실내온도)

② 온수 : 7.2[kcal/m^2h℃]×(80－18)[℃]＝446.4＝450[kcal/m^2h]
  　　　　(온수방열계수)　(온수온도)(실내온도)

열매	표준상태의 온도(℃)		표준 온도차 (℃)	방열 계수	표준방열량 (kcal/m²h)	상당방열면적 (EDR, m²)	섹션수
	열매온도	실내온도					
증기	102	18.5	83.5	7.8	650	$H_L/650$	$H_L/650 \cdot a$
온수	80	18.5	61.5	7.2	450	$H_L/450$	$H_L/450 \cdot a$

여기에서 H_L : 손실열량(kcal/h)

　　　　　a : 방열기의 section 당 방열면적(m²)

5. 팽창 탱크 설치

(1) 설치 목적

온수보일러의 안전장치로 운전 중 장치내 온도 상승에 의한 체적팽창. 이상압력을 흡수하고, 부족수 공급 및 공기 침입을 방지할 목적으로 설치한다.

(2) 팽창탱크 설치시 주의 사항

① 최고부위의 방열기나 방열코일 높이보다 1m 이상 높게 설치한다.
② 팽창관의 끝부분은 팽창탱크 바닥면 보다 25mm 정도 높게 배관한다.
③ 재료는 100℃ 이상에서 견딜 수 있는 재료를 사용한다.
④ 밀폐식의 경우 배관계통내의 압력이 제한 압력 이상으로 되면 자동적으로 과잉수를 배출시킬 수 있도록 방출 밸브를 설치해야 한다.
⑤ 팽창관이나 안전관에는 밸브. 체크밸브 등을 설치해서는 안된다.

(3) 팽창탱크 용량 계산

① 온수 보일러 : 팽창탱크 용량은 보일러 및 배관내의 보유수량이 200ℓ 까지는 20ℓ, 보유수량이 200ℓ를 초과하는 경우 그 초과량 100ℓ 마다 10ℓ씩 가산한 용량이어야 한다.
② 구멍탄용 온수보일러 : 난방면적이 10m² 이하인 경우 2ℓ 이상으로하고, 난방면적이 10m² 추가할 때 마다 2ℓ를 가산한 용량 이상 이여야 한다.

(4) 팽창탱크 구조상 분류

① 개방식 팽창탱크 : 보통온수 (100℃ 이하), 일반 주택 등에 사용하며, 최고층 방열기로부터 팽창 탱크 수면까지 1[m] 이상 높이로 설치한다. 용량은 온수팽창량의 2~2.5배로 한다.
② 밀폐식 팽창탱크 : 100℃ 이상의 고온수 난방에 사용하며, 제일 높은 곳에 설치하는

것이 보통이지만 밀폐식은 지하 보일러실 등에 설치할 수 있고, 높이의 제한을 받지 않는다.

❖ **밀폐식 팽창 탱크 종류**
① 변압식 : 팽창 수축에 의한 관수의 이상체적을 탱크속에 흡수하는 방식
② 정압식 : 변압식과 같으며 탱크내 압력을 일정하게 유지한다.
③ 증기가압식 : 탱크속에서 직접팽창과 수축을 흡수하는 방식으로 증기에 의해 압력을 유지한다.

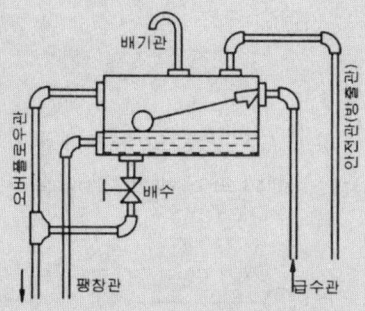

〈개방식〉　　　〈밀폐식〉

❖ **팽창 탱크의 계산**
① 온수의 팽창량 계산

$$\Delta V = V \times \left(\frac{1}{\rho_1} - \frac{1}{\rho_2}\right)[l]$$

- ΔV : 온수 팽창량[l]
- V : 장치내 전수량[l](보일러 내의 수량+방열기 내의 수량+배관계 수량)
- ρ_1 : 온수밀도[kg/l]
- ρ_2 : 급수밀도[kg/l]
- ✧ 방열기 전내용적의 2배로 전수량을 계산한다.

② 개방식 팽창 탱크 용량 계산

$$ET[l] = \alpha \times \Delta V = \alpha \times V \times \left(\frac{1}{\rho_1} - \frac{1}{\rho_2}\right)[l]$$

- α : 팽창 탱크 계수(2~2.5)
- ET : 팽창 탱크 용량[l]

③ 밀폐식 탱크의 필요 압력계산

$$P = h + h_1 + \frac{1}{2}h_p + 2[\text{mH}_2\text{O, mAq}]$$

- P : 밀폐 탱크 필요압력[mH$_2$O]
- h : 밀폐 탱크내 수면에서 배관계 최고소까지의 수직거리[m]
- h_1 : 필요 온도에 대한 포화증기압력(게이지압)에 상당하는 수두[mH$_2$O]
- h_p : 순환 펌프 양정[m]

④ 밀폐식 팽창 탱크 용량 계산

$$ET = \frac{\Delta V}{\frac{P_a}{P_a + 0.1h} - \frac{P_a}{P_t}}[l]$$

- ET : 밀폐식 팽창 탱크 내용적[l]
- ΔV : 온수의 팽창량[l]
- P_a : 대기압=1[kg/cm^2]
- P_t : 최대허용압력으로 절대압[kg/cm^{2}abs]
- h : 탱크내 수면에서 배관계 최고소까지의 수직거리[m]

6. 배관시공방법

(1) 편심이음

주관의 중간에서 관지름을 바꿀 때 편심이음하여 관내 슬러지 등의 체류를 방지한다.
① 상향 구배 : 관의 윗면이 수평되게 한다.
② 하향 구배 : 관의 아랫면이 수평되게 한다.

〈상향 기울기(구배)〉 〈하향 기울기(구배)〉

(2) 배관의 분기 및 합류

배관의 분기 및 합류시에는 티(tee)를 직접 사용하게 되면 유체의 이송시 분기나 합류시 정체·감압현상 등이 나타나 곤란하게 된다. 이때의 배관은 아래와 같이 유체의 방향을 유도하여 배관한다.

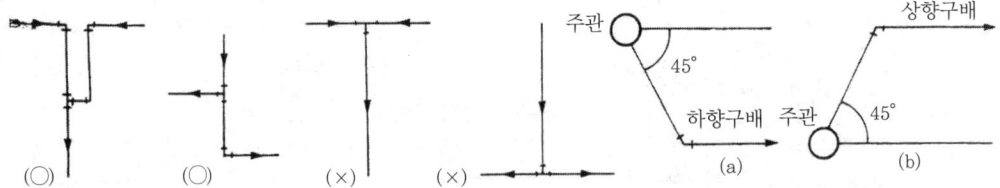

(3) 지관의 배관

주관에 대해 45° 각도로 배관한다.
주관에서 아래에 있는 기기에 접속시 아래로 취출하며 하향구배(a)
위에 있는 기기에 접속시 위로 취출하며 상향구배(b)

(4) 공기빼기 밸브

조작이 용이한 곳에 설치하며 공기빼기 밸브전의 밸브는 밸브(슬루스)축을 수평으로 하여 공기의 유통을 원활하게 한다.(고장시 해체에 유리하다.)

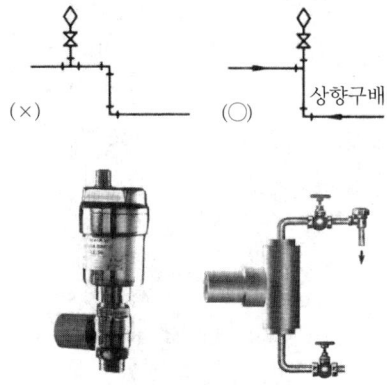
〈공기방출기〉

예상문제

1 난방방식을 분류할 때 중앙식 난방법의 종류가 아닌 것은?

① 개별 난방법　　② 증기 난방법
③ 온수 난방법　　④ 복사 난방법

1.해설
개별난방법, 중앙난방법, 지역난방으로 구분

2 온수난방의 분류를 사용온수 온도에 의해 분류할 때 고온수식 온수온도의 범위는 보통 몇 ℃ 정도인가?

① 50~60　　② 70~80
③ 85~90　　④ 100~150

2.해설
보통온수의 온수온도 85℃~95℃, 고온수의 온수온도 100℃~150℃이다.

3 저압증기 난방의 사용 증기압력은 얼마 정도인가?

① $0.15~0.35 kg_f/cm^2$
② $1.0~1.5 kg_f/cm^2$
③ $0.01~0.03 kg_f/cm^2$
④ $0.45~0.85 kg_f/cm^2$

3.해설
증기압력에 따른 분류
① 고압증기난방: $1 kg_f/cm^2$ 이상
② 중압증기난방: $0.35~1 kg_f/cm^2$
③ 저압증기난방: $0.1~0.35 kg_f/cm^2$

4 일정지역에서 다량의 고압증기 또는 고온수를 만들어 대단위의 지역에 공급하는 난방방식은?

① 고온수 난방　　② 중앙난방
③ 지역난방　　　④ 복사난방

4.해설
지역난방 - 고압의 증기 또는 고온수등을 이용하여 일정지역의 다수 건물(신도시등)에 공급하여 난방하는 방식 : 각 건물에 보일러가 필요없이 유효면적이 넓고, 연료비가 절감되고, 대기오염이 감소한다.

5 복사난방을 대류난방과 비교할 때 장점이 아닌 것은?

① 실(방)의 높이에 따른 온도 편차가 비교적 균일하여 쾌감도가 좋다.
② 가열대상이 구조체이므로 열용량이 작아 필요에 따라 즉각적 대응이 용이하다.
③ 환기 시 열손실이 비교적 적다.
④ 바닥면의 이용도가 양호하다.

5.해설
열용량이 크고, 필요에 따라 즉각적 대응이 어렵다

ANSWER　1.①　2.④　3.①　4.③　5.②

6 복사난방의 설명으로 틀린 것은?
① 전기식은 니크롬선 등 열선을 매입하여 난방 한다.
② 우리나라에서 주거용 난방은 바닥패널 방식이 많다.
③ 온수식은 주로 노출관에 온수를 통과 시켜난방한다.
④ 증기식은 특수 방열면이나 관에 증기를 통과시켜 난방 한다.

6.해설
복사난방에서 온수식은 주로 매입한 관(방열 관)에 온수를 공급하여 난방하는 형식이다.

7 복사난방 중 가열면의 위치에 의한 분류가 아닌 것은?
① 천장 난방 ② 바닥 난방
③ 벽 난방 ④ 온풍 난방

7.해설
복사난방 (방사난방) : 천정이나 벽, 바닥등에 코일을 매설하여 온수 등 열매체를 이용하여 복사열에 의해 실내를 난방
☞ 온풍 난방은 개별난방법

8 저온복사 난방에서 바닥패널표면의 온도는 몇 ℃ 이하로 하는 것이 좋은가?
① 30℃ ② 50℃
③ 60℃ ④ 70℃

8.해설
저온 복사난방의 바닥표면온도는 30℃~40℃이하로 유지하는 것이 좋다.

9 실내의 천장 높이가 12m 인 극장에 대한 증기난방 설비를 설계하고자 한다. 이 때의 난방부하계산을 위한 실내평균온도는 약 몇 ℃인가? (단, 호흡선 1.5m에서의 실내온도는 18℃이다)
① 23 ② 26
③ 29 ④ 32

9.해설
실내평균온도 = [12/1.5]+18
= 26 ℃

10 진공환수식 증기 난방법에 쓰이는 진공 개폐기는 환수관 내의 진공도를 몇 mmHg 정도로 유지하는가?
① 50~100 ② 100~250
③ 250~400 ④ 400~550

10.해설
• 진공개폐기환수관내진공도 :100~250mmHg

11 증기난방의 분류 중 응축수 환수방식에 의한 분류에 해당되지 않는 것은?
① 중력환수방식 ② 기계환수방식
③ 진공환수방식 ④ 건식환수방식

11.해설
• 증기난방응축수환수방식 : 중력환수방식, 기계환수방식, 진공환수방식

ANSWER 6.③ 7.④ 8.① 9.② 10.② 11.④

12 복사난방의 바닥패널 코일방식에 대한 설명으로 틀린 것은?

① 덕트방식은 구조체를 2중으로 하여 그 사이에 온풍을 통과시켜 난방을 행하는 방식이다.
② 그리드식은 균등한 유량 분배로 각 코일의 온도가 거의 같도록 할 수 있다.
③ 밴드코일은 관로의 저항이 많아 길이가 길어질경우 전·후방부의 온도차가 많이 난다.
④ 달팽이형 코일은 패널의 중앙부가 달팽이 모양이며 최근에는 사용하지 않는다.

12.해설
달팽이형 코일은 패널의 중앙부가 달팽이모양이며 최근에는 많이사용

13 증기난방의 특성을 옳게 설명한 것은?

① 온수난방보다 쾌감도가 좋다.
② 온수난방과 함께 간접난방법에 속한다.
③ 난방부하의 변동에 따라 온도조절이 쉽다.
④ 증기의 잠열을 이용하는 난방법이다.

13.해설
① 증기난방 : 증기의 잠열 이용
② 온수난방 : 온수의 현열 이용

14 저압 증기난방장치에서 하트포드 접속법에 대한 설명으로 틀린 것은?

① 증기관과 환수관 사이에 균형관을 설치한다.
② 보일러의 물이 환수관으로 역류하는 것을 방지한다.
③ 환수관의 침전물이 보일러에 유입되지 못하도록 한다.
④ 관말트랩을 보호하기 위한 배관법이다.

14.해설
하드포드 접속법은 관말트랩을 보호하기 위한 배관법에 해당되지 않는다.

15 다음 그림은 진공 환수식 증기난방법에서 응축수를 환수시키는 장치이다. 이 명칭은 무엇인가?

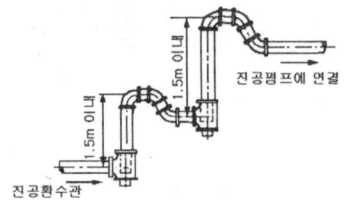

① 건식환수관   ② 리프트피팅
③ 루우프형 배관 ④ 습식환수관

15.해설
리프트피팅: 진공 펌프에 의해 응축수를 원활히 끌어 올리기 위해서 펌프 입구측에 설치.
리프트 피팅의 높이는 1.5[m]이내로1단그이상은2단으로 한다

ANSWER 12.④ 13.④ 14.④ 15.②

16 트랩 주위배관에서 냉각관(Cooling Leg)의 길이는 몇 m 이상으로 하는가?

① 1m 이상
② 1.5m 이상
③ 2m 이상
④ 3m 이상

16.해설
냉각관의 길이 1.5m까지는 보온하지 않는다.

17 다음은 증기 난방 배관의 설명이다. 옳지 않은 것은?

① 단관 중력 환수식은 방열기 밸브를 반드시 방열기의 아래쪽 태핑에 단다.
② 진공 환수식은 응축수를 방열기보다 위쪽의 환수관으로 배출할 수 있다.
③ 기계 환수식은 각 방열기마다 공기빼기 밸브를 설치할 필요가 없다.
④ 습식 환수관의 주관은 보일러 수면보다 높은 곳에 배관한다.

17.해설
습식 환수관의 주관은 보일러 수면보다 낮은 곳에 배관한다.

18 난방 면적에 따른 온수 온돌 팽창 탱크 용량 계산식은?
(단, V : 팽창 탱크 용량, A : 난방 면적)

① $V = 0.2 \times A$
② $V = 0.4 \times A$
③ $V = 0.8 \times A$
④ $V = 0.6 \times A$

19 다음 중 밀폐식 팽창 탱크 주변에 설치되는 계기 또는 배관이 아닌 것은?

① 압력계
② 배기관
③ 온도계
④ 수면계

19.해설
개방식 팽창 탱크 주위배관 배기관, 팽창관, 배수관, 일수관, 급수관, 도피관(안전관)

20 고압증기와 저압증기의 배관속이나 온수난방의 밀폐식 팽창 탱크에 사용되는 조정 밸브는 다음 중 어느 것인가?

① 플로트 밸브
② 안전 밸브
③ 감압 밸브
④ 온도 조절 밸브

20.해설
온수 난방의 밀폐식 팽창 탱크에 사용되는 조정 밸브는 안전 밸브이다.

21 직접 가열식 급탕법 중에서 온수 온도차에 의해서 물을 순환시키는 방식은?

① 즉시 탕비기식
② 중력 환수식
③ 저장형 탕비기식
④ 강제 순환식

21.해설
온수의 온도차에 의해서 물을 순환시키는 방식은 중력 환수식이다.

ANSWER 16. ② 17. ④ 18. ① 19. ② 20. ② 21. ②

22 증기난방의 배관 시공에 관한 사항 중 안전에 어긋나는 것은?

① 보일러의 물은 반드시 간접 배관으로 배수한다.
② 진공 펌프나 응축수 배관에는 반드시 배기관을 장치해야 한다.
③ 감압 밸브의 파일럿 파이프는 저압측 압력을 감압 밸브에 전달하기 위해 설치한다.
④ 방열관의 지관 중 증기 파이프는 역구배(선단하향)로 배관한다.

22. 해설
① ①, ②, ③의 내용은 증기난방의 배관 시공에 관한 안전사항이다.
② 방열관의 지관 중 증기관은 끝올림(역구배) 환수관은 끝내림(순구배)으로 한다.

23 온도 몇 [℃]를 초과하는 온수 보일러에는 안전 밸브를 설치하여야 하는가?

① 100[℃] ② 105[℃]
③ 115[℃] ④ 120[℃]

23. 해설
온수의 온도가 120[℃] 이하일 때는 방출 밸브 설치
① 전열면적이 10[m²] 이하는 25[A] 이상
② 전열면적이 10~15[m²] 이하는 30[A] 이상
③ 전열면적이 15~20[m²] 이하는 40[A] 이상
④ 전열면적이 20[m²] 이상은 50[A] 이상

24 증기난방법에서 하트포드 연결법(hart-ford connection)이란?

① 고압증기를 저압증기로 바꾸고자 할 때 감압 밸브를 연결하는 배관법이다.
② 트랩이나 스트레이너 등의 고장, 수리, 교환에 대비하기 위한 바이패스관 설치법이다.
③ 저압증기 난방장치에서 환수 주관을 보일러 밑에 접속하여 생기는 악영향 방지용 균형관을 설치한다.
④ 고압증기의 환수관을 그대로 저압증기의 환수관에 접속해서 생기는 증발을 막기 위해 탱크를 설치해 주는 법이다.

24. 해설
• 하트포드 연결법
주철제 보일러에서 저압의 증기 난방장치에서 환수주관을 보일러 밑에 접속하여 생기는 악영향 방지용 균형관을 설치하는 방법이다.

25 증기 난방의 진공 환수식 난방장치에 있어서 부득이 방열기보다 상방에 환수관을 배관해야 할 때 리프트 이음(lift-fitting)을 사용한다. 1단 흡상 높이는 몇 [m] 이내로 하는가?

① 1.0 ② 1.5
③ 2.0 ④ 3.0

26 다음은 개방식 팽창 탱크 주위의 배관이다. 관계없는 것은?

① 팽창관 ② 배기관
③ 오버플로우관 ④ 수위계

26. 해설
(1) 개방식 팽창 탱크의 주위 배관 부속장치
 ① 팽창관
 ② 배기관
 ③ 오버플로우관(일수관)
(2) 수위계는 밀폐식 팽창 탱크에 설치되는 부속품이다.

27 구멍탄용 온수 보일러 팽창 탱크의 크기는 난방면적이 10[m²] 이하인 경우는 (①) 이상, 10[m²] 추가할 때마다 (②)를 가산한 용적 이상이어야 한다. ( ) 안은?

① ① 4[l], ② 2[l]
② ① 2[l], ② 4[l]
③ ① 2[l], ② 2[l]
④ ① 2[l], ② 1[l]

27.해설
난방면적이 10[m²] 이하는 2[l] 이상, 10[m²] 초과시마다 2[l]씩 가산한 용적으로 한다.

28 온수 보일러를 시공하는 시공자가 할 일이 아닌 것은?

① 수압 시험
② 자동제어 작동검사
③ 시공기준 작성
④ 연소계통 누설시험

28.해설
• 설치검사항목
① 수압시험
② 자동제어 작동검사
③ 연소계통 누설검사
④ 온수순환시험
⑤ 연소 및 배기성능검사

29 보일러의 송수주관을 최하층의 천장에 배관하여 여기서 수직관을 분개시켜 방열기에 연결하는 방식은?

① 상향식
② 하향식
③ 단관식
④ 복관식

29.해설
• 상향식
보일러 송수주관을 최하층의 천장에 배관하여 여기서 수직관을 분개시켜 방열기에 연결한다.

30 다음 중 온수 보일러 설치 및 시공기준상에 규정된 연도의 수평부 경사도는 얼마 이상인가?

① 1/40
② 1/30
③ 1/20
④ 1/10

30.해설
연도의 수평부 경사는 1/10로 하고 굽힘부는 3개소 이내로 하여야 한다.

31 온수 온돌 시공시 팽창 탱크와 공기 방출기를 겸하여 사용하는 방식은?

① 상향식
② 상하 겸용식
③ 하향식
④ 병용식

32 강제 순환식 온수 난방에 대한 설명으로 잘못된 것은?

① 중력 순환식에 비하여 배관의 지름이 커야 한다.
② 순환 펌프가 필요하다.
③ 온수를 신속하고 고르게 순환시킬 수 있다.
④ 팽창 탱크를 밀폐형으로 할 경우 탱크 위치(높이)는 문제가 되지 않는다.

32.해설
• 강제 순환식 온수 난방의 특징
① 중력 순환식에 비하여 배관의 지름이 작아도 된다.
② 온수의 순환 펌프가 필요하다.
③ 온수를 신속하고 고르게 순환시킬 수 있다.
④ 밀폐형 팽창 탱크는 설치 높이는 문제되지 않는다.

ANSWER 27.③ 28.③ 29.① 30.④ 31.③ 32.①

33 다음은 전열면적이 14[m²] 이하인 유류용 온수 보일러 팽창 탱크에 관한 설명이다. 옳지 않은 것은?

① 팽창 탱크는 100[℃] 이상의 온도에 견디는 재질이어야 한다.
② 수위를 용이하게 알아볼 수 있는 구조여야 하며 얼지 않도록 적절한 보온을 하여야 한다.
③ 팽창 탱크 높이는 방열기 또는 방열기 코일면 보다 50[m] 이상 높은 곳에 설치한다.
④ 밀폐식일 경우 배관계 등 압력이 제한압력 이상으로 되면 자동적으로 과잉수를 배출시킬 수 있도록 방출 밸브를 설치해야 한다.

33.해설
① 개방식 팽창 탱크 : 최고층의 방열면보다 1[m] 높게
② 밀폐식 팽창 탱크 : 설치 위치에 제한을 받지 않는다.

34 바이패스 회로를 설치하지 않는 곳은?

① 급수량계
② 유전자 밸브
③ 감압 밸브
④ 급유량계

34.해설
전자 밸브(솔레노이드)에는 바이패스관은 안 된다.

35 온수 난방법의 종류의 대한 설명 중 틀린것은?

① 배관 방식에 따라 단관식과 복관식이 있다.
② 온수 온도에 따라 저온수식과 고온수식이 있다.
③ 온수 순환방식에 따라 중력순환식과 강제순환식이 있다.
④ 온수의 귀환방식에 따라 상향공급식과 하향공급식이 있다.

35.해설
온수의 공급방식에 따라 상향공급방식과 하향공급방식이 있다.

36 환수관 배관법 중 응축수 환수주관을 보일러의 표준수위보다 높은 위치에 배관하여 환수하는 방식은?

① 건식 환수방식
② 습식 환수방식
③ 강제 환수방식
④ 진공 환수방식

36.해설
• 건식 환수방식 : 증기부에 응축수 환수주 관을 설치하여 응축수를 환수하는 방식이다.

37 증기난방과 비교한 온수난방 특징을 잘못 설명한 것은?

① 가열시간은 길지만 잘 식지 않으므로 동결의 우려가 적다.
② 난방부하의 변동에 따라 온도조절이 용이하다.
③ 취급이 용이하고 표면의 온도가 낮아 화상의 염려가 적다.
④ 방열기에는 증기트랩을 반드시 부착해야 된다.

37.해설
• 온수난방의 특징
① 예열시간이 길고 잘 식지 않는다.
② 부하변동에 따른 온도 조절이 용이하다.
③ 방열기 표면온도가 낮아 화상의 염려가 없다.
④ 방열면적이 크게 필요하며 관경이 크다.

ANSWER 33.③ 34.② 35.④ 36.① 37.④

38 진공환수식 난방설비에 관한 설명으로 틀린 것은?

① 응축수 환수방식 중 증기 순환이 가장 빠르다.
② 진공펌프는 회전식과 왕복동식의 2종류가 있다.
③ 방열기 설치 위치에 제한을 받으므로 반드시 방열기은 보일러보다 높은 위치에 설치한다.
④ 발열량을 광범위하게 조절할 수 있다.

39 방열기 안에 생긴 응축수를 보일러에 환수할 때 온수의 공급과 환수가 동일 관을 이용하여 흐르게 하는 방식은?

① 단관식 ② 복관식 ③ 상향식 ④ 하향식

40 난방부하를 구성하는 인자에 속하는 것은?

① 관류 열손실
② 유리창으로 통한 취득열량
③ 벽, 지붕 등을 통한 취득열량
④ 환기의 의한 취득열량

41 어느 건물의 난방부하가 20000kcal/h이다. 5세주 650mm의 주철제 방열기로 온수난방을한다면 필요한 방열기 쪽수는? (단, 방열기 쪽당 방열면적은 $0.26m^2$이고, 방열량은 표준방열량으로 계산한다)

① 33 ② 117 ③ 171 ④ 178

42 방열기 설치 시 주의사항으로 틀린 것은?

① 방열기를 설치 할 때는 열손실이 가장 적은 곳에 설치한다.
② 기둥형 방열기는 벽에서 50~60mm 떨어져 설치한다.
③ 방열기는 바닥에서 보통 150mm 정도 높게 설치한다.
④ 방열기 파이프는 역구배가 되지 않도록 설치한다.

43 방열기의 설치 시 외기에 접한 창문 아래에 설치하는 이유로서 알맞은 사항은?

① 설비비가 싸기 때문에
② 실내의 공기가 대류작용에 의해 순환되도록 하기 위해서
③ 시원한 공기가 필요하기 때문에
④ 더운 공기 커텐 형성으로 온수의 누입을 방지 하기 위해서

38.해설
방열기 설치 위치에 제한을 받지 않음

39.해설
· 배관방법에 따른 분류
① 단관식 : 증기관과 응축수관이 1개 공동 사용
② 복관식 : 증기관과 응축수관이 각각 구분됨

40.해설
· 난방 부하 계산법
① 의 손실열량법 ② 인접실의 실내온도 산출법
③ 극간풍(틈새바람)에의한 손실열량법
· 냉방 부하계산법
① 구조체(천정, 바다, 벽)의 취득열량
② 유리에 의한 취득열량
③ 극간풍(틈새바람)에 의한 취득열량
④ 인체발열량 ⑤ 실내기구 발열량

41.해설
방열기 쪽수
= 난방부하 / 방열량 × 쪽당방열면적
= 20000 / 450 × 0.26
= 171쪽

42.해설
개구부 아래의 열손실이 가장 큰곳에 설치하여 외부의 찬공기가 유입되는 것을 방지한다.

43.해설
방열기를 창문아래에 설치하는 이유는 실내의 공기가 대류작용에 의해 순환되도록 하기 위한 이다.

ANSWER 38.③ 39.① 40.① 41.③ 42.① 43.②

44 열교환 코일에 온수 또는 냉수를 공급받아 온풍 또는 냉풍을 실내로 공급하는 강제대류형 방열기로서 공기여과기, 송풍기, 가열(냉각)코일이 케이싱 내에 내장되어 있는 것은?

① 길드방열기 (gilled radiator)
② 컨벡터 (convector)
③ 팬코일유닛 (F.C.U)
④ 공기조화기 (A.H.U)

44.해설
• 팬 코일 유닛(fan coil unit)방식 : 냉온수 코일, 팬, 에어 필터를 내장한 유닛으로 여름에는 코일에 냉수를 통과시켜 공기를 냉각, 감습하고, 겨울에는 온수를 통과시켜 공기를 가열하는 방식

45 어떤 온수방열기의 입구 온수온도가 85℃, 출구 온수온도가 65℃ 실내온도가 18℃일 때 방열기의 방열량은?
(단, 방열기의 방열계수는 7.4kcal/m²h℃이다.)

① 421.8 kcal/m²h
② 450.0 kcal/m²h
③ 435.6 kcal/m²h
④ 650.0 kcal/m²h

45.해설
$7.4 \times (\frac{85+65}{2} - 18) = 421.8 \text{kcal/m}^2\text{h}$

46 온수보일러의 방열기 입구온도가 80℃ 출구온도가 40℃이고, 온수 순환량이 500kg$_f$/h일 때, 방열기 방열량은 몇 kcal/h인가? (단, 온수의 평균 비열은 1kcal/kg$_f$·℃로 한다.)

① 30000
② 20000
③ 25000
④ 15000

46.해설
$500 \times (80-40) = 20000$

47 어떤 방의 온수난방에서 소요되는 열량이 시간당 21000 kcal이고, 송수온도가 85℃이며, 환수온도가 25℃라면, 온수의 순환량은? (단, 온수의 비열은 1kcal/kg·℃이다.)

① 324 kg/h
② 350 kg/h
③ 398 kg/h
④ 423 kg/h

47.해설
21000 kcal/h/(85℃-25℃)× 1kcal/kg·℃ =350 kg/h

48 물은 온도변화에 따라 용적이 변화하므로 이를 흡수하여 배관계를 보호하기 위해 설치한 것은?

① 팽창탱크
② 공기빼기밸브
③ 온수분배기
④ 전동밸브

48.해설
• 팽창탱크 : 온도변화에 의한 온수의 체적팽창을 흡수하여 배관의 파손 및 열손실을 방지한다.

ANSWER 44. ③ 45. ① 46. ② 47. ② 48. ①

49 온수난방에서 팽창탱크의 용량 및 구조에 대한 설명으로 틀린 것은?

① 개방식 팽창탱크는 저 온수난방 배관에 주로 사용된다.
② 밀폐식 팽창탱크는 고 온수난방 배관에 주로 사용된다.
③ 밀폐식 팽창탱크에는 수면계를 설치한다.
④ 개방식 팽창탱크에는 압력계를 설치한다.

49. 해설
압력계는 밀폐식 팽창탱크에 설치한다.

50 온수보일러에서 팽창탱크에 연결되는 팽창관은 탱크 바닥에서 약 몇 mm 정도 올라오게 배관하는가?

① 5 ② 10
③ 25 ④ 40

51 온수온돌에서 기초바닥이 지면과 접하는 곳에는 방수처리가 필요하다. 이 방수처리의 목적에 해당되지 않는 것은?

① 수분증발에 의한 열손실 방지
② 장판의 부식방지
③ 배관의 부식방지
④ 단열효과 저하초래

51. 해설
방수처리를 함으로 해서 단열효과를 높여 열손실 등을 방지할 수 있다.

52 온수온돌의 난방방열 특성을 설명한 것으로 맞는 것은?

① 저온직사열에 의한 난방
② 저온대류에 의한 난방
③ 저온복사에 의한 난방
④ 저온전도에 의한 난방

52. 해설
• 온수온돌 난방: 저온복사에 의한 난방
• 증기난방: 물의 잠열을 이용한 난방
• 온수난방: 물의 현열을 이용한 난방

53 개방식 팽창탱크에서 온수의 팽창량을 계산하는데 필요 없는 것은?

① 장치내의 전체수량 ② 압력
③ 온수의 밀도 ④ 급수의 밀도

53. 해설
개방식팽창탱크온수팽창량식:
$\Delta V = V [1/온수밀도 - 1/물의밀도]$
압력은 밀폐식 팽창탱크용량 계산 시 필요함.

54 난방 면적이 100m², 열손실지수 90kcal/m²·h 온수온도 80℃ 실내온도 20℃ 일 때 난방부하(kcal/h)는?

① 7000 ② 8000
③ 9000 ④ 10000

54. 해설
난방부하 = 난방면적 × 열손실지수
= $100m^2 \times 90kcal/m^2 \cdot h$
= 9000 kcal/h

ANSWER 49. ④ 50. ③ 51. ④ 52. ③ 53. ② 54. ③

55 강제순환식 온수난방 배관의 구배에 관한 설명으로 옳은 것은?

① 구배는 모두 끝내림으로 한다.
② 구배는 모두 끝올림으로 한다.
③ 복귀관만 끝내림 구배로 한다.
④ 구배는 자유롭게 해도 된다.

55.해설
강제순환식 온수난방 구배(기울기)는 끝올림이든 끝내림이든 무관하다.

56 벽걸이형 방열기를 설치할 때 바닥면에서 방열기 밑면까지의 높이는 몇 mm가 되도록 설치하는 것이 좋은가?

① 150mm ② 650mm
③ 800mm ④ 1,000mm

57 길이 1m 정도의 주철제 파이프에 방열효과를 높이기 위해 주름(fin)을 붙인 방열기는?

① 주형 방열기 ② 팬 히터
③ 강판 방열기 ④ 길드 방열기

58 3세주형 주철제 방열기로 높이가 650mm이며, 섹션 수가 15개이고, 유입관경 25mm, 유출관경 20mm인 것은?

① 15 / 3-650 / 25×20
② 25×20 / 3×650 / 15
③ 15 / 3×650 / 20×25
④ 25×20 / 3-650 / 15

59 방열기의 표준 방열량에 대한 설명으로 틀린 것은?

① 증기의 경우, 게이지 압력 $1kg/cm^2$, 온도 80℃로 공급하는 것이다.
② 증기 공급시의 표준 방열량은 $650kcal/m^2 \cdot h$이다.
③ 실내 온도는 증기일 경우 21℃, 온수일 경우 18℃ 정도이다.
④ 온수 공급시의 표준 방열량은 $450kcal/m^2 \cdot h$이다.

59.해설
증기방열기는 $1kg/cm^2$에서 102℃로 공급한다
온수방열기는 $1kg/cm^2$에서 80℃로 공급한다

ANSWER 55. ④ 56. ① 57. ④ 58. ① 59. ①

60 팽창탱크 내의 물이 넘쳐흐를 때에 대비하여 팽창탱크에 설치하는 관은?

① 배수관　　② 팽창관
③ 환수관　　④ 오버플로우관

60. 해설
오버플로우관(일수관)은 팽창탱크 내의 물이 넘쳐흐를 때에 대비하여 설치

61 온수 보일러의 배관에 대한 설명으로 틀린 것은?

① 배관은 KS 규격의 보온, 보냉공사 시공표준에 따라 보온을 하여야 한다.
② 밸브는 KS 규격의 청동 밸브 또는 동등 이상의 것을 사용하여야 한다.
③ 팽창관에는 역류를 방지하기 위한 첵크밸브를 설치하여야 한다.
④ 보일러와 연료탱크 사이의 배관에는 유수분리기가 있어야 한다.

61. 해설
팽창관에는 밸브류설치 금지

62 온수난방 배관에서 수평주관에 관지름이 다른 관을 접속하여 상향 구배로 할 때 사용하는 가장 적합한 관 이음쇠는?

① 편심 레듀셔　　② 동심 레듀셔
③ 부싱　　④ 공기빼기 밸브

62. 해설
• 편심 이음 : 편심 레듀셔를 이용
• 상향기울기 : 관의 윗면을 수평하게 연결
• 하향 기울기 : 관의 밑면을 수평하게 연결

63 온수난방의 배관 시공법에서 배관 구배는 관 길이 1m에 대하여 몇 mm로 하는가? (단, 배관 구배는 1/250으로 한다.)

① 2mm　　② 4mm
③ 25mm　　④ 40mm

63. 해설
$1m = 1,000mm \therefore \frac{1,000}{250} = 4mm$

64 온수 배관에 쓰이는 방열관 종류를 열전도도가 큰 것부터 작은 것 순서로 옳게 나열한 것은?

① 동관 > 강관 > 폴리에틸렌관
② 동관 > 폴리에틸렌관 > 강관
③ 강관 > 동관 > 폴리에틸렌관
④ 폴리에틸렌관 > 강관 > 동관

ANSWER　60. ④　61. ③　62. ①　63. ②　64. ①

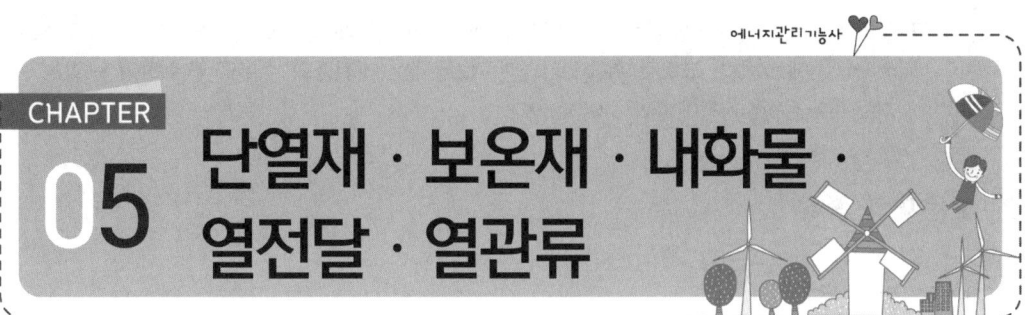

CHAPTER 05 단열재 · 보온재 · 내화물 · 열전달 · 열관류

5-1 보온재

온도를 보존하기 위하여 사용되는 재질로서 일명 단열재(斷熱材 ; insulation material)라고 말하나 보온재(保溫材 ; lagging material)와 단열재를 엄격히 다음과 같이 구분된다.

〈내화, 단열, 보온재의 구분〉

구 분	내 용
내화물	우리 나라에서는 SK 26(1,580[℃]) 이상의 것을 내화물이라고 하며, 이 것은 각국마다 공업규격이 규정하고 있다.
내화단열재	1,200~1,500[℃]까지의 온도에 견디는 것.
단열재	800~1,200[℃]까지의 온도에 견디며 단열효과를 나타내는 것.
보온재	800[℃] 이하의 온도에 견디는 것으로 무기질 보온재 500~800[℃], 100~500[℃]까지의 유기질 보온재를 말한다.
보냉재	100[℃] 이하의 냉온을 유지하는 냉동, 냉장용의 것.

1. 보온재의 구비조건(단열재, 보냉재)

(1) 열전도율이 작아야 한다.
(2) 사용온도에 있어서 내구성이 있어야 하며, 변질되지 말아야 한다.
(3) 부피·비중이 작아야 한다.
(4) 다공성이며, 기공이 균일하여야 한다.
(5) 기계적 강도가 크고, 시공성이 좋아야 한다.
(6) 흡수성, 흡습성이 없어야 한다.

　　▫ 열전도율은 비중이 작을수록, 온도차가 작을수록, 기공층이 많을수록, 두께가 두꺼울수록 작아진다.

☐ 30[℃]에서 물의 열전도율은 λ=0.518[kcal/m·h℃]로서 공기의 열전도율(i=0.0231[kcal/m·h℃])에 비하여 크므로 흡습도가 많은 보온재는 대기중의 수분을 흡수하여 단열효과가 저하되므로 방수가공에 유의하여야 한다.

2. 보온재의 종류

(1) 유기질 보온재

다공질 구조(독립기포)로 미세한 공백층에 의하여 열전도를 지연시키며 주로 보냉재로 사용한다.

① 펠트(felt)류: 양모펠트, 우모펠트가 있고, 실내 혹은 천장내 급수 및 배수관 표면에 결로 방지(방로)를 위해 사용한다.
② 텍스류 : 톱밥, 목재 등을 압축 성형한 것으로, 건축재료로서 실내벽·천장 등의 보온 및 방음에 사용된다.
③ 폼류 : 기포성 수지로 고무나 합성수지를 주원료로 발포제를 가하여 다공질 물질로 만든것으로 염화비닐폼, 폴리우레탄폼, 폴리스틸렌폼(일명 스치로폴로 체적의 97~98%가 기공이며, 열차단 능력이 좋고, 내수성이 강함)으로 보온, 보냉성이 좋다.
④ 탄화콜크류 : 탄성이 풍부하고, 액체, 기체 침투를 방지하는 효과가 좋아 보냉, 보온 용에 사용한다.

보온재명	특 성	용 도	비 고
면화	160[℃](열분해)	의 류	최적충진밀도
목재Pulp	105[℃](〃)	물독 steam	80~100[kg/m²]
톱밥	130[℃](〃)	수송관	흡습도 목 면 5~ 8[%]
양모	〃	의 류	양모류 15~19[%]
우모	〃	〃	
마모	〃	〃	
닭털	〃	〃	
쌀겨	〃	물독 steam	(17[℃]) i=0.097~150 kcal/mh℃
		수 송 관	최적밀도
콜크판	〃	보 온 재	73~215[kg/cm²]
지류(파형)	〃	〃	i=0.045~0.060 kcal/mh℃
			※ i=열전도율

(2) 무기질 보온재

다공질 구조로 미세한 공백층에 의하여 열전도를 지연시키며 500~600[℃] 정도에서 많이 사용한다.

① 석면 : 석면질 섬유로 되어있으며, 400℃이하의 파이프, 탱크노벽 등의 보온재로

사용되며 특히 진동을 받는 장치의 보온재로 우수하다.

② 규조토 : 규조토의 건조분말에 석면 또는 삼염물 등을 혼합하여 물반죽으로 시공하며, 충격, 진동있는 곳에 사용이 곤란 하며 단열효과가 적고 두껍게 시공한다.

③ 탄산마그네슘 : 염기성 탄산마그네슘85%와 석면15%를 배합하여 압축 성형한 것으로 경량이며, 습기가 많은 곳의 옥외 배관, 탱크의 보냉용으로 사용한다.

④ 유리섬유(글라스울) : 용융유리를 압축공기, 증기로 원심력을 이용한 섬유화한 것이다. 물 등에 의한 화학작용을 일으키지 않으므로 단열, 내열, 내구성이 좋아 보온재, 보온통 등에 사용 된다.

  ㉮ 매트(mat) : 탄력있는 두루마리 형태로 만든 것으로 보온 및 단열 효과가 좋다.
  ㉯ 보온판 : 판상으로 만든 것으로 시공성이 용이하다.
  ㉰ 보온통 : 보온 및 단열 시공이 편리하도록 파이프 형태로 만들어 온수관, 급수관 등에 사용한다.
  ㉱ 블로울(blow wool) : 유리면 벌크를 입상화하여 만든 것으로 천장, 마루바닥의 단열, 보온용으로 사용한다.

⑤ 규산칼슘 : 석회석 과 규조토를 원료로하여 만든 것이다.

⑥ 암면 : 안산암, 현무암에 석회를 섞어 용융, 압축 가공한 것으로 400℃이하의 덕트. 탱크 등 보온재로 사용한다.

  ㉮ 매트(mat) : 일반 건물의 간벽, 내벽, 천장에 사용한다.
  ㉯ 블랭킷(blanket) : 빌딩 덕트, 천정, 마루밑 등의 단열재로 사용하며, 한쪽면에 은박지가 부착되어있다.
  ㉰ 하이울(high wool) : 열설비 표면의 보온 및 단열재로 사용한다.
  ㉱ 파티션 코어 : 판상제품으로 톱이나, 칼로 쉽게 절단할 수 있으며 흡음, 방화용 파티션의 심재용으로 사용한다.
  ㉲ 로코트(rocoat) : 분사식 내화, 단열, 흡음 피복재로 보, 기둥, 철골구조 등에 사용한다.

⑦ 기타 무기질 보온재 : 퍼얼라이트, 실리카화이버(1,100 이상), 세라믹화이버(1,300 이상)

보온재명	특 성	용 도
탄산 마그네슘 85[%] 석면 15[%] 혼합물	320~350[℃]에서 분해	300[℃]에서 사용
규조토	안전사용온도 500[℃] 평균밀도 400~460[kg/m²] λ=0.073[kcal/mh℃]	증기관 보온
생석회	0.083[kcal/mh℃] 이하	1. 증기관 보온 2. plaster

보온재명	특 성	용 도
석면(천연품)	안전사용온도 500[℃] 내연성, 내 alal성 mp 1,100~1,400[℃] $\lambda = 0.15[kcal/mh℃]$	1. 보 온 재 2. 절 연 재 3. 스 레 트 진동이 많은 곳에도 사용
질석	500[℃]에서 가열 팽창 흡습성이 큼 제품에는 질석과 규산소다 혼합물과 질석 tar의 혼합물로 가열, 가압하여 형성	질석보드 권으로 실내보온
경량 콘크리트	비중 1~1.4 $\lambda = 0.26~0.4[kcal/mh℃]$ 안전사용온도 400~500[℃]	보온재
보통 콘크리트	$\lambda = 1.3~2.3[kcal/mh℃]$ 부피순비중 0.5~0.9 기 공 율 55~75[%]	
단열벽돌	규조토질 내압강도 20~70[kg/m²] 안전사용온도 900~1,000[℃] $\lambda = 0.10~0.15[kcal/mh℃](350[℃])$	보온재
내화단열벽돌	부피순비중 0.8~1.2 기공율 50~70[%] 내압강도 30~10[kg/cm²] $\lambda = 0.10~0.35[kcal/mh℃](350[℃])$	
내화벽돌	$\lambda = 1.08~1.51[kcal/mh℃]$	
보통벽돌	부피순비중 1.8 기공율 20[%] 내외 $\lambda = 1.10~0.35[kcal/mh℃]$	
오지토관	$\lambda = 1.08[kcal/mh℃]$	
Fiber Glass	섬유질 흡착소 $\lambda = 0.03~0.045[kcal/mh℃]$ 안전사용온도 300~350[℃] 특수하게 사용할 때에는 600~900[℃]	1. 증기관 2. 고급보온재
Foam Galss	밀도 160~180[kg/m²] 내압강도 10~15[kg/cm²] 가공율 92[%] $\lambda = 0.04[kcal/mh℃]$ 안전사용온도 300~350[℃]	
Rock Wool (1) Rock Wool(인공품) (2) Slag Wool	섬유상 7~20[μ] $\lambda = 0.032~0.04[kcal/mh℃]$ Rock Wool보다 석회분이 많다. 그외 특성은 동일	보온재

(3) 금속질 보온재

금속 특유의 반사특성(복사열)을 이용한 것으로 가볍다.

보온재명	특성	열전도율(kcal/mh℃)	용도
알루미늄박	두께(0.007~0.01[mm])	$\lambda = 0.028 \sim 0.048$	보온재
Alumiseal reflective insulation	미국에서 상품화된 Al판을 사용한 것.	$\lambda = 0.059(10[℃])$	〃
Ferrotherm insulation	강철박판상에 연 또는 석의 합금을 도장하여 부식을 방지한 것.		〃

(4) 보온시공

① 물반죽 보온재를 사용할 때는 약 25[mm] 두께로 바르고, 수분이 보온재의 1~1.5배 남을 정도로 건조시킨 후, 같은 방법으로 소정의 두께까지 바른다.
② 판상 보온재를 사용할 때는 소정 두께의 보온판을 강선으로 고정 밀착시킨다. 두께가 75[mm] 이상일 때는 두 층으로 나누어 시공한다.
③ 입상 또는 섬유상의 보온재를 사용할 때에는 소정 두께의 외곽을 만들고, 그 속에 보온재를 채운다.
④ 헬트상 보온재를 사용할 때에는 소정 두께의 헬트를 강선으로 감아 밀착시키고, 휴지 등으로 외부를 시공한다.
⑤ 보온통의 경우에는 소정 두께의 보온통을 강선으로서 밀착시킨다. 두께가 75[mm] 이상시는 두 층으로 나누어 시공한다.
⑥ 내화단열연화를 시공할 때는 600~1000[℃]의 보온면에 연와를 내층으로 층간 밀착시키고, 연와에는 내화 모르타르(mortar)를 바른다.

(5) 보온효율

$$보온효율 = \frac{Q_0 - Q}{Q_0} \times 100$$

Q_0 : 나관의 손실 열량
Q : 보온관의 손실열량

5-2 단열재

열전도성이 작은 재료를 써서 로내로 부터의 열 방산을 방지하여 열효율을 높이기 위한 열전도성이 적은 재료($\lambda = 0.1[kcal/mh℃]$)를 단열재라 한다.

(1) 종류

① 내화 단열재 : SK 10(1300[℃]) 이상 단열 효과가 있는 재료
② 단열재 : 850~1200[℃]에서 단열 효과가 있는 재료

(2) 구비조건

① 독립기포의 다공질일 것.
② 시공성이 우수할 것.
③ 열전도율이 적을 것.
④ 기계적 압축강도가 있을 것.
⑤ 비중(밀도)이 적을 것.

1. 단열성 재료

(1) 규조토

규조라 불리우는 단세포 조류의 사멸된 유해가 점토, 화산회, 유기물 등과 함께 퇴적한 것.(SiO_2 70[%] 이상의 것이 양질)

(2) 석면(asbestos)

최고사용온도 650[℃]
① 각 섬석족에 속하는 섬유상 광물을 총칭한 명칭
② 온석면, 청석면, 감섬석면, 직섬석면 등이 있다.

2. 단열 효과

(1) 축열용량이 작아진다.
(2) 열전도도가 작아진다.
(3) 로온이 균일하게 된다.
(4) 스폴링 현상을 감소시킨다.

3. 재질상의 분류

(1) 규조토질 단열벽돌

① 제일 많이 사용되는 것으로 그 종류가 많다.
② 소성온도를 균일하게 하고, 1000[℃]를 넘지 않게 한다.
③ 압축강도 마모저항 및 spalling 저항에 약하다.
④ 재가열 수축률도 큰 사실은 다공질 조직 때문이다.

(2) 점토질 내화단열벽돌

① 고온노면에 사용하며 노벽이 얇아져 노의 중량이 준다.
② 가열속도가 단축된다.(내화벽돌의 25~30[%] 단축)
③ 노벽의 열용량이 적고 내스폴링성이 크며 노면, 내면 어느 곳에도 사용

예상문제

1 보온재의 선정 시 고려해야 할 사항에 속하지 않는 것은?

① 열전도율이 적어야 한다.
② 물리적·화학적 강도가 커야 한다.
③ 안전 사용온도 범위에 적합해야 한다.
④ 부피 및 비중이 커야 한다.

1. 해설
부피 및 비중이 적을 것

2 다음 중 보온재의 가장 중요한 역할에 속하는 것은?

① 보온재를 가로지른 열 이동을 작게 한다.
② 보온재를 가로지른 물질 이동을 작게 한다.
③ 재료의 부식을 작게 한다.
④ 재료의 강도를 크게 한다.

3 보온재의 열전도율에 관한 설명으로 틀린 것은?

① 보온재의 두께가 두꺼울수록 열전도율은 작아진다.
② 온도가 높을수록 열전도율은 커진다.
③ 습기를 많이 함유할수록 열전도율은 작아진다.
④ 단위 체적당 기공 숫자가 많을수록 열전도율은 작아진다.

3. 해설
습기를 많이 함유할수록 열전도율은 커진다. 즉, 습기가 많으면 보온 효율이 떨어진다.

4 알루미늄박 보온재를 다음의 어떤 특성을 이용한 것인가?

① 복사열의 대류특성
② 복사열의 대류특성
③ 복사열에 대한 반사특성
④ 복사열에 대한 흡수특성

4. 해설
알루미늄박 보온재는 알루미늄판을 사용하여 증기층을 중첩시킨 것으로 그 표면은 열복사에 대한 반사능을 이용한 것이며 공기층의 두께는 10[mm] 이하일 때까지 효과가 가장 크다.

5 보온재료의 열전도율을 측정한 때의 기준온도는 얼마인가?

① 10[℃]
② 20[℃]
③ 50[℃]
④ 70[℃]

5. 해설
• 열전도율 측정 기준온도
① 내화물의 −350[℃]
② 보온재의 −70[℃]

ANSWER 1. ④ 2. ① 3. ③ 4. ③ 5. ④

6 보온재와 단열재의 구분은 무엇에 기준을 두고 있는가?

① 압력　　　　② 가공성
③ 온도　　　　④ 형태

6.해설
보온재, 단열재 등은 온도 800[℃]를 기준하여 구분한다.

7 보온재를 2종 이상 조합하여 사용할 때는 시공면이 어떠한 상태에 있어서일까?

① 울퉁불퉁할 때　　② 습기가 있을 때
③ 부식되어 있을 때　　④ 온도가 높을 때

7.해설
2층으로 시공할 때는 시공면이 이음면(플랜지) 등이 있을 때이고, 2종을 조합할 때에는 시공면이 온도가 높을 때인데, 제1층의 보온은 내열성을 주체로 한 보온재를, 제2층에는 열전도가 작은 것을 주체로 사용한다.

8 다음 중 보온재가 갖추어야 할 성질에 속하지 않는 것은?

① 열전도율이 클 것.
② 어느 정도의 강도를 갖을 것.
③ 비중이 작을 것.
④ 장시간 사용하여도 사용온도에 견디며 변질하지 않을 것.

8.해설
• 보온재의 구비조건
① 열전도율이 작아야 한다.
② 사용온도에 있어서 내구력이 있어야 하며, 변질되지 말아야 한다.
③ 부피, 비중이 작아야 한다.
④ 다공성이며 가공이 균일하여야 한다.
⑤ 기계적 강도를 가져야 하며, 시공성이 좋고, 흡수성이 없어야 한다.

9 보온재의 시공에 있어서 적합하지 않은 것은?

① 여러 겹의 성형품 보온 시공에 있어 이음매가 겹치지 않아야 한다.
② 보온재에 물·수분이 들어가기 쉬운 경우에는 방수 커버를 해야 한다.
③ 성형된 제품보다 즉시 시공할 수 있는 물반죽 보온재를 사용하는 것이 좋다.
④ 진동·신축 등이 심한 장치 및 배관 등에서는 조임쇠 및 철망 등으로 보강해야 한다.

9.해설
물반죽 보온재 보다 성형된 제품이 즉시 시공할 수 있어 많이 사용된다.

10 다음 중 보온재의 종류에 속하지 않는 것은?

① 유기질 보온재　　② 금속질 보온재
③ 무기질 보온재　　④ 섬유질 보온재

11 전도에 의한 열의 전달과 보온재의 두께에 관하여 일반적으로 어떻게 되는가?

① 반비례한다.　　② 온도가 낮을수록 비례한다.
③ 비례한다.　　　④ 무관하다.

11.해설
전도에 의한 열전달을 두께에 비례하고 방사에 의한 전달을 두께에 무관하며 보온재 내부 물질의 양에 따라서 전열량의 대소는 영향이 크다.

ANSWER 6. ③　7. ④　8. ①　9. ③　10. ④　11. ①

12 관, 탱크, 노벽 등의 보온재로 사용되는 것은?
① 규조토 보온재 ② 탄산 마그네슘 보온재
③ 규산 칼슘 보온재 ④ 파형 보온재

13 다음에서 유기질 보온재의 종류가 아닌 것은?
① 텍스 ② 규조토 ③ 펠트 ④ 코프크

14 유리의 미세한 분말에 발포제를 넣어 가열 융해시켜 발포와 동시에 경화 융착시켜 제조된 것은?
① 기계적 강도가 크다.
② 고온용 보온재로서 적합하다.
③ 흡수성 및 흡습성이 크다.
④ 저온용 보온재로서 적합하다.

15 온도가 높은 물체의 나면과 그 보온면으로 부터의 방산열량을 각각 Q_0, Q 라고 하면 보온 효율은?
① $\dfrac{Q_0 - Q}{Q_0}$ ② $\dfrac{Q_0 - Q}{Q}$
③ $\dfrac{Q_0}{Q_0 - Q}$ ④ $\dfrac{Q}{Q_0 - Q}$

16 보냉재(保冷材)의 구비 조건에 맞지 않는 것은?
① 재질 자체의 모세관 현상이 커야 한다.
② 난연성이거나 불연성이어야 한다.
③ 보냉효율이 커야 한다.
④ 표면 시공이 좋아야 한다.

17 다음 중 보냉재에 속하는 것은?
① 석면 ② 경질 폴리우레탄 폼
③ 우모 ④ 탄산마그네슘

18 다음 중 유기질 단열재는?
① 기포성 수지 ② 규조토
③ 탄산 마그네슘 ④ 암면

ANSWER 12. ① 13. ② 14. ④ 15. ① 16. ① 17. ② 18. ①

12. 해설
규산 칼슘 보온재는 규조토에 석회와 3~15[%]의 석면섬유를 가하여 성형하고 수증기 처리를 하여 경화시킨 것인데 강도 내열성, 내수성이 우수하며, 가볍고, 열전도율은 0.05~0.065[kcal/m·h·℃]이고, 최고 안전사용온도는 30~650[℃]이다.
관, 탱크, 노벽 등의 보온재로는 규조토, 암면 등이 많이 사용된다.

13. 해설
규조토는 무기질 보온재이고, 텍스란 목재 펄프나 톱밥을 원료로 하여 압축시켜 판 모양으로 성형한 보온재로서 냉난방이나 실내벽, 천정 등에 사용되며, 펠트류는 양모와 우모 등을 의미한다.

14. 해설
다포유리(foam glass)는 주로 보냉제로 사용되며 방열재로는 강도가 가장 크다. 단 깨지기 쉬우며 마모 저항이 적다.

15. 해설
보온 효율은 보온재의 두께가 증가할수록 커지나, 직선적으로 비례하지는 않는다.

보온 효율$(n) = \dfrac{Q_0 - Q}{Q_0}$

$= 1 - \dfrac{\text{그 보온면으로부터의 방산열량}}{\text{고온체의 나면 방산열량}}$

Q_0 : 물체의 확산열량
Q : 보온면의 확산열량

16. 해설
① 보온재와 보냉재의 구비조건은 같다.
② 재료가 모세관 현상이 일어나면 흡수성이 커지므로 나쁘다.

17. 해설
보냉재로는 탄화 코르크, 경질 폴리우레탄 폼, 다포유리, 폼 폴리스틸렌, 페놀폼, 비닐폼, 펄라이트입(보온, 보냉) 등이 있다.

18. 해설
• 유기질 단열재
펠트, 텍스, 코르크, 기포성 수지

19 사용 중 진동에 강하고 400[℃] 이하의 파이프, 탱크의 노벽 등의 보온재로 적합한 것은?

① 석면　　② 암면
③ 펠트　　④ 규조토

20 다음 중 안전사용 온도가 가장 낮은 것은?

① 무기질 보온재　　② 유기질 보온재
③ 단열재　　④ 내화물

21 다음 중 무기질 단열재가 아닌 것은?

① 기포성 수지　　② 규조토
③ 탄산 마그네슘　　④ 암면

22 단열재료에 기공이 크다면 열전도율은 어떻게 되겠는가?

① 작아진다.
② 커진다.
③ 똑같다.
④ 작아질 수도 있고 커질 수도 있다.

23 열전도율이 극히 낮고 경량이며, 흡수성은 좋지 않으나 굽힘성이 풍부한 유기질 보온재는?

① 펠트　　② 코르크
③ 기포성 수지　　④ 규조토

24 다음 중 일정한 두께를 가진 재질에 있어서 보냉효율이 가장 좋은 것은?

① 경질 폴리우레탄 발포제　　② 양모
③ 기포 시멘트　　④ 석면

25 다음 피복 재료 중 효율이 낮아 두껍게 시공하며 500[℃] 이하의 배관, 탱크, 보일러 등의 보온에 사용되는 것은?

① 규조토　　② 석면
③ 암면　　④ 탄화 코르크

19.해설
① 암면 : 600[℃] 석면보다 값이 싸서 꺾어지기 쉽다.
② 규조토 : 500[℃] 진동받는 곳에 사용이 곤란하고 보온효과가 낮다.
③ 펠트 : 우모, 양모가 있고 곡면 시공이 용이하고 −60[℃]까지 사용

20.해설
① 내화물 : 1580[℃] 이상
② 단열재 : 800~1200[℃]
③ 무기질 : 500~800[℃]
④ 유기질 : 100~500[℃]
⑤ 보냉재 : 100[℃] 이하

21.해설
① 유기질 보온재 : 펠트류, 텍스류, 기포성수지, 탄화 코르크
② 무기질 보온재 : 석면, 규조토, 질석, 폼그라스, 글라스 울, 탄산 마그네슘, 암면, 실리카 파이버, 세라믹 파이버 등

ANSWER 19. ① 20. ② 21. ① 22. ② 23. ③ 24. ① 25. ①

26 스팔트로 방습한 것은 -60[℃] 정도까지 유지할 수 있어 보냉용으로 사용되며, 관의 곡면 부분에도 시공이 가능한 보온재는?

① 펠트   ② 코르크   ③ 석면   ④ 암면

27 다음은 석면 보온재에 관한 설명이다. 틀리게 설명된 것은?

① 아스베스트질 섬유로 되어 있다.
② 400[℃] 이하의 보온재료로 적합하다.
③ 진동이 생기면 갈라지기 쉬우므로 탱크, 노벽의 보온에 적합하다.
④ 곡관, 플랜지부에 많이 사용한다.

27.해설
③ 진동이 있는 곳에 사용가능한 보온재이다.

28 다음 중 상온 또는 저온용 보온재(또는 보냉재)는?

① 펄라이트   ② 플라스틱 보온재
③ 규산 칼슘 보온재   ④ 세라믹 화이버

28.해설
저온용 보온재는 유기질 보온재이다.

29 폴리스티로플의 최고 안전 사용 온도는?

① 70[℃]   ② 170[℃]   ③ 270[℃]   ④ 370[℃]

30 다음 중 500[℃] 이하의 탱크·노벽의 보온재 진동을 받는 장치의 보온재에 많이 사용하는 무기질 보온재는?

① 규조토   ② 탄산마그네슘
③ 암면   ④ 석면

31 보냉재의 구비조건에 합당하지 않은 것은?

① 재질 자체의 모세관 현상이 커야 한다.
② 표면 시공성이 좋아야 한다.
③ 보냉효율이 커야 한다.
④ 난연성이나 불연성이어야 한다.

31.해설
모세관현상이 큰 것은 흡수성이 크므로 열전도율이 커질 수 있다.

32 건축재료로서 실내벽·천장 등의 보온 및 방음에 사용되는 보온재는?

① 지류·톱밥   ② 코르크
③ 텍스류   ④ 동식물성 섬유와 펠트

ANSWER 26.① 27.③ 28.② 29.① 30.④ 31.① 32.③

33 다음 중 금속 보온재에 대하여 설명한 것은?

① 복사, 전도, 대류에 대한 흡수 특성을 이용한 것.
② 복사열에 대한 반사 특성을 이용하여 보온 효과를 얻은 것.
③ 복사열에 대한 흡수 특성을 이용하여 보온 효과를 얻은 것.
④ 전도에 대한 열을 이용한 것.

33.해설
• 금속보온재 대표적인 것 알루미늄박

34 보온재 중 흔히 스치로플이라고도 하며, 체적의 97~98%가 공기로 되어 있어 열차단 능력이 우수하고, 내수성도 뛰어난 보온재는?

① 발포 폴리스티렌   ② 경질 우레탄
③ 콜크   ④ 그래스 울

35 안산암, 현무암, 석회석 등을 원료로 하여 용융, 압축가공한 것으로 400℃ 이하의 관, 덕트, 탱크 등에 사용하는 보온재는?

① 규조토   ② 석면
③ 암면   ④ 세라믹 파이버

36 고온용 암면에 특수무기 결합제 및 바인더를 혼합 제조한 것으로 분사식 내화 단열과 흡음피복재로서 철골구조, 기둥, 보, 천정, 방송실 등에 사용되는 무기질 보온재는?

① 하이울   ② 로코트
③ 산면   ④ 블랭킷

37 유리 미분에 카본 등의 발포제를 넣고 900℃정도로 가열하여 제조한 것으로 흡습성이 거의 없고 불연성이며, 내구성이 좋은 보온재는?

① 글라스 폼   ② 광재면
③ 규산칼슘 보온재 ④ 슬래그 섬유

37.해설
• 글라스 폼 : 유리 미분에 카본 등의 발포제를 넣고 900℃정도 가열하여 제조한 무기질 유리솜 보온재

38 배관을 피복하지 않았을 때 방산열량이 520kcal/m² 보온재 피복하였을 때 방산열량이 350kcal/m²이다. 보온재의 보온 효율은 약 얼마인가?

① 60%   ② 80%   ③ 33%   ④ 100%

38.해설
$\dfrac{520-350}{520} \times 100\% = 32.6$

ANSWER 33. ② 34. ① 35. ③ 36. ② 37. ① 38. ③

39 보온시공을 할 때의 주의사항으로 맞는 것은?

① 보온재와 보온재 사이는 되도록 적게 하며 겹침부 이음새는 동일 선상에 오도록 한다.
② 철선 감기는 피치를 50mm로 나선감기를 하며 접착 테이프로 맞춤부와 이음부를 모두 붙인다.
③ 테이프 감기는 위에서 아래쪽으로 감아 내리며 미끄러질 염려가 있으면 접착테이프를 사용하여 방지한다.
④ 냉·온수 수평배관의 현수 밴드는 보온을 내부에서 한다.

40 보일러 연도 보온용으로 부적합한 보온재는?

① 암면
② 규산칼슘
③ 규조토
④ 폴리스틸렌 폼

41 금속 보온재는 복사열에 대한 반사특성을 이용한 것이다. 대표적인 것은?

① 연강박판
② 알루미늄박
③ 동박
④ 함석

42 증기관이나 온수관 등에 대한 단열로서 불필요한 방열을 방지하고 또 인체에 화상을 입히는 위험방지나 실내공기의 이상온도 상승의 방지 등을 목적으로 하는 것은 무엇이라고 하는가?

① 방로
② 보냉
③ 방한
④ 보온

42. 해설
• 보온 : 증기관이나 온수관 등에 대한 단열을 말한다.

ANSWER 39. ② 40. ④ 41. ② 42. ④

5-3 내화물(로재)

고열 공업의 공재로서 내열성이 기준이 되는 비금속 무기재료(난용성)를 말한다.
(1) SK26(1580[℃])~42(2000[℃])
(2) PCE15(1430[℃]) 이상

1. 내화물(로재)의 구비조건

(1) 고온에 견디고 기계적 강도가 충분할 것.
(2) 온도 변화에 따른 팽창, 수축이 적을 것.
(3) 내충격, 내마모성이 클 것.
(4) 화학적 침식에 잘 견딜 것.
(5) 내스폴링(깨지지 않는)성이 클 것.
(6) 적당히 열전도율을 가질 것.

2. 내화물의 분류

(1) 원료 종류에 의한 분류

점토질, 규석질, 알루미나질, 폴스테라이트질, 석영, 탄소질, 돌마이트질, 크롬 마그네시아질 등이 있다.

(2) 화학조성에 의한 분류

① 산성내화물
㉮ 규석질 벽돌 : SiO_2
㉯ 반규석질 벽돌 : $SiO_2 - Al_2O_3$
㉰ 납석질 벽돌 : $SiO_2 - Al_2O_3$
㉱ 샤모트질 벽돌 : $SiO_2 - Al_2O_3$

② 중성내화물
㉮ 고알루미나질 벽돌 : $Al_2O_3 - SiO_2$
㉯ 탄소질 벽돌 : C
㉰ 탄화규소질 벽돌 : SiC
㉱ 크롬질 벽돌 : Cr_2O_3, Al_2O_3, MgO

③ 염기성내화물
  ㉮ 마그네시아질 벽돌 : MgO
  ㉯ 크롬마그네시아질 벽돌 : Cr_2O_3, MgO
  ㉰ 돌마이트질 벽돌 : MgO, CaO
  ㉱ 폴스테라이트질 벽돌 : MgO, SiO_2

(3) 형상에 의한 분류

① 표준형 : 230×114×65[mm]
② 이 형 : 230×110×60[mm]
③ 부정형
  ㉮ 내화 모르타르
  ㉯ 캐스타블 내화물
  ㉰ 플라스틱 내화물

(4) 가열 처리에 의한 분류

① 소성 내화물 : 소결시킨 내화물
② 불소성 내화물 : 결합재를 사용하여 성형시킨후 건조하여 만든내화물
③ 용융 내화물 : 전기의 아크열에 의해 2,000℃이상 가열 용융시켜 주조 성형한 내화물

(5) 내화물 제조과정

내화물은 분쇄 – 혼련 – 성형 – 건조 – 소성 등의 기본과정을 거쳐 제조한다.
① 분쇄 : 분쇄는 표면적 증가, 이물질 분리, 균일한 혼합을 목적으로 한다.
② 혼련 : 배로의 성형에 필요한 가소성을 부여함과 동시에 입자간의 간격, 기포를 없애기 위함이다.
③ 성형 : 혼련된 원료를 소정의 형상과 치수를 형성하는 것으로, 연리법, 경리법, 반건식 성형법, 슬립 주입법이 있다.
④ 건조 : 성형물의 안전한 강도를 유지하기 위함이고, 소성상 급격히 발산하는 자유 수분 등에 따른 변형 및 균열을 방지하기 위함이다.
⑤ 소성 : 건조된 것을 열적으로 안정된 조직이 되게하기 위하여 소결시켜 결합조직을 만드는 것이며 소성시 균열이나 변형이 생기지 않게 온도를 서서히 올려 진행한다.

❖ 소성 진행 방법 : 탈수 – 산화 – 환원 – 소결 – 쇼킹 – 냉각 – 제품완성

• 샤모트(chamotte) 벽돌의 제조공정

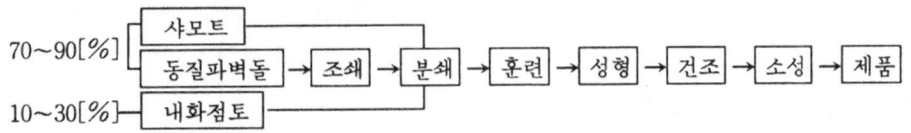

〈제겔콘 번호의 온도표〉

SK	(℃)	SK	(℃)	SK	(℃)	SK	(℃)	SK	(℃)	SK	(℃)
022	600	012a	855	02a	1.06	9	1,280	19	1,520	34	1,750
021	650	011a	880	01a	1.08	10	1,300	20	1,530	35	1,770
020	670	010a	900	1a	1.10	11	1,320	26	1,580	36	1,790
019	690	09a	920	2a	1.12	12	1,350	27	1,610	37	1,800
018	710	08a	940	3a	1.14	13	1,380	28	1,630	38	1,850
017	730	07a	960	4a	1.16	14	1,410	29	1,650	39	1,880
016	750	06a	980	5a	1.18	15	1,435	30	1,670	40	1,920
015a	790	05a	1,000	6a	1.20	16	1,460	30	1,690	41	1,960
014a	815	04a	1,020	7	1.23	17	1,480	32	1,710	42	2,000
013a	835	03a	1,040	8	1.25	18	1,500	33	1,730		

※ 21~25 없음
• 제게르 콘 온도계의 종류 : 모두 59종이다.

3. 내화도

로재의 품질을 추정하는 중요한 것의 하나로 인화 변형상태를 나타내는 표준온도를 일반적으로 SK번호로 표시한다.

(1) 측정방법

콘을 세울 때 수직 또는 수평으로 하지 않고 경사지게 한다. SK콘은 80° PCE 콘은 90°로 세워서 측정한다.

(2) 제게르 콘(Seger cone)

내화물의 내화도를 측정하는 온도계로서 총 59종이 있으며 최고 2,000[℃]까지 측정이 가능하다.
• 성분 : Al_2O_3, SiO_2, K_2O, CaO

4. 하중 연화점(softening temperature under point)

노재를 고온으로 가열하면 조직내에서 부분적으로 용융하기 시작하여 점차 연화 현상이 될 때 어느 일정한 하중을 받으면 연화되는 온도도 낮아진다. 이 때의 연화 현상을 일으키는 온도를 하중 연화점이라고 하며 압력은 일반적으로 $2[kg/cm^2]$를 가한다.

5. 스폴링(spalling) 현상

로재가 열응력을 받아 균열 또는 쪼개지는 현상

(1) 원 인

① 열적 스폴링 : 불균일한 가열, 열응력, 급작스런 온도변화
② 기계적 스폴링 : 로재 내외면의 온도차, 기계적 응력, 과잉 압축
③ 조직적 스폴링 : 슬래그 침식, 용재의 작용

예상문제

1 다음 중 내화물의 정의에 합당하지 않는 것은?

① 열의 급격한 변화에 손상이 적어야 한다.
② 용융도가 높아야 한다.
③ 내화 재료와 방화 재료는 같은 것이다.
④ 고열에서 용적의 변화가 적어야 한다.

1.해설
내화물이라 함은 한국공업규격(KS)에 의하면 제게르 콘(seger cone, SK) 등을 써서 SK 26(용융온도 1580[℃]) 이상의 것을 말한다.

2 내화물의 구비조건으로 틀린 것은?

① 수축 팽창이 클수록 좋다.
② 압축강도가 클수록 좋다.
③ 내화도가 클수록 좋다.
④ 내마모성이 클수록 좋다.

2.해설
• 내화물의 구비조건
① 사용온도에서 연화하지 않을 것.
② 열에 의해 팽창 수축이 적을 것.
③ 내마모성이 클 것.
④ 상온 20[℃] 및 사용온도에서 압축강도가 클 것.
⑤ 화학적으로 침식되지 않을 것.
⑥ 온도의 급격한 변화에 의한 파손이 적을 것.

3 내화물의 내화도를 측정할 때 사용되는 온도계는?

① 광고온도계　　② 색온도계
③ 방사온도계　　④ 제게르 콘

4 내화물이란 각종 요로의 구조 재료로 사용되는 것인데 대략 몇 도 이상의 내화도를 말하는가?

① 1000[℃] 이상　　② 900[℃] 이상
③ 1580[℃] 이상　　④ 1250[℃] 이상

4.해설
내화물이란 인공품 또는 천연물로서 SK26(1580[℃]) 이상의 것을 말한다.

5 내화도 시험측정 방법으로 옳은 것은?

① SK콘은 90°로 세우고 PCE콘은 80°로 세운다.
② SK콘은 90°로 세우고 PCE콘은 90°로 세운다.
③ SK콘은 80°로 세우고 PCE콘은 90°로 세운다.
④ SK콘은 80°로 세우고 PCE콘은 80°로 세운다.

ANSWER　1.③　2.①　3.④　4.③　5.③

6 다음 중 내화물의 분류 방법에 적합하지 않는 것은?

① 압축 강도값에 의한 분류
② 원료에 의한 분류
③ 열처리법에 의한 분류
④ 형상에 의한 분류

7 어느 온도에서 연화되는 로재에 하중을 낮추어서 가열하면 낮은 온도에서 연화한다. 이 때의 온도를 무엇이라 하는가?

① 응고점　　　　　② 하중연화점
③ 용융점　　　　　④ 가열점

8 스폴링(spalling) 현상에 대한 설명 중 옳은 것은?

① 열응력에 따른 내화물의 체적이 변화하는 현상이다.
② 열응력에 의해서 내화물의 균열 및 쪼개지는 현상이다.
③ 열충격으로 내화물이 부서지는 현상이다.
④ 가열되어 표면이 용융되는 현상이다.

9 스폴링(spalling) 현상을 일으키는 원인 중 옳지 않은 것은?

① 급격한 온도의 변화
② 시공 불량의 과잉압축에 의한 응력
③ 충격에 의한 마모의 변화
④ 화학성 슬랙에 의한 침식

10 다음 중 산성 또는 염기성의 것과 별로 반응을 일으키지 않는 중성 내화물은?

① 점토질　　　　　② 마그네시아질
③ 규석질　　　　　④ 크롬질

11 다음 중 마그네시아계 내화물은 어느 것에 속하는가?

① 중성 내화물　　　② 산성 내화물
③ 염기성 내화물　　④ 양성 내화물

12 내화물을 형상에 따라 분류하면 다음과 같다. 이 중 틀린 것은?

① 이형　② 기준형　③ 부정형　④ 표준형

6.해설
• 내화물의 분류방법
① 열처리에 의한 분류
② 화학조성에 의한 분류
③ 내화도에 의한 분류
④ 주조성 광물에 의한 분류
⑤ 원료에 대한 분류
⑥ 형상에 의한 분류

10.해설
중성 내화물에는 고알루미나질 내화물, 탄소질 내화물, 탄화규소질 내화물, 크롬질 내화물 등이 있다.

11.해설
내화물의 분류 방법에는 여러 가지가 있으나 가장 이해하기 쉬운 분류법은 화학 성분에 의한 분류와 가열처리 방법에 의한 분류가 있다.

• 내화벽돌의 화학성분에 따른 분류

분류	종류	주요 화학성분	주요 결정성분
산성질	규석질	SiO_2	크리스트버라이트, 트리디마이트, 석영
	반규석질	$SiO_2(Al_2O_3)$	크리스트버라이트, 트리디마이트, 석영, 멀라이트
	납석질	SiO_2, Al_2O_3	멀라이트
	샤모트질	SiO_2, Al_2O_3	멀라이트
중성질	고알루미나질	$Al_2O_3(SiO_2)$	멀라이트, 커런덤
	탄소질	C SiC	크레파이트 탄화규소 크로마이트, 스피넬
	탄화규소질	Cr_2O_3, MgO, Al_2O_3, FeO	
	크롬강		
염기성질	마그네시아질 크롬마그네시아질 돌로마이트질 펄스테라이트질	MgO MgO, Cr_2O_3 CaO, MgO MgO, SiO_2	페리클레이스 크로마이트 (페리클레이스) 페리클레이스, 산화 칼슘 펄스테라이트 (페리클레이스)

ANSWER　6.①　7.②　8.②　9.③　10.④　11.③　12.②

13 다음 중 중성 내화물의 화학조성은?

① BaO ② SiO_2
③ Al_2O_3 ④ ZrO

14 다음 중 중성 내화물에 속하는 것은?

① 납석질 내화물
② 고알루미나질 내화물
③ 반규석질 내화물
④ 크롬 마그네시아질 내화물

15 점토질 벽돌에 관한 사항은?

① 보크사이트 및 내화점토를 원료로 하는 벽돌이다.
② 납석을 포함하는 내화점토를 원료로 하는 벽돌이다.
③ 소성 온도는 SK22~25이다.
④ 화학적으로 중성 내화물이다.

15.해설
점토질 벽돌에는 샤모트 벽돌과 납석 벽돌, 반규석 벽돌이 있으며 모두 산성 내화물이다.
※ 보크사이트를 주성분으로 하는 것을 알루미나질 내화물이며 제품에는 보크사이트 벽돌과 알루미나질 주조 내화물이 있다.

16 다음 설명 중 고알루미나질 내화물에 관계가 없는 것은?

① 하중 단화 온도가 높고 고온에서 체적 변화가 낮다.
② 알루미나가 50[%] 이상이고 SK 35번 이상인 것을 말한다.
③ 알루미나 함량이 많은 원료는 가소성이 크다.
④ 급열 급냉에 대한 저항성이 크다.

16.해설
• 고알루미나질의 특성
① 고온에 부피 변화가 적다.
② 하중 연화 온도가 높다.
③ 산성 및 염기성 슬래그(slag)에 대한 내침식성이 강하다.
④ 내화도가 높다.(SK35~38 정도)
⑤ 열전도율이 높다.

17 내화 모르타르의 구비조건에 맞지 않는 것은?

① 건조, 소성에 의한 수축, 팽창율이 좋아야 한다.
② 시공성이 좋아야 한다.
③ 필요한 내화도를 가져야 한다.
④ 화학조성이 사용 벽돌과 동질이어야 한다.

17.해설
건조, 소성에 의한 수축 팽창이 없어야 하며 벽돌과 접촉성이 양호해야 한다.

18.해설
전이란 결정모양이 변화하는 것을 말하는데 고온형의 것과 저온형의 것이 있다.
(1) 고온형 변태
① 고온형의 전이는 표면에서 내부로 진행된다.
② 충분한 전이 시간을 요한다.
③ 용제 또는 광제제를 사용한다.
(2) 저온형 변태
① 순간 전이로 용제의 공존이 필요없다.
② $\alpha \rightleftarrows \beta$ 전이의 온도는 열전대 보정 등에 사용된다.
③ 결합 각도의 가역적 변화이다.

18 실리카(SiO_2)의 특성에 해당되지 않는 것은?

① 실리카 광물은 화학적으로 가장 안정된 것으로 온도 변화에 별로 영향을 받지 않는다.
② 광화제를 첨가하면 전이를 일으킨다.
③ 고온 전이형은 조직에 이완된다.
④ 온도 변화에 따라 결정형 전이를 일으킨다.

Answer 13. ③ 14. ② 15. ② 16. ③ 17. ① 18. ①

19 다음 설명 중 납석 벽돌의 특징이 아닌 것은?

① 비교적 저온에서의 소결이 용이하다.
② 슬래그에 의해서 내식성이 크다.
③ 내화도는 SK34 이상이다.
④ 흡수율이 작고 압축 강도가 크다.

20 하중 연화점 시험조건의 일반적인 표시 방법은?

① $T\ 1[kg/cm^2]$ ② $T\ 2[kg/cm^2]$
③ $T\ 3[kg/cm^2]$ ④ $T\ 4[kg/cm^2]$

21 다음 중 부정형 내화물이 아닌 것은?

① 플라스틱 내화물 ② 캐스터블 내화물
③ 내화 모르타르 ④ 내화 점토

22 다음 중 플라스틱 내화물 결합제로 틀린 것은?

① 알루미나 시멘트
② 가소성 점토
③ 워터 글라스(water glass)
④ 유기질 결합제

23 다음 중 크롬 마그네시아 벽돌의 가장 우수한 특성은?

① 내스폴링성이 크다.
② 팽창율이 크다.
③ 내화도와 하중 연화점이 낮다.
④ 비중이 적다.

24 단열벽돌의 모르타르 두께는 몇 mm 이하가 좋은가?

① 3[mm] 이하 ② 5[mm] 이하
③ 6[mm] 이하 ④ 20[mm] 이하

25 샤모테(chamotte)란 무엇인가?

① 내화점토질 원료를 소성한 것이다.
② 마그네시아질 원료를 소성한 것이다.
③ 실리카(silica)질 원료를 소성한 것이다.
④ 크롬질 원료로 소성한 것이다.

19. 해설
• 납석 벽돌의 특징
① 내화도는 SK20~30 정도의 것이 대부분이다.
② 슬래그 및 글라스질 등과 접촉할 경우에도 내식성이 크다.
③ 비교적 낮은 온도에서 잘 소결이 된다.
④ 흡수율이 적으며 압축강도는 큰 값을 나타낸다.

20. 해설
하중(위에서 아래로 내려 누르는 힘)을 받고 있는 물체가 온도가 더 높아짐에 따라 그 하중에 견디는 힘이 약해져 조직이 붕괴되거나 연화되는 것을 하중 연화점이라 한다.

22. 해설
플라스틱(plastic) 내화물은 높은 온도에서 안전한 골재로에 가소성을 부여하기 위하여 가소성 점토 및 워터 글라스 또는 유기질 결합체를 가해서 혼련하여 만든 것이다.

23. 해설
• 크롬 마그네시아계 내화벽돌의 특징
① 비중이 크고, 염기성 슬래그에 대한 저항이 크다.
② 열팽창이 작고, 내스폴링성이 크다.
③ 내화도 하중 연화온도는 높으나 고온에서의 기계적 강도는 크지

25. 해설
샤모테질 내화물은 내화점토를 미리 구워서 만든 샤모테와 결합 점토로 써서 만든 내화물이며 원료는 1580[℃](SK 26) 이상의 내화물을 가진 점토 즉 내화점의 주성분은 카올린이다.

ANSWER 19. ③ 20. ② 21. ④ 22. ① 23. ① 24. ② 25. ①

26 온도의 급격한 변화 또는 불균일한 가열 냉각으로 인하여 벽돌탄과 밖의 열팽창차에 의해 생긴 변형 때문에 손상이 발생되는 것을 무엇이라 하나?

① 소킹
② 플레이킹
③ 슬레이킹
④ 스폴링

27 다음 중 내화 점토질 원료를 샤모트로 만들어 사용하는 이유는?

① 내화도를 높이기 위하여
② 화학적 내침식성을 높이기 위하여
③ 고온에서의 광물상을 안정화시키기 위하여
④ 강도를 높이기 위하여

28 다음 중 노재의 제조 과정 중 순서가 맞는 것은?

① 분쇄 → 수련 → 혼련 → 건조 → 성형 → 소성
② 분쇄 → 혼련 → 수련 → 성형 → 건조 → 소성
③ 혼련 → 수련 → 분쇄 → 성형 → 건조 → 조성
④ 성형 → 혼련 → 분쇄 → 건조 → 소성

29 다음 설명 중 스폴링의 원인으로 틀린 것은?

① 충격
② 열팽창
③ 염기성 슬래그 침입
④ 국부적인 압력에 의해 일어나는 기계적 스폴링

30 다음 중 산성 내화물에 속하는 것은?

① 크롬질 내화물
② 돌로마이트질 내화물
③ 규석질 내화물
④ 포레스테 라이트질 내화물

31 규석 벽돌의 전이를 용이하게 하기 위한 첨가제(광화제)가 아닌 것은?

① NaOH(수산화나트륨)
② 철분
③ 탄산 바륨
④ CaO

26. 해설
• 스폴링(spalling)이란 노재의 박리, 박탈 현상을 말하며 다음과 같은 종류가 있다.
① 열적 스폴링 : 급열 급냉으로 인하여 내부에 열팽창 수축이 일어나 내부응력이 불균일해지므로 일어나는 현상
② 기계적 스폴링 : 노의 구조에 기인되는 국부적인 하중에 의한 응력차로 인하여 일어나는 현상
③ 구조적 스폴링 : 슬래그 등의 침입으로 말미암아 발생되는 결정 조성의 변화로 일어나는 현상
• 플레이킹(flaking)이란 일정한 온도로 성숙시키는 단계로 여러 가지 색깔을 내기 위한 벽돌 위생도 기둥에 사용되는 작업을 말하며, 쇼킹이라고도 한다.

28. 해설
다음의 과정을 각각 설명하면 아래와 같다.
① 분쇄
㉮ 일반적인 방법 : 조분쇄 → 분쇄
㉯ 고급품일 때의 방법 : 조분쇄 → 분쇄 → 미분쇄 → 털어내기
② 혼련 : 각각 분쇄된 원료를 섞는 과정이다.
③ 수련 : 물을 주고 기포를 제거하는 과정으로 일종의 반죽 과정이다.
㉮ 습식 조합법 : 수련시 물 20~25[%]를 가하는 방법
㉯ 반건식 조합법 : 수련시 물을 10[%] 정도로 가하는 방법
㉰ 건식 압축법 : 수분을 5[%] 정도 가하여 압축성형하도록 한 것.
④ 성형 : 사용에 알맞는 형상 또는 치수로 모양을 만드는 과정
⑤ 건조 : 소성 속도 및 소성 온도에 달한 효율 증대를 위하여 부착 수분 결합 수분 등을 제거하기 위한 과정
⑥ 소성 : 내화물의 성질을 부여하기 위한 과정으로 내화물 원료의 종류에 따라서 소성 온도를 맞추어 굽는 과정

29. 해설
노재의 성질에서 생기는 온도의 급격한 변화 또는 불균일한 가열 냉각으로 인하여 벽돌 안밖의 열팽창에 의해 생긴 변형 때문에 손상이 발생하는 현상을 스폴링이라 한다. 열이 직접적 원인이 되는 열적 스폴링 외에 노의 구조에 원인이 있는 국부적인 압력에 의해 일어나는 기계 스폴링, 또 슬래그(slag) 등의 침입에 일어나는 결정 조성의 변화 때문에 생긴다.

31. 해설
광화제란 전이를 용이하게 하기 한 전이 촉진제이며, CaO, 철분, 탄산바륨, 평로 슬래그 등이 있다.

ANSWER 26. ④ 27. ③ 28. ② 29. ① 30. ③ 31. ①

32 다음 내화물 선택시 기여도가 가장 낮은 사항은?

① 조업상의 여러 조건
② 제조업자와의 기술설계
③ 견본 책자
④ 요로의 구조에 따른 여러 요건

33 다음은 노재 손상의 종류이다. 해당되지 않는 것은?

① 플레이킹   ② 핀팅
③ 버드네스트   ④ 피어링

33.해설
노재의 손상 원인 및 종류를 열거하면 다음과 같다.
① 버드네스트 : 크로마그계 벽돌의 사용 중 고온면이 침식반응을 일으켜 표면적이 부풀어올라 열 괴되는 현상(동일 현상으로 블리딩 현상이 있다.)
② 핀팅 : 라이닝 벽이 급격한 온도 상승이나 벽돌간의 국부적인 접촉으로 인해 접촉부(라이닝과의 사이)에 균열, 박리가 발생되는 현상
③ 피어링 : 사용 중 슬래그의 침입으로 내화벽돌에 침식이 발생되어 원래의 물리적, 열적, 화학적, 성질을 변화시킴으로서 벽돌의 균열, 층상의 벗겨짐이 발생되는 현상

ANSWER 32. ② 33. ①

5-4 열전달

1. 전도

❖ **퓨리에(Joseph Fourier)의 열전도 법칙** : 고온체의 열이 고체의 벽을 통해 저온체로 이동되는 현상

$$Q = \frac{\lambda \cdot A \cdot (t_1 - t_2)}{d} [\text{kcal/h}]$$

·········(고체의 벽이 하나인 경우)

$$Q = \frac{A(t_1 - t_2)}{\frac{d_1}{\lambda_1} + \frac{d_2}{\lambda_2} + \frac{d_3}{\lambda_3}} [\text{kcal/h}]$$

·········(고체의 벽이 2개 이상인 경우)

$$Q = \alpha A \Delta t [\text{kcal/h}] \cdots\cdots 열전달량$$

$\begin{bmatrix} Q : 열량[\text{kcal/h}] \\ \lambda : 열전도율[\text{kcal/mh℃}] \\ A : 면적[\text{m}^2] \\ d : 두께[\text{m}] \\ t_1 : 고온측온도 \\ t_2 : 저온측온도 \\ \alpha : 열전달율[\text{kcal/m}^2\text{h℃}] \end{bmatrix}$

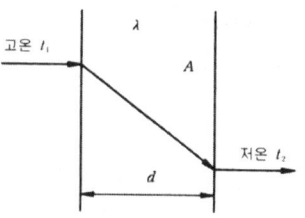
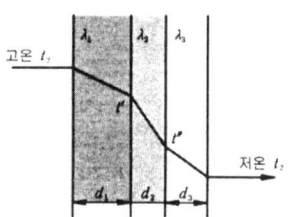

2. 대류

❖ **뉴톤(Newton)의 냉각법칙**
고체벽이 온도가 다른 유체와 접촉하고 있을 때 유체의 유동이 생기면서 열이 이동하는 현상

❖ **대류에 의한 전열량**
$Q[\text{kcal/h}] = 열전달율(\alpha)[\text{kcal/m}^2\text{h℃}] \times 고체표면적(A)\text{m}^2 \times [고체표면온도 - 유체온도][℃]$

(1) 자연대류(natural convection)

　유체는 열을 받으면 밀도가 작아져 부력이 생기기 때문에 상승현상이 생기어 유체 스스로 대류 현상이 된다. 이러한 현상을 자연대류라 한다.

(2) 강제대류(forced convection)

　송풍기나 배풍기 등으로 대류를 촉진시키는 것을 강제대류라 한다.

3. 복사(방사)

태양광선이나 화염과 같이 열에너지가 전자파 형태의 물체로부터 복사되며 이것이 다른 물체에 도달하여 흡수되면 열로 변하는데 이것을 열복사라한다. 중간 매질이 없는 상태에서도 열이 전달된다.

❖ **스테판-볼츠만(Stafan-Boltzmann)의 법칙**
흑체(黑體) 표면에서 방출하는 복사열 에너지 총량은 절대온도의 4제곱에 비례한다는 법칙.

$$E = 4.88 \times \varepsilon \left[\left(\frac{T}{100}\right)^4 - \left(\frac{T}{100}\right)^4\right] [kcal/m^2h]$$

여기서 4.88 = 스테판-볼츠만정수, T : 흑체표면의 절대온도 (℃ + 273),
ε = 흑도(방사능)

입사 에너지를 모두 흡수하는 물체를 완전흑체라 하며 반대로 입사 에너지를 모두 반사하는 물체를 완전백체라 한다.

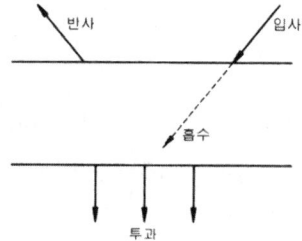

❖ 완전흑체나 완전백체는 아직 지구상에서 발견하지 못하였으며 복사열은 진공인 상태에서도 전달되므로 고체의 벽을 이용한 전도나 유체의 열전달을 이용한 대류와 또 다른 열전달의 형태이다.

5-5 열관류

열이 한 유체에서 벽을 통하여 다른 유체로 전달되는 현상으로 열통과라고도 한다.

$$Q = \frac{A(t_1 - t_2)}{\frac{1}{\alpha_1} + \frac{d}{\lambda} + \frac{1}{\alpha_2}} [kcal/h]$$

- Q : 열량[kcal/m^{2}h℃]
- α_1 : 고온측 경막계수[kcal/m^{2}h℃]
- α_2 : 저온측 경막계수[kcal/m^{2}h℃]
- A : 면적[m^2]
- d : 두께[m]
- λ : 열전도율[kcal/mh℃]
- t_1 : 고온측온도[℃]
- t_2 : 저온측온도[℃]

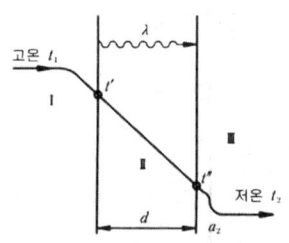

$$\begin{bmatrix} K = \dfrac{1}{\dfrac{1}{\alpha_1} + \dfrac{d}{\lambda} + \dfrac{1}{\alpha_2}} \, [\text{kcal/m}^2\text{h}^\circ\text{C}] \\ K = \dfrac{1}{R} \\ \therefore R = \dfrac{1}{\alpha_1} + \dfrac{d}{\lambda} + \dfrac{1}{\alpha_2} \, [\text{m}^2\text{h}^\circ\text{C/kcal}] \end{bmatrix}$$

$\begin{bmatrix} K : \text{열관류율}[\text{kcal/m}^2\text{h}^\circ\text{C}] \\ R : \text{열저항}[\text{m}^2\text{h}^\circ\text{C/kcal}] \end{bmatrix}$

$Q = K \cdot A \cdot (t_1 - t_2)$

예상문제

1 열의 전달되는 방식이 아닌 것은?

① 전도　　② 대류
③ 온도　　④ 복사

2 흑체로부터의 복사 전열량은 절대온도의 몇 승에 비례하는가?

① 2승　　② 3승
③ 4승　　④ 5승

3 벽체의 열관류에 의한 손실열량(HL)을 계산하는 다음 식의 기호 설명으로 잘못된 것은?

$$HL = K \cdot A (tr - to)$$

① K : 벽체의 열관류율
② A : 벽체의 부피
③ tr : 벽체 내부(고온부)의 온도
④ to : 벽체 외부(저온부)의 온도

4 다음은 보일러에서의 열의 이동 사항을 나열한 것이다. 가장 적당한 것은?

① 전도·대류·복사가 동시에 이루어진다.
② 전도만으로 된다.
③ 대류만으로 된다.
④ 복사만으로 된다.

---

1. 해설
열의 이동방식 : 전도·대류·복사
- 전도 : 고체간의 열이동 (퓨리에 법칙)
- 대류 : 유체간의 밀도차에 따른 열이동(뉴톤의 냉각 법칙)
- 복사 : 열선작용으로 고온의 물체로부터 방사되는 열에너지는 그 물체 절대 온도 4제곱에 비례 (스테판-볼쯔만의 법칙)

3. 해설
A : 벽체의 면적

ANSWER　1.③　2.③　3.②　4.①

5 노에서 대류 전열이 큰 요소로 될 경우의 설명으로 잘못된 것은?

① 피열물을 노내에 쌓아올리고 그 사이를 연소가스가 흐를 때의 가스와 피열물간의 전열
② 노내의 가스가 저온이고 가스유속이 클 때의 피열물간의 전열
③ 저온의 환열기나 축열기 내의 열교환
④ 가스와 고체 표면과의 온도차가 적을수록 전열이 커진다.

6 고온의 유체가 중간의 고체면에 접촉되어 다른 한면에 접촉되어 있는 저온의 유체로 열이 이동하는 현상을 무엇이라 하는가?

① 열전도율   ② 열관류율
③ 열전달율   ④ 열복사율

7 고체벽의 한 쪽에 있는 고온의 유체로부터 이벽을 통과하여 다른 쪽에 있는 저온의 유체로 흐르는 열의 이동을 의미하는 용어는?

① 열관류   ② 현열
③ 잠열   ④ 전열량

8 열전달계수의 단위는?

① kcal/mh℃   ② kcal/kg℃
③ kcal/kg   ④ kcal/m²h℃

9 다음 중 용어별 사용단위가 틀린 것은?

① 열전도율 : kcal/mh℃
② 열관류율 : kcal/m²h℃
③ 열전달율 : kcal/mh℃
④ 열저항 : m²h℃/kcal

8. 해설
① 열전도율
② 비열
③ 전열량

9. 해설
열전달율 : kcal/m²h℃

ANSWER 5.④ 6.② 7.① 8.④ 9.③

10 전열 면적을 S, 서로 나란한 두 면의 온도를 각각 t_2, t_1, 시간을 T, 경계층의 두께를 d 라 할 때 전달열량을 계산하는 식은? (단, a 은 열전도율이다)

① $\dfrac{Tas(t_2-t_1)}{d}$ ② $\dfrac{da}{S(t_2-t_1)}$

③ $aS(t_2-t_1)$ ④ $d+aS(t_2-t_1)$

10.해설
• 평판의 열전도도
$\dfrac{\text{열전도율}(kcal/mh℃)\times\text{면적}(m^2)\times\text{온도차}(℃)}{\text{두께}(m)}$

11 비체적을 바르게 설명한 것은?

① 단위용적에 대한 체적을 말한다.
② 절대압력하 에서의 체적을 말한다.
③ 단위중량당의 체적을 말한다.
④ 단위면적에 대한 체적을 말한다.

11.해설
① 비체적(m^3/kg)
 : 단위중량당 체적
② 비중량(kgf/m^3)
 : 단위체적당 중량

12 20cm 두께의 벽체 열전도계수가 1.4kcal/m·h·℃, 내·외 표면의 열전달계수가 각각 8.1kcal/m^2·h·℃, 20.1kcal/m^2·h·℃인 경우 이 벽체의 열관류율은?

① 29.6kcal/m^2·h·℃ ② 227.9kcal/m^2·h·℃
③ 3.16kcal/m^2·h·℃ ④ 0.32kcal/m^2·h·℃

12.해설
$K = \dfrac{1}{\dfrac{1}{a_1}+\dfrac{b}{\lambda}+\dfrac{1}{a_2}}$
$= \dfrac{1}{\dfrac{1}{8.1}+\dfrac{0.2}{1.4}+\dfrac{1}{20.1}}$
$= \dfrac{1}{0.123+0.142+0.049}$
$= 3.16 kcal/m2·h·℃$

13 어떤 주택의 외기와 접한 벽체 및 지붕의 면적이 250m^2, 평균열관류계수가 10kcal/m·h·℃, 주택 내외의 온도차가 15℃, 방위계수가 1인 경우, 이 주택의 열부하는? (단, 건물 바닥과의 열수지는 없는 것으로 한다.)

① 37,500cal/h ② 37,500kcal/h
③ 3,750cal/h ④ 3,750kcal/h

13.해설
$Q = k·A·\Delta t·z$
$= 10\times250\times15\times1 = 37,500 kcal/h$

14 노내온도가 1100℃, 노벽 두께 220mm인 노가 있다. 외기온도가 20℃, 노벽의 열관류율이 1.99kcal/m^2·h·℃라면 노벽 10m^2으로 부터 발생되는 열손실은?

① 21492kcal/h ② 22288kcal/h
③ 23402kcal/h ④ 45864kcal/h

14.해설
$Q = k \times A\Delta t$
$= 1.99 \times 10 \times (1100-20)$
$= 21492 kcal/h$

Answer 10.① 11.③ 12.③ 13.② 14.①

PART 04

에·너·지·관·리·기·능·사

에너지이용합리화 관계법규

제1장 에너지법

제2장 에너지이용합리화법 총칙

제3장 에너지이용합리화 계획 및 조치

제4장 에너지이용합리화 시책

제5장 산업 및 건물관련 시책

제6장 열사용기자재의 관리

제7장 에너지관리공단

제8장 시공업자 단체

제9장 보 칙

제10장 벌 칙

구민사는 당신의 **합격**을 응원합니다.

에·너·지·관·리·기·능·사

PART 4

CHAPTER 01 에너지법

1. 목 적

안정적이고 효율적이며 환경친화적인 에너지수급구조를 실현하기 위한 에너지정책 및 에너지 관련 계획의 수립·시행에 관한 기본적인 사항을 정함으로써 국민경제의 지속가능한 발전과 국민의 복리향상에 이바지함

2. 정 의

(1) **에너지** : 연료·열·전기
(2) **연료** : 석유·가스·석탄 그 밖에 열을 발생하는 열원을 말함(다만, 제품의 원료로 사용되는 것은 제외)
(3) **신·재생에너지** : 「신에너지 및 재생에너지 개발·이용·보급 촉진법」 제2조 제1호에 따른 에너지

> ❖ **신에너지 및 재생에너지 개발·이용·보급 촉진법」 제2조 제1호**
> 1. 신·재생에너지 : 기존의 화석연료를 변환시켜 이용하거나 햇빛·물·지열(地熱)·강수(降水)·생물유기체 등을 포함하는 재생 가능한 에너지를 변환시켜 이용하는 에너지
>   가. 태양에너지
>   나. 생물자원을 변환시켜 이용하는 바이오에너지로서 대통령령으로 정하는 기준 및 범위에 해당하는 에너지
>   다. 풍력
>   라. 수력
>   마. 연료전지
>   바. 석탄을 액화·가스화한 에너지 및 중질잔사유(重質殘渣油)를 가스화한 에너지로서 대통령령으로 정하는 기준 및 범위에 해당하는 에너지
>   사. 해양에너지
>   아. 대통령령으로 정하는 기준 및 범위에 해당하는 폐기물에너지
>   자. 지열에너지
>   차. 수소에너지
>   카. 그 밖에 석유·석탄·원자력 또는 천연가스가 아닌 에너지로서 대통령령으로 정하는 에너지

(4) **에너지사용시설** : 에너지를 사용하는 공장·사업장 등의 시설이나 에너지를 전환하여 사용하는 시설
(5) **에너지사용자** : 에너지사용시설의 소유자 또는 관리자
(6) **에너지공급설비** : 에너지를 생산·전환·수송·저장하기 위하여 설치하는 설비
(7) **에너지공급자** : 에너지를 생산·수입·전환·수송·저장 또는 판매하는 사업자
(8) **에너지사용기자재** : 열사용기자재 그 밖에 에너지를 사용하는 기자재
(9) **열사용기자재** : 연료 및 열을 사용하는 기기, 축열식 전기기기와 단열성자재로서 산업통상자원부령이 정하는 것
(10) **온실가스** : 「저탄소 녹색성장 기본법」제2조제9호에 따른 온실가스 즉 적외선복사열을 흡수하거나 재방출하여 온실효과를 유발하는 대기 중의 가스상태의 물질로서 이산화탄소(CO_2)·메탄(CH_4)·아산화질소(N_2O)·수소불화탄소(HFCs)·과불화탄소(PFCs) 또는 육불화황(SF_6)을 말함, 온실가스 감축목표는 2020년 배출전망치 대비 100분의 30이다.

❖ **저탄소 녹색성장 기본법**
제1조(목적) : 경제와 환경의 조화로운 발전을 위하여 저탄소(低炭素) 녹색성장에 필요한 기반을 조성하고 녹색기술과 녹색산업을 새로운 성장동력으로 활용함으로써 국민경제의 발전을 도모하며 저탄소 사회 구현을 통하여 국민의 삶의 질을 높이고 국제사회에서 책임을 다하는 성숙한 선진 일류국가로 도약하는 데 이바지함을 목적
제2조(용어정의)
1. 저탄소 : 화석연료(化石燃料)에 대한 의존도를 낮추고 청정에너지의 사용 및 보급을 확대하며 녹색기술 연구개발, 탄소흡수원 확충 등을 통하여 온실가스를 적정수준 이하로 줄이는 것
2. 녹색성장 : 에너지와 자원을 절약하고 효율적으로 사용하여 기후변화와 환경훼손을 줄이고 청정에너지와 녹색기술의 연구개발을 통하여 새로운 성장동력을 확보하며 새로운 일자리를 창출해 나가는 등 경제와 환경이 조화를 이루는 성장을 말함
3. 지구온난화 : 사람의 활동에 수반하여 발생하는 온실가스가 대기 중에 축적되어 온실가스 농도를 증가시킴으로써 지구 전체적으로 지표 및 대기의 온도가 추가적으로 상승하는 현상
4. 에너지 자립도 : 국내 총소비에너지량에 대하여 신·재생에너지 등 국내 생산에너지량 및 우리나라가 국외에서 개발(지분 취득 포함)한 에너지량을 합한 양이 차지하는 비율

3. 국가 등의 책무

(1) **국가** : 이 법의 목적을 실현하기 위한 종합적인 시책을 수립·시행
(2) **지방자치단체** : 지역에너지시책을 수립·시행 (지역에너지시책의 수립·시행에 관하여 필요한 사항은 당해 지방자치단체의 조례로 정할 수 있음)

(3) **에너지공급자 및 에너지사용자** : 국가 및 지방자치단체의 에너지시책에 적극 참여하고 협력, 에너지의 생산·전환·수송·저장·이용 등의 안전성·효율성 및 환경친화성을 극대화하도록 노력
(4) **국민** : 일상생활에서 국가와 지방자치단체의 에너지시책에 적극 참여하고 협력하여야 하며, 에너지를 합리적이고 환경친화적으로 사용하도록 노력
(5) 국가, 지방자치단체 및 에너지공급자는 빈곤층 등 모든 국민에게 에너지가 보편적으로 공급되도록 기여하여야 함.

4. 에너지기본계획의 수립

(1) 정부는 에너지정책의 기본원칙에 따라 20년을 계획기간으로 하는 에너지기본계획을 5년마다 수립·시행
(2) 에너지기본계획을 수립하거나 변경하는 경우에는 「에너지법」 제9조에 따른 에너지위원회의 심의를 거친 다음 위원회와 국무회의의 심의를 거쳐야 한다. 다만, 대통령령으로 정하는 경미한 사항을 변경하는 경우에는 그러하지 아니하다.

> ❖ **에너지위원회의 구성 및 운영(「에너지법」 제9조)**
> ① 정부는 주요 에너지정책 및 에너지 관련 계획에 관한 사항을 심의하기 위하여 산업통상자원부장관 소속으로 에너지위원회(위원회)를 둔다.
> ② 위원회는 위원장 1명을 포함한 25명 이내의 위원으로 구성하고, 위원은 당연직위원과 위촉위원으로 구성
> ③ 에너지위원회 위원장은 산업통상자원부장관
> ④ 당연직위원은 관계 중앙행정기관의 차관급 공무원 중 대통령령으로 정하는 사람
> ⑤ 위촉위원은 에너지 분야에 관한 학식과 경험이 풍부한 사람 중에서 산업통상자원부장관이 위촉하는 사람이 된다. 이 경우 위촉위원에는 대통령령으로 정하는 바에 따라 에너지 관련 시민단체에서 추천한 사람이 5명 이상 포함되어야 한다.
> ⑥ 에너지위원회 위원의 임기는 2년(연임가능)
> ⑦ 위원회의 회의에 부칠 안건을 검토하거나 위원회가 위임한 안건을 조사·연구하기 위하여 분야별 전문위원회를 둘 수 있다.
> ⑧ 그 밖에 위원회 및 전문위원회의 구성·운영 등에 관하여 필요한 사항은 대통령령으로 정한다.

(3) **에너지기본계획 포함사항**

① 국내외 에너지 수요와 공급의 추이 및 전망에 관한 사항
② 에너지의 안정적 확보, 도입·공급 및 관리를 위한 대책에 관한 사항
③ 에너지 수요 목표, 에너지원 구성, 에너지 절약 및 에너지 이용효율 향상에 관한 사항
④ 신·재생에너지 등 환경친화적 에너지의 공급 및 사용을 위한 대책에 관한 사항

⑤ 에너지 안전관리를 위한 대책에 관한 사항
⑥ 에너지 관련 기술개발 및 보급, 전문인력 양성, 국제협력, 부존 에너지자원 개발 및 이용, 에너지 복지 등에 관한 사항

5. 지역에너지계획의 수립

(1) 특별시장·광역시장·도지사 또는 특별자치도지사(시·도지사)는 관할 구역의 지역적 특성을 고려하여 에너지기본계획의 효율적인 달성과 지역경제의 발전을 위한 지역에너지계획(지역계획)을 5년마다 5년 이상을 계획기간으로 하여 수립·시행

(2) 지역에너지계획에 포함될 사항

① 에너지 수급의 추이와 전망에 관한 사항
② 에너지의 안정적 공급을 위한 대책에 관한 사항
③ 신·재생에너지 등 환경친화적 에너지 사용을 위한 대책에 관한 사항
④ 에너지 사용의 합리화와 이를 통한 온실가스의 배출감소를 위한 대책에 관한 사항
⑤ 「집단에너지사업법」에 따라 집단에너지공급대상지역으로 지정된 지역의 경우 그 지역의 집단에너지 공급을 위한 대책에 관한 사항
⑥ 미활용 에너지원의 개발·사용을 위한 대책에 관한 사항
⑦ 그 밖에 에너지시책 및 관련 사업을 위하여 시·도지사가 필요하다고 인정하는 사항

(3) 시·도지사가 지역계획을 수립, 변경한 경우에는 이를 산업통상자원부장관에게 제출

6. 비상시 에너지수급계획의 수립 등

(1) 산업통상자원부장관은 에너지수급에 중대한 차질이 발생할 경우에 대비하여 비상시 에너지수급계획(비상계획)을 수립

(2) 비상계획수립, 변경시 에너지위원회의 심의를 거쳐 확정

(3) 비상계획에 포함될 사항

① 국내외 에너지수급의 추이와 전망에 관한 사항
② 비상시 에너지소비절감을 위한 대책에 관한 사항
③ 비상시 비축에너지의 활용에 관한 대책에 관한 사항
④ 비상시 에너지의 할당·배급 등 수급조정에 관한 대책에 관한 사항
⑤ 비상시 에너지수급안정을 위한 국제협력에 관한 대책에 관한 사항
⑥ 비상계획의 효율적 시행을 위한 행정계획에 관한 사항

(4) 산업통상자원부장관은 국내외 에너지 사정의 변동에 따른 에너지의 수급 차질에 대비하기 위하여 에너지 사용을 제한하는 등 관계 법령에서 정하는 바에 따라 필요한 조치를 할 수 있다.

7. 에너지 위원회의 기능

(1) 에너지기본계획의 수립 · 변경 의 사전심의에 관한 사항
(2) 비상계획에 관한 사항
(3) 국내외 에너지개발에 관한 사항
(4) 에너지와 관련된 교통 또는 물류에 관련된 계획에 관한 사항
(5) 주요 에너지정책 및 에너지사업의 조정에 관한 사항
(6) 에너지와 관련된 사회적 갈등의 예방 및 해소 방안에 관한 사항
(7) 에너지에 관련된 예산의 효율적 사용 등에 관한 사항
(8) 원자력발전정책에 관한 사항
(9) 「기후변화에 관한 국제연합 기본협약」에 대한 대책 중 에너지에 관한 사항

❖ 위원회 심의사항
① 중장기 에너지절약기본계획 및 연차별 추진계획
② 부처별 에너지절약추진계획의 종합. 조정 및 추진상황점검
③ 에너지절약에 관한 법령 및 제도의 정비.개선 등에 관한 사항
④ 기타 에너지절약과 관련되는 사항으로서 위원장이 부의하는 사항

8. 에너지기술개발계획

(1) **정부** : 에너지 관련 기술의 개발과 보급을 촉진하기 위하여 10년 이상을 계획기간으로 하는 에너지기술개발계획(에너지기술개발계획)을 5년마다 수립하고, 이에 따른 연차별 실행계획을 수립 · 시행
(2) 에너지기술개발계획은 대통령령이 정하는 바에 따라 관계 중앙행정기관의 장의 협의와 국가과학기술위원회의 심의를 거쳐서 수립
(3) 에너지기술개발계획 포함사항

① 에너지의 효율적 사용을 위한 기술개발에 관한 사항
② 신 · 재생에너지 등 환경친화적 에너지에 관련된 기술개발에 관한 사항
③ 에너지 사용에 따른 환경오염 저감을 위한 기술개발에 관한 사항

④ 온실가스 배출을 줄이기 위한 기술개발에 관한 사항
⑤ 개발된 에너지기술의 실용화의 촉진에 관한 사항
⑥ 국제에너지기술협력의 촉진에 관한 사항
⑦ 에너지기술에 관련된 인력·정보·시설 등 기술개발자원의 확대 및 효율적 활용에 관한 사항

9. 에너지기술개발

관계 중앙행정기관의 장은 에너지기술개발을 효율적으로 추진하기 위하여 대통령령이 정하는 바에 따라 다음 각호의 어느 하나에 해당하는 자로 하여금 에너지기술개발을 하게 할 수 있다.
(1) 공공기관
(2) 국·공립 연구기관
(3) 특정연구기관
(4) 전문생산기술연구소
(5) 부품·소재기술개발전문기업
(6) 정부출연연구기관
(7) 과학기술분야 정부출연연구기관
(8) 연구개발업을 전문으로 하는 기업
(9) 대학·산업대학·전문대학
(10) 산업기술연구조합
(11) 기업부설연구소

❖ 관계행정기관의장은 기술 개발에 필요한 비용의 전부 또는 일부를 출연 할 수 있다.

10. 한국 에너지기술 평가원의 설립

(1) 에너지기술개발사업의 기획·평가 및 관리 등을 효율적으로 지원하기 위하여 한국에너지기술평가원(평가원)을 설립한다.
(2) 평가원은 법인으로 한다.
(3) 평가원은 그 주된 사무소의 소재지에서 설립등기를 함으로써 성립한다.
(4) 평가원의 사업 내용
① 에너지기술개발사업의 기획, 평가 및 관리
② 에너지기술 분야 전문인력 양성사업의 지원
③ 에너지기술 분야의 국제협력 및 국제 공동연구사업의 지원

④ 그 밖에 에너지기술 개발과 관련하여 대통령령으로 정하는 사업
(5) 정부는 평가원의 설립·운영에 필요한 경비를 예산의 범위에서 출연할 수 있다.
(6) 중앙행정기관의 장 및 지방자치단체의 장은 제4항 각 호의 사업을 평가원으로 하여금 수행하게 하고 필요한 비용의 전부 또는 일부를 대통령령으로 정하는 바에 따라 출연할 수 있다.
(7) 평가원은 제1항에 따른 목적 달성에 필요한 경비를 조달하기 위하여 대통령령으로 정하는 바에 따라 수익사업을 할 수 있다.
(8) 평가원의 운영 및 감독 등에 필요한 사항은 대통령령으로 정한다.
(9) 평가원의 임직원은 「형법」 제129조부터 제132조까지의 규정을 적용할 때에는 공무원으로 본다.
(10) 평가원에 관하여 이 법에 규정되지 아니한 사항은 「민법」 중 재단법인에 관한 규정을 준용한다.

11. 에너지기술개발사업비

(1) 관계 중앙행정기관의 장은 에너지기술개발사업을 종합적이고 효율적으로 추진하기 위하여 연차별 실행계획의 시행에 필요한 에너지기술개발사업비를 조성할 수 있다.
(2) 에너지기술개발사업비는 정부 또는 에너지 관련 사업자 등의 출연금, 융자금, 그 밖에 대통령령으로 정하는 재원(財源)으로 조성한다.
(3) 관계 중앙행정기관의 장은 평가원으로 하여금 에너지기술개발사업비의 조성 및 관리에 관한 업무를 담당하게 할 수 있다.
(4) 에너지기술개발사업비로 사용할 수 있는 사업
① 에너지기술의 연구·개발에 관한 사항
② 에너지기술의 수요 조사에 관한 사항
③ 에너지사용기자재와 에너지공급설비 및 그 부품에 관한 기술개발에 관한 사항
④ 에너지기술 개발 성과의 보급 및 홍보에 관한 사항
⑤ 에너지기술에 관한 국제협력에 관한 사항
⑥ 에너지에 관한 연구인력 양성에 관한 사항
⑦ 에너지 사용에 따른 대기오염을 줄이기 위한 기술개발에 관한 사항
⑧ 온실가스 배출을 줄이기 위한 기술개발에 관한 사항
⑨ 에너지기술에 관한 정보의 수집·분석 및 제공과 이와 관련된 학술활동에 관한 사항
⑩ 평가원의 에너지기술개발사업 관리에 관한 사항

12. 에너지기술 개발 투자 등의 권고

관계 중앙행정기관의 장은 에너지기술 개발을 촉진하기 위하여 필요한 경우 에너지 관련 사업자에게 에너지기술 개발을 위한 사업에 투자하거나 출연할 것을 권고할 수 있다.

13. 에너지 및 에너지자원기술 분야의 전문인력을 양성

(1) 산업통상자원부장관은 에너지 및 에너지자원기술 분야의 전문인력을 양성하기 위하여 필요한 사업을 할 수 있다.
(2) 산업통상자원부장관은 제1항에 따른 사업을 하기 위하여 자금지원 등 필요한 지원을 할 수 있다. 이 경우 지원의 대상 및 절차 등에 관하여 필요한 사항은 산업통상자원부령으로 정한다.

14. 에너지 관련 통계의 관리 · 공표

(1) 산업통상자원부장관은 기본계획 및 에너지 관련 시책의 효과적인 수립·시행을 위하여 국내외에너지 수급에 관한 통계를 작성·분석·관리하며, 관련 법령에 저촉되지 아니하는 범위에서 이를 공표할 수 있다
(2) 산업통상자원부장관은 매년 에너지 사용 및 산업 공정에서 발생하는 온실가스 배출량 통계를 작성·분석하며, 그 결과를 공표할 수 있다
(3) 산업통상자원부장관은 필요하다고 인정하면 대통령령으로 정하는 바에 따라 에너지총조사를 할 수 있다.

❖ **에너지 관련 통계 및 에너지총조사**
① 에너지수급에 관한 통계를 작성하는 경우에는 산업통상자원부령이 정하는 에너지열량환산기준을 적용하여야 한다.
② 산업통상자원부장관은 온실가스 총배출량 통계를 산업통상자원부장관이 관계 중앙행정기관의 장과 협의하여 정한 세부절차에 따라 작성·관리하고, 필요한 경우 관계 중앙행정기관에 대하여 부문별 통계자료의 제출을 요구할 수 있다.
③ 에너지총조사는 3년마다 실시하되, 산업통상자원부장관이 필요하다고 인정하는 때에는 간이조사를 실시할 수 있다.

❖ **에너지열량환산기준** : 에너지열량환산기준은 5년마다 작성하되, 산업통상자원부장관이 필요하다고 인정하는 때에는 수시로 작성할 수 있다.

15. 국회보고

(1) 정부는 매년 주요 에너지정책의 집행 경과 및 결과를 국회에 보고

(2) **국회보고사항**

① 국내외 에너지 수급의 추이와 전망에 관한 사항
② 에너지·자원의 확보, 도입, 공급, 관리를 위한 대책의 추진 현황 및 계획에 관한 사항
③ 에너지 수요관리 추진 현황 및 계획에 관한 사항
④ 환경친화적인 에너지의 공급·사용 대책의 추진 현황 및 계획에 관한 사항
⑤ 온실가스 배출 현황과 온실가스 감축을 위한 대책의 추진 현황 및 계획에 관한 사항
⑥ 에너지정책의 국제협력 등에 관한 사항의 추진 현황 및 계획에 관한 사항
⑦ 그 밖에 주요 에너지정책의 추진에 관한 사항

(3) 제1항에 따른 보고에 필요한 사항은 대통령령으로 정한다.

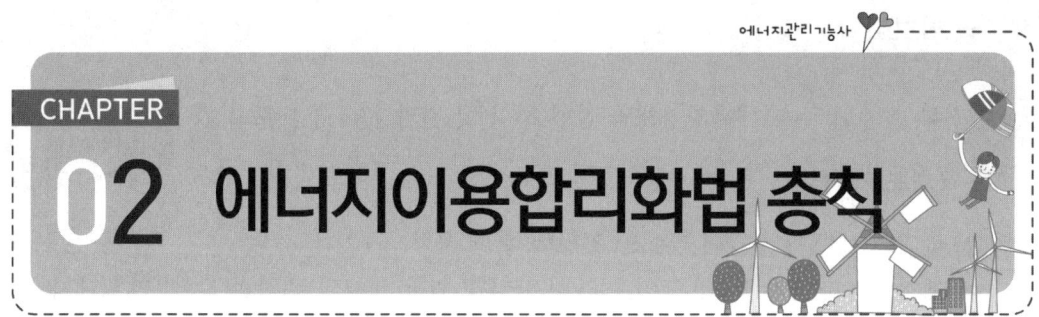

CHAPTER 02 에너지이용합리화법 총칙

1. 목 적

(1) 에너지의 수급안정.
(2) 에너지의 합리적이고, 효율적인 이용 증진.
(3) 에너지 소비로 인한 환경피해를 줄임.
(4) 지구온난화의 최소화에 이바지함
(5) 국민경제의 건전한 발전 및 국민복지의 증진에 이바지함

2. 정부와 에너지사용자·공급자 등의 책무

(1) **정부** : 에너지의 수급안정과 합리적이고 효율적인 이용을 도모하고 이를 통한 온실가스의 배출을 줄이기 위한 기본적이고 종합적인 시책을 강구하고 시행할 책무

(2) **지방자치단체** : 관할 지역의 특성을 고려하여 국가에너지정책의 효과적인 수행과 지역경제의 발전을 도모하기 위한 지역에너지시책을 강구하고 시행할 책무

(3) **에너지사용자와 에너지공급자** : 국가나 지방자치단체의 에너지시책에 적극 참여하고 협력하여야 하며, 에너지의 생산·전환·수송·저장·이용 등에서 그 효율을 극대화 하고 온실가스의 배출을 줄이도록 노력

(4) **에너지사용기자재와 에너지공급설비를 생산하는 제조업자** : 그 기자재와 설비의 에너지효율을 높이고 온실가스의 배출을 줄이기 위한 기술의 개발과 도입을 위하여 노력

(5) **국민** : 일상 생활에서 에너지를 합리적으로 이용하여 온실가스의 배출을 줄이도록 노력

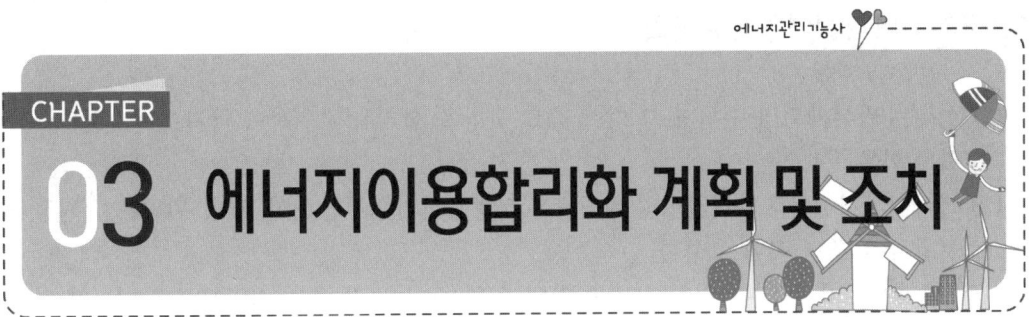

CHAPTER 03 에너지이용합리화 계획 및 조치

1. 에너지이용 합리화 기본계획

산업통상자원부장관이 매 5년마다 수립하며 기본계획은 다음과 같다.

※ 기본계획에 포함될 사항
(1) 에너지절약형 경제 구조로의 전환
(2) 에너지이용효율의 증대
(3) 에너지이용합리화를 위한 기술개발
(4) 에너지이용합리화를 위한 홍보 및 교육
(5) 에너지원간 대체
(6) 열사용기자재의 안전관리
(7) 에너지이용합리화를 위한 가격 예시제의 시행에 관한사항
(8) 에너지의 합리적인 이용을 통한 온실가스의 배출을 줄이기 위한 대책
(9) 기타 에너지이용합리화의 추진에 필요한 사항

❖ 산업통상자원부장관은 대통령령에 의한 에너지 총조사를 통계법에 따라 3년마다 실시하며, 필요하다고 인정할 때에는 수시로 간이 조사를 실시할 수 있다.

2. 에너지이용합리화 실시계획

관계행정기관의 장과 시·도지사는 실시계획을 매년 수립하여야 하며, 그 계획을 당해 연도 1월 31일까지, 그 시행결과를 다음 연도 2월말까지 각각 산업통상자원부장관에게 제출하여야 한다.

3. 국가에너지절약추진위원회

(1) 정부는 기본계획의 수립과 그 밖에 중요 사항을 심의하기 위하여 국가에너지절약추진위원회를 둔다.

(2) 국가에너지절약추진위원회의 위원장은 산업통상자원부장관이 되며, 위원은 위원장을 포함하여 25명 이내로 한다.

① 국가에너지절약추진위원회(위원회)의 위원은 다음 각 호의 사람으로 한다. 이 경우 복수차관이 있는 기관은 해당 기관의 장이 지정하는 차관으로 한다.

   1. 기획재정부차관 2. 교육부차관 3. 안전행정부차관
   4. 농림축산부차관 5. 산업통상자원부차관 6. 환경부차관 7. 국토교통부차관
   8. 국무총리실 국무차장 9. 에너지관리공단 이사장 10. 한국전력공사 사장
   11. 한국가스공사 사장 12. 한국지역난방공사 사장
   13. 그 밖에 에너지절약사업을 효율적으로 추진하기 위하여 위원장이 위촉하는 사람

② 위원장이 위촉하는 위원의 임기는 3년으로 한다.
③ 위원회의 위원장은 위원회를 대표하고, 위원회의 사무를 총괄한다.
④ 위원장이 부득이한 사유로 직무를 수행할 수 없을 때에는 위원장이 미리 지명하는 위원이 그 직무를 대행한다.
⑤ 위원장은 위원회의 회의를 소집하고, 그 의장이 된다.
⑥ 위원회의 회의는 재적위원 과반수의 출석으로 개의하고, 출석위원 과반수의 찬성으로 의결한다.

> ❖ **위원회의 기능**
> 국가에너지절약추진위원회 심의사항
> 1. 기본계획의 수립에 관한 사항
> 2. 실시계획의 종합·조정 및 추진상황 점검
> 3. 국가·지방자치단체 등의 에너지이용 효율화조치 등에 관한 사항
> 4. 에너지절약에 관한 법령 및 제도의 정비·개선 등에 관한 사항
> 5. 그 밖에 에너지절약과 관련되는 사항으로서 위원장이 회의에 부치는 사항

(3) 국가에너지절약추진위원회의 구성과 운영 등에 관한 사항은 대통령령으로 정한다.

(4) **실무위원회**

① 위원회의 심의에 앞서 위원회에 상정할 의안을 사전에 심의·조정하고, 위원회로부터 지시받은 사항을 처리하기 위하여 위원회에 국가에너지절약추진실무위원회를 둔다.
② 실무위원회는 위원장 1명을 포함한 25명 이내의 위원으로 구성한다.
③ 실무위원회의 위원장은 산업통상자원부 제2차관이 되고, 위원은 다음 각 호의 사람으로 한다.

> ❖ **실무위원회 위원**
> 1. 기획재정부・교육부・안전행정부・농림축산부・산업통상자원부・환경부・국토해양 및 국무총리실의 고위공무원단에 속하는 공무원 중에서 해당 기관의 장이 지명하는 사람 각 1명
> 2. 에너지관리공단, 한국전력공사, 한국가스공사 및 한국지역난방공사 소속 임직원 중에서 해당 기관의 장이 지명하는 사람 각 1명
> 3. 에너지경제연구원 원장
> 4. 한국에너지기술연구원 원장
> 5. 그 밖에 에너지절약사업을 효율적으로 추진하기 위하여 실무위원장이 위촉하는 사람

(5) 간사

① 위원회 및 실무위원회에 각각 1명의 간사를 둔다.
② 위원회의 간사는 산업통상자원부 소속 공무원이 된다.
③ 실무위원회의 간사는 산업통상자원부의 고위공무원단에 속하는 공무원 중에서 산업통상자원부장관이 지명하는 사람이 된다.
④ 간사는 위원장 또는 실무위원장의 명을 받아 각각 그 위원회 또는 실무위원회의 사무를 처리한다.

4. 수급안정을 위한 조치

산업통상자원부장관은 국내외 에너지사정의 변동에 따른 에너지의 수급차질에 대비하기 위하여 대통령령이 정하는 주요 에너지사용자와 에너지공급자에게 에너지저장시설을 보유하고 에너지를 저장하도록 의무를 부과한다.(위반시 2년 이하 징역, 2천만원 이하 벌금형)

(1) 산업통상자원부장관이 에너지저장의무를 부과할 수 있는 대상자

① 전기사업법에 따른 전기사업자
② 도시가스사업법에 따른 도시가스사업자
③ 석탄산업법에 따른 석탄가공업자
④ 집단에너지사업법에 따른 집단에너지사업자
⑤ 연간 2만 석유환산톤 이상의 에너지를 사용하는 자

(2) 산업통상자원부장관은 에너지저장의무를 부과할 때에는 다음 각 호의 사항을 정하여 고시

① 대상자 ② 저장시설의 종류 및 규모 ③ 저장하여야 할 에너지의 종류 및 저장의무량
④ 그 밖에 필요한 사항

❖ 수급안정을 위한 조정명령 기타 필요한 조치 사항
① 지역별, 주요 수급자별 에너지할당
② 에너지공급설비의 가동 및 조업
③ 에너지의 비축과 저장
④ 에너지의 도입·수출입 및 위탁가공
⑤ 에너지공급자 상호간의 에너지의 교환 또는 분배사용
⑥ 에너지의 유통시설과 그 사용 및 유통경로
⑦ 에너지의 배급
⑧ 에너지의 양도·양수의 제한 또는 금지
⑨ 에너지사용의 시기·방법 및 에너지사용기자재의 사용 제한 또는 금지 등 대통령령으로 정하는 사항
⑩ 기타 에너지수급의 안정을 위하여 대통령이 정하는 사항
❖ 산업통상자원부장관은 규정에 의한 조치의 시행을 위하여 관계행정기관의 장 또는 지방자치단체의 장에게 필요한 협조를 요청할 수 있으며, 협조해야 한다.
❖ 산업통상자원부장관은 사유가 소멸되었다고 인정할 때에는 지체없이 이를 해제하여야 한다.

❖ 에너지사용의 시기·방법, 에너지사용기자재의 사용제한·금지 등 대통령령으로 정하는 사항
① 에너지사용시설 및 에너지사용기자재에 사용할 에너지의 지정 및 사용 에너지의 전환
② 위생 접객업소 및 그 밖의 에너지사용시설에 대한 에너지사용의 제한
③ 차량 등 에너지사용기자재의 사용제한
④ 에너지사용의 시기 및 방법의 제한
⑤ 특정 지역에 대한 에너지사용의 제한

5. 에너지공급자의 수요관리투자계획

(1) 에너지공급자 중 대통령령으로 정하는 에너지공급자는 해당 에너지의 생산·전환·수송·저장 및 이용상의 효율향상, 수요의 절감 및 온실가스배출의 감축 등을 도모하기 위한 연차별 수요관리투자계획을 수립·시행(연차별 수요관리투자계획을 변경하는 경우)하여야 하며, 그 계획과 시행 결과를 산업통상자원부장관에게 제출하여야 한다.

(2) 산업통상자원부장관은 에너지수급상황의 변화, 에너지가격의 변동, 그 밖에 대통령령으로 정하는 사유가 생긴 경우에는 수요관리투자계획을 수정·보완하여 시행하게 할 수 있다.

(3) 에너지공급자는 연차별 수요관리투자사업비 중 일부를 대통령령으로 정하는 수요관리전문기관에 출연할 수 있다.

(4) 산업통상자원부장관은 에너지공급자의 수요관리투자를 촉진하기 위하여 수요관리투자로 인하여 에너지공급자에게 발생되는 비용과 손실을 최소화하는 방안을 수립·시행할 수 있다.

❖ **대통령령이 정하는 수요관리전문기관**
① 에너지관리공단
② 그 밖에 수요관리사업의 수행능력이 있다고 인정되는 기관으로서 산업통상자원부령으로 정하는 기관

6. 에너지사용계획의 협의

(1) 도시개발사업이나 산업단지개발사업 등 대통령령으로 정하는 일정규모 이상의 에너지를 사용하는 사업을 실시하거나 시설을 설치하려는 자(사업주관자)는 그 사업의 실시와 시설의 설치로 에너지수급에 미칠 영향과 에너지소비로 인한 온실가스(이산화탄소만을 말한다)의 배출에 미칠 영향을 분석하고, 소요에너지의 공급계획 및 에너지의 합리적 사용과 그 평가에 관한 계획(에너지사용계획)을 수립하여, 그 사업의 실시 또는 시설의 설치 전에 산업통상자원부장관에게 제출하여야 한다.
① **공공사업주관자** : 국가기관·지방자치단체·정부투자기관·정부출자기관 등
㉮ 연간 2,500[TOE] 이상의 연료 및 열을 사용하는 시설
㉯ 연간 1,000만[Kwh] 이상의 전력을 사용하는 시설
② **민간사업주관자** : 공공사업주관자 이외의 자로서 공장·사업장 등에서 에너지를 사용하는 사업을 실시하거나 시설을 설치하고자 하는 자
㉮ 연간 5,000[TOE 이상의 연료 및 열을 사용하는 시설
㉯ 연간 2,000만[Kwh]이상의 전력을 사용하는 시설의 협의대상 사업

❖ **에너지사용계획을 수립하여 산업통상자원부장관에게 제출하여야 하는 사업주관자**
① 도시개발사업   ② 산업단지 개발사업
③ 에너지개발사업   ④ 항만건설사업
⑤ 철도건설사업   ⑥ 공항건설사업
⑦ 관광단지개발사업   ⑧ 개발촉진지구개발사업 또는 지역종합개발사업

산업통상자원부장관은 에너지사용계획을 제출받은 경우에는 그날부터 30일 이내에 공공사업주관자에게는 그 협의 결과를, 민간사업주관자에게는 그 의견청취 결과를 통보하여야 한다. 다만, 산업통상자원부장관이 필요하다고 인정할 때에는 20일의 범위에서 통보를 연장할 수 있다.

❖ **대통령령으로 정하는 일정규모 이상의 에너지를 사용하는자(에너지사용 기준량)**
연료 및 열 전력의 연간사용량의 합계가 2,000(TOE) 이상인 자

(2) 에너지사용계획 내용

① 사업의 개요
② 에너지수요예측 및 공급계획
③ 에너지 수급에 미치게 될 영향 분석
④ 에너지 소비가 온실가스(이산화탄소만 해당한다)의 배출에 미치게 될 영향 분석
⑤ 에너지이용효율 향상방안
⑥ 에너지이용의 합리화를 통한 온실가스(이산화탄소만 해당한다)의 배출감소 방안
⑦ 사후관리계획
⑧ 그 밖에 에너지이용 효율 향상을 위하여 필요하다고 산업통상자원부장관이 정하는 사항

> ❖ **대통령령으로 정한 사항을 변경하려는 경우**
> ☞ 공공사업주관자의 경우에는 그 에너지사용계획의 변경 사항에 관하여 산업통상자원부장관에게 협의를 요청하여야 한다.
> 1. 토지나 건축물의 면적 또는 시설의 변경으로 인하여 에너지사용계획의 에너지사용량이 100분의 10 이상 증가되는 경우
> 2. 집단에너지 공급계획의 변경, 냉난방 방식의 변경, 그 밖에 에너지사용계획에 큰 변동을 가져오는 사항으로서 산업통상자원부장관이 정하여 고시하는 사항이 변경되는 경우

(3) 에너지사용계획. 수립 대행자의 지정 (☞ 산업통상자원부장관)

① 국공립연구기관
② 정부출연연구기관
③ 대학부설 에너지관계연구소
④ 엔지니어링 기술진흥법에 의한 엔지니어링 활동 주체 또는 기술사법에 의한 기술사 사무소를 개설 등록한 기술사
⑤ 에너지절약 전문기업
⑥ 기타 산업통상자원부장관이 에너지사용계획의 수립을 할 수 있다고 인정하는 자

> ❖ 산업통상자원부장관은 대행자로 지정을 받은 자의 소속 기술요원에 대하여 에너지관리에 관한 교육을 받게 할 수 있다.

(4) 에너지사용계획의 검토기준

① 에너지의 수급 및 이용합리화측면에서의 당해 사업의 실시 또는 시설 설치의 타당성
② 부문별·용도별 에너지수요의 적정성
③ 연료·열 및 전기의 공급체계·공급원 선택과 관련시설 건설계획의 적정성
④ 해당 사업에 있어서 용지의 이용 및 시설의 배치에 관한 효율화 방안의 적정성

⑤ 고효율 에너지이용 시스템 및 설비 설치의 적절성
⑥ 에너지이용의 합리화를 통한 이산화탄소 배출감소방안의 적정성
⑦ 폐열의 회수·활용 및 폐기물 에너지이용계획의 적정성
⑧ 대체 에너지이용계획의 적정성
⑨ 사후 에너지관리계획의 적정성

❖ 검토기준에 구체적인 내용은 산업통상자원부장관이 정한다.

(5) 이행계획에 포함될 사항

① 에너지사용계획의 조정 또는 보완의 조치내용
② 이행주체
③ 이행방법
④ 이행시기

(6) 에너지사용계획의 사후관리

공공사업주관자는 에너지사용계획에 대한 협의 절차가 완료된 때에는 그 에너지사용계획 및 이행계획 중 당해 사업 또는 시설의 실시설계서에 반영된 내용을 그 실시설계서의 확정 후 14일 이내에 산업통상자원부장관에게 제출

7. 금융, 세제상의 지원

정부는 에너지이용을 합리화하고 이를 통하여 온실가스의 배출을 줄이기 위하여 대통령령으로 정하는 에너지절약형 시설투자, 에너지절약형 기자재의 제조·설치·시공, 그 밖에 에너지이용 합리화와 이를 통한 온실가스배출의 감축에 관한 사업에 대하여 금융·세제상의 지원 또는 보조금의 지급, 그 밖에 필요한 지원을 할 수 있다.

(1) 에너지절약형 시설투자

① 노후된 보일러 및 산업용 요로 등 에너지다소비 설비의 대체
② 집단에너지사업, 열병합발전사업, 폐열이용사업과 대체연료 사용을 위한 시설 및 기기류의 설치
③ 그 밖에 에너지절약 효과 및 보급 필요성이 있다고 산업통상자원부장관이 인정하는 에너지절약형 시설투자, 에너지절약형 기자재의 제조·설치·시공

(2) 에너지이용 합리화와 이를 통한 온실가스배출의 감축에 관한 사업(산업통상자원부장관이 인정하는 사업)

① 에너지원의 연구개발사업
② 에너지이용 합리화 및 이를 통하여 온실가스배출을 줄이기 위한 에너지절약시설 설치 및 에너지기술개발사업
③ 기술용역 및 기술지도사업
④ 에너지 분야에 관한 신기술·지식집약형 기업의 발굴·육성을 위한 지원사업기타 에너지이용합리화에 관한 사업

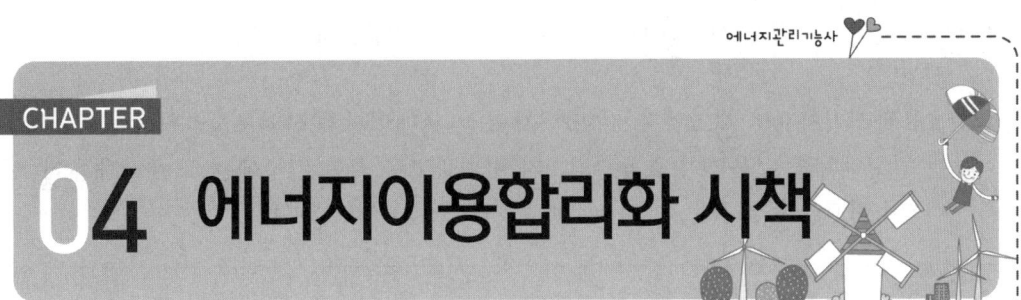

CHAPTER 04 에너지이용합리화 시책

1. 에너지사용기자재 관련 시책

(1) 효율관리기자재의 지정

산업통상자원부장관은 에너지이용 합리화를 위하여 필요하다고 인정하는 경우에는 일반적으로 널리 보급되어 있고 상당량의 에너지를 소비하는 에너지사용기자재로서 산업통상자원부령으로 정하는 기자재(효율관리기자재)에 대하여 다음 각 호의 사항을 정하여 고시
① 에너지의 목표소비효율 또는 목표사용량의 기준
② 에너지의 최저소비효율 또는 최대사용량의 기준
③ 에너지의 소비효율 또는 사용량의 표시
④ 에너지의 소비효율 등급기준 및 등급표시
⑤ 에너지의 소비효율 또는 사용량의 측정방법
⑥ 그 밖에 효율관리기자재의 관리에 필요한 사항으로서 산업통상자원부령으로 정하는 사항

❖ 효율관리기자재
① 전기냉장고 ② 전기냉방기 ③ 전기세탁기 ④ 조명기기 ⑤ 삼상유도전동기 ⑥ 자동차
⑦ 그 밖에 산업통상자원부장관이 그 효율의 향상이 특히 필요하다고 인정하여 고시하는 기자재 및 설비

(2) 효율관리기자재의 제조업자 또는 수입업자는 산업통상자원부장관이 지정하는 시험기관(효율관리시험기관)에서 해당 효율관리기자재의 에너지 사용량을 측정받아 에너지소비효율등급 또는 에너지소비효율을 해당 효율관리기자재에 표시하여야 한다. 다만, 산업통상자원부장관이 정하여 고시하는 시험설비 및 전문인력을 모두 갖춘 제조업자 또는 수입업자로서 산업통상자원부령으로 정하는 바에 따라 산업통상자원부장관의 승인을 받은 자는 자체측정으로 효율관리시험기관의 측정을 대체할 수 있다.

(3) 효율관리기자재의 제조업자 또는 수입업자는 측정결과를 산업통상자원부장관에게 신고

(4) 효율관리기자재의 제조업자·수입업자 또는 판매업자가 산업통상자원부령으로 정하는 광고매체를 이용하여 효율관리기자재의 광고를 하는 경우에는 그 광고내용에 에너지소비효율 등급 또는 에너지소비효율을 포함하여야 한다.

> ❖ 효율관리시험기관은 「국가표준기본법」에 따라 시험·검사기관으로 인정받은 기관 즉
> ① 국가가 설립한 시험·연구기관
> ② 「특정연구기관 육성법」 따른 특정연구기관
> ③ 제1호 및 제2호의 연구기관과 동등 이상의 시험능력이 있다고 산업통상자원부장관이 인정하는 기관

(5) 효율관리기자재의 사후관리

① 산업통상자원부장관은 효율관리기자재가 고시한 내용에 적합하지 아니하면 그 효율관리기자재의 제조업자·수입업자 또는 판매업자에게 일정한 기간을 정하여 그 시정을 명할 수 있다.
산업통상자원부장관은 효율관리기자재가 최저소비효율기준에 미달하거나 최대사용량기준을 초과하는 경우에는 해당 효율관리기자재의 제조업자·수입업자 또는 판매업자에게 그 생산이나 판매의 금지를 명할 수 있다.

② 산업통상자원부장관은 사후관리조사를 위하여 필요하면 다른 제조업자·수입업자·판매업자나 「소비자기본법」에 따른 한국소비자원 또는 소비자단체에게 협조를 요청할 수 있다.

(6) 효율관리기자재 자체측정의 승인신청

효율관리기자재에 대한 자체측정의 승인을 받으려는 자는 효율관리기자재 자체측정 승인신청서에 다음 각 호의 서류를 첨부하여 산업통상자원부장관에게 제출
① 시험설비 현황(시험설비의 목록 및 사진 포함)
② 전문인력 현황(시험 담당자의 명단 및 재직증명서 포함)
③ 「국가표준기본법」에 따른 시험·검사기관 인정서 사본(해당되는 경우만 첨부)

(7) 효율관리기자재 측정 결과의 신고

효율관리기자재의 제조업자 또는 수입업자는 효율관리시험기관으로부터 측정 결과를 통보받은 날 또는 자체측정을 완료한 날부터 각각 60일 이내에 그 측정 결과를 에너지관리공단에 신고

(8) 효율관리기자재의 광고매체

① 「잡지 등 정기간행물의 진흥에 관한 법률」에 따라 등록 또는 신고된 정기간행물 중 광고의 규격 등을 고려하여 산업통상자원부장관이 정하여 고시하는 것
② 해당 효율관리기자재의 제품안내서

2. 평균에너지소비효율제도

(1) 산업통상자원부장관은 각 효율관리기자재의 에너지소비효율 합계를 그 기자재의 총수로 나누어 산출한 평균에너지소비효율에 대하여 총량적인 에너지효율의 개선이 특히 필요하다고 인정되는 기자재로서 승용자동차 등 산업통상자원부령으로 정하는 기자재(평균효율관리기자재)를 제조하거나 수입하여 판매하는 자가 지켜야 할 평균에너지소비효율을 관계 행정기관의 장과 협의하여 고시하여야 한다.
(2) 산업통상자원부장관은 평균에너지소비효율(기준평균에너지소비효율)에 미달하는 평균효율관리기자재를 제조하거나 수입하여 판매하는 자에게 일정한 기간을 정하여 평균에너지소비효율의 개선을 명할 수 있다.
(3) 평균에너지소비효율의 산정방법, 개선기간, 개선명령의 이행절차 및 공표방법 등 필요한 사항은 산업통상자원부령으로 정한다.

3. 대기전력저감대상제품의 지정

(1) 산업통상자원부장관은 외부의 전원과 연결만 되어 있고, 주기능을 수행하지 아니하거나 외부로부터 켜짐 신호를 기다리는 상태에서 소비되는 전력(대기전력)의 저감(低減)이 필요하다고 인정되는 에너지사용기자재로서 산업통상자원부령으로 정하는 제품 즉 대기전력저감대상제품

❖ **대기전력저감대상제품 고시사항**
① 대기전력저감대상제품의 각 제품별 적용범위
② 대기전력저감기준
③ 대기전력의 측정방법
④ 대기전력 저감성이 우수한 대기전력저감대상제품(대기전력저감우수제품)의 표시
⑤ 그 밖에 대기전력저감대상제품의 관리에 필요한 사항으로서 산업통상자원부령으로 정하는 사항

(2) 대기전력경고표지대상제품의 지정

① 산업통상자원부장관은 대기전력저감대상제품 중 대기전력 저감을 통한 에너지 이용의 효율을 높이기 위하여 대기전력저감기준에 적합할 것이 특히 요구되는 제품

으로서 산업통상자원부령으로 정하는 제품(대기전력경고표지대상제품)에 대하여 다음 각 호의 사항을 정하여 고시
    ㉮ 대기전력경고표지대상제품의 각 제품별 적용범위
    ㉯ 대기전력경고표지대상제품의 경고 표시
    ㉰ 그 밖에 대기전력경고표지대상제품의 관리에 필요한 사항으로서 산업통상자원부령으로 정하는 사항
② 대기전력경고표지대상제품의 제조업자 또는 수입업자는 대기전력경고표지대상제품에 대하여 산업통상자원부장관이 지정하는 시험기관(대기전력시험기관)의 측정을 받아야 한다. 다만, 산업통상자원부장관이 정하여 고시하는 시험설비 및 전문인력을 모두 갖춘 제조업자 또는 수입업자로서 산업통상자원부령으로 정하는 바에 따라 산업통상자원부장관의 승인을 받은 자는 자체측정으로 대기전력시험기관의 측정을 대체할 수 있다.
③ 대기전력경고표지대상제품의 제조업자 또는 수입업자는 측정 결과를 산업통상자원부령으로 정하는 바에 따라 산업통상자원부장관에게 신고
④ 대기전력경고표지대상제품의 제조업자 또는 수입업자는 측정 결과, 해당 제품이 대기전력저감기준에 미달하는 경우에는 그 제품에 대기전력경고표지를 하여야 한다.

❖ **대기전력시험기관으로 지정받으려는 자의 요건**
    ☞ 산업통상자원부령으로 정하는 바에 따라 산업통상자원부장관에게 지정 신청
    ① 국가가 설립한 시험·연구기관
    ② 「특정연구기관 육성법」 제2조에 따른 특정연구기관
    ③ 「국가표준기본법」에 따라 시험·검사기관으로 인정받은 기관
    ④ 국가가 설립한 시험·연구기관이나 특정연구기관과 동등 이상의 시험능력이 있다고 산업통상자원부장관이 인정하는 기관
    ☞ 산업통상자원부장관이 대기전력저감대상제품별로 정하여 고시하는 시험설비 및 전문인력을 갖출 것

4. 대기전력저감우수제품의 표시

(1) 대기전력저감대상제품의 제조업자 또는 수입업자가 해당 제품에 대기전력저감우수제품의 표시를 하려면 대기전력시험기관의 측정을 받아 해당 제품이 대기전력저감기준에 적합하다는 판정을 받아야 한다. 다만, 시험설비 및 전문인력을 모두 갖춘 제조업자 또는 수입업자로서 산업통상자원부장관의 승인을 받은 자는 자체측정으로 대기전력시험기관의 측정을 대체 할 수 있다
(2) 대기전력저감우수제품의적합 판정을 받아 표시를 하는 제조업자 또는 수입업자는 측정 결과를 산업통상자원부장관에게 신고

❖ **대기전력경고표지대상제품**
1. 컴퓨터 2. 모니터 3. 프린터 4. 복합기 5. 텔레비전 6. 셋톱박스 7. 전자레인지
8. 팩시밀리 9. 복사기 10. 스캐너 11. 비디오테이프레코더 12. 오디오 13. DVD플레이어
14. 라디오카세트 15. 도어폰 16. 유무선전화기 17. 비데 18. 모뎀 19. 홈 게이트웨이
☞ 대기전력경고표지대상제품의 제조업자 또는 수입업자는 대기전력시험기관으로부터 측정 결과를 통보받은 날 또는 자체측정을 완료한 날부터 각각 60일 이내에 그 측정 결과를 공단에 신고

5. 고효율에너지기자재의 인증

(1) 산업통상자원부장관은 에너지이용의 효율성이 높아 보급을 촉진할 필요가 있는 에너지사용기자재로서 고효율에너지인증대상기자재에 대하여 다음 사항을 정하여 고시
① 고효율에너지인증대상기자재의 각 기자재별 적용범위
② 고효율에너지인증대상기자재의 인증 기준·방법 및 절차
③ 고효율에너지인증대상기자재의 성능 측정방법
④ 에너지이용의 효율성이 우수한 고효율에너지기자재의 인증 표시
⑤ 그 밖에 고효율에너지인증대상기자재의 관리에 필요한 사항으로서 산업통상자원부령으로 정하는 사항

❖ **고효율에너지인증대상기자재**
1. 펌프 2. 산업건물용 보일러 3. 무정전전원장치 4. 폐열회수형 환기장치
5. 발광다이오드(LED) 등 조명기기
6. 그 밖에 산업통상자원부장관이 특히 에너지이용의 효율성이 높아 보급을 촉진할 필요가 있다고 인정하여 고시하는 기자재 및 설비
☞ 인증 제한 기간 : 1년

(2) 고효율에너지기자재의 인증을 받으려는 자는 산업통상자원부령으로 정하는 바에 따라 산업통상자원부장관에게 인증을 신청하여야 한다

(3) **고효율에너지기자재의 사후관리**

① 산업통상자원부장관은 고효율에너지기자재가 거짓이나 그 밖의 부정한 방법으로 인증을 받은 경우는 인증을 취소하여야 하고, 고효율에너지기자재가 인증기준에 미달하는 경우에는 인증을 취소하거나 6개월 이내의 기간을 정하여 인증을 사용하지 못하도록 명할 수 있다.

② 산업통상자원부장관은 인증이 취소된 고효율에너지기자재에 대하여 그 인증이 취소된 날부터 1년의 범위에서 산업통상자원부령으로 정하는 기간 동안 인증을 하지 아니할 수 있다

> ❖ **시험기관의지정취소**
> ① 산업통상자원부장관은 효율관리시험기관, 대기전력시험기관 및 고효율시험기관이 다음 각 호의 어느 하나에 해당하는 경우에는 그 지정을 취소하거나 6개월 이내의 기간을 정하여 시험업무의 정지를 명할 수 있다.
>   1. 거짓이나 그 밖의 부정한 방법으로 지정을 받은 경우
>   2. 업무정지 기간 중에 시험업무를 행한 경우
>   3. 정당한 사유 없이 시험을 거부하거나 지연하는 경우
>   4. 산업통상자원부장관이 정하여 고시하는 측정방법을 위반하여 시험한 경우
>   5. 시험기관의 지정기준에 적합하지 아니하게 된 경우
> ② 산업통상자원부장관은 자체측정의 승인을 받은 자가
>   1. 거짓이나 그 밖의 부정한 방법으로 승인을 받은 경우,
>   2. 업무정지 기간 중에 자체측정업무를 행한 경우는 그 승인을 취소하고,
>   3. 산업통상자원부장관이 정하여 고시하는 측정방법을 위반하여 측정한 경우
>   4. 산업통상자원부장관이 정하여 고시하는 시험설비 및 전문인력 기준에 적합하지 아니하게 된 경우는 그 승인을 취소하거나 6개월 이내의 기간을 정하여 자체측정업무의 정지를 명할 수 있다.

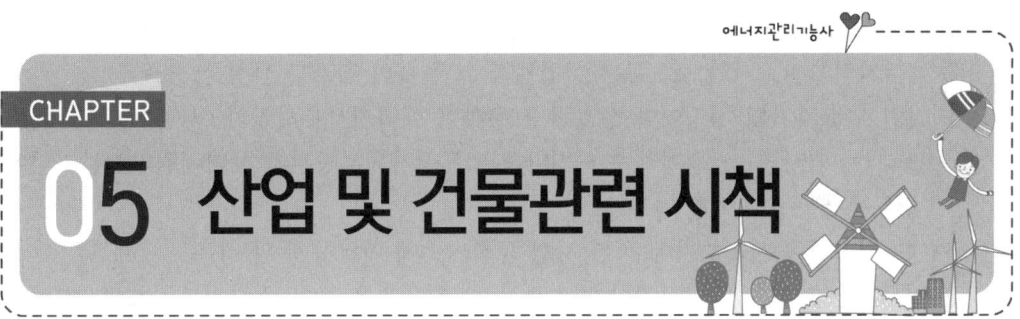

CHAPTER 05 산업 및 건물관련 시책

1. 에너지절약전문기업의 지원

(1) 에너지절약전문기업

정부는 제3자로부터 위탁을 받아 ① 에너지사용시설의 에너지절약을 위한 관리·용역사업 ② 에너지절약형 시설투자에 관한 사업 ③ 그 밖에 대통령령으로 정하는 에너지절약을 위한 사업에 해당하는 사업을 하는 자로서 산업통상자원부장관에게 등록을 한 자는 에너지절약사업과 이를 통한 온실가스의 배출을 줄이는 사업을 하는 데에 필요한 지원을 할 수 있다.

❖ 대통령령으로 정하는 에너지절약을 위한 사업
 ① 신에너지 및 재생에너지원의 개발 및 보급사업
 ② 에너지절약형 시설 및 기자재의 연구개발사업

(2) 에너지절약전문기업 등록신청 : 에너지관리공단

❖ 에너지절약전문기업의 등록신청서 및 등록 사항 변경등록신청서
 ① 사업계획서
 ② 보유장비명세서 및 기술인력명세서(자격증명서 사본을 포함)
 ③ 「부동산 가격공시 및 감정평가에 관한 법률」에 따른 감정평가업자가 평가한 자산에 대한 감정평가서(개인인 경우만 해당한다)

(3) 에너지절약전문기업 등록취소 사유

① 거짓이나 그 밖의 부정한 방법으로 등록을 한 경우
② 거짓이나 그 밖의 부정한 방법으로 금융, 세제상지원을 받거나 지원받은 자금을 다

른 용도로 사용한 경우
③ 에너지절약전문기업으로 등록한 업체가 그 등록의 취소를 신청한 경우
④ 타인에게 자기의 성명이나 상호를 사용하여 에너지사용시설의 에너지절약을 위한 관리·용역사업 을 수행하게 하거나 산업통상자원부장관이 에너지절약전문기업에 내준 등록증을 대여한 경우
⑤ 에너지절약형 시설투자에 관한 사업 등록기준에 미달하게 된 경우
⑥ 업무보고를 하지 아니하거나 거짓으로 보고한 경우 또는 검사거부·방해·기피한 경우
⑦ 정당한 사유 없이 등록한 후 3년 이내에 사업을 시작하지 아니하거나 3년 이상 계속하여 사업수행실적이 없는 경우

(4) 에너지절약전문기업 등록제한

등록이 취소된 에너지절약전문기업은 등록취소일부터 2년이 지나지 아니하면 에너지절약형 시설투자에 관한 사업 등록을 할 수 없다.

❖ 등록증을 발급받은 자는 그 등록증을 잃어버리거나 헐어 못 쓰게 된 경우에는 공단에 재발급신청을 할 수 있다. 이 경우 등록증이 헐어 못 쓰게 되어 재발급신청을 할 때에는 그 등록증을 첨부하여야 한다.

2. 자발적 협약체결기업의 지원

(1) 정부는 에너지사용자 또는 에너지공급자로서 에너지의 절약 및 합리적인 이용을 통한 온실가스의 배출을 줄이기 위한 목표와 그 이행방법 등에 관한 계획을 자발적으로 수립하여 이를 이행하기로 정부 또는 지방자치단체와 약속(자발적 협약)한 자가 에너지절약형 시설 기타 대통령령이 정하는 시설 등에 투자하는 경우에는 그에 필요한 지원을 할 수 있다.

❖ 자발적 협약의 목표, 이행 방법의 기준 및 평가에 관하여 필요한 사항은 환경부장관과 협의하여 산업통상자원부령으로 정한다.

❖ 대통령이 정하는 에너지절약형 시설
① 에너지절약형 공정개선을 위한 시설
② 에너지이용합리화를 통한 온실가스의 배출을 줄이기 위한 시설
③ 그 밖에 에너지절약이나 온실가스의 배출을 줄이기 위하여 필요하다고 산업통상자원부장관이 인정하는 시설
④ 제1호 부터 제3호까지의 시설과 관련된 기술개발

(2) 자발적 협약의 이행확인

에너지사용자 또는 에너지공급자가 수립하는 계획에 포함될 사항
① 협약 체결 전년도의 에너지소비 현황
② 에너지를 사용하여 만드는 제품, 부가가치 등의 단위당 에너지이용효율 향상목표 또는 온실가스배출 감축목표(효율향상목표) 및 그 이행 방법
③ 에너지관리체제 및 에너지관리방법
④ 효율향상목표 등의 이행을 위한 투자계획
⑤ 그 밖에 효율향상목표 등을 이행하기 위하여 필요한 사항

❖ 자발적 협약의 평가기준
 ① 에너지절감량 또는 에너지의 합리적인 이용을 통한 온실가스배출 감축량
 ② 계획 대비 달성률 및 투자실적
 ③ 자원 및 에너지의 재활용 노력
 ④ 그 밖에 에너지절감 또는 에너지의 합리적인 이용을 통한 온실가스배출 감축에 관한 사항

3. 온실가스배출 감축실적의 등록·관리

(1) 온실가스 배출 감축실적의 등록·관리

① 정부는 에너지절약전문기업, 자발적 협약체결기업 등이 에너지이용 합리화를 통한 온실가스배출 감축실적의 등록을 신청하는 경우 그 감축실적을 등록·관리 한다.
② 신청, 등록·관리 등에 관하여 필요한 사항은 대통령령으로 정한다.

(2) 온실가스의 배출을 줄이기 위한 교육훈련 및 인력양성 등

① 정부는 온실가스의 배출을 줄이기 위하여 필요하다고 인정하면 산업계종사자 등 온실가스배출 감축 관련 업무담당자에 대하여 교육훈련을 실시할 수 있다.
② 정부는 온실가스 배출을 줄이는 데에 필요한 전문인력을 양성하기 위하여 「고등교육법」에 따른 대학원 및 대통령령으로 정하는 기준에 해당하는 대학원이나 대학원대학을 기후변화협약특성화대학원으로 지정할 수 있다.
③ 정부는 지정된 기후변화협약특성화대학원의 운영에 필요한 지원을 할 수 있다.
④ 교육훈련대상자와 교육훈련 내용, 기후변화협약특성화대학원 지정절차 및 지원내용 등에 필요한 사항은 대통령령으로 정한다.

❖ 온실가스배출 감축 관련 교육훈련 대상
 ① 산업계의 온실가스배출 감축 관련 업무담당자
 ② 정부 등 공공기관의 온실가스배출 감축 관련 업무담당자

❖ **교육훈련 내용**
① 기후변화협약과 대응 방안
② 기후변화협약 관련 국내외 동향
③ 온실가스배출 감축 관련 정책 및 감축 방법에 관한 사항

(3) 기후변화협약특성화대학원의 지정기준

① 대통령령으로 정하는 기준에 해당하는 대학원 또는 대학원대학이란 기후변화 관련 교통정책, 환경정책, 온난화방지과학, 산업활동과 대기오염 등 산업통상자원부장관이 정하여 고시하는 과목의 강의가 3과목 이상 개설되어 있는 대학원 또는 대학원대학을 말한다.
② 기후변화협약특성화대학원으로 지정을 받으려는 대학원 또는 대학원대학은 산업통상자원부장관에게 지정신청을 하여야 한다.
③ 지정기준 및 지정신청 절차에 관한 세부적인 사항은 산업통상자원부장관이 국토교통부장관 및 환경부장관과의 협의를 거쳐 정하여 고시한다.

4. 에너지 다소비사업자(대통령이 정하는 기준량 이상인 자)

(1) 연료·열 및 전력의 연간 사용량의 합계(연간 에너지사용량)가 2,000[TOE]이상이 되는 경우 매년 1월 31일까지 시·도지사에게 신고

❖ **에너지 다소비사업자가 시·도지사에게 신고사항**
① 전년도의 에너지사용량·제품생산량
② 해당 연도의 에너지사용예정량·제품생산예정량
③ 에너지사용기자재의 현황
④ 전년도의 에너지이용 합리화 실적 및 해당 연도의 계획
⑤ 에너지관리자의 현황
☞ 시·도지사는 전년도의 에너지사용량·제품생산량에 따른 신고를 받으면 이를 매년 2월 말일까지 산업통상자원부장관에게 보고

(2) 에너지 진단

① 산업통상자원부장관은 관계 행정기관의 장과 협의하여 에너지다소비사업자가 에너지를 효율적으로 관리하기 위하여 필요한 기준(에너지관리기준)을 부문별로 정하여 고시 한다.
② 에너지다소비사업자는 산업통상자원부장관이 지정하는 에너지진단전문기관(진단기관)으로부터 3년 이상의 범위에서 대통령령으로 정하는 기간마다 그 사업장의 에너지의 효율적 사용 여부에 대한 진단(에너지진단)을 받아야 한다.

③ 산업통상자원부장관은 대통령령으로 정하는 바에 따라 에너지진단업무에 관한 자료 제출을 요구하는 등 진단기관을 관리·감독한다.
④ 산업통상자원부장관은 자체에너지절감실적이 우수하다고 인정되는 에너지다소비사업자에 대하여는 산업통상자원부령으로 정하는 바에 따라 에너지진단을 면제하거나 에너지진단주기를 연장할 수 있다.
⑤ 산업통상자원부장관은 에너지진단 결과 에너지다소비사업자가 에너지관리기준을 지키고 있지 아니한 경우에는 에너지관리기준의 이행을 위한 지도(에너지관리지도)를 할 수 있다.

❖ **에너지진단 제외대상 사업장 산업통상자원부령으로 정하는 범위에 해당하는 사업장**
① 「전기사업법」에 따른 전기사업자가 설치하는 발전소
② 「건축법 시행령」에 따른 아파트, 연립주택, 다세대주택
③ 「건축법 시행령」에 따른 판매시설 중 소유자가 2명 이상이며, 공동 에너지사용설비의 연간 에너지사용량이 2천 티오이 미만인 사업장
④ 「건축법 시행령」에 따른 일반업무시설 중 오피스텔
⑤ 「건축법 시행령」에 따른 창고
⑥ 「산업집적활성화 및 공장설립에 관한 법률」에 따른 지식산업센터
⑦ 「군사기지 및 군사시설 보호법」에 따른 군사시설
⑧ 「폐기물관리법」에 따라 폐기물처리의 용도만으로 설치하는 폐기물처리시설
⑨ 그 밖에 기술적으로 에너지진단을 실시할 수 없거나 에너지진단의 효과가 적다고 산업통상자원부장관이 인정하여 고시하는 사업장

❖ **에너지진단 면제자**
① 자발적 협약을 체결한 자로서 자발적 협약의 평가기준에 따라 자발적 협약의 이행 여부를 확인한 결과 이행실적이 우수한 사업자로 선정된 자
② 에너지절약 유공자로서 「정부표창규정」에 따른 중앙행정기관의 장 이상의 표창권자가 준 단체표창을 받은 자
③ 에너지진단 결과를 반영하여 에너지를 효율적으로 이용하고 있다고 산업통상자원부장관이 인정하여 고시하는 자
④ 지난 연도 에너지사용량의 100분의 30 이상을 다음 각 목의 어느 하나에 해당하는 제품, 기자재 및 설비(친에너지형 설비)를 이용하여 공급하는 자
가. 금융·세제상의 지원을 받는 설비
나. 효율관리기자재 중 에너지소비효율이 1등급인 제품
다. 대기전력저감우수제품
라. 인증 표시를 받은 고효율에너지기자재
마. 「신에너지 및 재생에너지 개발·이용·보급 촉진법」에 따라 설비인증을 받은 신·재생에너지 설비

5. 개선명령

(1) 산업통상자원부장관은 에너지관리지도 결과, 에너지가 손실되는 요인을 줄이기 위하여 필요하다고 인정하면 에너지다소비사업자에게 에너지손실요인의 개선을 명할 수 있다.
☞ 개선명령의 요건 및 절차는 대통령령으로 정한다.

(2) 에너지다소비업자에게 개선명령을 할 수 있는 경우

에너지관리지도결과 10%이상의 에너지효율개선이 기대되고 효율개선을 위한 투자의 경제성이 있다고 인정되는 경우

❖ 구체적인 개선사항·개선기간 등을 명시 ☞ 산업통상자원부장관

(3) 에너지 다소비업자가 개선명령을 받은 때는 개선명령일부터 60일 이내 개선계획을 수립하여 산업통상자원부장관에게 제출, 그 결과를 개선기간만료일부터 15일 이내에 산업통상자원부장관에게 통보

6. 목표에너지원 단위

산업통상자원부장관은 에너지의 이용효율을 높이기 위하여 필요하다고 인정하면 관계 행정기관의 장과 협의하여 에너지를 사용하여 만드는 제품의 단위당 에너지사용목표량 또는 건축물의 단위면적당 에너지사용목표량(목표에너지원단위)을 정하여 고시

7. 냉난방온도 제한건물의 지정

(1) 산업통상자원부장관은 에너지의 절약 및 합리적인 이용을 위하여 필요하다고 인정하면 냉난방온도의 제한온도 및 제한기간을 정하여 다음건물 중 냉난방온도를 제한하는 건물을 지정할 수 있다.
① 자가 업무용으로 사용하는 건물
② 에너지다소비사업자의 에너지사용시설 중 에너지사용량이 대통령령으로 정하는 기준량 이상인 건물
③ 냉난방온도를 제한하는 건물로 지정된 건물(냉난방온도제한건물)의 관리기관 또는 에너지다소비사업자는 해당 건물의 냉난방온도를 제한온도에 적합하도록 유지·관리하여야한다.

④ 산업통상자원부장관은 냉난방온도제한건물의 관리기관 또는 에너지다소비사업자가 해당 건물의 냉난방온도를 제한온도에 적합하게 유지·관리하는지 여부를 점검하거나 실태를 파악할 수 있다.

⑤ 냉난방온도의 제한온도를 정하는 기준 및 냉난방온도제한건물의 지정기준, 점검방법 등에 필요한 사항은 산업통상자원부령으로 정한다.

❖ 냉·난방온도의 제한온도기준
① 냉방 : 26℃ 이상
② 난방 : 20℃ 이하
☞ 판매시설 및 공항의 경우에 냉방온도는 25℃ 이상으로 한다.

(2) 냉·난방온도 제한건물 중 다음 각 호의 어느 하나에 해당하는 구역에는 냉난방온도의 제한온도를 적용하지 않을 수 있다.
① 「의료법」에 따른 의료기관의 실내구역
② 식품 등의 품질관리를 위해 냉난방온도의 제한온도 적용이 적절하지 않은 구역
③ 숙박시설 중 객실 내부구역
④ 그 밖에 관련 법령 또는 국제기준에서 특수성을 인정하거나 건물의 용도상 냉난방온도의 제한온도를 적용하는 것이 적절하지 않다고 산업통상자원부장관이 고시하는 구역

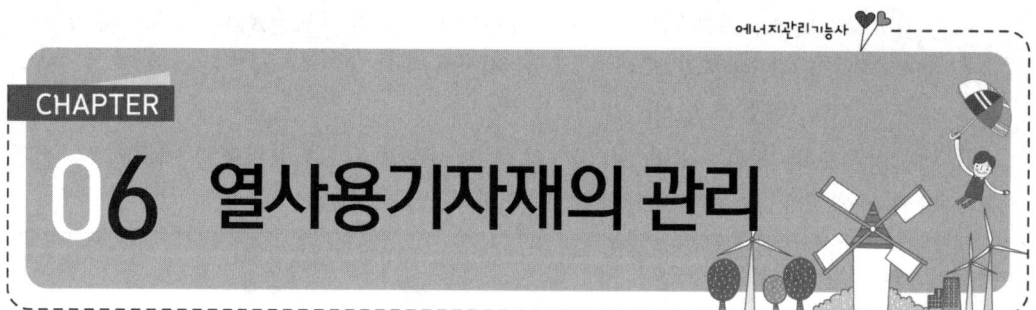

CHAPTER 06 열사용기자재의 관리

1. 열 사용기자재

[별표 1]

열사용기자재

구 분	품 목 명	적 용 범 위
보일러	강철제보일러 주철제보일러	다음 각 호의 어느 하나에 해당하는 것을 말한다. 1. 1종관류보일러 : 강철제보일러중 헤더의 안지름이 150mm 이하이고, 전열면적이 $5m^2$ 초과 $10m^2$ 이하이며, 최고사용압력이 1MPa 이하인 관류보일러(기수분리기를 장치한 경우에는 기수분리기의 안지름이 300mm 이하이고, 그 내용적이 $0.07m^3$ 이하인 것에 한한다)를 말한다. 2. 2종관류보일러 : 강철제보일러중 헤더의 안지름이 150mm 이하이고, 전열면적이 $5m^2$ 이하이며, 최고사용압력이 1MPa 이하인 관류보일러(기수분리기를 장치한 경우에는 기수분리기의 안지름이 200mm 이하이고, 그 내용적이 $0.02m^3$ 이하인 것에 한한다)를 말한다. 3. 제1호 및 제2호 외에 금속(주철을 포함한다)으로 만든 것. 다만, 소형온수보일러·구멍탄용온수보일러 및 축열식전기보일러를 제외한다.
	소형 온수보일러	전열면적이 $14m^2$ 이하이며, 최고사용압력이 0.35MPa 이하의 온수를 발생하는 것. 다만, 구멍탄용온수보일러·축열식전기보일러 및 가스사용량이 17kg/h(도시가스는 232.6kW) 이하인 가스용온수보일러를 제외한다.
	구멍탄용 온수보일러	「석탄산업법 시행령」 제2조제2호의 규정에 의한 연탄을 연료로 사용하여 온수를 발생시키는 것으로서 금속제에 한한다.
	축열식 전기보일러	심야전력을 사용하여 온수를 발생시켜 축열조에 저장한 후 난방에 이용하는 것으로서 정격소비전력이 30kW 이하이며, 최고사용압력이 0.35MPa 이하인 것
태양열집열기	태양열집열기	
압력용기	1종압력용기	최고사용압력(MPa)과 내용적(m^3)을 곱한 수치가 0.004를 초과하는 다음 각호의 1에 해당하는 것 1. 증기 그 밖의 열매체를 받아들이거나 증기를 발생시켜 고체 또는 액체를 가열하는 기기로서 용기안의 압력이 대기압을 넘는 것

구 분	품 목 명	적 용 범 위
		2. 용기안의 화학반응에 의하여 증기를 발생하는 용기로서 용기안의 압력이 대기압을 넘는 것 3. 용기안의 액체의 성분을 분리하기 위하여 해당 액체를 가열하거나 증기를 발생시키는 용기로서 용기안의 압력이 대기압을 넘는 것 4. 용기안의 액체의 온도가 대기압에서의 비점을 넘는 것
	2종압력용기	최고사용압력이 0.2MPa를 초과하는 기체를 그 안에 보유하는 용기로서 다음 각호의 1에 해당하는 것 1. 내용적이 0.04m^3 이상인 것 2. 동체의 안지름이 200mm 이상(증기헤더의 경우에는 동체의 안지름이 300mm 초과)이고, 그 길이가 1천mm 이상인 것

(1) 열 사용기자재에서 제외되는 사항

① 「전기사업법」에 따른 전기사업자가 설치하는 발전소의 발전(發電)전용 보일러 및 압력용기. 다만, 「집단에너지사업법」을 적용받는 발전전용 보일러 및 압력용기와 「신에너지 및 재생에너지 개발·이용·보급 촉진법」에 따른 신·재생에너지를 발전(發電)에 이용하는 발전전용 보일러 및 압력용기는 열사용기자재에 포함된다.
② 「철도사업법」에 따른 철도사업을 하기 위하여 설치하는 기관차 및 철도차량용 보일러
③ 「고압가스 안전관리법」 및 「액화석유가스의 안전관리 및 사업법」에 따라 검사를 받는 보일러 및 압력용기
④ 「선박안전법」에 따라 검사를 받는 선박용 보일러 및 압력용기
⑤ 「전기용품안전 관리법」 및 「약사법」의 적용을 받는 2종압력용기
⑥ 이 규칙에 따라 관리하는 것이 부적합하다고 산업통상자원부장관이 인정하는 수출용 열사용기자재

(2) 특정열사용기자재

열사용기자재 중 제조, 설치·시공 및 사용에서의 안전관리, 위해방지 또는 에너지이용의 효율관리가 특히 필요하다고 인정되는 것으로서 산업통상자원부령으로 정하는 열사용기자재(특정열사용기자재)의 설치·시공이나 세관(세관 : 물이 흐르는 관 속에 낀 물때나 녹따위를 벗겨 냄)을 업(시공업)으로 하는 자는 「건설산업기본법」에 따라 시·도지사에게 등록하여야 한다.

[별표 5]

특정열사용기자재 및 설치·시공범위

구 분	품 목 명	설 차·시 공 범 위
기 관	강철제보일러 주철제보일러 온수보일러 구멍탄용온수보일러 축열식전기보일러 태양열집열기	당해기기의 설치·배관 및 세관
압력용기	1종압력용기 2종압력용기	당해기기의 설치·배관 및 세관
요업요로	연속식유리용융가마 불연속식유리용융가마 유리용융도가니가마 터널가마 도염식각가마 셔틀가마 회전가마 석회용선가마	당해기기의 설치를 위한 시공
금속요로	용선로 비철금속용융로 금속소둔로 철금속가열로 금속균열로	당해기기 설치를 위한 시공

2. 검사대상기기

[별표 7]

검사대상기기

구 분	검사대상기기명	적 용 범 위
보일러	강철제보일러 주철제보일러	다음 각 호의 어느 하나에 해당하는 것을 제외한다. 1. 최고사용압력이 0.1MPa 이하이고, 동체의 안지름이 300mm 이하이며, 길이가 600mm 이하인 것 2. 최고사용압력이 0.1MPa 이하이고, 전열면적이 5㎡ 이하인 것 3. 2종 관류보일러 4. 온수를 발생시키는 보일러로서 대기개방형인 것
	소형온수보일러	가스를 사용하는 것으로서 가스사용량이 17kg/h(도시가스는 232.6kW)를 초과하는 것
압력용기	1종압력용기 2종압력용기	별표 1의 규정에 의한 압력용기의 적용범위에 의한다.
요 로	철금속가열로	정격용량이 0.58MW를 초과하는 것

(1) 검사대상기기의 검사

① 검사대상기기의 제조에 관하여 에너지관리공단의 검사를 받아야 한다.
(시·도지사 위임사항)
② 검사대상기기설치, 개조, 설치장소를 변경, 사용중지한 후 재사용하려는 자에 관하여 에너지관리공단의 검사를 받아야 한다. (시·도지사 위임사항)
③ 검사증의 교부 및 검사의 연기 (에너지관리공단)
④ 검사대상기기를 폐기, 사용을 중지한 경우, 설치자가 변경된 경우 에너지관리공단의 검사를 받아야 한다. (시·도지사 위임사항)
⑤ 검사대상기기에 대한 검사의 내용·기준, 그 밖에 필요한 사항은 산업통상자원부령으로 정한다.

(2) 검사대상기기 조종자 선임

① 검사대상기기설치자는 검사대상기기의 안전관리, 위해방지 및 에너지이용의 효율을 관리하기 위하여 검사대상기기 조종자를 선임하여야 한다.(에너지관리공단)
② 검사대상기기조종자의 자격기준과 선임기준은 산업통상자원부령으로 정한다.
③ 검사대상기기설치자는 검사대상기기조종자를 선임 또는 해임하거나 검사대상기기 조종자가 퇴직한 경우에는 산업통상자원부령으로 정하는 바에 따라 에너지관리공단(시·도지사위임사항)에게 신고하여야 한다.
④ 검사대상기기설치자는 검사대상기기조종자를 해임하거나 검사대상기기조종자가 퇴직하는 경우에는 해임이나 퇴직 이전에 다른 검사대상기기조종자를 선임 한다. 다만, 산업통상자원부령으로 정하는 사유에 해당하는 경우에는 선임을 연기할 수 있다.

(3) 검사대상기기 조종자 선임 기준

① 선임기준 : 산업통상자원부령으로 정하며 기준은 1구역마다 1인 이상으로 1구역은 조종자가 한 시야로 볼 수 있는 범위(난방용 압력용기의 조종자는 1인이 관리할 수 있는 범위)
② 선임신고 : 선임, 해임, 퇴직에 관한 신고는 신고 사유가 발생한 날로부터 30일 이내 공단 이사장

❖ **조종자 채용기한 연기사유**
① 검사대상기기 조종자가 천재·지변 등 불의의 사고로 업무를 수행할 수 없게 되어 해임 또는 퇴직한 경우
② 검사대상기기의 설치자가 선임을 위하여 필요한 조치를 하였으나 선임하지 못한 경우

❖ **검사대상기기의 사용 정지명령** : 시·도지사

❖ **인정검사 대상기기 조종자의 조종범위**
① 증기보일러로서 최고사용압력이 1MPa이하이고, 전열면적이 $10m^2$ 이하인 것
② 온수 발생 또는 열매체를 가열하는 보일러로서 출력이 581.5kW 이하인 것
③ 압력용기

[별표 11]

검사대상기기조종자의 자격 및 조종범위

조종자의 자격	조종범위
에너지관리기능장 또는 에너지관리기사	용량이 30t/h를 초과하는 보일러
에너지관리기능장, 에너지관리기사, 에너지관리산업기사	용량이 10t/h를 초과하고 30t/h 이하인 보일러
에너지관리기능장, 에너지관리기사, 에너지관리산업기사, 에너지관리기능사	용량이 10t/h 이하인 보일러
에너지관리기능장, 에너지관리기사, 에너지관리산업기사, 에너지관리기능사 또는 인정검사대상기기 조종자의 교육을 이수한 자	1. 증기보일러로서 최고사용압력이 1MPa 이하이고, 전열면적이 $10m^2$ 이하인 것 2. 온수 발생 또는 열매체를 가열하는 보일러로서 출력이 581.5kW 이하인 것 3. 압력용기

[비고]
1. 온수발생 및 열매체를 가열하는 보일러의 용량은 697.8kW를 1t/h로 본다.
2. 제48조제2항에 따른 1구역에서 가스 연료를 사용하는 1종 관류보일러의 용량은 이를 구성하는 보일러의 개별 용량을 합산한 값으로 한다.
3. 계속사용검사 중 안전검사를 실시하지 않는 검사대상기기 또는 가스 외의 연료를 사용하는 1종 관류보일러의 경우에는 조종자의 자격에 제한을 두지 아니한다.
4. 가스를 연료로 사용하는 보일러의 검사대상기기 조종자의 자격은 위 표에 따른 자격을 가진 사람으로서 제47조제2항에 따라 산업통상자원부장관이 정하는 관련 교육을 이수한 사람 또는 「도시가스사업법 시행령」 별표 1에 따라 특정가스사용시설의 안전관리 책임자의 자격을 가진 사람으로 한다.

(4) 검사에 필요한 조치

① 기계적 시험의 준비
② 비파괴검사의 준비
③ 검사대상기기의 정비
④ 수압시험의 준비
⑤ 안전밸브 및 수면측정장치의 분해・정비
⑥ 검사대상기기의 피복물 제거
⑦ 조립식인 검사대상기기의 조립 해체
⑧ 운전성능 측정의 준비

(5) 검사 신청서

① 용접검사 신청서
  ㉮ 용접부위도 1부
  ㉯ 검사대상기기의 설계도면 2부
  ㉰ 검사대상기기의 강도계산서 1부
② 계속 사용검사 신청서 및 재사용검사신청서는 유효기간 만료 10일 전까지 제출하고, 검사의 연기는 당해연도 말까지 연기할 수 있지만 유효 기간이 만료일이 9월 1일 이후인 경우는 4월의 범위 내에서 연기하며 공단 이사장에게 제출
③ 검사에 합격한 검사대상기기의 검사증은 검사일 후 7일 이내에 교부한다
  (공단이사장/검사기관의장)
④ 검사에 불합격한 검사대상기기의 통지 : 7일 이내
⑤ 재검사에 합격하여야 할 기간은 불합격한 날로부터 6개월(철금속가열로는1년) 이내

(6) 검사의 종류 및 적용대상

[별표 8]

검사의 종류 및 적용대상

검사의 종류		적 용 대 상
제조 검사	용접검사	동체·경판 및 이와 유사한 부분을 용접으로 제조하는 경우의 검사
	구조검사	강판관 또는 주물류를 용접·확대·조립·주조 등에 의하여 제조하는 경우의 검사
설 치 검 사		신설한 경우의 검사(사용연료의 변경에 의하여 검사대상이 아닌 보일러가 검사대상으로 되는 경우의 검사를 포함한다)
개 조 검 사		다음 각호의 1에 해당하는 경우의 검사 1. 증기보일러를 온수보일러로 개조하는 경우 2. 보일러 섹션의 증감에 의하여 용량을 변경하는 경우 3. 동체·돔·노통·연소실·경판·천정판·관판·관모음 또는 스테이의 변경으로서 산업통상자원부장관이 정하여 고시하는 대수리의 경우 4. 연료 또는 연소방법을 변경하는 경우 5. 철금속가열로서 산업통상자원부장관이 정하여 고시하는 경우의수리
설치장소변경검사		설치장소를 변경한 경우의 검사. 다만, 이동식 검사대상기기를 제외한다.
계속 사용 검사	안전검사	설치검사·개조검사·설치장소변경검사 또는 재사용검사후 안전부문에 대한 유효기간을 연장하고자 하는 경우의 검사
	운전성능 검사	다음 각호의 1에 해당하는 기기에 대한 검사로서 설치검사후 운전성능부문에 대한 유효기간을 연장하고자 하는 경우의 검사 1. 용량이 1t/h(난방용의 경우에는 5t/h) 이상인 강철제보일러 및 주철제보일러 2. 철금속가열로
	재사용검사	사용중지후 재사용하고자 하는 경우의 검사

(7) 검사의 유효기간

① 검사유효기간은 검사에 합격한 날의 다음 날부터 계산한다. 다만, 검사에 합격한 날이 검사유효기간 만료일 이전 30일 이내인 경우와 검사를 연기한 경우에는 유효기간 만료일의 다음 날부터 계산한다.

[별표 9]

검사의 유효기간

검사의 종류		검 사 유 효 기 간
설 치 검 사		1. 보일러 : 1년. 다만, 운전성능 부문의 경우에는 3년 1개월로 한다. 2. 압력용기 및 철금속가열로: 2년
개 조 검 사		1. 보일러 : 1년 2. 압력용기 및 철금속가열로: 2년
설치장소 변경검사		1. 보일러 : 1년 2. 압력용기 및 철금속가열로: 2년
계속사용검사	안전검사	1. 보일러 : 1년 2. 압력용기 : 2년
	운전성능검사	1. 보일러 : 1년 2. 철금속가열로 : 2년
	재사용검사	1. 보일러 : 1년 2. 압력용기 및 철금속가열로 : 2년

[비 고]
1. 보일러의 계속사용검사 중 운전성능검사에 대한 검사 유효기간은 해당 보일러가 산업통상자원부장관이 정하여 고시하는 기준에 적합한 경우에는 2년으로 한다.
2. 설치 후 3년이 지난 보일러로서 설치장소 변경검사 또는 재사용검사를 받은 보일러는 검사 후 1개월 이내에 운전성능검사를 받아야 한다.
3. 개조검사 중 연료 또는 연소방법의 변경에 따른 개조검사의 경우에는 검사 유효기간을 적용하지 않는다.
4. 「고압가스 안전관리법」 제13조의2제1항에 따른 안전성향상계획과 「산업안전보건법」 제49조의2제1항에 따른 공정안전보고서를 작성하여야 하는 자의 검사대상기기에 대한 계속사용검사의 유효기간은 4년으로 한다. 다만, 압력용기의 안전검사 유효기간은 8년의 범위에서 산업통상자원부장관이 정하여 고시하는 바에 따라 연장할 수 있다.
5. 제46조의2제1항에 따라 설치신고를 하는 검사대상기기는 신고 후 2년이 지난 날에 계속사용검사를 하며, 계속사용검사의 유효기간은 2년으로 한다.
6. 법 제32조제2항에 따라 에너지진단을 받은 운전성능검사대상기기가 제34조에 따른 검사기준에 적합한 경우에는 에너지진단 이후 최초로 받는 운전성능검사를 에너지진단으로 갈음한다(비고 4에 해당하는 경우는 제외한다).

(8) 검사기준

① 검사대상기기의 검사기준은 「산업표준화법」에 따른 한국산업표준에 따른다. 다만, 한국산업표준이 제정되지 아니한 경우에는 산업통상자원부장관이 정하는 기준에 따른다.

② 산업통상자원부장관은 검사기준이 제정되지 아니한 신제품에 대한 검사를 하려는 경우에는 열사용기자재기술위원회의 심의를 거친 기준을 검사기준으로 정할 수 있다.

③ 산업통상자원부장관은 신제품에 대한 검사기준을 정한 경우에는 특별시장·광역시장·도지사 또는 시·도지사 또는 해당 신청인에게 지체 없이 알려야 한다. 이 경우 산업통상자원부장관은 그 검사기준을 관보에 고시하여야 한다.

> ❖ 열사용기자재 기술위원회의 구성 및 운영
> ① 신제품에 대한 검사기준 등에 관한 사항을 심의하기 위하여 에너지관리공단에 열사용기자재기술위원회를 둔다.
> ② 열사용기자재기술위원회의 구성 및 운영, 그 밖에 필요한 사항은 공단이 정하는 바에 따른다.

(9) 검사의 면제

① 별표 10에서 정한 검사
② 통계법에 따라 통계청장이 고시하는 한국표준산업분류에 따른 제조업의 사업장에 설치된 다음 각 목의 요건에 해당하는 검사대상기기의 계속사용검사
  ㉮ 검사신청일 현재 최근 3년간 사업장안에서의 업무상 재해로 인하여 「산업재해보상보험법」에 따른 보험급여를 지급한 사실이 없는 업체에 설치된 검사대상기기
  ㉯ 최초 설치 후 5년 이내이고 연속하여 2회 이상 합격한 검사대상기기
③ 다음의 요건에 해당하는 보일러 및 압력용기의 제조업자에 대한 제조검사 및 설치검사
  ㉮ 제조안전보험에 가입할 것
  ㉯ 검사시설 및 인력을 보유할 것
④ 다음 각 목의 요건에 해당하는 보일러 및 압력용기의 사용자에 대한 계속사용검사, 설치장소 변경검사 및 개조검사
  ㉮ 사용안전보험으로서 약정보험금액이 400억원 이상인 사용안전보험에 가입할 것
  ㉯ 보험가입일 현재 최근 2년간 사업장안에서의 업무상 재해로 인하여 「산업재해보상보험법」에 따른 보험급여를 지급한 사실이 없을 것

[별표 10]

검사의 면제대상범위

검사대상 기기명	대 상 범 위	면제되는 검사
강철제 보일러 주철제 보일러	1. 강철제 보일러 중 전열면적이 5m² 이하이고, 최고사용압력이 0.35MPa 이하인 것 2. 주철제 보일러 3. 1종 관류보일러 4. 온수보일러 중 전열면적이 18m² 이하이고, 최고사용 압력이 0.35MPa 이하인 것	용접검사
	주철제 보일러	구조검사
	1. 가스 외의 연료를 사용하는 1종 관류보일러 2. 전열면적 30m² 이하의 유류용 주철제 증기보일러	설치검사
	1. 전열면적 5m² 이하의 증기보일러로서 다음 각 목의 어느 하나에 해당하는 것 　가. 대기에 개방된 안지름이 25mm 이상인 증기관이 부착된 것 　나. 수두압(水頭壓)이 5m 이하이며 안지름이 25mm 이상인 대기에 개방된 U자형 입관이 보일러의 증기부에 부착된 것 2. 온수보일러로서 다음 각 목의 어느 하나에 해당하는 것 　가. 유류·가스 외의 연료를 사용하는 것으로서 전열면적이 30m² 이하인 것 　나. 가스 외의 연료를 사용하는 주철제 보일러	계속사용검사
소형 온수보일러	가스사용량이 17kg/h(도시가스는 232.6kW)를 초과하는 가스용 소형 온수보일러	제조검사
1종 압력용기 2종 압력용기	1. 용접이음(동체와 플랜지와의 용접이음을 제외한다)이 없는 강관을 동체로 한 헤더 2. 압력용기 중 동체의 두께가 6mm 미만인 것으로서 최고사용압력(MPa)과 내용적(m³)을 곱한 수치가 0.02 이하(난방용의 경우에는 0.05 이하)인 것 3. 전열교환식인 것으로서 최고사용압력이 0.35MPa 이하이고, 동체의 안지름이 600mm 이하인 것	용접검사
	1. 2종압력용기 및 온수탱크 2. 압력용기 중 동체의 두께가 6mm 미만인 것으로서 최고 사용압력(MPa)과 내용적(m³)을 곱한 수치가 0.02 이하(난방용의 경우에는 0.05 이하)인 것 3. 압력용기 중 동체의 최고사용압력이 0.5MPa 이하인 난방용 압력용기 4. 압력용기 중 동체의 최고사용압력이 0.1MPa 이하인 취사용 압력용기	설치검사 및 계속사용검사
철금속가열로	철금속가열로	제조검사, 계속사용검사 중 안전검사 및 재사용검사

❖ 고압가스 안전관리법에 의한 안전성 향상 계획서와 산업안전 보건법에 의한 공정안전보고서를 작성하여야 하는 자의 보일러, 압력용기 및 철금속가열로의 검사유효기간은 4년

(10) 검사의 면제

① 검사대상기기의 계속사용 검사면제
　㉮ 최근 3년간 사업장안의 업무상의 재해로 인한 산업재해 보상보험법에 의한 보험급여·지급사실이 없는 업체의 검사대상기기
　㉯ 최초설치 후 5년 이내이고, 연속하여 2회 이상 합격한 검사대상기기
② 보일러 및 압력용기 사용자에 대한 계속사용검사·설치장소변경검사 및 개조검사 면제
　㉮ 사용안전보험으로 약정보험금액이 400억원 이상인 사용안전보험에 가입할 것.
　㉯ 보험가입일 현재 최근 2년간 사업장안의 업무상의 재해로 인한 산업재해보상보험법에의한 보험급여 지급사실이 없을 것.

❖ 검사면제 받은 자는 보험계약의 효력이 발생한 날로부터 15일 이내에 보험가입증명서 및 해당 요건의 증빙서류를 첨부하여 시·도지사에게 통보
❖ 보험계약을 체결한 보험사업자는 보험금을 지급한 경우, 보험기간 만료, 보험계약이 해지된 경우 기타 보험계약의 효력이 상실된 경우도 15일 이내 시·도지사에게 통보

구 분	보험의 조건
제조안전보험	1. 검사대상기기의 제조상 하자와 관련된 제3자의 법률상 손해배상책임을 담보할 것. 2. 검사대상기기의 설치와 관련된 위험을 담보할 것. 3. 연 1회 이상 한국산업규격 규정에 의한 검사기준에 따른 위험관리서비스를 실시할 것.
사용안전보험	1. 검사대상기기의 계속사용에 따른 재물종합위험 및 기계 위험을 담보할 것. 2. 검사대상기기의 계속사용에 따른 사고로 인한 제3자의 법률상 손해배상책임을 담보할 것. 3. 연 1회 이상 한국산업규격 규정에 의한 검사기준에 따른 위험관리서비스를 실시할 것.

3. 시공업의 시설과 기술능력기준

업 종	기술능력	업무내용	시설 및 장비
제1종 난방시공업	국가기술자격법에 의한 관련종목의 기술자격취득자 또는 전문대학 이상에서 공학계열학과를 졸업한 자 중 2인 이상	• 강철제 보일러 • 주철제 보일러 • 온수 보일러 • 구멍탄용 온수 보일러 • 축열식 전기 보일러 • 태양열집열기 • 1·2종압력용기의 설치와 이에 부대되는 배관·세관공사 • 공사예정금액 1천만원 이하의 온돌 설치공사	수압시험기 1대 이상
제2종 난방시공업	제1종의 기술능력 자격자 중 1인 이상	• 태양열집열기 • 용량5만[kcal/h] 이하의 온수 보일러 • 구멍탄용 온수 보일러의 설치 및 이에 부대되는 배관세관공사 • 공사예정금액 1천만원 이하의 온돌 설치공사	수압시험기 1대 이상
제3종 난방시공업	국가기술자격법에 의한 세라믹기사·에너지관리기사·금속기사·기계분야기사·기계분야기능장 또는 금속분야기능장 이상의 기술자 중 1인 이상	• 요업요로 • 금속요로의 설치공사	1. 가스분석기 1대 이상 2. 광고온계 1대 이상 3. 열전식 또는 저항식으로서 온도측정범위가 1,200[℃] 이상인 온도측정기 1대 이상 4. 온도측정범위가 300[℃] 이하인 표면온도측정기 1대 이상 5. 버니어캘리퍼스 마이크로메터 1식 이상 6. 압축강도시험기 1대 이상 7. 한국산업규격에 규정된 내화도 시험에 적합한 내화도측정기 1대 이상

[별표 12]

시공업의 기술인력 및 검사대상기기 조종자에 대한 교육

구분	교육과정	교육기간	교육 대상자	교육기관
시공업의 기술인력	1. 난방시공업 제1종기술자과정	1일	「건설산업기본법 시행령」 별표 2에 따른 난방시공업 제1종의 기술자로 등록된 사람	법 제41조에 따라 설립된 한국열관리시공협회 및 「민법」 제32조에 따라 국토교통부장관의 허가를 받아 설립된 전국보일러설비협회
	2. 난방시공업 제2종·제3종 기술자과정	1일	「건설산업기본법 시행령」 별표 2에 따른 난방시공업 제2종 또는 난방시공업 제3종의 기술자로 등록된 사람	
검사대상 기기조종자	1. 중·대형 보일러 조종자과정	1일	법 제40조제1항에 따른 검사대상기기조종자로 선임된 사람으로서 용량이 1t/h(난방용의 경우에는 5t/h)을 초과하는 강철제 보일러 및 주철제 보일러의 조종자	법 제45조에 따라 설립된 에너지관리공단 및 「민법」 제32조에 따라 산업통상자원부장관의 허가를 받아 설립된 한국에너지기술인협회
	2. 소형보일러·압력용기 조종자교육	1일	법 제40조제1항에 따른 검사대상기기 조종자로 선임된 사람으로서 제1호의 보일러조종자 과정의 대상이 되는 보일러 외의 보일러 및 압력용기 조종자	

[비 고]
1. 난방시공업 제1종기술자과정 등에 대한 교육과목, 교육수수료 및 교육 통지 등에 관한 세부사항은 산업통상자원부장관이 정하여 고시한다.
2. 시공업의 기술인력은 난방시공업 제1종·제2종 또는 제3종의 기술자로 등록된 날부터, 검사대상기기 조종자는 법 제40조제1항에 따른 검사대상기기조종자로 선임된 날부터 6개월 이내에, 그 후에는 교육을 받은 날부터 3년마다 교육을 받아야 한다.
3. 위 교육과정 중 난방시공업 제1종기술자과정을 이수한 경우에는 난방시공업 제2종·제3종기술자과정을 이수한 것으로 보며, 중·대형보일러 조종자과정을 이수한 경우에는 소형보일러·압력용기 조종자교육을 이수한 것으로 본다.
4. 산업통상자원부장관은 제도의 변경, 기술의 발달 등 안전관리환경의 변화로 효율 향상을 위하여 추가로 교육하려는 경우에는 교육의 기관·기간·과정 등에 관한 사항을 미리 고시하여야 한다.

CHAPTER 07 에너지관리공단

1. 에너지관리공단의 설립

(1) 에너지이용합리화사업을 효율적으로 추진하기 위하여 설립
(2) 정부 또는 정부 외의 자는 공단의 설립·운영과 사업에 드는 자금에 충당하기 위하여 출연을 할 수 있다. ☞ 출연시기, 출연방법, 그 밖에 필요한 사항은 대통령령으로 정한다.

2. 사무소

(1) 공단의 주된 사무소의 소재지는 정관으로 정한다.
(2) 공단은 산업통상자원부장관의 승인을 받아 필요한 곳에 지부(支部), 연수원, 사업소 또는 부설기관을 둘 수 있다.
(3) 공단은 법인으로 한다.

3. 정 관

공단의 정관에는 「공공기관의 운영에 관한 법률」에 따른 기재사항 외에 다음 각 호의 사항을 포함하여야 한다.
(1) 지부, 연수원 및 사업소에 관한 사항
(2) 부설기관의 운영과 관리에 관한 사항
(3) 재산에 관한 사항
(4) 규약·규정의 제정, 개정 및 폐지에 관한 사항

4. 설립등기

(1) 공단은 주된 사무소의 소재지에서 설립등기를 함으로써 성립한다.

❖ 설립등기 사항
① 목적 ② 명칭 ③ 주된 사무소, 지부, 연수원 및 사업소 ④ 임원의 성명과 주소
⑤ 공고의 방법
☞ 설립등기 외의 등기에 관하여 필요한 사항은 대통령령으로 정한다.

5. 임 원

(1) 이사장 1인
(2) 부이사장 1인
(3) 이사 6인 이내(3인 이내의 비상임이사를 포함)
(4) 감사 1인

6. 임원의 직무

(1) 이사장은 공단을 대표하고, 공단의 업무를 총괄한다.
(2) 부이사장은 이사장을 보좌한다.
(3) 이사는 정관으로 정하는 바에 따라 공단의 업무를 분장한다.
(4) 감사는 공단의 업무와 회계를 감사한다.

7. 공단의 사업

(1) 에너지이용합리화 및 이를 통한 이산화탄소의 배출 감소를 위한 사업
(2) 에너지기술의 개발, 도입, 지도 및 보급
(3) 에너지이용 합리화, 신에너지 및 재생에너지의 개발과 보급, 집단에너지공급사업을 위한 자금의 융자 및 지원
(4) 에너지 절약전문기업의 지원 사업
(5) 에너지 진단 및 에너지관리지도
(6) 신에너지 및 재생에너지 개발사업의 촉진
(7) 에너지관리에 관한 조사, 연구, 교육 및 홍보
(8) 에너지이용합리화사업을 위한 토지, 건물 및 시설 등의 취득, 설치, 운영, 대여 및 양도
(9) 집단 에너지사업의 촉진을 위한 지원 및 관리

8. 회계 등

(1) 공단은 매 회계연도 시작 전에 예산총칙·추정손익계산서·추정대차대조표와 자금계획서로 구분하여 예산안을 편성하여 이사회의 의결을 거쳐 산업통상자원부장관의 승인을 받아야 한다. 이를 변경하는 경우에도 또한 같다.
(2) 공단은 매 회계연도의 결산결과 이익금이 생긴 경우에는 이월손실금을 보전하는 데에 충당하고, 나머지는 산업통상자원부장관이 정하는 바에 따라 적립 한다.
(3) 공단의 임직원으로 근무하거나 근무하였던 사람은 그 직무상 알게 된 비밀을 누설하거나 도용하여서는 아니 된다.

CHAPTER 08 시공업자 단체

1. 설립 목적

시공업자는 품위의 유지, 기술의 향상, 시공방법의 개선, 기타 시공업의 건전한 발전을 위하여 산업통상자원부장관의 인가를 받아 시공업자 단체를 설립한다.
(1) 시공업자단체는 법인으로 한다.
(2) 시공업자단체는 설립등기를 함으로써 성립한다.
(3) 시공업자단체의 설립, 정관의 기재사항과 감독에 관하여 필요한 사항은 대통령령으로 정한다.

2. 정관의 내용

(1) 목 적
(2) 명 칭
(3) 주된 사무소·지부에 관한 사항
(4) 업무 및 그 집행에 관한 사항
(5) 회원의 등록 및 권리·의무에 관한 사항
(6) 회비에 관한 사항
(7) 재산 및 회계에 관한 사항
(8) 임원 및 직원에 관한 사항
(9) 기구 및 조직에 관한 사항
(10) 총회와 이사회에 관한 사항
(11) 정관의 변경에 관한 사항
(12) 해산에 관한 사항

3. 건의와 자문

(1) 시공업자 단체는 시공업의 건전한 발전에 관한 사항을 정부에게 건의하거나 정부의 자문에 응할 수 있다.

4. 지도 감독

업무·회계·재산에 관한 사항을 보고하게 하거나, 소속 공무원으로 하여금 시공업자 단체의 장부·서류·기타 물건을 검사하게 할 수 있다.
 (명령권자 → 산업통상자원부장관)

CHAPTER 09 보 칙

1. 교 육

(1) 산업통상자원부장관은 에너지관리의 효율적인 수행과 특정열사용기자재의 안전관리를 위하여 에너지관리자, 시공업의 기술인력 및 검사대상기기조종자에 대하여 교육을 실시하여야 한다.
(2) 교육담당기관, 교육기간 및 교육과정, 기타 교육에 관하여 필요한 사항은 산업통상자원부령으로 한다.
(3) 시공업의 기술인력에 대한 교육은 시공업자 단체에서 행하며, 검사대상기기 조종자에 대한 교육은 공단에서 행한다. (교육기간은 7일 이내)
(4) 공단이사장은 다음 연도의 교육계획을 수립하여 매년 12월 31일까지 산업통상자원부장관의 승인을 받아야 한다.

2. 보고 및 검사

(1) 산업통상자원부장관이나 시·도지사는 이 법의 시행을 위하여 필요하면 산업통상자원부령으로 정하는 바에 따라 효율관리기자재·대기전력저감대상제품·고효율에너지인증대상기자재의 제조업자·수입업자·판매업자 및 각 시험기관, 에너지절약전문기업, 에너지다소비사업자, 진단기관과 검사대상기기설치자에 대하여 그 업무에 관한 보고를 명하거나 소속 공무원 또는 공단으로 하여금 효율관리기자재 제조업자 등의 사무소·사업장·공장이나 창고에 출입하여 장부·서류·에너지사용기자재, 그 밖의 물건을 검사하게 할 수 있다.
(2) 검사를 하는 공무원이나 공단의 직원은 그 권한을 표시하는 증표를 지니고 이를 관계인에게 내보여야 한다.

(3) 보고

① 산업통상자원부장관이 보고를 명할 수 있는 사항
  ㉮ 효율관리기자재·대기전력저감대상제품·고효율에너지인증대상기자재의 제조업자·수입업자 또는 판매업자의 경우 : 연도별 생산·수입 또는 판매 실적
  ㉯ 에너지절약전문기업의 경우 : 영업실적(연도별 계약실적을 포함)
  ㉰ 에너지다소비사업자의 경우 : 개선명령 이행실적
  ㉱ 진단기관의 경우 : 진단 수행실적
② 산업통상자원부장관, 특별시장·광역시장·도지사 또는 특별자치도지사가 소속 공무원 또는 공단으로 하여금 검사하게 할 수 있는 사항
  ㉮ 에너지소비효율등급 또는 에너지소비효율 표시의 적합 여부에 관한 사항
  ㉯ 효율관리시험기관의 지정 및 자체측정의 승인을 위한 시험능력 확보 여부에 관한 사항

3. 수수료

산업통상자원부장관에게는 수입인지(국고수입이 되는 조세나 수수료 등을 징수하기 위해 정부가 발행하는 것), 도지사에게는 수입증지(당행정 기관에서 발행하는 일정한 사항을 증명하기 위한 것), 공단이사장에게 위탁 사항은 현금 납부

> ❖ 검사 수수료
> ① 강철제·주철제 온수 보일러의 검사 신청(보일러 용량 60만[kcal/h]를 1[t/h]로 본다)
>   • 0.5[t/h] 미만 : 39,400원
>   • 0.5~1[t/h] 미만 : 57,200원
>   • 100[t/h] 이상 : 183,300원
> ② 압력 용기
>   • 0.5[m³] 미만 : 32,000원
>   • 0.5~1[m³] : 33,100원
>   • 10[m³] 이상 : 49,600원
>   (50[m³] 초과시마다 6,800원 가산금액으로 하되, 20만원은 초과할 수 없다)
> ③ 보일러의 안전검사와 운전성능검사를 함께 하는 경우는 1만원 감액

4. 권한의 위임·위탁사항

(1) 산업통상자원부장관의 권한은 대통령령으로 정하는 바에 따라 그 일부를 시·도지사에게 위임할 수 있다.

① 에너지수급 안정을 위하여 에너지사용의 제한 또는 금지에 관한 조정·명령, 그 밖에 필요한 조치를 위반한 자의 과태료 부과 징수

(2) 산업통상자원부장관 또는 시·도지사는 대통령령으로 정하는 바에 따라 다음 각 호의 업무를 공단·시공업자단체 또는 대통령령으로 정하는 기관에 위탁할 수 있다.
  ① 에너지사용계획의 검토
  ② 에너지 사용계획 이행 여부의 점검 및 실태파악
  ③ 효율관리기자재의 측정결과 신고의 접수
  ④ 대기전력경고표지대상제품, 대기전력저감대상제품의 측정결과 신고의 접수
  ⑤ 고효율에너지기자재 인증 신청의 접수 및 인증 또는 인증취소 또는 인증사용정지 명령
  ⑥ 에너지절약전문기업의 등록
  ⑦ 온실가스배출 감축실적의 등록 및 관리
  ⑧ 에너지다소비사업자 신고의 접수
  ⑨ 진단기관의 관리·감독
  ⑩ 에너지관리지도
  ⑪ 냉난방온도의 유지·관리 여부에 대한 점검 및 실태 파악
  ⑫ 검사대상기기의 검사, 검사증의 교부 및 검사대상기기 폐기 등의 신고의 접수
  ⑬ 검사대상기기조종자의 선임·해임 또는 퇴직신고의 접수 및 검사대상기기조종자의 선임기한 연기에 관한사항

CHAPTER 10 벌칙

1. 2년 이하의 징역 또는 2천만원 이하의 벌금

(1) 에너지저장시설의 보유 또는 저장의무의 부과시 정당한 이유 없이 이를 거부하거나 이행하지 아니한 자
(2) 에너지 수급안정을 위한 조정·명령 등의 조치를 위반한 자
(3) 에너지관리 공단의 임직원으로 근무하거나 근무하였던 사람이 그 직무상 알게 된 비밀을 누설하거나 도용한 자

2. 2천만원 이하의 벌금

최저소비효율기준에 미달하거나 최대사용량기준을 초과하는 경우에는 해당 효율관리기자재의 제조업자·수입업자 또는 판매업자에게 생산 또는 판매 금지 명령에 위반한 자

3. 1년 이하 징역 또는 1천만원 이하의 벌금

(1) 검사대상기기의 제조, 설치, 개조, 설치장소 변경, 사용중지 후 재사용하려는 자가 검사를 받지 아니한 자
(2) 검사에 합격되지 아니한 검사대상기기 사용 정지 명령에 위반한 자

4. 1천만원 이하의 벌금

(1) 검사대상기기 조종자를 선임하지 아니한 자

5. 500만원 이하의 벌금

(1) 효율관리기자재에 대한 에너지사용량의 측정결과를 신고하지 아니한 자
(2) 대기전력경고표지대상제품에 대한 측정결과를 신고하지 아니한 자
(3) 대기전력경고표지를 하지 아니한 자
(4) 대기전력저감우수제품임을 표시하거나 거짓 표시를 한 자
(5) 대기전력저감대상제품의 제조업자 또는 수입업자가 시정명령을 정당한 사유 없이 이행하지 아니한 자
(6) 고효율에너지기자재를 위반하여 인증 표시를 한자

6. 양벌규정

법인의 대표자 또는 법인이나 개인의 대리인, 사용인, 기타 종업원이 그 법인 또는 개인의 업무에 관하여 행위자를 벌하는 외에 그 법인 또는 개인에 대하여도 각 해당 벌금형을 과한다.

7. 과태료

(1) 2,000만원 이하의 과태료

① 에너지진단을 받지 아니한 에너지다소비사업자

(2) 1,000만원 이하의 과태료

① 에너지사용 계획협의 제출. 협의 또는 변경협의를 요청하지 아니한 자
  (국가. 지방자치단체인 사업주관자는 제외)
② 에너지다소비사업자가 에너지손실요인의 개선 명령을 정당한 사유없이 이행하지 아니할 때
③ 효율관리기자재 · 대기전력저감대상제품 · 고효율에너지인증대상기자재의 제조업자 · 수입업자 · 판매업자 및 각 시험기관, 에너지절약전문기업, 에너지다소비사업자, 진단기관과 검사대상기기설치자에 대하여 검사를 거부 · 방해 또는 기피한 자

(3) 300만원 이하의 과태료

① 에너지사용의 제한 또는 금지에 관한 조정·명령 기타 필요한 조치에 위반한 자
② 에너지공급자는 해당 에너지의 생산 · 전환 · 수송 · 저장 및 이용상의 효율향상, 수요의 절감 및 온실가스배출의 감축 등을 도모하기 위한 연차별 수요관리투자계획을 수립 · 시행하여야 하며, 그 계획과 시행 결과를 제출하지 아니한자

③ 수요관리투자계획을 수정·보완하여 시행하지 아니한 자
④ 에너지사용계획의 조정·보완에 필요한 조치의 요청을 정당한 이유 없이 거부하거나 이행하지 아니한 공공사업주관자
⑤ 대기전력저감우수제품 또는 고효율에너지기자재를 우선적으로 구매하지 아니한 자
⑥ 냉난방온도의 유지·관리 여부에 대한 점검 및 실태 파악을 정당한 사유 없이 거부·방해 또는 기피한 자
⑦ 에너지관리공단 또는 이와 유사한 명칭을 사용한 자
⑧ 에너지관리자, 시공업의기술인력, 검사대상기기조정자 교육을 받지 아니한 자

[별표 10의3]

보험가입대상 제조업자의 검사시설 및 기술인력 보유기준

구 분	보 유 대 수 및 인 원
1. 검사시설 　가. 만능재료시험기 　나. 수압시험기 　다. 수질분석설비 　라. 가스분석기 　마. 치수측정기 　바. 표면온도계 　사. 초음파두께측정기 　아. CO/CO_2측정기 　자. 가스누설검사기 　차. 기밀시험설비 　카. 연소효율측정기 　타. 안전밸브시험기	 용량 10톤 이상의 것 1대 이상 2MPa 이상의 것 3대 이상 산도·경도·염산이온 및 인산이온 분석이 가능한 것 1대 이상 3성분(CO, CO_2, O_2) 이상 분석가능한 것 1대 이상 버니어캘리퍼스 및 마이크로미터 1식 이상 1대 이상 1대 이상 1대 이상 1대 이상 1대 이상 1대 이상 1대 이상
2. 기술인력 　가. 4년제 대학에서 이공계학과를 졸업한 자 또는 이와 동등 이상의 학력이 있다고 인정되는 자, 국가기술자격법에 의한 열관리기사·기계분야 기사보일러기능장 또는 기계분야 기능장	2인 이상
나. 고등학교졸업자 또는 이와 동등 이상의 학력이 있다고 인정되는 자 또는 국가기술자격법에 의한 기계분야 기능사	3인 이상
다. 안전관리분야 가스기능사	1인 이상
라. 국가기술자격법에 의한 전기·가스 또는 특수용접 기능사	3인 이상

[별표 11의2]

검사대상기기조종자업무관리대행기관의 지정기준

장비		기 술 인 력
장 비 명	보유 대수	
1. 급수유량계	3대 이상	1. 「국가기술자격법」에 따른 기계, 금속, 화공 및 세라믹, 전기 또는 에너지 분야 기술사 1명 이상
2. 급유유량계	3대 이상	
3. 가스분석기 (CO_2, O_2, CO)	5대 이상	
4. 열전대온도계(0~1,500℃)	2대 이상	2. 제47조 및 별표 11에서 규정한 국가기술자격자 및 인정검사대상기기 조종자 각 5명 이상
5. 표준온도계	3대 이상	
6. 표면온도계	3대 이상	
7. 매연측정기	1대 이상	
8. 스톱워치	5대 이상	
9. 증기압력계	3대 이상	
10. 수질분석기	1대 이상	
11. 증기건도측정기	1대 이상	

[별표 12]

시공업의 기술인력 및 검사대상기기 조종자에 대한 교육

구분	교육과정	교육기간	교육 대상자	교육기관
시공업의 기술인력	1. 난방시공업 제1종기술자과정	1일	「건설산업기본법 시행령」 별표 2에 따른 난방시공업 제1종의 기술자로 등록된 사람	법 제41조에 따라 설립된 한국열관리시공협회 및 「민법」 제32조에 따라 국토교통부장관의 허가를 받아 설립된 전국보일러설비협회
	2. 난방시공업 제2종·제3종 기술자과정	1일	「건설산업기본법 시행령」 별표 2에 따른 난방시공업 제2종 또는 난방시공업 제3종의 기술자로 등록된 사람	
검사대상 기기조종자	1. 중·대형 보일러 조종자과정	1일	법 제40조제1항에 따른 검사대상기기조종자로 선임된 사람으로서 용량이 1t/h(난방용의 경우에는 5t/h)을 초과하는 강철제 보일러 및 주철제 보일러의 조종자	법 제45조에 따라 설립된 에너지관리공단 및 「민법」 제32조에 따라 산업통상자원부장관의 허가를 받아 설립된 한국에너지기술인협회
	2. 소형보일러·압력용기 조종자교육	1일	법 제40조제1항에 따른 검사대상기기 조종자로 선임된 사람으로서 제1호의 보일러조종자 과정의 대상이 되는 보일러 외의 보일러 및 압력용기 조종자	

[비 고]
1. 난방시공업 제1종기술자과정 등에 대한 교육과목, 교육수수료 및 교육 통지 등에 관한 세부사항은 산업통상자원부장관이 정하여 고시한다.
2. 시공업의 기술인력은 난방시공업 제1종·제2종 또는 제3종의 기술자로 등록된 날부터, 검사대상기기 조종자는 법 제40조제1항에 따른 검사대상기기조종자로 선임된 날부터 6개월 이내에, 그 후에는 교육을 받은 날부터 3년마다 교육을 받아야 한다.
3. 삭제 〈2010.10.21〉
4. 위 교육과정 중 난방시공업 제1종기술자과정을 이수한 경우에는 난방시공업 제2종·제3종기술자과정을 이수한 것으로 보며, 중·대형보일러 조종자과정을 이수한 경우에는 소형보일러·압력용기 조종자교육을 이수한 것으로 본다.
5. 산업통상자원부장관은 제도의 변경, 기술의 발달 등 안전관리환경의 변화로 효율 향상을 위하여 추가로 교육하려는 경우에는 교육의 기관·기간·과정 등에 관한 사항을 미리 고시하여야 한다.

에너지열량환산기준(제5조제1항 관련)

1. 총발열량 기준

에너지원	단위	총발열량 kcal	MJ 환산	석유환산계수
원 유	kg	10,750	45.0	1.075
휘 발 유	ℓ	8,000	33.5	0.800
실 내 등 유	ℓ	8,800	36.8	0.880
보일러등유	ℓ	8,950	37.5	0.895
경 유	ℓ	9,050	37.9	0.905
B - A유	ℓ	9,300	38.9	0.930
B - B유	ℓ	9,650	40.4	0.965
B - C유	ℓ	9,900	41.4	0.990
프 로 판	kg	12,050	50.4	1.205
부 탄	kg	11,850	49.6	1.185
나 프 타	ℓ	8,050	33.7	0.805
용 제	ℓ	7,950	33.3	0.795
항 공 유	ℓ	8,750	36.6	0.875
아 스 팔 트	kg	9,900	41.4	0.990
윤 활 유	ℓ	9,250	38.7	0.925
석 유 코 크	kg	8,100	33.9	0.810
부생연료1호	ℓ	8,850	37.0	0.885
부생연료2호	ℓ	9,700	40.6	0.970
천연가스(LNG)	kg	13,000	54.5	1.300
도시가스(LNG)	Nm³	10,550	44.2	1.055
도시가스(LPG)	Nm³	15,000	62.8	1.500
국내무연탄	kg	4,650	19.5	0.465
수입무연탄	kg	6,550	27.4	0.655
유연탄(연료용)	kg	6,200	26.0	0.620
유연탄(원료용)	kg	7,000	29.3	0.700
아 역 청 탄	kg	5,350	22.4	0.535
코 크 스	kg	7,050	29.5	0.705
전 력	kWh	2,150	9.0	0.215
신 탄	kg	4,500	18.8	0.450

[비 고]
1. "총발열량"이라 함은 연료의 연소과정에서 발생하는 수증기의 잠열을 포함한 발열량을 말한다.
2. "석유환산계수"라 함은 에너지원별 발열량을 1 kg = 10,000kcal로 환산한 값을 말한다.
3. 최종에너지사용기준으로 전력량을 환산하는 경우에는 1 kWh = 860kcal를 적용한다.
4. 에너지원별 실측결과는 50 kcal에서 반올림한다.
5. 석탄의 발열량은 인수(引受)식 기준을 적용하여 측정한다.
6. 1 cal = 4.1868 J로 한다.
7. MJ = 10^6 J로 한다.
8. Nm³은 0℃, 1기압 상태의 체적을 말한다.

2. 순발열량 기준

제 품	단위	순발열량 kcal	MJ 환산	석유환산계수
원 유	kg	10,100	42.3	1.010
휘 발 유	ℓ	7,400	31.0	0.740
실 내 등 유	ℓ	8,200	34.3	0.820
보일러등유	ℓ	8,350	35.0	0.835
경 유	ℓ	8,450	35.4	0.845
B - A유	ℓ	8,750	36.6	0.875
B - B유	ℓ	9,100	38.1	0.910
B - C유	ℓ	9,350	39.1	0.935
프 로 판	kg	11,050	46.3	1.105
부 탄	kg	10,900	45.7	1.090
나 프 타	ℓ	7,450	31.2	0.745
용 제	ℓ	7,350	30.8	0.735
항 공 유	ℓ	8,200	34.3	0.820
아 스 팔 트	kg	8,350	39.1	0.835
윤 활 유	ℓ	8,650	36.2	0.865
석 유 코 크	kg	7,850	32.9	0.785
부생연료1호	ℓ	8,350	35.0	0.835
부생연료2호	ℓ	9,200	38.5	0.920
천연가스(LNG)	kg	11,750	49.2	1.175
도시가스(LNG)	Nm³	9,550	40.0	0.955
도시가스(LPG)	Nm³	13,800	57.8	1.380
국내무연탄	kg	4,600	19.3	0.460
수입무연탄	kg	6,400	26.8	0.640
유연탄(연료용)	kg	5,950	24.9	0.595
유연탄(원료용)	kg	6,750	28.3	0.675
아 역 청 탄	kg	5,000	20.9	0.500
코 크 스	kg	7,000	29.3	0.700
전 력	kWh	2,150	9.0	0.215
신 탄	kg	-	-	-

[비 고]
1. "순발열량"이라 함은 총발열량에서 수증기의 잠열을 제외한 발열량을 말한다.
2. "석유환산계수"라 함은 에너지원별 발열량을 1 kg = 10,000kcal로 환산한 값을 말한다.
3. 최종에너지사용기준으로 전력량을 환산하는 경우에는 1 kWh = 860kcal를 적용한다.
4. 에너지원별 실측결과는 50 kcal에서 반올림한다.
5. 석탄의 발열량은 인수(引受)식 기준을 적용하여 측정한다.
6. 1 cal = 4.1868 J로 한다.
7. MJ = 10^6 J로 한다.
8. Nm³은 0℃, 1기압 상태의 체적을 말한다.

예상문제

1 에너지이용 합리화법의 목적이 아닌 것은?

① 에너지의 수급 안정
② 에너지의 개발 및 보급
③ 에너지의 합리적이고 효율적인 이용
④ 에너지 소비로 인한 환경피해를 줄임

2 에너지이용 합리화법의 기본 목적이 아닌 것은?

① 법 위반자에 대한 벌금 및 과태료 징수
② 에너지의 수급안정을 기함
③ 에너지의 합리적이고 효율적인 이용의 증진
④ 에너지 소비로 인한 환경피해를 줄임

3 다음 ( )안의 A, B에 각 들어갈 용어는?

> 에너지이용 합리화법은 에너지의 수급을 안정시키고 에너지의 합리적이고 효율적인 이용을 증진하며 에너지소비로 인한 (A)를 줄임으로써 국민 경제의 건전한 발전 및 국민복지의 증진과 (B)의 최소화에 이바지함을 목적으로 한다.

① A = 환경파괴,   B = 온실가스
② A = 자연파괴,   B = 환경피해
③ A = 환경피해,   B = 지구온난화
④ A = 온실가스배출, B = 환경파괴

4 에너지이용합리화법상의 용어 정의 중 옳은 것은?

① "에너지사용자"는 에너지 공급시설의 소유자 또는 관리자이다.
② "에너지"는 연료, 열 및 전기이다
③ "연료"는 석유, 석탄 및 핵연료이다.
④ "에너지공급자"는 에너지를 개발, 판매하는 자이다.

1.해설
에너지이용합리화법 목적
① 에너지의 합리적이고 효율적인 이용의 증진
② 에너지의 수급안정을 기함
③ 에너지소비로 인한 환경피해를 줄임
④ 지구온난화의 최소화하려는 국제적노력에기여함
⑤ 국민경제의 건전한 발전에 이바지 함

ANSWER 1.② 2.① 3.③ 4.②

5 에너지법에서 사용하는 에너지 사용자란 용어의 정의로 맞는 것은?

① 에너지를 사용하는 공장 사업장의 시설자
② 에너지를 생산. 수입하는 사업자
③ 에너지사용시설의 소유자 또는 관리자
④ 에너지를 저장, 판매하는 자

6 저탄소 녹색성장 기본법에서 규정하는 온실가스가 아닌 것은?

① 이산화질소(N_2O)　　② 과불화탄소(PFCs)
③ 이산화탄소(CO_2)　　④ 산소(O_2)

7 저탄소 녹색성장 기본법에서 사람의 활동에 수반하여 발생하는 온실가스가 대기 중에 축적되어 온실가스 농도를 증가시킴으로써 지구 전체적으로 지표 및 대기의 온도가 추가적으로 상승하는 현상을 말하는 용어는?

① 지구 온난화　　② 기후변화
③ 자원순환　　④ 녹색경영

8 에너지이용 합리화법에 의한 온실가스의 설명 중 맞는 것은?

① 일산화탄소, 이산화탄소, 메탄, 아산화질소 등은 온실가스이다.
② 자외선을 흡수하여 지표면의 온도를 올리는 기체이다.
③ 적외선복사열을 흡수하여 온실효과를 유발하는 물질이다.
④ 자외선을 방출하여 온실효과를 유발하는 물질이다.

9 다음 중 에너지이용합리화법에서 정의하는 에너지공급설비가 아닌 것은?

① 에너지전환설비　　② 에너지수송설비
③ 에너지개발설비　　④ 에너지생산설비

10 에너지이용합리화법에서 연료로 취급되지 않는 것은?

① 석탄　　② 우라늄
③ 천연가스　　④ 원유

6.해설
• 온실가스 : 적외선복사열을 흡수하거나 재방출 하여 온실효과를 유발하는 대기 중의 가스상태의물질로 이산화탄소(CO_2)·메탄(CH_4)·아산화질소(N_2O).수소불화탄소(HFCs)·과불화탄소(PFCs) 또는 육불화황(SF_6)을 말함

7.해설
지구 온난화 : 저탄소 녹색성장 기본법에서 사람의 활동에 수반하여 발생하는 온실가스가 대기 중에 축적되어 온실가스 농도를 증가시킴으로써 지구 전체적으로 지표 및 대기의 온도가 추가적으로 상승하는 현상

10.해설
우라늄 등 핵연료는 에너지이용합리화법에서 연료에서 제외

ANSWER 5.③ 6.④ 7.① 8.③ 9.③ 10.②

11 에너지기본법상 에너지 사용자란?

① 열관리기사 자격 소유자
② 에너지관리공단 이사장
③ 에너지 사용시설의 소유자 또는 관리자
④ 에너지를 생산, 수입 또는 판매하는 사업자

11.해설
에너지사용자란 에너지 사용 시설의 소유자 또는 관리자

12 에너지기본계획은 몇 년 이상을 계획 기간으로 하는가?

① 5년　② 10년
③ 15년　④ 20년

12.해설
① 에너지기본계획의 기간은 20년 이상이다.
② 에너지계획 수립은 5년마다 한다.
③ 지역에너지계획 기간 5년 이상
④ 지역에너지계획 수립은 5년마다

13 에너지이용합리화 기본계획에 포함되지 않은 것은?

① 에너지 절약형 경제구조로의 전환
② 에너지의 대체 계획
③ 에너지 이용 효율의 증대
④ 에너지 보존 계획

14 산업통상자원부장관은 에너지이용합리화 기본계획을 몇 년마다 수립하는가?

① 1년　② 2년
③ 3년　④ 5년

15 에너지 기본계획의 정책목표와 거리가 먼 것은?

① 에너지의 수급안정
② 환경 피해 요인의 최소화
③ 에너지 가격의 인하
④ 기술 개발의 촉진

16 저탄소 녹색성장 기본법에서 화석연료에 대한 의존도를 낮추고 청정에너지의 사용 및 보급을 확대하여 녹색 기술 연구개발, 탄소흡수원 확충 등을 통하여 온실가스를 적정 수준 이하로 줄이는 것을 말하는 용어는?

① 저탄소　② 녹색성장
③ 온실가스 배출　④ 녹색생활

16.해설
저탄소란 저탄소 녹색성장 기본법에서 화석연료에 대한 의존도를 낮추고 청정에너지의 사용 및 보급을 확대하여 녹색기술 연구개발, 탄소흡수원 확충 등을 통하여 온실가스를 적정수준 이하로 줄이는 것을 말하는 용어이다.

ANSWER 11. ③　12. ④　13. ④　14. ⑤　15. ③　16. ①

17 에너지이용합리화법 시행령에서 국가·지방단체 등이 에너지를 효율적으로 이용하고 온실가스의 배출을 줄이기 위하여 추진하여야 하는 조치의 구체적인 내용이 아닌 것은?

① 지역별 주요 수급자별 에너지 할당
② 에너지 절약 추진 체계의 구축
③ 에너지 절약을 위한 제도 및 시책의 정비
④ 건물 및 수송 부문의 에너지 이용합리화

17. 해설
지역별·주요 수급자별 에너지 할당은 비상시 조치사항임

18 에너지기본법상 정부의 에너지정책을 효율적이고 체계적으로 추진하기 위하여 20년을 계획기간으로 5년마다 수립 시행하여야 하는 것은?

① 국가온실가스배출저감 종합대책
② 에너지이용합리화 실시계획
③ 기후변화협약대응 종합계획
④ 에너지 기본계획

18. 해설
• 에너지 기본계획수립 : 산업통상자원부장관

19 다음 에너지법상 에너지 기본계획의 수립에 관한 조항에서 [ ]에 들어갈 내용으로 맞는 것은?

> [ ]는(은) 에너지 정책을 효율적이고 체계적으로 추진하기 위하여 20년을 계획기간으로 하는 에너지 기본계획(이하 "기본계획"이라고 한다.)을 5년마다 수립, 시행하여야 한다.

① 대통령　　　　　② 정부
③ 시·도지사　　　 ④ 에너지관리공단 이사장

20 에너지기본법상 지역에너지계획은 몇 년 마다 몇 년 이상을 계획기간으로 수립·시행하는가?

① 2년마다 2년 이상　② 5년마다 5년 이상
③ 10년마다 10년 이상　④ 1년마다 1년 이상

20. 해설
지역에너지계획은 5년 이상을 계획 기간으로 하고 5년마다 수립

21 시·도지사는 지역 에너지계획을 수립할 때에는 이를 누구에게 제출하는가?

① 대통령　　　　　② 산업통상자원부장관
③ 국토교통부장관　 ④ 에너지관리공단 이사장

ANSWER　17. ①　18. ④　19. ②　20. ②　21. ②

22 에너지기본법에서 정한 지역에너지계획을 수립하여야 하는 자는?

① 에너지관리공단 이사장
② 지식산업자원부장관
③ 안전행정부장관
④ 특별시장, 광역시장 또는 도지사

22.해설
지역에너지계획 수립: 시·도지사

23 에너지기본법상 지역에너지계획은 5년마다 수립하여야 한다. 이 지역에너지계획에 포함되어야 할 사항은?

① 국내 부존에너지자원의 개발 및 이용을 위한 대책에 관한 사항
② 에너지의 안전관리를 위한 대책에 관한 사항
③ 에너지 관련 전문인력의 양성을 촉진하기 위한 대책에 관한 사항
④ 에너지의 안정적 공급을 위한 대책에 관한 사항

23.해설
지역에너지계획에 포함될 사항
• 에너지수급추이전망
• 안정적 공급대책
• 이산화탄소 배출감소 대책
• 환경친화적 에너지 이용을 위한 대책
• 집단 에너지공급을 위한 대책 등

24 에너지의 수급안정과 합리적이고 효율적인 이용에 관한 기본적이고 종합적인시책을 강구하고 이를 이행할 책무는 어디에 있는가?

① 국가
② 산업통상자원부
③ 에너지관리공단
④ 국토교통부

25 수급안정을 위한 조치를 할 수 있는 사항이 아닌 것은?

① 지역별 주요 수급자별 에너지할당
② 에너지의 배급
③ 에너지의 양도 양수의 제한 또는 금지
④ 기타 에너지수급의 안정을 위하여 산업통상자원부령이 정하는 사항

25.해설
기타 에너지수급의 안정을 위하여 대통령령이 정하는 사항

26 비상시에 대비한 에너지 수급계획을 수립하는 자는?

① 대통령
② 국방부장관
③ 산업통상자원부장관
④ 에너지관리공단이사장

26.해설
산업통상자원부장관은 비상시에 대비한 에너지 수급계획을 수립하여야 한다.

ANSWER 22. ④ 23. ④ 24. ① 25. ④ 26. ③

27 국내외 에너지사정의 변동에 따른 에너지의 수급절차에 대비하기 위하여 대통령령으로 정하는 주요에너지사용자와 에너지공급자에게 에너지저장시설을 보유하고 에너지를 저장하는 의무를 부과할 수 있는 자는?

① 환경부장관　　② 국무총리
③ 산업통상자원부장관　　④ 지방자치단체장

27.해설
에너지 공급자에게 에너지저장시설을 보유하고 에너지를 저장하는 의무를 부과할 수 있는 자 : 산업통상자원부 장관

28 에너지이용 합리화법상 국내외 에너지사정의 변동으로 에너지수급에 중대한 차질이 발생하거나 발생할 우려가 있다고 인정될 경우 에너지수급의 안정을 위한 조치 사항에 해당 되지 않는 것은?

① 에너지 판매시설의 확충
② 에너지사용기자재의 사용 제한
③ 에너지의 배급
④ 에너지의 비축과 저장

28.해설
에너지 수급 안정을 위한 조치
① 에너지의 비축과 저장
② 에너지 배급
③ 에너지사용기자재의 사용제한

29 에너지기본법상 에너지기본계획은 어디의 심의를 거쳐 확정되는가?

① 국회　　② 국무회의
③ 에너지 위원회　　④ 경제장관회의

30 에너지기본법에서 정한 에너지기술개발사업비로 사용될 수 없는 사항은?

① 에너지에 관한 연구인력 양성
② 온실가스 배출을 줄이기 위한 시설투자
③ 에너지사용에 따른 대기오염 저감을 위한 기술 개발
④ 에너지 기술 개발 성과의 보급 및 홍보

31 에너지기본법상 에너지기술개발계획에 포함되어야 할 사항으로 틀린 것은?

① 에너지의 효율적 사용을 위한 기술개발에 관한사항
② 신·재생에너지 등 환경배타적 에너지에 관련된 기술 개발에 관한 사항
③ 에너지 사용에 따른 환경오염 저감을 위한 기술개발에 관한 사항
④ 국제에너지기술협력의 촉진에 관한 사항

31.해설
에너지기술개발계획에 포함될 사항
① 에너지의 효율적 사용을 위한 기술개발에 관한 사항
② 신·재생에너지 등 환경친화적 에너지에 관련된 기술 개발에 관한 사항
③ 에너지 사용에 따른 환경오염 저감을 위한 기술개발에 관한 사항
④ 온실가스 배출을 줄이기 위한 기술개발에 관한 사항
⑤ 개발된 에너지기술의 실용화의 촉진에 관한 사항
⑥ 국제에너지기술협력의 촉진에 관한 사항
⑦ 에너지기술에 관련된 인력·정보·시설 등 기술개발자원의 확대 및 효율적 활용에 관한 사항

ANSWER　27. ③　28. ①　29. ③　30. ②　31. ②

32 에너지법 시행령에서 산업통상자원부장관이 에너지기술개발을 위한 사업에 투자 또는 출연할 것을 권고할 수 있는 에너지 관련 사업자가 아닌 것은?

① 에너지 공급자
② 대규모 에너지 사용자
③ 에너지 사용기자재의 제조업자
④ 공공기관 중 에너지와 관련된 공공기관

32.해설
에너지기술개발투자 등의 권고 에서 "에너지관련 사업자"라 함은 다음 각 호의 자 중에서 산업통상자원부장관이정하는 자를 말한다.
① 에너지공급자
② 에너지사용기자재의 제조업자
③ 공공기관 중 에너지와 관련된 공공기관

33 에너지법에서 에너지정책 및 에너지 관련 계획을 수립 시행하기 위한 에너지정책의 기본원칙이 아닌 것은?

① 에너지의 효율적 사용을 위한 기술개발
② 에너지의 안정적인 공급 실현
③ 신·재생에너지 등 환경친화적인 에너지의 생산 및 사용 확대
④ 에너지 저소비형 경제사회구조로의 전환을 위한 에너지 수요관리의 지속적 강화

34 에너지이용합리화법상 국가지방자치단체 등이 추진하여야 하는 에너지의 효율적 이용과 온실가스의 배출 저감을 위하여 필요한 조치의 구체적인 내용은 무엇으로 정하는가?

① 노동부령
② 산업통상자원부령
③ 대통령령
④ 환경부령

34.해설
온실가스의 배출저감등 필요한 조치로 대통령령으로 정한다.

35 에너지 총 조사는 몇 년 주기로 실시하는가?

① 5년
② 3년
③ 10년
④ 수시

36 에너지 총조사에 대한 설명으로 잘못된 것은?

① 필요하다고 인정하는 경우에는 대통령령이 정하는 바에 따라 에너지 총조사를 실시할 수 있다.
② 필요하다고 인정하는 때는 간이조사를 실시할 수 있다.
③ 에너지사용자에 대하여 자료의 제출을 요구할 수 있다.
④ 5년을 주기로 실시한다.

36.해설
에너지 총조사 : 3년마다 통계법에 따라 실시한다.

ANSWER 32. ② 33. ① 34. ③ 35. ② 36. ④

37 기후변화협약특성화대학원으로 지정을 받으려는 대학원은 누구에게 지정신청을 하여야 하는가?

① 에너지관리공단이사장 ② 환경부장관
③ 산업통상자원부장관   ④ 시·도지사

37.해설
기후변화 협약 특성화 대학원 지정 : 산업통상자원부 장관

38 에너지이용합리화법상 에너지사용자와 에너지 공급자의 책무로 맞는 것은?

① 에너지의 생산이용 등에서의 그 효율을 극소화
② 온실가스 배출을 줄이기 위한 노력
③ 기자재의 에너지효율을 높이기 위한 기술개발
④ 지역경제발전을 위한 시책 강구

38.해설
에너지사용자와 에너지공급자의 책무 : 온실가스 배출을 줄이기 위한 노력

39 에너지 이용합리화법상 국민의 책무는?

① 기자재 및 설비의 에너지 효율을 높이고 온실가스의 배출을 줄이기 위한 기술의 개발과 도입을 위해 노력
② 관할지역의 특성을 참작하여 국가에너지정책의 효과적인 수행
③ 일상 생활에서 에너지를 합리적으로 이용하고 온실가스의 배출을 줄이도록 노력
④ 에너지의 수급안정과 합리적이고 효율적인 이용을 도모하고 온실가스의 배출을 줄이기 위한 시책 강구 및 시행

39.해설
국민의 책무 : 에너지를 합리적으로 이용하고 온실 가스의 배출을 줄이도록 노력

40 에너지사용시설의 사용자 또는 관리자의 책무에 해당되는 것은?

① 에너지수급안정을 위한 노력
② 온실가스 배출을 줄이기 위한 노력
③ 기자재의 에너지효율을 높이기 위한 기술개발
④ 지역경제발전을 위한 시책 강구

40.해설
에너지시설 사용자는 온실가스 배출을 줄이기 위한 노력이 필요하다.

41 에너지이용 합리화법에서 정한 국가 에너지절약추진위원회의 위원장은 누구인가?

① 산업통상자원부장관 ② 지방자치단체의 장
③ 국무총리   ④ 대통령

ANSWER 37. ③ 38. ② 39. ③ 40. ② 41. ①

42 에너지이용합리화법시행령에서 정한 국가에너지 절약 추진위원회의 위원장이 위촉하는 위원의 임기는 몇 년인가?

① 3년　　　　② 1년
③ 4년　　　　④ 2년

42.해설
에너지절약추진위원회 위원의 임기는 3년

43 에너지이용합리화법 시행령상 국가에너지절약추진위원회에서 심의하는 사항이 아닌 것은?

① 기본계획의 수립에 관한 사항
② 실시계획의 종합, 조정 및 추진상황 점검
③ 에너지 사용계획 협의사항의 사전심의
④ 에너지절약에 관한 법령 및 제도의 정비·개선 등에 관한 사항

43.해설
에너지사용계획 협의사항의 사전심의는 국가에너지절약추진위원회 의심의 사항에 포함되지 않는다.

44 에너지이용합리화법상 국가에너지절약추진위원회의 구성과 운영 등에 관한 사항은 (　)령으로 정한다. (　)에 들어갈 자(者)는 누구인가?

① 대통령
② 산업통상자원부장관
③ 에너지관리공단이사장
④ 노동부장관

44.해설
에너지이용합리화법상 국가에너지절약추진위원회의 구성과 운영 등에 관한 사항은 대통령령으로 정함

45 에너지이용합리화법시행령에서 산업통상자원부장관이 에너지 저장의무를 부과할 수 있는 대상자가 아닌 것은?

① 연간 1만석유환산톤 이상의 에너지를 사용하는 자
② 전기사업법에 의한 전기사업자
③ 도시가스사업법에 의한 도시가스 사업자
④ 집단에너지사업법에 의한 집단에너지사업자

45.해설
•에너지 저장 의무 부과 대상자
① 전기사업자
② 석유정제업자 및 석유 수출입자
③ 도시가스 사업자
④ 석탄 가공업자
⑤ 집단 에너지 사업자
⑥ 연간 2만 TOE 이상 에너지 사용자

46 에너지이용합리화법 시행령상 산업통상자원부장관은 에너지수급 안정을 위한 조치를 하고자 할 때에는 그 사유 기간 및 대상자 등을 정하여 그 조치 예정일 몇 일 이전에 예고하여야 하는가?

① 14일　　　　② 10일
③ 7일　　　　　④ 5일

ANSWER　42. ①　43. ③　44. ①　45. ①　46. ③

47 에너지이용합리화법 시행령에서 에너지 사용의 제한 또는 금지 등 대통령령이 정하는 사항 중 틀린 것은?

① 위생접객업소 기타 에너지사용시설의 에너지사용의 제한
② 에너지사용의 시기 및 방법의 제한
③ 차량 등 에너지사용기자재의 사용제한
④ 특정지역에 대한 에너지개발의 제한

47.해설
• 에너지수급 안정을 위한 조치
 예고일: 7일

48 에너지이용합리화법상 에너지 수급안정을 위한 조치에 해당하지 않는 것은?

① 에너지의 비축과 저장
② 에너지공급설비의 가동 및 조업
③ 에너지의 배급
④ 에너지 판매시설의 확충

48.해설
에너지 판매시설의 확충은 수급안정의 조치와는 무관하다.

49 에너지수요관리투자계획을 수립하여야 하는 대상이 아닌 곳은?

① 한국전력공사
② 에너지관리공단
③ 한국지역난방공사
④ 한국가스공사

50 에너지사용계획을 수입하여 산업통상자원부장관에게 제출하여야 하는 민간사업주관자의 시설규모로 맞는 것은?

① 연간 2500 티·오·이 이상의 연료 및 열을 사용하는 시설
② 연간 5000 티·오·이 이상의 연료 및 열을 사용하는 시설
③ 연간 1000만 kHW 이상의 전력을 사용하는 시설
④ 연간 500만 kHW 이상의 전력을 사용하는 시설

51 에너지사용계획의 검토기준, 검토방법, 그 밖에 필요한 사항을 정하는 령으로 맞는 것은?

① 산업통상자원부령   ② 대통령령
③ 환경부령   ④ 국무총리령

51.해설
에너지사용계획의 검토기준, 검토방법, 그 밖에 필요한 사항을 정하는 령은 산업통상자원부령으로 한다.

ANSWER 47. ④ 48. ④ 49. ② 50. ② 51. ①

52 공공 사업주관자에게 산업통상자원부장관이 에너지 사용계획에 대한 검토결과를 조치 요청하면 해당 공공사업주관자는 이행계획을 작성하여 제출 하여야 하는데 이행 계획에 포함되지 않는 사항은?

① 이행 주체　　② 이행 장소와 사유
③ 이행 방법　　④ 이행 시기

52.해설
• 이행계획작성 계획 포함 사항
① 산업통상자원부장관으로부터 요청받은 조치의 내용
② 이행 주체
③ 이행 방법
④ 이행 시기

53 에너지사용계획에 포함되지 않는 사항은?

① 에너지 수요예측 및 공급계획
② 에너지 수급에 미치게 될 영향분석
③ 에너지이용 효율 향상 방안
④ 열사용기자재의 판매계획

53.해설
열사용기자재의 판매계획은 에너지사용계획에 포함되지 않는다.

54 에너지이용합리화법에서 효율관리기자재의 제조업자 또는 수입업자가 효율관리기자재의 에너지 사용량을 측정 받는 기관은?

① 환경부장관이 지정하는 진단기관
② 산업통상자원부장관이 지정하는 시험기관
③ 시·도지사가 지정하는 측정기관
④ 제조업자 또는 수입업자의 검사기관

55 에너지이용 합리화법상 에너지소비효율등급 또는 에너지 소비효율을 해당 효율관리기자재에 표시해야 하는 자로 옳은 것은?

① 제조업자 또는 시공업자
② 수입업자 또는 제조업자
③ 시공업자 또는 판매업자
④ 수입업자 또는 시공업자

55.해설
효율관리기자재의 제조업자·수입업자가 효율관리기자재의 에너지 사용량을 측정 받는 시험기관은 산업통상자원부장관이 지정

56 에너지이용합리화법상 효율관리 기자재의 에너지 사용량을 측정 받아 에너지소비효율등급 또는 에너지소비효율을 해당 효율관리 기자재에 표시할 수 있도록 측정하는 기관은?

① 효율관리 진단기관　　② 효율관리 전문기관
③ 효율관리 표준기관　　④ 효율관리 시험기관

ANSWER 52.② 53.④ 54.② 55.② 56.④

57 에너지 이용합리화법상 효율관리 기자재가 아닌 것은?
① 삼상유도전동기　② 선박
③ 조명기기　　　　④ 전기냉장고

57. 해설
• 효율관리 기자재 : 전기냉장고, 전기냉방기, 전기세탁기, 조명기기, 삼상유도전동기, 자동차

58 에너지소비효율 관리기자재로 지정된 에너지사용기자재에 대하여 에너지 소비효율 등은 누가 표시하는가?
① 산업통상자원부장관　② 기자재 제조업자
③ 시·도지사　　　　　④ 시험기관

59 에너지이용합리화법상 평균효율관리기자재를 제조하거나 수입하여 판매하는 자는 에너지소비효율 산정에 필요하다고 인정되는 판매에 관한 자료와 효율 측정에 관한 자료를 누구에게 제출하여야 하는가?
① 국토교통부장관
② 시·도지사
③ 에너지관리공단이시장
④ 산업통상자원부장관

59. 해설
에너지이용합리화법상 평균효율관리기자재를 제조하거나 수입하여 판매하는 자는 에너지소비효율 산정에 필요하다고 인정되는 판매에 관한 자료와 효율측정에 관한 자료 제출은 산업통상자원부장관에게 한

60 에너지이용 합리화법에서 효율관리기자재에 대한 에너지 소비효율·사용량·소비효율등급 등을 측정하는 시험기관은 누가 지정하는가?
① 대통령
② 도지사
③ 산업통상자원부장관
④ 에너지관리공단이사장

60. 해설
효율관리기자재에 대한 에너지소비효율, 사용량, 소비효율등급 측정시험기관 지정 : 산업통상자원부장관

61 산업통상자원부장관은 에너지이용합리화를 위하여 에너지를 소비하는 에너지사용 기자재 중 산업통상자원부령이 정하는 기자재에 대하여 고시할 수 있는 사항이 아닌 것은?
① 에너지의 최저소비효율 또는 최대사용량의 기준
② 에너지의 소비효율 또는 사용량의 표시
③ 에너지의 소비효율 등급기준 및 등급표시
④ 에너지의 소비효율 또는 생산량의 측정방법

61. 해설
생산량의 측정방법은 산업통상자원부 장관의 고시사항이 아님

ANSWER　57. ②　58. ②　59. ④　60. ③　61. ④

62 산업통상자원부장관은 효율관리기자재가 (①)에 미달하거나 (②)를(을) 초과하는 경우에는 생산 또는 판매금지를 명할 수 있다. ( ) 안에 각각 들어갈 말은?

① ① 최대소비효율기준 ② 최저사용량기준
② ① 적정소비효율기준 ② 적정사용량기준
③ ① 최저소비효율기준 ② 최대사용량기준
④ ① 최대사용량기준 ② 저소비기준

62.해설
효율관리기자개가 최저소비효율기간에 미달하거나 최대사용량기준을 초과하는 경우 산업통상자원부장관은 생산 또는 판매금지를 명할 수 있다.

63 대기전력저감대상제품의 제조업자 또는 수입업자가 대기전력저감대상제품이 대기전력저감기준에 미달하는 경우 그 시정명령을 이행하지 아니하였을 때 그 사실을 공표할 수 있는 자는 누구인가?

① 산업통상자원부장관   ② 국무총리
③ 대통령   ④ 환경부장관

63.해설
대기전력저감대상제품의시정명령권자:산업통상자원부장관

64 에너지이용합리화법에서 제 3자로부터 위탁 받아 에너지사용시설의 에너지 절약을 위한 관리, 용역사업을 하는 자로서 산업통상자원부장관에게 등록을 한 자를 의미 하는 용어는?

① 에너지수요관리전문기업
② 자발적 협약전문기업
③ 에너지절약전문기업
④ 기술개발전문기업

64.해설
• 에너지절약전문기업이란 : 제 3자로부터 에너시사용시설의 에너지 절약을 위한 관리·용역사업

65 에너지절약전문기업의 등록이 취소되는 경우가 아닌 것은?

① 교부받은 등록증을 잃어버린 때
② 허위 기타 부정한 방법으로 등록을 할 때
③ 규정에 의한 등록기준에 미달하게 된 때
④ 규정에 의한 보고를 하지 아니하거나 허위 보고를 한 때

66 에너지절약을 위한 관리·용역과 에너지절약형을 시설투자에 관한 사업을 하는 곳은?

① 에너지관리진단기업
② 에너지절약전문기업
③ 에너지관리공단
④ 수요관리전문기관

ANSWER 62. ③ 63. ① 64. ③ 65. ① 66. ②

67 에너지 사용자가 에너지 절감 목표를 수립하여 정부와 이행약속을 하는 제도는?
① 에너지절감이행 협약
② 에너지사용계획 협약
③ 자발적 협약
④ 수요관리투자 협약

68 에너지절약전문기업의 등록은 누구에게 하는가?
① 대통령
② 한국열관리시공협회장
③ 산업통상자원부장관
④ 에너지관리공단이사장

68.해설
• 에너지절약전문기업 등록 : 에너지관리공단이사장

69 에너지절약 전문기관의 지정 신청서에 첨부하여야 할 서류는?
① 에너지 절약 계획서
② 에너지사용 계획
③ 에너지사용 기자재 설명
④ 시설 명세서 및 기술인력 명세서

70 에너지이용합리화법 시행규칙에서 에너지사용자가 수립하여야 하는 자발적 협약의 이행계획에 포함되어야 할 사항이 아닌 것은?
① 온실가스 배출증가 현황 및 투자방법
② 협약 체결 전년도의 에너지소비현황
③ 효율향상목표 등의 이행을 위한 투자계획
④ 에너지관리체제 및 관리방법

71 에너지이용합리화법상 에너지절약전문기업의 등록이 취소된 자는 등록취소일로부터 몇 년이 경과해야 다시 등록을 할 수 있는가?
① 1년 ② 2년 ③ 3년 ④ 5년

71.해설
에너지절약전문기업의 등록은 등록 취소일로부터 2년이 경과해야 다시 등록이 가능하다.

72 에너지 사용자가 에너지의 절약과 합리적인 이용을 통한 온실가스 배출을 줄이기 위한 목표와 그 이행방법 등에 관한 계획을 자발적으로 수립하여 이를 이행하기로 정부나 지방자치단체와 약속하는 협약은?
① 에너지 절감이행 협약
② 에너지사용계획 협약
③ 자발적 협약
④ 수요관리투자 협약

72.해설
• 자발적 협약 : 에너지 사용자가 에너지의 절약과 합리적인 이용을 통한 온실가스 배출을 줄이기 위한 목표와 그 이행방법 등에 관한 계획을 자발적으로 수립하여 이를 이행하기로 정부나 지방자치단체와 약속하는 협약

ANSWER 67. ③ 68. ④ 69. ④ 70. ① 71. ③ 72. ③

73 에너지이용합리화법상 온실가스배출 감축실적의 신청, 등록, 관리 등에 관하여 필요한 사항을 정하는 령은?

① 대통령령
② 지식경제장관령
③ 에너지관리공단이사장령
④ 환경부장관령

74 에너지진단결과 에너지다소비사업자가 에너지관리기준을 지키고 있지 아니한 경우 에너지관리기준의 이행을 위한 에너지관리지도를 실시하는 기관은?

① 한국에너지기술연구원
② 한국폐기물협회
③ 에너지관리공단
④ 한국환경공단

74.해설
에너지관리지도 실시 기관 : 에너지관리공단

75 에너지다소비업자가 산업통상자원부령으로 정하는 바에 따라 시·도지사에게 신고해야 하는 사항과 관련이 없는 것은?

① 전년도의 에너지사용량·제품생산량
② 전년도의 에너지이용합리화 실적 및 해당 연도의 계획
③ 에너지사용기자재의 현황
④ 다음 연도의 에너지사용예정량·제품생산예정량

75.해설
당해 연도의 에너지사용예정량·제품생산예정량

76 에너지이용합리화법 시행령에서 연료·열 및 전력의 연간 사용량의 합계가 몇 티·오·이가 이상인 자를 "에너지다소비사업자"라 하는가?

① 5백
② 1천
③ 1천 5백
④ 2천

76.해설
• 에너지다소비사업자 : 년간 연료, 열, 전력사용량이 2,000TOE이상

77 에너지 다소비업자는 산업통상자원부령이 정하는 바에 따라 전년도의 에너지 사용량·제품생산량 등을 매년 언제까지 당해 에너지 사용시설이 소재하는 지역을 관할하는 시·도지사에게 신고해야하는가?

① 1월 31일까지
② 2월말까지
③ 3월 31일까지
④ 12월 31일까지

77.해설
에너지다소비사업자는 산업통상자원부령이 정하는 바에 따라 전년도의 에너지사용량, 제품 생산량 등을 매년 1월 31일까지 관할하는 시·도지사에게 신고해야 한다.

ANSWER 73.① 74.③ 75.④ 76.④ 77.①

78 에너지이용합리화법상의 연료 단위 티·오·이(TOE)란?

① 석탄환산톤   ② 전력량
③ 중유환산톤   ④ 석유환산톤

79 에너지관리진단 명령은 누가 하는가?

① 대통령
② 에너지관리공단 이사장
③ 산업통상자원부장관
④ 시·도지사

80 에너지이용합리화법에서 연료 및 열과 전력의 연간 사용량 합계가 2천티·오·이 이상인자(에너지다소비업자)가 신고할 사항이 아닌 것은?

① 전년도의 에너지사용량·제품생산량
② 에너지 사용기자재의 현황
③ 당해연도 에너지 기자재 수요예측 및 공급계획
④ 전년도의 에너지이용합리화 실적 및 당해연도의 계획

81 에너지이용합리화법에 따른 연료, 열 및 전기량의 에너지환산은 무엇을 기준으로 하는가?

① 석유(원유)   ② 가스
③ 석탄   ④ 원자력

82 산업통상자원부장관이 에너지관리대상자 에게 에너지 손실 효율의 개선을 명하는 경우는 에너지 관리지도 결과 몇[%] 이상의 에너지효율개선이 기대 되는 경우 인가?

① 5[%]   ② 10[%]
③ 15[%]   ④ 20[%]

82.해설
연료, 열, 전기량의 에너지 환산은 석유로 환산한다.

83 에너지관리대상자가 에너지 손실요인의 개선명령을 받은 때는 개선 명령일부터 며칠 이내에 개선 계획을 수립하여 제출하여야 하는가?

① 20일   ② 30일
③ 50일   ④ 60일

ANSWER 78.④ 79.③ 80.③ 81.① 82.② 83.④

84 다음 중 에너지 손실요인 개선명령을 행할 수 있는 경우가 아닌 것은?

① 에너지관리상태가 에너지관리기준에 현저하게 미달된다고 인정되는 경우
② 에너지관리 진단결과 10[%] 이상의 에너지 효율개선이 기대되는 경우
③ 효율개선을 위한 투자의 경제성이 있다고 인정되는 경우
④ 효율기준미달 기자재를 생산, 판매하는 경우

83.해설
• 산업통상자원부장관의 에너지손실요인의 개선 명령 : 60일 이내에 개선계획을 수립

85 에너지다소비업자에게 에너지손실 요인의 개선을 명하는 자는?

① 대통령
② 에너지관리공단 이사장
③ 산업통상자원부 장관
④ 시·도지사

85.해설
• 에너지다소비업자에게 에너지손실요인의 개선명령 : 산업통상자원부 장관

86 다음 중 목표에너지원단위를 올바르게 설명한 것은?

① 제품의 단위당 에너지생산 목표량
② 제품의 단위당 에너지절감 목표량
③ 건축물의 단위면적당 에너지사용 목표량
④ 건축물의 단위면적당 에너지저장 목표량

86.해설
목표에너지원단위란 제품의 단위당 사용량 목표량 또는 건축물의 단위면적당 에너지사용 목표량을 말한다.

87 에너지를 사용하여 만드는 제품의 단위당 에너지 사용 목표량(목표에너지원단위)은 누가 정하는가?

① 에너지관리공단 이사장
② 품질인정원장
③ 시·도지사
④ 산업통상자원부장관

88 에너지이용합리화법상 에너지의 이용효율을 높이기 위하여 관계행정기관의 장과 협의하여 건축물의 단위면적당 에너지 사용목표량을 정하여 고시하여야 하는 자는?

① 산업통상자원부장관　② 환경부장관
③ 시·도지사　　　　　④ 국무총리

88.해설
건축물의 단위면적당 에너지 사용 목표량을 정하여 고시 : 산업통상자원부장관

ANSWER　84.④　85.③　86.③　87.④　88.①

89 법규상 온수보일러라 함은 전열면적이 얼마 이하인 보일러인가?

① 14m² ② 16m² ③ 18m² ④ 20m²

90 열사용 기자재 관리 규칙에 의한 검사대상기기중 소형 온수보일러의 검사대상기기 적용범위에 해당하는 가스 사용량은 몇 kg/h를 초과 하는 것부터 인가?

① 15kg/h ② 17kg/h ③ 20kg/h ④ 25kg/h

90.해설
열사용 기자재 관리 규칙에 의한 검사대상기기중 소형온수보일러의 검사대상기기 적용범위에 해당하는 가스사용량은 17kg/h를 초과하는 것부터이다.

91 에너지이용합리화법에 따른 열사용기자재 중 소형온수보일러의 적용 범위로 옳은 것은?

① 전열면적 24m²이하이며, 최고사용압력이 0.5MPa 이하의 온수를 발생하는 보일러
② 전열면적 14m²이하이며, 최고사용압력이 0.35MPa 이하의 온수를 발생하는 보일러
③ 전열면적 2m²이하인 온수보일러
④ 최고사용압력이 0.8MPa이하의 온수를 발생하는 보일러

91.해설
소형온수보일러라함은 전열면적이 14m²이하이며, 최고사용압력 0.35Mpa이하의 온수를 발생하는 보일러를 말한다.

92 열사용기자재 관리규칙에서 정한 검사대상기기에 해당 되는 열사용기자재는?

① 최고사용압력이 0.08MPa이고, 전열면적 4m²인 강철제 보일러
② 흡수식 냉온수기
③ 가스사용량이 20kg/h 인 가스사용 소형온수보일러 (단, 도시가스가 아닌 가스임)
④ 정격용량이 0.4MW인 철금속 가열로

92.해설
가스사용량이 17kg/h 이상은 열사용기자재

93 다음 중 인정검사대상기기 조종자가 조정할 수 없는 검사대상기기는?

① 증기보일러로서 최고사용압력이 1Mpa 이하이고, 전열면적이 10m²이하인 것
② 압력 용기
③ 온수발생 보일러로서 출력이 0.58MW 이하인 것
④ 가스사용량이 17kg/h를 초과하는 소형온수보일러

ANSWER 89.① 90.② 91.② 92.③ 93.④

94 에너지이용합리화법에서 규정한 열사용기자재가 아닌 것은?

① 구멍탄용 온수 보일러
② 축열식 전기보일러
③ 철도차량용 보일러
④ 소형온수보일러

94.해설
• 철도차량용 보일러 : 철도사업법에 적용된다.

95 열사용 기자재 관리규칙상 가스를 사용하는 것으로서 도시가스 사용량이 232.6kW를 초과하는 검사대상 기기는?

① 강철제보일러   ② 주철제보일러
③ 철금속가열로   ④ 소형온수보일러

96 에너지이용합리화법상의 열사용기자재 종류에 해당 되는 것은?

① 급수장치   ② 압력용기
③ 연소기기   ④ 버너

96.해설
특정열사용기자재
① 기관: 강철제 보일러, 주철제 보일러, 온수보일러, 구멍탄용온수 보일러, 축열식 전기 보일러, 태양열 집열기
② 압력용기: 제 1종 및 2종 압력용기
③ 요업요로, 금속요로

97 에너지이용합리화법에서 규정된 특정열사용기자재 구분 중 기관에 포함되지 않는 것은?

① 온수보일러
② 태양열 집열기
③ 1종 압력용기
④ 구멍탄용 온수보일러

97.해설
① 기관: 강철제 보일러, 주철제 보일러, 온수보일러, 구멍탄용온수 보일러, 축열식 전기 보일러, 태양열 집열기
② 압력용기: 제 1종 및 2종 압력용기
③ 요업요로, 금속요로

98 특정열사용기자재 시공업의 범위에 포함되지 않는 것은?

① 기자재의 설치   ② 기자재의 검사
③ 기자재의 시공   ④ 기자재의 배관

99 특정열사용기자재의 설치·시공은 원칙적으로 어디에 따르는가?

① 대통령령으로 정하는 기준
② 국토교통부장관이 정하는 기준
③ 에너지관리공단이사장이 정하는 기준
④ 한국산업규격

ANSWER 94.③ 95.④ 96.② 97.③ 98.② 99.④

100 열사용기자재 관리 규칙상 특정열사용기자재 시공업의 범주에 들지 않는 것은?

① 특정열사용기자재의 설치
② 특정열사용기자재의 시공
③ 특정열사용기자재의 판매
④ 특정열사용기자재의 세관

101 특정열사용기자재의 설치 시공 또는 세관을 업으로 하는 자는 어느 법에 따라 등록을 해야하는가?

① 에너지이용합리화법 ② 집단에너지사업법
③ 고압가스안전관리법 ④ 건설산업기본법

101.해설
• 특정열사용기자재 시공업의 범주
: 설치, 시공, 세관

102 다음 중 특정 열사용 기자재는?

① 2종 압력용기 ② 유류용 온풍난방기
③ 구멍탄용 연소기 ④ 에어 핸들링 유니트

103 특정 열사용기자재 시공업자는 설치, 시공 기록 및 배관도면 등을 작성하여 몇 년간 보존해야 하는가?

① 1년 ② 2년
③ 3년 ④ 4년

104 특정열사용기자재 시공업 등록의 말소 또는 시공업의 전부 또는 일부의 정지 요청은 누가 누구에게 하는가?

① 시·도지사가 산업통상자원부장관에게
② 시공업자단체장이 산업통상자원부장관에게
③ 시·도지사가 국토교통부장관에게
④ 국토교통부장관이 산업통상자원부장관에게

105 특정열사용기자재의 시공업을 하려는 자는 어느 법에 따라 시공업 등록을 해야 하는가?

① 에너지이용합리화법
② 건축법
③ 건설산업기본법
④ 집단에너지사업법

105.해설
• 시공업등록 : 건설산업기본법

ANSWER 100. ③ 101. ④ 102. ① 103. ③ 104. ③ 105. ③

106 열사용기자재관리규칙상 특정열사용기자재에 해당 되지 않는 것은?

① 주철제 보일러　② 온수 보일러
③ 축열식 전기 보일러　④ 공기조절기

107 특정열사용기자재 및 설치·시공범위에서 요업요로에 해당하는 것은?

① 용선로　② 금속소둔로
③ 철금속가열로　④ 회전가마

107.해설
• 금속요로 : 용선로, 금속소둔로, 철금속가열로

108 산업통상자원부장관이 특정에너지사용기자재를 설치하게 하거나 사용하게 할 수 있는 자가 아닌 것은?

① 지방자치단체　② 정부출자기관
③ 대기업　④ 국·공립 연구기관

109 에너지이용합리화법상 특정열사용기자재 중 기관에 속하지 않는 것은?

① 축열식 전기보일러　② 태양열 집열기
③ 온수보일러　④ 제1종 압력용기

109.해설
• 압력용기① 제1종② 제2종 기관 : 보일러류, 태양열 집열기

110 열사용기자재 관리규칙상 검사대상기기의 계속사용검사 신청서는 유효기간 만료 며칠 전 까지 제출해야 하는가?

① 10일　② 15일　③ 20일　④ 30일

110.해설
• 계속 사용검사 신청서: 유효기간 만료 10일 전까지, 검사의 연기는 당해연도 말까지 연기할 수있지만 유효 기간이 만료일이 9월1일 이후 인경우는 4월의 범위내에서 연기하며 공단이사장에게 제출

111 검사대상기기 조종자가 퇴직하거나 조종자를 채용하는 경우 다른 조종자를 언제 선임해야 하는가?

① 퇴직 또는 해임전후
② 퇴직 또는 해임이전
③ 퇴직 또는 해임 후 7일 이내
④ 퇴직 또는 해임 후 10일 이내

112 검사대상기기 조종자의 자격에 해당되지 않는 것은?

① 에너지관리기사　② 보일러산업기사
③ 보일러시공기능사　④ 보일러 기능장

112.해설
• 검사대상기기 조종자의 자격 : 보일러취급기능사, 에너지관리기사, 보일러산업기사, 보일러 기능장

ANSWER　106. ④　107. ④　108. ③　109. ④　110. ①　111. ②　112. ③

113 열사용 기자재 제조업자가 승인을 얻은 형식의 열사용 기자재를 제조할 때 실시하는 검사는?

① 성능 검사 ② 완성 검사
③ 설치 검사 ④ 자체 검사

114 제 2종 난방시공업자가 시공할 수 있는 열사용기자재 품목은?

① 강철제 증기보일 ② 주철제 증기보일러
③ 2종 압력용기 ④ 태양열집열기

115 제 1종 난방 시공업 등록을 한 자가 시공할 수 없는 것은?

① 온수 보일러 ② 태양열 집열기
③ 1종 압력용기 ④ 금속요로

116 검사대상기기 조종자의 선임 의무는 누구에게 있는가?

① 시·도지사
② 에너지관리공단이사장
③ 검사대상기기 판매자
④ 검사대상기기 설치자

117 검사대상기기 조정자의 선임기준으로 맞는 것은?

① 2구역마다 1인 이상 ② 1구역마다 2인 이상
③ 1구역마다 1인 이상 ④ 2구역마다 2인 이상

118 검사대상기기조종자의 선임, 자격, 조종범위 등에 대한 설명으로 틀린 것은?

① 에너지관리기능장 자격증 소지자는 모든 검사 대상기기를 조종할 수 있다.
② 검사대상기기조정자의 가격기준과 선임기준은 산업통상자원부령으로 정한다.
③ 검사대상기기조종자를 선임하지 아니한 자는 1천만원 이하의 벌금에 처한다.
④ 압력용기는 에너지관리기사 자격증 소지자만 조종 할 수 있다.

117. 해설
· 검사대상기기 조정자 선임기준 : 산업통상자원부령으로 정하며 기준은 1구역 마다 1인 이상으로 1구역은 조종자가 한시야로 볼 수 있는 범위

ANSWER 113. ④ 114. ④ 115. ④ 116. ④ 117. ③ 118. ④

119 에너지이용합리화법에 의한 모든 검사대상기기를 조종할 수 있는 국가기술자격이 아닌 것은?

① 에너지관리기사　　② 에너지관리산업기사
③ 보일러산업기사　　④ 위험물취급기사

119.해설
• 검사대상기기 조종자 자격증
에너지관리기사, 에너지관리산업기사, 보일러기능장, 보일러산업기사, 보일러 취급 기능사

120 도시가스를 사용하는 온수보일러로 검사대상 기기에 해당되는 것은 가스 사용량이 몇 kW를 초과하는 것인가?

① 17kW　　② 100kW
③ 117kW　　④ 232.6kW

120.해설
가스 사용량이 232.6kW를 초과하는 경우 검사대상기기에 속한다.

121 검사대상기기 조종자의 선임, 해임 또는 퇴직에 관한 신고는 신고 사유가 발생한 날부터 며칠이내에 해야 하는가?

① 15일 이내　　② 30일 이내
③ 20일 이내　　④ 2개월 이내

121.해설
선임신고는 신고사유가 발생한 날로부터 30일 이내에 한다.

122 검사대상기기의 설치자가 그 사용중인 검사대상기기를 폐기한 경우에는 며칠 이내에 신고해야 하는가?

① 7일　　② 10일　　③ 15일　　④ 20일

122.해설
① 검사대상기기
　폐기신고 : 15일 이내
　사용중지신고 : 15일 이내
　설치자변경신고 : 15일 이내
② 에너지관리공단이사장에게 신고

123 검사대상기기 설치자가 변경된 경우 새로운 검사대상기기의 설치자는 변경일부터 며칠 이내에 신고해야 하는가?

① 10일　　② 7일　　③ 30일　　④ 15일

123.해설
15일 이내 에너지관리공단이사장에세 신고할 사항
① 검사대상기기의 폐기신고
② 검사대상기기의 사용중지신고
③ 검사대상기기의 설치자 변경신고

124 검사대상기기의 종류에 포함되지 않는 열사용 기자재는?

① 강철제 보일러　　② 태양열 집열기
③ 주철제 보일러　　④ 2종 압력용기

124.해설
태양열 집열기는 열사용기자재 중 기관에 속한다. 검사대상기기에서는 제외된다.

125 보일러 검사를 받는 자에게는 그 검사의 종류에 따라 필요한 사항에 대한 조치를 하게 할 수 있다. 그 조치에 해당되지 않는 것은?

① 비파괴검사의 준비
② 수압시험의 준비
③ 피복물 제거
④ 보온단열재의 열전도 시험 준비

125.해설
보일러검사시 보온단열재의 열전도 시험준비는 제외

ANSWER 119. ④　120. ④　121. ②　122. ③　123. ④　124. ②　125. ④

126 검사대상기기의 검사의 종류 중 계속사용검사의 종류에 해당되지 않는 것은?

① 설치검사 ② 안전검사
③ 운전성능검사 ④ 재사용검사

126.해설
계속사용검사 종류: 안전검사, 운전성능검사, 재사용 검사

127 검사 대상기기인 주철제 보일러에 있어서 보일러의 크기, 용량, 형식에 관계없이 면제되는 검사는?

① 용접검사 ② 구조검사
③ 계속사용검사 ④ 제조검사

128 검사대상기기인 보일러의 설치자가 보일러 설치 후 실시하는 자체검사의 대상이 아닌것은?

① 연소장치 ② 안정장치
③ 자동제어장치 ④ 보일러의 본체

129 열사용기자재관리규칙에서 정한 검사대상기기의 계속사용검사 신청서는 유효기간 만료 며칠 전까지 제출해야 하는가?

① 7일 ② 10일 ③ 15일 ④ 30일

129.해설
검사대상기기 계속사용검사 신청서는 유효기간 만료 10일전까지 제출

130 열사용기자재 관리규칙에 의한 검사대상기기인 보일러의 계속사용검사 중 재사용검사의 유효기간은?

① 1년 ② 1년 6개월
③ 2년 ④ 3년

130.해설
열사용기자재 관리규칙에 의한 검사대상기기인 보일러의 계속사용검사 중 재사용검사의 유효기간은 1년이다.

131 검사대상기기의 검사유효기간으로 맞는 것은?

① 용접검사 - 1년 ② 구조검사 - 없음
③ 개조검사 - 2년 ④ 설치검사 - 없음

132 검사대상기기의 계속사용검사 유효기간이 만 9월 1일 이후인 경우는 몇 개월의 기간 내에서 이를 연기할 수 있는가?

① 1개월 ② 2개월
③ 3개월 ④ 4개월

ANSWER 126. ① 127. ② 128. ④ 129. ② 130. ① 131. ② 132. ④

133 검사대상기기의 유효기간을 연장하기위하여 실시하는 검사는?

① 설치검사　　② 구조검사
③ 계속사용검사　　④ 개조검사

134 검사대상기기 중 구조검사가 면제되는 기기는?

① 소형온수보일러
② 주철제보일러
③ 1종 압력용기
④ 2종압력용기

135 열사용기자재 관리규칙에 의한 특정열사용기자재 중 검사를 받아야 할 검사대상기기의 검사의 종류가 아닌 것은?

① 설치검사　　② 유효검사
③ 제조검사　　④ 개조검사

136 열사용기자재 제조업자가 열사용기자재를 제조할 때 실시하는 검사는?

① 성능검사　　② 완성검사
③ 설치검사　　④ 자체검사

137 검사대상기기의 검사 종류 중 유효기간이 없는 것은?

① 설치검사
② 계속사용검사
③ 설치장소변경검사
④ 구조검사

138 검사대상기기의 검사 종류 중 운전성능검사 대상이 아닌 것은?

① 철금속가열로
② 용량이 1t/h 이상인 강철제 보일러
③ 용량이 5/h 이상인 난방용 주철제 보일러
④ 가스 사용량 15kg/h를 초과하는 온수보일러

138. 해설
가스 사용량이 17kg/h미만은 검사 대상기기에서 제외된다.

ANSWER　133. ③　134. ②　135. ②　136. ④　137. ④　138. ④

139 검사대상기기 검사면제보험의 요건에서 제조 안전보험 사항이 아닌 것은?

① 검사대상기기의 제조상 하자와 관련된 제3자의 법률상 손해배상책임을 담보할 것.
② 검사대상기기의 설치와 관련된 위험을 담보할 것.
③ 연 1회 이상 검사기준에 따른 위험관리서비스를 실시할 것.
④ 검사대상기기의 계속 사용에 따른 제물종합위험 및 기계위험을 담보할 것.

139. 해설
④는 계속사용안전보험요건

140 열사용기자재관리규칙에서 다음 검사 중 유효기간이 다른 하나는?

① 보일러 안전검사
② 압력용기 설치검사
③ 압력용기 재사용검사
④ 철금속가열로 운전성능검사

140. 해설
보일러 안전검사1년 ②③④항은 2년이다.

141 열사용기자재관리규칙상 검사대상기기의 계속사용검사 중 운전성능 부문이 검사에 불합격한 경우 일정기간 내에 재검사를 하여 합격할 것을 조건으로 계속사용을 허용한다. 그 기간은 몇 월 이내인가?

① 6 ② 7 ③ 8 ④ 10

141. 해설
운전성능 불합격한 경우 6개월내에 재검사를 하며 합격할 것을 조건으로 계속사용 허용.

142 열사용기자재관리규칙상 검사의 종류와 검사유효기간이 맞게 짝 지워진 것은?

① 설치검사 - 압력용기 : 1년
② 안전검사 - 보일러 : 2년
③ 운전성능검사 - 철금속가열로 : 1년
④ 설치장소변경검사 - 보일러 : 1년

142. 해설
•설치검사 : 압력용기 2년, 보일러 1년, 안전검사 : 보일러 1년

143 검사대상기기의 계속사용검사에 관한 설명이 틀린 것은?

① 계속사용검사신청서는 유효기간 만료 10일전까지 제출하여야 한다.
② 유효기간 만료일이 9월 1일 이후인 경우에는 5개월 이내에서 계속사용검사를 연기할 수 있다.
③ 검사대상기기 검사연기신청서는 에너지관리공단이사장에게 제출하여야 한다.
④ 계속사용검사신청서에는 해당 검사기기의 검사증을 첨부하여야 한다.

143. 해설
②항은 4개월 이내 연기 가능

ANSWER 139. ④ 140. ① 141. ① 142. ④ 143. ②

144 다음 중 열사용기자재관리규칙에서 정한 검사의 유효 기간이 다른 하나는?

① 보일러 설치장소 변경검사
② 압력용기 및 철금속가열로 설치검사
③ 압력용기 및 철금속가열로 재사용검사
④ 철금속가열로 운전성능검사

144. 해설
보일러 설치장소 변경검사는 1년이며, ②, ③, ④ 항은 2년이다.

145 에너지이용합리화법상 검사대상기기의 검사종류가 아닌 것은?

① 설치검사　　② 유효검사
③ 제조검사　　④ 개조검사

145. 해설
• 검사의 종류
용접검사, 구조검사, 장소설치변경검사, 설치검사, 개조검사, 재사용검사, 계속사용안전검사, 계속사용성능검사등

146 검사대상기기의 연료 또는 연소방법을 변경한 경우 받아야 하는 검사는?

① 개조검사　　② 구조검사
③ 설치검사　　④ 계속사용검사

146. 해설
검사대상기기의 연료 또는 연소방법의 변경시 개조검사는 에너지관리공단이사장에게 신청

147 개조검사 대상이 아닌 것은?

① 보일러의 설치장소를 변경하는 경우
② 연료 또는 연소방법을 변경하는 경우
③ 증기보일러를 온수보일러로 개조하는 경우
④ 보일러섹션의 증감에 의하여 용량을 변경하는 경우

147. 해설
설치장소와 개조검사는 무관하다.

148 용량 6만 kcal/h인 온수보일러를 시공할 수 있는 난방시공업종은?

① 제1종　② 제2종　③ 제3종　④ 제4종

148. 해설
용량 5만 이상인 온수보일러는 제1종 시공업자가 시공이 가능하다.

149 용량 8만kcal/h인 특정열사용기자재 온수보일러를 설치하는 경우 제 몇 종 난방시공업자가 시공할 수 있는가?

① 제1종　② 제2종　③ 제3종　④ 제4종

149. 해설
5만kcal/h이하는 제2종 5만kcal/h 온수보일러 초과는 제1종 난방시공업자가 시공할 수 있다.

150 에너지이용합리화법상 시공업자단체의 설립, 정관의 기재사항과 감독에 관하여 필요한 사항을 정하는 령은?

① 대통령령　　② 산업통상자원부령
③ 노동부령　　④ 환경부령

ANSWER　144. ①　145. ②　146. ①　147. ①　148. ①　149. ①　150. ①

151 에너지이용합리화법상 에너지의 효율적인 수행과 특정 열사용기자재의 안전관리를 위하여 교육을 받아야하는 대상이 아닌 자는?

① 에너지관리자
② 시공업의 기술 인력
③ 검사대상기기 조종자
④ 효율관리기자재 제조자

151. 해설
• 교육 대상자 : ① 에너지관리자 ② 시공업의기술인력 ③ 검사대상기기 조종자

152 특정 열사용기자재 중 설치시공확인대상기기의 확인은 누가 하는가?

① 시공업자 단체   ② 시·도지사
③ 에너지관리공단이사장   ④ 산업통상자원부장관

153 특정열사용 기자재 시공업의 기술인력에 대한 교육은 며칠 이내로 하도록 되어 있는가?

① 7일   ② 5일
③ 3일   ④ 2일

154 특정열사용기자재 시공업 단체를 설립하려는 경우 누구의 인가를 받아야 하는가?

① 국토교통부장관
② 에너지관리공단이사장
③ 산업통상자원부장관
④ 시·도지사

155 열사용기자재관리규칙상 시공업의 기술인력에 대한 교육을 실시할 수 있는 기관 및 교육기간으로 맞는 것은?

① 국토교통부장관의 허가를 받은 전국 보일러 설비협회 : 1일
② 에너지관리공단이사장의 허가를 받은 전국 보일러설비협회 : 5일
③ 한국산업인력공단 이사장의 허가를 받은 한국 열관리시공협회 : 5일
④ 시·도지사에서 허가를 받은 한국 열관리시공협회 : 3일

ANSWER 151. ④ 152. ① 153. ① 154. ③ 155. ①

156 산업통상자원부장관 또는 시 도지사로부터 에너지관리공단 이사장에게 위탁된 업무가 아닌 것은?

① 에너지 절약전문기업의 등록
② 온실가스배출 감축실적의 등록 및 관리
③ 검사대상기기 조종자의 선임 해임 신고의 접수
④ 에너지이용 합리화 기본계획 수립

156. 해설
• 에너지 기본계획 수립 : 산업통상자원부장관

157 에너지다소비사업자의 신고의 접수는 누구에게 하는가?

① 에너지관리공단이사장
② 행정안전부장관
③ 환경부장관
④ 시 · 도지사

157. 해설
• 에너지 다소비사업자의 신고사항
① 전년도의 에너지사용량 · 제품생산량
② 해당 연도의 에너지사용예정량 · 제품생산예정량
③ 에너지사용기자재의 현황
④ 전년도의 에너지이용 합리화 실적 및 해당 연도의 계획을 매년 1월 31일까지 신고

158 산업통상자원부장관이 에너지관리공단 이사장에게 위탁한 권한은?

① 에너지사용계획신고수리
② 확인대상기기의 설치. 시공확인
③ 목표원 단위의 책정
④ 에너지관리대상자의 지정

159 산업통상자원부장관 또는 시 · 도지사의 업무 중 에너지관리공단에 위탁한 업무가 아닌 것은?

① 검사대상기기의 검사
② 검사대상기기의 폐기 · 사용중지 · 설치자 변경에 대한 신고의 접수
③ 검사대상기기조종자의 자격기준의 제정
④ 에너지절약전문기업의 등록

159. 해설
검사대상기기조종자의 자격기준의 제정은 산업통상자원부 장관

160 에너지이용합리화법시행령상 산업통상자원부장관 또는 시 · 도지사의 업무 중 에너지관리공단에 위탁된 업무가 아닌 것은?

① 효율관리기자재의 측정결과 신고의 접수
② 검사대상기기 검사
③ 검사대상기기의 검사기준 제정
④ 검사대상기기조종자 선임 및 해임신고 접수

160. 해설
• 검사대상기기의 검사기준 제정 : 산업통상자원부장관

ANSWER 156. ④ 157. ④ 158. ① 159. ③ 160. ③

161 산업통상자원부장관 또는 시·도지사로부터 에너지관리공단이사장에게 권한이 위탁된 업무가 아닌 것은?

① 에너지사용계획의 검토
② 에너지절약전문기업의 등록
③ 검사대상기기의 설치 검사
④ 효율관리기자재의 시험 검사

162 산업통상자원부장관 또는 시·도지사로부터 에너지관리공단에 위탁된 업무가 아닌 것은?

① 대기전력경고표지대상제품의 측정결과 신고의 접수
② 에너지사용계획의 검토
③ 고효율시험기관의 지정
④ 대기전력저감대상제품의 측정결과 신고의 접수

162.해설
• 고효율시험기관의 지정 : 산업통상자원부

163 에너지절약전문기업의 등록은 실제적으로 어디에 하는가?

① 산업통상자원부   ② 시·도
③ 에너지관리공단   ④ 한국열관리시공협회

163.해설
에너지절약전문기업(ESCO)의 등록은 에너지관리공단 이사장에게 하고 취소권자는 산업통상자원부장관이다.

164 에너지이용합리화법상 산업통상자원부장관이 교육을 실시하여야 하는 대상이 아닌 자는?

① 에너지관리자   ② 시공업의 기술인력
③ 검사대상기기 조정자 ④ 효율관리기자재 제조자

165 에너지이용합리화법상 검사대상기기조종자가 퇴직하는 경우 퇴직이전에 다른 검사대상기기조종자를 선임하지 아니한 자에 대한 벌칙으로 맞는 것은?

① 1천만원 이하의 벌금   ② 2천만원 이하의 벌금
③ 5백만원 이하의 벌금   ④ 2년 이하의 징역

165.해설
검사대상기기조종자 선임하지 아니한때 벌칙:1천만원 이하의 벌금

166 다음 중 1천만원 이하의 벌금형에 처하는 경우로 맞는 것은?

① 에너지관리 진단명령을 거부한 자
② 설치, 시공확인을 받지 아니하고 사용한 자
③ 검사대상기기의 사용정지 명령을 위반한자
④ 검사를 거부 방해 또는 기피한 자

ANSWER 161. ④ 162. ③ 163. ③ 164. ④ 165. ① 166. ③

167 검사대상기기를 설치, 증설 개조 등을 한자가 검사를 받지 않는 경우의 벌칙은?

① 1년 이하의 징역 또는 1천만원 이하의 벌금
② 2년 이하의 징역 또는 2천만원 이하의 벌금
③ 1천만원 이하의 벌금
④ 500만원 이하의 벌금

168 검사에 합격하지 아니한 검사대상기기를 사용한 자에 대한 벌칙은?

① 500만원 이하의 벌금
② 1천만원 이하의 벌금
③ 1년 이하의 징역 또는 1천만원 이하의 벌금
④ 2천만원 이하의 벌금

169 에너지이용합리화법에서 정한 검사에 합격 되지 아니한 검사대상기기를 사용한 자에 대한 벌칙은?

① 1년 이하의 징역 또는 1천만원 이하의 벌금
② 2년 이하의 징역 또는 2천만원 이하의 벌금
③ 1천만원 이하의 벌금
④ 5백만원 이하의 벌금

170 에너지이용 합리화법상 1년 이하의 징역 또는 1천만원 이하의 벌금에 해당 되는 자는?

① 에너지 사용의 제한 또는 금지에 관한 조정·명령 기타 필요한 조치에 위반한 자
② 에너지저장시설의 보유 또는 저장의무 부과시 정당한 이유 없이 이를 거부한 자
③ 검사대상기기의 검사를 받지 아니한 자
④ 효율관리기자재에 대한 에너지의 소비효율·사용량 및 소비효율등급 등을 측정 받지 아니한 제조업자

ANSWER   167. ①   168. ③   169. ①   170. ③

171 다음 중 2년 이하의 징역 또는 2천만원 이하의 벌금에 처하는 경우는?

① 검사대상기기를 설치하고 검사를 받지 아니하고 사용한 경우
② 표시가 없는 열사용기자재를 판매하거나 판매할 목적으로 진열한 경우
③ 형식승인을 얻지 아니하고 열사용기자재를 수입한 경우
④ 열사용기자재 파기 명령을 위반한 경우

172 에너지이용합리화법에 따라 2천만원 이하의 벌금에 처하는 경우는?

① 검사대상기기의 사용정지 명령에 위반한 자
② 산업통상자원부장관이 생산 또는 판매금지를 명한 효율관리기자재를 생산 또는 판매한 자
③ 검사대상기기의 조종자를 선임하지 아니한자
④ 검사대상기기의 검사를 받지 아니한 자

173 에너지관리자, 시공업의 기술인력 또는 검사대상기기 조종자가 교육을 받지 아니한 때는 얼마 이하의 과태료에 해당하는가?

① 100만원   ② 300만원
③ 500만원   ④ 1000만원

174 에너지사용의 제한 또는 금지조치 또는 위반자에 대한 벌칙은?

① 3백만원 이하의 과태료   ② 5백만원 이하의 과태료
③ 1백만원 이하의 과태료   ④ 1천만원 이하의 과태료

174.해설
에너지사용의 제한 또는 금지조치 위반자는 3백만원 이하의 과태료를 부과한다.

175 에너지이용합리화법에 의한 검사대상기기 조종자를 선임하지 아니한 자에 대한 벌칙은?

① 3백만 원 이하의 과태료
② 5백만 원 이하의 벌금
③ 1천만 원 이하의 벌금
④ 1년 이하의 징역 또는 2천만 원 이하의 벌금

175.해설
검사대상기기 설치자가 조종자를 채용하지 않으면 1천만원 이하의 벌금에 처한다.

ANSWER 171. ③ 172. ② 173. ② 174. ① 175. ③

176 에너지이용 합리화법상 최저소비효율기준에 미달하는 효율관리기자재의 생산 또는 판매금지 명령을 위반한 경우의 벌칙은?

① 1년 이하의 징역 또는 1천만원 이하의 벌금
② 2천만원 이하의 벌금
③ 1천만원 이하의 벌금
④ 5백만원 이하의 벌금

177 에너지이용합리화법상 효율관리기자재에 대한 에너지사용량의 측정결과를 신고하지 아니한 자에 대한 벌칙은?

① 1천만원 이하의 벌금
② 3백만원 이하의 과태료
③ 5백만원 이하의 벌금
④ 1백만원 이하의 과태료

178 다음 중 벌칙이 가장 무거운 것은?

① 에너지 저장의무의 부과시 정당한 이유없이 거부한 자
② 검사대상기기 검사를 받지 아니한 자
③ 검사대상기기조종자를 선임하지 아니한 자
④ 효율관리기자재에 대한 에너지사용량의 측정결과를 신고하지 아니한 자

178. 해설
• 에너지 저장의무의 부과시 정당한 이유 없이 거부한자 : 2년이하의 징역 또는 2000만원 이하의 벌금

179 검사에 불합격한 검사대상기기를 사용한 자에 대한 벌칙은?

① 1년 이하의 징역 또는 1천만원 이하의 벌금
② 1천만원 이하의 벌금
③ 2년 이하의 징역 또는 2천만원 이하의 벌금
④ 500만원 이하의 벌금

179. 해설
검사에 불합격한 검사대상기기 사용자고 1년 이하의 징역 또는 1천만원 이하의 벌금부과

ANSWER 176. ② 177. ③ 178. ① 179. ①

PART 05

에·너·지·관·리·기·능·사

예상문제 수록

※ 보일러시공·취급기능사 → 보일러기능사('12년 자격증 통합) → 에너지관리기능사('14년 자격증 명칭 변경)로 변경이 되었으며 과목별 요약정리와 60문제씩 총 4회 예상문제, 그리고 최신 과년도 문제로 구성하였습니다.

제1회 예상문제

제2회 예상문제

제3회 예상문제

제4회 예상문제

구민시는 당신의 합격을 응원합니다.

에·너·지·관·리·기·능·사

PART

5

에너지관리기능사

제1회 _ 예상문제

01 연소가스와 흐름 방향에 따른 과열기의 종류 중 연소가스와 과열기 내 증기의 흐름 방향이 같으며 가스에 의한 소손은 적으나 열의 이용도가 낮은 것은?
㉮ 대류식 ㉯ 향류식
㉰ 병류식 ㉱ 혼류식

해설 병류식 : 연소가스의 흐름과 증기의 흐름 방향이 같다.

02 보일러용 오일 연료에서 성분분석 결과 수소 12.0%, 수분 0.3%에서 저위발열량은 약 몇 kcal/kg인가? (단, 이 연료의 고위발열량은 10600kcal/kg이다.)
㉮ 6500 ㉯ 7600
㉰ 8950 ㉱ 9950

해설 저위발열량(Hℓ) : 고위발열량(Hh) − 600(9H+w)
= 10600 − 600(9×0.12 + 0.003) = 9950kcal/kg
∴ 12.0% = 0.12kg, 0.3% = 0.003kg

03 자동연소제어에서 노내 압력을 제어하는데 필요한 조작량은?
㉮ 공기량 ㉯ 연소가스량
㉰ 급수량 ㉱ 전열량

해설 노내 압력 제어 조작량 : 연소가스량

04 보일러의 상당증발량이 1000kg/h, 급수온도가 20℃, 발생증기의 엔탈피가 659kcal/kg 일 때 실제 증발량은 약 몇 kg/h인가?
㉮ 844 ㉯ 1000
㉰ 539 ㉱ 980

해설
$$\frac{Wg \times (659-20)}{539} = 1000 \text{kg/h}$$
실제증발량$(Wg) = \frac{1000 \times 539}{659-20} = 843.505 \text{kg/h}$
※ 539 = 물의 증발잠열

05 노에서 발생한 연소가스를 굴뚝에 유입시킬 때까지의 통로는?
㉮ 연돌 ㉯ 절탄기
㉰ 연도 ㉱ 노

해설 노 → 연도 → 연돌(굴뚝)

06 보일러 부속장치가 아닌 것은?
㉮ 절탄기 ㉯ 과열기
㉰ 본체   ㉱ 공기예열기

해설 보일러 3대 구성요소 : 본체, 연소장치, 부속장치

07 과열증기에 대한 설명으로 맞는 것은?
㉮ 과열증기로 가열할 때 과열증기와 포화 증기에 의해 열전달이 이루어지므로 피 가열물의 온도분포가 다르다.
㉯ 과열증기가 장치에 공급되면 과열증기의 온도가 일정하여 장치의 온도가 균일하고 열응력 발생이 없다.
㉰ 건포화증기에 열을 계속 가열하면 압력이 상승되고 계속 온도가 상승하는데 이를 과열증기라 한다.
㉱ 과열증기는 초기부하가 적은 엔진의 열효율을 향상시키며 단거리 수송에서 방열에 의한 열손실이 적다.

해설 과열증기는 시간이 지나면 포화증기로 바뀌므로 피 가열물의 온도 분포가 다르게 나타난다.

Answer
1. ㉰ 2. ㉱ 3. ㉯ 4. ㉮ 5. ㉰ 6. ㉰ 7. ㉮

08 보일러 전열면 열부하의 단위로 옳은 것은?
- ㉮ kcal / h
- ㉯ kcal / m² · h
- ㉰ kcal / m³ · h
- ㉱ kg / m² · h

해설) 전열면(복사전열면 + 대류전열면)열부하 단위 : kcal / m²h

09 수관식 보일러의 연소실 수냉노벽의 구조에 따른 종류에 해당되지 않는 것은?
- ㉮ 탄젠샬 배열
- ㉯ 스페이스드 배열
- ㉰ 스킨 케이싱 배열
- ㉱ 스테이 배열

해설) 스테이는 일반적으로 원통형 보일러의 강도 보강용이다.

10 연소 중의 보일러가 노내나 연도 내에 심한 소리를 내면서 공명하면 보일러 전체가 진동하기도 하며 경우에 따라서는 보일러실까지도 공명하여 유리창이 진동할 때도 있다. 이러한 현상을 맥동연소 또는 진동연소라 하는데 그 발생원인과 거리가 가장 먼 것은?
- ㉮ 연료 중에 수분이 많은 경우
- ㉯ 연도 단면의 변화가 큰 경우
- ㉰ 2차 연소를 일으킨 경우
- ㉱ 연료와 공기의 혼합으로 연소속도가 빠른 경우

해설) 연료와 공기의 혼합으로 연소속도가 느리면 진동연소(맥동연소)가 발생한다.

11 전자밸브가 작동하여 연료공급을 차단하는 경우로 틀린 것은?
- ㉮ 보일러수의 이상 감수시
- ㉯ 증기압력 초과시
- ㉰ 배기가스 온도의 이상 감소시
- ㉱ 점화 중 불착화시

해설) 배기가스 온도의 이상 증가시 배기가스온도 상한 스위치에 의해 연료공급이 차단된다.

12 일반적으로 보일러 열손실 중 가장 큰 비중을 차지하는 것은?
- ㉮ 방열 및 기타 손실열
- ㉯ 불완전연소에 의한 손실열
- ㉰ 미연소분에 의한 손실열
- ㉱ 배기가스에 의한 손실열

해설) 보일러 열손실 중 가장 큰 비중을 차지하는 열은 배기가스에 의한 손실열이다.

13 수트블로워 사용시 주의 사항으로 틀린 것은?
- ㉮ 한 곳으로 집중하여 사용하지 말 것
- ㉯ 분출기 내의 응축수를 배출시킨 후 사용할 것
- ㉰ 보일러 사동을 정지 후 사용할 것
- ㉱ 분출 전 연도내 배풍기를 사용하여 유인통풍을 증가시킬 것

해설) 수트블로워(그을음제거기)는 보일러부하가 50% 이상에서 사용한다.

14 캐리오버에 대한 설명으로 틀린 것은?
- ㉮ 보일러에서 불순물과 수분이 증기와 함께 송기되는 현상이다.
- ㉯ 기계적 캐리오버와 선택적 캐리오버로 분류한다.
- ㉰ 프라이밍이나 포밍은 캐리오버와 관계가 없다.
- ㉱ 캐리오버가 일어나면 여러 가지 장해가 발생한다.

해설) 캐리오버(기수공발)발생은 프라이밍(비수), 포밍(물거품)에 의해 발생된다.

Answer
8. ㉯ 9. ㉱ 10. ㉱ 11. ㉰ 12. ㉱ 13. ㉰ 14. ㉰

15 온도가 20℃인 물 140kg 이 있다. 이 물의 온도를 90℃ 까지 가열하려면 소요되는 열량은? (단, 물의 평균비열은 1kcal / kg·℃이다.)
- ㉮ 9000kcal
- ㉯ 7500kcal
- ㉰ 9800kcal
- ㉱ 7000kcal

[해설] 현열(Q) : $G \times C_p \times (t_1-t_2)$
= $140 \times 1 \times (90-20) = 9800$ kcal

16 보일러의 습식집진장치 중 가압수식 집진장치의 종류가 아닌 것은?
- ㉮ 멀티사이크론
- ㉯ 벤투리스크러버
- ㉰ 제트스크러버
- ㉱ 충전탑

[해설] 멀티사이크론식은 원심식 집진장치이다.

17 일반적으로 보일러 판넬내부 온도는 몇 ℃를 넘지 않도록 하는 것이 좋은가?
- ㉮ 70℃
- ㉯ 60℃
- ㉰ 80℃
- ㉱ 90℃

[해설] 보일러 판넬 내부 온도는 60℃를 넘지 않게 한다.

18 건도(x)가 0 < x < 1이면, 다음 중 무엇을 말하는가?
- ㉮ 습증기
- ㉯ 포화수
- ㉰ 포화증기
- ㉱ 과열증기

[해설]
① (포화수) : $x = 0$
② (습포화증기) : $0 < 1 < x$
③ (건포화증기) : $x = 1$

19 주철제 보일러인 섹셔널 보일러의 일반적인 조합방법이 아닌 것은?
- ㉮ 전후조합
- ㉯ 좌우조합
- ㉰ 맞세움조합
- ㉱ 상하조합

[해설] 주철제 보일러인 섹셔널 보일러의 조합방법
① 전후조합
② 좌우조합
③ 맞세움조합

20 보일러 제어에서 자동연소제어에 해당하는 약호는?
- ㉮ A. C. C
- ㉯ A. B. C
- ㉰ S. T. C
- ㉱ F. W. C

[해설]
① 자동보일러(A. B. C)
② 자동연소제어(A. C. C)
③ 자동급수제어(F. W. C)
④ 자동증기온도제어(S. T. C)

21 사이폰 관과 특히 관계가 있는 것은?
- ㉮ 수면계
- ㉯ 안전밸브
- ㉰ 유량계
- ㉱ 부르동관 압력계

[해설] 부르동관 압력계 : 6.5mm의 사이폰관을 연결하고 내부에 80℃ 이하 물을 넣는다.

22 가스연료의 연소에서 불꽃이 염공으로 역화되는 원인을 표현한 것으로 맞는 것은?
- ㉮ 가스압이 높을 때
- ㉯ 1차 공기의 흡인이 적을 때
- ㉰ 버너가 과열되었을 때
- ㉱ 염공이 작게 되었을 때

[해설] 버너가 과열되면 가스불꽃이 염공으로 역화가 일어나며 그 반대는 선화(리프팅)가 발생된다.

Answer
15. ㉰ 16. ㉮ 17. ㉯ 18. ㉮ 19. ㉱ 20. ㉮ 21. ㉱ 22. ㉰

23 공기예열기에 대한 설명 중 잘못된 것은?
㉮ 연소가스의 여열을 이용해서 연소용 공기를 예열하는 장치이다.
㉯ 공기예열기에 가장 주의를 요하는 것은 공기 출구부의 고온부식이다.
㉰ 전열방법에 따라 전도식과 재생식, 히트파이프식으로 분류된다.
㉱ 공기예열기의 이상유무를 알기 위해서는 배기가스의 입구 및 출구에서 풍압과 공기 온도의 정확한 값을 아는 것이 필요하다.

해설 공기예열기, 절탄기(급수 가열기)는 황(S)에 의해 저온부식이 발생된다.

24 가열기 부착보일러의 안전밸브에 대한 설명으로 맞는 것은?
㉮ 출구에 1개 이상의 안전밸브가 있어야 한다.
㉯ 입구에 2개 이상의 안전밸브가 있어야 한다.
㉰ 입구 및 출구에 1개 이상의 안전밸브가 있어야 한다.
㉱ 입구 및 출구에 2개 이상의 안전밸브가 있어야 한다.

해설 보일러는 특별한 경우가 없는 한 가열기가 부착되면 가열기 출구에 1개 이상의 안전밸브가 필요하다.

25 원통보일러에 설치하는 급수내관의 위치로 가장 적합한 것은?
㉮ 안전저수위와 동일 높이
㉯ 안전저수위 위쪽 5cm
㉰ 안전저수위 아래쪽 5cm
㉱ 상용수위와 동일 높이

해설 급수배관은 안전저수위 아래쪽 5cm에 설치하는 것이 가장 이상적이다.

26 1보일러 마력을 시간당 발생열량으로 환산하면 약 몇 kcal/h인가?
㉮ 15.65 ㉯ 8435
㉰ 9290 ㉱ 7500

해설 (보일러 1마력은 상당중발량 15.65kg/h)
∴ 15.65 × 539 ≒ 8435 kcal/h

27 보일러의 연소 배기가스를 분석하는 궁극적인 목적으로 가장 알맞은 것은?
㉮ 노내압 조정
㉯ 연소열량 계산
㉰ 매연농도 산출
㉱ 최적 연소효율 도모

해설 배기가스의 분석목적 : 최적연소효율도모

28 액체연료 연소에서 무화의 목적이 아닌 것은?
㉮ 단위 중량당 표면적을 크게 한다.
㉯ 연소효율을 향상시킨다.
㉰ 주위 공기와 혼합을 고르게 한다.
㉱ 연소실의 열부하를 낮게 한다.

해설 액체연료를 무화시키면 연소실의 열부하를 크게 한다.

29 시로코형이라고도 불리는 전향날개형의 대표적인 것은?
㉮ 다익송풍기
㉯ 터보송풍기
㉰ 플레이트송풍기
㉱ 축류송풍기

해설 다익송풍기 : 시로코형 전향 날개

Answer
23. ㉯ 24. ㉮ 25. ㉰ 26. ㉯ 27. ㉱ 28. ㉱ 29. ㉮

30 보일러 용량을 표시하는 방법으로 사용되지 않는 것은?
- ㉮ 보일러 수부의 크기
- ㉯ 보일러의 마력
- ㉰ 정격출력
- ㉱ 상당증발량

[해설] 보일러용량 표시
① 정격출력 ② 보일러마력
③ 상당증발량 ④ 상당방열면적
⑤ 전열면적

31 보일러 점화 시에 역화나 폭발을 방지하기 위해 어떤 조치를 가장 먼저 해야 하는가?
- ㉮ 댐퍼를 열고 미연가스 등을 배출시킨다.
- ㉯ 연료의 점화가 빨리 고르게 전파되게 한다.
- ㉰ 연료를 공급 후 연소용 공기를 공급한다.
- ㉱ 화력의 상승속도를 빠르게 한다.

[해설] 보일러 점화시 역화나 폭발을 방지하기 위해 댐퍼를 열고 미연소가스등을 배출하는 프리퍼지를 실시한다.

32 관의 절단, 나사절삭, 거스러미제거 등의 일을 연속적으로 할 수 있기 때문에 현장에서 가장 많이 사용되고 있는 것은?
- ㉮ 다이헤드식 동력나사절삭기
- ㉯ 오스터식 동력나사절삭기
- ㉰ 체인식 동력나사절삭기
- ㉱ 리드식 동력나사절삭기

[해설] 다이헤드식 동력나사절삭기는 관의 절단, 나사절삭, 거스러미 제거

33 저압증기 난방의 사용 증기압력은 얼마 정도인가?
- ㉮ $0.15 \sim 0.35 \mathrm{kg_f / cm^2}$
- ㉯ $1.0 \sim 1.5 \mathrm{kg_f / cm^2}$
- ㉰ $0.01 \sim 0.03 \mathrm{kg_f / cm^2}$
- ㉱ $0.45 \sim 0.85 \mathrm{kg_f / cm^2}$

[해설]
① **저압증기난방** : $0.15 \sim 0.35 \mathrm{kg/cm^2}$
② **고압증기난방** : $1 \mathrm{kg/cm^2}$ 이상

34 파이프 벤더에 의한 구부림 작업 시 관에 주름이 생기는 원인으로 가장 옳은 것은?
- ㉮ 압력조정이 세고 저항이 크다.
- ㉯ 굽힘 반지름이 너무 작다.
- ㉰ 받침쇠가 너무 나와 있다.
- ㉱ 바깥지름에 비하여 두께가 너무 얇다.

[해설] 파이프 벤더에 의한 구부림 작업시 관에 주름이 생기는 원인으로는 바깥지름에 비하여 두께가 너무 얇다.

35 실내온도 분포가 균등하고 쾌감도가 좋으며 바닥면의 이용도가 높은 난방 방법은?
- ㉮ 증기 중앙 난방법
- ㉯ 복사 난방법
- ㉰ 방열기 난방법
- ㉱ 온풍 난방법

[해설] **복사 난방법** : 실내온도 분포가 균등하고 쾌감도가 좋으며 바닥면의 이용도가 높은 난방법이다.

36 배관 속에 흐르는 유체와 기호가 옳게 연결된 것은?
- ㉮ 냉각수 – S
- ㉯ 가스 – O
- ㉰ 물 – G
- ㉱ 공기 – A

[해설]
① 냉각수 – W
② 가스 – G
③ 물 – W
④ 공기 – A
⑤ 오일 – O

Answer
30. ㉮ 31. ㉮ 32. ㉮ 33. ㉮ 34. ㉱ 35. ㉯ 36. ㉱

37 하트포드 접속법은 어느 난방법에 적합한 것인가?

㉮ 고압증기 난방배관
㉯ 고온수 난방배관
㉰ 저압증기 난방배관
㉱ 저온수 난방배관

해설 하트포드 접속법은 저압증기 난방에 유리하다.

38 배관시공 작업시 안전사항 중 산소용기는 몇 ℃ 이하의 온도로 보관하여야 하는가?

㉮ 70℃ 이하 ㉯ 60℃ 이하
㉰ 50℃ 이하 ㉱ 40℃ 이하

해설 모든 가스용기는 40℃ 이하로 보관

39 연소온도에 영향을 미치는 인자와 관계가 없는 것은?

㉮ 산소의 농도
㉯ 연료의 발열량
㉰ 공기비
㉱ 연료의 가격

해설 연소온도에 영향을 미치는 인자
① 산소의 농도
② 공기비
③ 연료의 발열량

40 보일러 급수처리 방법 중 5000ppm 이하의 고형물 농도에서는 비경제적이므로 사용하지 않으며 선박용 보일러에 사용하는 급수를 얻을 때 사용하는 법은?

㉮ 증류법   ㉯ 가열법
㉰ 여과법   ㉱ 이온교환법

해설 증류법(용해고형물처리법)은 선박용 보일러에 급수처리법이다.

41 복사난방의 분류 중 방열면의 위치에 의한 분류에 속하지 않는 것은?

㉮ 천장 패널
㉯ 벽 패널
㉰ 파이프 코일 패널
㉱ 바닥 패널

해설 복사난방 패널
① 천장패널
② 벽패널
③ 바닥패널

42 배관용 패킹재료를 선택할 시 고려 사항이 아닌 것은?

㉮ 관내를 흐르는 유체의 온도, 압력 등 물리적인 성질
㉯ 관내를 흐르는 유체의 안정도, 부식성, 용해능력, 인화성, 폭발성 등 화학적인 성질
㉰ 노후화시 교체의 난이, 진동유무, 외압 등 기계적인 조건
㉱ 물리 화학적인 조건들 보다는 가격이 저렴하고 경제적인 것을 고려할 것

해설 배관용 패킹재료 선택시 고려사항은 ㉮, ㉯, ㉰형에 해당된다.

43 증기배관에 설치된 감압밸브의 기능을 가장 옳게 설명한 것은?

㉮ 2차측의 증기압력을 일정하게 유지시키는 장치이다.
㉯ 증기의 과열도를 높이는 장치이다.
㉰ 증기의 온도를 낮추는 장치이다.
㉱ 증기의 엔탈피를 높이는 장치이다.

해설 증기용 감압밸브는 2차측의(부하측의) 증기압력을 일정하게 유지시킨다.

Answer
37. ㉰ 38. ㉱ 39. ㉱ 40. ㉮ 41. ㉰ 42. ㉱ 43. ㉮

44 고온용 암면에 특수무기 결합제 및 바인더를 혼합 제조한 것으로 분사식 내화 단열과 흡음 피복재로서 철골구조, 기둥, 보, 천정, 방송실 등에 사용되는 무기질 보온재는?

㉮ 하이울(high wool)
㉯ 로코트(rocoat)
㉰ 산면(loose wool)
㉱ 블랭킷(blanket)

해설 로코트 : 분사식 내화단열과 흡음피복재로서 철골구조, 기둥, 보, 천정, 방송실에 사용하는 무기질 보온재이다.

45 주철제 방열기를 설치할 때 벽과의 간격은 몇 mm 정도로 하는 것이 좋은가?

㉮ 50 ~ 60   ㉯ 90 ~ 100
㉰ 10 ~ 30   ㉱ 70 ~ 80

해설 주철제 방열기는 벽에서 50~60mm 정도로 간격을 준다.

46 안전사용 온도가 400℃ 정도이고, 진동 충격에 강하며 아스베스트질 섬유로 된 보온재는?

㉮ 석면
㉯ 버미큘라이트
㉰ 유리면
㉱ 탄산마그네시아

해설 석면 무기질 보온재 : 아스베스트질 섬유로 만든 보온재

47 어떤 벽체 양쪽 공기온도가 각각 20℃와 0℃이다. 이 벽체 1m²당 1시간 동안의 이동 열량은? (단, 벽의 열관류율은 2.5kcal / m² · h · ℃이다.)

㉮ 50kcal   ㉯ 100kcal
㉰ 150kcal   ㉱ 200kcal

해설 열관류에 의한 손실열량(Q)
Q = 1 × 2.5 × (20-0) = 50kcal/m² · h

48 콘백터 또는 캐비넷 히터라고도 하며 강판제 케이싱 속에 핀 튜브 등의 가열기를 설치한 것은?

㉮ 벽걸이 방열기
㉯ 대류형 방열기
㉰ 강판 방열기
㉱ 알루미늄 방열기

해설 대류형 방열기 : 콘백터 캐비넷 히터

49 온수보일러의 개방식 팽창탱크에 관한 설명으로 틀린 것은?

㉮ 온도변화에 따른 온수의 체적변화를 흡수한다.
㉯ 팽창탱크는 방열면 또는 최고 위치의 방열기보다 최소 1m 이상 높게 설치한다.
㉰ 팽창관, 급수관, 안전관, 통기관, 드레인관 등이 연결되어 있다.
㉱ 고 온수난방 배관에 주로 사용된다.

해설 고 온수난방에는 밀폐식 팽창탱크를 사용한다. (100℃ 이상)

50 동관의 이음 방법이 아닌 것은?

㉮ 플레어 이음
㉯ 플랜지 이음
㉰ 납땜 이음
㉱ 플라스턴 이음

해설 플라스턴 이음 : 연관의 이음방법

51 증기보일러의 장치에 사용되지 않는 것은?

㉮ 비수방지관
㉯ 기수분리기
㉰ 팽창관
㉱ 급수내관

해설 팽창관 : 온수보일러에 사용

52 보일러 외부부식의 발생원인과 가장 거리가 먼 것은?

㉮ 빗물, 지하수 등에 의한 습기나 수분에 의한 작용
㉯ 증기나 보일러 수 등의 누출로 인한 습기나 수분에 의한 작용
㉰ 급수 중에 유지류, 산류, 탄산가스, 염류 등의 불순물에 의한 작용
㉱ 연소가스 속의 부식성 가스에 의한 작용

해설 내부부식인자
① 유지류
② 산류
③ 탄산가스
④ 염류

53 보일러의 휴지보존법 중 질소가스 봉입보존법에서 질소가스의 압력을 몇 kgf/cm²로 보존하는가?

㉮ 0.6   ㉯ 0.15
㉰ 0.3   ㉱ 1.0

해설 보일러장기건조보존법에서 질소봉입압력은 0.6kg/cm²

54 압력배관용 강관의 스케줄 번호가 20, 허용응력이 20kgf/mm² 일 때, 이 관의 사용압력은 몇 kgf/cm² 인가?

㉮ 35   ㉯ 40
㉰ 45   ㉱ 50

해설 $sch = 10 \times \dfrac{P}{S}$, $10 \times \dfrac{P}{20} = 20$

$\therefore P = \dfrac{20 \times 20}{10} = 40 \text{kg/cm}^2$

55 에너지이용 합리화법은 에너지의 수급을 안정시키고 에너지의 합리적이고 효율적인 이용을 증진하여 에너지소비로 인한 (A)를 줄임으로써 국민 경제의 건전한 발전 및 국민 복지의 증진과 (B)의 최소화에 이바지함을 목적으로 한다. 위 ( )안의 A, B에 각각 들어가 용어는?

㉮ A = 환경파괴, B = 온실가스
㉯ A = 자연파괴, B = 환경피해
㉰ A = 환경피해, B = 지구온난화
㉱ A = 온실가스배출, B = 환경파괴

해설 ① A : 환경피해
② B : 지구온난화

56 검사대상기기 조종자의 선임기준으로 맞는 것은?

㉮ 2구역마다 1인 이상
㉯ 1구역마다 2인 이상
㉰ 1구역마다 1인 이상
㉱ 2구역마다 2인 이상

해설 검사대상기기 조종자 선임기준은 1구역당 1인 이상 채용

57 열사용기자재관리규칙상 검사대상기기기의 계속사용검사 신청서는 유효기간 만료 며칠 전까지 제출해야 하는가?

㉮ 10일   ㉯ 15일
㉰ 20일   ㉱ 30일

해설 ① 유효기간 : 10일 이내
② 검사기관 : 에너지 관리공단
③ 계속사용검사 : 안전감시 및 성능검사

Answer
52. ㉰ 53. ㉮ 54. ㉯ 55. ㉰ 56. ㉰ 57. ㉮

58 에너지이용합리화법상 온실가스배출 감축 실적의 신청·등록·관리 등에 관하여 필요한 사항을 정하는 령은?

㉮ 대통령령
㉯ 산업통상자원부장관령
㉰ 에너지관리공단이사장령
㉱ 환경부장관령

해설 온실가스 배출 감축실적의 신청, 등록, 관리 등에 관한 필요한 사항은 대통령령으로 정한다.

59 에너지기본법상 에너지기술개발계획에 포함되어야 할 사항으로 틀린 것은?

㉮ 에너지의 효율적 사용을 위한 기술개발에 관한 사항
㉯ 신·재생에너지 등 환경배타적 에너지에 관련된 기술 개발에 관한 사항
㉰ 에너지 사용에 따른 환경오염 저감을 위한 기술개발에 관한 사항
㉱ 국제에너지기술협력의 촉진에 관한 사항

해설 ㉯는 신·재생에너지 등 환경 친화적 에너지에 관련된 기술 개발에 관한 사항이어야 한다.

60 에너지기본법상 정부의 에너지정책을 효율적이고 체계적으로 추진하기 위하여 20년을 계획기간으로 5년마다 수립·시행하여야 하는 것은?

㉮ 국가온실가스배출저감 종합대책
㉯ 에너지이용합리화 실시계획
㉰ 기후변화협약대응 종합계획
㉱ 국가에너지기본계획

해설 국가에너지기본계획
① 계획기간 : 20년
② 기본계획 : 5년

Answer
58. ㉮ 59. ㉯ 60. ㉱

 에너지관리기능사

제2회 _ 예상문제

01 연료의 단위량이 완전 연소할 때 발생하는 열량을 무엇이라 하는가?
㉮ 엔탈피 ㉯ 발열량
㉰ 잠열 ㉱ 현열

해설 발열량 (kcal/kg, Nm³) : 연료의 단위량(1kg, Nm³)이 완전연소 할때의 발열량(kcal)이다.

02 사무실 단위 면적당 열손실지수가 $1m^2$ 에서 $150kcal/m^2h$ 이라 할 때 난방 면적이 전부 $50m^2$이면 손실열량은 시간당 몇 kcal인가?
㉮ 3000 ㉯ 5200
㉰ 6800 ㉱ 7500

해설 $150 \times 50 = 7500 kcal/h$

03 보일러 기관 작동을 저지시키는 인터록제어에 속하지 않는 것은?
㉮ 저수위 인터록
㉯ 저압력 인터록
㉰ 저연소 인터록
㉱ 프리퍼지 인터록

해설 인터록의 종류
① 저수위 인터록
② 저연소 인터록
③ 프리퍼지 인터록
④ 불착화인터록
⑤ 초과압력 인터록

04 연료를 공기 또는 산소의 존재 하에서 가열하여 다른 것에 의해 점화하지 않고 연소가 시작되는 온도는?
㉮ 온화온도 ㉯ 착화온도
㉰ 화염온도 ㉱ 인화온도

해설 연료가 공기 또는 산소의 존재하에서 일정온도 이상으로 상승하면 연소하는 것을 착화온도라 한다.

05 강제순환식 수관보일러의 순환비를 구하는 식으로 옳은 것은?
㉮ $\dfrac{발생증기량}{공급급수량}$ ㉯ $\dfrac{순환수량}{발생증기량}$
㉰ $\dfrac{발생증기량}{연료사용량}$ ㉱ $\dfrac{연료사용량}{증기증기량}$

해설 순환비 = $\dfrac{순환수량}{발생증기량}$

06 보일러의 상당증발량을 옳게 설명한 것은?
㉮ 일정 온도의 보일러수가 최종의 증발상태에서 증기가 되었을 때의 중량
㉯ 시간당 증발된 보일러수의 중량
㉰ 보일러에서 단위시간에 발생하는 증기 또는 온수의 보유열량
㉱ 시간당 실제증발량이 흡수한 전열량을 온도 100℃의 포화수를 100℃의 증기로 바꿀 때의 열량으로 나눈 값

해설 시간당 실제증발량의 전열량은 100℃의 물을 100℃의 증기로 바꿀 때의 열량으로 나눈 값

07 어떤 액체 연료를 완전 연소시키기 위한 이론 공기량이 $10.5Nm^3/kg$ 이고, 공기비가 1.4인 경우 실제 공기량은?
㉮ $7.5Nm^3/kg$
㉯ $14.7Nm^3/kg$
㉰ $11.9Nm^3/kg$
㉱ $16.0Nm^3/kg$

해설 $\therefore m = \dfrac{A}{A_0} \quad \therefore A = A_0 \times m = 10.5 \times 1.4 = 14.7$

Answer
1. ㉯ 2. ㉱ 3. ㉯ 4. ㉯ 5. ㉯ 6. ㉱ 7. ㉯

08 보일러의 자동제어 중 급수제어를 나타내는 약호는?
㉮ A.C.C ㉯ F.W.C
㉰ S.T.C ㉱ L.C

해설
① A.C.C : 연소자동제어
② S.T.C : 증기온도자동제어
③ L.C : 로컬제어
④ F.W.C : 급수자동제어

09 보일러 수면계의 수면이 불안정한 원인으로 가장 적합한 것은?
㉮ 급수가 되지 않을 경우
㉯ 고수위가 된 경우
㉰ 비수가 발생한 경우
㉱ 분출판에서 누수가 생긴 경우

해설 비수(플라이밍)가 발생되면 수면이 요동하여 수위 판단이 어렵다.

10 다음 중 액체연료의 무화 연소방식이 아닌 것은?
㉮ 진동 무화식 ㉯ 유압 무화식
㉰ 이유체 무화식 ㉱ 낙화 무화식

해설 무화 연소방식 중 낙화 무화식은 없다.

11 관류 보일러의 특징에 대한 설명으로 잘못된 것은?
㉮ 증기 취출 및 급수를 위하여 기수드럼이 필요하다.
㉯ 부하변동에 따라 압력 변화가 심하다.
㉰ 양질의 급수가 필요하다.
㉱ 보유수량이 적어 기동시간이 짧다.

해설 관류 보일러란 드럼이 없이 관으로만 이루어진 보일러이다.

12 보일러의 3대 구성요소 중 부속장치에 속하지 않는 것은?
㉮ 통풍장치 ㉯ 급수장치
㉰ 자동제어장치 ㉱ 연소장치

해설
보일러의 3대 구성요소
① 보일러 본체
② 연소장치
③ 부속장치

13 다음 가스의 종류 중 발열량이 가장 큰 것은?
㉮ 일산화탄소 ㉯ 수소
㉰ 프로판 ㉱ 메탄

해설
① 일산화탄소(3,020kcal/Nm³)
② 수소(3,050kcal/Nm³)
③ 프로판(23,680kcal/Nm³)
④ 메탄(9,500kcal/Nm³)

14 1기압(atm)하에서의 물의 건포화 증기 엔탈피는?
㉮ 639kcal/kg
㉯ 539kcal/kg
㉰ 650kcal/kg
㉱ 450kcal/kg

해설 1atm 상태에서 건포화 증기 엔탈피로 639kcal/kg이다.

15 과열증기에 대한 설명으로 옳은 것은?
㉮ 포화증기에서 온도는 바꾸지 않고 압력만 높인 증기
㉯ 포화증기에서 압력은 바꾸지 않고 온도만 높인 증기
㉰ 포화증기에서 압력과 온도를 높인 증기
㉱ 포화증기에의 압력은 낮추고 온도는 높인 증기

해설 과열증기란 압력 변화 없이 온도만 상승시킨 것

Answer
8. ㉯ 9. ㉰ 10. ㉱ 11. ㉮ 12. ㉱ 13. ㉰ 14. ㉮ 15. ㉯

16 보일러 열정산을 하는 목적과 관계없는 것은?

㉮ 연료의 열량 계산
㉯ 열의 손실 파악
㉰ 열설비 성능 파악
㉱ 조업 방법 개선

해설 열정산과 연료의 열량계산과는 무관하다.

17 매시 539kg/h를 발생시키는 보일러의 상당증발량은? (단, 급수온도 h′=20℃, 증기엔탈피 h″= 700kcal/kg이다.)

㉮ 580kg/h ㉯ 680kg/h
㉰ 780kg/h ㉱ 880kg/h

해설 $= \dfrac{539 \times (700-20)}{539} = 680 \text{kg/h}$

18 유류 보일러에서 오일 프리히터가 사용되는 목적은?

㉮ 기름 중에 수분을 증발시킨다.
㉯ 기름 중에 이물질을 분리한다.
㉰ 기름의 점도를 낮추어 무화를 좋게 한다.
㉱ 기름의 온도 상승을 방지한다.

해설 오일 프리히터(중류가열기) : 점도를 낮추어 유동성 증가 및 무화 촉진

19 최근 난방 또는 급탕용으로 사용되는 진공 온수보일러에 대한 설명이다. 이 중 바르지 않은 것은?

㉮ 열매수의 온도는 운전 시 100℃ 이하이다.
㉯ 운전 시 열매수의 급수는 불필요하다.
㉰ 본체의 안전장치로서 용해전, 온도퓨즈, 안전밸브 등을 구비한다.
㉱ 추기장치는 내부에서 발생하는 비응축 가스 등을 외부로 배출시킨다.

해설 안전밸브는 설치하지 않는다.

20 수관식 보일러에서 건조증기를 얻기 위하여 설치하는 것은?

㉮ 급수 내관   ㉯ 기수 분리기
㉰ 수위 경보기 ㉱ 과열 저감기

해설 기수 분리기 : 건조증기를 얻기 위해 설치

21 증기 보일러의 증기압력이나 급수량 조절과 가장 무관한 부품은?

㉮ 안전밸브 ㉯ 압력조절기
㉰ 수면계   ㉱ 온도계

해설 온도계는 급수량과 증기 압력에 관계없이 온도를 측정하는데 사용된다.

22 보일러의 열정산에서 출열항목 중 열손실이 아닌 것은?

㉮ 방열에 의한 열손실
㉯ 배기가스의 현열손실
㉰ 연료의 현열손실
㉱ 연료의 불완전 연소에 의한 열손실

해설 입열항목
① 연료의 발열량
② 연료의 현열
③ 공기의 현열
④ 노내분입 증기열

23 플레임 아이에 대하여 옳게 설명한 것은?

㉮ 연도의 가스온도로 화염의 유무를 검출한다.
㉯ 화염의 도전성을 이용하여 화염의 유무를 검출한다.
㉰ 화염이 발광체임을 이용하여 화염의 방사선을 감지하여 화염의 유무를 검출한다.
㉱ 화염의 이온화 현상을 이용해서 화염의 유무를 검출한다.

해설 플레임 아이 : 화염의 발광체 이용. 즉, 광학적 성질 이용

Answer
16. ㉮ 17. ㉯ 18. ㉰ 19. ㉰ 20. ㉯ 21. ㉱ 22. ㉰ 23. ㉰

24 미분탄 연소장치의 특징에 대한 설명으로 틀린 것은?
㉮ 적은 과잉공기로 양호한 연소상태를 얻을 수 있다.
㉯ 연소량의 조절이 어렵다.
㉰ 단위중량에 대한 표면적이 커서 공기와의 접촉이 좋다.
㉱ 기체, 액체연료와의 혼합연소가 용이하다.

해설 **미분탄 연소장치** : 연소량의 조절이 쉽다.

25 다음 금속 중 열전도율이 가장 큰 것은?
㉮ 금 ㉯ 구리
㉰ 알루미늄 ㉱ 니켈

해설 **열전도율 순서** : 구리 → 금 → 알루미늄 → 니켈

26 보일러의 자동제어에서 연소제어시 조작량과 제어량의 관계가 옳은 것은?
㉮ 공기량 – 수위
㉯ 급수량 – 증기온도
㉰ 연료량 – 증기압
㉱ 전열량 – 노내압

해설
① 연료량, 공기량 – 증기압
② 증기온도 – 전열량
③ 노내압 – 송풍량 및 배기가스량

27 통풍력을 증가시키는 방법으로 옳은 것은?
㉮ 연도는 짧고, 연돌은 낮게 설치한다.
㉯ 연도는 길고, 연돌의 단면적을 작게 설치한다.
㉰ 배기가스의 온도는 낮춘다.
㉱ 연도는 짧고, 굴곡부는 적게 한다.

해설 통풍력은 연도는 짧고, 굴곡부가 적을수록 커진다.

28 보일러 전열면의 그을음을 제거하는 장치는?
㉮ 수저 분출장치 ㉯ 수트 블로워
㉰ 절탄기 ㉱ 인젝터

해설 **수트 블로워** : 전열면 그을음 분출장치

29 효율이 가장 높고, 대용량설비에 사용되는 집진장치는?
㉮ 전기식 집진기
㉯ 중력식 집진기
㉰ 백필터식 집진기
㉱ 세정식 집진기

해설 **전기식(코트렐)** : 집진 효율이 가장 높다.

30 보일러 동(胴)이나 수관 등이 과열되어 그 부분의 강도가 저하됨으로써 내부 압력에 의해 외측으로 부풀어 오른 현상은?
㉮ 압궤 ㉯ 파열
㉰ 팽출 ㉱ 균열

해설 **팽출** : 내압에 의해 외부로 부풀어 오르는 현상

31 동관의 이음 방법이 아닌 것은?
㉮ 압축이음 ㉯ 납땜이음
㉰ 용접이음 ㉱ 몰코이음

해설 **몰코이음** : 스테인레스관 등에 연결이음에 사용된다.

32 열관류율 값을 적게 하기 위한 방법으로 틀린 것은?
㉮ 벽체의 두께를 두껍게 한다.
㉯ 가급적 열전도율이 낮은 재료를 사용한다.
㉰ 가능한 한 건식구조로 완전 밀폐한다.
㉱ 흡수성이 큰 보온재를 사용한다.

해설 보온재는 열전도율과 흡수성이 적어야 한다.

Answer
24. ㉯ 25. ㉯ 26. ㉰ 27. ㉱ 28. ㉯ 29. ㉮ 30. ㉰ 31. ㉱ 32. ㉱

33 일반적인 강관 배관작업시 KS규격에서 손작업 쇠톱날의 크기를 피팅홀의 간격으로 분류할 때 3종류에 해당되지 않는 것은?

㉮ 200mm ㉯ 250mm
㉰ 300mm ㉱ 350mm

해설 쇠톱니 종류 : 200mm, 250mm, 300mm의 3종류가 있다.

34 가스의 공급압력이 극히 제한된 영역에서 고압에서 중압으로, 중압으로 저압으로 감압시켜 사용기구에 맞는 적당한 압력으로 공급하는 역할을 하는 장치는?

㉮ 기화기 ㉯ 가스홀더
㉰ 예열기 ㉱ 정압기

해설 정압기 : 고압, 중압 등의 압력을 저압(사용압)으로 감압시켜 일정 압력으로 공급

35 배관용 패킹 재료를 선택할 때 고려한 사항으로 가장 거리가 먼 것은?

㉮ 관속에 흐르는 유체의 물리적인 성질
㉯ 교체의 난이, 내압과 외압 등 기계적인 조건
㉰ 사용기간 및 시공방법
㉱ 관속에 흐르는 유체의 화학적인 성질

해설 패킹 재료 선택시 고려사항 : 유체의 종류 및 성질, 기계적 조건 중 내압과 외압 등

36 벽걸이형 방열기를 설치할 때 바닥면에서 방열기 밑면까지의 높이는 몇 mm 가 되도록 설치하는 것이 좋은가?

㉮ 150mm ㉯ 250mm
㉰ 300mm ㉱ 400mm

해설 벽걸이형 방열기는 바닥에서 150mm 이격하여 설치

37 보일러의 단관식 연료배관에 관한 설명으로 틀린 것은?

㉮ 일반적으로 건타입 버너에 적용한다.
㉯ 연료탱크는 버너보다 위에 설치한다.
㉰ 공기빼기 장치가 필요하다.
㉱ 낙차 급유방식의 간단한 배관이다.

해설 단관식의 경우 버너의 종류에 큰 영향을 받지 않는다.

38 액면의 상하에 따라 움직이는 부자(浮子)의 작용에 의하여 밸브를 개폐시켜 액면을 일정한 높이로 유지시키는 것은?

㉮ 버터플라이밸브
㉯ 플로트밸브
㉰ 공기빼기밸브
㉱ 세정밸브

해설 플로트밸브 : 프로우트(부자)의 부력이용

39 어떤 온수보일러의 보유수량이 3500ℓ 이다. 이 보일러수의 온도가 $25°C$ 인 것을 $85°C$ 로 가열하면 물의 팽창량은 약 몇 L인가? (단, $25°C$ 물의 비중 : 0.98, $85°C$ 물의 비중 : 0.96)

㉮ 26.8 ㉯ 36.0
㉰ 55.2 ㉱ 74.4

해설 $= \left(\dfrac{1}{0.96} - \dfrac{1}{0.98}\right) \times 3500 = 74.4L$

40 보일러 보존시 건조제로 쓰이는 것이 아닌 것은?

㉮ 실리카켈 ㉯ 활성알루미나
㉰ 염화마그네슘 ㉱ 염화칼슘

해설 건조제 (흡수제)
① 실리카켈
② 염화칼슘
③ 활성알루미나

Answer
33. ㉱ 34. ㉱ 35. ㉰ 36. ㉮ 37. ㉮ 38. ㉯ 39. ㉱ 40. ㉰

41 온수난방 배관 시공시 이상적인 기울기는 얼마인가?
㉮ 1 / 150 이상   ㉯ 1 / 200 이상
㉰ 1 / 250 이상   ㉱ 1 / 100 이상

해설: 온수난방은 $\frac{1}{250}$ 이상의 기울기를 준다.

42 단열재료에 기공이 크다면 열전도율은 어떻게 되겠는가?
㉮ 똑같다.
㉯ 작아진다.
㉰ 커진다.
㉱ 작아질 수도 있고 커질 수도 있다.

해설: 보온재는 독립성다공질이어야 하며, 기공이 크면 열전도율은 커진다.

43 보일러를 새로 제작 혹은 수리하였을 때는 어떤 시험을 한 후 사용하여야 하는가?
㉮ 진공시험   ㉯ 증발시험
㉰ 유압시험   ㉱ 수압시험

해설: 보일러를 새로 제작 혹은 수리시 수압시험을 실시하여야 한다.

44 루프형 신축이음에서 곡률 반경은 관지름의 몇 배 이상으로 하는 것이 좋은가?
㉮ 3배   ㉯ 4배
㉰ 5배   ㉱ 6배

해설: 루프형(만곡관) 신축이음의 곡률반경은 관지름의 6배 이상으로 한다.

45 온수난방의 특징에 대한 설명으로 틀린 것은?
㉮ 난방 부하의 변동에 따라 온도조절이 쉽다.
㉯ 가열시간은 짧고 잘 식지 않는다.
㉰ 방열기 표면온도가 낮으므로 화상의 염려가 없다.
㉱ 온수보일러의 취급이 용이하다.

해설: 온수난방은 가열시간이 길다.

46 난방부하의 발생요인 중 맞지 않는 것은?
㉮ 벽체(외벽, 바닥, 지붕 등)을 통한 손실열량
㉯ 극간풍에 의한 손실열량
㉰ 외기(환기공기)의 도입에 의한 손실열량
㉱ 실내조명 등 전열 기구에서 발산되는 열부하

해설: 난방부하의 발생요인에서 실내조명 등 전열 기구의 열부하는 제외된다.

47 지정된 이동거리 범위 내에서 배관의 상하이동에 대하여 항상 일정한 하중으로 배관을 지지하는 행거(hanger)는?
㉮ 서포트 행거(support hanger)
㉯ 콘스탄트 행거(constant hanger)
㉰ 리지드 행거(rigid hanger)
㉱ 스톱 행거(stop hanger)

해설: 콘스탄트 행거(constant hanger) : 상하이동에 대하여 항상 일정하중으로 지지하는 행거

48 이동과 회전을 동시에 구속하여 관에 미치는 하중으로부터 관을 지지하는 장치는?
㉮ 행거   ㉯ 스톱
㉰ 브레이스   ㉱ 앵커

해설: 앵커 : 이동과 회전을 동시에 구속하여 관에 미치는 하중으로부터 관을 지지

49 스테인리스강의 TIG 용접 시 주의사항으로 올바르지 않은 것은?
㉮ 모재를 용접하기 전에 깨끗하게 한다.
㉯ 용접 전 용접부위를 청결하게 한다.
㉰ 용접전류는 가능한 한 고전류를 사용하고 아크길이는 길게 한다.
㉱ 과열과 변형방지를 위하여 짧고 단속적인 용접을 하며, 무리한 위빙을 하지 않는다.

해설: 티그용접의 전류는 전류에 적합한 굵기의 용접봉과 아크 길이로 적당한 것

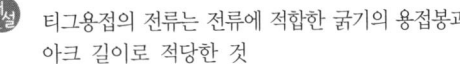

제2회 예상문제 · 581

50 안정상 유연하고 질긴 가죽이나. 두꺼운 포목으로 만들어진 장갑을 끼고 하여야 하는 작업은?
㉮ 용접 작업 ㉯ 드릴 작업
㉰ 밀링 작업 ㉱ 선반 작업

해설 용접 작업 : 안전상 용접면과 용접장갑, 앞치마 등을 착용해야 한다.

51 안산암, 현무암, 석회석 등을 원료로 하여 용융, 압축 가공한 것으로 400℃ 이하의 관, 덕트, 탱크 등에 사용하는 보온재는?
㉮ 규조토 ㉯ 석면
㉰ 암면 ㉱ 세라믹 파이버

해설 암면 : 안산암, 현무암, 석회석 등의 원료를 사용한 보온재이다.

52 보일러 유류 연소장치에서 역화의 발생 원인과 가장 거리가 먼 것은?
㉮ 흡입통풍이 부족한 경우
㉯ 2차공기의 예열이 부족한 경우
㉰ 착화가 지연된 경우
㉱ 협잡물의 함유비율이 높은 경우

해설 2차공기의 예열과 역화와는 무관하다.

53 증기난방 배관에 대한 설명 중 옳은 것은?
㉮ 건식환수식이란 환수주관이 보일러의 표준수위보가 낮은 위치에 배관되고 응축수가 환수주관의 하부를 따라 흐른다.
㉯ 습식환수식이란 환수주관이 보일러의 표준수위보다 높은 위치에 배관된다.
㉰ 건식환수식에서는 증기트랩을 설치하고, 습식 환수식에서는 증기트랩을 설치할 필요는 없다.
㉱ 단관식 배관은 복관식 배관보다 배관의 길이가 길고 관경이 작다.

해설 습식환수식에서는 증기트랩을 설치하지 않을 수도 있다.

54 파이프의 입체적 표시에서 파이프가 도면에서 앞쪽으로 수직으로 구부러질 때의 도시기호는?

해설 파이프가 수직으로(앞쪽) 구부러질 때의 도시기호 :

55 에너지이용 합리화법상의 연료 단위인 티·오·이(TOE)란?
㉮ 석탄환산톤 ㉯ 전력량
㉰ 중유환산톤 ㉱ 석유환산톤

해설 T·O·E : 석유환산톤

56 에너지이용 합리화법의 위반사항과 벌칙 내용이 맞게 짝지워진 것은?
㉮ 효율관리기자개 판매금지 명령 위반 시 – 1천만 원 벌금
㉯ 검사대상기기 조종자를 선임하지 않은 경우 – 5백만원 이하의 벌금
㉰ 검사대상기기 검사의무 위반 시 – 1년 이하의 징역 또는 1천만원 이하의 벌금
㉱ 효율관리기자재 생산명령 위반 시 – 5백만원 이하의 벌금

해설 검사대상기기 검사의무 위반 시 : 1년 이하의 징역 또는 1천만원 이하의 벌금

Answer
50. ㉮ 51. ㉰ 52. ㉯ 53. ㉰ 54. ㉮ 55. ㉱ 56. ㉰

57 에너지기본법상 "에너지사용 기자재"의 정의로서 옳은 것은?
- ㉮ 연료 및 열만을 사용하는 기자개
- ㉯ 에너지를 생산하는데 사용되는 기자재
- ㉰ 에너지를 수송, 저장 및 전환하는 기자재
- ㉱ 열사용 기자재 그 밖에 에너지를 사용하는 기자재

[해설] 에너지사용 기자재 : 열사용 기자재 그 밖에 에너지를 사용하는 기자재

58 검사대상기기조종자의 선임, 자격, 조종범위 등에 대한 설명으로 틀린 것은?
- ㉮ 에너지관리기능사 자격증 소지자는 검사대상기기를 조종할 수 있다.
- ㉯ 검사대상기기조정자의 자격기준과 선임기준은 산업통상자원부령으로 정한다.
- ㉰ 검사대상기기조종자를 선임하지 아니한 자는 1천만원 이하의 벌금에 처한다.
- ㉱ 압력용기는 에너지관리기사 자격증 소지자만 조종할 수 있다.

[해설] 압력용기 조종자 자격
① 에너지관리기능사
② 에너지관리기능장
③ 에너지관리산업기사
④ 에너지관리기사

59 평균에너지소비효율의 산정방법, 개선기간, 개선명령의 이행절차 및 공표방법 등 필요한 사항을 정하는 령으로 맞는 것은?
- ㉮ 산업통상자원부령
- ㉯ 환경부령
- ㉰ 국무총리령
- ㉱ 노동부령

[해설] 평균에너지소비효율의 산정방법, 개선기간, 개선명령의 이행절차 및 공표방법 등 필요한 사항은 산업통상자원부령으로 정한다.

60 에너지이용 합리화법상 에너지소비효율등급 또는 에너지 소비효율을 해당 효율관리기자재에 표시해야 하는 자로 옳은 것은?
- ㉮ 제조업자 또는 시공업자
- ㉯ 수입업자 또는 제조업자
- ㉰ 시공업자 또는 판매업자
- ㉱ 수입업자 또는 시공업자

[해설] 에너지소비효율등급 또는 에너지 소비효율을 해당 효율관리기자개에 표시해야 하는 자는 수입업자 또는 제조업자이다.

Answer 57. ㉱ 58. ㉱ 59. ㉮ 60. ㉯

 # 에너지관리기능사

제3회 _ 예상문제

01 보일러의 인터록제어 중 송풍기 작동 유무와 관련이 가장 큰 것은?

㉮ 저수위 인터록
㉯ 불착화 인터록
㉰ 저연소 인터록
㉱ 프리퍼지 인터록

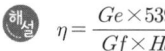 보일러 인터록 종류
① 압력초과 인터록
② 저수위 인터록
③ 저연소 인터록
④ 프리퍼지 인터록
⑤ 불착화 인터록
※ **송풍기 작동유무** : 프리퍼지 인터록

02 상당증발량이 2000 kg/h인 보일러를 가동할 때, 저위 발열량 9500 kcal/kg의 경유를 연소시킬 경우 필요한 버너의 연소용량은 약 얼마인가? (단, 경유의 비중은 0.9, 연소효율 90%로 봄)

㉮ 80.6 ℓ/h ㉯ 100.8 ℓ/h
㉰ 120.5 ℓ/h ㉱ 140.1 ℓ/h

 $\eta = \dfrac{Ge \times 539}{Gf \times Hl} \times 100[\%]$ 에서
2000 × 539/9500 × 0.9kg/ℓ × 0.9 = 140.1

03 1시간당증발량 1100kg/h, 증기엔탈피 650kcal/kg, 급수 온도 30℃ 일 때 상당증발량 값은 약 몇 kg/h 인가?

㉮ 721   ㉯ 1265
㉰ 19500 ㉱ 55000

 $Ge = \dfrac{G(h'' - h')}{539}$ [kg/h]
∴ 1100 (650 - 30)/539 = 1265

04 통풍력이 증가되는 조건에 대한 설명으로 틀린 것은?

㉮ 연돌이 높을수록 증가한다.
㉯ 연돌의 단면적이 클수록 증가한다.
㉰ 배기가스의 온도가 높을수록 증가한다.
㉱ 공기의 습도가 높을수록 증가한다.

 통풍력 증가 조건
① 연돌이 높을수록
② 연돌 단면적이 클수록
③ 배기가스 온도가 높을수록

05 다음 중 탄성식 압력계의 종류가 아닌 것은?

㉮ 벨로스 압력계
㉯ 다이어프램 압력계
㉰ 부르동관 압력계
㉱ 열전 압력계

 탄성식 압력계 종류
① 벨로스 압력계
② 다이어프램압력계
③ 부르동관 압력계

06 보일러 연소실이나 연도에서 화염의 유무를 검출하는 장치가 아닌 것은?

㉮ 스테빌라이저
㉯ 플레임 로드
㉰ 플레임 아이
㉱ 스택 스위치

 스테빌라이저는 보염장치 중 하나로 그 외 윈드박스, 콤버스터, 버너타일

Answer
1. ㉱ 2. ㉱ 3. ㉯ 4. ㉱ 5. ㉱ 6. ㉮

07 액체연료의 연소장치에서 무화의 목적으로 틀린 것은?
　㉮ 단위 중량당 표면적을 작게 한다.
　㉯ 연소효율이 증가한다.
　㉰ 연료와 공기의 혼합이 양호하다.
　㉱ 완전연소가 가능하다.

　[해설] 단위 중량당 표면적을 크게 하기 위함

08 35℃는 화씨온도로 몇 °F 인가?
　㉮ 87 °F　　㉯ 95°F
　㉰ 72 °F　　㉱ 98°F

　[해설] $t°F = \dfrac{9}{5}t°C + 32 = t°C \times 1.8 + 32$
　∴ 35℃ × 1.8 + 32 = 95°F

09 보일러에서 열팽창을 고려하여 파형구조를 택하는 부분은?
　㉮ 드럼　　㉯ 수통
　㉰ 연관　　㉱ 노통

　|해설| 노통의 종류 : 평형노통, 파형노통(열팽창 고려)

10 프라이밍의 발생 원인으로 틀린 것은?
　㉮ 보일러 수위가 높을 때
　㉯ 보일러수가 농축되어 있을 때
　㉰ 송기시 증기밸브를 급개 할 때
　㉱ 증발능력에 비하여 보일러수의 표면적이 클 때

　|해설| 프라이밍 발생 원인
　① 고수위시
　② 관수농축시
　③ 급격한 과열
　④ 주증기 밸브 급개시
　⑤ 용존고형물, 유지분 과다시

11 보일러의 열정산시 측정대상이 아닌 것은?
　㉮ 외기의 온도
　㉯ 보일러실의 온도
　㉰ 급수의 온도
　㉱ 연소용 공기의 온도

　[해설] 보일러 열정산시 측정대상
　① 외기의 온도
　② 급수의 온도
　③ 연소용 공기의 온도
　④ 연료량
　⑤ 급수량 급수온도
　⑥ 발생증기량
　⑦ 증기압력
　⑧ 배기가스온도 등

12 온수 보일러에서 배플 플레이트(baffle plate)의 설치 목적으로 맞는 것은?
　㉮ 급수를 예열하기 위하여
　㉯ 연소효율을 감소시키기 위하여
　㉰ 강도를 보강하기 위하여
　㉱ 그을음 부착량을 감소시키기 위하여

　[해설] 배플 플레이트(baffle plate) 설치 목적 : 그을음 부착량 감소 위해

13 인젝터의 작동불량 원인과 관계가 없는 것은?
　㉮ 부품이 마모되어 있는 경우
　㉯ 내부노즐에 이물질이 부착되어 있는 경우
　㉰ 체크밸브가 고장 난 경우
　㉱ 흡입관에 공기의 유입이 전혀 없는 경우

　[해설] 흡입관에 공기의 유입시 작동불량 원인

14 중간의 매질을 통하지 않고 한 물체에서 다른 물체로 열 에너지가 이동하는 현상은?
　㉮ 복사　　㉯ 전도
　㉰ 대류　　㉱ 관류

　[해설] 복사 : 태양광선, 화염 등의 열이동을 말하며, 중간에 매질이 없는 상태에서도 열이 전달됨

Answer
7. ㉮　8. ㉯　9. ㉱　10. ㉱　11. ㉯　12. ㉱　13. ㉱　14. ㉮

15 조절부의 제어동작 중 연속식 제어의 기본 동작이 아닌 것은?
- ㉮ 비례동작
- ㉯ 적분동작
- ㉰ 미분동작
- ㉱ 온오프동작

해설 온오프동작은 불연속동작임

16 다음 기체연료 중 석유계 연료에서 얻는 것은?
- ㉮ 수성가스
- ㉯ 오일가스
- ㉰ 발생로가스
- ㉱ 고로가스

해설
① 수성가스 : 고온의 코크스, 무연탄 등으로 수증기를 작용시켜 H_2, CO, N_2 얻는 가스
② 오일가스 : 액체연료의 열분해로 생산
③ 발생로가스 : 탄소함유분이 많은 고체연료에 공기, 산소를 공급하여 적열상태로 가열하여 다량의 N_2, CO를 얻는 가스
④ 고로가스 : 용광로에서 코크스를 연소해 얻는 부산물 가스
  • 주성분 – N_2, CO, H_2

17 연료를 완전연소 시키는데 필요한 공기량보다 더 많은 공기가 투입될 때 배기가스 중의 함유비율이 감소하는 성분은?
- ㉮ CO_2
- ㉯ SO_2
- ㉰ CO
- ㉱ O_2

해설 공기비가 클 때 CO_2는 줄고, O_2 양은 많아진다.

18 보일러 자동제어에서 신호전달 방식의 종류에 해당되지 않는 것은?
- ㉮ 공기압식
- ㉯ 유압식
- ㉰ 전기식
- ㉱ 복합식

해설 신호전달 방식 종류 : 공기압식, 유압식, 전기식

19 보일러 1마력에 해당되는 상당증발량은?
- ㉮ 15.65kg/h
- ㉯ 16.56kg/h
- ㉰ 31.25kg/h
- ㉱ 32.50kg/h

해설 보일러 1마력 : 상당 증발량이 15.65[kg]인 보일러의 능력(1마력의 열량 : 8435[kcal/h])

20 액화천연가스(LNG)의 주성분은?
- ㉮ 부탄
- ㉯ 프로판
- ㉰ 에탄
- ㉱ 메탄

해설 LNG(Liquefied Natural Gas) : 액화천연가스의 약자로 주성분은 : 메탄(CH_4)

21 증기과열기의 분류에 증기와 연소가스의 흐름이 반대 방향으로 지나면서 열교환이 되는 형은?
- ㉮ 병류형
- ㉯ 혼류형
- ㉰ 복사대류형
- ㉱ 향류형

해설 열가스 흐름에 의한 분류
㉮ 병류식 : 증기와 열가스의 흐름이 같은 방향
㉯ 향류식 : 증기와 열가스의 흐름이 반대방향
㉰ 혼류식 : 병류식과 향류식을 병합

22 주철제 보일러의 특징으로 맞지 않는 것은?
- ㉮ 고압이나 대용량에 적합하다.
- ㉯ 보일러 용량조절이 용이하다.
- ㉰ 저온부식에 대한 내식성이 좋다.
- ㉱ 전열면적에 비하여 설치면적이 적다.

해설 전열면적이 비교적 큰, 저압용 보일러

23 보일러 전열면의 외측에 부착되는 그을음이나 재를 불어내는 장치는?
- ㉮ 슈트 블로워
- ㉯ 어큐물레이터
- ㉰ 기수 분리기
- ㉱ 사이클론 분리기

해설 슈트 블로워 : 전열면에 부착된 그을음 제거 장치로 증기분사·공기분사·물분사 형식

Answer
15. ㉱ 16. ㉯ 17. ㉮ 18. ㉱ 19. ㉮ 20. ㉱ 21. ㉱ 22. ㉮ 23. ㉮

24 원심형 송풍기에 해당하지 않는 것은?

㉮ 플레이트형
㉯ 다익형
㉰ 터보형
㉱ 프로펠러형

 • 원심식송풍기 : 다익형, 플레이트형, 터보형
• 축류식송풍기 : 프로펠러형, 디스크형

25 오일 프리히터(기름 예열기)에 대한 설명으로 잘못된 것은?

㉮ 기름의 점도를 낮추어 준다.
㉯ 기름의 유동성을 도와준다.
㉰ 중유의 예열온도는 100℃ 이상으로 높을수록 좋다.
㉱ 분무상태를 양호하게 한다.

중유 예열온도 : 80 ~ 90℃

26 함진 배기가스를 액방울이나 액막에 충돌시켜 매진을 포집 분리하는 집진장치는?

㉮ 중력식 집진장치
㉯ 관성분리식 집진장치
㉰ 원심력식 집진장치
㉱ 세정식 집진장치

습식집진장치
① 세정식 : 물 또는 액체의 액면 또는 액막에 의해 함유가스를 세정하여 가스흐름으로부터 분진입자를 분리 포집하는 방식
② 유수식(가압수식) : 물을 가압 공급하여 함진가스를 세정하여 분리 제거하는 방식으로
• 종류 : 벤튜리, 젯트, 사이클론스크레버, 충전탑

27 보일러 열효율(%)을 계산하는 식으로 옳은 것은?

㉮ $\dfrac{공급열량 - 손실열량}{공급열량} \times 100$

㉯ $\dfrac{공급열량}{유효열량} \times 100$

㉰ $\dfrac{유효열량 - 손실열량}{유효열량} \times 100$

㉱ $\dfrac{유효열량 - 손실열량}{공급열량} \times 100$

열효율(%) 계산식 : $\eta = \dfrac{입열 - 손실열}{입열} \times 100[\%]$

28 보일러 수(水)를 강제 순환시키는 주된 이유는?

㉮ 관의 마찰저항이 크므로
㉯ 보일러 드럼이 1개뿐 이므로
㉰ 연소나 효율을 좋게 하기 위해서
㉱ 증기가 임계압력에 가까워지면 순환이 잘 안되므로

강제순환 : 임계압력($225.56[kg/cm^2]$)에 가까워지면 잠열의 감소로 포화증기와 포화수 비중력차가 없어져 순환능력 상실로 펌프를 사용해 강제 순환한다.

29 수면계의 기능시험 시기로 틀린 것은?

㉮ 보일러를 가동하기 전
㉯ 수위의 움직임이 활발할 때
㉰ 보일러를 가동하여 압력이 상승하기 시작했을 때
㉱ 2개 수면계의 수위에 차이를 발견했을 때

수면계 기능시험 시기
① 보일러를 가동하기 전
② 보일러를 가동하여 압력이 상승하기 시작했을 때
③ 2개 수면계의 수위에 차이를 발견했을 때
④ 수위의 움직임이 둔하고, 정확한 수위인지 아닌지 의문이 생길 때
⑤ 수면계 유리의 교체, 그 외의 보수를 했을 때
⑥ 프라이밍, 포밍 등이 생길 때

Answer
24. ㉱ 25. ㉰ 26. ㉱ 27. ㉮ 28. ㉱ 29. ㉯

30 보일러 매연 발생원인과 가장 거리가 먼 것은?
㉮ 공기비를 1.0 이하로 하여 연소시킬 때
㉯ 연료 중에 회분이 과다하게 포함되었을 때
㉰ 연소실의 온도가 현저하게 낮을 때
㉱ 프리퍼지가 부족할 때

해설 프리퍼지가 부족할 때는 역화위험

31 단열재와 보온재, 보냉재 등은 무엇을 기준으로 하여 구분하는가?
㉮ 내화도 ㉯ 압축강도
㉰ 열전도도 ㉱ 안전사용온도

해설 안전사용 온도에 따라
① 보냉재(100[℃] 이하)
② 보온재(100~800[℃])
③ 단열재(800~1200[℃])
④ 내화단열재(1300[℃] 이상)
⑤ 내화물(1580[℃] 이상)

32 원형의 고무링 하나만으로 접합이 가능하며 온도변화에 따른 신축이 자유롭고, 이음과정이 간편하여 관 부설을 신속하게 할 수 있는 이음은?
㉮ 기계식 이음 ㉯ 노-허브 이음
㉰ 타이톤 이음 ㉱ 소켓 이음

해설 **타이톤 이음** : 주철관 이음법으로 원형의 고무링 하나만으로 접합하는 방법

33 온수순환 방식에 의한 분류 중에서 순환이 자유롭고 신속하며, 방열기 위치가 낮아도 순환이 가능한 방법은?
㉮ 중력 순환식
㉯ 강제 순환식
㉰ 단관식 순환식
㉱ 복관식 순환식

34 복사난방을 대류난방과 비교할 때 장점이 아닌 것은?
㉮ 실(방)의 높이에 따른 온도 편차가 비교적 균일하여 쾌감도가 좋다.
㉯ 가열대상이 구조체이므로 열용량이 작아 필요에 따라 즉각적 대응이 용이하다.
㉰ 환기 시 열손실이 비교적 적다.
㉱ 바닥면의 이용도가 양호하다.

해설 열용량이 크고, 필요에 따라 즉각적 대응이 어렵다.

35 방열기 설치 시 주의사항으로 틀린 것은?
㉮ 방열기를 설치 할 때는 열손실이 가장 적은 곳에 설치한다.
㉯ 기둥형 방열기는 벽에서 50~60mm 떨어져 설치한다.
㉰ 방열기는 바닥에서 보통 150mm 정도 높게 설치한다.
㉱ 방열기 파이프는 역구배가 되지 않도록 설치한다.

해설 개구부 아래의 열손실이 가장 큰곳에 설치하여 외부의 찬공기가 유입되는 것을 방지한다.

36 신축곡관 이음에서 곡관의 곡률반경은 관지름 몇 배 이상으로 하는 것이 좋은가?
㉮ 1배 ㉯ 2배
㉰ 4배 ㉱ 6배

해설 신축곡관(루우프) 이음 곡관의 곡률반경은 관지름 6배 이상

37 다음 중 경납땜의 종류가 아닌 것은?
㉮ 황동납 ㉯ 인동납
㉰ 은납 ㉱ 주석-납

해설 **경납땜의 종류** : 황동납, 인동납, 은납

Answer
30. ㉱ 31. ㉱ 32. ㉰ 33. ㉯ 34. ㉯ 35. ㉮ 36. ㉱ 37. ㉱

38 어떤 방의 온수난방에서 소요되는 열량이 시간당 21000 kcal 이고, 송수온도가 85℃이며, 환수온도가 25℃라면, 온수의 순환량은? (단, 온수의 비열은 1kcal / kg · ℃이다.)

㉮ 324 kg / h   ㉯ 350 kg / h
㉰ 398 kg / h   ㉱ 423 kg / h

해설) 21000 kcal/h/ (85℃ - 25℃) × 1kcal/kg · ℃ = 350 kg/h

39 일반적으로 관지름 20mm 이하의 파이프에 삽입하여 기계의 점검이나 보수 또는 동관을 분해할 경우에 사용하는 이음 방법은?

㉮ 플레어 이음
㉯ 플랜지 이음
㉰ 용접 이음
㉱ 플라스턴 이음

해설) 플레어 이음 : 동관의 대표적 이음법으로 기계의 점검이나 보수 또는 분해할 경우에 사용하는 이음

40 액체연료 배관에서 여과기(strainer)의 역할은?

㉮ 기름의 양을 적게 한다.
㉯ 기름 중의 수분을 제거한다.
㉰ 기름 속의 불순물을 제거한다.
㉱ 연소를 잘 시켜준다.

해설) 여과기(strainer)역할 : 불순물 제거목적

41 열교환 코일에 온수 또는 냉수를 공급받아 온풍 또는 냉풍을 실내로 공급하는 강제대류형 방열기로서 공기여과기, 송풍기, 가열(냉각)코일이 케이싱 내에 내장되어 있는 것은?

㉮ 길드방열기 (gilled radiator)
㉯ 컨벡터 (convector)
㉰ 팬코일유닛 (F.C.U)
㉱ 공기조화기 (A.H.U)

해설) 팬 코일 유닛(fan coil unit)방식 : 냉온수 코일, 팬, 에어 필터를 내장한 유닛으로 여름에는 코일에 냉수를 통과시켜 공기를 냉각, 감습하고, 겨울에는 온수를 통과시켜 공기를 가열하는 방식

42 보온을 하지 않은 나관에서의 방산열량이 250 kcal/m²h 이고, 규조토 보온재료로 보온을 하였을 때의 방산열량이 100 kcal/m²h 이였다면 보온효율은 몇 % 인가?

㉮ 45%   ㉯ 50%
㉰ 55%   ㉱ 60%

해설) 250 - 100 / 250 = 60%

43 배관도에서 관내에 흐르는 유체가 증기인 경우 도면상에 표시하는 문자는?

㉮ W   ㉯ O
㉰ S   ㉱ A

해설) W : 물
O : 유류(오일)
S : 수증기
A : 공기

44 방열기 안에 생긴 응축수를 보일러에 환수할 때 온수의 공급과 환수가 동일 관을 이용하여 흐르게 하는 방식은?

㉮ 단관식   ㉯ 복관식
㉰ 상향식   ㉱ 하향식

해설) 배관방법에 따른 분류
① 단관식 : 증기관과 응축수관이 1개 공동사용
② 복관식 : 증기관과 응축수관이 각각 구분됨

45 보일러 내부부식에 속하지 않는 것은?

㉮ 점식   ㉯ 저온부식
㉰ 구식   ㉱ 알칼리부식

해설) 저온부식, 고온부식은 외부부식

Answer
38. ㉯ 39. ㉮ 40. ㉰ 41. ㉰ 42. ㉱ 43. ㉰ 44. ㉮ 45. ㉯

46 안전관리의 목적과 가장 거리가 먼 것은?
- ㉮ 생산성 감소 및 품질 향상
- ㉯ 안전사고 발생요인 사전 제거
- ㉰ 근로자의 생명 및 상해로부터의 보호
- ㉱ 사고에 따른 재산의 손실 방지

47 배관 라인에 설치된 각종 펌프, 압축기 등에서 발생되는 진동 및 수격작용에 의한 충격 등을 억제하기 위하여 사용하는 관지지구는?
- ㉮ 리스트레인트
- ㉯ 콘스턴트 행거
- ㉰ 브레이스
- ㉱ 스커드

해설 배관지지쇠
① 행거 : 배관 하중을 위에서 끌어 당겨 지지 (리지드, 스프링, 콘스탄트)
② 써포트 : 배관 하중을 밑에서 떠 받쳐 지지 (리지드, 스프링, 로울러, 파이프슈)
③ 리스트레인트 : 열팽창에 의한 배관의 이동을 구속 (앵커, 스톱, 가이드)
④ 브레이스 : 펌프, 압축기 등에서 발생되는 진동, 충격 등을 흡수완화

48 보온재의 선정 시 고려해야 할 사항에 속하지 않는 것은?
- ㉮ 열전도율이 적어야 한다.
- ㉯ 물리적·화학적 강도가 커야 한다.
- ㉰ 안전 사용온도 범위에 적합해야 한다.
- ㉱ 부피 및 비중이 커야 한다.

해설 부피 및 비중이 적을 것

49 진공환수식 난방설비에 관한 설명으로 틀린 것은?
- ㉮ 응축수 환수방식 중 증기 순환이 가장 빠르다.
- ㉯ 진공펌프는 회전식과 왕복동식의 2종류가 있다.
- ㉰ 방열기 설치 위치에 제한을 받으므로 반드시 방열기는 보일러보다 높은 위치에 설치한다.
- ㉱ 발열량을 광범위하게 조절할 수 있다.

해설 방열기 설치 위치에 제한을 받지 않음

50 보일러 건식보존법에서 가스봉입 방식에 사용되는 가스는?
- ㉮ O_2
- ㉯ N_2
- ㉰ CO
- ㉱ CO_2

51 글랜드 패킹에 속하지 않는 것은?
- ㉮ 석면각형 패킹
- ㉯ 고무 패킹
- ㉰ 아마존 패킹
- ㉱ 몰드 패킹

해설
※ **플랜지 패킹** : 고무패킹, 석면 조인트시트, 합성수지 패킹, 오일시일 패킹, 금속패킹
※ **나사용 패킹** : 페인트, 일산화연, 액상 합성수지
※ **글랜드 패킹** : 석면각형패킹(대형밸브그랜드용), 석면 얀패킹(소형 밸브 그랜드용), 아마존 패킹(압축기 그랜드용), 모올드 패킹(밸브, 펌프 그랜드용)

52 안전밸브 또는 압력방출장치의 크기를 호칭지름 20mm이상으로 할 수 있는 보일러가 아닌 것은?
- ㉮ 최고사용압력 $1kg_f/cm^2$ 이하의 보일러
- ㉯ 최고사용압력이 $5kg_f/cm^2$ 이하의 보일러로 동체의 안지름이 500mm 이하이며, 동체의 길이가 1000mm 이하의 것
- ㉰ 최고사용압력이 $5kg_f/cm^2$ 이하의 보일러로 전열면적이 $2m^2$ 이하의 것
- ㉱ 최대증발량이 10T/h 이하의 관류보일러

해설 최대증발량 5T/h 이하의 관류보일러는 20mm 이상 가능

Answer 46. ㉮ 47. ㉰ 48. ㉱ 49. ㉰ 50. ㉯ 51. ㉯ 52. ㉱

53 일명 팩리스 신축이음쇠라고도 하며, 설치에 넓은 장소를 필요로 하지 않고 신축에 의한 응력을 일으키지 않는 신축 이음쇠의 형식은?

㉮ 슬리브형 ㉯ 루프형
㉰ 벨로스형 ㉱ 스위블형

해설 벨로우즈형(주름통형, 팩리스형, 파형)
※ 특징 : 설치장소 적다, 응력, 누설적다.

54 다음 중 화학적 가스 분석계에 해당하는 것은?

㉮ 오르잣트법 ㉯ 자화율법
㉰ 적외선 흡수법 ㉱ 밀도법

해설 화학적 가스 분석계
① 연소열법 : H_2, CO, C_mH_n 등의 가연성 기체 및 산소측정
 (종류 : 미연소가스계(H_2+CO), 연소식 O_2계)
② 오르잣트법 : ($CO_2 \rightarrow O_2 \rightarrow CO$) 분석
 (종류 : 간헐자동측정식, 자동화학식 CO_2계)

55 에너지이용합리화법시행령에서 산업통상자원부장관이 에너지 저장의무를 부과할 수 있는 대상자가 아닌 것은?

㉮ 연간 1만석유환산톤 이상의 에너지를 사용하는 자
㉯ 전기사업법에 의한 전기사업자
㉰ 도시가스사업법에 의한 도시가스 사업자
㉱ 집단에너지사업법에 의한 집단에너지 사업자

해설 에너지 저장 의무 부과 대상자
① 전기사업자
② 석유정제업자 및 석유 수출입자
③ 도시가스 사업자
④ 석탄 가공업자
⑤ 집단 에너지 사업자
⑥ 연간 2만 TOE 이상 에너지 사용자

56 에너지법상 에너지기술개발계획에 포함되어야 할 사항이 아닌 것은?

㉮ 에너지의 효율적 사용을 위한 기술개발에 관한 사항
㉯ 온실가스 배출을 줄이기 위한 기술개발에 관한 사항
㉰ 개발된 에너지기술의 실용화의 촉진에 관한 사항
㉱ 에너지수급의 추이와 전망에 관한 사항

해설 에너지기술개발계획포함사항 그 외
① 신·재생에너지 등 환경 친화적 에너지에 관련된 기술개발에 관한 사항
② 에너지의 효율적 사용을 위한 기술개발에 관한 사항
③ 에너지 사용에 따른 환경오염 저감을 위한 기술개발에 관한 사항
④ 국제에너지기술협력의 촉진에 관한 사항
⑤ 에너지기술에 관련된 인력·정보·시설 등 기술개발자원의 확대 및 효율적 활용에 관한 사항

57 에너지다소비사업자의 신고의 접수는 누구에게 하는가?

㉮ 에너지관리공단이사장
㉯ 행정안전부장관
㉰ 환경부장관
㉱ 시·도지사

해설 에너지 다소비사업자의 신고사항
① 전년도의 에너지사용량·제품생산량
② 해당 연도의 에너지사용예정량·제품생산 예정량
③ 에너지사용기자재의 현황
④ 전년도의 에너지이용 합리화 실적 및 해당 연도의 계획을 매년 1월31일까지 신고

Answer
53. ㉰ 54. ㉮ 55. ㉮ 56. ㉱ 57. ㉱

58 에너지 이용합리화법상 효율관리 기자재가 아닌 것은?

㉮ 삼상유도전동기
㉯ 선박
㉰ 조명기기
㉱ 전기냉장고

해설 효율관리 기자재
① 전기냉장고
② 전기냉방기
③ 전기세탁기
④ 조명기기
⑤ 삼상유도전동기
⑥ 자동차

59 열사용기자재 관리 규칙상 특정열사용기자재 시공업의 범주에 들지 않는 것은?

㉮ 특정열사용기자재의 설치
㉯ 특정열사용기자재의 시공
㉰ 특정열사용기자재의 판매
㉱ 특정열사용기자재의 세관

해설 특정열사용기자재 시공업의 범주 : 설치, 시공, 세관

60 산업통상자원부장관 또는 시·도지사로부터 에너지관리공단에 위탁된 업무가 아닌 것은?

㉮ 대기전력경고표지대상제품의 측정결과 신고의 접수
㉯ 에너지사용계획의 검토
㉰ 고효율시험기관의 지정
㉱ 대기전력저감대상제품의 측정결과 신고의 접수

해설 고효율시험기관의 지정 : 산업통상자원부

Answer
58. ㉯   59. ㉰   60. ㉰

 에너지관리기능사

제4회 _ 예상문제

01 보일러 수저 분출장치의 주된 기능으로 가장 올바른 것은?
㉮ 보일러 상수부면에 떠있는 유지분 등을 배출한다.
㉯ 보일러 동내 온도를 조절한다.
㉰ 보일러 하부에 있는 슬러지나 농축된 관수를 밖으로 배출한다.
㉱ 보일러에 발생한 수격작용을 위하여 응축수를 배출한다.

해설 수저분출장치의 설치 목적 : 보일러 하부에 있는 슬러지, 농축된 관수 등을 배출한다.

02 화염 검출기 종류 중 화염의 이온화를 이용한 것으로 가스 점화 버너에 주로 사용하는 것은?
㉮ 플레임 아이   ㉯ 스택 스위치
㉰ 광도전 셀   ㉱ 프레임 로드

해설 프레임 로드 : 전기 전도성(화염의 이온화)이용

03 보일러 용량 표시 방법이 아닌 것은?
㉮ 전열면적   ㉯ 정격출력
㉰ 단열면적   ㉱ 상당증발량

해설 보일러 용량 표시 : 전열면적, 상당증발량, 정격출력, 보일러마력, 실제증발량 등으로 표시되며 단열면적은 용량표시 방법이 아니다.

04 버킷 트랩은 어떤 종류의 트랩인가?
㉮ 열역학적 트랩
㉯ 온도조절 트랩
㉰ 금속 팽창형 트랩
㉱ 기계적 트랩

해설 기계적 트랩 : 버켓식, 다량트

05 연소가스와 대기의 온도가 각각 250℃, 30℃이고 연돌의 높이가 50m일 때 통풍력은 약 얼마인가? (단, 연소가스와 대기의 비중량은 각각 $1.35kg/Nm^3$, $1.25kg/Nm^3$이다.)
㉮ 21.08mmAq   ㉯ 23.12mmAq
㉰ 25.02mmAq   ㉱ 27.36mmAq

해설 $\left(\dfrac{273 \times 1.25}{273+30} - \dfrac{273 \times 1.35}{273+250}\right) \times 50 = 21.08 mmAq$

06 프로판가스의 발생열량은 487580kcal/kmol이다. 이 가스 22kg을 연소시키면 발생되는 열량은?
㉮ 487580kcal   ㉯ 975700kcal
㉰ 243790kcal   ㉱ 22163kcal

해설 $\dfrac{487580}{44} \times 22 = 243790 Kcal$
∴ 프로판 1Kmol은 44Kg이다.

07 LNG를 사용하는 보일러에서 배기가스 중의 이산화탄소 농도가 10%이었다. 이 보일러의 공기비는 얼마인가? (단, LNG의 (CO_2max)값은 12%이다.)
㉮ 1.0   ㉯ 1.1
㉰ 1.2   ㉱ 1.3

해설 $m = \dfrac{CO_2 max}{CO_2} = \dfrac{12}{10} = 1.2$

08 열역학에서 이상기체의 상태변화의 종류에 해당되지 않는 것은?
㉮ 등온 변화   ㉯ 정압 변화
㉰ 혼합 변화   ㉱ 정적 변화

해설 혼합변화는 이상기체의 상태변화의 종류에 해당되지 않는다.

Answer
1. ㉰ 2. ㉱ 3. ㉰ 4. ㉱ 5. ㉮ 6. ㉰ 7. ㉰ 8. ㉰

09 연료의 실제연소열에 대한 증기의 보유열량과의 비율을 무엇이라고 하는가?
   ㉮ 보일러효율
   ㉯ 연소효율
   ㉰ 전열효율
   ㉱ 보일러 부하율

   [해설] 전열효율 = 증기의 보유열량/실제연소열
   즉, 전열효율이란? 실제연소열에 대한 증기보유열량과의 비를 말한다.

10 A, B, C 중유는 무엇에 의하여 구분되는가?
   ㉮ 인화점   ㉯ 착화점
   ㉰ 점도   ㉱ 비점

   [해설] 중유는 점도에 따라서 A, B, C 중유로 구분한다.

11 열정산의 목적으로 틀린 것은?
   ㉮ 조업방식을 개선할 수 있다.
   ㉯ 열설비의 성능을 파악할 수 있다.
   ㉰ 연료의 발열량을 조절할 수 있다.
   ㉱ 열의 손실을 파악할 수 있다.

   [해설] 연료의 발열량 조절과 열정산과는 무관하다.

12 비점이 낮은 물질인 수은, 다우섬 등을 사용하여 저압에서도 고온을 얻을 수 있는 보일러는?
   ㉮ 관류식 보일러
   ㉯ 자연순환 수관식 보일러
   ㉰ 노통연관식 보일러
   ㉱ 열매체식 보일러

   [해설] 열매체보일러에서 열매체의 종류는 수은, 다우섬, 카네크롤액, 모빌썸 등이 사용된다.

13 다음 중 보일러 안전장치와 가장 거리가 먼 것은?
   ㉮ 수저분출장치   ㉯ 가용전
   ㉰ 저수위경보기   ㉱ 플레임 아이

   [해설] 분출장치에는 수저(단속)분출장치와 수위(연속)분출장치가 있다.

14 증기보일러 수면계의 점검방법을 가장 올바르게 설명한 것은?
   ㉮ 수면계는 1개의 수위만을 점검하면 된다.
   ㉯ 수면계는 항상 2개의 수면계 수위를 비교하여 일치하고 있음을 비교하여야 한다.
   ㉰ 급수량만 검사하면 수면계는 확인할 필요가 없다.
   ㉱ 보일러수의 증발이 가장 활발할 때만 점검한다.

   [해설] 수면계는 정확한 수위 판단을 위해 2개를 설치하며 2개의 수위가 서로 같아야 한다.

15 수관식 보일러에 속하지 않는 것은?
   ㉮ 입형 횡관식
   ㉯ 자연순환식
   ㉰ 강제순환식
   ㉱ 관류식

   [해설] 입형 횡관식 보일러는 원통 보일러 중에서 입형 보일러에 속한다.

16 원통형 보일러와 비교할 때 수관식 보일러의 특징 설명으로 틀린 것은?
   ㉮ 수관의 관경이 적어 고압에 잘 견딘다.
   ㉯ 보유수가 적어서 부하변동 시 압력변화가 적다.
   ㉰ 보일러수의 순환이 빠르고 효율이 높다.
   ㉱ 구조가 복잡하여 청소가 곤란하다.

   [해설] 수관 보일러는 보유수량이 적어 파열시 피해는 적지만 부하변동 시 압력변화에 응하기는 어렵다.

Answer
9. ㉰ 10. ㉰ 11. ㉰ 12. ㉱ 13. ㉮ 14. ㉯ 15. ㉮ 16. ㉯

17 보일러에서 설치장소에 따른 과열기 종류가 아닌 것은?
㉮ 포화증기과열기
㉯ 복사과열기
㉰ 접촉과열기
㉱ 복사접촉과열기

해설 설치장소(열가스접촉)에 따른 과열기 종류
① 복사과열기
② 접촉과열기
③ 복사접촉 과열기

18 보일러 인터록과 관계가 없는 것은?
㉮ 압력초과 인터록
㉯ 저수위 인터록
㉰ 불착화 인터록
㉱ 급수장치 인터록

해설 인터록 종류
① 압력초과 인터록
② 저수위 인터록
③ 불착화 인터록
④ 저연소 인터록
⑤ 프리퍼지인터록

19 대기압 상태에서 포화수의 온도와 포화증기의 온도가 각각 옳게 표시된 것은?
㉮ 포화수의 온도 : 100℃, 포화증기의 온도 : 100℃
㉯ 포화수의 온도 : 100℃, 포화증기의 온도 : 200℃
㉰ 포화수의 온도 : 100℃, 포화증기의 온도 : 300℃
㉱ 포화수의 온도 : 100℃, 포화증기의 온도 : 539℃

해설 대기압하에서는 포화수와 포화증기의 온도는 동일한 100℃이다.

20 급유 배관에 여과기를 설치하는 주된 이유는?
㉮ 기름의 열량을 증가시키기 위해서이다.
㉯ 기름의 점도를 조절하기 위해서이다.
㉰ 기름 배관 중의 공기를 빼기 위해서이다.
㉱ 기름 중의 이물질을 제거하기 위해서이다.

해설 여과기(스트레이너) : 관내의 이물질 제거를 위해 설치

21 보일러에서 1보일러 마력의 출력을 나타내는 단위는?
㉮ kg   ㉯ kg/kcal
㉰ kg/h   ㉱ kcal/h

해설 보일러 1마력의 출력은 8435Kcal/h이다.

22 함진가스에 선회운동을 주어 분진입자에 작용하는 원심력에 의하여 입자를 분리하는 집진장치로 가장 적합한 것은?
㉮ 백필터식 집진기
㉯ 사이클론식 집진기
㉰ 전기식 집진기
㉱ 관성력식 집진기

해설 사이클론식 : 함진가스에 선회운동을 주어 분진입자에 작용되는 원심력에 의해 입자를 분리하는 집진장치

23 피드백 자동제어에서 동작신호를 받아서 제어계가 정해진 동작을 하는데 필요한 신호를 만들어 조작부에 보내는 부분은?
㉮ 검출부   ㉯ 조절부
㉰ 비교부   ㉱ 제어부

해설 조절부 : 피드백자동제어에서 동작신호를 받아서 제어계가 정해진 동작을 하는데 필요한 신호를 만들어 조작부에 보내는 부분

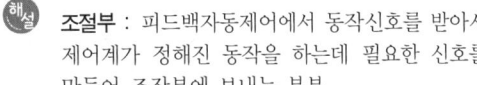
Answer
17. ㉮ 18. ㉱ 19. ㉮ 20. ㉱ 21. ㉱ 22. ㉯ 23. ㉯

24 열매체 보일러 및 사용온도가 120℃ 이상인 온수발생 보일러에 작동유체의 온도가 최고 사용온도를 초과하지 않도록 설치하는 자동 연료차단장치는?

㉮ 온도 – 급수제어장치
㉯ 온도 – 압력제어장치
㉰ 온도 – 연소제어장치
㉱ 온도 – 수위제어장치

해설 온도 - 연소제어장치 : 열매체 보일러 및 사용온도가 120℃ 이상인 온수발생보일러에 작동유체의 온도가 최고사용온도를 초과하지 않도록 설치하는 자동연료차단장치

25 열전도에 적용되는 퓨리에의 법칙 설명 중 틀린 것은?

㉮ 두면 사이에 흐르는 열량은 물체의 단면적에 비례한다.
㉯ 두면 사이에 흐르는 열량은 두면 사이의 온도차에 비례한다.
㉰ 두면 사이에 흐르는 열량은 시간에 비례한다.
㉱ 두면 사이에 흐르는 열량은 두면 사이의 거리에 비례한다.

해설 퓨리에의 법칙에서 두면 사이에 흐르는 열량은 두면 사이의 거리에 반비례한다.

26 고저수위 경보기의 종류 중 플로트의 위치변위에 따라 수은스위치를 작동시켜 경보를 울리는 것은?

㉮ 기계식 경보기
㉯ 자석식 경보기
㉰ 전극식 경보기
㉱ 맥도널식 경보기

해설 맥도널식 경보기 : 플로트의 위치변화에 따른 수은스위치를 작동시켜 경보를 울림

27 가스버너의 종류 중 강제혼합식에 해당되지 않는 것은?

㉮ 내부 혼합식
㉯ 외부 혼합식
㉰ 부분 혼합식
㉱ 진동 혼합식

해설 강제혼합식 : 내부 혼합식, 외부 혼합식, 부분 혼합식

28 공기비(실제공기량/이론공기량)에 대한 설명 중 틀린 것은?

㉮ 보일러에서 연료의 완전연소 시 공기비는 1보다 크다.
㉯ 공기비 값이 크면 과잉공기가 적게 들어간다.
㉰ 공기비 값이 적정할 경우에 에너지가 절약된다.
㉱ 공기비가 1보다 적은 경우에는 완전연소가 이루어질 수 없다.

해설 공기비 값이 크면 과잉공기가 많이 들어간다.

29 천연가스의 주성분인 CH_4의 연소반응식으로 옳은 것은?

㉮ $CH_4 + O_2 = CO_2 + H_2O$
㉯ $CH_4 + O_2 = CO_2 + 4H_2O$
㉰ $CH_4 + 2O_2 = CO_2 + H_2O$
㉱ $CH_4 + 2O_2 = CO_2 + 2H_2O$

해설 메탄(CH_4)의 완전연소 반응식
∴ $CH_4 + 2O_2 = CO_2 + 2H_2O$

Answer
24. ㉰ 25. ㉱ 26. ㉱ 27. ㉱ 28. ㉯ 29. ㉱

30 온수 난방법의 종류에 대한 설명 중 틀린 것은?
㉮ 배관 방식에 따라 단관식과 복관식이 있다.
㉯ 온수 온도에 따라 저온수식과 고온수식이 있다.
㉰ 온수 순환방식에 따라 중력순환식과 강제순환식이 있다.
㉱ 온수의 귀환방식에 따라 상향공급식과 하향공급식이 있다.

[해설] 온수의 공급방식에 따라 상향공급방식과 하향공급방식이 있다.

31 동일지름의 관을 직선으로 연결할 때 사용되는 관이음쇠는?
㉮ 부싱 ㉯ 엘보
㉰ 소켓 ㉱ 플러그

[해설] 동일 관을 직선으로 연결할 때 사용되는 부속품 : 소켓, 니플, 유니온 등이 있다.

32 보일러 급수에서 스케일 및 슬러지의 부착에 따른 영향으로 틀린 것은?
㉮ 보일러 수명이 단축된다.
㉯ 연료 손실을 가져온다.
㉰ 전열효율이 증가된다.
㉱ 보일러의 부식과 과열 파손의 원인이 된다.

[해설] 스케일 및 슬러지 부착 : 전열효율이 떨어진다.

33 물은 온도변화에 따라 용적이 변화하므로 이를 흡수하여 배관계를 보호하기 위해 설치한 것은?
㉮ 팽창탱크 ㉯ 공기빼기밸브
㉰ 온수분배기 ㉱ 전동밸브

[해설] 팽창탱크 : 온도변화에 의한 온수의 체적팽창을 흡수하여 배관의 파손 및 열손실을 방지한다.

34 온수난방에서 팽창탱크의 용량 및 구조에 대한 설명으로 틀린 것은?
㉮ 개방식 팽창탱크는 저 온수난방 배관에 주로 사용된다.
㉯ 밀폐식 팽창탱크는 고 온수난방 배관에 주로 사용된다.
㉰ 밀폐식 팽창탱크에는 수면계를 설치한다.
㉱ 개방식 팽창탱크에는 압력계를 설치한다.

[해설] 압력계는 밀폐식 팽창탱크에 설치한다.

35 액체나 기체는 열팽창에 의하여 밀도가 변하고 그 각 부분은 순환 운동을 하여 데워지는 대류현상과 관련이 있는 법칙은?
㉮ 퓨리에의 열전도법칙
㉯ 뉴톤의 냉각법칙
㉰ 스테판볼쯔만법칙
㉱ 클로지우스법칙

[해설] 뉴톤의 냉각법칙 : 액체나 기체는 열팽창에 의하여 밀도가 변하고 그 각 부분은 순환 운동을 하여 데워지는 대류현상과 관련이 있는 법칙

36 보일러 점화 시 역화의 원인에 해당되지 않는 것은?
㉮ 급수밸브를 급개하여 소량으로 분무한 경우
㉯ 착화가 지연되었을 경우
㉰ 프리퍼지의 불충분이나 또는 잊어버린 경우
㉱ 점화원을 가동하기 전에 연료를 분무해 버린 경우

[해설] 급수밸브와 역화는 무관하다. 즉, 역화는 연소와 관련된 부분이다.

37 어느 건물의 난방부하가 20000kcal/h이다. 5세주 650mm의 주철제 방열기로 온수난방 한다면 필요한 방열기 쪽수는? (단, 방열기의 쪽당 방열면적은 $0.26m^2$이고, 방열량은 표준 방열량으로 계산한다.)

㉮ 33 ㉯ 117
㉰ 171 ㉱ 178

해설 방열기 쪽수 = 난방부하/방열량×쪽당 방열면적
= 20000/450×0.26 = 171쪽

38 난방부하를 줄이기 위한 방법이 아닌 것은?

㉮ 이중창으로 한다.
㉯ 차양을 설치한다.
㉰ 단열재를 사용한다.
㉱ 출입문에 회전문을 사용한다.

해설 차양을 설치하는 것은 난방부하와는 무관하다.

39 증기관이나 온수관 등에 대한 단열로서 불필요한 방열을 방지하고 또 인체에 화상을 입히는 위험방지나 실내공기의 이상온도 상승의 방지 등을 목적으로 하는 것을 무엇이라고 하는가?

㉮ 방로 ㉯ 보냉
㉰ 방한 ㉱ 보온

해설 보온이란 : 증기관이나 온수관 등에 대한 단열을 말한다.

40 다음 중 배관의 지지장치가 아닌 것은?

㉮ 행거
㉯ 서포트
㉰ 레스트레인트
㉱ 체이셔

해설 체이셔 : 강관에 나사를 내는 부품이다.

41 무기질 보온재에 해당되는 것은?

㉮ 암면 ㉯ 펠트
㉰ 코르크 ㉱ 기포성 수지

해설 암면 : 무기질 보온재

42 복사난방의 특징 설명으로 틀린 것은?

㉮ 실내온도가 균일하며 쾌감도가 좋다.
㉯ 방열기 설치가 불필요하므로 바닥면의 이용율이 높다.
㉰ 고장발견이 곤란하고, 시공수리가 어렵다.
㉱ 패널 방식이므로 단열재를 시공할 필요가 없다.

해설 복사난방의 경우에도 단열재로 시공을 해야 한다.

43 저압 증기난방장치에서 하트포드 접속법에 대한 설명으로 틀린 것은?

㉮ 증기관과 환수관 사이에 균형관을 설치한다.
㉯ 보일러의 물이 환수관으로 역류하는 것을 방지한다.
㉰ 환수관의 침전물이 보일러에 유입되지 못하도록 한다.
㉱ 관말트랩을 보호하기 위한 배관법이다.

해설 하드포드 접속법은 관말트랩을 보호하기 위한 배관법에 해당되지 않는다.

44 보일러 연료를 완전연소 시키기 위한 방법 설명으로 틀린 것은?

㉮ 연료와 연소용 공기를 적절히 예열할 것.
㉯ 적량의 공기를 공급하여 연료와 잘 혼합할 것.
㉰ 연소실 내의 온도를 되도록 높게 유지할 것.
㉱ 연소실 용적을 되도록 작게 할 것.

해설 완전연소의 구비조건은 연소실 용적이 커야 한다.

Answer
37. ㉰ 38. ㉯ 39. ㉱ 40. ㉱ 41. ㉮ 42. ㉱ 43. ㉱ 44. ㉱

45 호칭지름 20A의 강관을 반지름 100mm로 180° 벤딩할 때 곡선길이는 약 몇 mm인가?

㉮ 285 ㉯ 314
㉰ 428 ㉱ 628

[해설] πD × 각도/360 = 3.14 × 200 × 180/360
= 314mm

46 보일러 저온부식의 방지대책으로 틀린 것은?

㉮ 과잉 공기량을 더욱 증가시킨다.
㉯ 연료중의 황분(S)을 제거한다.
㉰ 연료에 첨가제를 사용하여 노점온도를 낮춘다.
㉱ 배기가스의 온도를 노점온도 이상으로 유지한다.

[해설] 과잉공기량이 많아지면 부식의 원인이 된다.

47 환수관 배관법 중 응축수 환수주관을 보일러의 표준 수위보다 높은 위치에 배관하여 환수하는 방식은?

㉮ 건식 환수방식
㉯ 습식 환수방식
㉰ 강제 환수방식
㉱ 진공 환수방식

[해설] 건식 환수방식 : 증기부에 응축수 환수주관을 설치하여 응축수를 환수하는 방식이다.

48 동관용 공구에 대한 설명이 틀린 것은?

㉮ 사이징 툴 : 동관의 끝부분을 원형으로 정형한다.
㉯ 플레어링 툴 세트 : 동관의 압축접합용에 사용한다.
㉰ 익스팬더 : 직관에서 분기관을 성형 시 사용한다.
㉱ 리머 : 동관 절단 후 관의 내 외면에 생긴 거스러미를 제거한다.

[해설] 익스팬더(확관기) : 동관을 확관하는 공구이다.

49 발화성, 인화성 물질의 취급에 대한 설명으로 틀린 것은?

㉮ 환기가 잘 될 수 있는 구조로 한다.
㉯ 주위에 항상 적절한 소화설비를 갖추어 둔다.
㉰ 독립된 내화구조 또는 준 내화구조로 한다.
㉱ 발화성 물질 등은 혼합해서 같은 용기에서 저장한다.

[해설] 발화성, 인화성 물질 등을 혼합해서 같은 용기에서 저장을 금지한다.

50 증기트랩의 종류 중 온도조절식 트랩에 해당되지 않는 것은?

㉮ 임펄스식 트랩
㉯ 플로트식 트랩
㉰ 바이메탈식 트랩
㉱ 벨로즈식 트랩

[해설] 기계식 트랩 : 플로트식, 버켓식

51 연단과 아마인유를 혼합한 방청 도료로서 밀착력이 강하고 도막(塗膜)은 질이 조밀하여 풍화에 잘 견디므로 기계류의 도장 밑칠에 사용되는 도료는?

㉮ 알루미늄 도료
㉯ 광명단 도료
㉰ 산화철 도료
㉱ 합성수지 도료

[해설] 광명단 도료 : 부식 방지를 위해 밑칠용으로 사용한다.

Answer
45. ㉯ 46. ㉮ 47. ㉮ 48. ㉰ 49. ㉱ 50. ㉯ 51. ㉯

52 아래 방열기 도시기호의 설명으로 옳은 것은?

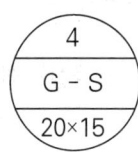

- ㉮ 벽걸이 방열기로 쪽수가 15개, S형이다.
- ㉯ 길드 방열기로 쪽수가 4개, S형이다.
- ㉰ 주철제 방열기로 쪽수가 20개, S형이다.
- ㉱ 4세주형 방열기로 쪽수가 4개, G형이다.

[해설] 길드 방열기(G), 쪽수가 4개, S형이며, 유입측 지름 20A, 유출측 지름 15A 이다.

53 질소봉입 방법으로 보일러 보존 시 보일러 내부에 질소가스의 봉입압력(MPa)으로 적합한 것은?

- ㉮ 0.06
- ㉯ 0.02
- ㉰ 0.03
- ㉱ 0.08

[해설] 질소봉입 방법으로 보존 시 보일러 내부에 질소가스의 봉입 압력은 0.06MPa이 적합하다.

54 강관 용접접합의 특징에 대한 설명으로 틀린 것은?

- ㉮ 관내 유체의 저항 손실이 적다.
- ㉯ 접합부의 강도가 강하다.
- ㉰ 보온피복 시공이 어렵다.
- ㉱ 누수의 염려가 적다.

[해설] 용접이음의 장점은 보온피복 시공이 용이하다.

55 저탄소녹색성장 기본법에서 규정하는 온실가스가 아닌 것은?

- ㉮ 아산화질소(N_2O)
- ㉯ 과불화탄소(PFC_S)
- ㉰ 이산화탄소(CO_2)
- ㉱ 산소(O_2)

[해설] 저탄소녹색정장 기본법에서 규정하는 온실 가스는 아산화질소(N_2O), 과불화탄소(PFCs), 이산화탄소(CO_2), 메탄(CH_4), 수소불화탄소(HFCs), 육불화황(SF6)을 말한다.

56 에너지다소비사업자는 산업통상자원부령이 정하는 바에 따라 전년도의 에너지사용량·제품생산량 등을 매년 에너지사용시설이 소재하는 지역을 관할하는 시·도지사에게 신고해야 하는가?

- ㉮ 1월 31일 까지
- ㉯ 2월 말일까지
- ㉰ 3월 31일까지
- ㉱ 12월 31일까지

[해설] 에너지다소비사업자는 산업통상자원부령이 정하는 바에 따라 전년도의 에너지사용량, 제품생산량 등을 매년 1월 31일까지 관할하는 시·도지사에게 신고해야 한다.

57 에너지이용합리화법상 검사대상기기에 대하여 받아야 할 검사를 받지 않은 자에 대한 벌칙은?

- ㉮ 2년 이하의 징역 또는 2천만원 이하의 벌금
- ㉯ 1년 이하의 징역 또는 1천만원 이하의 벌금
- ㉰ 2천만원 이하의 벌금
- ㉱ 500만원 이하의 벌금

[해설] 에너지이용합리화법상 검사대상기기에 대하여 받아야 할 검사를 받지 않은 자에 대한 벌칙은 1년 이하의 징역 또는 1천만원 이하의 벌금형에 처한다.

Answer
52. ㉯ 53. ㉮ 54. ㉰ 55. ㉱ 56. ㉮ 57. ㉯

58 에너지이용 합리화법에서 에너지 사용량이 연료·열 및 전력의 연간 사용량의 합계가 2천 티오이 이상인 자가 신고할 사항이 아닌 것은?

㉮ 해당 연도의 에너지사용 예정량·제품 생산 예정량
㉯ 에너지사용기자재의 현황
㉰ 전년도의 에너지이용합리화 실적 및 해당 연도의 계획
㉱ 해당 연도 에너지기자재 수요예측 및 공급계획

해설 에너지이용 합리화법에서 에너지 사용량이 연료·열 및 전력의 연간 사용량의 합계가 2천 티오이 이상인 자가 신고할 사항
① 해당연도의 에너지사용량예정량·제품생산예정량
② 에너지사용기자재의 현황
③ 전년도의 에너지이용합리화 실적 및 해당 연도의 계획 등

59 열사용기자재 관리규칙에 의한 검사대상기기인 보일러의 계속사용검사 중 재사용검사의 유효기간은?

㉮ 1년   ㉯ 1년 6개월
㉰ 2년   ㉱ 3년

해설 열사용기자재 관리규칙에 의한 검사대상기기인 보일러의 계속사용검사 중 재사용검사의 유효기간은 1년이다.

60 에너지이용합리화법 시행령상 산업통상자원부장관은 에너지수급 안정을 위한 조치를 하고자 할 때에는 그 사유·기간 및 대상자 등을 정하여 그 조치 예정일 며칠 이전에 예고하여야 하는가?

㉮ 14일   ㉯ 10일
㉰ 7일   ㉱ 5일

해설 에너지이용합리화법 시행령상 산업통상자원부장관은 에너지수급 안정을 위한 조치를 하고자 할 때에는 그 사유기간 및 대상자 등을 정하여 그 조치 예정일 7일 이전에 예고하여야 한다.

Answer
58. ㉱   59. ㉮   60. ㉰

memo

최근 기출문제 과년도

※ **기출복원 문제란?** (2016년 5회 시험부터 반영)
CBT시행에 따라 저자께서 수검자들의 도움으로 최대한 유형에 가깝게 복원한 문제입니다.
앞으로도 높은 적중률을 위해 노력하겠습니다.

구민사는 당신의 **합격**을 응원합니다.

에·너·지·관·리·기·능·사

PART 6

 # 에너지관리기능사

2013년 1월 27일 시행

01 오일 버너 종류 중 회전컵의 회전운동에 의한 원심력과 미립화용 1차공기의 운동에너지를 이용하여 연료를 이용하여 연료를 분무시키는 버너는?

㉮ 건타입 버너
㉯ 로터리 버너
㉰ 유압식 버너
㉱ 기류 분무식 버너

 • **로터리 버너** : 고속으로 회전하는 분무컵을 이용하여 연료를 분무하는 형식

02 프라이밍의 발생 원인으로 거리가 먼 것은?

㉮ 보일러 수위가 높을 때
㉯ 보일러수가 농축되어 있을 때
㉰ 송기 시 증기밸브를 급개할 때
㉱ 증발능력에 비하여 보일러수의 표면적이 클 때

 • **프라이밍현상** : 주증기 밸브 급개 시, 고수위 시 수면으로부터 끊임없이 물방울이 비산하면서 수위를 불안정하게 하는 현상
• **프라이밍 발생 원인**
 ① 고수위 시
 ② 보일러수 농축 시
 ③ 급격한 과열
 ④ 주증기 밸브의 급개

03 오일 여과기의 기능으로 거리가 먼 것은?

㉮ 펌프를 보호한다.
㉯ 유량계를 보호한다.
㉰ 연료노즐 및 연료조절 밸브를 보호한다.
㉱ 분무효과를 높여 연소를 양호하게 하고 연소생성물을 활성화시킨다.

 • **오일 여과기**
 펌프, 유량계 등의 입구측에 설치하여 이물질로 막히는 것을 방지한다. 즉 부속장치를 보호하는 역할을 한다.

04 다음 중 목표값이 변화되어 목표값을 측정하면서 제어목표량을 목표량에 맞도록 하는 제어에 속하지 않는 것은?

㉮ 추종제어   ㉯ 비율 제어
㉰ 정치 제어   ㉱ 캐스케이드 제어

① **정치제어** : 목표값이 변화 없이 일정한 값을 갖는 제어
② **추치제어** : 목표값이 변화되는 것으로 목표값을 측정하면서 제어 목표량을 목표값에 맞추는 제어방식
 ㉮ 추종제어 : 목표값이 시간에 따라 임의로 변화되는 값으로 부여한 제어
 ㉯ 비율제어 : 2개 이상의 제어값의 값이 정해진 비율을 보유하여 제어
 ㉰ 프로그램 제어 : 목표값이 시간에 따라 미리 결정된 일정한 제어
 ㉱ 캐스케이드 제어 : 1차 제어장치가 제어명령을 발하고 2차 제어장치가 이 명령을 바탕으로 제어량을 조절하는 측정제어

05 노통 보일러에서 갤러웨이 관(galloway tube)을 설치하는 목적으로 가장 옳은 것은?

㉮ 스케일 부착을 방지하기 위하여
㉯ 노통의 보강과 양호한 물 순환을 위하여
㉰ 노통의 진동을 방지하기 위하여
㉱ 연료의 완전연소를 위하여

 갤러웨이 관의 설치 잇점
① 전열면적 증가
② 물의 순환 양호
③ 노통의 강도보강

Answer
1. ㉯ 2. ㉱ 3. ㉱ 4. ㉰ 5. ㉯

06 다음 중 수트 블로워의 종류가 아닌 것은?

㉮ 장발형
㉯ 건타입형
㉰ 정치회전형
㉱ 콤버스터형

• **수트 블로워** : 주로 수관 보일러의 전열면에 부착된 그을음을 제거하는 장치
• **종 류**
① 고온 전열면 블로워 – 롱트렉터블형(장발형)
② 연소 노벽 블로워 – 숏트렉터블형(단발형)
③ 전열면 블로워 – 건타입형
④ 저온전열면 블로워 – 로터리형(정치회전형)

07 건 배기가스 중의 이산화탄소분 최대값이 15.7%이다. 공기비를 1.2로 할 경우 건 배기가스 중의 이산화탄소분은 몇 %인가?

㉮ 11.21% ㉯ 12.07%
㉰ 13.08% ㉱ 17.58%

$m = \dfrac{CO_2 max}{CO_2}$

$\therefore CO_2 \% = \dfrac{15.7}{1.2} = 13.08\%$

08 보일러 급수펌프 중 비용적식 펌프로서 원심 펌프인 것은?

㉮ 워싱턴펌프 ㉯ 웨어펌프
㉰ 플런저펌프 ㉱ 볼류트펌프

① **왕복동식(비용적식)펌프** : 워싱턴펌프, 웨어펌프, 플런저펌프, 피스톤식펌프
② **원심펌프** : 볼류트펌프, 터빈펌프

09 다음 자동제어에 대한 설명에서 온-오프(on-off) 제어에 해당되는 것은?

㉮ 제어량이 목표값을 기준으로 열거나 닫는 2개의 조작량을 가진다.
㉯ 비교부의 출력이 조작량에 비례하여 변화한다.
㉰ 출력편차량의 시간 적분에 비례한 속도로 조작량을 변화시킨다.
㉱ 어떤 출력편차의 시간 변화에 비례하여 조작량을 변화시킨다.

• **2 위치동작** : 편차입력에 따라 두 개의 조작량의 값을 선택하는 동작으로 입력이 증가할 때 마다 감소할 때 전환점에서 간극을 가진 on-off 동작이다.

10 다음 중 비열에 대한 설명으로 옳은 것은?

㉮ 비열은 물질 종류에 관계없이 1.4로 동일하다.
㉯ 질량이 동일할 때 열용량이 크면 비열이 크다.
㉰ 공기의 비열이 물보다 크다.
㉱ 기체의 비열비는 항상 1보다 작다.

비열은 질량이 동일할 때 열용량이 크면 비열이 크다.

11 통풍 방식에 있어서 소요 동력이 비교적 많으나 통풍력 조절이 용이하고 노내압을 정압 및 부압으로 임의로 조절이 가능한 방식은?

㉮ 흡입통풍 ㉯ 압입통풍
㉰ 평형통풍 ㉱ 자연통풍

① **압입통풍(정압)** : 연소실의 압력이 대기압보다 높다.
② **흡입통풍(부압)** : 연소실의 압력이 대기압보다 낮다.
③ **평형통풍(정압, 부압)** : 연소실의 압력을 정압 및 부압으로 조절 가능

12 보일러 자동연소제어(A.C.C)의 조작량에 해당하지 않는 것은?

㉮ 연소 가스량 ㉯ 공기량
㉰ 연료량   ㉱ 급수량

• **자동연소제어(ACC)의 조작량** : 연소 가스량, 공기량, 연료량

Answer
6. ㉱ 7. ㉰ 8. ㉱ 9. ㉮ 10. ㉯ 11. ㉰ 12. ㉱

13 다음 도시가스의 종류를 크게 천연가스와 석유계 가스, 석탄계 가스로 구분할 때 석유계 가스에 속하지 않는 것은?

㉮ 코르크 가스
㉯ LPG 변성가스
㉰ 나프타 분해가스
㉱ 정제소 가스

[해설] 코르크 가스는 석탄계 가스에 해당된다.

14 다음 중 증기의 건도를 향상시키는 방법으로 틀린 것은?

㉮ 증기의 압력을 더욱 높여서 초고압 상태로 만든다.
㉯ 기수분리기를 사용한다.
㉰ 증기주관에서 효율적인 드레인 처리를 한다.
㉱ 증기 공간내의 공기를 제거한다.

[해설] 비수방지관, 기수분리기, 증기돔, 과열기, 재열기 등 설치, 증기관 보온처리, 과열증기, 드레인 처리, 증기공간내의 공기제거 등으로 건조도가 상승되며, 증기압력을 초고압까지 높이면 증기 중에 수분이 포함될 수 있으므로 건조도가 낮아진다.

15 다음 중 연소 시에 매연 등의 공해 물질이 가장 적게 발생되는 연료는?

㉮ 액화천연가스   ㉯ 석탄
㉰ 중유   ㉱ 경유

[해설] 기체연료(액화천연가스)는 매연 발생이 없어 대기오염을 초래하지 않는다.

16 다음 중 수관식 보일러에 해당되는 것은?

㉮ 스코치 보일러
㉯ 바브콕 보일러
㉰ 코크란 보일러
㉱ 케와니 보일러

[해설] 수관식 보일러
① 자연순환식 : 바브콕, 타꾸마, 쓰네기찌, 야아로우 보일러 등
② 강제순환식 : 라몽드, 벨룩스 보일러
③ 관류보일러 : 벤슨, 슬저어, 람진, 앳모스 보일러

17 1 보일러 마력을 열량으로 환산하면 몇 kcal/h 인가?

㉮ 8435kcal/h   ㉯ 9435kcal/h
㉰ 7435kcal/h   ㉱ 10173kcal/h

[해설] 1 보일러 마력의 열량은 8435kcal/h, 상당증발량은 15.65kg/h이다.

18 보일러 열효율 향상을 위한 방안으로 잘못 설명한 것은?

㉮ 절탄기 또는 공기예열기를 설치하여 배기가스 열을 회수한다.
㉯ 버너 연소부하조건을 낮게 하거나 연속운전을 간헐운전으로 개선한다.
㉰ 급수온도가 높으면 연료가 절감되므로 고온의 응축수는 회수한다.
㉱ 온도가 높은 블로우 다운수를 회수하여 급수 및 온수제조 열원으로 활용한다.

[해설] 보일러를 간헐적으로 운전하면 효율이 떨어진다.

19 석탄의 함유 성분에 대해서 그 성분이 많을수록 연소에 미치는 영향에 대한 설명으로 틀린 것은?

㉮ 수분 : 착화성이 저하된다.
㉯ 회분 : 연소 효율이 증가한다.
㉰ 휘발분 : 검은 매연이 발생하기 쉽다.
㉱ 고정탄소 : 발열량이 증가한다.

[해설]
• 회분 : 많아지면 연소 효율이 떨어진다.

Answer
13. ㉮ 14. ㉮ 15. ㉮ 16. ㉯ 17. ㉮ 18. ㉯ 19. ㉯

20 시간당 100kg의 중유를 사용하는 보일러에서 총 손실열량이 200000kcal/h일 때 보일러의 효율은 약 얼마인가? (단, 중유의 발열량은 10000kcal/kg이다.)

㉮ 75% ㉯ 80%
㉰ 85% ㉱ 90%

해설 $\dfrac{(10{,}000 \times 100) - 200{,}000}{10{,}000 \times 100} \times 100 = 80\%$

21 보일러 부속장치에 관한 설명으로 틀린 것은?

㉮ 배기가스의 여열을 이용하여 급수를 예열하는 장치를 절탄기라 한다.
㉯ 배기가스의 열로 연소용 공기를 예열하는 것을 공기 예열기라 한다.
㉰ 고압증기 터빈에서 팽창되어 압력이 저하된 증기를 재과열하는 것을 과열기라 한다.
㉱ 오일 프리히터는 기름을 예열하여 점도를 낮추고, 연소를 원활히 하는데 목적이 있다.

해설 고압증기 터빈에서 팽창되어 압력이 저하된 증기를 재과열하는 것을 재열기라 한다.

22 KS에서 규정하는 보일러의 열정산은 원칙적으로 정격부하 이상에서 정상 상태(steady state)로 적어도 몇 시간 이상의 운전결과에 따라야 하는가?

㉮ 1시간 ㉯ 2시간
㉰ 3시간 ㉱ 5시간

해설 보일러의 열 정산은 원칙적으로 정격부하 이상에서 적어도 2시간 이상의 운전결과에 따라야 한다. 단, 소형보일러의 경우 인수·인도자간의 협정에 따라 1시간 이상으로 할 수 있다.

23 전기식 증기압력조절기에서 증기가 벨로즈 내에 직접 침입하지 않도록 설치하는 것으로 가장 적합한 것은?

㉮ 신축 이음쇠 ㉯ 균압 관
㉰ 사이폰 관   ㉱ 안전 밸브

해설 벨로즈 내로 증기가 직접 침입하여 파손되는 것을 방지하기 위해 사이폰관을 설치한다.

24 열 사용기자재의 검사 및 검사의 면제에 관한 기준에 따라 온수발생보일러(액상식 열매체 보일러 포함)에서 사용하는 방출밸브와 방출관의 설치 기준에 관한 설명으로 옳은 것은?

㉮ 인화성 액체를 방출하는 열매체 보일러의 경우 방출밸브 또는 방출관은 밀폐식 구조로 하든가 보일러 밖의 안전한 장소에 방출시킬 수 있는 구조이어야 한다.
㉯ 온수발생보일러에는 압력이 보일러의 최고사용압력에 달하면 즉시 작동하는 방출밸브 또는 안전밸브를 2개 이상 갖추어야 한다.
㉰ 393K의 온도를 초과하는 온수발생보일러에는 안전밸브를 설치하여야 하며, 그 크기는 호칭지름 10mm 이상이어야 한다.
㉱ 액상식 열매체 보일러 및 온도 393K 이하의 온수발생보일러에는 방출밸브를 설치하여야 하며, 그 지름은 10mm 이상으로 하고, 보일러의 압력이 보일러의 최고 사용압력에 그 5%(그 값이 0.035MPa 미만인 경우에는 0.035MPa로 한다.)를 더한 값을 초과하지 않도록 지름과 개수를 정하여야 한다.

해설 인화성 액체를 방출하는 열매체 보일러의 경우 방출밸브 또는 방출관은 밀폐식 구조로 하든가 보일러 밖의 안전한 장소에 방출시킬 수 있는 구조이어야 한다.

Answer 20. ㉯ 21. ㉰ 22. ㉯ 23. ㉰ 24. ㉮

25 외분식 보일러의 특징 설명으로 거리가 먼 것은?

㉮ 연소실 개조가 용이하다.
㉯ 노내 온도가 높다.
㉰ 연료의 선택 범위가 넓다.
㉱ 복사열의 흡수가 많다.

- 외분식 연소 장치의 특징
  ㉠ 연소실 크기가 자유로우며, 개조가 용이하다.
  ㉡ 완전연소가 가능하다.
  ㉢ 연소효율이 좋아 노내온도상승이 쉽다.
  ㉣ 노벽방사손실이 있다.(즉, 복사열의 흡수가 적다.)
  ㉤ 연료의 질에 크게 상관하지 않는다(저질연료라도 연소 양호)

26 보일러와 관련한 기초 열역학에서 사용하는 용어에 대한 설명으로 틀린 것은?

㉮ 절대압력 : 완전 진공상태를 0으로 기준하여 측정한 압력
㉯ 비체적 : 단위 체적당 질량으로 단위는 kg/m^3임
㉰ 현열 : 물질 상태의 변화없이 온도가 변화하는데 필요한 열량
㉱ 잠열 : 온도의 변화없이 물질 상태가 변화하는데 필요한 열량

- 비체적 : 단위 질량당의 체적으로 단위는 (m^3/kg)이다.

27 보일러에서 사용하는 안전밸브 구조의 일반 사항에 대한 설명으로 틀린 것은?

㉮ 설정압력이 3MPa를 초과하는 증기 또는 온도가 508K를 초과하는 유체에 사용하는 안전밸브에는 스프링이 분출하는 유체에 직접 노출되지 않도록 하여야 한다.
㉯ 안전밸브는 그 일부가 파손하여도 충분한 분출량을 얻을 수 있는 것이어야 한다.
㉰ 안전밸브는 쉽게 조정이 가능하도록 잘 보이는 곳에 설치하고 봉인하지 않도록 한다.
㉱ 안전밸브의 부착부는 배기에 의한 반동력에 대한 충분한 강도가 있어야 한다.

안전밸브는 필히 봉인이 되어 있어야 한다.

28 함진 배기가스를 액방울이나 액막에 충돌시켜 분진입자를 포집 분리하는 집진장치는?

㉮ 중력식 집진장치
㉯ 관성력식 집진장치
㉰ 원심력식 집진장치
㉱ 세정식 집진장치

- 세정식 집진장치 : 함진 배기가스를 액방울이나 액막에 충돌시켜 분진입자를 포집 분리하는 집진장치

29 보일러 가동 중 실화(失火)가 되거나, 압력이 규정치를 초과하는 경우는 연료 공급이 자동적으로 차단하는 장치는?

㉮ 광전관
㉯ 화염검출기
㉰ 전자밸브
㉱ 체크밸브

가동 중 실화 시, 압력이 규정치를 초과하는 등의 이상현상이 발생이 최종적으로 연료를 차단하는 것은 전자밸브이다.

30 보일러 내처리로 사용되는 약제의 종류에서 pH, 알칼리 조정 작용을 하는 내처리제에 해당하지 않는 것은?

㉮ 수산화나트륨
㉯ 히드라진
㉰ 인산
㉱ 암모니아

Answer
25. ㉱ 26. ㉯ 27. ㉰ 28. ㉱ 29. ㉰ 30. ㉯

- PH, 알칼리 조정제의 종류

수산화나트륨	NaOH
탄산나트륨	Na_2CO_3
제 3인산나트륨	Na_3PO_4
제 1인산나트륨	NaH_2PO_4
헥사메타인산나트륨	$Na_6P_4O_{18}$
인산	H_3PO_4
암모니아	NH_3

31 증기난방에서 응축수의 환수방법에 따른 분류 중 증기의 순환과 응축수의 배출이 빠르며, 방열량도 광범위하게 조절할 수 있어서 대규모 난방에 많이 채택하는 방식은?

㉮ 진공 환수식 증기난방
㉯ 복관 중력 환수식 증기난방
㉰ 기계 환수식 증기난방
㉱ 단관 중력 환수식 증기난방

- **응축수 환수방식** : 중력환수식, 기계환수식, 진공환수식
- **특징**
  ① 중력, 기계 환수보다 순환이 가장 빠르다.
  ② 기울기(구배)에 큰 애로가 없다.
  ③ 방열량을 광범위하게 조절할 수 있다.
  ④ 환수관의 관지름을 적게 할 수 있다.
  ⑤ 버큠 브레이커(vacuum breaker)를 사용하여 진공을 일정히 유지해야 한다.

32 보일러의 휴지(休止) 보존 시에 질소가스 봉입 보존법을 사용할 경우 질소 가스의 압력을 몇 MPa 정도로 보존하는가?

㉮ 0.2   ㉯ 0.6
㉰ 0.02   ㉱ 0.06

질소가스 봉입보존법의 경우 질소 가스의 압력은 0.06Mpa정도로 보존한다.

33 증기, 물, 기름 배관 등에 사용되며 관내의 이물질, 찌꺼기 등을 제거할 목적으로 사용되는 것은?

㉮ 플로트 밸브
㉯ 스트레이너
㉰ 세정 밸브
㉱ 분수 밸브

- **스트레이너(여과기)** : 관내의 이물질, 찌꺼기 등을 제거할 목적으로 사용된다.

34 보일러 저수위 사고의 원인으로 가장 거리가 먼 것은?

㉮ 보일러 이음부에서의 누설
㉯ 수면계 수위의 오판
㉰ 급수장치가 증발능력에 비해 과소
㉱ 연료 공급 노즐의 막힘

저수위 사고의 경우는 급수와 관련되며, 연료 공급 노즐의 막힘은 연료계통의 사고 원인에 해당된다.

35 보일러에서 사용하는 수면계 설치 기준에 관한 설명 중 잘못된 것은?

㉮ 유리 수면계는 보일러의 최고사용압력과 그에 상당하는 증기온도에서 원활히 작용하는 기능을 가져야 한다.
㉯ 소용량 및 소형관류보일러에는 2개 이상의 유리 수면계를 부착해야 한다.
㉰ 최고사용압력 1MPa 이하로서 동체 안지름 750mm 미만인 경우에 있어서는 수면계 중 1개는 다른 종류의 수면측정장치로 할 수 있다.
㉱ 2개 이상의 원격지시 수면계를 시설하는 경우에 한하여 유리 수면계를 1개 이상으로 할 수 있다.

Answer
31. ㉮ 32. ㉱ 33. ㉯ 34. ㉱ 35. ㉯

• 수면계의 설치 개수
  ① 증기 보일러는 2개(소용량 및 소형 관류 보일러는 1개) 이상의 유리수면계를 부착하여야 한다. 다만, 단관식 관류 보일러는 제외한다.
  ② 최고사용압력 1[MPa](10[kg/cm^2]) 이하로서 동체안지름이 750[mm] 미만인 경우에 있어서는 수면계 중 1개는 다른 종류의 수면측정장치로 할 수 있다.
  ③ 2개 이상의 원격지시 수면계를 시설하는 경우에 한하여 유리수면계를 1개 이상으로 할 수 있다.

36 보일러에서 발생하는 부식 형태가 아닌 것은?
㉮ 점식   ㉯ 수소취화
㉰ 알칼리 부식 ㉱ 라미네이션

• 보일러에서 발생하는 부식 및 손상 : 점식, 가성취화(알칼리부식), 블리스터, 압궤, 팽출, 크랙 등

37 온수난방을 하는 방열기의 표준방열량은 몇 kcal/m^2·h인가?
㉮ 440   ㉯ 450
㉰ 460   ㉱ 470

표준방열량
(온수 450kcal/m^2·h, 증기 650kcal/m^2·h)

38 증기난방과 비교하여 온수난방의 특징을 설명한 것으로 틀린 것은?
㉮ 난방 부하의 변동에 따라서 열량 조절이 용이하다.
㉯ 예열시간이 짧고, 가열 후에 냉각시간도 짧다.
㉰ 방열기의 화상이나, 공기 중의 먼지 등이 늘어붙어 생기는 나쁜 냄새가 적어 실내의 쾌적도가 높다.
㉱ 동일 발열량에 대하여 방열 면적이 커야 하고 관경도 굵어야 하기 때문에 설비비가 많이 드는 편이다.

• 증기난방과 비교한 온수난방의 특징
  ① 예열시간이 길다.
  ② 방열량의 조절이 쉽다.
  ③ 동결의 위험이 적다.
  ④ 방열면적이 넓고 취급이 쉽다.
  ⑤ 건축물의 높이에 제한을 받는다.

39 배관 내에 흐르는 유체의 종류를 표시하는 기호 중 증기를 나타내는 것은?
㉮ A   ㉯ G
㉰ S   ㉱ O

• 유체의 종류를 표시하는 기호
  A : 공기, G : 가스, S : 증기, O : 오일, W : 물

40 보온시공 시 주의사항에 대한 설명으로 틀린 것은?
㉮ 보온재와 보온재의 틈새는 되도록 적게 한다.
㉯ 겹침부의 이음새는 동일 선상을 피해서 부착한다.
㉰ 테이프 감기는 물, 먼지 등의 침입을 막기 위해 위에서 아래쪽으로 향하여 감아내리는 것이 좋다.
㉱ 보온의 끝 단면은 사용하는 보온재 및 보온 목적에 따라서 필요한 보호를 한다.

테이프 감기는 물, 먼지 등의 침입을 막기 위해 위쪽으로 향하여 감아올리는 것이 좋다.

41 부식억제제의 구비조건에 해당하지 않는 것은?
㉮ 스케일의 생성을 촉진할 것
㉯ 정지나 유동시에도 부식억제 효과가 클 것
㉰ 방식 피막이 두꺼우며 열전도에 지장이 없을 것
㉱ 이종금속와의 접촉부식 및 이종금속에 대한 부식촉진작용이 없을 것

Answer
36. ㉱   37. ㉯   38. ㉯   39. ㉰   40. ㉰   41. ㉮

- 부식억제의 구비조건
  ① 부식억제 효과가 클 것
  ② 방식 피막이 두꺼우며, 열전도에 지장이 없을 것
  ③ 이종금속과의 접촉부식 및 이종금속에 대한 부식촉진 작용이 없을 것
  ④ 스케일의 생성이 없을 것

42 로터리 밸브의 일종으로 원통 또는 원뿔에 구멍을 뚫고 축을 회전함에 따라 개폐하는 것으로 플러그 밸브라고도 하며 0~90°사이에 임의의 각도로 회전함으로써 유량을 조절하는 밸브는?

㉮ 글로브 밸브
㉯ 체크 밸브
㉰ 슬루스 밸브
㉱ 콕(cock)

콕은 로터리 밸브의 일종으로 원통 또는 원뿔에 구멍을 뚫고 축을 회전함에 따라 개폐하는 것으로 플러그 밸브라고도 하며 0~90° 사이에 임의의 각도로 회전함으로써 유량을 조절하는 밸브이다.

43 열사용기자재 검사기준에 따라 수압시험을 할 때 강철제보일러의 최고사용압력이 0.43MPa를 초과, 1.5MPa 이하인 보일러의 수압시험 압력은?

㉮ 최고 사용압력의 2배 + 0.1MPa
㉯ 최고 사용압력의 1.5배 + 0.2MPa
㉰ 최고 사용압력의 1.3배 + 0.3MPa
㉱ 최고 사용압력의 2.5배 + 0.5MPa

최고 사용압력이 0.43MPa를 초과 1.5MPa 이하인 보일러의 수압시험 압력
- 최고 사용압력의 1.3배 + 0.3MPa의 압력으로 한다.

44 방열기의 종류 중 관과 판으로 이루어지는 엘리먼트와 이것을 보호하기 위한 덮개로 이루어지며 실내 벽면 아랫부분의 나비 나무 부분을 따라서 부착하여 방열하는 형식의 것은?

㉮ 컨벡터
㉯ 패널 라디에이터
㉰ 섹셔널 라디에이터
㉱ 베이스 보드 히터

- 베이스 보드 히터 : 방열기의 종류 중 관과 핀으로 이루어지는 엘리먼트와 이것을 보호하기 위한 덮개로 이루어지며 실내 벽면 아랫부분의 나비 나무 부분을 따라서 부착하여 방열하는 형식이다.

45 신축곡관이라고도 하며, 고온, 고압용 증기관 등의 옥외 배관에 많이 쓰이는 신축 이음은?

㉮ 벨로스형   ㉯ 슬리브형
㉰ 스위블형   ㉱ 루프형

루프형(신축곡관)은 가장 고온, 고압용으로 사용되며, 옥외 배관에 많이 쓰이는 신축 이음이다.

46 표준방열량을 가진 증기방열기가 설치된 실내의 난방부하가 20,000kcal/h일 때 방열면적은 몇 m²인가?

㉮ 30.8   ㉯ 36.4
㉰ 44.4   ㉱ 57.1

방열면적(m^2) = $\dfrac{20,000}{650}$ = 30.8m^2

47 보일러 배관 중에 신축이음을 하는 목적으로 가장 적합한 것은?

㉮ 증기 속의 이물질을 제거하기 위하여
㉯ 열팽창에 의한 관의 파열을 막기 위하여
㉰ 보일러 수의 누수를 막기 위하여
㉱ 증기 속의 수분을 분리하기 위하여

Answer
42. ㉱ 43. ㉰ 44. ㉱ 45. ㉱ 46. ㉮ 47. ㉯

해설 신축이음의 설치목적은 열팽창에 의한 관의 파열을 막기 위함이다.

48 가동 중인 보일러의 취급 시 주의사항으로 틀린 것은?
㉮ 보일러수가 항시 일정수위(상용수위)가 되도록 한다.
㉯ 보일러 부하에 응해서 연소율을 가감한다.
㉰ 연소량을 증가시킬 경우에는 먼저 연료량을 증가시키고 난 후 통풍량을 증가시켜야 한다.
㉱ 보일러수의 농축을 방지하기 위해 주기적으로 블로우다운을 실시한다.

해설 연소량을 증가시킬 경우에는 먼저 공기량을 증가시키고 난 후 연료량을 증가시켜야 한다.

49 증기 보일러에는 원칙적으로 2개 이상의 안전밸브를 부착해야 하는데 전열면적이 몇 m^2 이하이면 안전밸브를 1개 이상 부착해도 되는가?
㉮ 50m^2 ㉯ 30m^2
㉰ 80m^2 ㉱ 100m^2

해설 안전밸브는 2개 이상을 설치해야 하나 전열면적이 50m^2 이하의 경우에는 1개 이상을 부착해도 된다.

50 배관의 나사이음과 비교한 용접이음의 특징으로 잘못 설명된 것은?
㉮ 나사 이음부와 같이 관의 두께에 불균일한 부분이 없다.
㉯ 돌기부가 없어 배관상의 공간효율이 좋다.
㉰ 이음부의 강도가 적고, 누수의 우려가 크다.
㉱ 변형과 수축, 잔류응력이 발생할 수 있다.

해설 용접이음은 나사이음보다 이음부의 강도가 크고, 누수의 우려도 적다.

51 온수 순환 방법에서 순환이 빠르고 균일하게 급탕할 수 있는 방법은?
㉮ 단관 중력순환식 배관법
㉯ 복관 중력순환식 배관법
㉰ 건식순환식 배관법
㉱ 강제순환식 배관법

해설 강제순환식 배관법이 중력보다는 순환이 빠르고 균일하게 급탕할 수 있는 방법이다.

52 연료(중유) 배관에서 연료 저장탱크와 버너 사이에 설치되지 않는 것은?
㉮ 오일펌프   ㉯ 여과기
㉰ 중유가열기   ㉱ 축열기

해설 • **증기축열기** : 저부하 또는 변동부하시 잉여증기를 저장하고 과부하시(peak)에 저장된 잉여증기를 공급하는 장치로 변압식과 정압식이 있다.
① **변압식** : 보일러 출구 증기측에 설치
② **정압식** : 보일러 입구 급수측에 설치

53 보일러 점화조작 시 주의사항에 대한 설명으로 틀린 것은?
㉮ 연소실의 온도가 높으면 연료의 확산이 불량해져서 착화가 잘 안된다.
㉯ 연료가스의 유출속도가 너무 빠르면 실화 등이 일어나고, 너무 늦으면 역화가 발생한다.
㉰ 연료의 유압이 낮으면 점화 및 분사가 불량하고 높으면 그을음이 축적된다.
㉱ 프리퍼지 시간이 너무 길면 연소실의 냉각을 초래하고 너무 늦으면 역화를 일으킬 수 있다.

해설 연소실의 온도가 높으면 연료의 확산이 양호해져서 착화가 잘 된다.

Answer
48. ㉰ 49. ㉮ 50. ㉰ 51. ㉱ 52. ㉱ 53. ㉮

54 보일러 가동 시 맥동연소가 발생하지 않도록 하는 방법으로 틀린 것은?

㉮ 연료 속에 함유된 수분이나 공기를 제거한다.
㉯ 2차 연소를 촉진시킨다.
㉰ 무리한 연소를 하지 않는다.
㉱ 연소량의 급격한 변동을 피한다.

• 맥동연소 방지법
① 연소량의 급격한 변동을 피한다.
② 무리한 연소를 하지 않는다.
③ 연료 속의 함유된 수분이나 공기를 제거한다.

55 에너지이용 합리화법에서 정한 국가에너지절약추진위원회의 위원장은 누구인가?

㉮ 산업통상자원부장관
㉯ 지방자치단체의 장
㉰ 국무총리
㉱ 대통령

국가에너지절약추진위원회의 위원장은 산업통상자원부장관이 된다.

56 신·재생에너지 설비 중 태양의 열에너지를 변화시켜 전기를 생산하거나 에너지원으로 이용하는 설비로 맞는 것은?

㉮ 태양열 설비
㉯ 태양광 설비
㉰ 바이오에너지 설비
㉱ 풍력 설비

• **태양열 설비** : 신·재생에너지 설비 중 태양의 열에너지를 변환시켜 전기를 생산하거나 에너지원으로 이용하는 설비이다.

57 에너지이용 합리화법에 따라 에너지사용계획을 수립하여 산업통상자원부장관에게 제출하여야 하는 민간사업주관자의 시설규모로 맞는 것은?

㉮ 연간 2500 티·오·이 이상의 연료 및 열을 사용하는 시설
㉯ 연간 5000 티·오·이 이상의 연료 및 열을 사용하는 시설
㉰ 연간 1천만 킬로와트 이상의 전력을 사용하는 시설
㉱ 연간 500만 킬로와트 이상의 전력을 사용하는 시설

• 에너지사용계획 수립 - 산업통상자원부장관제출
1) **공공사업주관자** : 국가기관·지방자치단체·정부투자기관·정부출자기관 및 공공기관
① 연간 2,500[TOE] 이상의 연료 및 열을 사용하는 시설
② 연간 1,000만[kWh] 이상의 전력을 사용하는 시설
2) **민간사업주관자** : 공공사업주관자 이외의 자로서 공장·사업장 등에서 에너지를 사용하는 사업을 실시하거나 시설을 설치하고자 하는 자
① 연간 5,000[TOE] 이상의 연료 및 열을 사용하는 시설
② 연간 2,000만[kWh]이상의 전력을 사용하는 시설의 협의대상 사업

58 에너지이용 합리화법에 따라 산업통상자원부령으로 정하는 광고매체를 이용하여 효율관리기자재의 광고를 하는 경우에는 그 광고내용에 에너지소비효율, 에너지소비효율등급을 포함시켜야 할 의무가 있는 자가 아닌 것은?

㉮ 효율관리기자재 제조업자
㉯ 효율관리기자재 광고업자
㉰ 효율관리기자재 수입업자
㉱ 효율관리기자재 판매업자

Answer
54. ㉯ 55. ㉮ 56. ㉮ 57. ㉯ 58. ㉯

효율관리기자재의 광고를 하는 경우 에너지소비효율, 에너지소비효율등급을 포함시켜야 할 의무가 있는 자는 제조업자, 수입업자, 판매업자이다.

59 에너지이용 합리화법상 효율관리기자재에 해당하지 않는 것은?
㉮ 전기냉장고 ㉯ 전기냉방기
㉰ 자동차 ㉱ 범용선반

 • 효율관리기자재
① 전기냉장고
② 전기냉방기(전기세탁기)
③ 자동차
④ 조명기기
⑤ 발전설비 등 에너지공급설비
⑥ 기타 산업통상자원부장관이 그 효율향상이 특히 필요하다고 인정하는 기자재 및 설비

60 효율관리기자재 운용규정에 따라 가정용가스보일러에서 시험성적서 기재 항목에 포함되지 않는 것은?
㉮ 난방열효율
㉯ 가스소비량
㉰ 부하손실
㉱ 대기전력

 • 효율관리기자재 운용규정에 따라 가정용가스보일러에서 시험성적서 기재 항목
① 난방열효율
② 가스소비량
③ 대기전력

Answer
59. ㉱ 60. ㉰

에너지관리기능사

2013년 4월 14일 시행

01 어떤 물질의 단위질량(1kg)에서 온도를 1℃ 높이는데 소요되는 열량을 무엇이라고 하는가?
㉮ 열용량　　㉯ 비열
㉰ 잠열　　　㉱ 엔탈피

- 비열 : 어떤 물질 1[kg]을 1[℃]만큼 올리는데 필요한 열량을 비열이라 하고 다음과 같이 표시한다. (단위 : kcal/kg℃, kcal/Nm³℃)
- 어떤 물질의 온도를 1[℃] 변화시키는데 필요한 열량.

02 엔탈피가 25kcal/kg인 급수를 받아 1시간당 20000kg의 증기를 발생하는 경우 이 보일러의 매시 환산 증발량은 몇 kg/h인가?
(단, 발생증기 엔탈피는 725kcal/kg이다.)
㉮ 3246kg/h　　㉯ 6493kg/h
㉰ 12987kg/h　㉱ 25974kg/h

환산(상당)증발량
$$= \frac{매시간당증발량(증기엔탈피 - 급수엔탈피)}{539}$$
$$= \frac{20{,}000 \times (725 - 25)}{539} = 25{,}974 \text{kg/h}$$

03 보일러의 기수분리기를 가장 옳게 설명한 것은?
㉮ 보일러에서 발생한 증기 중에 포함되어 있는 수분을 제거하는 장치
㉯ 증기 사용처에서 증기 사용 후 물과 증기를 분리하는 장치
㉰ 보일러에 투입되는 연소용 공기 중의 수분을 제거하는 장치
㉱ 보일러 급수 중에 포함되어 있는 공기를 제거하는 장치

- 기수분리기 : 동내부, 또는 수관 보일러의 상승관 내에 기수분리기를 설치하여 건증기를 취출하여 관내 부식이나 수격작용을 방지한다. 즉, 보일러에서 발생한 증기 중에 포함되어 있는 수분을 제거하는 장치
- 기수분리기 종류
  ① 사이크론식(원심력이용)
  ② 스크레버식(파도형의 장애판이용)
  ③ 건조 스크린식(금속망이용)
  ④ 배플식(방향전환이용)

04 다음 중 보일러 스테이(stay)의 종류에 해당되지 않는 것은?
㉮ 거싯(gusset)스테이
㉯ 바(bar)스테이
㉰ 튜브(tube)스테이
㉱ 너트(nut)스테이

종류	사용 장소(목적)
관 스테이	연관과 경판 선단 부위에 관을 확관 마찰이나 마모에 견디게 한다.
바 스테이	경판, 화실, 천장판의 강도 보강용
볼트 스테이	평행판의 강도보강(횡연관 보일러)
가셋트 스테이	경판과 동판의 강도보강(노통 보일러)
도리 스테이	화실 천장판의 강도보강(기관차 보일러)
도그 스테이	맨홀, 청소의 밀봉용

05 보일러에 부착하는 압력계의 취급상 주의사항으로 틀린 것은?
㉮ 온도가 353K 이상 올라가지 않도록 한다.
㉯ 압력계는 고장이 날 때까지 계속 사용하는 것이 아니라 일정사용 시간을 정하고 정기적으로 교체하여야 한다.

Answer
1. ㉯　2. ㉱　3. ㉮　4. ㉱　5. ㉱

㉰ 압력계 사이폰 관의 수직부에 콕크를 설치하고 콕크의 핸들이 축 방향과 일치할 때에 열린 것이어야 한다.
㉱ 부르돈관 내에 직접 증기가 들어가면 고장이 나기 쉬우므로 사이폰 관에 물이 가득차지 않도록 한다.

해설 압력계(부르돈관)파손 방지를 위해 사이폰관 내에 80℃ 이하의 물을 가득 채워 놓는다.

06 증기 중에 수분이 많을 경우의 설명으로 잘못된 것은?
㉮ 건조도가 저하한다.
㉯ 증기의 손실이 많아진다.
㉰ 증기 엔탈피가 증가한다.
㉱ 수격작용이 발생할 수 있다.

해설
• 증기 속에 수분이 많이 포함된 경우의 해
① 건조도 저하
② 증기의 손실이 많아짐
③ 수격작용 발생
④ 증기 엔탈피 감소
⑤ 마찰저항 및 부식발생

07 다음 중 고체연료의 연소방식에 속하지 않는 것은?
㉮ 화격자 연소방식
㉯ 확산 연소방식
㉰ 미분탄 연소방식
㉱ 유동층 연소방식

해설
• 기체연료의 연소방식
① 확산연소방식(포트형, 버너형)
② 예혼합연소방식(고압버너, 저압버너, 송풍버너)

08 보일러 열정산 시 증기의 건도는 몇 % 이상에서 시험함을 원칙으로 하는가?
㉮ 96%   ㉯ 97%
㉰ 98%   ㉱ 99%

해설 열정산 시 증기의 건도는 강철제 보일러 0.98(98%), 주철제 보일러 0.97(97%)로 한다.

09 유류보일러의 자동장치 점화방법의 순서가 맞는 것은?
㉮ 송풍기 기동 → 연료펌프 기동 → 프리퍼지 → 점화용 버너 착화 → 주버너 착화
㉯ 송풍기 기동 → 프리퍼지 → 점화용 버너 착화 → 연료펌프 기동 → 주버너 착화
㉰ 연료펌프 기동 → 점화용 버너 착화 → 프리퍼지 → 주버너 착화 → 송풍기 기동
㉱ 연료펌프 기동 → 주버너 착화 → 점화용 버너 착화 → 프리퍼지 → 송풍기 기동

해설
• 유류보일러 자동 점화순서
① 송풍기 기동 → ② 연료펌프 기동 → ③ 프리퍼지 → ④ 점화용 버너 착화 → ⑤ 주버너 착화

10 액체연료의 일반적인 특징에 관한 설명으로 틀린 것은?
㉮ 유황분이 없어서 기기 부식의 염려가 거의 없다.
㉯ 고체 연료에 비해서 단위 중량당 발열량이 높다.
㉰ 연소효율이 높고 연소조절이 용이하다.
㉱ 수송과 저장 및 취급이 용이하다.

해설
• 액체연료의 특징
㉮ 고체연료에 비해서 발열량이 높다.
㉯ 연소효율 및 열효율이 좋다.
㉰ 수송 및 저장 취급이 용이
㉱ 회분이 적고 연소조절이 쉽다.
㉲ 연소 온도가 높아 국부과열 위험성이 많다.
㉳ 화재 및 역화의 위험이 있다.
㉴ 유황분이 있어 기기 부식의 염려가 발생한다.

Answer
6. ㉰   7. ㉯   8. ㉰   9. ㉮   10. ㉮

2013년 4월 14일 시행

11 다음 중 수면계의 기능시험을 실시해야할 시기로 옳지 않은 것은?

㉮ 보일러를 가동하기 전
㉯ 2개의 수면계의 수위가 동일할 때
㉰ 수면계 유리의 교체 또는 보수를 행하였을 때
㉱ 프라이밍, 포밍 등이 생길 때

- 수면계점검시기
  ① 비수·포밍 발생시
  ② 두 개의 수면계 수위가 서로 다를 때
  ③ 연락관에 이상이 발견된 때
  ④ 운전 전이나 송기 전 압력이 오를 때
  ⑤ 수위가 보이지 않을 때
  ⑥ 기타 수위가 의심스런 경우

12 난방 및 온수 사용열량이 400,000kcal/h인 건물에 효율 80%인 보일러로서 저위발열량 10,000kcal/Nm³인 기체연료를 연소시키는 경우, 시간당 소요 연료량은 약 몇 Nm³/h인가?

㉮ 45   ㉯ 60
㉰ 56   ㉱ 50

연료소비량(Nm^3/h) = $\dfrac{400,000}{0.8 \times 10,000}$
= $50[Nm^3/h]$

13 공기예열기에서 전열 방법에 따른 분류에 속하지 않는 것은?

㉮ 전도식   ㉯ 재생식
㉰ 히트파이프식   ㉱ 열팽창식

- 공기예열기 전열방법에 따른 분류 : ① 전도식, ② 재생식, ③ 히트파이프식 등

14 보일러 자동제어에서 급수제어의 약호는?

㉮ A.B.C   ㉯ F.W.C
㉰ S.T.C   ㉱ A.C.C

㉮ A.B.C : 보일러 자동제어
㉯ F.W.C : 급수 자동제어
㉰ S.T.C : 증기온도 자동제어
㉱ A.C.C : 연소 자동제어

15 외분식 보일러의 특징 설명으로 잘못된 것은?

㉮ 연소실의 크기나 형상을 자유롭게 할 수 있다.
㉯ 연소율이 좋다.
㉰ 사용연료의 선택이 자유롭다.
㉱ 방사 손실이 거의 없다.

- 외분식 연소 장치의 특징
  ㉠ 연소실 크기의 제한을 받지 않는다.
  ㉡ 완전연소가 가능하다.
  ㉢ 연소효율이 좋아 노내온도상승이 쉽다.
  ㉣ 노벽방사손실이 있다.
  ㉤ 연료의 질에 크게 상관하지 않는다(저질연료도 연소 양호).

16 수트 블로워에 관한 설명으로 잘못된 것은?

㉮ 전열면 외측의 그을음 등을 제거하는 장치이다.
㉯ 분출기 내의 응축수를 배출시킨 후 사용한다.
㉰ 블로우 시에는 댐퍼를 열고 흡입통풍을 증가시킨다.
㉱ 부하가 50% 이하인 경우에만 블로우 한다.

- 수트 블로워 : 전열면에 부착된 그을음 제거하는 장치
- 수트 블로워(soot blower) 사용 시 주의사항
  ① 부하가 적거나(50[%] 이하) 소화 후 사용하지 말 것.
  ② 분출하기 전 연도 내 배풍기를 사용 유인통풍을 증가시킬 것.
  ③ 분출기 내의 응축수를 배출시킨 후 사용할 것.
  ④ 한 곳으로 집중적으로 사용함으로 전열면에 무리를 가하지 말 것.
  ⑤ 연료의 종류, 분출 위치, 증기의 온도 등에 따라 분출시기를 결정할 것.

Answer
11. ㉯ 12. ㉱ 13. ㉱ 14. ㉯ 15. ㉱ 16. ㉱

17 보일러 마력(Boiler Horsepower)에 대한 정의로 가장 옳은 것은?

㉮ 0℃ 물 15.65kg을 1시간에 증기로 만들 수 있는 능력
㉯ 100℃ 물 15.65kg을 1시간에 증기로 만들 수 있는 능력
㉰ 0℃ 물 15.65kg을 10분에 증기로 만들 수 있는 능력
㉱ 100℃ 물 15.65kg을 10분에 증기로 만들 수 있는 능력

• 보일러 마력(B-Hp)
표준대기압(760[mmHg])에서 100[℃]의 포화수 15.65[kg]을 1시간에 100[℃]의 포화증기로 바꿀 수 있는 능력

18 원통형 보일러와 비교할 때 수관식 보일러의 특징 설명으로 틀린 것은?

㉮ 수관의 관경이 적어 고압에 잘 견딘다.
㉯ 보유수가 적어서 부하변동 시 압력변화가 적다.
㉰ 보일러수의 순환이 빠르고 효율이 높다.
㉱ 구조가 복잡하여 청소가 곤란하다.

• 수관 보일러의 특징
[장점]
㉠ 고온, 고압에 적당하다.
㉡ 설치 면적이 작고 발생열량이 크다.
㉢ 효율이 대단히 높다.
㉣ 외분식이어서 연료의 질에 장애를 받지 않으며 연소 상태도 양호하다.
㉤ 보유수량이 적어 파열시 피해가 적다.

[단점]
㉠ 급수처리가 까다롭다.
㉡ 증발 속도가 너무 빨라 습증기로 인한 관내 장해가 우려된다.
㉢ 구조가 복잡하여 청소, 검사, 수리에 불편하다.
㉣ 제작이 까다로우며 비용도 많이 든다.
㉤ 외분식이어서 노벽으로의 방산손실이 많다.
㉥ 보유수량이 적어 부하 변동에 응하기가 어렵다.

19 다음 보기에서 그 연결이 잘못된 것은?

[보기]
① 관성력집진장치 – 충돌식, 반전식
② 전기식집진장치 – 코트렐 집진장치
③ 저유수식집진장치 – 로터리 스크레버식
④ 가압수식집진장치 – 임펄스 스크레버식

㉮ ①   ㉯ ②
㉰ ③   ㉱ ④

• 가압수식 집진장치
물을 가압공급하여 함진가스를 세정하여 분리 제거하는 방식으로 ① 벤튜리 젯트, ② 사이클론스크레버, ③ 충전탑식 등이 있다.

20 보일러의 안전장치와 거리가 가장 먼 것은?

㉮ 과열기
㉯ 안전밸브
㉰ 저수위 경보기
㉱ 방폭문

• 안전장치 : 안전밸브, 방출밸브, 가용전, 방폭문, 저수위 경보장치, 증기압력 제한기, 증기압력 조절기 등

21 다음 보일러 중 특수열매체 보일러에 해당되는 것은?

㉮ 타쿠마 보일러
㉯ 카네크롤 보일러
㉰ 슐처 보일러
㉱ 하우덴 존슨 보일러

• 특수열매체 보일러 : 열의 매체를 부동성액체인, 다우섬, 모빌섬, 세큐리티 53, 카네크롤, 수은의 액체로 사용하여 물보다 비열도가 낮은 성질(약 kcal/kg·℃)을 이용 낮은 압력 하에서도 고온을 얻어내는 형식의 보일러이다.

Answer
17. ㉯   18. ㉯   19. ㉱   20. ㉮   21. ㉯

22 다음 각각의 자동제어에 관한 설명 중 맞는 것은?

㉮ 목표 값이 일정한 자동제어를 추치제어 라고 한다.
㉯ 어느 한쪽의 조건이 구비되지 않으면 다른 제어를 정지시키는 것은 피드백 제어이다.
㉰ 결과가 원인으로 되어 제어단계를 진행하는 것을 인터록 제어라고 한다.
㉱ 미리 정해진 순서에 따라 제어의 각 단계를 차례로 진행하는 제어는 시퀀스 제어이다.

해설
① 피드백 제어(feed-back control system) : 자동제어방식의 기본적인 것으로 신호에 의하여 주어진 목표값과 조작한 결과인 제어량이 원인이 되어 제어동작을 되돌려 진행하는 것으로 출력측의 신호를 입력측으로 돌려보내는 조작으로 폐회로를 구성한다.(보일러의 기본제어이다.)
② 시퀀스 제어(sequence control system) : 피드백 제어에 의하지 않고 정해진 순서에 따라 제어단계를 순차적으로 진행하는 방식

23 보일러 자동제어에서 신호전달 방식 종류에 해당되지 않는 것은?

㉮ 팽창식　　㉯ 유압식
㉰ 전기식　　㉱ 공기압식

해설
• 신호전달방식 : ① 전기식, ② 유압식, ③ 공기압식

24 연료의 연소시 과잉공기계수(공기비)를 구하는 올바른 식은?

㉮ $\dfrac{연소가스량}{이론공기량}$　㉯ $\dfrac{실제공기량}{이론공기량}$

㉰ $\dfrac{배기가스량}{사용공기량}$　㉱ $\dfrac{사용공기량}{배기가스량}$

해설
과잉공기계수(공기비) = $\dfrac{실제공기량}{이론공기량}$

25 보일러 저수위 경보장치 종류에 속하지 않는 것은?

㉮ 플로트식　　㉯ 전극식
㉰ 열팽창관식　㉱ 압력제어식

해설
• 저수위 경보장치 종류
　㉮ 플로트식(맥도널식) : 플로트의 부력 이용
　㉯ 전극식 : 전기전도성 이용
　㉰ 열팽창력식(코프스식) : 금속의 열팽창력 이용

26 보일러에서 카본이 생성되는 원인으로 거리가 먼 것은?

㉮ 유류의 분무상태 또는 공기와의 혼합이 불량할 때
㉯ 버너 타일공의 각도가 버너의 화염각도보다 작은 경우
㉰ 노통보일러와 같이 가느다란 노통을 연소실로 하는 것에서 화염각도가 현저하게 작은 버너를 설치하고 있는 경우
㉱ 직립보일러와 같이 연소실의 길이가 짧은 노에다가 화염의 길이가 매우 긴 버너를 설치하고 있는 경우

해설
• 카본 발생 원인
① 분무상태 또는 공기와의 혼합이 불량하여 불완전 연소가 된 경우
② 버너 타일의 각도가 버너의 화염각도보다 작은 경우
③ 직립(입형)보일러와 같이 연소실의 길이가 짧은 노에다가 화염의 길이가 매우 긴 버너를 설치하고 있는 경우

27 고체연료에서 탄화가 많이 될수록 나타나는 현상으로 옳은 것은?

㉮ 고정탄소가 감소하고, 휘발분은 증가되어 연료비는 감소한다.
㉯ 고정탄소가 증가하고, 휘발분은 감소되어 연료비는 감소한다.

Answer
22. ㉱　23. ㉮　24. ㉯　25. ㉱　26. ㉰　27. ㉱

㉰ 고정탄소가 감소하고, 휘발분은 증가되어 연료비는 증가한다.
㉱ 고정탄소가 증가하고, 휘발분은 감소되어 연료비는 증가한다.

[해설] 고체연료에서 탄화도가 증가하면 고정탄소가 증가하고, 휘발분은 감소되어 연료비는 증가 한다.

28 다음 중 여과식 집진장치의 분류가 아닌 것은?
㉮ 유수식
㉯ 원통식
㉰ 평판식
㉱ 역기류 분사식

[해설]
- 여과식(백 필터식) : ① 원통식, ② 평판식, ③ 역기류 분사식
- 습식(세정식) : ① 유수식, ② 회전식, ③ 가압수식

29 절대온도 380K를 섭씨온도로 환산하면 약 몇 ℃인가?
㉮ 107℃ ㉯ 380℃
㉰ 653℃ ㉱ 926℃

[해설] K = ℃ + 273
∴ ℃ = 380 - 273 = 107℃

30 파이프 또는 이음쇠의 나사이음 분해 조립 시, 파이프 등을 회전시키는 데 사용되는 공구는?
㉮ 파이프 리머
㉯ 파이프 익스팬더
㉰ 파이프 렌치
㉱ 파이프 커너

[해설] 파이프렌치 : 파이프 또는 이음쇠의 나사이음 분해 조립 시 사용되는 공구

31 보일러의 자동 연료차단장치가 작동하는 경우가 아닌 것은?
㉮ 최고사용압력이 0.1MPa인 미만인 주철제 온수보일러의 경우 온수온도가 105℃인 경우
㉯ 최고사용압력이 0.1MPa를 초과하는 증기보일러에서 보일러의 저수위 안전장치가 동작할 때
㉰ 관류보일러에 공급하는 급수량이 부족한 경우
㉱ 증기압력이 설정압력보다 높은 경우

[해설]
- 자동 연료차단장치가 작동하는 경우
  ① 저수위 안전장치가 동작할 때
     (저수위 경보장치 : 이상 감수 시)
  ② 증기압력제한기 작동
     (설정압력이 초과 되었을 때)
  ③ 화염검출기 작동 시(가동 중 실화 시)
  ④ 배기가스 상한온도 스위치 작동 시(과열 시)

32 스케일의 종류 중 보일러 급수 중의 칼슘 성분과 결합하여 규산칼슘을 생성하기도 하며, 이 성분이 많은 스케일은 대단히 경질이기 때문에 기계적, 화학적으로 제거하기 힘든 스케일 성분은?
㉮ 실리카 ㉯ 황산마그네슘
㉰ 염화마그네슘 ㉱ 유지

[해설]
- 경질스케일 : 규산염[실리카], 황산염
- 연질스케일 : 탄산염(황토 흙이 퇴적된 형태)

33 다음 열역학과 관계된 용어 중 그 단위가 다른 것은?
㉮ 열전달계수 ㉯ 열전도율
㉰ 열관류율 ㉱ 열통과율

[해설]
- 열전도율 : kcal/mh℃
- 열전달계수, 열관류율, 열통과율, 열복사율 : kcal/m²h℃

Answer
28. ㉮ 29. ㉮ 30. ㉰ 31. ㉮ 32. ㉮ 33. ㉯

2013년 4월 14일 시행 • **621**

34 증기 트랩의 설치 시 주의사항에 관한 설명으로 틀린 것은?

㉮ 응축수 배출점이 여러 개가 있을 경우 응축수 배출점을 묶어서 그룹 트랩핑을 하는 것이 좋다.
㉯ 증기가 트랩에 유입되면 즉시 배출시켜 운전에 영향을 미치지 않도록 하는 것이 필요하다.
㉰ 트랩에서의 배출관은 응축수 회수주관의 상부에 연결하는 것이 필수적으로 요구되며, 특히 회수주관이 고가배관으로 되어있을 때에는 더욱 주의하여 연결하여야 한다.
㉱ 증기트랩에서 배출되는 응축수를 회수하여 재활용하는 경우에 응축수 회수관 내에는 원하지 않는 배압이 형성되어 증기 트랩의 용량에 영향을 미칠 수 있다.

• **트랩의 설치 시 주의사항**
① 드레인 배출구에서 트랩 입구의 배관은 굵고 짧게 하며, 배출점은 개별로 하는 것이 좋다.
② 트랩 입구의 배관은 트랩 입구를 향해서 내림구배가 좋다.
③ 트랩 입구의 배관은 입상관으로 하지 않는다.
④ 트랩 입구의 배관은 보온하지 않는다.

35 회전이음, 지블이음 등으로 불리며, 증기 및 온수난방 배관용으로 사용하고 현장에서 2개 이상의 엘보를 조립해서 설치하는 신축이음은?

㉮ 벨로즈형 신축이음
㉯ 루프형 신축이음
㉰ 스위블형 신축이음
㉱ 슬리브형 신축이음

• **스위블형 신축이음** : 일명 회전이음, 지블이음이라고도 한다.

36 그림과 같이 개방된 표면에서 구멍 형태로 깊게 침식하는 부식을 무엇이라고 하는가?

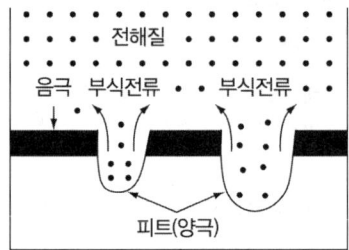

㉮ 국부부식
㉯ 그루빙(grooving)
㉰ 저온부식
㉱ 점식(pitting)

• **점식(pitting)** : 일종의 침식으로 용존산소 등에 의해 좁쌀 모양으로 발생되는 부식을 말한다.

37 증기 난방과 비교하여 온수 난방의 특징에 대한 설명으로 틀린 것은?

㉮ 물의 현열을 이용하여 난방하는 방식이다.
㉯ 예열에 시간이 걸리지만 쉽게 냉각되지 않는다.
㉰ 동일 방열량에 대하여 방열 면적이 크고 관경도 굵어야 한다.
㉱ 실내 쾌감도가 증기난방에 비해 낮다.

• **온수난방의 특징**
① 물의 현열을 이용하며, 예열시간이 길다.
② 방열량의 조절이 쉽다.
③ 동결의 위험이 적다.
④ 방열면적이 넓고 취급이 쉽다.
⑤ 건축물의 높이에 제한을 받는다.
⑥ 실내의 쾌감도가 증기난방에 비해 좋다.

Answer
34. ㉮ 35. ㉰ 36. ㉱ 37. ㉱

38 파이프 커터로 관을 절단하면 안으로 거스러미(burr)가 생기는데 이것을 능률적으로 제거하는데 사용되는 공구는?

㉮ 다이 스토크
㉯ 사각줄
㉰ 파이프 리머
㉱ 체인 파이프렌치

• 파이프 리머 : 절단면의 거스러미 제거

39 진공환수식 증기난방 배관시공에 관한 설명 중 맞지 않는 것은?

㉮ 증기주관은 흐름 방향에 1/200~1/300의 앞내림 기울기로 하고 도중에 수직 상향부가 필요한 때 트랩장치를 한다.
㉯ 방열기 분기관 등에서 앞단에 트랩장치가 없을 때는 1/50~1/100의 앞올림 기울기로 하여 응축수를 주관에 역류시킨다.
㉰ 환수관에서 수직 상향부가 필요한 때는 리프트 피팅을 써서 응축수가 위쪽으로 배출하게 한다.
㉱ 리프트 피팅을 될 수 있으면 사용개소를 많게 하고 1단을 2.5m 이내로 한다.

진공환수식에서 리프트피팅은 1.5m 이내로 한다.

40 액상 열매체 보일러시스템에서 열매체유의 액팽창을 흡수하기 위한 팽창탱크의 최소 체적(V_T)을 구하는 식으로 옳은 것은?
(단, V_E는 승온 시 시스템 내의 열매체유 팽창량, V_M은 상온 시 탱크 내의 열매체유 보유량이다.)

㉮ $V_T = V_E + V_M$
㉯ $V_T = V_E + 2V_M$
㉰ $V_T = 2V_E + V_M$
㉱ $V_T = 2V_E + 2V_M$

팽창탱크의 체적 = 승온 시 시스템 내의 열매체유 팽창량 × 2 + 상온 시 탱크 내의 열매체유 보유량

41 압축기 진동과 서징, 관의 수격작용, 지진 등에서 발생하는 진동을 억제하는 데 사용되는 지지장치는?

㉮ 벤드벤   ㉯ 플랩 밸브
㉰ 그랜드 패킹   ㉱ 브레이스

• 브레이스 : 압축기 진동과 서어징, 관의 수격작용, 지진 등에서 발생하는 진동을 억제하는데 사용되는 지지장치

42 점화장치로 이용되는 파이로트 버너는 화염을 안정시키기 위해 보염식 버너가 이용되고 있는데, 이 보염식 버너의 구조에 관한 설명으로 가장 옳은 것은?

㉮ 동일한 화염 구멍이 8~9개 내외로 나뉘어져 있다.
㉯ 화염 구멍이 가느다란 타원형으로 되어 있다.
㉰ 중앙의 화염 구멍 주변으로 여러 개의 작은 화염 구멍이 설치되어 있다.
㉱ 화염 구멍부 구조가 원뿔 형태와 같이 되어 있다.

• 보염식 파이로트 버너 : 중앙의 화염 구멍 주변으로 여러 개의 작은 화염구멍이 설치되어 있다.

43 증기난방의 분류 중 응축수 환수방식에 의한 분류에 해당되지 않는 것은?

㉮ 중력환수방식
㉯ 기계환수방식
㉰ 진공환수방식
㉱ 상향환수방식

• 응축수 환수방식 : ① 중력환수방식, ② 기계환수방식, ③ 진공환수방식

Answer
38. ㉰ 39. ㉱ 40. ㉰ 41. ㉱ 42. ㉰ 43. ㉱

44 천연고무와 비슷한 성질을 가진 합성고무로서 내유성, 내후성, 내산화성, 내열성 등이 우수하며, 석유용매에 대한 저항성이 크고, 내열도는 −46℃~121℃ 범위에서 안정한 패킹재료는?

㉮ 과열 석면 ㉯ 네오플랜
㉰ 테프론   ㉱ 하스텔로이

> • 네오프렌 : 천연고무와 비슷한 성질을 가진 합성고무로서 내유성, 내후성, 내산화성, 내열성 등이 우수하며 석유용매에 대한 저항성이 크고 내열도는 −46℃~121℃ 범위에서 안정한 패킹재이다.

45 연료의 완전연소를 위한 구비조건으로 틀린 것은?

㉮ 연소실 내의 온도는 낮게 유지할 것
㉯ 연료와 공기의 혼합이 잘 이루어지도록 할 것
㉰ 연료와 연소장치가 맞을 것
㉱ 공급 공기를 충분히 예열시킬 것

> • 완전연소의 구비조건
> ㉠ 연료와 공기의 혼합이 양호할 것.
> ㉡ 연소실 온도가 높을 것.
> ㉢ 연소 생성물의 완전 연소를 위한 충분한 시간
> ㉣ 연소실 용적이 클 것.

46 관의 결합방식 표시방법 중 플랜지식의 그림기호로 맞는 것은?

㉮
㉯
㉰
㉱

> ㉮ 나사이음, ㉯ 용접, 납땜이음, ㉰ 플랜지이음, ㉱ 유니언

47 어떤 거실의 난방부하가 5000kcal/h이고, 주철제 온수방열기로 난방할 때 필요한 방열기의 쪽수(절수)는? (단, 방열기 1쪽당 방열면적은 0.26m²이고, 방열량은 표준방열량으로 한다.)

㉮ 11 ㉯ 21
㉰ 30 ㉱ 43

> 쪽수(섹션수) = $\dfrac{난방부하}{방열량 \times 쪽당방열면적}$
> = $\dfrac{5,000}{450 \times 0.26}$ = 43쪽

48 다음 보기 중에서 보일러의 운전정지 순서를 올바르게 나열한 것은?

[보기]
① 증기밸브를 닫고, 드레인 밸브를 연다.
② 공기의 공급을 정지시킨다.
③ 댐퍼를 닫는다.
④ 연료의 공급을 정지시킨다.

㉮ ② → ④ → ① → ③
㉯ ④ → ② → ① → ③
㉰ ③ → ④ → ① → ②
㉱ ① → ④ → ② → ③

> • 보일러운전 정지순서(보기에서)
> ④ 연료공급 정지 → ② 공기공급 정지 → ① 증기밸브 닫고, 드레인 밸브 연다. → ③ 댐퍼를 닫는다.

49 다음 관 이음 중 진동이 있는 곳에 가장 적합한 이음은?

㉮ MR 조인트 이음
㉯ 용접 이음
㉰ 나사 이음
㉱ 플렉시블 이음

> • 플랙시블 이음 : 압축기, 펌프 등에 의해 발생되는 진동 충격을 흡수하여 장치의 변형 및 파손을 방지하기 위해 설치한다.

Answer
44. ㉯ 45. ㉮ 46. ㉰ 47. ㉱ 48. ㉯ 49. ㉱

50 보온재 선정 시 고려해야 할 조건이 아닌 것은?

㉮ 부피, 비중이 작을 것
㉯ 보온능력이 클 것
㉰ 열전도율이 클 것
㉱ 기계적 강도가 클 것

해설
· 보온재 선정 시 고려사항
① 열전도율이 적을 것
② 부피, 비중이 작을 것
③ 보온 능력이 클 것
④ 기계적 강도가 클 것
⑤ 독립성 다공질 일 것

51 가스 폭발에 대한 방지대책으로 거리가 먼 것은?

㉮ 점화 조작 시에는 연료를 먼저 분무시킨 후 무화용 증기나 공기를 공급한다.
㉯ 점화할 때에는 미리 충분한 프리퍼지를 한다.
㉰ 연료 속의 수분이나 슬러지 등은 충분히 배출한다.
㉱ 점화전에는 중유를 가열하여 필요한 점도로 해둔다.

해설 점화 시(작동 시)에는 먼저 공기를 공급(프리퍼지)하고, 연료를 공급해야 한다.

52 주증기관에서 증기의 건도를 향상 시키는 방법으로 적당하지 않은 것은?

㉮ 가압하여 증기의 압력을 높인다.
㉯ 드레인 포켓을 설치한다.
㉰ 증기공간 내에 공기를 제거한다.
㉱ 기수분리기를 사용한다.

해설
· 증기의 건도도 향상
① 기수분리기, 비수방지관 설치
② 증기관 보온 조치
③ 드레인 포켓을 설치한다.
④ 증기 공간 내에 공기를 제거한다.
⑤ 과열증기 사용 등

53 보일러 사고의 원인 중 보일러 취급상의 사고 원인이 아닌 것은?

㉮ 재료 및 설계불량
㉯ 사용압력초과 운전
㉰ 저수위 운전
㉱ 급수처리 불량

해설
· 보일러 사고의 원인별 구분
(1) 제작상의 원인
① 재료불량, ② 구조 및 설계불량, ③ 강도불량, ④ 용접불량 등
(2) 취급상의 원인
① 압력초과, ② 저수위, ③ 과열, ④ 역화, ⑤ 부식 등

54 평소 사용하고 있는 보일러의 가동 전 준비사항으로 틀린 것은?

㉮ 각종기기의 기능을 검사하고 급수계통의 이상 유무를 확인한다.
㉯ 댐퍼를 닫고 프리퍼지를 행한다.
㉰ 각 밸브의 개폐상태를 확인한다.
㉱ 보일러수의 물의 높이는 상용 수위로 하여 수면계로 확인한다.

해설 가동 전 준비사항에서 댐퍼를 열고, 프리퍼지를 행한다.

55 에너지이용합리화법에 따라 에너지다소비사업자에게 개선명령을 하는 경우는 에너지관리지도 결과 몇 % 이상의 에너지 효율개선이 기대되고 효율개선을 위한 투자의 경제성이 인정되는 경우인가?

㉮ 5% ㉯ 10%
㉰ 15% ㉱ 20%

해설 에너지다소비사업자에게 개선명령을 하는 경우는 에너지관리지도 결과 10%이상의 에너지 효율개선이 기대되고 효율개선을 위한 투자의 경제성이 인정되는 경우

56 다음 ( )안의 A, B에 각각 들어갈 용어로 옳은 것은?

> 에너지이용 합리화법은 에너지의 수급을 안정시키고 에너지의 합리적이고 효율적인 이용을 증진하며 에너지소비로 인한 (A)을(를) 줄임으로써 국민경제의 건전한 발전 및 국민복지의 증진과 (B)의 최소화에 이바지함을 목적으로 한다.

㉮ A : 환경파괴, B : 온실가스
㉯ A : 자연파괴, B : 환경피해
㉰ A : 환경파괴, B : 지구온난화
㉱ A : 온실가스배출, B : 환경파괴

 에너지이용 합리화법은 에너지의 수급을 안정시키고 에너지의 합리적이고 효율적인 이용을 증진하며 에너지소비로 인한 환경피해를 줄임으로써 국민 경제의 건전한 발전 및 국민복지의 증진과 지구온난화의 최소화에 이바지함을 목적으로 한다.

57 에너지이용합리화법에 따라 검사대상기기의 용량이 15t/h인 보일러일 경우 조종자의자격 기준으로 가장 옳은 것은?

㉮ 에너지관리기능장 자격 소지자만 가능하다.
㉯ 에너지관리기능장, 에너지관리기사 자격 소지자만 가능하다.
㉰ 에너지관리기능장, 에너지관리기사, 에너지관리산업기사 자격 소지자만 가능하다.
㉱ 에너지관리기능장, 에너지관리기사, 에너지관리산업기사, 에너지관리기능사 자격 소지자만 가능하다.

 • 검사대상기기 용량별 자격 선임 기준
　가) 용량 10t/h 이하 : 에너지관리기능사, 에너지관리기능장, 에너지관리산업기사, 에너지관리기사
　나) 용량 10~30t/h : 에너지관리기능장, 에너지관리산업기사, 에너지관리기사
　다) 용량 30t/h 초과 : 에너지관리기능장, 에너지관리기사

58 제3자로부터 위탁을 받아 에너지사용시설의 에너지절약을 위한 관리·용역 사업을 하는 자로서 산업통상자원부장관에게 등록을 한 자를 지칭하는 기업은?

㉮ 에너지진단사업
㉯ 수요관리투자기업
㉰ 에너지절약전문기업
㉱ 에너지기술개발전담기업

• 에너지절약전문기업이란? 제3자로부터 위탁을 받아 에너지사용시설의 에너지절약을 위한 관리·용역 사업을 하는 자로서 산업통상자원부장관에게 등록을 한 자를 지칭하는 기업을 말한다.

59 신·재생에너지 설비인증 심사기준을 일반 심사기준과 설비 심사기준으로 나눌 때 다음 중 일반 심사 기준에 해당되지 않는 것은?

㉮ 신·재생에너지 설비의 제조 및 생산능력의 적정성
㉯ 신·재생에너지 설비의 품질유지·관리능력의 적정성
㉰ 신·재생에너지 설비의 에너지효율의 적정성
㉱ 신·재생에너지 설비의 사후관리의 적정성

• 신·재생에너지 일반심사기준
　① 신·재생에너지 설비의 제조 및 생산 능력의 적정성
　② 신·재생에너지 설비의 품질 유지·관리 능력의 적정성
　③ 신·재생에너지 설비의 사후관리의 적정성

Answer
56. ㉰　57. ㉰　58. ㉰　59. ㉰

60 에너지법상 지역에너지계획에 포함되어야 할 사항이 아닌 것은?

㉮ 에너지 수급의 추이와 전망에 관한 사항
㉯ 에너지이용합리화와 이를 통한 온실가스 배출감소를 위한 대책에 관한 사항
㉰ 미활용에너지원의 개발·사용을 위한 대책에 관한 사항
㉱ 에너지 소비촉진 대책에 관한 사항

• 지역계획 포함 사항
① 에너지수급의 추이와 전망에 관한 사항
② 에너지의 안정적 공급을 위한 대책에 관한 사항
③ 신·재생에너지 등 환경친화적 에너지 사용을 위한 대책에 관한 사항
④ 에너지 사용의 합리화와 이를 통한 온실가스의 배출감소를 위한 대책에 관한 사항
⑤ 집단에너지공급대상지역으로 지정된 지역의 경우 해당지역의 집단에너지공급을 위한 대책에 관한 사항
⑥ 미활용 에너지원의 개발·사용을 위한 대책에 관한 사항

Answer
60. ㉱

에너지관리기능사

2013년 7월 21일 시행

01 과열기의 형식 중 증기와 열가스 흐름의 방향이 서로 반대인 과열기의 형식은?
㉮ 병류식   ㉯ 대향류식
㉰ 증류식   ㉱ 역류식

해설
- 열가스 흐름에 의한 분류
  ㉮ 병류식 : 증기와 열가스의 흐름이 같은 방향
  ㉯ 향류식(대향류식) : 증기와 열가스의 흐름이 서로 반대방향
  ㉰ 혼류식 : 병류식과 향류식을 병합
- 열가스 접촉에 의한 분류
  ㉮ 접촉과열기 : 대류열을 이용
  ㉯ 복사과열기 : 복사열을 이용
  ㉰ 접촉복사과열기 : 대류 및 복사열을 이용

02 보일러에서 사용하는 화염검출기에 관한 설명 중 틀린 것은?
㉮ 화염검출기는 검출이 확실하고 검출에 요구되는 응답시간이 길어야 한다.
㉯ 사용하는 연료의 화염을 검출하는 것에 적합한 종류를 적용해야 한다.
㉰ 보일러용 화염검출기에는 주로 광학식 검출기와 화염검출봉식(flame rod) 검출기가 사용된다.
㉱ 광학식 화염검출기는 자외선식을 사용하는 것이 효율적이지만 유류보일러에는 일반적으로 가시광선식 또는 적외선식 화염검출기를 사용한다.

해설
화염검출기는 검출이 확실하고 검출에 요구되는 응답 시간이 짧아야 한다.

03 다음 중 보일러의 안전장치로 볼 수 없는 것은?
㉮ 고저수위 경보장치
㉯ 화염검출기
㉰ 급수펌프
㉱ 압력조절기

해설
급수펌프는 급수장치에 속한다.
- **안전장치의 종류** : 화염검출기, 안전밸브, 방출밸브, 가용전, 방폭문, 고저수위경보장치, 압력제한기, 압력조절기, 팽창탱크(온수보일러의 안전장치 역할을 한다.) 등

04 측정 장소의 대기 압력을 구하는 식으로 옳은 것은?
㉮ 절대 압력 + 게이지 압력
㉯ 게이지 압력 − 절대 압력
㉰ 절대 압력 − 게이지 압력
㉱ 진공도 × 대기 압력

해설
- 절대압력 = 대기압력 + 게이지압력
- 대기압력 = 절대압력 − 게이지 압력

05 원통형 보일러의 일반적인 특징에 관한 설명으로 틀린 것은?
㉮ 구조가 간단하고 취급이 용이하다.
㉯ 수부가 크므로 열 비축량이 크다.
㉰ 폭발시에도 비산 면적이 작아 재해가 크게 발생하지 않는다.
㉱ 사용 증기량의 변동에 따른 발생 증기의 압력변동이 작다.

해설
- **원통보일러의 특징**
  [장점]
  ① 구조간단, 취급 용이

Answer
1. ㉯ 2. ㉮ 3. ㉰ 4. ㉰ 5. ㉰

② 청소·검사 용이
③ 보유수량이 많아 부하 변동에 응하기가 쉽다.
④ 급수처리가 수관식 보일러에 비해 까다롭지 않다.

[단점]
① 고압, 대용량에 부적당하다.
② 전열면적이 적어 효율이 낮다.
③ 보유수량이 많아 파열시 피해가 크다. 즉, 파열 시 비산 면적이 넓어 피해가 크다.
④ 증발시간이 오래 걸린다.

06 포화증기와 비교하여 과열증기가 가지는 특징 설명으로 틀린 것은?

㉮ 증기의 마찰 손실이 적다.
㉯ 같은 압력의 포화증기에 비해 보유열량이 많다.
㉰ 증기 소비량이 적어도 된다.
㉱ 가열 표면의 온도가 균일하다.

• 과열증기 특징
① 보일러의 열효율을 높여 준다.
② 관내부식 및 워터 해머 현상을 방지한다.
③ 적은 량의 증기로 많은 열을 얻을 수 있다. 즉, 증기 소비량이 적어도 된다.
④ 관내 유속에 따른 마찰저항이 감소된다.

07 대기압에서 동일한 무게의 물 또는 얼음을 다음과 같이 변화시키는 경우 가장 큰 열량이 필요한 것은? (단, 물과 얼음의 비열은 각각 1kcal/kg·℃, 0.48kcal/kg·℃이고, 물의 증발잠열은 539kcal/kg, 융해잠열은 80kcal/kg이다.)

㉮ -20℃의 얼음을 0℃의 얼음으로 변화
㉯ 0℃의 얼음을 0℃의 물로 변화
㉰ 0℃의 물을 100℃의 물로 변화
㉱ 100℃의 물을 100℃의 증기로 변화

100℃의 물을 100℃의 증기로 만드는데 필요한 열량은 약 539kcal/kg이다.

08 보일러 효율이 85%, 실제증발량이 5t/h이고 발생증기의 엔탈피 656kcal/kg, 급수온도의 엔탈피는 56kcal/kg, 연료의 저위발열량 9750kcal/kg일 때 연료 소비량은 약 몇 kg/h인가?

㉮ 316   ㉯ 362
㉰ 389   ㉱ 405

$\eta = \dfrac{G(h'' - h')}{Gf \times Hl}$ 에서

연료사용량 $= \dfrac{5000 \times (656 - 56)}{0.85 \times 9750} = 362 \text{kg/h}$

09 온수보일러에서 배플 플레이트(baffle plate)의 설치 목적으로 맞는 것은?

㉮ 급수를 예열하기 위하여
㉯ 연소효율을 감소시키기 위하여
㉰ 강도를 보강하기 위하여
㉱ 그을음 부착량을 감소시키기 위하여

• 온수보일러에서 배플 플레이트(baffle plate)의 설치 목적 : 그을음 부착량 감소 및 열 효율 증가

10 보일러 통풍에 대한 설명으로 잘못된 것은?

㉮ 자연 통풍은 일반적으로 별도의 동력을 사용하지 않고 연돌로 인한 통풍을 말한다.
㉯ 평형통풍은 통풍조절은 용이하나 통풍력이 약하여 주로 소용량 보일러에서 사용한다.
㉰ 압입 통풍은 연소용 공기를 송풍기로 노 입구에서 대기압보다 높은 압력으로 밀어 넣고 굴뚝의 통풍작용과 같이 통풍을 유지하는 방식이다.
㉱ 흡입통풍은 크게 연소가스를 직접 통풍기에 빨아들이는 직접 흡입식과 통풍기로 대기를 빨아들이게 하고 이를 이젝터로 보내어 그 작용에 의해 연소가스를 빨아들이는 간접흡입식이 있다.

Answer
6. ㉱ 7. ㉱ 8. ㉯ 9. ㉱ 10. ㉯

평형통풍방식은 압입통풍과 흡입통풍을 병합한 것으로 주로 대용량 보일러에 설치한다.

11 고압관과 저압관 사이에 설치하여 고압 측의 압력변화 및 증기 사용량 변화에 관계없이 저압 측의 압력을 일정하게 유지시켜 주는 밸브는?

㉮ 감압 밸브   ㉯ 온도조절 밸브
㉰ 안전 밸브   ㉱ 플로트 밸브

 • 감압밸브란?
고압배관과 저압배관의 사이에 감압 밸브를 설치하여 고압증기를 저압의 증기로 사용한다. 이때 저압측의 증기 사용량의 증감에 관계없이 또는 고압측 압력의 변동에 관계없이 밸브의 리프트를 자동적으로 제어하여 증기유량을 조정해서 저압측압력을 항상 일정하게 유지한다.

12 보일러 2마력을 열량으로 환산하면 약 몇 kcal/h인가?

㉮ 10780   ㉯ 13000
㉰ 15650   ㉱ 16870

보일러의 1마력의 상당증발량은 약 15.65kg/h이며, 열량으로는 약 8435kcal/h이므로 8435×2 = 16870kcal/h이다.

13 자동제어의 신호전달제어방법에서 공기압식의 특징으로 맞는 것은?

㉮ 신호전달거리가 유압식에 비하여 길다.
㉯ 온도제어 등에 적합하고 화재의 위험이 많다.
㉰ 전송시 시간지연이 생긴다.
㉱ 배관이 용이하지 않고 보존이 어렵다.

자동제어에서 신호전달방식 중 전송길이가 긴 순서는 ① 전기식, ② 유압식, ③ 공기압식이며, 공기압식은 시간지연 발생이 생긴다.

14 보일러설치기술규격에서 보일러의 분류에 대한 설명 중 틀린 것은?

㉮ 주철제보일러의 최고사용압력은 증기보일러일 경우 0.5MPa까지, 온수 온도는 373K(100℃)까지로 국한된다.
㉯ 일반적으로 보일러는 사용매체에 따라 증기 보일러, 온수보일러 및 열매체 보일러로 분류한다.
㉰ 보일러의 재질에 따라 강철제 보일러와 주철제 보일러로 분류한다.
㉱ 연료에 따라 유류보일러, 가스보일러, 석탄보일러, 목재보일러, 폐열보일러, 특수연료 보일러 등이 있다.

 • 주철제 증기 보일러 : 최고사용압력을 0.1[MPa] 이하(보통 0.3~0.8[kg/cm²]로 사용
• 주철제 온수 보일러 : 최고사용압력을 0.5[MPa] 이하로 사용 또한 증기온도 503K, 온수온도는 393K를 초과하지 말 것

15 연소시 공기비가 적을 때 나타나는 현상으로 거리가 먼 것은?

㉮ 배기가스 중 NO 및 NO_2의 발생량이 많아진다.
㉯ 불완전연소가 되기 쉽다.
㉰ 미연소가스에 의한 가스폭발이 일어나기 쉽다.
㉱ 미연소가스에 의한 열손실이 증가될 수 있다.

• 공기비의 특징
(1) 공기비(m)가 적을 때
① 불완전연소가 되기 쉽다.
② 미연소가스에 의한 가스폭발과 매연발생
③ 미연소가스에 의한 열손실 증가
(2) 공기비(m)가 클 때
① 연소실 온도 저하
② 배기가스량이 많아져서 열손실이 증가
③ 배기가스 중 NO 및 NO_2 발생으로 부식촉진과 대기오염을 초래

Answer
11. ㉮ 12. ㉱ 13. ㉰ 14. ㉮ 15. ㉮

16 기체연료의 일반적인 특징으로 설명한 것으로 잘못된 것은?

㉮ 적은 공기비로 완전연소가 가능하다.
㉯ 수송 및 저장이 편리하다.
㉰ 연소효율이 높고 자동제어가 용이하다.
㉱ 누설 시 화재 및 폭발의 위험이 크다.

• 기체연료의 특징
㉮ 연소효율이 높고 자동제어가 용이하다.
㉯ 연소효율이 좋고 작은 공기비로 완전연소 가능
㉰ 황분·회분이 거의 없어 공해 및 전열면 오손이 없다.
㉱ 수송 및 저장이 어렵다.
㉲ 가스폭발 위험성이 크고 가격이 비싸다.
㉳ 시설비가 많이 든다.

17 보일러의 수면계와 관련된 설명 중 틀린 것은?

㉮ 증기보일러에는 2개(소용량 및 소형관류보일러는 1개) 이상의 유리수면계를 부착하여야 한다. 다만, 단관식 관류보일러는 제외한다.
㉯ 유리수면계는 보일러 동체에만 부착하여야 하며 수주관에 부착하는 것은 금지하고 있다.
㉰ 2개 이상의 원격지시 수면계를 시설하는 경우에 한하여 유리수면계를 1개 이상으로 할 수 있다.
㉱ 유리수면계는 상·하에 밸브 또는 콕크를 갖추어야 하며, 한눈에 그것의 개·폐 여부를 알 수 있는 구조이어야 한다. 다만, 소형관류보일러에서는 밸브 또는 콕크를 갖추지 아니할 수 있다.

유리수면계를 설치 시 수면계는 보일러 본체에 직접부착하지 않고 파손방지를 위해 수면계와 보일러 본체 사이에는 수주관을 설치한다.

18 전열면적이 $30m^2$인 수직 연관보일러를 2시간 연소시킨 결과 3000kg의 증기가 발생하였다. 이 보일러의 증발률은 약 몇 $kg/m^2 \cdot h$인가?

㉮ 20 ㉯ 30
㉰ 40 ㉱ 50

증발율 = $\dfrac{\text{시간당증발량}}{\text{전열면적} \times \text{시간}} = \dfrac{3000}{30 \times 2} = 50 kg/m^2 h$

19 보일러의 부속설비 중 연료공급 계통에 해당하는 것은?

㉮ 콤버스터
㉯ 버너 타일
㉰ 수트 블로워
㉱ 오일 프리히터

• 보염장치 : 버너타일, 콤버스터, 스테이빌라이져, 윈드박스
• 수트 블로워 : 전열면 그을음 분출장치
• 오일프리히터(중유가열기) : 중유의 점도를 낮추어 유동성 증가, 무화촉진, 연소효율 증가 등을 위해 설치하는 연료계통장치이다.

20 노내에 분산된 연료에 연소용 공기를 유효하게 공급확산시켜 연소를 유효하게 하고 확실한 착화와 화염의 안정을 도모하기 위하여 설치하는 것은?

㉮ 화염검출기
㉯ 연료 차단밸브
㉰ 버너 정지 인터록
㉱ 보염장치

• 보염장치 : 연소실내(노내)로 분사되는 연료에 연소용 공기를 유효하게 공급 확산시켜 연소를 유효하게 하고 착화와 화염의 안정 등을 도모하기 위하여 설치한다.

Answer
16. ㉯ 17. ㉯ 18. ㉱ 19. ㉱ 20. ㉱

21 노통이 하나인 코르니시 보일러에서 노통을 편심으로 설치하는 가장 큰 이유는?

㉮ 연소장치의 설치를 쉽게 하기 위함이다.
㉯ 보일러수의 순환을 좋게 하기 위함이다.
㉰ 보일러의 강도를 크게 하기 위함이다.
㉱ 온도변화에 따른 신축량을 흡수하기 위함이다.

• **노통을 편심 시키는 이유** : 보일러수의 순환을 좋게 하기 위함이다.

22 보일러 부속장치에 대한 설명 중 잘못된 것은?

㉮ 인젝터 : 증기를 이용한 급수장치
㉯ 기수분리기 : 증기 중에 혼입된 수분을 분리하는 장치
㉰ 스팀 트랩 : 응축수를 자동으로 배출하는 장치
㉱ 절탄기 : 보일러 동 저면의 스케일, 침전물을 밖으로 배출하는 장치

• **절탄기** : 연소가스의 폐열(여열)을 이용하여 급수를 예열하는 장치이다.

23 어떤 보일러의 3시간 동안 증발량이 4500kg 이고, 그 때의 급수 엔탈피가 25kcal/kg, 증기 엔탈피가 680kcal/kg이라면 상당증발량은 약 몇 kg/h인가?

㉮ 551   ㉯ 1684
㉰ 1823 ㉱ 3051

$Ge = \dfrac{G(h'' - h')}{539}$ [kg/h] 에서

$\dfrac{\dfrac{4500}{3} \times (680 - 25)}{539} = 1823$kg/h

24 보일러 연료의 구비조건으로 틀린 것은?

㉮ 공기 중에 쉽게 연소할 것
㉯ 단위 중량당 발열량이 클 것
㉰ 연소 시 회분 배출량이 많을 것
㉱ 저장이나 운반, 취급이 용이할 것

• **연료의 구비조건**
① 공기 중에 쉽게 연소할 것.
② 발열량이 클 것.
③ 구입이 쉽고 경제적일 것.
④ 취급·운반·저장이 용이할 것.
⑤ 공해의 요인이 적을 것. 즉, 연소 시 회분 배출량이 적을 것

25 운전 중 화염이 블로우 오프(blow-off)된 경우 특정한 경우에 한하여 재점화 및 재시동을 할 수 있다. 이 때 재점화와 재시동의 기준에 관한 설명으로 틀린 것은?

㉮ 재점화에서의 점화장치는 화염의 소화 직후, 1초 이내에 자동으로 작동할 것
㉯ 강제 혼합식 버너의 경우 재점화 동작시 화염감시장치가 부착된 버너에는 가스가 공급되지 아니할 것
㉰ 재점화에 실패한 경우에는 지정된 안전차단시간 내에 버너가 작동 폐쇄될 것
㉱ 재시동은 가스의 공급이 차단된 후 즉시 표준연속프로그램에 의하여 자동으로 이루어질 것

• **운전 중 블로우 오프(blow-off)가 발생 시**
① 화염검출기의 작동으로 연료 차단
② 재점화 실패 시 안전차단시간 내에 버너 작동 폐쇄
③ 재시동은 가스의 공급이 차단된 후 즉시 표준연속프로그램에 의하여 자동으로 이루어질 것

26 보일러의 급수장치에 해당되지 않는 것은?

㉮ 비수방지관   ㉯ 급수내관
㉰ 원심펌프   ㉱ 인젝터

Answer   21. ㉯ 22. ㉱ 23. ㉰ 24. ㉰ 25. ㉮ 26. ㉮

- **급수장치** : 급수펌프, 급수밸브, 급수내관, 인젝터 등
- **송기장치** : 비수방지관, 기수분리기, 감압밸브, 증기헤더, 증기 축열기 등

27 전자밸브가 작동하여 연료공급을 차단하는 경우로 거리가 먼 것은?

㉮ 보일러수의 이상 감수 시
㉯ 증기압력 초과 시
㉰ 배기가스온도의 이상 저하 시
㉱ 점화 중 불착화 시

- **전자밸브의 연료차단이 되는 경우**
  ① 이상 감수 시
  ② 증기압력 초과 시
  ③ 점화 중 불 착화 시 또는 가동 중 실화 시
  ④ 과열 시 등

28 다음 집진장치 중 가압수를 이용한 집진장치는?

㉮ 포켓식
㉯ 임펠러식
㉰ 벤튜리 스크레버식
㉱ 타이젠 와셔식

- **습식(세정식)집진장치**
  ① 가압수식 : 벤튜리 젯트, 사이클론 스크레버 형식과 충전탑이 있다.
  ② 유수식
  ③ 회전식

29 연소가 이루어지기 위한 필수 요건에 속하지 않는 것은?

㉮ 가연물 ㉯ 수소 공급원
㉰ 점화원 ㉱ 산소 공급원

- **연소의 3대 조건** : ① 가연물, ② 점화원, ③ 산소공급원

30 동관 이음에서 한쪽 동관의 끝을 나팔형으로 넓히고 압축이음쇠를 이용하여 체결하는 이음 방법은?

㉮ 플레어 이음
㉯ 플랜지 이음
㉰ 플라스턴 이음
㉱ 몰코 이음

- **플레어이음** : 동관 끝을 나팔형으로 만들어 이음하는 형식으로 압축이음이라고도 한다.

31 〈보기〉와 같은 부하에 대해서 보일러의 "정격출력"을 올바르게 표시한 것은?

[보기]
H1 : 난방부하,   H2 : 급탕부하
H3 : 배관부하,   H4 : 예열부하

㉮ H1 + H2 + H3
㉯ H2 + H3 + H4
㉰ H1 + H2 + H4
㉱ H1 + H2 + H3 + H4

- **정격출력** : 난방부하 + 급탕부하 + 배관부하 + 예열부하
- **상용출력** : 난방부하 + 급탕부하 + 배관부하

32 보일러에서 이상고수위를 초래한 경우 나타나는 현상과 그 조치에 관한 설명으로 옳지 않은 것은?

㉮ 이상고수위를 확인한 경우에는 즉시 연소를 정지시킴과 동시에 급수 펌프를 멈추고 급수를 정지시킨다.
㉯ 이상고수위를 넘어 만수상태가 되면 보일러 파손이 일어날 수 있으므로 동체 하부에 분출밸브(코크)를 전개하여 보일러수를 전부 재빨리 방출하는 것이 좋다.

Answer
27. ㉰ 28. ㉰ 29. ㉯ 30. ㉮ 31. ㉱ 32. ㉯

2013년 7월 21일 시행

ⓒ 이상고수위나 증기의 취출량이 많은 경우에는 캐리오버나 프라이밍 등을 일으켜 증기 속에 물방울이나 수분이 포함되며, 심할 경우 수격작용을 일으킬 수 있다.
ⓓ 수위가 유리수면계의 상단에 달했거나 조금 초과한 경우에는 급수를 정지시켜야 하지만, 연소는 정지시키지 말고 저연소율로 계속 유지하여 송기를 계속한 후 보일러 수위가 정상으로 회복하면 원래 운전상태로 돌아오는 것이 좋다.

[해설] 이상고수위가 발생되면 파손의 원인보다는 비수현상, 캐리오버 등이 발생될 수 있으며 수위가 정상 수위가 될 수 있도록 조작을 하는 것이 중요하다.

33 보일러가 최고사용압력 이하에서 파손되는 이유로 가장 옳은 것은?

㉮ 안전장치가 작동하기 않기 때문에
㉯ 안전밸브가 작동하기 않기 때문에
㉰ 안전장치가 불완전하기 때문에
㉱ 구조상 결함이 있기 때문에

[해설] 최고사용압력 이하에서 파손이 되었다면 강도부족 등의 구조상 결함의 원인이다.

34 손실 열량 3000kcal/h의 사무실에 온수 방열기를 설치할 때 방열기의 소요 섹션 수는 몇 쪽인가? (단, 방열기 방열량은 표준방열량으로 하며, 1섹션의 방열 면적은 $0.26m^2$이다.)

㉮ 12쪽   ㉯ 15쪽
㉰ 26쪽   ㉱ 32쪽

[해설] 섹션 수 $= \dfrac{3000}{450 \times 0.26} = 26$쪽

35 보일러를 옥내에 설치할 때의 설치 시공 기준 설명으로 틀린 것은?

㉮ 보일러에 설치된 계기를 육안으로 관찰하는데 지장이 없도록 충분한 조명시설이 있어야 한다.
㉯ 보일러 동체에서 벽, 배관, 기타 보일러 측부에 있는 구조물(검사 및 청소에 지장이 없는 것은 제외)까지 거리는 0.6m 이상이어야 한다. 다만, 소형보일러는 0.45m 이상으로 할 수 있다.
㉰ 보일러실은 연소 및 환경을 유지하기에 충분한 급기구 및 환기구가 있어야 하며 급기구는 보일러 배기가스 덕트의 유효단면적 이상이어야 하고 도시가스를 사용하는 경우에는 환기구를 가능한 한 높이 설치하여 가스가 누설되었을 때 체류하지 않는 구조이어야 한다.
㉱ 연료를 저장할 때에는 보일러 외측으로부터 2m 이상 거리를 두거나 방화격벽을 설치하여야 한다. 다만, 소형보일러의 경우에는 1m 이상 거리를 두거나 반격벽으로 할 수 있다.

[해설] • 보일러 옥내설치 시공 기준
① 보일러 동체 최상부로부터 천장, 배관 등 보일러 상부에 있는 구조물까지의 거리는 1.2m 이상이어야 한다. 다만, 소형보일러 및 주철제 보일러의 경우에는 0.6m 이상으로 할 수 있다.
② 보일러 동체에서 벽, 배관, 기타 보일러 측부에 있는 구조물까지 거리는 0.45m 이상이어야 한다. 다만, 소형보일러는 0.3m 이상으로 할 수 있다.
③ 보일러 및 보일러에 부설된 금속제의 굴뚝 또는 연도의 외측으로부터 0.3m 이내에 있는 가연성 물체에 대하여는 금속 이외의 불연성 재료로 피복하여야 한다.
④ 연료를 저장할 때에는 보일러 외측으로부터 2m 이상 거리를 두거나 방화격벽을 설치하여야 한다. 다만, 소형보일러의 경우에는 1m 이상 거리를 두거나 반격벽으로 할 수 있다.

Answer
33. ㉱   34. ㉰   35. ㉯

⑤ 보일러실은 연소 및 환경을 유지하기에 충분한 급기구 및 환기구가 있어야 하며 급기구는 보일러 배기가스 닥트의 유효단면적 이상이어야 하고 도시가스를 사용하는 경우에는 환기구를 가능한 한 높이 설치하여 가스가 누설되었을 때 체류하지 않는 구조이어야 한다.

36 점화조작 시 주의사항에 관한 설명으로 틀린 것은?

㉮ 연료가스의 유출속도가 너무 빠르면 실화 등이 일어날 수 있고, 너무 늦으면 역화가 발생할 수 있다.
㉯ 연소실의 온도가 낮으면 연료의 확산이 불량해지며 착화가 잘 안된다.
㉰ 연료의 예열온도가 너무 높으면 기름이 분해되고, 분사각도가 흐트러져 분무상태가 불량해지며, 탄화물이 생성될 수 있다.
㉱ 유압이 너무 낮으면 그을음이 축적될 수 있고, 너무 높으면 점화 및 분사가 불량해질 수 있다.

[해설] 유압식 버너의 경우 유압이 너무 낮으면 유출 속도가 늦어져 역화의 우려가 있고, 높으면 유출속도가 너무 빨라 실화의 원인이 될 수 있다.

37 보일러에서 연소조작 중의 역화의 원인으로 거리가 먼 것은?

㉮ 불완전 연소의 상태가 두드러진 경우
㉯ 흡입통풍이 부족한 경우
㉰ 연도댐퍼의 개도를 너무 넓힌 경우
㉱ 압입통풍이 너무 강한 경우

[해설] • 역화의 원인
① 프리퍼지 부족
② 점화 시 착화가 늦은 경우
③ 과대한 연료공급
④ 흡입통풍의 부족
⑤ 압입통풍의 과대
⑥ 공기보다 연료의 공급이 우선된 경우
⑦ 연료의 불완전 및 미연소

38 보온재가 갖추어야 할 조건 설명으로 틀린 것은?

㉮ 열전도율이 작아야 한다.
㉯ 부피, 비중이 커야 한다.
㉰ 적합한 기계적 강도를 가져야 한다.
㉱ 흡수성이 낮아야 한다.

[해설] • 보온재의 구비조건
① 열전도율이 작아야 한다.
② 부피, 비중이 작을 것
③ 적합한 기계적 강도를 가져야 한다.
④ 흡수성이 낮아야 한다.
⑤ 독립성 다공질 일 것

39 관의 접속상태·결합방식의 표시방법에 용접이음을 나타내는 그림기호로 맞는 것은?

㉮
㉯
㉰
㉱

[해설] ㉮ 나사이음, ㉯ 유니언이음, ㉰ 용접이음, ㉱ 플랜지이음

40 어떤 주철제 방열기 내의 증기의 평균온도가 110℃이고, 실내 온도가 18℃일 때, 방열기의 방열량은? (단, 방열기의 방열계수는 $7.2 kcal/m^2 \cdot h \cdot ℃$이다.)

㉮ $236.4 kcal/m^2 \cdot h$
㉯ $478.8 kcal/m^2 \cdot h$
㉰ $521.6 kcal/m^2 \cdot h$
㉱ $662.4 kcal/m^2 \cdot h$

[해설] **소요방열량**
= 방열계수 × (방열기내 평균온도−실내온도)
= $7.2 × (110-18) = 662.4 kcal/m^2 h$

Answer —— 36. ㉱ 37. ㉰ 38. ㉯ 39. ㉰ 40. ㉱

2013년 7월 21일 시행

41 원통보일러에서 급수의 pH 범위(25℃ 기준)로 가장 적합한 것은?

㉮ pH3 ~ pH5   ㉯ pH7 ~ pH9
㉰ pH11 ~ pH12   ㉱ pH14 ~ pH15

해설 원통보일러 급수의 pH 7 ~ 9,
보일러수의 pH 10.5 ~ 11.8

42 가스보일러에서 가스폭발의 예방을 위한 유의사항 중 틀린 것은?

㉮ 가스압력이 적당하고 안정되어 있는지 점검한다.
㉯ 화로 및 굴뚝의 통풍, 환기를 완벽하게 하는 것이 필요하다.
㉰ 점화용 가스의 종류는 가급적 화력이 낮은 것을 사용한다.
㉱ 착화 후 연소가 불안정할 때는 즉시 가스 공급을 중단한다.

해설 • 가스보일러 점화 시 주의사항
① 점화는 1회에 이루어질 수 있도록 화력이 큰 불씨를 사용한다.
② 특히 노내 환기에 주의하여야 하고 실화 시에도 충분한 환기가 이루어진 뒤 점화한다.
③ 연료배관계통의 누설 유무를 정기적으로 할 수 있도록 한다.(비눗물 사용)
④ 전자 밸브의 작동유무는 파열사고와 직결되므로 수시로 점검한다.

43 보일러를 계획적으로 관리하기 위해서는 연간계획 및 일상보전계획을 세워 이에 따라 관리를 하는데 연간 계획에 포함할 사항과 가장 거리가 먼 것은?

㉮ 급수계획   ㉯ 점검계획
㉰ 정비계획   ㉱ 운전계획

해설 • 보일러 관리 연간계획
① 운전계획, ② 연료계획, ③ 정비계획, ④ 점검계획

44 구상흑연 주철관이라고도 하며, 땅속 또는 지상에 배관하여 압력상태 또는 무압력 상태에서 물의 수송 등에 주로 사용되는 주철관은?

㉮ 덕타일 주철관
㉯ 수도용 이형 주철관
㉰ 원심력 모르타르 라이닝 주철관
㉱ 수도용 원심력 금형 주철관

해설 • 덕타일 주철관 : 일명 구상 흑연 주철관이라고도 하며, 땅속 또는 지상에 배관하여 압력상태 또는 무압력 상태에서 물의 수송 등에 주로 사용된다.

45 다음 중 보온재의 종류가 아닌 것은?

㉮ 코르크   ㉯ 규조토
㉰ 기포성수지   ㉱ 제게르콘

해설 제케르콘 온도계는 내화벽돌의 내화도를 측정하는데 사용되는 온도계이다.

46 보일러 운전 중 연도 내에서 폭발이 발생하면 제일 먼저 해야 할 일은?

㉮ 급수를 중단한다.
㉯ 증기밸브를 잠근다.
㉰ 송풍기 가동을 중지한다.
㉱ 연료공급을 차단하고 가동을 중지한다.

해설 보일러에서 이상 현상 발생 시 가장 먼저 조치해야 할 것은 연료공급을 차단하고 가동을 중지한다.

47 강철제보일러의 최고사용압력이 0.43MPa를 초과 1.5MPa 이하일 때 수압시험 압력 기준으로 옳은 것은?

㉮ 0.2MPa로 한다.
㉯ 최고사용압력의 1.3배에 0.3MPa를 더한 압력으로 한다.
㉰ 최고사용압력의 1.5배로 한다.
㉱ 최고사용압력의 2배에 0.5MPa를 더한 압력으로 한다.

Answer
41. ㉯   42. ㉰   43. ㉮   44. ㉮   45. ㉱   46. ㉱   47. ㉯

- **강철제 보일러 수압시험**
  ① 보일러의 최고사용압력이 0.43MPa 이하일 때에는 그 최고사용압력의 2배
  ② 보일러의 최고 사용압력이 0.43MPa 초과 1.5MPa 이하일 때에는 그 최고사용압력의 1.3배에 0.3MPa를 더한 압력
  ③ 보일러의 최고사용압력이 1.5MPa를 초과할 때에는 그 최고사용압력의 1.5배

48 신축곡관이라고 하며 강관 또는 동관 등을 구부려서 구부림에 따른 신축을 흡수하는 이음쇠는?
㉮ 루프형 신축 이음쇠
㉯ 슬리브형 신축 이음쇠
㉰ 스위블형 신축 이음쇠
㉱ 벨로즈형 신축 이음쇠

루프형(만곡관 = 신축곡관) 신축 이음은 가장 고온, 고압에 사용된다.

49 증기난방 방식에서 응축수 환수방법에 의한 분류가 아닌 것은?
㉮ 진공 환수식   ㉯ 세정 환수식
㉰ 기계 환수식   ㉱ 중력 환수식

- 증기 난방에서 응축수 환수방식
  ① 진공 환수식, ② 기계 환수식, ③ 중력 환수식

50 온수온돌의 방수처리에 대한 설명으로 적절하지 않은 것은?
㉮ 다층건물에 있어서도 전층의 온수온돌에 방수처리를 하는 것이 좋다.
㉯ 방수처리는 내식성이 있는 루핑, 비닐, 방수몰탈로 하며, 습기가 스며들지 않도록 완전 밀봉한다.
㉰ 벽면으로 습기가 올라오는 것을 대비하여 온돌바닥보다 약 10cm 이상 위까지 방수처리를 하는 것이 좋다.
㉱ 방수처리를 함으로써 열손실을 감소시킬 수 있다.

온수온돌 난방에서 다층의 경우 지면에서 올라오는 습기차단을 위해 1층 바닥에 방수처리를 한다.

51 배관의 하중을 위해서 끌어당겨 지지할 목적으로 사용되는 지지구가 아닌 것은?
㉮ 리지드 행거(rigid hanger)
㉯ 앵커(anchor)
㉰ 콘스탄트 행거(constant hanger)
㉱ 스프링 행거(spring hanger)

- 행거(hanger) : 배관의 하중을 위에서 잡아주는 장치이다.
  ① 리지드 행거, ② 스프링 행거, ③ 콘스탄트 행거

52 보일러 휴지기간이 1개월 이하인 단기보존에 적합한 방법은?
㉮ 석회밀폐건조법
㉯ 소다만수보존법
㉰ 가열건조법
㉱ 질소가스봉입법

가열 건조법은 주로 1개월 이하의 단기보존에 적합하다.

53 온수난방에서 팽창탱크의 용량 및 구조에 대한 설명으로 틀린 것은?
㉮ 개방식 팽창탱크는 저 온수난방 배관에 주로 사용된다.
㉯ 밀폐식 팽창탱크는 고 온수난방 배관에 주로 사용된다.
㉰ 밀폐식 팽창탱크는 수면계를 설치한다.
㉱ 개방식 팽창탱크는 압력계를 설치한다.

밀폐식 탱크는 고온수 난방에 사용되며, 압력계, 수면계, 안전밸브 등을 설치한다.

Answer
48. ㉮ 49. ㉯ 50. ㉮ 51. ㉯ 52. ㉰ 53. ㉱

54 난방설비와 관련된 설명 중 잘못된 것은?
- ㉮ 증기난방의 표준 방열량은 650kcal/m² · h이다.
- ㉯ 방열기는 증기 또는 온수 등의 열매를 유입하여 열을 방산하는 기구로 난방의 목적을 달성하는 장치이다.
- ㉰ 하트포드 접속법(Hartford Connection)은 고압증기 난방에 필요한 접속법이다.
- ㉱ 온수난방에서 온수순환방식에 따라 크게 중력 순환식과 강제 순환식으로 구분한다.

- 하트포드 접속법 : 저압증기난방의 습식 환수방식에 있어 보일러의 수위가 환수관의 접속부로의 누설로 인해 저수위사고가 일어날 것을 방지하기 위해 증기관과 환수관 사이에 표준수면에서 50[mm] 아래로 균형관을 설치한다.

55 에너지이용합리화법에 따라 주철제 보일러에서 설치검사를 면제 받을 수 있는 기준으로 옳은 것은?
- ㉮ 전열면적 30제곱미터 이하의 유류용 주철제 증기보일러
- ㉯ 전열면적 40제곱미터 이하의 유류용 주철제 증기보일러
- ㉰ 전열면적 50제곱미터 이하의 유류용 주철제 증기보일러
- ㉱ 전열면적 60제곱미터 이하의 유류용 주철제 증기보일러

전열면적이 30제곱미터 이하의 유류용 주철제 증기보일러는 설치검사를 면제한다.

56 신·재생에너지 설비의 인증을 위한 심사기준 항목으로 거리가 먼 것은?
- ㉮ 국제 또는 국내의 성능 및 규격에의 적합성
- ㉯ 설비의 효율성
- ㉰ 설비의 우수성
- ㉱ 설비의 내구성

- 신·재생에너지 설비의 인증 심사기준 항목
  ① 국제 또는 국내의 성능 및 규격에의 적합성
  ② 설비의 효율성
  ③ 설비의 내구성 등

57 에너지이용합리화법의 목적이 아닌 것은?
- ㉮ 에너지의 수급안정을 기함
- ㉯ 에너지의 합리적이고 비효율적인 이용을 증진함
- ㉰ 에너지소비로 인한 환경피해를 줄임
- ㉱ 지구온난화의 최소화에 이바지함

- 에너지이용합리화법의 목적
  ① 에너지의 수급안정을 기함
  ② 에너지소비로 인한 환경 피해 최소화
  ③ 지구온난화의 최소화 이바지 함
  ④ 에너지정책 및 에너지 관련 계획의 수립·시행

58 에너지이용합리화법에 따라 에너지이용 합리화 기본계획에 포함될 사항으로 거리가 먼 것은?
- ㉮ 에너지절약형 경제구조로의 전환
- ㉯ 에너지이용 효율의 증대
- ㉰ 에너지이용 합리화를 위한 홍보 및 교육
- ㉱ 열사용기자재의 품질관리

- 에너지이용합리화법에 따른 기본계획
  ① 에너지절약형 경제 구조로의 전환
  ② 에너지이용효율의 증대
  ③ 에너지이용합리화를 위한 기술개발 및 추진에 필요한 사항
  ④ 에너지이용합리화를 위한 홍보 및 교육
  ⑤ 에너지의 대체 계획
  ⑥ 열사용기자재의 안전관리
  ⑦ 에너지의 이용을 통한 이산화탄소의 배출 감소 대책

Answer 54. ㉰ 55. ㉮ 56. ㉰ 57. ㉯ 58. ㉱

59 에너지이용합리화법 시행령 상 에너지 저장 의무 부과대상자에 해당되는 자는?

㉮ 연간 2만 석유환산톤 이상의 에너지를 사용하는 자
㉯ 연간 1만 5천 석유환산톤 이상의 에너지를 사용하는 자
㉰ 연간 1만 석유환산톤 이상의 에너지를 사용하는 자
㉱ 연간 5천 석유환산톤 이상의 에너지를 사용하는 자

해설) 연간 2만 석유환산톤 이상의 에너지를 사용하는 자는 에너지 저장의무 부과 대상자에 해당된다.

60 저탄소녹색성장기본법에 따라 대통령령으로 정하는 기준량 이상의 에너지 소비업체를 지정하는 기준으로 옳은 것은? (단, 기준일은 2013년 7월 21일을 기준으로 한다.)

㉮ 해당 연도 1월 1일을 기준으로 최근 3년간 업체의 모든 사업체에서 소비한 에너지의 연평균 총량이 650terajoules 이상
㉯ 해당 연도 1월 1일을 기준으로 최근 3년간 업체의 모든 사업체에서 소비한 에너지의 연평균 총량이 550terajoules 이상
㉰ 해당 연도 1월 1일을 기준으로 최근 3년간 업체의 모든 사업체에서 소비한 에너지의 연평균 총량이 450terajoules 이상
㉱ 해당 연도 1월 1일을 기준으로 최근 3년간 업체의 모든 사업체에서 소비한 에너지의 연평균 총량이 350terajoules 이상

해설) • 저탄소녹색성장기본법에 따라 대통령령으로 정하는 에너지 소비업체의 지정기준
해당 연도 1월 1일을 기준으로 최근 3년간 업체의 모든 사업체에서 소비한 에너지의 연평균 총량이 350terajoules 이상인 업체

Answer
59. ㉮ 60. ㉱

에너지관리기능사
2013년 10월 12일 시행

01 보일러의 부속장치 중 축열기에 대한 설명으로 가장 옳은 것은?
㉮ 통풍이 잘 이루어지게 하는 장치이다.
㉯ 폭발방지를 위한 안전장치이다.
㉰ 보일러의 부하 변동에 대비하기 위한 장치이다.
㉱ 증기를 한번 더 가열시키는 장치이다.

해설 축열기(steam accumulator)
저부하 또는 변동부하 시 잉여증기를 저장하고 과부하시(peak)에 저장된 잉여증기를 공급하는 장치로 변압식과 정압식이 있다.
① 변압식 : 보일러 출구 증기측에 설치
② 정압식 : 보일러 입구 급수측에 설치

02 증기 보일러에 설치하는 압력계의 최고 눈금은 보일러 최고사용압력의 몇 배가 되어야 하는가?
㉮ 0.5 ~ 0.8배 ㉯ 1.0 ~ 1.4배
㉰ 1.5 ~ 3배   ㉱ 5.0 ~ 10.0배

해설 압력계의 눈금 범위 : 최고사용압력의 1.5배 ~ 3배

03 보일러의 연소장치에서 통풍력을 크게 하는 조건으로 틀린 것은?
㉮ 연통의 높이를 높인다.
㉯ 배기가스 온도를 높인다.
㉰ 연도의 굴곡부를 줄인다.
㉱ 연돌의 단면적을 줄인다.

해설 통풍력을 크게 하려면
① 연돌의 높이를 높게 한다.
② 배기가스의 온도를 높인다.(연돌 보온조치)
③ 연도의 굴곡부를 줄이고 짧게 한다.
④ 연돌의 상부단면적을 크게 한다.

04 보일러 액체 연료의 특징 설명으로 틀린 것은?
㉮ 품질이 균일하여 발열량이 높다.
㉯ 운반 및 저장, 취급이 용이하다.
㉰ 회분이 많고 연소조절이 쉽다.
㉱ 연소온도가 높아 국부과열 위험성이 높다.

해설 액체연료의 특징
① 품질이 균일하여 발열량이 높다.
② 연소효율 및 열효율이 좋다.
③ 운반 및 저장 취급이 용이
④ 회분이 적고 연소조절이 쉽다.
⑤ 연소 온도가 높아 국부과열 위험성이 많다.
⑥ 화재 및 역화의 위험이 있다.

05 벽체 면적이 $24m^2$, 열관류율이 $0.5\,kcal/m^2 \cdot h \cdot ℃$, 벽체내부의 온도가 40℃, 벽체 외부의 온도가 8℃ 일 경우 시간당 손실열량은 약 몇 kcal/h 인가?
㉮ 194kcal/h
㉯ 380kcal/h
㉰ 384kcal/h
㉱ 394kcal/h

해설 $Q = K \times A \times \triangle t$
∴ $= 0.5 \times 24 \times (40-8) = 384[kcal/h]$

06 증기공급 시 과열증기를 사용함에 따른 장점이 아닌 것은?
㉮ 부식 발생 저감
㉯ 열효율 증대
㉰ 가열장치의 열응력 저하
㉱ 증기소비량 감소

Answer
1. ㉰ 2. ㉰ 3. ㉱ 4. ㉰ 5. ㉰ 6. ㉰

해설 과열증기 사용 시 잇점
① 부식 발생 감소
② 열효율 증대
③ 증기소비량 감소
④ 마찰저항(열응력)감소

07 화염 검출기의 종류 중 화염의 발열을 이용한 것으로 바이메탈에 의하여 작동되며, 주로 소용량 온수보일러의 연도에 설치되는 것은?

㉮ 플레임 아이
㉯ 스택 스위치
㉰ 플레임 로드
㉱ 적외선 광전관

해설 화염검출기 종류
① 플레임 아이 : 화염의 발광체(광학적 성질) 이용
② 플레임 로드 : 화염의 이온화(전기전도성) 이용
③ 스택스위치 : 화염의 발열체(열적변화) 이용

08 수위경보기의 종류에 속하지 않는 것은?

㉮ 맥도널식   ㉯ 전극식
㉰ 배플식   ㉱ 마그네틱식

해설 저수위경보장치 종류
① 플로트식(맥도널식)
② 전극식
③ 코프스식
④ 마그네틱식

09 보일러의 3대 구성요소 중 부속장치에 속하지 않는 것은?

㉮ 통풍장치   ㉯ 급수장치
㉰ 여열장치   ㉱ 연소장치

해설 보일러의 3대 구성요소 : ① 보일러 본체, ② 부속장치, ③ 연소장치
즉, 연소장치는 부속장치가 아닌 3대 구성요소에 속한다.

10 연소안전장치 중 플레임 아이(flame eye)로 사용되지 않는 것은?

㉮ 광전관   ㉯ CdS cell
㉰ PbS cell   ㉱ SmS cell

해설 플레임 아이 종류로는
① 황화카드뮴 셀(Cds 셀)
② 황화납 셀(Pbs 셀)
③ 광전관
④ 자외선 광전관

11 연료 발열량은 9750 kcal/kg, 연료의 시간당 사용량은 300 kg/h 인 보일러의 상당증발량이 5000 kg/h 일 때 보일러 효율은 약 몇 % 인가?

㉮ 93   ㉯ 85
㉰ 87   ㉱ 92

해설 $\eta = \dfrac{G_e \times 539}{H \times Gf} \times 100$

$= \dfrac{5000 \times 539}{9750 \times 300} \times 100 ≒ 92\%$

12 보일러 예비 급수장치인 인젝터의 특징을 설명한 것으로 틀린 것은?

㉮ 구조가 간단하다.
㉯ 설치장소를 많이 차지하지 않는다.
㉰ 증기압이 낮아도 급수가 잘 이루어진다.
㉱ 급수온도가 높으면 급수가 곤란하다.

해설 인젝터 특징
[장점]
① 동력이 필요 없다.
② 설치장소를 작게 차지한다.
③ 구조가 간단하며 가격이 저렴하다.
[단점]
① 흡입양정이 낮아 급수조절이 어렵다.
② 증기압이 낮으며 급수가 곤란하다.
③ 급수온도가 높아지면 급수가 곤란하다.

Answer
7. ㉯   8. ㉰   9. ㉱   10. ㉱   11. ㉱   12. ㉰

13 다음 중 액화천연가스 [LNG]의 주성분은 어느 것인가?

㉮ CH_4
㉯ C_2H_6
㉰ C_3H_8
㉱ C_4H_{10}

[해설] 액화천연가스(LNG)의 주성분 : 메탄(CH_4)

14 보일러의 세정식 집진방법은 유수식과 가압수식, 회전식으로 분류할 수 있는데, 다음 중 가압수식 집진장치의 종류가 아닌 것은?

㉮ 타이젠 와셔
㉯ 벤투리 스크러버
㉰ 제트 스크러버
㉱ 충전탑

[해설] 가압수식 집진장치 종류
① 벤투리 스크러버식
② 제트 스크러버식
③ 사이크론 스크러버식
④ 충전탑식

15 중유 연소에서 버너에 공급되는 중유의 예열온도가 너무 높을 때 발생되는 이상 현상으로 거리가 먼 것은?

㉮ 카본(탄화물) 생성이 잘 일어날 수 있다.
㉯ 분무상태가 고르지 못할 수 있다.
㉰ 역화를 일으키기 쉽다.
㉱ 무화 불량이 발생하기 쉽다.

[해설] 중유의 예열온도가 너무 높을 때
① 카본 생성 원인이 된다.
② 분무상태가 고르지 못하다.
③ 역화를 일으키기 쉽다.
④ 기름이 관내에서 분해를 일으킨다.

16 1보일러 마력은 몇 kg/h의 상당증발량의 값을 가지는가?

㉮ 15.65
㉯ 79.8
㉰ 539
㉱ 860

[해설] 1보일러 마력의 상당증발량은 약 15.65kg/h이다.

17 보일러 증발율이 $80kg/m^2 \cdot h$이고, 실제 증발량이 40t/h 일 때, 전열 면적은 약 몇 m^2 인가?

㉮ 200
㉯ 320
㉰ 450
㉱ 500

[해설] 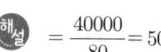 $= \dfrac{40000}{80} = 500m^2$

18 보일러 자동제어에서 시퀀스(sequence) 제어를 가장 옳게 설명한 것은?

㉮ 결과가 원인으로 되어 제어단계를 진행하는 제어이다.
㉯ 목표 값이 시간적으로 변화하는 제어이다.
㉰ 목표 값이 변화하지 않고 일정한 값을 갖는 제어이다.
㉱ 제어의 각 단계를 미리 정해진 순서에 따라 진행하는 제어이다.

[해설] 시퀀스(sequence) : 제어의 각 단계를 미리 정해진 순서에 따라 진행하는 제어

19 수관 보일러 중 자연순환식 보일러와 강제순환식 보일러에 관한 설명으로 틀린 것은?

㉮ 강제순환식은 압력이 적어질수록 물과 증기와의 비중차가 적어서 물의 순환이 원활하지 않은 경우 순환력이 약해지는 결점을 보완하기 위해 강제로 순환시키는 방식이다.
㉯ 자연순환식 수관보일러는 드럼과 다수의 수관으로 보일러 물의 순환회로를 만들 수 있도록 구성된 보일러이다.
㉰ 자연순환식 수관보일러는 곡관을 사용하는 형식이 널리 사용되고 있다.
㉱ 강제순환식 수관보일러의 순환펌프는 보일러수의 순환회로 중에 설치한다.

Answer
13. ㉮ 14. ㉮ 15. ㉱ 16. ㉮ 17. ㉱ 18. ㉱ 19. ㉮

[해설] 강제순환식 보일러 : 증기압이 초임계압에 가까워지면 증기와 물과의 비중차가 적어서 보일러수의 순환이 불량하므로 강제순환을 시킨다.

20 공기 예열기에서 발생되는 부식에 관한 설명으로 틀린 것은?

㉮ 중유연소 보일러의 배기가스 노점은 연료유 중의 유황성분과 배기가스의 산소 농도에 의해 좌우된다.
㉯ 공기 예열기에 가장 주의를 요하는 것은 공기 입구와 출구부의 고온부식이다.
㉰ 보일러에 사용되는 액체연료 중에는 유황성분이 함유되어 있으면 공기예열기 배기가스 출구 온도가 노점 이상인 경우에도 공기 입구온도가 낮으면 전열관 온도가 배기가스의 노점 이하가 되어 전열관에 부식을 초래한다.
㉱ 노점에 영향을 주는 SO_2에서 SO_3로의 변환율은 배기가스중의 O_2에 영향을 크게 받는다.

[해설]
• 고온부식 : 전열면의 고온부에서 주로 발생. 즉, 과열기와 재열기에서 주로 발생
• 저온부식 : 전열면의 저온부에서 주로 발생. 즉, 절탄기와 공기예열기에서 주로 발생

21 프로판 가스가 완전 연소될 때 생성되는 것은?

㉮ CO와 C_3H_8
㉯ C_4H_{10}와 CO_2
㉰ CO_2와 H_2O
㉱ CO와 CO_2

[해설] 탄화수소(CmHn)가 완전연소 될 때 생성되는 물질 CO_2, H_2O

22 보일러 수위제어 방식인 2요소식에서 검출하는 요소로 옳게 짝지어진 것은?

㉮ 수위와 온도
㉯ 수위와 급수유량
㉰ 수위와 압력
㉱ 수위와 증기유량

[해설] 수위제어 방식
① 1요소식(단요소식) : 수위만을 이용 검출
② 2요소식 : 수위, 증기량을 이용 검출
③ 3요소식 : 수위, 증기량, 급수량을 이용 검출

23 일반적으로 보일러의 효율을 높이기 위한 방법으로 틀린 것은?

㉮ 보일러 연소실 내의 온도를 낮춘다.
㉯ 보일러 장치의 설계를 최대한 효율이 높도록 한다.
㉰ 연소장치에 적합한 연료를 사용한다.
㉱ 공기예열기 등을 사용한다.

[해설] 연소실 온도를 높여 연료를 완전 연소시켜 열효율을 증가 시킨다.

24 보일러 전열면의 그을음을 제거하는 장치는?

㉮ 수저 분출장치
㉯ 수트 블로워
㉰ 절탄기
㉱ 인젝터

[해설] 수트 블로워 : 전열면의 그을음을 제거하는 장치

25 주철제 보일러의 특징 설명으로 옳은 것은?

㉮ 내열성 및 내식성이 나쁘다.
㉯ 고압 및 대용량으로 적합하다.
㉰ 섹션의 증감으로 용량을 조절할 수 있다.
㉱ 인장 및 충격에 강하다.

[해설] 주철제 보일러의 특성
[장점]
① 저압이므로 파열사고시 피해가 적다.
② 주물제작으로 복잡한 구조로 제작이 가능하다.
③ 전열면적이 크고 효율이 높다.
④ 내식·내열성이 우수하다.
⑤ 섹션 증감으로 용량조절이 용이하다.
[단점]
① 인장 및 충격에 약하다.
② 열에 의한 부동팽창으로 균열이 생기기 쉽다.
③ 고압·대용량에 부적당하다.
④ 구조가 복잡하므로 내부청소 및 검사가 곤란하다.

Answer
20. ㉯ 21. ㉰ 22. ㉱ 23. ㉮ 24. ㉯ 25. ㉰

2013년 10월 12일 시행

26 고체 연료의 고위발열량으로부터 저위발열량을 산출할 때 연료속의 수분과 다른 한 성분의 함유율을 가지고 계산하여 산출할 수 있는데 이 성분은 무엇인가?
㉮ 산소   ㉯ 수소
㉰ 유황   ㉱ 탄소

해설 고위발열량과 저위발열량의차는 연료 중의 ① 수분과 ② 수소성분에 의해 발생된다.

27 노통 보일러에서 노통에 직각으로 설치하여 노통의 전열면적을 증가시키고, 이로 인한 강도보강, 관수순환을 양호하게 하는 역할을 위해 설치하는 것은?
㉮ 겔로웨이 관
㉯ 아담슨 조인트(Adamson joint)
㉰ 브리징 스페이스(breathing space)
㉱ 반구형 경판

해설 겔로웨이관
① 물의 순환 양호
② 전열면적 증가
③ 노통 강도 보강

28 다음 중 열량(에너지)의 단위가 아닌 것은?
㉮ J   ㉯ cal
㉰ N   ㉱ BTU

해설 힘의 단위 N(newton : 뉴턴)
N은 힘의 단위로 질량의 단위인 kg과는 엄연히 다르다. 1N은 질량이 1kg인 물체에 작용하여 $1m/sec^2$의 가속도를 생기게 하는 힘을 말한다.

29 연료유 저장탱크의 일반사항에 대한 설명으로 틀린 것은?
㉮ 연료유를 저장하는 저장탱크 및 서비스 탱크는 보일러의 운전이 지장을 주지 않는 용량의 것으로 하여야 한다.
㉯ 연료유 탱크에는 보기 쉬운 위치에 유면계를 설치하여야 한다.
㉰ 연료유 탱크에는 탱크 내의 유량이 정상적인 양보다 초과, 또는 부족한 경우에 경보를 발하는 경보장치를 설치하는 것이 바람직하다.
㉱ 연료유 탱크에 드레인을 설치할 경우 누유에 따른 화재발생 소지가 있으므로 이 물질을 배출할 수 있는 드레인은 탱크 상단에 설치하여야 한다.

30 강철제 증기보일러의 안전밸브 부착에 관한 설명으로 잘못된 것은?
㉮ 쉽게 검사할 수 있는 곳에 부착한다.
㉯ 밸브 축을 수직으로 하여 부착한다.
㉰ 밸브의 부착은 플랜지, 용접 또는 나사 접합식으로 한다.
㉱ 가능한 한 보일러의 동체에 직접 부착시키지 않는다.

해설 안전밸브 부착
① 쉽게 검사할 수 있는 곳
② 밸브 축을 수직으로 하여 본체에 직접부착
③ 밸브의 부착은 플랜지, 용접 또는 나사 접합식으로 한다.
④ 압력이 높게 걸리는 곳에 설치한다.

31 회전이음 이라고도 하며 2개 이상의 엘보를 사용하여 이음부의 나사회전을 이용해서 배관의 신축을 흡수하는 신축이음쇠는?
㉮ 루프형
㉯ 스위블형
㉰ 벨로즈형
㉱ 슬리브형

해설 스위블형 신축이음
회전이음 이라고도 하며 2개 이상의 엘보를 사용 이음부의 나사회전을 이용 신축을 흡수하는 이음쇠

Answer

26. ㉯ 27. ㉮ 28. ㉰ 29. ㉱ 30. ㉱ 31. ㉯

32 단열재의 구비조건으로 맞는 것은?

㉮ 비중이 커야 한다.
㉯ 흡수성이 커야 한다.
㉰ 가연성이어야 한다.
㉱ 열전도율이 적어야 한다.

해설 단열재의 구비조건
① 비중이 작고 독립성 다공질일 것
② 흡수성이 적을 것
③ 열전도율이 적을 것
④ 시공이 용이할 것

33 보일러 사고 원인 중 취급 부주의가 아닌 것은?

㉮ 과열 ㉯ 부식
㉰ 압력초과 ㉱ 재료불량

해설 보일러 사고의 원인별 구분
• 제작상의 원인
① 재료불량, ② 구조 및 설계불량
③ 강도불량, ④ 용접불량 등
• 취급상의 원인
① 압력초과, ② 저수위, ③ 과열
④ 역화, ⑤ 부식 등

34 보일러의 계속사용검사기준 중 내부검사에 관한 설명이 아닌 것은?

㉮ 관의 부식 등을 검사할 수 있도록 스케일은 제거되어야 하며, 관 끝 부분의 손상, 취화 및 빠짐이 없어야 한다.
㉯ 노벽 보호부분은 벽체의 현저한 균열 및 파손 등 사용상 지장이 없어야 한다.
㉰ 내용물의 외부유출 및 본체의 부식이 없어야 한다. 이때 본체의 부식 상태를 판별하기 위하여 보온재 등 피복물을 제거하게 할 수 있다.
㉱ 연소실 내부에는 부적당 하거나 결함이 있는 버너 또는 스토커의 설치운전에 의한 현저한 열의 국부적인 집중으로 인한 현상이 없어야 한다.

해설 개방검사
• 외부검사
① 내용물의 외부유출 및 본체의 부식이 없어야 한다. 이때 본체의 부식상태를 판별하기 위하여 보온재 등 피복물을 제거하게 할 수 있다.
② 모든 배관계통의 관 및 이음쇠 부분에 누기 및 누수가 없어야 한다.
• 내부검사
① 관의 부식 등을 검사할 수 있도록 스케일은 제거되어야 하며, 관 끝부분의 손모, 취화 및 빠짐이 없어야 한다.
② 노벽 보호부분은 벽체의 현저한 균열 및 파손 등 사용상 지장이 없어야 한다.
③ 연소실 내부에는 부적당하거나 결함이 있는 버너 또는 스토커의 설치운전에 의한 현저한 열의 국부적인 집중으로 인한 현상이 없어야 한다.

35 배관계에 설치한 밸브의 오작동 방지 및 배관계 취급의 적정화를 도모하기 위해 배관에 식별 표시를 하는데 관계가 없는 것은?

㉮ 지지하중
㉯ 식별색
㉰ 상태표시
㉱ 물질표시

해설 배관에 식별 표시 : 식별식, 상태표시, 물질표시 등

36 증기난방의 중력 환수식에서 복관식인 경우 배관기울기로 적당한 것은?

㉮ 1/50 정도의 순 기울기
㉯ 1/100 정도의 순 기울기
㉰ 1/150 정도의 순 기울기
㉱ 1/200 정도의 순 기울기

해설 증기난방 중력 환수식에서 복관식의 배관기울기
1/200 정도의 순 기울기

Answer
32. ㉱ 33. ㉱ 34. ㉰ 35. ㉮ 36. ㉱

2013년 10월 12일 시행

37 스테인리스강관의 특징 설명으로 옳은 것은?
- ㉮ 강관에 비해 두께가 얇고 가벼워 운반 및 시공이 쉽다.
- ㉯ 강관에 비해 내열성은 우수하나 내식성은 떨어진다.
- ㉰ 강관에 비해 기계적 성질이 떨어진다.
- ㉱ 한랭지 배관이 불가능하며 동결에 대한 저항이 적다.

해설 스테인리스강관의 특징
① 강관에 비해 기계적 성질이 우수하고, 두께가 얇고 가벼워 운반 및 시공이 쉽다.
② 내식성이 우수하여 계속 사용 시 내경의 축소, 저항증대 현상이 없다.
③ 위생적이어서 적수, 백수, 청수의 염려가 없다.
④ 저온 충격성이 크고, 한랭지 배관이 가능하며 동결에 대한 저항이 크다.

38 증기난방의 시공에서 완수배관에 리프트 피팅(lift fitting)을 적용하여 시공할 때 1단의 흡상높이로 적당한 것은?
- ㉮ 1.5m 이내
- ㉯ 2m 이내
- ㉰ 2.5m 이내
- ㉱ 3m 이내

해설 리프트 피팅의 1단의 흡상높이는 1.5m 이내가 적당하다.

39 기름 보일러에서 연소 중 화염이 점멸 하는 등 연소 불안정이 발생하는 경우가 있다. 그 원인으로 적당하지 않은 것은?
- ㉮ 기름의 점도가 높을 때
- ㉯ 기름 속에 수분이 혼입되었을 때
- ㉰ 연료의 공급 상태가 불안정한 때
- ㉱ 노 내가 부압인 상태에서 연소했을 때

해설 연소불안정의 원인
① 기름의 점도가 높아 무화가 불량할 때
② 수분 등 이물질이 많이 포함되었을 때
③ 연료의 공급이 불안정할 때
④ 연소장치가 불량한 경우

40 보일러의 가동 중 주의해야 할 사항으로 맞지 않는 것은?
- ㉮ 수위가 안전수위 이하로 되지 않도록 수시로 점검한다.
- ㉯ 증기압력이 일정하도록 연료공급을 조절한다.
- ㉰ 과잉공기를 많이 공급하여 완전연소가 되도록 한다.
- ㉱ 연소량을 증가시킬 때는 통풍량을 먼저 증가 시킨다.

해설 과잉공기를 많이 사용하면 열손실, 부식, 효율저하 등의 원인이 된다.

41 증기난방에서 환수관의 수평배관에서 관경이 가늘어 지는 경우 편심 리듀셔를 사용하는 이유로 적합한 것은?
- ㉮ 응축수의 순환을 억제하기 위해
- ㉯ 관의 열팽창을 방지하기 위해
- ㉰ 동심 리듀셔보다 시공을 단축하기 위해
- ㉱ 응축수의 체류를 방지하기 위해

해설 증기난방에서 수평배관의 경우 응축수 체류방지를 위해 편심리듀셔를 사용한다.

42 온수난방설비에서 복관식 배관방식에 대한 특징으로 틀린 것은?
- ㉮ 단관식보다 배관 설비비가 적게 든다.
- ㉯ 역귀환 방식의 배관을 할 수 있다.
- ㉰ 발열량을 밸브에 의하여 임으로 조정할 수 있다.
- ㉱ 온도변화가 거의 없고 안정성이 높다.

해설 복관식의 경우 단관식보다 배관 설비비가 많이 든다.

Answer
37. ㉮ 38. ㉮ 39. ㉱ 40. ㉰ 41. ㉱ 42. ㉮

43 개방식 팽창탱크에서 필요가 없는 것은?
㉮ 배기관
㉯ 압력계
㉰ 급수관
㉱ 팽창관

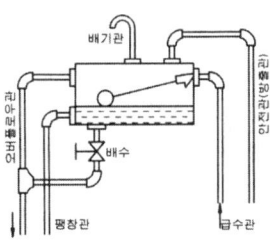
(개방식)

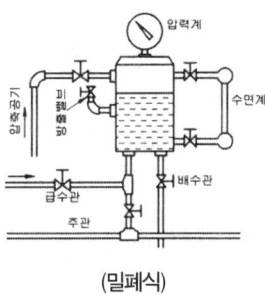
(밀폐식)

44 중앙식 급탕법에 대한 설명으로 틀린 것은?
㉮ 기구의 동시 이용률을 고려하여 가열장치의 총열량을 적게 할 수 있다.
㉯ 기계실 등에 다른 설비 기계와 함께 가열장치 등이 설치되기 때문에 관리가 용이하다.
㉰ 설비규모가 크고 복잡하기 때문에 초기 설비비가 비싸다.
㉱ 비교적 배관길이가 짧아 열손실이 적다.

중앙식 급탕법은 비교적 배관길이가 길어 열손실이 있다.

45 보일러의 손상에서 팽출을 옳게 설명한 것은?
㉮ 보일러의 본체가 화염에 과열되어 외부로 볼록하게 튀어나오는 현상
㉯ 노통이나 화실이 외측의 압력에 의해 눌려 쭈그러져 찢어지는 현상
㉰ 강판에 가스가 포함된 것이 화염의 접촉으로 양쪽으로 오목하게 되는 현상
㉱ 고압보일러 드럼 이음에 주로 생기는 응력 부식 균열의 일종

팽출 : 보일러의 본체가 화염의 접촉으로 과열되어 외부로 볼록하게 튀어나오는 현상

46 방열기내의 온수의 평균온도 85℃, 실내온도 15℃, 방열계수 7.2kcal/m²·h·℃인 경우 방열기 방열량은 얼마인가?
㉮ 450kcal/m²·h
㉯ 504kcal/m²·h
㉰ 509kcal/m²·h
㉱ 515kcal/m²·h

방열기 방열량 = 방열계수×온도차
= 7.2×(85−15)
= 504kcal/m²·h

47 보일러 건식보전법에서 가스봉입 방식(기체보존법)에 사용되는 가스는?
㉮ O_2 ㉯ N_2
㉰ CO ㉱ CO_2

건조보존법에서 가스봉입을 질소(N_2)를 사용한다.

48 보일러 점화전 수위확인 및 조정에 대한 설명 중 틀린 것은?
㉮ 수면계의 기능테스트가 가능한 정도의 증기압력이 보일러 내에 남아 있을 때는 수면계의 기능시험을 해서 정상인지 확인한다.

㉰ 2개의 수면계의 수위를 비교하고 동일수위인지 확인한다.
㉱ 수면계에 수주관이 설치되어 있을 때는 수주연락관의 체크밸브가 바르게 닫혀 있는지 확인한다.
㉲ 유리관이 더러워졌을 때는 수위를 오인하는 경우가 있기 때문에 필히 청소하거나 또는 교환하여야 한다.

[해설] 수주연락관의 밸브를 열려있어야 한다.

49 온수난방에 대한 특징을 설명한 것으로 틀린 것은?

㉮ 증기난방에 비해 소요방열 면적과 배관경이 적게 되므로 시설비가 적어진다.
㉯ 난방부하의 변동에 따라 온도조절이 쉽다.
㉰ 실내온도의 쾌감도가 비교적 높다.
㉱ 밀폐식일 경우 배관의 부식이 적어 수명이 길다.

[해설] 증기난방과 비교한 온수난방의 특징
① 예열시간이 길다.
② 방열량의 조절이 쉽다.
③ 동결의 위험이 적다.
④ 방열면적이 넓고 취급이 쉽다.
⑤ 건축물의 높이에 제한을 받는다.

50 보일러 운전 중 정전이 발생한 경우의 조치사항으로 적합하지 않은 것은?

㉮ 전원을 차단한다.
㉯ 연료공급을 멈춘다.
㉰ 안전밸브를 열어 증기를 분출시킨다.
㉱ 주증기 밸브를 닫는다.

[해설] 운전 중 정전이 발생한 경우 조치
① 전원을 차단한다.
② 연료 공급을 멈춘다.
③ 주증기 밸브를 닫는다.

51 보일러 취급자가 주의하여 염두에 두어야 할 사항으로 틀린 것은?

㉮ 보일러 사용처의 작업환경에 따라 운전기준을 설정하여 둔다.
㉯ 사용처에 필요한 증기를 항상 발생, 공급할 수 있도록 한다.
㉰ 증기 수요에 따라 보일러 정격한도를 10% 정도 초과하여 운전한다.
㉱ 보일러 제작사 취급설명서의 의도를 파악 숙지하여 그 지시에 따른다.

[해설] 보일러는 정격한도를 초과하여 운전을 할 경우 과열 및 압력초과로 인하여 파열사고의 원인이 된다.

52 캐리 오버(carry over)에 대한 방지 대책이 아닌 것은?

㉮ 압력을 규정압력으로 유지해야 한다.
㉯ 수면이 비정상적으로 높게 유지되지 않도록 한다.
㉰ 부하를 급격히 증가시켜 증기실의 부하율을 높인다.
㉱ 보일러수에 포함되어 있는 유지류나 용해고형물 등의 불순물을 제거한다.

[해설] 부하를 급격히 증가시켜 증기실의 부하율을 높이면 비수현상이 발생되어 캐리오버의 원인이 된다.

53 보일러 수압시험시의 시험수압은 규정된 압력의 몇 % 이상을 초과하지 않도록 해야 하는가?

㉮ 3% ㉯ 4%
㉰ 5% ㉱ 6%

[해설] 수압시험 시 시험수압은 규정된 압력의 6%를 초과 하지 않도록 한다.

Answer
49. ㉮ 50. ㉰ 51. ㉰ 52. ㉰ 53. ㉱

54. 증기배관 내에 응축수가 고여 있을 때 증기 밸브를 급격히 열어 증기를 빠른 속도로 보냈을 때 발생하는 현상으로 가장 적합한 것은?
㉮ 압궤가 발생한다.
㉯ 팽출이 발생한다.
㉰ 블리스터가 발생한다.
㉱ 수격작용이 발생한다.

〔해설〕 수격작용 방지를 위해 증기밸브를 서서히 열어 증기를 소비처로 보낸다.

55. 에너지법에서 정한 에너지기술개발사업비로 사용될 수 없는 사항은?
㉮ 에너지에 관한 연구인력 양성
㉯ 온실가스 배출을 늘이기 위한 기술개발
㉰ 에너지자용에 따른 대기오염 저감을 위한 기술개발
㉱ 에너지기술개발 성과의 보급 및 홍보

〔해설〕 에너지기술개발사업비 지원 사항
① 에너지에 관한 연구인력 양성
② 온실가스 배출을 줄이기 위한 기술개발
③ 에너지사용에 따른 대기오염 저감을 위한 기술개발
④ 에너지기술개발 성과의 보급 및 홍보 등

56. 산업통상자원부장관이 에너지저장의무를 부과할 수 있는 대상자로 맞는 것은?
㉮ 연간 5천 석유환산톤 이상의 에너지를 사용하는 자
㉯ 연간 6천 석유환산톤 이상의 에너지를 사용하는 자
㉰ 연간 1만 석유환산톤 이상의 에너지를 사용하는 자
㉱ 연간 2만 석유환산톤 이상의 에너지를 사용하는 자

〔해설〕 연간 2만 석유환산톤 이상의 에너지를 사용하는 자는 산업통상자원부장관이 에너지 저장 의무를 부과할 수 있다.

57. 신에너지 및 재생에너지 개발·이용·보급 촉진법에서 규정하는 신에너지 또는 재생에너지에 해당되지 않는 것은?
㉮ 태양에너지   ㉯ 풍력
㉰ 수소에너지   ㉱ 원자력에너지

〔해설〕 신·재생에너지
① 태양에너지   ② 풍력에너지
③ 수력에너지   ④ 지열에너지
⑤ 수소에너지 등

58. 에너지이용합리화법에 따라 에너지다소비사업자가 매년 1월 31일까지 신고해야 할 사항과 관계없는 것은?
㉮ 전년도의 에너지 사용량
㉯ 전년도의 제품 생산량
㉰ 에너지자용 기자재의 현황
㉱ 해당 연도의 에너지관리진단 현황

〔해설〕 연료·열 및 전력의 연간 사용량의 합계(연간 에너지사용량)가 2,000[TOE]이상이 되는 경우 매년 1월 31일까지 시·도지사 에게 신고
• 전년도의 에너지사용량·제품생산량
• 전년도의 에너지 이용합리화 실적 및 당해연도의 계획
• 당해 년도의 에너지 사용 예정량 및 제품 생산 예정량
• 에너지 사용기자재의 현황

59. 에너지이용 합리화법의 목적과 거리가 먼 것은?
㉮ 에너지소비로 인한 환경피해 감소
㉯ 에너지의 수급 안정
㉰ 에너지의 소비 촉진
㉱ 에너지의 효율적인 이용증진

〔해설〕 에너지이용합리화법의 목적
① 에너지의 수급안정을 기한다.
② 에너지의 합리적이고, 효율적인 이용 증진
③ 에너지 소비로 인한 환경피해를 줄인다.
④ 국민경제의 건전한 발전에 이바지한다.

Answer
54. ㉱ 55. ㉯ 56. ㉱ 57. ㉱ 58. ㉱ 59. ㉰

60 저탄소녹색성장기본법에 따라 2020년의 우리나라 온실가스 감축 목표로 옳은 것은?

㉮ 2020년의 온실가스 배출전망치 대비 100분의 20

㉯ 2020년의 온실가스 배출전망치 대비 100분의 30

㉰ 2020년의 온실가스 배출량의 100분의 20

㉱ 2020년의 온실가스 배출량의 100분의 30

해설 저탄소녹색성장기본법에 의한 2020년의 온실가스 감축 목표
- 2020년의 온실가스 배출전망치 대비 100분의 30

Answer
60. ㉯

에너지관리기능사

2014년 1월 26일 시행

01 절대온도 360K를 섭씨온도로 환산하면 약 몇 ℃인가?
㉮ 97℃ ㉯ 87℃
㉰ 67℃ ㉱ 57℃

해설 K=℃+273
∴ ℃=K−273℃=367−273=87℃

02 보일러의 제어장치 중 연소용 공기를 제어하는 설비는 자동제어에서 어디에 속하는가?
㉮ F.W.C ㉯ A.B.C
㉰ A.C.C ㉱ A.F.C

해설 ㉮ 자동연소제어(A.C.C : Automatic Combustion Control)
㉯ 보일러자동제어(A.B.C : Automatic Boiler Control)
㉰ 증기온도제어(S.T.C : Steam Temperature Control)
㉱ 급수제어(F.W.C : Feed Water Control)

03 수관식 보일러에 대한 설명으로 틀린 것은?
㉮ 고온, 고압에 적당하다.
㉯ 용량에 비해 소요면적이 적으며 효율이 좋다.
㉰ 보유수량이 많아 파열시 피해가 크고, 부하변동에 응하기 쉽다.
㉱ 급수의 순도가 나쁘면 스케일이 발생하기 쉽다.

해설 수관식 보일러의 특징
① 장점
  ㉠ 고온, 고압에 적당하다.
  ㉡ 효율이 대단히 높다.
  ㉢ 보유수량이 적어 파열시 피해가 적다.
  ㉣ 외분식이어서 연소 상태도 양호하다.
  ㉤ 보유수량이 적어 파열시 피해가 적다.
② 단점
  ㉠ 급수처리가 까다롭다.
  ㉡ 보유수량이 적어 부하 변동에 응하기가 어렵다.
  ㉢ 구조가 복잡하여 청소, 검사, 수리에 불편하다.
  ㉣ 노벽으로의 방산손실이 많다.
  ㉤ 보유수량이 적어 부하 변동에 응하기가 어렵다.

04 기체연료의 발열량 단위로 옳은 것은?
㉮ $kcal/m^3$ ㉯ $kcal/cm^2$
㉰ $kcal/mm^2$ ㉱ $kcal/Nm^3$

해설 발열량 단위
① 기체($kcal/Nm^3$), ② 고체·액체($kcal/kg$)

05 제어계를 구성하는 요소 중 전송기의 종류에 해당되지 않는 것은?
㉮ 전기식 전송기 ㉯ 증기식 전송기
㉰ 유압식 전송기 ㉱ 공기압식 전송기

해설 신호전달방식(전송기의 종류)
㉮ 전기식 전송기
㉯ 유압식 전송기
㉰ 공기압식 전송기

06 액체연료의 유압분무식 버너의 종류에 해당되지 않는 것은?
㉮ 플런저형 ㉯ 외측 반환유형
㉰ 직접 분사형 ㉱ 간접 분사형

해설 유압분무식 버너의 종류
① 비환류식(직접분사형)
② 환류식(외측 반환 유형, 내측 반환 유형)
③ 플런저형

Answer
1. ㉯ 2. ㉰ 3. ㉰ 4. ㉱ 5. ㉯ 6. ㉱

2014년 1월 26일 시행 • 651

07 입형(직립) 보일러에 대한 설명으로 틀린 것은?
㉮ 동체를 바로 세워 연소실을 그 하부에 둔 보일러이다.
㉯ 전열면적을 넓게 할 수 있어 대용량에 적당하다.
㉰ 다관식은 전열면적을 보강하기 위하여 다수의 연관을 설치한 것이다.
㉱ 횡관식은 횡관의 설치로 전열면을 증가시킨다.

해설 입형(직립 : 코크란, 입형횡관, 입형연관) 보일러의 특징
① 설치장소를 작게 차지하고, 비교적 소용량에 적당하다.
② 다관식은 다수의 연관을 설치한 형태
③ 동체를 세워 연소실을 하부에 둔 형태
④ 효율이 비교적 낮고, 습증기 발생이 많다.
⑤ 횡관식은 횡관의 설치로 전열면을 증가 시킨 것.

08 공기예열기에 대한 설명으로 틀린 것은?
㉮ 보일러의 열효율을 향상시킨다.
㉯ 불완전 연소를 감소시킨다.
㉰ 배기가스의 열손실을 감소시킨다.
㉱ 통풍저항이 작아진다.

해설 공기예열기의 특징
① 열효율 향상 ② 연소효율 증가
③ 열손실 감소 ④ 통풍저항이 커진다.

09 보일러 1마력을 상당증발량으로 환산하면 약 얼마인가?
㉮ 13.65kg/h ㉯ 15.65kg/h
㉰ 18.65kg/h ㉱ 21.65kg/h

해설 보일러 1마력을 상당증발량으로 환산하면 15.65kg/h이다.
$$\therefore B-HP = \frac{상당증발량}{15.65}$$

10 다음 중 LPG의 주성분이 아닌 것은?
㉮ 부탄   ㉯ 프로판
㉰ 프로필렌 ㉱ 메탄

해설
• 액화석유가스(LPG) 주성분 : 프로판, 부탄, 프로필렌
• 액화천연가스(LNG)주성분 : 메탄

11 수면계의 기능시험의 시기에 대한 설명으로 틀린 것은?
㉮ 가마울림 현상이 나타날 때
㉯ 2개 수면계의 수위에 차이가 있을 때
㉰ 보일러를 가동하여 압력이 상승하기 시작했을 때
㉱ 프라이밍, 포밍 등이 생길 때

해설 수면계의 기능시험(점검)시기
① 비수(플라이밍, 포밍 발생시
② 두 개의 수면계 수위가 서로 다를 때
③ 연락관에 이상이 발견된 때
④ 가동 전이나 가동하여 압력이 상승하기 시작했을 때
⑤ 수위가 보이지 않을 때
⑥ 수면계의 움직임이 둔하고, 수위가 의심스런 경우

12 특수보일러 중 간접가열 보일러에 해당되는 것은?
㉮ 슈미트 보일러 ㉯ 베록스 보일러
㉰ 벤슨 보일러 ㉱ 코르니시 보일러

해설 간접가열 보일러 종류 : 슈미트, 레플러

13 오일 프리히터의 사용 목적이 아닌 것은?
㉮ 연료의 점도를 높여 준다.
㉯ 연료의 유동성을 증가시켜 준다.
㉰ 완전연소에 도움을 준다.
㉱ 분무상태를 양호하게 한다.

해설 오일 프리히터(중유가열기) 사용 목적
① 연료의 점도를 낮춘다.
② 연료의 유동성 증가
③ 분무상태를 양호
④ 완전연소용이

Answer
7. ㉯ 8. ㉱ 9. ㉯ 10. ㉱ 11. ㉮ 12. ㉮ 13. ㉮

14 보일러의 안전 저수면에 대한 설명으로 적당한 것은?

㉮ 보일러의 보안상, 운전 중에 보일러 전열면이 화염에 노출되는 최저 수면의 위치
㉯ 보일러의 보안상, 운전 중에 급수하였을 때의 최초 수면의 위치
㉰ 보일러의 보안상, 운전 중에 유지해야 하는 일상적인 가동시의 표준 수면의 위치
㉱ 보일러의 보안상, 운전 중에 유지해야 하는 보일러 드럼내 최저 수면의 위치

안전 저수면 : 사용(운전) 중 유지해야 할 최저 수면

15 가스버너에 리프팅(Lifting)현상이 발생하는 경우는?

㉮ 가스압이 너무 높은 경우
㉯ 버너부식으로 염공이 커진 경우
㉰ 버너가 과열된 경우
㉱ 1차공기의 흡인이 많은 경우

• 리프팅(Lifting : 선화)
가스의 유출속도가 연소속도에 비해 크게 되었을 때 불꽃이 염공에 접하여 연소되지 않고 염공을 떠나 공중에서 연소되는 현상
• 리프팅(Lifting : 선화) 원인
① 염공이 작게 된 경우
② 공급압력이 너무 높을 때
③ 노즐의 구경이 작은 경우
④ 공기조절장치를 너무 많이 열었을 때

16 보일러 급수처리의 목적으로 볼 수 없는 것은?

㉮ 부식의 방지
㉯ 보일러수의 농축방지
㉰ 스케일생성 방지
㉱ 역화(back fire)방지

급수처리의 목적
① 부식방지
② 보일러수의 농축방지
③ 스케일 생성 방지 등
※ 역화(back fire)는 연료계통에서 연소실에 미연소가스가 있을 때 발생되는 현상을 말한다.

17 보일러효율 시험방법에 관한 설명으로 틀린 것은?

㉮ 급수온도는 절탄기가 있는 것은 절탄기 입구에서 측정한다.
㉯ 배기가스의 온도는 전열면의 최종 출구에서 측정한다.
㉰ 포화증기의 압력은 보일러 출구의 압력으로 브르돈관식 압력계로 측정한다.
㉱ 증기온도의 경우 과열기가 있을 때는 과열기 입구에서 측정한다.

증기온도의 경우 과열기가 있을 때는 과열기의 출구에서 측정한다.

18 증기보일러에서 감압밸브 사용의 필요성에 대한 설명으로 가장 적합한 것은?

㉮ 고압증기를 감압시키면 잠열이 감소하여 이용 열이 감소된다.
㉯ 고압증기는 저압증기에 비해 관경을 크게 해야 하므로 배관설비비가 증가한다.
㉰ 감압을 하면 열교환 속도가 불규칙하나 열전달이 균일하여 생산성이 향상된다.
㉱ 감압을 하면 증기의 건도가 향상되어 생산성 향상과 에너지절감이 이루어진다.

감압밸브의 설치(사용) 목적
① 고압의 증기를 저압(사용압)으로 감압 시
② 고압과 저압의 증기를 동시에 사용하고자 할 때
③ 증기량을 일정하게 공급 받고자 할 때
또한 감압을 하면 증기의 건도가 향상되어 생산성 향상과 에너지 절감이 이루어진다.

Answer
14. ㉱   15. ㉮   16. ㉱   17. ㉱   18. ㉱

19 자연통풍에 대한 설명으로 가장 옳은 것은?
㉮ 연소에 필요한 공기를 압입 송풍기에 의해 통풍하는 방식이다.
㉯ 연돌로 인한 통풍방식이며 소형보일러에 적합하다.
㉰ 축류형 송풍기를 이용하여 연도에서 열가스를 배출하는 방식이다.
㉱ 송·배풍기를 보일러 전·후면에 부착하여 통풍하는 방식이다.

해설 자연통풍
연돌로 인한 배기가스와 외기의 비중차를 이용하는 통풍방식을 말한다.
즉, 연돌로 인한 통풍방식이며 소형 보일러에 적합하다.

20 육상용 보일러의 열정산은 원칙적으로 정격부하 이상에서 정상 상태로 적어도 몇 시간 이상의 운전결과에 따라 하는가?
(단, 액체 또는 기체연료를 사용하는 소형보일러에서 인수·인도 당사자 간의 협정이 있는 경우는 제외)
㉮ 0.5시간   ㉯ 1시간
㉰ 1.5시간   ㉱ 2시간

해설 열정산은 원칙적으로 정격부하 이상에서 정상 상태로 적어도 2시간 이상의 운전결과에 따른다.

21 과열기를 연소가스 흐름 상태에 의해 분류할 때 해당되지 않는 것은?
㉮ 복사형   ㉯ 병류형
㉰ 향류형   ㉱ 혼류형

해설
• 열가스 접촉에 의한 분류
① 복사 과열기
② 접촉(대류) 과열기
③ 복사 접촉(대류) 과열기
• 열가스 흐름에 의한 분류
① 병류형
② 향류(대향류)형
③ 혼류형

22 공기량이 지나치게 많을 때 나타나는 현상 중 틀린 것은?
㉮ 연소실 온도가 떨어진다.
㉯ 열효율이 저하한다.
㉰ 연료소비량이 증가한다.
㉱ 배기가스 온도가 높아진다.

해설 공기량이 지나치게 많을 경우
① 연소실 온도가 떨어진다.
② 연소효율이 저하된다.
③ 연료소비량이 증가한다.
④ 과잉공기로 인한 부식 등이 발생된다.

23 보일러 연소장치의 선정기준에 대한 설명으로 틀린 것은?
㉮ 사용 연료의 종류와 형태를 고려한다.
㉯ 연소 효율이 높은 장치를 선택한다.
㉰ 과잉공기를 많이 사용할 수 있는 장치를 선택한다.
㉱ 내구성 및 가격 등을 고려한다.

해설 연소장치의 선정기준
① 사용 연료의 종류와 형태를 고려한다.
② 연소효율이 높은 장치를 선택한다.
③ 내구성 및 가격 등을 고려한다.
④ 과잉공기를 적게 사용할 수 있는 장치를 선택한다.

24 열전달의 기본형식에 해당되지 않는 것은?
㉮ 대류   ㉯ 복사
㉰ 발산   ㉱ 전도

해설 열전달(열의 이동) 기본형식
① 전도   ② 대류   ③ 복사

25 보일러의 출열 항목에 속하지 않는 것은?
㉮ 불완전 연소에 의한 열손실
㉯ 연소 잔재물 중의 미연소분에 의한 열손실
㉰ 공기에 현열손실
㉱ 방산에 의한 손실열

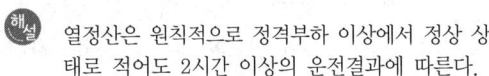
19. ㉯   20. ㉱   21. ㉮   22. ㉱   23. ㉰   24. ㉰   25. ㉰

해설
- 입열항목
  ① 연료의 연소
  ② 연료의 현열
  ③ 공기의 현열
  ④ 노내분입 증기열
- 출열항목
  ① 유효출열
  ② 손실열
     ㉠ 배기가스에 의한 손실열
     ㉡ 미연소가스에 의한 연소열
     ㉢ 방산에 의한 손실열

26 보일러의 압력이 $8kg_f/cm^2$이고, 안전밸브 입구 구멍의 단면적이 $20cm^2$라면 안전밸브에 작용하는 힘은 얼마인가?

㉮ $140kg_f$ ㉯ $160kg_f$
㉰ $170kg_f$ ㉱ $180kg_f$

해설 작용하는 힘 $= 8 \times 20 = 160kg_f$

27 어떤 보일러의 5시간 동안 증발량이 5000kg 이고, 그 때의 급수 엔탈피가 25kcal/kg, 증기엔탈피가 675kcal/kg 이라면 상당 증발량은 약 몇 kg/h 인가?

㉮ 1106 ㉯ 1206
㉰ 1304 ㉱ 1451

해설
$$\text{상당증발량} = \frac{\text{매시간당증발량} \times (\text{증기엔탈피} - \text{급수엔탈피})}{539}$$
$$= \frac{\frac{5000}{5} \times (675 - 25)}{539} = 1206 kg/h$$

28 보일러 동 내부 안전저수위보다 약간 높게 설치하여 유지분, 부유물 등을 제거하는 장치로서 연속분출장치에 해당되는 것은?

㉮ 수면 분출장치 ㉯ 수저 분출장치
㉰ 수중 분출장치 ㉱ 압력 분출장치

해설 연속(수면)분출장치 : 안전저수위보다 약간 높게 설치하여 유지분, 부유물 등을 제거하는 장치

29 1기압 하에서 20℃의 물 10kg을 100℃의 증기로 변화시킬 때 필요한 열량은 얼마인가?
(단, 물의 비열은 1kcal/kg·℃)

㉮ 6190kcal ㉯ 6390kcal
㉰ 7380kcal ㉱ 7480kcal

해설
① $Q = G \cdot C \cdot \Delta t$
   $= 10 \times 1 \times (100-20) = 800kcal$
② $Q_r = G \cdot \gamma$
   $= 10 \times 539 = 5390kcal$
① + ② $= 800 + 5390 = 6190kcal$

30 최고사용압력이 $16kg_f/cm^2$인 강철제보일러의 수압 시험압력으로 맞는 것은?

㉮ $8kg_f/cm^2$ ㉯ $16kg_f/cm^2$
㉰ $24kg_f/cm^2$ ㉱ $32kg_f/cm^2$

해설 수압시험압력
최고사용압력이 $15kg/cm^2$ 이상일 때 최고사용압력의 1.5배로 실시한다.
$= 16 \times 1.5 = 24kg_f/cm^2$
① 강철제 보일러
   ㉠ 최고사용압력이 $0.43MPa\{4.3kg_f/cm^2\}$ 이하일 때에는 그 최고사용압력의 2배의 압력으로 한다.
   ㉡ 최고 사용압력이 $0.43MPa\{4.3kg_f/cm^2\}$ 초과 $1.5MPa\{15kg_f/cm^2\}$ 이하일 때에는 그 최고사용압력의 1.3배에 $0.3MPa\{3kg_f/cm^2\}$를 더한 압력으로 한다.
   ㉢ 최고사용압력이 $1.5MPa\{15kg_f/cm^2\}$를 초과할 때에는 그 최고사용압력의 1.5배의 압력으로 한다.

31 강관재 루프형 신축이음은 고압에 견디고 고장이 적어 고온·고압용 배관에 이용되는데 이 신축이음의 곡률반경은 관 지름의 몇 배 이상으로 하는 것이 좋은가?

㉮ 2배 ㉯ 3배
㉰ 4배 ㉱ 6배

해설 루프형(만곡관)신축이음의 곡률반경은 관 지름의 6배 이상으로 한다.

Answer 26. ㉯ 27. ㉯ 28. ㉮ 29. ㉮ 30. ㉰ 31. ㉱

32 단관 중력 순환식 온수난방의 배관은 주관을 앞내림 기울기로 하여 공기가 모두 어느 곳으로 빠지게 하는가?
- ㉮ 드레인 밸브
- ㉯ 팽창 탱크
- ㉰ 에어벤트 밸브
- ㉱ 체크 밸브

해설 단관 중력 순환식 온수난방의 배관은 주관을 앞내림 기울기로 하여 공기가 모두 팽창탱크에서 빠지게 설치한다.

33 보일러에서 발생하는 고온 부식의 원인물질로 거리가 먼 것은?
- ㉮ 나트륨
- ㉯ 유황
- ㉰ 철
- ㉱ 바나듐

해설
- 고온부식의 원인물질
  [나트륨(Na), 유황(S : Na_2SO_4), 바나듐(V : V_2O_5)]
- 저온부식 : [유황(S : H_2SO_4)]

34 두께가 13cm, 면적이 10m²인 벽이 있다. 벽 내부온도는 200℃, 외부의 온도가 20℃일 때 벽을 통한 전도되는 열량은 약 몇 kcal/h인가?
(단, 열전도율은 0.02kcal/m·h·℃)
- ㉮ 234.2
- ㉯ 259.6
- ㉰ 276.9
- ㉱ 312.3

해설
$$Q = \frac{\lambda \cdot A \cdot \Delta t}{b}$$
$$= \frac{0.02 \times 10 \times (200-20)}{0.13} = 276.9 \text{kcal/h}$$

35 배관 지지 장치의 명칭과 용도가 잘못 연결된 것은?
- ㉮ 파이프 슈 – 관의 수평부, 곡관부 지지
- ㉯ 리지드 서포트 – 빔 등으로 만든 지지대
- ㉰ 롤러 서포트 – 방진을 위해 변위가 적은 곳에 사용
- ㉱ 행거 – 배관계의 중량을 위에서 달아 매는 장치

롤러 서포트(roller support) : 관의 축 방향의 이동을 허용한 지지구이다.

36 다음 중 보일러에서 실화가 발생하는 원인으로 거리가 먼 것은?
- ㉮ 버너의 팁이나 노즐이 카본이나 소손 등으로 막혀있다.
- ㉯ 분사용 증기 또는 공기의 공급량이 연료량에 비해 과다 또는 과소하다.
- ㉰ 중유를 과열하여 중유가 유관 내나 가열기 내에서 가스화하여 중유의 흐름이 중단되었다.
- ㉱ 연료 속의 수분이나 공기가 거의 없다.

해설 연료 속의 수분이나 이물질 등은 실화의 원인이 된다.

37 포화온도 105℃인 증기난방 방열기의 상당 방열면적이 20m²일 경우 시간당 발생하는 응축수량은 약 몇 kg/h인가?
(단, 105℃ 증기의 증발잠열은 535.6kcal/kg이다.)
- ㉮ 10.37
- ㉯ 20.57
- ㉰ 12.17
- ㉱ 24.27

해설 응축수량 = $\frac{650 \times 20}{535.6} = 24.27$kg/h

38 가동 보일러에 스케일과 부식물 제거를 위한 산세척 처리 순서로 올바른 것은?
- ㉮ 전처리 → 수세 → 산액처리 → 수세 → 중화·방청처리
- ㉯ 수세 → 산액처리 → 전처리 → 수세 → 중화·방청처리
- ㉰ 전처리 → 중화·방청처리 → 수세 → 산액처리 → 수세
- ㉱ 전처리 → 수세 → 중화·방청처리 → 수세 → 산액처리

Answer
32. ㉯ 33. ㉰ 34. ㉰ 35. ㉰ 36. ㉱ 37. ㉱ 38. ㉮

해설 산세척 처리순서
전처리 → 수세 → 산액처리 → 수세 → 중화 및 방청처리

39 다음 중 난방부하의 단위로 옳은 것은?
㉮ kcal/kg ㉯ kcal/h
㉰ kg/h ㉱ $kcal/m^2 \cdot h$

해설 난방부하(단위 : kcal/h)

40 보일러 수 처리에서 순환계통의 처리방법 중 용해 고형물 제거 방법이 아닌 것은?
㉮ 약제 첨가법 ㉯ 이온 교환법
㉰ 증류법 ㉱ 여과법

해설
① 용존가스의 제거
  ㉮ 탈기법
  ㉯ 기폭법
② 현탁 고형물(불순물) 제거
  ㉮ 자연침강법
  ㉯ 여과법
  ㉰ 응집법
③ 용해 고형물 제거
  ㉮ 이온교환법
  ㉯ 증류법
  ㉰ 약제 첨가법

41 보일러 운전이 끝난 후의 조치사항으로 잘못된 것은?
㉮ 유류 사용 보일러의 경우 연료 계통의 스톱밸브를 닫고 버너를 청소한다.
㉯ 연소실 내의 잔류여열로 보일러 내부의 압력이 상승하는지 확인한다.
㉰ 압력계 지시압력과 수면계의 표준수위를 확인해둔다.
㉱ 예열용 연료를 노내에 약간 넣어 둔다.

해설 운전이 끝난 후에 노내(연소실내)에는 미연소가스(연료)가 없도록 포스트퍼지를 실시한다.

42 강관에 대한 용접이음의 장점으로 거리가 먼 것은?
㉮ 열에 의한 잔류응력이 거의 발생하지 않는다.
㉯ 접합부의 강도가 강하다.
㉰ 접합부의 누수의 염려가 없다.
㉱ 유체의 압력손실이 적다.

해설 접이음의 특징
① 접합부의 강도가 강하다.
② 누수의 염려가 적다.
③ 압력손실이 적다.
④ 잔류응력이 발생한다.

43 다음 보일러의 휴지보존법 중 단기보존법에 속하는 것은?
㉮ 석회밀폐건조법 ㉯ 질소가스봉입법
㉰ 소다만수보존법 ㉱ 가열건조법

해설 가열건조법 : 1~2주 정도의 단기간 보존의 경우에 사용된다.
① 장기보존 : 건조보존법, 소다만수보존법
② 단기보존 : 가열건조법, 보통만수법

44 보일러 본체나 수관, 연관 등에 발생하는 블리스터(blister)를 옳게 설명한 것은?
㉮ 강판이나 관의 제조 시 두 장의 층을 형성하는 것
㉯ 라미네이션된 강판이 열에 의해 혹처럼 부풀어 나오는 현상
㉰ 노통이 외부 압력에 의해 내부를 짓눌리는 현상
㉱ 리벳 조인트나 리벳 구멍 등의 응력이 집중하는 곳에 물리적 작용과 더불어 화학적 작용에 의해 발생하는 균열

해설 블리스터(blister) : 강판이 열에 의해 혹처럼 부풀어 오르면서 갈라지는 현상

45 보온재 선정 시 고려하여야 할 사항으로 틀린 것은?

㉮ 안전사용 온도범위에 적합해야 한다.
㉯ 흡수성이 크고 가공이 용이해야 한다.
㉰ 물리적, 화학적 강도가 커야 한다.
㉱ 열전도율이 가능한 적어야 한다.

해설 보온재 선정 시 고려사항
① 안전사용 온도범위에 적합해야 한다.
② 흡수성이 적고, 가공이 용이해야 한다.
③ 물리적, 화학적 강도가 커야한다.
④ 열전도율이 적어야 한다.
⑤ 독립성 다공질이고 비중이 작아야한다.

46 무기질 보온재 중 하나로 안산암, 현무암에 석회석을 섞어 용융하여 섬유모양으로 만든 것은?

㉮ 코르크   ㉯ 암면
㉰ 규조토   ㉱ 유리섬유

해설 **암면** : 안산암, 현무암에 석회석을 섞어 용융하여 섬유모양으로 만든 것

47 방열기의 구조에 관한 설명으로 옳지 않은 것은?

㉮ 주요 구조 부분은 금속재료나 그 밖의 강도와 내구성을 가지는 적절한 재질의 것을 사용해야 한다.
㉯ 엘리먼트 부분은 사용하는 온수 또는 증기의 온도 및 압력을 충분히 견디어 낼 수 있는 것으로 한다.
㉰ 온수를 사용하는 것에는 보온을 위해 엘리먼트 내에 공기를 빼는 구조가 없도록 한다.
㉱ 배관 접속부는 시공이 쉽고 점검이 용이해야 한다.

해설 엘리먼트(전열부) 내에 공기를 빼는 구조가 있어야 한다.

48 콘크리트 벽이나 바닥 등에 배관이 관통하는 곳에 관의 보호를 위하여 사용하는 것은?

㉮ 슬리브   ㉯ 보온재료
㉰ 행거   ㉱ 신축곡관

해설 콘크리트 벽이나 바닥 등에 배관이 관통하는 곳에 관의 보호를 위하여 슬리브를 사용한다.

49 보일러에서 수면계 기능시험을 해야 할 시기로 가장 거리가 먼 것은?

㉮ 수위의 변화에 수면계가 빠르게 반응할 때
㉯ 보일러를 가동하기 전
㉰ 2개의 수면계 수위가 서로 다를 때
㉱ 프라이밍, 포밍 등이 발생한 때

해설 수면계의 기능시험(점검)시기
① 비수(플라이밍, 포밍 발생시
② 두 개의 수면계 수위가 서로 다를 때
③ 연락관에 이상이 발견된 때
④ 가동 전이나 가동하여 압력이 상승하기 시작했을 때
⑤ 수위가 보이지 않을 때
⑥ 수면계의 움직임이 둔하고, 수위가 의심스런 경우

50 액상 열매체 보일러 시스템에서 사용하는 팽창탱크에 관한 설명으로 틀린 것은?

㉮ 액상 열매체 보일러시스템에는 열매체유의 액팽창을 흡수하기 위한 팽창탱크가 필요하다.
㉯ 열매체유 팽창탱크에는 액면계와 압력계가 부착되어야 한다.
㉰ 열매체유 팽창탱크의 설치장소는 통상 열매체유 보일러 시스템에서 가장 낮은 위치에 설치한다.
㉱ 열매체유의 노화방지를 위해 팽창탱크의 공간부에는 N_2 가스를 봉입한다.

해설 열매체유 팽창탱크의 설치장소는 통상 열매체유 보일러시스템보다 높은 위치에 설치한다.

Answer 45. ㉯ 46. ㉯ 47. ㉰ 48. ㉮ 49. ㉮ 50. ㉰

51 일반 보일러(소용량 보일러 및 가스용 온수보일러 제외)에서 온도계를 설치할 필요가 없는 곳은?

㉮ 절탄기가 있는 경우 절탄기 입구 및 출구
㉯ 보일러 본체의 급수 입구
㉰ 버너 급유 입구(예열을 필요로 할 때)
㉱ 과열기가 있는 경우 과열기 입구

[해설] 온도계설치 위치
① 급수 입구의 급수 온도계
② 버너 급유입구의 급유온도계
③ 절탄기 또는 공기예열기가 설치된 경우에는 각 유체의 전후 온도계
④ 보일러 본체 배기가스온도계
⑤ 과열기 또는 재열기가 있는 경우에는 그 출구 온도계
⑥ 유량계를 통과하는 온도를 측정할 수 있는 온도계

52 배관용접 작업 시 안전사항 중 산소용기는 일반적으로 몇 ℃ 이하의 온도로 보관하여야 하는가?

㉮ 100℃ 이하   ㉯ 80℃ 이하
㉰ 60℃ 이하   ㉱ 40℃ 이하

[해설] 가스용기는 일반적으로 40℃이하로 보관하여야 한다.

53 수격작용을 방지하기 위한 조치로 거리가 먼 것은?

㉮ 송기에 앞서서 관을 충분히 데운다.
㉯ 송기할 때 주증기 밸브는 급히 열지 않고 천천히 연다.
㉰ 증기관은 증기가 흐르는 방향으로 경사가 지도록 한다.
㉱ 증기관에 드레인이 고이도록 중간을 낮게 배관한다.

[해설] 증기관 내에 드레인(응축수)이 고여 있을 때 수격작용이 발생하므로 설비 내에는 드레인이 고이지 않도록 해야 한다.

54 열사용기자재의 검사 및 검사면제에 관한 기준에 따라 급수장치를 필요로 하는 보일러에는 기준을 만족시키는 주펌프 세트와 보조펌프 세트를 갖춘 급수장치가 있어야 하는데, 특정 조건에 따라 보조펌프 세트를 생략할 수 있다. 다음 중 보조펌프 세트를 생략할 수 없는 경우는?

㉮ 전열면적이 10m²인 보일러
㉯ 전열면적이 8m²인 가스용 온수보일러
㉰ 전열면적이 16m²인 가스용 온수보일러
㉱ 전열면적이 40m²인 관류보일러

[해설] 급수장치는 주펌프 세트 및 보조펌프세트를 갖춘 급수장치 이어야 한다. 다만 다음의 경우에는 보조펌프를 생략할 수 있다.
① 전열면적 12m² 이하의 보일러,
② 전열면적이 14m² 이하의 가스용 온수보일러
③ 전열면적 100m² 이하의 관류보일러

55 에너지 수급안정을 위하여 산업통상자원부장관이 필요한 조치를 취할 수 있는 사항이 아닌 것은?

㉮ 에너지의 배급
㉯ 산업별·주요공급자별 에너지 할당
㉰ 에너지의 비축과 저장
㉱ 에너지의 양도·양수의 제한 또는 금지

[해설] 에너지 수급안정조치-산업통산자원부장관
① 지역별. 주요 수급자별 에너지할당
② 에너지공급설비의 가동 및 조업
③ 에너지의 비축과 저장
④ 에너지의 도입·수출입 및 위탁가공
⑤ 에너지공급자 상호간의 에너지의 교환 또는 분배사용
⑥ 에너지의 유통시설과 그 사용 및 유통경로
⑦ 에너지의 배급
⑧ 에너지의 양도·양수의 제한 또는 금지
⑨ 에너지사용의 제한 또는 금지

Answer
51. ㉱ 52. ㉱ 53. ㉱ 54. ㉰ 55. ㉯

56 에너지이용합리화법에서 정한 검사대상기기 조종자의 자격에서 에너지관리기능사가 조정할 수 있는 조종범위로서 옳지 않은 것은?

㉮ 용량이 15t/h 이하인 보일러
㉯ 온수발생 및 열매체를 가열하는 보일러로서 용량이 581.5킬로와트 이하인 것
㉰ 최고사용압력이 1MPa이하이고, 전열면적이 10m^2 이하인 증기보일러
㉱ 압력용기

해설 검사대상기기조종자의 자격 및 조종범위

조종자의 자격	조종범위
에너지관리기능사	용량 10t/h 이하인 보일러
에너지관리기능사 및 인정검사대상기기조종자의 교육을 이수한 자	1. 증기 보일러로서 최고사용압력이 1MPa 이하이고, 전열면적이 10m^2 이하인 것. 2. 온수발생 또는 열매체를 가열하는 보일러로서 출력이 581.5KW(0.58MW) 이하인 것. 3. 압력용기

57 저탄소녹색성장 기본법에 의거 온실가스 감축목표 등의 설정·관리 및 필요한 조치에 관한 사항을 관장하는 기관으로 옳은 것은?

㉮ 농림축산식품부 : 건물·교통 분야
㉯ 환경부 : 농업·축산 분야
㉰ 국토교통부 : 폐기물 분야
㉱ 산업통상자원부 : 산업·발전 분야

해설 저탄소녹색성장 기본법에 의거 온실가스 감축목표 등의 설정·관리 및 필요한 조치에 관한 사항을 관장하는 기관(산업통상자원부장관 : 산업·발전 분야)

58 에너지법에 의거 지역에너지계획을 수립한 시·도지사는 이를 누구에게 제출하여야 하는가?

㉮ 대통령
㉯ 산업통상자원부장관
㉰ 국토교통부장관
㉱ 에너지관리공단 이사장

해설 지역에너지계획 수립한 시·도지사는 산업통상자원부장관에게 제출

59 신·재생에너지 정책심의회의 구성으로 맞는 것은?

㉮ 위원장 1명을 포함한 10명 이내의 위원
㉯ 위원장 1명을 포함한 20명 이내의 위원
㉰ 위원장 2명을 포함한 10명 이내의 위원
㉱ 위원장 2명을 포함한 20명 이내의 위원

해설 신·재생에너지 정책심의회의 구성 : 위원장 1명을 포함한 20명이내의 위원

60 에너지이용합리화법상 검사대상기기조종자가 퇴직하는 경우 퇴직이전에 다른 검사대상기기조종자를 선임하지 아니한 자에 대한 벌칙으로 맞는 것은?

㉮ 1천만원 이하의 벌금
㉯ 2천만원 이하의 벌금
㉰ 5백만원 이하의 벌금
㉱ 2년 이하의 징역

해설 검사대상기기조종자를 선임하지 아니한 자 : 1천만원 이하의 벌금

Answer
56. ㉮ 57. ㉱ 58. ㉯ 59. ㉯ 60. ㉮

에너지관리기능사

2014년 4월 6일 시행

01 어떤 보일러의 시간당 발생증기량을 G_a, 발생증기의 엔탈피를 i_2, 급수 엔탈피를 i_1 라 할 때, 다음 식으로 표시되는 값(G_e)은?

$$G_e = \frac{G_a(i_2 - i_1)}{539} \text{(kg/h)}$$

㉮ 증발률 ㉯ 보일러 마력
㉰ 연소 효율 ㉱ 상당 증발량

 ∴ G_e(상당증발량) $= \dfrac{G_a \times (i_2 - i_1)}{539}$

02 보일러의 자동제어를 제어동작에 따라 구분할 때 연속동작에 해당되는 것은?

㉮ 2위치 동작 ㉯ 다위치 동작
㉰ 비례동작(P동작) ㉱ 부동제어 동작

1) 불연속동작
 ㉮ 2 위치동작
 ㉯ 다위치동작
 ㉰ 불연속 속도동작
2) 연속동작
 ㉮ 비례동작(P 동작)
 ㉯ 적분동작(I 동작)
 ㉰ 미분동작(D 동작)
3) 복합동작
 ㉮ 비례적분동작(PI 동작)
 ㉯ 비례미분동작(PD 동작)
 ㉰ 비례적분미분동작(PID 동작)

03 정격압력이 12kgf/cm²일 때 보일러의 용량이 가장 큰 것은?
(단, 급수온도는 10℃, 증기엔탈피는 663.8kcal/kg이다.)

㉮ 실제 증발량 1200 kg/h
㉯ 상당 증발량 1500 kg/h
㉰ 정격 출력 800000 kcal/h
㉱ 보일러 100 마력(B-HP)

㉮ 1200×(663.8−10) = 784560kcal/h
㉯ 1500×539 = 808500kcal/h
㉰ 800000kcal/h
㉱ 8435×100 = 843500kcal/h

04 프라이밍의 발생 원인으로 거리가 먼 것은 무엇인가?

㉮ 보일러 수위가 낮을 때
㉯ 보일러수가 농축되어 있을 때
㉰ 송기 시 증기밸브를 급개 할 때
㉱ 증발능력에 비하여 보일러수의 표면적이 작을 때

프라이밍 발생원인
① 고수위 시
② 보일러수 농축 시
③ 주 증기밸브
④ 급개 시 등

05 보일러의 부하율에 대한 설명으로 적합한 것은?

㉮ 보일러의 최대증발량에 대한 실제증발량의 비율
㉯ 증기발생량을 연료소비량으로 나눈 값
㉰ 보일러에서 증기가 흡수한 총열량을 급수량으로 나눈 값
㉱ 보일러 전열면적 1m²에서 시간당 발생되는 증기열량

부하율 $= \dfrac{\text{실제증발량}}{\text{최대연속증발량}}$

Answer
1. ㉱ 2. ㉰ 3. ㉱ 4. ㉮ 5. ㉮

06 보일러의 급수장치에서 인젝터의 특징으로 옳지 않은 것은?

㉮ 구조가 간단하고 소형이다.
㉯ 급수량의 조절이 가능하고 급수효율이 높다.
㉰ 증기와 물이 혼합하여 급수가 예열된다.
㉱ 인젝터가 과열되면 급수가 곤란하다.

[해설] 인젝터 자체만으로는 급수조절이 어려우며, 효율도 낮다.

07 물의 임계압력에서의 잠열은 몇 kcal/kg 인가?

㉮ 539   ㉯ 100
㉰ 0   ㉱ 639

[해설] 임계압력(225.6kg/cm²), 임계온도(374.15℃), 잠열(0kcal/kg)

08 유류 연소시의 일반적인 공기비는 얼마인가?

㉮ 0.95~1.1   ㉯ 1.6~1.8
㉰ 1.2~1.4   ㉱ 1.8~2.0

[해설] 공기비(기체연료 : 1.1~1.3, 액체연료 : 1.2~1.4, 미분탄 : 1.2~1.3, 고체연료 : 1.4~2.0)

09 다음과 같은 특징을 가지고 있는 통풍방식은?

- 연도의 끝이나 연돌하부에 송풍기를 설치한다.
- 연도 내의 압력은 대기압보다 낮게 유지된다.
- 매연이나 부식성이 강한 배기가스가 통과하므로 송풍기의 고장이 자주 발생한다.

㉮ 자연통풍   ㉯ 압입통풍
㉰ 흡입통풍   ㉱ 평형통풍

[해설]
① 압입통풍(정압) : 연소실 입구측에 송풍기를 설치하여 통풍하는 방식으로 연소실 내의 압력은 대기압보다 높다.
② 흡입통풍(부압) : 연도측(연돌하부)에 송풍기를 설치하여 통풍하는 방식으로 연소실 내의 압력은 대기압보다 낮다.
③ 평형통풍 : 연소실 입구와 연도측에 송풍기를 설치하여 통풍하는 방식으로 연소실 내의 압력은 정압과 부압이 동시에 걸린다.

10 보일러의 열손실이 아닌 것은 무엇인가?

㉮ 방열손실   ㉯ 배기가스열손실
㉰ 미연소손실 ㉱ 응축수손실

[해설] 출열항목
① 유효출열(증기의 보유열량)
② 열손실(배기가스에 의한 열손실, 미연소가스에 의한 손실열, 방열에 의한 손실열)

11 상당증발량이 6000kg/h, 연료 소비량이 400kg/h인 보일러의 효율은 약 몇 % 인가? (단, 연료의 저위발열량은 9700kcal/kg이다.)

㉮ 81.3 %   ㉯ 83.4 %
㉰ 85.8 %   ㉱ 79.2 %

[해설] $\dfrac{6000 \times 539}{9700 \times 400} \times 100 = 83.4\%$

12 다음 중 탄화수소비가 가장 큰 액체연료는?

㉮ 휘발유   ㉯ 등유
㉰ 경유   ㉱ 중유

[해설] 탄화수소비=C/H 이므로 탄소의 함량이 많을수록 크다.(중유>경유>등유>휘발유)

Answer
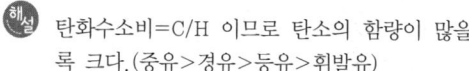

13 무게 80kgf인 물체를 수직으로 5m까지 끌어올리기 위한 일을 열량으로 환산하면 약 몇 kcal인가?

㉮ 0.94 kcal ㉯ 0.094 kcal
㉰ 40 kcal   ㉱ 400 kcal

해설) 일의 열당량 $= \dfrac{1}{427}$ kcal/kgm
$= \dfrac{1}{427} \times 80 \times 5 = 0.94$ kcal

14 중유의 연소 상태를 개선하기 위한 첨가제의 종류가 아닌 것은?

㉮ 연소촉진제
㉯ 회분개질제
㉰ 탈수제
㉱ 슬러지 생성제

해설) 중유 첨가제의 종류
① 연소촉진제
② 회분개질제
③ 슬러지분산제
④ 탈수제

15 보일러의 폐열회수장치에 대한 설명 중 가장 거리가 먼 것은 무엇인가?

㉮ 공기예열기는 배기가스와 연소용 공기를 열교환하여 연소용 공기를 가열하기 위한 것이다.
㉯ 절탄기는 배기가스의 여열을 이용하여 급수를 예열하는 급수예열기를 말한다.
㉰ 공기예열기의 형식은 전열방법에 따라 전도식과 재생식, 히트파이프식으로 분류한다.
㉱ 급수예열기는 설치하지 않아도 되지만 공기예열기는 반드시 설치하여야 한다.

해설) 급수예열기와 공기예열기를 설치하므로 효율이 증가된다.

16 수관식 보일러의 특징에 관한 설명으로 틀린 것은 무엇인가?

㉮ 구조상 고압 대용량에 적합하다.
㉯ 전열면적을 크게 할 수 있으므로 일반적으로 효율이 높다.
㉰ 급수 및 보일러수 처리에 주의가 필요하다.
㉱ 전열면적당 보유수량이 많아 기동에서 소요증기가 발생할 때까지의 시간이 길다.

해설) 수관보일러는 전열면적에 비해 보유수량이 적어 파열시 피해가 적고, 증발량이 빠르고, 효율이 높다.

17 화염검출기 기능불량과 대책을 연결한 것으로 잘못된 것은 무엇인가?

㉮ 집광렌즈 오염 – 분리 후 청소
㉯ 증폭기 노후 – 교체
㉰ 동력선의 영향 – 검출회로와 동력선 분리
㉱ 점화전극의 고전압이 프레임 로드에 흐를 때 – 전극과 불꽃 사이를 넓게 분리

해설) 극과 불꽃 사이는 적당한 간격으로 유지해야 한다.

18 유압분무식 오일버너의 특징에 관한 설명으로 틀린 것은 무엇인가?

㉮ 대용량 버너의 제작이 가능하다.
㉯ 무화 매체가 필요 없다.
㉰ 유량조절 범위가 넓다.
㉱ 기름의 점도가 크면 무화가 곤란하다.

해설) 유압분무식 버너 유량조절 범위는 환류식(1:3), 비환류식(1:2), 즉 다른 종류의 버너에 비해 유량조절 범위가 좁다.

19 노통 연관식 보일러의 특징으로 가장 거리가 먼 것은 무엇인가?

㉮ 내분식이므로 열손실이 적다.
㉯ 수관식 보일러에 비해 보유수량이 적어 파열시 피해가 작다.
㉰ 원통형 보일러 중에서 효율이 가장 높다.
㉱ 원통형 보일러 중에서 구조가 복잡한 편이다.

Answer
13. ㉮ 14. ㉱ 15. ㉱ 16. ㉱ 17. ㉱ 18. ㉰ 19. ㉯

해설 원통보일러는 전열면적에 비해 보유수량이 많아 파열시 피해가 크다.

20 액체연료에서의 무화의 목적으로 틀린 것은 무엇인가?

㉮ 연료와 연소용 공기와의 혼합을 고르게 하기 위해
㉯ 연료 단위 중량당 표면적을 작게 하기 위해
㉰ 연소 효율을 높이기 위해
㉱ 연소실 열발생률을 높게 하기 위해

해설 **무화의 목적**
① 단위중량당 표면적을 넓게
② 공기와 연료 혼합을 좋게
③ 연소효율 증가

21 매연분출장치에서 보일러의 고온부인 과열기나 수관부용으로 고온의 열가스 통로에 사용할 때만 사용되는 매연분출 장치는?

㉮ 정치 회전형   ㉯ 롱레트랙터블형
㉰ 쇼트레트랙터블형   ㉱ 이동 회전형

해설 **종류**
① 고온 전열면 블로워-롱레트랙터블형
② 연소 노벽 블로워-숏레트랙터블형
③ 전열면 블로워-건타입형
④ 저온전열면 블로워-로터리형
⑤ 공기예열기 블로워-롱레트랙터블형, 트래벌링 프레임형

22 보일러의 자동제어에서 연소제어 시 조작량과 제어량의 관계가 옳은 것은 무엇인가?

㉮ 공기량-수위   ㉯ 급수량-증기온도
㉰ 연료량-증기압   ㉱ 전열량-노내압

해설 **제어량과 조절량과의 관계**

종류	제어량	조작량
증기온도 제어(S.T.C)	증기온도	전열량
급수제어 (F.W.C)	보일러수위	급수량
자동연소 제어(A.C.C)	증기압력	연료량, 공기량
	노내압력	연소 가스량

23 다음 보일러 중 수관식 보일러에 해당되는 것은 무엇인가?

㉮ 타쿠마 보일러
㉯ 카네크롤 보일러
㉰ 스코치 보일러
㉱ 하우덴 존슨 보일러

해설 타쿠마(수관식), 카네크롤(특수열매체식), 스코치, 하우덴 존슨(노통연관식)

24 보일러 화염검출장치의 보수나 점검에 대한 설명 중 틀린 것은 무엇인가?

㉮ 프레임아이 장치의 주위온도는 50℃ 이상이 되지 않게 한다.
㉯ 광전관식은 유리나 렌즈를 매주 1회 이상 청소하고 감도 유지에 유의한다.
㉰ 프레임로드는 검출부가 불꽃에 직접 접하므로 소손에 유의하고 자주 청소해 준다.
㉱ 프레임아이는 불꽃의 직사광이 들어가면 오동작 하므로 불꽃의 중심을 향하지 않도록 설치한다.

해설 프레임아이는 불꽃이 중심을 향하도록 해야 한다.

25 열용량에 대한 설명으로 옳은 것을 고르시오.

㉮ 열용량의 단위는 kcal/g·℃이다.
㉯ 어떤 물질 1g의 온도를 1℃ 올리는데 소요되는 열량이다.
㉰ 어떤 물질의 비열에 그 물질의 질량을 곱한 값이다.
㉱ 열용량은 물질의 질량에 관계없이 항상 일정하다. 답

해설 **열용량**(kcal/℃) : 어떤 물질을 1℃ 높이는데 필요한 열량으로 비열에 물질의 질량을 곱한 값이다.

Answer
20. ㉯ 21. ㉯ 22. ㉰ 23. ㉮ 24. ㉱ 25. ㉰

26 일반적으로 보일러 동(드럼) 내부에는 물을 어느 정도로 채워야 하는가?

㉮ $\frac{1}{4} \sim \frac{1}{3}$ ㉯ $\frac{1}{6} \sim \frac{1}{5}$
㉰ $\frac{1}{4} \sim \frac{2}{5}$ ㉱ $\frac{2}{3} \sim \frac{4}{5}$

해설 보일러 수위는 동내용적의 2/3~4/5 정도로 한다.

27 주철제 보일러의 특징 설명으로 옳지 않은 것은 무엇인가?

㉮ 내열·내식성이 우수하다.
㉯ 쪽수의 증감에 따라 용량조절이 용이하다.
㉰ 재질이 주철이므로 충격에 강하다.
㉱ 고압 및 대용량에 부적당하다.

해설 주철제 보일러는 충격에 약한 결점이 있다.

28 다음 중 잠열에 해당되는 것은?

㉮ 기화열   ㉯ 생성열
㉰ 중화열   ㉱ 반응열

해설 잠열(기화(증발)잠열, 융해잠열)

29 집진장치 중 집진효율은 높고, 압력손실이 낮은 형식은 무엇인가?

㉮ 전기식 집진장치
㉯ 중력식 집진장치
㉰ 원심력식 집진장치
㉱ 세정식 집진장치

해설 **전기식(코트렐)** : 집진효율이 가장 높고, 압력손실도 적다.

30 보일러 연소실 내에서 가스 폭발을 일으킨 원인으로 가장 적절한 것은 무엇인가?

㉮ 프리퍼지 부족으로 미연소 가스가 충만되어 있었다.
㉯ 연도 쪽의 댐퍼가 열려 있었다.
㉰ 연소용 공기를 다량으로 주입하였다.
㉱ 연료의 공급이 부족하였다.

해설 **역화(연소실 내 가스폭발)의 원인**
① 연소실내 미연소가스가 충만되어 있을 때
② 노내환기 불충분 시
③ 착화가 늦어 졌을 때
④ 가동 중 실화 시 등

31 증기보일러의 캐리오버(carry over)의 발생 원인과 가장 거리가 먼 것은 무엇인가?

㉮ 보일러 부하가 급격하게 증대할 경우
㉯ 증발부 면적이 불충분할 경우
㉰ 증기정지 밸브를 급격히 열었을 경우
㉱ 부유 고형물 및 용해 고형물이 존재하지 않을 경우

해설 부유 고형물, 용해 고형물 등이 있을 시 기수공발(carry over)이 발생된다.

32 보일러의 점화조작 시 주의사항에 대한 설명으로 잘못된 것은?

㉮ 유압이 낮으면 점화 및 분사가 불량하고 유압이 높으면 그을음이 축적되기 싶다.
㉯ 연료의 예열온도가 낮으면 무화불량, 화염의 편류, 그을음, 분진이 발생하기 쉽다.
㉰ 연료가스의 유출속도가 너무 빠르면 역화가 일어나고, 너무 늦으면 실화가 발생하기 쉽다.
㉱ 프리퍼지 시간이 너무 길면 연소실의 냉각을 초래하고, 너무 짧으면 역화를 일으키기 쉽다.

해설 역화는 연소속도에 비해 유출속도가 너무 느릴 때 발생한다.

Answer
26. ㉱   27. ㉰   28. ㉮   29. ㉮   30. ㉮   31. ㉱   32. ㉰

33 보일러 건조보존 시에 사용되는 건조제가 아닌 것은 무엇인가?
㉮ 암모니아　　㉯ 생석회
㉰ 실리카겔　　㉱ 염화칼슘

> **해설** 흡습제 종류 : 생석회, 실리카겔, 염화칼슘, 활성알루미나 등

34 이동 및 회전을 방지하기 위해 지지점 위치에 완전히 고정하는 지지금속으로, 열팽창 신축에 의한 영향이 다른 부분에 미치지 않도록 배관을 분리하여 설치·고정해야 하는 리스트레인트의 종류는?
㉮ 앵커　　㉯ 리지드 행거
㉰ 파이프 슈　　㉱ 브레이스

> **해설** 리스트레인트 : 열팽창에 의한 배관의 이동을 구속 또는 제한하는 장치
> ① 앵커(anchor) : 리지드 서포트의 일종으로 관의 이동 및 회전을 방지하기 위해 지지점에 완전히 고정하는 장치
> ② 스톱(stop) : 배관의 일정한 방향과 회전만 구속하고 다른 방향은 자유롭게 이동하게 하는 장치
> ③ 가이드(guide) : 배관의 곡관부분이나 신축 조인트부분에 설치하는 것으로 회전을 제한하거나 축방향의 이동을 허용하며 직각방향으로 구속하는 장치

35 보일러 동체가 국부적으로 과열되는 경우는 무엇인가?
㉮ 고수위로 운전하는 경우
㉯ 보일러 동 내면에 스케일이 형성된 경우
㉰ 안전밸브의 기능이 불량한 경우
㉱ 주증기 밸브의 개폐 동작이 불량한 경우

> **해설** 과열의 원인
> ① 저수위(이상감수) 시
> ② 관수의 농축으로 순환이 불량할 때
> ③ 전열면에 스케일이 형성된 경우

36 복사난방의 특징에 관한 설명으로 옳지 않은 것은 무엇인가?
㉮ 쾌감도가 좋다.
㉯ 고장 발견이 용이하고 시설비가 싸다.
㉰ 실내공간의 이용률이 높다.
㉱ 동일 방열량에 대한 열손실이 적다.

> **해설** 복사난방의 특징
> ① 장 점
> 　㉮ 온도분포가 균일하다.
> 　㉯ 실내 공간의 이용율이 높다.
> 　㉰ 쾌감도가 좋다.
> 　㉱ 열손실이 적다.
> ② 단 점
> 　㉮ 예열이 길어 부하에 대응하기 어렵다.
> 　㉯ 설비비가 많이 든다.
> 　㉰ 고장수리, 점검이 어렵다.
> 　㉱ 표면부(모르타르층)의 균열 발생이 쉽다.

37 다음 중 보일러 용수관리에서 경도(hardness)와 관련되는 항목으로 가장 적합한 것은 무엇인가?
㉮ Hg, SVI　　㉯ BOD, COD
㉰ DO, Na　　㉱ Ca, Mg

> **해설** 경도(Hardness) : 수중의 칼슘(Ca), 마그네슘(Mg)의 염류에 기인된다.

38 보일러에서 열효율의 향상대책으로 틀린 것은 무엇인가?
㉮ 열손실을 최대한 억제한다.
㉯ 운전조건을 양호하게 한다.
㉰ 연소실 내의 온도를 낮춘다.
㉱ 연소장치에 맞는 연료를 사용한다.

> **해설** 열효율 향상대책으로 연소효율을 높이려면 연소실 내의 온도를 높게 한다.

Answer
33. ㉮　34. ㉮　35. ㉯　36. ㉯　37. ㉱　38. ㉰

39 보일러의 증기관 중 반드시 보온을 해야 하는 곳은?

㉮ 난방하고 있는 실내에 노출된 배관
㉯ 방열기 주위 배관
㉰ 주증기 공급관
㉱ 관말 증기트랩장치의 냉각레그

해설) 주증기 공급관은 열손실 방지를 위해 필히 보온 처리한다.

40 강철제 증기보일러의 최고사용압력이 2 MPa 일 때 수압시험압력은?

㉮ 2 MPa ㉯ 2.5 MPa
㉰ 3 MPa ㉱ 4 MPa

해설) 최고사용압력이 1.5Mpa 이상은 최고사용압력의 1.5배로 수압시험을 행한다.
$2 \times 1.5 = 3\,Mpa$

41 난방부하의 발생요인 중 맞지 않는 것은 무엇인가?

㉮ 벽체(외벽, 바닥, 지붕 등)를 통한 손실열량
㉯ 극간 풍에 의한 손실열량
㉰ 외기(환기공기)의 도입에 의한 손실열량
㉱ 실내조명, 전열 기구 등에서 발산되는 열부하

해설) **난방부하 발생원인**
① 벽체(외벽, 바닥, 지붕 등)를 통한 손실열량
② 극간 풍에 의한 손실열량
③ 외기(환기공기)의 도입에 의한 손실열량
* 실내조명, 전열 기구 등에서 발산되는 열부하는 난방부하 발생요인과 관계없다.

42 보일러의 수압시험을 하는 주된 목적은 무엇인가?

㉮ 제한 압력을 결정하기 위하여
㉯ 열효율을 측정하기 위하여
㉰ 균열의 여부를 알기 위하여
㉱ 설계의 양부를 알기 위하여

해설) 수압시험은 이음부의 누수 및 균열 여부를 위해 행한다.

43 규산칼슘 보온재의 안전사용 최고온도(℃)는?

㉮ 300   ㉯ 450
㉰ 650   ㉱ 850

해설) 규산칼슘(안전사용온도 650℃)

44 보일러 운전 중 저수위로 인하여 보일러가 과열된 경우의 조치법으로 거리가 먼 것은 무엇인가?

㉮ 연료공급을 중지한다.
㉯ 연소용 공기 공급을 중단하고 댐퍼를 전개한다.
㉰ 보일러가 자연냉각 하는 것을 기다려 원인을 파악한다.
㉱ 부동 팽창을 방지하기 위해 즉시 급수를 한다.

해설) 예열된 상태에서 즉시 급수를 하면 부동 팽창이 발생된다.

45 보일러 운전 중 1일 1회 이상 실행하거나 상태를 점검해야 하는 것으로 가장 거리가 먼 사항은 무엇인가?

㉮ 안전밸브 작동상태
㉯ 보일러수 분출 작업
㉰ 여과기 상태
㉱ 저수위 안전장치 작동상태

해설) 여과기 상태는 운전 중에 점검을 해서는 안된다.

Answer
39. ㉰ 40. ㉰ 41. ㉱ 42. ㉰ 43. ㉰ 44. ㉱ 45. ㉰

46 강관 배관에서 유체의 흐름방향을 바꾸는 데 사용되는 이음쇠는?
㉮ 부싱   ㉯ 리턴벤드
㉰ 리듀서   ㉱ 소켓

해설
- 리턴벤드는 유체의 흐름방향을 바꿀 때 사용한다.
- 부싱, 리듀서, 소켓은 유체가 직선으로 흐를 때 사용

47 수면계의 점검순서 중 가장 먼저 해야 하는 사항으로 적당한 것은 무엇인가?
㉮ 드레인 콕을 닫고 물콕을 연다.
㉯ 물콕을 열어 통수관을 확인한다.
㉰ 물콕 및 증기콕을 닫고 드레인 콕을 연다.
㉱ 물콕을 닫고 증기콕을 열어 통기관을 확인한다.

해설 수면계 점검순서
① 물 밸브(콕)를 닫는다.
② 증기 밸브(콕)를 닫는다.
③ 드레인 밸브(콕)를 열어 물을 빼낸다.
④ 물 밸브(콕)를 열고 확인 후 잠근다.
⑤ 증기 밸브(콕)를 연다.
⑥ 드레인 밸브(콕)를 닫고 물 밸브를 연다.

48 팽창탱크 내의 물이 넘쳐흐를 때를 대비하여 팽창탱크에 설치하는 관은?
㉮ 배수관   ㉯ 환수관
㉰ 오버플로우관   ㉱ 팽창관

해설 오버플로우관 : 팽창탱크 내의 물이 넘쳐흐를 때를 대비하여 팽창탱크에 설치하는 관

49 배관 중간이나 밸브, 펌프, 열교환기 등의 접속을 위해 사용되는 이음쇠로서 분해, 조립이 필요한 경우에 사용되는 것은?
㉮ 벤드   ㉯ 리듀서
㉰ 플랜지   ㉱ 슬리브

해설 플랜지 : 배관 중간이나 밸브, 펌프, 열교환기 등의 접속을 위해 사용되는 이음쇠로서 분해, 조립이 필요한 경우에 사용된다.

50 흑체로부터의 복사 전열량은 절대온도의 몇 승에 비례하는가?
㉮ 2승   ㉯ 3승
㉰ 4승   ㉱ 5승

해설 흑체로부터 복사 전열량은 절대온도의 4승에 비례한다.

51 환수관의 배관방식에 의한 분류 중 환수주관을 보일러의 표준수위보다 낮게 배관하여 환수하는 방식은 어떤 배관방식인가?
㉮ 건식환수   ㉯ 중력환수
㉰ 기계환수   ㉱ 습식환수

해설
- **습식환수방식** : 환수관의 배관방식에 의한 분류 중 환수주관을 보일러의 표준수위보다 낮게 배관하여 환수하는 방식
- **건식환수방식** : 환수관의 배관방식에 의한 분류 중 환수주관을 보일러의 증기부에 배관하여 환수하는 방식

52 세관작업 시 규산염은 염산에 잘 녹지 않으므로 용해촉진제를 사용하는데 다음 중 어느 것을 사용하는가?
㉮ H_2SO_4 ㉯ HF
㉰ NH_3 ㉱ Na_2SO_4

해설 경질스케일(규산염, 황산염)은 염산에 잘 녹지 않으므로 용해촉진제로 HF(불화수소산)를 사용한다.

53 주철제 보일러의 최고사용압력이 0.30MPa인 경우 수압시험압력은?
㉮ 0.15MPa   ㉯ 0.30MPa
㉰ 0.43MPa   ㉱ 0.60MPa

Answer
46. ㉯ 47. ㉰ 48. ㉰ 49. ㉰ 50. ㉰ 51. ㉱ 52. ㉯ 53. ㉱

$0.3 \times 2 = 0.6 \text{Mpa}$
- 최고사용압력 0.43Mpa 이하 : 최고사용압력의 2배
- 최고사용압력 0.43Mpa 이상 : 최고사용압력의 1.3배$+0.3$Mpa

54 강관 용접접합의 특징에 대한 설명으로 틀린 것은 무엇인가?

㉮ 관내 유체의 저항 손실이 적다.
㉯ 접합부의 강도가 강하다.
㉰ 보온피복 시공이 어렵다.
㉱ 누수의 염려가 적다.

해설
① 관내 유체의 저항 손실이 적다.
② 접합부의 강도가 강하다.
③ 보온피복 시공이 용이하다.
④ 누수의 염려가 적다.

55 에너지이용합리화법상 열사용기자재가 아닌 것은 무엇인가?

㉮ 강철제보일러
㉯ 구멍탄용 온수보일러
㉰ 전기순간온수기
㉱ 2종 압력용기

해설
특정열사용기자재
① 기관(보일러류, 태양열집열기)
② 압력용기(1종, 2종)
③ 요로(금속, 요업)

56 저탄소 녹색성장 기본법상 온실가스에 해당하지 않는 것은?

㉮ 이산화탄소   ㉯ 메탄
㉰ 수소   ㉱ 육불화황

해설
온실가스
이산화탄소(CO_2), 메탄(CH_4), 아산화질소(N_2O), 수소불화탄소(HFCs), 과불화탄소(PFCs) 또는 육불화황(SF_6)

57 에너지법상 에너지 공급설비에 포함되지 않는 것은?

㉮ 에너지 수입설비
㉯ 에너지 전환설비
㉰ 에너지 수송설비
㉱ 에너지 생산설비

해설
에너지 공급설비 : 에너지를 생산·전환·수송·저장하기위하여 설치하는 설비

58 온실가스 감축 목표의 설정·관리 및 필요한 조치에 관하여 총괄·조정기능을 수행하는 자는?

㉮ 환경부장관
㉯ 산업통상자원부장관
㉰ 국토교통부장관
㉱ 농림축산식품부장관

해설
온실가스 감축 목표의 설정·관리 및 필요한 조치에 관하여 총괄·조정기능을 수행하는 자 : 환경부장관

59 자원을 절약하고, 효율적으로 이용하며 폐기물의 발생을 줄이는 등 자원순환산업을 육성·지원하기 위한 다양한 시책에 포함되지 않는 것은?

㉮ 자원의 수급 및 관리
㉯ 유해하거나 재 제조·재활용이 어려운 물질의 사용억제
㉰ 에너지자원으로 이용되는 목재, 식물, 농산물 등 바이오매스의 수집·활용
㉱ 친환경 생산체제로의 전환을 위한 기술지원

해설
① 자원의 수급 및 관리
② 유해하거나 재 제조·재활용이 어려운 물질의 사용억제
③ 에너지자원으로 이용되는 목재, 식물, 농산물 등 바이오매스의 수집·활용 등

Answer
54. ㉰ 55. ㉰ 56. ㉰ 57. ㉮ 58. ㉮ 59. ㉱

2014년 4월 6일 시행

60 온실가스감축, 에너지 절약 및 에너지 이용효율 목표를 통보받은 관리업체가 규정의 사항을 포함한 다음 연도 이행계획을 전자적 방식으로 언제까지 부문별 관장기관에게 제출하여야 하는가?

㉮ 매년 3월 31일까지
㉯ 매년 6월 30일까지
㉰ 매년 9월 30일까지
㉱ 매년 12월 31일까지

 온실가스감축, 에너지 절약 및 에너지 이용효율 목표를 통보받은 관리업체가 규정의 사항을 포함한 다음 연도 이행계획을 전자적 방식으로 매년 12월 31일까지 부문별 관장기관에게 제출

Answer
60. ㉱

 # 에너지관리기능사

2014년 7월 20일 시행

01 보일러 증기 발생량이 5t/h, 발생 증기 엔탈피는 650kcal/kg, 급수 온도는 20℃, 연료 사용량 400kg/h, 연료의 저위 발열량이 9750kcal/kg 일 때 보일러 효율은 약 몇 %인가?

㉮ 78.8% ㉯ 80.8%
㉰ 82.4% ㉱ 84.2%

 보일러효율 $= \dfrac{5000 \times (650-20)}{9750 \times 400} \times 100 = 80.8\%$

02 보일러 급수배관에서 급수의 역류를 방지하기 위하여 설치하는 밸브는 어떤 것인가?

㉮ 체크 밸브
㉯ 슬루스 밸브
㉰ 글로브 밸브
㉱ 앵글 밸브

 체크 밸브(역류방지밸브) : 유체의 역류를 방지하기 위해 설치

03 열의 일당량 값으로 옳은 것은 무엇인가?

㉮ 427kg·m /kcal
㉯ 327kg·m /kcal
㉰ 273kg·m /kcal
㉱ 472kg·m /kcal

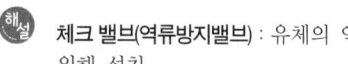
• 열의 일당량 = 427kg·m/kcal
• 일의 열당량 = $\dfrac{1}{427}$ kcal/kg·m

04 보일러 효율이 85%, 실제증발량이 5t/h이고 발생증기의 엔탈피 656kcal/kg, 급수 엔탈피는 56kcal/kg, 연료의 저위발열량 9750 kcal/kg일 때 연료 소비량은 약 몇 kg/h인가?

㉮ 316 ㉯ 362
㉰ 389 ㉱ 405

 연료소비량 $= \dfrac{5000 \times (656-56)}{0.85 \times 9750} = 362 kg/h$

05 보일러 중에서 관류 보일러에 속하는 것은 무엇인가?

㉮ 코크란 보일러
㉯ 코르니시 보일러
㉰ 스코치 보일러
㉱ 슐쳐 보일러

• **코크란 보일러** : 입형 보일러
• **코르니시 보일러** : 노통 보일러
• **스코치 보일러** : 노통 연관 보일러
• **슐쳐 보일러** : 관류 보일러

06 급유량계 앞에 설치하는 여과기의 종류가 아닌 것은 무엇인가?

㉮ U형 ㉯ V형
㉰ S형 ㉱ Y형

 여과기(스트레이너) : 유체 속의 이물질 제거를 위해 설치하며, 종류에는 U형, V형, Y형의 3종류가 있다.

Answer
1. ㉯ 2. ㉮ 3. ㉮ 4. ㉯ 5. ㉱ 6. ㉰

07 보일러 시스템에서 공기예열기 설치 사용 시 특징으로 틀린 것은 무엇인가?
㉮ 연소효율을 높일 수 있다.
㉯ 저온부식이 방지된다.
㉰ 예열공기의 공급으로 불완전 연소가 감소된다.
㉱ 노내의 연소속도를 빠르게 할 수 있다.

해설 공기예열기 설치 시 특징
① 연소효율을 높일 수 있다.
② 저온부식이 발생된다.
③ 예열공기의 공급으로 불완전 연소가 감소된다.
④ 노내의 연소속도를 빠르게 할 수 있다.

08 보일러 연료로 사용되는 LNG의 성분 중 함유량이 가장 많은 것은 무엇인가?
㉮ CH_4
㉯ C_2H_6
㉰ C_3H_8
㉱ C_4H_{10}

해설
• LNG(액화천연가스)의 주성분 : CH_4
• LPG(액화석유가스)의 주성분 : C_3H_8, C_4H_{10}

09 긴 관의 한 끝에서 펌프로 압송된 급수가 관을 지나는 동안 차례로 가열, 증발, 과열된 다음 과열 증기가 되어 나가는 형식의 보일러로 맞는 것은?
㉮ 노통보일러
㉯ 관류보일러
㉰ 연관보일러
㉱ 입형보일러

해설 관류 보일러 : 하나의 관계에서 급수 펌프로 공급된 관수가 예열(가열), 증발, 과열(과열증기)이 동시에 일어나는 형식으로 초임계 압력 보일러

10 급유장치에서 보일러 가동 중 연소의 소화, 압력초과 등 이상 현상 발생 시 긴급히 연료를 차단하는 것은 무엇인가?
㉮ 압력조절 스위치
㉯ 압력제한 스위치
㉰ 감압 밸브
㉱ 전자 밸브

해설 연료차단 밸브(전자 밸브)
점화 또는 운전 중 불착화, 프리퍼지, 저수위, 압력초과 등의 경우 화염검출기, 댐퍼나 송풍기, 저수위 경보기, 압력차단 스위치 등과 연결되어 응급 시 연료를 차단하는 밸브로 안전장치의 일종이다.

11 보일러의 자동제어 신호전달 방식 중 전달거리가 가장 긴 것으로 맞는 것은?
㉮ 전기식
㉯ 유압식
㉰ 공기식
㉱ 수압식

해설 자동제어 신호 전달 방식 중 전달거리가 긴 순서
① 전기식 → ② 유압식 → ③ 공기식

12 다음 연료 중 표면 연소 하는 것은 무엇인가?
㉮ 목탄
㉯ 중유
㉰ 석탄
㉱ LPG

해설 표면연소 : 연소초기에 화염이 없이 연소가 되는 현상으로 목탄, 코크스 등의 연소가 이에 속한다.

13 일반적으로 효율이 가장 좋은 보일러는 무엇인가?
㉮ 코르니시 보일러
㉯ 입형 보일러
㉰ 연관 보일러
㉱ 수관 보일러

해설 수관 보일러의 장점
① 고온, 고압에 적당하다.
② 보유수량에 비해 전열면적이 넓어 증발시간이 빠르고, 효율이 대단히 높다.
③ 일종의 외분식이며, 보유수량이 적어 파열 시 피해가 적다.

Answer
7. ㉯ 8. ㉮ 9. ㉯ 10. ㉱ 11. ㉮ 12. ㉮ 13. ㉱

14 플로트 트랩은 어떤 종류의 트랩에 속하는가?
- ㉮ 디스크 트랩
- ㉯ 기계적 트랩
- ㉰ 온도조절 트랩
- ㉱ 열역학적 트랩

해설
- **기계적 트랩** : 버킷(상향, 하향)식, 플로트식(다량 트랩)
- **온도조절 트랩** : 밸로즈식(열동식), 바이메탈식
- **열역학적 트랩** : 오리피스식, 디스크식

15 수면계의 기능시험 시기로 틀린 것은 무엇인가?
- ㉮ 보일러를 가동하기 전
- ㉯ 수위의 움직임이 활발할 때
- ㉰ 보일러를 가동하여 압력이 상승하기 시작했을 때
- ㉱ 2개 수면계의 수위에 차이를 발견했을 때

해설
수면계 점검 시기
① 비수·포밍 발생 시
② 2개의 수면계 수위가 서로 다를 때
③ 수면계의 움직임이 둔하고, 수위가 의심스런 경우
④ 운전(가동)전이나 송기 전 압력이 상승하기 시작했을 때
⑤ 수위가 보이지 않을 때

16 연료를 연소시키는데 필요한 실제공기량과 이론공기량의 비 즉, 공기비를 m이라 할 때 다음 식이 뜻하는 것은 무엇인가?

$$(m-1)100\%$$

- ㉮ 과잉 공기율
- ㉯ 과소 공기율
- ㉰ 이론 공기율
- ㉱ 실제 공기율

해설 과잉 공기율 = $(m-1) \times 100\%$

17 원통형 및 수관식 보일러의 구조에 대한 설명 중 틀린 것은 무엇인가?
- ㉮ 노통 접합부는 아담슨 조인트(Adamson joint)로 연결하여 열에 의한 신축을 흡수한다.
- ㉯ 코르니시 보일러는 노통을 편심으로 설치하여 보일러수의 순환이 잘 되도록 한다.
- ㉰ 갤로웨이관은 전열면을 증대하고 강도를 보강한다.
- ㉱ 강수관의 내부는 열가스가 통과하여 보일러수 순환을 증진한다.

해설
강수관 : 상부 증기드럼에 찬 물이 하부 수드럼으로 내려오는 관으로 열가스와 접촉이 없어야 한다.

18 공기예열기 설치 시 이점으로 옳지 않은 것은 무엇인가?
- ㉮ 예열공기의 공급으로 불완전 연소가 감소한다.
- ㉯ 배기가스의 열손실이 증가된다.
- ㉰ 저질 연료도 연소가 가능하다.
- ㉱ 보일러 열효율이 증가한다.

해설
공기예열기 설치 시 장점
- 배기가스 열손실을 줄일 수 있다.
- 연소효율·전열효율이 높아진다.
- 저질 연료 연소가 용이하다.

19 보일러 연소실 내의 미연소가스 폭발에 대비하여 설치하는 안전장치는 무엇인가?
- ㉮ 가용전
- ㉯ 방출밸브
- ㉰ 안전밸브
- ㉱ 방폭문

해설
방폭문 : 보일러 후부 또는 측부에 설치하여 연소실 내의 미연소가스 폭발로 인한 보일러의 파손을 방지하기 위한 안전장치

Answer
14. ㉯ 15. ㉯ 16. ㉮ 17. ㉱ 18. ㉯ 19. ㉱

2014년 7월 20일 시행

20 물질의 온도 변화에 소요되는 열 즉, 물질의 온도를 상승시키는 에너지로 사용되는 열은 무엇인가?
㉮ 잠열 ㉯ 증발열
㉰ 융해열 ㉱ 현열

해설
- **현열** : 상변화 없이 온도만 변화되는 것
- **잠열** : 온도변화 없이 상만 변화되는 것

21 보일러에 과열기를 설치하여 과열증기를 사용하는 경우의 설명으로 잘못된 것은 무엇인가?
㉮ 과열증기란 포화증기의 온도와 압력을 높인 것이다.
㉯ 과열증기는 포화증기보다 보유 열량이 많다.
㉰ 과열증기를 사용하면 배관부의 마찰저항 및 부식을 감소시킬 수 있다.
㉱ 과열증기를 사용하면 보일러의 열효율을 증대시킬 수 있다.

해설 과열증기란 압력변화 없이 온도만 상승 시킨 것

22 자동제어의 신호전달방법 중 신호전송 시 시간지연이 있으며 전송거리가 100~150m 정도인 신호전달방식은?
㉮ 전기식 ㉯ 유압식
㉰ 기계식 ㉱ 공기식

해설 공기식의 특징
① 신호전달거리가 100~150[m] 정도이다.
② 온도제어 등에 적합하고 위험이 적다.
③ 내열성이 우수하나 압축성이므로 신호전달에 지연이 된다.

23 가압수식 집진장치의 종류에 속하는 것은 무엇인가?
㉮ 백필터 ㉯ 세정탑
㉰ 코트렐 ㉱ 배풀식

해설
- **건식** : 백필터식(여과식), 원심력식, 중력식, 전기식
- **습식(세정식)** : 가압수식(벤튜리 젯트, 사이클론 스크레버식, 충전탑), 회전식, 유수식

24 보일러 중 노통연관식 보일러는 무엇인가?
㉮ 코르니시 보일러
㉯ 랭커셔 보일러
㉰ 스코치 보일러
㉱ 다쿠마 보일러

해설
- **코르니시, 랭커셔** : 노통 보일러
- **스코치** : 노통연관 보일러
- **다쿠마** : 수관식 보일러(자연순환식)

25 분사관을 이용해 선단에 노즐을 설치하여 청소하는 것으로 주로 고온의 전열면에 사용하는 슈트블로워(soot blower)의 형식으로 맞는 것은?
㉮ 롱 레트랙터블(long retractable) 형
㉯ 로터리(rotary) 형
㉰ 건(gun) 형
㉱ 에어히터클리너(air heater cleaner) 형

해설
① 고온 전열면 블로워 – 롱트렉터블형
② 연소 노벽 블로워 – 숏트렉터블형
③ 전열면 블로워 – 건타입형
④ 저온전열면 블로워 – 로터리형
⑤ 공기예열기 블로워 – 롱트렉터블형, 트래벌링 프레임형

26 용적식 유량계에 속하지 않는 것은?
㉮ 로타리형 유량계
㉯ 피토우관식 유량계
㉰ 루트형 유량계
㉱ 오벌기어형 유량계

해설 피토우관식 : 유속식 유량계

Answer
20. ㉱ 21. ㉮ 22. ㉱ 23. ㉯ 24. ㉰ 25. ㉮ 26. ㉯

27 연소의 속도에 미치는 인자에 속하지 않는 것은?

㉮ 반응물질의 온도
㉯ 산소의 온도
㉰ 촉매물질
㉱ 연료의 발열량

해설 연소(반응)속도의 요인
① 온도   ② 압력   ③ 농도
④ 촉매   ⑤ 햇빛   ⑥ 물질입자의 크기

28 액체연료 중 경질유에 주로 사용하는 기화연소 방식의 종류에 해당하지 않는 것은 무엇인가?

㉮ 포트식   ㉯ 심지식
㉰ 증발식   ㉱ 무화식

해설
• 경질유 : 기화연소방식
• 중질유 : 무화연소방식

29 서로 다른 두 종류의 금속판을 하나로 합쳐 온도차이에 따라 팽창정도가 다른 점을 이용한 온도계는 어느 것인가?

㉮ 바이메탈 온도계   ㉯ 압력식 온도계
㉰ 전기저항 온도계   ㉱ 열전대 온도계

해설
• **바이메탈식** : 두 종의 서로 다른 금속의 열팽창력을 이용하여 온도 측정
• **열전대 온도계** : 두 개의 서로 다른 금속선을 양단에 연결하여 양단접점에 온도차를 주어 열기전력이 발생하는 (제벡 효과) 원리를 이용한 것
• **전기저항 온도계** : 금속의 도체 및 반도체의 온도 상승에 의해 전기저항이 증가하여 변화하는 현상을 이용한 것
• **압력식 온도계** : 일정한 용적의 용기 내에 봉입된 유체의 압력이 온도에 의해 변화하는 현상을 이용하는 방식

30 냉동용 배관 결합 방식에 따른 도시방법 중 용접식을 나타내는 것은 어느 것인가?

㉮ ─╫─   ㉯ ─●─
㉰ ─┼─   ㉱ ─╫╫─

해설
㉮ 플랜지 이음   ㉯ 용접이음
㉰ 나사이음   ㉱ 유니온

31 방열기 설치 시 벽면과의 간격으로 가장 적합한 것은 어느 것인가?

㉮ 50mm   ㉯ 80mm
㉰ 100mm   ㉱ 150mm

해설 방열기와 벽면과의 간격 : 약 50~60mm

32 보일러 설치·시공기준상 가스용 보일러의 경우 연료배관 외부에 표시하여야 하는 사항이 아닌 것은 무엇인가? (단, 배관은 지상에 노출된 경우임)

㉮ 사용 가스명   ㉯ 최고 사용압력
㉰ 가스흐름 방향 ㉱ 최저 사용온도

해설 가스배관 외부에 표시사항
① 사용 가스명
② 최고사용 압력
③ 가스흐름 방향

33 관을 아래서 지지하면서 신축을 자유롭게 하는 지지물은 무엇인가?

㉮ 스프링 행거   ㉯ 롤러 서포트
㉰ 콘스탄트 행거 ㉱ 리스트레인트

해설 서포트(support)
배관의 하중을 밑에서 떠받쳐 지지해 주는 장치
① 파이프 슈(pipe shoe) : 관에 직접 접속하는 지지구로 수평배관과 수직배관의 연결부에 사용된다.
② 리지드 서포트(rigid support) : H빔(beam)이나 I빔으로 받침을 만들어 지지한다.

Answer
27. ㉱   28. ㉱   29. ㉮   30. ㉯   31. ㉮   32. ㉱   33. ㉯

2014년 7월 20일 시행

③ 스프링 서포트(spring support) : 스프링의 탄성에 의해 상하 이동을 허용한 것이다.
④ 롤러 서포트(roller support) : 관의 축 방향의 이동을 허용한다. 즉 신축을 자유롭게 하는 지지구이다.

34 실내의 온도분포가 가장 균등한 난방방식은 무엇인가?
㉮ 온풍 난방
㉯ 방열기 난방
㉰ 복사 난방
㉱ 온돌 난방

해설 **복사 난방** : 실내의 온도분포가 가장 균등한 난방방식

35 곡률 반지름 $R=100mm$인 20A 관을 90°로 구부릴 때 중심곡선의 적당한 길이는 약 몇 mm인가?
㉮ 147
㉯ 157
㉰ 167
㉱ 177

해설 곡선부의 길이 $= \pi D \times \dfrac{각도}{360}$
D : 곡률 지름
$3.14 \times 200 \times \dfrac{90}{360} = 157mm$

36 유류연소 수동보일러의 운전정지 내용으로 잘못된 것은 무엇인가?
㉮ 운전정지 직전에 유류예열기의 전원을 차단하고 유류 예열기의 온도를 낮춘다.
㉯ 연소실내, 연도를 환기시키고 댐퍼를 닫는다.
㉰ 보일러 수위를 정상수위보다 조금 낮추고 버너의 운전을 정지한다.
㉱ 연소실에서 버너를 분리하여 청소하고 기름이 누설되는지 점검한다.

해설 운전정지 시에는 정상 수위보다 약간 높게 유지한 후 운전을 정지한다.

37 증기 트랩의 종류가 아닌 것은 무엇인가?
㉮ 그리스 트랩
㉯ 열동식 트랩
㉰ 버켓식 트랩
㉱ 플로트 트랩

해설 그리스트랩은 주로 배수용으로 사용된다.

38 배관의 단열공사를 실시하는 목적에서 가장 거리가 먼 것은 무엇인가?
㉮ 열에 대한 경제성을 높인다.
㉯ 온도조절과 열량을 낮춘다.
㉰ 온도변화를 제한한다.
㉱ 화상 및 화재방지를 한다.

해설 ① 열에 대한 경제성을 높인다.
② 온도변화를 제한한다.
③ 화상 및 화재방지를 한다.

39 보일러의 운전정지 시 가장 뒤에 조작하는 작업은 어느 것인가?
㉮ 연료의 공급을 정지시킨다.
㉯ 연소용 공기의 공급을 정지시킨다.
㉰ 댐퍼를 닫는다.
㉱ 급수펌프를 정지시킨다.

해설 보일러 운전 정지순서
① 연료공급을 정지 → ② 연소용 공기공급 정지 → ③ 급수를 한 후 증기압력을 저하시키고 급수밸브 닫음 → ④ 댐퍼를 닫는다.

40 보일러의 외부부식 발생원인과 가장 거리가 먼 것은 무엇인가?
㉮ 빗물, 지하수 등에 의한 습기나 수분에 의한 작용
㉯ 보일러수 등의 누출로 인한 습기나 수분에 의한 작용
㉰ 연소가스 속의 부식성 가스(아황산가스 등)에 의한 작용
㉱ 급수중에 유지류, 산류, 탄산가스, 산소, 염류 등의 불순물 함유에 의한 작용

Answer
34. ㉰   35. ㉯   36. ㉰   37. ㉮   38. ㉯   39. ㉰   40. ㉱

해설 **내부부식** : 급수 중에 유지류, 산류, 탄산가스, 산소, 염류 등의 불순물 함유에 의한 작용에 의한 부식

41 강판 제조 시 강괴 속에 함유되어 있는 가스체 등에 의해 강판이 두 장의 층을 형성하는 결함은 무엇인가?

㉮ 라미네이션 ㉯ 크랙
㉰ 브리스터   ㉱ 심 리프트

해설
• 라비네이션 : 강판이 두장의 층으로 분리되는 결함
• 브리스터 : 강판의 표면부가 화염의 접촉에 의해 부풀어 오르면서 갈라지는 현상

42 보일러 급수의 pH로 가장 적합한 것은 어느 것인가?

㉮ 4~6   ㉯ 7~9
㉰ 9~11   ㉱ 11~13

해설
• 급수의 pH : 약 7~9
• 보일러수 pH : 약 10.5~11.8

43 증기난방과 비교한 온수난방의 특징 설명으로 틀린 것은 무엇인가?

㉮ 예열시간이 길다.
㉯ 건물 높이에 제한을 받지 않는다.
㉰ 난방부하 변동에 따른 온도조절이 용이하다.
㉱ 실내 쾌감도가 높다.

해설 온수난방의 특징
① 예열시간이 길다.
② 건물 높이에 제한을 받는다.
③ 온도조절이 용이하다.
④ 실내 쾌감도가 높다.

44 가스절단 조건에 대한 설명 중 틀린 것은 무엇인가?

㉮ 금속 산화물의 용융온도가 모재의 용융온도 보다 낮을 것
㉯ 모재의 연소온도가 그 용융점 보다 낮을 것
㉰ 모재의 성분 중 산화를 방해하는 원소가 많을 것
㉱ 금속 산화물 유동성이 좋으며, 모재로부터 이탈될 수 있을 것

해설 가스절단 시 모재의 성분 중 산화를 방해하는 원소는 적어야 한다.

45 보일러 외처리 방법 중 탈기법에서 제거되는 것으로 맞는 것은?

㉮ 황화수소   ㉯ 수소
㉰ 망간   ㉱ 산소

해설
① 용존가스의 제거
  ㉮ 탈기법 : 용존산소 및 탄산가스를 제거
  ㉯ 기폭법 : 탄산가스체나 철, 망간 등을 제거
② 현탁 고형물(불순물) 제거
  ㉮ 자연침강법 ㉯ 여과법 ㉰ 응집법
③ 용해 고형물 제거
  ㉮ 이온교환법 ㉯ 증류법 ㉰ 약제 첨가법

46 난방부하 계산 시 사용되는 용어에 대한 설명 중 틀린 것은 무엇인가?

㉮ 열전도 : 인접한 물체 사이의 열의 이동현상
㉯ 열관류 : 열이 한 유체에서 벽을 통하여 다른 유체로 전달되는 현상
㉰ 난방부하 : 방열기 표준 상태에서 $1m^2$ 당 단위시간이 방출하는 열량
㉱ 정격용량 : 보일러 최대 부하상태에서 단위 시간당 총 발생되는 열량

해설 **난방부하**(kcal/h) : 한 시간당 난방에 필요한 열량

Answer
41. ㉮ 42. ㉯ 43. ㉯ 44. ㉰ 45. ㉱ 46. ㉰

2014년 7월 20일 시행

47 증기 보일러의 관류밸브에서 보일러와 압력 릴리프 밸브와의 사이에 체크밸브를 설치할 경우 압력릴리프 밸브는 몇 개 이상 설치하는가?

㉮ 1개　　㉯ 2개
㉰ 3개　　㉱ 4개

해설) 보일러와 압력릴리프 밸브와의 사이에 체크밸브를 설치할 경우 압력릴리프 밸브는 2개 이상 설치한다.

48 증기보일러에서 송기를 개시할 때 증기밸브를 급히 열면 발생할 수 있는 현상으로 가장 적당한 것은 무엇인가?

㉮ 캐비테이션 현상　㉯ 수격작용
㉰ 역화　　㉱ 수면계의 파손

해설) 송기를 개시 할 때 증기밸브를 급개하면 비수현상 또는 관내의 응축수로 인하여 수격작용이 발생한다.

49 고체 내부에서의 열의 이동 현상으로 물질은 움직이지 않고 열만 이동하는 현상을 무엇이라 하는가?

㉮ 전도　　㉯ 전달
㉰ 대류　　㉱ 복사

해설)
- 전도 : 고체간 열의 이동 현상
- 대류 : 비중차(밀도차)에 의한 열의 이동 현상
- 복사(방사) : 중간 매질 없이 열이 이동하는 현상

50 난방부하가 15000kcal/h이고, 주철제 증기 방열기로 난방 한다면 방열기 소요 방열면적은 약 몇 m²인가? (단, 방열기의 방열량은 표준 방열량으로 한다.)

㉮ 16　　㉯ 18
㉰ 20　　㉱ 23

해설) 면적 = $\frac{15000}{650}$ = 23m²

51 강관의 스케줄 번호가 나타내는 것은 무엇인가?

㉮ 관의 중심　㉯ 관의 두께
㉰ 관의 외경　㉱ 관의 내경

해설) 스케줄 번호 : 관의 두께 표시법

52 신축이음쇠 종류 중 고온, 고압에 적당하며, 신축에 따른 자체응력이 생기는 결점이 있는 신축이음쇠는 무엇인가?

㉮ 루프형(loop type)
㉯ 스위블형(swivel type)
㉰ 벨로스형(bellows type)
㉱ 슬리브형(sleeve type)

해설) 루프형(loop type) : 가장 고온, 고압에 사용되나 자체응력이 발생되는 결점이 있다.

53 가연가스와 미연가스가 노내에 발생하는 경우가 아닌 것은 무엇인가?

㉮ 심한 불완전연소가 되는 경우
㉯ 점화조작에 실패한 경우
㉰ 소정의 안전 저연소율 보다 부하를 높여서 연소시킨 경우
㉱ 연소정지 중에 연료가 노내에 스며든 경우

해설) 미연소가스의 발생원인
① 불완전연소가 되는 경우
② 점화 조작 실패 시
③ 연소정지 중에 연료가 노내에 스며든 경우
④ 저질연료 및 연소장치 불량

54 가정용 온수보일러 등에 설치하는 팽창탱크의 주된 설치 목적은 무엇인지 고르시오.

㉮ 허용압력초과에 따른 안전장치
㉯ 배관 중의 맥동을 방지
㉰ 배관 중의 이물질 제거
㉱ 온수순환의 원활

Answer
47. ㉯　48. ㉯　49. ㉮　50. ㉱　51. ㉯　52. ㉮　53. ㉰　54. ㉮

해설 팽창 탱크 설치목적
① 체적팽창, 이상팽창압력을 흡수한다.
② 관내 온수온도와 압력을 일정하게 유지한다.
③ 보충수 공급
④ 관수배출을 하지 않아 열손실 방지

55 저탄소 녹색성장 기본법상 녹색성장 위원회는 위원장 2명을 포함한 몇 명 이내의 위원으로 구성하는가?
㉮ 25 ㉯ 30
㉰ 45 ㉱ 50

해설 녹색성장 위원회의 위원장 2명, 위원은 약 50명 이내로 구성 됨

56 열사용기자재 관리규칙에서 용접검사가 면제될 수 있는 보일러의 대상 범위로 틀린 것은 무엇인가?
㉮ 강철제 보일러 중 전열면적이 $5m^2$ 이하이고, 최고사용압력이 0.35MPa 이하인 것
㉯ 주철제 보일러
㉰ 제 2종 관류보일러
㉱ 온수보일러 중 전열면적이 $18m^2$ 이하이고, 최고사용압력이 0.35MPa 이하인 것

해설 검사대상기기 중 용접검사 대상 면제 범위
① 강철제 보일러 중 전열면적이 $5m^2$ 이하이고, 최고사용 압력이 0.35MPa 이하인 것
② 주철제 보일러
③ 1종 관류보일러
④ 온수보일러 중 전열면적이 $18m^2$ 이하이고, 최고사용 압력이 0.35MPa 이하인 것

57 에너지절약 전문기업의 등록은 누구에게 하도록 위탁되어 있는가?
㉮ 지식경제부장관
㉯ 에너지관리공단 이사장
㉰ 시공업자단체의 장
㉱ 시·도지사

해설 에너지절약 전문기업의 등록 : 에너지관리공단 이사장

58 신·재생에너지 설비의 설치를 전문으로 하려는 자는 자본금·기술인력 등의 신고기준 및 절차에 따라 누구에게 신고를 하여야 하는가?
㉮ 국토해양부장관
㉯ 환경부장관
㉰ 고용노동부장관
㉱ 산업통상자원부장관

해설 신·재생에너지 설비의 설치를 전문으로 하려는 자는 자본금·기술인력 등의 신고기준 및 절차에 따라 산업자원부장관에게 신고

59 에너지법에서 사용하는 "에너지"의 정의를 가장 올바르게 나타낸 것은?
㉮ "에너지"라 함은 석유·가스 등 열을 발생하는 열원을 말한다.
㉯ "에너지"라 함은 제품의 원료로 사용되는 것을 말한다.
㉰ "에너지"라 함은 태양, 조파, 수력과 같이 일을 만들어낼 수 있는 힘이나 능력을 말한다.
㉱ "에너지"라 함은 연료·열 및 전기를 말한다.

해설 에너지라 함은 연료·열 및 전기를 말한다.

60 에너지법상 지역에너지계획은 몇 년마다 몇 년 이상을 계획기간으로 수립·시행하는가?
㉮ 2년 마다 2년 이상
㉯ 5년 마다 5년 이상
㉰ 7년 마다 7년 이상
㉱ 10년 마다 10년 이상

해설 에너지법상 지역에너지계획은 5년마다 5년 이상을 계획기간으로 수립·시행한다.

Answer
55. ㉱ 56. ㉰ 57. ㉯ 58. ㉱ 59. ㉱ 60. ㉯

에너지관리기능사

2014년 10월 11일 시행

01 보일러 제어에서 자동연소제어에 해당하는 약호는?
㉮ A.C.C ㉯ A.B.C
㉰ S.T.C ㉱ F.W.C

해설
① A.C.C : 연소자동제어
② A.B.C : 보일러자동제어
③ S.T.C : 증기온도 자동제어
④ F.W.C : 급수자동제어

02 보일러의 수위 제어에 영향을 미치는 요인 중에서 보일러 수위제어시스템으로 제어할 수 없는 것은?
㉮ 급수온도 ㉯ 급수량
㉰ 수위검출 ㉱ 증기량검출

해설
수위제어시스템으로는 급수량, 수위검출, 증기량검출을 할 수 있다. 즉, 수위제어방식 중 3요소식은 수위, 증기량, 급수량을 이용하여 수위를 제어한다.

03 보일러에서 기체연료의 연소방식으로 가장 적당한 것은?
㉮ 화격자연소
㉯ 확산연소
㉰ 증발연소
㉱ 분해연소

해설
① 고체연료(분해연소, 표면연소 등)
② 액체연료(증발연소 등)
③ 기체연료(확산연소, 예혼합연소 등)

04 수관식 보일러의 특징에 대한 설명으로 틀린 것은?
㉮ 전열면적이 커서 증기의 발생이 빠르다.
㉯ 구조가 간단하여 청소, 검사, 수리 등이 용이하다.
㉰ 철저한 급수처리가 요구된다.
㉱ 보일러수의 순환이 빠르고 효율이 좋다.

해설
수관식 보일러의 특징
① 보일러수의 순환이 빠르고 효율이 높다.
② 전열면적이 커서 증기의 발생이 빠르다.
③ 보유수량이 적어 파열시 피해가 적다.
④ 급수처리가 까다롭다.
⑤ 구조가 복잡하여 청소, 검사가 어렵다.

05 연관식 보일러의 특징으로 틀린 것은?
㉮ 동일 용량인 노통 보일러에 비해 설치면적이 적다.
㉯ 전열면적이 커서 증기발생이 빠르다.
㉰ 외분식은 연료선택 범위가 좁다.
㉱ 양질의 급수가 필요하다.

해설
외분식 연소 장치의 특징
① 연소실 크기의 제한을 받지 않는다.
② 완전연소가 가능하다.
③ 연소효율이 좋아 노(연소실)내 온도상승이 쉽다.
④ 노벽방사손실이 있다.
⑤ 연료의 질에 크게 상관하지 않는다.(저질연료라도 연소 양호)

06 랭커셔 보일러는 어디에 속하는가?
㉮ 관류 보일러 ㉯ 연관 보일러
㉰ 수관 보일러 ㉱ 노통 보일러

해설
노통 보일러(코르니쉬, 랭커셔)

Answer
1. ㉮ 2. ㉮ 3. ㉯ 4. ㉯ 5. ㉰ 6. ㉱

07 고체연료와 비교하여 액체연료 사용 시의 장점을 잘못 설명한 것은?

㉮ 인화의 위험성이 없으며 역화가 발생하지 않는다.
㉯ 그을음이 적게 발생하고 연소효율도 높다.
㉰ 품질이 비교적 균일하며 발열량이 크다.
㉱ 저장 중 변질이 적다.

해설 액체연료의 특징
① 인화의 위험성이 크고 역화의 우려가 있다.
② 그을음이 적게 발생하고 연소효율도 높다.
③ 품질이 비교적 균일하며 발열량도 크다.
④ 저장 중 변질이 적다.

08 보일러 기관 작동을 저지시키는 인터록 제어에 속하지 않는 것은?

㉮ 저수위 인터록
㉯ 저압력 인터록
㉰ 저연소 인터록
㉱ 프리퍼지 인터록

해설 인터록 제어 : 운전 조작상태에서 조건이 불충분하다거나 다음의 진행에 미루어 불합리한 동작으로 변화하게 될 때 동작을 다음 단계에 도달되기 전에 기관을 정지시키는 제어방식
① 초과압력 인터록
② 저수위 인터록
③ 저연소 인터록
④ 프리퍼지 인터록
⑤ 불착화 인터록

09 액체연료 연소에서 무화의 목적이 아닌 것은?

㉮ 단위 중량당 표면적을 크게 한다.
㉯ 연소효율을 향상시킨다.
㉰ 주위 공기와 혼합을 좋게 한다.
㉱ 연소실의 열부하를 낮게 한다.

해설 무화의 목적
① 단위 중량당 표면적을 넓게 한다.
② 공기와 연료의 혼합을 좋게 한다.
③ 연소효율을 향상시킨다.

10 최근 난방 또는 급탕용으로 사용되는 진공 온수보일러에 대한 설명 중 틀린 것은?

㉮ 열매수의 온도는 운전 시 100℃ 이하이다.
㉯ 운전 시 열매수의 급수는 불필요하다.
㉰ 본체의 안전장치로서 용해전, 온도퓨즈, 안전밸브 등을 구비한다.
㉱ 추기장치는 내부에서 발생하는 비응축가스 등을 외부로 배출시킨다.

해설 진공온수 보일러의 특징
① 열매수의 온도는 운전 시 100℃ 이하이다.
② 운전 시 열매수의 급수는 불필요하다.
③ 추기장치는 내부에서 발생하는 비응축가스 등을 외부로 배출시켜 진공을 잡아준다.
④ 진공온수보일러는 팽창, 파열 등이 발생하지 않으므로 안전밸브를 설치하지 않는다.

11 슈트블로워(soot blower)사용 시 주의 사항으로 거리가 먼 것은?

㉮ 한 곳으로 집중하여 사용하지 말 것.
㉯ 분출기 내의 응축수를 배출시킨 후 사용할 것.
㉰ 보일러 가동을 정지 후 사용할 것.
㉱ 연도내 배풍기를 사용하여 유인통풍을 증가시킬 것.

해설 슈트 블로워(soot blower)의 특징
① 부하가 적거나(50[%] 이하) 소화 후 사용하지 말 것.
② 연도내 배풍기를 사용 유인통풍을 증가시킬 것.
③ 분출기 내의 응축수를 배출시킨 후 사용할 것.
④ 한 곳으로 집중적으로 사용함으로 전열면에 무리를 가하지 말 것.

12 노통 보일러에서 아담슨 조인트를 하는 목적은?

㉮ 노통 제작을 쉽게 하기 위해서
㉯ 재료를 절감하기 위해서
㉰ 열에 의한 신축을 조절하기 위해서
㉱ 물 순환을 촉진하기 위해서

Answer
7. ㉮ 8. ㉯ 9. ㉱ 10. ㉰ 11. ㉰ 12. ㉰

해설 **아담슨 조인트** : 열에 의한 신축을 조절하여 경판의 구루빙(도랑모양의 부식)현상을 방지하기 위함.

13 다음 중 압력계의 종류가 아닌 것은?
㉮ 부르돈관식 압력계
㉯ 벨로즈식 압력계
㉰ 유니버설 압력계
㉱ 다이어프램 압력계

해설 **탄성식 압력계** : 브르돈관식, 벨로즈식, 다이어프램식

14 증기압력이 높아질 때 감소되는 것은?
㉮ 포화 온도   ㉯ 증발 잠열
㉰ 포화수 엔탈피   ㉱ 포화증기 엔탈피

해설 증기압력이 높아지면 증발잠열은 감소한다. 즉, 임계압력 상태에서 증발잠열은 0이다.

15 프로판(H_3H_8) 1kg이 완전연소 하는 경우 필요한 이론 산소량은 약 몇 Nm^3인가?
㉮ 3.47   ㉯ 2.55
㉰ 1.25   ㉱ 1.50

해설 $C_3H_8 + 5O_2 \rightarrow 3CO_2 + 4H_2O$
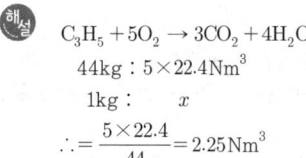
$\therefore = \frac{5 \times 22.4}{44} = 2.25 Nm^3$

16 스팀 헤더(steam header)에 관한 설명으로 틀린 것은?
㉮ 보일러 주증기관과 증기과 사이에 설치한다.
㉯ 송기 및 정지가 편리하다.
㉰ 불필요한 장소에 송기하기 때문에 열손실은 증가한다.
㉱ 증기의 과부족을 일부 해소 할 수 있다.

해설 **스팀헤더**(steam header) : 일종의 분배기로서 필요 개소에 증기를 공급하므로 열손실을 줄여 준다.

17 오일 버너의 화염이 불안정한 원인과 가장 무관한 것은?
㉮ 분무 유압이 비교적 높을 경우
㉯ 연료 중에 슬러지 등의 협잡물이 들어 있는 경우
㉰ 무화용 공기량이 적절치 않을 경우
㉱ 연소용 공기의 과다로 노내 온도가 저하 될 경우

해설 **오일 버너의 화염의 불안정 원인**
① 연료 중에 슬러지 등의 협잡물이 들어 있을 경우
② 무화용 공기량이 적절치 않을 경우
③ 연소용 공기의 과다로 노내 온도가 저하될 경우
④ 유압식 버너의 경우 분무유압은 약 5~10kg/cm²으로 비교적 높다.

18 500W의 전열기로서 2kg의 물을 18℃로부터 100℃까지 가열하는 데 소요되는 시간은 얼마인가?
㉮ 약 10분   ㉯ 약 16분
㉰ 약 20분   ㉱ 약 23분

해설 $\therefore \frac{GC\Delta t}{860 \times kw} = \frac{2 \times 1 \times (100-18)}{860 \times 0.5} \times 60 ≒ 23분$

19 연소가스와 대기의 온도가 각각 250℃, 30℃이고 연돌의 높이가 50m일 때 이론 통풍력은 약 얼마인가?(단, 연소가스와 대기의 비중량은 각각 1.35kg/Nm³, 1.25kg/Nm³이다.)
㉮ 21.08mmAq   ㉯ 23.12mmAq
㉰ 25.02mmAq   ㉱ 27.36mmAq

해설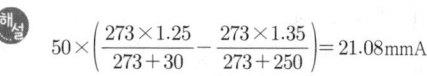

Answer 13. ㉰ 14. ㉯ 15. ㉯ 16. ㉰ 17. ㉮ 18. ㉱ 19. ㉮

20 사이클론 집진기의 집진율을 증가시키기 위한 방법으로 틀린 것은?
㉮ 사이클론의 내면을 거칠게 처리한다.
㉯ 블로 다운방식을 사용한다.
㉰ 사이클론 입구의 속도를 크게 한다.
㉱ 분진박스와 모양은 적당한 크기와 형상으로 한다.

해설 사이클론의 내면을 거칠게 처리되면 원심력이 약해져 집진율이 감소한다.

21 보일러의 여열을 이용하여 증기보일러의 효율을 높이기 위한 부속장치로 맞는 것은?
㉮ 버너, 댐퍼, 송풍기
㉯ 절탄기, 공기예열기, 과열기
㉰ 수면계, 압력계, 안전밸브
㉱ 인젝터, 저수위 경보장치, 집진장치

해설 연소가스의 여열(잔열)을 이용하여 증기보일러의 효율을 높이기 위한 장치
① 과열기   ② 재열기
③ 절탄기   ④ 공기예열기

22 보일러에서 발생하는 증기를 이용하여 급수하는 장치는?
㉮ 슬러지(sludge)   ㉯ 인젝터(injector)
㉰ 콕(cock)   ㉱ 트랩(trap)

해설 인젝터 : 증기를 이용한 급수보조 장치

23 다음 중 특수보일러에 속하는 것은?
㉮ 벤슨 보일러
㉯ 슐처 보일러
㉰ 소형관류 보일러
㉱ 슈미트 보일러

해설 특수 보일러인 간접가열보일러 : 슈미트, 레플러 보일러

24 보일러 연소실이나 연도에서 화염의 유무를 검출하는 장치가 아닌 것은?
㉮ 스테빌라이저   ㉯ 플레임 로드
㉰ 플레임 아이   ㉱ 스택 스위치

해설 화염검출기의 종류
① 플레임아이   ② 플레임로드   ③ 스택스위치

25 건포화증기의 엔탈피와 포화수의 엔탈피의 차는?
㉮ 비열   ㉯ 잠열
㉰ 현열   ㉱ 액체열

해설 잠열 : 온도변화 없이 상태만 변화 되는 것 즉, 건포화증기 엔탈피와 포화수 엔탈피 차를 말한다.

26 열전도에 적용되는 퓨리에의 법칙 설명 중 틀린 것은?
㉮ 두면 사이에 흐르는 열량은 물체의 단면적에 비례한다.
㉯ 두면 사이에 흐르는 열량은 두면 사이의 온도차에 비례한다.
㉰ 두면 사이에 흐르는 열량은 시간에 비례한다.
㉱ 두면 사이에 흐르는 열량은 두면 사이의 거리에 비례한다.

해설 $\therefore Q = \dfrac{\lambda \times A \times \Delta t}{b}$
퓨리에의 법칙에서 열량은 열전도율, 면적, 온도차와는 비례하고 두께와는 반비례한다.

27 보일러에서 실제 증발량(kg/h)을 연료 소모량(kg/h)으로 나눈 값은?
㉮ 증발 배수   ㉯ 전열면 증발량
㉰ 연소실 열부하   ㉱ 상당 증발량

해설 증발배수 = $\dfrac{실제 증발량}{연료사용량}$

Answer
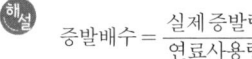
20. ㉮   21. ㉯   22. ㉯   23. ㉱   24. ㉮   25. ㉯   26. ㉱   27. ㉮

28 보일러 과열 원인으로 적당하지 않은 것은?
㉮ 보일러수의 순환이 좋은 경우
㉯ 보일러내에 스케일이 부착된 경우
㉰ 보일러내에 유지분이 부착된 경우
㉱ 국부적으로 심하게 복사열을 받는 경우

해설 과열의 원인
① 관수의 순환 불량 시
② 전열면에 스케일 생성 시
③ 저 수위 시(이상감수 시)
④ 전열면에 유지분 등 이물질 부착 시
⑤ 국부적으로 열이 전달 될 때

29 고압, 중압 보일러 급수용 및 고양정 급수용으로 쓰이는 것으로 임펠러와 안내날개가 있는 펌프는?
㉮ 볼류트 펌프
㉯ 터빈 펌프
㉰ 워싱턴 펌프
㉱ 웨어 펌프

해설 터빈펌프 : 안내깃이 있으며, 고양정용이다.

30 증기보일러에 설치하는 유리수면계는 2개 이상이어야 하는데 1개만 설치해도 되는 경우는?
㉮ 소형관류보일러
㉯ 최고사용압력 2MPa 미만의 보일러
㉰ 동체 안지름 800mm 미만의 보일러
㉱ 1개 이상의 원격지시 수면계를 설치한 보일러

해설 유리수면계를 1개만 설치해도 되는 경우
① 소형관류보일러
② 최고사용압력이 1Mpa 미만의 보일러
③ 동체 안지름이 750mm 미만의 보일러
④ 2개 이상의 원격지시 수면계를 설치한 보일러

31 보일러의 열효율 향상과 관계가 없는 것은?
㉮ 공기예열기를 설치하여 연소용 공기를 예열한다.
㉯ 절탄기를 설치하여 급수를 예열한다.
㉰ 가능한 한 과잉공기를 줄인다.
㉱ 급수펌프로는 원심펌프를 사용한다.

해설 보일러 열효율 향상과 원심펌프를 사용하는 것과는 관계가 없다.

32 온수난방 배관 시공법의 설명으로 잘못된 것은?
㉮ 온수난방은 보통 1/250 이상의 끝올림 구배를 주는 것이 이상적이다.
㉯ 수평 배관에서 관경을 바꿀 때는 편심 레듀서를 사용하는 것이 좋다.
㉰ 지관이 주관 아래로 분기될 때는 45° 이상 끝내림 구배로 배관한다.
㉱ 팽창탱크에 이르는 팽창관에는 조정용 밸브를 단다.

해설 팽창관에는 밸브 및 체크밸브 등을 설치해서는 안된다.

33 보일러 내부에 아연판을 매다는 가장 큰 이유는?
㉮ 기수공발을 방지하기 위하여
㉯ 보일러 판의 부식을 방지하기 위하여
㉰ 스케일 생성을 방지하기 위하여
㉱ 프라이밍을 방지하기 위하여

해설 보일러 판의 부식을 방지하기 위하여 아연판을 매단다.(전기방식법)

34 배관의 높이를 관의 중심을 기준으로 표시한 기호는?
㉮ TOP   ㉯ GL
㉰ BOP   ㉱ EL

Answer
28. ㉮ 29. ㉯ 30. ㉮ 31. ㉱ 32. ㉱ 33. ㉯ 34. ㉱

해설
TOP : 관의 윗면을 기준으로 표시
GL : 지면을 기준으로 표시
BOP : 관의 밑면을 기준으로 표시
EL : 관의 중심을 기준으로 표시

35 증기난방의 분류에서 응축수 환수방식에 해당하는 것은?

㉮ 고압식 ㉯ 상향 공급식
㉰ 기계 환수식 ㉱ 단관식

해설
응축수 환수방식
① 중력 환수식
② 기계 환수식
③ 진공 환수식

36 보일러에서 분출 사고시 긴급조치 사항으로 틀린 것은?

㉮ 연도 댐퍼를 전개한다.
㉯ 연소를 정지시킨다.
㉰ 압입 통풍을 가동시킨다.
㉱ 급수를 계속하여 수위의 저하를 막고 보일러의 수위 유지에 노력한다.

해설
보일러에서 분출 사고 시 긴급조치 사항으로 압입 통풍기를 가동시키는 것과는 관련이 없다.

37 보일러 슈트 블로워를 사용하여 그을음 제거 작업을 하는 경우의 주의사항 설명으로 가장 옳은 것은?

㉮ 가급적 부하가 높을 때 실시한다.
㉯ 보일러를 소화한 직후에 실시한다.
㉰ 흡출 통풍을 감소시킨 후 실시한다.
㉱ 작업 전에 분출기 내부의 드레인을 충분히 제거한다.

해설
문제11번 해설 참조

38 어떤 거실의 난방부하가 5000 kcal/h이고, 주철제 온수방열기로 난방할 때 필요한 방열기 쪽수는?
(단, 방열기 1쪽당 방열 면적은 0.26m²이고, 방열량은 표준방열량으로 한다.)

㉮ 11쪽 ㉯ 21쪽
㉰ 30쪽 ㉱ 43쪽

해설
방열기 쪽수 $= \dfrac{5000}{450 \times 0.26} = 43$쪽

39 가정용 온수보일러 등에 설치하는 팽창탱크의 주된 기능은?

㉮ 배관 중의 이물질 제거
㉯ 온수 순환의 맥동방지
㉰ 열효율의 증대
㉱ 온수의 가열에 따른 체적팽창 흡수

해설
팽창 탱크 설치목적
① 체적팽창, 이상팽창압력을 흡수
② 관내 온수온도와 압력을 일정하게 유지
③ 보충수 공급
④ 관수배출을 하지 않아 열손실 방지

40 호칭지름 20A인 강관을 그림과 같이 배관할 때 엘보 사이의 파이프의 절단 길이는?
(단, 20A 엘보의 끝단에서 중심까지 거리는 32mm이고, 파이프의 물림 길이는 13mm이다.)

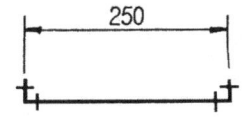

㉮ 210mm ㉯ 212mm
㉰ 214mm ㉱ 216mm

해설
$250 - 2 \times (32-13) = 212$mm

Answer
35. ㉰ 36. ㉰ 37. ㉱ 38. ㉱ 39. ㉱ 40. ㉯

41 보일러 급수성분 중 포밍과 관련이 가장 큰 것은?

㉮ pH ㉯ 경도 성분
㉰ 용존 산소 ㉱ 유지 성분

해설 포밍 현상(물거품 현상) : 보일러수 중에 유지류, 부유물질이 혼입 시 수면위에 물거품이 발생되는 현상

42 보온재 중 흔히 스치로폴이라고도 하며, 체적의 97~98%가 기공으로 되어있어 열 차단 능력이 우수하고, 내수성도 뛰어난 보온재는?

㉮ 폴리스티렌 폼 ㉯ 경질 우레탄 폼
㉰ 코르크 ㉱ 그라스 울

해설 폴리스티렌 폼 : 흔히 스치로폴이라고 하며 체적의 97~98%가 기공으로 되어 있어 열 차단 능력이 우수하고 내수성이 뛰어나다.

43 유리솜 또는 암면의 용도와 관계 없는 것은?

㉮ 보온재 ㉯ 보냉재
㉰ 단열재 ㉱ 방습재

해설 유리솜, 암면의 용도는 보온재, 보냉재, 단열재 등으로 사용되나 방습재로는 사용할 수 없다.

44 진공환수식 증기난방에서 리프트 피팅이란?

㉮ 저압환수관이 진공펌프의 흡입구보다 낮은 위치에 있을 때 적용되는 이음방법이다.
㉯ 방열기보다 낮은 곳에 환수주관이 설치된 경우 적용되는 이음방법이다.
㉰ 진공펌프가 환수주관과 같은 위치에 있을 때 적용되는 이음방법이다.
㉱ 방열기와 환수주관의 위치가 같을 때 적용되는 이음방법이다.

해설 리프트 피팅 : 저압환수관이 진공펌프의 흡입구보다 낮은 위치에 있을 때 적용되는 이음방법으로 리프트 피팅은 통상 1.5m 정도로 한다.

45 단관 중력 환수식 온수난방에서 방열기 입구 반대편 상부에 부착하는 밸브는?

㉮ 방열기 밸브 ㉯ 온도조절 밸브
㉰ 공기빼기 밸브 ㉱ 배니 밸브

해설 단관 중력 환수식 온수난방에서 방열기 입구 반대편 상부에는 공기빼기 밸브를 부착한다.

46 보일러에서 역화의 발생 원인이 아닌 것은?

㉮ 점화 시 착화가 지연되었을 경우
㉯ 연료보다 공기를 먼저 공급한 경우
㉰ 연료 밸브를 과대하게 급히 열었을 경우
㉱ 프리퍼지가 부족한 경우

해설 역화의 발생 원인
① 점화가 늦어진 경우
② 가동 중 실패 시
③ 공기보다 연료를 먼저 노내에 진입 시
④ 통풍(프리 퍼지, 포스트 퍼지)이 불량한 경우
⑤ 연소실 내에 미연소가스가 차 있을 때

47 보일러 내면의 산세정 시 염산을 사용하는 경우 세정액의 처리온도와 처리시간으로 가장 적합한 것은?

㉮ 60±5℃, 1~2시간
㉯ 60±5℃, 4~6시간
㉰ 90±5℃, 1~2시간
㉱ 90±5℃, 4~6시간

해설 염산 세정 시 처리온도는 60±5℃, 처리 시간은 4~6시간정도 이다.

48 다른 보온재에 비하여 단열 효과가 낮으며 500℃ 이하의 파이프, 탱크, 노벽 등에 사용하는 것은?

㉮ 규조토 ㉯ 암면
㉰ 그라스 울 ㉱ 펠트

해설 규조토 : 단열 효과가 낮으며 500℃ 이하의 파이프, 탱크, 노벽 등에 주로 사용된다.

Answer
41. ㉱ 42. ㉮ 43. ㉱ 44. ㉮ 45. ㉰ 46. ㉯ 47. ㉯ 48. ㉮

49 보일러 수(水) 중의 경도 성분을 슬러지로 만들기 위하여 사용하는 청관제는?

㉮ 가성취하 억제제
㉯ 연화제
㉰ 슬러지 조정제
㉱ 탈산소제

연화제 : 보일러수 속에 첨가하여 수중의 경도 성분과 반응시킴으로써 불용성의 물질, 소위 슬러지로 바꾸어 침전시켜 배출시킴

50 방열기의 표준 방열량에 대한 설명으로 틀린 것은?

㉮ 증기의 경우, 게이지 압력 $1kg/cm^2$, 온도 80℃로 공급하는 것이다.
㉯ 증기 공급시의 표준 방열량은 650kcal/$m^2 \cdot h$이다.
㉰ 실내 온도는 증기일 경우 21℃, 온수일 경우 18℃ 정도이다.
㉱ 온수 공급시의 표준 방열량은 450kcal/$m^2 \cdot h$이다.

구분	표준발열량 [kcal/m^2h]	방열기내 평균온도 [℃]
증기	650	102
온수	450	80

51 건물을 구성하는 구조체 즉 바닥, 벽 등에 난방용 코일을 묻고 열매체를 통과시켜 난방을 하는 것은?

㉮ 대류난방
㉯ 복사난방
㉰ 간접난방
㉱ 전도난방

복사난방 : 바닥, 벽, 천장의 패널(난방코일)에서 발생되는 복사열을 이용하여 난방하는 방식

52 점화전 댐퍼를 열고 노내와 연도에 체류하고 있는 가연성가스를 송풍기로 취출시키는 작업은?

㉮ 분출
㉯ 송풍
㉰ 프리퍼지
㉱ 포스트퍼지

프리퍼지 : 점화전 댐퍼를 열고 노내와 연도에 체류하고 있는 미연소가스를 송풍기로 배출시키는 작업

53 보일러 유리 수면계의 유리파손 원인과 무관한 것은?

㉮ 유리관 상하 콕의 중심이 일치하지 않을 때
㉯ 유리가 알칼리 부식 등에 의해 노화되었을 때
㉰ 유리관 상하 콕의 너트를 너무 조였을 때
㉱ 증기의 압력을 갑자기 올렸을 때

유리수면계 파손 원인
① 무리한 너트의 조임
② 외부에서 충격을 가할 때
③ 급열·급냉 및 부식 등 노화가 발생된 경우
④ 상하부의 축이 이완되었을 때

54 지역난방의 특징을 설명한 것 중 틀린 것은?

㉮ 설비가 길어지므로 배관 손실이 있다.
㉯ 초기 시설 투자비가 높다.
㉰ 개개 건물의 공간을 많이 차지한다.
㉱ 대기오염의 방지를 효과적으로 할 수 있다.

지역난방의 특징
① 설비가 길어지므로 배관을 통한 손실이 있다.
② 초기 시설 투자비가 높다.
③ 개개 건물의 공간 이용률이 높다.
④ 대기오염의 방지를 효과적으로 할 수 있다.

Answer
49. ㉯ 50. ㉮ 51. ㉯ 52. ㉰ 53. ㉱ 54. ㉰

55 에너지이용합리화법상의 목표에너지원단위를 가장 옳게 설명한 것은?

㉮ 에너지를 사용하여 만드는 제품의 단위당 폐연료사용량
㉯ 에너지를 사용하여 만드는 제품의 연간 폐열사용량
㉰ 에너지를 사용하여 만드는 제품의 단위당 에너지사용목표량
㉱ 에너지를 사용하여 만드는 제품의 연간 폐열에너지사용목표량

[해설] 목표원 단위 : 에너지를 사용하여 만드는 제품의 단위당 에너지사용 목표량

56 다음은 저탄소 녹색성장 기본법에 명시된 용어의 뜻이다. ( )안에 알맞은 것은?

> 온실가스란 (㉮), 메탄, 아산화질소, 수소불화탄소, 과불화탄소, 육불화황 및 그 밖에 대통령령으로 정하는 것으로 (㉯) 복사열을 흡수하거나 재방출하여 온실효과를 유발하는 대기 중의 가스 상태의 물질을 말한다.

㉮ ㉮ 일산화탄소, ㉯ 자외선
㉯ ㉮ 일산화탄소, ㉯ 적외선
㉰ ㉮ 이산화탄소, ㉯ 자외선
㉱ ㉮ 이산화탄소, ㉯ 적외선

[해설] 온실가스란 이산화탄소, 메탄, 아산화질소, 수소불화탄소, 과불화탄소, 육불화황 및 대통령령으로 정하는 것으로 적외선 복사열을 흡수하거나 재방출하여 온실효과를 유발하는 대기 중의 가스 상태의 물질을 말한다.

57 에너지이용합리화법상 에너지의 최저소비효율기준에 미달하는 효율관리기자재의 생산 또는 판매금지 명령을 위반한 자에 대한 벌칙기준은?

㉮ 1년 이하의 징역 또는 1천만원 이하의 벌금
㉯ 1천만원 이하의 벌금
㉰ 2년 이하의 징역 또는 2천만원 이하의 벌금
㉱ 2천만원 이하의 벌금

[해설] 에너지의 최저소비효율기준에 미달하는 효율관리기자재의 생산 또는 판매금지 명령을 위반한 자에 대한 **벌칙** : 2천만원 이하의 벌금

58 특정열사용기자재 중 산업통상자원부령으로 정하는 검사대상기기의 계속사용검사 신청서는 검사유효기간 만료 며칠 전까지 제출해야 하는가?

㉮ 10일전까지
㉯ 15일전까지
㉰ 20일전까지
㉱ 30일전까지

[해설] 검사대상기기의 계속사용검사 신청서는 검사유효기간 만료 10일전까지 제출한다.

59 화석연료에 대한 의존도를 낮추고 청정에너지의 사용 및 보급을 확대하여 녹색기술 연구개발, 탄소흡수원 확충 등을 통하여 온실가스를 적정수준 이하로 줄이는 것에 대한 정의로 옳은 것은?

㉮ 녹색성장   ㉯ 저탄소
㉰ 기후변화   ㉱ 자원순환

[해설] **저탄소** : 화석연료에 대한 의존도를 낮추고 청정에너지의 사용 및 보급을 확대하여 녹색기술 연구개발, 탄소 흡수원 확충 등을 통하여 온실가스를 적정수준 이하로 줄이는 것

Answer
55. ㉰ 56. ㉱ 57. ㉱ 58. ㉮ 59. ㉯

60 특정열사용기자재 중 산업통상자원부령으로 정하는 검사대상기기를 폐기한 경우에는 폐기한 날부터 며칠 이내에 폐기신고서를 제출해야 하는가?

㉮ 7일 이내에 ㉯ 10일 이내에
㉰ 15일 이내에 ㉱ 30일 이내에

해설 검사대상기기의 폐기신고 : 폐기한 날로부터 15일 이내

에너지관리기능사

2015년 1월 25일 시행

01 증기 또는 온수 보일러로써 여러 개의 섹션(section)을 조합하여 제작하는 보일러는?
① 열매체 보일러 ② 강철제보일러
③ 관류 보일러   ④ 주철제 보일러

해설 철제 보일러 : 소형난방용으로 사용되며, 여러개의 섹션을 조합하여 제작한다.

02 연소용 공기를 노의 앞에서 불어 넣으므로 공기가 차고 깨끗하며 송풍기의 고장이 적고 점검 수리가 용이한 보일러의 강제통풍 방식은?
① 압입통풍   ② 자연통풍
③ 흡입통풍   ④ 수직통풍

해설 압입통풍(정압, +) : 연소실(노) 입구에 송풍기를 설치하여 통풍시키는 방식

03 액면계 중 직접식 액면계에 속하는 것은?
① 방사선식   ② 압력식
③ 초음파식   ④ 유리관식

해설
• 직접식 액면계 : 유리관식, 부자식
• 간접식 액면계 : 압력식, 방사선식, 초음파식

04 보일러 자동제어 신호전달 방식 중 공기압 신호전송의 특징 설명으로 틀린 것은?
① 배관이 용이하고 보존이 비교적 쉽다.
② 내열성이 우수하나 압축성이므로 신호전달에 지연이 된다.
③ 신호전달 거리가 100~50m 정도이다.
④ 온도제어 등에 부적합하고 위험이 크다.

해설 전달방식에 의한 각 특징 비교

전달방식	장 점	단 점
공기식	① 배관이 용이 ② 위험성이 없다. ③ 보존이 비교적 용이	① 신호의 전달 지연이 있다. ② 조작 지연이 있다. ③ 희망특성을 살리기 어렵다.
유압식	① 조작속도가 크다. ② 조작력이 강대 ③ 희망특성의 것을 만드는 것이 용이	① 기름이 넘치면 더럽다. ② 인화의 위험이 있다. ③ 수기압정도의 유압원이 필요
전기식	① 배선의 용이 ② 신호의 전달지연이 없다. ③ 신호의 복잡한 취급이 용이	① 조작속도가 빠른 비례 조작부를 만드는 것이 곤란하다. ② 보존에 기술이 요한다.

05 보일러 자동제어의 급수제어(F.W.C)에서 조작량은?
① 공기량   ② 연료량
③ 전열량   ④ 급수량

해설 급수제어(F.W.C) 조작량 : 급수량

06 연료유 탱크에 가열장치를 설치한 경우에 대한 설명으로 틀린 것은?
① 열원에는 증기, 온수, 전기 등을 사용한다.
② 전열식 가열장치에 있어서는 직접식 또는 저항밀봉 피복식의 구조로 한다.
③ 온수, 증기 등의 열매체가 동절기에 동결할 우려가 있는 경우에는 동결을 방지하는 조치를 취해야 한다.
④ 연료유 탱크의 기름 취출구 등에 온도계를 설치하여야 한다.

Answer
01. ④ 02. ① 03. ④ 04. ④ 05. ④ 06. ②

해설 전기식 중유예열기는 간접식과 저항밀봉 피복관식이 있다. 간접식은 가열매체를 가열하고 이 가열매체를 연료유를 가열하는 방식으로 저항밀봉 피복식보다 안정성은 있으나 예열시간이 필요한 것이 결점이다.

07 분진가스를 방해판 등에 충돌시키거나 급격한 방향전환 등에 의해 매연을 분리 포집하는 집진방법은?

① 중력식   ② 여과식
③ 관성력식   ④ 유수식

해설 관성력식 : 분진가스를 방해판 등에 충돌시키거나 급격한 방향전환 등에 의해 매연을 분리 포집하는 방법

08 보일러 연료 중에서 고체연료를 원소 분석하였을 때 일반적인 주성분은? (단, 중량 %를 기준으로 한 주성분을 구한다.)

① 탄소   ② 산소
③ 수소   ④ 질소

해설 고체 연료의 주성분은 탄소(C)이다.

09 보일러에 사용되는 열교환기 중 배기가스의 폐열을 이용하는 교환기가 아닌 것은?

① 절탄기   ② 공기예열기
③ 방열기   ④ 과열기

해설 배기가스의 폐열을 이용하는 교환기(폐열회수장치)
① 과열기
② 재열기
③ 절탄기
④ 공기예열기

10 보일러 본체에서 수부가 클 경우의 설명으로 틀린 것은?

① 부하 변동에 대한 압력 변화가 크다.
② 증기 발생시간이 길어진다.
③ 열효율이 낮아진다.
④ 보유 수량이 많으므로 파열시 피해가 크다.

해설 수부가 크면 부하변동에 응하기가 쉽다. 즉, 압력변화가 적다.

11 액체 연료 연소장치에서 보염 장치(공기조절장치)의 구성 요소가 아닌 것은?

① 바람상자   ② 보염기
③ 버너 팁   ④ 버너타일

해설 보염장치 종류 : 윈드박스(바람상자), 보염기, 버너타일, 콤버스터

12 증기난방시공에서 관말 증기 트랩 장치의 냉각래그(cooling leg) 길이는 일반적으로 몇 m 이상으로 해주어야 하는가?

① 0.7m   ② 1.0m
③ 1.5m   ④ 2.5m

해설 건식환수방식에서 냉각관(cooling leg)의 길이는 일반적으로 1.5m 이상으로 한다.

13 드럼 없이 초임계압력 하에서 증기를 발생시키는 강제순환 보일러는?

① 특수 열매체 보일러
② 2중 증발 보일러
③ 연관 보일러
④ 관류 보일러

해설 관류보일러 : 드럼이 없이 초임계압력 하에서 증기를 발생시키는 강제순환 보일러

Answer
07. ③ 08. ① 09. ③ 10. ① 11. ③ 12. ③ 13. ④

14 증발량 3500kgf/h인 보일러의 증기 엔탈피가 640kcal/kg이고, 급수의 온도는 20℃이다. 이 보일러의 상당 증발량은 얼마인가?

① 약 3786kgf/h ② 약 4156kgf/h
③ 약 2760kgf/h ④ 약 4026kgf/h

해설 $\dfrac{3500 \times (640-20)}{539} = 4026 kgf/h$

15 보일러의 상당증발량을 옳게 설명한 것은?

① 일정 온도의 보일러수가 최종의 증발상태에서 증기가 되었을 때의 중량
② 시간당 증발된 보일러수의 중량
③ 보일러에서 단위시간에 발생하는 증기 또는 온수의 보유열량
④ 시간당 실제증발량이 흡수한 전열량을 온도 100℃의 포화수를 100℃의 증기로 바꿀 때의 열량으로 나눈 값

해설 **상당증발량** : 시간당 실제증발량이 흡수한 전열량을 온도 100℃의 포화수를 100℃의 증기로 바꿀 때의 열량으로 나눈 값

16 수관식 보일러의 일반적인 특징에 관한 설명으로 틀린 것은?

① 구조상 고압 대용량에 적합하다.
② 전열면적을 크게 할 수 있으므로 일반적으로 열효율이 좋다.
③ 부하변동에 따른 압력이나 수위의 변동이 적으므로 제어가 편리하다.
④ 급수 및 보일러수 처리에 주의가 필요하며 특히 고압보일러에서는 엄격한 수질관리가 필요하다.

해설 **수관보일러의 특징**
[장점]
㉠ 고온, 고압에 적당하다.
㉡ 효율이 대단히 높다.
㉢ 보유수량이 적어 파열시 피해가 적다.
㉣ 외분식이어서 연료의 질에 장애를 받지 않으며 연소 상태도 양호하다.
[단점]
㉠ 급수처리가 까다롭다.
㉡ 보유수량이 적어 부하 변동에 응하기가 어렵다.
㉢ 구조가 복잡하여 청소, 검사, 수리에 불편하다.

17 증기의 압력을 높일 때 변하는 현상으로 틀린 것은?

① 현열이 증대한다.
② 증발 잠열이 증대한다.
③ 증기의 비체적이 증대한다.
④ 포화수 온도가 높아진다.

해설 증기의 압력이 높아지면 증발잠열은 감소한다.

18 증기보일러의 압력계 부착에 대한 설명으로 틀린 것은?

① 압력계와 연결된 관의 크기는 강관을 사용할 때에는 안지름이 6.5mm 이상이어야 한다.
② 압력계는 눈금판의 눈금이 잘 보이는 위치에 부착하고 얼지 않도록 하여야 한다.
③ 압력계는 사이폰관 또는 동등한 작용을 하는 장치가 부착되어야 한다.
④ 압력계의 콕크는 그 핸들을 수직인 관과 동일방향에 놓은 경우에 열려 있는 것이어야 한다.

해설 사이폰관(증기관)은 6.5mm 이상으로 하며, 동관은 6.5mm 이상, 강관은 12.7mm 이상으로 한다.

19 분출밸브의 최고 사용압력은 보일러 최고 사용압력의 몇 배 이상이어야 하는가?

① 0.5배 ② 1.0배
③ 1.25배 ④ 2.0배

해설 분출밸브의 최고사용압력은 보일러 최고 사용압력의 1.25배 이상이어야 한다.

Answer
14. ④ 15. ④ 16. ③ 17. ② 18. ① 19. ③

20 게이지 압력이 1.57MPa이고 대기압이 0.103MPa일 때 절대압력은 몇 MPa인가?

① 1.467 ② 1.673
③ 1.783 ④ 2.008

해설) 절대압력 = 대기압 + 게이지압력
= 1.57+0.103=1.673MPa

21 상용 보일러의 점화전 준비사항과 관련이 없는 것은?

① 압력계 지침의 위치를 점검한다.
② 분출밸브 및 분출코크를 조작해서 그 기능이 정상인지 확인한다.
③ 연소장치에서 연료배관, 연료펌프 등의 개폐상태를 확인한다.
④ 연료의 발열량을 확인하고, 성분을 점검한다.

해설) 상용 보일러의 경우 점화전에 압력계, 수면계, 연료배관, 연료펌프, 분출밸브 등의 기능 등을 점검하여 안전한 운전을 하여야 하나 연료의 발열량을 확인하고, 성분을 분석 등은 관련이 없다.

22 경납땜의 종류가 아닌 것은?

① 황동납 ② 인동납
③ 은납   ④ 주석 – 납

해설)
① 연납땜(soft soldering, soldering) : 용융 온도 450℃ 이하의 납을 사용한 납땜으로 그 주성분은 주석(tin)과 납(lead)이다.
② 경납땜(hard soldering, brazing) : 용윤 온도가 450℃ 이상의 땜납재를 사용해 납땜하는 것으로 땜납재에는 은납, 황동납, 알루미늄납, 인동납, 니켈납 등이 있으나 사용하는 땜납재의 조성에 따라 은경납땜(silver brazing), 동경납땜(copper brazing) 등으로 나눈다.

23 보일러 점화 전 자동제어장치의 점검에 대한 설명이 아닌 것은?

① 수위를 올리고 내려서 수위검출기 기능을 시험하고, 설정된 수위 상한 및 하한에서 정확하게 급수펌프가 기동, 정지하는지 확인한다.
② 저수탱크 내의 저수량을 점검하고 충분한 수량인 것을 확인한다.
③ 저수위경보기가 정상작동 하는 것을 확인한다.
④ 인터록계통의 제한기는 이상 없는지 확인한다.

해설) **점화전 자동제어장치의 점검**
① 수위를 올리고 내려서 수위검출기 기능을 시험하고, 설정된 수위 상한 및 하한에서 정확하게 급수펌프가 기동, 정지하는지 확인한다.
② 저수위경보기가 정상작동 하는 것을 확인한다.
③ 인터록계통의 제한기는 이상 없는지 확인한다.

24 보일러수 중에 함유된 산소에 의해서 생기는 부식의 형태는?

① 점식   ② 가성취화
③ 그루빙   ④ 전면부식

해설) 강판에 생긴 점상(點狀)의 부식(腐蝕)이며 피팅(pitting)이라고도 한다. 그 발생원인은 여러 가지가 있지만 물에 녹아있는 산소, 또는 탄산가스에 기인하는 일이 많다.

25 땅속 또는 지상에 배관하여 압력상태 또는 무압력 상태에서 물의 수송 등에 주로 사용되는 덕 타일 주철관을 무엇이라 부르는가?

① 회주철관   ② 구상흑연 주철관
③ 모르타르 주철관 ④ 사형 주철관

해설) 구상흑연 주철관을 덕 타일 주철관이라 한다.

Answer
20. ② 21. ④ 22. ④ 23. ② 24. ① 25. ②

26 보일러 운전정지의 순서를 바르게 나열한 것은?

> 가. 댐퍼를 닫는다.
> 나. 공기의 공급을 정지한다.
> 다. 급수 후 급수펌프를 정지한다.
> 라. 연료의 공급을 정지한다.

① 가 → 나 → 다 → 라
② 가 → 라 → 나 → 다
③ 라 → 가 → 나 → 다
④ 라 → 나 → 다 → 가

해설
① 연료의 공급을 정지한다.
② 공기의 공급을 정지한다.
③ 급수 후 급수펌프를 정지한다.
④ 댐퍼를 닫는다.

27 보일러 점화 시 역화가 발생하는 경우와 가장 거리가 먼 것은?

① 댐퍼를 너무 조인 경우나 흡입통풍이 부족할 경우
② 적정공기비로 점화한 경우
③ 공기보다 먼저 연료를 공급했을 경우
④ 점화할 때 착화가 늦어졌을 경우

해설 역화의 발생원인
① 연소실 내에 미연소가스가 충만 시(노내환기 불충분 시)
② 공기보다 연료를 먼저 노내에 진입 시
③ 착화가 늦어 졌을 때
④ 가동 중 실화 시

28 다음 보온재 중 안전사용온도가 가장 높은 것은?

① 펠트   ② 암면
③ 글라스울   ④ 세라믹 화이버

해설 펠트(130℃), 암면(600℃), 글라스울(350℃), 세라믹 화이버(1300℃)

29 보일러의 계속사용검사기준에서 사용 중 검사에 대한 설명으로 거리가 먼 것은?

① 보일러 지지대의 균열, 내려앉음, 지지부재의 변형 또는 파손 등 보일러의 설치상태에 이상이 없어야 한다.
② 보일러와 접속된 배관, 밸브 등 각종 이음부에는 누기, 누수가 없어야 한다.
③ 연소실 내부가 충분히 청소된 상태이어야 하고, 축로의 변형 및 이탈이 없어야 한다.
④ 보일러 동체는 보온 및 케이싱이 분해되어 있어야 하며, 손상이 약간 있는 것은 사용해도 관계가 없다.

해설 보일러 동체는 보온 및 케이싱 등이 손상이 없어야 한다.

30 어떤 건물의 소요 난방부하가 45000kcal/h 이다. 주철제 방열기로 증기난방을 한다면 약 몇 쪽(section)의 방열기를 설치해야 하는가?(단, 표준방열량으로 계산하며, 주철제 방열기의 쪽당 방열면적은 0.24m²이다.)

① 156쪽   ② 254쪽
③ 289쪽   ④ 315쪽

해설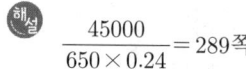
$\dfrac{45000}{650 \times 0.24} = 289$쪽

31 매시간 1500kg의 연료를 연소시켜서 시간당 11000kg의 증기를 발생시키는 보일러의 효율은 약 몇 %인가?
(단, 연료의 발열량은 6000kcal/kg, 발생증기의 엔탈피는 742kcal/kg, 급수의 엔탈피는 20kcal/kg이다.)

① 88%   ② 80%
③ 78%   ④ 70%

해설 $\dfrac{11000 \times (742 - 20)}{6000 \times 1500} \times 100 = 88\%$

Answer
26. ④ 27. ② 28. ④ 29. ④ 30. ③ 31. ①

32 육용 보일러 열 정산의 조건과 관련된 설명 중 틀린 것은?

① 전기 에너지는 1kW당 860kcal/h로 환산한다.
② 보일러 효율 산정 방식은 입출열법과 열손실법으로 실시한다.
③ 열 정산 시험시의 연료 단위량은 액체 및 고체연료의 경우 1kg에 대하여 열 정산을 한다.
④ 보일러의 열 정산은 원칙적으로 정격 부하 이하에서 정상 상태로 3시간 이상의 운전 결과에 따라 한다.

[해설] 열정산 : 정격부하 상태에서 2시간 이상의 운전 결과에 따라 한다.

33 가스용 보일러의 연소방식 중에서 연료와 공기를 각각 연소실에 공급하여 연소실에서 연료와 공기가 혼합 되면서 연소하는 방식은?

① 확산연소식
② 예혼합연소식
③ 복열혼합연소식
④ 부분예혼합연소식

[해설]
• 확산 연소방식 : 연료와 공기를 각각 연소실에 공급하여 연소하는 방식
• 예혼합 연소방식 : 연료와 공기를 버너 내에서 예 혼합하여 분사 연소하는 방식

34 안전밸브의 종류가 아닌 것은?

① 레버 안전밸브
② 추 안전밸브
③ 스프링 안전밸브
④ 핀 안전밸브

[해설] 안전밸브의 종류
① 스프링식 ② 중추식 ③ 지렛대식

35 보일러 급수예열기를 사용할 때의 장점을 설명한 것으로 틀린 것은?

① 보일러의 증발능력이 향상된다.
② 급수 중 불순물의 일부가 제거된다.
③ 증기의 건도가 향상된다.
④ 급수와 보일러수와의 온도 차이가 적어 열응력 발생을 방지한다.

[해설] 증기의 건도 향상을 위해서는 기수분리기, 비수방지관 등을 설치한다.

36 다음 중 수관식 보일러에 속하는 것은?

① 기관차 보일러
② 코니쉬 보일러
③ 다쿠마 보일러
④ 랑카샤 보일러

[해설]
• 기관차 보일러 : 연관 보일러
• 코니쉬, 랑카샤 보일러 : 노통보일러

37 물의 임계압력은 약 몇 kgf/cm^2인가?

① 175.23 ② 225.65
③ 374.15 ④ 539.75

[해설]
• 임계압력 : $225.65 kg/cm^2$
• 임계온도 : 374.15℃

38 액화석유가스(LPG)의 특징에 대한 설명 중 틀린 것은?

① 유황분이 없으며 유독성분도 없다.
② 공기보다 비중이 무거워 누설시 낮은 곳에 고여 인화 및 폭발성이 크다.
③ 연소시 액화천연가스(LNG)보다 소량의 공기로 연소 한다.
④ 발열량이 크고 저장이 용이하다.

[해설] 액화석유가스(LPG)는 연소 시 다량의 공기가 필요하다.

Answer
32. ④ 33. ① 34. ④ 35. ③ 36. ③ 37. ② 38. ③

39 보일러 피드백제어에서 동작신호를 받아 규정된 동작을 하기위해 조작신호를 만들어 조작부에 보내는 부분은?

① 조절부　　② 제어부
③ 비교부　　④ 검출부

해설 조절부
동작신호를 받아 규정된 동작을 하기위해 조작신호를 만들어 조작부에 보내는 부분

40 보일러에서 발생한 증기 또는 온수를 건물의 각 실내에 설치된 방열기에 보내어 난방하는 방식은?

① 복사난방법　　② 간접난방법
③ 온풍난방법　　④ 직접난방법

해설
① 직접난방 : 난방개소에 방열기를 설치하여 난방하는 형식
② 간접난방 : 공조기를 설치하여 난방하는 형식
③ 복사난방 : 바닥, 벽, 천장에 패널을 설치하여 난방하는 형식

41 보일러에서 라미네이션(lamination)이란?

① 보일러 본체나 수관 등이 사용 중에 내부에서 2장의 층을 형성한 것
② 보일러 강판이 화염에 닿아 불룩 튀어 나온 것
③ 보일러 동에 작용하는 응력의 불균일로 동의 일부가 함몰된 것
④ 보일러 강판이 화염에 접촉하여 점식된 것

해설
• 라미네이션(Lamination) : 보일러 강판이나 관의 두께 속에 두 장의 층을 형성하고 있는 상태
• 블리스터(Lamination, Blister) : 화염과 접촉하여 높은 열을 받아 부풀어 오르거나 표면이 타서 갈라지게 되는 상태

42 보일러 설치·시공기준 상 가스용 보일러의 연료 배관 시 배관의 이음부와 전기계량기 및 전기개폐기와의 유지 거리는 얼마인가?(단, 용접이음매는 제외한다.)

① 15cm 이상　　② 30cm 이상
③ 45cm 이상　　④ 60cm 이상

해설 연료배관의 이음부와 전기계량기 및 전기개폐기와의 유지거리 : 60cm 이상

43 증기난방방식을 응축수환수법에 의해 분류하였을 때 해당되지 않는 것은?

① 중력환수식
② 고압환수식
③ 기계환수식
④ 진공환수식

해설 응축수 환수방식
① 중력환수식
② 기계환수식
③ 진공환수식

44 보일러 과열의 요인 중 하나인 저수위의 발생 원인으로 거리가 먼 것은?

① 분출밸브의 이상으로 보일러수가 누설
② 급수장치가 증발능력에 비해 과소한 경우
③ 증기 토출량이 과소한 경우
④ 수면계의 막힘이나 고장

해설 저수위 사고 원인
① 분출밸브의 이상으로 보일러수가 누설된 경우
② 급수장치가 증발능력에 비해 과소한 경우
③ 수면계의 막힘이나 고장 시

Answer
39. ①　40. ④　41. ①　42. ④　43. ②　44. ③

45 에너지이용합리화법상 에너지를 사용하여 만드는 제품의 단위당 에너지사용목표량 또는 건축물의 단위면적당 에너지사용목표량을 정하여 고시하는 자는?

① 산업통상자원부장관
② 에너지관리공단 이사장
③ 시·도지사
④ 고용노동부장관

해설 에너지이용합리화법상 에너지를 사용하여 만드는 제품의 단위당 에너지사용목표량 또는 건축물의 단위면적당 에너지사용목표량을 정하여 고지하는 자 : 산업통상자원부장관

46 에너지다소비사업자가 매년 1월 32일까지 신고해야 할 사항에 포함되지 않는 것은?

① 전년도의 분기별 에너지사용량·제품생산량
② 해당 연도의 분기별 에너지사용예정량·제품생산예정량
③ 에너지사용기자재의 현황
④ 전년도의 분기별 에너지 절감량

해설 에너지다소비사업자가 매년 1월 32일까지 시·도지사에게 신고해야 할 사항
① 전년도의 에너지사용량·제품생산량
② 해당 연도의 에너지사용예정량·제품생산예정량
③ 에너지사용기자재의 현황
④ 전년도의 에너지이용 합리화 실적 및 해당 연도의 계획

47 정부는 국가전략을 효율적·체계적으로 이행하기 위하여 몇 년마다 저탄소 녹색성장 국가전략 5개년 계획을 수립 하는가?

① 2년   ② 3년
③ 4년   ④ 5년

해설 정부는 국가전략을 효율적·체계적으로 이행하기 위하여 5년마다 저탄소 녹색성장 국가전략 5개년 계획을 수립한다.

48 에너지이용 합리화법상 대기전력경고표지를 하지 아니한 자에 대한 벌칙은?

① 2년 이하의 징역 또는 2천만원 이하의 벌금
② 1년 이하의 징역 또는 1천만원 이하의 벌금
③ 5백만원 이하의 벌금
④ 1천만원 이하의 벌금

해설 대기전력경고표지를 하지 아니한 자 : 5백만원 이하의 벌금

49 신에너지 및 재생에너지 개발·이용·보급 촉진법에 따라 건축물인증기관으로부터 건축물인증을 받지 아니하고 건축물인증의 표시 또는 이와 유사한 표시를 하거나 건축물인증을 받은 것으로 홍보한 자에 대해 부과하는 과태료 기준으로 맞는 것은?

① 5백만원 이하의 과태료 부과
② 1천만원 이하의 과태료 부과
③ 2천만원 이하의 과태료 부과
④ 3천만원 이하의 과태료 부과

해설 건축물인증기관으로부터 건축물인증을 받지 아니하고 건축물인증의 표시 또는 이와 유사한 표시를 하거나 건축 인증을 받은 것으로 홍보한 자 : 1천만원 이하의 과태료

50 에너지이용합리화법에서 정한 검사에 합격되지 아니한 검사대상기기를 사용한 자에 대한 벌칙은?

① 1년 이하의 징역 또는 1천만원 이하의 벌금
② 2년 이하의 징역 또는 2천만원 이하의 벌금
③ 3년 이하의 징역 또는 3천만원 이하의 벌금
④ 4년 이하의 징역 또는 4천만원 이하의 벌금

해설 검사에 합격 되지 아니한 검사대상기기를 사용한 자 : 1년 이하의 징역 또는 1천만원 이하의 벌금

Answer 45. ① 46. ④ 47. ④ 48. ③ 49. ② 50. ①

51 주철제 방열기를 설치할 때 벽과의 간격은 약 몇 mm 정도로 하는 것이 좋은가?

① 10~30 ② 50~60
③ 70~80 ④ 90~100

해설 주철제 방열기는 벽에서 약 50~60mm 이격하여 설치한다.

52 벨로즈형 신축이음쇠에 대한 설명으로 틀린 것은?

① 설치 공간을 넓게 차지하지 않는다.
② 고온, 고압 배관의 옥내배관에 적당하다.
③ 일명 팩레스(packless)신축이음쇠 라고도 한다.
④ 벨로즈는 부식되지 않는 스테인리스, 청동 제품 등을 사용한다.

해설 벨로즈형 신축이음쇠는 고온, 고압에 사용하지 못한다. 고온, 고압용으로 주로 만곡관(루프형)을 설치한다.

53 배관의 이동 및 회전을 방지하기 위해 지지점 위치에 완전히 고정시키는 장치는?

① 앵커 ② 써포트
③ 브레이스 ④ 행거

해설 앵커 : 배관의 이동 및 회전을 방지하기 위해 지지점 위치에 완전히 고정시키는 장치

54 보일러수 속에 유지류, 부유물 등의 농도가 높아지면 드럼수면에 거품이 발생하고, 또한 거품이 증가하여 드럼의 증기실에 확대되는 현상은?

① 포밍 ② 프라이밍
③ 워터 해머링 ④ 프리퍼지

해설 포밍 : 보일수에 유지류, 부유물 등의 농도가 높아지면 수면에 거품이 방생하는 현상

55 동관 끝을 원형으로 정형하기 위해 사용하는 공구는?

① 사이징 툴
② 익스펜더
③ 리머
④ 튜브벤더

해설 사이징 툴 : 동관 끝을 원형으로 정형하기 위해 사용되는 공구

56 보일러 산세정의 순서로 옳은 것은?

① 전처리 → 산액처리 → 수세 → 중화방청 → 수세
② 전처리 → 수세 → 산액처리 → 수세 → 중화방청
③ 산액처리 → 수세 → 전처리 → 중화방청 → 수세
④ 산액처리 → 전처리 → 수세 → 중화방청 → 수세

해설 산세정 순서
① 전처리 → ② 수세 → ③ 산액처리 → ④ 수세 → ⑤ 중화방청

57 방열기내 온수의 평균온도 80℃, 실내온도 18℃, 방열계수 7.2kcal/m^2·h·℃인 경우 방열기 방열량은 얼마인가?

① 346.4kcal/m^2·h
② 446.4kcal/m^2·h
③ 519kcal/m^2·h
④ 560kcal/m^2·h

해설 7.2×(80-18)=446.4kcal/m^2h

Answer
51. ② 52. ② 53. ① 54. ① 55. ① 56. ② 57. ②

58 온수난방 배관 시공법에 대한 설명 중 틀린 것은?
① 배관구배는 일반적으로 1/250 이상으로 한다.
② 배관 중에 공기가 모이지 않게 배관한다.
③ 온수관의 수평배관에서 관경을 바꿀 때는 편심이음쇠를 사용한다.
④ 지관이 주관 아래로 분기될 때는 90° 이상으로 끝올림 구배로 한다.

[해설] 지관이 주관 아래로 분기될 때는 90° 이상으로 끝 내림구배로 한다.

59 단열재를 사용하여 얻을 수 있는 효과에 해당하지 않는 것은?
① 축열용량이 작아진다.
② 열전도율이 작아진다.
③ 노 내의 온도분포가 균일하게 된다.
④ 스폴링 현상을 증가시킨다.

[해설] 스폴링 : 내화 재료(耐火材料)가 고열 상태에서 급랭하였을 때 생기는 표면이 거칠어지고 박리되는 현상을 말한다. 즉, 단열재는 스폴링 현상이 일어나지 않도록 해야 한다.

60 보일러 사고의 원인 중 취급상의 원인이 아닌 것은?
① 부속장치 미비
② 최고 사용압력의 초과
③ 저수위로 인한 보일러의 과열
④ 습기나 연소가스 속의 부식성 가스로 인한 외부부식

[해설] 보일러 사고의 원인별 구분
• 제작상의 원인
  ① 재료불량
  ② 구조 및 설계불량
  ③ 강도불량
  ④ 용접불량
  ⑤ 부속장치 미비 등
• 취급상의 원인
  ① 압력초과
  ② 저수위
  ③ 과열
  ④ 역화
  ⑤ 부식 등

Answer
58. ④ 59. ④ 60. ①

에너지관리기능사

2015년 4월 4일 시행

01 연도에서 폐열회수장치의 설치순서가 옳은 것은?

① 재열기 → 절탄기 → 공기예열기 → 과열기
② 과열기 → 재열기 → 절탄기 → 공기예열기
③ 공기예열기 → 과열기 → 절탄기 → 재열기
④ 절탄기 → 과열기 → 공기예열기 → 재열기

해설 폐열회수장치의 설치순서
과열기 → 재열기 → 절탄기 → 공기예열기

02 수관식 보일러 종류에 해당되지 않는 것은?

① 코르니시 보일러
② 슐처 보일러
③ 다쿠마 보일러
④ 라몬트 보일러

해설 노통보일러 : 코르니시 보일러, 랭커셔 보일러

03 탄소(C) 1Kmol이 완전 연소하여 탄산가스(CO_2)가 될 때, 발생하는 열량은 몇 Kcal인가?

① 29200
② 57600
③ 68600
④ 97200

해설 탄소(C) 1Kmol이 완전 연소 시 발생되는 발열량은 97200Kcal/Kmol이다.

04 일반적으로 보일러의 열손실 중에서 가장 큰 것은?

① 불완전연소에 의한 손실
② 배기가스에 의한 손실
③ 보일러 본체 벽에서의 복사, 전도에 의한 손실
④ 그을음에 의한 손실

해설 열손실 중에서 가장 큰 것은 배기가스에 의한 손실

05 압력이 일정할 때 과열 증기에 대한 설명으로 가장 적절한 것은?

① 습포화 증기에 열을 가해 온도를 높인 증기
② 건포화 증기에 압력을 높인 증기
③ 습포화 증기에 과열도를 높인 증기
④ 건포화 증기에 열을 가해 온도를 높인 증기

해설 과열 증기 : 압력 변화 없이 온도만 상승시킨 것. 즉 건포화 증기에 열을 가해 온도를 높인 증기를 말한다.

06 노통연관식 보일러에서 노통을 한쪽으로 편심시켜 부착하는 이유로 가장 타당한 것은?

① 전열면적을 크게 하기 위해서
② 통풍력의 증대를 위해서
③ 노통의 열신축과 강도를 보강하기 위해서
④ 보일러수를 원활하게 순환하기 위해서

해설 노통을 한쪽으로 편심시켜 부착하는 이유 : 보일러수의 순환을 원활하게 하기 위함

Answer
1. ② 2. ① 3. ④ 4. ② 5. ④ 6. ④

07 스프링식 안전밸브에서 전양정식의 설명으로 옳은 것은?

① 밸브의 양정이 밸브시트 구경의 $\frac{1}{40} \sim \frac{1}{15}$ 미만인 것
② 밸브의 양정이 밸브시트 구경의 $\frac{1}{15} \sim \frac{1}{7}$ 미만인 것
③ 밸브의 양정이 밸브시트 구경의 $\frac{1}{7}$ 이상인 것
④ 밸브시트 증기통로 면적은 목 부분 면적의 1.05배 이상인 것

형식의 구분	유량제한기구
저양정식	안전 밸브의 리프트가 시트 지름의 1/40 이상 1/15 미만인 것
고양정식	안전 밸브의 리프트가 시트 지름의 1/15 이상 1/7 미만인 것
전양정식	안전 밸브의 리프트가 시트 지름의 1/7 이상인 것
전양식	시트 지름이 목부지름보다 1.15배 이상인 것

08 2차 연소의 방지대책으로 적합하지 않은 것은?

① 연도의 가스 포켓이 되는 부분을 없앨 것
② 연소실 내에서 완전 연소시킬 것
③ 2차 공기온도를 낮추어 공급할 것
④ 통풍조절을 잘 할 것

2차 연소의 방지대책
㉠ 연도의 가스 포켓이 되는 부분을 없앨 것
㉡ 연소실 내에서 완전연소 시킬 것
㉢ 통풍조절을 잘 할 것
㉣ 2차 공기온도를 높여 공급할 것

09 보기에서 설명한 송풍기의 종류는?

가. 경향 날개형이며 6~12매의 철판제 직선 날개를 보스에서 방사한 스포우크에 리벳죔을 한 것이며, 측판이 있는 임펠러와 측판이 없는 것이 있다.
나. 구조가 견고하며 내마모성이 크고 날개를 바꾸기도 쉬우며 회진이 많은 가스의 흡출 통풍기, 미분탄 장치의 배탄기 등에 사용된다.

① 터보송풍기 ② 다익송풍기
③ 축류송풍기 ④ 플레이트송풍기

플레이트 송풍기
경향 날개형이며 6~12매의 철판제 직선날개를 보스에서 방사한 스포우크에 리벳죔을 한 것이며, 측판이 있는 임펠레와 측판이 없는 것이 있으며, 회진이 많은 가스의 흡출 통풍기, 미분탄 장치의 배탄기 등에 사용된다.

10 기름예열기에 대한 설명 중 옳은 것은?

① 가열온도가 낮으면 기름분해와 분무상태가 불량하고 분사각도가 나빠진다.
② 가열온도가 높으면 불길이 한 쪽으로 치우쳐 그을음, 분진이 일어나고 무화상태가 나빠진다.
③ 서비스탱크에서 점도가 떨어진 기름을 무화에 적당한 온도로 가열시키는 장치이다.
④ 기름예열기에서의 가열온도는 인화점보다 약간 높게 한다.

중유 예열기 설치 목적
㉠ 기름을 예열하여 점도를 낮춘다.
㉡ 유동성을 증가시킨다.
㉢ 무화를 순조롭게 한다.

Answer
7. ③ 8. ③ 9. ④ 10. ③

11 보일러에 부착하는 압력계에 대한 설명으로 옳은 것은?

① 최대 증발량 10t/h 이하인 관류보일러에 부착하는 압력계는 눈금판의 바깥지름을 50mm 이상으로 할 수 있다.
② 부착하는 압력계의 최고 눈금은 보일러의 최고사용압력의 1.5배 이하의 것을 사용한다.
③ 증기보일러에 부착하는 압력계 눈금판의 바깥지름은 80mm 이상의 크기로 한다.
④ 압력계를 보호하기 위하여 물을 넣은 안지름 6.5mm 이상의 사이폰관 또는 동등한 장치를 부착하여야 한다.

해설 압력계를 보호하기 위하여 물을 넣은 안지름 6.5mm 이상의 사이폰관 또는 동등한 장치를 부착여야 하며, 동관은 6.5mm, 강관은 12.7mm 이상으로 한다.

12 연통에서 배기되는 가스량이 2500kg/h 이고, 배기가스 온도가 230℃, 가스의 평균 비열이 0.31kcal/kg·℃, 외기온도가 18℃ 이면, 배기가스에 의한 손실열량은?

① 164300kcal/h   ② 174300kcal/h
③ 184300kcal/h   ④ 194300kcal/h

해설 2500×0.31×(230-18)=164300kcal/h

13 보일러 집진장치의 형식과 종류를 짝지은 것 중 틀린 것은?

① 가압수식 - 제트 스크러버
② 여과식 - 충격식 스크러버
③ 원심력식 - 사이클론
④ 전기식 - 코트렐

해설 여과식-백 필터(백 필터로 분진을 포집하는 형식)

14 소형연소기를 실내에 설치하는 경우, 급배기통을 전용 챔버 내에 접속하여 자연통기력에 의해 급배기 하는 방식은?

① 강제배기식   ② 강제급배기식
③ 자연급배기식   ④ 옥외급배기식

해설 자연급배기식
소형연소기를 실내에 설치하는 경우, 급배기통을 전용 챔버 내에 접속하여 자연통기력에 의해 급배기 하는 방식

15 연소효율이 95%, 전열효율이 85%인 보일러의 효율은 약 몇 %인가?

① 90   ② 81
③ 70   ④ 61

해설 $95 \times 85 \times \dfrac{1}{100} ≒ 81$

16 보일러의 자동제어 중 제어작동이 연속동작에 해당하지 않는 것은?

① 비례동작   ② 적분동작
③ 미분동작   ④ 다위치 동작

해설 불연속 동작
㉠ 2위치 동작
㉡ 다위치 동작
㉢ 불연속 속도 동작

17 바이패스(by-pass)관에 설치해서는 안되는 부품은?

① 플로트트랩
② 연료차단밸브
③ 감압밸브
④ 유류배관의 유량계

해설 연료차단밸브에는 바이패스관을 설치하지 않는다.

Answer 11. ④ 12. ① 13. ② 14. ③ 15. ② 16. ④ 17. ②

18 다음 중 압력의 단위가 아닌 것은?
① mmHg   ② bar
③ N/m²   ④ kg · m/s

해설) kg · m/s : 일률(량)의 단위

19 수관보일러의 특징에 대한 설명으로 틀린 것은?
① 자연 순환식은 고압이 될수록 물과의 비중차가 적어 순환력이 낮아진다.
② 증발량이 크고 수부가 커서 부하변동에 따른 압력변화가 적으며 효율이 좋다.
③ 용량에 비해 설치면적이 적으며 과열기, 공기예열기 등 설치와 운반이 쉽다.
④ 구조상 고압 대용량에 적합하며 연소실의 크기를 임의로 할 수 있어 연소상태가 좋다.

해설) 수관 보일러는 증발량이 커서 효율이 높고, 수부가 적어 부하 변동에 응하기는 어려우나 파열시 피해는 적다.

20 수트 블로워 사용에 관한 주의사항으로 틀린 것은?
① 분출기 내의 응축수를 배출시킨 후 사용할 것
② 그을음 불어내기를 할 때는 통풍력을 크게 할 것
③ 원활한 분출을 위해 분출하기 전 연도 내 배풍기를 사용하지 말 것
④ 한 곳에 집중적으로 사용하여 전열면에 무리를 가하지 말 것

해설) 수트 블로워(soot blower) 사용 시 주의사항
① 부하가 적거나(50[%] 이하) 소화 후 사용하지 말 것
② 분출하기 전 연도 내 배풍기를 사용해 유인통풍을 증가시킬 것
③ 분출기 내의 응축수를 배출시킨 후 사용할 것
④ 한 곳에 집중적으로 사용함으로 전열면에 무리를 가하지 말 것
⑤ 연료의 종류, 분출 위치, 증기의 온도 등에 따라 분출시기를 결정할 것

21 가스버너 연소방식 중 예혼합 연소방식이 아닌 것은?
① 저압 버너   ② 포트형 버너
③ 고압 버너   ④ 송풍 버너

해설)
• 예혼합 연소방식
 ㉠ 고압 버너
 ㉡ 저압 버너
 ㉢ 송풍 버너
• 확산 연소방식
 ㉠ 포트형 버너
 ㉡ 버너형 버너

22 증기 축열기(steam accumulator)에 대한 설명으로 옳은 것은?
① 송기압력을 일정하게 유지하기 위한 장치
② 보일러 출력을 증가시키는 장치
③ 보일러에서 온수를 저장하는 장치
④ 증기를 저장하여 과부하시에 증기를 방출하는 장치

해설) 증기 축열기(steam accumulator)
잉여증기를 일시 저장하였다가 과부하(응급)시에 증기를 공급하는 장치

23 물체의 온도를 변화시키지 않고, 상(相) 변화를 일으키는데만 사용되는 열량은?
① 감열   ② 비열
③ 현열   ④ 잠열

해설) 잠열 : 물체의 온도를 변화시키지 않고, 상(相) 변화만 하는 것

Answer
18. ④ 19. ② 20. ③ 21. ② 22. ④ 23. ④

2015년 4월 4일 시행

24 전열면적이 25m²인 연관보일러를 8시간 가동시킨 결과 4000kgf의 증기가 발생하였다면, 이 보일러의 전열면의 증발율은 몇 kgf/m²·h인가?

① 20 ② 30
③ 40 ④ 50

해설 $\frac{4000}{25 \times 8} = 20 \text{kgf/m}^2 \cdot \text{h}$

25 물을 가열하여 압력을 높이면 어느 지점에서 액체, 기체 상태의 구별이 없어지고 증발 잠열이 0kcal/kg이 된다. 이 점을 무엇이라 하는가?

① 임계점 ② 삼중점
③ 비등점 ④ 압력점

해설 임계점 : 물을 가열하여 압력을 높이면 어느 지점에서 액체, 기체 상태의 구별이 없어지고 증발 잠열이 0kcal/kg이 된다.

26 다음 그림은 인젝터의 단면을 나타낸 것이다. C부의 명칭은?

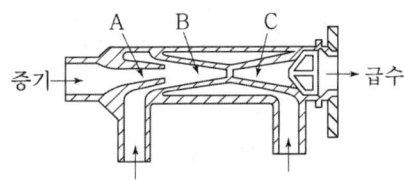

① 증기노즐
② 혼합노즐
③ 분출노즐
④ 고압노즐

해설 A : 증기노즐, B : 혼합노즐, C : 분출노즐

27 고체벽의 한쪽에 있는 고온의 유체로부터 이 벽을 통과하여 다른 쪽에 있는 저온의 유체로 흐르는 열의 이동을 의미하는 용어는?

① 열관류 ② 현열
③ 잠열   ④ 전열량

해설 열관류 : 체벽의 한쪽에 있는 고온의 유체로부터 이 벽을 통과하여 다른 쪽에 있는 저온의 유체로 흐르는 열의 이동하는 것을 의미한다.

28 증기난방과 비교한 온수난방의 특징에 대한 설명으로 틀린 것은?

① 가열시간은 길지만 잘 식지 않으므로 동결의 우려가 적다.
② 난방부하의 변동에 따라 온도조절이 용이하다.
③ 취급이 용이하고 표면의 온도가 낮아 화상의 염려가 없다.
④ 방열기에는 증기트랩을 반드시 부착해야 한다.

해설 방열기 증기트랩은 증기난방에만 부착한다.

29 외기온도 20℃, 배기가스온도 200℃이고, 연돌높이가 20m일 때 통풍력은 약 몇 mmAq인가?

① 5.5   ② 7.2
③ 9.2   ④ 12.2

해설 $20 \times 355 \times \left(\frac{1}{273+20} - \frac{1}{273+200}\right) ≒ 9.2 \text{mmAq}$

30 과잉공기량에 관한 설명으로 옳은 것은?

① (실제공기량) × (이론공기량)
② (실제공기량) / (이론공기량)
③ (실제공기량) + (이론공기량)
④ (실제공기량) − (이론공기량)

해설 과잉공기량 = 실제공기량 − 이론공기량

Answer 24. ① 25. ① 26. ③ 27. ① 28. ④ 29. ③ 30. ④

31 호칭지름 15A의 강관을 각도로 구부릴 때 곡선부의 길이는 약 몇 mm인가? (단, 곡선부의 반지름은 90mm로 한다.)

① 141.4 ② 145.5
③ 150.2 ④ 155.3

해설 $3.14 \times 180 \times \dfrac{90}{360} = 141.3\,\text{mm}$

32 보일러 사고에서 제작상의 원인이 아닌 것은?

① 구조 불량 ② 재료 불량
③ 캐리오버 ④ 용접 불량

해설 캐리오버 : 물방울이 증기와 함유되어 증기관 속으로 운반되는 현상을 말한다.

33 파이프 벤더에 의한 구부림 작업 시 관에 주름이 생기는 원인으로 가장 옳은 것은?

① 압력고정이 세고 저항이 크다.
② 굽힘 반지름이 너무 작다.
③ 받침쇠가 너무 나와 있다.
④ 바깥지름에 비하여 두께가 너무 얇다.

해설 바깥지름에 비하여 두께가 너무 얇으면 파이프 벤더에 의한 구부림 작업 시 관에 주름이 생긴다.

34 보일러 급수의 수질이 불량할 때 보일러에 미치는 장해와 관계가 없는 것은?

① 보일러 내부의 부식이 발생된다.
② 라미네이션 현상이 발생한다.
③ 프라이밍이나 포밍이 발생된다.
④ 보일러 등 내부에 슬러지가 퇴적된다.

해설 라미네이션 : 보일러 강판이나 강관을 제조할 때 재질 내부에 가스체 등이 함유되어 두 장의 층을 형성하고 있는 상태의 흠

35 주철제 벽걸이 방열기의 호칭 방법은?

① W - 형 × 쪽수
② 종별 - 치수 × 쪽수
③ 종별 - 쪽수 × 형
④ 치수 - 종별 × 쪽수

해설 벽걸이 : W(종별) - 형 × 쪽수
형 : 종별 - 치수 × 쪽수

36 증기난방에서 응축수의 환수방법에 따른 분류 중 증기의 순환과 응축수의 배출이 빠르며, 방열량도 광범위하게 조절할 수 있어서 대규모 난방에서 많이 채택하는 방식은?

① 진공환수식 증기난방
② 복관 중력환수식 증기난방
③ 기계환수식 증기난방
④ 단관 중력환수식 증기난방

해설 진공환수식 증기난방
증기난방에서 응축수의 환수방법에 따른 분류 중 증기의 순환과 응축수의 배출이 빠르며, 방열량도 광범위하게 조절할 수 있어서 대규모 난방에서 많이 채택하는 방식

37 저탕식 급탕설비에서 급탕의 온도를 일정하게 유지시키기 위해서 가스나 전기를 공급 또는 정지하는 것은?

① 사일렌서 ② 순환펌프
③ 가열코일 ④ 서머스탯

해설 서머스탯 : 저탕식 급탕설비에서 급탕의 온도를 일정하게 유지시키기 위해서 가스나 전기를 공급 또는 정지하는 것

Answer
31. ① 32. ③ 33. ④ 34. ② 35. ① 36. ① 37. ④

38 보일러의 점화 조작 시 주의사항으로 틀린 것은?

① 연료가스의 유출속도가 너무 빠르면 실화
② 연소실의 온도가 낮으면 연료의 확산이 불량해지며 착화가 잘 안 된다.
③ 연료의 예열온도가 낮으면 무화불량, 화염의 편류, 그을음, 분진이 발생한다.
④ 유압이 낮으면 점화 및 분사가 양호하고 높으면 그을음이 없어진다.

해설 압력분무식 버너의 경우 유압을 약 5~20kgf/cm² 의 높은 압력을 유지한다. 유압이 낮으면 분사가 불량해진다.

39 온수난방에서 상당방열면적이 45m²일 때 난방부하는? (단, 방열기의 방열량은 표준 방열량으로 한다.)

① 16450kcal/h
② 18500kcal/h
③ 19450kcal/h
④ 20250kcal/h

해설 450×45=20250kcal/h

40 보일러의 정상운전 시 수면계에 나타나는 수위의 위치로 가장 적당한 것은?

① 수면계의 최상위
② 수면계의 최하위
③ 수면계의 중간
④ 수면계 하부의 1/3 위치

해설 정상운전 수위(상용수위)
수면계의 중간(1/2지점)

41 유류 연소 자동점화 보일러의 점화 순서상 화염 검출기 작동 후 다음 단계는?

① 공기댐퍼 열림   ② 전자밸브 열림
③ 노내압 조정   ④ 노내 환기

해설 유류 연소 자동점화 보일러의 점화 순서상 화염 검출기 작동 후 전자밸브 열림

42 보일러 내처리제에서 가성취화 방지에 사용되는 약제가 아닌 것은?

① 인산나트륨   ② 질산나트륨
③ 탄닌   ④ 암모니아

해설 가성취화 방지제
① 인산나트륨
② 질산나트륨
③ 탄닌

43 연관 최고부보다 노통 윗면이 높은 노통 연관 보일러의 최저수위(안전저수면)의 위치는?

① 노통 최고부 위 100mm
② 노통 최고부 위 75mm
③ 연관 최고부 위 100mm
④ 연관 최고부 위 75mm

해설 노통 연관 보일러의 최저수위(안전저수면)의 위치
노통 상단 100mm, 연관 상단 75mm

44 보일러의 과열 원인과 무관한 것은?

① 보일러수의 순환이 불량할 경우
② 스케일 누적이 많은 경우
③ 저수위로 운전할 경우
④ 1차 공기량의 공급이 부족한 경우

해설 과열 원인
① 보일러수의 순환이 불량할 경우
② 스케일 누적이 많은 경우
③ 저수위로 운전할 경우

Answer
38. ④ 39. ④ 40. ③ 41. ② 42. ④ 43. ① 44. ④

45 증기난방 배관시공 시 환수관이 문 또는 보와 교차할 때 이용되는 배관 형식으로 위로는 공기, 아래로는 응축수를 유통시킬 수 있도록 시공하는 배관은?

① 루프형 배관 ② 리프트 피팅 배관
③ 하트포드 배관 ④ 냉각 배관

해설 **루프형 배관** : 증기난방 배관시공 시 환수관이 문 또는 보와 교차할 때 이용되는 배관 형식으로 위로는 공기, 아래로는 응축수를 유통시킬 수 있도록 시공하여 배관한다.

46 강철제 증기보일러의 최고 사용압력이 0.4MPa 인 경우 수압시험 압력은?

① 0.16MPa ② 0.2MPa
③ 0.8MPa ④ 1.2MPa

해설 최고 사용압력이 0.43MPa 이하의 경우는 최고 사용압력의 2배로 수압시험을 실시한다.
0.4×2=0.8Mpa

47 질소봉입 방법으로 보일러 보존 시 보일러 내부에 질소가스의 봉입압력(MPa)으로 적합한 것은?

① 0.02 ② 0.03
③ 0.06 ④ 0.08

해설 질소 봉입 보존 시는 0.06MPa로 봉입압력을 유지하여 보존한다.

48 보일러의 외부 검사에 해당되는 것은?

① 스케일, 슬러지 상태 검사
② 노벽 상태 검사
③ 배관의 누설 상태 검사
④ 연소실의 열 집중 현상 검사

해설 배관의 누설 상태 검사는 외부 검사에 해당된다.

49 보일러 강판이나 강관을 제조할 때 재질 내부에 가스체 등이 함유되어 두 장의 층을 형성하고 있는 상태의 흠은?

① 블리스터 ② 팽출
③ 압궤 ④ 라미네이션

해설 **라미네이션** : 보일러 강판이나 강관을 제조할 때 재질 내부에 가스체 등이 함유되어 두 장의 층을 형성하고 있는 상태의 흠

50 오일프리히터의 종류에 속하지 않는 것은?

① 증기식 ② 직화식
③ 온수식 ④ 전기식

해설 **오일프리히터의 종류**
㉠ 증기식 ㉡ 전기식 ㉢ 온수식

51 다음 중 보온재의 종류가 아닌 것은?

① 코르크 ② 규조토
③ 프탈산수지도료 ④ 기포성수지

해설 **프탈산수지도료** : 도장용 도료의 종류이다.

52 에너지이용 합리화법상 검사대상기기 설치자가 검사대상기기의 조종자를 선임하지 않았을 때의 벌칙은?

① 1년 이하의 징역 또는 2천만원 이하의 벌금
② 1년 이하의 징역 또는 5백만원 이하의 벌금
③ 1천만원 이하의 벌금
④ 5백만원 이하의 벌금

해설 **검사대상기기 설치자가 검사대상기기의 조종자를 선임하지 않았을 때의 벌칙** : 1천만원 이하의 벌금

Answer
45. ① 46. ③ 47. ③ 48. ③ 49. ④ 50. ② 51. ③ 52. ③

53 에너지이용합리화법령상 산업통상자원부장관이 에너지다소비사업자에게 개선명령을 할 수 있는 경우는 에너지관리지도 결과 몇 % 이상 에너지 효율개선이 기대되는 경우인가?

① 2% ② 3%
③ 5% ④ 10%

해설 에너지이용합리화법령상 산업통상자원부장관이 에너지다소비사업자에게 개선명령을 할 수 있는 경우는 에너지관리지도 결과 몇 10% 이상 에너지 효율개선이 기대되는 경우

54 다음 보온재 중 안전사용(최고)온도가 가장 높은 것은?

① 탄산마그네슘 물반죽 보온재
② 규산칼슘 보온판
③ 경질 폼라버 보온통
④ 글라스울 블랭킷

해설
① 탄산마그네슘 물반죽 보온재 : 약 200℃
② 규산칼슘 보온판 : 약 650℃
③ 경질 폼라버 보온통 : 약 100℃
④ 글라스울 블랭킷 : 약 350℃

55 저탄소 녹색성장 기본법상 녹색성장위원회의 위원으로 틀린 것은?

① 국토교통부장관
② 미래창조과학부장관
③ 기획재정부장관
④ 고용노동부장관

해설 고용노동부장관은 녹색성장 기본법상 녹색성장위원회 위원과는 무관하다.

56 에너지이용 합리화법상 에너지사용자와 에너지 공급자의 책무로 맞는 것은?

① 에너지의 생산·이용 등에서의 그 효율을 극소화
② 온실가스배출을 줄이기 위한 노력
③ 기자재의 에너지효율을 높이기 위한 기술개발
④ 지역경제발전을 위한 시책 강구

해설 에너지이용합리화법상 에너지사용자와 에너지공급자의 책무 : 온실가스배출을 줄이기 위한 노력

57 에너지이용합리화법상 평균에너지소비효율에 대하여 총량적인 에너지효율의 개선이 특히 필요하다고 인정되는 기자재는?

① 승용자동차
② 강철제보일러
③ 1종 압력용기
④ 축열식 전기보일러

해설 효율관리기자재
㉠ 전기냉장고
㉡ 전기냉방기
㉢ 전기세탁기
㉣ 조명기기
㉤ 삼상유도전동기(三相誘導電動機)
㉥ 자동차
㉦ 그 밖에 산업통상자원부장관이 그 효율의 향상이 특히 필요하다고 인정하여 고시하는 기자재 및 설비

58 보일러 급수 중 Fe, Mn, CO_2를 많이 함유하고 있는 경우의 급수처리방법으로 가장 적합한 것은?

① 분사법 ② 기폭법
③ 침강법 ④ 가열법

해설 기폭법 : Fe, Mn, CO_2를 제거하는데 적합하다.

53. ④ 54. ② 55. ④ 56. ② 57. ① 58. ②

59 에너지이용합리화법에 따라 에너지 진단을 면제 또는 에너지진단 주기를 연장받으려는 자가 제출해야 하는 첨부서류에 해당하지 않는 것은?

① 보유한 효율관리기자재 자료
② 중소기업임을 확인할 수 있는 서류
③ 에너지절약 유공자 표창 사본
④ 친에너지형 설비 설치를 확인할 수 있는 서류

해설 에너지이용 합리화법에 따라 에너지 진단을 면제 또는 에너지진단 주기를 연장받으려는 자가 제출해야 하는 첨부서류
㉠ 중소기업임을 확인할 수 있는 서류
㉡ 에너지절약 유공자 표창 사본
㉢ 친에너지형 설비 설치를 확인할 수 있는 서류

60 증기난방에서 방열기와 벽면과의 적합한 간격(mm)은?

① 30~40
② 50~60
③ 80~100
④ 100~120

Answer
59. ① 60. ②

에너지관리기능사

2015년 7월 19일 시행

01 비접촉식 온도계의 종류가 아닌 것은?
① 광전관식 온도계
② 방사 온도계
③ 광고 온도계
④ 열전대 온도계

<해설>
- **비접촉식 온도계** : 방사 온도계, 광고 온도계, 광전관식 온도계
- **접촉식 온도계** : 유리제 온도계, 압력식 온도계, 열전대 온도계, 바이메탈 온도계, 전기 저항 온도계

02 보일러의 전열면적이 클 때의 설명으로 틀린 것은?
① 증발량이 많다.   ② 예열이 빠르다.
③ 용량이 적다.   ④ 효율이 높다.

<해설> 전열면적이 크면
- 증발량이 많다.   • 예열이 빠르다.
- 효율이 높다.   • 용량이 커진다.
- 증발 시간이 빠르다.

03 보일러 연도에 설치하는 댐퍼의 설치 목적과 관계가 없는 것은?
① 매연 및 그을음의 제거
② 통풍력의 조절
③ 연소가스 흐름의 차단
④ 주연도와 부연도가 있을 때 가스의 흐름을 전환

<해설> **댐퍼의 설치 목적** : 통풍력 조절, 연소가스 흐름 차단, 연소가스 흐름 전환

04 통풍력을 증가시키는 방법으로 옳은 것은?
① 연도는 짧고, 연돌은 낮게 설치한다.
② 연도는 길고, 연돌의 단면적을 작게 설치한다.
③ 배기가스의 온도는 낮춘다.
④ 연도는 짧고, 굴곡부는 적게 한다.

<해설> 통풍력을 증가시키는 방법
- 연돌의 높이를 높게 한다.
- 연도는 짧고 굴곡부는 적게 한다.
- 배기가스의 온도를 높인다.
- 연돌의 상부 단면적을 크게 한다.

05 연료의 연소에서 환원염이란?
① 산소 부족으로 인한 화염이다.
② 공기비가 너무 클 때의 화염이다.
③ 산소가 많이 포함된 화염이다.
④ 연료를 완전 연소시킬 때의 화염이다.

<해설>
- **산화염** : 공기비를 너무 많이 취하였을 때 화염 중에 과잉산소를 함유하는 화염
- **환원염** : 산소가 부족하여 일산화탄소(CO) 등의 미연분을 함유하며 피열물을 환원하는 성질을 가지는 화염

06 보일러 화염 유무를 검출하는 스택 스위치에 대한 설명으로 틀린 것은?
① 화염의 발열 현상을 이용한 것이다.
② 구조가 간단하다.
③ 버너 용량이 큰 곳에 사용된다.
④ 바이메탈의 신축작용으로 화염 유무를 검출한다.

<해설> **스택 스위치** : 연도에 설치되어 감지 속도가 늦고, 소용량 보일러에 주로 사용된다.

Answer
1. ④ 2. ③ 3. ① 4. ④ 5. ① 6. ③

07 3요소식 보일러 급수 제어 방식에서 검출하는 3요소는?
① 수위, 증기유량, 급수유량
② 수위, 공기압, 수압
③ 수위, 연료량, 공기압
④ 수위, 연료량, 수압

해설 급수제어(FWC : Feed Water Control)
① 단요소식(수위만 검출)
② 2요소식(수위와 증기량 검출)
③ 3요소식(수위, 증기량, 급수량 검출)

08 대형 보일러인 경우에 송풍기가 작동되지 않으면 전자 밸브가 열리지 않고, 점화를 저지하는 인터록의 종류는?
① 저연소 인터록
② 압력초과 인터록
③ 프리퍼지 인터록
④ 불착화 인터록

해설 프리퍼지 인터록 : 송풍기가 작동되지 않으면 전자 밸브가 열리지 않고 점화를 저지하는 인터록

09 수위의 부력에 의한 플루트 위치에 따라 연결된 수은 스위치로 작동하는 형식으로, 중·소형 보일러에 가장 많이 사용하는 저수위 경보 장치의 형식은?
① 기계식
② 전극식
③ 자석식
④ 맥도널식

해설
① 맥도널식(플로트식) : 부력 이용
② 전극식 : 전기전도성 이용
③ 코프스식 : 금속의 열팽창력 이용

10 증기의 발생이 활발해지면 증기와 함께 물방울이 같이 비산하여 증기관으로 취출되는데, 이때 드럼 내에 증기 취출구에 부착하여 증기 속에 포함된 수분취출을 방지해주는 관은?
① 워터실링관
② 주증기관
③ 베이퍼록 방지관
④ 비수방지관

해설 비수방지관 : 주 증기관 끝에 설치하여 비수현상으로 인한 습증기를 방지하기 위해 설치

11 보일러에서 배출되는 배기가스의 여열을 이용하여 급수를 예열하는 장치는?
① 과열기   ② 재열기
③ 절탄기   ④ 공기예열기

해설 절탄기 : 배기가스의 여열을 이용하여 급수를 예열하는 장치

12 목표 값이 시간에 따라 임의로 변화되는 것은?
① 비율제어   ② 추종제어
③ 프로그램제어   ④ 캐스케이드제어

해설
㉠ 정치제어 : 목표값이 변화없이 일정한 값을 갖는 제어
㉡ 추치제어 : 목표값이 변화되는 것으로 목표값을 측정하면서 제어 목표량을 목표값에 맞추는 제어방식
 • 추종제어 : 목표값이 시간에 따라 임의로 변화되는 값으로 부여한 제어
 • 비율제어 : 2개 이상의 제어값의 값이 정해진 비율을 보유하여 제어
 • 프로그램 제어 : 목표값이 시간에 따라 미리 결정된 일정한 제어
 • 캐스케이드 제어 : 1차 제어장치가 제어명령을 발하고 2차 제어장치가 이 명령을 바탕으로 제어량을 조절하는 측정제어

Answer
7. ① 8. ③ 9. ④ 10. ④ 11. ③ 12. ②

13 보일러 부속품 중 안전장치에 속하는 것은?
① 감압 밸브 ② 주증기 밸브
③ 가용전 ④ 유량계

해설 안전장치 : 안전밸브, 방출밸브, 화염검출기, 저수위경보장치, 증기압력제어기, 가용전 등

14 캐비테이션의 발생 원인이 아닌 것은?
① 흡입양정이 지나치게 클 때
② 흡입관의 저항이 작은 경우
③ 유량의 속도가 빠른 경우
④ 관로 내의 온도가 상승되었을 때

해설 공동현상(cavitation : 캐비테이션 현상)
흡입측에서 저압이 되어 포화증기압보다 낮아지면 증기가 발생하거나 수중에 혼합된 공기도 물과 분리되어 기포가 생긴 현상
※ 발생원인
① 흡입양정이 지나치게 클 때
② 흡입관의 저항이 클 때
④ 유량의 속도가 빠른 경우
⑤ 관로 내의 온도가 상승되었을 때

15 다음 중 연료의 연소온도에 가장 큰 영향을 미치는 것은?
① 발화점 ② 공기비
③ 인화점 ④ 회분

해설 연소온도에 영향을 주는 원인
① 연료발열량 ② 공기비 ③ 산소농도

16 수소 15%, 수분 0.5%인 중유의 고위발열량이 10000kcal/kg이다. 이 중유의 저위발열량은 몇 kcal/kg인가?
① 8795 ② 8984
③ 9085 ④ 9187

해설 $Hl = Hh - 600(9H + W)$
$= 10000 - 600 \times (9 \times 0.15 + 0.005) = 9187 \text{kcal/kg}$

17 부르돈관 압력계를 부착할 때 사용되는 사이펀관 속에 넣는 물질은?
① 수은 ② 증기
③ 공기 ④ 물

해설 사이폰관 : 부르돈관의 파손을 방지하기 위해 80℃ 이하의 물을 채워 둔다.

18 집진장치의 종류 중 건식집진장치의 종류가 아닌 것은?
① 가압수식 집진기
② 중력식 집진기
③ 관성력식 집진기
④ 원심력식 집진기

해설 ㉠ 건식집진장치(중력식, 원심력식, 여과식, 관성력식)
㉡ 습식(세정식 : 유수식, 회전식, 가압수식)

19 수관식 보일러에 속하지 않는 것은?
① 입형 횡관식
② 자연 순환식
③ 강제 순환식
④ 관류식

해설
• 수관식 보일러(자연순환식, 강제순환식, 관류식)
• 원통보일러(입형, 노통, 연관, 노통연관)

20 공기예열기의 종류에 속하지 않는 것은?
① 전열식
② 재생식
③ 증기식
④ 방사식

해설 공기예열기의 종류 : 전열식, 재생식, 증기식

Answer
13. ③ 14. ② 15. ② 16. ④ 17. ④ 18. ① 19. ① 20. ④

21 보일러 배관 중에 신축이음을 하는 목적으로 가장 적합한 것은?

① 증기 속의 이물질을 제거하기 위하여
② 열팽창에 의한 관의 과열을 막기 위하여
③ 보일러수의 누수를 막기 위하여
④ 증기 속의 수분을 분리하기 위하여

해설 신축이음의 설치 목적 : 열팽창에 의한 관의 파열을 막기 위하여

22 팽창탱크에 대한 설명으로 옳은 것은?

① 개방식 팽창탱크는 주로 고온수 난방에서 사용한다.
② 팽창관에는 방열관에 부착하는 크기의 밸브를 설치한다.
③ 밀폐형 팽창탱크에는 수면관을 구비한다.
④ 밀폐형 팽창탱크는 개방식 팽창탱크에 비하여 적어도 된다.

해설 보통온수는 개방식, 고온수는 밀폐식 팽창탱크를 사용하며, 팽창관에는 밸브류를 설치해서는 안된다. 밀폐식 팽창탱크에는 수면계, 압력계, 방출밸브, 공기압축관 등을 설치한다.

23 온수난방의 특성을 설명한 것 중 틀린 것은?

① 실내 예열시간이 짧지만 쉽게 냉각이 되지 않는다.
② 난방부하 변동에 따른 온도조절이 쉽다.
③ 단독주택 또는 소규모 건물에 적용된다.
④ 보일러 취급이 비교적 쉽다.

해설 온수난방의 특징
① 예열시간이 길다.
② 온도조절이 용이하다.
③ 소규모 주택에 적용된다.
④ 취급이 용이하다.

24 다음 중 주형 방열기의 종류로 거리가 먼 것은?

① 1주형   ② 2주형
③ 3세주형   ④ 5세주형

해설 주형 방열기(2주형, 3주형, 3세주형, 5세주형)

25 보일러 점화 시 역화의 원인과 관계가 없는 것은?

① 착화가 지연될 경우
② 점화원을 사용한 경우
③ 프리퍼지가 불충분한 경우
④ 연료 공급밸브를 급개하여 다량으로 분무한 경우

해설 역화의 원인
연소실 내에 미연소가스가 있을 때, 착화가 늦어진 경우, 가동 중 실화시, 노내 환기(프리퍼지, 포스트퍼지) 불충분시

26 압력계로 연결하는 증기관을 황동관이나 동관을 사용할 경우, 증기온도는 약 몇 ℃ 이하인가?

① 210℃   ② 260℃
③ 310℃   ④ 360℃

해설 압력계의 증기관을 황동관이나 동관을 사용할 경우 증기의 온도는 210℃ 이하로 한다.

27 보일러를 비상 정지시키는 경우의 일반적인 조치사항으로 거리가 먼 것은?

① 압력은 자연히 떨어지게 기다린다.
② 주증기 스톱밸브를 열어 놓는다.
③ 연소공기의 공급을 멈춘다.
④ 연료 공급을 중단한다.

해설 비상 정지시키는 경우 일반적인 조치사항으로 주증기 스톱밸브를 닫아 놓는다.

Answer 21. ② 22. ③ 23. ① 24. ① 25. ② 26. ① 27. ②

28 금속 특유의 복사열에 대한 반사 특성을 이용한 대표적인 금속질 보온재는?

① 세라믹 화이버　② 실리카 화이버
③ 알루미늄 박　　④ 규산칼슘

[해설] 알루미늄 박 : 금속의 반사특성(복사열) 이용

29 기포성수지에 대한 설명으로 틀린 것은?

① 열전도율이 낮고 가볍다.
② 불에 잘 타며 보온성과 보냉성은 좋지 않다.
③ 흡수성은 좋지 않으나 굽힘성은 풍부하다.
④ 합성수지 또는 고무질 재료를 사용하여 다공질 제품으로 만든 것이다.

[해설] 기포성 수지는 보온성과 보냉성은 좋지만 불에 잘 타는 결점이 있다.

30 온수 보일러의 순환펌프 설치 방법으로 옳은 것은?

① 순환펌프의 모터부분은 수평으로 설치한다.
② 순환펌프는 보일러 본체에 설치한다.
③ 순환펌프는 송수주관에 설치한다.
④ 공기빼기 장치가 없는 순환펌프는 체크밸브를 설치한다.

[해설] 순환펌프의 설치 방법
환수주관에 설치함을 원칙으로 한다. 순환 펌프의 모터 부분은 수평으로 한다. 순환펌프의 전측에는 여과기, 양측에는 밸브를 설치한다.

31 증기의 과열도를 옳게 표현한 식은?

① 과열도 = 포화증기온도 - 과열증기 온도
② 과열도 = 포화증기온도 - 압축수의 온도
③ 과열도 = 과열증기온도 - 압축수의 온도
④ 과열도 = 과열증기온도 - 포화증기온도

[해설] 과열도 = 과열증기온도 - 포화증기 온도

32 어떤 액체 연료를 완전 연소시키기 위한 이론 공기량이 $10.5 Nm^3/kg$이고, 공기비가 1.4인 경우 실제 공기량은?

① $7.5 Nm^3/kg$　② $11.9 Nm^3/kg$
③ $14.7 Nm^3/kg$　④ $16.0 Nm^3/kg$

[해설]

$$m = \frac{A}{A_o}$$

∴ $A = 10.5 \times 1.4 = 14.7 Nm^3/kg$

33 파형 노통보일러의 특징을 설명한 것으로 옳은 것은?

① 제작이 용이하다.
② 내·외면의 청소가 용이하다.
③ 평형 노통보다 전열면적이 크다.
④ 평평 노통보다 외압에 대하여 강도가 적다.

[해설] 파형 노통 : 열에 의한 수축팽창량이 양호하고, 전열면적이 평형 노통에 비해 약 1.4배 정도 크다.

34 보일러에 과열기를 설치할 때 얻어지는 장점으로 틀린 것은?

① 증기관 내의 마찰저항을 감소시킬 수 있다.
② 증기기관의 이론적 열효율 높일 수 있다.
③ 같은 압력의 포화증기에 비해 보유열량이 많은 증기를 얻을 수 있다.
④ 연소가스의 저항으로 압력손실을 줄일 수 있다.

[해설] 과열기는 연도에 설치되므로 연소가스의 저항으로 압력손실이 커진다.

Answer
28. ③　29. ②　30. ①　31. ④　32. ③　33. ③　34. ④

35 슈트 블로워 사용 시 주의 사항으로 틀린 것은?
① 부하가 50% 이하인 경우에 사용한다.
② 보일러 정지 시 슈트 블로워 작업을 하지 않는다.
③ 분출 시에는 유인 통풍을 증가시킨다.
④ 분출기 내의 응축수를 배출시킨 후 사용한다.

[해설] 슈트 블로워(soot blower) 사용 시 주의사항
㉠ 부하가 적거나(50% 이하) 소화 후 사용하지 말 것
㉡ 분출하기 전 연도 내 배풍기를 사용하여 유인 통풍을 증가시킬 것
㉢ 분출기 내의 응축수를 배출시킨 후 사용할 것
㉣ 한 곳으로 집중적으로 사용함으로 전열면에 무리를 가하지 말 것

36 후향 날개 형식으로 보일러의 압입송풍에 많이 사용되는 송풍기는?
① 다익형 송풍기
② 축류형 송풍기
③ 터보형 송풍기
④ 플레이트형 송풍기

[해설] 터보형 송풍기는 후향 날개 형식으로 보일러의 압입송풍에 많이 사용된다.

37 연료의 가연 성분이 아닌 것은?
① N   ② C
③ H   ④ S

[해설] 가연성분 : 탄소(C), H(수소), S(황)

38 효율이 82%인 보일러로 발열량 9800kcal/kg의 연료를 15kg 연소시키는 경우의 손실 발열량은?
① 80360kcal   ② 32500kcal
③ 26460kcal   ④ 120540kcal

[해설] 손실 열량 = $9800 \times 15 \times (1-0.82) = 26460$kcal

39 보일러 연소용 공기조절장치 중 착화를 원활하게 하고 화염의 안정을 도모하는 장치는?
① 윈드박스(Wind Box)
② 보염기(Stabilizer)
③ 버너타일(Burner tile)
④ 플레임 아이(Flame eye)

[해설] 보염기 : 연소용 공기조절장치 중 착화를 원활하게 하고 화염의 안정을 도모하는 장치

40 증기난방설비에서 배관 구배를 부여하는 가장 큰 이유는 무엇인가?
① 증기의 흐름을 빠르게 하기 위해서
② 응축수의 체류를 방지하기 위해서
③ 배관시공을 편리하게 하기 위해서
④ 증기와 응축수의 흐름마찰을 줄이기 위해서

[해설] 증기난방설비에서 배관의 기울기(구배)를 부여하는 이유는 응축수의 체류를 방지하기 위함이다.

41 보통 온수식 난방에서 온수의 온도는?
① 65~70℃   ② 75~80℃
③ 85~90℃   ④ 95~100℃

[해설] 보통 온수(약 85~90℃), 고온수(100℃ 이상)

42 장시간 사용을 중지하고 있던 보일러의 점화 준비에서, 부속장치 조작 및 시동으로 틀린 것은?
① 댐퍼는 굴뚝에서 가까운 것부터 차례로 연다.
② 통풍장치의 댐퍼 개폐도가 적당한지 확인한다.
③ 흡입통풍기가 설치된 경우는 가볍게 운전한다.
④ 절탄기나 과열기에 바이패스가 설치된 경우는 바이패스 댐퍼를 닫는다.

Answer
35. ① 36. ③ 37. ① 38. ③ 39. ② 40. ② 41. ③ 42. ④

해설 장시간 사용을 중지하고 있던 보일러의 점화 준비 사항
㉠ 댐퍼는 굴뚝에서 가까운 것부터 차례로 연다.
㉡ 절탄기나 과열기에 바이패스가 설치되어 있는 경우는 바이패스 댐퍼를 연다.
㉢ 통풍장치의 댐퍼개폐도가 적당한가 점검한다.

43 응축수 환수방식 중 중력환수 방식으로 환수가 불가능한 경우, 응축수를 별도의 응축수 탱크에 모으고 펌프 등을 이용하여 보일러에 급수를 행하는 방식은?

① 복관 환수식　② 부력 환수식
③ 진공 환수식　④ 기계 환수식

해설 응축수 환수방식
㉠ 중력 환수식 : 비중차를 이용 환수하는 방식
㉡ 기계 환수식 : 응축수 펌프를 이용 환수하는 방식
㉢ 진공 환수식 : 진공 펌프를 이용하여 환수하는 방식

44 무기질 보온재에 해당되는 것은?

① 암면　② 펠트
③ 코르크　④ 기포성 수지

해설 암면 : 무기질 보온재

45 에너지이용 합리화법상 효율관리기자재의 에너지소비효율등급 또는 에너지소비효율을 효율관리시험기관에서 측정받아 해당 효율관리기자재에 표시하여야 하는 자는?

① 효율관리기자재의 제조업자 또는 시공업자
② 효율관리기자재의 제조업자 또는 수입업자
③ 효율관리기자재의 시공업자 또는 판매업자
④ 효율관리기자재의 시공업자 또는 수입업자

해설 제조업자 또는 수입업자는 에너지이용 합리화법상 효율관리기자재의 에너지소비효율등급 또는 에너지소비효율을 효율관리시험기관에서 측정받아 효율관리기자재에 표시해야 한다.

46 저탄소 녹색성장 기본법상 녹색성장위원회의 심의 사항이 아닌 것은?

① 지방자치단체의 저탄소 녹색성장의 기본방향에 관한 사항
② 녹색성장국가전략의 수립·변경·시행에 관한 사항
③ 기후변화대응 기본계획, 에너지기본계획 및 지속가능 발전 기본계획에 관한 사항
④ 저탄소 녹색성장을 위한 재원의 배분방향 및 효율적 사용에 관한 사항

해설 저탄소 녹색성장 기본법상 녹색성장위원회의 심의 사항
㉠ 저탄소 녹색성장 정책의 기본방향에 관한 사항
㉡ 녹색성장국가전략의 수립·변경·시행에 관한 사항
㉢ 기후변화대응 기본계획, 에너지기본계획 및 지속가능발전 기본계획에 관한 사항
㉣ 저탄소 녹색성장 추진의 목표 관리, 점검, 실태조사 및 평가에 관한 사항
㉤ 관계 중앙행정기관 및 지방자치단체의 저탄소 녹색성장과 관련된 정책 조정 및 지원에 관한 사항
㉥ 저탄소 녹색성장과 관련된 법제도에 관한 사항
㉦ 저탄소 녹색성장을 위한 재원의 배분방향 및 효율적 사용에 관한 사항
㉧ 저탄소 녹색성장과 관련된 국제협상·국제협력, 교육·홍보, 인력양성 및 기반구축 등에 관한 사항
㉨ 저탄소 녹색성장과 관련된 기업 등의 고충조사, 처리, 시정권고 또는 의견표명
㉩ 다른 법률에서 위원회의 심의를 거치도록 한 사항
㉪ 그 밖에 저탄소 녹색성장과 관련하여 위원장이 필요하다고 인정하는 사항

47 에너지법상 "에너지 사용자"의 정의로 옳은 것은?

① 에너지 보급 계획을 세우는 자
② 에너지를 생산, 수입하는 사업자
③ 에너지사용시설의 소유자 또는 관리자
④ 에너지를 저장, 판매하는 자

Answer　43. ④　44. ①　45. ②　46. ①　47. ③

해설 에너지 사용자 : 에너지사용시설의 소유자 또는 관리자

48 에너지이용 합리화법규상 냉난방온도제한 건물에 냉난방 제한온도를 적용할 때의 기준으로 옳은 것은? (단, 판매시설 및 공항의 경우는 제외한다.)

① 냉방 : 24℃ 이상, 난방 : 18℃ 이하
② 냉방 : 24℃ 이상, 난방 : 20℃ 이하
③ 냉방 : 26℃ 이상, 난방 : 18℃ 이하
④ 냉방 : 26℃ 이상, 난방 : 20℃ 이하

해설 건물에 냉난방 제한온도
냉방 : 26℃ 이상, 난방 : 20℃ 이하

49 다음 ( )에 알맞은 것은?

> 에너지법령상 에너지 총조사는 (A)마다 실시하되, (B)이 필요하다고 인정할 때에는 간이조사를 실시할 수 있다.

① A : 2년, B : 행정자치부장관
② A : 2년, B : 교육부장관
③ A : 3년, B : 산업통상자원부장관
④ A : 3년, B : 고용노동부장관

해설 에너지법령상 에너지 총조사는 통계법에 따라 3년마다 실시하되, 산업통상자원부장관이 필요하다고 인정할 때에는 간이조사를 실시할 수 있다.

50 에너지이용 합리화법상 검사대상기기설치자가 시·도지사에게 신고하여야 하는 경우가 아닌 것은?

① 검사대상기기를 정비한 경우
② 검사대상기기를 폐기한 경우
③ 검사대상기기의 사용을 중지한 경우
④ 검사대상기기의 설치자가 변경된 경우

해설 검사대상기기설치자가 시·도지사에게 신고하여야 하는 경우
㉠ 검사대상기기를 설치하거나 개조 또는 폐기한 경우
㉡ 검사대상기기의 사용을 중지한 경우
㉢ 검사대상기기의 설치자가 변경된 경우

51 보일러 가동 시 매연 발생의 원인과 가장 거리가 먼 것은?

① 연소실 과열
② 연소실 용적의 과소
③ 연료 중의 불순물 혼입
④ 연소용 공기의 공급 부족

해설 연소실 온도가 높을수록 완전연소가 되므로 매연이 발생하지 않는다.

52 중유 연소시 보일러 저온부식의 방지대책으로 거리가 먼 것은?

① 저온의 전열면에 내식재료를 사용한다.
② 첨가제를 사용하여 황산가스의 노점을 높여준다.
③ 공기예열기 및 급수예열장치 등에 보호피막을 한다.
④ 배기가스 중의 산소함유량을 낮추어 아황산가스의 산화를 제한한다.

해설 저온부식 방지대책
㉠ 황분이 적은 연료를 사용할 것
㉡ 이론공기량에 알맞게 연소시킬 것(과잉공기량 조절)
㉢ 노점온도를 낮출 것
㉣ 배기가스의 온도를 너무 낮게 하지말 것
㉤ 전열면에 내식성 재료를 사용할 것
㉥ 절탄기나 공기예열기에 유입되는 유체의 온도를 높일 것

Answer
48. ④ 49. ③ 50. ① 51. ① 52. ②

53 물의 온도가 393K를 초과하는 온수발생 보일러에는 크기가 몇 mm 이상인 안전밸브를 설치하여야 하는가?

① 5 ② 10
③ 15 ④ 20

해설 물의 온도가 393K를 초과하는 온수발생 보일러의 안전밸브는 20mm 이상인 것을 설치한다.

54 보일러 부식에 관련된 설명 중 틀린 것은?

① 점식은 국부전지의 작용에 의해서 일어난다.
② 수용액 중에서 부식문제를 일으키는 주요인은 용존산소, 용존가스 등이다.
③ 중유 연소 시 중유 회분 중에 바나듐이 포함되어 있으면 바나듐 산화물에 의한 고온 부식이 발생한다.
④ 가성취화는 고온에서 알칼리에 의한 부식 현상을 말하며, 보일러 내부 전체에 걸쳐 균일하게 발생한다.

해설 가성 취화는 보일러수의 알칼리도가 높은 경우에 리벳 이음판의 중첩부 틈새 사이나 리벳 머리의 아래쪽에 보일러 수가 침입하여 알칼리 성분이 가열에 의해 농축되고 이 알칼리와 이음부 등의 반복응력의 영향으로 재료의 결정 입계에 따라 균열이 생기는 열화 현상을 말한다.

55 증기난방의 중력 환수식에서 단관식인 경우 배관기울기로 적당한 것은?

① 1/100~1/200 정도의 순 기울기
② 1/200~1/300 정도의 순 기울기
③ 1/300~1/400 정도의 순 기울기
④ 1/400~1/500 정도의 순 기울기

해설 증기난방의 중력 환수식에서 단관식인 경우 배관의 기울기는 1/100~1/200 정도의 순 기울기를 둔다.

56 보일러 용량 결정에 포함될 사항으로 거리가 먼 것은?

① 난방부하 ② 급탕부하
③ 배관부하 ④ 연료부하

해설 보일러 용량(정격출력) 결정에 포함될 사항
㉠ 난방부하 ㉡ 급탕부하
㉢ 배관부하 ㉣ 예열부하

57 온수난방 배관에서 수평주관에 지름이 다른 관을 접속하여 연결할 때 가장 적합한 관 이음쇠는?

① 유니온 ② 편심 리듀서
③ 부싱 ④ 니플

해설 온수난방 배관에서 수평주관에 지름이 다른 관을 접속하여 연결할 때는 편심 리듀서를 사용한다.

58 온수순환 방식에 의한 분류 중에서 순환이 자유롭고 신속하며, 방열기의 위치가 낮아도 순환이 가능한 방법은?

① 중력 순환식 ② 강제 순환식
③ 단관식 순환식 ④ 복관식 순환식

해설 강제 순환식 : 순환이 자유롭고 신속하며 방열기의 위치가 낮아도 순환이 가능하다.

59 온수보일러 개방식 팽창탱크 설치 시 주의 사항으로 틀린 것은?

① 팽창탱크에는 상부에 통기구멍을 설치한다.
② 팽창탱크 내부의 수위를 알 수 있는 구조이어야 한다.
③ 탱크에 연결되는 팽창 흡수관은 팽창탱크 바닥면과 같게 배관해야 한다.
④ 팽창탱크의 높이는 최고 부위 방열기보다 1m 이상 높은 곳에 설치한다.

해설 팽창관의 끝 부분은 팽창탱크의 바닥면 보다 25mm 높게 설치한다.

Answer
53. ④　54. ④　55. ①　56. ④　57. ②　58. ②　59. ③

60 열팽창에 의한 배관의 이동을 구속 또는 제한하는 배관 지지구인 레스트레인트(restraint)의 종류가 아닌 것은?

① 가이드 ② 앵커
③ 스토퍼 ④ 행거

해설 레스트레인트 종류
㉠ 앵커 ㉡ 스토퍼(스톱) ㉢ 가이드

Answer
60. ④

에너지관리기능사

2015년 10월 10일 시행

01 "1 보일러 마력"에 대한 설명으로 옳은 것은?
① 0℃의 물 539kg을 1시간에 100℃의 증기로 바꿀 수 있는 능력이다.
② 100℃의 물 539kg을 1시간에 같은 온도의 증기로 바꿀 수 있는 능력이다.
③ 100℃의 물 15.65kg을 1시간에 같은 온도의 증기로 바꿀 수 있는 능력이다.
④ 0℃의 물 15.65kg을 1시간에 100℃의 증기로 바꿀 수 있는 능력이다.

해설
- 1보일러 마력 : 100℃의 물 15.65kg을 1시간에 같은 온도의 증기로 바꿀 수 있는 능력이다.
- 보일러 1마력이 차지하는 열량은 약 8435kcal/h이다.

02 연료성분 중 가연 성분이 아닌 것은?
① C ② H
③ S ④ O

해설 가연성분 : C, H, S [산소(O)는 조연성가스이다.]

03 보일러 급수내관의 설치 위치로 옳은 것은?
① 보일러의 기준수위와 일치되게 설치한다.
② 보일러의 상용수위보다 50mm 정도 높게 설치한다.
③ 보일러의 안전저수위보다 50mm 정도 높게 설치한다.
④ 보일러의 안전저수위보다 50mm 정도 낮게 설치한다.

해설 급수내관 설치 위치 : 안전저수위보다 50mm 정도 낮게 설치한다.

04 보일러 배기가스의 자연 통풍력을 증가시키는 방법으로 틀린 것은?
① 연도의 길이를 짧게 한다.
② 배기가스 온도를 낮춘다.
③ 연돌 높이를 증가시킨다.
④ 연돌의 단면적을 크게 한다.

해설
통풍력 증가 방법
① 연도의 길이를 짧고, 굴곡부를 적게 한다.
② 연돌의 상부단면적을 크게 하고, 높이를 높게 한다.
③ 배기가스의 온도를 높인다.(연돌을 단열조치 한다.)

05 증기의 건조도(x) 설명이 옳은 것은?
① 습증기 전체 질량 중 액체가 차지하는 질량비를 말한다.
② 습증기 전체 질량 중 증기가 차지하는 질량비를 말한다.
③ 액체가 차지하는 전체 질량 중 습증기가 차지하는 질량비를 말한다.
④ 증기가 차지하는 전체 질량 중 습증기가 차지하는 질량비를 말한다.

해설 건조도 : 증기 전체 질량 중 증기가 차지하는 질량비를 말한다.

Answer
1. ③ 2. ④ 3. ④ 4. ② 5. ②

06 다음 중 저양정식 안전밸브의 단면적 계산식은?(단, A = 단면적(mm^2), P = 분출압력(kg_f/cm^2), E = 증발량(kg/h)이다.)

① $A = \dfrac{22E}{1.03P+1}$

② $A = \dfrac{10E}{1.03P+1}$

③ $A = \dfrac{5E}{1.03P+1}$

④ $A = \dfrac{2.5E}{1.03P+1}$

- 저양정식 단면적 $A = \dfrac{22E}{1.03P+1}$
- 안전 밸브 분출용량 계산식에서 유도됨
  ㉠ 저양정식 $E = \dfrac{1.03P+1}{22}AC$
  ㉡ 고양정식 $E = \dfrac{1.03P+1}{10}AC$
  ㉢ 전양정식 $E = \dfrac{1.03P+1}{5}AC$
  ㉣ 전양식 $E = \dfrac{1.03P+1}{2.5}A_0C$

07 입형보일러에 대한 설명으로 거리가 먼 것은?
① 보일러 동을 수직으로 세워 설치한 것이다.
② 구조가 간단하고 설비비가 적게 든다.
③ 내부 청소 및 수리나 검사가 불편하다.
④ 열효율이 높고 부하능력이 크다.

입형 보일러의 특징
① 수직으로 설치하므로 설치장소를 적게 차지한다.
② 구조가 간단하고, 설비비가 적게 든다.
③ 연소실이 좁아 완전연소 곤란
④ 효율은 일반적으로 낮고, 습증기 발생이 많다.

08 보일러용 가스버너 중 외부 혼합식에 속하지 않는 것은?
① 파이럿 버너
② 센터파이어형 버너
③ 링형 버너
④ 멀티스폿형 버너

파이럿 버너(착화버너)는 파이럿 믹서로 가스와 공기를 혼합하여 파이럿 버너로 공급하는 프리-믹서방식으로 파이럿 공기량은 파이럿 공기 조절 밸브로 조정한다.

09 보일러 부속장치인 증기 과열기를 설치 위치에 따라 분류할 때, 해당되지 않는 것은?
① 복사식 ② 전도식
③ 접촉식 ④ 복사접촉식

- 열가스 접촉에 의한 분류
  ㉠ 접촉식 ㉡ 복사식 ㉢ 복사접촉식
- 열가스와 증기의 흐름 방향에 의한 분류
  ㉠ 병류식 ㉡ 향류식 ㉢ 혼류식

10 가스 연소용 보일러의 안전장치가 아닌 것은?
① 가용마개 ② 화염검출기
③ 이젝터   ④ 방폭문

이젝터는 벤튜리효과를 이용하는 펌프의 일종이다.

11 중유의 성상을 개선하기 위한 첨가제 중 분무를 순조롭게 하기 위하여 사용하는 것은?
① 연소촉진제   ② 슬러지 분산제
③ 회분개질제   ④ 탈수제

중유첨가제
① 연소촉진제 : 분무를 양호하게 한다.
② 안정제(슬러지 분산제) : 슬러지의 생성을 방지
③ 탈수제 : 중유 속의 수분을 분리

④ 회분개질제 : 회분의 융점을 높혀 고온부식을 방지
⑤ 유동점 강하제 : 중유의 유동점을 낮추어 송유를 양호하게 한다.

12 천연가스의 비중이 약 0.64라고 표시되을 때, 비중의 기준은?

① 물   ② 공기
③ 배기가스   ④ 수증기

해설 비중의 기준 : 기체는 공기, 고체 및 액체는 물로 한다.

13 30마력(PS)인 기관이 1시간 동안 행한 일량을 열량으로 환산하면 약 몇 kcal인가? (단, 이 과정에서 행한 일량은 모두 열량으로 변환된다고 가정한다.)

① 14360   ② 15240
③ 18970   ④ 20402

해설 1PS는 약 632.3kcal/h이므로
632.3×30=18969kcal이다.

14 프로판(propane) 가스의 연소식은 다음과 같다. 프로판 가스 10kg을 완전연소시키는 데 필요한 이론산소량은?

$$C_3H_8 + 5O_2 \rightarrow 3CO_2 + 4H_2O$$

① 약 $11.6Nm^3$ ② 약 $13.8Nm^3$
③ 약 $22.4Nm^3$ ④ 약 $25.5Nm^3$

해설
C_3H_8 + $5O_2$ → $3CO_2 + 4H_2O$
44kg : $5 \times 22.4Nm^3$
10kg : X
∴ $x = \dfrac{10 \times 5 \times 22.4}{44} = 25.45Nm^3$

15 화염 검출기 종류 중 화염의 이온화를 이용한 것으로 가스 점화 버너에 주로 사용하는 것은?

① 플레임 아이   ② 스택 스위치
③ 광도전 셀   ④ 프레임 로드

해설
• 플레임 아이 : 화염의 발광체 이용
• 플레임 로드 : 화염의 이온화 이용
• 스택 스위치 : 화염의 발열체 이용

16 수위경보기의 종류 중 플로트의 위치변위에 따라 수은 스위치 또는 마이크로 스위치를 작동시켜 경보를 울리는 것은?

① 기계식 경보기   ② 자석식 경보기
③ 전극식 경보기   ④ 맥도널식 경보기

해설
• 맥도널식 : 플로트의 부력 이용
• 전극식 : 전기전도성 이용
• 코프스식 : 금속의 열팽창력 이용

17 보일러 열정산을 설명한 것 중 옳은 것은?

① 입열과 출열은 반드시 같아야 한다.
② 방열손실로 인하여 입열이 항상 크다.
③ 열효율 증대장치로 인하여 출열이 항상 크다.
④ 연소효율에 따라 입열과 출열은 다르다.

해설 열정산시 입열과 출열은 반드시 같아야 한다.

18 보일러 액체연료 연소장치인 버너의 형식별 종류에 해당되지 않는 것은?

① 고압기류식   ② 왕복식
③ 유압분사식   ④ 회전식

해설 버너의 종류에 왕복식은 해당없다.

Answer
12. ②   13. ③   14. ④   15. ④   16. ④   17. ①   18. ②

19 매시간 425kg의 연료를 연소시켜 4800kg/h의 증기를 발생시키는 보일러의 효율은 약 얼마인가?(단, 연료의 발열량 9750kcal/kg, 증기엔탈피 676kcal/kg, 급수온도 20℃이다.)

① 76% ② 81%
③ 85% ④ 90%

해설 $\dfrac{4800 \times (676-20)}{425 \times 9750} \times 100 ≒ 76\%$

20 함진가스에 선회운동을 주어 분진입자에 작용하는 원심력에 의하여 입자를 분리하는 집진장치로 가장 적합한 것은?

① 백필터식 집진기
② 사이클론식 집진기
③ 전기식 집진기
④ 관성력식 집진기

해설 사이클론식 : 함진가스에 선회운동을 주어 분진입자에 작용하는 원심력에 의하여 입자를 분리

21 관속에 흐르는 유체의 종류를 나타내는 기호 중 증기를 나타내는 것은?

① S ② W
③ O ④ A

해설 · S : 증기   · W : 물
· O : 오일(기름)   · A : 공기

22 보일러 청관제 중 보일러수의 연화제로 사용되지 않는 것은?

① 수산화나트륨
② 탄산나트륨
③ 인산나트륨
④ 황산나트륨

해설 · 탈산소제 : 아황산나트륨, 히드라진, 탄닌
· 연화제 : 수산화나트륨, 탄산나트륨, 인산나트륨

23 어떤 방의 온수난방에서 소요되는 열량이 시간당 21,000kcal이고, 송수온도가 85℃이며, 환수온도가 25℃라면, 온수의 순환량은?(단, 온수의 비열은 1kcal/kg·℃이다.)

① 324kg/h ② 350kg/h
③ 398kg/h ④ 423kg/h

해설 $\dfrac{21000}{1 \times (85-25)} = 350kg/h$

24 보일러에 사용되는 안전밸브 및 압력방출장치 크기를 20A 이상으로 할 수 있는 보일러가 아닌 것은?

① 소용량 강철제 보일러
② 최대증발량 5T/h 이하의 관류보일러
③ 최고사용압력 1MPa(10kg$_f$/cm^2) 이하의 보일러로 전열면적 5m^2 이하의 것
④ 최고사용압력 0.1MPa(1kg$_f$/cm^2) 이하의 보일러

해설 안전밸브 및 압력방출장치 크기를 20A 이상으로 할 수 있는 보일러 : 최고사용압력 1MPa(10kg$_f$/cm^2) 이하의 보일러로 전열면적 2m^2 이하의 것

25 배관계의 식별 표시는 물질의 종류에 따라 달리한다. 물질과 식별색의 연결이 틀린 것은?

① 물 : 파랑
② 기름 : 연한 주황
③ 증기 : 어두운 빨강
④ 가스 : 연한 노랑

해설 기름 : 진한 황적색

26 다음 보온재 중 안전사용 온도가 가장 낮은 것은?

① 우모펠트 ② 암면
③ 석면 ④ 규조토

Answer ---- 19. ① 20. ② 21. ① 22. ④ 23. ② 24. ③ 25. ② 26. ①

2015년 10월 10일 시행

해설
- 우모펠트 : 130℃ 이하
- 암면 : 400℃ 이하
- 석면 : 350℃ 이하
- 규조토 : 500℃ 이하

27 주증기관에서 증기의 건도를 향상시키는 방법으로 적당하지 않은 것은?
① 가압하여 증기의 압력을 높인다.
② 드레인 포켓을 설치한다.
③ 증기공간 내에 공기를 제거한다.
④ 기수분리기를 사용한다.

해설 가압하여 증기의 압력을 높이면 오히려 증기가 응축되어 증기의 건도가 감소할 수 있다.

28 보일러 기수공발(carry over)의 원인이 아닌 것은?
① 보일러의 증발능력에 비하여 보일러수의 표면적이 너무 넓다.
② 보일러의 수위가 높아지거나 송기시 증기 밸브를 급개하였다.
③ 보일러수 중의 가성소다, 인산소다, 유지분 등의 함유비율이 많았다.
④ 부유 고형물이나 용해고형물이 많이 존재하였다.

해설 기수공발(carry over)이란?
증기관 속으로 증기가 혼입되어 운반되는 현상으로 다음의 경우에 발생한다.
㉠ 보일러의 수위가 높아지거나 송기시 증기 밸브를 급개하였을 때
㉡ 보일러수 중의 가성소다, 인산소다, 유지분 등의 함유비율이 많아졌을 때
㉢ 부유 고형물이나 용해고형물이 많이 존재할 때

29 동관 끝을 나팔 모양으로 만드는 데 사용하는 공구는?
① 사이징 툴   ② 익스팬더
③ 플레어링 툴   ④ 파이프 키터

해설 동관용 공구
㉠ 사이징 툴 : 동관의 끝을 정확하게 원형으로 가공하는 공구
㉡ 튜브 벤더 : 동관 굽힘용 공구
㉢ 익스펜더 : 동관의 확관용 공구
㉣ 플레어링 툴 : 동관의 압축 접합용 공구

30 보일러 분출 시의 유의사항 중 틀린 것은?
① 분출 도중 다른 작업을 하지 말 것
② 안전저수위 이하로 분출하지 말 것
③ 2대 이상의 보일러를 동시에 분출하지 말 것
④ 계속 운전 중인 보일러는 부하가 가장 클 때

해설 보일러 분출은 계속 운전 중인 보일러는 부하가 가장 적을 때 한다.

31 보일러에서 제어해야 할 요소에 해당되지 않는 것은?
① 급수 제어
② 연소 제어
③ 증기온도 제어
④ 전열면 제어

해설 보일러 제어에서 전열면 제어는 할 수 없다.

32 관류보일러의 특징에 대한 설명으로 틀린 것은?
① 철저한 급수처리가 필요하다.
② 임계압력 이상의 고압에 적당하다.
③ 순환비가 1이므로 드럼이 필요하다.
④ 증기의 가동발생 시간이 매우 짧다.

해설 관류보일러의 특징
① 철저한 급수처리가 필요하다.
② 임계압력 이상의 고압에 적당하다.
③ 순환비가 1이므로 드럼이 필요없다.
④ 증기발생 시간이 매우 짧아, 효율이 높다.

Answer
27. ① 28. ① 29. ③ 30. ④ 31. ④ 32. ③

33 보일러 전열면적 1m² 당 1시간에 발생되는 실제 증발량은 무엇인가?

① 전열면의 증발율
② 전열면의 출력
③ 전열면의 효율
④ 상당증발 효율

해설 전열면 증발율 : 보일러 전열면적 1m² 당 1시간에 발생되는 실제 증발량

34 50kg의 -10℃ 얼음을 100℃의 증기로 만드는 데 소요되는 열량은 몇 kcal인가? (단, 물과 얼음의 비열은 각각 1kcal/kg·℃, 0.5kcal/kg·℃로 한다.)

① 36200
② 36450
③ 37200
④ 37450

해설
㉠ 50×0.5×(10+0)=250kcal
㉡ 50×80=4000kcal
㉢ 50×1×100=5000kcal
㉣ 50×539=26950kcal
∴ ㉠+㉡+㉢+㉣=36200kcal

35 피드백 자동제어에서 동작신호를 받아서 제어계가 정해진 동작을 하는데 필요한 신호를 만들어 조작부에 보내는 부분은?

① 검출부
② 제어부
③ 비교부
④ 조절부

해설 조절부 : 동작신호를 받아서 제어계가 정해진 동작을 하는데 필요한 신호를 만들어 조작부에 보내는 부분

36 중유보일러의 연소 보조장치에 속하지 않는 것은?

① 여과기
② 인젝터
③ 화염 검출기
④ 오일 프리히터

해설 인젝터 : 증기를 이용해 물을 급수하는 급수보조장치

37 보일러 분출의 목적으로 틀린 것은?

① 불순물로 인한 보일러수의 농축을 방지한다.
② 포밍이나 프라이밍의 생성을 좋게 한다.
③ 전열면에 스케일 생성을 방지한다.
④ 관수의 순환을 좋게 한다.

해설 분출의 목적 : 포밍, 프라이밍의 생성방지

38 캐리오버로 인하여 나타날 수 있는 결과로 거리가 먼 것은?

① 수격현상
② 프라이밍
③ 열효율 저하
④ 배관의 부식

해설 프라이밍 현상이 발생되어 증기관 속으로 증기와 물방울이 포함 이송될 때 나타나는 현상이 캐리오버이다.

39 입형보일러 특징으로 거리가 먼 것은?

① 보일러 효율이 높다.
② 수리나 검사가 불편하다.
③ 구조 및 설치가 간단하다.
④ 전열면적이 적고 소용량이다.

해설 입형보일러는 비교적 효율이 낮다.

40 보일러의 점화 시 역화원인에 해당되지 않는 것은?

① 압입통풍이 너무 강한 경우
② 프리퍼지의 불충분이나 또는 잊어버린 경우
③ 점화원을 가동하기 전에 연료를 분무해 버린 경우
④ 연료 공급밸브를 필요 이상 급개하여 다량으로 분무한 경우

해설 역화의 원인
㉠ 프리퍼지 부족, 과다한 연료공급
㉡ 점화시 착화가 늦은 경우
㉢ 공기보다 연료의 공급이 우선된 경우
㉣ 연료의 불완전 및 미연소

Answer 33. ① 34. ① 35. ④ 36. ② 37. ② 38. ② 39. ① 40. ①

41 급수펌프에서 송출량이 $10m^3/min$이고, 전양정이 8m일 때, 펌프의 소요마력은? (단, 펌프 효율은 75%이다.)

① 15.6PS　② 17.8PS
③ 23.7PS　④ 31.6PS

해설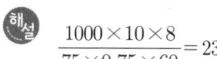
$$\frac{1000 \times 10 \times 8}{75 \times 0.75 \times 60} = 23.7PS$$

42 증기난방 배관에 대한 설명 중 옳은 것은?
① 건식환수식이란 환수주관이 보일러의 표준수위보다 낮은 위치에 배관되고 응축수가 환수주관의 하부를 따라 흐르는 것을 말한다.
② 습식환수식이란 환수주관이 보일러의 표준수위보다 높은 위치에 배관되는 것을 말한다.
③ 건식환수식에서는 증기트랩을 설치하고, 습식환수식에서는 공기빼기 밸브나 에어포켓을 설치한다.
④ 단관식 배관은 복관식 배관보다 배관의 길이가 길고 관경이 작다.

해설
• 건식환수식이란 환수주관이 보일러의 수위보다 높은 위치에 배관되는 것
• 습식환수식이란 환수주관이 보일러의 표준수위보다 낮은 위치에 배관되는 것
• 건식환수식에서는 증기트랩을 설치하고, 습식환수식에서는 공기빼기 밸브나 에어포켓을 설치한다.
• 단관식 배관은 증기와 응축수가 동일관으로 흐르는 것으로 주관의 길이가 복관식 보다 짧다.

43 사용 중인 보일러의 점화 전 주의사항으로 틀린 것은?
① 연료 계통을 점검한다.
② 각 밸브의 개폐 상태를 확인한다.
③ 댐퍼를 닫고 프리퍼지를 한다.
④ 수면계의 수위를 확인한다.

해설 점화전 주의 사항
① 연료 계통을 점검한다.
② 각 밸브의 개폐 상태를 확인한다.
③ 댐퍼를 열고 프리퍼지를 한다.
④ 수면계의 수위를 확인한다.

44 다음 중 보일러의 안전장치에 해당되지 않는 것은?
① 방출밸브　② 방폭문
③ 화염검출기　④ 감압밸브

해설 감압밸브 : 송기장치

45 에너지이용 합리화법에 따른 열사용기자재 중 소형온수 보일러의 적용 범위로 옳은 것은?
① 전열면적 $24m^2$ 이하이며, 최고사용압력이 0.5MPa 이하의 온수를 발생하는 보일러
② 전열면적 $14m^2$ 이하이며, 최고사용압력이 0.35MPa 이하의 온수를 발생하는 보일러
③ 전열면적 $20m^2$ 이하인 보일러
④ 최고 사용압력이 0.8MPa 이하의 온수를 발생하는 보일러

해설 소형온수보일러의 적용범위
전열면적 $14m^2$ 이하이며, 최고사용압력이 0.35MPa 이하의 온수를 발생하는 보일러

46 에너지이용 합리화법상 목표에너지원 단위란?
① 에너지를 사용하여 만드는 제품의 종류별 연간 에너지사용목표량
② 에너지를 사용하여 만드는 제품의 단위당 에너지사용목표량
③ 건축물의 총 면적당 에너지사용목표량
④ 자동차 등의 단위연료당 목표주행거리

Answer
41. ③　42. ③　43. ③　44. ④　45. ②　46. ②

목표에너지원 단위란?
에너지를 사용하여 만드는 제품의 단위당 에너지 사용목표량

47 저탄소 녹색성장 기본법령상 관리업체는 해당 연도 온실가스 배출량 및 에너지 소비량에 관한 명세서를 작성하고 이에 대한 검증기관이 검증결과를 부문별 관장기관에게 전자적 방식으로 언제까지 제출해야 하는가?

① 해당 연도 12월 31일까지
② 다음 연도 1월 31일까지
③ 다음 연도 3월 31일까지
④ 다음 연도 6월 30일까지

저탄소 녹색성장 기본법령상 관리업체는 해당 연도 온실가스 배출량 및 에너지 소비량에 관한 명세서를 작성하고 이에 대한 검증기관이 검증결과를 부문별 관장기관에게 전자적 방식으로 다음 연도 3월 31일까지 제출

48 에너지이용 합리화법 시행령에서 에너지다소비사업자라 함은 연료·열 및 전력의 연간 사용량 합계가 얼마 이상인 경우인가?

① 5백 티오이 ② 1천 티오이
③ 1천 5백 티오이 ④ 2천 티오이

에너지이용 합리화법 시행령에서 에너지다소비사업자라 함은 연료·열 및 전력의 연간 사용량 합계 2천 티오이 이상

49 에너지이용 합리화법상 에너지소비효율 등급 또는 에너지 소비효율을 해당 효율관리 기자재에 표시할 수 있도록 효율관리 기자재의 에너지 사용량을 측정하는 기관은?

① 효율관리진단기관
② 효율관리전문기관
③ 효율관리표준기관
④ 효율관리시험기관

효율관리시험기관 : 에너지소비효율 등급 또는 에너지 소비효율을 해당 효율관리 기자재에 표시할 수 있도록 효율관리 기자재의 에너지 사용량을 측정

50 에너지이용 합리화법상 법을 위반하여 검사대상기기 조종자를 선임하지 아니한 자에 대한 벌칙기준으로 옳은 것은?

① 2년 이하의 징역 또는 2천만원 이하의 벌금
② 2천만원 이하의 벌금
③ 1천만원 이하의 벌금
④ 500만원 이하의 벌금

검사대상기기 조종자를 선임하지 아니한 자에 대한 벌칙
1천만원 이하의 벌금

51 난방부하 계산시 고려해야 할 사항으로 거리가 먼 것은?

① 유리창 및 문의 크기
② 현관 등의 공간
③ 연료의 발열량
④ 건물 위치

연료의 발열량은 난방부하 계산시 고려할 사항이 아니다.

52 보일러에서 수압시험을 하는 목적으로 틀린 것은?

① 분출 증기압력을 측정하기 위하여
② 각종 덮개를 장치한 후의 기밀도를 확인하기 위하여
③ 수리한 경우 그 부분의 강도나 이상 유무를 판단하기 위하여
④ 구조상 내부 검사를 하기 어려운 곳에는 그 상태를 판단하기 위하여

Answer
47. ③ 48. ④ 49. ④ 50. ③ 51. ③ 52. ①

2015년 10월 10일 시행

해설 수압시험의 목적은 강도, 균열여부, 기밀도, 내부 검사가 어려운 곳의 상태 판단 등의 목적으로 한다.

53 온수난방법 중 고온수 난방에 사용되는 온수의 온도는?

① 100℃ ② 80~90℃
③ 60~70℃ ④ 40~60℃

해설 고온수 : 100℃ 이상, 보통온수 : 85~95℃

54 온수방열기의 공기빼기 밸브의 위치로 적당한 것은?

① 방열기 상부
② 방열기 중부
③ 방열기 하부
④ 방열기의 최하단부

해설 온수방열기의 공기빼기 밸브의 위치 : 방열기 상부

55 관의 방향을 바꾸거나 분기할 때 사용되는 이음쇠가 아닌 것은?

① 벤드 ② 크로스
③ 엘보 ④ 니플

해설 니플 : 관을 직선으로 연결할 때 사용된다.

56 보일러 운전이 끝난 후 노내와 연도에 체류하고 있는 가연성 가스를 배출시키는 작업은?

① 페일 세이프(fail safe)
② 풀 프루프(fool proof)
③ 포스트 퍼지(post-purge)
④ 프리 퍼지(pre-purge)

해설 포스트 퍼지(post-purge) : 보일러 운전이 끝난 후 노내와 연도에 체류하고 있는 가연성 가스를 배출시키는 작업

57 온도 조절식 트랩으로 응축수와 함께 저온의 공기도 통과시키는 특성이 있으며, 진공환수식 증기 배관의 방열기 트랩이나 관말 트랩으로 사용되는 것은?

① 버킷 트랩
② 열동식 트랩
③ 플로트 트랩
④ 매니폴드 트랩

해설
- 온도 조절식 트랩 : 열동식 트랩, 바이메탈식 트랩
- 기계식 트랩 : 버킷 트랩, 플로트 트랩
- 열역학적 트랩 : 오리피스식 트랩, 디스크식 트랩

58 온수난방의 특징에 대한 설명으로 틀린 것은?

① 실내의 쾌감도가 좋다.
② 온도 조절이 용이하다.
③ 화상의 우려가 적다.
④ 예열시간이 짧다.

해설 온수난방의 특징
㉠ 예열시간이 길다.
㉡ 방열량의 조절이 쉽다.
㉢ 동결의 위험이 적다.
㉣ 방열면적이 넓고 취급이 쉽다.
㉤ 건축물의 높이에 제한을 받는다.

59 고온 배관용 탄소강 강관의 KS 기호는?

① SPHT ② SPLT
③ SPPS ④ SPA

해설
- SPHT : 고온 배관용 탄소강관
- SPLT : 저온 배관용 탄소강관
- SPPS : 압력 배관용 탄소강관
- SPA : 배관용 합금강 강관

Answer
53. ① 54. ① 55. ④ 56. ③ 57. ② 58. ④ 59. ①

60 보일러 수위에 대한 설명으로 옳은 것은?

① 항상 상용수위를 유지한다.
② 증기 사용량이 적을 때는 수위를 높게 유지한다.
③ 증기 사용량이 많을 때는 수위를 얕게 유지한다.
④ 증기 압력이 높을 때는 수위를 높게 유지한다.

^{해설} 보일러 수위는 항상 상용수위를 유지한다.

Answer
60. ①

에너지관리기능사

2016년 1월 24일 시행

01 연소가스 성분 중 인체에 미치는 독성이 가장 적은 것은?

① SO_2 ② NO_2
③ CO_2 ④ CO

 탄산가스(CO_2)는 이산화탄소라고도 하며 탄소 및 그 화합물이 완전 연소될 때 또는 생물의 호흡이나 발효 시 생기는 기체. 무색무취로 물에 비교적 잘 녹으며 식물의 탄소동화작용에 필요함. 대기 층에 존재할 때 열을 흡수하는 성질이 있으며 탄산가스층의 증가는 지구온난화의 원인이 되고 있음.

02 유류용 온수보일러에서 버너가 정지하고 리셋버튼이 돌출하는 경우는?

① 연통의 길이가 너무 길다.
② 연소용 공기량이 부적당하다.
③ 오일 배관 내의 공기가 빠지지 않고 있다.
④ 실내 온도조절기의 설정온도가 실내 온도보다 낮다.

오일 배관 내에 공기가 차 있으면 연료공급이 중단되어 버너가 정지하고 리셋버튼이 돌출하는 경우가 있다.

03 보일러 사용 시 이상 저수위의 원인이 아닌 것은?

① 증기 취출량이 과대한 경우
② 보일러 연결부에서 누출이 되는 경우
③ 급수장치가 증발능력에 비해 과소한 경우
④ 급수탱크 내 급수량이 많은 경우

가동 중 이상 저수위발생 원인
① 증기 취출량이 과대한 경우
② 보일러 연결부에서 누출이 되는 경우
③ 급수장치가 증발능력에 비해 과소한 경우
④ 분출장치에서 누수가 발생할 때 등

04 어떤 물질 500kg을 20℃에서 50℃로 올리는데 3000kcal의 열량이 필요하였다. 이 물질의 비열은?

① $0.1\ kcal/kg\cdot℃$
② $0.2\ kcal/kg\cdot℃$
③ $0.3\ kcal/kg\cdot℃$
④ $0.4\ kcal/kg\cdot℃$

$\dfrac{3000}{500\times(50-20)}=0.2kcal/kg\cdot℃$

05 중유의 첨가제 중 슬러지의 생성방지제 역할을 하는 것은?

① 회분개질제 ② 탈수제
③ 연소촉진제 ④ 안정제

• 중유첨가제 및 작용
① 연소촉진제 : 분무를 양호하게 한다.
② 안정제(슬러지 분산제) : 슬러지의 생성을 방지한다.
③ 탈수제 : 중유 속의 수분을 분리한다.
④ 회분개질제 : 회분의 융점을 높여 고온부식을 방지한다.
⑤ 유동점 강하제 : 중유의 유동점을 낮추어 송유를 양호하게 한다.

06 보일러 드럼 없이 초임계 압력 이상에서 고압 증기를 발생시키는 보일러는?

① 복사 보일러
② 관류 보일러
③ 수관 보일러
④ 노통연관 보일러

관류 보일러 : 초임계 압력의 보일러이며 드럼 없이 관으로만 구성되어 있다.

Answer
1. ③ 2. ③ 3. ④ 4. ② 5. ④ 6. ②

07 보일러 1마력에 대한 표시로 옳은 것은?

① 전열면적 10m²
② 상당증발량 15.65kg/h
③ 전열면적 8ft²
④ 상당증발량 30.6lb/h

해설) 보일러 1마력이 차지하는 상당증발량은 15.65kg/h이다.

08 제어장치에서 인터록(inter lock)이란?

① 정해진 순서에 따라 차례로 동작이 진행되는 것
② 구비조건에 맞지 않을 때 작동을 정지시키는 것
③ 증기압력의 연료량, 공기량을 조절하는 것
④ 제어량과 목표치를 비교하여 동작시키는 것

해설) 인터록(inter lock)이란? 구비조건에 맞지 않을 때 작동을 정지시키는 것

09 동작유체의 상태변화에서 에너지의 이동이 없는 변화는?

① 등온변화   ② 정적변화
③ 정압변화   ④ 단열변화

해설) 단열변화 : 동작유체의 상태변화에서 에너지의 이동이 없는 변화

10 연소 시 공기비가 작을 때 나타나는 현상으로 틀린 것은?

① 불완전연소가 되기 쉽다.
② 미연소가스에 의한 가스 폭발이 일어나기 쉽다.
③ 미연소가스에 의한 열손실이 증가될 수 있다.
④ 배기가스 중 NO 및 NO_2의 발생량이 많아진다.

해설)
• 공기비가 적을 때
  ① 불완전연소가 되기 쉽다.
  ② 미연소가스에 의한 가스폭발과 매연 발생
  ③ 미연소가스에 의한 열손실 증가
• 공기비가 클 때
  ① 연소실 온도 저하
  ② 배기가스량이 많아져서 열손실이 증가
  ③ 배기가스 중 NO 및 NO_2 발생으로 부식촉진과 대기오염을 초래

11 보일러 연소장치와 가장 거리가 먼 것은?

① 스테이   ② 버너
③ 연도   ④ 화격자

해설) 스테이 : 강도가 약한 부분의 강도보강을 위하여 사용되는 이음부분

종 류	사용장소(목적)
관 스테이	연관과 경판 선단 부위에 관을 확관 마찰이나 마모에 견디게 한다.
바 스테이	경판, 화실, 천장판의 강도 보강용
볼트 스테이	평행판의 강도보강(횡연관 보일러)
가셋트 스테이	경판과 동판의 강도보강(노통 보일러)
도리 스테이	화실 천장판의 강도보강(기관차 보일러)
도그 스테이	맨홀, 청소의 밀봉용

12 증기트랩이 갖추어야 할 조건에 대한 설명으로 틀린 것은?

① 마찰저항이 클 것
② 동작이 확실할 것
③ 내식, 내마모성이 있을 것
④ 응축수를 연속적으로 배출할 수 있을 것

해설)
• 증기트랩의 구비조건
  ① 동작이 확실할 것
  ② 내식·내마모성이 있을 것
  ③ 마찰저항이 작고 단순한 구조일 것
  ④ 응축수를 연속적으로 배출할 수 있을 것
  ⑤ 공기의 배제나 정지 후 응축수 빼기가 가능할 것

Answer
7. ② 8. ② 9. ④ 10. ④ 11. ① 12. ①

13 과열증기에서 과열도는 무엇인가?

① 과열증기의 압력과 포화증기의 압력 차이다.
② 과열증기 온도와 포화증기온도와의 차이다.
③ 과열증기 온도에 증발열을 합한 것이다.
④ 과열증기 온도에 증발열을 뺀 것이다.

해설 과열도 = 과열증기 온도와 포화증기온도와의 차

14 다음은 증기보일러를 성능시험하고 결과를 산출하였다. 보일러 효율은?

- 급수온도 : 12℃
- 연료의 저위 발열량 : 10500kcal/Nm³
- 발생증기의 엔탈피 : 663.8kcal/kg
- 연료 사용량 : 373.9Nm³/h
- 증기 발생량 : 5120 kg/h
- 보일러 전열면적 : 102m²

① 78%   ② 80%
③ 82%   ④ 85%

$\dfrac{5120 \times (663.8 - 12)}{10500 \times 373.9} \times 100 = 85\%$

15 자동제어의 신호전달 방법에서 공기압식의 특징으로 옳은 것은?

① 전송 시 시간지연이 생긴다.
② 배관이 용이하지 않고 보존이 어렵다.
③ 신호전달 거리가 유압식에 비하여 길다.
④ 온도제어 등에 적합하고 화재의 위험이 많다.

해설 공기압식은 배관이 용이하며 신호전달 거리가 짧고, 화재의 위험이 없으나 전송 시 지연이 생긴다.

16 보일러 유류연료 연소 시에 가스폭발이 발생하는 원인이 아닌 것은?

① 연소 도중에 실화되었을 때
② 프리퍼지 시간이 너무 길어졌을 때
③ 소화 후에 연료가 흘러들어 갔을 때
④ 점화가 잘 안되는데 계속 급유했을 때

해설 가스폭발(역화)의 원인
① 연소 도중(가동 중)에 실화되었을 때
② 노내환기(프리퍼지, 포스트퍼지)가 불량할 때
③ 소화 후에 연료가 흘러들어 갔을 때
④ 점화가 잘 안되는데 계속 급유했을 때

17 세정식 집진장치 중 하나인 회전식 집진장치의 특징에 관한 설명으로 가장 거리가 먼 것은?

① 구조가 대체로 간단하고 조작이 쉽다.
② 급수 배관을 따로 설치할 필요가 없으므로 설치공간이 적게 든다.
③ 집진물을 회수할 때 탈수, 여과, 건조 등을 수행할 수 있는 별도의 장치가 필요하다.
④ 비교적 큰 압력손실을 견딜 수 있다.

해설 세정식 집진장치는 물을 공급하여 세정을 하는 방식이므로 별도의 급수배관을 설치한다.

18 다음 열효율 증대장치 중에서 고온부식이 잘 일어나는 장치는?

① 공기예열기
② 과열기
③ 증발전열면
④ 절탄기

해설 폐열회수장치(열효율 증대) : 과열기, 재열기, 절탄기, 공기예열기
① 고온부식 발생부 : 과열기, 재열기
② 저온부식 발생부 : 절탄기, 공기예열기

Answer
13. ②　14. ④　15. ①　16. ②　17. ②　18. ②

19 증기과열기의 열가스 흐름방식 분류 중 증기와 연소가스의 흐름이 반대방향으로 지나면서 열교환이 되는 방식은?

① 병류형
② 혼류형
③ 향류형
④ 복사대류형

해설 열가스 흐름에 의한 분류
① 병류식 : 증기와 열가스의 흐름이 같은 방향
② 향류식 : 증기와 열가스의 흐름이 반대 방향
③ 혼류식 : 병류식과 향류식을 병합

20 열정산의 방법에서 입열항목에 속하지 않는 것은?

① 발생증기의 흡수열
② 연료의 연소열
③ 연료의 현열
④ 공기의 현열

해설 출열항목
① 유효출열(발생증기의 보유열)
② 손실열(배기가스에 의한 손실열, 미연소가스에 의한 손실열, 방산에 의한 손실열 등)

21 가스용 보일러 설비 주위에 설치해야 할 계측기 및 안전장치와 무관한 것은?

① 급기 가스 온도계
② 가스 사용량 측정 유량계
③ 연료 공급 자동차단장치
④ 가스 누설 자동차단장치

해설 가스 보일러의 계측기 및 안전장치
① 가스 누설 자동차단장치
② 가스 사용량 측정 유량계
③ 연료 공급 자동차단장치

22 수위 자동제어 장치에서 수위와 증기유량을 동시에 검출하여 급수밸브의 개도가 조절되도록 한 제어방식은?

① 단요소식   ② 2요소식
③ 3요소식   ④ 모듈식

해설
• 단요소식(1요소식) : 수위만을 이용하여 제어하는 방식
• 2요소식 : 수위, 증기량을 이용하여 제어하는 방식
• 3요소식 : 수위, 증기량, 급수량을 이용하여 제어하는 방식

23 일반적으로 보일러의 상용수위는 수면계의 어느 위치와 일치시키는가?

① 수면계의 최상단부
② 수면계의 2/3위치
③ 수면계의 1/2위치
④ 수면계의 최하단부

해설 상용수위 : 사용 중 항상 유지해야 할 수위를 말하며, 일반적으로 수면계의 1/2 위치를 말하며, 또한 경우에 따라서는 수면계의 2/3 위치를 할 수도 있다.

24 왕복동식 펌프가 아닌 것은?

① 플런저 펌프   ② 피스톤 펌프
③ 터빈 펌프   ④ 다이어프램 펌프

해설
• 원심펌프 : 터빈 펌프, 볼류트 펌프 등

25 어떤 보일러의 증발량이 40t/h이고, 보일러 본체의 전열면적이 580m²일 때 이 보일러의 증발률은?

① $14kg/m^2 \cdot h$ ② $44kg/m^2 \cdot h$
③ $57kg/m^2 \cdot h$ ④ $69kg/m^2 \cdot h$

해설 $\dfrac{40000}{580} ≒ 69kg/m^2 \cdot h$

Answer 19. ③ 20. ① 21. ① 22. ② 23. ③ 24. ③ 25. ④

26 보일러의 수위제어 검출방식의 종류로 가장 거리가 먼 것은?

① 피스톤식　② 전극식
③ 플로트식　④ 열팽창관식

[해설] 수위제어 검출방식의 종류
① 플로트식
② 전극식
③ 열팽창관식(코프스식)

27 자연통풍 방식에서 통풍력이 증가되는 경우가 아닌 것은?

① 연돌의 높이가 낮은 경우
② 연돌의 단면적이 큰 경우
③ 연도의 굴곡수가 적은 경우
④ 배기가스의 온도가 높은 경우

[해설] 통풍력이 증가되는 경우
① 연돌의 높이가 높을 경우
② 연돌의 상부 단면적이 큰 경우
③ 연도의 굴곡부가 적은 경우
④ 배기가스의 온도가 높은 경우

28 액체 연료의 주요 성상으로 가장 거리가 먼 것은?

① 비중　② 점도
③ 부피　④ 인화점

[해설] 액체연료의 주요 성상 : 인화점, 비중, 점도 등을 말한다.

29 절탄기에 대한 설명으로 옳은 것은?

① 연소용 공기를 예열하는 장치이다.
② 보일러의 급수를 예열하는 장치이다.
③ 보일러용 연료를 예열하는 장치이다.
④ 연소용 공기와 보일러 급수를 예열하는 장치이다.

[해설] 절탄기 : 보일러의 급수를 예열하는 장치

30 보일러를 장기간 사용하지 않고 보존하는 방법으로 가장 적당한 것은?

① 물을 가득 채워 보존한다.
② 배수하고 물이 없는 상태로 보존한다.
③ 1개월에 1회씩 급수를 공급 교환한다.
④ 건조 후 생석회 등을 넣고 밀봉하여 보존한다.

[해설] 보일러를 6개월 이상 장기간 보존하는 경우에는 내부를 건조 후 생석회 등 흡습제를 넣고 밀봉하여 보존한다.

31 하트포드 접속법(hart-ford connection)을 사용하는 난방방식은?

① 저압 증기난방　② 고압 증기난방
③ 저온 온수난방　④ 고온 온수난방

[해설] 하트포드 접속법 : 저압 증기난방에서 누수로 인한 저수위 사고를 방지하기 위해 표준수면 약 50mm 아래에 환수관을 설치하여 응축수를 환수하는 방식

32 온수난방설비에서 온수 온도차에 의한 비중력차로 순환하는 방식으로 단독주택이나 소규모 난방에 사용되는 난방방식은?

① 강제순환식 난방　② 하향순환식 난방
③ 자연순환식 난방　④ 상향순환식 난방

[해설] 자연순환식(중력순환식) 난방 : 비중력차로 온수를 순환시켜 난방하는 방식

33 압축기 진동과 서징, 관의 수격작용, 지진 등에서 발생하는 진동을 억제하기 위해 사용되는 지지 장치는?

① 벤드벤　② 플랩 밸브
③ 그랜드 패킹　④ 브레이스

[해설] • 브레이스 : 압축기 진동과 서징, 관의 수격작용, 지진 등에서 발생하는 진동을 억제하기 위해 사용되는 지지 장치

Answer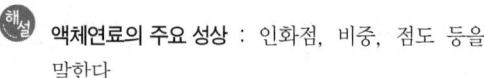
26. ①　27. ①　28. ③　29. ②　30. ④　31. ①　32. ③　33. ④

34 온수보일러에 팽창탱크를 설치하는 주된 이유로 옳은 것은?
① 물의 온도 상승에 따른 체적팽창에 의한 보일러의 파손을 막기 위한 것이다.
② 배관 중의 이물질을 제거하여 연료의 흐름을 원활히 하기 위한 것이다.
③ 온수 순환펌프에 의한 맥동 및 캐비테이션을 방지하기 위한 것이다.
④ 보일러, 배관, 방열기 내에 발생한 스케일 및 슬러지를 제거하기 위한 것이다.

해설 팽창 탱크 설치 목적
① 체적팽창, 이상팽창압력을 흡수하여 보일러 파손 방지
② 관내 온수온도와 압력을 일정하게 유지
③ 보충수 공급
④ 관수배출을 하지 않아 열손실 방지

35 온수난방에서 방열기내 온수의 평균온도가 82℃, 실내온도가 18℃이고, 방열기의 방열계수가 6.8kcal/m²·h·℃인 경우 방열기의 방열량은?
① 650.9kcal/m²·h
② 557.6kcal/m²·h
③ 450.7kcal/m²·h
④ 435.2kcal/m²·h

해설 $6.8 \times (82 - 18) = 435.2 \text{kcal/m}^2 \cdot h$

36 보일러 설치·시공 기준상 유류보일러의 용량이 시간당 몇 톤 이상이면 공급 연료량에 따라 연소용 공기를 자동 조절하는 기능이 있어야 하는가? (단, 난방 보일러인 경우이다.)
① 1t/h   ② 3t/h
③ 5t/h   ④ 10t/h

해설 난방용 보일러의 경우 보일러 설치·시공 기준상 유류보일러의 용량이 시간당 10톤 이상이면 공급 연료량에 따라 연소용 공기를 자동 조절하는 기능이 있어야 한다.

37 포밍, 플라이밍의 방지 대책으로 부적합한 것은?
① 정상 수위로 운전할 것
② 급격한 과연소를 하지 않을 것
③ 주증기 밸브를 천천히 개방할 것
④ 수저 또는 수면 분출을 하지 말 것

해설 포밍, 플라이밍의 방지 대책
① 정상 수위로 운전할 것 즉, 고수위 방지
② 급격한 과연소를 하지 않을 것
③ 주증기 밸브를 천천히 개방할 것
④ 급수처리 철저(포밍은 유지류, 부유물질 등이 수면선상에서 발생되는 물거품현상)

38 증기보일러의 기타 부속장치가 아닌 것은?
① 비수방지관   ② 기수분리기
③ 팽창탱크   ④ 급수내관

해설 팽창탱크 : 온수 보일러에 설치되는 안전장치 역할을 한다.(34번 해설 참조)

39 온도 25℃의 급수를 공급받아 엔탈피가 725kcal/kg의 증기를 1시간당 2310kg을 발생시키는 보일러의 상당 증발량은?
① 1500kg/h
② 3000kg/h
③ 4500kg/h
④ 6000kg/h

해설 $\dfrac{2310 \times (725 - 25)}{539} = 3000 \text{kg/h}$

40 다음 중 가스관의 누설검사 시 사용하는 물질로 가장 적합한 것은?
① 소금물   ② 증류수
③ 비눗물   ④ 기름

해설 가스관의 누설 검사 시 사용하는 물질은 비눗물이 가장 적합하다.

Answer   34. ①   35. ④   36. ④   37. ④   38. ③   39. ②   40. ③

41 보일러 사고의 원인 중 제작상의 원인에 해당되지 않는 것은?

① 구조의 불량 ② 강도부족
③ 재료의 불량 ④ 압력초과

• 제작상의 원인
① 재료불량   ② 구조 및 설계불량
③ 강도불량   ④ 용접불량 등

• 취급상의 원인
① 압력초과   ② 저수위
③ 과열   ④ 역화
⑤ 부식 등

42 열팽창에 대한 신축이 방열기에 영향을 미치지 않도록 주로 증기 및 온수 난방용 배관에 사용되며, 2개 이상의 엘보를 사용하는 신축이음은?

① 벨로즈 이음   ② 루프형 이음
③ 슬리브 이음   ④ 스위블 이음

• 스위블 이음 : 방열기 주관에서 지관을 분기할 때 2개 이상의 엘보를 사용하는 신축 이음

43 보일러 급수 중의 용존(용해) 고형물을 처리하는 방법으로 부적합한 것은?

① 증류법   ② 응집법
③ 약품 첨가법   ④ 이온 교환법

• 용해(용존)고형물 제거 방법 : 이온 교환법, 증류법, 약제 첨가법
• 현탁 고형물 제거 방법 : 자연 침강법, 응집법, 여과법

44 난방부하를 구성하는 인자에 속하는 것은?

① 관류 열손실
② 환기에 의한 취득열량
③ 유리창으로 통한 취득 열량
④ 벽, 지붕 등을 통한 취득열량

난방부하 구성 인자(손실열량)
① 관류 열손실
② 환기에 의한 손실열량
③ 유리창으로 통한 손실열량
④ 벽, 지붕 등을 통한 손실열량

45 증기보일러에는 2개 이상의 안전밸브를 설치하여야 하는 반면에 1개 이상으로 설치 가능한 보일러의 최대 전열면적은?

① $50m^2$ ② $60m^2$
③ $70m^2$ ④ $80m^2$

안전밸브는 2개 이상을 설치해야 하나 전열면적이 $50m^2$ 이하의 경우에는 1개 이상을 설치한다.

46 증기난방에서 저압증기 환수관이 진공펌프의 흡입구보다 낮은 위치에 있을 때 응축수를 원활히 끌어올리기 위해 설치하는 것은?

① 하트포드 접속(hartford connection)
② 플래시 레그(flash leg)
③ 리프트 피팅(lift fitting)
④ 냉각관(cooling leg)

리프트 피팅(lift fitting) : 증기난방에서 저압증기 환수관이 진공펌프의 흡입구보다 낮은 위치에 있을 때 응축수를 원활히 끌어올리기 위해 설치하는 것

47 중력순환식 온수난방법에 관한 설명으로 틀린 것은?

① 소규모 주택에 이용된다.
② 온수의 밀도차에 의해 온수가 순환한다.
③ 자연순환이므로 관경을 작게 하여도 된다.
④ 보일러는 최하위 방열기보다 더 낮은 곳에 설치한다.

중력순환식 온수난방은 비중력차를 이용하여 난방하는 형식으로 강제순환식보다는 관경을 크게 해야 한다.

Answer
41. ④ 42. ④ 43. ② 44. ① 45. ① 46. ③ 47. ③

48 연료의 연소 시, 이론 공기량에 대한 실제공기량의 비 즉, 공기비(m)의 일반적인 값으로 옳은 것은?

① m = 1   ② m < 1
③ m < 0   ④ m > 1

해설 연소 시 필요한 실제공기량은 이론공기량과 과잉공기를 합한 값이므로 공기비는 1보다 커야 한다.

49 보일러수 내처리 방법으로 용도에 따른 청관제로 틀린 것은?

① 탈산소제 - 염산, 알콜
② 연화제 - 탄산소다, 인산소다
③ 슬러지 조정제 - 탄닌, 리그닌
④ pH 조정제 - 인산소다, 암모니아

해설 탈산소제 - 탄닌, 히드라진, 아황산나트륨

50 진공환수식 증기 난방장치의 리프트 이음 시 1단 흡상 높이는 최고 몇 m 이내로 하는가?

① 1.0   ② 1.5
③ 2.0   ④ 2.5

해설 리프트 피팅

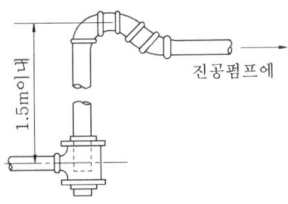

51 보일러 급수처리 방법 중 5000ppm 이하의 고형물 농도에서는 비경제적이므로 사용하지 않고, 선박용 보일러에 사용하는 급수를 얻을 때 주로 사용하는 방법은?

① 증류법
② 가열법
③ 여과법
④ 이온교환법

해설 증류법 : 보일러 급수처리 방법 중 5000ppm 이하의 고형물 농도에서는 비경제적이므로 사용하지 않고, 선박용 보일러에 사용하는 급수를 얻을 때 주로 사용하는 방법

52 가스보일러에서 가스폭발의 예방을 위한 유의사항으로 틀린 것은?

① 가스압력이 적당하고 안정되어 있는지 점검한다.
② 화로 및 굴뚝의 통풍, 환기를 완벽하게 하는 것이 필요하다.
③ 점화용 가스의 종류는 가급적 화력이 낮은 것을 사용한다.
④ 착화 후 연소가 불안정할 때는 즉시 가스공급을 중단한다.

해설 점화는 1회에 이루어질 수 있도록 화력이 큰 불씨를 사용한다.

53 보일러 드럼 및 대형 헤더가 없고 지름이 작은 전열관을 사용하는 관류보일러의 순환비는?

① 4   ② 3
③ 2   ④ 1

해설 관류 보일러는 순환비($\frac{급수량}{증발량}$)가 1이어서 드럼이 필요없다.

54 증기관이나 온수관 등에 대한 단열로서 불필요한 방열을 방지하고 인체에 화상을 입히는 위험방지 또는 실내공기의 이상온도 상승방지 등을 목적으로 하는 것은?

① 방로   ② 보냉
③ 방한   ④ 보온

해설 보온은 증기관이나 온수관 등에 열손실 방지, 인체에 화상을 입히는 위험방지 또는 실내공기의 이상온도 상승방지 등을 목적

Answer
48. ④ 49. ① 50. ② 51. ① 52. ③ 53. ④ 54. ④

55 효율관리기자재가 최저소비효율기준에 미달하거나 최대사용량기준을 초과하는 경우 제조·수입·판매업자에게 어떠한 조치를 명할 수 있는가?

① 생산 또는 판매금지
② 제조 또는 설치금지
③ 생산 또는 세관금지
④ 제조 또는 시공금지

해설 효율관리기자재가 최저소비효율기준에 미달하거나 최대사용량기준을 초과하는 경우 제조·수입·판매업자에게 생산 또는 판매금지를 명할 수 있다.

56 에너지이용 합리화법에 따라 산업통상자원부령으로 정하는 광고매체를 이용하여 효율관리기자재의 광고를 하는 경우에는 그 광고 내용에 에너지소비효율, 에너지소비효율등급을 포함시켜야 할 의무가 있는 자가 아닌 것은?

① 효율관리기자재의 제조업자
② 효율관리기자재의 광고업자
③ 효율관리기자재의 수입업자
④ 효율관리기자재의 판매업자

해설 효율관리기자재의 광고업자는 에너지이용 합리화법에 따라 산업통상자원부령으로 정하는 광고매체를 이용하여 효율관리기자재의 광고를 하는 경우에는 그 광고 내용에 에너지소비효율, 에너지소비효율등급을 포함시켜야 할 의무가 없다.

57 에너지이용합리화법상 에너지 진단기관의 지정기준은 누구의 령으로 정하는가?

① 대통령
② 시 · 도지사
③ 시공업자단체장
④ 산업통산자원부장관

해설 에너지이용합리화법상 에너지 진단기관의 지정기준은 대통령령으로 정하다.

58 열사용기자재 중 온수를 발생하는 소형온수보일러의 적용범위로 옳은 것은?

① 전열면적 $12m^2$ 이하, 최고사용압력 $0.25MPa$ 이하의 온수를 발생하는 것
② 전열면적 $14m^2$ 이하, 최고사용압력 $0.25MPa$ 이하의 온수를 발생하는 것
③ 전열면적 $12m^2$ 이하, 최고사용압력 $0.35MPa$ 이하의 온수를 발생하는 것
④ 전열면적 $14m^2$ 이하, 최고사용압력 $0.35MPa$ 이하의 온수를 발생하는 것

해설 소형 온수보일러 : 전열면적 $14m^2$ 이하, 최고사용압력 $0.35MPa$ 이하의 온수를 발생하는 것

59 에너지법에서 정한 지역에너지계획을 수립·시행하여야 하는 자는?

① 행정자치부장관
② 산업통상자원부장관
③ 한국에너지공단 이사장
④ 특별시장·광역시장·도지사 또는 특별자치도지사

해설 에너지법에서 정한 지역에너지계획을 수립·시행하여야 하는 자 : 특별시장·광역시장·도지사 또는 특별자치도지사

Answer
55. ① 56. ② 57. ① 58. ④

60 검사대상기기 조종범위 용량이 10t/h 이하인 보일러의 조종자 자격이 아닌 것은?

① 에너지관리기사
② 에너지관리기능장
③ 에너지관리기능사
④ 인정검사대상기기조종자 교육이수자

해설 검사대상기기 조종자의 자격 및 조종범위

조종자의 자격	조종범위
에너지관리기능장, 에너지관리기사	용량이 30t/h를 초과하는 보일러
에너지관리기능장, 에너지관리기사, 에너지관리산업기사	용량이 10t/h를 초과하고 30t/h 이하인 보일러
에너지관리기능장, 에너지관리기사, 에너지관리산업기사, 에너지관리기능사	용량이 10t/h 이하인 보일러
에너지관리기능장, 에너지관리기사, 에너지관리산업기사, 에너지관리기능사 또는 인정검사대상기기 조종자의 교육을 이수한 자	1. 증기보일러로서 최고사용압력이 1MPa 이하이고, 전열면적이 10제곱미터 이하인 것 2. 온수발생 및 열매체를 가열하는 보일러로서 용량이 581.5킬로와트 이하인 것 3. 압력용기

Answer
59. ④ 60. ④

에너지관리기능사

2016년 4월 2일 시행

01 압력에 대한 설명으로 옳은 것은?
① 단위 면적당 작용하는 힘이다.
② 단위 부피당 작용하는 힘이다.
③ 물체의 무게를 비중량으로 나눈 값이다.
④ 물체의 무게에 비중량으로 곱한 값이다.

해설 압력이란 단위 면적당 작용하는 힘을 말한다.

02 유류버너의 종류 중 수기압(MPa)의 분무 매체를 이용하여 연료를 분무하는 형식의 버너로서 2유체 버너라고도 하는 것은?
① 고압기류식 버너
② 유압식 버너
③ 회전식 버너
④ 환류식 버너

해설 기류식 버너 : 분무 매체인 공기나 증기의 기류를 이용하여 연료를 분무하는 형식을 말하며 2유체 버너라고도 한다.(고압기류식 버너, 저압기류식 버너)

03 증기 보일러의 효율 계산식을 바르게 나타낸 것은?
① 효율(%) = $\frac{\text{상당증발량} \times 538.8}{\text{연료소비량} \times \text{연료의 발열량}} \times 100$
② 효율(%) = $\frac{\text{증기소비량} \times 538.8}{\text{연료소비량} \times \text{연료의 비중}} \times 100$
③ 효율(%) = $\frac{\text{급수량} \times 538.8}{\text{연료소비량} \times \text{연료의 발열량}} \times 100$
④ 효율(%) = $\frac{\text{급수사용량}}{\text{증기발열량}} \times 100$

해설 효율(%) = $\frac{\text{상당증발량} \times 538.8}{\text{연료소비량} \times \text{연료의 발열량}} \times 100$

효율(%) = $\frac{\text{매시간당 증발량} \times (\text{증기엔탈피} - \text{급수온도})}{\text{연료소비량} \times \text{연료의 발열량}} \times 100$

04 보일러 열효율 정산방법에서 열정산을 위한 액체 연료량을 측정할 때, 측정의 허용오차는 일반적으로 몇 %로 하여야 하는가?
① ±1.0%   ② ±1.5%
③ ±1.6%   ④ ±2.0%

해설 열효율 정산방법에서 열정산을 위한 액체 연료량을 측정할 때, 측정의 허용오차는 일반적으로 ±1.0%로 한다.

05 중유 예열기의 가열하는 열원의 종류에 따른 분류가 아닌 것은?
① 전기식   ② 가스식
③ 온수식   ④ 증기식

해설 열원에 따른 중유 예열기의 종류 : 전기식, 증기식, 온수식

06 공기비를 m, 이론 공기량을 Ao라고 할 때, 실제 공기량 A를 계산하는 식은?
① A = m · Ao
② A = m / Ao
③ A = 1 / (m · Ao)
④ A = Ao − m

해설 A = m · Ao

07 보일러 급수장치의 일종인 인젝터 사용 시 장점에 관한 설명으로 틀린 것은?
① 급수 예열 효과가 있다.
② 구조가 간단하고 소형이다.
③ 설치에 넓은 장소를 요하지 않는다.
④ 급수량 조절이 양호하여 급수의 효율이 높다.

Answer
1. ① 2. ① 3. ① 4. ① 5. ② 6. ① 7. ④

특징

[장점]
① 동력이 필요 없다.
② 설치장소를 작게 차지한다.
③ 구조가 간단하며 가격이 저렴하다.
④ 급수가 예열되어 열응력 발생을 방지한다.

[단점]
① 흡입양정이 낮아 급수조절이 어렵다.
② 증기압이 낮으며 급수가 곤란하다.
③ 구조상 소용량이다.
④ 급수온도가 높아지면 급수가 곤란하다.

08 다음 중 슈미트 보일러는 보일러 분류에서 어디에 속하는가?

① 관류식　　　② 간접 가열식
③ 자연순환식　④ 강제순환식

간접 가열식 : 슈미트, 레플러 보일러

09 보일러의 안전장치에 해당되지 않는 것은?

① 방폭문　　　② 수위계
③ 화염검출기　④ 가용마개

안전장치 : 안전밸브, 방출밸브, 화염검출기, 방폭문, 가용마개, 저수위 경보장치, 증기압력제한기 등

10 보일러의 시간당 증발량 1100kg/h, 증기엔탈피 650kcal/kg, 급수 온도 30℃일 때, 상당증발량은?

① 1050kg/h　② 1265kg/h
③ 1415kg/h　④ 1733kg/h

상당증발량
$= \dfrac{매시간당증기발생량 \times (증기엔탈피 - 급수온도)}{539}$
$= \dfrac{1100 \times (650 - 30)}{539} = 1265 \text{kg/h}$

11 보일러의 자동연소제어와 관련이 없는 것은?

① 증기압력 제어　② 온수온도 제어
③ 노내압 제어　　④ 수위 제어

수위 제어는 자동급수제어와 관련이 있다.

12 보일러의 과열방지장치에 대한 설명으로 틀린 것은?

① 과열방지용 온도퓨즈는 373K 미만에서 확실히 작동하여야 한다.
② 과열방지용 온도퓨즈가 작동한 경우 일정 시간 후 재점화되는 구조로 한다.
③ 과열방지용 온도퓨즈는 봉인을 하고 사용자가 변경할 수 없는 구조로 한다.
④ 일반적으로 용해전은 369~371K에 용해되는 것을 사용한다.

과열방지용 온도퓨즈가 작동한 경우 일정시간 후 자동으로 재점화되어서는 안 된다.

13 보일러 급수처리의 목적으로 볼 수 없는 것은?

① 부식의 방지
② 보일러수의 농축방지
③ 스케일 생성 방지
④ 역화 방지

급수처리의 목적
① 부식의 방지
② 보일러수의 농축방지
③ 스케일 생성 방지

14 배기가스 중에 함유되어 있는 CO_2, O_2, CO 3가지 성분을 순서대로 측정하는 가스 분석계는?

① 전기식 CO_2계
② 헴펠식 가스 분석계
③ 오르자트 가스 분석계
④ 가스 크로마토 그래픽 가스 분석계

Answer

8. ②　9. ②　10. ②　11. ④　12. ②　13. ④　14. ③

2016년 4월 2일 시행

해설 오르자트 가스 분석계
가스분석순서 : $CO_2 \rightarrow O_2 \rightarrow CO$

15 보일러 부속장치에 관한 설명으로 틀린 것은?
① 기수분리기 : 증기 중에 혼입된 수분을 분리하는 장치
② 슈트 블로워 : 보일러 동 저면의 스케일, 침전물 등을 밖으로 배출하는 장치
③ 오일스트레이너 : 연료 속의 불순물 방지 및 유량계 펌프 등의 고장을 방지하는 장치
④ 스팀 트랩 : 응축수를 자동으로 배출하는 장치

해설 슈트 블로워 : 전열면에 부착된 그을음을 제거하는 장치

16 일반적으로 보일러 판넬 내부 온도는 몇 ℃를 넘지 않도록 하는 것이 좋은가?
① 60℃ ② 70℃
③ 80℃ ④ 90℃

해설 일반적으로 보일러 판넬 내부 온도는 60℃로 유지한다.

17 함진 배기가스를 액방울이나 액막에 충돌시켜 분진 입자를 포집 분리하는 집진장치는?
① 중력식 집진장치
② 관성력식 집진장치
③ 원심력식 집진장치
④ 세정식 집진장치

해설 세정식 집진장치 : 함진 배기가스를 액방울이나 액막에 충돌시켜 분진 입자를 포집 분리하는 집진장치

18 보일러 인터록과 관계가 없는 것은?
① 압력초과 인터록
② 저수위 인터록
③ 불착화 인터록
④ 급수장치 인터록

해설 인터록의 종류
① 초과압력 인터록
② 저수위 인터록
③ 저연소 인터록
④ 프리퍼지 인터록
⑤ 불착화 인터록

19 상태변화 없이 물체의 온도 변화에만 소요되는 열량은?
① 고체열 ② 현열
③ 액체열 ④ 잠열

해설
• 현열 : 상태변화 없이 물체의 온도 변화
• 잠열 : 온도변화 없이 물체의 상태 변화

20 보일러용 오일 연료에서 성분분석 결과 수소 12.0% 수분 0.3%라면, 저위발열량은?
(단, 연료의 고위발열량은 10600kcal/kg 이다.)
① 6500kcal/kg ② 7600kcal/kg
③ 8950kcal/kg ④ 9950kcal/kg

해설
$Hh = Hl + 600(9H + W)$
$Hl = Hh - 600(9H + W)$
$\therefore 10600 - 600(9 \times 0.12 + 0.003) = 9950 kcal/kg$

21 보일러에서 보염장치의 설치목적에 대한 설명으로 틀린 것은?
① 화염의 전기전도성을 이용한 검출을 실시한다.
② 연소용 공기의 흐름을 조절하여 준다.
③ 화염의 형상을 조절한다.
④ 확실한 착화가 되도록 한다.

Answer
15. ② 16. ① 17. ④ 18. ④ 19. ② 20. ④ 21. ①

해설
- 보염장치의 설치 목적
  ① 연소용 공기의 흐름을 조절하여 준다.
  ② 화염의 형상을 조절한다.
  ③ 확실한 착화가 되도록 한다.

22 증기사용압력이 같거나 또는 다른 여러 개의 증기사용 설비의 드레인관을 하나로 묶어 한 개의 트랩으로 설치한 것을 무엇이라고 하는가?
① 플로트트랩 ② 버킷 트래핑
③ 디스크트랩 ④ 그룹 트래핑

해설
그룹 트래핑 : 여러 개의 증기사용 설비의 드레인관을 하나로 묶어 한 개의 트랩으로 설치한 것을 말한다.

23 보일러 윈드박스 주위에 설치되는 장치 또는 부품과 가장 거리가 먼 것은?
① 공기예열기 ② 화염검출기
③ 착화버너 ④ 투시구

해설
폐열회수장치 : 과열기 → 재열기 → 공기예열기 → 절탄기

24 보일러 운전 중 정전이나 실화로 인하여 연료의 누설이 발생하여 갑자기 점화되었을 때 가스폭발방지를 위해 연료공급을 차단하는 안전장치는?
① 폭발문 ② 수위경보기
③ 화염 검출기 ④ 안전밸브

해설
화염 검출기 : 보일러 운전 중 정전이나 실화로 인하여 연료의 누설이 발생하여 갑자기 점화되었을 때 가스폭발방지를 위해 연료공급을 차단하는 안전장치

25 다음 중 보일러에서 연소가스의 배기가 잘 되는 경우는?
① 연도의 단면적이 작을 때
② 배기가스 온도가 높을 때
③ 연도에 급한 굴곡이 있을 때
④ 연도에 공기가 많이 침입될 때

해설
통풍력을 크게 하려면
① 연돌의 높이를 높인다.
② 배기가스 온도를 높인다.
③ 굴곡부를 줄인다.(굴곡부 3개소 이내)
④ 연돌 상부단면적을 크게한다.

26 전열면적이 $40m^2$인 수직 연관보일러를 2시간 연소시킨 결과 4000kg의 증기가 발생하였다. 이 보일러의 증발률은?
① $40kg/m^2 \cdot h$ ② $30kg/m^2 \cdot h$
③ $60kg/m^2 \cdot h$ ④ $50kg/m^2 \cdot h$

해설
증발률 = $\dfrac{증발량}{면적 \times 시간} = \dfrac{4000}{40 \times 2} = 50kg/m^2 \cdot h$

27 다음 중 보일러 스테이(stay)의 종류로 가장 거리가 먼 것은?
① 가셋트(gusset)스테이
② 바(bar)스테이
③ 튜브(tube)스테이
④ 너트(nut)스테이

해설
스테이의 종류

종류	사용장소(목적)
관 스테이	연관과 경관 선단 부위에 관을 확관 마찰이나 마모에 견디게 한다.
바 스테이	경관, 화실, 천장관의 강도 보강용
볼트 스테이	평행판의 강도보강(횡연관 보일러)
가셋트 스테이	경관과 동판의 강도보강(노통 보일러)
도리 스테이	화실 천장관의 강도보강(기관차 보일러)
도그 스테이	맨홀, 청소의 밀봉용

Answer
22. ④ 23. ① 24. ③ 25. ② 26. ④ 27. ④

28 과열기의 종류 중 열가스 흐름에 의한 구분 방식에 속하지 않는 것은?

① 병류식
② 접촉식
③ 향류식
④ 혼류식

해설 열가스 접촉에 의한 분류 : 복사식, 접촉(대류)식, 복사접촉식

29 고체 연료의 고위발열량으로부터 저위발열량을 산출할 때 연료 속의 수분과 다른 한 성분의 함유율을 가지고 계산하여 산출 할 수 있는데 이 성분은 무엇인가?

① 산소
② 수소
③ 유황
④ 탄소

해설 고위 발열량과 저위발열량 산출에서 연료 속의 수소와 수분의 함유를 가지고 계산 산출

30 상용 보일러의 점화전 준비 사항에 관한 설명으로 틀린 것은?

① 수저분출밸브 및 분출 콕의 기능을 확인하고, 조금씩 분출되도록 약간 개방하여 둔다.
② 수면계에 의하여 수위가 적정한지 확인한다.
③ 급수배관의 밸브가 열려 있는지, 급수펌프의 기능은 정상인지 확인하다.
④ 공기빼기 밸브는 증기가 발생하기 전까지 열어 놓는다.

해설 수저분출장치에서의 누수는 저수위 사고의 원인이 된다.

31 도시가스 배관의 설치에서 배관의 이음부(용접이음매 제외)와 전기점멸기 및 전기 접속기와의 거리는 최소 얼마 이상 유지해야 하는가?

① 10cm
② 15cm
③ 30cm
④ 60cm

해설 도시가스 배관의 설치에서 배관의 이음부(용접이음매 제외)와 전기점멸기 및 전기 접속기와의 거리는 30cm 이상 유지한다.

32 증기보일러에는 2개 이상의 안전밸브를 설치하여야 하지만, 전열면적이 몇 이하인 경우에는 1개 이상으로 해도 되는가?

① $80m^2$
② $70m^2$
③ $60m^2$
④ $50m^2$

해설 증기보일러에는 2개 이상의 안전밸브를 설치하여야 하지만, 전열면적이 $50m^2$이하인 경우에는 1개 이상으로 해도 된다.

33 배관 보온재의 선정 시 고려해야 할 사항으로 가장 거리가 먼 것은?

① 안전사용 온도 범위
② 보온재의 가격
③ 해체의 편리성
④ 공사 현장의 작업성

해설 보온재 선정 시 고려사항
① 안전사용 온도 범위
② 보온재의 가격(경제성)
③ 공사 현장의 작업성(시공성)

Answer
28. ② 29. ② 30. ① 31. ③ 32. ④ 33. ③

34 증기주관의 관말트랩 배관의 드레인 포켓과 냉각관 시공 요령이다. 다음 ( )안에 적절한 것은?

> 증기주관에서 응축수를 건식환수관에 배출하려면 주관과 동경으로 (㉠)mm 이상 내리고 하부로 (㉡)mm 이상 연장하여 (㉢)을(를) 만들어 준다. 냉각관은 (㉣) 앞에서 1.5m 이상 나관으로 배관한다.

① ㉠ 150   ㉡ 100,
  ㉢ 트랩   ㉣ 드레인 포켓
② ㉠ 100   ㉡ 150
  ㉢ 드레인 포켓   ㉣ 트랩
③ ㉠ 150   ㉡ 100
  ㉢ 드레인 포켓   ㉣ 드레인 밸브
④ ㉠ 100   ㉡ 150
  ㉢ 드레인 밸브   ㉣ 드레인 포켓

해설 증기주관에서 응축수를 건식환수관에 배출하려면 주관과 동경으로 100mm 이상 내리고 하부로 150mm 이상 연장하여 드레인 포켓을 만들어 준다. 냉각관은 관말 트랩 앞에서 1.5m 이상 나관으로 배관한다.

35 파이프와 파이프를 홈 조인트로 체결하기 위하여 파이프 끝을 가공하는 기계는?

① 띠톱 기계
② 파이프 벤딩기
③ 동력파이프 나삭절삭기
④ 그루빙 조인트 머신

해설 그루빙 조인트 머신 : 파이프와 파이프를 홈 조인트로 체결하기 위하여 파이프 끝을 가공하는 기계

36 보일러 보존 시 동결사고가 예상될 때 실시하는 밀폐식 보존법은?

① 건조 보존법   ② 만수 보존법
③ 화학적 보존법   ④ 습식 보존법

해설 보일러 보존 시 동결사고가 예상될 때 실시하는 밀폐식 보존법인 건조 보존법을 택한다.

37 온수난방 배관 시공시 이상적인 기울기는?

① 1/100 이상   ② 1/150 이상
③ 1/200 이상   ④ 1/250 이상

해설 온수난방 배관 시공 시 기울기는 1/250 이상 둔다.

38 온수난방 설비의 내림구배 배관에서 배관 아랫면을 일치시키고자 할 때 사용되는 이음쇠는?

① 소켓   ② 편심 레듀셔
③ 유니언   ④ 이경엘보

해설 온수난방 설비의 내림구배 배관에서 배관 아랫면을 일치시키고자 할 때는 편심 레듀셔를 사용한다.

39 두께 150mm, 면적이 $15m^2$인 벽이 있다. 내면 온도는 200℃, 외면 온도가 20℃일 때 벽을 통한 열손실량은?
(단, 열전도율은 0.25kcal/m·h·℃이다.)

① 101kcal/h   ② 675kcal/h
③ 2345kcal/h   ④ 4500kcal/h

해설 $Q = \dfrac{\lambda \times A \times \Delta t}{b} = \dfrac{0.25 \times 15 \times (200-20)}{0.15} = 4500 kcal/h$

40 보일러수에 불순물이 많이 포함되어 보일러수의 비등과 함께 수면부근에 거품의 층을 형성하여 수위가 불안정하게 되는 현상은?

① 포밍   ② 프라이밍
③ 캐리오버   ④ 공동현상

해설 포밍 현상(물거품 현상) : 유지류, 부유물질이 보일러 수에 혼입시 수면 부근에 거품층이 형성되는 현상

Answer
34. ② 35. ④ 36. ① 37. ④ 38. ② 39. ④ 40. ①

41 수질이 불량하여 보일러에 미치는 영향으로 가장 거리가 먼 것은?

① 보일러의 수명과 열효율에 영향을 준다.
② 고압보다 저압일수록 장애가 더욱 심하다.
③ 부식현상이나 증기의 질이 불순하게 된다.
④ 수질이 불량하면 관계통에 관석이 발생한다.

해설 수질이 불량할 경우 저압보다 고압일수록 장애가 심하다.

42 다음 보온재 중 유기질 보온재에 속하는 것은?

① 규조토   ② 탄산마그네슘
③ 유리섬유   ④ 기포성수지

해설
• 유기질 보온재 : 탄화 콜크, 플라스틱 폼, 면화, 양모, 우모, 기포성 수지
• 무기질 보온재 : 석면, 규조토, 암면, 규산칼슘, 탄산마그네슘, 세라믹 화이버

43 관의 접속상태·결합방시의 표시 방법에서 용접이음을 나타내는 그림기호로 맞는 것은?

① ─┼─   ② ─╫─
③ ─●─   ④ ─╫─

해설
① 나사이음
② 유니온
③ 용접이음
④ 플랜지 이음

44 보일러의 점화불량의 원인으로 가장 거리가 먼 것은?

① 댐퍼작동 불량
② 파일로트 오일 불량
③ 공기비의 조정 불량
④ 점화용 트랜스의 전기 스파크 불량

해설 점화불량의 원인
① 댐퍼작동 불량
② 전자밸브 불량
③ 공기비의 조정 불량
④ 점화용 트랜스의 전기 스파크 불량

45 다음 방열기 도시기호 중 벽걸이 종형 도시기호는?

① W-H   ② W-V
③ W-Ⅱ   ④ W-Ⅲ

해설 W-V(벽걸이 종형), W-H(벽걸이 횡형)

46 배관 지지구의 종류가 아닌 것은?

① 파이프 슈
② 콘스탄트 행거
③ 리지드 서포트
④ 소켓

해설
• 소켓 : 동일 관경의 관을 직선으로 연결할 때 사용하는 이음쇠

47 보온시공 시 주의사항에 대한 설명으로 틀린 것은?

① 보온재와 보온재의 틈새는 되도록 적게 한다.
② 겹침부의 이음새는 동일 선상을 피해서 부착한다.
③ 테이프 감기는 물, 먼지 등의 침입을 막기 위해 위에서 아래쪽으로 향하여 감아내리는 것이 좋다.
④ 보온의 끝 단면은 사용하는 보온재 및 보온 목적에 따라서 필요한 보호를 한다.

해설 테이프 감기는 물, 먼지 등의 침입을 막기 위해 아래에서 위쪽으로 향하여 감아올리는 것이 좋다.

Answer
41. ② 42. ④ 43. ③ 44. ② 45. ② 46. ④ 47. ③

48 온수난방에 관한 설명으로 틀린 것은?
① 단관식은 보일러에서 멀어질수록 온수의 온도가 낮아진다.
② 복관식은 방열량의 변화가 일어나지 않고 밸브의 조절로 방열량을 가감할 수 있다.
③ 역귀환 방식은 각 방열기의 방열량이 거의 일정하다.
④ 증기난방에 비하여 소요방열면적과 배관경이 작게되어 설비비를 비교적 절약할 수 있다.

해설) 증기난방에 비하여 소요방열면적과 배관경이 크게되어 설비비가 많이 든다.

49 온수보일러에서 팽창탱크를 설치할 경우 주의사항으로 틀린 것은?
① 밀폐식 팽창탱크의 경우 상부에 물 빼기 관이 있어야 한다.
② 100℃의 온수에도 충분히 견딜 수 있는 재료를 사용하여야 한다.
③ 내식성 재료를 사용하거나 내식 처리된 탱크를 설치하여야 한다.
④ 동결우려가 있을 경우에는 보온을 한다.

해설) 밀폐식 팽창탱크의 경우 하부에 물 빼기 관이 있어야 한다.

50 보일러 내부 부식에 속하지 않는 것은?
① 점식   ② 저온부식
③ 구식   ④ 알카리부식

해설) 외부 부식 : 고온부식, 저온부식, 산화부식

51 보일러 내부의 건조방식에 대한 설명 중 틀린 것은?
① 건조제로 생석회가 사용된다.
② 가열장치로 서서히 가열하여 건조시킨다.
③ 보일러 내부 건조 시 사용되는 기화성 부식억제제(VCI)는 물에 녹지 않는다.
④ 보일러 내부 건조 시 사용되는 기화성 부식억제제(VCI)는 건조제와 병용하여 사용할 수 있다.

해설) 기화성 부식억제제(VCI : Voltile Corrosion Inhibitor)는 고체, 액체 구별없이 상온에서 기화성을 갖는 부식 억제제를 말한다.

52 증기 난방시공에서 진공환수식으로 하는 경우 리프트 피팅(lift fitting)을 설치하는데, 1단의 흡상높이로 적절한 것은?
① 1.5m 이내   ② 2.0m 이내
③ 2.5m 이내   ④ 3.0m 이내

해설) 증기 난방시공에서 진공환수식으로 하는 경우 리프트 피팅(lift fitting)을 설치하는데, 1단의 흡상높이는 1.5m 이내로 한다.

53 배관의 나사이음과 비교한 용접이음에 관한 설명으로 틀린 것은?
① 나사 이음부와 같이 관의 두께에 불균일한 부분이 없다.
② 돌기부가 없어 배관상의 공간효율이 좋다.
③ 이음부의 강도가 적고, 누수의 우려가 크다.
④ 변형과 수축, 잔류응력이 발생할 수 있다.

해설) 용접이음의 특징
① 나사 이음부와 같이 관의 두께에 불균일한 부분이 없다.
② 돌기부가 없어 배관상의 공간효율이 좋다.
③ 이음부의 강도가 크고, 누수의 우려가 적다.
④ 변형과 수축, 잔류응력이 발생할 수 있다.

Answer
48. ④ 49. ① 50. ② 51. ③ 52. ① 53. ③

54 보일러 외부 부식의 한 종류인 고온부식을 유발하는 주된 성분은?

① 황 ② 수소
③ 인 ④ 바나듐

해설 고온부식의 원인이 되는 주된 성분 : 바나듐(V)

55 에너지이용 합리화법에 따라 고시한 효율관리기자재 운용규정에 따라 가정용 가스보일러의 최저소비효율기준은 몇 %인가?

① 63% ② 68%
③ 76% ④ 86%

해설 에너지이용 합리화법에 따라 고시한 효율관리기자재 운용규정에 따라 가정용 가스보일러의 최저소비효율기준은 76%이다.

56 에너지다소비사업자는 산업통상자원부령이 정하는 바에 따라 전년도의 분기별 에너지사용량·제품생산량을 그 에너지 사용시설이 있는 지역을 관할하는 시·도지사에게 매년 언제까지 신고해야 하는가?

① 1월 31일까지 ② 3월 31일까지
③ 5월 31일까지 ④ 9월 30일까지

해설 에너지다소비사업자는 산업통상자원부령이 정하는 바에 따라 전년도의 분기별 에너지사용량·제품생산량을 그 에너지 사용시설이 있는 지역을 관할하는 시·도지사에게 매년 1월 31일까지 신고해야 한다.

57 저탄소 녹색성장 기본법에서 사람의 활동에 수반하여 발생하는 온실가스가 대기 중에 축적되어 온실가스 농도를 증가시킴으로써 지구 전체적으로 지표 및 대기의 온도가 추가적으로 상승하는 현상을 나타내는 용어는?

① 지구온난화 ② 기후변화
③ 자원순환 ④ 녹색경영

해설 저탄소 녹색성장 기본법에서 사람의 활동에 수반하여 발생하는 온실가스가 대기 중에 축적되어 온실가스 농도를 증가시킴으로써 지구 전체적으로 지표 및 대기의 온도가 추가적으로 상승하는 현상을 지구 온난화라 한다.

58 에너지이용 합리화법에 따라 산업통상자원부장관 또는 시·도지사로부터 한국에너지공단에 위탁된 업무가 아닌 것은?

① 에너지사용계획의 검토
② 고효율시험기관의 지정
③ 대기전력경고표지대상제품의 측정결과 신고의 접수
④ 대기전력저감대상제품의 측정결과 신고의 접수

해설 고효율시험기관의 지정권자 산업통상자원부장관

59 에너지이용 합리화법에서 효율관리기자재의 제조업자 또는 수입업자가 효율관리기자재의 에너지 사용량을 측정받는 기관은?

① 산업통장사원부장관이 지정하는 시험기관
② 제조업자 또는 수입업자의 검사기관
③ 환경부장관이 지정하는 진단기관
④ 시·도지사가 지정하는 측정기관

해설 에너지이용 합리화법에서 효율관리기자재의 제조업자 또는 수입업자가 효율관리기자재의 에너지 사용량을 측정 받는 기관은 산업통장사원부장관이 지정하는 시험기관

60 에너지이용 합리화법에서 정한 국가에너지절약추진위원회의 위원장은?

① 산업통산자원부장관
② 국토교통부장관
③ 국무총리
④ 대통령

해설 에너지이용 합리화법에서 정한 국가에너지절약추진위원회의 위원장 : 산업통산자원부장관

Answer
54. ④ 55. ③ 56. ① 57. ① 58. ② 59. ① 60. ①

에너지관리기능사

2016년 7월 10일 시행

01 유류연소 버너에서 기름의 예열온도가 너무 높은 경우에 나타나는 주요 현상으로 옳은 것은?

① 버너 화구의 탄화물 축적
② 버너용 모터의 마모
③ 진동, 소음의 발생
④ 점화불량

해설
- 가열온도가 너무 높으면
① 관내에서 기름의 분해가 일어난다.
② 분무상태가 고르지 못하다.
③ 분사각도가 흐트러진다.
④ 탄화물 생성의 원인이 된다.

- 가열온도가 너무 낮으면
① 무화가 불량해진다.
② 불길이 한편으로 흐른다.
③ 그을음·분진이 발생한다.

02 대형보일러인 경우에 송풍기가 작동하지 않으면 전자밸브가 열리지 않고, 점화를 저지하는 인터록은?

① 프리퍼지 인터록
② 불착화 인터록
③ 압력초과 인터록
④ 저수위 인터록

해설 프리퍼지 인터록 : 송풍기가 작동하지 않으면 전자밸브가 열리지 않고 점화를 저지한다.

03 가압수식을 이용한 집진장치가 아닌 것은?

① 제트 스크러버
② 충격식 스크러버
③ 벤튜리 스크러버
④ 사이클론 스크러버

해설 가압수식 집진장치 : 제트 스크러버, 벤튜리 스크러버, 사이클론 스크러버

04 절탄기에 대한 설명으로 옳은 것은?

① 절탄기의 설치방식은 혼합식과 분배식이 있다.
② 절탄기의 급수예열 온도는 포화온도 이상으로 한다.
③ 연료의 절약과 증발량의 감소 및 열효율을 감소시킨다.
④ 급수와 보일러수의 온도차 감소로 열응력을 줄여준다.

해설 절탄기 : 연소가스 폐열을 이용하여 급수를 예열하는 장치로 급수와 보일러수의 온도차를 감소시켜 열응력을 줄여준다.

05 분진가스를 집진기내에 충돌시키거나 열가스의 흐름을 반전시켜 급격한 기류의 방향전환에 의해 분진을 포집하는 집진장치는?

① 중력식 집진장치
② 관성력식 집진장치
③ 사이클론식 집진장치
④ 멀티사이클론식 집진장치

해설 관성력식 집진장치 : 분진가스를 집진기내에 충돌시키거나 열가스의 흐름을 반전시켜 급격간 기류의 방향전환에 의해 분진을 포집하는 집진장치

06 비열이 0.6kcal/kg·℃인 어떤 연료 30kg을 15℃에서 35℃까지 예열하고자 할 때 필요한 열량은 몇 kcal 인가?

① 180   ② 360
③ 450   ④ 600

해설 $30 \times 0.6 \times (35-15) = 360$ kcal

Answer
1. ① 2. ① 3. ② 4. ④ 5. ② 6. ②

07 습증기의 엔탈피 hx 를 구하는 식으로 옳은 것은? (단, h : 포화수의 엔탈피, x : 건조도, r : 증발잠열(숨은열), v : 포화수의 비체적)

① hx = h + x
② hx = h + r
③ hx = h + xr
④ hx = v + h + xr

[해설] 습포화증기 엔탈피
= 포화수 엔탈피 + 건조도×증발잠열

08 보일러의 자동제어에서 제어량에 따른 조작량의 대상으로 옳은 것은?

① 증기온도 : 연소가스량
② 증기압력 : 연료량
③ 보일러수위 : 공기량
④ 노내압력 : 급수량

[해설]

종 류	제어량	조작량
증기온도제어 (S.T.C)	증기온도	전열량
급수제어 (F.W.C)	보일러 수위	급수량
자동연소제어 (A.C.C)	증기압력	연료량, 공기량
	노내압력	연소 가스량

09 화염 검출기의 종류 중 화염의 이온화 현상에 따른 전기 전도성을 이용하여 화염의 유무를 검출하는 것은?

① 플래임로드   ② 플래임아이
③ 스택스위치   ④ 광전관

[해설]
• **플레임 아이** : 화염의 발광체 이용(광학적 성질 이용)
• **플레임 로드** : 화염의 이온화 이용(전기전도성 이용)
• **스택 스위치** : 화염의 발열체 이용(열전변화 이용)

10 원심형 송풍기에 해당하지 않는 것은?

① 터보형   ② 다익형
③ 플레이트형   ④ 프로펠러형

[해설] • **원심형 송풍기 종류** : 터보형, 다익형, 플레이트형

11 석탄의 함유 성분이 많을수록 연소에 미치는 영향에 대한 설명으로 틀린 것은?

① 수분 : 착화성이 저하된다.
② 회분 : 연소 효율이 증가한다.
③ 고정탄소 : 발열량이 증가한다.
④ 휘발분 : 검은 매연이 발생하기 쉽다.

[해설] 석탄의 함유한 성분 중 회분이 많으면 연소 효율이 감소한다.

12 보일러 수위제어 검출방식에 해당되지 않는 것은?

① 유속식   ② 전극식
③ 차압식   ④ 열팽창식

[해설] • **수위제어 검출방식** : 전극식, 플로우트식(맥도널식), 열팽창식(코프스식), 차압식 등

13 다음 중 보일러의 손실열 중 가장 큰 것은?

① 연료의 불완전연소에 의한 손실열
② 노내 분입증기에 의한 손실열
③ 과잉 공기에 의한 손실열
④ 배기가스에 의한 손실열

[해설] **손실열 중 가장 큰 것** : 배기가스에 의한 손실열

14 증기의 압력에너지를 이용하여 피스톤을 작동시켜 급수를 행하는 펌프는?

① 워싱턴 펌프   ② 기어 펌프
③ 볼류트 펌프   ④ 디퓨져 펌프

[해설] **워싱턴 펌프** : 증기의 압력에너지를 이용하여 피스톤을 작동시켜 급수를 하는 형식

Answer
7. ③ 8. ② 9. ① 10. ④ 11. ② 12. ① 13. ④ 14. ①

15 다음 중 보일러수 분출의 목적이 아닌 것은?

① 보일러수의 농축을 방지한다.
② 프라이밍, 포밍을 방지한다.
③ 관수의 순환을 좋게 한다.
④ 포화증기를 과열증기로 증기의 온도를 상승시킨다.

해설 분출의 목적
① 관수의 농축방지
② 프라이밍, 포밍 방지
③ 관수의 순환촉진
④ 관수의 PH조절

16 화염 검출기에서 검출되어 프로텍터 릴레이로 전달된 신호는 버너 및 어떤 장치로 다시 전달되는가?

① 압력제한 스위치
② 저수위 경보장치
③ 연료차단 밸브
④ 안전밸브

해설 화염 검출기, 압력 제한기, 저수위 경보장치 등에서 전달되는 신호는 버너 및 연료차단 밸브(전자밸브)로 전달된다.

17 기체 연료의 특징으로 틀린 것은?

① 연소조절 및 점화나 소화가 용이하다.
② 시설비가 적게 들며 저장이나 취급이 편리하다.
③ 회분이나 매연발생이 없어서 연소 후 청결하다.
④ 연료 및 연소용 공기도 예열되어 고온을 얻을 수 있다.

해설 저장이나 취급이 어렵다.

18 다음 중 수관식 보일러 종류가 아닌 것은?

① 다꾸마 보일러
② 가르베 보일러
③ 야로우 보일러
④ 하우덴 존슨 보일러

해설 하우덴 존슨 보일러 : 노통연관 보일러

19 보일러 1마력을 열량으로 환산하면 약 몇 kcal/h 인가?

① 15.65   ② 539
③ 1078   ④ 8435

해설 보일러 1마력 = 8435kcal/h

20 연관보일러에서 연관에 대한 설명으로 옳은 것은?

① 관의 내부로 연소가스가 지나가는 관
② 관의 외부로 연소가스가 지나가는 관
③ 관의 내부로 증기가 지나가는 관
④ 관의 내부로 물이 지나가는 관

해설 연관 : 관내로 연소가스가 지나가는 관

21 90℃의 물 1000kg에 15℃의 물 2000kg을 혼합시키면 온도는 몇 ℃가 되는가?

① 40   ② 30
③ 20   ④ 10

해설 $\dfrac{1000 \times 1 \times 90 + 2000 \times 1 \times 15}{1000 \times 1 + 2000 \times 1} = 40℃$

22 유류 보일러 시스템에서 중유를 사용할 때 흡입측의 여과망 눈 크기로 적합한 것은?

① 1~10 mesh
② 20~60 mesh
③ 100~150 mesh
④ 300~500 mesh

해설 중유 사용 시 여과망의 크기 : 20~60 mesh

Answer
15. ④   16. ③   17. ②   18. ④   19. ④   20. ①   21. ①   22. ②

23 보일러 효율 시험방법에 관한 설명으로 틀린 것은?

① 급수온도는 절탄기가 있는 것은 절탄기 입구에서 측정한다.
② 배기가스의 온도는 전열면의 최종 출구에서 측정한다.
③ 포화증기의 압력은 보일러 출구의 압력으로 부르돈관식 압력계로 측정한다.
④ 증기온도의 경우 과열기가 있을 때는 과열기 입구에서 측정한다.

해설 과열기 설치 시 증기의 온도는 출구에서 측정한다.

24 비교적 많은 동력이 필요하나 강한 통풍력을 얻을 수 있어 통풍저항이 큰 대형 보일러나 고성능 보일러에 널리 사용되고 있는 통풍 방식은?

① 자연통풍 방식
② 평형통풍 방식
③ 직접흡입 통풍 방식
④ 간접흡입 통풍 방식

해설 통풍력이 큰 순서
평형 통풍 > 유인(흡입)통풍 > 압입통풍

25 고체연료에 대한 연료비를 가장 잘 설명한 것은?

① 고정탄소와 휘발분의 비
② 회분과 휘발분의 비
③ 수분과 회분의 비
④ 탄소와 수소의 비

해설 연료비 = $\dfrac{고정탄소}{휘발분}$

26 보일러의 최고사용압력이 0.1MPa 이하일 경우 설치 가능한 과압방지 안전장치의 크기는?

① 호칭지름 5mm
② 호칭지름 10mm
③ 호칭지름 15mm
④ 호칭지름 20mm

해설 안전밸브의 호칭지름 20A 이상으로 할 수 있다.
① 최고사용압력 0.1MPa 이하의 보일러
② 최고사용압력 0.5MPa 이하의 보일러로 동체의 안지름이 500mm 이하이며 동체의 길이가 1,000mm 이하의 것
③ 최고사용압력 0.5MPa{5kg$_f$/cm^2} 이하의 보일러로 전열면적 2m^2 이하의 것
④ 최대증발량 5t/h 이하의 관류보일러
⑤ 소용량강철제보일러, 소용량주철제보일러

27 보일러 부속장치에서 연소가스의 저온부식과 가장 관계가 있는 것은?

① 공기예열기   ② 과열기
③ 재생기   ④ 재열기

해설
• **고온부식 발생부** : 과열기, 재열기
• **저온부식 발생부** : 절탄기, 공기예열기

28 비점이 낮은 물질인 수은, 다우섬 등을 사용하여 저압에서도 고온을 얻을 수 있는 보일러는?

① 관류식 보일러
② 열매체식 보일러
③ 노통연관식 보일러
④ 자연순환 수관식 보일러

해설 **열매체 종류** : 수은, 다우섬, 카네크롤액 등을 사용하며 저압에서 고온의 증기를 얻을 수 있다.

Answer
23. ④ 24. ② 25. ① 26. ④ 27. ① 28. ②

29 어떤 보일러의 연소효율이 92%, 전열면 효율이 85%이면 보일러 효율은?

① 73.2%   ② 74.8%
③ 78.2%   ④ 82.8%

해설) $92 \times 85 \times \dfrac{1}{100} = 78.2\%$

30 온수온돌의 방수처리에 대한 설명으로 적절하지 않은 것은?

① 다층건물에 있어서도 전층의 온수온돌에 방수처리를 하는 것이 좋다.
② 방수처리는 내식성이 있는 루핑, 비닐, 방수몰탈로 하며, 습기가 스며들지 않도록 완전히 밀봉한다.
③ 벽면으로 습기가 올라오는 것을 대비하여 온돌바닥보다 약 10cm 이상 위까지 방수처리를 하는 것이 좋다.
④ 방수처리를 함으로써 열손실을 감소시킬 수 있다.

해설) 다층건물의 경우 방수 처리는 바닥에서 습기가 차오르는 최하층을 한다.

31 압력배관용 탄소강관을 KS 규격기호는?

① SPPS
② SPLT
③ SPP
④ SPPH

해설)
• SPP : 배관용 탄소 강관
• SPPS : 압력 배관용 탄소 강관
• SPPH : 고압 배관용 탄소 강관
• SPLT : 저온 배관용 탄소 강관

32 중력환수식 온수난방법의 설명으로 틀린 것은?

① 온수의 밀도차에 의해 온수가 순환한다.
② 소규모 주택에 이용된다.
③ 보일러는 최하위 방열기보다 더 낮은 곳에 설치한다.
④ 자연순환이므로 관경을 작게 하여도 된다.

해설) 자연 순환의 경우는 강제 순환에 비해 관경을 크게 한다.

33 전열면적 12m²인 보일러의 급수밸브의 크기는 호칭 몇 A 이상이어야 하는가?

① 15   ② 20
③ 25   ④ 32

해설) 급수밸브의 크기 (전열면적 10m² 이하 15A 이상, 10m² 초과 20A 이상)

34 보온재의 열전도율과 온도와의 관계를 맞게 설명한 것은?

① 온도가 낮아질수록 열전도율은 커진다.
② 온도가 높아질수록 열전도율은 작아진다.
③ 온도가 높아질수록 열전도율은 커진다.
④ 온도에 관계없이 열전도율은 일정하다.

해설) 온도가 높아질수록 열전도율은 커진다.

35 글랜드 패킹의 종류에 해당하지 않는 것은?

① 편조 패킹
② 액상 합성수지 패킹
③ 플라스틱 패킹
④ 메탈 패킹

해설) 액상 합성수지 패킹은 나사 이음에 사용된다.

Answer
29. ③ 30. ① 31. ① 32. ④ 33. ② 34. ③ 35. ②

36 배관 중간이나 밸브, 펌프, 열교환기 등의 접속을 위해 사용되는 이음쇠로서 분해, 조립이 필요한 경우에 사용 되는 것은?

① 벤드 ② 리듀서
③ 플랜지 ④ 슬리브

해설 플랜지 이음은 펌프, 열교환기 등에서 분해, 조립이 필요한 경우 사용한다.

37 급수 중 불순물에 의한 장해나 처리방법에 대한 설명으로 틀린 것은?

① 현탁고형물의 처리방법에는 침강분리, 여과, 응집침전 등이 있다.
② 경도성분은 이온 교환으로 연화시킨다.
③ 유지류는 거품의 원인이 되나, 이온교환수지의 능력을 향상시킨다.
④ 용존산소는 급수계통 및 보일러 본체의 수관을 산화 부식시킨다.

해설 유지류는 물거품(포밍)현상의 원인이 되며 이온교환수지의 능력을 저하시킨다.

38 난방설비 배관이나 방열기에서 높은 위치에 설치해야 하는 밸브는?

① 공기빼기 밸브 ② 안전밸브
③ 전자밸브 ④ 플로트 밸브

해설 방열기에서 상부 태핑의 높은 위치에 공기빼기 밸브를 설치하여 난방을 원활하게 한다.

39 기름 보일러에서 연소 중 화염이 점멸하는 등 연소 불안정이 발생하는 경우가 있다. 그 원인으로 가장 거리가 먼 것은?

① 기름의 점도가 높을 때
② 기름 속에 수분이 혼입되었을 때
③ 연료의 공급상태가 불안정한 때
④ 노내가 부압(負壓)인 상태에서 연소했을 때

해설 연소 불안정의 원인
① 기름의 점도가 높아 분무가 불량할 때
② 기름 속에 이물질, 수분이 혼입될 때
③ 연료의 공급 상태가 불안정한 때
④ 연소장치가 불량할 때

40 배관의 관 끝을 막을 때 사용하는 부품은?

① 엘보 ② 소켓
③ 티 ④ 캡

해설 배관의 관 끝을 막을 때 사용하는 부품 : 캡, 플러그

41 어떤 강철제 증기보일러의 최고사용압력이 0.35MPa이면 수압시험 압력은?

① 0.35MPa ② 0.5MPa
③ 0.7MPa ④ 0.95MPa

해설
• 보일러 최고사용압력이 0.43MPa 이하는 최고사용압력의 2배로 수압시험을 실시한다.
• 0.35×2=0.7MPa

42 온수난방 설비의 밀폐식 팽창탱크에 설치되지 않는 것은?

① 수위계 ② 압력계
③ 배기관 ④ 안전밸브

해설 개방식 팽창탱크 설치 : 배기관, 오버플로우관, 안전관, 드레인관, 팽창관, 급수관

43 다른 보온재에 비하여 단열 효과가 낮으며, 500℃ 이하의 파이프, 탱크, 노벽 등에 사용하는 보온재는?

① 규조토 ② 암면
③ 기포성수지 ④ 탄산마그네슘

해설 규조토는 비교적 단열 효과가 낮으며, 500℃ 이하의 파이프, 탱크, 노벽 등에 사용된다.

Answer
36. ③ 37. ③ 38. ① 39. ④ 40. ④ 41. ③ 42. ③ 43. ①

44 진공환수식 증기난방 배관시공에 관한 설명으로 틀린 것은?

① 증기주관은 흐름 방향에 1/200~1/300의 앞내림 기울기로 하고 도중에 수직 상향부가 필요한 때 트랩장치를 한다.
② 방열기 분기관 등에서 앞단에 트랩장치가 없을 때에는 1/50~1/100의 앞올림 기울기로 하여 응축수를 주관에 역류시킨다.
③ 환수관에 수직 상향부가 필요한 때에는 리프트 피팅을 써서 응축수가 위쪽으로 배출되게 한다.
④ 리프트 피팅은 될 수 있으면 사용개소를 많게 하고 1단을 2.5m 이내로 한다.

해설) 리프트 피팅의 1단 높이는 약 1.5m 이내로 한다.

45 보일러의 내부 부식에 속하지 않는 것은?

① 점식 ② 구식
③ 알칼리 부식 ④ 고온 부식

해설) • 외부식 : 고온부식, 저온부식, 산화부식

46 보일러성능시험에서 강철제 증기보일러의 증기건도는 몇 % 이상이어야 하는가?

① 89 ② 93
③ 95 ④ 98

해설) 증기보일러 증기건도는 약 0.98(98%)이다.

47 보일러 사고의 원인 중 보일러 취급상의 사고 원인이 아닌 것은?

① 재료 및 설계불량
② 사용압력초과 운전
③ 저수위 운전
④ 급수처리 불량

해설) 보일러 사고의 원인별 구분
• 제작상의 원인
 ① 재료불량 ② 구조 및 설계불량
 ③ 강도불량 ④ 용접불량 등
• 취급상의 원인
 ① 압력초과 ② 저수위
 ③ 과열 ④ 역화
 ⑤ 부식 등

48 실내의 천장 높이가 12m인 극장에 대한 증기난방 설비를 설계하고자 한다. 이때의 난방부하 계산을 위한 실내 평균온도는?
(단, 호흡선 1.5m에서의 실내온도는 18℃이다.)

① 23.5℃ ② 26.1℃
③ 29.8℃ ④ 32.7℃

해설) $t_m = t + 0.05t(h-3)$
 $= 18 + 0.05 \times 18 \times (12-3)$
 $= 26.1℃$

49 보일러 강판의 가성취화 현상의 특징에 관한 설명으로 틀린 것은?

① 고압보일러에서 보일러수의 알칼리 농도가 높은 경우에 발생하기 쉽다.
② 발생하는 장소로는 수명상부의 리벳과 리벳 사이에 발생하기 쉽다.
③ 발생하는 장소로는 관구멍 등 응력이 집중하는 곳의 틈이 많은 곳이다.
④ 외견상 부식성이 없고, 극히 미세한 불규칙적인 방사상 형태를 하고 있다.

해설) 고압 고온의 리벳 보일러에 발생하는 응력 부식 균열의 일종이다. 가성 취화는 보일러수(수면하)의 알칼리도가 높은 경우에 리벳 이음판의 중첩부의 틈새 사이나 리벳 머리의 아래쪽에 보일러수가 침입하여 알칼리 성분이 가열에 의해 농축되고, 이 알칼리와 이음부 등의 반복 응력의 영향으로 재료의 결정 입계(結晶粒界)에 따라 균열이 생기는 열화 현상

Answer 44. ④ 45. ④ 46. ④ 47. ① 48. ② 49. ②

50 보일러에서 발생한 증기를 송기할 때의 주의 사항으로 틀린 것은?

① 주증기관 내의 응축수를 배출시킨다.
② 주증기 밸브를 서서히 연다.
③ 송기한 후에 압력계의 증기압 변동에 주의 한다.
④ 송기한 후에 밸브의 개폐상태에 대한 이상 유무를 점검하고 드레인 밸브를 열어 놓는다.

해설 송기 후에는 드레인 밸브를 닫아 놓는다.

51 증기 트랩을 기계식, 온도조절식, 열역학적 트랩으로 구분할 때 온도조절식 트랩에 해당하는 것은?

① 버킷 트랩
② 플로트 트랩
③ 열동식 트랩
④ 디스크형 트랩

해설 온도조절식 트랩 : 열동식 트랩, 바이메탈식 트랩

52 보일러 전열면의 과열 방지대책으로 틀린 것은?

① 보일러내의 스케일을 제거한다.
② 다량의 불순물로 인해 보일러수가 농축 되지 않게 한다.
③ 보일러의 수위가 안전 저수면 이하가 되지 않도록 한다.
④ 화염을 국부적으로 집중 가열한다.

해설
• 과열 방지대책
  ① 스케일 생성 방지
  ② 관수의 농축방지
  ③ 저수위 방지
  ④ 국부가열 방지

53 난방부하가 2250kcal/h 인 경우 온수방열 기의 방열면적은? (단, 방열기의 방열량은 표준방열량으로 한다.)

① $3.5m^2$ ② $5.4m^2$
③ $5.0m^2$ ④ $8.3m^2$

해설 면적 = $\dfrac{\text{난방부하}}{\text{방열량}} = \dfrac{2250}{450} = 5.0m^2$

54 증기난방에서 환수관의 수평배관에서 관경이 가늘어 지는 경우 편심 리듀서를 사용하는 이유로 적합한 것은?

① 응축수의 순환을 억제하기 위해
② 관의 열팽창을 방지하기 위해
③ 동심 리듀서보다 시공을 단축하기 위해
④ 응축수의 체류를 방지하기 위해

해설 수평배관에서 관경이 가늘어 지는 경우 편심 레듀서를 사용 하향 기울기를 주어 응축수 등의 체류를 방지한다.

55 에너지이용 합리화법상 시공업자단체의 설립, 정관의 기재 사항과 감독에 관하여 필요한 사항은 누구의 령으로 정하는가?

① 대통령령
② 산업통상자원부령
③ 고용노동부령
④ 환경부령

해설 에너지이용 합리화법상 시공업 단체의 설립, 정관의 기재 사항과 감독에 관한 필요 사항은 대통령령으로 정한다.

56 에너지이용 합리화법상 열사용기자재가 아닌 것은?

① 강철제보일러
② 구멍탄용 온수보일러
③ 전기순간온수기
④ 2종 압력용기

Answer
50. ④ 51. ③ 52. ④ 53. ③ 54. ④ 55. ① 56. ③

해설 전기순간온수기는 에너지이용 합리화법상 열사용기자재에 포함되지 않는다.

57 다음 에너지이용 합리화법의 목적에 관한 내용이다. ( )안의 A, B에 각각 들어갈 용어로 옳은 것은?

> 에너지이용 합리화법은 에너지의 수급을 안정시키고 에너지의 합리적이고 효율적인 이용을 증진하며 에너지소비로 인한 (A)을(를) 줄임으로써 국민 경제의 건전한 발전 및 국민복지의 증진과 (B)의 최소화에 이바지함을 목적으로 한다.

① A = 환경파괴, B = 온실가스
② A = 자연파괴, B = 환경피해
③ A = 환경피해, B = 지구온난화
④ A = 온실가스배출, B = 환경파괴

해설 에너지이용 합리화법은 에너지의 수급을 안정시키고 에너지의 합리적이고 효율적인 이용을 증진하며 에너지소비로 인한 환경피해를 줄임으로써 국민 경제의 건전한 발전 및 국민복지의 증진과 지구온난화의 최소화에 이바지함을 목적으로 한다.

58 에너지이용 합리화법에 따라 고효율 에너지 인증대상 기자재에 포함되지 않는 것은?

① 펌프
② 전력용 변압기
③ LED 조명기기
④ 산업건물용 보일러

해설 · **고효율에너지 인증대상 기자재**
① 펌프
② 산업건물용 보일러
③ 무정전전원장치
④ 폐열회수형 환기장치
⑤ 발광다이오드(LED) 등 조명기기

59 에너지법에 따라 에너지기술개발 사업비의 사업에 대한 지원항목에 해당되지 않는 것은?

① 에너지기술의 연구·개발에 관한 사항
② 에너지기술에 관한 국내협력에 관한 사항
③ 에너지기술의 수요조사에 관한 사항
④ 에너지에 관한 연구인력 양성에 관한 사항

해설 **에너지기술개발사업비 지원**
① 에너지기술의 연구·개발, 수요 조사에 관한 사항
② 에너지사용기자재와 에너지공급설비 및 그 부품에 관한 기술개발에 관한 사항
③ 에너지기술에 관한 국제협력에 관한 사항
④ 에너지기술 개발 성과의 보급 및 홍보에 관한 사항
⑤ 에너지에 관한 연구인력 양성에 관한 사항
⑥ 에너지 사용에 따른 대기오염, 온실가스 배출 줄이기 위한 기술개발에 관한 사항
⑦ 온실가스 배출을 줄이기 위한 기술개발에 관한 사항
⑧ 에너지기술에 관한 정보의 수집·분석 및 제공과 이와 관련된 학술활동에 관한 사항

60 에너지이용 합리화법에 따라 검사에 합격되지 아니한 검사대상기기를 사용한 자에 대한 벌칙은?

① 6개월 이하의 징역 또는 5백만원 이하의 벌금
② 1년 이하의 징역 또는 1천만원 이하의 벌금
③ 2년 이하의 징역 또는 2천만원 이하의 벌금
④ 3년 이하의 징역 또는 3천만원 이하의 벌금

해설 **검사에 합격되지 아니한 검사대상기기를 사용한자**
1년 이하의 징역 또는 1천만원 이하의 벌금

Answer
57. ③ 58. ② 59. ② 60. ②

2016년 7월 10일 시행

에너지관리기능사

2017년 CBT 기출복원 문제

• **기출복원 문제란?** CBT시행에 따라 저자께서 수검자들의 도움으로 최대한 유형에 가깝게 복원한 문제입니다.

01 프라이밍의 발생 원인으로 거리가 먼 것은 무엇인가?
① 보일러 수위가 낮을 때
② 보일러수가 농축되어 있을 때
③ 송기 시 증기밸브를 급개 할 때
④ 증발능력에 비하여 보일러수의 표면적이 작을 때

해설 프라이밍 발생원인
① 고수위 시
② 보일러수 농축 시
③ 주 증기밸브
④ 급개 시 등

02 압력에 대한 설명으로 옳은 것은?
① 단위 면적당 작용하는 힘이다.
② 단위 부피당 작용하는 힘이다.
③ 물체의 무게를 비중량으로 나눈 값이다.
④ 물체의 무게에 비중량으로 곱한 값이다.

해설 압력이란?
단위 면적당 작용하는 힘을 말한다.

03 노통연관식 보일러에서 노통을 한쪽으로 편심시켜 부착하는 이유로 가장 타당한 것은?
① 전열면적을 크게 하기 위해서
② 통풍력의 증대를 위해서
③ 노통의 열신축과 강도를 보강하기 위해서
④ 보일러수를 원활하게 순환하기 위해서

해설 노통을 한쪽으로 편심시켜 부착하는 이유
보일러수의 순환을 원활하게 하기 위함

04 어떤 보일러의 시간당 발생증기량을 G_a, 발생증기의 엔탈피를 i_2, 급수 엔탈피를 i_1라 할 때, 다음 식으로 표시되는 값(G_e)는?

$$G_e = \frac{G_a(i_2 - i_1)}{539} \text{(kg/h)}$$

① 증발률   ② 보일러 마력
③ 연소 효율   ④ 상당 증발량

해설 ∴ 상당 증발량
$$= \frac{\text{매시간당증발량} \times (\text{증기엔탈피} - \text{급수엔탈피})}{539}$$

05 유류버너의 종류 중 수 기압(MPa)의 분무 매체를 이용하여 연료를 분무하는 형식의 버너로서 2유체 버너라고도 하는 것은?
① 고압기류식 버너
② 유압식 버너
③ 회전식 버너
④ 환류식 버너

해설 기류식 버너 : 분무 매체인 공기나 증기의 기류를 이용하여 연료를 분무하는 형식을 말하며 2유체 버너라고도 한다.
(고압기류식 버너, 저압기류식 버너)

06 연도에서 폐열회수장치의 설치순서가 옳은 것은?
① 재열기 → 절탄기 → 공기예열기 → 과열기
② 과열기 → 재열기 → 절탄기 → 공기예열기
③ 공기예열기 → 과열기 → 절탄기 → 재열기
④ 절탄기 → 과열기 → 공기예열기 → 재열기

Answer
1. ① 2. ① 3. ④ 4. ④ 5. ① 6. ②

폐열회수장치의 설치순서
과열기 → 재열기 → 절탄기 → 공기예열기

07 보일러 열효율 정산방법에서 열정산을 위한 액체 연료량을 측정할 때, 측정의 허용오차는 일반적으로 몇 %로 하여야 하는가?

① ±1.0%   ② ±1.5%
③ ±1.6%   ④ ±2.0%

열효율 정산방법에서 열정산을 위한 액체 연료량을 측정할 때, 측정의 허용오차는 일반적으로 ±1.0%로 한다.

08 기름예열기에 대한 설명 중 옳은 것은?

① 가열온도가 낮으면 기름분해와 분무상태가 불량하고 분사각도가 나빠진다.
② 가열온도가 높으면 불길이 한 쪽으로 치우쳐 그을음, 분진이 일어나고 무화상태가 나빠진다.
③ 서비스탱크에서 점도가 떨어진 기름을 무화에 적당한 온도로 가열시키는 장치이다.
④ 기름예열기에서의 가열온도는 인화점보다 약간 높게 한다.

중유 예열기 설치 목적
① 기름을 예열하여 점도를 낮춘다.
② 유동성을 증기시킨다.
③ 무화를 순조롭게 한다.

09 중유 예열기의 가열하는 열원의 종류에 따른 분류가 아닌 것은?

① 전기식   ② 가스식
③ 온수식   ④ 증기식

열원에 따른 중유 예열기의 종류 : 전기식, 증기식, 온수식

10 물의 임계압력에서의 잠열은 몇 kcal/kg 인가?

① 539   ② 100
③ 0   ④ 639

임계압력(225.6kg/cm^2), 임계온도(374.15℃), 잠열(0kcal/kg)

11 일반적으로 보일러의 열손실 중에서 가장 큰 것은?

① 불완전연소에 의한 손실
② 배기가스에 의한 손실
③ 보일러 본체 벽에서의 복사, 전도에 의한 손실
④ 그을음에 의한 손실

열손실 중에서 가장 큰 것은 배기가스에 의한 손실

12 다음 중 슈미트 보일러는 보일러 분류에서 어디에 속하는가?

① 관류식
② 간접 가열식
③ 자연순환식
④ 강제순환식

간접 가열식 : 슈미트, 레플러 보일러

13 중유의 연소 상태를 개선하기 위한 첨가제의 종류가 아닌 것은?

① 연소촉진제
② 회분개질제
③ 탈수제
④ 슬러지 생성제

중유 첨가제의 종류
① 연소촉진제
② 회분개질제
③ 슬러지분산제
④ 탈수제

Answer
7. ① 8. ③ 9. ② 10. ③ 11. ② 12. ② 13. ④

14 보일러의 자동제어 중 제어작동이 연속동작에 해당하지 않는 것은?

① 비례동작
② 적분동작
③ 미분동작
④ 다위치 동작

해설 불연속 동작
① 2 위치동작
② 다위치 동작
③ 불연속 속도 동작

15 다음 중 탄화수소비가 가장 큰 액체연료는?

① 휘발유   ② 등유
③ 경유   ④ 중유

해설 탄화수소비=C/H이므로 탄소의 함량이 많을수록 크다.(중유 > 경유 > 등유 > 휘발유)

16 수관식 보일러의 특징에 관한 설명으로 틀린 것은 무엇인가?

① 구조상 고압 대용량에 적합하다.
② 전열면적을 크게 할 수 있으므로 일반적으로 효율이 높다.
③ 급수 및 보일러수 처리에 주의가 필요하다.
④ 전열면적당 보유수량이 많아 기동에서 소요증기가 발생할 때까지의 시간이 길다.

해설 수관보일러는 전열면적에 비해 보유수량이 적어 파열시 피해가 적고, 증발량이 빠르고, 효율이 높다.

17 보일러 급수처리의 목적으로 볼 수 없는 것은?

① 부식의 방지
② 보일러수의 농축방지
③ 스케일생성 방지
④ 역화 방지

해설 급수처리의 목적
① 부식의 방지
② 보일러수의 농축방지
③ 스케일생성 방지

18 보일러에 부착하는 압력계에 대한 설명으로 옳은 것은?

① 최대 증발량 10t/h 이하인 관류보일러에 부착하는 압력계는 눈금판의 바깥지름을 50mm 이상으로 할 수 있다.
② 부착하는 압력계의 최고 눈금은 보일러의 최고사용압력의 1.5배 이하의 것을 사용한다.
③ 증기보일러에 부착하는 압력계 눈금판의 바깥지름은 80mm 이상의 크기로 한다.
④ 압력계를 보호하기 위하여 물을 넣은 안지름 6.5mm 이상의 사이폰관 또는 동등한 장치를 부착 하여야 한다.

해설 압력계를 보호하기 위하여 물을 넣은 안지름 6.5mm 이상의 사이폰관 또는 동등한 장치를 부착하여야 하며, 동관은 6.5mm 강관은 12.7mm 이상으로 한다.

19 일반적으로 보일러 판넬 내부 온도는 몇 ℃를 넘지 않도록 하는 것이 좋은가?

① 60℃   ② 70℃
③ 80℃   ④ 90℃

해설 일반적으로 보일러 판넬 내부 온도는 60℃로 유지한다.

20 보일러의 자동제어에서 연소제어시 조작량과 제어량의 관계가 옳은 것은 무엇인가?

① 공기량 - 수위
② 급수량 - 증기온도
③ 연료량 - 증기압
④ 전열량 - 노내압

Answer
14. ④ 15. ④ 16. ④ 17. ④ 18. ④ 19. ① 20. ③

해설 제어량과 조절량과의 관계

종류	제 어 량	조 작 량
증기온도제어(S.T.C)	증기온도	전열량
급수제어(F.W.C)	보일러수위	급수량
자동연소제어(A.C.C)	증기압력	연료량, 공기량
	노내압력	연소 가스량

21 연통에서 배기되는 가스량이 2500 kg/h이고, 배기가스 온도가 230℃, 가스의 평균비열이 0.31kcal/kg·℃, 외기온도가 18℃이면, 배기가스에 의한 손실열량은?

① 164300kcal/h
② 174300kcal/h
③ 184300kcal/h
④ 194300kcal/h

해설 =2500×0.31×(230−18)=164300kcal/h

22 보일러 인터록과 관계가 없는 것은?

① 압력초과 인터록
② 저수위 인터록
③ 불착화 인터록
④ 급수장치 인터록

해설 인터록의 종류
① 초과압력 인터록
② 저수위 인터록
③ 저연소 인터록
④ 프리퍼지 인터록
⑤ 불착화 인터록

23 주철제 보일러의 특징 설명으로 옳지 않은 것은 무엇인가?

① 내열·내식성이 우수하다.
② 쪽수의 증감에 따라 용량조절이 용이하다.
③ 재질이 주철이므로 충격에 강하다.
④ 고압 및 대용량에 부적당하다.

해설 주철제 보일러는 충격에 약한 결점이 있다.

24 다음 중 잠열에 해당되는 것은?

① 기화열 ② 생성열
③ 중화열 ④ 반응열

해설 잠열(기화(증발)잠열, 융해잠열)

25 보일러용 오일 연료에서 성분분석 결과 수소 12.0% 수분 0.3%라면, 저위발열량은? (단, 연료의 고위발열량은 10600kcal/kg이다.)

① 6500kcal/kg
② 7600kcal/kg
③ 8950kcal/kg
④ 9950kcal/kg

해설
$Hh = Hl + 600(9H+ W)$
$Hl = Hh - 600(9H+ W)$
$\therefore 10600 - 600(9 \times 0.12 + 0.003) = 9950 \text{kcal/kg}$

26 보일러 집진장치의 형식과 종류를 짝지은 것 중 틀린 것은?

① 가압수식 - 제트 스크러버
② 여과식 - 충격식 스크러버
③ 원심력식 - 사이클론
④ 전기식 - 코트렐

해설 여과식-백 필터
(백 필터로 분진을 포집하는 형식)

27 소형연소기를 실내에 설치하는 경우, 급배기통을 전용 챔버 내에 접속하여 자연통기력에 의해 급배기 하는 방식은?

① 강제배기식
② 강제급배기식
③ 자연급배기식
④ 옥외급배기식

Answer
21. ① 22. ④ 23. ③ 24. ① 25. ④ 26. ② 27. ③

해설) 자연급배기식
소형연소기를 실내에 설치하는 경우, 급배기통을 전용 챔버 내에 접속하여 자연통기력에 의해 급배기 하는 방식

28 보일러의 점화조작 시 주의사항에 대한 설명으로 잘못된 것은?
① 유압이 낮으면 점화 및 분사가 불량하고 유압이 높으면 그을음이 축적되기 쉽다.
② 연료의 예열온도가 낮으면 무화불량, 화염의 편류, 그을음, 분진이 발생하기 쉽다.
③ 연료가스의 유출속도가 너무 빠르면 역화가 일어나고, 너무 늦으면 실화가 발생하기 쉽다.
④ 프리퍼지 시간이 너무 길면 연소실의 냉각을 초래하고, 너무 짧으면 역화를 일으키기 쉽다.

해설) 역화는 연소속도에 비해 유출속도가 너무 느릴 때 발생한다.

29 전열면적이 40m²인 수직 연관보일러를 2시간 연소시킨 결과 4000kg의 증기가 발생하였다. 이 보일러의 증발률은?
① 40kg/m²·h   ② 30kg/m²·h
③ 60kg/m²·h   ④ 50kg/m²·h

해설) 증발률 = $\frac{증발량}{면적 \times 시간}$ = $\frac{4000}{40 \times 2}$ = 50kg/m²·h

30 고체벽의 한쪽에 있는 고온의 유체로부터 이 벽을 통과하여 다른 쪽에 있는 저온의 유체로 흐르는 열의 이동을 의미하는 용어는?
① 열관류   ② 현열
③ 잠열   ④ 전열량

해설) 열관류
체벽의 한쪽에 있는 고온의 유체로부터 이 벽을 통과하여 다른 쪽에 있는 저온의 유체로 흐르는 열의 이동하는 것을 의미한다.

31 온수난방에서 상당방열면적이 45m²일 때 난방부하는? (단, 방열기의 방열량은 표준방열량으로 한다.)
① 16450kcal/h
② 18500kcal/h
③ 19450kcal/h
④ 20250kcal/h

해설) = 450×45=20250kcal/h

32 도시가스 배관의 설치에서 배관의 이음부(용접이음매 제외)와 전기점멸기 및 전기 접속기와의 거리는 최소 얼마 이상 유지해야 하는가?
① 10cm   ② 15cm
③ 30cm   ④ 60cm

해설) 도시가스 배관의 설치에서 배관의 이음부(용접이음매 제외)와 전기점멸기 및 전기 접속기와의 거리는 30cm 이상 유지한다.

33 보일러 건조보존 시에 사용되는 건조제가 아닌 것은 무엇인가?
① 암모니아   ② 생석회
③ 실리카겔   ④ 염화칼슘

해설) 흡습제 종류
생석회, 실리카겔, 염화칼슘, 활성알루미나 등

34 배관 보온재의 선정 시 고려해야 할 사항으로 가장 거리가 먼 것은?
① 안전사용 온도 범위
② 보온재의 가격
③ 해체의 편리성
④ 공사 현장의 작업성

해설) 보온재 선정 시 고려사항
① 안전사용 온도 범위
② 보온재의 가격(경제성)
③ 공사 현장의 작업성(시공성)

Answer
28. ③   29. ④   30. ①   31. ④   32. ③   33. ①   34. ③

35 호칭지름 15A 의 강관을 90도 각도로 구부릴 때 곡선부의 길이는 약 몇 mm인가? (단, 곡선부의 반지름은 90mm로 한다.)

① 141.4 ② 145.5
③ 150.2 ④ 155.3

해설 $= 3.14 \times 180 \times \dfrac{90}{360} = 141.4 \, mm$

36 이동 및 회전을 방지하기 위해 지지점 위치에 완전히 고정하는 지지금속으로, 열팽창 신축에 의한 영향이 다른 부분에 미치지 않도록 배관을 분리하여 설치·고정해야 하는 리스트레인트의 종류는?

① 앵커 ② 리지드 행거
③ 파이프 슈 ④ 브레이스

해설 리스트레이트
열팽창에 의한 배관의 이동을 구속 또는 제한하는 장치
① 앵커(anchor) : 리지드 서포트의 일종으로 관의 이동 및 회전을 방지하기 위해 지지점에 완전히 고정하는 장치
② 스톱(stop) : 배관의 일정한 방향과 회전만 구속하고 다른 방향은 자유롭게 이동하게 하는 장치
③ 가이드(guide) : 배관의 곡관부분이나 신축 조인트부분에 설치하는 것으로 회전을 제한하거나 축방향의 이동을 허용하며 직각방향으로 구속하는 장치

37 증기주관의 관말트랩 배관의 드레인 포켓과 냉각관 시공 요령이다. 다음 ( )안에 적절한 것은?

> 증기주관에서 응축수를 건식환수관에 배출하려면 주관과 동경으로 (㉠)mm 이상 내리고 하부로 (㉡)mm 이상 연장하여 (㉢)을(를) 만들어 준다. 냉각관은 (㉣) 앞에서 1.5m 이상 나관으로 배관한다.

① ㉠ 150, ㉡ 100, ㉢ 트랩, ㉣ 드레인 포켓
② ㉠ 100, ㉡ 150, ㉢ 드레인 포켓, ㉣ 트랩
③ ㉠ 150, ㉡ 100, ㉢ 드레인 포켓, ㉣ 드레인 밸브
④ ㉠ 100, ㉡ 150, ㉢ 드레인 밸브, ㉣ 드레인 포켓

해설 증기주관에서 응축수를 건식환수관에 배출하려면 주관과 동경으로 100mm 이상 내리고 하부로 150mm 이상 연장하여 드레인 포켓을 만들어 준다. 냉각관은 관말 트랩 앞에서 1.5m 이상 나관으로 배관한다.

38 저탕식 급탕설비에서 급탕의 온도를 일정하게 유지시키기 위해서 가스나 전기를 공급 또는 정지하는 것은?

① 사일렌서 ② 순환펌프
③ 가열코일 ④ 서머스탯

해설 서머스탯
저탕식 급탕설비에서 급탕의 온도를 일정하게 유지시키기 위해서 가스나 전기를 공급 또는 정지하는 것

39 파이프 벤더에 의한 구부림 작업 시 관에 주름이 생기는 원인으로 가장 옳은 것은?

① 압력고정이 세고 저항이 크다.
② 굽힘 반지름이 너무 작다
③ 받침쇠가 너무 나와 있다.
④ 바깥지름에 비하여 두께가 너무 얇다.

해설 바깥지름에 비하여 두께가 너무 얇으면 파이프 벤더에 의한 구부림 작업 시 관에 주름이 생긴다.

40 파이프와 파이프를 홈 조인트로 체결하기 위하여 파이프 끝을 가공 하는 기계는?

① 띠톱 기계
② 파이프 벤딩기
③ 동력파이프 나사절삭기
④ 그루빙 조인트 머신

Answer
35. ① 36. ① 37. ② 38. ④ 39. ④ 40. ④

2017년 CBT 기출복원 문제

그루빙 조인트 머신
파이프와 파이프를 홈 조인트로 체결하기 위하여 파이프 끝을 가공 하는 기계

41 보일러 동체가 국부적으로 과열되는 경우는 무엇인가?

① 고수위로 운전하는 경우
② 보일러 동 내면에 스케일이 형성된 경우
③ 안전밸브의 기능이 불량한 경우
④ 주증기 밸브의 개폐 동작이 불량한 경우

과열의 원인
① 저수위(이상감수) 시
② 관수의 농축으로 순환이 불량할 때
③ 전열면에 스케일이 형성된 경우

42 온수난방 설비의 내림구배 배관에서 배관 아랫면을 일치시키고자 할 때 사용되는 이음쇠는?

① 소켓
② 편심 레듀셔
③ 유니언
④ 이경엘보

온수난방 설비의 내림구배 배관에서 배관 아랫면을 일치시키고자 할 때는 편심 레듀셔를 사용한다.

43 보일러의 외부 검사에 해당되는 것은?

① 스케일, 슬러지 상태 검사
② 노벽 상태 검사
③ 배관의 누설 상태 검사
④ 연소실의 열 집중 현상 검사

배관의 누설 상태 검사는 외부 검사에 해당된다.

44 수질이 불량하여 보일러에 미치는 영향으로 가장 거리가 먼 것은?

① 보일러의 수명과 열효율에 영향을 준다.
② 고압보다 저압일수록 장애가 더욱 심하다.
③ 부식현상이나 증기의 질이 불순하게 된다.
④ 수질이 불량하면 관계통에 관석이 발생한다.

수질이 불량할 경우 저압보다 고압일수록 장애가 심하다.

45 보일러 운전 중 1일 1회 이상 실행하거나 상태를 점검해야 하는 것으로 가장 거리가 먼 사항은 무엇인가?

① 안전밸브 작동상태
② 보일러수 분출 작업
③ 여과기 상태
④ 저수위 안전장치 작동상태

여과기 상태는 운전 중에 점검을 해서는 안된다.

46 복사난방의 특징에 관한 설명으로 옳지 않은 것은 무엇인가?

① 쾌감도가 좋다.
② 고장 발견이 용이하고 시설비가 싸다.
③ 실내공간의 이용률이 높다.
④ 동일 방열량에 대한 열손실이 적다.

복사난방의 특징
① 장점
  ㉮ 온도분포가 균일하다.
  ㉯ 실내 공간의 이용율이 높다.
  ㉰ 쾌감도가 좋다.
  ㉱ 열손실이 적다.

② 단점
  ㉮ 예열이 길어 부하에 대응하기 어렵다.
  ㉯ 설비비가 많이 든다.
  ㉰ 고장수리, 점검이 어렵다.
  ㉱ 표면부(모르타르층)의 균열 발생이 쉽다.

Answer
41. ② 42. ② 43. ③ 44. ② 45. ③ 46. ②

47 보일러의 점화불량의 원인으로 가장 거리가 먼 것은?

① 댐퍼작동 불량
② 파일로트 오일 불량
③ 공기비의 조정 불량
④ 점화용 트랜스의 전기 스파크 불량

해설 점화불량의 원인
① 댐퍼작동 불량
② 전자밸브 불량
③ 공기비의 조정 불량
④ 점화용 트랜스의 전기 스파크 불량

48 강철제 증기보일러의 최고사용압력이 0.4 MPa 인 경우 수압시험 압력은?

① 0.16MPa
② 0.2MPa
③ 0.8MPa
④ 1.2MPa

해설 최고사용압력이 0.43Mpa 이하의 경우는 최고사용 압력의 2배로 수압시험을 실시한다.
=0.4×2=0.8Mpa

49 보일러의 과열 원인과 무관한 것은?

① 보일러수의 순환이 불량할 경우
② 스케일 누적이 많은 경우
③ 저수위로 운전할 경우
④ 1차 공기량의 공급이 부족한 경우

해설 과열 원인
① 보일러수의 순환이 불량할 경우
② 스케일 누적이 많은 경우
③ 저수위로 운전할 경우

50 온수난방에 관한 설명으로 틀린 것은?

① 단관식은 보일러에서 멀어질수록 온수의 온도가 낮아진다.
② 복관식은 방열량의 변화가 일어나지 않고 밸브의 조절로 방열량을 가감할 수 있다.
③ 역귀환 방식은 각 방열기의 방열량이 거의 일정하다.
④ 증기난방에 비하여 소요방열면적과 배관경이 작게되어 설비비를 비교적 절약할 수 있다.

해설 증기난방에 비하여 소요방열면적과 배관경이 크게되어 설비비가 많이든다.

51 보일러 내부부식에 속하지 않는 것은?

① 점식
② 저온부식
③ 구식
④ 알카리부식

해설 외부 부식
고온부식, 저온부식, 산화부식

52 난방부하의 발생요인 중 맞지 않는 것은 무엇인가?

① 벽체(외벽, 바닥, 지붕 등)를 통한 손실 열량
② 극간 풍에 의한 손실열량
③ 외기(환기공기)의 도입에 의한 손실열량
④ 실내조명, 전열 기구 등에서 발산되는 열부하

해설 난방부하 발생원인
① 벽체(외벽, 바닥, 지붕 등)를 통한 손실열량
② 극간 풍에 의한 손실열량
③ 외기(환기공기)의 도입에 의한 손실열량
• 실내조명, 전열 기구 등에서 발산되는 열부하는 난방부하 발생요인과 관계없다.

Answer
47. ② 48. ③ 49. ④ 50. ④ 51. ② 52. ④

53 보일러 급수 중 Fe, Mn, CO_2를 많이 함유하고 있는 경우의 급수처리 방법으로 가장 적합한 것은?

① 분사법   ② 기폭법
③ 침강법   ④ 가열법

해설 기폭법
Fe, Mn, CO_2를 제거하는데 적합하다.

54 보일러의 수압시험을 하는 주된 목적은 무엇인가?

① 제한 압력을 결정하기 위하여
② 열효율을 측정하기 위하여
③ 균열의 여부를 알기 위하여
④ 설계의 양부를 알기 위하여

해설 수압시험은 이음부의 누수 및 균열 여부를 위해 행한다.

55 저탄소 녹색성장 기본법상 녹색성장위원회의 위원으로 틀린 것은?

① 국토교통부장관
② 미래창조과학부장관
③ 기획재정부장관
④ 고용노동부장관

해설 고용노동부장관은 녹색성장 기본법상 녹색성장위원회 위원과는 무관하다.

56 에너지다소비사업자는 산업통상자원부령이 정하는 바에 따라 전년도의 분기별 에너지사용량·제품생산량을 그 에너지 사용시설이 있는 지역을 관할하는 시·도지사에게 매년 언제까지 신고해야 하는가?

① 1월 31일까지
② 3월 31일까지
③ 5월 31일까지
④ 9월 30일까지

해설 에너지다소비사업자는 산업통상자원부령이 정하는 바에 따라 전년도의 분기별 에너지사용량·제품생산량을 그 에너지 사용시설이 있는 지역을 관할하는 시·도지사에게 매년 1월 31일까지 신고해야 한다.

57 온실가수 감축 목표의 설정·관리 및 필요한 조치에 관하여 총괄·조정기능을 수행하는 자는?

① 환경부장관
② 산업통상자원부장관
③ 국토교통부장관
④ 농림축산식품부장관

해설 온실가수 감축 목표의 설정·관리 및 필요한 조치에 관하여 총괄·조정기능을 수행하는 자 : 환경부장관

58 온실가스감축, 에너지 절약 및 에너지 이용효율 목표를 통보받은 관리업체가 규정의 사항을 포함한 다음 연도 이행계획을 전자적 방식으로 언제까지 부문별 관장기관에게 제출하여야 하는가?

① 매년 3월 31일까지
② 매년 6월 30일까지
③ 매년 9월 30일까지
④ 매년 12월 31일까지

해설 온실가스감축, 에너지 절약 및 에너지 이용효율 목표를 통보받은 관리업체가 규정의 사항을 포함한 다음 연도 이행계획을 전자적 방식으로 매년 12월 31일까지 부문별 관장기관에게 제출

Answer
53. ②   54. ③   55. ④   56. ①   57. ①   58. ④

59 에너지이용 합리화법상 평균에너지소비효율에 대하여 총량적인 에너지효율의 개선이 특히 필요하다고 인정되는 기자재는?

① 승용자동차
② 강철제보일러
③ 1종 압력용기
④ 축열식 전기보일러

해설 효율관리 기자재
① 전기냉장고
② 전기냉방기
③ 전기세탁기
④ 조명기기
⑤ 삼상유도전동기(三相誘導電動機)
⑥ 자동차
⑦ 그 밖에 산업통상자원부장관이 그 효율의 향상이 특히 필요하다고 인정하여 고시하는 기자재 및 설비

60 에너지이용 합리화법에 따라 에너지 진단을 면제 또는 에너지진단 주기를 연장 받으려는 자가 제출해야 하는 첨부서류에 해당하지 않는 것은?

① 보유한 효율관리기자재 자료
② 중소기업임을 확인할 수 있는 서류
③ 에너지절약 유공자 표창 사본
④ 친에너지형 설비 설치를 확인할 수 있는 서류

해설 에너지이용 합리화법에 따라 에너지 진단을 면제 또는 에너지진단 주기를 연장 받으려는 자가 제출해야 하는 첨부서류
① 중소기업임을 확인할 수 있는 서류
② 에너지절약 유공자 표창 사본
③ 친에너지형 설비 설치를 확인할 수 있는 서류

Answer
59. ① 60. ①

에너지관리기능사

2018년 CBT 기출복원 문제

• **기출복원 문제란?** CBT시행에 따라 저자께서 수검자들의 도움으로 최대한 유형에 가깝게 복원한 문제입니다.

01 압력에 대한 설명으로 옳은 것은?
① 단위 면적당 작용하는 힘이다.
② 단위 부피당 작용하는 힘이다.
③ 물체의 무게를 비중량으로 나눈 값이다.
④ 물체의 무게에 비중량으로 곱한 값이다.

해설 압력이란? 단위 면적당 작용하는 힘을 말한다.

02 연도에서 폐열회수장치의 설치순서가 옳은 것은?
① 재열기 → 절탄기 → 공기예열기 → 과열기
② 과열기 → 재열기 → 절탄기 → 공기예열기
③ 공기예열기 → 과열기 → 절탄기 → 재열기
④ 절탄기 → 과열기 → 공기예열기 → 재열기

해설 폐열회수장치의 설치순서
과열기 → 재열기 → 절탄기 → 공기예열기

03 진공환수식 증기난방에서 리프트피팅이란?
① 저압환수관이 진공펌프의 흡입구보다 낮은 위치에 있을 때 적용되는 이음방법이다.
② 방열기보다 낮은 곳에 환수주관이 설치된 경우 적용되는 이음방법이다.
③ 진공펌프가 환수주관과 같은 위치에 있을 때 적용되는 이음방법이다.
④ 방열기와 환수주관의 위치가 같을 때 적용되는 이음방법이다.

해설 리프트 피팅 : 저압환수관이 진공펌프의 흡입구보다 낮은 위치에 있을 때 적용되는 이음방법

04 보일러 급수처리의 목적으로 볼 수 없는 것은?
① 부식의 방지
② 보일러수의 농축방지
③ 스케일생성 방지
④ 역화 방지

해설 급수처리의 목적
① 부식의 방지
② 보일러수의 농축방지
③ 스케일생성 방지

05 일반적으로 보일러 판넬 내부 온도는 몇 ℃를 넘지 않도록 하는 것이 좋은가?
① 60℃
② 70℃
③ 80℃
④ 90℃

해설 일반적으로 보일러 판넬 내부 온도는 60℃로 유지한다.

06 전열면적이 40m²인 수직 연관보일러를 2시간 연소시킨 결과 4000kg의 증기가 발생하였다. 이 보일러의 증발률은?
① 40kg/m²·h
② 30kg/m²·h
③ 60kg/m²·h
④ 50kg/m²·h

해설 증발률 = $\dfrac{증발량}{면적 \times 시간} = \dfrac{4000}{40 \times 2} = 50 \text{kg/m}^2 \cdot h$

Answer
1. ① 2. ② 3. ① 4. ④ 5. ① 6. ④

07 연통에서 배기되는 가스량이 2500 kg/h 이고, 배기가스 온도가 230℃, 가스의 평균 비열이 0.31kcal/kg·℃, 외기온도가 18℃이면, 배기가스에 의한 손실열량은?

① 164300 kcal/h
② 174300 kcal/h
③ 184300 kcal/h
④ 194300 kcal/h

해설 = 2500 × 0.31 × (230−18) = 164300kcal/h

08 보일러 인터록과 관계가 없는 것은?

① 압력초과 인터록
② 저수위 인터록
③ 불착화 인터록
④ 급수장치 인터록

해설 인터록의 종류
① 초과압력 인터록
② 저수위 인터록
③ 저연소 인터록
④ 프리퍼지 인터록
⑤ 불착화 인터록

09 다음 중 잠열에 해당되는 것은?

① 기화열   ② 생성열
③ 중화열   ④ 반응열

해설 잠열[기화(증발)잠열, 융해잠열]

10 보일러용 오일 연료에서 성분분석 결과 수소 12.0% 수분 0.3%라면, 저위발열량은? (단, 연료의 고위발열량은 10600kcal/kg이다.)

① 6500kcal/kg   ② 7600kcal/kg
③ 8950kcal/kg   ④ 9950kcal/kg

해설 $Hh = Hl + 600(9H + W)$
$Hl = Hh - 600(9H + W)$
∴ $10600 - 600(9 \times 0.12 + 0.003) = 9950 kcal/kg$

11 보일러 집진장치의 형식과 종류를 짝지은 것 중 틀린 것은?

① 가압수식 - 제트 스크러버
② 여과식 - 충격식 스크러버
③ 원심력식 - 사이클론
④ 전기식 - 코트렐

해설 여과식-백 필터(백 필터로 분진을 포집하는 형식)

12 보일러 건조보존 시에 사용되는 건조제가 아닌 것은 무엇인가?

① 암모니아
② 생석회
③ 실리카겔
④ 염화칼슘

해설 **흡습제 종류** : 생석회, 실리카겔, 염화칼슘, 활성 알루미나 등

13 온수난방 설비의 내림구배 배관에서 배관 아랫면을 일치시키고자 할 때 사용되는 이음쇠는?

① 소켓
② 편심 레듀서
③ 유니언
④ 이경엘보

해설 온수난방 설비의 내림구배 배관에서 배관 아랫면을 일치 시키고자 할 때는 편심 레듀서를 사용한다.

14 보일러의 외부 검사에 해당되는 것은?

① 스케일, 슬러지 상태 검사
② 노벽 상태 검사
③ 배관의 누설 상태 검사
④ 연소실의 열 집중 현상 검사

해설 배관의 누설 상태 검사는 외부 검사에 해당된다.

Answer
7. ① 8. ④ 9. ① 10. ④ 11. ② 12. ① 13. ② 14. ③

15 호칭지름 15A의 강관을 각도 90도로 구부릴 때 곡선부의 길이는 약 몇 mm인가?
(단, 곡선부의 반지름은 80mm로 한다.)

① 125.6　　② 135.5
③ 145.6　　④ 150.0

해설 $= 3.14 \times 160 \times \dfrac{90}{360} = 125.6\text{mm}$

16 파이프 벤더에 의한 구부림 작업 시 관에 주름이 생기는 원인으로 가장 옳은 것은?

① 압력고정이 세고 저항이 크다.
② 굽힘 반지름이 너무 작다.
③ 받침쇠가 너무 나와 있다.
④ 바깥지름에 비하여 두께가 너무 얇다.

해설 바깥지름에 비하여 두께가 너무 얇으면 파이프 벤더에 의한 구부림 작업 시 관에 주름이 생긴다.

17 파이프와 파이프를 홈 조인트로 체결하기 위하여 파이프 끝을 가공하는 기계는?

① 띠톱 기계
② 파이프 벤딩기
③ 동력파이프 나사절삭기
④ 그루빙 조인트 머신

해설 **그루빙 조인트 머신** : 파이프와 파이프를 홈 조인트로 체결하기 위하여 파이프 끝을 가공하는 기계

18 보일러에 부착하는 압력계에 대한 설명으로 옳은 것은?

① 최대 증발량 10t/h 이하인 관류보일러에 부착하는 압력계는 눈금판의 바깥지름을 50mm 이상으로 할 수 있다.
② 부착하는 압력계의 최고 눈금은 보일러의 최고사용압력의 1.5배 이하의 것을 사용한다.
③ 증기보일러에 부착하는 압력계 눈금판의 바깥지름은 80mm이상의 크기로 한다.
④ 압력계를 보호하기 위하여 물을 넣은 안지름 6.5mm 이상의 사이폰관 또는 동등한 장치를 부착 하여야 한다.

해설 압력계를 보호하기 위하여 물을 넣은 안지름 6.5mm 이상의 사이폰관 또는 동등한 장치를 부착여야 하며, 동관은 6.5mm 강관은 12.7mm 이상으로 한다.

19 열팽창에 의한 배관의 이동을 구속 또는 제한하는 배관 지지구인 레스트레인트(restraint)의 종류가 아닌 것은?

① 가이드　　② 앵커
③ 스토퍼　　④ 행거

해설 **레스트레인트 종류**
㉠ 앵커
㉡ 스토퍼(스톱)
㉢ 가이드

20 보일러의 자동제어 중 제어작동이 연속동작에 해당하지 않는 것은?

① 비례동작　　② 적분동작
③ 미분동작　　④ 다위치 동작

해설 **불연속 동작**
㉠ 2위치 동작
㉡ 다위치 동작
㉢ 불연속 속도 동작

21 보일러의 자동제어에서 연소제어 시 조작량과 제어량의 관계가 옳은 것은 무엇인가?

① 공기량 - 수위
② 급수량 - 증기온도
③ 연료량 - 증기압
④ 전열량 - 노내압

Answer
15. ①　16. ④　17. ④　18. ④　19. ④　20. ④　21. ③

[제어량과 조절량과의 관계]

종류	제어량	조작량
증기온도 제어(S.T.C)	증기온도	전열량
급수제어 (F.W.C)	보일러수위	급수량
자동연소 제어(A.C.C)	증기압력	연료량, 공기량
	노내압력	연소 가스량

22 집진장치 중 집진효율은 높고, 압력손실이 낮은 형식은 무엇인가?

① 전기식 집진장치
② 중력식 집진장치
③ 원심력식 집진장치
④ 세정식 집진장치

전기식(코트렐) : 집진효율은 가장 높고, 압력손실이 적다.

23 보일러수 내처리 방법으로 용도에 따른 청관제로 틀린 것은?

① 탈산소제 - 염산, 알콜
② 연화제 - 탄산소다, 인산소다
③ 슬러지 조정제 - 탄닌, 리그린
④ pH 저정제 - 인산소다, 암모니아

탈산소제 - 탄닌, 히드라진, 아황산나트륨

24 상태변화 없이 물체의 온도 변화에만 소요되는 열량은?

① 고체열   ② 현열
③ 액체열   ④ 잠열

• **현열** : 상태변화 없이 물체의 온도 변화
• **잠열** : 온도변화 없이 물체의 상태 변화

25 보일러 분출 시의 유의사항 중 틀린 것은?

① 분출 도중 다른 작업을 하지 말 것
② 안전저수위 이하로 분출하지 말 것
③ 2대 이상의 보일러를 동시에 분출하지 말 것
④ 계속 운전 중인 보일러는 부하가 가장 클 때

보일러 분출 계속 운전 중인 보일러는 부하가 가장 적을 때 한다.

26 관 속에 흐르는 유체의 종류를 나타내는 기호 중 증기를 나타내는 것은?

① S   ② W
③ O   ④ A

• S : 증기
• W : 물
• O : 오일(기름)
• A : 공기

27 증발량 3500kgf/h인 보일러의 증기 엔탈피가 640kcal/kg이고, 급수의 온도는 20℃이다. 이 보일러의 상당증발량은 얼마인가?

① 약 3786kgf/h
② 약 4156kgf/h
③ 약 2760kgf/h
④ 약 4026kgf/h

$$= \frac{3500 \times (640-20)}{539} = 4026 \text{kgf/h}$$

28 보일러 중 노통연관식 보일러는 무엇인가?

① 코르니시 보일러
② 랭커서 보일러
③ 스코치 보일러
④ 다쿠마 보일러

• **코르니시, 랭커셔** : 노통 보일러
• **스코치** : 노통연관 보일러
• **다쿠마** : 수관식 보일러(자연순환식)

Answer
22. ①   23. ①   24. ②   25. ④   26. ①   27. ④   28. ③

29 보일러 급수 중 Fe, Mn, CO_2를 많이 함유하고 있는 경우의 급수 처리 방법으로 가장 적합한 것은?

① 분사법 ② 기폭법
③ 침강법 ④ 가열법

해설 기폭법 Fe, Mn, CO_2를 제거하는데 적합하다.

30 보일러의 수압시험을 하는 주된 목적은 무엇인가?

① 제한 압력을 결정하기 위하여
② 열효율을 측정하기 위하여
③ 균열의 여부를 알기 위하여
④ 설계의 양부를 알기 위하여

해설 수압시험의 주된 이유는 균열 여부를 알기 위하여 행한다.

31 플로트 트랩은 어떤 종류의 트랩에 속하는가?

① 디스크 트랩   ② 기계적 트랩
③ 온도조절 트랩 ④ 열역학적 트랩

해설
- **기계적 트랩** : 버킷(상향, 하향), 플로트식(다량 트랩)
- **온도조절 트랩** : 벨로즈(열동식)식, 바이메탈식
- **열역학적 트랩** : 오리피스식, 디스크식

32 수면계의 기능시험 시기로 틀린 것은 무엇인가?

① 보일러를 가동하기 전
② 수위의 움직임이 활발할 때
③ 보일러를 가동하여 압력이 상승하기 시작했을 때
④ 2개 수면계의 수위에 차이를 발견했을 때

해설 수면계 점검 시기
㉠ 비수, 포밍 발생 시
㉡ 보일러를 가동하기 전
㉢ 보일러를 가동하여 압력이 상승하기 시작할 때
㉣ 2개 수면계의 수위에 차이를 발견했을 때
㉤ 수위가 보이지 않을 때

33 보일러 연료로 사용되는 LNG의 성분 중 함유량이 가장 많은 것은 무엇인가?

① CH_4 ② C_2H_6
③ C_3H_8 ④ C_4H_{10}

해설
- LNG(액화천연가스) 주성분 : CH_4
- LPG(액화석유가스) 주성분 : C_3H_8, C_4H_{10}

34 보일러 중에서 관류 보일러에 속하는 것은 무엇인가?

① 코크란 보일러
② 코르니시 보일러
③ 스코치 보일러
④ 슐처 보일러

해설
- 코크란 보일러 : 입형 보일러
- 코르니시 보일러 : 노통 보일러
- 스코치 보일러 : 노통 연관 보일러
- 슐처 보일러 : 관류 보일러

35 급유량계 앞에 설치하는 여과기의 종류가 아닌 것은 무엇인가?

① U 형   ② V 형
③ S 형   ④ Y 형

해설 **여과기 종류** : U 형, V 형, Y 형

36 노통 연관식 보일러의 특징으로 가장 거리가 먼 것은 무엇인가?

① 내분식이므로 열손실이 적다.
② 수관식 보일러에 비해 보유수량이 적어 파열시 피해가 적다.
③ 원통형 보일러 중에서 효율이 가장 높다.
④ 원통형 보일러 중에서 구조가 복잡한 편이다.

Answer

29. ② 30. ③ 31. ② 32. ② 33. ① 34. ④ 35. ③ 36. ②

해설 원통보일러는 전열면적에 비해 보유수량이 많아 파열시 피해가 크다.

37 보일러의 열손실이 아닌 것은 무엇인가?

① 방열손실
② 배기가스 열손실
③ 미연소 손실
④ 응축수 손실

해설
• 유효출열(증기의 보유열량)
• 열손실(배기가스에 의한 열손실, 미연소가스에 의한 열손실, 방열에 의한 열손실, 불완전연소에 의한 열손실)

38 평소 사용하고 있는 보일러의 가동 전 준비사항으로 틀린 것은?

① 각종 기기의 기능을 검사하고 급수계통의 이상 유무를 확인한다.
② 댐퍼를 닫고 프리퍼지를 행한다.
③ 각 밸브의 개폐상태를 확인한다.
④ 보일러수의 물의 높이는 상용 수위로 하여 수면계로 확인한다.

해설 가동 전 준비사항에서 댐퍼를 열고, 프리퍼지를 행한다.

39 증기보일러의 캐리오버(carry over)의 발생 원인과 가장 거리가 먼 것은 무엇인가?

① 보일러 부하가 급격하게 증대할 경우
② 증발부 면적이 불충분할 경우
③ 증기정지 밸브를 급격히 열었을 경우
④ 부유 고형물 및 용해 고형물이 존재하지 않을 경우

해설 부유 고형물, 용해 고형물 등이 있을 시 기수공발(carry over)이 발생된다.

40 열전달의 기본 형식에 해당되지 않는 것은?

① 대류
② 복사
③ 발산
④ 전도

해설 열전달(열의 이동)기본 형식
㉠ 전도, ㉡ 대류, ㉢ 복사

41 강관 배관에서 유체의 흐름방향을 바꾸는데 사용되는 이음쇠는?

① 부싱
② 리턴밴드
③ 리듀서
④ 소켓

해설
• 리턴밴드는 유체의 흐름방향을 바꿀 때 사용한다.
• 부싱, 리듀서, 소켓은 유체가 직선으로 흐를 때 사용한다.

42 팽창탱크 내의 물이 넘쳐흐를 때를 대비하여 팽창탱크에 설치하는 관은?

① 배수관
② 환수관
③ 오버플로우관
④ 팽창관

해설 오버플로우관 : 팽창탱크 내의 물이 넘쳐흐를 때를 대비하여 팽창탱크에 설치하는 관

43 방열기 설치 시 벽면과의 간격으로 가장 적합한 것은 어느 것인가?

① 50mm
② 80mm
③ 100mm
④ 150mm

해설 방열기와 벽면과의 간격 : 약 50 ~ 60mm

44 두께가 13cm, 면적이 10m²인 벽이 있다. 벽 내부온도는 200℃ 외부의 온도가 20℃일 때 벽을 통한 전도되는 열량은 약 몇 kcal/h인가? (단, 열전도율은 0.02kcal/m·h·℃이다.)

① 234.2
② 259.6
③ 276.9
④ 312.3

Answer
37. ④ 38. ② 39. ④ 40. ③ 41. ② 42. ③ 43. ① 44. ③

2018년 CBT 기출복원 문제

해설 $= \dfrac{0.02 \times 10 \times (200-20)}{0.13} = 276.9 \text{ kcal/h}$

45 가동 보일러에 스케일과 부식물 제거를 위한 산세척 처리 순서로 올바른 것은?

① 전처리 → 수세 → 산액처리 → 수세 → 중화 방청처리
② 수세 → 산액처리 → 전처리 → 수세 → 중화 방청처리
③ 전처리 → 중화 방청처리 → 수세 → 산액처리 → 수세
④ 전처리 → 수세 → 중화 방청처리 → 수세 → 산액처리

해설 **산세척 처리 순서**
전처리 → 수세 → 산액처리 → 수세 → 중화 방청처리

46 가스버너에 리프팅(Lifting)현상이 발생하는 경우는?

① 가스압이 너무 높은 경우
② 버너부식으로 염공이 커진 경우
③ 버너가 과열된 경우
④ 1차공기의 흡인이 많은 경우

해설 • **리프팅(Lifting : 선화)**
가스의 유출속도가 연소속도에 비해 크게 되었을 때 불꽃이 염공에 접하여 연소되지 않고 염공을 떠나 공중에서 연소되는 현상
• **리프팅(Lifting : 선화) 원인**
㉠ 염공이 작게 된 경우
㉡ 공급압력이 너무 높을 때
㉢ 노즐의 구경이 작은 경우
㉣ 공기조절장치를 너무 많이 열었을 때

47 보일러를 계획적으로 관리하기 위해서는 연간계획 및 일상보전계획을 세워 이에 따라 관리를 하는데 연간 계획에 포함할 사항과 가장 거리가 먼 것은?

① 급수계획   ② 점검계획
③ 정비계획   ④ 운전계획

해설 **보일러 관리 연간계획**
㉠ 운전계획
㉡ 연료계획
㉢ 정비계획
㉣ 점검계획

48 손실 열량 3500kcal/h의 사무실에 온수 방열기를 설치할 때 방열기의 소요 섹션수는 몇 쪽인가? (단, 방열기 방열량은 표준방열량으로 하며, 1섹션의 방열 면적은 $0.26m^2$이다.)

① 25쪽   ② 28쪽
③ 30쪽   ④ 35쪽

해설 $= \dfrac{3500}{450 \times 0.26} = 30$쪽

49 다음 보기 중에서 보일러의 운전정지 순서를 올바르게 나열한 것은?

[보기]
① 증기밸브를 닫고, 드레인 밸브를 연다.
② 공기의 공급을 정지시킨다.
③ 댐퍼를 닫는다.
④ 연료의 공급을 정지시킨다.

① ② → ④ → ① → ③
② ④ → ② → ① → ③
③ ③ → ④ → ① → ②
④ ① → ④ → ② → ③

Answer
45. ① 46. ① 47. ① 48. ③ 49. ②

해설 보일러운전 정지순서(보기에서)
④ 연료의 공급을 정지 → ② 공기의 공급을 정지 → ① 증기밸브를 닫고, 드레인 밸브를 연다. → ③ 댐퍼를 닫는다.

50 액상 열매체 보일러시스템에서 열매유체의 액팽창을 흡수하기 위한 팽창탱크의 최소 체적(Vr)을 구하는 식으로 옳은 것은? (단, V_E는 승온 시 시스템 내의 열매체유 팽창량, V_M은 상온 시 탱크 내의 열매체유 보유량이다.)

① $V_r = V_E + V_M$
② $V_r = V_E + 2V_M$
③ $V_r = 2V_E + V_M$
④ $V_r = 2V_E + 2V_M$

해설 팽창탱크의 체적 = 승온 시 시스템 내의 열매체유 팽창량 × 2 + 상온 시 탱크 내의 열매체유 보유량

51 과열기의 형식 중 증기와 열가스 흐름의 방향이 서로 반대인 과열기의 형식은?

① 병류식
② 대향류식
③ 혼류식
④ 역류식

해설
• 열가스 흐름에 의한 분류
 ㉠ 병류식 : 증기와 열가스의 흐름이 같은 방향
 ㉡ 향류식(대향류식) : 증기와 열가스의 흐름이 서로 반대방향
 ㉢ 혼류식 : 병류식과 향류식의 병합

• 열가스 접촉에 의한 분류
 ㉠ 접촉과열기 : 대류열을 이용
 ㉡ 복사과열기 : 복사열을 이용
 ㉢ 접촉복사과열기 : 대류 및 복사열을 이용

52 보일러 효율이 85%, 실제증발량이 5t/h이고 발생증기량의 엔탈피 656kcal/kg, 급수온도의 엔탈피는 56kcal/kg, 연료의 저위발열량 9750kcal/h일 때 연료 소비량은 약 몇 kg/h인가?

① 316 ② 362
③ 389 ④ 405

해설 $= \dfrac{5000 \times (656 - 56)}{0.85 \times 9750} = 362 \text{ kg/h}$

53 보일러 자동제어에서 급수제어의 약호는?

① A.B.C ② F.W.C
③ S.T.C ④ A.C.C

해설
① A.B.C : 보일러 자동제어
② F.W.C : 급수 자동제어
③ S.T.C : 증기온도 자동제어
④ A.C.C : 연소 자동제어

54 수트 블로워에 관한 설명으로 잘못된 것은?

① 전열면 외측의 그을음 등을 제거하는 장치이다.
② 분출기 내의 응축수를 배출시킨 후 사용한다.
③ 블로우 시에는 댐퍼를 열고 흡입통풍을 증가시킨다.
④ 부하가 50% 이하인 경우에만 블로우한다.

해설
• 수트 블로우 : 전열면에 부착된 그을음 제거하는 장치
• 수트 블로워(soot blower) 사용 시 주의 사항
 ㉠ 부하가 적거나(50[%] 이하) 소화 후 사용하지 말 것.
 ㉡ 분출하기 전 연도 내 배풍기를 사용 유인통풍을 증가시킬 것.
 ㉢ 분출기 내의 응축수를 배출시킨 후 사용할 것.
 ㉣ 한 곳으로 집중적으로 사용함으로 전열면에 무리를 가하지 말 것.
 ㉤ 연료의 종류, 분출 위치, 증기의 온도 등에 따라 분출시기를 결정할 것.

Answer
50. ③ 51. ② 52. ② 53. ② 54. ④

55 에너지 수급안정을 위하여 산업통상자원부 장관이 필요한 조치를 취할 수 있는 사항이 아닌 것은?

① 에너지의 배급
② 산업별·주요공급자별 에너지 할당
③ 에너지의 비축과 저장
④ 에너지의 양도·양수의 제한 또는 금지

 에너지 수급안정조치–산업통상자원부장관
㉠ 지역별·주요 수급자별 에너지할당
㉡ 에너지공급설비의 가동 및 조업
㉢ 에너지의 비축과 저장
㉣ 에너지의 도입·수출입 및 위탁가공
㉤ 에너지공급자 상호간의 에너지의 교환 또는 분배사용
㉥ 에너지의 유통시설과 그 사용 및 유통경로
㉦ 에너지의 배급
㉧ 에너지의 양도·양수의 제한 또는 금지
㉨ 에너지사용의 제한 또는 금지

56 에너지법상 에너지 공급설비에 포함되지 않는 것은?

① 에너지 수입설비
② 에너지 전환설비
③ 에너지 수송설비
④ 에너지 생산설비

 에너지 공급설비 : 에너지를 생산, 전환, 수송, 저장하기위하여 설치하는 설비

57 에너지이용합리화법에 따라 검사대상기기의 용량이 15t/h인 보일러 일 경우 조종자의 자격기준으로 가장 옳은 것은?

① 에너지관리기능장 자격 소지자만 가능하다.
② 에너지관리기능장, 에너지관리기사 자격 소지자만 가능하다.
③ 에너지관리기능장, 에너지관리기사, 에너지관리산업기사 자격 소지자만 가능하다.
④ 에너지관리기능장, 에너지관리기사, 에너지관리산업기사, 에너지관리기능사 자격 소지자만 가능하다.

검사대상기기 용량별 자격 선임기준
㉠ 용량 10t/h 이하 : 에너지관리기능장, 에너지관리기사, 에너지관리산업기사, 에너지관리기능사
㉡ 용량 10~30t/h 이하 : 에너지관리기능장, 에너지관리기사, 에너지관리산업기사
㉢ 용량 30t/h 초과 : 에너지관리기능장, 에너지관리기사

58 에너지이용합리화법에 따라 에너지다소비사업자에게 개선명령을 하는 경우는 에너지관리지도 결과 몇 % 이상의 에너지 효율개선이 기대되고 효율개선을 위한 투자의 경제성이 안정되는 경우인가?

① 5%
② 10%
③ 15%
④ 20%

Answer
55. ② 56. ① 57. ③ 58. ②

59 자원을 절약하고, 효율적으로 이용하며 폐기물의 발생을 줄이는 등 자원순환산업을 육성 지원하기 위한 다양한 시책에 포함되지 않는 것은?

① 자원의 수급 및 관리
② 유해하거나 재 제조·재활용이 어려운 물질의 사용억제
③ 에너지자원으로 이용되는 목재, 식물, 농산물 등 바이오매스의 수집·활용
④ 친환경 생산체제로의 전환을 위한 기술 지원

해설
① 자원의 수급 및 관리
② 유해하거나 재 제조·재활용이 어려운 물질의 사용억제
③ 에너지자원으로 이용되는 목재, 식물, 농산물 등 바이오매스의 수집·활용 등

60 에너지이용 합리화법에 따라 에너지 진단을 면제 또는 에너지진단 주기를 연장 받으려는 자가 제출해야 하는 첨부서류에 해당하지 않는 것은?

① 보유한 효율관리기자재 자료
② 중소기업임을 확인할 수 있는 서류
③ 에너지절약 유공자 표창 사본
④ 친에너지형 설비 설치를 확인할 수 있는 서류

해설 에너지이용 합리화법에 따라 에너지 진단을 면제 또는 에너지 진단 주기를 연장 받으려는 자가 제출해야 하는 첨부서류
① 중소기업임을 확인할 수 있는 서류
② 에너지절약 유공자 표창 사본
④ 친에너지형설비 설치를 확인할 수 있는 서류

Answer
59. ④ 60. ①

에너지관리기능사

2019년 CBT 기출복원 문제

• **기출복원 문제란?** CBT시행에 따라 저자께서 수검자들의 도움으로 최대한 유형에 가깝게 복원한 문제입니다.

01 중유의 성상을 개선하기 위한 첨가제 중 분무를 순조롭게 하기 위하여 사용하는 것은?

① 연소촉진제
② 슬러지 분산제
③ 회분개질제
④ 탈수제

- **연소촉진제** : 분무를 양호하게 한다.
- **슬러지 분산제(안정제)** : 슬러지 생성 방지
- **탈수제** : 중유속의 수분분리
- **회분개질제** : 회분의 융점을 높여 고온부식방지
- **유동점 강하제** : 유동점을 낮추어 송유를 양호하게 한다.

02 화염에서 발생하는 발광체를 이용하여 화염을 검출하는 것은?

① 플레임 로드   ② 스택 스위치
③ 플레임 아이   ④ 아쿠아스태트

- **플레임 아이** : 발광체 즉, 화염의 광학적 성질 이용
- **플레임 로드** : 전기 전도성 즉, 화염의 이온화 이용
- **스택 스위치** : 발열체 즉, 화염의 열적 변화 이용

03 관류보일러에 관한 설명 중 잘못된 것은?

① 보일러 보유수량이 많기 때문에 열용량이 크다.
② 임계압력 이상의 고압증기를 얻을 수 있다.
③ 증기발생 속도가 매우 빠르다
④ 벤슨 보일러, 슐처 보일러가 있다.

관류보일러는 보유수량이 적어 증발시간이 빠르다.

04 다음 중 보일러 효율의 관계식으로 맞는 것은?

① 연소효율 – 전열효율
② 연소효율 / 전열효율
③ 전열효율 / 연소효율
④ 연소효율 × 전열효율

보일러 효율 = 연소효율 × 전열효율

05 보일러 급수장치의 일종인 인젝터 사용 시의 장점 설명으로 틀린 것은?

① 설치에 넓은 장소를 요하지 않는다.
② 급수 예열 효과가 있다.
③ 급수량 조절이 양호하여 급수의 효율이 높다
④ 구조가 간단하고 소형이다.

인젝터는 급수량 조절이 어렵다.

06 자동제어의 비례동작(P동작)에서 조작량(Y)은 제어편차량(e)과 어떤 관계가 있는가?

① 제곱에 비례한다.
② 비례한다.
③ 제곱에 반비례한다.
④ 반비례한다.

자동제어에서 비례동작과 조작량은 제어 편차량과 비례한다.

07 자동연료 차단장치가 작동하는 경우에 대한 설명으로 틀린 것은?

① 증기압력이 설정압력보다 높은 경우
② 중유의 사용온도가 너무 낮은 경우
③ 연료용 유류의 압력이 너무 낮은 경우
④ 송풍기 팬이 가동 중일 경우

송풍기 팬이 가동 중일 경우와 자동연료 차단장치 작동과는 무관하다.

Answer
1. ①   2. ③   3. ①   4. ④   5. ③   6. ②   7. ④

08 다음 중 보일러 연소장치와 가장 거리가 먼 것은?

① 스테이 ② 버너
③ 연도 ④ 화격자

해설 스테이란 약한 부분을 보강하는 지지쇠를 의미한다.

09 보일러 열효율을 높이는 여열장치의 종류에 모두 해당하는 것으로만 구성된 것은?

① 공기예열기, 압력계, 안전변
② 버너, 댐퍼, 절탄기
③ 절탄기, 공기예열기, 과열기
④ 인젝터, 재열기, 배풍기

해설 여열장치의 설치순서는 과열기→재열기→절탄기→공기예열기 순으로 설치한다.

10 통풍장치 중 송풍기의 풍량이 1500m³/min, 송풍압력이 20mmH₂O, 효율이 0.6이라면 이 송풍기의 소요동력은 약 몇 kW인가?

① 4.25 ② 8.17
③ 14.46 ④ 22.56

해설 송풍기 소요동력= $\dfrac{1500 \times 20}{102 \times 0.6 \times 60}$ =8.17KW

11 공기량이 지나치게 많을 때 나타나는 현상 중 틀린 것은?

① 연소실 온도가 떨어진다.
② 열효율이 저하한다.
③ 연료소비량이 증가한다.
④ 배기가스 온도가 높아진다.

해설 공기량이 많아지면 연소실의 온도가 낮아지고, 효율 저하 및 연소소비량이 증가한다.

12 자동제어의 종류 중 목표 값이 시간적으로 변화되는 제어로 자기조정제어라고도 하는 것은?

① 추종제어 ② 비율제어
③ 프로그램제어 ④ 캐스케이드제어

해설 **추종제어**: 목표 값이 시간적으로 변화되는 제어

13 액화천연가스(LNG)의 장점에 대한 설명 중 틀린 것은?

① 비중이 공기보다 무겁다.
② 고열량의 가스이다.
③ 누설되면 대기 중으로 확산되어 폭발위험이 적다.
④ 저장 및 수송이 편리하다.

해설 액화천연가스는 기체의 비중이 공기보다 가볍다.

14 액체연료 연소의 보일러에서 보일러 운전 중 공기의 공급이 적정할 때 나타나는 연기색깔로 가장 적당한 것은?

① 엷은 회색 ② 흑색
③ 암흑색 ④ 백색

해설 양호한 연소상태란 화염의 색은 오렌지색, 배기가스의 색은 엷은 회색, 매연농도번호 1번 일 때를 말한다.

15 보일러의 출열 항목에 속하지 않는 것은?

① 불완전 연소에 의한 열손실
② 연소 잔재물 중의 미연소분에 의한 열손실
③ 공기의 현열손실
④ 방산에 의한 손실열

해설 공기의 현열은 입열항목에 속한다.

16 다음 중 가스 홀더의 종류에 속하지 않는 것은?

① 고압홀더 ② 혼합식홀더
③ 무수식홀더 ④ 유수식홀더

해설 가스홀더의 종류: 고압식, 무수식, 유수식

Answer
8. ① 9. ③ 10. ② 11. ④ 12. ① 13. ① 14. ① 15. ③ 16. ②

17 수면계의 기능시험이 필요한 시기에 대한 설명으로 가장 적절하지 않은 것은?

① 가마울림 현상이 나타날 때
② 두 개의 수면계 수위에 차이가 있을 때
③ 보일러 가동 전 또는 가동하여 압력이 상승하기 시작했을 때
④ 유리관의 교체 또는 그 외의 보수를 했을 때

해설 수면계 점검시기
① 2개의 수위가 서로 다를 때
② 수위가 의심스러울 때
③ 장기간 휴지 후 재가동 시
④ 유리관의 교체 또는 보수 시 등

18 크기가 가장 작은 분진을 포집할 수 있는 집진장치는?

① 사이클론식 집진기
② 여과 집진기
③ 벤튜리 스크루버
④ 코트렐 집진기

해설 전기식(코트렐)집진장치가 가장 효율이 높고, 미세한 입자를 포집하며 미분탄 및 대용량 보일러에 설치한다.

19 보일러 동체 또는 드럼내부 증기 취출구에 부착하여 수면에서 발생하는 증기의 압력차 없이 증기관으로 취출시키는 것은?

① 배기관   ② 환수주관
③ 팽창관   ④ 비수방지관

해설 비수방지관은 주 증기관에 설치되며 수면의 요동에 의한 비수현상 즉, 습증기 발생 방지위해를 설치한다.

20 어떤 보일러의 증발량이 2000kg/h, 발생증기 엔탈피가 660kcal/kg, 급수온도가 60℃일 때, 이 보일러의 상당증발량은 약 얼마인가?

① 2226kg/h   ② 3125kg/h
③ 4105kg/h   ④ 5216kg/h

해설 상당증발량 = $\dfrac{2000 \times (660-60)}{539}$ = 2226Kg/h

21 구조가 간단하고 취급이 용이하며 수부가 크고 부하변동에 따른 증기압력의 변동이 작으나 폭발 시 재해가 큰 보일러는?

① 수관식보일러
② 원통형보일러
③ 복사보일러
④ 관류보일러

해설 원통보일러는 구조가 간단하며 보유수량이 많아 부하변동에 응하기가 쉽다.

22 다음 중 보일러수 분출의 목적이 아닌 것은?

① 보일러수의 농축을 방지한다.
② 포화증기를 과열증기로 증기의 온도를 상승시킨다.
③ 캐리오버 현상을 방지한다.
④ 관수의 순환을 좋게 한다.

해설 분출 목적
① 보일러수의 농축방지
② 보일러수의 PH조절
③ 포밍, 기수공발 등 방지
④ 물의 순환 촉진
⑤ 고수위 방지 등

23 도시가스 등 보일러 기체연료의 특징 설명으로 잘못된 것은?

① 적은 과잉공기로 완전연소가 가능하다.
② 회분이나 매연발생이 없어 연소 후 청결하다.
③ 누출이나 폭발위험이 크다.
④ 연소의 자동제어가 불가능하다.

해설 기체연료 연소장치는 점화, 소화간단하며 자동제어가 가능하다.

Answer   17. ①   18. ④   19. ④   20. ①   21. ②   22. ②   23. ④

24 보일러 연소에서 공기비(m)를 옳게 나타낸 식은?

① $m = \dfrac{\text{이론공기량}}{\text{실제공기량}}$

② $m = \dfrac{\text{실제연소량}}{\text{이론연소량}}$

③ $m = \dfrac{\text{실제산소량}}{\text{이론산소량}}$

④ $m = \dfrac{\text{실제공기량}}{\text{이론공기량}}$

해설 공기비(m) = 실제공기량 / 이론공기량

25 보일러 자동제어에서 인터록의 종류가 아닌 것은?

① 저온도 인터록
② 불착화 인터록
③ 저수위 인터록
④ 압력초과 인터록

해설 인터록의 종류
㉠ 프리퍼지 인터록   ㉡ 불착화 인터록
㉢ 압력초과 인터록   ㉣ 저연소인터록
㉤ 저수위 인터록

26 보일러 부속장치의 분류와 그 종류가 잘못 연결된 것은?

① 송기장치 – 주증기 밸브, 증기 헤더
② 급수장치 – 비수방지관, 유수분리기
③ 안전장치 – 안전밸브, 저수위경보장치
④ 여열장치 – 절탄기, 공기예열기

해설 급수장치 : 급수밸브, 급수펌프, 인젝터 등
즉, 비수방지관은 송기장치, 유수분리기는 급유장치에 속한다.

27 소형 온수보일러의 적용범위에 대한 설명 중 맞는 것은?

① 전열면적이 $14m^2$ 이하이며, 최고사용압력이 0.35MPa 이하의 온수를 발생하는 것
② 전열면적이 $16m^2$ 이하이며, 최고사용압력이 0.45MPa 이하의 온수를 발생하는 것
③ 전열면적이 $18m^2$ 이하이며, 최고사용압력이 0.55MPa 이하의 온수를 발생하는 것
④ 전열면적이 $20m^2$ 이하이며, 최고사용압력이 0.65MPa 이하의 온수를 발생하는 것

해설 소형 온수보일러라 함은 전열면적이 $14m^2$ 이하이며, 최고사용압력이 0.35Mpa 이하의 온수를 발생시키는 것

28 어떤 보일러의 실제증발량이 2000kg/h, 증기엔탈피가 668kcal/kg, 급수엔탈피가 18kcal/kg, 연료사용량이 240kg/h이다. 이 때 증발계수는 약 얼마인가?

① 2.0   ② 1.2
③ 2.5   ④ 3.5

해설 증발계수 = $\dfrac{668 - 18}{539} = 1.2$

29 1보일러 마력이란, 1시간에 100℃의 물 몇 kg을 전부 증기로 만들 수 있는 능력을 말하는가?

① 13.65kg   ② 14.65kg
③ 15.65kg   ④ 17.65kg

해설 보일러 1마력이 차지하는 상당증발량은 15.65Kg/h 이고, 열량은 약 8435Kcal/h이다.

---

24. ④   25. ①   26. ②   27. ①   28. ②   29. ③

30 다음 중 동력파이프 나사절삭기의 종류가 아닌 것은?
① 호브식 ② 오스터식
③ 다이헤드식 ④ 압착식

해설 동력나사절삭기 종류 : 호브식, 오스터식, 다이헤드식

31 외부공기를 되도록 보온재의 겉쪽에서 차단하여 보온재의 내부나 관 표면의 결로현상을 방지하기 위하여 보온 단열시공 후 반드시 시행해야 할 작업은?
① 보습 ② 방습
③ 도장 ④ 방청

해설 방습 : 결로현상 방지

32 건식환수관 방식의 관말에 설치하는 것이 아닌 것은?
① 드레인포켓 ② 냉각래그
③ 관말트랩 ④ 리프트피팅

해설 진공환수식의 관말에는 드레인 포켓, 냉각래그, 관말트랩이 설치된다.

33 수면계의 개수에 대한 설명으로 맞는 것은?
① 증기보일러에는 1개 이상의 유리 수면계를 부착하여야 한다.
② 2개 이상의 원격지시 수면계를 시설하는 경우에는 유리 수면계를 부착하지 않는다.
③ 소용량 및 1종 관류보일러는 2개 이상의 유리수면계를 부착하여야 한다.
④ 최고 사용압력이 1MPa 이하로서 동체 안지름이 750mm 미만인 경우에 있어서는 수면계 중 1개는 다른 종류의 수면측정장치로 할 수 있다.

해설 수면계는 2개 이상을 유리수면계를 설치해야 하나, 최고 사용압력이 1MPa 이하이고, 동체의 안지름이 750mm 미만인 경우에 있어서는 수면계 중 1개는 다른 종류의 수면측정장치로 설치 할 수 있다.

34 탄산마그네슘 보온재는 염기성 탄산마그네슘에 석면을 몇 % 정도 배합하는가?
① 10% ② 15%
③ 20% ④ 25%

해설 탄산마그네슘 보온재는 염기성 탄산마그네슘에 석면을 15% 정도 배합 한다.

35 안전사고 조사의 목적으로 가장 타당한 것은?
① 사고 관련자의 책임규명을 위하여
② 사고의 원인을 파악하여 사고의 재발방지를 위하여
③ 사고 관련자의 처벌을 정확하고 명확히 하기 위하여
④ 재산, 인명 등의 피해정도를 정확히 파악하기 위하여

해설 안전사고의 목적은 사고를 미연에 방지하는 것이며, 사고 발생 시는 사고의 원인을 정확히 파악 사고의 재발방지를 위함이다.

36 신축이음쇠 종류 중 고온, 고압에 적당하며, 신축에 따른 자체응력이 생기는 결점이 있는 신축이음쇠는?
① 루프형(loop type)
② 스위블형(swivel type)
③ 벨로스형(bellows type)
④ 슬리브형(sleeve type)

해설 루프형신축이음장치는 가장 고온, 고압용으로 사용되나 응력발생의 결점이 있다.

Answer
30. ④ 31. ② 32. ④ 33. ④ 34. ② 35. ② 36. ①

37 연소온도에 영향을 미치는 인자와 관계가 없는 것은?

① 산소의 농도
② 연료의 발열량
③ 공기비
④ 연료의 가격

해설 연소온도와 연료의 가격과는 무관하다.

38 분출을 행하는 시기에 대한 설명으로 틀린 것은?

① 관수가 농축되어 있을 때 실시한다.
② 프라이밍, 포밍 현상을 일으키면 실시한다.
③ 보일러 점화 직후에 실시한다.
④ 계속운전 중인 보일러는 부하가 가장 가벼운 시기에 실시한다.

해설 분출 시기 : 점화 직후가 아닌 점화전에 행한다.

39 가정용 온수보일러 등에 설치하는 팽창탱크의 주된 기능은?

① 배관 중의 이물질 제거
② 온수 순환의 맥동 방지
③ 열효율의 증대
④ 온수의 가열에 따른 체적팽창 흡수

해설 팽창탱크의 설치 목적
① 보충수 급수
② 체적팽창 흡수
③ 일정압력 유지

40 가교화 폴리에틸렌관의 특징 설명으로 틀린 것은?

① 보통 100℃ 이상의 온수용으로 주로 사용된다.
② 동파, 녹, 부식이 없고 스케일이 생기지 않는다.
③ 기계적 특성 및 내화학성이 우수하다.
④ 시공 및 운반비가 저렴하여 경제적이다.

해설 가교화폴리에틸렌관은 보통 100℃ 이하의 온수용으로 주로 사용된다.

41 배관설비의 열팽창에 의한 이동을 구속 또는 제한하는데 사용되는 관 지지장치는?

① 서포트(support)
② 행거(hanger)
③ 레스트레인트(restraint)
④ 브레이스(brace)

해설 레스트레인트 : 열팽창에 의한 이동을 구속 또는 제한하는 지지쇠로 사용한다.

42 흑체복사력은 흑체표면의 온도에 의해서만 구해진다는 법칙은?

① 뉴튼의 냉각 법칙
② 스테판 볼츠만 법칙
③ 퓨리에 열전도 법칙
④ 주울의 법칙

해설 스테판 볼츠만 법칙 : 흑체 복사력은 흑체표면의 온도에 의해서만 구해진다는 법칙이다.

43 아래 방열기 도시기호에 대한 설명으로 잘못된 것은?

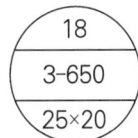

① 3 : 3세주형
② 18 : 쪽수
③ 650 : 유출관경
④ 25 : 유입관경

해설 650 : 방열기 높이 치수

Answer
37. ④ 38. ③ 39. ④ 40. ① 41. ③ 42. ② 43. ③

44 다음과 같은 동관 이음쇠의 올바른 호칭은?

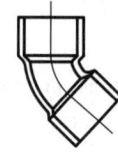

① 45° 엘보 C × C
② 45° 엘보 M × M
③ 45° 엘보 F × F
④ 45° 엘보 T × T

해설 45° 엘보 C×C

45 보일러 보존 시 동결사고가 예상될 때 실시하는 밀폐식 보존법은?

① 건조 보존법
② 만수 보존법
③ 화학적 보존법
④ 습식 보존법

해설 6개월 이상 장기간 보존 시는 밀폐 건조보존법을 택한다.

46 다음 중 지역난방의 특징으로 틀린 것은?

① 연료비 및 인건비가 절감된다.
② 건물 내의 유효면적이 증대된다.
③ 배관에 의한 손실열량이 없다.
④ 설비의 합리화로 매연처리를 할 수 있다.

해설 지역난방의 경우는 배관에 의한 손실열량이 많다.

47 보일러의 파열사고를 일으키는 구조상 결함에 해당되지 않는 것은?

① 설계 불량
② 재료 불량
③ 공작 불량
④ 용수관리 불량

해설 용수관리 불량은 취급상의 원인에 해당된다.

48 가스절단 방법으로 관 재료를 절단할 때 가장 양호한 절단면을 얻을 수 있는 관은?

① 강관
② 동관
③ 주철관
④ 황동관

해설 강관의 경우가 절단면이 가장 양호하다.

49 다음 중 유기질 보온재가 아닌 것은?

① 기포성 수지
② 코르크
③ 유리섬유
④ 펠트

해설 유리섬유는 무기질 보온재에 속한다.

50 보일러 고온부식의 방지대책에 속하지 않는 것은?

① 공기비를 많게 하여 바나듐의 산화를 촉진한다.
② 연료중의 바나듐(V) 성분을 제거한다.
③ 첨가제를 사용하여 바나듐(V)의 융점을 높인다.
④ 고온의 전열면에 내식재료를 사용한다.

해설 고온부식 방지를 위해서는 과잉공기량을 적게 하여 바나듐의 산화를 방지해야 한다.

51 난방부하가 20000kcal/h인 건물에 효율 80%인 기름보일러로 난방하는 경우 소요되는 기름의 양은?
(단, 기름의 저위발열량은 10000kcal/kg이다.)

① 1.8kg/h
② 2.5kg/h
③ 3.0kg/h
④ 3.6kg/h

해설 연료소비량 = $\dfrac{20000}{10000 \times 0.8}$ = 2.5kg/h

Answer
44. ① 45. ① 46. ③ 47. ④ 48. ① 49. ③ 50. ① 51. ②

52 증기난방 배관 방법에서 중력환수식 및 기계환수식과 비교한 진공환수식 증기난방법의 특징 중 틀린 것은?

① 방열량의 조절이 어렵다.
② 환수관의 직경이 작아도 된다.
③ 다른 환수법에 비해 순환이 빠르다.
④ 방열기 설치장소에 제한을 받지 않는다.

해설 진공환수식 증기난방은 방열량 조절이 용이하다.

53 다음 중 오일프리히터의 종류에 속하지 않는 것은?

① 증기식　② 직화식
③ 온수식　④ 전기식

해설 중유가열기(오일프리히터)는 전기식, 증기식, 온수식이 있으며, 전기식이 일반적으로 사용된다.

54 온수 순환펌프를 선정할 때 고려할 사항으로 가장 거리가 먼 것은?

① 배관의 재질
② 온수의 순환량
③ 설치방법 및 장소
④ 펌프의 양정과 동력

해설 순환펌프 선정 시 고려사항 중 배관의 재질과는 무관하다.

55 특정열사용기자재의 시공업 등록은 어느 법에 따라 하도록 되어 있는가?

① 건설기술관리법
② 건축법
③ 에너지이용합리화법
④ 건설산업기본법

해설 특정열사용기자재 시공업 등록은 건설산업기본법에 의한다.

56 에너지법에서 정의하는 "에너지공급설비"에 해당되지 않는 것은?

① 에너지를 전환하기 위하여 설치하는 설비
② 에너지를 수송하기 위하여 설치하는 설비
③ 에너지를 개발하기 위하여 설치하는 설비
④ 에너지를 생산하기 위하여 설치하는 설비

해설 에너지 공급설비
① 에너지를 전환하기 위하여 설치하는 설비
② 에너지를 수송하기 위하여 설치하는 설비
③ 에너지를 생산하기 위하여 설치하는 설비

57 에너지이용합리화법상 에너지의 최저소비효율기준에 미달하는 효율관리기자재의 생산 또는 판매금지 명령을 위반한 자에 대한 벌칙 기준은?

① 1년 이하의 징역 또는 1천만원 이하의 벌금
② 1천만원 이하의 벌금
③ 2년 이하의 징역 또는 2천만원 이하의 벌금
④ 2천만원 이하의 벌금

해설 에너지의 최저소비효율기준에 미달하는 효율관리기자재의 생산 또는 판매금지 명령을 위반한 자에 대한 벌칙은 2천만원 이하의 벌금에 처한다.

58 에너지이용합리화법 시행령에서 국가·지방자치단체 등이 에너지 효율적으로 이용하고 온실가스의 배출을 줄이기 위하여 추진하여야 하는 필요한 조치의 구체적인 내용이 아닌 것은?

① 지역별·주요 수급자별 에너지 보급
② 에너지절약 및 온실가스배출 감축을 위한 제도·시책의 마련 및 정비
③ 에너지절약 및 온실가스배출 감축 관련 홍보 및 교육
④ 건물 및 수송부문의 에너지이용합리화 및 온실가스 배출감축

Answer 52. ①　53. ②　54. ①　55. ④　56. ③　57. ④　58. ①

> 해설 에너지를 효율적으로 이용하고 온실가스의 배출을 줄이기 위하여 추진하여야 하는 필요한 조치의 내용에 지역별·주요 수급자별 에너지 보급은 해당되지 않는다.

59 화석연료(化石燃料)에 대한 의존도를 낮추고 청정에너지의 사용 및 보급을 확대하며 녹색기술 연구개발, 탄소 흡수원 확충 등을 통하여 온실가스를 적정수준 이하로 줄이는 것은 뜻하는 용어는?

① 녹색성장
② 온실가스
③ 저탄소
④ 녹색기술

> 해설 저탄소란 화석연료에 대한 의존도를 낮추고 청정에너지의 사용 및 보급을 확대하며 녹색기술 연구개발, 탄소 흡수원 확충 등을 통하여 온실가스를 적정수준 이하로 줄이는 것을 의미한다.

60 에너지이용합리화법 시행령에서 "에너지사용의 시기·방법 및 에너지사용기자재의 사용제한 또는 금지 등 대통령령으로 정하는 사항" 중 틀린 것은?

① 위생접객업소 및 그 밖의 에너지사용시설에 대한 에너지사용의 제한
② 에너지사용의 시기 및 방법의 제한
③ 차량 등 에너지사용기자재의 사용제한
④ 특정지역에 대한 에너지개발의 제한

> 해설 에너지사용의 시기·방법 및 에너지사용기자재의 사용제한 또는 금지 등 대통령령으로 정하는 사항
> ① 위생접객업소 및 그 밖의 에너지사용시설에 대한 에너지사용의 제한
> ② 에너지사용의 시기 및 방법의 제한
> ③ 차량 등 에너지사용기자재의 사용제한 등이며, 특정지역에 대한 에너지개발의 제한과는 관련이 없다.

Answer
59. ③ 60. ④

 # 에너지관리기능사

2020년 CBT 기출복원 문제

• **기출복원 문제란?** CBT시행에 따라 저자께서 수검자들의 도움으로 최대한 유형에 가깝게 복원한 문제입니다.

01 다음 제어계 중 변환량에 의한 변화요소가 올바른 것은?
㉮ 온도 – 전압 : 열전대
㉯ 방사선 – 가변저항기 : 광전관
㉰ 변위 – 압력 : 벨로우즈, 다이어프램
㉱ 압력 – 변위 : 유압분사관

변환량	변화요소
온도 – 전압	열전대
방사선 – 임피던스	GM관, 전리함
변위 – 압력	유압분사관, 스프링
압력 – 변위	벨로우즈, 다이어프램

02 보일러의 부하율에 대한 설명으로 맞는 것은?
㉮ 상당증발량에 대한 실제증발량과의 비율이다.
㉯ 최대 연속증발량에 대한 실제증발량과의 비율이다.
㉰ 증발배수와 증발계수와의 차이다.
㉱ 최대연속증발량과 상당증발량의 차이다.

03 석탄을 간이 분석하여 회분 27%, 휘발분 33%, 수분 3%라는 결과를 얻었다. 고정탄소는 몇 %인가?
㉮ 37%   ㉯ 45%
㉰ 52%   ㉱ 61%

고정탄소 = 100-(27+33+3) = 37%

04 연소용 버너 중 2중관으로 구성되어 중심부에서는 유류가 분사되고 외측에는 가스가 분사되는 형태로 유류와 가스를 동시에 연소시킬 수 있는 버너는?
㉮ 건형 가스버너
㉯ 링형 가스버너
㉰ 다분기관형 가스버너
㉱ 스크롤형 가스버너

가스버너 종류
① 링(ring)형 : 버너타일과 비슷한 지름의 링에 다수의 노즐을 설치한 가스버너
② 멀티스폿(다분기관)형 : 링형 가스버너와 비슷하지만 노즐부의 수열면적을 적게 한 것 (LPG용버너)
③ 스크롤형 : 가스를 스크롤(소용돌이)내에서 선회 분사시켜 가스와 공기의 혼합이 잘 되도록 한 가스버너
④ 건(센타파이어)형 : 2중관으로 구성되어 중심부에는 유류가 분사되고 바깥쪽에는 가스가 분사되는 형태로 유류와 가스를 동시에 연소시키는 버너

05 중유의 종류를 A중유, B중유, C중유로 구분하는 기준 중 기본이 되는 사항은?
㉮ 비중   ㉯ 점도
㉰ 발열량   ㉱ 인화점

중유는 점도에 의해 A, B, C중유로 구분함

06 보일러 자동제어 중 어느 조건이 불충분 하거나 다음 진행에 이루어 불합리한 동작으로 변화하게 될 때 다음 단계에 도달하기 전에 기관을 정지하는 제어 방식은?
㉮ 피드백   ㉯ 피드포워드
㉰ 포워드 백   ㉱ 인터록

Answer
1. ㉮   2. ㉯   3. ㉮   4. ㉮   5. ㉯   6. ㉱

해설 인터록(inter lock) : 제어장치에서 진행과정 중 구비조건에 맞지 않을 때 작동을 정지시키는 제어를 말한다.

07 증기난방과 비교한 온수난방 특징을 잘못 설명한 것은?
㉮ 가열시간은 길지만 잘 식지 않으므로 동결의 우려가 적다.
㉯ 난방부하의 변동에 따라 온도조절이 용이하다.
㉰ 취급이 용이하고 표면의 온도가 낮아 화상의 염려가 적다.
㉱ 방열기에는 증기트랩을 반드시 부착해야 된다.

해설 온수난방의 특징
① 예열시간이 길고 잘 식지 않는다.
② 부하변동에 따른 온도 조절이 용이하다.
③ 방열기 표면온도가 낮아 화상의 염려가 없다.
④ 방열면적이 크게 필요하며 관경이 크다.

08 유류 연소 시 일반적인 공기비는?
㉮ 1.0~1.2   ㉯ 1.6~1.8
㉰ 1.2~1.4   ㉱ 1.8~2.0

해설 공기비
① 고체연료 : 1.5~2배
② 액체연료 : 1.2~1.4
③ 기체연료 : 1.1~1.2

09 과열기의 종류 중 열가스 흐름에 의한 구분방식에 속하지 않는 것은?
㉮ 병류식   ㉯ 접촉식
㉰ 향류식   ㉱ 혼류식

해설 과열기 열가스 흐름에 따른 종류
① 병류형 : 증기와 열가스 흐름 방향이 같다.
② 향류형 : 증기와 열가스 흐름 방향이 반대
③ 혼류형 : 병류형과 향류형 조합
(열전달은 가장 좋으나, 고온의 배기가스에 침식 우려)

10 포화증기는 압력이 높아질수록 증발잠열의 크기는 어떻게 되나?
㉮ 증가한다.
㉯ 감소한다.
㉰ 변하지 않는다.
㉱ 감소 후 증가한다.

해설 증기압 높을 때 현상 : 포화온도 상승, 증발잠열의 감소, 연료소비증가, 엔탈피증가

11 분출밸브의 최고사용압력은 보일러 최고사용 압력의 몇 배 이상이어야 하는가?
㉮ 0.5배   ㉯ 1.25배
㉰ 1.0배   ㉱ 1.03배

해설 분출밸브 최고사용압력 : 보일러 최고사용 압력의 1.25배 이상

12 다음그림은 몇 요소 수위 제어를 나타낸 것인가?

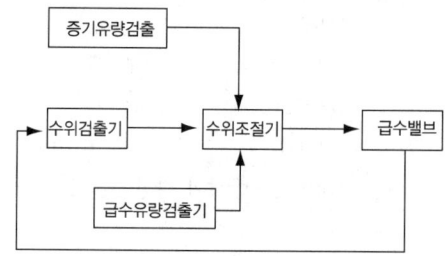

㉮ 1요소 수위제어
㉯ 2요소 수위제어
㉰ 3요소 수위제어
㉱ 4요소 수위제어

해설 수위 제어방식
1요소식 : 수위 검출
2요소식 : 수위, 증기량 검출
3요소식 : 수위, 증기량, 급수량 검출

Answer
7. ㉱ 8. ㉰ 9. ㉯ 10. ㉯ 11. ㉯ 12. ㉰

13 증기의 압력이 커질 때 그 값이 증가하는 것이 아닌 것은?
- ㉮ 현열
- ㉯ 증발잠열
- ㉰ 전열량
- ㉱ 포화온도

[해설] 증기압 높을 때 현상
현열증가, 포화온도 상승, 증발잠열 감소, 전열량 증가, 포화온도 상승 엔탈피 증가

14 증기 축열기를 옳게 설명한 것은?
- ㉮ 송기 압력을 일정하게 유지하기 위한 장치
- ㉯ 보일러 출력을 증가시키는 장치
- ㉰ 보일러에서 온수를 저장하는 장치
- ㉱ 증기를 저장하여 과부하시에 증기를 방출하는 장치

[해설] 증기 축열기 : 잉여 증기를 저장하여 과부하시에 증기를 방출하는 기능

15 다음 증기에 관한 사항 중 옳지 않은 설명은?
- ㉮ 과열증기는 포화증기를 과열한 증기이다.
- ㉯ 습포화증기는 건포화증기보다 엔탈피 값이 적다.
- ㉰ 과열증기는 보일러에서 처음 생긴 증기이다.
- ㉱ 과열증기는 건포화증기보다 온도가 높다.

[해설] 과열증기는 건포화증기에 온도를 높인 과열증기

16 전송기에서 신호전달거리를 가장 멀리 할 수 있는 것은?
- ㉮ 공기압식
- ㉯ 팽창식
- ㉰ 유압식
- ㉱ 전기식

[해설] 신호전달거리
공기압식 : 100~150m
유압식 : 300m
전기식 : 10km

17 분진가스를 방해판 등에 충돌시키거나 급격한 방향전환 등에 의해 매연을 분리 포집하는 장치는?
- ㉮ 중력식
- ㉯ 여과식
- ㉰ 관성력식
- ㉱ 유수식

[해설] 건식집진장치 : 중력 침강식, 관성력식, 원심력식, 여과식, 전기식
① 중력침강식 : 분진의 크기 50μ 이상의 큰 분진 포집
② 관성력식 : 배기가스를 방해판에 충돌시켜 기류 변환에 의한 제거 방식
③ 원심력식(싸이클론식) : 원심력에 의한 분진 분리장치
④ 여과식(백필터) : 여과재를 통과시켜 분진포집
⑤ 전기식(코트렐) : 집진효율이 가장 좋다. 전기의 코로나 방전 이용한 집진장치

18 보일러 용량표시에서 정격출력(kcal/h)을 올바르게 설명한 것은?
- ㉮ 보일러의 실제증발 열량을 기준증발 열량으로 나눈 값을 말한다.
- ㉯ 한 시간에 15.65kg의 상당증발량을 말한다.
- ㉰ 매시간 보일러에서 증기나 온수가 발생할 때의 보유열량을 말한다.
- ㉱ 난방부하와 급탕부하의 합을 말한다.

[해설] 정격출력 : 단위 시간당 열 출력의 크기로 결정하며, 난방부하 +급탕부하 +예열부하 +배관부하

19 어떤 보일러의 급수온도가 50℃에서 압력 $7kg_f/cm^2$, 온도 250℃의 증기를 1시간당 2500kg 발생할 때 상당증발량은 약 얼마인가? (단, 급수 엔탈피는 50kcal/kg이고, 발생증기 엔탈피는 660kcal/kg)
- ㉮ 2829kcal/h
- ㉯ 2960kcal/h
- ㉰ 3265kcal/h
- ㉱ 3415kcal/h

[해설] 2500(660−50)/539 = 2829

Answer
13. ㉯ 14. ㉱ 15. ㉰ 16. ㉱ 17. ㉰ 18. ㉰ 19. ㉮

20 보일러의 부속설비 중 연료공급 계통에 해당하는 것은?

㉮ 콤버스터 ㉯ 버너 타일
㉰ 슈트블로워 ㉱ 오일프리히터

[해설] 오일프리히터, 저장탱크, 서비스탱크, 기름여과기, 유수분리기, 연료이송펌프 등은 연료공급 계통에 해당

21 프로판(C_3H_8) 1kg이 완전연소 하는 경우 필요한 이론 산소량은?

㉮ 3.47 ㉯ 2.55
㉰ 1.25 ㉱ 1.50

[해설]
$C_3H_8 + 5O_2 \rightarrow 3CO_2 + 4H_2O$
44kg : $5 \times 22.4 Nm^3$
1kg : X
∴ $X = 5 \times 22.4 Nm^3 \times 1kg / 44kg = 2.55$

22 보일러 화염검출장치의 보수나 점검에 대한 설명 중 틀린 것은?

㉮ 프레임아이 장치의 주위온도는 50℃ 이상이 되지 않게 한다.
㉯ 광전관식은 유리나 렌즈를 매주 1회 이상 청소하고 감도유지에 유의한다.
㉰ 프레임로드는 검출부가 불꽃에 직접 접하므로 소손에 유의하고 자주 청소해준다.
㉱ 프레임아이는 불꽃의 직사광이 들어가면 오동작 하므로 불꽃의 중심을 향하지 않도록 설치한다.

[해설] 불꽃의 중심을 향하도록 설치

23 저위발열량이 9650kcal/kg인 기름을 240kg/h 연소하여 증기엔탈피가 668kcal/kg 인 증기 3000kg/h을 발생 하였다면, 이 보일러의 효율(%)은 약 얼마인가? (단, 급수엔탈피는 20kcal/kg로 한다.)

㉮ 78.6 ㉯ 83.9
㉰ 85.1 ㉱ 89.6

[해설] $\dfrac{3000(668-20)}{240 \times 9650} \times 100 = 83.9$

24 유압분무식 버너에 대한 설명으로 틀린 것은?

㉮ 유량 조절범위가 협소하다.
㉯ 분무각도는 기름의 압력, 점도에 의해서 변화한다.
㉰ 고점도의 연료는 무화가 곤란하다.
㉱ 유압이 $5kgf/cm^2$ 이하에서 무화가 잘 된다.

[해설]
• 유압분무식 버너
 연료자체에 압력을 가하여 연료 무화
[특징] ① 사용유압 : $5\sim20kg/cm^2$
② 유량은 유압의 평방근에 비례
③ 유압이 $5kg/cm^2$ 이하면 무화 곤란
④ 유량 조절 범위 : (1 : 1.5~3)

25 일반적으로 보일러 동(드럼) 내부에는 물을 어느 정도로 채워야 하는가?

㉮ 1/4~1/3 ㉯ 1/6~1/5
㉰ 1/4~2/5 ㉱ 2/3~4/5

[해설] 보일러 상용 수위 : $\dfrac{2}{3} \sim \dfrac{4}{5}$

26 보일러의 안전장치에 대한 설명 중 잘못된 것은?

㉮ 전열면적이 $50m^2$ 이상의 증기보일러에는 2개 이상의 안전밸브를 설치해야한다.
㉯ 안전밸브의 분출용량은 보일러 최대증발량을 분출하도록 그 크기와 수량을 결정한다.
㉰ 안전밸브는 형식승인을 받은 제품을 이용하므로 현장에서 수시로 압력설정을 조정하여도 된다.
㉱ 저수위안전장치는 연료차단 전에 경보가 울려야 하며 경보음은 70dB이상이어야 한다.

[해설] 안전밸브는 현장에서 압력 조정할 수 없다.

Answer
20. ㉱ 21. ㉯ 22. ㉱ 23. ㉯ 24. ㉱ 25. ㉱ 26. ㉰

27 보일러 급수펌프가 갖추어야 할 구비조건으로 틀린 것은?

㉮ 작동이 확실하며 조작이 간편할 것.
㉯ 부하변동에 신속히 대응할 수 있을 것.
㉰ 저부하시는 효율이 낮을 것.
㉱ 병렬운전을 할 수 있는 구조일 것.

해설 고·저부하에도 효율이 높을 것.

28 자연통풍력에 관한 사항 설명으로 틀린 것은?

㉮ 연돌의 단면적을 크게 하면 통풍력이 증가한다.
㉯ 배기가스 온도를 낮게 하면 통풍력이 증가한다.
㉰ 연돌의 높이를 높게 하면 통풍력이 증가한다.
㉱ 외기와 배기가스의 밀도차가 클수록 통풍력이 증가한다.

해설 통풍력을 크게 하려면
① 연돌의 높이를 높게
② 배기가스 온도 높게
③ 굴곡부을 줄인다.
④ 연돌 상부면적을 크게

29 탄성체 압력계의 교정용 또는 검사용으로 사용되는 압력계는?

㉮ 기준 분동식 압력계
㉯ 부르동관식 압력계
㉰ 벨로우즈식 압력계
㉱ 다이어프램식 압력계

해설 기준 분동식 압력계(표준 분동식) : 분동을 사용 하여 압력을 측정하는 형식으로 일반 압력계의 기준으로 사용하며 교정 및 검정용 표준기로 사용된다.

30 보일러 용량을 표시하는 방법으로 사용되지 않는 것은?

㉮ 보일러 수부의 크기
㉯ 보일러의 마력
㉰ 정격출력
㉱ 상당증발량

해설 보일러 용량을 표시하는 방법
① 상당증발량(환산증발량) 보일러의 마력
② 정격출력
③ 전열면적
④ 상당방열면적(EDR)등

31 보일러 연소에서 공기비가 적정 공기비보다 클 때 나타나는 현상으로 맞는 것은?

㉮ 연소실 내의 온도가 상승한다.
㉯ 배기가스에 의한 열손실이 감소된다.
㉰ 미연소 가스로 인한 역화의 위험성이 있다.
㉱ 연소가스 중의 NO_2량이 증대하여 대기오염을 초래한다.

해설 공기비(m)가 클 경우
① 연소실내의 온도가 낮아진다.
② 배기가스로 인한 손실열 증대
③ 배기가스 중 SO_2, NO_2 함량 증가해 대기오염 초래

공기비(m)가 작을 경우
① 불완전연소
② 가스폭발 및 매연 발생
③ 손실열 증대

32 서비스탱크의 일반사항에 관한 설명으로 맞지 않는 것은?

㉮ 서비스탱크의 용량은 2~3시간 연소할 수 있는 연료량을 저장할 수 있는 크기의 것으로 한다.
㉯ 버너에서 가까운 위치에 버너보다 1.5m 이상 높은 장소에 설치한다.
㉰ 서비스탱크의 연료유가 일정량 이하일 때 저장탱크에서 자동 급유하도록 하는 것이 좋다.
㉱ 용량이 커서 오버플로우가 되지 않으므로 경보장치 및 차단장치가 필요 없다.

해설 경보 장치 및 차단장치가 필요하다.

Answer
27. ㉰ 28. ㉯ 29. ㉮ 30. ㉮ 31. ㉱ 32. ㉱

33 벽체의 열관류에 의한 손실열량(HL)을 계산하는 다음 식의 기호 설명으로 잘못된 것은?

$$HL = K \cdot A (tr - to)$$

㉮ K : 벽체의 열관류율
㉯ A : 벽체의 부피
㉰ tr : 벽체 내부(고온부)의 온도
㉱ to : 벽체 외부(저온부)의 온도

<해설> A : 벽체의 면적

34 방열기의 호칭 표시방법으로 옳은 것은?

㉮ 종별－형×쪽수
㉯ 종별－쪽수×폭
㉰ 종별×높이－쪽수
㉱ 폭×형－쪽수

<해설> 방열기 도시법
① 종별－형×쪽수(벽걸이형 방열기)
② 종별－높이×쪽수(주형 방열기)

35 증기난방과 비교한 온수난방의 특징 설명으로 틀린 것은?

㉮ 현열을 사용하는 난방방식이다.
㉯ 방열면적이 다소 적게 필요하며, 배관지름이 굵다.
㉰ 방열기 표면온도가 낮으므로 화상의 염려가 적다.
㉱ 예열시간이 다소 걸리나 쉽게 식지 않는다.

<해설> 방열량이 적어 방열면적이 크게 필요하며, 배관지름이 굵다.

36 배관계에 설치한 밸브의 오작동 방지 및 배관계 취급의 적정화를 도모하기위해 식별표시를 하는데 관계가 없는 것은?

㉮ 지지하중   ㉯ 식별색
㉰ 상태표시   ㉱ 물질표시

<해설> 배관계 식별표시 : 식별색, 상태표시, 물질표시

37 다음 그림은 방열기의 도시기호이다. 이를 설명한 것 중 틀린 것은?

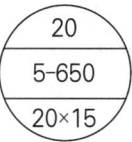

㉮ 5세주 높이 650mm 주철제 방열기이다.
㉯ 20쪽(절)짜리 방열기이다.
㉰ 온수난방용 방열기이다.
㉱ 방열기 출구 배관경이 15A이다.

<해설> 증기난방용 방열기

38 보일러의 증기관 중 반드시 보온을 해야 하는 곳은?

㉮ 난방하고 있는 실내에 노출된 관
㉯ 방열기 주위 배관
㉰ 주증기 공급관
㉱ 관말 증기트랩장치의 냉각레그

<해설> 주증기 공급관은 반드시 보온을 해야 한다.

39 난방부하를 구성하는 인자에 속하는 것은?

㉮ 관류 열손실
㉯ 유리창으로 통한 취득열량
㉰ 벽, 지붕 등을 통한 취득열량
㉱ 환기의 의한 취득열량

<해설> 난방 부하 계산법
① 손실 열량법
② 인접실의 실내온도 산출법
③ 극간풍(틈새바람)에 의한 손실 열량법

냉방 부하계산법
① 구조체(천정, 바닥, 벽)의 취득열량
② 유리에 의한 취득열량
③ 극간풍(틈새바람)에 의한 취득열량
④ 인체발열량
⑤ 실내기구 발열량

Answer
33. ㉯ 34. ㉮ 35. ㉯ 36. ㉮ 37. ㉰ 38. ㉰ 39. ㉮

40 일반적으로 단열재와 보온재, 보냉재는 무엇을 기준으로 하여 구분하는가?
- ㉮ 압축강도
- ㉯ 열전도도
- ㉰ 안전사용온도
- ㉱ 내화도

해설 사용온도에 따른 구분
보냉재 : 100℃ 이하
보온재 : (유기질 : 100~200℃)
       (무기질 : 200~800℃)
단열재 : 800~1200℃
내화단열재 : 1200~1500℃
내화재 : 1580℃ 이상

41 배관 지지구의 종류가 아닌 것은?
- ㉮ 파이프 슈
- ㉯ 콘스탄트 행거
- ㉰ 리지드 서포트
- ㉱ 소켓

해설 소켓은 배관을 직선 연결하기위한 이음쇠

42 보일러 운전 중 취급상의 사고원인이 아닌 것은?
- ㉮ 부속장치 미비
- ㉯ 압력 초과
- ㉰ 급수처리 불량
- ㉱ 부식

해설 취급상의원인 : 압력 초과, 저수위, 급수 처리 불량, 부식등 원인

43 체크밸브에 관한 설명으로 잘못된 것은?
- ㉮ 유체의 역류방지용으로 사용된다.
- ㉯ 풋형은 펌프 운전 중에 흡입측 배관내 물이 없어지지 않도록 하기 위하여 사용한다.
- ㉰ 스윙형은 수직, 수평 배관에 모두 사용할 수 있다.
- ㉱ 리프트형은 수직배관에만 사용할 수 있다.

해설 체크밸브 : 유체 흐름의 역류 방지 목적
① 스윙식 : 수직, 수평 배관 모두 사용가능
② 리프트식 : 수평 배관만 사용 가능

44 보일러 관석(스케일) 중 고온에서 주로 석출되어 증발관 등에 부착되기 쉬운 것은?
- ㉮ 황산칼슘
- ㉯ 중탄산칼슘
- ㉰ 염화마그네슘
- ㉱ 실리카

해설 황산칼슘($CaSO_4$) : 온도가 상승할수록 용해도가 감소하기 때문에 주로 높은 온도에서 석출한다. 열 사용기기에서는 주로 증발관에서 스케일화 되기 쉬우며, 이 스케일은 내처리가 불충분한 경우에 생성되기 쉬운 대단히 악성의 스케일로 내처리제를 사용해서 황산칼슘이외의 염의 형으로 침전시킨다.

45 온수보일러 시공에 따른 용어 설명 중 틀린 것은?
- ㉮ 팽창탱크란 온수의 온도상승으로 인한 체적 팽창에 의한 보일러의 파손을 막기 위해 설치하는 장치이다.
- ㉯ 상향순환식이란 송수주관을 상향구배로 하고 난방개소의 방열면을 보일러 설치 기준면 보다 높게 하여 온수순환이 상향으로 송수되어 환수하는 방식이다.
- ㉰ 환수주관이란 보일러에서 발생된 온수를 난방개소에 매설된 방열관 및 온수탱크에 온수를 공급하는 관을 말한다.
- ㉱ 급수탱크란 팽창탱크에 물이 부족할 때 급수할 수 있는 장치이다.

해설 환수주관이란 : 방열관 등을 통과하여 냉각된 온수를 회수하는 관을 말한다.

46 강관배관에서 유체의 흐름방향을 바꾸는데 사용되는 이음쇠는?
- ㉮ 부싱
- ㉯ 리턴밴드
- ㉰ 레듀셔
- ㉱ 소켓

해설 리턴밴드 : 유체의 흐름방향을 180도 바꾸는데 사용

Answer
40. ㉰ 41. ㉱ 42. ㉮ 43. ㉱ 44. ㉮ 45. ㉰ 46. ㉯

47 일정지역에서 다량의 고압증기 또는 고온수를 만들어 대단위의 지역에 공급하는 난방 방식은?

㉮ 고온수 난방 ㉯ 중앙난방
㉰ 지역난방 ㉱ 복사난방

해설 지역난방 - 고압의 증기 또는 고온수 등을 이용하여 일정지역의 다수건물(신도시 등)에 공급하여 난방하는 방식 : 각 건물에 보일러가 필요 없이 유효면적이 넓고, 연료비가 절감되고, 대기오염이 감소한다.

48 보일러를 6개월 이상 장기간 보존할 때 가장 적합한 보존방법은?

㉮ 양질의 물에 가성소다 등을 첨가하여 만수상태로 보존한다.
㉯ 내부에 페인트를 두껍게 도포하여 보존한다.
㉰ 내부를 건조시킨 후 흡습제를 넣고 밀폐 보존한다.
㉱ 보일러수의 pH를 12~13 정도로 높게 유지하여 보존한다.

해설 보일러 보존 방법
① 건조보존법: 관수배출 후 열풍기로 건조 후 질소 봉입 후 밀폐 보존법(6개월 이상 장기보존법. 동결 우려시)
② 만수보존법: 만수 후 관수를 비등시켜 공기, 탄산가스 제거 후 약품첨가 후 pH 12~13정도 유지(2~3개월 단기보존법. 동결 우려 없을시)

49 호칭지름이 25[A]인 강관으로 양쪽에 90° 엘보우를 사용하여, 중심선의 길이를 250mm로 조립하고자 할 때 관의 실제 소요길이는? (단 나사의 물림 길이는 15mm로 한다.)

㉮ 204mm ㉯ 209mm
㉰ 210mm ㉱ 215mm

해설 $\ell = 250 - 2[38-15] = 204mm$

50 보일러의 안전밸브 및 압력방출장치에 관한 설명으로 잘못된 것은?

㉮ 안전밸브는 쉽게 검사할 수 있는 장소에 밸브 축을 수직으로 하여 가능한 한 보일러의 동체에 직접 부착시킨다.
㉯ 전열면적이 $50m^2$ 이하의 증기보일러에서는 1개 이상의 안전밸브를 부착시킨다.
㉰ 최대증발량 5t/h이하의 관류보일러의 안전밸브 호칭지름은 15mm 이상으로 한다.
㉱ 안전밸브 및 압력방출장치의 분출용량은 최대 증발량을 분출하도록 그 크기와 수를 결정하여야 한다.

해설 최대증발량 5t/h 이하의 관류보일러 안전밸브 호칭지름은 20mm 이상

51 보일러의 화학세관 작업 중 산세척 처리 순서를 설명한 것으로 맞는 것은?

㉮ 전처리 – 산액처리 – 수세 – 중화 – 수세 – 방청처리
㉯ 수세 – 전처리 – 산액처리 – 수세 – 중화 – 방청처리
㉰ 전처리 – 수세 – 산액처리 – 수세 – 중화 – 방청처리
㉱ 전처리 – 산액처리 – 수세 – 중화 – 수세 – 방청처리

해설 산세척 처리순서 : 전처리 – 수세 – 산액처리 – 수세 – 중화 – 방청처리

Answer
47. ㉰ 48. ㉰ 49. ㉮ 50. ㉰ 51. ㉰

52 배관을 피복하지 않았을 때 방산열량이 520kcal/m²h 보온재 피복하였을 때 방산열량이 350kcal/m²h이다. 보온재의 보온효율은 약 얼마인가?

㉮ 60% ㉯ 80%
㉰ 33% ㉱ 100%

[해설] $\frac{520-350}{520} \times 100\% = 32.6$

53 보일러 점화시 역화의 원인과 관계가 없는 것은?

㉮ 착화가 지연될 경우
㉯ 프리퍼지가 불충분할 경우
㉰ 점화원을 사용한 경우
㉱ 연료 공급밸브를 급개하여 다량으로 분무한 경우

[해설] 역화원인 : 착화 지연일 경우, 프리퍼지 불충분 시, 연료 공급을 다량으로 급히 할 때

54 고온, 고압의 관 플랜지 이음 시 사용하는 패킹의 재질로 산, 알칼리 기타 부식성 물체에 잘 견디는 것은?

㉮ 주석   ㉯ 테프론
㉰ 가죽   ㉱ 모넬메탈

[해설] 모넬메탈 : 고온, 고압에서 산, 알칼리 기타 부식성 물체에 잘 견딘다. (단, 질산, 염산액에는 약하며, 250℃ 이상에서는 황을 함유한 가스에 접촉시 무르게 된다.)

55 에너지 이용 합리화 기본계획은 몇 년마다 수립하여야 하는가?

㉮ 3년   ㉯ 5년
㉰ 10년 ㉱ 15년

[해설] 에너지 기본계획 수립 : 5년마다

56 저탄소 녹색성장 기본법에서 사람의 활동에 수반하여 발생하는 온실가스가 대기 중에 축적되어 온실가스 농도를 증가시킴으로써 지구 전체적으로 지표 및 대기의 온도가 추가적으로 상승하는 현상을 말하는 용어는?

㉮ 지구 온난화   ㉯ 기후변화
㉰ 자원순환   ㉱ 녹색경영

[해설] 지구 온난화 : 저탄소 녹색성장 기본법에서 사람의 활동에 수반하여 발생하는 온실가스가 대기 중에 축적되어 온실가스 농도를 증가시킴으로써 지구 전체적으로 지표 및 대기의 온도가 추가적으로 상승하는 현상

57 검사대상기기 조종자의 자격에 해당되지 않는 것은?

㉮ 에너지관리기사
㉯ 보일러산업기사
㉰ 보일러시공기능사
㉱ 보일러기능장

[해설] 검사대상기기 조종자의 자격 : 보일러기능사, 에너지관리기사, 보일러산업기사, 보일러기능장

58 에너지 사용자가 에너지의 절약과 합리적인 이용을 통한 온실가스 배출을 줄이기 위한 목표와 그 이행방법 등에 관한 계획을 자발적으로 수립하여 이를 이행하기로 정부나 지방자치단체와 약속하는 협약은?

㉮ 에너지 절감이행협약
㉯ 에너지사용계획협약
㉰ 자발적 협약
㉱ 수요관리투자협약

[해설] 자발적 협약 : 에너지 사용자가 에너지의 절약과 합리적인 이용을 통한 온실가스 배출을 줄이기 위한 목표와 그 이행방법 등에 관한 계획을 자발적으로 수립하여 이를 이행하기로 정부나 지방자치단체와 약속하는 협약

Answer
52. ㉰ 53. ㉰ 54. ㉱ 55. ㉯ 56. ㉮ 57. ㉰ 58. ㉰

59 에너지이용 합리화법의 목적이 아닌 것은?
  ㉮ 에너지의 수급 안정
  ㉯ 에너지의 개발 및 보급
  ㉰ 에너지의 합리적이고 효율적인 이용
  ㉱ 에너지 소비로 인한 환경피해를 줄임

목적
① 에너지의 수급안정을 위함
② 에너지의 합리적이고, 효율적인 이용증진
③ 에너지 소비로 인한 환경피해를 줄임
④ 국민경제의 건전한 발전 및 증진과 지구온난화의 최소화에 이바지함

60 에너지이용합리화법에서 규정된 특정열사용기자재 구분 중 기관에 포함되지 않는 것은?
  ㉮ 온수보일러
  ㉯ 태양열 집열기
  ㉰ 1종 압력용기
  ㉱ 구멍탄용 온수보일러

① 기관 : 강철제 보일러, 주철제 보일러, 온수보일러, 구멍탄용 온수보일러, 축열식 전기보일러, 태양열 집열기
② 압력용기 : 제1종 및 2종 압력용기
③ 요업요로, 금속요로

Answer
59. ㉯ 60. ㉰

에너지관리기능사

2021년 CBT 기출복원 문제

01 건물에 보일러가 있어 방열기 등에 의한 각방에 난방하는 난방 방법은?
㉮ 직접 난방법
㉯ 간접 난방법
㉰ 지역 난방법
㉱ 복사 난방법

해설 중앙난방방식 중 직접난방

02 난방부하가 4000[kcal/hr]일 때 온수난방일 경우 방열면적은 약 몇 m²인가?
㉮ 88.9
㉯ 91.6
㉰ 93.9
㉱ 95.6

해설 $\dfrac{40000}{450} = 88.9$

03 습증기의 엔탈피 hx를 구하는 식으로 옳은 것은? (단, h : 포화수의 엔탈피, x: 건조도, r : 증발잠열 (숨은 열), v : 포화수의 비체적)
㉮ hx = h + x
㉯ hx = h + r
㉰ hx = h + xr
㉱ hx = v + h + xr

해설 습포화증기 엔탈피
= 포화수 엔탈피 + 건조도 × 증발잠열

04 가스연료 연소 시 역화(back fire)나 리프팅 (lifting)의 설명으로 틀린 것은?
㉮ 역화는 버너가 과열된 경우에 발생된다.
㉯ 리프팅은 가스압이 너무 낮은 경우에 발생된다.
㉰ 역화는 불꽃이 염공을 따라 거꾸로 들어가는 것이다.
㉱ 리프팅은 1차 공기 과다로 분출 속도가 높은 경우에 발생된다.

해설 리프팅 현상은 가스압이 높을 경우 노즐의 기저부를 떠나 불안정한 연소 현상이다.

05 증기난방과 비교한 온수난방의 특징 설명으로 틀린 것은?
㉮ 예열시간이 길다.
㉯ 건물 높이에 제한을 받지 않는다.
㉰ 난방부하 변동에 따른 온도 조절이 용이하다.
㉱ 실내 쾌감도가 높다.

해설 방열량이 적어 방열면적이 크게 필요하며, 배관 지름이 굵다.

06 화염의 전기 전도성을 이용한 화염검출기의 명칭은?
㉮ 스택 스위치
㉯ 프레임 아이
㉰ 프레임 로드
㉱ 광전관

Answer
1. ㉮ 2. ㉮ 3. ㉰ 4. ㉯ 5. ㉯ 6. ㉰

2021년 CBT 기출복원 문제 · 797

해설 화염검출기 종류 및 이용 성질
① **프레임 아이** : 화염의 발광체 이용(화염의 복사선을 광전관으로 검출하며, 기름 가스연료용), 광학적 성질 이용
② **프레임로드** : 화염의 이온화현상(화염의 전기전도성검출로, 가스연료용)
③ **스텍스위치** : 연료가스의 온도를 감지함(열적성질), 소용량 보일러용

07 수관 보일러 중 자연순환식 보일러와 강제순환식 보일러에 관한 설명으로 틀린 것은?

㉮ 강제순환식은 압력이 적어질수록 물과 증기와의 비중치가 적어서 물의 순환이 원활하지 않은 경우 순환력이 약해지는 결점을 보완하기 위해 강제로 순환시키는 방식이다.
㉯ 자연순환식 수관보일러는 드럼과 다수의 수관으로 보일러 물의 순환회로를 만들 수 있도록 구성된 보일러이다.
㉰ 자연순환식 수관보일러는 곡관을 사용하는 형식이 널리 사용되고 있다.
㉱ 강제순환식 수관보일러의 순환펌프는 보일러수의 순환 회로 중에 설치한다.

해설 강제순환식은 압력이 커질수록 물과 증기와의 비중치가 적어 강제로 순환시키는 방식이다.

08 증기 난방시공에서 진공환수식으로 하는 경우 리프트 피팅(lift fitting)을 설치하는데, 1단의 흡상 높이로 적절한 것은?

㉮ 1.5m 이내 ㉯ 2.0m 이내
㉰ 2.5m 이내 ㉱ 3.0m 이내

해설 리프트 피팅의 1단 높이는 약 1.5m 이내로 한다.

09 수관식 보일러에 대한 설명으로 틀린 것은?

㉮ 고온, 고압에 적당하다.
㉯ 용량에 비해 소요면적이 적으며 효율이 높다.
㉰ 보유수량이 많아 파열시 피해가 크고, 부하변동에 응하기 쉽다.
㉱ 급수의 순도가 나쁘면 스케일이 발생하기 쉽다.

해설 수관 보일러는 전열면적에 비해 보유수량이 적어 파열 시 피해가 적고, 증발량이 빠르고, 효율이 높다.

10 강관재 루프형 신축이음은 고압에 견디고, 고장이 적어 고온·고압용 배관에 이용되는데 이 신축이음의 곡률반경은 관지름의 몇 배 이상으로 하는 것이 좋은가?

㉮ 2배 ㉯ 3배
㉰ 4배 ㉱ 6배

해설 루프형 신축이음의 곡률반경은 관지름의 6배 이상

11 보온재 선정 시 고려하여야 할 사항으로 틀린 것은?

㉮ 안전사용 온도범위에 적합해야 한다.
㉯ 흡수성이 크고 가공이 용이해야 한다.
㉰ 물리적, 화학적 강도가 커야 한다.
㉱ 열전도율이 가능한 적어야 한다.

해설 보온재 선정 시 고려사항
① 안전사용 온도 범위
② 보온재의 가격(경제성)
③ 공사 현장의 작업성(시공성)

Answer
7. ㉮ 8. ㉮ 9. ㉰ 10. ㉱ 11. ㉯

12 수면계의 기능시험의 시기에 대한 설명으로 틀린 것은?

㉮ 가마울림 현상이 나타날 때
㉯ 2개 수면계의 수위에 차이가 있을 때
㉰ 보일러를 가동하여 압력이 상승하기 시작했을 때
㉱ 프라이밍, 포밍 등이 생길 때

해설 수면계 점검시기
① 2개의 수위가 서로 다를 때
② 수위가 의심스러울 때
③ 장기간 휴지 후 재가동 시
④ 유리관의 교체 또는 보수 시 등

13 30℃의 물 20kg을 100℃의 증기로 변화시킬 때 필요한 열량은?(단, 물의 증발잠열은 539kcal/kg이다.)

㉮ 1,400kcal
㉯ 10,780kcal
㉰ 11,674kcal
㉱ 12,180kcal

해설
1) 20kg × 1kcal/kg℃ × (100−30)℃ = 1400kcal
2) 20kg × 539 kcal/kg = 10780kcal
∴ 1)+2) = 12,180kcal

14 보일러 자동제어에서 1차 제어장치가 제어명령을 하고, 2차 제어장치가 1차 명령을 바탕으로 제어량을 조절하는 측정제어는?

㉮ 프로그램제어
㉯ 정치제어
㉰ 캐스케이드제어
㉱ 비율제어

해설 캐스케이드 제어 : 1차 제어장치가 제어 명령을 말하고 2차 제어장치가 이 명령을 바탕으로 제어량을 조절하는 측정제어

15 원통형 보일러의 점화 전 준비사항으로 옳지 않은 것은?

㉮ 수면계의 수위를 확인한다.
㉯ 댐퍼를 열고 미연소 가스를 취출한다.
㉰ 주증기 밸브를 개방한다.
㉱ 연료 계통 및 급수 계통을 점검한다.

해설 주증기 밸브는 닫는다.

16 증기난방에서 환수관의 수평배관에서 관경이 가늘어지는 경우 편심 리듀셔를 사용하는 이유로 적합한 것은?

㉮ 응축수의 순환을 억제하기 위해
㉯ 관의 열팽창을 방지하기 위해
㉰ 동심 리듀셔보다 시공을 단축하기 위해
㉱ 응축수의 체류를 방지하기 위해

해설 수평배관에서 관경이 가늘어지는 경우 편심 레듀셔를 사용 하향 기울기를 주어 응축수 등의 체류를 방지한다.

17 연소에 있어서 환원염이란?

㉮ 과잉 산소가 많이 포함되어 있는 화염
㉯ 공기비가 커서 완전 연소된 상태의 화염
㉰ 과잉공기가 많아 연소가스가 많은 상태의 화염
㉱ 산소 부족으로 불완전 연소하여 미연분이 포함된 화염

해설 환원염 : 산소 부족으로 불완전 연소하여 미연분이 포함된 화염

Answer
12. ㉮ 13. ㉱ 14. ㉰ 15. ㉰ 16. ㉱ 17. ㉱

18 특정 열 사용 기자재 중 검사대상기기에 해당되는 것은?

㉮ 온수를 발생시키는 대기 개방형 강철제 보일러
㉯ 최고사용압력이 0.2[MPa]인 주철제 보일러
㉰ 축열식 전기보일러
㉱ 가스 사용량이 15[kg/h]인 소형 온수 보일러

 ㉯ 최고사용압력0.1[MPa] 이하 주철제 보일러
㉱ 가스사용량17[kg/h] 이상 소형 온수보일러

19 관의 접속상태, 결합방식의 표시방법에서 용접 이음을 나타내는 그림기호로 맞는 것은?

㉮ ─┼─ ㉯ ─┼┼─
㉰ ─●─ ㉱ ─┼┼─

 ① 나사이음
② 유니온
③ 용접이음
④ 플랜지 이음

20 증기보일러의 캐리오버(carry over)의 발생 원인과 가장 거리가 먼 것은?

㉮ 보일러 부하가 급격하게 증대할 경우
㉯ 증발부 면적이 불충분할 경우
㉰ 증기정지 밸브를 급격히 열었을 경우
㉱ 부유 고형물 및 용해 고형물이 존재하지 않을 경우

부유 고형물, 용해 고형물 등이 있을 시 기수공발(carry over)이 발생된다.

21 현열과 잠열 및 비열에 관한 설명으로 틀린 것은?

㉮ 10℃의 물을 증기로 만들기 위해서는 현열과 잠열이 필요하다.
㉯ 현열은 물질의 상변화에만 관여하는 열이다.
㉰ 100℃의 물을 증기로 만들기 위하여 가열한 열량을 잠열이라 한다.
㉱ 수소는 기체 물질 중 비열이 제일 크다.

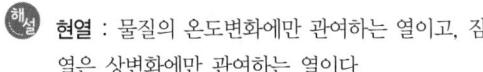

현열 : 물질의 온도변화에만 관여하는 열이고, 잠열은 상변화에만 관여하는 열이다.

22 보일러 배기가스의 자연 통풍력을 증가시키는 방법과 무관한 것은?

㉮ 배기가스 온도를 낮춘다.
㉯ 연돌 높이를 증가시킨다.
㉰ 연돌을 보온 처리한다.
㉱ 연돌의 단면적을 크게 한다.

통풍력을 크게 하려면
① 연돌의 높이를 높인다.
② 배기가스 온도를 높인다.
③ 굴곡부를 줄인다(굴곡부 3개소 이내).
④ 연돌 상부단면적을 크게 한다.

23 보일러 급수처리의 목적이 아닌 것은?

㉮ 스케일의 생성 방지
㉯ 점식 등의 내면 부식 방지
㉰ 가성취화의 발생 방지
㉱ 황분 등에 의한 저온부식 방지

급수처리 목적은 보일러 내부 부식 방지를 위해 급수처리 하는 것이고, 황분 등에 의한 부식은 보일러 외부 부식 종류로 급수처리 목적이 아님.

Answer
18. ㉯ 19. ㉰ 20. ㉱ 21. ㉯ 22. ㉮ 23. ㉱

24 연소가스의 흐름 방향에 따른 과열기의 종류 중 연소가스와 과열기 내 증기의 흐름 방향이 같으며 가스에 의한 소손은 적으나 열의 이용도가 낮은 것은?
  ㉮ 대류식   ㉯ 향류식
  ㉰ 병류식   ㉱ 혼류식

해설 과열기 열가스 흐름에 따른 종류
  ① 병류형 : 증기와 열가스 흐름 방향이 같다.
  ② 향류형 : 증기와 열가스 흐름 방향이 반대
  ③ 혼류형 : 병류형과 향류형 조합
  (열전달은 가장 좋으나, 고온의 배기가스에 침식 우려)

25 노에서 발생한 연소가스를 굴뚝에 유입시킬 때까지의 통로는?
  ㉮ 연돌   ㉯ 절탄기
  ㉰ 연도   ㉱ 노

해설 연도 : 노에서 발생한 연소가스 통로를 말함.

26 주철제 보일러의 섹셔널 보일러의 일반적인 조합 방법이 아닌 것은?
  ㉮ 전후조합   ㉯ 좌우조합
  ㉰ 맞세움조합   ㉱ 상하조합

해설 주철제 보일러의 섹셔널 보일러 조합방법 : 전후조합, 좌우조합, 맞세움조합

27 일반적으로 보일러 열손실 중 가장 큰 비중을 차지하는 것은?
  ㉮ 방열 및 기타 손실열
  ㉯ 불완전연소에 의한 손실열
  ㉰ 미연소분에 의한 손실열
  ㉱ 배기가스에 의한 손실열

해설 손실열 중 가장 큰 것 : 배기가스에 의한 손실열

28 사이폰관과 특히 관계가 있는 것은?
  ㉮ 수면계   ㉯ 안전밸브
  ㉰ 유량계   ㉱ 부르돈관 압력계

해설 사이폰관은 탄성 압력계인 부르돈관을 보호하기 위해 설치

29 원통보일러에 설치하는 급수내관의 위치로 가장 적합한 것은?
  ㉮ 안전저수위와 동일 높이
  ㉯ 안전저수위 위쪽 5cm
  ㉰ 안전저수위 아래쪽 5cm
  ㉱ 상용수위와 동일 높이

해설 급수내관은 저수위시 부동팽창을 방지하기 위해 안전저수위 50mm 하단에 설치.

30 보일러 외부부식의 발생원인과 가장 거리가 먼 것은?
  ㉮ 빗물, 지하수 등에 의한 습기나 수분에 의한 작용
  ㉯ 증기나 보일러 수 등의 누출로 인한 습기나 수분에 의한 작용
  ㉰ 급수 중에 유지류, 산류, 탄산가스, 염류 등의 불순물에 의한 작용
  ㉱ 연소가스 속의 부식성 가스에 의한 작용

해설 급수 중 유지류, 산류, 탄산가스, 염류 등 불순물에 의한 내부 부식 방지를 위해 급수처리를 한다.

Answer
24. ㉰   25. ㉰   26. ㉱   27. ㉱   28. ㉱   29. ㉰   30. ㉰

31 관의 절단, 나사절삭, 거스러미 제거 등의 일을 연속적으로 할 수 있기 때문에 현장에서 가장 많이 사용되고 있는 것은?
㉮ 다이헤드식 동력나사절삭기
㉯ 오스터식 동력나사절삭기
㉰ 체인식 동력나사절삭기
㉱ 리드식 동력나사절삭기

[해설] 관절단, 나사절삭, 거스러미제거를 연속적으로 할 수 있는 나사절삭기는 다이헤드식 동력 나사절삭기

32 고온용 암면에 특수무기 결합제 및 바인더를 혼합 제조한 것으로 분사식 내화 단열과 흡음 피복재로서 철골구조, 기둥, 보, 천정, 방송실 등에 사용되는 무기질 보온재는?
㉮ 하이울   ㉯ 로코트
㉰ 산면   ㉱ 블랭킷

[해설] 암면의종류
㉮ 매트(mat) : 일반 건물의 간벽, 내벽, 천장에 사용.
㉯ 블랭킷(blanket) : 빌딩 덕트, 천정, 마루밑등의 단열재로 사용, 한쪽면에 은박지가 부착되어 있다.
㉰ 하이울(high wool) : 열설비 표면의 보온 및 단열재로 사용.
㉱ 파티션 코어 : 판상제품으로 톱이나, 칼로 쉽게 절단할수 있으며 흡음, 방화용 파티션의 심재용으로 사용.
㉲ 로코트(rocoat) : 고온용 암면에 특수무기 결합제 및 바인더를 혼합 제조한 것으로 분사식 내화 단열과 흡음 피복재로서 철골구조, 기둥, 보, 천정, 방송실 등에 사용

33 피드백 자동제어회로 주요 4대 구성요소가 아닌 것은?
㉮ 검출부   ㉯ 제어부
㉰ 조작부   ㉱ 비교부

[해설] 피드백회로 4대 구성 요소 : 검출부, 비교부, 조절부, 조작부

34 증기난방 방식에서 응축수 환수방법에 의한 분류가 아닌 것은?
㉮ 진공 환수식   ㉯ 세정 환수식
㉰ 기계 환수식   ㉱ 중력 환수식

[해설] 증기난방 응축수 환수방법 : 진공환수식, 기계환수식, 중력환수식

35 굴뚝의 높이가 20m이고, 대기온도가 −10℃, 연소배기 가스 평균온도가 250℃ 인 경우 이론 통풍력은 약 얼마인가?(단, 표준상태에서 공기의 비중량은 $1.29kg/Nm^3$, 연소 가스의 비중량은 $1.34kg/Nm^3$이다.)
㉮ $5.8mmH_2O$ ㉯ $12.8mmH_2O$
㉰ $15.7mmH_2O$ ㉱ $20.3mmH_2O$

[해설] $20 \times \left(\dfrac{273 \times 1.29}{273-10} - \dfrac{273 \times 1.34}{273+250} \right) = 12.8mmH_2O$

36 보일러 성능시험에서 강철제 증기보일러의 증기 건도는 몇 % 이상이어야 하는가?
㉮ 89   ㉯ 93
㉰ 95   ㉱ 98

[해설] 증기보일러 증기건도 0.98(98%)

Answer
31. ㉮ 32. ㉯ 33. ㉯ 34. ㉯ 35. ㉯ 36. ㉱

37 증기트랩을 기계식, 온도조절식, 열역학적 트랩으로 구분할 때 온도조절식 트랩에 해당하는 것은?

㉮ 버킷 트랩　　㉯ 플로트 트랩
㉰ 열동식 트랩　㉱ 디스크형 트랩

해설 **온도조절식 트랩** : 열동식 트랩, 바이메탈식 트랩

38 연소가스 성분 중 인체에 미치는 독성이 가장 적은 것은?

㉮ SO_2　　㉯ NO_2
㉰ CO_2　　㉱ CO

해설 탄산가스(CO_2)는 이산화탄소라고도 하며 탄소 및 그 화합물이 완전 연소될 때 또는 생물의 호흡이나 발효 시 생기는 기체. 무색무취로 물에 비교적 잘 녹으며 식물의 탄소동화작용에 필요함. 대기층에 존재할 때 열을 흡수하는 성질이 있으며 탄산가스층의 증가는 지구온난화의 원인이 되고 있음.

39 연료의 연소 시, 이론 공기량에 대한 실제공기량의 비, 즉 공기비(m)의 일반적인 값으로 옳은 것은?

㉮ m = 1　　㉯ m < 1
㉰ m < 0　　㉱ m > 1

해설 연소 시 필요한 실제공기량은 이론공기량과 과잉공기를 합한 값이므로 공기비는 1보다 커야 한다.

40 압축기 진동과 서징, 관의 수격작용, 지진 등에서 발생하는 진동을 억제하기 위해 사용되는 지지 장치는?

㉮ 벤드벤　　㉯ 플랩 밸브
㉰ 그랜드 패킹　㉱ 브레이스

해설 **브레이스** : 압축기 진동과 서징, 관의 수격작용, 지진 등에서 발생하는 진동을 억제하기 위해 사용되는 지지 장치해설

41 파이프 벤더에 의한 구부림 작업 시 관에 주름이 생기는 원인으로 가장 옳은 것은?

㉮ 압력조정이 세고 저항이 크다.
㉯ 굽힘 반지름이 너무 작다.
㉰ 받침쇠가 너무 나와 있다.
㉱ 바깥 지름에 비하여 두께가 너무 얇다.

해설 바깥지름에 비하여 두께가 너무 얇으면 파이프 벤더에 의한 구부림 작업 시 관에 주름이 생긴다.

42 증기보일러의 장치에 사용되지 않는 것은?

㉮ 비수방지관　㉯ 기수분리기
㉰ 팽창관　　　㉱ 급수내관

해설 **팽창탱크** : 온수 보일러에 설치되는 안전장치 역할을 한다.(34번 해설 참조)

43 강관의 나사이음의 사용목적별 분류에서 배관의 방향을 바꿀 때 사용하는 부속은?

㉮ 리턴밴드　　㉯ 크로스
③ 엘보　　　　㉱ 레듀셔

해설
• 리턴밴드는 유체의 흐름방향을 바꿀 때 사용한다.
• 부싱, 리듀서, 소켓은 유체가 직선으로 흐를 때 사용한다.

44 A, B, C 중유는 무엇에 의하여 구분되는가?

㉮ 인화점　　㉯ 착화점
㉰ 점도　　　㉱ 비점

해설 중유의 점도에 따라 A, B, C중유로 구분한다.

Answer
37. ㉰　38. ㉰　39. ㉱　40. ㉱　41. ㉱　42. ㉰　43. ㉮　44. ㉰

45 전열면적 12m²인 보일러의 급수밸브의 크기는 호칭 몇 A 이상이어야 하는가?

㉮ 15 ㉯ 20
㉰ 25 ㉱ 32

[해설] 급수밸브의 크기(전열면적 10m² 이하 15A 이상, 10m² 초과 20A 이상)

46 도시가스 공급시설의 배관의 이음부(용접이음매 제외)와 전기점멸기 및 전기 접속기와의 거리는 최소 얼마 이상 유지해야 하는가?

㉮ 10cm ㉯ 15cm
㉰ 30cm ㉱ 60cm

[해설] 도시가스 배관 이음부(용접이음매 제외)와 전기 점멸기 및 전기 접속기와 거리는 공급시설에서는 30cm 이상, 사용시설에서는 15cm 이상 유지.

47 두께 150mm, 면적이 15m²인 벽이 있다. 내면 온도는 200℃, 외면 온도가 20℃일 때 벽을 통한 열손실량은?(단, 열전도율은 0.25kcal/m·h·℃이다.)

㉮ 101kcal/h ㉯ 675kcal/h
㉰ 2345kcal/h ㉱ 4500kcal/h

[해설] $Q = \dfrac{\lambda \times A \times \Delta t}{b} = \dfrac{0.25 \times 15 \times (200-20)}{0.15} = 4500\,kcal/h$

48 일반적으로 보일러의 상용 수위는 수면계의 어느 위치와 일치시키는가?

㉮ 수면계의 최상단부
㉯ 수면계의 2/3 위치
㉰ 수면계의 1/2 위치
㉱ 수면계의 최하단부

[해설] **상용수위** : 사용 중 항상 유지해야 할 수위를 말하며, 일반적으로 수면계의 1/2 위치를 말한다. 또한 경우에 따라서는 수면계의 2/3 위치를 할 수도 있다.

49 자동제어의 신호전달 방법에서 공기압식의 특징으로 옳은 것은?

㉮ 전송 시 시간지연이 생긴다.
㉯ 배관이 용이하지 않고 보존이 어렵다.
㉰ 신호전달 거리가 유압식에 비하여 길다.
㉱ 온도제어 등에 적합하고 화재의 위험이 많다.

[해설] 공기압식은 배관이 용이하며 신호전달 거리가 짧고, 화재의 위험이 없으나 전송 시 지연이 생긴다.

50 증기주관의 관말트랩 배관의 드레인 포켓과 냉각관 시공 요령이다. 다음 ( )안에 적절한 것은?

> 증기주관에서 응축수를 건식환수관에 배출하려면 주관과 동경으로 (㉠)mm 이상 내리고 하부로 (㉡)mm 이상 연장하여 (㉢)을(를) 만들어 준다. 냉각관은 (㉣) 앞에서 1.5m 이상 나관으로 배관한다.

㉮ ㉠ 150 ㉡ 100
　 ㉢ 트랩 ㉣ 드레인 포켓
㉯ ㉠ 100 ㉡ 150
　 ㉢ 드레인 포켓 ㉣ 트랩
㉰ ㉠ 150 ㉡ 100
　 ㉢ 드레인 포켓 ㉣ 드레인 밸브
㉱ ㉠ 100 ㉡ 150
　 ㉢ 드레인 밸브 ㉣ 드레인 포켓

[해설] 증기주관에서 응축수를 건식환수관에 배출하려면 주관과 동경으로 100mm 이상 내리고 하부로 150mm 이상 연장하여 드레인 포켓을 만들어 준다. 냉각관은 관말 트랩 앞에서 1.5m 이상 나관으로 배관.

Answer
45. ㉯ 46. ㉰ 47. ㉱ 48. ㉰ 49. ㉮ 50. ㉯

51 실내의 천장 높이가 12m인 극장에 대한 증기 난방설비를 설계하고자 한다. 이때의 난방부하 계산을 위한 실내 평균온도는? (단, 호흡선 1.5m에서의 실내온도는 18℃이다.)

㉮ 23.5℃   ㉯ 26.1℃
㉰ 29.8℃   ㉱ 32.7℃

해설) $t_m = \dfrac{12}{1.5} + 18℃ = 26℃$

52 하트포드 접속법(hart-ford connection)을 사용하는 난방방식은?

㉮ 저압 증기난방   ㉯ 고압 증기난방
㉰ 저온 온수난방   ㉱ 고온 온수난방

해설) **하트포드 접속법** : 저압 증기난방에서 누수로 인한 저수위 사고를 방지하기 위해 표준수면 약 50mm 아래에 환수관을 설치하여 응축수를 환수하는 방식

53 과열증기에서 과열도는 무엇인가?

㉮ 과열증기의 압력과 포화증기의 압력 차이다.
㉯ 과열증기 온도와 포화증기 온도와의 차이다.
㉰ 과열증기 온도에 증발열을 합한 것이다.
㉱ 과열증기 온도에 증발열을 뺀 것이다.

해설) **과열도** = 과열증기 온도와 포화증기 온도와의 차

54 저탄소 녹색성장 기본법에서 정의하는 온실가스에 해당되지 않는 것은?

㉮ 이산화탄소(CO_2)   ㉯ 메탄(CH_4)
㉰ 육불화황(SF_6)   ㉱ 수소(H_2)

해설) **온실가스** : 적외선복사열을 흡수하거나 재방출하여 온실효과를 유발하는 대기 중의 가스 상태의 물질로 이산화탄소(CO_2)·메탄(CH_4)·아산화질소(N_2O)·수소불화탄소(HFCs)·과불화탄소 (PFCs) 또는 육불화황(SF6)을 말함

55 에너지이용 합리화법상 에너지 소비효율 등급 또는 에너지 소비효율을 해당 효율관리기자재에 표시해야 하는 자로 옳은 것은?

㉮ 제조업자 또는 시공업자
㉯ 수입업자 또는 제조업자
㉰ 시공업자 또는 판매업자
㉱ 수입업자 또는 시공업자

해설) 에너지소비효율등급 또는 에너지 소비효율을 해당 효율관리기자재에 표시해야 하는자는 수입업자 또는 제조업자이다.

56 평균 에너지 소비효율의 산정 방법, 개선 기간, 개선 명령의 이행 절차 및 공표 방법 등 필요한 사항을 정하는 령으로 맞는 것은?

㉮ 산업통상자원부령   ㉯ 환경부령
㉰ 국무총리령   ㉱ 고용노동부령

해설) 평균에너지소비효율의 산정방법, 개선기간, 개선명령의 이행절차 및 공표방법 등 필요한 사항은 산업통상자원부령으로 정한다.

57 에너지기본법상 정부의 에너지정책을 효율적이고 체계적으로 추진하기 위하여 20년을 계획기간으로 5년마다 수립 시행하여야 하는 것은?

㉮ 국가온실가스배출저감 종합대책
㉯ 에너지이용합리화 실시계획
㉰ 기후변화협약대응 종합계획
㉱ 국가에너지 기본계획

> **해설** 에너지 기본 계획은 20년 이상을 계획기간으로, 5년마다 산업통상자원부 장관이 수립한다.

58 에너지이용합리화법은 에너지의 수급을 안정시키고 에너지의 합리적이고 효율적인 이용을 증진하며 에너지소비로 인한 (A)를 줄임으로써 국민 경제의 건전한 발전 및 국민복지의 증진과 (B)의 최소화에 이바지함을 목적으로 한다. 위 ( )안의 A, B에 각 들어갈 용어는?

㉮ A = 환경파괴,　　B = 온실가스
㉯ A = 자연파괴,　　B = 환경피해
㉰ A = 환경피해,　　B = 지구온난화
㉱ A = 온실가스배출, B = 환경파괴

> **해설** 에너지이용 합리화법은 에너지의 수급을 안정시키고 에너지의 합리적이고 효율적인 이용을 증진하며 에너지소비로 인한 환경피해를 줄임으로써 국민 경제의 건전한 발전 및 국민복지의 증진과 지구온난화의 최소화에 이바지함을 목적으로 한다.

59 에너지이용 합리화법상 검사대상 기기 조종자가 퇴직하는 경우 퇴직 이전에 다름 검사 대상 기기 조종자를 선임하지 아니한 자에 대한 벌칙으로 맞는 것은?

㉮ 1천만원 이하의 벌금
㉯ 2천만원 이하의 벌금
㉰ 5백만원 이하의 벌금
㉱ 2년 이하의 징역

> **해설** 검사대상기기 조종자를 선임하지 않을 때 1천만원 이하의 벌금

60 에너지 수급안정을 위하여 산업통산자원부 장관이 필요한 조치를 취할 수 있는 사항이 아닌 것은?

㉮ 에너지의 배급
㉯ 산업별·주요공급자별 에너지 할당
㉰ 에너지의 비축과 저장
㉱ 에너지의 양도·양수의 제한 또는 금지

> **해설** 에너지 수급안정조치-산업통상자원부장관
> ㉠ 지역별·주요 수급자별 에너지 할당
> ㉡ 에너지공급설비의 가동 및 조업
> ㉢ 에너지의 비축과 저장
> ㉣ 에너지의 도입·수출입 및 위탁가공
> ㉤ 에너지공급자 상호간의 에너지의 교환 또는 분배사용
> ㉥ 에너지의 유통시설과 그 사용 및 유통경로
> ㉦ 에너지의 배급
> ㉧ 에너지의 양도·양수의 제한 또는 금지
> ㉨ 에너지사용의 제한 또는 금지

Answer
58. ㉰　59. ㉮　60. ㉯

에너지관리기능사

2022년 CBT 기출복원 문제

01 연료의 단위량이 완전 연소할 때 발생하는 열량을 무엇이라 하는가?
- ㉮ 엔탈피
- ㉯ 발열량
- ㉰ 잠열
- ㉱ 현열

해설) 발열량 (kcal/kg, Nm³) : 연료의 단위량(1kg, Nm³)이 완전연소 할때의 발열량(kcal)이다.

02 사무실 단위 면적당 열손실지수가 $1m^2$에서 $150kcal/m^2h$이라 할 때 난방 면적이 전부 $50m^2$이면 손실열량은 시간당 몇 kcal인가?
- ㉮ 3000
- ㉯ 5200
- ㉰ 6800
- ㉱ 7500

해설) $150 \times 50 = 7500 kcal/h$

03 보일러 기관 작동을 저지시키는 인터록제어에 속하지 않는 것은?
- ㉮ 저수위 인터록
- ㉯ 저압력 인터록
- ㉰ 저연소 인터록
- ㉱ 프리퍼지 인터록

해설) 인터록 종류 : 저수위 인터록, 저연소 인터록, 프리퍼지 인터록, 불착화 인터록, 압력초과 인터록

04 연료를 공기 또는 산소의 존재 하에서 가열하여 다른 것에 의해 점화하지 않고 연소가 시작되는 온도는?
- ㉮ 온화온도
- ㉯ 착화온도
- ㉰ 화염온도
- ㉱ 인화온도

해설) 착화온도 : 연료가 공기 또는 산소의 존재하에서 일정온도 이상으로 상승하고 연소하는 것

05 강제순환식 수관보일러의 순환비를 구하는 식으로 옳은 것은?
- ㉮ 발생증기량/공급급수량
- ㉯ 순환수량/발생증기량
- ㉰ 발생증기량/연료사용량
- ㉱ 연료사용량/증기발생량

해설) 순환비 : 순환수량 / 발생증기량

06 보일러의 상당증발량을 옳게 설명한 것은?
- ㉮ 일정 온도의 보일러수가 최종의 증발상태에서 증기가 되었을 때의 중량
- ㉯ 시간당 증발된 보일러수의 중량
- ㉰ 보일러에서 단위시간에 발생하는 증기 또는 온수의 보유열량
- ㉱ 시간당 실제증발량이 흡수한 전열량을 온도 100℃의 포화수를 100℃의 증기로 바꿀 때의 열량으로 나눈 값

해설) 상당증발량 : 시간당 실제증발량의 전열량은 100℃의 물을 100℃의 증기로 바꿀 때의 열량으로 나눈 값

07 어떤 액체 연료를 완전 연소시키기 위한 이론 공기량이 $10.5 Nm^3/kg$이고, 공기비가 1.4인 경우 실제 공기량은?
- ㉮ $7.5\ Nm^3/kg$
- ㉯ $14.7\ Nm^3/kg$
- ㉰ $11.9\ Nm^3/kg$
- ㉱ $16.0\ Nm^3/kg$

해설) $m = \dfrac{A}{A_0}, A = A_0 \times m = 10.5 \times 1.4 = 14.7\ Nm^3/kg$

Answer
1. ㉯ 2. ㉱ 3. ㉯ 4. ㉯ 5. ㉯ 6. ㉱ 7. ㉯

08 보일러의 자동제어 중 급수 제어를 나타내는 약호는?

㉮ A.C.C ㉯ F.W.C
㉰ S.T.S ㉱ L.C

해설
① A.C.C : 자동연소제어
② F.W.C : 급수제어
③ S.T.S : 증기온도제어
④ L.C : 로컬제어

09 보일러 수면계의 수면이 불안정한 원인으로 가장 적합한 것은?

㉮ 급수가 되지 않을 경우
㉯ 고수위가 된 경우
㉰ 비수가 발생한 경우
㉱ 분출판에서 누수가 생긴 경우

해설 비수(플라이밍)가 발생되면 수면이 요동하여 수위 판단이 어렵다.

10 다음 중 액체연료의 무화 연소방식이 아닌 것은?

㉮ 진동 무화식 ㉯ 유압 무화식
㉰ 이유체 무화식 ㉱ 낙하 무화식

해설 액체연료 무화 연소방식 종류 : 진동 무화식, 유압 무화식, 이유체 무화식, 회전 무화식

11 관류 보일러의 특징에 대한 설명으로 잘못된 것은?

㉮ 증기 취출 및 급수를 위하여 기수드럼이 필요하다.
㉯ 부하변동에 따라 압력 변화가 심하다.
㉰ 양질의 급수가 필요하다.
㉱ 보유수량이 적어 기동시간이 짧다.

해설 관류보일러 : 드럼이 없이 관으로만 이루어진 보일러

12 보일러의 3대 구성요소 중 부속장치에 속하지 않는 것은?

㉮ 통풍장치 ㉯ 급수장치
㉰ 자동제어장치 ㉱ 연소장치

해설 보일러 3대 구성요소 : 보일러 본체, 연소장치, 부속장치

13 다음 가스의 종류 중 발열량이 가장 큰 것은?

㉮ 일산화탄소 ㉯ 수소
㉰ 프로판 ㉱ 메탄

해설 가스발열량 : 일산화탄소(3020kcal/N^3m), 수소(3050kcal/N^3m), 프로판(23680kcal/N^3m), 메탄(9500kcal/N^3m)

14 1기압(atm)하에서의 물의 건포화 증기 엔탈피는?

㉮ 639kcal/kg ㉯ 539kcal/kg
㉰ 650kcal/kg ㉱ 450kcal/kg

해설 1기압(atm)하에서의 물의 건포화 증기 엔탈피
100 + 539 = 639kcal/kg

15 과열증기에 대한 설명으로 옳은 것은?

㉮ 포화증기에서 온도는 바꾸지 않고 압력만 높인 증기
㉯ 포화증기에서 압력은 바꾸지 않고 온도만 높인 증기
㉰ 포화증기에서 압력과 온도를 높인 증기
㉱ 포화증기의 압력은 낮추고 온도는 높인 증기

해설 과열증기 : 압력상승 없이 온도만 높인 증기

Answer
8. ㉯ 9. ㉰ 10. ㉱ 11. ㉮ 12. ㉱ 13. ㉰ 14. ㉮ 15. ㉯

16 보일러 열정산을 하는 목적과 관계없는 것은?
㉮ 연료의 열량 계산 ㉯ 열의 손실 파악
㉰ 열설비 성능 파악 ㉱ 조업 방법 개선

해설 **열정산 목적** : 열손실 파악, 열설비 성능파악, 조업 방법 개선

17 매시 539kg/h 증기를 발생시키는 보일러의 상당증발량은?
㉮ 580kg/h ㉯ 680kg/h
㉰ 780kg/h ㉱ 880kg/h

해설 $\dfrac{539 \times (700 - 20)}{539} = 680 kg/h$

18 유류 보일러에서 오일 프리 히터가 사용되는 목적은?
㉮ 기름 중에 수분을 증발시킨다.
㉯ 기름 중에 이물질을 분리한다.
㉰ 기름의 점도를 낮추어 무화를 좋게 한다.
㉱ 기름의 온도 상승을 방지한다.

해설 **오일 프리 히터(중유가열기)** : 기름의 점도를 낮추어 유동성 증가 및 무화 촉진

19 최근 난방 또는 급탕용으로 사용되는 진공온수보일러에 대한 설명이다. 이 중 바르지 않은 것은?
㉮ 열매수의 온도는 운전 시 100℃ 이하이다.
㉯ 운전 시 열매수의 급수는 불필요하다.
㉰ 본체의 안전장치로서 용해전, 온도퓨즈, 안전밸브 등을 구비한다.
㉱ 추기장치는 내부에서 발생하는 비응축가스 등을 외부로 배출시킨다.

해설 온수보일러는 안전밸브는 설치하지 않고, 증기보일러에 설치한다.

20 수관식 보일러에서 건조증기를 얻기 위하여 설치하는 것은?
㉮ 급수내관 ㉯ 기수 분리기
㉰ 수위 경보기 ㉱ 과열 저감기

해설 **기수 분리기** : 건조증기를 얻기 위하여 설치

21 증기 보일러의 증기압력이나 급수량 조절과 가장 무관한 부품은?
㉮ 안전밸브 ㉯ 압력조절기
㉰ 수면계 ㉱ 온도계

해설 온도계는 증기압력이나 급수량 조절과는 관계없이 온도 측정하는 데 사용

22 보일러의 열정산에서 출열항목 중 열손실이 아닌 것은?
㉮ 방열에 의한 열손실
㉯ 배기가스의 현열손실
㉰ 연료의 현열손실
㉱ 연료의 불완전 연소에 의한 열손실

해설 **입열항목**
① 연료의 연소열(HI)
② 연료 현열
③ 공기 현열
④ 노내 분입증기에 의한 입열
출열항목
① 발생 증기 보유열
② 배기가스 손실열
③ 불완전 연소에 의한 손실열
④ 방사 및 전도 등에 의한 손실열

Answer
16. ㉮ 17. ㉯ 18. ㉰ 19. ㉰ 20. ㉯ 21. ㉱ 22. ㉰

23 프레임 아이에 대하여 옳게 설명한 것은?
㉮ 연도의 가스온도로 화염의 유무를 검출한다.
㉯ 화염의 도전성을 이용하여 화염의 유무를 검출한다.
㉰ 화염이 발광체임을 이용해서 화염의 방사선을 감지하여 화염의 유무를 검출한다.
㉱ 화염의 이온화 현상을 이용해서 화염의 유무를 검출한다.

해설 화염검출기 종류 및 이용 성질
① 프레임 아이 : 화염의 발광체 이용(화염의 복사선을 광전관으로 검출하며, 기름 가스연료용), 광학적 성질 이용
② 프레임 로드 : 화염의 이온화현상(화염의 전기 전도성검출로, 가스연료용)
③ 스텍스위치 : 연료가스의 온도를 감지함(열적 성질), 소용량 보일러용

24 미분탄 연소장치의 특징에 대한 설명으로 틀린 것은?
㉮ 적은 과잉공기로 양호한 연소상태를 얻을 수 있다.
㉯ 연소량의 조절이 어렵다.
㉰ 단위중량에 대한 표면적이 커서 공기와의 접촉이 좋다.
㉱ 기체, 액체연료와의 혼합연소가 용이하다.

해설 다른 고체연료 연소장치에 비해 연소량 조절이 용이한 것이 미분탄 연소장치

25 다음 금속 중 열전도율이 가장 큰 것은?
㉮ 금   ㉯ 구리
㉰ 알루미늄 ㉱ 니켈

해설 열전도율 큰 순서 : 구리>금> 알루미늄>니켈

26 보일러의 자동제어에서 연소제어 시 조작량과 제어량의 관계가 옳은 것은?
㉮ 공기량 – 수위
㉯ 급수량– 증기온도
㉰ 연료량 – 증기압
㉱ 전열량 – 노내압

해설 보일러 자동제어에서 제어량과 조작량

종류	제어량	조작량
증기온도제어 (S.T.C)	증기온도	전열량
급수제어 (F.W.C)	보일러수위	급수량
연소제어 (A.C.C)	증기압력 노내압력	연료량·공기량 연소 가스량

27 통풍력을 증가시키는 방법으로 옳은 것은?
㉮ 연도는 짧고, 연돌은 낮게 설치한다.
㉯ 연도는 길고, 연돌의 단면적을 작게 설치한다.
㉰ 배기가스의 온도는 낮춘다.
㉱ 연도는 짧고, 굴곡부는 적게 한다.

해설 통풍력은 연도는 짧게, 굴곡부는 적을수록 커진다.

28 보일러 전열면의 그을음을 제거하는 장치는?
㉮ 수저 분출장치   ㉯ 수트 블로워
㉰ 절탄기   ㉱ 인젝터

해설 수트블로워 : 전열면 그을음 제거 장치

29 효율이 가장 높고, 대용량 설비에 사용되는 집진장치는?
㉮ 전기식 집진기   ㉯ 중력식 집진기
㉰ 백필터식 집진기 ㉱ 세정식 집진기

해설 코트렐 집진기는 전기식 집진장치로 크기가 가장 작은 분진 포집 집진장치이다.

Answer
23. ㉰ 24. ㉯ 25. ㉯ 26. ㉰ 27. ㉱ 28. ㉯ 29. ㉮

30 보일러 동(胴)이나 수관 등이 과열되어 그 부분의 강도가 저하됨으로써 내부 압력에 의해 외측으로 부풀어 오른 현상은?
- ㉮ 압궤
- ㉯ 과열
- ㉰ 팽출
- ㉱ 균열

해설
① 압궤 : 노통이나 화실 등이 외부 압력에 의해 오목하게 들어가는 현상
② 팽출 : 과열된 부분이 냉압에 의해 부풀어 오르는 현상
③ 라미네이션 : 보일러 강판이나 관이 2장의 층으로 갈라지는 현상
④ 브리스터 : 보일러 강판이나 관이 2장의 층으로 갈라지면서 화염에 접합 부분이 부풀어 오르는 현상

31 동관의 이음 방법이 아닌 것은?
- ㉮ 압축이음
- ㉯ 납땜이음
- ㉰ 용접이음
- ㉱ 몰코이음

해설 몰코이음 : 스테인리스관 등에 연결이음

32 열관류 값을 적게 하기 위한 방법으로 틀린 것은?
- ㉮ 벽체의 두께를 두껍게 한다.
- ㉯ 가급적 열전도율이 낮은 재료를 사용한다.
- ㉰ 가능한 한 건식구조로 완전 밀폐한다.
- ㉱ 흡수성이 큰 보온재를 사용한다.

해설 흡수성이 크면 열전도율이 커져 열관류율값이 커진다.

33 일반적인 강관 배관작업시 KS규격에서 손작업 쇠톱날의 크기를 피팅홀의 간격으로 분류할 때 3종류에 해당되지 않는 것은?
- ㉮ 200mm
- ㉯ 250mm
- ㉰ 300mm
- ㉱ 350mm

해설 쇠톱종류 : 200mm, 250mm, 300mm

34 가스의 공급 압력이 극히 제한된 영역에서 고압에서 중압으로, 중압에서 저압으로 감압시켜 사용 기구에 맞는 적당한 압력으로 공급하는 역할을 하는 장치는?
- ㉮ 기화기
- ㉯ 가스홀더
- ㉰ 예열기
- ㉱ 정압기

해설 정압기 : 고압, 중압, 저압으로 사용압력에 맞는 적당한 압력으로 공급하는 역할

35 배관용 패킹 재료를 선택할 때 고려할 사항으로 가장 거리가 먼 것은?
- ㉮ 관속에 흐르는 유체의 물리적인 성질
- ㉯ 교체의 난이, 내압과 외압 등 기계적인 조건
- ㉰ 사용기간 및 시공방법
- ㉱ 관속에 흐르는 유체의 화학적인 성질

해설 패킹재료 선택시 고려 사항 : 유체의 종류 및 성질, 기계적 조건, 내압성을 고려

36 벽걸이형 방열기를 설치할 때 바닥면에서 방열기 밑면까지의 높이는 몇 mm가 되도록 설치하는 것이 좋은가?
- ㉮ 150mm
- ㉯ 250mm
- ㉰ 300mm
- ㉱ 400mm

해설 벽걸이형 방열기는 바닥에서 150mm 이상 설치

37 보일러의 단관식 연료배관에 관한 설명으로 틀린 것은?
- ㉮ 일반적으로 건타입 버너에 적용한다.
- ㉯ 연료탱크는 버너보다 위에 설치한다.
- ㉰ 공기빼기 장치가 필요하다.
- ㉱ 낙차 급유방식의 간단한 배관이다.

해설 단관식 연료배관은 버너에 큰 영향을 받지 않는다.

Answer
30. ㉰ 31. ㉱ 32. ㉱ 33. ㉱ 34. ㉱ 35. ㉰ 36. ㉮ 37. ㉮

38 액면의 상하에 따라 움직이는 부자(浮子)의 작용에 의하여 밸브를 개폐시켜 액면을 일정한 높이로 유지시키는 것은?

㉮ 버터플라이밸브 ㉯ 플로트밸브
㉰ 공기빼기밸브 ㉱ 세정밸브

해설 플로트밸브 : 플루우트(부자)의 부력 이용

39 어떤 온수보일러의 보유 수량이 3500ℓ이다. 이 보일러 수의 온도가 25℃ 인 것을 85℃ 로 가열하면 물의 팽창량은 약 몇 ℓ인가?(단, 25℃ 물비중이 0.98 kg/ℓ, 85℃ 물비중이 0.96 kg/ℓ 이다)

㉮ 26.8 ㉯ 36.0
㉰ 55.2 ㉱ 74.4

해설 $(\frac{1}{0.96} - \frac{1}{0.98}) \times 3500 = 74.4$

40 보일러 보존 시 건조제로 쓰이는 것이 아닌 것은?

㉮ 실리카겔 ㉯ 활성알루미나
㉰ 염화마그네슘 ㉱ 염화칼슘

해설 건조제(흡수제) : 실리카겔, 활성알루미나, 염화칼슘

41 온수난방 배관 시공시 이상적인 기울기는 얼마인가?

㉮ 1/150 이상 ㉯ 1/200 이상
㉰ 1/250 이상 ㉱ 1/100 이상

해설 온수난방은 1/250 이상 구배를 준다.

42 단열재료에 기공이 크다면 열전도율은 어떻게 되겠는가?

㉮ 똑같다.
㉯ 작아진다.
㉰ 커진다.
㉱ 작아질 수도 있고 커질 수도 있다.

해설 단열재료 구비조건으로 독립성 고다공질이며, 기공이 적어야 열전도율이 작아진다.

43 보일러를 새로 제작 혹은 수리하였을 때는 어떤 시험을 한 후 사용하여야 하는가?

㉮ 진공시험 ㉯ 증발시험
㉰ 유압시험 ㉱ 수압시험

해설 보일러 신 제작 혹은 수리 후 수압시험 실시 후 사용

44 루프형 신축이음에서 곡률 반경은 관지름의 몇 배 이상으로 하는 것이 좋은가?

㉮ 3배 ㉯ 4배
㉰ 5배 ㉱ 6배

해설 루프형 신축이음은 곡률 반경이 관지름의 6배 이상이 되게 한다.

45 온수난방의 특징에 대한 설명으로 틀린 것은?

㉮ 난방 부하의 변동에 따라 온도조절이 쉽다.
㉯ 가열시간은 짧고 잘 식지 않는다.
㉰ 방열기 표면온도가 낮으므로 화상의 염려가 없다.
㉱ 온수보일러의 취급이 용이하다.

해설 온수난방은 가열시간이 길고 잘 식지 않는다.

46 난방부하의 발생요인 중 맞지 않는 것은?

㉮ 벽체(외벽, 바닥, 지붕 등)를 통한 손실 열량
㉯ 극간 풍에 의한 손실열량
㉰ 외기(환기공기)의 도입에 의한 손실열량
㉱ 실내조명 등 전열 기구에서 발산되는 열 부하

Answer
38. ㉯ 39. ㉱ 40. ㉰ 41. ㉰ 42. ㉰ 43. ㉱ 44. ㉱ 45. ㉯ 46. ㉱

해설 실내조명 및 전열 기구에서 발산되는 열부하 처리는 냉방부하 계산에 필요

47 지정된 이동거리 범위 내에서 배관의 상하 이동에 대하여 항상 일정한 하중으로 배관을 지지하는 행거(hanger)는?

㉮ 서포트 행거(support hanger)
㉯ 콘스탄트 행거(constant hanger)
㉰ 리지드 행거(rigid hanger)
㉱ 스톱 행거(stop hanger)

해설 **행거** : 배관 하중을 위에서 끌어 당겨 지지(리지드, 스프링, 콘스탄트)
콘스탄트 행거 : 지정된 이동 거리 범위 내에서 배관의 상하이동에 대해 항상 일정한 하중으로 배관을 지지

48 이동과 회전을 동시에 구속하여 관에 미치는 하중으로부터 지지하는 장치는?

㉮ 행거   ㉯ 스톱
㉰ 브레이스   ㉱ 앵커

해설 **리스트레인트** : 열팽창에 의한 배관의 이동을 구속(앵커, 스톱, 가이드)
앵커 : 이동과 회전을 구속하여 지지

49 스테인리스강의 TIG 용접 시 주의사항으로 올바르지 않은 것은?

㉮ 모재를 용접하기 전에 깨끗하게 한다.
㉯ 용접 전 용접부위를 청결하게 한다.
㉰ 용접전류는 가능한 한 고전류를 사용하고 아크 길이는 길게 한다.
㉱ 과열과 변형방지를 위하여 짧고 단속적인 용접을 하며 무리한 위빙을 하지 않는다.

해설 티그용접의 전류는 전류에 적합한 굵기의 용접봉과 아크길이로 적당한 것

50 안전상 유연하고 질긴 가죽이나 두꺼운 포목으로 만들어진 장갑을 끼고 하여야 하는 작업은?

㉮ 용접 작업   ㉯ 드릴 작업
㉰ 밀링 작업   ㉱ 선반 작업

해설 **용접 작업** : 안전상 용접면과 용접장갑, 앞치마 등을 착용 후 작업한다.

51 안산암, 현무암, 석회석 등을 원료로 하여 용융, 압축 가공한 것으로 400℃ 이하의 관, 덕트, 탱크 등에 사용하는 보온재는?

㉮ 규조토   ㉯ 석면
㉰ 암면   ㉱ 세라믹 화이버

해설 **암면** : 용융, 압축 가공한 것으로 덕트, 탱크 등 보온재로 사용

52 보일러 유류 연소장치에서 역화의 발생 원인과 가장 거리가 먼 것은?

㉮ 흡입통풍이 부족한 경우
㉯ 2차공기의 예열이 부족한 경우
㉰ 착화가 지연된 경우
㉱ 협잡물의 함유비율이 높은 경우

해설 2차공기의 예열과 역화는 무관

53 증기난방 배관에 대한 설명 중 옳은 것은?

㉮ 건식환수식이란 환수주관이 보일러의 표준수 위보다 낮은 위치에 배관되고 응축수가 환수 주관의 하부를 따라 흐른다.
㉯ 습식환수식이란 환수주관이 보일러의 표준수 위보다 높은 위치에 배관된다.
㉰ 건식환수식에서는 증기트랩을 설치하고, 습식환수식에서는 증기트랩을 설치할 필요는 없다.
㉱ 단관식 배관은 복관식 배관보다 배관의 길이가 길고 관경이 작다.

Answer
47. ㉯ 48. ㉱ 49. ㉰ 50. ㉮ 51. ㉰ 52. ㉯ 53. ㉰

해설 증기난방에는 어느 환수식에나 증기트랩 설치

54 파이프의 입체적 표시에서 파이프가 도면에서 앞쪽으로 수직으로 구부러질 때의 도시기호는?

㉮ ─⊙   ㉯ ─●
㉰ ─◉   ㉱ ─┼─

해설 오는 엘보우 표시

55 에너지이용 합리화법상의 연료 단위인 티·오·이(TOE)란?

㉮ 석탄환산톤   ㉯ 전력량
㉰ 중유환산톤   ㉱ 석유환산톤

해설 석유환산톤(TOE)

56 에너지이용 합리화법의 위반사항과 벌칙 내용이 맞게 짝지어진 것은?

㉮ 효율관리기자재 판매금지 명령 위반 시 - 1천만원 이하의 벌금
㉯ 검사대상기기 조종자를 선임하지 않을 시 - 5백만원 이하의 벌금
㉰ 검사대상기기 검사의무 위반 시 - 1년 이하의 징역 또는 1천만원 이하의 벌금
㉱ 효율관리기자재 생산명령 위반 시 - 5백만원 이하의 벌금

해설 검사대상기기 검사의무 위반 시
1년 이하의 징역 또는 1천만원 이하의 벌금형

57 에너지기본법상 "에너지사용 기자재"의 정의로서 옳은 것은?

㉮ 연료 및 열만을 사용하는 기자재
㉯ 에너지를 생산하는 데 사용되는 기자재
㉰ 에너지를 수송, 저장 및 전환하는 기자재
㉱ 열사용 기자재 그 밖에 에너지를 사용하는 기자재

해설 에너지사용기자재 : 열사용 기자재 그 밖에 에너지를 사용하는 기자재

58 검사대상기기조종자의 선임, 자격, 조종범위 등에 대한 설명으로 틀린 것은?

㉮ 보일러취급기능사 자격증 소지자는 모든 검사 대상기기를 조종할 수 있다.
㉯ 검사대상기기 조정자의 가격기준과 선임 기준은 지식경제부령으로 정한다.
㉰ 검사대상기기 조종자를 선임하지 아니한 자는 1천만원 이하의 벌금에 처한다.
㉱ 압력용기는 열관리기사 자격증 소지자만 조종할 수 있다.

해설 압력용기 조종자는 인정검사 교육이수자 이상이면 가능

59 평균 에너지 소비효율의 산정방법, 개선기간, 개선 명령의 이행 절차 및 공표방법 등 필요한 사항을 정하는 령으로 맞는 것은?

㉮ 산업통상자원부령   ㉯ 환경부령
㉰ 국무총리령   ㉱ 고용노동부령

해설 평균 에너지소비효율의 산정 방법, 개선기간, 개선명령의 이행 절차 및 공표 방법 등 필요한 사항은 산업통상자원부령으로 정한다.

60 에너지이용 합리화법상 에너지소비효율등급 또는 에너지 소비효율을 해당 효율관리기자재에 표시해야 하는 자로 옳은 것은?

㉮ 제조업자 또는 시공업자
㉯ 수입업자 또는 제조업자
㉰ 시공업자 또는 판매업자
㉱ 수입업자 또는 시공업자

해설 에너지소비효율등급 또는 에너지 소비효율을 해당 효율관리기자재에 표시해야 하는자는 수입업자 또는 제조업자이다.

Answer   54. ㉮   55. ㉱   56. ㉰   57. ㉱   58. ㉱   59. ㉮   60. ㉯

에너지관리기능사

2023년 CBT 기출복원 문제

01 통풍력이 증가되는 조건에 대한 설명으로 틀린 것은?

㉮ 연돌이 높을수록 증가한다.
㉯ 연돌의 단면적이 클수록 증가한다.
㉰ 공기의 습도가 높을수록 증가한다.
㉱ 배기가스의 온도가 높을수록 증가한다.

[해설] 통풍력 증가방법
① 연돌이 높을수록
② 연돌의 단면적이 클수록
③ 공기 습도가 낮을수록
④ 배기가스의 온도가 높을수록 증가한다.

02 증기보일러에서 압력계 부착방법에 대한 설명으로 틀린 것은?

㉮ 압력계의 콕은 그 핸들을 수직인 증기관과 동일 방향에 놓은 경우에 열려 있어야 한다.
㉯ 압력계에는 안지름 12.7mm 이상의 사이폰관 또는 동등한 작용을 하는 장치를 설치한다.
㉰ 압력계는 원칙적으로 보일러의 증기실에 눈금판의 눈금이 잘 보이는 위치에 부착한다.
㉱ 증기온도가 483k(210℃)를 넘을 때에는 황동관 또는 동관을 사용하여서는 안 된다.

[해설] 사이폰관의 크기는 강관 12.7mm이상, 동관 6.5mm 이상으로 설치한다. (단, 사이폰관(증기관)은 6.5mm 이상으로 한다.)

03 주철제 보일러의 특징으로 맞지 않는 것은?

㉮ 고압이나 대용량에 적합하다.
㉯ 보일러 용량조절이 용이하다.
㉰ 저온부식에 대한 내식성이 좋다.
㉱ 전열면적에 비하여 설치면적이 적다.

[해설] 전열면적이 비교적 크다, 저압용 보일러, 내식 및 내열성 우수, 용량 조절이 용이하다.

04 증기난방의 분류 중 응축수 환수방식에 의한 분류에 해당되지 않는 것은?

㉮ 중력환수식 ㉯ 기계환수식
㉰ 진공환수식 ㉱ 세정환수식

[해설] 응축수 환수방식 분류 : 중력, 기계, 진공환수식

05 매연분출장치에서 보일러의 고온부인 과열기나 수관부용으로 고온의 열가스 통로에 사용할 때만 사용되는 매연분출장치는?

㉮ 장치 회전형
㉯ 롱 레트랙터블형
㉰ 쇼트 레트랙터블형
㉱ 이동 회전형

[해설] 매연분출기(슈트블로우) 종류
① 롱 레트랙블형(삽입형) : 고온부인 과열기나 수관부용으로 고온의 열가스 통로에 사용, 긴 분사관에 노즐을 설치하여 고온전열면 청소 시 사용
② 쇼트 레트랙블형 : 분사관이 짧으며 1개의 노즐을 설치하여, 연소 노벽 매연분출용
③ 건타입형 : 일반적인 전열면 블로워로, 타고 남은 재가 많이 부착하는 보일러에 사용
④ 로터리용(회전용) : 회전을 하면서 분사청소하는 것으로 연도 등 저온전열면 청소 시 사용

Answer
1. ㉰ 2. ㉯ 3. ㉮ 4. ㉱ 5. ㉯

06 물체의 온도를 변화시키지 않고, 상(相)변화를 일으키는 데만 사용되는 열량은?

㉮ 감열   ㉯ 잠열
㉰ 비열   ㉱ 현열

해설
잠열 : 물체의 온도는 변화하지 않고 상변화만 있는 것.
현열 : 물체의 상변화 없이 온도만 변화하는 것.

07 하트포드 접속법은 어느 난방법에 적합한 것인가?

㉮ 고압증기 난방배관
㉯ 고온수 난방배관
㉰ 저압증기 난방배관
㉱ 저온수 난방배관

해설
하트포트 접속법 : 저압증기난방의 습식 환수방식에 있어 증기관과 환수관 사이에 저수위고 방지를 위해 표준수면에서 50[mm] 아래로 균형관 설치

08 보일러 압력에 관한 안전장치 중 설정압이 낮은 것부터 높은 순으로 열거된 것은?

㉮ 압력제한기 – 압력조절기 – 안전밸브
㉯ 압력조절기 – 압력제한기 – 안전밸브
㉰ 안전밸브 – 압력제한기 – 압력조절기
㉱ 압력조절기 – 안전밸브 – 압력제한기

해설
설정압력이 낮은 순서 : ① 압력조절기 → ② 압력제한기 → ③ 안전밸브

09 강판의 압연 제작 시 판 내부에 함유된 가스 등에 의하여 부분적으로 두 장의 판으로 분리되어 있는 상태는?

㉮ 라미네이션   ㉯ 브리스터
㉰ 그루빙   ㉱ 크랙

해설
라미네이션 : 보일러 강판이나 관이 2장의 층으로 갈라지는 현상

보일러손상
① 압궤 : 노통이나 화실 등이 외부 압력에 의해 오목하게 들어가는 현상
② 팽출 : 과열된 부분이 내압에 의해 부풀어 오르는 현상
③ 라미네이션 : 보일러 강판이나 관이 2장의 층으로 갈라지는 현상
④ 브리스터 : 보일러 강판이나 관이 2장의 층으로 갈라지면서 화염에 접합 부분이 부풀어 오르는 현상

10 보일러 강판이나 강관 등이 두 장의 층으로 갈라지면서 화염에 접한 부분이 부풀어 오르는 현상은?

㉮ 팽출   ㉯ 레미네이션
㉰ 압궤   ㉱ 브리스터

해설
브리스터 : 보일러 강판이나 관이 2장의 층으로 갈라지면서 화염에 접합 부분이 부풀어 오르는 현상

11 보일러 자동제어에서 제어량에 따른 조작량의 대상으로 맞는 것은?

㉮ 증기온도 : 연소가스량
㉯ 증기압력 : 연료량
㉰ 보일러수위 : 공기량
㉱ 노내압력 : 급수량

해설
제어량과 조절량 관계

제어종류	제어량	조작량
자동연소제어 (A.C.C)	증기압력	연료량, 공기량
	노내압력	연소가스량
급수제어 (F.W.C)	보일러수위	급수량
증기온도제어 (S.T.C)	증기온도	전열량

Answer
6. ㉯ 7. ㉰ 8. ㉯ 9. ㉮ 10. ㉱ 11. ㉯

12 보일러 안전밸브 설치에 관한 설명으로 잘못된 것은?

㉮ 안전밸브는 바이패스 배관으로 설치한다.
㉯ 쉽게 검사할 수 있는 장소에 설치한다.
㉰ 밸브 축을 수직으로 한다.
㉱ 가능한 한 보일러 동체에 직접 설치한다.

[해설] 안전밸브를 바이패스 배관에 설치하지 말 것.

13 측정 장소의 대기압력을 구하는 식으로 옳은 것은?

㉮ 절대압력 − 게이지압력
㉯ 절대압력 + 게이지압력
㉰ 게이지압력 − 절대압력
㉱ 진공도 × 대기압력

[해설] 절대압력[kg/cm²a] : 완전 진공을 기준으로 한 압력(absolute) (진공도 100[%])
절대압력=대기압+게이지압력(kg/cm²a)
=1.0332+[kg/cm²g]
= 대기압−진공 게이지압력
게이지압력=절대압력−대기압

14 압력계로 연결하는 증기관을 황동관이나 동관을 사용할 경우, 증기온도는 약 몇 ℃ 이하인가?

㉮ 210℃   ㉯ 260℃
㉰ 310℃   ㉱ 360℃

[해설] 압력계의 증기관을 황동관이나 동관을 사용할 경우, 증기온도는 210℃ 이하일 것.

15 연료의 연소 시 과잉공기계수(공기비)를 구하는 올바른 식은?

㉮ $\dfrac{연소가스량}{이론공기량}$ ㉯ $\dfrac{실제공기량}{이론공기량}$

㉰ $\dfrac{배기가스량}{사용공기량}$ ㉱ $\dfrac{사용공기량}{배기가스량}$

[해설] 공기비(m) : 실제공기량(A)과 이론공기량(AO)의 비 ($m = \dfrac{A}{A_O}$) A = m·Ao, A 〉 Ao, m 〉 1, A 〉 1 항상 크다.

16 어떤 보일러의 연소효율이 92%, 전열효율이 85%이면 보일러 효율은?

㉮ 78.2   ㉯ 79.4
㉰ 82.7   ㉱ 84.9

[해설] 보일러 효율 : 연소효율×전열효율
∴ 92%×85%×$\dfrac{1}{100}$=78.2

17 다음 중 목표값이 변화되어 목표값을 측정하면서 제어 목표량을 목표량에 맞도록 하는 제어에 속하지 않는 것은?

㉮ 추종 제어   ㉯ 비율 제어
㉰ 정치 제어   ㉱ 캐스케이드 제어

[해설] 정치 제어 : 목표값이 일정한 제어방식으로 목표값이 시간적으로 변화되지 않는 제어
추치 제어 : 목표값을 측정하면서 제어량을 목표값에 일치시키는 제어방식으로 목표값이 변화되는 방식
㉮ 추종 제어 : 목표값이 시간에 따라 임의로 변화되는 제어로 자기조정 제어(선박, 비행기 등 자동 제어)
㉯ 비율 제어 : 2개 이상의 제어값이 정해진 비율로 변화되는 제어(유량비율 제어, 공기비 제어)
㉰ 프로그램 제어 : 목표값이 미리 정해진 시간에 따라 일정한 프로그램에 의해 순차적으로 수행되는 제어
㉱ 캐스케이드 제어 : 1차 제어장치가 제어명령을 발하고 2차 제어장치가 이 명령을 바탕으로 제어량을 조절하는 측정 제어

Answer
12. ㉮   13. ㉮   14. ㉮   15. ㉯   16. ㉮   17. ㉰

18 비열의 정의로서 옳은 것은?

㉮ 어떤 물질의 온도를 100℃ 올리는 데 필요한 열량
㉯ 순수한 물 1kg을 100℃ 올리는 데 필요한 열량
㉰ 어떤 물질 1kg이 보유하고 있는 열량
㉱ 어떤 물질 1kg을 1℃ 올리는 데 필요한 열량

해설 비열 : 어떤 물질 1kg을 1℃ 올리는데 필요한 열량

19 고온의 물체로부터 나온 열이 도중의 물체를 거치지 않고 직접 다른 물체로 이동하는 현상은?

㉮ 대류 ㉯ 전도
㉰ 복사 ㉱ 증발

해설
① 열전도 : 고체 내에서의 열의 이동(퓨리에의 법칙)
② 대류 : 열이 액체나 기체의 운동에 의하여 이동하는 것(뉴턴의 냉각법칙)
③ 복사 : 열선(자외선)에 의한 고온에 물체에서 저온의 물체로 열이 이동하는 것

20 연관 최고부보다 노통 윗면이 높은 노통 연관 보일러의 최저수위(안전저수면)의 위치는?

㉮ 노통 최고부 위 100mm
㉯ 노통 최고부 위 75mm
㉰ 연관 최고부 위 100mm
㉱ 연관 최고부 위 75mm

해설 각종 보일러 안전 저수위

보일러 종류	부착위치
입형횡관보일러	화실 처정판 최고부위 75mm
직립형연관보일러	화실 관관 최고부위 연관길이 1/3
횡연관식	최상단 연관 최고부위 75mm
노통보일러	노통 최고부위 100mm
노통연관식	연관이 높은 경우 : 연관 최상단 75mm 노통이 높은 경우 : 노통최상단 100mm 이상

21 관의 결합방식 표시방법 중 유니언식의 그림 기호로 맞는 것은?

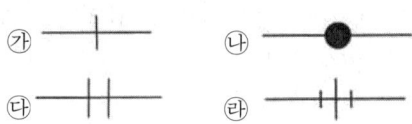

해설
㉮ 나사이음   ㉯ 용접이음
㉰ 플랜지이음 ㉱ 유니언이음

22 수소 15%, 수분 0.5%인 중유의 고위발열량이 10000kcal/kg이다. 이 중유의 저위발열량은 몇 kcal/kg인가?

㉮ 8795 ㉯ 8984
㉰ 9085 ㉱ 9187

해설
① 고위발열량(Hh) : Hh = HL+ 600 (9H+W)
　H수소 (kg)　W:수분 (kg)
② 저위발열량(HL) : HL = Hh-600 (9H+W)
∴ HlL=10,000-600×(9×0.15+0.005)=9,187 kcal/kg

23 건물에 보일러가 있어 방열기 등에 의한 각방에 난방하는 난방 방법은?

㉮ 직접 난방법 ㉯ 간접 난방법
㉰ 지역 난방법 ㉱ 복사 난방법

해설 중앙난방방식 중 직접난방

24 습증기의 엔탈피 hx를 구하는 식으로 옳은 것은?(단, h : 포화수의 엔탈피, x: 건조도, r : 증발잠열 (숨은열), v : 포화수의 비체적)

㉮ hx = h + x
㉯ hx = h + r
㉰ hx = h + xr
㉱ hx = v + h + xr

해설 습증기 엔탈피 : 포화수의 엔탈피(h)+건조도(×)×증발잠열(r)

Answer
18. ㉱ 19. ㉰ 20. ㉮ 21. ㉱ 22. ㉱ 23. ㉮ 24. ㉰

25 보일러 자동제어에서 1차 제어장치가 제어명령을 하고, 2차 제어장치가 1차 명령을 바탕으로 제어량을 조절하는 측정제어는?

㉮ 프로그램 제어 ㉯ 정치 제어
㉰ 캐스케이드 제어 ㉱ 비율 제어

해설 캐스케이드 제어 : 1차 제어장치가 제어 명령을 말하고 2차 제어장치가 이 명령을 바탕으로 제어량을 조절하는 측정 제어

26 1보일러 마력을 시간당 발생열량으로 환산하면 약 몇 kcal/h인가?

㉮ 15.65 ㉯ 8435
㉰ 9290   ㉱ 7500

해설 보일러 1마력 : $15.65 \times 539 = 8435 kcal/h$

27 수관식 보일러에 대한 설명으로 틀린 것은?

㉮ 고온, 고압에 적당하다.
㉯ 용량에 비해 소요 면적이 적으며 효율이 높다.
㉰ 보유수량이 많아 파열 시 피해가 크고, 부하변동에 응하기 쉽다.
㉱ 급수의 순도가 나쁘면 스케일이 발생하기 쉽다.

해설 수관식 보일러는 관군 사이에 보유수량이 적어 파열 시 피해가 원통 보일러보다 적다.

28 강관재 루프형 신축이음은 고압에 견디고, 고장이 적어 고온·고압용 배관에 이용되는데 이 신축이음의 곡률 반경은 관지름의 몇 배 이상으로 하는 것이 좋은가?

㉮ 2배 ㉯ 3배
㉰ 4배 ㉱ 6배

해설 루프형 신축이음의 곡률반경은 관지름의 6배 이상

29 표준대기압 상태에서 0℃ 물 1kg이 100℃ 증기로 만드는 데 필요한 열량은 몇 kcal인가? (단, 물의 비열은 1kcal/kg·℃이고, 증발잠열은 539kcal/kg이다.)

㉮ 100 ㉯ 500
㉰ 539 ㉱ 639

해설
① $Q = GC\Delta t = 1 \times 1 \times (100-0) = 100 kcal$
② $Qr = Gr = 1 \times 539 = 539 kcal$
※ ① + ② = 100 + 539 = 639 kcal

30 보일러 내처리로 사용되는 약제 중 가성취화 방지, 탈산소, 슬러지 조정 등의 작용을 하는 것은?

㉮ 수산화나트륨
㉯ 암모니아
㉰ 탄닌
㉱ 고급지방산폴리알콜

해설 탄닌은 주로 가성취화 방지, 탈산소, 슬러지 조정 등에 사용한다.

31 보일러설치기술규격(KBI)에 따라 열매체유 팽창 탱크의 공간부에는 열매체의 노화를 방지하기 위해 N_2 가스를 봉입하는 데 이 가스의 압력이 너무 높게 되지 않도록 설정하는 팽창탱크의 최소체적(VT)을 구하는 식으로 옳은 것은? (단, VE는 승온 시 시스템 내의 열매체유 팽창량(L)이고, VM은 상온 시 탱크 내 열매체유 보유량(L)이다.)

㉮ VT = VE + 2VM
㉯ VT = 2VE + VM
㉰ VT = 2VE + 2VM
㉱ VT = 3VE + VM

해설 팽창탱크 최소체적=열매체유팽창량×2 + 열매체유보유량

Answer
25. ㉰ 26. ㉯ 27. ㉰ 28. ㉱ 29. ㉱ 30. ㉰ 31. ㉯

32 보일러 자동제어에서 급수제어의 약호는?
- ㉮ A.B.C
- ㉯ F.W.C
- ㉰ S.T.C
- ㉱ A.C.C

해설
① A.B.C : 보일러자동제어
② F.W.C : 급수자동제어
③ S.T.C : 증기온도자동제어
④ A.C.C : 연소 자동제어

33 스케일의 종류 중 보일러 급수 중의 칼슘 성분과 결합하여 규산칼슘을 생성하기도 하며, 이 성분이 많은 스케일은 대단히 경질이기 때문에 기계적, 화학적으로 제거하기 힘든 스케일 성분은?
- ㉮ 실리카
- ㉯ 황산 마그네슘
- ㉰ 염화 마그네슘
- ㉱ 유지

해설
① 경질스케일 : 규산염(실리카), 황산염
② 연질스케일 : 탄산염(황토흙이 퇴적된 형태)

34 유류보일러의 자동장치 점화방법의 순서가 맞는 것은?
- ㉮ 송풍기 기동 → 연료펌프 기동 → 프리퍼지 → 점화용 버너 착화 → 주버너 점화
- ㉯ 송풍기 기동 → 프리퍼지 → 점화용 버너 착화 → 연료펌프 기동 → 주버너 착화
- ㉰ 연료펌프 기동 → 점화용 버너 착화 → 프리퍼지 → 주버너 착화 → 송풍기 기동
- ㉱ 연료펌프 기동 → 주버너 착화 → 점화용 버너 착화 → 송풍기 기동

해설
유류보일러 자동 점화순서
① 송풍기 기동 → ② 연료펌프 기동 → ③ 프리퍼지 → ④ 점화용 버너 착화 → ⑤ 주버너 착화

35 과열기의 형식 중 증기와 열가스 흐름의 방향이 서로 반대인 과열기의 형식은?
- ㉮ 병류식
- ㉯ 대향류식
- ㉰ 증류식
- ㉱ 역류식

해설
열가스 흐름에 의한 분류
㉮ 병류식 : 증기와 열가스의 흐름이 같은 방향
㉯ 향류식(대향류식) : 증기와 열가스의 흐름이 서로 반대 방향
㉰ 혼류식 : 병류식과 향류식을 병행
열가스 접촉에 의한 분류
㉮ 접촉과열기 : 대류열을 이용
㉯ 복사과열기 : 복사열을 이용
㉰ 접촉복사과열기 : 대류 및 복사열을 이용

36 증기 보일러에 설치하는 압력계의 최고 눈금은 보일러 최고사용압력의 몇 배가 되어야 하는가?
- ㉮ 0.5 ~ 0.8배
- ㉯ 1.0 ~ 1.4배
- ㉰ 1.5 ~ 3배
- ㉱ 5.0 ~ 10.0배

해설
압력계의 눈금 범위 : 최고사용압력의 1.5배~3배

37 보일러 건식보전법에서 가스봉입 방식(기체보존법)에 사용되는 가스는?
- ㉮ O_2
- ㉯ N_2
- ㉰ CO
- ㉱ CO_2

해설
건조보존법에서 가스봉입을 질소(N_2)를 사용한다.

38 가동 보일러에 스케일과 부식물 제거를 위한 산세척 처리 순서로 올바른 것은?
- ㉮ 전처리→수세→산액처리→수세→중화·방청처리
- ㉯ 수세→산액처리→전처리→수세→중화·방청처리
- ㉰ 전처리→중화·방청처리→수세→산액처리→수세
- ㉱ 전처리→수세→중화·방청처리→수세→산액처리

Answer
32. ㉯ 33. ㉮ 34. ㉮ 35. ㉯ 36. ㉰ 37. ㉯ 38. ㉮

> 해설 산세척처리 순서 : 전처리 → 수세 → 산액처리 → 수세 → 중화·방청처리

39 절대온도 360K를 섭씨온도로 환산하면 약 몇 ℃인가?

㉮ 97℃ ㉯ 87℃
㉰ 67℃ ㉱ 57℃

> 해설 K = 273 + ℃에서 360 − 273 = 87℃

40 두께가 13cm, 면적이 10m²인 벽이 있다. 벽 내부온도는 200℃, 외부의 온도가 20℃일 때 벽을 통한 전도되는 열량은 약 몇 kcal/h인가?(단, 열전도율은 0.02kcal/m·h·℃이다.)

㉮ 234.2 ㉯ 259.6
㉰ 276.9 ㉱ 312.3

> 해설
> $$Q = \frac{\lambda \times A \times (t_2 - t_1)}{b}$$
> $$= \frac{10 \times 0.02 \times (200-20)}{0.13} = 276.92 \, kcal/h$$

41 열의 일당량 값으로 옳은 것은?

㉮ 427kg·m/kcal
㉯ 327kg·m/kcal
㉰ 273kg·m/kcal
㉱ 472kg·m/kcal

> 해설 열의 일당량 = 427 kg·m/kcal
> 일의 열당량 = $\frac{1}{427}$ kcal/kg·m

42 보일러 용수관리에서 경도(hardness)와 관련되는 항목으로 가장 적합한 것은?

㉮ Hg, sv1 ㉯ BOD, GOD
㉰ DO, Na   ㉱ Ca, Mg

> 해설
> 경도 : 급수 중 마그네슘(Mg), 칼슘(Ca)의 농도를 나타내는 척도
> 연수 : 경도 10 이하, 경수 : 경도 10 이상(연수와 경수의 구분은 경도 10 기준)
> ① 칼슘경도 : 물 1ℓ 속에 $CaCO_3$ 1mg 함유한 것 ($CaCO_3$ 1PPM 경도(한국경도))
> ② 독일경도 1° dH : 물 100cc 속에 CaO 1mg 함유한 것

43 보일러의 자동제어 신호전달 방식 중 전달거리가 가장 긴 것은?

㉮ 전기식 ㉯ 유압식
㉰ 공기식 ㉱ 수압식

> 해설 자동제어 신호 전달 방식 중 전달 거리가 긴 순서
> ① 전기식 → ② 유압식 → ③ 공기식

44 연소가스와 대기의 온도가 각각 250℃, 30℃이고 연돌의 높이가 50m일 때 이론 통풍력은 약 얼마인가?(단, 연소가스와 대기의 비중량은 각각 1.35kg/Nm³, 1.25kg/Nm³이다)

㉮ 21.08mmAq ㉯ 23.12mmAq
㉰ 25.02mmAq ㉱ 27.36mmAq

> 해설 $50 \times \left(\frac{273 \times 1.25}{273 + 30} - \frac{273 \times 1.35}{273 + 250}\right) = 21.08 \, mmAq$

45 보일러의 여열을 이용하여 증기보일러의 효율을 높이기 위한 부속장치로 맞는 것은?

㉮ 버너, 댐퍼, 송풍기
㉯ 절탄기, 공기 예열기, 과열기
㉰ 수면계, 압력계, 안전밸브
㉱ 인젝터, 저수위 경보장치, 집진 장치

Answer
39. ㉯ 40. ㉰ 41. ㉮ 42. ㉱ 43. ㉮ 44. ㉮ 45. ㉯

해설 연소가스의 여열(잔열)을 이용하여 증기보일러의 효율을 높이기 위한 장치
① 과열기
② 재열기
③ 절탄기
④ 공기예열기

46 방열기의 표준 방열량에 대한 설명으로 틀린 것은?

㉮ 증기의 경우 게이지 압력 $1kg/cm^2$, 온도 80℃로 공급하는 것이다.
㉯ 증기 공급 시의 표준 방열량은 650 $kcal/m^2h$이다.
㉰ 실내 온도는 증기일 경우 21℃, 온수일 경우 18℃ 정도이다.
㉱ 온수 공급 시에는 표준방열량은 $450kcal/m^2h$이다.

구 분	표준발열량 [kcal/m²h]	방열기내 평균온도 [℃]	실내 온도 [℃]
증 기	650	102	21
온 수	450	80	18

47 온수난방 배관 시공법에 대한 설명 중 틀린 것은?

㉮ 배관구배는 일반적으로 1/250 이상으로 한다.
㉯ 배관 중에 공기가 모이지 않게 배관한다.
㉰ 온수관의 수평배관에서 관경을 바꿀 때는 편 심이음쇠를 사용한다.
㉱ 지관이 주관 아래로 분기될 때는 90° 이상으로 끝올림 구배로 한다.

해설 지관이 주관 아래로 분기될 때는 90° 이상으로 끝내림 구배로 하지 말 것.

48 보기에서 설명한 송풍기의 종류는?

[보기]
㉮ 경향 날개형이며 6~12매의 철판제 직선 날개를 보스에서 방사한 스포우크에 리벳죔을 한 것이며, 측판이 있는 임펠러와 측판이 없는 것이 있다.
㉯ 구조가 견고하며 내마모성이 크고 날개를 바꾸기도 쉬우며 회진이 많은 가스의 흡출 통풍기, 미분탄 장치의 배탄기 등에 사용된다.

㉮ 터보송풍기   ㉯ 다익송풍기
㉰ 축류송풍기   ㉱ 플레이트송풍기

해설 플레이트 송풍기 : 경향 날개형이며 6~12매의 철판제직선 날개를 보스에서 방사한 스포우크에 리벳죔을 한 것이며, 측판이 있는 임펠레와 측판이 없는 것이 있으며, 회진이 많은 가스의 흡출 통풍기, 미분탄 장치의 배탄기 등에 사용된다.

49 수위 자동제어 장치에서 수위와 증기유량을 동시에 검출하여 급수밸브의 개도가 조절되도록 한 제어방식은?

㉮ 단요소식   ㉯ 2요소식
㉰ 3요소식   ㉱ 모듈식

해설 단요소식(1요소식) : 수위만 제어
2요소식 : 수위, 증기량 제어
3요소식 : 수위, 증기량, 급수량 제어

50 급수펌프에서 송출량이 $10m^3/min$ 이고, 전양정이 8m일 때, 펌프의 소요마력은? (단, 펌프 효율은 75%이다.)

㉮ 15.6PS   ㉯ 17.8PS
㉰ 23.7PS   ㉱ 31.6PS

$$\frac{1000 \times 10 \times 8}{75 \times 0.75 \times 60} = 23.7 PS$$

Answer
46. ㉮ 47. ㉱ 48. ㉱ 49. ㉯ 50. ㉰

51 증기주관의 관말트랩 배관의 드레인 포켓과 냉각관 시공 요령이다. 다음 ( )안에 적절한 것은?

> 증기주관에서 응축수를 건식환수관에 배출하려면 주관과 동경으로 (㉠)mm 이상 내리고 하부로 (㉡)mm 이상 연장하여 (㉢)을(를) 만들어 준다. 냉각관은 (㉣) 앞에서 1.5m 이상 나관으로 배관한다.

㉮ ㉠ 150 ㉡ 100 ㉢ 트랩 ㉣ 드레인 포켓
㉯ ㉠ 100 ㉡ 150 ㉢ 드레인 포켓 ㉣ 트랩
㉰ ㉠ 150 ㉡ 100 ㉢ 드레인 포켓 ㉣ 드레인 밸브
㉱ ㉠ 100 ㉡ 150 ㉢ 드레인 밸브 ㉣ 드레인 포켓

[해설] 증기주관에서 응축수를 건식환수관에 배출하려면 주관과 동경으로 100mm 이상 내리고 하부로 150mm 이상 연장하여 드레인 포켓을 만들어 준다. 냉각관은 관말 트랩 앞에서 1.5m 이상 나관으로 배관.

52 원심형 송풍기에 해당하지 않는 것은?

㉮ 터보형 ㉯ 다익형
㉰ 플레이트형 ㉱ 프로펠러형

[해설] 원심형 송풍기 종류 : 터보형, 다익형, 플레이트형
프로펠러형은 축류형

53 증기난방에서 환수관의 수평 배관에서 관경이 가늘어지는 경우 편심 리듀서를 사용하는 이유로 적합한 것은?

㉮ 응축수의 순환을 억제하기 위해
㉯ 관의 열팽창을 방지하기 위해
㉰ 동심 리듀서보다 시공을 단축하기 위해
㉱ 응축수의 체류를 방지하기 위해

[해설] 수평배관에서 관경이 가늘어지는 경우 편심 레듀서를 사용 하향 기울기를 주어 응축수 등의 체류를 방지한다.

54 아래 방열기 도시기호에 대한 설명으로 잘못된 것은?

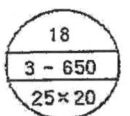

㉮ 3 : 3 세주형 ㉯ 18 : 쪽수
㉰ 650 : 유출관경 ㉱ 25 : 유입관경

[해설] 650 : 방열기 높이가 650mm

55 에너지이용합리화법상 검사대상기기 조종자가 퇴직하는 경우 퇴직 이전에 다른 검사대상기기 조종자를 선임하지 아니한 자에 대한 벌칙으로 맞는 것은?

㉮ 1천만원 이하의 벌금
㉯ 2천만원 이하의 벌금
㉰ 5백만원 이하의 벌금
㉱ 2년 이하의 징역

[해설] 검사대상기기 조종자를 선임하지 않을 때 1천만원 이하의 벌금

56 에너지이용합리화법상 에너지소비효율 등급 또는 에너지소비효율을 해당 효율관리 기자재에 표시할 수 있도록 효율관리 기자재의 에너지 사용량을 측정하는 기관은?

㉮ 효율관리전문기관
㉯ 효율관리진단기관
㉰ 효율관리표준기관
㉱ 효율관리시험기관

Answer
51. ㉯ 52. ㉱ 53. ㉱ 54. ㉰ 55. ㉮ 56. ㉱

해설) 효율관리자재의 에너지 소비효율, 사용량, 소비효율 등급 등을 측정하는 시험기관

57 에너지법에서 정의하는 에너지 공급설비에 해당하지 않는 것은?

㉮ 에너지를 생산하기 위한 설비
㉯ 에너지를 전환하기 위한 설비
㉰ 에너지를 수송하기 위한 설비
㉱ 에너지를 개발하기 위한 설비

해설) 에너지 공급설비 : 에너지를 생산·전환·수송·저장하기 위한 설비

58 다음 유량계 중 용적식 유량계에 속하는 것은?

㉮ 벤튜리 유량계
㉯ 오리피스 유량계
㉰ 플로노즐 유량계
㉱ 오벌 기어식 유량계

해설) 오벌 기어식 유량계
차압식 : 오리피스식, 플로노즐식, 벤튜리식
용적식 : 오벌기어식, 루트식

59 오르잣트(Orsat) 가스 분석기로 직접 분석할 수 없는 성분은?

㉮ N_2 ㉯ CO
㉰ CO_2 ㉱ O_2

해설) 가스분석 순서 : $CO_2 \rightarrow O_2 \rightarrow CO$

60 에너지이용합리화법 상 대기전력 경고 표지를 하지 아니한 자에 대한 벌칙은?

㉮ 2년 이하의 징역 또는 2천만 원 이하의 벌금
㉯ 1년 이하의 징역 또는 1천만 원 이하의 벌금
㉰ 5백만 원 이하의 벌금
㉱ 1천만 원 이하의 벌금

해설) 대기전력 경고 표지를 하지 아니한 자는 5백만원 이하의 벌금

Answer
57. ㉱ 58. ㉱ 59. ㉮ 60. ㉰

에너지관리기능사

2024년 CBT 기출복원 문제 1회

01 보일러 기관 작동을 저지시키는 인터록 제어에 속하지 않는 것은?
- ㉮ 저수위 인터록
- ㉯ 저압력 인터록
- ㉰ 저연소 인터록
- ㉱ 프리퍼지 인터록

【해설】 인터록 제어 : 보일러 운전 중 어떠한 한 가지라도 이상현상이 발생되면 다음 동작하지 못하게 보일러를 자동정지시키는 제어
① 저수위 인터록 : 수위가 이상저수위시 전자 밸브를 닫아 연소정지
② 압력초과 인터록 : 증기압이 소정압력 초과시 전자 밸브를 닫아 연소정지
③ 저연소 인터록 : 유량조절밸브가 저연소 상태가 되지 않으면 전자밸브를 열지 않아 점화저지
④ 불착화 인터록 : 연소중 화염이소멸시 전자밸브를 닫아 버너에 연료분사 정지
⑤ 프리퍼지 인터록 : 보일러 점화전 송풍기가 작동되지 않으면 전자밸브가 열리지 않아 점화저지

02 증기보일러에서 압력계 부착방법에 대한 설명으로 틀린 것은?
- ㉮ 압력계의 콕은 그 핸들을 수직인 증기관과 동일 방향에 놓은 경우에 열려 있어야 한다.
- ㉯ 압력계에는 안지름 12.7mm 이상의 사이폰관 또는 동등한 작용을 하는 장치를 설치한다.
- ㉰ 압력계는 원칙적으로 보일러의 증기실에 눈금판의 눈금이 잘 보이는 위치에 부착한다.
- ㉱ 증기온도가 483k (210 ℃)를 넘을 때에는 황동관 또는 동관을 사용하여서는 안 된다.

【해설】 사이폰관의 크기는 강관 12.7mm이상, 동관 6.5mm 이상으로 설치한다. (단, 사이폰관(증기관)은 6.5mm이상으로 한다.)

03 주철제 보일러의 특징으로 맞지 않는 것은?
- ㉮ 고압이나 대용량에 적합하다.
- ㉯ 보일러 용량 조절이 용의하다.
- ㉰ 저온부식에 대한 내식성이 좋다.
- ㉱ 전열면적에 비하여 설치면적이 적다.

【해설】 전열면적이 비교적 크다, 저압용 보일러, 내식 및 내열성 우수, 용량조절이 용이하다.

04 증기난방의 분류 중 응축수 환수방식에 의한 분류에 해당되지 않는 것은?
- ㉮ 중력환수식
- ㉯ 기계환수식
- ㉰ 진공환수식
- ㉱ 세정환수식

【해설】 응축수 환수방식 분류 : 중력, 기계, 진공환수식

05 매연분출장치에서 보일러의 고온부인 과열기나 수관부용으로 고온의 열가스 통로에 사용할 때만 사용되는 매연분출장치는?
- ㉮ 장치 회전형
- ㉯ 롱레트랙터블형
- ㉰ 쇼트레트랙터블형
- ㉱ 이동 회전형

Answer
1. ㉯   2. ㉯   3. ㉮   4. ㉱   5. ㉯

해설 **매연분출기(슈트블로우) 종류**
① 롱 레트랙블 형(삽입형) : 고온부인 과열기나 수관부용으로 고온의 열가스 통로에 사용, 긴 분사관에 노즐을 설치하여 고온전열면 청소시 사용
② 쇼트 레트랙블 형 : 분사관이 짧으며 1개의 노즐을 설치하여, 연소 노벽 매연분출용
③ 건타입 형 : 일반적인 전열면 블로워로, 타고 남은 재가 많이 부착하는 보일러에 사용
④ 로터리용(회전용) : 회전을 하면서 분사청소하는 것으로 연도 등 저온전열면 청소 시 사용

06 물체의 온도를 변화시키지 않고, 상(相)변화를 일으키는 데만 사용되는 열량은?
㉮ 감열   ㉯ 잠열
㉰ 비열   ㉱ 현열

해설 **잠열** : 물체의 온도는 변화하지 않고 상변화만 있는 것.
현열 : 물체의 상변화 없이 온도만 변화하는 것.

07 하트포드 접속법은 어느 난방법에 적합한 것인가?
㉮ 고압증기 난방배관
㉯ 고온수 난방배관
㉰ 저압증기 난방배관
㉱ 저온수 난방배관

해설 **하트포트 접속법** : 저압증기난방의 습식 환수방식에 있어 증기관과 환수관 사이에 저수위를 방지하기 위해 표준수면에서 50[mm] 아래로 균형관 설치

08 보일러 압력에 관한 안전장치 중 설정압이 낮은 것부터 높은 순으로 열거된 것은?
㉮ 압력제한기 – 압력조절기 – 안전밸브
㉯ 압력조절기 – 압력제한기 – 안전밸브
㉰ 안전밸브 – 압력제한기 – 압력조절기
㉱ 압력조절기 – 안전밸브 – 압력제한기

해설 ① 압력조절기 → ② 압력제한기 → ③ 안전밸브

09 강판의 압연 제작시 판 내부에 함유된 가스 등에 의하여 부분적으로 두 장의 판으로 분리되어 있는 상태는?
㉮ 라미네이션   ㉯ 브리스터
㉰ 그루빙   ㉱ 크랙

해설 **라미네이션** : 보일러 강판이나 관이 2장의 층으로 갈라지는 현상
※ **보일러손상**
① 압궤 : 노통이나 화실 등이 외부압력에 의해 오목하게 들어가는 현상
② 팽출 : 과열된 부분이 내압에 의해 부풀어 오르는 현상
③ 라미네이션 : 보일러 강판이나 관이 2장의 층으로 갈라지는 현상
④ 브리스터 : 보일러 강판이나 관이 2장의 층으로 갈라지면서 화염에 접합 부분이 부풀어 오르는 현상

10 보일러 강판이나 강관 등이 두 장의 층으로 갈라지면서 화염에 접한 부분이 부풀어 오르는 현상은?
㉮ 팽출   ㉯ 레미네이션
㉰ 압궤   ㉱ 브리스터

해설 **브리스터** : 보일러 강판이나 관이 2장의 층으로 갈라지면서 화염에 접한 부분이 부풀어 오르는 현상

Answer
6. ㉯ 7. ㉰ 8. ㉯ 9. ㉮ 10. ㉱

11 보일러 자동제어에서 제어량에 따른 조작량의 대상으로 맞는 것은?

㉮ 증기온도 : 연소가스량
㉯ 증기압력 : 연료량
㉰ 보일러 수위 : 공기량
㉱ 노내압력 : 급수량

해설 제어량과 조절량 관계

제어종류	제어량	조작량
자동연소제어 (A.C.C)	증기압력	연료량, 공기량
	노내압력	연소가스량
급수제어 (F.W.C)	보일러수위	급수량
증기온도제어 (S.T.C)	증기온도	전열량

12 보일러 안전밸브 설치에 관한 설명으로 잘못된 것은?

㉮ 안전밸브는 바이패스 배관으로 설치한다.
㉯ 쉽게 검사할 수 있는 장소에 설치한다.
㉰ 밸브 축을 수직으로 한다.
㉱ 가능한 한 보일러 동체에 직접 설치한다.

해설 안전밸브를 바이패스 배관에 설치하지 말 것.

13 측정 장소의 대기압력을 구하는 식으로 옳은 것은?

㉮ 절대압력 − 게이지 압력
㉯ 절대압력 + 게이지 압력
㉰ 게이지 압력 − 절대압력
㉱ 진공도 × 대기압력

해설 절대 압력[kg/cm²a] : 완전 진공을 기준으로 한 압력 (absolute) (진공도 100[%])
※ 절대압력＝대기압＋게이지압력(kg/cm²a ＝ 1.0332＋[kg/cm²g]) ＝대기압−진공 게이지 압력
※ 게이지 압력＝절대압력−대기압력

14 압력계로 연결하는 증기관을 황동관이나 동관을 사용할 경우, 증기온도는 약 몇 ℃이하인가?

㉮ 210℃ ㉯ 260℃
㉰ 310℃ ㉱ 360℃

해설 압력계의 증기관을 황동관이나 동관을 사용할 경우, 증기온도는 210℃ 이하일 것.

15 연료의 연소시 과잉공기계수(공기비)를 구하는 올바른 식은?

㉮ $\dfrac{연소가스량}{이론공기량}$ ㉯ $\dfrac{실제공기량}{이론공기량}$

㉰ $\dfrac{배기가스량}{사용공기량}$ ㉱ $\dfrac{사용공기량}{배기가스량}$

해설 공기비(m) : 실제공기량(A)과 이론공기량(AO)의 비 ($m = \dfrac{A}{A_0}$)

A = m·Ao, A 〉 Ao, m 〉 1, A 〉 1항상 크다.

16 어떤 보일러의 연소효율이 92%, 전열효율이 85%이면 보일러 효율은?

㉮ 78.2 ㉯ 9.4
㉰ 82.7 ㉱ 84.9

해설 보일러 효율 : 연소효율×전열효율

∴ $92\% \times 85\% \times \dfrac{1}{100} = 78.2\%$

Answer
11. ㉯ 12. ㉮ 13. ㉮ 14. ㉮ 15. ㉯ 16. ㉮

17 다음 중 목표값이 변화되어 목표값을 측정하면서 제어 목표량을 목표량에 맞도록 하는 제어에 속하지 않는 것은?

㉮ 추종제어 ㉯ 비율 제어
㉰ 정치제어 ㉱ 캐스케이드 제어

해설 제어방법에 따른 분류
① **정치제어** : 목표값이 일정한 제어방식으로 목표값이 시간적으로 변화되지 않는 제어
② **추치제어** : 목표값을 측정하면서 제어량을 목표값에 일치시키는 제어방식으로 목표값이 변화되는 방식
　㉮ 추종제어 : 목표값이 시간에 따라 임의로 변화되는 제어로 자기조정제어 (선박, 비행기등 자동제어)
　㉯ 비율제어 : 2개 이상의 제어값이 정해진 비율로 변화되는 제어 유량비율제어, 공기비제어)
　㉰ 프로그램제어 : 목표값이 미리 정해진 시간에 따라 일정한 프로그램에 의해 순차적으로 수행되는 제어
　㉱ 캐스케이드 제어 : 1차 제어장치가 제어명령을 발하고 2차 제어장치가 이 명령을 바탕으로 제어량을 조절하는 측정제어

18 비열의 정의로서 옳은 것은?

㉮ 어떤 물질의 온도를 100℃ 올리는 데 필요한 열량
㉯ 순수한 물 1kg을 100℃ 올리는 데 필요한 열량
㉰ 어떤 물질 1kg이 보유하고 있는 열량
㉱ 어떤 물질 1kg을 1℃ 올리는 데 필요한 열량

해설 비열: 어떤 물질 1kg을 1℃ 올리는 데 필요한 열량

19 고온의 물체로부터 나온 열이 도중의 물체를 거치지 않고 직접 다른 물체로 이동하는 현상은?

㉮ 대류 ㉯ 전도
㉰ 복사 ㉱ 증발

해설
① **열전도** : 고체 내에서의 열의 이동(퓨리에의 법칙)
② **대류** : 열이 액체나 기체의 운동에 의하여 이동하는 것 (뉴턴의 냉각법칙)
③ **복사** : 열선 (자외선)에 의한 고온에 물체에서 저온의 물체로 열이 이동하는 것

20 연관 최고부보다 노통 윗면이 높은 노통 연관 보일러의 최저수위(안전저수면)의 위치는?

㉮ 노통 최고부 위 100mm
㉯ 노통 최고부 위 75mm
㉰ 연관 최고부 위 100mm
㉱ 연관 최고부 위 75mm

해설 각종 보일러 안전 저수위

보일러 종류	부착위치
입형횡관보일러	화실 처정판 최고부위 75mm
직립형연관보일러	화실 관판 최고부위 연관길이 1/3
횡연관식	최상단 연관 최고부위 75mm
노통보일러	노통 최고부위 100mm
노통연관식	연관이 높은 경우 : 연관 최상단 75mm
	노통이 높은 경우 : 노통 최상단 100mm이상

Answer
17. ㉰ 18. ㉱ 19. ㉰ 20. ㉮

21 관의 결합방식 표시방법 중 유니언식의 그림 기호로 맞는 것은?

㉮ 나사이음   ㉯ 용접이음
㉰ 플랜지이음   ㉱ 유니언이음

22 수소 15%, 수분 0.5%인 중유의 고위발열량이 10000 Kcal/Kg이다. 이 중유의 저위발열량은 몇 kcal/kg인가?

㉮ 8795   ㉯ 8984
㉰ 9085   ㉱ 9187

① 고위발열량 (H_h) : H_h = H_L + 600 (9H+W)
 (H수소 (kg) W:수분 (kg))
② 저위발열량 (H_L) : H_L = H_h − 600 (9H+W)
∴ H_L = 10,000 − 600 × (9×0.15+0.005) = 9,187 kcal/kg

23 건물에 보일러가 있어 방열기등에 의한 각방에 난방하는 난방 방법은?

㉮ 직접 난방법   ㉯ 간접 난방법
㉰ 지역 난방법   ㉱ 복사 난방법

중앙난방방식중 직접난방

24 습증기의 엔탈피 hx를 구하는 식으로 옳은 것은? (단, h : 포화수의 엔탈피, x: 건조도, r : 증발잠열 (숨은열), v : 포화수의 비체적)

㉮ hx = h + x
㉯ hx = h + r
㉰ hx = h + xr
㉱ hx = v + h + xr

습증기 엔탈피
포화수의 엔탈피 (h) + 건조도 (×) × 증발잠열 (r)

25 보일러 자동제어에서 1차 제어장치가 제어명령을 하고, 2차 제어장치가 1차 명령을 바탕으로 제어량을 조절하는 측정제어는?

㉮ 프로그램제어   ㉯ 정치제어
㉰ 캐스케이드제어   ㉱ 비율제어

캐스케이드 제어 : 1차 제어장치가 제어명령을 발하고 2 차 제어장치가 이 명령을 바탕으로 제어량을 조절하는 측정 제어

26 1보일러 마력을 시간당 발생열량으로 환산하면 약 몇 kcal/h인가?

㉮ 15.65   ㉯ 8435
㉰ 9290   ㉱ 7500

보일러 1마력 : 15.65 × 539 = 8435 kcal/h

27 수관식 보일러에 대한 설명으로 틀린 것은?

㉮ 고온, 고압에 적당하다.
㉯ 용량에 비해 소요 면적이 적으며 효율이 높다.
㉰ 보유 수량이 많아 파열시 피해가 크고, 부하 변동에 응하기 쉽다.
㉱ 급수의 순도가 나쁘면 스케일이 발생하기 쉽다.

수관식 보일러는 관군 사이에 보유수량이 적어 파열 시 피해가 원통 보일러보다 적다.

Answer
21. ㉱   22. ㉱   23. ㉮   24. ㉰   25. ㉰   26. ㉯   27. ㉰

28 외기온도가 -10℃ 이고 실내온도가 20℃이며, 벽 면적이 25m² 일 때, 실내의 열 손실량(KW)은?(단, 벽체의 열관류율 10W/m²·K 이다.)

㉮ 6KW ㉯ 7.5KW
㉰ 9KW ㉱ 10.5KW

해설) $Q = K \cdot A \cdot \Delta t = 10 \times 25 \times [20 - (-10)]$
$= 7,500W = 7.5KW$

29 표준대기압 상태에서 0℃ 물 1kg이 100℃ 증기로 만드는 데 필요한 열량은 몇 kcal인가?(단, 물의 비열은 1kcal/kg·℃ 이고, 증발잠열은 539kcal/kg 이다.)

㉮ 100 ㉯ 500
㉰ 539 ㉱ 639

해설) ① $Q = GC\Delta t = 1 \times 1 \times (100 - 0) = 100kcal$
② $Qr = Gr = 1 \times 539 = 539kcal$
※ ① + ② $= 100 + 539 = 639kcal$

30 보일러 내처리로 사용되는 약제 중 가성취화 방지, 탈산소, 슬러지 조정 등의 작용을 하는 것은?

㉮ 수산화나트륨
㉯ 암모니아
㉰ 탄닌
㉱ 고급지방산폴리알콜

해설) 탄닌은 주로 가성취화 방지, 탈산소, 슬러지 조정 등에 사용한다.

31 보일러설치기술규격(KBI)에 따라 열매체유 팽창탱크의 공간부에는 열매체의 노화를 방지하기 위해 N_2 가스를 봉입하는데 이 가스의 압력이 너무 높게 되지 않도록 설정하는 팽창탱크의 최소제척(VT)을 구하는 식으로 옳은 것은? (단, VE는 승온시 시스템 내의 열매체유 팽창량(L)이고, VM은 상온 시 탱크내 열매체유 보유량(L)이다.)

㉮ VT = VE + 2VM
㉯ VT = 2VE + VM
㉰ VT = 2VE + 2VM
㉱ VT = 3VE + VM

해설) 팽창탱크 최소체적 = 열매체유 팽창량 × 2 + 열매체유 보유량

32 보일러 자동제어에서 급수제어의 약호는?

㉮ A.B.C ㉯ F.W.C
㉰ S.T.C ㉱ A.C.C

해설) ① A.B.C : 보일러자동제어
② F.W.C : 급수자동제어
③ S.T.C : 증기온도자동제어
④ A.C.C : 연소 자동제어

33 스케일의 종류 중 보일러 급수 중의 칼슘 성분과 결합하여 규산칼슘을 생성하기도 하며, 이 성분이 많은 스케일은 대단히 경질이기 때문에 기계적, 화학적으로 제거하기 힘든 스케일 성분은?

㉮ 실리카 ㉯ 황산 마그네슘
㉰ 염화마그네슘 ㉱ 유지

해설) **경질스케일** : 규산염[실리카], 황산염
연질스케일 : 탄산염(황토 흙이 퇴적된 형태)

Answer
28. ㉯ 29. ㉱ 30. ㉰ 31. ㉯ 32. ㉯ 33. ㉮

34 유류보일러의 자동장치 점화방법의 순서가 맞는 것은?

㉮ 송풍기 기동 → 연료펌프 기동 → 프리퍼지 → 점화용 버너 착화 → 주버너 점화
㉯ 송풍기 기동 → 프리퍼지 → 점화용 버너 착화 → 연료펌프 기동 → 주버너 착화
㉰ 연료펌프 기동 → 점화용 버너 착화 → 프리퍼지 → 주버너 착화 → 송풍기 기동
㉱ 연료펌프 기동 → 주버너 착화 → 점화용 버너 착화 → 송풍기 기동

해설 유류보일러 자동 점화순서
① 송풍기 기동 → ② 연료펌프 기동 →
③ 프리퍼지 → ④ 점화용 버너 착화 →
⑤ 주버너 착화

35 과열기의 형식 중 증기와 열가스 흐름의 방향이 서로 반대인 과열기의 형식은?

㉮ 병류식 ㉯ 대향류식
㉰ 중류식 ㉱ 역류식

해설 1) 열가스 흐름에 의한 분류
㉮ 병류식 : 증기와 열가스의 흐름이 같은 방향
㉯ 향류식(대향류식) : 증기와 열가스의 흐름이 서로 반대 방향
㉰ 혼류식 : 병류식과 향류식을 병행
2) 열가스 접촉에 의한 분류
㉮ 접촉과열기 : 대류열을 이용
㉯ 복사과열기 : 복사열을 이용
㉰ 접촉복사과열기 : 대류 및 복사열을 이용

36 증기 보일러에 설치하는 압력계의 최고 눈금은 보일러 최고사용압력의 몇 배가 되어야 하는가?

㉮ 0.5 ~ 0.8배 ㉯ 1.0 ~ 1.4배
㉰ 1.5 ~ 3배   ㉱ 5.0 ~ 10.0배

해설 압력계의 눈금 범위 : 최고사용압력의 1.5배~3배

37 보일러 건식보전법에서 가스봉입 방식 (기체보존법)에 사용되는 가스는?

㉮ O_2 ㉯ N_2
㉰ CO ㉱ CO_2

해설 건조보존법에서 가스봉입을 질소(N_2)를 사용한다.

38 가동 보일러에 스케일과 부식물 제거를 위한 산세척 처리 순서로 올바른 것은?

㉮ 전처리→수세→산액처리→수세→중화·방청처리
㉯ 수세→산액처리→전처리→수세→중화·방청처리
㉰ 전처리→중화·방청처리→수세→산액처리→수세
㉱ 전처리→수세→중화·방청처리→수세→산액처리

해설 산세척처리 순서 : 전처리 → 수세 → 산액처리 → 수세 → 중화·방청처리

39 절대온도 360K를 섭씨온도로 환산하면 약 몇 ℃인가?

㉮ 97℃ ㉯ 87℃
㉰ 67℃ ㉱ 57℃

해설 °K = 273 + °C에서 360 − 273 = 87℃

Answer
34. ㉮ 35. ㉯ 36. ㉰ 37. ㉯ 38. ㉮ 39. ㉯

40 두께가 13cm, 면적이 10m²인 벽이 있다. 벽 내부온도는 200℃, 외부의 온도가 20℃일 때 벽을 통한 전도되는 열량은 약 몇 kcal/h 인가?(단, 열전도율은 0.02kcal/m·h·℃이다.)

㉮ 234.2　　㉯ 259.6
㉰ 276.9　　㉱ 312.3

$$Q = \frac{\lambda \times A \times (t_2 - t_1)}{b}$$
$$= \frac{10 \times 0.02 \times (200-20)}{0.13} = 276.92 \, kcal/h$$

41 열의 일당량 값으로 옳은 것은?

㉮ 427kg·m/kcal
㉯ 327kg·m/kcal
㉰ 273kg·m/kcal
㉱ 472kg·m/kcal

 열의 일당량=427 kg·m /kcal
일의 열당량=$\frac{1}{427}$ kcal/kg·m

42 보일러 용수관리에서 경도(hardness)와 관련되는 항목으로 가장 적합한 것은?

㉮ Hg,sv1　　㉯ BOD,GOD
㉰ DO,Na　　㉱ Ca,Mg

 경도 : 급수중 마그네슘(Mg),칼슘(Ca)의 농도를 나타내는 척도
연수 :경도 10 이하, 경수:경도 10이상(연수 와경수 의 구분은 경도 10기준)
① 칼슘경도 : 물 1ℓ 속에 CaCO3 1mg 함유한것(CaCO₃ 1PPM 경도(한국경도))
② 독일경도1° dH : 물 100cc 속에 CaO 1mg 함유한 것

43 보일러의 자동제어 신호전달 방식 중 전달거리가 가장 긴 것은?

㉮ 전기식　　㉯ 유압식
㉰ 공기식　　㉱ 수압식

 자동제어 신호 전달 방식 중 전달거리가 긴 순서
① 전기식 → ② 유압식 → ③ 공기식

44 연소가스와 대기의 온도가 각각 250℃, 30℃이고 연돌의 높이가 50m일 때 이론 통풍력은 약 얼마인가? (단, 연소가스와 대기의 비중량은 각각 1.35kg/Nm³, 1.25kg/Nm³ 이다)

㉮ 21.08mmAq
㉯ 23.12mmAq
㉰ 25.02mmAq
㉱ 27.36mmAq

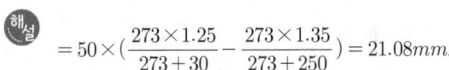

45 보일러의 여열을 이용하여 증기보일러의 효율을 높이기 위한 부속장치로 맞는 것은?

㉮ 버너, 댐퍼, 송풍기
㉯ 절탄기, 공기 예열기, 과열기
㉰ 수면계, 압력계, 안전벨브
㉱ 인젝터, 저수위 경보장치, 집진 장치

연소가스의 여열(잔열)을 이용하여 증기보일러의 효율을 높이기 위한 장치
① 과열기 ② 재열기 ③ 절탄기 ④ 공기예열기

Answer
40. ㉰　41. ㉮　42. ㉱　43. ㉮　44. ㉮　45. ㉯

46 방열기의 표준 방열량에 대한 설명으로 틀린 것은?

㉮ 증기의 경우 게이지 압력 $1kg/cm^2$, 온도 80℃로 공급하는 것이다.
㉯ 증기 공급 시 표준방열량은 $650\ kcal/m^2h$ 이다.
㉰ 실내 온도는 증기일 경우 21℃, 온수일 경우 18℃ 정도이다.
㉱ 온수 공급 시 표준방열량은 $450kcal/m^2h$ 이다.

해설

구분	표준발열량 [kcal/m²h]	방열기내 평균온도 [℃]	실내온도 [℃]
증 기	650	102	21
온 수	450	80	18

47 온수난방 배관 시공법에 대한 설명 중 틀린 것은?

㉮ 배관구배는 일반적으로 1/250 이상으로 한다.
㉯ 배관 중에 공기가 모이지 않게 배관한다.
㉰ 온수관의 수평 배관에서 관경을 바꿀 때는 편심이음쇠를 사용한다.
㉱ 지관이 주관 아래로 분기될 때는 90° 이상으로 끝올림 구배로 한다.

해설 지관이 주관 아래로 분기될 때는 90° 이상으로 끝내림구배로 하지 말 것.

48 보기에서 성명한 송풍기의 종류는?

[보기]
㉮ 경향 날개형이며 6~12매의 철판제 직선 날개를 보스에서 방사한 스포우크에 리벳죔을 한 것이며, 측판이 있는 임펠러와 측판이 없는 것이 있다.
㉯ 구조가 견고하며 내마모성이 크고 날개를 바꾸기도 쉬우며 회진이 많은 가스의 흡출 통풍기, 미분탄 장치의 배탄기 등에 사용된다.

㉮ 터보송풍기   ㉯ 다익송풍기
㉰ 축류소웅기   ㉱ 플레이트송풍기

해설 플레이트 송풍기 : 경향 날개형이며 6~12매의 철판제 직선날개를 보스에서 방사한 스포우크에 리벳죔을 한 것이며, 측판이 있는 임펠레와 측판이 없는 것이 있으며, 회진이 많은 가스의 흡출 통풍기, 미분탄 장치의 배탄기 등에 사용된다.

49 수위 자동제어 장치에서 수위와 증기유량을 동시에 검출하여 급수밸브의 개도가 조절되도록 한 제어방식은?

㉮ 단요소식   ㉯ 2요소식
㉰ 3요소식   ㉱ 모듈식

해설
단요소식(1요소식) : 수위만제어
2요소식 : 수위, 증기량 제어
3요소식 : 수위, 증기량, 급수량 제어

50 급수펌프에서 송출량이 $10m^3/min$ 이고, 전양정이 8m일 때, 펌프의 소요마력은? (단, 펌프 효율은 75%이다.)

㉮ 15.6PS   ㉯ 17.8PS
㉰ 23.7PS   ㉱ 31.6PS

해설 $\dfrac{1000 \times 10 \times 8}{75 \times 0.75 \times 60} = 23.7 PS$

Answer
46. ㉮ 47. ㉱ 48. ㉱ 49. ㉯ 50. ㉰

51 증기주관의 관말트랩 배관의 드레인 포켓과 냉각관 시공 요령이다. 다음 ( )안에 적절한 것은?

> 증기주관에서 응축수를 건식환수관에 배출하려면 주관과 동경으로 (㉠)mm 이상 내리고 하부로 (㉡)mm 이상 연장하여 (㉢)을(를) 만들어 준다. 냉각관은 (㉣) 앞에서 1.5m 이상 나관으로 배관한다.

- ㉮ ㉠ 150 ㉡ 100 ㉢ 트랩 ㉣ 드레인 포켓
- ㉯ ㉠ 100 ㉡ 150 ㉢ 드레인 포켓 ㉣ 트랩
- ㉰ ㉠ 150 ㉡ 100 ㉢ 드레인 포켓 ㉣ 드레인 밸브
- ㉱ ㉠ 100 ㉡ 150 ㉢ 드레인 밸브 ㉣ 드레인 포켓

【해설】 증기주관에서 응축수를 건식환수관에 배출하려면 주관과 동경으로 100mm 이상 내리고 하부로 150mm 이상 연장하여 드레인 포켓을 만들어 준다. 냉각관은 관말 트랩 앞에서 1.5m 이상 나관으로 배관.

52 원심형 송풍기에 해당하지 않는 것은?
- ㉮ 터보형
- ㉯ 다익형
- ㉰ 플레이트형
- ㉱ 프로펠러형

【해설】 원심형 송풍기 종류 : 터보형, 다익형, 플레이트형, 프로펠러형은 축류형

53 증기난방에서 환수관의 수평배관에서 관경이 가늘어 지는 경우 편심 리듀서를 사용하는 이유로 적합한 것은?
- ㉮ 응축수의 순환을 억제하기 위해
- ㉯ 관의 열팽창을 방지하기 위해
- ㉰ 동심 리듀서보다 시공을 단축하기 위해
- ㉱ 응축수의 체류를 방지하기 위해

【해설】 수평배관에서 관경이 가늘어지는 경우 편심 레듀서를 사용 하향 기울기를 주어 응축수 등의 체류를 방지한다.

54 아래 방열기 도시기호에 대한 설명으로 잘못된 것은?

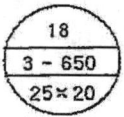

- ㉮ 3 : 3 세주형
- ㉯ 18 : 쪽수
- ㉰ 650 : 유출관경
- ㉱ 25 : 유입관경

【해설】 650 : 방열기 높이가 650mm

55 에너지이용합리화법상 검사대상기기 조종자가 퇴직하는 경우 퇴직 이전에 다른 검사대상기기 조종자를 선임하지 아니한 자에 대한 벌칙으로 맞는 것은?
- ㉮ 1천만원 이하의 벌금
- ㉯ 2천만원 이하의 벌금
- ㉰ 5백만원 이하의 벌금
- ㉱ 2년 이하의 징역

【해설】 검사대상기기 조종자를 선임하지 않을 때 1천만원 이하의 벌금

56 에너지이용합리화법상 에너지소비효율 등급 또는 에너지소비효율을 해당 효율관리 기자재에 표시할 수 있도록 효율관리 기자재의 에너지 사용량을 측정하는 기관은?
- ㉮ 효율관리전문기관
- ㉯ 효율관리진단기관
- ㉰ 효율관리표준기관
- ㉱ 효율관리시험기관

【해설】 효율관리자재의 에너지 소비효율, 사용량, 소비효율 등급등을 측정하는 시험기관

Answer
51. ㉯ 52. ㉱ 53. ㉱ 54. ㉰ 55. ㉮ 56. ㉱

57 에너지법에서 정의하는 에너지 공급설비에 해당 하지 않는 것은?

㉮ 에너지를 생산하기 위한 설비
㉯ 에너지를 전환하기 위한 설비
㉰ 에너지를 수송하기 위한 설비
㉱ 에너지를 개발하기 위한 설비

해설 에너지공급설비 : 에너지를 생산. 전환.수송. 저장 하기 위한 설비

58 다음 유량계 중 용적식 유량계에 속하는 것은?

㉮ 벤튜리 유량계
㉯ 오리피스 유량계
㉰ 플로노즐 유량계
㉱ 오벌 기어식 유량계

해설 오벌 기어식 유량계
- 차압식 : 오리피스식, 플로노즐식, 벤튜리식
- 용적식 : 오벌기어식, 루트식

59 오르잣트(Orsat) 가스 분석기로 직접 분석할 수 없는 성분은?

㉮ N_2 ㉯ CO
㉰ CO_2 ㉱ O_2

해설 가스분석 순서 : $CO_2 \rightarrow O_2 \rightarrow CO$

60 에너지이용 합리화법상 대기전력 경고 표지를 하지 아니한 자에 대한 벌칙은?

㉮ 2년 이하의 징역 또는 2천만 원 이하의 벌금
㉯ 1년 이하의 징역 또는 1천만 원 이하의 벌금
㉰ 5백만 원 이하의 벌금
㉱ 1천만 원 이하의 벌금

해설 대기전력경고표지를 하지 아니 한 자는 5백만원 이하의 벌금

Answer
57. ㉱   58. ㉱   59. ㉮   60. ㉰

 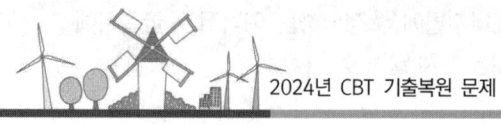

에너지관리기능사

2024년 CBT 기출복원 문제 2회

01 자동제어방식 중 주어진 목표값과 조작한 결과인 제어량이 원인이 되어 제어동작을 되돌려 진행하는 것으로 출력측 신호를 입력측으로 돌려보내는 조작은?

㉮ 피드백 제어   ㉯ 추종 제어
㉰ 캐스케이드 제어   ㉱ 시퀀스 제어

[해설] **피드백 제어** : 폐회로로 구성되어 제어하고자 하는 제어량을 목표값에 가깝도록 출력값을 입력측으로 되먹임 작업을 하는 회로

02 350℃이상의 클리이프 강도를 고려하여 사용하는 배관용 강관의 기호로 옳은 것은?

㉮ SPHT   ㉯ SPLT
㉰ SPPH   ㉱ SPPS

[해설]
SPHT : 고온 배관용 탄소강관
SPLT : 저온 배관용 탄소강관
SPPH : 고압 배관용 탄소강관
SPPS : 압력 배관용 탄소강관

03 다음 중 슈미트 보일러는 보일러 분류에서 어디에 속하는가?

㉮ 관류식   ㉯ 간접 가열식
㉰ 자연순환식   ㉱ 강제순환식

[해설] **간접 가열식** : 슈미트, 레플러 보일러

04 어떤 강철제 증기보일러의 회고 사용 압력이 0.35MPa이면 수압시험 압력은?

㉮ 0.35MPa   ㉯ 0.5MPa
㉰ 0.7MPa   ㉱ 0.95MPa

[해설] 보일러 최고사용압력이 0.43MPa이하는 최고 사용 압력의 2배로 수압시험 실시.
0.35×2=0.7 MPa

05 오일프리히터(오일예열기)에 대한 설명으로 틀린 것은?

㉮ 예열온도는 80~90℃ 정도이다.
㉯ 중유의 무화를 돕는다.
㉰ 가열장치로 증기식, 온수식, 전기식이 있다.
㉱ 여과기를 오일프리히터 전에 설치한다.

[해설] 여과기를 오일프리히터 전·후에 설치할 것

06 온도가 일정한 상태에서 기체의 체적은 압력에 반비례하는 것은 무슨 법칙인가?

㉮ 보일의 법칙   ㉯ 샬의 법칙
㉰ 아보가드로 법칙   ㉱ 돌턴의 분압 법칙

[해설] **보일의 법칙(Boyle law)** : 일정 온도에서 기체가 차지하는 부피는 압력에 반비례 $P_1V_1 = P_2V_2$
샬의 법칙(Charle's law) : 일정 압력에서 기체가 차지하는 부피는 절대온도에 비례 $\dfrac{V_1}{T_1} = \dfrac{V_2}{T_2}$

Answer
1. ㉮   2. ㉮   3. ㉯   4. ㉰   5. ㉱   6. ㉮

07 화염 검출기 종류 중 화염의 이온화(전기전도성)을 이용한 것으로 가스 점화 버너에 주로 사용하는 것은?

㉮ 플레임아이 ㉯ 스택 스위치
㉰ 광전관 셀 ㉱ 프레임 로드

해설 프레임 아이 : 화염의 발광체(화염의 방사선을 전기적 신호로 바꿈) 이용(황화납셀, 황화카드뮴셀, 적외선광전관)
프레임 로드 : 화염의 이온화(전기전도성)이용(황화납셀, 자외선광전관)
스택 스위치 : 화염의 발열체 이용

08 연소에 있어서 환원염이란?

㉮ 과잉 산소가 많이 포함되어 있는 화염
㉯ 공기비가 커서 완전 연소된 상태의 화염
㉰ 과잉공기가 많아 연소가스가 많은 상태의 화염
㉱ 산소 부족으로 불완전 연소하여 미연분이 포함된 화염

해설 산화염 : 공기비를 너무 많이 취하였을 때 화염중에 과잉산소를 함유하는 화염
환원염 : 산소가 부족하여 일산화탄소(CO) 등의 미연분을 함유하며 피열물을 환원하는 성질

09 자동제어의 신호전달방법에서 공기압식의 특징으로 맞는 것은?

㉮ 신호전달거리가 유압식에 비하여 길다.
㉯ 온도제어 등에 적합하고 화재의 위험이 많다.
㉰ 전송 시 시간지연이 생긴다.
㉱ 배관이 용이하지 않고 보존이 어렵다.

해설 자동제어에서 신호전달방식 중 전송 길이가 긴 순서는 전기식, 유압식, 공기압식이며, 공기압식은 시간지연 발생이 생긴다.

10 유류보일러의 자동장치 점화방법의 순서가 맞는 것은?

㉮ 송풍기 기동 → 연료펌프 기동 → 프리퍼지 → 점화용 버너 착화 → 주버너 점화
㉯ 송풍기 기동 → 프리퍼지 → 점화용 버너 착화 → 연료펌프 기동 → 주버너 착화
㉰ 연료펌프 기동 → 점화용 버너 착화 → 프리퍼지 → 주버너 착화 → 송풍기 기동
㉱ 연료펌프 기동 → 주버너 착화 → 점화용 버너 착화 → 송풍기 기동

해설 유류보일러 자동 점화순서
① 송풍기 기동 → ② 연료펌프 기동 →
③ 프리퍼지 → ④ 점화용 버너 착화 →
⑤ 주버너 착화

11 배관의 지지장치 중 배관의 하중을 밑에서 떠받쳐 지지해 주는 장치가 아닌 것은?

㉮ 파이프슈 ㉯ 스프링
㉰ 리지드 ㉱ 행거

해설 서포트 종류 : 파이프슈, 리지드, 스프링, 롤러 서포트

12 온수발생 보일러의 전열면적이 $50m^2$ 이상일 때 방출관의 안지름의 크기는?

㉮ 25mm 이상 ㉯ 30mm 이상
㉰ 4mm 이상 ㉱ 50mm 이상

해설 온수발생 보일러의 방출관 크기

전열면적(m^2)	방출관 안지름(mm)
10 미만	25 이상
10 이상 15 미만	30 이상
15 이상 20 미만	40 이상
20 이상	50 이상

Answer
7. ㉱ 8. ㉱ 9. ㉰ 10. ㉮ 11. ㉱ 12. ㉱

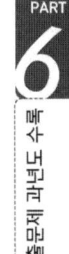

13 측정 장소의 대기압력을 구하는 식으로 옳은 것은?

㉮ 절대압력 – 게이지 압력
㉯ 절대압력 + 게이지 압력
㉰ 게이지 압력 – 절대압력
㉱ 진공도 × 대기압력

절대 압력[kg/cm²a] : 완전 진공을 기준으로 한 압력 (absolute) (진공도 100[%])
※ 절대압력 = 대기압 + 게이지압력(kg/cm²a) = 1.0332 + [kg/cm²g]) = 대기압 – 진공 게이지 압력
※ 게이지 압력 = 절대압력 – 대기압력

14 부식방지제 종류 및 역할을 옳게 설명한 것은?

㉮ 알카리조정제는 보일러 급수 및 알카리도를 조절하기 위해 탄닌, 아황산 나트륨을 사용한다.
㉯ 연화제는 보일러수의 경도 성분을 침전, 슬러지로 하여 스케일 부착 방지를 위해 암모니아를 사용한다.
㉰ 탈산소제는 급수 중의 용존산소를 화학적으로 제거하기 위해 히드라진을 사용한다.
㉱ 슬러지조정제는 보일러수중에 화학적 물리적 작용에 의해 분산·현탁시키기 위해 수산화나트륨을 사용한다.

pH,알카리조정제 : 가성소다, 탄산소다(고압 보일러는 온도가 높아지면 탄산가스, 산화나트륨으로 분해되어 사용치 않음), 제3인산나트륨, 암모니아(아닌 것:황산나트륨)
관수연화제 (경도성분을 슬러지로 만들기 위함) : 수산화나트륨, 탄산나트륨, 인산나트륨
슬러지조정제 (탄산가스 발생되므로 저압 보일러만 사용) : 탄닌, 리그린, 전분
탈산소제 : 아황산소다(황산나트륨이 되어 고형물 증가 유발하므로 저압 보일러에 사용), 히드라진 (고압 보일러용), 탄닌

가성취화 억제제 : 질산나트륨, 인산나트륨, 탄닌, 리그린

15 연료의 연소 시 과잉공기계수(공기비)를 구하는 올바른 식은?

㉮ $\dfrac{연소가스량}{이론공기량}$
㉯ $\dfrac{실제공기량}{이론공기량}$
㉰ $\dfrac{배기가스량}{사용공기량}$
㉱ $\dfrac{사용공기량}{배기가스량}$

공기비(m) : 실제공기량(A)과 이론공기량(Ao)의 비 (m = $\dfrac{A}{A_0}$)

A = m·Ao, A 〉 Ao, m 〉 1, A 〉 1 항상 크다

16 어떤 보일러의 연소효율이 92%, 전열효율이 85%이면 보일러 효율은?

㉮ 78.2   ㉯ 79.4
㉰ 82.7   ㉱ 84.9

보일러 효율 : 연소효율 × 전열효율
∴ $92\% \times 85\% \times \dfrac{1}{100}$ = 78.2%

17 다음 중 목표값이 변화되어 목표값을 측정하면서 제어 목표량을 목표량에 맞도록 하는 제어에 속하지 않는 것은?

㉮ 추종제어   ㉯ 비율 제어
㉰ 정치제어   ㉱ 캐스케이드 제어

제어 방법에 따른 분류
① **정치제어** : 목표값이 일정한 제어 방식으로 목표값이 시간적으로 변화되지 않는 제어
② **추치제어** : 목표값을 측정하면서 제어량을 목표값에 일치시키는 제어방식으로 목표값이 변화되는 방식
㉮ 추종제어 : 목표값이 시간에 따라 임의로 변화되는 제어로 자기 조정 제어 (선박, 비행기 등 자동제어)

Answer
13. ㉮ 14. ㉰ 15. ㉯ 16. ㉮ 17. ㉰

㉯ 비율제어 : 2개 이상의 제어값이 정해진 비율로 변화되는 제어 유량비율 제어, 공기비 제어

㉰ 프로그램제어 : 목표값이 미리 정해진 시간에 따라 일정한 프로그램에 의해 순차적으로 수행되는 제어

㉱ 캐스케이드 제어 : 1차 제어장치가 제어 명령을 발하고 2차 제어장치가 이 명령을 바탕으로 제어량을 조절하는 측정제어

18 비열의 정의로서 옳은 것은?

㉮ 어떤 물질의 온도를 100℃ 올리는 데 필요한 열량
㉯ 순수한 물 1kg을 100℃ 올리는 데 필요한 열량
㉰ 어떤 물질 1kg이 보유하고 있는 열량
㉱ 어떤 물질 1kg을 1℃ 올리는 데 필요한 열량

해설 비열 : 어떤 물질 1kg을 1℃ 올리는 데 필요한 열량

19 고온의 물체로부터 나온 열이 도중의 물체를 거치지 않고 직접 다른 물체로 이동하는 현상은?

㉮ 대류   ㉯ 전도
㉰ 복사   ㉱ 증발

해설
① **열전도** : 고체 내에서의 열의 이동(퓨리에의 법칙)
② **대류** : 열이 액체나 기체의 운동에 의하여 이동하는 것(뉴턴의 냉각법칙)
③ **복사** : 열선(자외선)에 의한 고온에 물체에서 저온의 물체로 열이 이동하는 것

20 연관 최고부 보다 노통 윗면이 높은 노통 연관 보일러의 최저수위(안전저수면)의 위치는?

㉮ 노통 최고부 위 100mm
㉯ 노통 최고부 위 75mm
㉰ 연관 최고부 위 100mm
㉱ 연관 최고부 위 75mm

해설 각종 보일러 안전 저수위

보일러 종류	부착위치
입형횡관보일러	화실 처정판 최고부위 75mm
직립형연관보일러	화실 관판 최고부위 연관길이 1/3
횡연관식	최상단 연관 최고부위 75mm
노통보일러	노통 최고부위 100mm
노통연관식	연관이 높은 경우 : 연관 최상단 75mm
	노통이 높은 경우 : 노통 최상단 100mm이상

21 관의 결합 방식 표시방법 중 레듀셔의 그림 기호로 맞는것은?

㉮    ㉯

㉰   ㉱

해설 ㉮ 나사이음 ㉯ 용접이음
㉰ 레듀셔이음 ㉱ 유니언이음

22 수소 15%, 수분 0.5%인 중유의 고위발열량이 10000kcal/kg이다. 이 중유의 저위발열량은 몇 kcal/kg인가?

㉮ 8795   ㉯ 8984
㉰ 9085   ㉱ 9187

해설
① **고위발열량(Hh)** : Hh = HL + 600 (9H+W) (H 수소 (kg) W:수분 (kg))
② **저위발열량 (HL)** : HL = Hh−600 (9H+W)
∴ HlL=10,000−600×(9×0.15+0.005)=9,187 kcal/kg

23 스케줄 번호(Sch No)의 정의로 옳은 것은?

㉮ 배관의 재질 ㉯ 배관의 두께
㉰ 배관의 압력 ㉱ 배관의 굵기

해설 스케줄 번호(Sch No) : 관의 두께를 나타내는 번호

24 습증기의 엔탈피 hx를 구하는 식으로 옳은 것은?(단, h : 포화수의 엔탈피, x: 건조도, r : 증발잠열(숨은열), v : 포화수의 비체적)

㉮ hx = h + x
㉯ hx = h + r
㉰ hx = h + xr
㉱ hx = v + h + xr

해설 습증기 엔탈피 : 포화수의 엔탈피 (h)+건조도(×)×증발잠열(r)

25 보일러 자동제어에서 1차 제어장치가 제어명령을 하고, 2차 제어장치가 1차 명령을 바탕으로 제어량을 조절하는 측정제어는?

㉮ 프로그램제어 ㉯ 정치 제어
㉰ 캐스케이드 제어 ㉱ 비율 제어

해설 캐스케이드 제어 : 1차 제어장치가 제어 명령을 발하고 2차 제어장치가 이 명령을 바탕으로 제어량을 조절하는 측정제어

26 1보일러 마력을 시간 당 발생 열량으로 환산하면 약 몇 kcal/h인가?

㉮ 15.65 ㉯ 8435
㉰ 9290 ㉱ 7500

해설 보일러 1마력 : $15.65 \times 539 = 8435$ kcal/h

27 수관식 보일러에 대한 설명으로 틀린 것은?

㉮ 고온, 고압에 적당하다.
㉯ 용량에 비해 소요면적이 적으며 효율이 높다.
㉰ 보유수량이 많아 파열시 피해가 크고, 부하변동에 응하기 쉽다.
㉱ 급수의 순도가 나쁘면 스케일이 발생하기 쉽다.

해설 수관식 보일러는 관군 사이에 보유 수량이 적어 파열 시 피해가 원통 보일러보다 적다.

28 외기온도가 −10이고 실내온도가 20℃이며, 벽 면적이 25m² 일 때, 실내의 열 손실량(KW)은? (단, 벽체의 열관류율 10W/m². K 이다.)

㉮ 6KW ㉯ 7.5KW
㉰ 9KW ㉱ 10.5KW

해설 $Q = K \cdot A \cdot \Delta t = 10 \times 25 \times [20 - (-10)]$
$= 7,500 W = 7.5 KW$

29 표준대기압 상태에서 0℃ 물 1kg이 100℃ 증기로 만드는 데 필요한 열량은 몇 kcal인가? (단, 물의 비열은 1kcal·℃ 이고, 증발잠열은 539kcal/kg이다.)

㉮ 100 ㉯ 500
㉰ 539 ㉱ 639

해설 ① $Q = GC\Delta t = 1 \times 1 \times (100 - 0) = 100 kcal$
② $Qr = Gr = 1 \times 539 = 539 kcal$
※ ①+② $= 100 + 539 = 639 kcal$

Answer
23. ㉯ 24. ㉰ 25. ㉰ 26. ㉯ 27. ㉰ 28. ㉯ 29. ㉱

30 보일러 내처리로 사용되는 약제 중 가성취화 방지, 탈소소, 슬러지 조정 등의 작용을 하는 것은?

㉮ 수산화나트륨
㉯ 암모니아
㉰ 탄닌
㉱ 고급지방산폴리알콜

[해설] 탄닌은 주로 가성취화 방지, 탈소소, 슬러지 조정 등에 사용한다.

31 보일러설치기술규격(KBI)에 따라 열매체유 팽창탱크의 공간부에는 열매체의 노화를 방지하기 위해 N_2 가스를 봉입하는 데 이 가스의 압력이 너무 높게 되지 않도록 설정하는 팽창탱크의 최소체적(VT)을 구하는 식으로 옳은 것은? (단, VE는 승온시 시스템 내의 열매체유 팽창량(L)이고, VM은 상온시 탱크내 열매체유 보유량(L)이다.)

㉮ VT = VE + 2VM
㉯ VT = 2VE + VM
㉰ VT = 2VE + 2VM
㉱ VT = 3VE + VM

[해설] 팽창탱크 최소체적 = 열매체유 팽창량 × 2 + 열매체유 보유량

32 보일러 자동제어에서 급수제어의 약호는?

㉮ A.B.C
㉯ F.W.C
㉰ S.T.C
㉱ A.C.C

[해설]
① A.B.C : 보일러자동제어
② F.W.C : 급수자동제어
③ S.T.C : 증기온도자동제어
④ A.C.C : 연소 자동제어

33 연소실 내의 미연소 가스에 의한 폭발이나 역화 발생 시 그 폭발압을 외부로 방출시키는 안전장치는?

㉮ 슈트블로워   ㉯ 가용전
㉰ 안전밸브   ㉱ 방폭문

[해설] 방폭문 : 연소실 후부나 좌·우측에 설치하여 미연소 가스에 의한 폭발을 방지하는 안전 장치
종류 : 개방식, 밀폐식(스프링식)

34 유류보일러의 자동장치 점화방법의 순서가 맞는 것은?

㉮ 송풍기 기동 → 연료펌프 기동 → 프리퍼지 → 점화용 버너 착화 → 주버너 점화
㉯ 송풍기 기동 → 프리퍼지 → 점화용 버너 착화 → 연료펌프 기동 → 주버너 착화
㉰ 연료펌프 기동 → 점화용 버너 착화 → 프리퍼지 → 주버너 착화 → 송풍기 기동
㉱ 연료펌프 기동 → 주버너 착화 → 점화용 버너 착화 → 송풍기 기동

[해설] 유류보일러 자동 점화순서
① 송풍기 기동 → ② 연료펌프 기동 →
③ 프리퍼지 → ④ 점화용 버너 착화 →
⑤ 주버너 착화

35 과열기의 형식 중 증기와 열가스 흐름의 방향이 서로 반대인 과열기의 형식은?

㉮ 병류식   ㉯ 대향류식
㉰ 증류식   ㉱ 역류식

Answer
30. ㉰   31. ㉯   32. ㉯   33. ㉱   34. ㉮   35. ㉯

해설
1) 열가스 흐름에 의한 분류
  ㉮ 병류식 : 증기와 열가스의 흐름이 같은 방향
  ㉯ 향류식(대향류식) : 증기와 열가스의 흐름이 서로 반대 방향
  ㉰ 혼류식 : 병류식과 향류식을 병행
2) 열가스 접촉에 의한 분류
  ㉮ 접촉과열기 : 대류열을 이용
  ㉯ 복사과열기 : 복사열을 이용
  ㉰ 접촉복사과열기 : 대류 및 복사열을 이용

36 증기 보일러에 설치하는 압력계의 최고 눈금은 보일러 최고사용압력의 몇 배가 되어야 하는가?
  ㉮ 0.5 ~ 0.8배   ㉯ 1.0 ~ 1.4배
  ㉰ 1.5 ~ 3배   ㉱ 5.0 ~ 10.0배

해설 압력계의 눈금 범위 : 최고사용압력의 1.5배~3배

37 보일러 건식보전법에서 가스봉입 방식(기체보존법)에 사용되는 가스는?
  ㉮ O_2 ㉯ N_2
  ㉰ CO ㉱ CO_2

해설 건조보존법에서 가스봉입을 질소(N_2)를 사용한다.

38 가동 보일러에 스케일과 부식물 제거를 위한 산세척 처리 순서로 올바른 것은?
  ㉮ 전처리→수세→산액처리→수세→중화·방청처리
  ㉯ 수세→산액처리→전처리→수세→중화·방청처리
  ㉰ 전처리→중화·방청처리→수세→산액처리→수세
  ㉱ 전처리→수세→중화·방청처리→수세→산액처리

해설 산세척 처리 순서 : 전처리→수세→산액처리→수세→중화·방청처리

39 절대온도 360K를 섭씨온도로 환산하면 약 몇 ℃인가?
  ㉮ 97℃   ㉯ 87℃
  ㉰ 67℃   ㉱ 57℃

해설 °K = 273 + ℃에서 360 - 273 = 87℃

40 두께가 13cm, 면적이 10m²인 벽이 있다. 벽 내부온도는 200℃, 외부의 온도가 20℃일 때 벽을 통한 전도되는 열량은 약 몇 kcal/h 인가?(단, 열전도율은 0.02kcal/m·h·℃이다.)
  ㉮ 234.2   ㉯ 259.6
  ㉰ 276.9   ㉱ 312.3

해설
$$Q = \frac{\lambda \times A \times (t_2 - t_1)}{b}$$
$$= \frac{10 \times 0.02 \times (200 - 20)}{0.13} = 276.92 \text{kcal/h}$$

41 보일러에서 노통의 약한 단점을 보완하기 위해 설치하는 약 1m정도의 노통이음을 무엇이라고 하는가?
  ㉮ 아담슨 조인트   ㉯ 보일러 조인트
  ㉰ 브리징 조인트   ㉱ 라몽트 조인트

해설 아담슨 접합(Adamson joint) : 노통의 열응력에 따른 신축 문제를 고려 1~2[m] 정도로 분할제작 플랜지 형식으로 접합한 방식으로 강도 보강, 노통 후부의 이음부를 보호하는 목적

아담슨 조인트 설치상 잇점
① 노통의 강도 보강
② 노통의 신축조절
③ 리벳트 보호

Answer
36. ㉰   37. ㉯   38. ㉮   39. ㉯   40. ㉰   41. ㉮

42 보일러 용수관리에서 경도(hardness)와 관련되는 항목으로 가장 적합한 것은?

㉮ Hg, sv1 ㉯ BOD, GOD
㉰ DO, Na ㉱ Ca, Mg

[해설] 경도: 급수중 마그네슘(Mg), 칼슘(Ca)의 농도를 나타내는 척도
연수 : 경도 10 이하, 경수: 경도 10 이상(연수 와 경수의 구분은 경도 10기준)
① 칼슘경도 : 물 1ℓ 속에 $CaCO_3$ 1mg 함유한것($CaCO_3$ 1PPM 경도(한국경도))
② 독일경도1° dH : 물 100cc 속에 CaO 1mg 함유한 것

43 보일러의 자동제어 신호전달 방식 중 전달거리가 가장 긴 것은?

㉮ 전기식 ㉯ 유압식
㉰ 공기식 ㉱ 수압식

[해설] 자동제어 신호 전달 방식 중 전달 거리가 긴 순서
① 전기식 → ② 유압식 → ③ 공기식

44 연소가스와 대기의 온도가 각각 250℃, -10℃이고 연돌의 높이가 20m일 때 이론 통풍력은 약 얼마인가? (단, 연소가스와 대기의 비중량은 각각 1.34kg/Nm³, 1.29kg/Nm³ 이다)

㉮ 12.8mmH₂O ㉯ 23.12mmAq
㉰ 25.02mmAq ㉱ 27.36mmAq

[해설] $= 20 \times 273 \left(\frac{1.29}{(273-10)} - \frac{1.34}{(273+250)} \right)$
$= 12.79 mmH_2O$

45 보일러의 여열을 이용하여 증기보일러의 효율을 높이기 위한 부속장치로 맞는 것은?

㉮ 버너, 댐퍼, 송풍기
㉯ 절탄기, 공기 예열기, 과열기
㉰ 수면계, 압력계, 안전벨브
㉱ 인젝터, 저수위 경보장치, 집진 장치

[해설] 연소가스의 여열(잔열)을 이용하여 증기보일러의 효율을 높이기 위한 장치
① 과열기 ② 재열기
③ 절탄기 ④ 공기예열기

46 소요동력 40kw, 효율이 80%, 흡입양정 6m, 토출압력 20m인 보일러 급수펌프의 송출량(m³/min)은?

㉮ 5.6 ㉯ 6.5
㉰ 7.5 ㉱ 8.6

[해설] 축동력 $KW(L_s) = \frac{\gamma \cdot Q \cdot H}{102 \times \eta} [kW]$

$Q = \frac{102 \times n \times kwh}{r \times H} = \frac{102 \times 0.8 \times 40 \times 60}{1,000 \times (20+6)} = 7.53$

47 온수난방 배관 시공법에 대한 설명 중 틀린 것은?

㉮ 배관구배는 일반적으로 1/250 이상으로 한다.
㉯ 배관 중에 공기가 모이지 않게 배관한다.
㉰ 온수관의 수평배관에서 관경을 바꿀 때는 편심이음쇠를 사용한다.
㉱ 지관이 주관 아래로 분기될 때는 90°이상으로 끝올림 구배로 한다.

[해설] 지관이 주관 아래로 분기될 때는 90°이상으로 끝내림구배로 하지 말것

Answer
42. ㉱ 43. ㉮ 44. ㉮ 45. ㉯ 46. ㉰ 47. ㉱

48 보일러 내부 부식인 점식에서 제거 대상인 기체는?

㉮ 암모니아　㉯ 용존산소
㉰ 나트륨　㉱ 바나듐

해설 점식 : 물에 함유된 CO_2 와 용존산소 작용으로 점모양의 부식
발생장소 : 보일러동저면
방지법
① 용존산소 제거
② 아연판 부착
③ 방청도장, 보호피막(그래파이트)
④ 약한 전류통전

49 수위 자동제어 장치에서 수위와 증기유량을 동시에 검출하여 급수밸브의 개도가 조절되도록 한 제어방식은?

㉮ 단요소식　㉯ 2요소식
㉰ 3요소식　㉱ 모듈식

해설 단요소식(1요소식) : 수위만제어
2요소식 : 수위, 증기량 제어
3요소식 : 수위, 증기량, 급수량 제어

50 급수펌프에서 송출량이 $10m^3/min$ 이고, 전양정이 8m일 때, 펌프의 소요마력은? (단, 펌프 효율은 75%이다.)

㉮ 15.6PS　㉯ 17.8PS
㉰ 23.7PS　㉱ 31.6PS

해설 $\dfrac{1000 \times 10 \times 8}{75 \times 0.75 \times 60} = 23.7 PS$

51 수질 (水質)에서 탄산칼슘 경도 1ppm이란 물 1ℓ 속에 탄산칼슘 ($CaCO_3$)이 얼마나 포함된 경우인가?

㉮ 1mg　㉯ 10mg
㉰ 100mg　㉱ 1g

해설 칼슘경도 : 물 1ℓ 속에 $CaCO_3$ 1mg 함유한 것($CaCO_3$ 1PPM 경도(한국경도))
독일경도1° dH : 물 100cc 속에 CaO 1mg 함유한 것

52 원심형 송풍기에 해당하지 않는 것은?

㉮ 터보형　㉯ 다익형
㉰ 플레이트형　㉱ 프로펠러형

해설 원심형 송풍기 종류 : 터보형, 다익형, 플레이트형
프로펠러형은 축류형

53 증기난방에서 환수관의 수평배관에서 관경이 가늘어지는 경우 편심 리듀서를 사용하는 이유로 적합한 것은?

㉮ 응축수의 순환을 억제하기 위해
㉯ 관의 열팽창을 방지하기 위해
㉰ 동심 리듀서보다 시공을 단축하기 위해
㉱ 응축수의 체류를 방지하기 위해

해설 수평배관에서 관경이 가늘어지는 경우 편심 리듀서를 사용 하향 기울기를 주어 응축수 등의 체류를 방지한다.

54 아래 방열기 도시기호에 대한 설명으로 잘못된 것은?

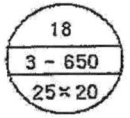

㉮ 3 : 3 세주형　㉯ 18 : 쪽수
㉰ 650 : 유출관경　㉱ 25 : 유입관경

해설 650 : 방열기 높이가 650mm

55 에너지이용 합리화법상 검사대상 기기 조종자가 퇴직하는 경우 퇴직 이전에 다른 검사대상기기 조종자를 선임하지 아니한 자에 대한 벌칙으로 맞는 것은?
㉮ 1천만원 이하의 벌금
㉯ 2천만원 이하의 벌금
㉰ 5백만원 이하의 벌금
㉱ 2년 이하의 징역

[해설] 검사대상기기 조종자를 선임하지 않을 때 1천만원 이하의 벌금

56 에너지이용 합리화법상 에너지소비효율 등급 또는 에너지소비효율을 해당 효율관리 기자재에 표시할 수 있도록 효율관리 기자재의 에너지 사용량을 측정하는 기관은?
㉮ 효율관리전문기관
㉯ 효율관리진단기관
㉰ 효율관리표준기관
㉱ 효율관리시험기관

[해설] 효율 관리자재의 에너지 소비효율, 사용량, 소비효율 등급 등을 측정하는 시험기관

57 에너지법에서 시공업자단체의 설립, 정관의 기재사항과 감독에 관한 사항을 정하는 자는?
㉮ 대통령 ㉯ 산업통상자원부
㉰ 에너지관리공단 ㉱ 시·도지사

[해설] 시공업자단체 설립, 정관기재사항, 감독에 관한 사항을 정하는 곳 : 대통령령

58 다음 유량계 중 용적식 유량계에 속하는 것은?
㉮ 벤튜리 유량계
㉯ 오리피스 유량계
㉰ 플로노즐 유량계
㉱ 오벌 기어식 유량계

[해설] 오벌 기어식 유량계
차압식 : 오리피스식, 플로노즐식, 벤튜리식
용적식 : 오벌기어식, 루트식

59 오르잣트(Orsat) 가스 분석기로 직접 분석할 수 없는 성분은?
㉮ N_2 ㉯ CO
㉰ CO_2 ㉱ O_2

[해설] 가스분석 순서 : $CO_2 \rightarrow O_2 \rightarrow CO$

60 에너지이용 합리화법상 검사 대상 기기 조종자를 반드시 선임해야 함에도 불구하고 선임하지 아니한 자에 대한 벌칙은?
㉮ 2천만원 이하의 벌금
㉯ 2년 이하의 징역 또는 2천만원 이하의 벌금
㉰ 1년 이하의 징역 또는 5백만원 이하의 벌금
㉱ 1천만원 이하의 벌금

[해설] 검사대상기기 조종자를 선임하지 아니한 자에 대한 **벌칙** : 1천만원 이하의 벌금

Answer   55. ㉮ 56. ㉱ 57. ㉮ 58. ㉱ 59. ㉮ 60. ㉱

에너지관리기능사

2024년 필기 복원형 문제 1회

01 고온 배관용 탄소강 강관 KS기호는?

해답) SPHT

02 슈미트 보일러는 어디에 속하나?

해답) 간접가열식

03 어떤 강철제 증기보일러 최고사용압력이 0.35MPa이면 수압시험 압력은?

해답) 0.35×2=0.7 MPa

04 에너지 이용 합리화 법상 시공업자 단체 설립, 정관 기재사항, 감독에 관한 사항을 정하는 곳은?

해답) 대통령령

05 두께가 13cm, 면적이 10m²인 벽이 있고 벽 내부온도 200℃, 외부온도가 20℃이고 열전도율이 0.02kcal/mh℃일 때 벽을 통해 전도되는 열량은?

해답) 276.9

$$Q = \frac{\lambda \times A \times (t_2 - t_1)}{b}$$
$$= \frac{10 \times 0.02 \times (200-20)}{0.13} = 276.92 \, kcal/h$$

06 오일 프리히터(오일여과기)의 정의와 목적, 종류, 예열 온도 중 틀린 것은?

해답) 오일프리히터(오일예열기) : 중유의 점도가 높아 분무 시 무화를 돕기 위해 가열하여 적정 점도로 유지하기 위해 가열하는 장치

해설) ① 목적 : 기름의 점도를 낮추어 무화를 좋게 하기 위함

② 종류 : 증기식, 온수식, 전기식

③ 예열온도 : (80 - 90℃)

07 굴뚝의 높이가 20미터, 대기온도 -10℃, 연소배기가스 평균온도 250℃ 경우 이론 통풍력은 약 얼마인가? (단, 표준 상태에서 공기 비중량은 1.29, 연소가스 비중량은 1.34)

해답)
$$= 20 \times 273 \left(\frac{1.29}{(273-10)} - \frac{1.34}{(273+250)} \right)$$
$$= 12.79 \, mmH_2O$$

08 수질에서 칼슘경도 1ppm을 옳게 정의한 것은?

해답) 물 1리터 속에 $CaCO_3$가 1mg 포함된 것 (ppm 단위의 정의를 묻는 문제)

해설) ① 칼슘경도 : 물 1ℓ 속에 $CaCO_3$ 1mg 함유한 것($CaCO_3$ 1PPM 경도(한국경도))

② 독일경도1° dH : 물 100cc 속에 CaO 1mg 함유한 것

09 보일러 내부부식인 점식에서 제거대상인 기체는?

해답) 용존산소

10 온도가 일정한 상태에서 기체의 체적은 압력에 반비례하는 것은 무슨 법칙인가?

해답) 보일의 법칙

① 보일의 법칙(Boyle law) : 일정 온도에서 기체가 차지하는 부피는 압력에 반비례
$$P_1 V_1 = P_2 V_2$$
② 샬의 법칙(Charle's law) : 일정 압력에서 기체가 차지하는 부피는 절대온도에 비례
$$\frac{V_1}{T_1} = \frac{V_2}{T_2}$$
③ 보일-샬의 법칙 : 기체의 부피는 압력에 반비례하고, 절대온도에 비례
$$\frac{P_1 V_1}{T_1} = \frac{P_2 V_2}{T_2}$$

11 화염의 이온화(전기전도성)를 이용한 화염검출기 종류는?

해답) 프레임 로드
- 프레임 아이 : 화염의 발광체(화염의 방사선을 전기 적신호로 바꿈) 이용(황화납셀, 황화카드뮴셀, 적외선광전관)
- 프레임 로드 : 화염의 이온화(전기전도성)이용(황화납셀, 자외선광전관)
- 스택 스위치 : 화염의 발열체 이용

12 환원염이란 무엇인가?

해답) 산소 부족으로 불완전 연소하여 미연분이 포함된 화염

13 자동제어방식 중 주어진 목표값과 조작한 결과인 제어량이 원인이 되어 제어동작을 되돌려 진행하는 것으로 출력측 신호를 입력측으로 돌려보내는 조작은?

해답) 피드백 제어

14 자동제어 신호전달제어방법에서 공기압식의 특징으로 맞는 것은?

해답) 전송 시 시간지연 발생

15 유류보일러 자동장치 점화방법 순서는?

해답) 송풍기 가동-연료펌프 기동-프리퍼지-점화용 버너 착화-주버너 착화

16 배관의 지지장치 중 배관의 하중을 밑에서 떠받쳐 지지해 주는 장치는?

해답) 파이프슈, 리지드 서포트, 스프링 서포트, 롤러 서포트

17 온수발생 보일러 전열면적이 20평방미터 이상일 경우 방출관의 크기는?

해답) 50mm

 온수발생 보일러의 방출관 크기

전열면적(m^2)	방출관안지름(mm)
10미만	25이상
10이상15미만	30이상
15이상20미만	40이상
20이상	50이상

18 강철제보일러 최고사용압력이 0.43MPa를 초과 1.5MPa 이하일 때 수압 시험 압력 기준은?

해답) 최고사용압력의 1.3배 + 0.3MPa

19 증기트랩중 겨울철에 동파 위험이 있는 트랩은?

해답) 열동식트랩

해설 트랩의 종류
- 기계식 트랩(증기와 포화수의 비중차에 의해): 버켓트(상향식,하향식), 플로우트식(다량트랩), 열동식트랩
- 온도조절식 트랩(증기와 포화수의 온도차에 의해): 벨로우즈식, 바이메탈식
- 열역학적 트랩(증기와 포화수의 열역학적 특성차에 의해): 오리피스식 디스크식

20 검사대상기기 조종자를 선임하지 아니한 자에 대한 벌칙은?

해답) 1천만원 이하 벌금

21 보일러 용량 5t/h 이하의 유류용 강철제 보일러에 있어서 배기가스 온도와 주위 온도와의 차이는 몇 도씨 이하이어야 하는가?

해답) 300℃

보일러용량(t/h)	배기가스온도차(℃)
5 이하	300 이하
5~20 이하	250 이하
20 초과	210 이하

22 탄소(C) 5kg을 완전연소시킬 때 이론 공기량을 체적(Nm^3)으로 계산하면 얼마인가?

해답) $C + O_2 \rightarrow CO_2$

12kg : $\dfrac{22.4 Nm^3}{0.21}$

5kg : X(Nm^3)

$\therefore$ X = $\dfrac{5kg \times \dfrac{22.4 Nm^3}{0.21}}{12kg}$ = : 44.44Nm^3

23 노통 연관식 보일러의 특징에 대한 설명으로 틀린 것은?

① 보일러의 크기에 비해 전열면적이 넓어서 효율이 좋다.
② 비수방지를 위해 비수방지관이 필요하다.
③ 노통 내부에서 연소가 이루어지기 때문에 열손실이 적다.
④ 증발속도가 느리므로 스케일 부착이 어렵다.

해답) ④

해설 증발속도가 빨라, 과열로 인한 스케일 부착이다.

24 수관보일러 종류는?

해답) 강제순환식 수관보일러

해설
가. 자연순환식 보일러
  a. 완경사 보일러 : 바브콕
  b. 경사수관 보일러 : 스네기찌, 다쿠마, 야로우
  c. 급경사 보일러 : 스털링, 가르베
  d. 곡관식 보일러 : 2동 D형

나. 강제순환식 보일러
  a. 단동보일러 : 라몬트, 베록스

다. 관류식 보일러
  a. 무동 보일러
  b. 관류 보일러 : 벤슨, 슐처, 소형관류, 앳모스, 람진

25 증기압력 제어량을 조작하는 것은?

해답) 연료량, 공기량의 조작량

해설 보일러자동제어 〈 제어량과 조절량 관계 〉

제어종류	제어량	조작량
자동연소제어 (A.C.C)	증기압력	연료량, 공기량
	노내압력	연소가스량
급수제어 (F.W.C)	보일러 수위	급수량
증기온도제어 (S.T.C)	증기온도	전열량

26 레듀샤의 기호는?

해답) ▷—

27 열역학 제1법칙을 옳게 설명한 것은?.

해답) 열역학 제1법칙(에너지보존의 법칙): 열은 일로, 일은 열로 상호 쉽게 교환시킬 수 있는 법칙으로 밀폐계에 전달되는 열량은 내부에너지 증가와 계가 한일의 합과 같다.
$Q \rightleftharpoons W$, $Q \rightleftharpoons AW$, $W \rightleftharpoons JQ$
여기서 W: 일[kg·m], Q: 열량[kJ],
J: 열의 일당량: 102.15[kg·m/kJ]= 427 [kg·m/kcal]
A: 일의 열당량: 0.0098 [kJ/kgm]=1/427 [kcal/kgm]

해설 열역학의 법칙

1) 열역학 제0법칙(열평형의 법칙): 온도차가 있는 물체가 고온은 저온으로, 저온은 고온으로 열평형을 이루는 법칙 (온도측정의 기초를 이루는 중요한 개념)

$$℃ = \frac{G \cdot C \cdot \Delta t + G' \cdot C' \cdot \Delta t'}{G \cdot C + G' \cdot C'} \quad G : 질량(kg),$$

C: 비열(kJ/kg℃), Δt: 온도차(℃)

2) 열역학 제2법칙(에너지흐름의 법칙): 일은 쉽게 열로 바뀌나 열은쉽게 일로 바뀔 수 없다는 법칙(에너지 변환의 방향성을 표시한 것)

28 집진장치 중 집진효율이 가장 좋은 것은?

해답) 전기식(코트렐): 집진효율이 가장 좋다. 전기의 코로나 방전이용한 집진장치

해설 집진효율: 전기식 > 여과식 > 원심력식 > 관성력식 > 중력식

29 아담슨 조인트에 대한 설명으로 옳은 것은?

해답) 아담슨 접합(Adamson joint): 노통의 열응력에 따른 신축 문제를 고려 1~2[m] 정도로 분할제작 플랜지 형식으로 접합한 방식으로 강도 보강, 노통 후부의 이음부를 보호하는 목적

해설 아담슨 조인트 설치상 잇점
① 노통의 강도보강
② 노통의 신축조절
③ 리벳트 보호

30 부식방지제 종류 및 역할을 옳게 설명한 것은?

해답) 청관제 기능: pH, 알카리도조정, 슬러지조정, 가성취화 억제
pH, 알카리조정제: 가성소다, 탄산소다 (고압보일러는 온도가 높아지면 탄산가스, 산화나트륨으로 분해되어 사용치 않음), 제3인산 나트륨, 암모니아(아닌 것: 황산나트륨)

해설 관수연화제(경도성분을 슬러지로 만들기 위함: 수산화나트륨, 탄산나트륨, 인산나트륨(아닌 것: 황산나트륨)
슬러지조정제(탄산가스 발생되므로 저압보일러만 사용): 탄닌, 리그린, 전분
탈산소제: 아황산소다(황산나트륨이 되어 고형물 증가 유발하므로 저압보일러에 사용), 히드라진(고압보일러용), 탄닌(아닌 것: NH_3)
가성취화 억제제: 질산나트륨, 인산나트륨, 탄닌, 리그린

31 스케줄 번호의 정의는?

해답) 스케줄 번호(Sch.No) : 관의 두께를 나타내는 번호

$10 \times \dfrac{P}{S}$ P : 사용압력 kg/cm²,

S : 허용응력 kg/mm² =인장강도/안전율(4)

32 증기보일러에 수면계는 몇 개인가? (소용량 및 제1종 관류보일러는 제외)

해답) 증기보일러는 2개 이상(소용량 및 소형관류보일러는 1개)의 유리수면계를 부착하여야 한다. 다만, 단관식 관류보일러는 제외, 유리수면계는 보일러 동체에만 부착하여야 하며 수주관에 부착하는 것은 금지.

33 연소실 내의 미연소 가스에 의한 폭발이나 역화발생 시 그 폭발압을 외부로 방출시키는 안전장치는?

해답) 방폭문(폭발구)

설치 위치 : 연소실 후부나 좌, 우측에 설치
종류 : 개방식, 밀폐식(스프링식)

34 압력계에 부착시키는 증기관을 동관으로 사용할 때 사이폰관 굵기는?

해답) 6.5mm 이상

• 압력계로 가는 증기관은 최고사용압력에 견디는 것으로 그 크기는 황동관 또는 동관을 사용한 때는 안지름 6.5(mm) 이상, 강관 사용시 12.7(mm) 이상 (단, 증기온도 210℃ 초과시는 황동관. 동관사용 불가)
• 사이폰관 : 고온의 증기로부터 압력계를 보호하기 위해 사용하며 안지름은 6.5(mm) 이상

35 절탄기, 공기 예열기의 저온 부식의 원인물질은?

해답) 유황

• 저온부식 : 연료 중 황 성분에 의한 저온 전열면(150℃~170℃) 부식으로 공기예열기, 절탄기 등에서 일어남
• 방지책 : 중유전처리로 황분제거, 황산가스 노점을 내린다, 전열면 내식처리, 배기가스 중 CO_2 %는 올리고, O_2% 내린다.

36 인젝터의 기능 저하 원인이 아닌 것은?

해답) 인젝터의 작동 불량 원인
① 급수 온도가 높을 때(50℃ 이상)
② 증기 압력이 낮거나(2kg/cm² 이하), 높을 때(10kg/cm² 이상)
③ 노즐의 마모 시
④ 흡입관(급수관)에 공기 누입시
⑤ 인젝터 자체 온도가 높을 때
⑥ 증기가 너무 건조하거나 습할 경우

37 설치에 넓은 장소를 필요치 않고 신축에 의한 응력을 일으키지 않는 신축 조인트는?

해답) 벨로우즈형(주름통형, 팩렉스형, 파형) : 일명 팩래스 신축이음이라 하며 설치 장소를 적게 차지하고 응력과 누설이 적으나 신축에 의한 피로현상 때문에 주로 스테인레스제를 많이 사용

벨로우즈 이음의 특징
① 설치 장소가 적고 응력이 적어 누설이 없다.
② 고압 배관에는 부적당하다.
③ 주름이 있는 곳에 응축수로 인한 부식의 염려가 있다.

38 신축곡관식 신축이음 굽힘 반지름은 관지름의 몇 배인가?

해답) 6배

루프형(만곡관형) : 이음부가 없기 때문에 주로 옥외 고압배관에 적합하며 유체의 마찰저항을 줄이기 위해 구부림의 반지름은 관지름의 6배 이상으로 한다.

39 증기트랩 중 비중력 차이를 이용한 트랩은?

해답) 기계적 트랩

- 기계식 트랩(증기와 포화수의 비중력차에 의해) : 버켓트(상향식,하향식), 플로우트식 (다량트랩)
- 온도조절식 트랩(증기와 포화수의 온도차에 의해) : 벨로우즈식, 바이메탈식
- 열역학적 트랩(증기와 포화수의 열역학적 특성차에 의해) : 오리피스식

40 캐리오버 발생 원인은?

- 비수현상(carry over)케리오버 : 물방울이 수면 위로 튀어 올라 송기되는 증기속에 포함되어 나가는 현상.
- 비수현상 발생 원인 : 관수의 농축, 관수중의 부유물, 유지분, 증기발생 속도가 빠름, 주증기 밸브의 급개, 고수위시, 부하의 급변 시

42 상당증발량, 증발계수, 증발율, 증발배수 등의 설명 중 틀린 것은?

① 상당(환산) 증발량[kg/h]: 환산 증발량(=기준 증발량)이라고도 하며 표준대기압 하에서 100℃의 포화수가 100℃의 건포화 중기로 변화시키는 경우의 1시간당 증발량

$$Ge = \frac{G(h'' - h_1)}{539} \; [kg/h]$$

$$Ge = G \frac{(h'' - h_1)}{539} \; [kg/h]$$

539 : 표준상태 대기압(1.0332[kg/cm2])에서의 증발잠열[kcal/kg]

② 증발계수 [단위 없음] : 보일러에서 발생한 순수 열량을 표준 상태의 증발잠열로 나눈 값

$$\frac{(h'' - h_1)}{539}$$

③ 증발률[kg/m²h] :보일러의 전열면적 1[m²]당 1시간 동안의 실제 증발량

G : 시간당 실제 증발량 [kg/h]
HA: 전열면적 [m²]

(1) 전열면(실제) 증발률 = $\frac{G}{HA}$ [kg/m²h]

(2) 전열면 상당 증발률 = $\frac{Ge}{HA}$ [kg/m²h]

④ 증발 배수[kg/kg 연료] : 연료 1[kg]이 발생시킨 증발 능력

(1) 증발 배수= $\frac{G}{Gf}$ [kg/kg 연료]

(2) 환산증발 배수= $\frac{Ge}{Gf}$ [kg/kg연료]

Gf : 시간 연료 소비량 [kg/h 연료] (연료 1[kg]이 발생시킨 환산 증발 능력)

43 보일러 열정산의 목적이 아닌 것은?

해답) 열정산의 목적: 열의 손실을 파악, 열설비의 성능 능력을 파악, 조업 방법의 개선, 열 설비의 구축자료

44 상당증발량 구하는 계산식을 옳게 설명한 것은?

해답) 환산 증발량(=기준 증발량)이라고도 하며 표준대기압 하에서 100℃의 포화수가 100℃이의 건포화중기로 변화시키는 경우의 1시간당 증발량 $\frac{Ga(h_2 - h_1)}{539}$

45 실제증발량 1,300kg/h, 증기엔탈피 660 [kcal/kg], 급수온도 35℃, 전열면적 50m² 인 노통연관식 보일러의 전열면 열부하는?

해답) $\dfrac{1300(660-35)}{50} = 16,250$

46 소요동력 40kw, 효율이 80%, 흡입양정 6m, 토출압력 20m인 보일러 급수송출량 (m³/min)은?

해답) 축동력 $KW(L_s) = \dfrac{\gamma \cdot Q \cdot H}{102 \times \eta}[kW]$ Q

$Q = \dfrac{102 \times n \times kwh}{r \times H}$

$= \dfrac{102 \times 0.8 \times 40 \times 60}{1,000 \times (20+6)} = 7.53$

47 연료 중 가연성분이 아닌 것은?

해답) 산소

해설 연료의 주성분 : C(탄소), H(수소), O(산소)
연료의 가연성분 : C(탄소), H(수소), S(황)

48 천연가스의 주성분은?

해답) CH_4(메탄)

49 보일러의 역화(back fire) 원인을 설명한 것 중 틀린 것은?

해답) 점화 시 착화를 빨리한 경우

해설 역화원인 : 점화 시 공기보다 연료를 먼저 노 내에 공급하였을 경우, 노 내의 미연소 가스가 충만해 있을 때 점화하였을 경우, 연료 밸브를 급개하여 과다한 양을 노 내에 공급하였을 경우

50 건식 집진장치 종류가 아닌 것은?

해답) 가압수식

해설 건식집진장치 : 중력침강식, 관성력식, 원심력식, 여과식, 전기식

습식집진장치
① 세정식 : 로터리(회전)형, 분수형, 나선 가이드 베인형
② 가압수식 : 벤튜리 스크루버, 싸이클론 스크루버, 젯트 스크루버, 충전탑

51 연료유의 분무흐름이나 연소공기 사이에서 저유속 흐름을 유도하여 불꽃의 안정성을 유지하는 장치는?

해답) 보염기

해설 보염기 종류 : 윈드박스, 스테빌라이져(보염기), 버너타일, 콤버스터

52 통풍력을 증가시키는 방법이 아닌 것은?

해답) 배기가스의 온도를 낮게 한다.

해설 통풍력을 증가시키는 방법
① 연돌의 높이를 높인다.
② 배기가스 온도를 높인다.
③ 굴곡부를 줄인다.(굴곡부 3개소 이내)
④ 연돌 상부단면적을 크게

53 스케줄 번호가 20, 허용응력이 20kgf/mm² 일 때 사용 압력은 (kg/cm²)?

해답)

$20 = 10 \times \dfrac{P}{20}$ (P : 사용압력, S : 허용응력

kg/mm²=인장강도/안전율(4))

∴ P = 40(kg/cm²)

54 온도변화는 없고, 상 변화만 있는 것은?

해답) 잠열

55 보일러 열손실 중 가장 큰 비중을 차지하는 것은?

해답) 배기가스로 인한 손실열

열손실 : 배기가스 손실열, 노벽 방열 손실, 불완전 연소가스에 의한 열손실, 미연분에 의한 손실열, 무화공기에 의한 손실열

56 시·도지사는 지역에너지 계획을 수립할 때 이를 누구에게 제출하는가?

해답) 산업통상자원부장관

57 0.5KJ을 kcal로 변환하면?

해답) 0.12

1Kcal=4.18KJ에서 $\frac{0.5KJ}{4.18KJ} = 0.12 Kcal$

58 온수난방 팽창탱크의 역할이 아닌 것은? 또는 팽창탱크에 관한 설명이 틀린 것은?

해답) 팽창탱크 역할(장치 내 온수팽창량 흡수, 부족한 난방수 보충, 장치 내 일정한 압력 유지, 장치 내 공기 배출)

59 방열기 쪽 수 구하는 문제식은?

해답) 방열기 쪽수(N)
= $\frac{난방부하(Q)(kJ/h)}{표준방열량(kJ/m^2h) \times 방열기쪽당면적(m^2)}$

60 산세척 처리 순서는?

해답) 전처리 → 수세 → 산액처리 → 수세 → 중화 방청처리

에너지관리기능사

2024년 필기 복원형 문제 2회

01 신설보일러 설치 후 가동 전 점검 사항은?

해답) 점검사항(연도의 배플, 그을음 제거 상태, 댐퍼의 개폐상태 점검, 기수분리기와 기타 부속품의 부착상태와 공구나 볼트, 너트, 헝겊 조각 등이 남아있는가 확인, 압력계, 수위제어기, 급수장치 등 본체와의 접속부 풀림, 누설, 콕의 개폐 등 확인)

02 보일러 강판이나 관의 두께 속에 두 장의 층을 형성하는 것은?

해답) 라미네이션

해설 보일러손상 종류
① 압궤 : 노통이나 화실 등이 외부압력에 의해 오목하게 들어가는 현상
② 팽출 : 과열된 부분이 내압에 의해 부풀어 오르는 현상
③ 라미네이션 : 보일러 강판이나 관이 2장의 층으로 갈라지는 현상
④ 브리스터 : 보일러 강판이나 관이 2장의 층으로 갈라지면서 화염에 접합 부분이 부풀어 오르는 현상

03 다음 중 팽출을 설명한 것 중 옳은 것은?

해답) 과열된 부분이 내압에 의해 부풀어 오르는 현상

04 안전사고발생의 원인 중 큰 순서로 옳은 것은?

해답) 보일러 사고통계 중 가장 많은 사고 : 가스폭발사고, 그 다음이 저수위 사고

05 동관용 공구들을 설명하시오.

해답)
① 플레어링툴 : 동관의 압축이나 접합용으로 나팔관 모양으로 만드는 공구
② 사이징 툴 : 동관 끝을 원형으로 교정하는 공구
③ 벤더 : 벤딩용 공구
④ 리이머 : 동관 거스러미 제거용 공구
⑤ 튜브커터 : 동관 절단용 공구
⑥ 티뽑기 : 동관의 분기관 성형 시 사용

06 플라스턴 접합은 어떤 관이음법인가?

해답) 연관이음법

해설 플라스턴 접합법 종류
① 수전소켓접합
② 맨더린 접합
③ 지관 접합
④ 직선 접합
⑤ 맞대기 접합
· 연관용융온도 : 327℃
· 플라스턴용융온도 : 232℃

07 관에 직접 접속하여 배관의 수평부와 곡관부를 지지하는 것은?

해답) 파이프 슈

08 320용량이 10t/h 이하인 보일러 조종자의 자격은?

해답) 에너지관리기능사, 산업기사, 기사

해설 용량 10t/h를 초과~30t/h 이하 : 에너지산업기사 이상
용량 30t/h 초과 : 에너지기사 이상

09 효율관리기자재의 제조업자, 수입업자에게 생산 또는 판매 금지 명령에 위반한 자에 대한 벌칙은?

해답) 2천만원 이하의 벌금

10 배관을 피복하지 않았을 때 방산열량이 2,174 kJ/m², 보온재를 피복했을 때 방산열량이 1,463 kJ/m²이다. 보온재의 보온효율(%)은 약 얼마인가?

해답) 32%

해설) 1. 60% 2. 80% 3. 32% 4. 100%)
$\dfrac{2174-1463}{2174} \times 100\% = 327$

11 특수 열매체 보일러의 열매체로 사용되지 않는 것은?

해답) 아세틸라이드

해설) 열매체 : 수은, 다우섬, 카네크롤액 등(아세틸라이드는 폭발성 물질)

12 보일러 안전장치와 거리가 먼 것은?

해답) 감압밸브(송기장치)

해설) 안전장치 : 화염검출기, 압력제한기, 가용전, 안전밸브 등

13 보일러 효율 시험 시 열계산의 기준에 관한 설명은?

해답) 증기의 건도는 0.98

해설) 열계산 기준 : 측정시간은 2시간 이상, 고위발열량으로 측정, 연료 비중 0.963 [kg/ℓ], 증기의 건도 0.98, 사용한 연료 1[kg]에 대하여, 압력변동은 ±7%이내로(증기 발생량의 변동은 ±15%), 측정은 10분마다.

14 복사난방을 대류난방과 비교할 때 장점을 설명한 것 중 틀린 것은?

해답) 가열 대상이 구조체이므로 열용량이 작아 필요에 따라 즉각적 대응이 용이

해설) 복사 난방의 장·단점
① 장점 : 쾌감도가 좋다. 실내공간의 이용률이 높다(방열기 설치 불필요). 동일 방열량에 대한 열손실이 적다.
② 단점 : 매입배관이므로 시공/수리 곤란. 외기 온도 변화에 대한 조절이 곤란. 고장 발견이 곤란하고 시설비가 비싸다.

15 증기난방 배관의 설명 중 옳지 않은 것은?

해답) 습식 환수관의 주관은 보일러 수면보다 높은 곳에 배관한다.

해설) **건식환수관** : 환수관이 보일러 수면보다 높게 설치, 응축수가 체류할 곳에 열동식 트랩을 설치.
습식 환수관 : 환수관을 보일러 수면보다 낮게 설치

16 증기난방에서 하트포트 연결법이란?

해답) 저압증기 난방장치에 사용

해설) **하트포트 접속** ; 저압증기난방의 습식 환수방식에 있어 증기관과 환수관 사이에 저수위사고 방지를 위해 표준수면에서 50[mm] 아래로 균형관 설치

17 방열기 설치 시 창문 아래 설치하는 이유?

해답) 실내공기가 대류작용에 의해 순환이 잘 되도록 하기 위함

18 온수 보일러 방열기 입구온도 80℃, 출구온도 40℃, 온수 순환량 500kg/h일 방열기 방열량(KJ)은?(단, 온수의 평균 비열은 4.18 KJ/ kg·℃)

해답) 500kg/h×4.18KJ/kg.℃×40℃
=83,600KJ

19 에너지 절약을 위한 관리, 용역과 에너지 절약형 시설 투자에 관한 사업을 하는 곳은?

해답) 에너지절약전문기업

20 보일러 보존시 건조제로 쓰이는 것이 아닌 것은?

해답) 염화마그네슘

해설) **건조제 종류** : 실리카겔, 활성알루미나, 염화칼슘

21 보일러 기관작동을 저지 시키는 인터록에 속하지 않는 것은?

해답) 저압력 인터록

해설) **인터록제어** : 보일러 운전 중 어떠한 한가지라도 이상현상이 발생되면 다음 동작하지 못하게 보일러를 자동 정지시키는 제어

22 스테인레스 TIG 용접 시 주의사항은?

해답) 용접전류는 고전류를 사용하고 아크는 길게 한다.

해설) 티그용접의 전류는 전류에 적합한 굵기의 용접봉과 아크길이는 적당할 것

23 보일러 열효율 계산식은?

해답) $\frac{공급열량-손실열량}{공급열량} \times 1$

해설) 열효율식 : $\frac{입열-손실열}{입열} \times 100\%$

24 일명 팩리스 신축이음쇠라고도 하며, 설치에 넓은 장소를 필요로 하지 않고 신축에 의한 응력을 일으키지 않는 신축이음쇠는?

해답) 벨로즈형

해설) 벨로즈형(주름통, 팩리스, 파형) 특징 : 설치 장소가 적다. 응력, 누설 적다.

25 화염검출기 중 화염의 이온화를 이용한 검출기는?

해답) 프레임 로드

해설) **화염검출기의 종류**
① 프레임 아이(빛의 발광체 이용) : (광학적 성질) 방사선을 전기적 신호로 바꾸어 화염의 정상유무 검출
② 프레임 로드(가스연료용) : 화염의 이온화 현상을 전기전도성으로 검출.
③ 스텍 스위치 : 화염의 발열현상을 이용한 바이메탈에 의한 팽창현상으로 화염검출 〈연도에 설치〉

26 화학적 가스분석계에 해당하는 것은?

해답) 오르잣트법

가스분석계 구분

종류	구분	측정 방법	측정 가스	분석계 기 및 분석법
화학적 가스 분석계	화학반응이용	연소 열법	H_2, CO, CmHn 등의 가연성 기체 및 산소	미연소 가스계(H_2+CO) 연소식 O_2계
		오르 잣트 법	$CO_2 \rightarrow O_2 \rightarrow CO$ 흡수액 (실내에 쉽게 용해되는 기체)	간헐자 동측정 식 자동화 학식 CO_2계
물리적 가스 분석계	물성정수이용	열전 도율 법	2성분으로 볼 수 있는 혼합기체 또는 열전도율이 어느 정도 다른 2성분	전기식 CO_2계
		밀도 법	밀도가 어느 정도 다른 2개의 성분이나 2성분으로 간주되는 혼합기체	라우터 계 라나렉 스계
		가스 크로 마토 그래 프법	비점 및 기체가 300[℃] 이하의 액체	간헐자 동측정 식
	전기적 성질이용	도전 율법	물이나 용액에 녹아 도전율이 변해지는 기계	저농도 가스측 정
		세라 믹법	산소(O_2)가스	지르코 니아식
	자기적 성질이용	자화 율법	산소(O_2)가스	자기식 O_2계
	광학적 성질이용	적외 선흡 수법	H_2, O_2, N_2(2원자분자) 이외의 가스	

27 원통형 보일러에 해당되지 않은 것은?

해답) 관류형 보일러

보일러의 종류

보일러의 종류	원통형	입형	입형 횡관식, 입형 다관식(연관식), 코크란
		횡형	노통	코르니쉬, 랭커셔
			연관	횡 연관식, 기관차, 케와니(기관차형)
			노통 연관	스코치, 하우덴 존슨, 노통 연관 팩케이지형
	수관식	자연 순환 식	바브콕, 쓰네기찌, 타쿠마, 2동 D형, 야로우, 3동 A형, 방사
		강제 순환 식	베록스, 라몬트
		관류 식	벤슨, 슐저어, 엣모스, 람진, 소형관류
	주철제	주철제 섹셔널 보일러	
	특수 보일러	특수 액체 보일 러	열매체 보일러(수은, 다우섬)
		특수 연료 보일 러	버케스, 흑액, 소다 회수, 바크
		폐열 보일 러	리히, 하이네
		간접 가열 보일 러	슈미트, 레플러

28 방열기 도시기호의 설명으로 옳은 것은?

해답) 길드(G) 방열기로 쪽수 8개

29 석유계 가스에 속하지 않는 것은?

해답) 코르크가스(석탄계가스)

석유계 가스 : 나프타 분해가스, 오프(정유)가스, LPG변성가스,

30 응축수 환수방법 중 대규모 난방에 많이 채택하는 것은?

해답) 진공환수식

31 용량이 10t 이하의 보일러의 조정자의 자격 기준은?

해답) 에너지기능사 이상

🔍 용량 10t/h를 초과 ~ 30 t/h 이하 : 에너지산업기사 이상
용량 30t/h 초과 : 에너지기사 이상

32 배관을 위에서 끌어당겨 지지할 목적으로 사용되는 지지가 아닌 것은?

해답) 앵커(리스트레인트 종류 : 스톱, 가이드)

🔍 행거 : 배관 하중을 위에서 끌어 당겨 지지쇠 (리지드, 스프링, 콘스탄트행거)

33 상당증발량 계산식?

해답) $Qe = \dfrac{Q(h'' - h')}{539}$

🔍 상당(환산) 증발량[kg/h]: 환산 증발량(기준 증발량)이라고도 하며 표준대기압 하에서 100℃의 포화수가 100℃의 건포화증기로 변화시키는 경우의 1시간당 증발량

34 고온부식의 원인 물질로거리가 먼 것은?

해답) 철

🔍 고온부식 원인물질 : 나트륨, 유황(황산나트륨), 바나듐
저온부식 원인물질 : 유황(황화수소)

35 산세처리 순서는?

해답) 전처리-수세-산액처리-수세-중화 방청처리

36 에너지수급안정을 위하여 산통부장관이 취할 수 있는 사항은?

해답) 산업별, 주요 공급자별, 에너지 할당 지역별, 주요 수급자별 에너지 할당은 해당

37 보일러 급수처리 방법 중 선박용 보일러에 사용하는 방법은?

해답) 증류법

🔍 증류법은 기폭 및 탈기 방법으로 5000ppm 이하의 고형물 농도에서는 비경제적으로 선박용 보일러 급수처리에 사용

38 보일러 외부부식 발생원인과 거리가 먼 것은?

해답) 급수 중 유지류, 산류, 탄산가스, 염류 등 불순물에 의한 작용(내부부식 원인)

🔍 보일러 외부부식 발생원인 : 빗물, 지하수 등 습기나 수분에 의해, 증기나 보일러 수등 누출로 인한 습기나 수분에 의해, 연소가스 속의 부식성 가스에 의해

39 강철제 증기보일러의 안전밸브 부착에 관한 설명 중 잘못된 것은?

해답) 보일러 동체에 직접 부착하지 않는다.

🔍 안전밸브 부착 : 밸브축을 수직으로 하여 본체에 직접 부착, 쉽게 검사할 수 있는 곳, 압력이 높게 걸리는곳, 밸브부착은 플랜지, 용접 또는 나사접합식으로

40 보일러 계속 사용 검사 기준 중 내부 검사에 관한 설명이 아닌 것은?

해답) 내용물의 외부 유출 및 본체의 부식이 없어야 한다. (외부검사항목)

41 보일러 수압시험 시의 시험수압은 규정된 압력의 몇 % 이상을 초과하지 않도록 해야 하는가?

해답) 6%

42 화염검출기 기능불량과 대책을 설명한 것 중 틀린 것은?

해답) 점화전극의 고전압이 프레임 로드에 흐를 때 전극과 불꽃 사이를 넓게 분리(전극과 불꽃 사이는 적당한 간격)

43 강관 용접접합의 특징에 대한 설명 중 틀린 것은?

해답) 보온피복 시공이 어렵다.

▶ 용접접합의 특징 : 접합부 강도 크다, 관내유체 저항 손실 적다, 누수 염려가 적다, 보온피복시공 용이

44 액체연료 중 경질유에 주로 사용하는 기화연소방식의 종류에 해당하지 않는 것은?

해답) 무화식

▶ 경질유 : 기화연소방식
중질유 : 무화연소방식

45 관을 아래서 지지하면서 신축을 자유롭게 하는 지지물은 무엇인가?

해답) 롤러 서포트

▶ 써포트 : 배관 하중을 밑에서 떠받쳐 지지해주는 장치(리지드, 스프링, 롤러),

46 보일러에서 분출사고 시 긴급조치 사항으로 틀린 것은?

해답) 압입통풍을 가동시킨다(관계없음)

▶ 급수하여 수위 저하를 막고 수위 유지, 연소를 정지, 연도 댐퍼를 전개한다.

47 에너지이용 합리화법상 평균 에너지 소비 효율에 대하여 총량적인 에너지 효율의 개선이 특히 필요하다고 인정되는 기자재는?

해답) 승용자동차

▶ 효율관리기자재 : 자동차, 전기냉장고, 전기냉방기, 전기세탁기, 조명기기 삼상유도전동기

48 증기의 압력이 커질 때 그 값이 증가하는 것이 아닌 것은?

해답) 증발잠열

▶ 증기압이 높을 때 현상 : 증발잠열 감소, 현열, 전열량, 포화온도, 엔탈피 증가

49 구루빙(구식)이란?

해답) 이음부 부근에서 발생하는 도랑형태 부식, 수면선을 따라 얇은 패임의 띠 모양 부식

▶ 발생장소
① 노통보일러 플랜지 둥근 부분
② 코르니시/랭카셔보일러 노통의 플랜지 만곡 부분
③ 가셋트 스테이 부착 부분
④ 접시형경판의 구석 둥근 부분
방지법
① 용존산소 제거
② 아연판 부착
③ 방청도장, 보호피막(그래파이트)
④ 약한전류 통전

50 정기점검(계획점검)은 일정 기간마다 정기적으로 실시하는 점검으로 검사의 유효기간이 틀린 것은?

해설)
① 용접 및 구조검사 : 없음
② 설치검사 / 개조검사
  ㉠ 보일러 : 1년
  ㉡ 압력용기 : 2년
  ㉢ 철금속 가열로 : 2년
③ 계속 사용성능검사 : 1년
④ 계속 사용검사
  ㉠ 보일러: 1년
  ㉡ 압력용기 : 2년
  ㉢ 철금속가열로 : 2년

51 보일러수동점화 방법은?

해답) 노내 통풍압 조절 → 점화봉에 불을 붙여 노내 버너 끝의 전방 하부 1m 정도에 둔다. → 5초 이내에 착화되지 않으면 처음부터 재점화

해설) 자동점화순서: 노내환기 → 버너작동 → 노내압조정 → 착화버너작동 → 화염검출 → 전자밸브 열림 → 점화 → 공기댐퍼작동 →저, 고연소

52 에너지 사용자 및 공급자 의무(온실가스배출을 줄이기 위한 노력)를 설명하시오.

해답) 온실가스 배출을 줄이기 위한 노력

해설)
1) 국가 : 에너지의 수급안정과 합리적이고 효율적인 이용도모 및 온실가스 배출을 줄이기 위한 종합적인 시책 강구 및 시행할 책무
2) 지방자치단체 : 국가의 에너지정책, 시책과 지역에너지 시책을 수립·시행할 책무
3) 에너지공급자, 에너지사용자 : 국가와 지방자치단체의 에너지 시책에 적극 참여, 협력하고, 에너지의 생산·전환·수송·저장·이용 등 안전성, 효율성, 환경친화성을 극대화하도록 노력
4) 국민 : 일상생활에서 국가와 지방자치단체의 에너지 시책에 적극 참여, 협력하고, 에너지를 합리적이고 환경친화적으로 사용하도록 노력

53 보온재(단열재) 구비조건은?

해답)
① 열전도율 작을 것
② 부피, 비중작을 것
③ 독립기포의 고다공질이며 균일할 것
④ 흡습, 흡수성이 적을 것

54 수관식 보일러 특징으로 설명으로 틀린 것은?

해답) 보유 수량이 많아 파열 시 피해가 크다.

해설) 수관 보일러 특징 : 고압 대용량, 보유 수량에 비해 전열 면적이 크고, 증기 발생시간이 짧다. 보일러 수 순환이 좋고, 효율이 높다. 보유 수량이 적어 파열 시 피해 적다. 구조가 복잡하여 점검·청소가 곤란, 급수 관리가 필요.

55 보일러 내에 사용하는 열매체를 물 이외의 매체를 사용하여 저압에서 고온의 증기를 얻을 수 있는 보일러 종류는?

해답) 수은, 다우섬, 쎄큐리티53, 모빌썸, 카네크롤 등

해설) 특징
① 저압에서 고온을 얻기 쉽다.
② 겨울에 동결의 우려가 적다.
③ 급수장치가 필요 없다.

56 복사 난방의 장단점이 틀린 것은?

 ① 장점 : 쾌감도가 좋다. 실내공간의 이용율이 높다(방열기 설치 불필요). 동일 방열량에 대한 열손실이 적다.
② 단점 : 매입 배관이므로 시공/수리 곤란. 외기 온도 변화에 대한 조절이 곤란. 고장 발견이 곤란하고 시설비가 비싸다.

57 보일러 내 가스제거법은?

해답) 탈기법

 보일러 내 가스는 점식을 유발 : 물에 함유된 산소 작용과 CO_2으로 점모양의부식
발생장소 : 보일러동저면
방지법
① 용존산소제거(탈기법)
② 아연판부착
③ 방청도장, 보호피막(그래파이트)
④ 약한 전류통전

58 보일-샬 법칙을 옳게 설명한 것은?

해답) 기체의 부피는 압력에 반비례하고, 절대온도에 비례한다.

 ① 보일의 법칙(Boyle law) : 일정 온도에서 기체가 차지하는 부피는 압력에 반비례
$P_1 V_1 = P_2 V_2$
② 샬의 법칙(Charle's law) : 일정 압력에서 기체가 차지하는 부피는 절대온도에 비례
$\dfrac{V_1}{T_1} = \dfrac{V_2}{T_2}$
③ 보일-샬의 법칙 : 기체의 부피는 압력에 반비례하고, 절대온도에 비례
$\dfrac{P_1 V_1}{T_1} = \dfrac{P_2 V_2}{T_2}$

59 관류보일러를 제외한 증기보일러에는 통상 몇 개 이상의 유리 수면계를 부착해야 하는가?

해답) 2개 이상

60 증기의 압력에너지를 이용하여 피스톤을 작동시켜 급수를 하는 비동력 펌프는?

해답) 워싱턴 펌프

 워싱턴 펌프 : 무동력 급수장치로 증기의 압력을 이용하여 스톤을 작동시켜 급수하는 펌프

 **에너지관리기능사**

2025년 필기 복원형 문제 1회

01 에너지이용합리화법상 검사대상기기 조종자를 반드시 선임해야함에도 불구하고 선임하지 아니한 자에 대한 벌칙은?
① 2천만원 이하의 벌금
② 2년 이하의 징역 또는 2천만원 이하의 벌금
③ 1년 이하의 징역 또는 5백만원 이하의 벌금
④ 1천만원 이하의 벌금

 검사대상기기 조종자를 선임하지 아니한 자에 대한 벌칙 : 1천만원 이하의 벌금

02 다음중 수관식 보일러 종류가 아닌 것은?
① 다꾸마 보일러 ② 가르베 보일러
③ 야로우 보일러 ④ 하우덴 존슨 보일러

수관식 보일러 종류
① 자연순환식 : 바브콕, 쓰네기찌, 다꾸마, 야로우, 2동D형
② 강제순환식 : 베록스, 라몬트
③ 관류식 : 벤슨, 슐져, 엣모스, 람진, 소형관류
※ 노통연관 보일러 : 하우덴 존슨, 스코치, 노통연관 패키지

03 보일러 내부의 건조방식에 대한 설명 중 틀린 것은?
① 건조제로 생석회가 사용된다.
② 가열장치로 서서히 가열하여 건조시킨다.
③ 보일러 내부 건조 시 사용되는 기화성 부식 억제제(VCI)는 물에 녹지 않는다.
④ 보일러 내부 건조 시 사용되는 기화성 부식 억제제(VCI)는 건조제와 병용하여 사용할 수 있다.

건조제로는 생석회, 건조제, 기화성 부식 억제제(VCI)(물에 녹는다) 등을 사용한다.

04 보일러 급수처리 방법 중 5000ppm 이하의 고형 물농도에서는 비경제적이므로 사용하지 않고, 선박용 보일러에 사용하는 급수를 얻을 때 주로 사용하는 방법은?
① 증류법 ② 가열법
③ 여과법 ④ 이온교환법

증류법 : 물을 가열하여 증기를 발생시키고, 이 증기를 냉각하여 다시 물로 변환시키는 방법으로 고형물과 불순물들이 제거되고, 비교적 경제적이면서도 효과적인 방법으로, 선박용 보일러 급수로 사용한다.

05 안전밸브의 종류가 아닌 것은?
① 레버 안전밸브 ② 추 안전밸브
③ 스프링 안전밸브 ④ 핀 안전밸브

안전밸브의 종류 : 스프링식, 레버식, 추식, 릴리프식, 가용전식, 파열판식 등

06 보일러의 손상에서 팽출(膨出)을 옳게 설명한 것은?
① 보일러의 본체가 화염에 과열되어 외부로 불룩하게 튀어나오는 현상
② 노통이나 화실이 외측의 압력에 의해 눌려 쭈그러져 찢어지는 현상
③ 강판에 가스가 포함된 것이 화염의 접촉으로 양쪽으로 돌출되는 현상
④ 고압보일러 드럼 이음에 주로 생기는 응력 부식 균열의 일종

보일러손상
① 압궤 : 노통이나 화실 등이 외부 압력에 의해 오목하게 들어가는 현상
② 팽출 : 과열된 부분이 내압에 의해 부풀어 오

Answer
01. ④ 02. ④ 03. ③ 04. ① 05. ④ 06. ①

르는 현상
③ 라미네이션 : 보일러 강판이나 관이 2장의 층으로 갈라지는 현상
④ 브리스터 : 보일러 강판이나 관이 2장의 층으로 갈라지면서 화염에 접합 부분이 부풀어 오르는 현상

07 증기보일러에 설치하는 유리수면계는 2개 이상이어야 하는데 1개만 설치해도 되는 경우는?

① 소형관류보일러
② 최고사용압력 2MPa 미만의 보일러
③ 동체 안지름 800㎜ 미만의 보일러
④ 1개 이상의 원격지시 수면계를 설치한 보일러

해설 유리수면계를 1개만 설치해도 되는 경우
① 소형관류보일러
② 최고사용압력이 1Mpa 미만의 보일러
③ 동체 안지름이 750mm 미만의 보일러
④ 2개 이상의 원격지시 수면계를 설치한 보일러

08 물체의 온도를 변화시키지 않고, 상(相) 변화를 일으키는데만 사용되는 열량은?

① 감열   ② 비열
③ 현열   ④ 잠열

해설 ① 현열(감열) : 물질의 온도 변화에만 필요한 열량
② 비열 : 1kg의 물을 1℃ 올리는데 필요한 열량

09 수면계의 기능시험의 시기에 대한 설명으로 틀린 것은?

① 가마울림현상이 나타날 때
② 보일러를 가동하기 전
③ 보일러를 가동하여 압력이 상승하기 시작했을 때
④ 프라이밍, 포밍 등이 생길 때

해설 가마울림현상 : 연소중에 보일러 내부가 연속적으로 울리는 현상

10 특수보일러 중 간접가열 보일러에 해당되는 것은?

① 슈미트 보일러   ② 베록스 보일러
③ 벤슨 보일러   ④ 코르니시 보일러

해설 간접가열 보일러 : 슈미트, 레플러

11 다음중 보일러의 안전장치에 해당되지 않는 것은?

① 방출밸브   ② 방폭문
③ 화염검출기 ④ 감압밸브

해설 감압밸브 : 고압의 증기를 사용압으로 낮추어 공급압력을 일정하게 해주는 장치로 송기장치에 해당된다.

12 난방부하 계산시 고려해야 할 사항으로 거리가 먼 것은?

① 유리창 및 문의 크기   ② 현관등의 공간
③ 연료의 발열량   ④ 건물의 위치

해설 난방부하 계산시 고려 사항 : 외벽, 창문, 지붕, 환기, 극간풍 등을 통한 손실열량, 건물의 위치, 방향, 단열 상태등을 고려하여 난방 부하 산정

13 어떤 건물의 소요 난방부하가 54,600 Kcal/h이다. 주철제 방열기로 증기 난방을 한다면 약 몇 쪽(section)의 방열기를 설치해야 하는가? (단, 표준방열량으로 계산하며, 주철제 방열기의 쪽당 방열면적은 0.24m²이다.)

① 330쪽   ② 350쪽
③ 380쪽   ④ 400쪽

해설 $\dfrac{54600}{650 \times 0.26} = 350$

14 보일러의 자동제어를 제어동작에 따라 구분할 때 연속 동작에 해당되는 것은?

① 2위치 동작　　② 다위치 동작
③ 비례동작(P동작)　④ 부동제어 동작

해설
1) **불연속동작** : 2위치동작(on-off 동작), 다위치동작, 불연속 속도동작
2) **연속동작** : 비례동작(P동작), 적분동작(I동작), 미분동작(D 동작), **복합동작**(P.I.D동작)

15 보일러 기관 작동을 저지시키는 인터록 제어에 속하지 않는 것은?

① 저수위 인터록　② 저압력 인터록
③ 저연소 인터록　④ 프리퍼지 인터록

해설
인터록 제어 : 보일러 운전 중 어떠한 한가지라도 이상현상이 발생되면 다음 동작을 하지 못하게 보일러를 자동정지시키는 제어
① 저수위인터록 : 수위가 이상저수위시 전자밸브를 닫아 연소정지
② 압력초과인터록 : 증기압이 소정압력 초과시 전자밸브를 닫아 연소정지
③ 저연소인터록 : 유량조절밸브가 저연소 상태가 되지 않으면 전자밸브를 열지 않아 점화저지
④ 불착화인터록 : 연소중 화염이소멸시 전자밸브를 닫아 버너에 연료분사 정지
⑤ 프리퍼지인터록 : 보일러 점화전 송풍기가 작동되지 않으면 전자밸브가 열리지 않아 점화저지

16 보일러 수압시험시의 시험수압은 규정된 압력의 몇 % 이상을 초과하지 않도록 해야 하는가?

① 3%　　② 5%
③ 6%　　④ 10%

해설 시험수압은 규정된 압력의 6% 이상 초과하지 않도록 할 것

17 압력배관용 탄소강관의 KS 규격기호는?

① SPPS　　② SPLT
③ SPP　　　④ SPPH

해설
K/S에 의한 배관용 분류 :
① SPP : 배관용탄소강관
② SPPS : 압력 배관용 탄소강관
③ SPPH : 고압 배관용 탄소강관
④ SPHT : 고온 배관용 탄소강관
⑤ SPLT : 저온 배관용 탄소강관(LPG, 액체산소 배관등 사용)
⑥ STS×T : 배관용스테인리스강관

18 보일러 용수관리에서 경도(hardness)와 관련되는 항목으로 가장 적합한 것은?

① Hg, SVI　　② BOD, CDD
③ DO, Na　　④ Ca, Mg

해설 경도와 관련된 것은 칼슘(Ca)염과 마그네슘(Mg)염이다.

19 개방식 팽창탱크에서 필요가 없는 것은?

① 배기관　　② 압력계
③ 급수관　　④ 팽창관

해설
① **개방식 주변배관** : 급수관, 배수관, 방출관(안전관), 배기관, 오버플루우관(물넘처 흐르는관), 팽창관
② **밀폐식 주변배관** : 급수관, 배수관, 방출관(안전관), 수위계, 압력계, 압축공기관

20 기체연료의 일반적인 특징을 설명한 것으로 잘못된 것은?

① 적은 공기비로 완전연소가 가능하다.
② 수송 및 저장이 편리하다.
③ 연소효율이 높고 자동제어가 용이하다.
④ 누설 시 화재 및 폭발의 위험이 크다.

해설 기체연료 특징
[장점] ① 적은 공기비로 완전연소 가능하다
② 연소효율이 높고 공해문제가 없다

Answer　14. ③　15. ②　16. ③　17. ①　18. ④　19. ②　20. ②

③ 회분이 없고, 전열면 오손이 적다
④ 부하변동에 신속히 응하기 쉽다
[단점] ① 누설시 화재, 폭발 위험이 크다
② 저장, 수송에 주의를 요망한다
③ 설비가 많이 든다

21 증기난방과 비교한 온수난방의 특징 설명으로 틀린 것은?

① 예열시간이 길다.
② 난방부하의 변동에 따라 온도조절이 용이하다.
③ 건물 높이에 제한을 받지 않는다.
④ 실내 쾌감도가 높다.

[해설] 증기난방(증기잠열이용)과 비교한 온수(온수현열이용) 난방의 장점
① 난방부하에 따라 온도조절이 쉽다.
② 쾌감도가 좋고 화상위험이 없다.
③ 가열시간은 길지만 잘 식지 않으므로 배관의 동결 우려가 적다.
④ 취급이 용이하고, 건물 높이에 제한을 받는다.

22 에너지 이용합리화법에 따라 에너지 진단을 면제 또는 에너지 진단주기를 연장받으려는 자가 제출해야 하는 첨부서류에 해당되지 않는 것은?

① 보유한 효율관리기자재 자료
② 중소기업임을 확인할 수 있는 서류
③ 에너지절약 유공자 표창 사본
④ 친에너지형 설비 설치를 확인할 수 있는 서류

[해설] 에너지 진단면제 또는 에너지 진단주기를 연장받으려는 자의 첨부서류
① 자발적 협약 우수사업장임을 확인할 수 있는 서류
② 중소기업임을 확인할 수 있는 서류(에너지 경영시스템 구축 및 개선 실적 확인 서류)
③ 에너지절약 유공자 표창 사본
④ 에너지진단결과를 반영한 에너지절약투자 및 개선실적을 확인할 수 있는 서류

5) 친에너지형 설비 설치를 확인할 수 있는 서류
6) 에너지관리시스템 구축 및 개선 실적을 확인할 수 있는 서류
7) 목표관리 업체로서 온실가스 목표관리 실적을 확인할 수 있는 서류

23 에너지 이용합리화법상 평균에너지소비효율에 대하여 총량적인 에너지효율의 개선이 필요하다고 인정되는 기자재는?

① 승용자동차   ② 강철제보일러
③ 1종압력용기   ④ 축열식전기보일러

[해설] 산업통상자원부장관은 각 효율관리기자재의 에너지소비효율 합계를 그 기자재의 총수로 나누어 산출한 평균에너지 소비효율에 대하여 총량적인 에너지효율의 개선이 특히 필요하다고 인정되는 기자재로서 승용자동차등 산업통상자원부령으로 정하는 기자재(평균효율관리기자재)를 제조하거나 수입하여 판매하는 자가 지켜야 할 평균에너지소비효율을 관계 행정기관의 장과 협의하여 고시한다.

24 강철제 증기보일러의 최고사용압력이 0.4MPa인 경우 수압시험 압력은?

① 0.16MPa   ② 0.2MPa
③ 0.4MPa   ④ 0.8MPa

[해설] 0.4Mpa × 2배= 0.8Mpa
※ 강철제 증기보일러 수압시험 압력
① 최고사용압력 0.43Mpa 이하 : 최고사용압력 × 2배(최고사용압이 0.2Mpa 미만은 0.2Mpa)
② 최고사용압력 0.43 Mpa ~ 1.5Mpa 이하 : (최고사용압 × 1.3) + 0.3Mpa
③ 최고사용압력 1.5Mpa초과 : 최고사용압 × 1.5배

Answer   21. ③   22. ①   23. ①   24. ④

25 오일 프리히터(기름 예열기)에 대한 설명으로 잘못된 것은?

① 기름의 점도를 낮추어 준다.
② 기름의 유동성을 도와준다.
③ 중유 예열온도는 100℃ 이상으로 높을수록 좋다.
④ 분무 상태를 양호하게 한다.

[해설] 오일프리히터 : 중유의 점도가 높아 분무시 무화를 돕기 위해 적정 점도로 유지하기 위해 가열하는 장치
① 목적 : 기름의 점도를 낮추어 무화를 좋게 하기 위함
② 종류 : 증기식, 온수식, 전기식
③ 예열온도 : (80 - 90℃)

26 액화천연가스(LNG)의 주성분은?

① 부탄   ② 프로판
③ 에탄   ④ 메탄

[해설] LNG 주성분 : 메탄(CH_4)이며, 그 외에 에탄, 프로판, 부탄 등이 소량 포함되어 있고, 기체 상태의 LNG를 액화하면 약 600분의 1로 부피가 줄어든다(비등점:-162℃).

27 보일러 보존시 건조제로 쓰이는 것이 아닌 것은?

① 실리카겔   ② 활성알루미나
③ 염화마그네슘   ④ 염화칼슘

[해설] 건조제 : 실리카겔, 활성알루미나, 염화칼슘
※ 염화마그네슘은 온도가 상승하면 염산이 발생되어 부식을 일으킨다.

28 액체연료 연소에서 무화의 목적이 아닌 것은?

① 단위 중량당 표면적을 크게 한다.
② 연소효율을 향상시킨다.
③ 주위 공기와 혼합을 좋게 한다.
④ 연소실의 열부하를 낮게 한다.

[해설] 무화 목적
① 단위중량당 표면적을 크게 한다.
② 공기와 연료의 혼합을 양호하게 한다.
③ 연소효율을 높게 한다.
④ 연소실 고부하를 유지할 수 있다.

29 싸이클론 집진기의 집진효율을 증가시키기 위한 방법으로 틀린 것은?

① 사이클론의 내면을 거칠게 처리한다.
② 블로우 다운방식을 사용한다.
③ 사이클론 입구의 속도를 크게 한다.
④ 분진박스와 모양은 적당한 크기와 형상으로 한다.

[해설] 싸이클론 내면이 거칠게 되면 원심력이 약해져 집진효율이 감소한다.

30 다음 중 목표 에너지원 단위를 옳게 설명한 것은?

① 에너지를 사용하여 만드는 제품의 단위당 에너지 사용 목표량
② 년간 사용하는 에너지와 제품 생산량의 비율
③ 년간 사용하는 에너지의 효율
④ 에너지절약을 위하여 제품의 생산조절과 비용을 계산하는 것

[해설] 목표원 단위(목표에너지원) : 에너지를 사용하여 만드는 "제품의단위당 에너지사용 목표량" 또는 건축물의 단위 면적당 에너지 사용 목표량

31 방열기 설치 시 벽면과의 간격으로 가장 적합한 것은?

① 50mm   ② 80mm
③ 100mm   ④ 150mm

[해설] 벽에서 50 - 60[mm] 이격

Answer
25. ③ 26. ④ 27. ③ 28. ④ 29. ① 30. ① 31. ①

32 열사용기자재의 검사 및 검사면제에 관한 기준에 따라 급수장치를 필요로 하는 보일러에는 기준을 만족시키는 주펌프 세트와 보조펌프 세트를 갖춘 급수장치가 있어야 하는데, 특정 조건에 따라 보조펌프세트를 생략할 수 있다. 다음 중 보조펌프 세트를 생략할 수 없는 경우는?

① 전열면적이 $10m^2$인 보일러
② 전열면적이 $8m^2$인 가스용 온수보일러
③ 전열면적이 $16m^2$인 가스용 온수보일러
④ 전열면적이 $40m^2$인 관류보일러

해설 보조 펌프 생략 가능한 것
① 전열면적 $12m^2$ 이하 보일러
② 전열면적 $14m^2$ 이하 가스용 온수 보일러
③ 전열면적 $100m^2$ 이하 관류 보일러

33 보일러 건식 보전법에서 가스 봉입 방식(기체보존법)에 사용되는 가스는?

① O_2　　② N_2
③ CO　　④ CO_2

해설 건조(식)보존법: 관수를 배출 후 열풍기로 건조 후 질소 봉입 후 밀폐 보존법 (6개월 이상 장기보존법, 동결우려 시 사용)

34 다음 중 보일러 스테이(stay)의 종류에 해당되지 않는 것은?

① 거싯(gusset)스테이
② 바(bar)스테이
③ 튜브(tube)스테이
④ 너트((nut) 스테이

해설 스테이(stay 버팀): 재료 및 공작에서 강도가 부족한 부분 또는 변형이 용이한 부분에 부착하여 강도 증가와 변형을 방지한다.
※ 스테이종류: 관, 바아, 볼트, 도리, 거싯(가젯트), 도그스테이 등

35 강철제보일러 중 최고사용압력이 0.43Mpa 초과 1.5Mpa 이하의 보일러에 대한 수압시험 압력은 실제 사용압력의 몇 배로 하는가?

① 1.3배　　② 1.5배
③ 2.0배　　④ 1.3배 + 0.3Mpa

해설 강철제 보일러 수압시험 압력
① 최고사용압력 0.43Mpa 이하: 최고사용압 × 2배(최고사용압이 0.2Mpa 미만은 0.2Mpa으로)
② 최고사용압력 0.43 Mpa ~ 1.5Mpa 이하: 최고사용압 × 1.3 + 0.3Mpa
③ 최고사용압력 1.5Mpa초과: 최고사용압 × 1.5배

36 열교환 코일에 온수 또는 냉수를 공급받아 온풍 또는 냉풍을 실내로 공급하는 강제대류형 방열기로서 공기여과기, 송풍기, 가열(냉각) 코일이 케이싱 내에 내장되어 있는 것은?

① 길드방열기 (gilled radiator)
② 컨벡터 (convector)
③ 팬코일유닛 (F.C.U)
④ 공기조화기 (A.H.U)

해설 팬코일유닛: 냉, 온수 코일, 팬, 에어 필터를 내장한 유닛

37 보일러 외처리 방법 중 탈기법에서 제거되는 것으로 맞는 것은?

① 황화수소　　② 수소
③ 망간　　　　④ 산소

해설 ① 탈기법: 용존산소, 탄산가스, 암모니아 제거
② 기폭법: 급수중 CO_2 및 Fe, Mn, NH_3, H_2, S을 공기와 접촉해 분리

Answer
32. ③　33. ②　34. ④　35. ④　36. ③　37. ④

38 수면계의 기능시험 시기로 틀린 것은 무엇인가?

① 보일러를 가동하기 전
② 수위의 움직임이 활발할 때
③ 보일러를 가동하여 압력이 상승하기 시작할 때
④ 2개 수면계의 수위에 차이를 발견했을 때

해설 수면계의 점검시기
① 두 조의 수면계 수위가 서로 다른 경우에
② 보일러의 가동 전 또는 압력이 오르기 전에
③ 프라이밍, 포밍 발생이 심한 경우에

39 에너지이용 합리화법에 따라 고시한 효율관리기 자재 운용규정에 따라 가정용 가스 보일러의 최저 소비효율기준은 몇 %인가?

① 63%   ② 68%
③ 76%   ④ 86%

해설 가정용 가스 보일러 최저 소비효율기준은 76%

40 배기가스 중에 함유되어 있는 CO_2, O_2, CO_3 가지 성분을 순서대로 측정하는 가스 분석계는?

① 전기식 계
② 헴펠식 가스 분석계
③ 오르잣트 가스 분석계
④ 가스 크로마토 그래픽 가스 분석계

해설 ① 오르잣트법
• 분석순서 : CO_2 - O_2 - CO
• 흡수액
  ① CO_2 : KOH 30[%] 수용액
  ② O_2 : 알칼리성 피로카롤용액
  ③ CO : 암모니아성 염화제1동 용액

41 보일러의 자동제어 중 제어동작이 연속동작에 해당하지 않는 것은?

① 비례동작   ② 적분동작
③ 미분동작   ④ 다위치 동작

해설 제어동작 분류
① **불연속동작** : 2 위치동작(on-off 동작), 다위치동작, 불연속 속도동작
② **연속동작** : 비례동작(P동작), 적분동작(I동작), 미분동작(D 동작)

42 환수관의 배관방식에 의한 분류 중 환수주관을 보일러의 표준수위보다 낮게 배관하여 환수하는 방식은 어떤 배관방식 인가?

① 습식환수   ② 중력환수
③ 기계환수   ④ 건식환수

해설 **습식 환수관** : 환수관을 보일러 수면 보다 낮게 배관

43 보일러 건조보존시에 사용되는 건조제가 아닌 것은?

① 암모니아   ② 생석회
③ 실리카겔   ④ 염화칼슘

해설 건조제 종류 : 생석회, 실리카겔, 염화칼슘, 활성알루미나등

44 중유의 연소상태를 개선하기 위한 첨가제의 종류가 아닌 것은?

① 연소촉진제
② 슬러지생성제
③ 회분개질제
④ 탈수제

해설 중유첨가제 종류 : 연소촉진제(분무양호), 슬러지분산제(슬러지생성방지), 회분개질(회분의 융점 높여 고온부식 방지), 유동점 강하제(유동점 낮춰 송유양호), 탈수제(수분분리)

Answer
38. ②   39. ③   40. ③   41. ④   42. ①   43. ①   44. ②

45 보일러 동 내부 안전저수위보다 약간 높게 설치하여 유지분, 부유물 등을 제거하는 장치로 연속분출장치에 해당되는 것은?

① 수중 분출장치   ② 수면 분출장치
③ 압력 분출장치   ④ 수저 분출장치

해설 분출장치 : 관수의 농축을 방지하고 신진대사를 꾀하기 위해 보일러 내의 불순물을 배출하는 장치.
【종류】
①단속 분출장치(수저 분출장치) : 동하부의 침전된 농축수를 배출한다.
②연속 분출장치(수면 분출장치) : 수면 위에 떠 있는 부유물을 제거하며 고온의 열회수가 가능하다.

46 가동 보일러에 스케일과 부식물 제거를 위한 산세척 처리 순서로 올바른 것은?

① 전처리→수세→산액처리→수세→중화·방청처리
② 수세→산액처리→전처리→수세→중화·방청처리
③ 전처리→중화·방청처리→수세→산액처리→수세
④ 전처리→수세→중화·방청처리→수세→산액처리

해설 산세척처리 순서 :
전처리 → 수세 → 산액처리 → 수세 → 중화·방청처리

47 보일러의 열 출력이 627,900[KJ], 연료소비량이 20kg/h이며 연료의 저위 발열량이 41,860 [KJ]이라면 보일러의 효율은 얼마인가?

① 65%   ② 70%
③ 75%   ④ 80%

해설 $\eta = \dfrac{G(h'' - h_1)}{Gf \times Hl} \times 100[\%]$

$\therefore \dfrac{627,900}{20 \times 41,860} \times 100\% = 75\%$

48 드럼이 없이 초임계압력 하에서 증기를 발생시키는 강제순환 보일러는?

① 특수 열매체 보일러
② 2중 증발 보일러
③ 연관 보일러
④ 관류 보일러

해설 관류 보일러 : 드럼 없이 수관만으로 이를 자유롭게 배치한 형식으로 가장 고압, 대용량의 강제 순환식 보일러.
관류 보일러 종류 : 벤슨, 슐저어, 엣모스, 람진, 소형관류

49 보일러 스케일 생성의 방지대책으로 잘못된 것은?

① 급수 중의 염류, 불순물을 되도록 제거한다.
② 보일러 동 내부에 페인트를 두껍게 바른다.
③ 보일러 수의 농축을 방지하기 위하여 적절히 분출시킨다.
④ 보일러 수에 약품을 넣어서 스케일 성분이 고착하지 않도록 한다.

해설 스케일 방지법
① 염류등 불순물 제거(관외처리)
② 농축방지위해 분출
③ 약품 첨가로 스케일 성분 고착방지(관내처리)

50 보일러설치기술규격(KBI)에서 규정된 내용으로 저수위차단장치의 통수관 크기는 호칭지름 몇 mm 이상이 되도록 하여야 하는가?

① 10mm 이상
② 15mm 이상
③ 20mm 이상
④ 25mm 이상

해설 저수위차단장치의 통수관은 호칭지름 25mm 이상

Answer
45. ②   46. ①   47. ③   48. ④   49. ②   50. ④

51 다음 중 1J(Joule)과 같은 값은?
① 1N·m   ② 1cal
③ 1mol   ④ 1erg

해설) 1J(줄)은 1N(뉴턴)의 힘으로 1m를 이동시켰을 때의 일의 양. 즉, 1J = 1N·m 또한, 1J은 1W(와트)의 전력이 1초 동안 사용될 때의 에너지

52 그리드 배관 방식의 내용 설명이 잘못된 것은?
① 동일한 압력분포를 가지지 못한다.
② 고장·수리시에도 소화수 공급이 가능하다
③ 소화용수 및 가압송수장치의 분산배치가 용이하다
④ 배관 내 충격파 발생시에도 분산이 가능하다

해설) 그리드 배관 방식(Grid piping system) : 소화 설비에 주로 사용되는 배관 방식으로, 평행한 교차 배관에 가지 배관을 연결하는 형태로 화재 발생 시 소화수 공급의 안정성을 높이고, 고장 시에도 다른 경로를 통해 소화수를 공급이 가능하고, 소화설비의 증설 및 이설이 용이하다

53 보일러에서 발생하는 고온 부식의 원인물질로 거리가 먼 것은?
① 나트륨   ② 유황
③ 철   ④ 바나듐

해설)
• 고온부식 원인물질 : 나트륨, 유황(황산나트륨), 바나듐
• 저온부식 원인물질 : 유황(황화수소)

54 고중량의 보일러를 운반하는 방법으로 올바르지 않은 것은?
① 보일러 무게와 크기에 관계없이 적절한 장비를 사용한다.
② 충분한 공간을 확보하고 안전하게 운반한다.
③ 보일러를 지지하는 받침대는 안전하고 견고한 것을 사용한다.
④ 안전모, 안전화, 안전 장갑, 안전 벨트 등 안전 장비를 사용하여 운반한다.

해설) 보일러 무게와 크기에 따라 적절한 장비(크레인, 지게차, 운반대 등)를 사용한다.

55 온수보일러를 이용하여 실내를 18℃로 유지하려고 한다. 소요되는 열량이 시간당 128[MJ]가 소요된다고 한다. 송주 온도는 85℃이고, 환수온도는 18℃이다. 물의 순환량은 약 얼마인가? (단, 물의 비열은 4.18[kJ/kg·℃])
① 128   ② 318
③ 457   ④ 587

해설) $G = \dfrac{128,000 KJ}{4.18 KJ/Kg.℃ \times 67℃} = 457 Kg$

56 다음 기호가 표시하는 밸브로 옳은 것은?

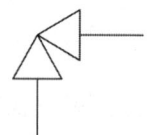

① 게이트 밸브   ② 글로브 밸브
③ 체크 밸브   ④ 앵글밸브

해설)
① 게이트밸브 : ⋈
② 글로브밸브 : ▷|
③ 체크밸브 : ─|\

Answer 51.① 52.① 53.③ 54.① 55.③ 56.④

57 다음 보기 중 표준 대기압에 대하여 바르게 설명한 것은?

[보기]
① 위도 45° 해저면에서 0℃에서 760mmHg의 누르는 힘으로 규정한다
② 표준 대기압은 1.0332 bar이다
③ 표준 대기압은 10.332 mH$_2$O

①. ①② 　　　 ②. ②③
③. ①③ 　　　 ④. ①②③

해설 표준 대기압 : 위도45° 해저면에서 0[℃]의 수은주 760[mmHg]에 상당하는 압력

1[atm] = 760 [mmHg] = 1.0332 [kg/cm^{2}a]
　　　 = 10.332 [mH$_2$O]
　　　 = 14.7[lb/in^2] = 30[inHg] = 101.325[N/m^2]
　　　 = 101.325 Pa　※ 1Pa=N/m^2
▶ 0.1MPa=101.325KPa=101325Pa

58 주철제 보일러의 특징 설명으로 옳은 것은?

① 내열성 및 내식성이 나쁘다.
② 고압 및 대용량으로 적합하다.
③ 섹션의 증감으로 용량을 조절할 수 있다.
④ 인장 및 충격에 강하다.

해설 주철제 보일러 특징 : 주물로 제작하기 때문에 복잡한 구조로 제작이 가능하다. 저압이기 때문에 사고시 피해가 적다. 내식성, 내열성이 좋다. 섹션의 증감으로 용량의 조절이 가능하다. 내압에 대한 강도가 약하다. 구조가 복잡하여 청소, 검사, 수리가 곤란하다. 열 충격에 약하고, 균열이 생기기 쉽다. 대용량, 고압에 부적당하다.

59 수소 12%, 수분 0.3%인 중유의 고위발열량이 43[MJ]. 이 중유의 저위발열량은 몇[KJ]인가?

① 13,200　　　② 22,500
③ 34,430　　　④ 40,281

해설 Hl = Hh – 600(9H + W)에서
Hl = 43,000−2510.4×(9×0.12+0.003)
　 = 40281.24 KJ

60 이온교환방법에서 이온을 제거하는 과정을 무엇이라고 하는가?

① 압출　　　② 부하
③ 탈염　　　④ 수세

해설 탈염(Demineralization) : 물이나 용액에서 이온 성분을 선택적으로 제거하여 순수한 물 또는 원하는 성분을 얻는 것을 의미

Answer　57. ③　58. ③　59. ④　60. ③

memo

에너지관리기능사 필기

초 판 발행	2012년 1월 15일
개정9판 발행	2019년 1월 4일
개정10판 1쇄 발행	2020년 1월 10일
개정10판 2쇄 발행	2021년 1월 5일
개정11판 발행	2022년 1월 20일
개정12판 발행	2023년 1월 20일
개정13판 발행	2025년 1월 10일
개정14판 발행	2026년 1월 10일

지은이 | 안동칠, 장영오
발행인 | 조규백
발행처 | 도서출판 구민사
(07293) 서울특별시 영등포구 문래북로 116, 604호(문래동3가 46, 트리플렉스)
전화 (02) 701-7421
팩스 (02) 3273-9642
홈페이지 www.kuhminsa.co.kr

신고번호 | 제2012-000055호 (1980년 2월 4일)
ISBN | 979-11-6875-606-9   13500

값 32,000원

※ 낙장 및 파본은 구입하신 서점에서 바꿔드립니다.
※ 본서를 허락없이 부분 또는 전부를 무단복제, 게재행위는 저작권법에 저촉됩니다.